# Multivariate Analysemethoden

## Ihr Bonus als Käufer dieses Buches

Als Käufer dieses Buches können Sie kostenlos unsere Flashcard-App „SN Flashcards" mit Fragen zur Wissensüberprüfung und zum Lernen von Buchinhalten nutzen. Für die Nutzung folgen Sie bitte den folgenden Anweisungen:

1. Gehen Sie auf **https://flashcards.springernature.com/login**
2. Erstellen Sie ein Benutzerkonto, indem Sie Ihre Mailadresse angeben und ein Passwort vergeben.
3. Verwenden Sie den Link aus einem der ersten Kapitel um Zugang zu Ihrem SN Flashcards Set zu erhalten.

**Ihr persönlicher SN Flashards Link befindet sich innerhalb der ersten Kapitel.**

Sollte der Link fehlen oder nicht funktionieren, senden Sie uns bitte eine E-Mail mit dem Betreff „**SN Flashcards**" und dem Buchtitel an **customerservice@springernature.com**.

Klaus Backhaus · Bernd Erichson · Sonja Gensler ·
Rolf Weiber · Thomas Weiber

# Multivariate Analysemethoden

Eine anwendungsorientierte Einführung

17., aktualisierte Auflage

Klaus Backhaus
Universität Münster
Münster, Deutschland

Bernd Erichson
Otto-von-Guericke-Universität
Magdeburg, Deutschland

Sonja Gensler
Universität Münster
Münster, Deutschland

Rolf Weiber
Universität Trier
Trier, Deutschland

Thomas Weiber
München, Deutschland

ISBN 978-3-658-40464-2    ISBN 978-3-658-40465-9  (eBook)
https://doi.org/10.1007/978-3-658-40465-9

Die Deutsche Nationalbibliothek verzeichnet diese Publikation in der Deutschen Nationalbibliografie; detaillierte bibliografische Daten sind im Internet über http://dnb.d-nb.de abrufbar.

Ursprünglich erschienen unter Backhaus, K., Erichson, B., Plinke, W. & Weiber, R. bei Springer-Verlag Berlin Heidelberg, 2018
© Springer Fachmedien Wiesbaden GmbH, ein Teil von Springer Nature 1980, 1982, 1985, 1987, 1989, 1990, 1994, 1996, 2000, 2003, 2006, 2008, 2011, 2016, 2018, 2021, 2023
Das Werk einschließlich aller seiner Teile ist urheberrechtlich geschützt. Jede Verwertung, die nicht ausdrücklich vom Urheberrechtsgesetz zugelassen ist, bedarf der vorherigen Zustimmung des Verlags. Das gilt insbesondere für Vervielfältigungen, Bearbeitungen, Übersetzungen, Mikroverfilmungen und die Einspeicherung und Verarbeitung in elektronischen Systemen.
Die Wiedergabe von allgemein beschreibenden Bezeichnungen, Marken, Unternehmensnamen etc. in diesem Werk bedeutet nicht, dass diese frei durch jedermann benutzt werden dürfen. Die Berechtigung zur Benutzung unterliegt, auch ohne gesonderten Hinweis hierzu, den Regeln des Markenrechts. Die Rechte des jeweiligen Zeicheninhabers sind zu beachten.
Der Verlag, die Autoren und die Herausgeber gehen davon aus, dass die Angaben und Informationen in diesem Werk zum Zeitpunkt der Veröffentlichung vollständig und korrekt sind. Weder der Verlag, noch die Autoren oder die Herausgeber übernehmen, ausdrücklich oder implizit, Gewähr für den Inhalt des Werkes, etwaige Fehler oder Äußerungen. Der Verlag bleibt im Hinblick auf geografische Zuordnungen und Gebietsbezeichnungen in veröffentlichten Karten und Institutionsadressen neutral.

Planung/Lektorat: Barbara Roscher
Springer Gabler ist ein Imprint der eingetragenen Gesellschaft Springer Fachmedien Wiesbaden GmbH und ist ein Teil von Springer Nature.
Die Anschrift der Gesellschaft ist: Abraham-Lincoln-Str. 46, 65189 Wiesbaden, Germany

# Vorwort zur 17. Auflage

Die grundlegende Neubearbeitung der 16. Auflage des Buches „*Multivariate Analysemethoden*" wurde am Markt sehr gut aufgenommen, sodass wir nun nach kurzer Zeit bereits die 17. Auflage des Buches in deutscher Sprache und die 2. Auflage in englischer Sprache vorlegen können. Da wir beide Bücher in Aufbau und Inhalt identisch gehalten hatten, sind auch die Überarbeitungen in den nun vorliegenden Neuauflagen für beide Bücher im Prinzip identisch.

In der neuen Auflage wurden alle Anwendungsbeispiele mit der neuesten Version 29 von SPSS gerechnet und eine Reihe von Fehlern verbessert. Ebenso haben wir auch schwer verständliche Passagen neu formuliert. Wertvolle Hilfe haben wir dabei durch die akribischen Anmerkungen von Herrn Rainer Obst erhalten. Als Pensionär und ehemaliger Oberstufenleiter an der Freiherr-vom-Stein-Schule in Gladenbach verfügt er aufgrund seines Lehrangebots in Physik und Mathematik über einen fundierten mathematischen Hintergrund, der es ihm erlaubte, durch die intensive Lektüre des Buches auch kleinste Ungereimtheiten aufzudecken. Er hat damit wesentlich zum Gelingen der 17. Auflage beigetragen. Hierfür gilt ihm unser großer Dank. Eine nennenswerte inhaltliche Änderung haben wir nur in der Clusteranalyse im Anwendungsbeispiel mit fünf Produkten und drei Variablen vorgenommen. Da uns die dort verwendeten Daten nicht ganz plausibel erschienen, haben wir bei der Benennung der drei Eigenschaften Anpassungen vorgenommen.

Auch bei der 17. Auflage haben uns die wissenschaftlichen Mitarbeiterinnen und Mitarbeiter sowie viele Hilfskräfte tatkräftig unterstützt. Ein besonderer Dank geht dabei den wissenschaftlichen Mitarbeitern an der Universität Trier, Frau M.Sc. Mi Nguyen, Herrn M.Sc. Lorenz Gabriel und Herrn M.Eng. Julian Morgen. Sie haben vor allem Literatur aktualisiert und bei der Fehlerkorrektur mitgewirkt sowie SPSS-Outputs gegenüber der vorherigen Version abgeglichen. Unterstützung erhielten Sie dabei von Frau B.Sc. Sonja Güllich, die als wissenschaftliche Hilfskraft vor allem bei der Korrektur von Abbildungen und dem Austausch der SPSS-Screenshots maßgeblich Arbeit übernommen hat. Die Koordination des Werkes sowohl unter den Autoren als auch mit dem Verlag hat wiederum Herr Julian Morgen übernommen, der erneut in unermüdlich Art und Weise Änderungswünsche geduldig entgegengenommen und wieder mit großer Schnelligkeit umgesetzt hat. Last but not least gilt unser Dank Frau Barbara Roscher und Frau Birgit Borstelmann vom Springer Verlag, die das Manuskript durch die „Untiefen" der Verlagsorganisation geschleust haben. Eine Meisterleistung!

Insgesamt können wir eine 17. Auflage präsentieren, die auf der aktuellen Version von IBM SPSS Statistics 29 basiert und grundlegend durchgesehen wurde. Dennoch gehen selbstverständlich alle eventuell noch vorhandenen Fehler zu Lasten der Autoren.

| | |
|---|---:|
| Münster | Klaus Backhaus |
| Magdeburg | Bernd Erichson |
| Münster | Sonja Gensler |
| Trier | Rolf Weiber |
| München | Thomas Weiber |
| Im November 2022 | |

# Vorwort zur 16. Auflage

Die 16. Auflage des Buches *„Multivariate Analysemethoden"* ist nicht einfach eine neue, überarbeitete Version der 15. Auflage, sondern es ist vielmehr ein neues Buch entstanden. Das macht sich an unterschiedlichen Punkten fest:

1. **Verändertes Autorenteam**
   Das Autorenteam hat sich vergrößert und umstrukturiert: Wulff Plinke hat sich als vorletztes Mitglied im Team der Gründungsautoren wegen veränderter beruflicher Schwerpunkte aus dem Team verabschiedet. Obwohl seine Entscheidung verständlich ist, hätten wir ihn gerne als Mitautor behalten. Er war neben seiner Autorenrolle vor allem ein kritischer Diskussionspartner, wodurch es uns gelungen ist, die angestrebte Zielgruppe immer im Fokus zu behalten. Zum einen sollte der Text mit nur geringen Anforderungen an mathematische Vorkenntnisse die Möglichkeit schaffen, die Methoden zu verstehen und sie auf eigene Anwendungen zu übertragen. Zum anderen haben sich im Laufe der Zeit die methodischen Erfahrungen der Autoren vertieft und sie dazu verführt, immer mehr methodische Details in den Text aufzunehmen und dabei Gefahr zu laufen, die Zielgruppe aus den Augen zu verlieren. Wulff Plinke hat diese Punkte immer wieder eingebracht, wofür wir ihm herzlich danken.
   Für die 16. Auflage konnten wir zwei neue Koautoren gewinnen: Sonja Gensler (WWU Münster) und Thomas Weiber (München) haben sich der Aufgabe gestellt, an diesem Lehrbuch mitzuwirken. Sie verfügen nicht nur über hervorragende fachliche Expertisen, sondern sind auch der Beleg dafür, dass sich das Autorenteam nun deutlich verjüngt hat. Wir hoffen, dass wir im neuen Autorenteam nicht nur Neues einbringen, sondern auch die alten Leitideen des Buches erfolgreich fortsetzen können.

2. **Multivariate Analysemethoden: Jetzt auch in englischer Sprache**

   In vielen Gesprächen mit Studierenden sowie Anwenderinnen[1] und Anwendern aus der Praxis haben wir immer wieder erfahren, dass für eine englische Version von „MVA" nachhaltiger Bedarf besteht. Insbesondere in der Hochschulausbildung werden immer mehr Kurse in englischer Sprache angeboten. Mit der zusätzlichen Publikation der deutschen 16. Auflage als erste Auflage in englischer Sprache legen wir ein „paralleles Buch" vor, mit dem wir hoffen, unsere Leserinnen und Leser auch bei ihren englischsprachigen Arbeiten und Projekten besser unterstützen zu können. Darüber hinaus wollen wir mit der englischen Ausgabe auch den ersten wichtigen Schritt in Richtung einer Internationalisierung gehen.

   Die erste englische Auflage „Multivariate Analysis" entspricht der 16. deutschen Auflage „Multivariate Analysemethoden". Wir würden uns freuen, wenn die komplette Überarbeitung der Inhalte wie auch das Vorliegen der englischen Version von unseren Leserinnen und Lesern angenommen wird und auch die englische Ausgabe eine ebenso große Anerkennung erhält wie die bisherige deutsche Ausgabe. Die 12. Auflage von „MVA" wurde vom *Berufsverband Deutscher Markt- und Sozialforscher e. V. (BVM)* als herausragendes und zukunftsweisendes Lehrbuch ausgezeichnet, das die Marktforschungspraxis in den letzten 35 Jahren maßgeblich beeinflusst hat.

3. **Neues Produkt: Schokolade statt Margarine**

   Viele Leserinnen und Leser fanden das von uns in den Fallbeispielen der verschiedenen Methoden gewählte „Margarine/Butter-Beispiel" sehr anschaulich. Mittlerweile sind aber vor allem die verwendeten Margarinesorten in die Jahre gekommen und ebenso ist die „Weihnachtsbutter" der 1980er Jahre, deren Bezeichnung damals dem Problem der Überproduktion von Butter in Westeuropa geschuldet war, heute nur noch wenigen ein Begriff. Auch sind die deutschen Margarinemarken wie *Rama* und *Sanella* international eher nicht bekannt. Mit dem Entschluss, eine englische Ausgabe herauszubringen, wurde deshalb auch ein Wechsel von „Margarine" zu „Schokolade" vorgenommen. Der Schokoladenmarkt ist nun das einheitliche Fallbeispiel in allen Kapiteln. Wir hoffen, dass die neuen „Schokoladenbeispiele" noch besser zum Verständnis der Analysemethoden beitragen als die bisherigen „Margarine-Beispiele".

4. **Umstrukturierung einzelner Methoden**

   Es war schon immer das Ziel des Lehrbuches, die *grundlegenden* Verfahren der „Multivariaten Analysemethoden" anwendungsnah zu erläutern und die verschiedenen Methodenoptionen kritisch zu hinterfragen. In der 16. Auflage haben wir

---

[1] Auch wenn eine Fußnote heute häufig als nicht angemessen angesehen wird, haben wir uns dennoch entschieden, dies zu tun. Für uns steht der methodische Inhalt des Buches im Vordergrund und die einfache Lesbarkeit, um das Verstehen der Methoden zu erleichtern. Aus diesem Grund verwenden wir in den Methodenkapiteln entweder die weibliche oder männliche Form. Wenn möglich haben wir genderneutrale Formulierungen gewählt.

die folgenden acht Verfahren als *grundlegend* sowohl für die Ausbildung an Hochschulen als auch für die Unternehmenspraxis eingestuft:

- Einführung in die empirische Datenanalyse
- Regressionsanalyse
- Varianzanalyse
- Diskriminanzanalyse
- Logistische Regression
- Kontingenzanalyse (Kreuztabellierung)
- Faktorenanalyse
- Clusteranalyse
- Conjoint-Analyse

Im Vergleich zur 15. Auflage wurden dabei sowohl Umgruppierungen vorgenommen als auch jeweils ein Ausblick auf Verfahrenserweiterungen und Verfahrensmodifikationen aufgenommen: So findet sich beispielsweise die Zeitreihenanalyse nun in verkürzter Form im Kapitel „Regressionsanalyse", während die (traditionelle) Conjoint-Analyse um die auswahlbasierte Conjoint-Analyse erweitert wurde. Die Clusteranalyse haben wir um Ausführungen zu K-Means- und Two-Step-Clusteranalysen ergänzt. Mögliche Abgrenzungserfordernisse zum Buch „*Backhaus/ Erichson/Weiber: Fortgeschrittene Multivariate Analysemethoden*" werden wir in der 4. Auflage dieses weiterführenden Lehrbuches vornehmen.

5. **Die Zukunft: Support-Plattform**
Es ist geplant und schon teilweise realisiert, dass das Buch den *Kern* eines umfassenden Leistungsangebotes bildet. Hierzu findet der Leser auf unserer bisherigen Internetseite zu diesem Buch (www.multivariate.de) entsprechende Informationen. Zusätzlich werden aber auch Materialien zum besseren Verständnis der Verfahren (z. B. Excel-Tabellen) auf der Internetseite www.multivariate.de bereitgestellt. Mit der englischen Webseite führen wir das bewährte Konzept der bisherigen Webseite weiter und planen, diese langfristig zu einer Support-Plattform auszubauen: Insbesondere stellen wir auf der englischen Webseite zu jedem Verfahren Excel-Dateien zur Verfügung, die den Leserinnen und Lesern zur vertieften Beschäftigung mit den einzelnen Methoden dienen sollen. Sowohl über die englische als auch die deutsche Internetseite zum Buch können die verschiedenen Datensätze, SPSS-Jobs und Abbildungsdateien angefordert werden. Neben der auch im Buch abgedruckten SPSS-Syntax haben wir zum leichteren Handling von SPSS auch entsprechende Präsentationen ausgearbeitet und auf der englischen Internetseite hinterlegt. Während wir im Buch bei IBM SPSS als Statistiksoftware in der Version 27 geblieben sind, sind auf der Internetseite zur englischen Ausgabe dieses Buches auch die Syntaxdateien für R (www.r-project.org) verfügbar.
Zur Verbesserung der Lernerfahrung werden auf der englischen Webseite auch sukzessive Videos mit Erklärungen ausgewählter Problemfelder eingestellt. Zusätzlich

sind für die Käufer dieses Buches (Print-Version) kostenlos sogenannte *„Flashcards"* verfügbar, die als elektronische Lernkarten den Leserinnen und Lesern helfen, das eigene Wissen über multivariate Analysemethoden zu überprüfen. Einzeln sind die Flashcards auch über den In-App-Kauf in der Flashcards-App „SN-Flashcards" erhältlich. Wir hoffen, dass wir dadurch die Lernerfahrung für unsere Leserinnen und Leser verbessern. Schließlich werden wir auf unseren Internetseiten (deutsch und englisch) auch über Aktualisierungen informieren und gegebenenfalls auf Korrekturerfordernisse hinweisen.

6. **Hinweise zur Verwendung des Buches und grundlegende statistische Konzepte**
Das Einführungskapitel zum Buch haben wir neben den bisher bewährten Ausführungen *„Zur Verwendung dieses Buches"* um grundlegende Ausführungen zu statistischen Grundlagen erweitert. Es handelt sich hierbei um elementare statistische Zusammenhänge, die im Prinzip bei allen im Buch behandelten multivariaten Analysemethoden eine Rolle spielen (z. B. Mittelwert, Varianz, Kovarianz). Obwohl wir davon ausgehen, dass diese den Leserinnen und Lesern des Buches weitgehend bekannt sind, wollen wir hiermit nochmals eine kurze Auffrischung und schnelle Nachschlagemöglichkeit bieten. Weiterhin haben wir in das Einführungskapitel auch einen Abschnitt zu den Grundlagen des statistischen Testens aufgenommen. Auch wird der vor allem bei dependenzanalytischen Verfahren bedeutsame Unterschied zwischen statistischer Korrelation und Kausalität eingehender erläutert. Schließlich geben wir allgemeine Hinweise für die Behandlung von Ausreißern und fehlenden Werten.

7. **Anwendung in unterschiedlichen Fachdisziplinen**
Zu jedem Kapitel geben wir einleitend Beispiele zur Verwendung einer Methode in unterschiedlichen Anwendungsdisziplinen. Bei den Erläuterungen zur Vorgehensweise und den (umfangreicheren) Fallbeispielen bleiben wir dann allerdings bei dem Anwendungsfeld der Vermarktung von Schokolade. Dabei sind die Darstellungen aber so gehalten, dass sie auch für Nicht-Marketing-Spezialisten problemlos nachvollziehbar sind und sich damit hoffentlich auch leicht auf das eigene Anwendungsfeld unserer Leserinnen und Leser übertragen lassen.

Vor dem Hintergrund der obigen Veränderungen ist es unseres Erachtens nicht vermessen, bei der 16. Auflage von einem neuen Buch zu sprechen. Den hohen Zeitaufwand, den eine solche Neufassung erfordert, haben alle Autoren manchmal „an den Rand des Erträglichen" geführt. Wir hoffen deshalb, dass sich die Mühen gelohnt haben.

Die umfänglichen Überarbeitungen der neuen Auflage wären nicht möglich gewesen, wenn uns nicht auch unsere wissenschaftlichen Mitarbeiterinnen und Mitarbeiter sowie eine Vielzahl wissenschaftlicher Hilfskräfte unterstützt hätten. Auf der Seite der Mitarbeiterinnen und Mitarbeiter danken wir vor allem Frau M. Sc. Mi Nguyen, Herrn M. Sc. Lorenz Gabriel und Herrn M. Eng. Julian Morgen an der Universität Trier, die in unermüdlicher Weise die Anpassung des deutschen Textes an die englischen Texte vorgenommen und immer wieder unsere Änderungen in den Texten eingearbeitet haben. Bei der Erstellung der vielen Abbildungen gilt unser besonderer Dank vor allem Frau B. Sc. Nele Jacobs, die u. a. die vielen Abbildungen immer wieder auf Korrektheit kontrolliert und auch die Screenshots zu den SPSS-Menüs und SPSS-Outputs erstellt und bearbeitet hat. Als Testleserinnen konnten wir Frau Theresa Wild und Frau Frederike Biskupski aus Münster gewinnen. Sie haben uns wertvolle Hinweise zum besseren Verständnis der Texte geliefert, für die wir in besonderer Weise dankbar sind. Zudem gilt unser Dank Frau Gabriele Rüter aus Münster, die Teile dieser Ausgabe in ihrer gewohnten Gewissenhaftigkeit Korrektur gelesen hat. Schließlich danken wir auch Frau Beate Kaster aus Trier, die uns bei der Übertragung sowie der ersten Übersetzung der englischen Texte in die deutsche Version unterstützt hat und auch beim Korrekturlesen der deutschen Ausgabe behilflich war. Selbstverständlich gehen alle eventuell noch vorhandenen Mängel zu unseren Lasten.

Ein besonderer Dank gilt nicht zuletzt Herrn M. Eng. Julian Morgen, der die gesamte Koordination der Kapitel zwischen den Autoren und auch gegenüber dem Springer Gabler-Verlag übernommen hat. Unermüdlich hat er nicht nur immer wieder geduldig Änderungswünsche entgegengenommen und in Rekordgeschwindigkeit umgesetzt, sondern oft auch maßgebliche Hilfestellungen bei Erstellungsfragen gegeben. In der Anfangsphase des Erstellungsprozesses wurde er zusätzlich noch von Herrn Dr. David Lichter unterstützt, der zwischenzeitlich seine Promotion beendet hat und von der Universität Trier in die Beratungspraxis gewechselt ist.

Schließlich gilt unser Dank Frau Barbara Roscher und Frau Birgit Borstelmann vom Springer Gabler-Verlag, die uns in bewährter Weise und mit großem Engagement bei der verlagsseitigen Betreuung dieses Buches unterstützt haben.

| | |
|---|---:|
| Münster | Klaus Backhaus |
| Magdeburg | Bernd Erichson |
| Münster | Sonja Gensler |
| Trier | Rolf Weiber |
| München | Thomas Weiber |
| Im April 2021 | |

# Vorwort zur 14. Auflage

Anlässlich des 50jährigen Bestehens des Berufsverbandes Deutscher Markt- und Sozialforscher e. V. (BVM) wurden im Juni 2015 die beiden von uns verfassten Bücher zu multivariaten Analysemethoden mit dem BVM-Preis in der Kategorie „Persönlichkeit des Jahres" ausgezeichnet. Der Preis wird nur verliehen, wenn nach Einschätzung der BVM-Jury eine Leistung erkennbar ist, die als herausragend und zukunftsweisend zu bezeichnen ist. Es ehrt uns in besonderer Weise, dass wir diesen Preis erhalten haben und damit vor allem der Einfluss unseres Buches auf die Marktforschungspraxis in den letzten 35 Jahr gewürdigt wird. Der Preis ist uns Verpflichtung und Ansporn für die Zukunft und gegenüber unseren Lesern. Zeitgleich mit der Preisverleihung durch den BVM können wir bereits die 14. Auflage der „Multivariaten Analysemethoden" präsentieren, die vor allem durch Verbesserungen in Einzelaspekten sowie Aktualisierungen gekennzeichnet ist. Auch die 14. Auflage „MVA" behält das mit der 12. Auflage realisierte Konzept bei und präsentiert neun „grundlegende" Verfahren der multivariaten Datenanalyse, die besonders häufig in der Bachelorausbildung gelehrt werden. Demgegenüber werden Verfahren, die aus unserer Sicht eher im Master- oder Doktorandenstudium vermittelt werden, in unserem ebenfalls neu aufgelegten Buch

> **Backhaus, Klaus/Erichson, Bernd/Weiber, Rolf:**
> Fortgeschrittene Multivariate Analysemethoden:
> Eine anwendungsorientierte Einführung, 3. Aufl., Berlin 2015

behandelt. Um auch den Lesern des vorliegenden Werkes eine kurze Einführung in die sog. „Fortgeschrittenen Verfahren" zu geben, werden diese im Teil III des vorliegenden Buches auf jeweils ca. sieben Seiten in ihren wesentlichen Charakteristika dargestellt. Die 14. Auflage weist insbesondere folgende Änderungen bzw. Neuerungen auf:

1. Beispiele, soweit sie mit SPSS gerechnet wurden, sind auf die neueste SPSS-Version umgestellt worden (SPSS 23). Dabei zeigte sich, dass in SPSS 22 viele Outputs in meist kleinen Details geändert wurden, was dann aber in SPSS 23 wieder rückgängig gemacht wurde. Im Ergebnis entsprechen damit die SPSS-Outputs der Version

23 weitgehend wieder denen der Version 19, die der 13. Auflage dieses Werkes zu Grunde lag. Durch den Abgleich der Outputs mit der aktuell verfügbaren SPSS-Version möchten wir sicherstellen, dass der Leser die eigenen Ergebnisse – auch wenn er frühere Versionen von SPSS verwendet – mit den Outputs der neuesten Programmversion vergleichen kann.
2. Zum Teil haben wir die Erklärungen in einzelnen Kapiteln erweitert und/oder verbessert. Dabei haben uns auch Reaktionen von Leserinnen und Lesern wertvolle Anregungen gegeben, wofür wir uns sehr herzlich bedanken. Ein besonderer Dank gilt Herrn Dr. Dirk Windelberg, Institut für Algebra, Zahlentheorie und Diskrete Mathematik, Universität Hannover, dem wir wertvolle Anregungen zum Kapitel „Logistische Regression" verdanken. Auch zukünftig sind uns kritische Leseranmerkungen jederzeit höchst willkommen.
3. In einzelnen Kapiteln haben wir Erweiterungen und Ergänzungen vorgenommen, wobei wir uns bei der Entscheidung über die Aufnahme neuer Auswertungsoptionen daran orientiert haben, ob diese für unsere Zielgruppe (Nutzer mit starker Anwendungsorientierung) sinnvoll sind: So wurde z. B. bei der *Regressionsanalyse* ein Kapitel zur Residuen-Analyse aufgenommen, die Varianzanalyse um die Kontrastanalyse sowie multiple Vergleichstests (Post hoc-Tests) erweitert und die *Faktorenanalyse* um das Maximum Likelihood-Verfahren als Extraktionsmethode ergänzt. Für alle Kapitel wurden die Literaturempfehlungen und die zitierten Literaturquellen überarbeitet und auf den neuesten Stand gebracht.

Auch bei der 14. Auflage haben uns die wissenschaftlichen Mitarbeiterinnen und Mitarbeiter sowie viele Hilfskräfte tatkräftig unterstützt. Ein besonderer Dank geht dabei an Frau M.A. Lydia Todenhöfer, Herrn M. Sc. Stefan Benthaus und Herrn Matthias Rese, alle Universität Münster. Sie haben die zentrale Koordination des Werkes übernommen und in unermüdlichen kleinen Schritten die Tücken der verwendeten Schreib-Software LaTeX überwunden, was sich bei dieser Auflage wirklich als Sisyphusarbeit herausstellte. In Trier haben Dipl.-Kfm. Michael Bathen, M. Sc. David Lichter und B. Sc. Dominic Link vor allem Literatur aktualisiert und akribisch Änderungen in den SPSS-Outputs gegenüber vorherigen Versionen abgeglichen.

Insgesamt können wir wieder eine Auflage präsentieren, die auf der aktuellen Version von IBM SPSS 23 basiert und an den Stand der aktuellen Entwicklungen angepasst ist. Eventuell noch vorhandene Fehler gehen selbstverständlich zu unseren Lasten.

| | |
|---|---|
| Münster | Klaus Backhaus |
| Magdeburg | Bernd Erichson |
| Trier | Rolf Weiber |
| Im Juni 2015 | |

# Vorwort zur 12. Auflage

Mit der 12. Auflage der „Multivariaten Analysemethoden" liegt eine grundlegende Überarbeitung und wesentliche Erweiterung der methodischen Inhalte der 11. Auflage vor, ohne dass die bisherigen Verfahren eingeschränkt oder verdrängt wurden. Als neue Verfahren wurden die Zeitreihenanalyse, die Nichtlineare Regressionsanalyse, die Konfirmatorische Faktorenanalyse und ein Kapitel zu auswahlbasierten Verfahren der Conjoint-Analyse aufgenommen. Alle übrigen Verfahren wurden überarbeitet und insbesondere um die für Einsteiger zentralen Optionen von SPSS 16.0 ergänzt und bezüglich der SPSS-Screenshots aktualisiert.

Diese umfangreichen inhaltlichen Erweiterungen und Überarbeitungen hatten zur Folge, dass mit der 12. Auflage das Volumen des Buches nochmals erheblich gestiegen ist. Die 11. Auflage hatte bereits mit ihrem äußeren Umfang die Grenze einer nutzergerechten Handhabung des Buches erreicht. Es war deshalb unausweichlich, eine Grundsatzentscheidung hinsichtlich des Umfangs zu treffen. Wir haben uns deshalb entschieden, das Buch *nicht* inhaltlich zu kürzen, sondern für die Leserinnen und Leser einen neuen Weg des Zugangs zu allen Methoden zu schaffen. Das Gesamtwerk wurde deshalb in zwei Teile gegliedert:

1. Das ***vorliegende Buch*** umfasst in ausführlicher Darstellung in den Kap. 1 bis 9 *„Grundlegende Verfahren der multivariaten Datenanalyse"*, die in der bisher bewährten Form im Detail dargestellt werden. In den Kap. 10 bis 16 werden *„Komplexe Verfahren der multivariaten Datenanalyse"* jeweils auf ca. 6 Seiten in ihren elementaren Grundzügen erläutert.
2. Über die ***Internetplattform*** (www.multivariate.de) zu diesem Buch stellen wir unseren Leserinnen und Lesern jeweils auch eine Darstellung der *„Komplexen Verfahren der multivariaten Datenanalyse"* (Kap. 10 bis 16) im Detail zur Verfügung.

Die auf nachfolgender Seite aufgeführte Tabelle gibt einen Überblick über die Zuordnung der Verfahren jeweils zum Buch oder zur Internetplattform. Die neue Aufteilung des Inhalts erlaubt es, den Verkaufspreis des Buches trotz erheblich anspruchsvollerer Designqualität zu halten. Mit der gefundenen neuen äußeren Form haben wir uns auch bemüht, die Lesefreundlichkeit durch ein vergrößertes Seitenformat, durch Farbgebung, durch professionelle Satztechnik sowie die Hinzufügung von Marginalien zu erhöhen.

Wir danken einer Vielzahl von Leserinnen und Lesern, die uns durch ihre kritischen Hinweise auf Fehler aufmerksam gemacht haben. Wir bedauern sehr, dass sich trotz größter Sorgfalt Fehler eingeschlichen haben und befürchten aus der Erfahrung früherer Auflagen, dass dieses auch bei der 12. Auflage nicht völlig ausgeschlossen werden kann. Umso mehr schätzen wir den offenen Dialog mit unseren Leserinnen und Lesern.

| MVA-Buch „Grundlegende Verfahren der multivariaten Datenanalyse" | MVA-Internetplattform „Fortgeschrittene Verfahren der multivariaten Datenanalyse" |
| --- | --- |
| 1. Regressionsanalyse | 10. Nichtlineare Regression |
| 2. Zeitreihenanalyse | 11. Strukturgleichungsmodelle |
| 3. Varianzanalyse | 12. Konfirmatorische Faktorenanalyse |
| 4. Diskriminanzanalyse | 13. Neuronale Netze |
| 5. Logistische Regression | 14. Multidimensionale Skalierung |
| 6. Kreuztabellierung und Kontingenzanalyse | 15. Korrespondenzanalyse |
| 7. Faktorenanalyse | 16. Auswahlbasierte Conjoint-Analysen |
| 8. Clusteranalyse | |
| 9. Conjoint-Analyse | |

Wiederum sind wir mit der neuen Auflage unserer bewährten Leitlinie gefolgt, die seit Anbeginn von unseren Lesern geschätzt wurde: „Geringstmögliche Anforderungen an mathematische Vorkenntnisse und Gewährleistung einer allgemein verständlichen Darstellung anhand eines für mehrere Methoden entwickelten Beispiels." Das konsequente Verfolgen dieser Konzeption führt natürlich dazu, dass wir auf eine Fülle von Detailfragen nicht eingehen können, weil das Grundverständnis vor dem Detail rangiert. Auf unserer Plattform www.multivariate.de haben wir aber für jedes Verfahren Angaben zu weiterer Spezialliteratur bereitgestellt, die wir kontinuierlich aktualisieren. Hier können auch Anwendungsfragen diskutiert werden. Aber dennoch möchten wir an unserem Grundsatz festhalten: Das Buch ist kein Lehrbuch von Spezialisten für Spezialisten, sondern von Anwendern für Anwender!

Für die neue umfänglich bearbeitete, erweiterte und äußerlich neu gestaltete 12. Auflage schulden wir unseren Mitarbeiterinnen und Mitarbeitern Dank für vielfältige und umfassende Hilfe, nicht nur bei der Lektüre der einzelnen Kapital, sondern auch in Form der kritischen Begleitung der neuen Textfassung ebenso wie die großen Mühen der Dokumentation:

In Münster haben sich Dipl.-Ing. Harald Neun und Dipl.-Kfm. Alfred Zerres in unermüdlicher Sisyphusarbeit um die Koordination der Erstellung der 12. Auflage gekümmert. Sie haben einen Stab von studentischen Hilfskräften geführt, die mit der Transformation des Manuskriptes in das neue Design befasst waren. Besonderen Dank schulden wir cand. rer. pol. Oliver Behrla, Hossein Ghodrati, Alexander Heck, Silja Motullo, Marie Louise Orth, Daniel Piegsa und Christopher Vierhaus. In Magdeburg haben Dipl.-Kffr. Franziska Rumpel und Frau cand. rer. pol. Betül Kural sowie in Trier Dipl.-Kfm. Steffen Freichel, Dipl.-Kfm. Robert Hörstrup, Dipl.-Volksw. Dipl.-Kfm. Daniel Mühlhaus und Dipl.-Kffr. Nina Pečornik immer wieder neue Textfassungen gelesen, konstruktive Verbesserungsvorschläge unterbreitet und bei der abschließenden Kontrolle der Verlagsversion mitgewirkt.

Selbstverständlich gehen alle eventuellen Mängel zu unseren Lasten.

| | |
|---|---|
| Münster | Klaus Backhaus |
| Magdeburg | Bernd Erichson |
| Berlin | Wulff Plinke |
| Trier | Rolf Weiber |
| Im Juli 2008 | |

# www.multivariate.de

Zum vorliegenden Buch sowie zum Buch *„Backhaus/Erichson/Weiber: Fortgeschrittene Multivariate Analysemethoden, 3. Aufl., Berlin"* bieten wir unter der o. g. Internetadresse unterschiedliche Unterstützungsleistungen zu den in beiden Büchern behandelten Verfahren der multivariaten Datenanalyse an. Den Kern dieser Internetpräsenz bilden die folgenden Serviceleistungen:

**MVA-Grundlegende Verfahren**
Zu den im Buch *„Multivariate Analysemethoden, 16. Aufl."* behandelten Verfahren der multivariaten Datenanalyse finden die interessierten Leserinnen und Leser jeweils eine Einordnung dieser Verfahren, einen kurzen Verfahrenssteckbrief sowie eine Übersicht der jeweiligen Kapitelinhalte.

**MVA-Fortgeschrittene Verfahren**
Zu den im Buch *„Fortgeschrittene Multivariate Analysemethoden, 3. Aufl."* behandelten Verfahren der multivariaten Datenanalyse finden die interessierten Leserinnen und Leser jeweils eine Einordnung dieser Verfahren, einen kurzen Verfahrenssteckbrief sowie eine Übersicht der jeweiligen Kapitelinhalte.

**MVA-Service**
Mit der Rubrik MVA-Service bieten wir eine Reihe von Serviceleistungen, die den Anwenderinnen und Anwendern das Verständnis der Methoden erleichtern und eine Vertiefung ermöglichen sollen. Folgende Services werden auf der Seite www.multivariate.de bereitgestellt:

- Anwender- und Dozentensupport
- Korrekturlisten
- Multivariate Forum
- Feedback an die Autoren
- Bestellservice

Über die Rubrik „*Anwender- und Dozentensupport*" können verschiedene Support-Materialien bestellt werden. Insbesondere werden alle verwendeten Datensätze zu den in beiden Büchern behandelten Methoden bereitgestellt. Aus der Liste kann bequem per Klick ausgewählt und bestellt werden. Zusätzlich bieten wir hier für Dozentinnen und Dozenten auch die Möglichkeit zur Bestellung der Abbildungen zu allen Verfahren als PowerPoint-Dateien. Für die 16. Aufl. des MVA-Buches haben wir diesen Service nochmals deutlich ausgedehnt und bieten weitere umfängliche Zusatzmaterialien (z. B. Excel-Dateien; R-Kommandos) auf der Internetseite www.multivariate.de an.

Mit der Rubrik „*Korrekturlisten*" wird auf evtl. vorhandene Druckfehler hingewiesen, die erst nach der Drucklegung bemerkt oder aus dem Leserkreis gemeldet wurden. Mit dem „*Multivariate-Forum*" bieten wir die Möglichkeit, Fragen und Hinweise mit anderen Leserinnen und Lesern zu diskutieren. Spezielle Fragen zum MVA-Buch werden dabei auch von den Autoren beantwortet. Zusätzlich ist ein direktes „*Feedback an die Autoren*" über ein Kontaktformular oder direkt per Mail an mva@uni-trier.de möglich.

Professur für Marketing und Innovation
Univ.-Prof. Dr. Rolf Weiber
Universitätsring 15
D-54296 **Trier**

(mva@uni-trier.de – Tel. 06588 99088)

Absender:

_____

_____

_____

_____

Mail: _____  Telefon: _____

**Betreff: Multivariate Analysemethoden 17. Auflage**

Hiermit bestelle ich

- ❏ alle Datensätze und SPSS-Syntaxdateien zu allen Analysemethoden zum Gesamtpreis von 5 Euro;
- ❏ das komplette Set der Abbildungen zu allen Analysemethoden der 17. Auflage: als geschützte Powerpoint-Dateien (20 Euro).
- ❏ das Set der Abbildungen als geschützte Powerpoint-Datei zum Preis von jeweils 3,00 Euro für die folgenden Analysemethoden der 17. Auflage:

  - ❏ Einführung in die empirische Datenanalyse
  - ❏ Regressionsanalyse
  - ❏ Varianzanalyse (ANOVA)
  - ❏ Diskriminanzanalyse
  - ❏ Logistische Regression
  - ❏ Kontingenzanalyse (Kreuztabellierung)
  - ❏ Faktorenanalyse
  - ❏ Clusteranalyse
  - ❏ Conjoint-Analyse

Die Unterlagen werden per Mail zugestellt. Auf Wunsch können nach Rücksprache auch andere Versandmöglichkeiten (z. B. Speicherstick) gewählt werden.

_____          _____
Datum                                         Unterschrift

Die Bestellungen sind auch direkt über unsere Internetseiten möglich!
www.multivariate.de oder www.multivariate-methods.info

# Inhaltsverzeichnis

| | | |
|---|---|---:|
| 1 | Einführung in die empirische Datenanalyse. | 1 |
| 2 | Regressionsanalyse | 63 |
| 3 | Varianzanalyse (ANOVA). | 161 |
| 4 | Diskriminanzanalyse. | 223 |
| 5 | Logistische Regression | 287 |
| 6 | Kontingenzanalyse | 381 |
| 7 | Faktorenanalyse | 409 |
| 8 | Clusteranalyse. | 485 |
| 9 | Conjoint-Analyse. | 573 |
| Stichwortverzeichnis. | | 649 |

# Einführung in die empirische Datenanalyse

## Inhaltsverzeichnis

| | | |
|---|---|---|
| 1.1 | Multivariate Analysemethoden in diesem Buch: Überblick und Grundlagen | 3 |
| | 1.1.1 Empirische Untersuchungen und quantitative Datenanalyse | 5 |
| | 1.1.2 Skalenniveau von Daten und besondere Typen von Variablen | 7 |
| |     1.1.2.1 Skalenniveau empirischer Daten | 7 |
| |     1.1.2.2 Binärvariable und Dummy-Variable | 11 |
| | 1.1.3 Klassifikation multivariater Analysemethoden | 12 |
| |     1.1.3.1 Struktur-prüfende Verfahren | 13 |
| |     1.1.3.2 Struktur-entdeckende Verfahren | 16 |
| |     1.1.3.3 Zusammenfassung und typische Forschungsfragen der verschiedenen Methoden | 17 |
| 1.2 | Statistische Basiskonzepte | 18 |
| | 1.2.1 Grundlegende statistische Kennwerte | 19 |
| | 1.2.2 Kovarianz und Korrelation | 25 |
| 1.3 | Grundlagen des statistischen Testens | 30 |
| | 1.3.1 Durchführung eines Mittelwerttests (zweiseitig) | 31 |
| |     1.3.1.1 Statistisches Testen unter Verwendung eines kritischen Testwertes | 31 |
| |     1.3.1.2 Statistisches Testen unter Verwendung des p-Wertes | 36 |
| |     1.3.1.3 Fehler erster und zweiter Art | 38 |
| |     1.3.1.4 Durchführung eines einseitigen Mittelwerttests | 39 |
| | 1.3.2 Durchführung eines Tests für Anteilswerte | 41 |
| | 1.3.3 Intervallschätzung (Konfidenzintervall) | 44 |
| 1.4 | Kausalität | 45 |
| | 1.4.1 Kausalität und Korrelation | 46 |
| | 1.4.2 Test auf Kausalität | 47 |
| 1.5 | Ausreißer und fehlende Werte | 49 |
| | 1.5.1 Ausreißer | 49 |
| |     1.5.1.1 Identifikation von Ausreißern | 50 |
| |     1.5.1.2 Behandlung von Ausreißern | 54 |
| | 1.5.2 Fehlende Werte (missing values) | 54 |

© Springer Fachmedien Wiesbaden GmbH, ein Teil von Springer Nature 2023
K. Backhaus et al., *Multivariate Analysemethoden*,
https://doi.org/10.1007/978-3-658-40465-9_1

1.6 Zur Verwendung von IBM SPSS, Excel und R .................................. 58
Literatur. ........................................................................................ 61
    Zitierte Literatur. ........................................................................ 61
    Weiterführende Literatur ............................................................. 61

---

Mit der kostenlosen Flashcard-App „SN Flashcards" können Sie Ihr Wissen anhand von Fragen überprüfen und Themen vertiefen. Für die Nutzung folgen Sie bitte den folgenden Anweisungen:

1. Gehen Sie auf https://flashcards.springernature.com/login
2. Erstellen Sie ein Benutzerkonto, indem Sie Ihre Mailadresse angeben und ein Passwort vergeben.
3. Verwenden Sie den folgenden Link, um Zugang zu Ihrem SN Flashcards Set zu erhalten: https://sn.pub/jDH7Fq

Sollte der Link fehlen oder nicht funktionieren, senden Sie uns bitte eine E-Mail mit dem Betreff „SN Flashcards" und dem Buchtitel an customerservice@springernature.com.

---

Das einleitende Kapitel hat zum Ziel, die Leser mit den Inhalten und dem Zweck des Buches *„Multivariate Analysemethoden"* vertraut zu machen. Darüber hinaus werden elementare Grundlagen der empirischen Datenanalyse, die für alle in diesem Buch behandelten Verfahren relevant sind, dargestellt. Der Mehrzahl der Leser werden diese Inhalte aus der statistischen Grundausbildung bekannt sein und sie dienen deshalb primär der Wiederholung oder der Möglichkeit, wichtige Aspekte der quantitativen Datenanalyse nochmals nachzuschlagen. Das Einführungskapitel ist in sechs Hauptabschnitte untergliedert:

- *Hauptabschnitt 1.1:*
  Die grundlegenden Ziele dieses Buches werden erläutert und elementare Grundlagen der empirischen Forschung zusammengefasst. Da Daten das „Rohmaterial" für multivariate Analysemethoden darstellen, werden in diesem Abschnitt auch die Arten von Daten und ihre Skalenniveaus beschrieben. Darüber hinaus werden die in diesem Buch diskutierten Methoden charakterisiert und nach struktur-prüfenden und strukturentdeckenden Verfahren klassifiziert.
- *Hauptabschnitt 1.2:*
  Es werden grundlegende Statistiken (Mittelwert, Varianz, Standardabweichung, Kovarianz und Korrelation) und ihre Berechnung anhand eines Beispiels erläutert.
- *Hauptabschnitt 1.3:*
  Es wird die Grundidee des statistischen Testens anhand eines Beispiels vermittelt. Zusätzlich werden die Wahl des Signifikanzniveaus sowie die Verwendung des sog. *p*-Werts aufgezeigt. Der Abschnitt legt damit die Grundlage für das Verständnis der verschiedenen in diesem Buch verwendeten statistischen Tests.

- *Hauptabschnitt 1.4:*
  Die Methoden der multivariaten Datenanalyse folgen den Zielen der Beschreibung, Erklärung und Vorhersage. Insbesondere dann, wenn versucht wird, Phänomene des realen Lebens zu erklären oder vorherzusagen, muss das Konzept der Kausalität berücksichtigt werden. Kausalität ist zwar kein statistisches Konzept, doch ist es für die Interpretation statistischer Ergebnisse von entscheidender Bedeutung, weshalb es in diesem Abschnitt erläutert wird.
- *Hauptabschnitt 1.5:*
  Dieser Abschnitt befasst sich mit dem Problem von Ausreißern und fehlenden Werten in empirischen Daten. Dabei wird erläutert, wie sich Ausreißer erkennen lassen und welchen Einfluss sie auf die Ergebnisse empirischer Studien besitzen können. Darüber hinaus werden die von IBM SPSS angebotenen Optionen zur Behandlung fehlender Werte veranschaulicht.
- *Hauptabschnitt 1.6:*
  Die in diesem Buch verwendete Statistiksoftware IBM SPSS wird kurz vorgestellt. Anschließend werden die SPSS-Prozeduren aufgezeigt, die in diesem Buch verwendet werden. Anwender, die mit der Statistiksoftware R arbeiten, finden entsprechende Hinweise auf der Internetseite www.multivariate.de.

## 1.1 Multivariate Analysemethoden in diesem Buch: Überblick und Grundlagen

In diesem Buch werden Verfahren der statistischen Datenanalyse behandelt, die mehrere Variablen simultan betrachten und den Zusammenhang zwischen diesen Variablen quantitativ analysieren. Diese Verfahren werden in diesem Buch zusammenfassend als *multivariate* Analysemethoden bezeichnet. Das Ziel der multivariaten Analysemethoden ist es, Zusammenhänge zu beschreiben, zu erklären oder zukünftige Entwicklungen vorherzusagen. Allerdings ist in der Literatur nicht eindeutig geklärt, wie viele und welche Variablen im Zusammenhang betrachtet werden müssen, um von multivariaten Analysen sprechen zu können. In einer engen Sichtweise werden Analysemethoden z. B. nur dann explizit als „multivariat" bezeichnet, wenn mehrere *abhängige* Variablen betrachtet werden. Das gilt z. B. für die Multivariate Regressionsanalyse (vgl. Abschn. 2.4.3) oder die Multivariate Varianzanalyse (vgl. Abschn. 3.4.1). In diesem Buch wird dem weiten Begriffsverständnis gefolgt, wobei bivariate Analysen, die jeweils nur zwei Variablen gleichzeitig betrachten, als Spezialfall der multivariaten Datenanalyse angesehen werden. Gerade bei bivariaten Analysen sollte dem Anwender aber bewusst sein, dass in der Praxis die Zusammenhänge i. d. R. wesentlich komplexer sind und meist die Berücksichtigung von mehr als nur zwei Variablen erfordern. Eine weitergehende Differenzierung der verschiedenen multivariaten Analysemethoden wird in Abschn. 1.1.3 vorgenommen.

Multivariate Analysemethoden sind heute ein Fundament der empirischen Forschung in den Realwissenschaften. Die Methoden sind immer noch in rasanter Entwicklung. Es werden ständig neue methodische Varianten entwickelt, neue Anwendungsbereiche erschlossen und neue oder verbesserte Computer-Programme entwickelt. Mancher Interessierte aber empfindet Zugangsbarrieren zur Anwendung der Methoden, die aus

- Vorbehalten gegenüber mathematischen Darstellungen,
- einer gewissen Scheu vor dem Einsatz des Computers und
- mangelnder Kenntnis der Methoden und ihrer Anwendungsmöglichkeiten

resultieren. Die Autoren dieses Buches haben sich deshalb das Ziel gesetzt, zur Überwindung der Anwendungsbarrieren beizutragen. Daraus ist ein Text entstanden, der folgende Charakteristika besonders herausstellt:

1. Es wurde größte Sorgfalt darauf verwendet, die Methoden *allgemeinverständlich* darzustellen. Der Zugang zum Verständnis durch den mathematisch ungeschulten Leser hat in allen Kapiteln Vorrang gegenüber dem methodischen Detail. Die Leitidee für jedes Kapitel lautete deshalb: „größtmögliche Beachtung der praktischen Anwendungssituationen bei relativ geringen Anforderungen an mathematische und statistische Details". Dennoch wird der rechnerische Gehalt der Methoden in den wesentlichen Grundzügen erklärt, damit sich der Leser, der sich in die Methoden einarbeitet, eine Vorstellung von der Funktionsweise, den Möglichkeiten und Grenzen der Methoden verschaffen kann.
2. Das Verständnis wird erleichtert durch die ausführliche Darstellung von *Beispielen,* die es erlauben, die Vorgehensweise der Methoden leicht nachzuvollziehen und zu verstehen. Dabei wird zur Erläuterung der Ablaufschritte der jeweiligen Methoden zunächst ein *illustratives Rechenbeispiel* mit nur wenigen Fällen und Variablen verwendet. Anschließend wird jede Methode dann an einem umfangreicheren *Fallbeispiel* unter Anwendung der Statistiksoftware IBM SPSS erläutert.
3. Die Beispiele beziehen sich durchgängig auf den *Schokoladenmarkt*. Die Überlegungen werden dadurch so anschaulich dargestellt, dass sie sich leicht mit der eigenen Erfahrungswelt des Lesers verknüpfen lassen und er somit in die Lage versetzt wird, die Ansätze auf seine spezifischen Anwendungsprobleme zu übertragen.
4. Für die Methoden Diskriminanzanalyse, Logistische Regression, Faktorenanalyse und Clusteranalyse wird das gleiche *Fallbeispiel* mit dem exakt gleichen Datensatz verwendet. Dadurch soll es dem Leser erleichtert werden, die Unterschiede in den Fragestellungen zu erkennen, die durch die verschiedenen Analysemethoden beantwortet werden können. Für die übrigen Methoden (Regressionsanalyse, Varianzanalyse, Conjoint-Analyse) wurden im Fallbeispiel zwar andere Variablen herangezogen, aber auch hier wird der Schokoladenmarkt als Anwendungsfall verwendet. Die Datensätze zu allen Beispielen können über den Bestellschein am Anfang des Buches oder über direkt über die Mailadresse mva@uni-trier.de angefordert werden.

5. Bei der Beschreibung der verschiedenen Methoden werden Berechnungen auch mit EXCEL durchgeführt. Die EXCEL-Dateien werden auf der Website zum Buch (www.multivariate.de) zur Verfügung gestellt.
6. Die umfangreicheren Fallbeispiele werden mit der Statistiksoftware IBM SPSS Statistics oder kurz SPSS gerechnet. Aufgrund der einfachen (menügestützten) Bedienbarkeit von SPSS ist die Software mittlerweile im Hochschulbereich, aber auch in der Praxis sowie der Forschung sehr weit verbreitet. Die SPSS-Ausgabedateien werden dabei für jede Methode im Detail erläutert und im Hinblick auf die Fallbeispiele interpretiert. Am Ende eines jeden Kapitels werden deshalb die SPSS-Kommandos aufgelistet, damit die Leser die Analysen leicht wiederholen können. Alle Daten der Fallstudien können über die Internetseite www.multivariate.de bestellt werden.
7. Anwender, die R (https://www.r-project.org) zur Datenanalyse nutzen möchten, finden die entsprechenden R-Befehle zu den Fallbeispielen der einzelnen Kapitel auf der Internetseite www.multivariate.de.

Insgesamt richtet sich das vorliegende Buch sowohl an Anfänger multivariater Analysemethoden und als auch an aktuelle Anwender, die die Methoden sachkundig anwenden möchten. Daher werden *alle Methoden unabhängig voneinander erklärt*, d. h. die verschiedenen Kapitel können in beliebiger Reihenfolge oder einzeln gelesen werden.

### 1.1.1 Empirische Untersuchungen und quantitative Datenanalyse

Bei empirischen Untersuchungen werden Daten erhoben, die mithilfe von qualitativen oder quantitativen Methoden ausgewertet werden. Die primären Ziele empirischer Untersuchungen sind dabei:

- Beschreibung der Wirklichkeit *(deskriptive Analyse)*
- Prüfung von sachlogisch oder theoretisch entwickelten Aussagen, Hypothesen usw. an den Daten der Wirklichkeit *(konfirmatorische Analyse)*
- Entdeckung von (bisher unbekannten) Zusammenhängen in einem in der Wirklichkeit gewonnenen Datensatz *(explorative Analyse)*.

In den meisten Fällen basieren empirische Studien auf Daten aus einer Stichprobe. Diese bildet nur eine Teilmenge einer größeren Grundgesamtheit. Werden bestimmte statistische Parameter für Stichprobendaten berechnet, so ist unmittelbar die Frage von Interesse, wie die „wahren" Parameter in der Grundgesamtheit ausgeprägt sind. Aus den Daten der Stichprobe können zentrale Parameter für die Grundgesamtheit geschätzt werden, was in den Abschn. 1.2 und 1.3 näher erläutert wird.

Die im Rahmen von empirischen Untersuchungen erhobenen Daten beziehen sich auf unterschiedliche Merkmale der Wirklichkeit und deren Ausprägungen. Die numerisch kodierten Merkmale von Objekten werden als *Variablen* bezeichnet und zur Darstellung üblicherweise durch Buchstaben angegeben (z. B. $X, Y, Z$). Ihre Werte drücken die Eigenschaftswerte von Objekten aus. Eine Variable variiert daher zwischen den betrachteten Objekten und möglicherweise auch im Laufe der Zeit. Bei quantitativen Erhebungen werden die Variablenausprägungen durch Zahlenwerte ausgedrückt. Dabei sind folgende Unterscheidungen wichtig:

- Manifeste versus latente Variable
- Geteilte versus ungeteilte Variablenmenge
- Skalenniveau der Variablen

*Manifeste Variablen* sind solche Variablen, die direkt in der Wirklichkeit beobachtet und gemessen werden können (z. B. Gewicht, Größe, Haarfarbe, Geschlecht, Alter, Preis, Mengen, Einkommen). Demgegenüber sind *latente Variablen* solche Variablen, die *nicht* direkt beobachtet werden können, aber es wird angenommen, dass sie mit manifesten (beobachtbaren) Variablen zusammenhängen. Latente Variable werden oft auch als hypothetische Konstrukte bezeichnet (z. B. Vertrauen, Motivation, Intelligenz, Krankheit, Einstellung). Zur Messung latenter Variablen sind geeignete Operationalisierungen erforderlich, bei denen auf manifeste Variablen zurückgegriffen wird. Verbreitet sind dabei sog. kompositionelle Ansätze, bei denen sich der Messwert einer latenten Variable additiv aus den Komponenten errechnet, die das Konstrukt bestimmen. Als Beispiel sei hier das Konstrukt „Intelligenz" genannt, das additiv aus den Ergebnissen verschiedener Testaufgaben (manifeste Variable) gemessen wird. Die Messung von manifesten Variablen kann auf unterschiedlichem Skalenniveau erfolgen, was in Abschn. 1.1.2 genauer betrachtet wird.

In vielen Fällen geht der Anwender bei empirischen Untersuchungen von einer *geteilten Variablenmenge* aus. Das bedeutet, dass die betrachteten Variablen in meist eine abhängige und eine oder mehrere unabhängige Variablen unterteilt werden (Tab. 1.1).

Eine solche Unterteilung ist erforderlich, wenn in der Realität beobachtete Merkmale ($y$-Variable) durch andere Beobachtungen ($x$-Variable) erklärt werden sollen. In diesem Fall wird auch von *Dependenzanalysen* gesprochen, da unterstellt wird, dass die $y$-Variable von den $x$-Variablen abhängig sind. Bei den in diesem Buch betrachteten *Dependenzanalysen* (Regressions-, Varianz-, Diskriminanz-, Logistische Regressions- und Conjoint-Analyse) wird jeweils nur eine abhängige Variable betrachtet, die durch eine oder mehrere unabhängige Variablen erklärt werden sollen. Meist wird dabei

**Tab. 1.1** Geteilte Variablenmenge (Dependenzanalyse)

| Unabhängige Variable | Abhängige Variable |
|---|---|
| $x_1, x_2, x_3 \ldots$ | $Y_1, Y_2, Y_3 \ldots$ |
| $x$-Variable, erklärende Variable, Prädiktor-Variable, Kovariate | $y$-Variable, erklärte Variable, Response-Variable |

Unabhängigkeit und eine lineare Verknüpfung der unabhängigen Variablen unterstellt. Zur Unterscheidung der verschiedenen dependenzanalytischen Methoden wird in der Literatur meist auf das Skalenniveau der abhängigen und der unabhängigen Variablen zurückgegriffen. Eine daran orientierte Beschreibung der Verfahren liefert Abschn. 1.1.3.1.

Wird keine Unterteilung der Variablenmenge a priori vorgenommen, so werden die zugehörigen Analyseverfahren als *Interdependenzanalysen* bezeichnet. Zu dieser Gruppe von Analysemethoden zählen die in diesem Buch behandelten Verfahren der Faktoren- und der Clusteranalyse. Abschn. 1.1.3.2 liefert eine kurze Erläuterung zur Grundidee dieser beiden Verfahren.

### 1.1.2 Skalenniveau von Daten und besondere Typen von Variablen

Daten sind das „Rohmaterial" der multivariaten Datenanalyse. Variablen können verschiedene Arten von Daten enthalten. In der empirischen Forschung wird unterschieden zwischen

- Querschnittsdaten und Zeitreihendaten,
- Beobachtungsdaten und experimentelle Daten.

*Querschnittdaten* werden an einem einzigen Punkt oder in einem einzigen Zeitintervall von verschiedenen Subjekten oder Objekten gesammelt. *Zeitreihendaten* (Längsschnittdaten) werden in regelmäßigen Zeitabständen erhoben (z. B. monatliche Verkäufe von Schokolade). Sie messen, wie sich eine Variable im Laufe der Zeit verändert. Zeitreihendaten haben eine natürliche zeitliche Ordnung und sind für Vorhersagen von besonderer Bedeutung. Auch Querschnittszeitreihendaten (cross-sectional time-series) können erhoben werden. Somit ist eine Kombination beider Arten von Daten möglich.

Die meisten Daten sind *Beobachtungsdaten*. Zu den Beobachtungsdaten gehören auch Umfragedaten, die durch Befragung der Untersuchungseinheiten (Befragten) gewonnen werden. Der Begriff „Beobachtungsdaten" bedeutet, dass der Anwender keinen Einfluss auf die Datengenerierung hat (oder haben sollte). Z. B. sollte die Art und Weise der Befragung keinen Einfluss auf die Antwort eines Befragten auf eine Frage haben.

Dies unterscheidet sich von *experimentellen Daten*. In einem Experiment manipuliert der Anwender aktiv eine oder mehrere unabhängige Variablen $X$ und beobachtet Veränderungen in einer abhängigen Variablen $Y$. Dabei achtet die Forschung sehr darauf, Einflüsse anderer Variablen auszuschalten, um Aussagen über die Wirkung von $X$ auf $Y$ treffen zu können (um herauszufinden, ob ein kausaler Zusammenhang besteht).

#### 1.1.2.1 Skalenniveau empirischer Daten
Die Datenqualität wird u. a. durch die *Messmethode* bestimmt. Messen bedeutet, dass Eigenschaften (Merkmale) von Objekten (Personen) nach bestimmten Regeln durch

Zahlen ausgedrückt werden (z. B. bedeutet eine höhere Zahl ein größeres Gewicht eines Objekts oder einer Person). Auf diese Weise entstehen Variablen. Wie gut bestimmte Merkmale oder Variablen gemessen werden können, ist dabei unterschiedlich. z. B. kann das Gewicht oder die Größe einer Person leicht in Zahlen ausgedrückt werden, während Intelligenz oder Motivation schwieriger zu erfassen sind. Messungen können auch bezüglich ihres unterschiedlichen Informationsgehaltes unterschieden werden, was sich in ihrem *Skalenniveau* widerspiegelt. Im Folgenden werden die verschiedenen Arten von Skalenniveaus diskutiert. Anschließend wird auf Binär- und Dummy-Variablen eingegangen, da diese in der empirischen Forschung wichtige Arten von Variablen darstellen.

Die am meisten verbreitete Unterscheidung von Skalenniveaus wurde von Stevens (1946) entwickelt, der zwischen Nominal-, Ordinal-, Intervall- und Ratio-Skalen unterscheidet. Nominalskala und Ordinalskala werden auch als *nichtmetrische oder kategoriale Skalen* bezeichnet. Intervallskala und Ratioskala werden auch als *metrisch oder kardinale Skalen* bezeichnet. Das Skalenniveau bedingt sowohl den *Informationsgehalt der Daten* wie auch die *Anwendbarkeit von Rechenoperationen*. Tab. 1.2 gibt hierzu einen zusammenfassenden Überblick. Im Folgenden werden die Skalentypen und ihre Eigenschaften kurz erläutert.

**Skalenniveaus nach Stevens**

Die *Nominalskala* ist die einfachste Art der Messung, bei der die Vergabe von Zahlenwerten lediglich der Identifikation von Merkmalsausprägungen dient. Beispiele für Nominalskalen sind

- Geschlecht (männlich – weiblich – divers)
- Religion (katholisch – evangelisch – …)
- Farbe (rot – gelb – grün – blau – …)

**Tab. 1.2** Skalenniveau von Variablen

| Skala | | Merkmale | Mögliche rechnerische Handhabung |
|---|---|---|---|
| Nichtmetrische Skalen (kategorial) | NOMINALSKALA | Klassifizierung qualitativer Eigenschaftsausprägungen | Bildung von Häufigkeiten, Modus |
| | ORDINALSKALA | Rangwert mit Ordinalzahlen | Median, Quantile |
| Metrische Skalen (kardinal) | INTERVALLSKALA | Skala mit gleichgroßen Abschnitten ohne natürlichen Nullpunkt | Subtraktion, Mittelwert, Standardabweichung, Korrelation, t-Test, F-Test |
| | RATIOSKALA | Skala mit gleichgroßen Abschnitten und natürlichem Nullpunkt | Summe, Division, Multiplikation, geometrisches Mittel, harmonisches Mittel, Varianzkoeffizient |

- Werbemedium (Fernsehen – Zeitungen – Plakattafeln – ...)
- Vertriebsgebiete (Nord – Süd – Ost – West)

Nominalskalen liefern somit reine Klassifizierungen qualitativer Eigenschaftsausprägungen, weshalb sie auch als qualitative Merkmale bezeichnet werden. So kann z. B. das Merkmale „Farbe", das in drei Varianten auftritt, wie folgt kodiert werden:

- rot = 1
- gelb = 2
- grün = 3

Die Wahl der Zahlen zur Identifikation einer Farbe ist dabei willkürlich, d. h. es hätten auch andere Zahlen (z. B. 5, 22, 181) gewählt werden können. Entscheidend ist lediglich die eindeutige Zuordnung zu einer Merkmalsausprägung. Durch eine Zahl darf also nur genau eine Farbe definiert werden. Bei Nominalskalen sind keine arithmetischen Operationen (wie Addition, Subtraktion, Multiplikation oder Division) erlaubt. Vielmehr lassen sich lediglich durch Zählen der Merkmalsausprägungen (bzw. der sie repräsentierenden Zahlen) Häufigkeiten ermitteln. Bei empirischen Anwendungen ist deshalb streng darauf zu achten, dass mit nominal skalierten Variablen auch *keine* Rechenoperationen durchgeführt und auch keine Mittelwerte berechnet werden. Dass ein Mittelwert von 2,4 bei den o. g. drei Farben keine Aussagekraft besitzt, ist wohl unmittelbar einsichtig. Möglich ist aber das Bilden von Häufigkeiten, die angeben, wie oft in einer Datenmenge die verschiedenen Merkmalsausprägungen auftreten (z. B. 25 % rot; 40 % gelb; 35 % grünw).

Eine *Ordinalskala* stellt das nächsthöhere Messniveau dar. Die Ordinalskala erlaubt die Aufstellung einer Rangordnung mithilfe von Rangwerten (d. h. ordinalen Zahlen). Beispiele: Produkt A wird Produkt B vorgezogen; Herr M. ist tüchtiger als Herr N. Die Untersuchungsobjekte können immer nur in eine Rangordnung gebracht werden. Die Rangwerte 1., 2., 3. etc. sagen dabei aber nichts über die Abstände zwischen den Objekten aus, da die Abstände zwischen den unterschiedlichen Rangwerten nicht gleich groß *(äquidistant)* sein müssen. Aus der Ordinalskala kann also nicht abgelesen werden, um wie viel das Produkt A besser eingeschätzt wird als das Produkt B. Daher dürfen auch ordinale Daten, ebenso wie nominale Daten, keinen arithmetischen Operationen unterzogen werden. Zulässige statistische Berechnungen sind hier neben Häufigkeiten z. B. der Median oder Quantile.

Ordinalvariablen werden oft auch wie nominale (und damit qualitative) Variablen behandelt (z. B. im Falle von sozialen Klassen: Unter-, Mittel-, Oberschicht). Eine Transformation auf ein niedrigeres Skalenniveau ist immer möglich, nicht aber vice versa. Alternativ werden Ordinalvariablen manchmal auch als metrisch interpretiert, was aber streng genommen nicht zulässig ist und später in diesem Abschnitt noch genauer diskutiert wird.

Das nächsthöhere Messniveau stellt die *Intervallskala* dar. Diese weist gleichgroße Skalenabschnitte aus. Ein typisches Beispiel ist die Celsius-Skala zur Temperaturmessung, bei der der Abstand zwischen Gefrierpunkt und Siedepunkt des Wassers in hundert gleichgroße Abschnitte eingeteilt wird. Bei intervallskalierten Daten besitzen auch die Differenzen zwischen den Daten Informationsgehalt (z. B. größer oder kleiner Temperaturunterschied), was bei nominalen oder ordinalen Daten nicht der Fall ist. Allerdings kann dabei jedoch nicht behauptet werden, dass 20 Grad Celsius doppelt so warm sind wie 10 Grad Celsius. Es dürfen aber Mittelwerte, Standardabweichungen oder Korrelationen für intervallskalierte Daten berechnet werden.

Die *Ratio- (oder Verhältnis-)skala* stellt das höchste Messniveau dar. Sie unterscheidet sich von der Intervallskala dadurch, dass zusätzlich ein natürlicher Nullpunkt existiert, der sich für das betreffende Merkmal im Sinne von „nicht vorhanden" interpretieren lässt. Das ist z. B. bei der Celsius-Skala oder der Kalenderzeit nicht der Fall, dagegen aber bei den meisten physikalischen Merkmalen (z. B. Länge, Gewicht, Geschwindigkeit) wie auch bei den meisten ökonomischen Merkmalen (z. B. Einkommen, Kosten, Preis). Bei verhältnisskalierten Daten besitzen nicht nur die Differenz, sondern, infolge der Fixierung des Nullpunktes, auch der Quotient bzw. das Verhältnis (Ratio) der Daten Informationsgehalt (daher der Name). Ratioskalierte Daten erlauben die Anwendung aller arithmetischen Operationen wie auch die Anwendung aller obigen statistischen Maße.

Zusammenfassend kann folgendes festgehalten werden: Je höher das Skalenniveau ist, desto größer ist auch der Informationsgehalt der betreffenden Daten und desto mehr Rechenoperationen und statistische Maße lassen sich auf die Daten anwenden. Es ist generell möglich, Daten von einem höheren Skalenniveau auf ein niedrigeres Skalenniveau zu transformieren, nicht aber umgekehrt. Dies kann sinnvoll sein, um die Übersichtlichkeit der Daten zu erhöhen oder um ihre Analyse zu vereinfachen: So werden z. B. häufig Einkommensklassen oder Preisklassen gebildet. Dabei kann es sich um eine Transformation der ursprünglich ratioskalierten Daten auf eine Intervall-, Ordinal- oder Nominal-Skala handeln. Mit der Transformation auf ein niedrigeres Skalenniveau ist natürlich immer auch ein Informationsverlust verbunden.

**Die Verwendung von Ratingskalen in empirischen Untersuchungen**
In der empirischen Forschung und hier insbesondere bei verhaltenswissenschaftlichen Studien werden häufig sog. *Ratingskalen* verwendet. Sie sind vor allem wegen ihrer Vielseitigkeit und Benutzerfreundlichkeit sehr beliebt. Ratingskalen sind Skalen, in denen die Befragten gebeten werden, ihre Einschätzung zu einer bestimmten Aussage (z. B. Bewertung von Produkten) mithilfe von Zahlenwerten anzugeben. Typische Beispiele für Ratingskalen sind:

- *Bewertungsskalen,* mit denen z. B. die Qualität oder das Leistungsniveau beurteilt werden sollen.
- *Wichtigkeitsskalen,* mit deren Hilfe z. B. die Wichtigkeit einer Eigenschaft bewertet werden soll.

## 1.1 Multivariate Analysemethoden in diesem Buch: Überblick und Grundlagen

**Abb. 1.1** Beispiel einer Zustimmungsskala (Ratingskala)

- *Intensitätsskalen,* mit deren Hilfe die Ausprägung von Eigenschaften (gering/hoch) angegeben werden sollen.
- *Zustimmungsskalen,* die die Zustimmung einer Person zu bestimmten Aussagen angeben (vgl. Abb. 1.1).

Die Entwicklung einer Ratingskala erfordert große Sorgfalt. Eine wichtige Entscheidung ist dabei die Anzahl der Stufen (Punkte), die eine Ratingskala aufweisen soll. In der Praxis werden häufig 5-Punkte-Skalen verwendet, aber auch Skalen von 0 bis 100 sind möglich. Entscheidend für die Anzahl der Stufen ist u. a. die Frage, ob die Abstände zwischen den Zahlenwerten von allen Befragten als gleich groß (äquidistant) empfunden werden. Nur wenn dies der Fall ist, können Ratingskalen als Intervallskala interpretiert werden. Andernfalls müssen die Werte als nur ordinalskaliert angenommen werden.

### 1.1.2.2 Binärvariable und Dummy-Variable

Variablen, die nur zwei Kategorien umfassen, werden als *dichotome Variablen* bezeichnet. Sie sind ein Sonderfall der nominalen Variablen. Beispiele für dichotome Variable sind:

- Ja-Nein-Entscheidungen (z. B. Kauf; Nicht-Kauf)
- Test auf Krankheiten (positiv; negativ)
- Überlebensfrage (Patient überlebt; Patient stirbt)
- Münzwurf (Kopf; Zahl)
- Geschlecht (männlich; weiblich)

Wenn dichotome Variablen mit 0 und 1 kodiert sind, werden sie als binäre Variablen oder Dummy-Variablen bezeichnet. *Binäre Variablen* können wie metrische Variablen behandelt werden. Der Mittelwert einer binären Variable gibt den Anteil an, mit dem der mit 1 kodierte Attributwert in einem Datensatz vorkommt. Wenn z. B. „Kauf" mit 1 und „kein Kauf" mit 0 kodiert ist, bedeutet der entsprechende Mittelwert von z. B. 0,75, dass ein Produkt von 75 % der Befragten gekauft wurde.

Nominalvariablen mit mehr als zwei Kategorien können nicht wie metrische Variablen behandelt werden. Es ist jedoch möglich, eine Nominalvariable durch mehrere Dummy-Variablen zu ersetzen, die dann wie metrische Variablen interpretiert werden können.

> **Beispiel**
>
> Ein Anbieter möchte wissen, ob die Farbe der Verpackung einen Einfluss auf die Kaufentscheidung besitzt. Drei Farben stehen zur Verfügung: Rot, Gelb und Grün.
>
> Das nominale Merkmal „Farbe" kann durch drei Dummy-Variablen mit jeweils der Ausprägung 1 (Farbe vorhanden) und 0 (Farbe nicht vorhanden) repräsentiertwerden. Für die Farbe Rot lautet die Kodierung der Dummy-Variable $q_1$ wie folgt:
>
> $$q_1 = \begin{cases} 1 \text{ wenn Farbe} = \text{rot} \\ 0 \text{ sonst} \end{cases}$$
>
> In ähnlicher Weise kann eine Dummy-Variable $q_2$ für die Farbe Gelb und eine Dummy-Variable $q_3$ für die Farbe Grün definiert werden. Werden nur Verpackungen in den drei Farben Rot, Gelb und Grün verwendet, so ist eine der drei Dummy-Variablen überflüssig. Denn wenn $q_1 = 0$ und $q_2 = 0$, dann muss zwingender Weise auch gelten: $q_3 = 1$. Die drei Farben lassen sich also mithilfe der beiden Dummies ($q_1$, $q_2$) eindeutig beschreiben: rot = (1, 0), gelb = (0, 1), grün = (0, 0). Im Allgemeinen kann eine nominale Variable mit n Werten durch $(n - 1)$ Dummy-Variable ersetzt werden.
>
> Dummy-Variablen können wie metrische Variablen behandelt werden. Wird die Korrelation von Dummy-Variablen mit metrischen Variablen berechnet, so wird von einer *punkt-biseriellen Korrelation* gesprochen. Die punkt-bieserielle Korrelation ist ein Spezialfall der Bravais-Pearson-Korrelation (vgl. Abschn. 1.2.2).[1]
>
> Ein Problem bei der Verwendung von Dummy-Variablen bilden nominale Merkmale mit vielen Merkmalsausprägungen. Hier kommt es zu einer impliziten Gewichtung, da die Zahl der Variablen steigt, die letztendlich ja den gleichen Sachverhalt (z. B. Farbe) messen. Bei der Transformation einer nominalen Variablen mit vielen Ausprägungen ist deshalb immer Vorsicht geboten. In empirischen Untersuchungen sollte deshalb auch immer angegeben werden, ob Dummy-Variablen verwendet wurden und wie sich diese zusammensetzen. ◄

## 1.1.3 Klassifikation multivariater Analysemethoden

Im vorliegenden Buch werden diejenigen multivariaten Analysemethoden behandelt, die aus Sicht der Autoren

- eine grundlegende Bedeutung für die multivariate Datenanalyse besitzen und in Wissenschaft und Praxis häufig angewandt werden;
- für die Lehre an Hochschulen von zentraler Bedeutung und dort meist auch Gegenstand der Ausbildung sind.

---

[1] Sowohl SPSS als auch R verwenden die punktbiseriale Berechnung einer Korrelation, wenn eine der Variablen nur zwei berechnungsrelevante Ausprägungen besitzt.

Es werden folgende grundlegenden Analysemethoden behandelt:

- Regressionsanalyse (Lineare Einfachregression und multiple Regression)
- Varianzanalyse
- Diskriminanzanalyse
- Logistische Regression (binäre und multinomiale)
- Kontingenzanalyse (Kreuztabellierung)
- Faktorenanalyse
- Clusteranalyse
- Conjoint-Analyse (traditionelle und auswahlbasierte)

Zur Einordnung der obigen Verfahren ist aus Anwendungssicht eine Unterscheidung nach primär *Struktur-entdeckenden Verfahren* und primär *Struktur-prüfenden Verfahren* zweckmäßig:

1. *Struktur-prüfende Verfahren* sind solche multivariaten Verfahren, deren primäres Ziel in der *Überprüfung von Zusammenhängen* zwischen Variablen liegt. Dabei wird überwiegend die kausale Abhängigkeit einer interessierenden Variablen von einer oder mehreren sog. unabhängigen Variablen (Einflussfaktoren) betrachtet. Der Anwender besitzt eine auf sachlogischen oder theoretischen Überlegungen basierende Vorstellung über die Zusammenhänge zwischen Variablen und möchte diese mithilfe multivariater Verfahren überprüfen. Struktur-prüfende Verfahren sind: Regressionsanalyse, Varianzanalyse (ANOVA), Diskriminanzanalyse, logistische Regression, Kontingenzanalyse sowie Conjoint-Analyse.
2. *Struktur-entdeckende Verfahren* sind solche multivariate Verfahren, deren Ziel in der *Entdeckung von Zusammenhängen* zwischen Variablen oder zwischen Objekten liegt. Der Anwender besitzt zu Beginn der Analyse noch keine Vorstellungen darüber, welche Beziehungszusammenhänge in einem Datensatz existieren. Struktur-entdeckende Verfahren, die in diesem Buch behandelt werden, sind: Faktorenanalyse und Clusteranalyse. Andere Methoden, die in diesem Buch nicht behandelt werden, sind z. D. die Multidimensionale Skalierung (MDS), die Korrespondenzanalyse und Künstliche neuronale Netze (KNN).

Allerdings sei betont, dass *eine überschneidungsfreie Zuordnung* der Verfahren zu den obigen beiden Kategorien nicht immer eindeutig möglich ist, da sich die Zielsetzungen der Verfahren z. T. überschneiden.

### 1.1.3.1 Struktur-prüfende Verfahren

Die Struktur-prüfenden Verfahren werden primär zur Durchführung von *Kausalanalysen* eingesetzt, um herauszufinden, ob und wie stark sich z. B. das Wetter, die Bodenbeschaffenheit sowie unterschiedliche Düngemittel und -mengen auf den Ernteertrag auswirken oder wie stark die Nachfrage eines Produktes von dessen Qualität, dem Preis, der Werbung und dem Einkommen der Nachfrager abhängt.

Voraussetzung für die Anwendung der entsprechenden Verfahren ist, dass der Anwender *a priori (vorab)* eine sachlogisch möglichst gut fundierte Vorstellung über den Kausalzusammenhang zwischen den Variablen entwickelt hat, d. h. er weiß bereits oder vermutet, welche der Variablen auf andere Variablen einwirken. Zur Überprüfung seiner (theoretischen) Vorstellungen werden die von ihm betrachteten Variablen i. d. R. in *abhängige* und *unabhängige* Variablen eingeteilt und dann mithilfe von multivariaten Analysemethoden an den empirisch erhobenen Daten überprüft. Nach dem Skalenniveau der Variablen lassen sich die grundlegenden Struktur-prüfenden Verfahren gemäß Tab. 1.3 charakterisieren.

**Regressionsanalyse**
Die Regressionsanalyse ist ein außerordentlich vielseitiges und flexibles Analyseverfahren, das sowohl für die *Beschreibung* und *Erklärung von Zusammenhängen* als auch für die *Durchführung von Prognosen* große Bedeutung besitzt. Sie ist damit sicherlich das wichtigste und am häufigsten angewendete multivariate Analyseverfahren. Insbesondere kommt sie in Fällen zur Anwendung, wenn Wirkungsbeziehungen zwischen einer abhängigen und einer oder mehreren unabhängigen Variablen untersucht werden sollen. Mithilfe der Regressionsanalyse können derartige Beziehungen quantifiziert und damit weitgehend exakt beschrieben werden. Außerdem lassen sich mit ihrer Hilfe Hypothesen über Wirkungsbeziehungen prüfen und auch Prognosen erstellen.

Ein Beispiel bildet die Frage, ob und wie die Absatzmenge eines Produktes vom Preis, den Werbeausgaben, der Zahl der Verkaufsstätten und dem Volkseinkommen abhängt. Sind diese Zusammenhänge mithilfe der Regressionsanalyse quantifiziert und empirisch bestätigt worden, so lassen sich Prognosen (What-if-Analysen) erstellen, die beantworten, wie sich die Absatzmenge verändern wird, wenn z. B. der Preis oder die Werbeausgaben oder auch beide Variablen zusammen verändert werden.

Im Allgemeinen ist die Regressionsanalyse anwendbar, wenn sowohl die abhängigen als auch die unabhängigen Variablen metrische Variablen sind. Bei Verwendung von Dummy-Variablen können jedoch auch qualitative (nominalskalierte) Variablen in die Regressionsanalyse einbezogen werden (vgl. Abschn. 1.1.2.2).

**Varianzanalyse**
Werden die unabhängigen Variablen auf nominalem Skalenniveau gemessen und die abhängigen Variablen auf metrischem Skalenniveau, so findet die Varianzanalyse

**Tab. 1.3** Struktur-prüfende multivariate Analysemethoden in diesem Buch

| | | UNABHÄNGIGE VARIABLE | |
|---|---|---|---|
| | | Metrisches Skalenniveau | Nominales Skalenniveau |
| ABHÄNGIGE VARIABLE | Metrisches Skalenniveau | Regressionsanalyse | Varianzanalyse |
| | Nominales/ordinales Skalenniveau | Diskriminanzanalyse Logistische Regression | Kontingenzanalyse Conjoint-Analyse |

Anwendung. Dieses Verfahren besitzt besondere Bedeutung für die *Analyse von Experimenten,* wobei die nominalen unabhängigen Variablen die experimentellen Einwirkungen repräsentieren. So kann z. B. in einem Experiment untersucht werden, welche Wirkung alternative Verpackungen eines Produktes oder dessen Platzierung im Geschäft auf die Absatzmenge haben – unter der Annahme, dass keine anderen Faktoren das Verkaufsvolumen beeinflussen.

**Diskriminanzanalyse**
Ist die abhängige Variable nominal skaliert und besitzen die unabhängigen Variablen metrisches Skalenniveau, so findet die Diskriminanzanalyse Anwendung. Die Diskriminanzanalyse ist ein Verfahren zur *Analyse von Gruppenunterschieden.* Ein Beispiel bildet die Frage, ob und wie sich die Wähler der verschiedenen Parteien hinsichtlich soziodemografischer und psychografischer Merkmale unterscheiden. Die abhängige nominale Variable identifiziert die Gruppenzugehörigkeit, hier die gewählte Partei, und die unabhängigen Variablen beschreiben die Gruppenelemente durch metrisch skalierte Merkmale, hier die Wähler.

Ein weiteres Anwendungsgebiet der Diskriminanzanalyse ist die *Klassifizierung von Elementen.* Wenn beispielsweise die Beziehungen zwischen Gruppenzugehörigkeit und Merkmalen für eine gegebene Menge von Objekten (Subjekten) analysiert wurde, lässt sich die Gruppenzugehörigkeit von „neuen" Objekten (Subjekten) vorhersagen. Solche Anwendungen werden häufig bei der Kreditwürdigkeitsprüfung (d. h. bei der Risikoklassifizierung von Kunden einer Bank, die einen Kredit beantragen) oder bei Leistungsbewertungen (z. B. bei der Klassifizierung von Handelsvertretern nach dem erwarteten Verkaufserfolg) verwendet.

**Logistische Regression (binäre und multinomiale)**
Ganz ähnliche Fragestellungen wie mit der Diskriminanzanalyse können auch mit dem Verfahren der logistischen Regression untersucht werden. Hier wird die *Wahrscheinlichkeit* der Zugehörigkeit zu einer Gruppe (einer Kategorie der abhängigen Variablen) in Abhängigkeit von einer oder mehreren unabhängigen Variablen bestimmt. Besitzt die abhängige Variable nur zwei Ausprägungen, so wird eine Binär-logistische Regression durchgeführt. Besitzt die abhängige Variable hingegen ein nominales Skalenniveau und hat dabei 3 und mehr Ausprägungen, so wird eine multinomiale logistische Regression durchgeführt. Dabei können die unabhängigen Variablen sowohl nominales als auch metrisches Skalenniveau aufweisen. Neben der Analyse von Gruppenunterschieden ist es z. B. auch möglich, ein Ereignis vorherzusagen. So kann z. B. das Risiko eines Herzinfarktes für Patienten in Abhängigkeit von ihrem Alter und ihrem Cholesterinspiegel vorhergesagt werden. Da die (s-förmige) logistische Funktion verwendet wird, um die Wahrscheinlichkeiten verschiedener Kategorien der abhängigen Variablen zu schätzen, basiert die logistische Regression auf einem *nichtlinearen Modell,* hat aber eine lineare systematische Komponente (wie auch die anderen in diesem Buch behandelten Methoden).

**Kontingenzanalyse und Kreuztabellen**

Werden nur nominale Variablen beobachtet, so kann die Kontingenzanalyse angewandt verwendet werden. Bei der Kontingenzanalyse werden Beziehungen zwischen zwei oder mehr nominalskalierten Variablen untersucht. Beispielsweise genannt sei hier die Untersuchung der Beziehung zwischen Rauchen (Raucher versus Nichtraucher) und Lungenkrebs (ja, nein). Zur Analyse werden Kreuztabellen (Kontingenztabellen) herangezogen, die die Kombination von Ausprägungen der Nominalvariablen abbilden.

**Conjoint-Analyse (traditionelle und auswahlbasierte)**

Die bisher vorgestellten Methoden unterscheiden nur zwischen metrischen und nominalen Skalenniveaus der Variablen. Eine Methode, bei der die abhängige Variable häufig auf einer Ordinalskala gemessen wird, ist die Conjoint-Analyse. Insbesondere kann die Conjoint-Analyse zur Analyse ordinal gemessener Präferenzen und auch von Wahlentscheidungen (Choice-based Conjoint) verwendet werden. Ziel ist es, die Nutzenbeiträge der Attribute eines Produkts und ihrer Ausprägungen auf den Gesamtnutzen zu bestimmen. Auf diese Weise kann der Nutzen von noch nicht existierenden Produkten bewertet und die Conjoint-Analyse für das Design neuer Produkte genutzt werden.

Um eine Conjoint-Analyse durchführen zu können, muss im Vorfeld festgelegt werden, welche Merkmale (z. B. Preis) und welche Merkmalsausprägungen (z. B. 1EUR, 2EUR) für die Verbraucher relevant sind. Es wird eine experimentelle Studie entworfen, mit deren Hilfe dann die Präferenzen der Verbraucher gemessen werden. Die Conjoint-Analyse ist also eine Kombination aus einer *Umfrage- und einer Analysemethode*. In Kap. 9 wird neben der traditionellen Conjoint-Analyse (TCA) auch die auswahlbasierte Conjoint-Analyse (ACA) behandelt. Während die traditionelle Conjoint-Analyse die Präferenzen von Personen auf ordinalen oder metrischen Skalen misst, leitet die *Choice-based Conjoint (CBC)* die Präferenzen aus den Wahlentscheidungen ab.

### 1.1.3.2 Struktur-entdeckende Verfahren

Die hier den Struktur-entdeckenden Verfahren zugeordneten Analysemethoden werden zur *Entdeckung von Zusammenhängen* zwischen Variablen oder zwischen Objekten eingesetzt. Es erfolgt daher vorab durch den Anwender *keine* Zweiteilung der Variablen in abhängige und unabhängige Variablen, wie es bei den Struktur-prüfenden Verfahren der Fall ist.

**Faktorenanalyse (explorative)**

Die Faktorenanalyse wird verwendet, wenn eine große Anzahl metrischer Variablen in einem bestimmten Kontext erhoben wurde und der Benutzer daran interessiert ist, diese *Variablen zu reduzieren oder zu bündeln*. In diesem Fall wird untersucht, wie eine große Anzahl von Variablen auf einige wenige zentrale „Faktoren" reduziert werden kann. Ein Beispiel ist die Reduktion verschiedener technischer Eigenschaften von Fahrzeugen auf wenige Dimensionen, wie z. B. Leistung und Sicherheit. Ein wichtiges Anwendungsfeld der Faktorenanalyse stellen *Positionierungsanalysen* dar: Hier werden subjektive Bewertungen von Eigenschaften bestimmter Objekte (z. B. Marken, Unternehmen oder Politiker) auf einige zugrunde liegende Bewertungsdimensionen reduziert. Wenn eine Reduktion auf zwei oder drei Dimensionen möglich ist, können die Objekte grafisch im Raum dargestellt werden.

Wird die Anzahl der Faktoren aus der empirisch gewonnenen Korrelationsmatrix der betrachteten Variablen extrahiert, so wird von einer explorativen Faktorenanalyse (EFA) gesprochen. Ist hingegen die Anzahl der Faktoren und ihre Beziehung zu den zugrunde liegenden Variablen bereits a priori festgelegt, wird die Faktorenanalyse zu einem strukturprüfenden Instrument und als konfirmatorische Faktorenanalyse (KFA) bezeichnet. Kap. 7 gibt auch einen kurzen Ausblick auf die KFA und zeigt die zentralen Unterschiede zwischen EFA und KFA auf.

**Clusteranalyse**
Während die Faktorenanalyse eine Verdichtung oder Bündelung von Variablen vornimmt, wird mit der Clusteranalyse eine *Bündelung vonObjekten* angestrebt. Das Ziel ist dabei, die Objekte so zu Gruppen (Clustern) zusammenzufassen, dass die Objekte in einer Gruppe möglichst ähnlich und die Gruppen untereinander möglichst unähnlich sind. Beispiele sind die Bildung von Persönlichkeitstypen auf Basis der psychografischen Merkmale von Personen oder die Bildung von Marktsegmenten auf Basis nachfragerelevanter Merkmale von Käufern.

Mithilfe der Diskriminanzanalyse kann abschließend überprüft werden, inwieweit die Variablen, die für das Clustering verwendet wurden, zu den Unterschieden zwischen den identifizierten Clustern beitragen oder diese erklären.

### 1.1.3.3 Zusammenfassung und typische Forschungsfragen der verschiedenen Methoden

Die Einteilung in Struktur-prüfende und Struktur-entdeckende Methoden ist als eine mögliche Kategorisierung statistischer Analysemethoden entsprechend der vorherrschenden Anwendung der Verfahren zu betrachten. So kann und wird auch die Faktorenanalyse zur Überprüfung von hypothetisch gebildeten Strukturen eingesetzt und viel zu häufig werden in der empirischen Praxis auch Regressions- und Diskriminanzanalysen im heuristischen Sinne zur Auffindung von Beziehungsstrukturen zwischen Variablen verwendet. Dennoch ist darauf hinzuweisen, dass der „gedankenlose Einsatz" von multivariaten Analysemethoden leicht zu einer Quelle von Fehlinterpretationen werden kann, da ein statistisch signifikanter Zusammenhang keine hinreichende Bedingung für das Vorliegen eines kausal bedingten Zusammenhangs bildet („Erst denken, dann rechnen!"). Zur empirischen Überprüfung theoretisch oder faktisch logischer Hypothesen wird daher generell empfohlen, struktur-prüfende Verfahren einzusetzen (vgl. auch die Darstellungen zur Kausalität in Abschn. 1.4). In Tab. 1.4 sind die oben skizzierten multivariaten Verfahren noch einmal mit jeweils einem Anwendungsbeispiel zusammengefasst.

**Tab. 1.4** Zusammenfassung der multivariaten Methoden in diesem Buch

| Verfahren | Beispiel |
|---|---|
| Regressionsanalyse | Abhängigkeit der Absatzmenge eines Produktes von Preis, Werbeausgaben und Einkommen |
| Varianzanalyse | Wirkung alternativer Verpackungsgestaltungen auf die Absatzmenge eines Produktes |
| Diskriminanzanalyse | Unterscheidung der Wähler der verschiedenen Parteien hinsichtlich soziodemografischer und psychografischer Merkmale |
| Logistische Regression | Ermittlung des Herzinfarktrisikos von Patienten in Abhängigkeit ihres Alters und ihres Cholesterin-Spiegels |
| Kontingenzanalyse | Zusammenhang zwischen Rauchen und Lungenerkrankung |
| Faktorenanalyse | Verdichtung einer Vielzahl von Eigenschaftsbeurteilungen auf zugrunde liegende Beurteilungsdimensionen |
| Konfirmatorische Faktorenanalyse | Überprüfung der Eignung vorgegebener Indikatorvariablen für die Messung von hypothetischen Konstrukten wie z. B. Einstellung, Kaufabsicht, Loyalität, Vertrauen oder Reputation |
| Clusteranalyse | Bildung von Persönlichkeitstypen auf Basis der psychografischen Merkmale von Personen |
| Conjoint-Analyse | Ableitung der Nutzenbeiträge alternativer Materialien, Formen und Farben von Produkten zur Bildung der Produkt-Präferenz |

## 1.2 Statistische Basiskonzepte

Die Diskussionen zu den verschiedenen Analysemethoden in diesem Buch stützen sich auf möglichst wenig Wissen über Mathematik und Statistik. Dennoch gehen wir davon aus, dass die Leser einen Einführungskurs in Statistik besucht haben, bevor sie sich der multivariaten Datenanalyse zuwenden. Zur Auffrischung wird im Folgenden aber eine kurze Zusammenfassung einiger grundlegender Statistiken gegeben:[2]

- Arithmetischer Mittelwert einer Variablen (kurz: Mittelwert)
- Varianz einer Variablen
- Standardabweichung einer Variablen
- Kovarianz zwischen zwei Variablen
- Korrelation zwischen zwei Variablen

---

[2] Auf der Internetseite www.multivariate.de findet der Leser auch eine Exceltabelle, in der die Berechnung der verschiedenen statistischen Kenngrößen mit Excel hinterlegt ist. Zu einer Einführung in Excel vgl. z. B. Duller (2019).

## 1.2 Statistische Basiskonzepte

Damit diese statistischen Kennwerte nicht in jedem Kapitel und bei jedem Verfahren erneut diskutiert werden müssen, werden sie in diesem Abschnitt nochmals anschaulich auch an einem Beispiel erklärt. Diese Ausführungen sind vor allem als Auffrischung oder Nachschlagemöglichkeit für interessierte Leser gedacht.

Tab. 1.5 fasst die Berechnungen für diese relevantesten Statistiken zusammen. Der Einfachheit halber wurde dabei mit $N$ die Stichprobengröße und die Grundgesamtheit bezeichnet. Letztere ist in der Regel nicht bekannt.

Zur Verdeutlichung, ob ein statistischer Parameter für eine Stichprobe berechnet wird oder den Wert der Grundgesamtheit bezeichnet, werden unterschiedliche Bezeichnungen verwendet. Tab. 1.6 zeigt diese Unterscheidung für den Mittelwert, die Varianz und die Standardabweichung.

### 1.2.1 Grundlegende statistische Kennwerte

Große Mengen empirisch erhobener quantitativer Daten lassen sich sehr gut durch einige wenige deskriptive Statistiken charakterisieren. Das wichtigste deskriptive statistische

**Tab. 1.5** Berechnung grundlegender statistischer Kennwerte

| | |
|---|---|
| **Mittelwert** <br> Wenn er aus einer Stichprobe entnommen wird, liefert er einen Schätzer für den wahren Mittelwert $\mu$ der Grundgesamtheit | $\bar{x}_j = \frac{1}{N} \sum_{i=1}^{N} x_{ij}$ <br> wobei $N$ die Größe der Stichprobe ist |
| **Varianz** (Stichprobe) <br> Schätzer der wahren Varianz $\sigma_x^2$ in der Grundgesamtheit | $s_x^2 = \frac{1}{N-1} \sum_{i=1}^{N} (x_i - \bar{x})^2$ <br> wobei $N$ die Größe der Stichprobe ist |
| **Varianz** (Grundgesamtheit) | $\sigma_x^2 = \frac{1}{N} \sum_{i=1}^{N} (x_i - \mu)^2$ <br> wobei $N$ die Größe der Grundgesamtheit ist |
| **Standardabweichung** (Stichprobe) <br> Schätzer der wahren Standardabweichung $\sigma_x$ in der Grundgesamtheit | $s_x = \sqrt{s_x^2}$ |
| **Standardabweichung** (Grundgesamtheit) | $\sigma_x = \sqrt{\sigma_x^2}$ |
| **Kovarianz** (Stichprobe) <br> Schätzer der wahren Kovarianz der Grundgesamtheit $cov(x_1, x_2)$ oder $\sigma_{x_1,x_2}$ | $s_{x_1,x_2} = \frac{1}{N-1} \sum_{i=1}^{N} (x_{1i} - \bar{x}_1) \cdot (x_{2i} - \bar{x}_2)$ <br> $s_{xx} = s_x^2$ |
| **Standardisierung** | $z_i = (x_i - \bar{x})/s_x$ |
| **Korrelation** <br> $-1 \leq r_{x_1,x_2} \leq 1$ (Bereich) <br> $r_{x_1,x_2} = r_{x_2,x_1}$ (Symmetrie) | $r_{x_1,x_2} = \frac{\sum_{i=1}^{N}(x_{1i}-\bar{x}_1)\cdot(x_{2i}-\bar{x}_2)}{\sqrt{\sum_{i=1}^{N}(x_{1i}-\bar{x}_1)^2 \cdot \sum_{i=1}^{N}(x_{2i}-\bar{x}_2)^2}} = \frac{s_{x_1,x_2}}{s_{x_1} s_{x_2}}$ <br> $= \frac{1}{N-1} \sum_{i=1}^{N} z_{x_1 i} \cdot z_{x_2 i}$ |

**Tab. 1.6** Abkürzung statistischer Maßen in Grundgesamtheit und Stichprobe

| Parameter | Stichprobe | Grundgesamtheit |
|---|---|---|
| Mittelwert der Variablen $j$ | $\bar{x}_j$ | $\mu_j$ |
| Varianz der Variablen $j$ | $s_j^2$ | $\sigma_j^2$ |
| Standardabweichung der Variablen $j$ | $s_j$ | $\sigma_j$ |

Maß ist dabei das arithmetische Mittel ($\bar{x}_j$), das den Durchschnittswert einer Variablen widerspiegelt:[3]

$$\bar{x}_j = \frac{1}{N} \sum_{i=1}^{N} x_{ij} \qquad (1.1)$$

mit

$x_{ij}$  Beobachtungswert der Variable $j$ bei Person oder Objekt $i$
$N$  Anzahl der Fälle im Datensatz

Der Mittelwert ist ein Lagemaß oder der zentrale Wert einer metrischen Variable. Er ist am nützlichsten, wenn die Daten eine annähernd symmetrische Verteilung haben. Wenn dies nicht der Fall ist, kann der Mittelwert nicht als „typischer" Wert der Beobachtungen angesehen werden.

Neben der Lokalisierung der Daten ist es wichtig, die Streuung (Variabilität, Variation) der Daten zu messen, d. h. die Abweichung der beobachteten Werte vom Mittelwert. Das wichtigste Maß der Streuung ist die Varianz, d. h. der Mittelwert der quadrierten Abweichungen vom Mittelwert.[4] Wenn $N$ die Stichprobengröße bezeichnet, berechnet sich die Varianz wie folgt:

$$s_j^2 = \sum_{i=1}^{N} (x_{ij} - \bar{x}_j)^2 \qquad (1.2)$$

mit

---

[3] In Excel kann der Mittelwert einer Variablen berechnet werden durch: = MITTELWERT(Matrix), wobei (Matrix) den Bereich der Zellen bezeichnet, der die Daten der Variable enthält. So berechnet z. B. = MITTELWERT(C6:C55) den Mittelwert der 50 Zellen C6 bis C55 in Spalte C.

[4] In Excel kann die Varianz in der Grundgesamtheit berechnet werden durch: $\sigma_x^2$ = VAR.P(matrix).
Für die Stichproben-Varianz gilt: $s_x^2$ = VAR.S(matrix) bzw. = VARIANZA(matrix).

## 1.2 Statistische Basiskonzepte

$x_{ij}$   Beobachtungswert der Variable $j$ bei Person oder Objekt $i$
$\bar{x}_j$   Mittelwert der Variable $j$
$N$   Anzahl der Fälle im Datensatz (Stichprobe)

Da sich die Summe der quadratischen Abweichungen inhaltlich nur schwer interpretieren lässt, wird meist die *Standardabweichung* betrachtet, die sich aus der Quadratwurzel der Varianz errechnet.[5] Ein Vorteil der Standardabweichung gegenüber der Varianz ist, dass sie die Streuung in denselben Einheiten wie die Originaldaten misst. Dadurch ist sie leichter zu interpretieren und mit dem Mittelwert der Daten vergleichbar.

$$s_j = \sqrt{\frac{1}{N-1} \sum_{i=1}^{N} (x_{ij} - \bar{x}_j)^2} \qquad (1.3)$$

mit

$x_{ij}$   Beobachtungswert der Variable $j$ bei Person oder Objekt $i$
$\bar{x}_j$   Mittelwert der Variable $j$
$N$   Anzahl der Fälle im Datensatz (Stichprobe)

Während diese drei statistischen Maße sehr nützlich sind, um auch große Datenmengen zu beschreiben, sind sie auch für alle multivariaten Analysemethoden von grundlegender Bedeutung. Im Folgenden werden die Berechnungen kurz an einem einfachen Beispiel veranschaulicht.

### Anwendungsbeispiel

Es wird ein Datensatz bestehend aus fünf Personen betrachtet, zu denen jeweils das Alter ($x_1$), das Einkommen ($x_2$) und das Geschlecht ($x_3$) erhoben wurden. Das Geschlecht wurde dabei als Binärvariable kodiert, mit 0 = männlich und 1 = weiblich. Tab. 1.7 zeigt die zu den fünf Personen ($n = 5$) erhobenen Werte (Spalten grau hinterlegt) und weist zusätzlich zu jeder Variablen die einfache Abweichung vom Mittelwert ($x_1 - \bar{x}_1$) und die quadrierte Abweichung vom Mittelwert ($x_1 - \bar{x}_1$)$^2$ aus. ◄

Es wird deutlich, dass die Summe der Abweichungen vom Mittelwert immer Null ergibt (vgl. Spalten A, C und E). Der Grund hierfür ist die sog. *Zentrierungseigenschaft* des arithmetischen Mittels. Das bedeutet, dass der Mittelwert immer genau an der Stelle einer Datenreihe gelegen ist, bei der die Summen der positiven und der negativen Abweichungen vom Mittelwert genau gleich groß sind. Es gilt:

---

[5] In Excel kann die Standardabweichung in der Grundgesamtheit berechnet werden durch: $\sigma_x$ = STABW.P(matrix). Für die Standardabweichung in der Stichprobe gilt: $s_x$ = STABW.S(matrix).

**Tab. 1.7** Anwendungsbeispiel

| Fall | $x_1$ | A $x_1 - \bar{x}_1$ | B $(x_1 - \bar{x}_1)^2$ | $x_2$ | C $x_2 - \bar{x}_2$ | D $(x_2 - \bar{x}_2)^2$ | $x_3$ | E $x_3 - \bar{x}_3$ | F $(x_3 - \bar{x}_3)^2$ |
|---|---|---|---|---|---|---|---|---|---|
| 1 | 25 | −2 | 4 | 1800 | −600 | 360.000 | 1 | 0,6 | 0,36 |
| 2 | 27 | 0 | 0 | 2000 | −400 | 160.000 | 0 | −0,4 | 0,16 |
| 3 | 24 | −3 | 9 | 1900 | −500 | 250.000 | 0 | −0,4 | 0,16 |
| 4 | 30 | 3 | 9 | 2800 | 400 | 160.000 | 0 | −0,4 | 0,16 |
| 5 | 29 | 2 | 4 | 3500 | 1100 | 1210.000 | 1 | 0,6 | 0,36 |
| Summe | 135 | **0** | 26 | 12.000 | **0** | 2140.000 | 2 | **0** | 1,20 |
| Mittelwert | $\bar{x}_1 = 27$ | | | $\bar{x}_2 = 2400$ | | | $\bar{x}_3 = 0.4$ | | |
| Varianz | | | $s_1^2 = 6{,}50$ | | | $s_2^2 = 535.000$ | | | $s_3^2 = 0{,}30$ |
| SD | | | $s_1 = 2{,}55$ | | | $s_2 = 731{,}437$ | | | $s_3 = 0{,}548$ |

mit: $x_1$: Alter (in Jahren); $x_2$: Einkommen (in Euro); $x_3$: Geschlecht (0 = m; 1 = w)

## 1.2 Statistische Basiskonzepte

$$\sum_{i=1}^{N}(x_{ij}-\bar{x}_j) = 0 \text{ und deshalb } \sum_{i=1}^{N} x_{ij} = N \cdot \bar{x}_j \tag{1.4}$$

mit

$x_{ij}$    Beobachtungswert der Variable $j$ bei Person $i$
$\bar{x}_j$    Mittelwert der Variable $j$
$N$    Anzahl der Fälle im Datensatz

Um ein Maß für die Streuung einer Variablen zu erhalten, müssen die Abweichungen vom Mittelwert zunächst quadriert und dann aufsummiert werden. (vgl. Spalten B, D und F).[6] Das Mittel der quadrierten Abweichungen ergibt die Varianz. Die Quadratwurzel der Varianz ergibt die Standardabweichung. Die Standardabweichung (SD) ist leicht zu interpretieren, da sie angibt, wie stark die beobachteten Werte durchschnittlich nach oben und unten ($\pm$) vom Mittelwert abweichen.

**Das Konzept der Freiheitsgrade**
Die meisten empirischen Untersuchungen basieren auf Daten aus Stichproben. Das aber bedeutet, dass die wahren Kenngrößen der Grundgesamtheit i. d. R. nicht bekannt sind und deshalb aus den Daten der Stichprobe geschätzt werden müssen. Je größer der Umfang einer Stichprobe ist, desto größer ist tendenziell auch die Wahrscheinlichkeit, dass die für eine Stichprobe berechneten statistischen Maße auch für die Grundgesamtheit gelten (vgl. auch Tab. 1.5). Um die Maße für die Grundgesamtheit auf der Grundlage von Informationen aus einer Stichprobe zu schätzen, ist das Konzept der Freiheitsgrade (df) wichtig. Der Stichprobenmittelwert $\bar{x}_j$ liefert den besten Schätzer für den unbekannten Mittelwert der Grundgesamtheit $\mu_j$. Aber es wird immer einen Fehler geben:
Mittelwert der Grundgesamtheit

$$\mu_j = \bar{x}_j \pm \textit{Fehler} \tag{1.5}$$

mit

$\bar{x}_j$    Mittelwert der Variable $j$

Der Fehler hängt u. a. von den Freiheitsgraden ab (vgl. auch Abschn. 1.3). Bei größeren Freiheitsgraden wird er kleiner sein.

---

[6] Varianz und Standardabweichung können für die Variable „Geschlecht" nicht sinnvoll interpretiert werden. Für die Berechnung von Kovarianz und Korrelationen sind jedoch die Spalten E und F erforderlich.

Im Allgemeinen ist die Anzahl der Freiheitsgrade die Anzahl der Beobachtungen bei der Berechnung eines statistischen Parameters, die frei variiert werden können. Beispielhaft sei angenommen, dass in einer Stichprobe das Alter von 5 Personen beobachtet wurde: 18, 20, 22, 24 und 26 Jahre. Der Stichprobenmittelwert beträgt 22 Jahre. Da bekannt ist, dass der Mittelwert 22 Jahre beträgt, können in der Stichprobe 4 Beobachtungen frei gewählt werden. Der letzte Beobachtungswert ist dann automatisch bestimmt, weil sichergestellt werden soll, dass der Stichprobenmittelwert wieder 22 Jahre beträgt. In diesem Beispiel gibt es also 5−1 = 4 Freiheitsgrade (df).

Wenn in einer Statistik mehrere Parameter verwendet werden, ist die Anzahl der Freiheitsgrade im Allgemeinen die Differenz zwischen der Anzahl der Beobachtungen in der Stichprobe und der Anzahl der geschätzten Parameter in der Statistik. Die Anzahl der Freiheitsgrade steigt mit zunehmender Stichprobengröße und sinkt mit der Anzahl der zu schätzenden Maße (d. h. Parameter). Je größer die Anzahl der Freiheitsgrade, desto größer die Genauigkeit (kleiner der Fehler) einer Schätzung.

**Standardisierte Variable**

Es ist oft schwierig, statistische Maße zwischen Variablen zu vergleichen, wenn die Variablen auf unterschiedlichen Dimensionen gemessen wurden. In obigem Beispiel wurde z. B. das Alter in Jahren gemessen (zweistellige Werte), das Einkommen in EUR (vierstellige Werte) und das Geschlecht ist eine binäre Variable (0/1 Werte). Infolgedessen können die Streuungen der Variablen nicht verglichen werden. Um eine Vergleichbarkeit herbeizuführen, müssen zunächst die Variablen standardisiert werden.

Zur Standardisierung wird die Differenz zwischen dem beobachteten Wert einer Variable ($x_{ij}$) und dem Mittelwert dieser Variable ($\bar{x}_j$) berechnet. Anschließend wird diese Differenz durch die Standardabweichung der Variablen ($s_j$) dividiert. Für eine standardisierte Variable ($z_{ij}$) gilt:

$$z_{ij} = \frac{x_{ij} - \bar{x}_j}{s_j} \tag{1.6}$$

mit

$x_{ij}$   Beobachtungswert der Variable $j$ bei Objekt $i$
$\bar{x}_j$   Mittelwert der Variable $j$
$s_j$   Standardabweichung der Variable $j$

Durch die Standardisierung wird sichergestellt, dass der Mittelwert der standardisierten Variable immer 0 beträgt und Varianz sowie Standardabweichung immer gleich 1 sind.

Für die drei Variablen im Anwendungsbeispiel ergeben sich die in Tab. 1.8 berechneten standardisierten Variablenwerte in den Spalten B, D und F. In der letzten Zeile der Tabelle sind zusätzlich die Mittelwerte der standardisierten Variablen ausgewiesen, die jeweils 0

## 1.2 Statistische Basiskonzepte

**Tab. 1.8** Anwendungsbeispiel (standardisierte Variable)

| Fall | $x_1$ | A<br>$x_1 - \bar{x}_1$ | $A/s_{x1}$ | $x_2$ | B<br>$x_2 - \bar{x}_2$ | $C/s_{x2}$ | $x_3$ | D<br>$x_3 - \bar{x}_3$ | E<br>$E/s_{x3}$ |
|---|---|---|---|---|---|---|---|---|---|
| 1 | 25 | −2 | −0,784 | 1800 | −600 | −0,820 | 1 | 0,6 | 1,095 |
| 2 | 27 | 0 | 0,000 | 2000 | −400 | −0,547 | 0 | −0,4 | −0,730 |
| 3 | 24 | −3 | −1,177 | 1900 | −500 | −0,684 | 0 | −0,4 | −0,730 |
| 4 | 30 | 3 | 1,177 | 2800 | 400 | 0,547 | 0 | −0,4 | −0,730 |
| 5 | 29 | 2 | 0,784 | 3500 | 1,100 | 1504 | 1 | 0,6 | 1,095 |
| Mittelwert | | **0** | $\bar{z}_1 = 0$ | | **0** | $\bar{z}_2 = 0$ | | **0** | $\bar{z}_3 = 0$ |
| SD | | | $s_{z1} = 1$ | | | $s_{z2} = 1$ | | | $s_{z3} = 1$ |

betragen und die Varianzen bzw. Standardabweichung ist bei allen drei Variablen auf 1 normiert.

Hinweis: Die Mittelwerte und Standardabweichungen der nicht standardisierten Variablen wurden in Tab. 1.7 berechnet ($\bar{x}_1$: 27; $s_{x1}$: 2,55; $\bar{x}_2$: 2400; $s_{x2}$: 731,437; $\bar{x}_3$: 0,4; $s_{x3}$: 0,548).

Die standardisierten Variablenwerte können in einer Matrix dargestellt werden, die als standardisierte Datenmatrix bezeichnet und meist mit **Z** abgekürzt wird (Tab. 1.9).

### 1.2.2 Kovarianz und Korrelation

Aus statistischer Sicht sind zwei Variablen unabhängig, wenn sie nicht öfter als zufällig in gleicher Weise variieren. Es kann kein Zusammenhang zwischen den beiden Variablen gefunden werden, oder mit anderen Worten: Die Kenntnis der einen Variable gibt uns keine Informationen über die Ausprägung der anderen Variablen. Ob eine Abhängigkeit oder Unabhängigkeit im statistischen Sinne besteht, lässt sich anhand von Kovarianz und Korrelation beurteilen.

**Tab. 1.9** Matrix **Z** der standardisierten Variablenwerte im Anwendungsbeispiel

| Fall | $z_1$ | $z_2$ | $z_3$ |
|---|---|---|---|
| 1 | −0,784 | −0,820 | 1,095 |
| 2 | 0,000 | −0,547 | −0,730 |
| 3 | −1,177 | −0,684 | −0,730 |
| 4 | 1,177 | 0,547 | −0,730 |
| 5 | 0,784 | 1,504 | 1,095 |
| **Mittelwert** | 0 | 0 | 0 |
| **Varianz** | 1 | 1 | 1 |
| **Std.abweichung** | 1 | 1 | 1 |

**Kovarianz**

Die Kovarianz zwischen zwei Variablen $x_1$ und $x_2$ betrachtet das Produkt aus den einfachen Abweichungen der Variablen von ihrem jeweiligen Mittelwert. Sie wird als Cov($x_1, x_2$) oder auch $s_{x1, x2}$ abgekürzt.

$$s_{x_1,x_2} = \frac{1}{N-1} \sum_{i=1}^{N} (x_{1i} - \bar{x}_1) \cdot (x_{2i} - \bar{x}_2) \tag{1.7}$$

mit

$x_{ij}$ Beobachtungswert der Variable $j$ bei Objekt $i$
$\bar{x}_j$ Mittelwert der Variable $j$
$N$ Anzahl der Fälle im Datensatz

Wie Abb. 1.2 zeigt nimmt die Kovarianz über die vier eingezeichneten Quadranten einerseits positive und andererseits negative Werte an. Eine Kovarianz von 0 ergibt sich genau dann, wenn sich die negativen und positiven Kovariationen in der Betrachtung über alle Beobachtungswerte gerade aufheben. Das ist der Fall, wenn sich die Beobachtungswerte

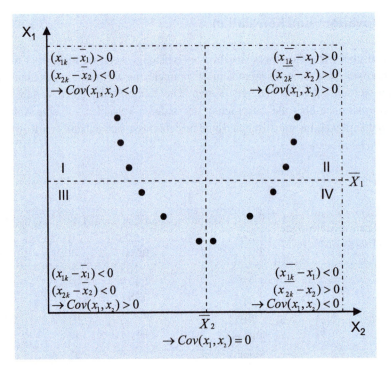

**Abb. 1.2** Werte der Kovarianz in Abhängigkeit der Streuung der Beobachtungswerte

## 1.2 Statistische Basiskonzepte

**Tab. 1.10** Berechnung von Kovarianz und Korrelation im Anwendungsbeispiel

| Fall | A<br>$x_1 - \bar{x}_1$ | C<br>$x_2 - \bar{x}_2$ | F<br>$x_3 - \bar{x}_3$ | A*C<br>Kovariation | A*F<br>Kovariation | C*F<br>Kovariation |
|---|---|---|---|---|---|---|
| 1 | −2 | −600 | 0,6 | 1200 | −1,2 | −360 |
| 2 | 0 | −400 | −0,4 | 0 | 0 | 160 |
| 3 | −3 | −500 | −0,4 | 1500 | 1,2 | 200 |
| 4 | 3 | 400 | −0,4 | 1200 | −1,2 | −160 |
| 5 | 2 | 1100 | 0,6 | 2200 | 1,2 | 660 |
| Summe | 0 | 0 | 0 | 6100 | 0 | 500 |
| Kovarianz | | | | 1525 | 0 | 125 |
| Korrelation | | | | 0,818 | 0 | 0,312 |

der beiden Variablen zufällig im Diagramm verteilen. Aus Veränderungen der einen Variable kann man nicht auf Veränderungen der anderen Variablen schließen. Die zwei Variablen heißen dann *statistisch unabhängig*. Allerdings ist zu beachten, dass die Kovarianz nur *lineare Beziehungen* zwischen zwei Variablen prüfen kann. Für die in Abb. 1.2 eingezeichneten Beobachtungswerte folgt insgesamt zwar Cov($x_1$, $x_2$) = 0; dennoch haben die Variablen eine u-förmigen Beziehung und somit liegt eine nichtlineare Abhängigkeit vor.

Für das Anwendungsbeispiel zeigt Tab. 1.10, dass zwischen den Variablen $x_1$ und $x_2$ (cov($x_1$, $x_2$) = 1525) sowie zwischen $x_2$ und $x_3$ (cov($x_2$, $x_3$) = 125) positive Kovarianzen bestehen, währen die Kovarianz zwischen $x_1$ und $x_3$ Null beträgt.[7] Daraus kann auf statistische Abhängigkeit zwischen $x_1$ und $x_2$ sowie $x_2$ und $x_3$ geschlossen werden, während bei $x_1$ und $x_3$ im statistischen Sinne keine lineare Abhängigkeit vorliegt.

**Korrelation**

Die Kovarianz hat den Nachteil, dass ihr Wert von den Maßeinheiten der Variablen beeinflusst wird und somit ihre Interpretation schwierig werden kann. Allerdings lässt sich die Kovarianz normieren, indem sie durch die Standardabweichungen der beiden betrachteten Variablen ($s_{x1}$ und $s_{x2}$) dividiert wird. Das Ergebnis ist der sog. *Korrelationskoeffizient* für metrische Variablen nach Bravais-Pearson ($r_{x1,x2}$):[8]

$$r_{x_1 x_2} = \frac{1}{N} \sum_{i}^{N} \frac{(x_{1i} - \bar{x}_1)}{s_{x_1}} \cdot \frac{(x_{2i} - \bar{x}_2)}{s_{x_2}} = \frac{s_{x_1 x_2}}{s_{x_1} s_{x_2}} \qquad (1.8)$$

---

[7] In Excel kann die Kovarianz wie folgt berechnet werden: $s_{xy}$ = KOVARIANZ.S(matrix1;matrix2).
[8] In Excel kann die Korrelation zwischen Variablen wie folgt berechnet werden:
$r_{xy}$ = KORREL(matrix1;matrix2).

**Tab. 1.11** Korrelationsmatrix **R** für das Anwendungsbeispiel

|  | Var_1 (Alter) | Var_2 (Einkommen) | Var_3 (Geschlecht) |
|---|---|---|---|
| Var_1 (Alter) | 1 | | |
| Var_2 (Einkommen) | 0,818 | 1 | |
| Var_3 (Geschlecht) | 0,000 | 0,312 | 1 |

mit

| | |
|---|---|
| $x_{ij}$ | Beobachtungswert der Variable $j$ bei Objekt $i$ |
| $\bar{x}_j$ | Mittelwert der Variable $j$ |
| $s_{x_j}$ | Standardabweichung der Variable $x_j$ |
| $S_{x_1 x_2}$ | Kovarianz der Variablen $x_1$ and $x_2$ |
| $N$ | Anzahl der Fälle im Datensatz |

Für die drei Variablen des Anwendungsbeispiels zeigt Tab. 1.10 auch die Berechnung der Korrelationen zwischen den Variablen. Sie können in einer sog. Korrelationsmatrix dargestellt werden, die in Tab. 1.11 abgebildet ist.[9]

Anders als bei der Kovarianz können die Werte des Korrelationskoeffizienten für verschiedene Maßeinheiten verglichen werden. Beispielsweise ergeben Messungen von Preisen in Dollar oder EUR den gleichen Wert für $r$, oder Messungen der Länge in cm, Metern oder Yards ergeben ebenfalls identische Werte.

Abb. 1.3 zeigt für zwei Variablen $X$ und $Y$ unterschiedliche Streuungen ihrer Daten und die Korrelationen zwischen ihnen. Szenario a in Abb. 1.3 macht deutlich, dass es keine Beziehung zwischen den beiden Variablen gibt, d. h. die Korrelation ist Null oder nahe Null. In Szenario b ist die Tendenz erkennbar, dass größere Werte der einen Variable mit größeren Werten der anderen Variable auftreten. Es ergibt sich damit eine positive Korrelation ($r>0$). Eine negative Korrelation ($r<0$) zeigt an, dass $X$ und $Y$ dazu neigen, sich in entgegengesetzte Richtungen zu verändern (Szenario c). Szenario d zeigt eine nichtlineare Beziehung zwischen den beiden Variablen. Dennoch ist die Korrelation gleich Null oder nahe Null. Da eine nichtlineare Beziehung nicht durch $r$ erfasst werden kann, wird vor der Durchführung von Berechnungen immer eine visuelle Untersuchung der Daten mithilfe eines Streudiagramms empfohlen.

Der Korrelationskoeffizient hat die folgenden Eigenschaften:

---

[9] Vgl. zur Korrelation von Binärvariablen mit metrisch skalierten Variablen die Ausführungen in Abschn. 1.1.2.2.

## 1.2 Statistische Basiskonzepte

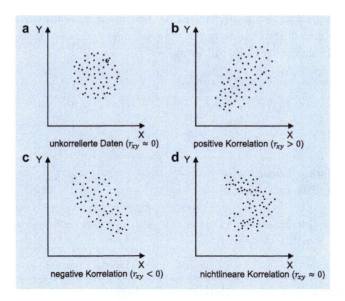

**Abb. 1.3** Streudiagramm mit unterschiedlich starken Korrelationen

- Der Wertebereich von $r$ ist normiert und liegt zwischen $-1$ und $+1$.
- Der Korrelationskoeffizient kann nur lineare Beziehungen messen.
- Der Wert von $r$ ist invariant gegenüber linearen Transformationen der Variablen (z. B. $X^* = a + b\,X$ mit $b > 0$).
- Der Korrelationskoeffizient unterscheidet nicht zwischen abhängigen und unabhängigen Variablen. Er ist daher ein symmetrisches Maß.

Werte von $-1$ oder $+1$ für den Korrelationskoeffizienten weisen auf eine perfekte Korrelation zwischen den beiden Variablen hin. In diesem Fall liegen alle Datenpunkte in einem Streudiagramm auf einer Geraden. Um die Größe des Korrelationskoeffizienten zu beurteilen, werden in der Literatur häufig die folgenden Werte genannt:

- $|r| \geq 0{,}7$: starke Korrelation
- $|r| \leq 0{,}3$: schwache Korrelation

Die Größe des Korrelationskoeffizienten muss aber auch im jeweiligen Kontext der Anwendung (z. B. individuelle oder aggregierte Daten) bewertet werden. So kann z. B. in den Sozialwissenschaften, wo die Variablen oft durch menschliches Verhalten und viele andere Einflüsse beeinflusst werden, ein niedriger Wert als starke Korrelation angesehen werden, während in den Naturwissenschaften im Allgemeinen viel höhere Werte erwartet werden. Eine andere Möglichkeit, die Relevanz eines

Korrelationskoeffizienten zu beurteilen, ist die Durchführung eines statistischen Signifikanztests, bei dem die Stichprobengröße berücksichtigt wird. Dies kann alternativ mithilfe der t-Statistik oder der F-Statistik erfolgen:[10]

$$t = \frac{r}{\sqrt{(1-r^2)/(N-2)}}, \quad F = \frac{r^2}{(1-r^2)/(N-2)}$$

mit

$r$   Korrelationskoeffizient
$N$   Anzahl der Fälle im Datensatz

mit df $= N - 2$ (Freiheitsgrade). Daraus lässt sich der entsprechende p-Wert ableiten (vgl. Abschn. 1.3 in diesem Kapitel).[11]

## 1.3 Grundlagen des statistischen Testens

Daten enthalten i. d. R. Fehler, die auf fehlerhafte Messungen und/oder die Verwendung einer Stichprobe (anstelle der Grundgesamtheit) zurückzuführen sind. Beim Vorliegen von Stichproben werden zwei Arten von Fehlern unterschieden:

a) *Zufällige Fehler* ändern sich unvorhersehbar zwischen den Messungen. Sie streuen um einen wahren Wert und folgen oft (wegen des *zentralen Grenzwertsatzes*) einer Normalverteilung.[12]
b) *Systematische Fehler* sind bei wiederholten Messungen konstant. Hier wird auch von „Verzerrung" (Bias) gesprochen. Es kommt beständig zu einem Über- oder Unterschätzen des „wahren" Wertes in der Grundgesamtheit. Systematische Fehler resultieren aus Mängeln bei der Messung oder nicht repräsentativen Stichproben.

Zufallsfehler, z. B. bei der Stichprobenziehung, sind nicht vermeidbar, aber sie können auf der Grundlage der Daten berechnet und durch Erhöhung der Stichprobengröße ver-

---

[10] Vgl. zum statistischen Testen Abschn. 1.3 dieses Kapitels. Im Einvariablen-Fall gilt $F = t^2$ und t-Test sowie F-Test führen zum gleichen Ergebnis.

[11] Der p-Wert kann auch mit Excel wie folgt berechnet werden: $p = $ T.VERT(ABS(t);N−2;2) oder $p = 1-$F.VERT(F;1;N−2;1).

[12] Der zentrale Grenzwertsatz besagt, dass die Summe oder der Mittelwert von n unabhängigen Zufallsvariablen zu einer Normalverteilung tendiert, wenn n ausreichend groß ist, auch wenn die ursprünglichen Variablen selbst nicht normalverteilt sind. Dies ist der Grund dafür, dass die Normalverteilung für viele Phänomene angenommen werden kann.

## 1.3 Grundlagen des statistischen Testens

ringert werden. Systematische Fehler können nicht berechnet und auch nicht durch eine Erhöhung der Stichprobengröße verringert werden, aber sie sind bei sorgsamer Durchführung einer empirischen Erhebung vermeidbar. Dazu müssen sie identifiziert werden.

Da statistische Ergebnisse immer Zufallsfehler enthalten, ist oft nicht klar, ob ein beobachtetes Ergebnis „real" oder nur zufällig aufgetreten ist. Um dies zu überprüfen, können statistische Tests *(Hypothesentests)* herangezogen werden. Deren Ergebnisse können für die Entscheidungsfindung von großer Bedeutung sein.

Statistische Tests gibt es in vielen Formen, aber das Grundprinzip ist immer dasselbe. Im Folgenden wird die Vorgehensweise statistischer Tests am Beispiel des einfachen Mittelwerttests erläutert.

### 1.3.1 Durchführung eines Mittelwerttests (zweiseitig)

Die Überlegungen in diesem Abschnitt werden an folgendem Beispiel verdeutlicht:

**Anwendungsbeispiel „ChocoChain"**

Das Schokoladenunternehmen *ChocoChain* misst jedes Jahr die Zufriedenheit seiner Kunden. Nach dem Zufallsprinzip ausgewählte Kunden werden gebeten, ihre Zufriedenheit auf einer 10-Punkte-Skala zu bewerten, von 1 = „überhaupt nicht zufrieden" bis 10 = „völlig zufrieden". In den letzten Jahren lag der durchschnittliche Index bei 7,50. Die diesjährige Umfrage ergab einen Mittelwert von 7,30 und die Standardabweichung betrug 1,05. Die Stichprobengröße betrug $N = 100$. Der Manager des Unternehmens stellt sich nun folgende Frage: „Ist die Differenz von 0,2 nur aufgrund einer zufälligen Fluktuation entstanden oder deutet sie auf eine tatsächliche Veränderung der Kundenzufriedenheit hin?" Die Frage des Managers kann mithilfe eines Mittelwerttests beantwortet werden. ◄

#### 1.3.1.1 Statistisches Testen unter Verwendung eines kritischen Testwertes

Der klassische statistische Hypothesentest lässt sich in fünf Schritte gliedern:

1. Formulierung der Hypothesen
2. Berechnung einer Teststatistik
3. Auswahl einer Fehlerwahrscheinlichkeit $\alpha$ (Signifikanzniveau)
4. Ableitung eines kritischen Testwertes
5. Vergleich der Teststatistik mit dem kritischen Testwert

**Schritt 1: Formulierung der Hypothesen**

Der erste Schritt der statistischen Prüfung umfasst die Aufstellung von zwei konkurrierenden Hypothesen, einer *Nullhypothese* $H_0$ und einer *Alternativhypothese* $H_1$. Diese lauten für den (zweiseitigen) Mittelwerttest wie folgt:

- Nullhypothese $H_0$: $\mu = \mu_0$
- Alternativhypothese $H_1$: $\mu \neq \mu_0$

wobei $\mu_0$ ein angenommener Mittelwert (üblicherweise der Status quo) und $\mu$ der unbekannte wahre Mittelwert ist. Für unser Beispiel mit $\mu_0 = 7{,}50$ ergibt sich:

- Nullhypothese $H_0$: $\mu = 7{,}50$
- Alternativhypothese $H_1$: $\mu \neq 7{,}50$

Die Nullhypothese drückt eine bestimmte Annahme oder Erwartung des Anwenders aus. Im Beispiel lautet diese: „Die Zufriedenheit hat sich nicht verändert, der Index liegt immer noch bei 7,50". Sie wird auch als *„Status-quo-Hypothese"* bezeichnet und kann als „nichts hat sich geändert" oder, je nach Problem, als „kein Effekt" interpretiert werden. Daher der Name „Nullhypothese".

Die Alternativhypothese besagt das Gegenteil. Sie lautet im Beispiel: „Die Zufriedenheit hat sich verändert", d. h. sie ist gestiegen oder gesunken. I. d. R. ist die Alternativhypothese für den Anwender von primärem Interesse, weil ihre Akzeptanz oft erfordert, dass etwas unternommen wird. Sie wird deshalb auch als *Forschungshypothese* bezeichnet. Die Alternativhypothese wird akzeptiert oder „bewiesen", indem die Nullhypothese abgelehnt wird.

**Schritt 2: Berechnung einer Teststatistik**

Zur Überprüfung der Hypothese, ob sich die Kundenzufriedenheit im Beispiel geändert hat, ist eine Teststatistik zu berechnen. Beim Test eines Mittelwerts wird die sog. t-Statistik berechnet. Die t-Statistik dividiert die Differenz zwischen dem beobachteten und dem hypothetischen Mittelwert durch den Standardfehler SE des Mittelwertes. Die Prüfgröße des Tests ($t_{emp}$) wird aus den empirischen Daten wie folgt berechnet:

$$t_{emp} = \frac{\bar{x} - \mu_0}{s(x)/\sqrt{N}} = \frac{\bar{x} - \mu_0}{\text{SE}(\bar{x})} \qquad (1.9)$$

mit

| | |
|---|---|
| $\bar{x}$ | Mittelwert der Variable $x$ |
| $\mu_0$ | erwarteter Mittelwert |
| $s_x$ | Standardabweichung der Variable $x$ |
| $\text{SE}(\bar{x})$ | Standardfehler des Mittelwerts |
| $N$ | Anzahl der Fälle im Datensatz |

Für das Beispiel ergibt sich:

$$t_{emp} = \frac{7{,}3 - 7{,}5}{1{,}05/\sqrt{100}} = \frac{-0{,}2}{0{,}105} = -1{,}90$$

Unter der Annahme der Nullhypothese folgt die t-Statistik einer t-Verteilung mit $N-1$ Freiheitsgraden. Abb. 1.4 zeigt die Dichtefunktion der t-Verteilung und den Wert unserer Teststatistik. Wenn die Nullhypothese wahr wäre, würden wir $t_{emp} = 0$ oder einen Wert nahe 0 erwarten. Im Beispiel ergibt sich aber ein Wert von $-1{,}9$ (d. h. 1,9 Standardabweichungen von Null), und die Wahrscheinlichkeit, ein solches Testergebnis zu erhalten, nimmt mit der Abweichung von Null schnell ab.

Die t-Verteilung (auch Student-Verteilung genannt) ist symmetrisch glockenförmig um den Nullpunkt und sieht der Standardnormalverteilung sehr ähnlich, ist aber bei kleinen Stichprobengrößen flacher und breiter. Mit zunehmender Stichprobengröße wird sie schlanker und nähert sich der Standardnormalverteilung an. Für unsere Stichprobengröße sind t-Verteilung und Standardnormalverteilung fast identisch.

**Schritt 3: Auswahl einer Irrtumswahrscheinlichkeit**
Die Nullhypothese kann nicht mit Sicherheit abgelehnt werden. Es muss eine Irrtumswahrscheinlichkeit für die Ablehnung einer Nullhypothese angegeben werden. Diese Irrtumswahrscheinlichkeit wird durch den Wert $\alpha$ (Alpha) angegeben, der auch als *Signifikanzniveau* bezeichnet wird.

Die Irrtumswahrscheinlichkeit $\alpha$ sollte zwar klein, aber auch nicht zu klein sein. Wenn $\alpha$ zu klein ist, kann die Forschungshypothese niemals „bewiesen" werden. Übliche Werte für $\alpha$ sind 5 %, 1 % oder 0,1 %, aber auch andere Werte sind möglich. Eine Irrtumswahrscheinlichkeit von $\alpha = 5\ \%$ ist am gebräuchlichsten, weshalb sie auch bei den folgenden Analysen verwendet wird.

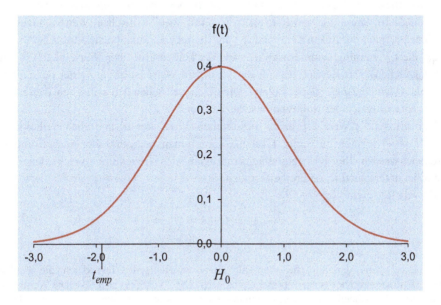

**Abb. 1.4** t-Verteilung und empirischer t-Wert (df = 99)

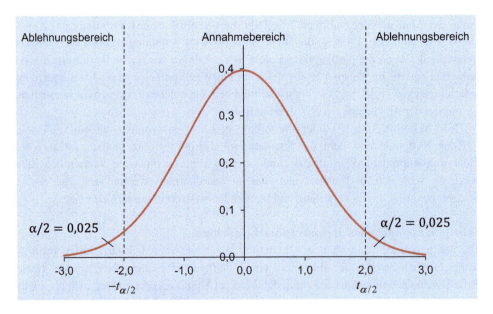

**Abb. 1.5** t-Verteilung und kritische Werte für α = 5 % (df = 99)

**Schritt 4: Ableitung eines kritischen Wertes**

Für eine gegebene Irrtumswahrscheinlichkeit $\alpha$ kann ein kritischer Testwert abgeleitet werden, der als Schwellenwert zur Beurteilung des Testergebnisses dient. Da die Alternativhypothese im Beispiel ungerichtet ist (d. h. positive und negative Abweichungen sind möglich), muss ein *zweiseitiger t-Test* mit zwei kritischen Werten angewandt werden: $-t_{\alpha/2}$ auf der linken Seite und $t_{\alpha/2}$ auf der rechten Seite (siehe Abb. 1.5).

Da die t-Verteilung symmetrisch ist, sind die beiden kritischen Werte gleich (bis auf das Vorzeichen). Der Bereich jenseits der kritischen Werte ist $\alpha/2$ auf jeder Seite, und er wird als *Ablehnungsbereich* bezeichnet. Die Fläche zwischen den kritischen Werten wird als *Akzeptanzbereich* der Nullhypothese bezeichnet.

Der kritische t-Wert für einen bestimmten Wert von $\alpha$ und die Freiheitsgrade (df = $N - 1$) können aus einer t-Tabelle entnommen oder mithilfe eines Computers berechnet werden. Tab. 1.12 zeigt einen Auszug aus der t-Tabelle für verschiedene Werte von $\alpha$ bei unterschiedlichen Freiheitsgraden (df).

Für das Beispiel folgt:[13]

$$t_{\alpha/2} = 1{,}984 \approx 2$$

---

[13] Mit Excel kann der kritische Wert für einen zweiseitigen t-Test durch die Funktion T.INV.2S(α;df) berechnet werden. Dabei ergibt sich T.INV.2S(0,05;99) = 1,984. Die Werte in der letzten Zeile der t-Tabelle sind identisch mit der Standardnormalverteilung. Bei df = 99 df kommt die t-Verteilung der Normalverteilung sehr nahe.

**Schritt 5: Vergleich der Teststatistik mit dem kritischen Wert**
Wenn die Teststatistik den kritischen Wert überschreitet, kann $H_0$ abgelehnt werden. Das bedeutet, dass das Ergebnis statistisch signifikant ist. Die *Regel für die Ablehnung von $H_0$* kann formuliert werden als

$$\text{Wenn } |t_{\text{emp}}| > t_{\alpha/2}, \text{ dann } H_0 \text{ ablehnen} \tag{1.10}$$

$$\text{Wenn } |t_{\text{emp}}| \leq t_{\alpha/2}, \text{ dann } H_0 \text{ nicht ablehnen}$$

Im Beispiel kann $H_0$ nicht abgelehnt werden, da

$$|t_{\text{emp}}| = 1{,}9 < 2$$

Das bedeutet, dass das Ergebnis des Tests bei $\alpha = 5\,\%$ statistisch nicht signifikant ist.

**Interpretation**
Es ist wichtig, darauf hinzuweisen, dass mit der Annahme der Nullhypothese nicht ihre Richtigkeit bewiesen wird, was das Wort „Annahme" suggerieren könnte. $H_0$ kann normalerweise nicht bewiesen werden und es lässt sich auch keine Wahrscheinlichkeit dafür ableiten, dass $H_0$ wahr ist.

Im engeren Sinne ist $H_0$ in einem zweiseitigen Test in der Regel „falsch": Wenn eine kontinuierliche Skala zur Messung verwendet wird, wird die Differenz zwischen dem beobachteten Wert und $\mu_0$ praktisch nie exakt Null sein. Die eigentliche Frage ist, wie groß die Differenz ist und nicht, ob sie null sein wird. Im Beispiel von *ChocoChain* ist es also sehr unwahrscheinlich, dass der gegenwärtige Zufriedenheitsindex genau 7,50 beträgt, wie die Nullhypothese besagt. Es ist zu fragen, ob die Differenz groß genug ist, um daraus schließen zu können, dass sich die Zufriedenheit der Kunden signifikant verändert hat.

Die Nullhypothese ist lediglich eine Aussage, die als Bezugspunkt zur Beurteilung eines statistischen Ergebnisses dient. Jede Schlussfolgerung, die aus dem Test gezogen wird, gilt nur unter der Bedingung von $H_0$.

Für ein Testergebnis $|t_{\text{emp}}| > 2$ lässt sich also schlussfolgern:

- Unter der Bedingung von $H_0$ beträgt die Wahrscheinlichkeit, dass das Testergebnis nur zufällig eingetreten ist, weniger als 5 %. Daher wird die Annahme von $H_0$ abgelehnt.
  Oder es lässt sich, wie im Beispiel, für das Testergebnis $|t_{\text{emp}}| \leq 2$ schlussfolgern:
- Unter der Bedingung von $H_0$ beträgt die Wahrscheinlichkeit, dass dieses Testergebnis nicht zufällig eingetreten ist, mindestens 95 %. Es gibt also keinen ausreichenden Grund, $H_0$ abzulehnen.

Das Ziel eines Hypothesentests besteht nicht darin, die Nullhypothese zu beweisen. Der Beweis der Nullhypothese würde keinen Sinn machen. Wenn dies das Ziel wäre, ließe sich jede Nullhypothese beweisen, indem man die Irrtumswahrscheinlichkeit $\alpha$ hinreichend klein macht.

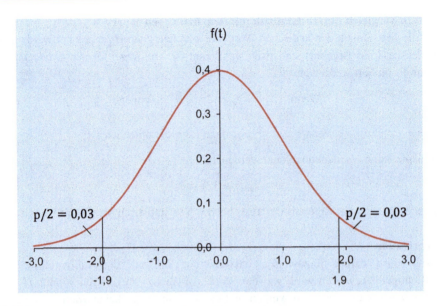

**Abb. 1.6** p-Wert p = 6 % (für einen zweiseitigen t-Test mit df = 99)

Die interessante Hypothese für den Anwender ist die Forschungshypothese. Es ist deshalb auch i. d. R. das Ziel, die Forschungshypothese zu akzeptieren, indem die Nullhypothese abgelehnt wird. Dazu muss die Nullhypothese als Gegenteil der Forschungshypothese gewählt werden.

### 1.3.1.2 Statistisches Testen unter Verwendung des p-Wertes

An Stelle der Verwendung des kritischen Wertes in Schritt 4 kann auch der sog. p-Wert verwendet werden, der zu einer Vereinfachung und Flexibilisierung statistischer Tests beiträgt. Der p-Wert für unsere empirische t-Statistik ist die Wahrscheinlichkeit, einen t-Wert zu beobachten, der weiter von der Nullhypothese entfernt ist als unser $t_{emp}$, wenn $H_0$ wahr ist:

$$p = P(|t| \geq |t_{emp}|) \tag{1.11}$$

Der Zusammenhang ist in Abb. 1.6 veranschaulicht: $p = P(|t| \geq 1,9) = 0,03 + 0,03 = 0,06$ oder 6 %.[14] Da die t-Statistik negative oder positive Werte annehmen kann, muss der absolute Wert in Gl. (1.11) für den zweiseitigen t-Test berücksichtigt werden und wir erhalten Wahrscheinlichkeiten auf beiden Seiten.

---

[14] Mit Excel kann der p-Wert durch die Funktion T.VERT.2S(ABS(temp);df) berechnet werden. Für das hier verwendete Beispiel ergibt sich: T.VERT.2S(ABS(−1,90);99) = 0,0603 oder 6,03 %.

## 1.3 Grundlagen des statistischen Testens

Der p-Wert wird auch als *empirisches Signifikanzniveau* bezeichnet. In SPSS wird der p-Wert als „Signifikanz" oder „sig" bezeichnet. Er gibt genau an, wie hoch das Signifikanzniveau einer Teststatistik ist, während ein klassischer Test (mit kritischem Wert) nur ein Schwarz-Weiß-Bild für ein bestimmtes $\alpha$ liefert. Ein großer p-Wert unterstützt die Nullhypothese, während ein kleiner p-Wert anzeigt, dass die Wahrscheinlichkeit der Teststatistik gering ist, wenn $H_0$ wahr ist. Wahrscheinlich ist $H_0$ also nicht wahr und sie sollte abgelehnt werden.

Ein p-Wert kann auch als ein Maß für die Plausibilität interpretiert werden: Wenn $p$ klein ist, ist die Plausibilität von $H_0$ gering und sollte abgelehnt werden. Und wenn $p$ groß ist, dann ist die Plausibilität von $H_0$ hoch.

Durch die Verwendung des p-Wertes wird das Testverfahren erheblich vereinfacht, da es ist nicht notwendig ist, den Test mit der Angabe einer Irrtumswahrscheinlichkeit (Signifikanzniveau $\alpha$) zu beginnen. Außerdem wird auch kein kritischer Wert und damit auch keine statistische Tabelle (vgl. Tab. 1.12) mehr benötigt. Ohne den Einsatz von Computern waren diese Tabellen allerdings zwingend, da der erhebliche Rechenaufwand sowohl für die kritischen Werte als auch für die p-Werte nicht bewältigt werden konnte.

Nichtsdestotrotz wünschen sich einige Anwender einen Maßstab zur Beurteilung des p-Wertes: Wird $\alpha$ als Maßstab für $p$ verwendet, dann ergibt das folgende Kriterium das gleiche Ergebnis wie der klassische t-Test gemäß Gl. (1.10):

$$\text{Wenn } p < \alpha, \text{ dann } H_0 \text{ ablehnen} \qquad (1.12)$$

Da im Beispiel $p = 6\,\%$ beträgt, kann hier $H_0$ nicht ablehnt werden. Wenn man $\alpha$ als Maßstab für $p$ verwendet, bleibt das Problem der Wahl der richtigen Irrtumswahrscheinlichkeit bestehen.

**Tab. 1.12** Auszug aus der t-Tabelle

| df | Irrtumswahrscheinlichkeit $\alpha$ | | |
|---|---|---|---|
| | 0,10 | 0,05 | 0,01 |
| 1 | 6,314 | 12,706 | 63,657 |
| 2 | 2,920 | 4,303 | 9,925 |
| 3 | 2,353 | 3,182 | 5,841 |
| 4 | 2,132 | 2,776 | 4,604 |
| 5 | 2,015 | 2,571 | 4,032 |
| 10 | 1,812 | 2,228 | 3,169 |
| 20 | 1,725 | 2,086 | 2,845 |
| 30 | 1,697 | 2,042 | 2,750 |
| 40 | 1,684 | 2,021 | 2,704 |
| 50 | 1,676 | 2,009 | 2,678 |
| 99 | 1,660 | 1,984 | 2,626 |
| $\infty$ | 1,645 | 1,960 | 2,576 |

### 1.3.1.3 Fehler erster und zweiter Art

Beim Testen von Hypothesen gibt es zwei Arten von Fehlern. Bisher wurde nur der Fehler bei der Ablehnung der Nullhypothese betrachtet, wenn sie wahr ist. Dieser Fehler wird auch als *Fehler erster Art* bezeichnet und seine Wahrscheinlichkeit ist $\alpha$ (Tab. 1.13).

Ein zweiter Fehler tritt auf, wenn eine falsche Nullhypothese akzeptiert wird. Dies bezieht sich auf den oberen rechten Quadranten in Tab. 1.13. Dieser Fehler wird auch *Fehler zweiter Art* genannt und seine Wahrscheinlichkeit wird mit $\beta$ bezeichnet.

Die Größe von $\alpha$ (d. h. das Signifikanzniveau) wird vom Anwender gewählt. Die Größe von $\beta$ hängt vom wahren, aber unbekannten Mittelwert $\mu$ und von $\alpha$ ab (Abb. 1.7). Wenn $\alpha$ verringert wird, dann vergrößert sich $\beta$, die Wahrscheinlichkeit des Fehlers zweiter Art.

Die Wahrscheinlichkeit $(1 - \beta)$ ist die Wahrscheinlichkeit, dass eine falsche Nullhypothese abgelehnt wird (siehe unterer rechter Quadrant in Tab. 1.13). Dies wird als

**Tab. 1.13** Testergebnisse und Fehler

| *Testergebnis* | Realität | |
|---|---|---|
| | $H_0$ ist wahr | $H_0$ ist falsch |
| $H_0$ wird akzeptiert | Richtige Entscheidung $1-\alpha$ | Fehler zweiter Art $\beta$ |
| $H_0$ wird *abgelehnt* | Fehler erster Art $\alpha$ *Signifikanzniveau* | Richtige Entscheidung $1 - \beta$ *Trennschärfe* |

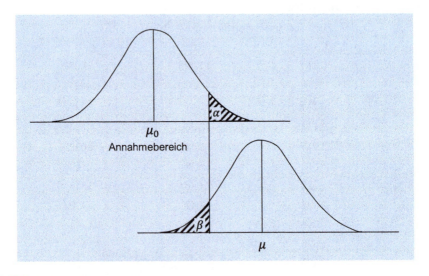

**Abb. 1.7** Fehler zweiter Art $\beta$ (abhängig von $\alpha$ und $\mu$)

die *Trennschärfe* (Stärke, power) eines Tests bezeichnet und ist eine wichtige Eigenschaft eines Tests. Mit der Verringerung von $\alpha$ nimmt auch die Trennschärfe des Tests ab. Es gibt also einen Kompromiss zwischen $\alpha$ und $\beta$. Wie bereits erwähnt, sollte die Irrtumswahrscheinlichkeit $\alpha$ nicht zu klein sein. Dann verliert der Test seine Fähigkeit, $H_0$ zurückzuweisen, wenn $H_0$ falsch ist. Gemeinsam können $\alpha$ und $\beta$ nur verringert werden, indem die Stichprobengröße $N$ erhöht wird.

**Auswahl von $\alpha$**
Die richtige Wahl der Irrtumswahrscheinlichkeit $\alpha$ ist ein schwieriges Problem. Der Wert von $\alpha$ kann nicht berechnet oder statistisch begründet werden, sondern muss vom Anwender sachlogisch bestimmt werden. Der Anwender sollte dabei die Folgen (Risiken und Chancen) von alternativen Entscheidungen berücksichtigen. Wenn die Kosten eines Fehlers erster Art hoch sind, dann sollte $\alpha$ klein sein. Alternativ, wenn die Kosten eines Fehlers zweiter Art hoch sind, dann sollte $\alpha$ größer und damit $\beta$ kleiner gemacht werden.

Im Beispiel von *ChocoChain* läge ein Fehler erster Art vor, wenn der Test fälschlicherweise vorgibt, dass sich die Zufriedenheit der Kunden signifikant verändert hat, obwohl dies nicht der Fall ist. Ein Fehler zweiter Art würde vorliegen, wenn sich die Zufriedenheit der Kunden geändert hat, der Test dies aber nicht anzeigt (vielleicht, weil $\alpha$ zu niedrig gewählt wurde). Der Manager würde also keine Warnung erhalten, wenn die Zufriedenheit gesunken ist und er würde es versäumen, korrigierende Maßnahmen zu ergreifen.

### 1.3.1.4 Durchführung eines einseitigen Mittelwerttests

Da die t-Verteilung symmetrisch ist und somit zwei Seiten hat, gibt es zwei Formen eines t-Tests: einen zweiseitigen t-Test, wie oben dargestellt, und einen einseitigen t-Test. Ein *einseitiger t-Test* hat eine größere Trennschärfe (power) und sollte nach Möglichkeit verwendet werden. Kleinere Abweichungen von Null sind statistisch signifikant, wodurch das Risiko eines *Fehlers* zweiter Art (Akzeptanz einer falschen Nullhypothese) verringert wird. Die Durchführung eines einseitigen Tests erfordert jedoch etwas mehr Überlegung und/oder a-priori-Wissen des Anwenders.

Ein einseitiger t-Test ist dann angebracht, wenn das Testergebnis je nach Richtung der Abweichung unterschiedliche Konsequenzen hat. Wenn in unserem Beispiel der Zufriedenheitsindex konstant geblieben ist oder sich sogar verbessert hat, besteht kein Handlungsbedarf. Wenn der Zufriedenheitsindex jedoch gesunken ist, sollte das Management besorgt sein. Es sollte den Grund dafür untersuchen und Maßnahmen zur Verbesserung der Zufriedenheit ergreifen.

Die Forschungsfrage des zweiseitigen Tests lautete: „Hat sich die Zufriedenheit verändert?" Beim einseitigen Test lautet die Forschungsfrage hier: „Ist die Zufriedenheit gesunken?".

Es muss also folgende Alternativhypothese „bewiesen" werden

$$H_1: \mu < 7{,}5$$

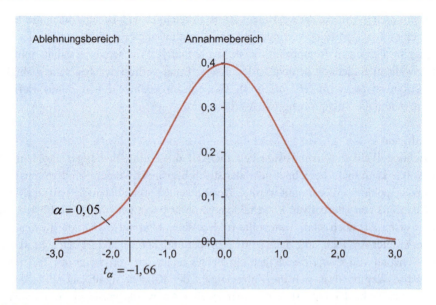

**Abb. 1.8** t-Verteilung und kritischer Wert für einen einseitigen Test ($\alpha = 5\,\%$, df = 99)

indem die Nullhypothese abgelehnt wird durch

$$H_0: \mu \geq 7{,}5$$

$H_0$ sagt das Gegenteil der Forschungsfrage aus. Das Entscheidungskriterium ist

$$\text{Wenn } t_{\text{emp}} < t_\alpha, \text{ dann } H_0 \text{ ablehnen} \qquad (1.13)$$

Zu beachten ist, dass $t_\alpha$ hier negativ ist. Der Ablehnungsbereich befindet sich jetzt nur noch auf der linken Seite und der Bereich unter der Dichtefunktion ist dort doppelt so groß. Der kritische Wert für $\alpha = 5\,\%$ ist $t_\alpha = -1{,}66$ (Abb. 1.8).[15] Da dieser Wert näher an $H_0$ liegt als der kritische Wert $t_{\alpha/2} = 1{,}98$ für den zweiseitigen Test, ist schon eine geringere Abweichung von $H_0$ signifikant.

Die empirische Teststatistik $t_{\text{emp}} = -1{,}9$ befindet sich jetzt im Ablehnungsbereich auf der linken Seite. Somit kann $H_0$ mit Signifikanzniveau $\alpha = 5\,\%$ abgelehnt werden. Mit dem schärferen einseitigen Test kann nachgewiesen werden, dass die Kundenzufriedenheit wirklich gesunken ist.

---

[15] Mit Excel kann der kritische Wert für die linke Seite durch die Funktion T.INV($\alpha$;df) berechnet werden. Es ergibt sich: T.INV(0,05;99) = $-1{,}66$. Für die rechte Seite muss das Vorzeichen gewechselt werden oder es ist die Funktion T.INV(1 − $\alpha$;df) zu verwenden.

**Verwendung des p-Wertes**

Bei Verwendung des p-Wertes ist das Entscheidungskriterium dasselbe wie zuvor in Gl.(1.12):

$$\text{Wenn } p < \alpha, \text{ dann } H_0 \text{ ablehnen}$$

Aber der einseitige p-Wert beträgt nur die Hälfte des zweiseitigen p-Wertes. Ist also der zweiseitige p-Wert bekannt, ist es einfach, den einseitigen p-Wert zu berechnen. Da im Beispiel $p = 6\,\%$ für den zweiseitigen Test war, ist der p-Wert für den einseitigen Test $p = 3\,\%$. Dies liegt deutlich unter $\alpha = 5\,\%$.[16]

## 1.3.2 Durchführung eines Tests für Anteilswerte

Bei nominal skalierten Variablen ist die Berechnung von Mittelwerten unzulässig und es werden stattdessen Häufigkeiten ausgezählt und Anteilswerte oder Prozentsätze berechnet. Das Testen einer Hypothese über einen Anteilswert folgt den gleichen Schritten wie ein Test für den Mittelwert (vgl. Abschn. 1.3.1.1).

Bei einem zweiseitigen Test für einen Anteilswert lautet die Nullhypothese:

- Nullhypothese $H_0$: $\pi = \pi_0$
- Alternativhypothese $H_1$: $\pi \neq \pi_0$

wobei $\pi_0$ ein angenommener Anteilswert und $\pi$ der unbekannte wahre Anteil ist.

Wird der empirische Anteilswert mit $A$ bezeichnet, dann wird die Teststatistik wie folgt berechnet:

$$z_{\text{emp}} = \frac{A - \pi_0}{\sigma/\sqrt{N}} \qquad (1.14)$$

mit

$A$ empirischer Anteil
$\pi_0$ angenommener Anteilswert
$\sigma$ Standardabweichung der Grundgesamtheit
$N$ Anzahl der Fälle im Datensatz

---

[16] Mit Excel kann der *p*-Wert für die linke Seite durch die Funktion T.VERT(temp;df;1) berechnet werden. Es ergibt sich: T.VERT(−1,90;99;1) = 0,0302 oder 3 %. Den *p*-Wert für die rechte Seite liefert die Funktion T.VERT.RS(temp;df).

Dabei kann die Standardabweichung in der Grundgesamtheit wie folgt geschätzt werden:

$$\sigma = \sqrt{\pi_0(1-\pi_0)} \tag{1.15}$$

Wenn die Nullhypothese wahr ist, kann die Standardabweichung des Anteilswertes abgeleitet werden aus $\pi_0$. Aus diesem Grund kann für die Berechnung kritischer Werte und p-Werte statt der t-Verteilung die Standard-Normalverteilung verwendet werden. Dies vereinfacht das Verfahren; allerdings macht es für $N \geq 100$ ohnehin keinen Unterschied, ob die Normalverteilung oder die t-Verteilung verwendet wird (vgl. Tab. 1.12).

### Erweitertes Anwendungsbeispiel „ChocoChain"

Der Manager des Schokoladenunternehmens *ChocoChain* weiß aus regelmäßigen Umfragen zu Einstellungen und Lebensstilen seiner Kunden, dass 10 % seiner Kunden Vegetarier sind. In der diesjährigen Umfrage gaben $x = 52$ Kunden an, dass sie Vegetarier sind. Bei einer Stichprobengröße von $N = 400$ entspricht dies einem Anteil $A = x/N = 0{,}13$ bzw. 13 %. Der Manager stellt sich nun die Frage, ob dieses Ergebnis auf eine reale Zunahme hindeutet oder ob es sich nur um eine zufällige Fluktuation handelt?

Für $\pi_0 = 10\%$ ergibt sich $\sigma = 0{,}30$ und mit der Gl. (1.15) folgt für die Teststatistik gemäß Gl. (1.14):

$$z_{\text{emp}} = \frac{0{,}13 - 0{,}10}{0{,}30/\sqrt{400}} = 2{,}00$$

Eine Faustregel besagt, dass ein absoluter Wert $\geq 2$ der Teststatistik bei $\alpha = 5\%$ signifikant ist. Es kann also ohne jede Berechnung geschlossen werden, dass sich der Anteil der Vegetarier signifikant verändert hat. Der genaue kritische Wert für die Standard-Normalverteilung ist $z_{\alpha/2} = 1{,}96$.

Der p-Wert für $z_{\text{emp}} = 2{,}0$ beträgt 4,55 % und ist damit kleiner als 5 %. Wenn unsere Forschungsfrage lautet: „Hat der Anteil der Vegetarier zugenommen", kann ein einseitiger t-Test mit den folgenden Hypothesen durchgeführt werden:

$$H_0: \pi \leq \pi_0 = 10\%$$
$$H_1: \pi > \pi_0$$

In diesem Fall liegt der kritische Wert bei 1,64 und der p-Wert bei 2,28 %, was unter 5 % liegt. Das Ergebnis ist also hoch signifikant. ◄

### Genauigkeitsmaße von binären Klassifikationstests

Tests mit binären Testergebnissen sind sehr häufig z. B. bei medizinischen Tests (krank oder gesund, schwanger oder nicht) oder bei der Qualitätskontrolle (Spezifikation erfüllt oder nicht) anzutreffen. Um die Genauigkeit solcher Tests zu beurteilen, werden folgende Anteilswerte der beiden möglichen Testergebnisse verwendet: *Sensitivität* und

## 1.3 Grundlagen des statistischen Testens

**Tab. 1.14** Maße für die Genauigkeit bei medizinischen Tests

| Testergebnis | Keine Krankheit | Krankheit |
|---|---|---|
| Negativ | Spezifität<br>*Wahr-negativ*<br>$1-\alpha$ | 1 – Sensitivität<br>*Falsch-negativ*<br>$\beta$ |
| Positiv | 1 – Spezifität<br>*Falsch-positiv*<br>$\alpha$<br>Fehlalarm | Sensitivität<br>*Wahr-positiv*<br>$1-\beta$<br>Power |

*Spezifität*.[17] Diese Maße sind in der medizinischen Forschung, Epidemiologie oder beim maschinellen Lernen üblich, während sie in anderen Bereichen nur wenig verbreitet oder bekannt sind.

Übertragen auf das Beispiel medizinischer Tests bedeuten die beiden Anteilswerte:

- *Sensitivität* = „wahr-positiv": Der Test ist positiv, wenn der Patient krank ist (Krankheit wird richtig erkannt).
- *Spezifität* = „wahr-negativ": Der Test ist negativ, wenn der Patient nicht krank ist.

Als Beispiel mit z. T. tödlicher Konsequenz eines Tests kann die Genauigkeit der zu Beginn der Coronapandemie 2020 verwendeten Tupfertests dienen, die zur Feststellung einer Infektion mit SARS-Cov-2 verwendet wurden. Das *British Medical Journal* (12. Mai 2020) berichtete hierfür eine Spezifität von 95%, aber eine Sensitivität von nur 70 %. Das bedeutet, dass von 100 Personen, die mit SARS-Cov-2 infiziert waren, der Test bei 30 Personen fälschlicherweise negativ war. Ohne dies zu wissen, trugen diese 30 Personen (insbesondere, wenn es sich um Pflegepersonal handelte) zur raschen Ausbreitung der Krankheit bei.

In Abschn. 1.3.1.1 wurden die Fehler erster und zweiter Art ($\alpha$ und $\beta$) bei statistischen Tests diskutiert: Diese Fehler können auch als inverse Genauigkeitsmaße angesehen werden. Es besteht eine enge Entsprechung zu Spezifität und Sensitivität.

Unter der Annahme, „Keine Krankheit" als Nullhypothese zu betrachten, zeigt Tab. 1.14 die Übereinstimmung dieser Genauigkeitsmaße mit den Fehlertypen bei statistischen Tests. Die Sensitivität von 70% entspricht der Trennschärfe (power) des statistischen Tests und die „falsch negativ"-Rate von 30 % entspricht dem $\beta$-Fehler (Fehler zweiter Art).

Sensitivitäts- und Spezifitätsmaße können zur Beurteilung von Ergebnissen der Diskriminanzanalyse (Kap. 5), der logistischen Regression (Kap. 5) und der Kontingenzanalyse (Kap. 6) verwendet werden. In Kap. 5 zur logistischen Regression werden weitere Beispiele für die Berechnung und Anwendung dieser Maße geben.

---

[17] Vgl. z. B. Hastie et al. (2011); Pearl und Mackenzie (2018); Gigerenzer (2002).

## 1.3.3 Intervallschätzung (Konfidenzintervall)

Intervallschätzung und statistische Tests sind Teil der Inferenzstatistik und basieren auf den gleichen Prinzipien. Sie sind zwei Seiten derselben Medaille.

**Intervallschätzung für einen Mittelwert**
Im Beispiel der Zufriedenheitsmessung von *ChocoChain* ergab sich ein Mittelwert von $\bar{x} = 7{,}30$. Dieser Wert kann als eine Punktschätzung des wahren Mittelwertes $\mu$ betrachtet werden, wobei $\mu$ aber nicht bekannt ist. Es ist der beste Schätzwert, den man für den wahren Wert $\mu$ erhalten kann. Aber da $\bar{x}$ aber eine Zufallsvariable ist, kann nicht erwartet werden, dass $\bar{x}$ gleich $\mu$ ist. Es lässt sich jedoch ein Intervall für $\bar{x}$ angeben, innerhalb dessen der wahre Mittelwert $\mu$ mit einer bestimmten Irrtumswahrscheinlichkeitt $\alpha$ (oder Vertrauenswahrscheinlichkeit $1 - \alpha$) erwartet werden kann. Es gilt:

$$\mu = \bar{x} \pm \text{Fehler}$$

Dieses Intervall wird als *Konfidenzintervall* für $\mu$ bezeichnet. Auch hier kann die t-Verteilung verwendet werden, um dieses Intervall zu bestimmen:

$$\mu = \bar{x} \pm t_{\alpha/2} \cdot \frac{s_x}{\sqrt{N}} \qquad (1.16)$$

Im Folgenden werden dieselben Werte wie auch bei den obigen Tests verwendet: $t_{\alpha/2} = 1{,}98$, $s_x = 1{,}05$ und $N = 100$. Mit diesen Werten ergibt sich:

$$\mu = 7{,}30 \pm 1{,}98 \cdot \frac{1{,}05}{\sqrt{100}} = 7{,}30 \pm 0{,}21$$

Damit kann mit einer Wahrscheinlichkeit von 95% erwartet werden, dass der wahre Wert $\mu$ im Konfidenzintervall zwischen 7,09 und 7,51 liegt:

$$7{,}09 \leftarrow \mu \rightarrow 7{,}51$$

Je kleiner unsere Irrtumswahrscheinlichkeit $\alpha$ (oder je größer unsere Vertrauenswahrscheinlichkeit $1 - \alpha$) ist, desto größer muss das Intervall sein. Für z. B. $\alpha = 1\%$ (oder Konfidenz $1 - \alpha = 99\%$) beträgt das Konfidenzintervall [7,02; 7,58].

Das Konfidenzintervall kann auch zum Testen einer Hypothese verwendet werden. Fällt die Nullhypothese $\mu_0 = 7{,}50$ in das Konfidenzintervall, ist dies äquivalent damit, dass die Teststatistik in den Annahmebereich fällt. Das stellt eine alternative Methode zum Testen von Hypothesen dar. Wiederum kann $H_0$ nicht ablehnen werden, wie dies auch im obigen zweiseitigen Test der Fall war.

**Intervallschätzung für einen Anteil**
Analog kann auch ein Konfidenzintervall für einen Anteilswert geschätzt werden. Im Beispiel ergab die Umfrage einen Anteilswert $A = 13\%$. Das Konfidenzintervall für den wahren Wert $\pi$ kann nun wie folgt berechnet werden:

$$\pi = A \pm z_{\alpha/2} \cdot \frac{\sigma}{\sqrt{N}} \tag{1.17}$$

Auch hier werden die gleichen Werte verwendet, die schon oben zum Testen verwendet wurden: $z_{\alpha/2} = 1{,}96$, $\sigma = 0{,}30$ und $N = 400$. Mit diesen Werten ergibt sich:

$$\pi = 13{,}0 \pm 1{,}96 \cdot \frac{0{,}30}{\sqrt{400}} = 13{,}0 \pm 2{,}94$$

Es kann also mit einer Wahrscheinlichkeit von 95% erwartet werden, dass der wahre Wert $\pi$ im Intervall zwischen 10,06 und 15,94 liegt. Da $\pi_0 = 10\%$ nicht in dieses Intervall fällt, kann die Nullhypothese abgelehnt werden, wie schon zuvor.

Ist $\sigma$ (die Standardabweichung der Grundgesamtheit) nicht bekannt, so kann diese auf der Grundlage des beobachteten Anteilswertes $A$ wie folgt geschätzt werden:

$$s = \sqrt{A \cdot (1 - A)} \tag{1.18}$$

In diesem Fall ist die t-Verteilung zur Berechnung des Konfidenzintervalls zu verwenden:

$$\pi = A \pm t_{\alpha/2} \cdot \frac{s}{\sqrt{N}} \tag{1.19}$$

Es folgt:

$$\pi = 13{,}0 \pm 1{,}97 \cdot \frac{0{,}336}{\sqrt{400}} = 13{,}0 \pm 3{,}31$$

Das Konfidenzintervall erhöht sich somit auf [9,69, 16,31].

## 1.4 Kausalität

Eine kausale Beziehung ist eine Beziehung, die eine Richtung aufweist. Für nur zwei Variablen $X$ und $Y$ kann sie formal ausgedrückt werden durch

$$\underset{\text{Ursache}}{X} \rightarrow \underset{\text{Effekt}}{Y}$$

Das bedeutet: Wenn sich $X$ ändert, dann ändert sich auch $Y$. So werden Änderungen in $Y$ durch Änderungen in $X$ verursacht.

Dies bedeutet jedoch nicht, dass $X$ die einzige Ursache für Veränderungen in $Y$ ist. Ist $X$ die einzige Ursache für Veränderungen in $Y$, so wird von einer monokausalen Beziehung gesprochen. Häufig bestehen aber multikausale Beziehungen, was es schwierig macht, kausale Beziehungen zu finden und nachzuweisen (vgl. Pearl & Mackenzie, 2018; Freedman, 2002).

## 1.4.1 Kausalität und Korrelation

Das Auffinden und der Nachweis kausaler Zusammenhänge ist ein vorrangiges Ziel aller empirischen (Natur- und Sozial-)Wissenschaften. Statistische Assoziation oder Korrelation spielen dabei eine wichtige Rolle, aber auch andere Methoden, die in diesem Buch behandelt werden. Allerdings ist Kausalität kein statistisches Konstrukt. Aus einer Assoziation oder Korrelation auf Kausalität zu schließen, kann sehr irreführend sein. Daten enthalten keine Informationen über Kausalität. Daher kann Kausalität nicht allein durch die statistische Analyse von Daten entdeckt oder bewiesen werden.

Um Kausalität ableiten oder beweisen zu können, werden Informationen über die Entstehung der Daten und kausale Überlegungen benötigt. Letzteres ist etwas, woran es auch Computern oder der Künstlichen Intelligenz noch mangelt. Kausalität ist eine Schlussfolgerung, die vom Anwender gezogen werden muss. Statistische Methoden können die Schlussfolgerungen eines Anwenders nur unterstützen.

Es gibt viele Beispiele für signifikante Korrelationen, die keine Kausalität implizieren. z. B. wurden hohe Korrelationen in folgenden Fällen gefunden:

- Anzahl der Störche und Geburtenrate (1960–1990)
- Lesefähigkeiten von Schulkindern und Schuhgröße
- Ernteertrag von Hopfen und Bierkonsum
- Eiscreme-Verkauf und Zahl der Todesfälle durch Ertrinken
- Scheidungsrate im US-Bundesstaat Maine und Pro-Kopf-Verbrauch von Margarine
- US-Ausgaben für Wissenschaft, Weltraum und Technologie versus Selbstmord durch Erhängen, Strangulieren und Ersticken.

Derartige nicht-kausale Korrelationen zwischen zwei Variablen $X$ und $Y$ werden auch als Scheinkorrelationen oder scheinkausale Korrelationen (spurious correlations) bezeichnet. Sie werden oft durch eine dritte Variable $Z$ erzeugt, die $X$ und $Y$ beeinflusst. Diese dritte Variable $Z$ wird auch als Confounder-Variable bezeichnet. Sie steht in kausalem Zusammenhang mit $X$ und $Y$. Aber die Existenz einer solchen Confounder-Variable wird oft nicht gesehen oder ist nicht bekannt. Daher können Confounder zu Fehlinterpretationen führen:

Die starke Korrelation zwischen der Anzahl der Störche und der Geburtenrate, die in den Jahren von 1966 bis 1990 beobachtet wurde, ist wahrscheinlich auf die wachsende industrielle Entwicklung in Verbindung mit dem Wohlstand zurückzuführen. Für die Lesefähigkeiten der Schulkinder und ihre Schuhgröße ist das Alter der Confounder. Für den Ernteertrag von Hopfen und Bierkonsum ist der Confounder wahrscheinlich die Menge an Sonnenschein oder warmem Wetter. Das Gleiche mag für die Beziehung zwischen Eiscremeverkauf und der Ertrinkungsrate gelten. Wenn es heiß ist, essen die Menschen mehr Eiscreme und mehr Menschen gehen schwimmen. Wenn mehr Menschen schwimmen gehen, werden auch mehr Menschen ertrinken.

## 1.4.2 Test auf Kausalität

Um die Hypothese eines kausalen Zusammenhangs zu stützen, sollten zumindest die folgenden Bedingungen erfüllt sein (Abb. 1.9).

**Bedingung 1: Korrelationskoeffizient**
Der Korrelationskoeffizient kann positiv oder negativ sein. Ein positives Vorzeichen würde bedeuten, dass $Y$ zunimmt, wenn $X$ zunimmt, und ein negatives Vorzeichen zeigt das Gegenteil an; $Y$ nimmt ab, wenn $X$ zunimmt. Der Anwender sollte nicht nur die Hypothese aufstellen, dass ein kausaler Zusammenhang besteht, sondern auch im Voraus (vor der Analyse) angeben, ob es sich um einen positiven oder negativen Zusammenhang handelt.

Bei der Analyse der Beziehung zwischen Schokoladenverkauf und Preis werden wohl die meisten eine negative Korrelation und bei der Analyse der Beziehung zwischen Schokoladenverkauf und Werbung eine positive Korrelation erwarten. Allerdings wollen wir die Möglichkeit einer positiven Beziehung zwischen Preis und Absatzmenge nicht leugnen (z. B. bei Luxusgütern oder wenn der Preis als Qualitätsindikator verwendet wird); aber das sind eher seltene Ausnahmen und sie gelten in der Regel nicht für die meisten häufig gekauften Konsumgüter (fast moving consumer goods). Auch ein negativer Effekt der Werbung (Wear-out-Effekt) wurde eher selten beobachtet. Ein unerwartetes Vorzeichen des Korrelationskoeffizienten sollte den Anwender also zunächst einmal skeptisch stimmen.

Wenn ein kausaler Zusammenhang zwischen den beiden Variablen $X$ und $Y$ besteht, dann ist eine deutliche Korrelation zu erwarten. Wenn keine Korrelation besteht oder

---

**Bedingung für Kausalität** (Hypothese: $X \rightarrow Y$)

1. Der Korrelationskoeffizient $r_{XY}$ sollte
    - das erwartete Vorzeichen aufweisen,
    - eine signifikante Größe haben → Prüfung durch t-test oder F-test.
2. Die *zeitliche Abfolge* der Ereignisse sollte korrekt sein sein: $X$ vor $Y$.
    → Prüfung durch lag correlation, Experimente.
3. *Ausschluss anderer Ursachen*
    Fehlen von „Drittvariablen" (confounders), die möglicherweise scheinkausale Korrelationen (spurious correlation) erzeugen.
    → Prüfung durch Erfahrung, logisches Denken, kontrollierte Experimente.

---

**Abb. 1.9** Test auf Kausalität

der Korrelationskoeffizient sehr klein ist (nahe Null), dann liegt wahrscheinlich keine Kausalität vor, oder die Kausalität ist schwach und irrelevant.

Bei der Beurteilung der Größe des Korrelationskoeffizienten ist auch die Anzahl der Beobachtungen (Stichprobengröße) zu berücksichtigen. Dies kann durch die Durchführung eines statistischen Signifikanztests, entweder eines t-Tests oder eines *F-Tests*, erreicht werden.

**Bedingung 2: Zeitliche Anordnung**
Eine kausale Beziehung zwischen zwei Variablen $X$ und $Y$ kann immer zwei Richtungen haben:

a) $X$ ist eine Ursache für $Y$: $X \rightarrow Y$
b) $Y$ ist eine Ursache für $X$: $Y \rightarrow X$

Für den Korrelationskoeffizienten macht es keinen Unterschied, ob die Situation a) oder die Situation b) vorliegt. Eine signifikante Korrelation ist also kein ausreichender Beweis für den hypothetischen Kausalzusammenhang a).

Eine Ursache muss dem Effekt vorausgehen und daher müssen Änderungen in $X$ den entsprechenden Änderungen in $Y$ vorausgehen. Ist dies nicht der Fall, ist die Hypothese a) falsch. In einem Experiment bestehen über die zeitliche Reihenfolge keine Zweifel: Im Experiment verändert der Anwender $X$ und betrachtet dann die Veränderungen in $Y$. Beim Vorliegen von Beobachtungsdaten hingegen ist es oft schwierig oder sogar unmöglich, die zeitliche Reihenfolge zu überprüfen.

Eine Möglichkeit hierzu besteht, wenn Zeitreihendaten vorliegen und die Beobachtungsperioden kürzer sind als die Zeitspanne zwischen Ursache und Wirkung (time lag). Bezogen auf das genannte Beispiel hängt die Länge der Zeitspanne zwischen Werbung und Verkauf von der Art des Produkts und der Art der für die Werbung verwendeten Medien ab. Bei häufig gekauften Konsumgütern wie Schokoriegeln oder Zahnpasta ist die Länge kürzer, bei teureren und langlebigeren Gütern (z. B. Fernseher, Autos) länger. Außerdem wird sie für Fernseh- oder Rundfunkwerbung kürzer sein als für Werbung in Zeitschriften. Bei der Werbung sind die Wirkungen oft über mehrere Zeiträume verzögert (d. h. mit zeitlicher Verzögerung verteilt).

Bei einer ausreichend großen Zeitverzögerung (oder kurzen Beobachtungsperioden) kann die Richtung der Kausalität durch eine *verzögerte Korrelation* (*lagged correlation* oder auch *lagged regression*) erkannt werden. Unter Hypothese $X \rightarrow Y$ muss Folgendes zutreffen (Campbell & Stanley, 1966, S. 69):

$$r_{X_{t-r}Y_t} > r_{X_tY_{t-r}}$$

wobei $t$ die Beobachtungsperiode und $r$ die Länge der kausalen Verzögerung ist ($r = 1, 2, 3 \ldots$). Andernfalls zeigt es an, dass die Hypothese falsch ist und die Kausalität die entgegengesetzte Richtung hat.

Eine kausale Verzögerung kann auch einen kausalen Zusammenhang verschleiern. Es kann sein, dass $r_{X_tY_t}$ nicht signifikant ist, jedoch $r_{X_{t-r}Y_t}$. Dies sollte im ersten Schritt in

Betracht gezogen werden, wenn es Gründe gibt, einen verzögerten Zusammenhang zu vermuten. Die Beziehung zwischen Verkauf und Werbung ist ein Beispiel, bei dem Zeitverzögerungen häufig auftreten. Die Regressionsanalyse (siehe Kap. 2) kann hier Abhilfe schaffen, indem sie verzögerte Variablen einbezieht.

**Bedingung 3: Ausschluss anderer Ursachen**
Wie oben betont, kann es eine signifikante Korrelation zwischen $X$ und $Y$ ohne kausalen Zusammenhang geben, verursacht durch eine dritte Variable $Z$. In diesem Fall spricht man von nicht-kausalen oder *scheinkausalen Korrelationen* (spurious correlation).

Es sollte also sichergestellt werden, dass es keine dritten Variablen gibt, die eine scheinkausale Korrelation zwischen $X$ und $Y$ verursachen. In der Literatur wird in diesem Zusammenhang betont: Das Fehlen plausibler Konkurrenzhypothesen erhöht die Plausibilität einer Hypothese (Campbell & Stanley, 1966, S. 65).

Die Welt ist komplex und normalerweise beeinflussen zahlreiche Faktoren eine empirische Variable $Y$. Um solche multikausalen Beziehungen zu berücksichtigen, können multivariate Analysemethoden wie Regressionsanalyse, Varianzanalyse, logistische Regression oder Diskriminanzanalyse verwendet werden. Alle diese Methoden werden in diesem Buch behandelt. In der Regel können aber nicht alle Einflussfaktoren beobachtet und in ein Modell einbezogen werden. Für die Modellbildung gilt daher mit Albert Einstein: „Man soll die Dinge so einfach wie möglich machen, aber nicht einfacher." Die Kunst der Modellformulierung erfordert das Erkennen der relevanten Variablen.

Mithilfe der Statistik können zwar Korrelation zwischen zwei Variablen gemessen werden, aber dadurch ist noch nicht bewiesen, dass ein kausaler Zusammenhang besteht. Eine Korrelation zwischen Variablen ist eine notwendige, aber keine hinreichende Bedingung für Kausalität. Auch die beiden anderen Bedingungen müssen erfüllt sein. Den zuverlässigsten Beweis für einen kausalen Zusammenhang liefert ein kontrolliertes Experiment (Campbell & Stanley, 1966; Green et al., 1988; Kap. 6).

## 1.5 Ausreißer und fehlende Werte

Die Ergebnisse empirischer Analysen können dadurch verzerrt werden, dass Beobachtungen mit extremen Werten vorliegen, die nicht den im „Normalfall" zu erwartenden Werten entsprechen. Ebenso können fehlende Werte zu Verzerrungen führen, insbesondere dann, wenn sie bei der Datenanalyse nicht in geeigneter Form behandelt werden.

### 1.5.1 Ausreißer

Empirische Daten enthalten oft einen oder mehrere Ausreißer, d. h. Beobachtungen, die erheblich von den anderen Daten abweichen. Derartige Ausreißer können einen starken Einfluss auf das Ergebnis einer Analyse haben. Ausreißer können aus verschiedenen Gründen entstehen und sind vor allem zurückzuführen auf

- Zufall (random),
- Fehler bei der Messung oder Dateneingabe,
- ungewöhnliche Ereignisse.

### 1.5.1.1 Identifikation von Ausreißern

Liegt eine große Anzahl von Zahlenwerten vor, so kann es sehr mühsam sein, ungewöhnliche Werte und damit Ausreißer zu finden. Selbst bei einem kleinen Datensatz, wie ihn beispielhaft Tab. 1.15 zeigt, ist es nicht einfach, mögliche Ausreißer durch visuelle Inspektion der Rohdaten zu erkennen.

Zur Identifikation von Ausreißern können numerische und/oder grafische Methoden herangezogen werden, wobei die Anwendung grafischer Methoden in der Regel einfacher und effizienter ist (du Toit et al., 1986). Grafische Methoden zur Erkennung von Ausreißern sind Histogramme, Boxplots und Scatterplots. Eine einfache numerische Methode zur Erkennung von Ausreißern ist die Standardisierung von Daten.

**Standardisierung von Daten**

Tab. 1.15 zeigt die beobachteten Werte von zwei Variablen $X_1$ und $X_2$ und ihre standardisierten Werte, die auch als z-Werte bezeichnet werden. Es zeigt sich, dass nur ein z-Wert den Wert 2 übersteigt, nämlich Beobachtung 16 der Variable $X_1$. Wird unterstellt, dass die Daten einer Normalverteilung folgen, dann ist die Wahrscheinlichkeit für das Auftreten von z>2k leiner als 5 %. Ein Wert von 2,56, wie er hier beobachtet wird, hat eine Eintrittswahrscheinlichkeit von weniger als 1 %. Dieser Wert ist also ungewöhnlich, weshalb er als Ausreißer identifiziert werden kann.

Die Auswirkung eines Ausreißers auf ein statistisches Ergebnis lässt sich leicht quantifizieren, indem die Berechnungen nach Elimination des Ausreißers wiederholt werden. Tab. 1.15 zeigt, dass der Mittelwert der Variablen $X_1$ den Wert 22,3 hat. Nach Elimination von Beobachtung 16 ergibt sich ein Mittelwert von 21,0. Der Mittelwert ändert sich also um 1,3 oder fast 6 %. Der Effekt wird bei größeren Stichprobengrößen geringer sein. Insbesondere bei kleinen Stichprobengrößen aber können Ausreißer erhebliche Verzerrungen verursachen.

**Histogramme**

Abb. 1.10 zeigt ein Histogramm der Variable $X_1$ und es ist ein Ausreißer auf der rechten Seite dieser Abbildung erkennbar.[18]

---

[18] Mit Excel können Histogramme durch die Menüabfolge „*Daten/Datenanalyse/Histogramm*" erstellt werden. In SPSS können Histogramme durch die Menüabfolge „*Analysieren/Deskriptive Statistiken/Häufigkeiten*" angefordert werden.

## 1.5 Ausreißer und fehlende Werte

**Tab. 1.15** Beispieldaten: beobachtete und standardisierte Daten

| | Beobachtete Daten | | Standardisierte Daten | |
|---|---|---|---|---|
| Nr. | $X_1$ | $X_2$ | $Z_1$ | $Z_2$ |
| 1 | 26 | 26 | 0,41 | 0,35 |
| 2 | 34 | 30 | 1,27 | 0,84 |
| 3 | 19 | 29 | −0,35 | 0,71 |
| 4 | 20 | 24 | −0,24 | 0,10 |
| 5 | 19 | 14 | −0,35 | −1,12 |
| 6 | 23 | 30 | 0,08 | 0,84 |
| 7 | 20 | 27 | −0,24 | 0,47 |
| 8 | 32 | 33 | 1,05 | 1,20 |
| 9 | 12 | 7 | −1,11 | −1,97 |
| 10 | 6 | 9 | −1,76 | −1,73 |
| 11 | 11 | 17 | −1,22 | −0,75 |
| 12 | 29 | 22 | 0,73 | −0,14 |
| 13 | 15 | 15 | −0,78 | −0,99 |
| 14 | 16 | 26 | −0,68 | 0,35 |
| 15 | 24 | 18 | 0,19 | −0,63 |
| 16 | 46 | 39 | **2,56** | 1,93 |
| 17 | 30 | 26 | 0,84 | 0,35 |
| 18 | 15 | 21 | −0,78 | −0,26 |
| 19 | 20 | 19 | −0,24 | −0,51 |
| 20 | 28 | 31 | 0,62 | 0,96 |
| Mittelwert | 22,3 | 23,2 | 0,00 | 0,00 |
| Std.abw. | 9,26 | 8,20 | 1,00 | 1,00 |

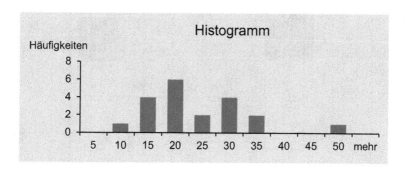

**Abb. 1.10** Histogramm der Variable $X_1$

**Boxplots**

Ein einfaches grafisches Mittel, das auch für die Darstellung mehrerer Variablen geeignet ist, sind Boxplots. Abb. 1.11 zeigt die Boxplots der beiden Variablen $X_1$ und $X_2$.

Ein Boxplot (auch *Box-and-Whisker-Plot* genannt) basiert auf den Perzentilen der Daten. Er wird durch fünf Statistiken einer Variablen bestimmt:

a) Maximum
b) 75 %-Perzentil
c) 50 %-Perzentil (Median)
d) 25 %-Perzentil
e) Minimum

Die fettgedruckte horizontale Linie in der Mitte jedes Kastens stellt den *Median* dar. Beim Median liegen 50 % der Werte über und 50 % unter dieser Linie. Der obere Rand des Kastens repräsentiert das 75 %-Perzentil und der untere Rand das 25%-Perzentil. Da diese drei Perzentile, das 25 %-Perzentil, das 50 %-Perzentil und das 75%-Perzentil, die Daten in vier gleiche Gruppen unterteilen, werden sie auch *Quartile* genannt. Die Höhe des Kastens repräsentiert 50 % der Daten und zeigt die Streuung (Variation) und Schiefe der Daten an.

Die von den Kastenrändern ausgehenden dünnen Striche (Antennen) geben den Bereich zwischen dem größten und dem kleinsten Wert an, der keine Ausreißer umfasst.

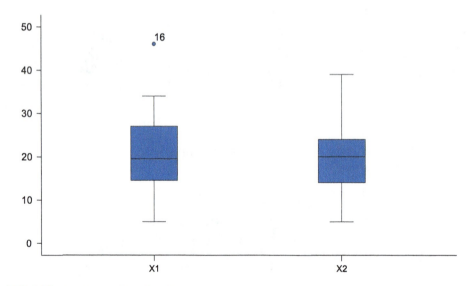

**Abb. 1.11** Boxplots der Variablen $X_1$ und $X_2$

## 1.5 Ausreißer und fehlende Werte

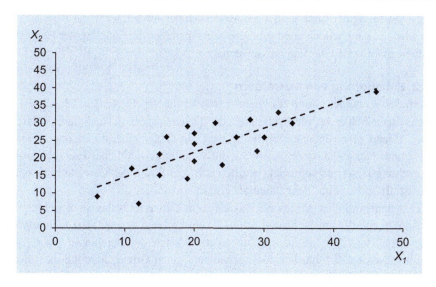

**Abb. 1.12** Streudiagramm der Variablen $X_1$ und $X_2$

Ausreißer sind Punkte, die mehr als 1,5 Kastenlängen vom Rand des Kastens entfernt sind. Sie sind durch „o" gekennzeichnet (vgl. Beobachtung 16 in Abb. 1.11).[19]

**Streudiagramme**

Histogramme und Boxplots sind univariate Methoden, d. h. es wird für jede Variable einzeln nach Ausreißern gesucht. Die Situation ist anders, wenn die Beziehung zwischen zwei oder mehr Variablen analysiert wird. In diesem Fall können die Daten mithilfe eines Streudiagramms (Scatterplot) verdeutlicht werden (vgl. Abb. 1.12). Jeder Punkt im Streudiagramm stellt eine Beobachtung der beiden Variablen $X_1$ und $X_2$ dar.

Die Beziehung zwischen $X_1$ und $X_2$ kann durch eine Regressionsgerade verdeutlicht werden, die in Abb. 1.12 als gestrichelte Linie dargestellt ist. Es zeigt sich, dass die Beobachtung 16 (am rechten Ende der Regressionsgeraden), die wir zuvor in der univariaten Perspektive als Ausreißer identifiziert hatten, sehr gut zum linearen Modell

---

[19] Mit SPSS können Boxplots und Histogramme wie folgt angefordert werden: „*Analysieren/ Deskriptive Statistiken/Explorative Datenanalyse*". Aber Achtung: Beobachtung 16 mit dem Wert 46 wird nicht als Ausreißer markiert. Die Regel von 1,5 Kastenlängen über dem Rand des Kastens ergibt hier den Cutoff-Wert 47. Aber auch diese Regel ist nicht ganz frei von Willkür. Hier wollen wir demonstrieren, wie ein Ausreißer im Boxplot dargestellt wird.

passt. Die Steigung der Linie wird nicht wesentlich beeinflusst, wenn der Ausreißer weglassen wird. Es kann jedoch auch sein, dass ein Ausreißer die Steigung der Regressionsgeraden beeinflusst und die Ergebnisse verzerrt.

### 1.5.1.2 Behandlung von Ausreißern

In jedem Fall sollte der Grund für einen Ausreißer untersucht werden. Manchmal ist es möglich, einen Fehler bei der Messung oder Dateneingabe zu korrigieren. Nur wenn es einen Grund gibt, einen Beobachtungswert als Fehler einzustufen oder wenn sich Beweise finden lassen, dass der Ausreißer durch ein ungewöhnliches Ereignis außerhalb des Forschungskontextes verursacht wurde (z. B. ein Streik der Gewerkschaft oder ein Stromausfall), sollte er aus dem Datensatz eliminiert werden.

In allen anderen Fällen sollten die Ausreißer im Datensatz beibehalten werden. Wenn der Ausreißer zufällig entstanden ist, stellt er kein Problem dar und darf nicht eliminiert werden. Durch das Weglassen von Ausreißern können die Ergebnisse einer Analyse manipuliert werden. Erfolgt dies aus irgendeinem guten Grund, so sollte dies in einem Bericht oder einer Publikation der Analyse dokumentiert werden.

Es gibt Analysemethoden, deren Ergebnisse auf Ausreißer stark reagieren. Ausreißer werden deshalb in diesem Buch bei den Verfahren diskutiert, bei denen sie relevant sind (z. B. Regressionsanalyse, Clusteranalyse, Faktorenanalyse).

## 1.5.2 Fehlende Werte (missing values)

Fehlende Werte (missing values) bilden ein unvermeidbares Problem bei der Durchführung von empirischen Untersuchungen und kommen in der Praxis sehr häufig vor. Die Gründe für das Auftreten von fehlenden Werten sind vielfältig. Genannt seien hier beispielhaft folgende:

- Befragte haben vergessen, auf eine Frage zu antworten
- Befragte können oder wollen nicht antworten
- Befragte haben außerhalb des definierten Antwortintervalls geantwortet.

Die Problematik von missing values ist darin zu sehen, dass sie zu verzerrten Ergebnissen von multivariaten Analysemethoden führen können. Auch die Aussagekraft der Ergebnisse kann eingeschränkt sein, da viele Methoden vollständige Datensätze benötigen und Fälle bereits aus der Analyse ausschließen, wenn auch nur eine Variable einen fehlenden Wert aufweist (z. B. listwise deletion). Schließlich stellen missing values auch einen Informationsverlust dar, sodass die Validität der Ergebnisse im Vergleich zu Analysen mit vollständigen Datensätzen reduziert ist.

Statistische Softwarepakete bieten die Möglichkeit, bei statistischen Analysen missing values zu berücksichtigen. Da alle Fallbeispiele zu den Verfahren in diesem Buch

## 1.5 Ausreißer und fehlende Werte

mithilfe der Statistiksoftware IBM SPSS gerechnet werden, werden im Folgenden kurz die Möglichkeiten aufgezeigt, die dieses Statistikpaket zum Handling von missing values bietet. Enthält ein Datensatz fehlende Werte, so bietet IBM SPSS zwei grundlegende Optionen zu deren Kennzeichnung:

- *System missing values*
  Im Datensatz können fehlende Werte einer Variablen als Leerzeichen kodiert werden. Diese werden dann von SPSS automatisch durch einen sog. „*systemdefinierten fehlenden Wert*" ersetzt, der durch einen Punkt (.) gekennzeichnet wird.
- *User missing values*
  Fehlende Werte können auch durch den Anwender selbst kodiert werden. Hierzu ist im Dateneditor die Variablenansicht aufzurufen. Dort kann dann für jede Variable der gewünschte Wert für fehlende Angaben in der Spalte „Fehlend" eingetragen werden (vgl. Abb. 1.13). Dabei kann jeder beliebige Wert als fehlender Wert verwendet werden. Er muss nur außerhalb des Bereichs der gültigen Werte einer Variablen liegen. Beispielhafte Kodierungen sind „9999" oder „0000". Diese so definierten „benutzerdefinierten

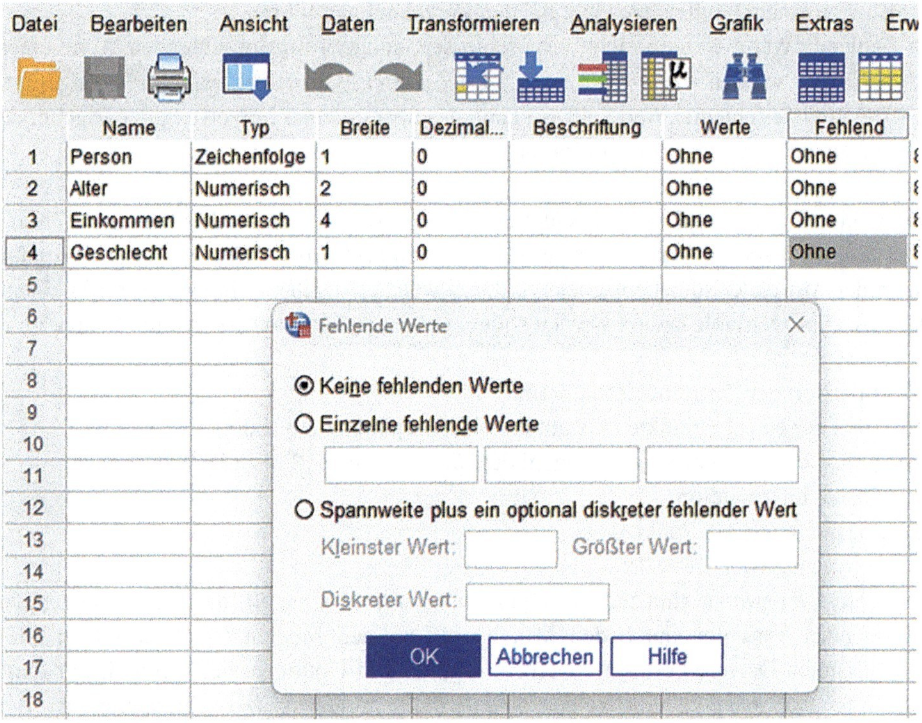

**Abb. 1.13** Festlegung von user missing values im Dateneditor

fehlenden Werte" werden dann aus den folgenden Analysen ausgeschlossen. Für eine Variable können auch mehrere fehlende Werte angegeben werden, z. B. 0 für „Ich weiß es nicht" und 9 für „Antwort verweigert".

**Behandlung von missing values in SPSS**
SPSS bietet die folgenden drei grundsätzlichen Optionen zur Handhabung von missing values:

1. Die Werte werden „fallweise" ausgeschlossen (*„Fälle listenweise ausschließen"*), d. h. sobald ein fehlender Wert für eine Variable auftritt, wird die gesamte Beobachtung von der weiteren Analyse ausgeschlossen. Dadurch wird die Zahl der Beobachtungen (Fälle) oft erheblich reduziert! Die Option „Fälle listenweise ausschließen" ist die Standardeinstellung bei SPSS.
2. Die Werte werden *variabel* ausgeschlossen (*„Paarweiser Fallausschluss"*), d. h. beim Fehlen eines Wertes werden nur Paare mit diesem Wert eliminiert. Enthält z. B. die Variable *j* einen fehlenden Wert, dann sind bei der Berechnung einer Korrelationsmatrix nur die Korrelationen mit der Variablen *j* betroffen. Dadurch können die Korrelationskoeffizienten in der Matrix auf unterschiedlichen Fallzahlen beruhen. Dies kann zu einem Ungleichgewicht bei den Berechnungen führen.
3. Fehlende Werte werden nicht ausgeschlossen, sondern für die fehlenden Werte einer Variablen werden die *Durchschnittswerte(„Durch Mittelwert ersetzen")* eingefügt. Treten viele fehlende Werte auf, so kann das aber zu einer Verzerrung der Ergebnisse und zu einer Verringerung der Varianz führen.

Zu Option 3 bietet SPSS eine eigene Prozedur, die durch die Menüabfolge *Transformieren/Fehlende Werte ersetzen* aufgerufen wird (vgl. Abb. 1.14). Mit dieser Prozedur kann der Anwender selbst entscheiden, durch welche Angaben fehlende Werte in einem Datensatz pro Variable ersetzt werden sollen. Folgende Optionen stehen zur Verfügung:

a) Mittelwert der Zeitreihe (Zahlenreihe)
b) Mittel der Nachbarpunkte (Anzahl der Nachbarpunkte: 2 bis alle)
c) Median der Nachbarpunkte (Anzahl der Nachbarpunkte: 2 bis alle)
d) Lineare Interpolation
e) Linearer Trend am Punkt

Bei *Querschnittdaten* sind nur die Optionen a) und b) sinnvoll, da hier die fehlenden Werte einer Variablen durch den Mittelwert bzw. den Median (Nachbarpunkte: alle) der gesamten Datenreihe ersetzt werden. Die übrigen Optionen zielen primär auf *Zeitreihendaten* ab, bei denen die Reihenfolge der Fälle im Datensatz von Bedeutung ist: Bei den Optionen „Mittel der Nachbarpunkte" und „Median der Nachbarpunkte" kann der Anwender entscheiden, aus wie vielen Beobachtungen vor und nach dem fehlenden Wert ein Mittelwert bzw. der Median für einen fehlenden Wert gebildet werden soll. Bei der

## 1.5 Ausreißer und fehlende Werte

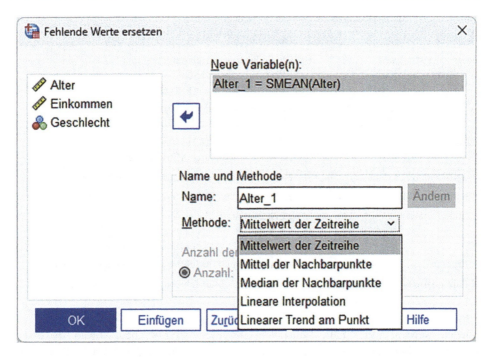

**Abb. 1.14** SPSS-Prozedur Ersetzen fehlender Werte

„Linearen Interpolation" wird der Mittelwert aus dem unmittelbaren Vorgänger und dem Nachfolger des fehlenden Wertes gebildet. Der „Lineare Trend am Punkt" rechnet eine Regression (vgl. Kap. 2 in diesem Buch) auf eine von 1 bis $n$ skalierte Indexvariable. Fehlende Werte werden dann durch den Schätzwert aus der Regression ersetzt.

Mit der Menüabfolge *Analysieren/Multiple Imputation* bietet SPSS weitere Möglichkeiten an, mit deren Hilfe fehlende Werte durch Schätzwerte ersetzt werden können. Eine Möglichkeit zur Analyse von missing values bietet SPSS unter der Menüabfolge *Analysieren/Analyse fehlender Werte*.

Neben den oben aufgezeigten allgemeinen Möglichkeiten zur Handhabung von missing values bieten teilweise auch die verschiedenen Prozeduren zu den Analysefahren Optionen zur Handhabung von missing values an. Tab. 1.16 fasst diese Möglichkeiten für die in diesem Buch behandelten Methoden zusammen.

**Der Umgang des Anwenders mit missing values**
*System-missings* werden von SPSS „automatisch" vergeben, wenn bei einem Fall Angaben zu einer Variablen fehlen. Diese Werte werden dann bei den Berechnungen z. B. der statistischen Kenngrößen (vgl. Abschn. 1.2.1) ignoriert. Das führt jedoch dazu, dass Variablen mit sehr unterschiedlicher Anzahl an gültigen Fällen in die Berechnungen eingehen (paarweiser Ausschluss fehlender Werte). Eine solche Verzerrung kann ver-

**Tab. 1.16** Verfahrensspezifische Optionen für fehlende Werte

| Methode | Optionen |
| --- | --- |
| Regressionsanalyse | • Fälle listenweise ausschließen<br>• Paarweiser Fallausschluss<br>• Durch Mittelwert ersetzen |
| Varianzanalyse (ANOVA) | • Listenweiser Fallausschluss<br>• Fallausschluss Analyse für Analyse |
| Diskriminanzanalyse | Im Dialogfenster „Klassifizieren":<br>Fehlende Werte durch Mittelwert ersetzen |
| Logistische Regression | Keine Optionen für fehlende Werte in der Prozedur |
| Kontingenzanalyse | Keine Optionen für fehlende Werte in der Prozedur |
| Faktorenanalyse | • Listenweiser Fallausschluss<br>• Paarweiser Fallausschluss<br>• Durch Mittelwert ersetzen |
| Clusteranalyse | Keine Optionen für fehlende Werte in der Prozedur |
| Conjoint-Analyse | Keine Optionen für fehlende Werte in der Prozedur |

mieden werden, wenn Fälle vollständig ausgeschlossen werden, sobald sie einen ungültigen Wert aufweisen (listenweiser Ausschluss fehlender Werte). Das führt allerdings dazu, dass sich die gültige Fallzahl sehr schnell sehr stark reduziert. Das Ersetzen fehlender Werte durch andere Werte ist deshalb eine gute Möglichkeit, der Reduktion der Fallzahl und einer ungleichen Gewichtung entgegenzuwirken.

Darüber hinaus bieten *User-missings* den Vorteil, dass der Anwender fehlende Werte inhaltlich differenzieren kann. Missing Values, die in die Berechnung z. B. statistischer Kenngrößen nicht eingezogen werden sollen, können nämlich spezifische Informationen über die Fähigkeit und die Willigkeit einer Auskunftsperson beinhalten. So ist z. B. ein Unterschied darin zu sehen, ob ein Befragter nicht antworten kann (weiß nicht) oder nicht antworten möchte (keine Angabe). Wird die Option auf solche „missing values" vorab in das Design einer Erhebung integriert, so lassen sich daraus wichtige Informationen ableiten.

Abschließend sei nochmals herausgestellt, dass streng darauf zu achten ist, dass fehlende Werte auch als solche in SPSS gekennzeichnet werden, damit sie nicht fälschlicher Weise in Berechnungen einbezogen werden und so die Ergebnisse verfälschen.

## 1.6 Zur Verwendung von IBM SPSS, Excel und R

Zur rechnerischen Durchführung der multivariaten Analysemethoden, die in diesem Buch behandelt werden, wurde vornehmlich das Programmpaket *IBM SPSS Statistics* oder kurz *SPSS* verwendet, da dieses in Wissenschaft und Praxis eine hohe Verbreitung gefunden hat. Der Name „SPSS" stand ursprünglich als Akronym für „*Statistical Package for the Social Sciences*". Der Anwendungsbereich von SPSS wurde im Laufe

## 1.6 Zur Verwendung von IBM SPSS, Excel und R

der Zeit ständig erweitert und erstreckt sich inzwischen auf nahezu alle Bereiche der Datenanalyse. „SPSS" gilt heute daher als Markenname für Statistiksoftware.

IBM SPSS Statistics kann unter den Betriebssystemen Windows, Macintosh und Linux verwendet werden. Es umfasst ein Basismodul und diverse Erweiterungsmodule. Neben der Vollversion von IBM SPSS Statistics Base wird zu Lehrzwecken auch eine preiswertere Studentenversion angeboten. Diese weist einige Einschränkungen auf, die aber für die Mehrzahl der studentischen Nutzer kaum relevant sein dürften: Datensätze dürfen maximal 50 Variablen und 1500 Fälle enthalten und die SPSS-Befehlssyntax (Kommandosprache) sowie die Erweiterungsmodule sind nicht verfügbar.

Um IBM SPSS nutzen zu können, ist auf jeden Fall der Erwerb des Basispaketes *„IBM SPSS Statistics Base"* erforderlich, das grundlegende statistische Analysen enthält und die Voraussetzung für den Zukauf von weiteren Paketen bzw. Modulen darstellt. Die vielfältigen Erweiterungsmodule, die einzeln oder in Modulpaketen (Bundles) gekauft werden können, haben meist einen Analyseschwerpunkt, z. B. SPSS Regression (Regressionsanalysen), SPSS Conjoint (Conjoint Analysen), SPSS Neural Networks (Neuronal Netze) und sind an den Belangen der jeweiligen Anwendungsfelder orientiert.

Eine alternative Möglichkeit bietet die Nutzung des Paketes *„IBM SPSS Statistics Premium"*, das alle Verfahren aus dem Basis- und dem Advanced-Paket beinhaltet und an den meisten Universitäten verfügbar und damit für Studierende zugänglich ist.

Tab. 1.17 gibt eine Übersicht über die in diesem Buch behandelten Analysemethoden und den zugehörigen SPSS-Prozeduren, die alle im SPSS-Premiumpaket enthalten sind.

**Tab. 1.17** Behandelte Analysemethoden und SPSS-Prozeduren in diesem Buch

| Analysemethode | SPSS-Prozeduren | SPSS-Zusatzmodul |
|---|---|---|
| 1. Regressionsanalyse | REGRESSION | Statistics Base |
| 2. Varianzanalyse | UNIANOVA<br>ONEWAY<br>GLM | Statistics Base |
| 3. Diskriminanzanalyse | DISCRIMINANT | Statistics Base |
| 4. Logistische Regression | LOGISTIC REGRESSION | Advanced Statistics oder SPSS Regression |
| 5. Kontingenzanalyse (Kreuztabellierung) | CROSSTABS<br>LOGLINEAR<br>HILOGLINEAR | Statistics Base<br>Advanced Statistics<br>Advanced Statistics |
| 6. Faktorenanalyse | FACTOR | Statistics Base |
| 7. Clusteranalyse | CLUSTER<br>QUICK CLUSTER | Statistics Base<br>Statistics Base |
| 8. Conjoint-Analyse | CONJOINT<br>ORTHOPLAN<br>PLANCARDS | SPSS Conjoint |

Sie laufen unter der gemeinsamen Benutzeroberfläche von „SPSS Statistics". Für Leser, die nicht das SPSS Premiumpaket nutzen, wurden in der Spalte „Zusatzmodule" noch diejenigen Module bzw. Pakete von SPSS aufgeführt, in denen die entsprechenden Verfahren ebenfalls enthalten sind.

Die verschiedenen Analysemethoden werden in SPSS über eine grafische Benutzeroberfläche aufgerufen. Diese Benutzeroberfläche wird ständig verbessert und erweitert. Über die dort vorhandenen Menüs und Dialogfelder lassen sich auch umfangreichere Analysen sehr bequem durchführen. Die früher zur Steuerung des Programms benötigte Kommandosprache (Befehlssyntax) findet daher immer weniger Anwendung, ist aber nicht überflüssig geworden. Intern wird sie weiterhin verwendet und auch für den Benutzer besitzt sie gewisse Vorteile. In den einzelnen Kapiteln sind daher auch jeweils die erforderlichen Kommando-Sequenzen am Ende des Fallbeispiels angegeben.

Zur Handhabung von IBM SPSS existiert eine Reihe von Büchern, die jeweils sehr gute Einführungen in das Programmpaket geben. Beispielhaft seien hier folgende Bücher genannt:

- Bühl, A. (2018). *SPSS: Einführung in die moderne Datenanalyse ab SPSS 25* (16. Aufl.). Hallbergmoos: Pearson.
- George, D. & Mallery, P. (2021). *IBM SPSS statistics 27 step by step: A simple guide and reference* (17. Aufl.). New York: Routledge.
- Field, A. (2017). *Discovering statistics Using IBM SPSS statistics* (5. Aufl.). London: Sage.
- Janssen, J., & Laatz, W. (2017). *Statistische Datenanalyse mit SPSS* (9. Aufl.). Berlin: Gabler.
- Sarstedt, M., Schütz, T., & Raithel, S. (2014). *IBM SPSS Syntax: Eine anwendungsorientierte Einführung* (2. Aufl.). München: Vahlen.

Darüber hinaus wird auch von IBM SPSS unter dem Link https://www.ibm.com/support/pages/ibm-spss-statistics-29-documentation eine Vielzahl an Manuals zur Verfügung gestellt, die regelmäßig aktualisiert werden. Anwender, die R (https://www.r-project.org) zur Datenanalyse nutzen möchten, finden entsprechende Hinweise auf der Internetseite www.multivariate.de. Zusätzlich werden auf dieser Internetseite zu jedem Analyseverfahren auch eine Reihe von Excel-Dateien zur Verfügung gestellt, die dem Leser helfen sollen, sich leichter in die verschiedenen Methoden einzuarbeiten und diese zu vertiefen.

# Literatur

## Zitierte Literatur

Campbell, D. T., & Stanley, J. C. (1966). *Experimental and quasi-experimental designs for research*. Rand McNelly.

Duller, C. (2019). *Einführung in die Statistik mit EXCEL und SPSS* (4. Aufl.). Springer.

Freedman, D. (2002). *From association to causation: Some remarks on the history of statistics* (S. 521). Berkeley, Technical Report No: University of California.

Gigerenzer, G. (2002). *Calculated risks*. Simon & Schuster.

Green, P. E., Tull, D. S., & Albaum, G. (1988). *Research for marketing decisions* (5. Aufl.). Prentice Hall.

Hastie, T., Tibshirani, R., & Friedman, J. (2011). *The elements of statistical learning*. Springer.

Pearl, J., & Mackenzie, D. (2018). *The book of why – The new science of cause and effect*. Basic Books.

Stevens, S. S. (1946). On the theory of scales of measurement. *Science, 103*(2684), 677–680.

du Toit, S. H. C., Steyn, A. G. W., & Stumpf, R. H. (1986). *Graphical exploratory data analysis*. Springer.

## Weiterführende Literatur

Anderson, D. R., Sweeney, D. J., & Williams, T. A. (2007). *Essentials of modern business statistics with microsoft excel*. Thomson.

Field, A., Miles, J., & Field, Z. (2012). *Discovering satistics Using R*. Sage.

Fisher, R. A. (1990). *Statistical methods, experimental design, and scientific inference*. Oxford University Press.

Freedman, D., Pisani, R., & Purves, R. (2007). *Statistics* (4. Aufl.). Norton.

Härdle, W. K., & Simar, L. (2015). *Applied multivariate statistical analysis* (4. Aufl.). Springer.

Sarstedt, M., & Mooi, E. (2019). *A concise guide to market research: The process, data, and methods using IBM SPSS statistics* (3. Aufl.). Springer.

Tukey, J. W. (1977). *Exploratory data analysis*. Addison-Wesley.

# Regressionsanalyse

## Inhaltsverzeichnis

| | | |
|---|---|---|
| 2.1 | Problemstellung | 64 |
| 2.2 | Vorgehensweise | 69 |
| | 2.2.1 Modellformulierung | 70 |
| | 2.2.2 Schätzung der Regressionsfunktion | 74 |
| |     2.2.2.1 Einfache Regression | 74 |
| |     2.2.2.2 Multiple Regression | 82 |
| | 2.2.3 Prüfung der Regressionsfunktion | 86 |
| |     2.2.3.1 Standardfehler der Regression | 87 |
| |     2.2.3.2 Bestimmtheitsmaß (R-Quadrat) | 88 |
| |     2.2.3.3 Stochastisches Modell der Regression und F-Test | 90 |
| |     2.2.3.4 Overfitting und korrigiertes Bestimmtheitsmaß | 93 |
| | 2.2.4 Prüfung der Regressionskoeffizienten | 96 |
| |     2.2.4.1 Präzision der Regressionskoeffizienten | 96 |
| |     2.2.4.2 t-Test der Regressionskoeffizienten | 98 |
| |     2.2.4.3 Konfidenzintervall der Regressionskoeffizienten | 100 |
| | 2.2.5 Prüfung der Modellprämissen | 101 |
| |     2.2.5.1 Nichtlinearität | 104 |
| |     2.2.5.2 Vernachlässigung relevanter Variablen | 107 |
| |     2.2.5.3 Zufallsfehler in unabhängigen Variablen | 113 |
| |     2.2.5.4 Heteroskedastizität | 116 |
| |     2.2.5.5 Autokorrelation | 118 |
| |     2.2.5.6 Normalverteilung der Störgrößen | 120 |
| |     2.2.5.7 Multikollinearität und Präzision | 122 |
| |     2.2.5.8 Einflussreiche Ausreißer | 125 |
| 2.3 | Fallbeispiel | 135 |
| | 2.3.1 Problemstellung | 135 |
| | 2.3.2 Durchführung einer Regressionsanalyse mit Hilfe von SPSS | 136 |
| | 2.3.3 Ergebnisse | 139 |
| |     2.3.3.1 Ergebnisse der ersten Regressionsanalyse | 139 |

      2.3.3.2 Ergebnisse der zweiten Regressionsanalyse ..................... 141
      2.3.3.3 Prüfung der Annahmen ...................................... 143
      2.3.3.4 Schrittweise Regression .................................... 147
  2.3.4 SPSS-Kommandos ................................................ 149
2.4 Modifikationen und Erweiterungen ........................................ 149
  2.4.1 Regression mit Dummy-Variablen .................................. 149
  2.4.2 Regressionsanalyse mit Zeitreihendaten ............................. 152
  2.4.3 Multivariate Regression ........................................... 157
2.5 Anwendungsempfehlungen ............................................... 158
Literatur ................................................................... 159
  Zitierte Literatur ....................................................... 159
  Weiterführende Literatur ................................................ 160

## 2.1 Problemstellung

Die Regressionsanalyse ist eine der nützlichsten und daher am häufigsten verwendeten Methoden der statistischen Datenanalyse. Mithilfe der Regressionsanalyse können Beziehungen zwischen Variablen analysiert werden (Tab. 2.2). Dabei kann z. B. herausgefunden werden, ob eine bestimmte Variable durch eine andere Variable beeinflusst wird, und wenn ja, wie stark dieser Effekt ist.

Auf diese Weise kann man lernen, wie die Welt funktioniert. Die Regressionsanalyse kann bei der Suche nach Wahrheiten verwendet werden, was sehr spannend sein kann. Die Regressionsanalyse ist sehr nützlich, wenn man auf der Suche nach Erklärungen ist oder Entscheidungen oder Prognosen treffen will. Daher ist die Regressionsanalyse sowohl für alle empirischen Wissenschaften als auch für die Lösung praktischer Probleme von eminenter Bedeutung. In Tab. 2.1 sind Beispiele für die Anwendung der Regressionsanalyse in unterschiedlichen Anwendungsfeldern aufgeführt.

Unter den Methoden zur multivariaten Datenanalyse nimmt die Regressionsanalyse eine Sonderstellung ein. Die Erfindung der Regressionsanalyse durch Sir Francis Galton (1822–1911) im Zusammenhang mit seinen Studien zur Vererbung[1] kann als die Geburtsstunde der multivariaten Datenanalyse angesehen werden. Stigler (1997, S. 107) bezeichnet sie als „einen der großen Triumphe der Wissenschaftsgeschichte". Von weiterer Bedeutung ist, dass die Regressionsanalyse eine Grundlage für zahlreiche andere Methoden bildet, die heute bei der Analyse großer Datenmengen und beim maschinellen Lernen eingesetzt werden. Für das Verständnis dieser anderen, oft komplexeren Methoden der multivariaten Datenanalyse ist die Kenntnis der Regressionsanalyse unverzichtbar.

Obwohl die Regressionsanalyse eine relativ einfache Methode im Bereich der multivariaten Datenanalyse darstellt, ist sie dennoch für Fehler und Missverständnisse anfällig: So kommt es häufig zu falschen Ergebnissen oder falschen Interpretationen

---

[1] Galton (1886) untersuchte die Beziehung zwischen der Körpergröße von Eltern und ihren erwachsenen Kindern. Er regressierte die Körpergröße der Kinder auf die Körpergröße der Eltern.

## 2.1 Problemstellung

**Tab. 2.1** Anwendungsbeispiele der Regressionsanalyse in verschiedenen Fachdisziplinen

| Anwendungsfelder | Beispielhafte Fragestellungen der Regressionsanalyse |
|---|---|
| Biologie | Wie verändert sich das Körpergewicht mit der Menge der aufgenommenen Nahrung? |
| Gesundheitswesen | Wie hängt die Gesundheit von Ernährung, körperlicher Aktivität und sozialen Faktoren ab? |
| Landwirtschaft | Wie hängt die Erntemenge von der Menge an Niederschlag, Sonnenschein und Düngemitteln ab? |
| Management | Mit welchen Einnahmen und Gewinnen kann im nächsten Jahr gerechnet werden? |
| Marketing | Welche Auswirkungen haben Preis, Werbung und Vertrieb auf den Absatz? |
| Medizin | Wie wird Lungenkrebs durch Rauchen und Luftverschmutzung beeinflusst? |
| Meteorologie | Wie verändert sich die Wahrscheinlichkeit für Regen in Abhängigkeit von Temperatur, Feuchtigkeit, Luftdruck usw.? |
| Psychologie | Wie wichtig sind Einkommen, Gesundheit und soziale Beziehungen für das Glück? |
| Soziologie | Welche Beziehung besteht zwischen Einkommen, Alter und Bildung? |
| Technik | Wie hängt die Produktionszeit von der Art der Konstruktion, der Technologie und den Arbeitskräften ab? |
| Volkswirtschaft | Wie hängt das Volkseinkommen von den Staatsausgaben ab? |

der Ergebnisse der Regressionsanalyse. Dies betrifft insbesondere die dem Regressionsmodell zugrunde liegenden Annahmen, die an späterer Stelle behandelt werden. Die Regressionsanalyse kann sehr hilfreich sein, um kausale Zusammenhänge zu prüfen, und dies ist der Hauptgrund für ihre Anwendung. Aber die Regressionsanalyse allein kann keine Kausalität beweisen. Es werden zusätzliche Überlegungen und Informationen benötigt, z. B. Informationen über die Entstehung der Daten.

In diesem Kapitel wird zunächst gezeigt, wie die Regressionsanalyse funktioniert. Bei der Anwendung der Regressionsanalyse muss der Anwender entscheiden, welche Variable die *abhängige Variable* ist, die von einer oder mehreren anderen Variablen, sog. *unabhängigen Variablen*, beeinflusst wird. Die abhängige Variable muss dabei metrisches Skalenniveau aufweisen. Der Anwender benötigt außerdem *empirische Daten* über die Variablen, sei es aus Beobachtungen oder aus Experimenten. Etwas verwirrend für den unerfahrenen Anwender sind verschiedene Begriffe, die in der Literatur austauschbar für die Variablen der Regressionsanalyse verwendet werden und die je nach Autor und Kontext der Anwendung variieren (siehe Tab. 2.2).

> **Beispiel**
>
> Bei der Analyse der Beziehung zwischen der Absatzmenge eines Produkts und seinem Preis ist die Absatzmenge in der Regel die abhängige Variable, da die Absatzmenge in der Regel auf Preisänderungen reagiert. Der Preis ist dann die unabhängige

**Tab. 2.2** Regressionsanalyse und Terminologie

| Die Regressionsanalyse (RA) wird verwendet, um ||
|---|---|
| • *Beziehungen zwischen Variablen zu beschreiben und zu erklären* ||
| • *die Werte einer abhängigen Variablen zu schätzen oder vorherzusagen.* ||
| Abhängige Variable (Output) | Unabhängige Variablen (Input) |
| $Y$ | $X_1, X_2, \ldots, X_j, \ldots, X_J$ |
| erklärte Variable, Regressand, Prognosevariable, y-Variable | erklärende Variablen, Regressoren, Prädiktoren, x-Variablen, Kovariablen |
| Beispiel: Absatzmenge eines Produkts | Preis, Werbung, Qualität usw… |
| Bei der linearen Regression wird angenommen, dass die Variablen quantitativ sind. Durch die Verwendung binärer Variablen (Dummy-Variablen-Technik) können auch qualitative Regressoren analysiert werden. ||

Variable, die auch als *erklärende Variable, Prädiktor oder Regressor* bezeichnet wird. Eine Preiserhöhung kann also vielleicht erklären, warum das Absatzvolumen zurückgegangen ist. Weiterhin kann der Preis auch ein guter *Prädiktor* für zukünftige Verkäufe sein. Mithilfe der Regressionsanalyse kann dann vorhersagt werden, welches Absatzvolumen zu erwarten ist, wenn der Preis um einen bestimmten Betrag geändert wird. ◄

**Einfache lineare Regression**

Ein großes Problem in der Wirtschaft stellt das Verhältnis zwischen Absatzmenge und Werbeausgaben dar. Vielleicht wird nirgendwo so viel Geld für etwas ausgegeben über dessen Wirkung man so wenig weiß. Es wurden viele Anstrengungen unternommen, um mit Hilfe von Regressionsanalysen mehr über die Beziehung zwischen Werbung und Absatz bzw. Umsatz zu erfahren. Dabei wurden viele ausgeklügelte Modelle entwickelt (vgl. z. B. Leeflang et al. 2000, S. 66–99). Wir wollen hier mit einem einfachen Modell beginnen:

Bei der einfachen linearen Regression wird nach einer Regressionsfunktion von $Y$ auf $X$ gesucht. Es ist davon auszugehen, dass der Absatz durch Werbung beeinflusst wird, was sich in sehr allgemeiner Form wie folgt beschreiben lässt:

$$\text{Absatzmenge} = f(\text{Werbung})$$

$$\text{oder } Y = f(X) \tag{2.1}$$

wobei $f(\cdot)$ eine unbekannte Funktion ist, die es zu schätzen gilt:

$$\text{Geschätzte Absatzmenge} = \hat{f}(\text{Werbung})$$

$$\text{oder } \hat{Y} = \hat{f}(X) \tag{2.2}$$

## 2.1 Problemstellung

Natürlich sind die geschätzten Werte nicht identisch mit den realen (beobachteten) Werten. Deshalb wird die Variable für die geschätzte Absatzmenge hier durch $\hat{Y}$ ($Y$ mit einem Dach) symbolisiert. Um eine quantitative Schätzung für die Beziehung (2.2) zu erhalten, muss ihre Struktur spezifiziert werden. In einer einfachen linearen Regression wird angenommen:

$$\hat{Y} = a + b\,X \tag{2.3}$$

Für gegebene Daten von $Y$ und $X$ kann die Regressionsanalyse Werte für die *Parameter* $a$ und $b$ finden. Parameter sind numerische Konstanten in einem Modell, deren Werte geschätzt werden sollen. Parameter, die einer Variablen zugeordnet sind (sie multiplizieren), wie hier der Parameter $b$, werden auch Koeffizienten genannt. Beispielhaft sei hier angenommen, dass die Regression zu folgendem Ergebnis führt:

$$\hat{Y} = 500 + 3\,X \tag{2.4}$$

Abb. 2.1 veranschaulicht diese Funktion. Der Parameter $b$ (der Koeffizient von $X$) ist ein Indikator für die Stärke der Wirkung der Werbung auf den Absatz. Geometrisch gesehen ist $b$ die Steigung der Regressionsgeraden. Wenn die Werbung um 1 € erhöht wird, steigt die Absatzmenge um 3 Einheiten. Der Parameter $a$ (die Konstante) bestimmt das Grundniveau der Verkäufe, wenn keine Werbung erfolgt ($X = 0$).

Mithilfe der geschätzten Regressionsfunktion können z. B. folgende Fragen beantwortet werden:

- Wie wird sich die Absatzmenge verändern, wenn die Werbeausgaben geändert werden?
- Welche Absatzmenge kann erwartet werden bei einem bestimmten Werbebudget?

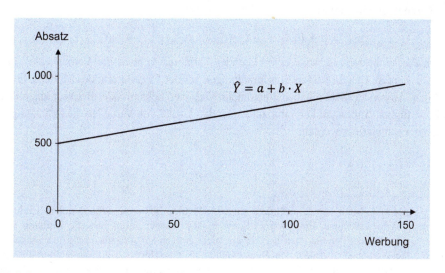

**Abb. 2.1** Geschätzte Regressionsgerade

Wenn das Werbebudget z. B. 100 € beträgt, erwarten wir eine Absatzmenge von

$$\hat{Y} = 500 + 3 \cdot 100 = 800 \text{ Einheiten} \tag{2.5}$$

Wird die Werbung auf 120 € erhöht, so ist ein Absatz von 860 Einheiten zu erwarten.

Außerdem können wir, wenn die variablen Kosten pro Einheit des Produkts bekannt sind, herausfinden, ob eine Erhöhung der Werbung rentabel ist oder nicht. Somit kann die Regressionsanalyse als Instrument zur *Unterstützung der Entscheidungsfindung* eingesetzt werden.

Die obige Regressionsfunktion ist ein Beispiel für die sog. *einfache lineare Regression* oder *bivariate Regression*. Leider ist die Beziehung zwischen Absatzvolumen und Werbung in der Regel aber nicht linear. Allerdings kann eine lineare Funktion in einem begrenzten Intervall um das aktuelle Werbebudget herum eine gute Annäherung für den erzielbaren Absatz sein. Ein weiteres Problem ist, dass der Absatz nicht allein durch die Werbung beeinflusst wird. Der Absatz hängt neben der Werbung auch vom Preis des Produkts, seiner Qualität, seiner Distribution und vielen weiteren Einflussfaktoren ab.[2] Mit einer einfachen linearen Regression können wir also in der Regel nur ungenaue Schätzungen der Absatzmenge und ihrer Veränderungen erhalten.

**Multiple Regression**

Mittels einer *multiplen Regressionsanalyse* lassen sich mehrere Einflussgrößen berücksichtigen. Die Gl. (2.2) kann also zu einer Funktion mit mehreren unabhängigen Variablen erweitert werden:

$$Y = f(X_1, X_2, \ldots, X_j, \ldots, X_J). \tag{2.6}$$

Wird erneut eine lineare Struktur gewählt, erhält man:

$$\hat{Y} = a + b_1 X_1 + b_2 X_2 + \ldots + b_j X_j + \ldots + b_J X_J. \tag{2.7}$$

Durch die Einbeziehung weiterer erklärender Variablen können die Vorhersagen von $Y$ präziser werden. Es gibt jedoch Einschränkungen bei der Erweiterung des Modells. Häufig sind dem Anwender nicht alle beeinflussenden Variablen bekannt oder Beobachtungen sind nicht verfügbar. Außerdem kann mit zunehmender Anzahl von Variablen die Schätzung der Parameter schwieriger werden.

---

[2] Der Absatz kann auch von Umweltfaktoren wie Wettbewerb, sozio-ökonomischen Einflüssen oder dem Wetter abhängen. Eine weitere Schwierigkeit besteht darin, dass die Werbung selbst ein komplexes Bündel von Faktoren ist, das sich nicht einfach auf Ausgaben reduzieren lässt. Die Wirkung der Werbung hängt auch von ihrer Qualität ab, die schwer zu messen ist, und sie hängt von den eingesetzten Medien ab (z. B. Print, Radio, Fernsehen, Internet). Diese und andere Gründe machen es so schwierig, die Wirkung von Werbung zu messen.

## 2.2 Vorgehensweise

**Abb. 2.2** Ablaufschritte der Regressionsanalyse

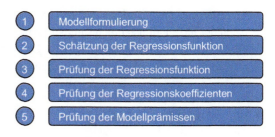

**Tab. 2.3** Daten des Anwendungsbeispiels

| Periode $i$ | Absatzmenge [1000 Einheiten] | Werbung [1000 EUR] | Preis [EUR/Einheit] | Verkaufs-förderung [1000 EUR] |
|---|---|---|---|---|
| 1 | 2596 | 203 | 1,42 | 150 |
| 2 | 2709 | 216 | 1,41 | 120 |
| 3 | 2552 | 207 | 1,95 | 146 |
| 4 | 3004 | 250 | 1,99 | 270 |
| 5 | 3076 | 240 | 1,63 | 200 |
| 6 | 2513 | 226 | 1,82 | 93 |
| 7 | 2626 | 246 | 1,69 | 70 |
| 8 | 3120 | 250 | 1,65 | 230 |
| 9 | 2751 | 235 | 1,99 | 166 |
| 10 | 2965 | 256 | 1,53 | 116 |
| 11 | 2818 | 242 | 1,69 | 100 |
| 12 | 3171 | 251 | 1,72 | 216 |
| Mittelwert | 2825,1 | 235,2 | 1,71 | 156,43 |
| Std.abweichung | 234,38 | 18,07 | 0,20 | 61,53 |

## 2.2 Vorgehensweise

In diesem Abschnitt soll gezeigt werden, wie die Regressionsanalyse funktioniert. Das Verfahren lässt sich in fünf Schritte gliedern, die in Abb. 2.2 dargestellt sind. Die Schritte der Regressionsanalyse werden an einem kleinen Beispiel mit drei unabhängigen Variablen und 12 Fällen (Beobachtungen) demonstriert, das in Tab. 2.3 dargestellt ist.[3]

> **Anwendungsbeispiel**
> Der Manager eines Herstellers von Luxusschokolade ist mit der Absatzmenge seiner Schokolade nicht zufrieden. Er möchte deshalb herausfinden, wie er die Absatzmenge

---

[3] Auf der zu diesem Buch gehörigen Internetseite www.multivariate.de stellen wir ergänzendes Material zur Verfügung, um das Verstehen der Methode zu erleichtern und zu vertiefen.

beeinflussen kann. Zu diesem Zweck hat er die folgenden vierteljährlichen Verkaufsdaten der letzten drei Jahre gesammelt: Absatzmenge, Werbeausgaben, Preis und Ausgaben für die Verkaufsförderung. Die Daten zu Absatzmengen und Preisen wurden aus einem Einzelhandelspanel gewonnen. ◄

### 2.2.1 Modellformulierung

Der erste Schritt bei der Durchführung einer Regressionsanalyse ist die Formulierung eines Modells. Ein Modell ist eine vereinfachte Darstellung eines Phänomens oder Bereichs der realen Welt. Es sollte eine strukturelle oder funktionelle Ähnlichkeit mit der Realität aufweisen. Ein Stadtplan ist z. B. ein vereinfachtes Bild einer Stadt, das den Verlauf ihrer Straßen zeigt. Als Ergebnis der Vereinfachung (Abstraktion von der Realität) kann ein Stadtplan auf eine handliche Größe reduziert werden. Man kann ihn also in eine Tasche stecken, was bei einer Stadt nicht möglich ist. Ein Globus ist ein dreidimensionales Modell unserer Erde.

Stadtplan und Globus sind Modelle mit unterschiedlichem Abstraktionsgrad. Es hängt von der jeweiligen Situation bzw. Problemstellung ab, welcher Abstraktionsgrad zweckmäßig ist. Möchte ich den Eiffel-Turm besuchen, dann kann ein Stadtplan hilfreich sein. Bin ich aber nicht in Paris, sondern in Berlin oder Rom, dann hilft ein Stadtplan wenig, und ich greife besser zu einer Landkarte (mit weniger Detail bzw. höherem Abstraktionsgrad). Und bin ich in Australien oder in den USA, dann sollte ich besser erst mal auf den Globus schauen.

Die Regressionsanalyse befasst sich mit *mathematischen* Modellen. Die Spezifikation von Regressionsmodellen umfasst:

- die Auswahl und Definition der Variablen,
- Spezifizierung der funktionellen Form,
- Annahmen über Störgrößen (Zufallseinflüsse).[4]

Ein Modell sollte immer so einfach wie möglich sein *(Prinzip der Sparsamkeit)*, aber so komplex wie nötig. Daher ist die Modellbildung immer ein Balanceakt zwischen

---

[4] Vgl. Abschn. 2.2.3.3 und 2.2.5.

Einfachheit und Komplexität (Vollständigkeit). Ein Modell muss in der Lage sein, einen oder mehrere relevante Aspekte zu erfassen, die für den Benutzer von Interesse sind: Je vollständiger ein Modell jedoch die Realität abbildet, desto komplexer wird es, und seine Handhabung wird immer schwieriger oder sogar unmöglich.[5] Der angemessene Detaillierungsgrad hängt von der beabsichtigten Verwendung, aber auch von der Erfahrung des Benutzers und den verfügbaren Daten ab. Oft ist ein evolutionärer Ansatz sinnvoll, der mit einem einfachen Modell beginnt, das dann mit zunehmender Erfahrung und Expertise erweitert wird (Little 1970).

Ein Modell wird mit der Anzahl der Variablen komplexer. Für die Erklärung von Absatzverläufen gibt es eine große Anzahl von erklärenden Variablen. Unser Manager beginnt mit einem einfachen Modell und wählt nur eine einzige Variable zur Erklärung des Absatzverlaus aus. Er geht davon aus, dass die Absatzmenge hauptsächlich durch die Werbeausgaben beeinflusst wird. Daher wählt er die Absatzmenge als abhängige Variable und die Werbung als unabhängige Variable und formuliert das folgende Modell:

$$\text{Absatz} = f(\text{Werbung})$$
$$\text{oder } Y = f(X)$$

Der Manager geht weiter davon aus, dass die Wirkung der Werbung positiv ist, d. h. dass der Absatz mit steigenden Werbeausgaben steigt. Um diese Hypothese zu überprüfen, sieht er sich die Daten in Tab. 2.3 an. Es ist immer sinnvoll, die Daten durch ein Streudiagramm (Punktdiagramm) zu visualisieren, wie es in Abb. 2.3 dargestellt ist. Dies sollte der erste Schritt einer Analyse sein.

Jede Beobachtung von Absatz und Werbung aus Tab. 2.3 wird in Abb. 2.3 durch einen Punkt dargestellt. Der erste Punkt auf der linken Seite ist der Punkt $(x_1, y_1)$. Er repräsentiert die erste Beobachtung mit den Werten (203 und 2596). Mit Excel oder anderen gängigen Statistikprogrammen lassen sich derartige Streudiagramme auch für große Datenmengen leicht erstellen.

Das Streudiagramm zeigt, dass die Absatzmenge mit der Werbung tendenziell zunimmt. Wir können in diesem Beispiel also einen linearen Zusammenhang zwischen Absatz und Werbung erkennen.[6] Dies bestätigt die Hypothese des Managers, dass es eine

---

[5] Bei der Regressionsanalyse kommt es zu dem Problem der Multikollinearität, welches in Abschn. 2.2.5.7 behandelt wird.

[6] In der Statistik spricht man von Assoziation oder Korrelation. Die Begriffe werden oft austauschbar verwendet. Aber es gibt Unterschiede. Assoziation von Variablen bezieht sich auf jede Art von Beziehung zwischen Variablen. Man spricht von einer Assoziation zweier Variablen, wenn die Werte der einen Variablen dazu neigen, auf irgendeine systematische Weise mit den Werten der anderen Variablen aufzutreten. Ein Streudiagramm der Variablen zeigt ein systematisches Muster. Korrelation ist ein spezifischerer Begriff. Er bezieht sich auf Assoziationen in Form eines linearen Trends. Und er ist ein Maß für die Stärke dieser Assoziation. Der Korrelationskoeffizient nach Pearson misst die Stärke eines linearen Trends, d. h. wie nahe die Punkte auf einer geraden Linie liegen. Die Rangkorrelation von Spearman kann auch für nichtlineare Trends verwendet werden.

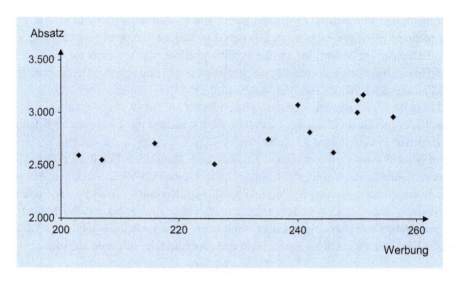

**Abb. 2.3** Streudiagramm der beobachteten Werte für Absatz und Werbung

positive Beziehung zwischen Absatz und Werbung gibt. Für die Korrelation (Pearson's r) ergibt sich im Beispiel $r_{xy} = 0{,}74$.

Der Manager geht ferner davon aus, dass die Beziehung zwischen Absatz und Werbung näherungsweise durch eine *lineare* Regressionsgerade dargestellt werden kann, wie in Abb. 2.4 dargestellt.

Die Situation wäre anders, wenn wir ein Streudiagramm wie in Abb. 2.5 erhalten hätten. Dies deutet auf eine nichtlineare Beziehung hin. Der Verlauf der Absatzmenge in Abhängigkeit von der Werbung ist in der Regel nichtlinear. Lineare Modelle bilden meist eine Vereinfachung der Realität. Allerdings können sie eine gute Annäherung liefern und sie sind viel einfacher zu handhaben als nichtlineare Modelle. Daher könnte für die Daten in Abb. 2.5 ein lineares Modell für einen begrenzten Bereich von Werbeausgaben, z. B. von Null bis 200, geeignet sein. Für die Modellierung der Werbewirkung über den gesamten Bereich der Ausgaben wäre dagegen eine nichtlineare Formulierung erforderlich (siehe zur Behandlung nichtlinearer Beziehungen Abschn. 2.2.5.1).

Die Regressionsgerade in Abb. 2.4 kann mathematisch durch die folgende lineare Funktion dargestellt werden (wie oben gezeigt wurde):

$$\hat{Y} = a + b\,X \tag{2.8}$$

mit

$\hat{Y}$  Geschätzte Absatzmenge
$X$  Werbeausgaben
$a$  konstanter Term (Achsenabschnitt)
$b$  Regressionskoeffizient

## 2.2 Vorgehensweise

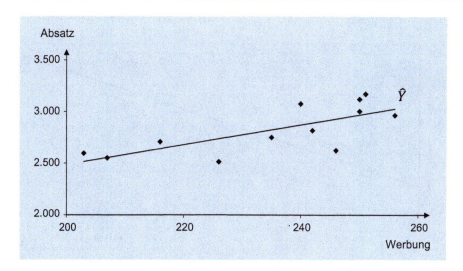

**Abb. 2.4** Streudiagramm und lineare Regressionsgerade

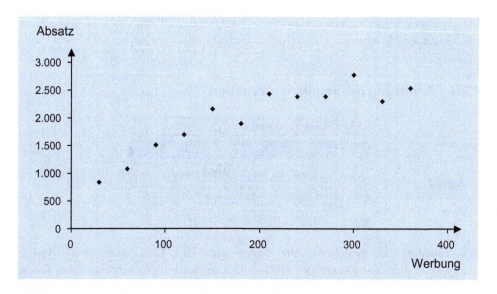

**Abb. 2.5** Streudiagramm mit einer nichtlinearen Assoziation

Die Bedeutung der *Regressionsparameter a* und *b* ist in Abb. 2.6 veranschaulicht.

Der Parameter *a* (Achsenabschnitt) gibt den Schnittpunkt der Regressionsgeraden mit der *Y*-Achse (der vertikalen Achse bzw. Ordinate) des Koordinatensystems an. Dies ist der Wert der Regressionsgeraden für $X=0$, d. h. wenn keine Werbung erfolgt.

Parameter *b* gibt die Steigung der Regressionsgeraden an, d. h. es gilt:

$$b = \frac{\Delta \hat{Y}}{\Delta X} \tag{2.9}$$

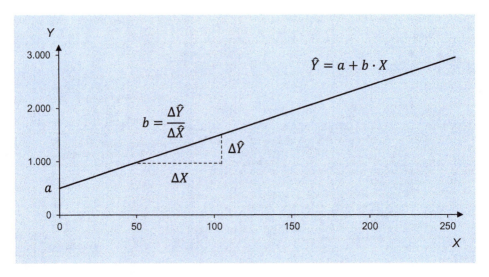

**Abb. 2.6** Die lineare Regressionsfunktion

Der Parameter $b$ gibt an, um wie viel sich $Y$ wahrscheinlich erhöhen wird, wenn $X$ um eine Einheit erhöht wird.

### 2.2.2 Schätzung der Regressionsfunktion

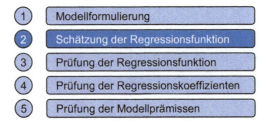

Ein mathematisches Modell, wie die Regressionsfunktion (2.8), muss an die Realität angepasst werden. Die Parameter des Modells müssen auf der Grundlage eines Datensatzes (Beobachtungen der Variablen) geschätzt werden. Dieser Vorgang wird als *Modellschätzung* oder *Kalibrierung* bezeichnet. Im Folgenden wird die Modellschätzung für die einfache lineare Regression und anschießend für die multiple Regression mit den Daten aus Tab. 2.3 vorgestellt.

#### 2.2.2.1 Einfache Regression

Das Schätzverfahren der linearen Regression basiert auf der *Methode der kleinsten Quadrate* (KQ-Methode), die im Folgenden erläutert wird. Tab. 2.4 zeigt die Daten für Absatz und Werbung (ausgewählt aus Tab. 2.3) sowie einige statistische Kennwerte (Statistiken).

**Tab. 2.4** Daten für Absatz und Werbung mit Basisstatistiken des Anwendungsbeispiels

| Jahr $i$ | Absatzmenge $Y$ | Werbeausgaben $X$ |
|---|---|---|
| 1 | 2596 | 203 |
| 2 | 2709 | 216 |
| 3 | 2552 | 207 |
| 4 | 3004 | 250 |
| 5 | 3076 | 240 |
| 6 | 2513 | 226 |
| 7 | 2626 | 246 |
| 8 | 3120 | 250 |
| 9 | 2751 | 235 |
| 10 | 2965 | 256 |
| 11 | 2818 | 242 |
| 12 | 3171 | 251 |
| Mittelwert $\bar{y}, \bar{x}$ | 2825 | 235,2 |
| Std.abweichung $s_y, s_x$ | 234,38 | 18,07 |
| Korrelation $r_{xy}$ | 0,742 | |

Der Regressionskoeffizienten $b$ lässt sich nun wie folgt berechnen:

$$b = \frac{\sum_i^N (x_i - \bar{x}) \cdot (y_i - \bar{y})}{\sum_i^N (x_i - \bar{x})^2} = \frac{34,587}{3,592} = 9,63 \qquad (2.10)$$

Mit Hilfe der in Tab. 2.4 angegebenen Statistiken für die Standardabweichungen und die Korrelation der beiden Variablen können die Regressionskoeffizienten wie folgt sehr einfach berechnet werden:[7]

$$b = r_{xy} \frac{s_y}{s_x} = 0,742 \cdot \frac{234,38}{18,07} = 9,63 \qquad (2.11)$$

Mit dem Wert des Koeffizienten $b$ erhält man den konstanten Term durch:

$$a = \bar{y} - b\,\bar{x} = 2825 - 9,63 \cdot 235,2 = 560 \qquad (2.12)$$

Die resultierende Regressionsfunktion, die in Abb. 2.4, dargestellt ist, lautet damit:

$$\hat{Y} = 560 + 9,63\,X \qquad (2.13)$$

Der Wert von $b = 9,63$ besagt: Wenn die Werbeausgaben um 1 € erhöht werden, dann ist zu erwarten, dass der Absatz um 9,63 Schokoladentafeln steigt.

---

[7] Diese elementaren Statistiken können leicht mit den Excel-Funktionen MITTELWERT(Matrix) für den Mittelwert, STABW.S(Matrix) für die Standardabweichung in der Stichprobe bzw. STABW.P(Matrix) für die Standardabweichung in der Grundgesamtheit und KORREL(Matrix1; Matrix2) für die Korrelation berechnet werden.

Der Wert des Regressionskoeffizienten kann wichtige Informationen für den Manager liefern. Angenommen, der Deckungsbeitrag pro Schokoladentafel beträgt 0,20 €. Wenn dann 1 € mehr für Werbung ausgeben wird, erhöht sich der Gesamtdeckungsbeitrag um 0,20 € × 9,63 = 1,93 €. Wenn also 1,00 € ausgegeben wird, erhöht sich der Nettogewinn um 0,93 €. Andernfalls, wenn der Gewinn pro Einheit nur 1,00/9,63 = 0,10 € oder weniger betragen würde, wäre eine Erhöhung der Werbeausgaben nicht profitabel.

**Zum Verständnis der Regression**

Eine Regressionsgerade für gegebene Daten muss immer durch den Schwerpunkt (Mittelpunkt) der Daten verlaufen. Dies ist eine Folge der Schätzung mit der Kleinste-Quadrate-Methode. In unserem Fall ist der Mittelpunkt $[\bar{x}, \bar{y}] = [235, 2825]$. Er ist in Abb. 2.7 dargestellt und durch die gepunkteten Linien markiert.

Bei standardisierten Variablen mit $\bar{x} = \bar{y} = 0$ und $s_x = s_y = 1$ geht die Regressionsgerade durch den Ursprung des Koordinatensystems, den Punkt $[\bar{x}, \bar{y}] = [0,0]$. Für den konstanten Term liefert Gl. (2.14) den Wert $a = 0$. Aus Gl. (2.13) folgt, dass der Regressionskoeffizient (die Steigung der Regressionsgeraden) zum Korrelationskoeffizienten wird. In unserem Fall erhalten wir damit nach der Standardisierung

$$b = r_{xy} = 0{,}74.$$

Für die ursprünglichen Variablen $X$ und $Y$ hängt die Steigung $b$ auch von den Standardabweichungen von $X$ und $Y$ ab, also von $s_x$ und $s_y$. Nur für $s_x = s_y$ sind die Werte von $b$ und $r_{xy}$ identisch. Wenn $s_y > s_x$, dann ist die Steigung der Regressionsgeraden größer als die Korrelation ($b > r_{xy}$) und umgekehrt. Je größer $s_y$, desto größer wird der Koeffizient $b$ sein, und je größer $s_x$, desto kleiner wird $b$ sein.

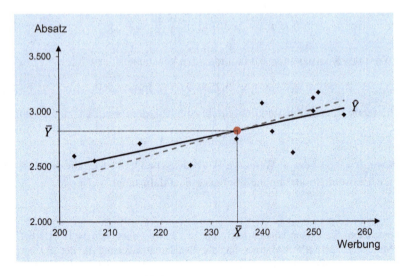

**Abb. 2.7** Regressionsgerade und SD-Linie

Da sich die Standardabweichung jeder Variablen mit ihrer Skala ändert, hängt auch der Regressionskoeffizient *b* von der Skalierung der Variablen ab. Wenn z. B. die Werbeausgaben in Cent statt in EUR angegeben werden, wird *b* um den Faktor 100 vermindert. Der Effekt einer Änderung um einen Cent beträgt dann nur 1/100 des Effekts einer Änderung um einen EUR.

Durch Veränderung der Skala der Variablen können die Standardabweichungen und damit der Regressionskoeffizient beliebig verändert werden. Der Wert des Korrelationskoeffizienten $r_{xy}$ jedoch verändert sich dadurch nicht. Er ist unabhängig von Skalenvariationen.

Die Linie durch den Mittelpunkt mit der Steigung $s_y/s_x$ (mit dem gleichen Vorzeichen wie der Korrelationskoeffizient) wird als SD-Linie bezeichnet (Freedman et al. 2007, S. 130–131). Diese Linie ist bekannt, bevor eine Regressionsanalyse durchgeführt wird. Für die vorliegenden Daten erhält man $s_y/s_x = 13$. In Abb. 2.7 ist die SD-Linie durch die gestrichelte Linie dargestellt.

Für $r_{xy} = 1$ ist die Regressionsgerade identisch mit der SD-Linie, aber für empirische Daten erhalten wir immer $r_{xy} < 1$. Daraus folgt, dass die Regressionsgerade immer flacher als die SD-Linie ist, d. h. $|b| < s_y/s_x$. Dieser Effekt wird als *Regressionseffekt* bezeichnet, woher die Regressionsanalyse ihren Namen hat.

Für unsere Daten erhalten wir $b = 9{,}63 < 13$. Die geschätzte Regressionsgerade liegt immer zwischen der SD-Linie und einer horizontalen Linie, die durch den Mittelpunkt verläuft.

**Korrelation und Regression**

Wie aus Gl. (2.11) ersichtlich besteht ein sehr enger Zusammenhang zwischen Korrelation und Regression. Karl Pearson leitete den Korrelationskoeffizienten aus der Regressionsanalyse ab, als er an einer mathematischen Formulierung der Regressionsanalyse arbeitete. Er bezeichnete ihn daher wie die Regression mit dem Buchstaben „r". Sowohl Korrelation als auch Regression werden verwendet, um die Stärke einer Beziehung zwischen zwei Variablen zu messen. Aber die Regressionsanalyse kann mehr als die Korrelation.[8] Sie kann auch die Wirkung messen, die die unabhängige Variable auf die abhängige Variable hat. Und außerdem kann die Regressionsanalyse Prognosen für die abhängige Variable liefern.

Der Korrelationskoeffizient unterscheidet nicht zwischen abhängigen und unabhängigen Variablen und ist daher symmetrisch:

$$r_{xy} = r_{yx} \qquad (2.14)$$

Bei der Regressionsanalyse ist dies anders. Es gibt zwei Formen von Regressionsfunktionen zwischen zwei Variablen *X* und *Y*:

---

[8] Blalock (1964, S. 51), schreibt: „A large correlation merely means a low degree of scatter ... It is the regression coefficients which give us the laws of science."

$$Y = f(X) \text{ und } X = f(Y) \tag{2.15}$$

Mit Regressionskoeffizienten:

$$b = r_{xy} \frac{s_y}{s_x} \text{ und } b = r_{xy} \frac{s_x}{s_y} \tag{2.16}$$

Die Regressionskoeffizienten sind nur dann identisch, wenn, $s_x = s_y$.

Bei der Regressionsanalyse gehen wir gewöhnlich von einem kausalen Zusammenhang zwischen der „abhängigen" und der „unabhängigen" Variable aus, wie die Namen der Variablen vermuten lassen. Eine kausale Beziehung ist eine Beziehung, die eine Richtung hat. Für nur zwei Variablen $X$ und $Y$ kann sie formell ausgedrückt werden durch:

$$\underset{\text{Ursache}}{X} \rightarrow \underset{\text{Effekt}}{Y} \tag{2.17}$$

Das bedeutet: Wenn $X$ geändert wird, dann erfolgt auch eine Änderung in $Y$. Oder anders ausgedrückt: $X$ bewirkt eine Änderung von $Y$. Bei der Analyse dieser Beziehung durch Regressionsanalyse muss $Y$ die abhängige Variable sein.

Der in der Regressionsanalyse angenommene Kausalzusammenhang ist allerdings oft nur eine Hypothese, d. h. eine Vermutung des Anwenders. Die Korrelation muss nicht notwendigerweise eine Kausalität implizieren. Wenn eine Kausalität existiert, wird die Korrelation nicht durch die Richtung der Kausalität beeinflusst. Bei der Regressionsanalyse muss der Anwender entscheiden, welche Variable die abhängige Variable und welche die unabhängige Variable ist.

**Residuen**

Aufgrund zufälliger Einflüsse werden die geschätzten Werte $\hat{y}_i$ und die beobachteten Werte $y_i$ nicht identisch sein. Die Unterschiede zwischen den beobachteten und den geschätzten y-Werten werden als *Residuen* bezeichnet und in der Regel durch „e" (wie „Error") symbolisiert:

$$e_i = y_i - \hat{y}_i \ (i = 1, \ldots, N) \tag{2.18}$$

mit

$y_i$ beobachteter Wert der abhängigen Variablen $Y$
$\hat{y}_i$ geschätzter Wert von $Y$ für $x_i$
$N$ Anzahl der Beobachtungen

Tab. 2.5 zeigt in der vierten Spalte die geschätzten Absatzmengen, die wir mit der Regressionsfunktion (2.13) für die gegebenen Werte von $X$ erhalten. Die nächsten beiden Spalten zeigen die Residuen und die quadrierten Residuen.

## 2.2 Vorgehensweise

**Tab. 2.5** Daten und Residuen

| Periode | Absatz | Werbung | Geschätzter Absatz | Residuen | Quadr. Residuen |
|---|---|---|---|---|---|
| $i$ | $Y$ | $X$ | $\hat{Y}$ | $e = Y - \hat{Y}$ | $e^2$ |
| 1 | 2596 | 203 | 2515 | 80,7 | 6508 |
| 2 | 2709 | 216 | 2641 | 68,5 | 4690 |
| 3 | 2552 | 207 | 2554 | −1,8 | 3 |
| 4 | 3004 | 250 | 2968 | 36,1 | 1301 |
| 5 | 3076 | 240 | 2872 | 204,4 | 41768 |
| 6 | 2513 | 226 | 2737 | −223,8 | 50091 |
| 7 | 2626 | 246 | 2929 | −303,4 | 92055 |
| 8 | 3120 | 250 | 2968 | 152,1 | 23127 |
| 9 | 2751 | 235 | 2823 | −72,5 | 5253 |
| 10 | 2965 | 256 | 3026 | −60,7 | 3685 |
| 11 | 2818 | 242 | 2891 | −72,9 | 5312 |
| 12 | 3171 | 251 | 2978 | 193,4 | 37421 |
| Mittelwert: | 2825,1 | 235,2 | 2825,1 | 0 | 22601 |
| Summe: | | | | 0 | 271217 |

Die Residuen werden durch Einflüsse auf den Absatz verursacht, die im Modell nicht berücksichtigt werden. Es gibt zwei Arten solcher Einflüsse:

- *Systematische Einflüsse,* wie z. B. Preis, Werbung oder Aktionen von Wettbewerbern,
- *Zufällige Einflüsse* durch das Verhalten der Konsumenten oder unbeobachtbare Messfehler.

Eine einzelne Beobachtung $y_i$ kann somit durch eine systematische Komponente (die Regressionsgerade) und eine nicht erklärte Residualgröße ausgedrückt werden:

$$y_i = a + b\,x_i + e_i \tag{2.19}$$

Geometrisch ist das Residuum $e_i$ die vertikale Distanz oder Abweichung eines Beobachtungspunktes $i$ von der Regressionsgeraden (siehe Abb. 2.8). Wenn ein Beobachtungspunkt unterhalb der Regressionsgeraden liegt, nimmt das Residuum einen negativen Wert an. Durch Quadrieren der Residuen werden alle Werte positiv. Andernfalls würden negative Residuen positive Residuen ausgleichen.

### Die Methode der kleinsten Quadrate (KQ-Methode)

Die Residuen spielen bei der Regressionsanalyse eine Schlüsselrolle. Wenn Daten für $X$ und $Y$ angegeben werden, findet die Regressionsanalyse für die Parameter $a$ und $b$ Werte, die die „Summe der quadrierten Residuen" *(„sum of squared residuals", SSR)* so klein wie möglich machen:

$$SSR = e_1^2 + e_2^2 + \ldots e_N^2 = \sum_{i=1}^{N} e_i^2 \to \min! \tag{2.20}$$

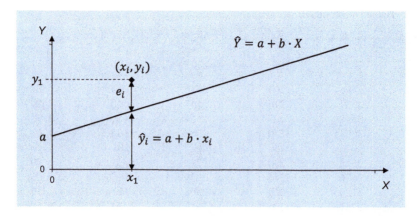

**Abb. 2.8** Regressionsgerade und Residuum

Mit Gl. (2.19) folgt:

$$SSR = \sum_{i=1}^{N} (y_i - a - b\, x_i)^2 \to \min_{a,b}! \qquad (2.21)$$

Die Summe der quadrierten Residuen ist eine Funktion der unbekannten Regressionsparameter $a$ und $b$. Das daraus resultierende Optimierungsproblem kann durch Differentialrechnung gelöst werden, indem man die partiellen Ableitungen nach $a$ und $b$ bildet. Auf diese Weise lassen sich die folgenden Formeln ableiten

$$a = \bar{y} - b\,\bar{x},\ b = r_{xy}\frac{s_y}{s_x}$$

die wir oben für die Berechnung verwendet haben. Der Mindestwert von $SSR$ (siehe Tab. 2.5, unten rechts) ist durch die Werte $a = 560$ und $b = 9{,}63$ gegeben. Keine anderen Werte für $a$ und $b$ können diese Summe kleiner machen.[9]

Diese Schätzmethode wird die „Methode der kleinsten Quadrate" (KQ-Methode) genannt. Im Hinblick auf die lineare Regression wird sie auch als *gewöhnliche Methode der kleinsten Quadrate* bezeichnet oder im Englischen als *Ordinary Least Squares* (OLS). Die KQ-Methode wurde von dem großen Mathematiker Carl Friedrich Gauß entwickelt und ist die am weitesten verbreitete statistische Methode zur Schätzung

---

[9] Mit dem Optimierungswerkzeug *Solver* von MS Excel ist es einfach, diese Lösung zu finden, ohne Differentialrechnung oder Kenntnis irgendwelcher Formeln. Man wählt die Zelle, die den Wert von SSR (die Summe unten rechts in Tab. 2.5) enthält, als Zielzelle (Ziel) aus. Die Zellen, die die Parameter a und b enthalten, werden als die *veränderbaren Zellen* gewählt. Wenn man dann das Ziel minimiert, erhält man die Kleinste-Quadrate-Schätzungen der Parameter innerhalb der veränderbaren Zellen.

## 2.2 Vorgehensweise

von Parametern. Gauß konnte zeigen, dass das *Kriterium der kleinsten Quadrate* (KQ-Kriterium) unter bestimmten Annahmen (siehe Abschn. 2.2.5) die besten linearen unverzerrten Schätzer (BLUE) liefert.[10]

Für ein besseres Verständnis der KQ-Methode ist es sinnvoll, einige Alternativen zu betrachten. Anstatt die vertikalen Abweichungen zwischen den Beobachtungen und der Regressionsgeraden zu minimieren, könnte man auch die horizontalen Abweichungen oder die quadrierten euklidischen Abstände minimieren. Wir wählen die vertikalen Abweichungen, $y_i - \hat{y}_i$, weil wir den Fehler für die Prognose der abhängigen Variablen $Y$ minimieren wollen.

Um ein gutes Optimierungskriterium zu erhalten, ist es notwendig, die negativen Abweichungen in positive umzuwandeln. Dies wird durch Quadrieren der Residuen erreicht. Es könnte aber auch durch Verwendung absoluter Werte erfolgen. Dies ergibt das *Kriterium der geringsten absoluten Abweichungen* („*least-absolute deviations criterion*", LAD):

$$\sum_{i=1}^{N} |e_i| \to \min! \tag{2.22}$$

(Zur weiteren Literatur vgl. Greene 2012, S. 243; Wooldridge 2016, S. 321). Ein Vorteil der LAD ist, dass sie robuster ist als die KQ-Methode. Sie ist weniger empfindlich gegenüber Ausreißern, d. h. Beobachtungen mit ungewöhnlich großen Abweichungen von der Regressionsgeraden. Indem diese Abweichungen quadriert werden, haben sie einen stärkeren Einfluss auf die Schätzergebnisse der KQ-Methode. Dies ist insbesondere bei kleinen Stichprobengrößen ein Problem und kann als Nachteil der KQ-Methode angesehen werden.

Die LAD-Methode sieht einfacher aus als KQ-Methode, ist aber rechnerisch schwieriger zu handhaben. Man kann die Differentialrechnung nicht zur Lösung des Optimierungsproblems heranziehen. Stattdessen sind iterative numerische Methoden erforderlich. Vor der Erfindung des Computers war der mit der LAD verbundene Rechenaufwand ein Problem, während dies heute keine Rolle mehr spielt. Allerdings können analytisch keine einfachen Gl. wie (2.11) und (2.12) für die Schätzung der Parameter abgeleitet werden. Ein weiteres Problem der LAD ist, dass sie nicht immer eine eindeutige Lösung liefert (mehrere Lösungen sind möglich). In den meisten Fällen liefern KQ und LAD-Methode jedoch sehr ähnliche Ergebnisse.

---

[10] Carl Friedrich Gauß (1777–1855) verwendete die Methode 1795 im Alter von nur 18 Jahren zur Berechnung der Umlaufbahnen von Himmelskörpern. Unabhängig davon wurde diese Methode auch von dem französischen Mathematiker Adrien-Marie Legendre (1752–1833) gefunden. G. Udny Yule (1871–1951) wandte sie zuerst auf die Regressionsanalyse an.

**Separate einfache Regressionen**

Auf die gleiche Weise, wie wir die Wirkung der Werbung auf den Absatz analysiert haben, können wir auch die Auswirkungen der beiden anderen Marketingvariablen in Tab. 2.3, d. h. Preis und Verkaufsförderung, analysieren, indem wir für jede Variable eine einfache Regression durchführen. Die drei resultierenden Regressionsfunktionen wären:

$$\hat{Y} = 560 + 9{,}63 \text{ Werbung}$$
$$\hat{Y} = 2920 - 55{,}5 \text{ Preis}$$
$$\hat{Y} = 2400 + 2{,}72 \text{ Verkaufsförderung}$$

Dieser Ansatz der Schätzung einer separaten Regressionsfunktion für jede unabhängige Variable wirft einige Probleme auf:

- Wenn der Manager seinen Marketingplan für die kommende Periode festlegt, wird jede Gleichung einen anderen Wert für den erwarteten Absatz liefern.
- Die Parameter jeder der drei Gleichungen werden wahrscheinlich dadurch verzerrt, dass die beiden anderen Variablen vernachlässigt werden.

Anstelle von drei separaten Regressionsfunktionen, die alle nicht sehr präzise sind, wäre es also besser, eine Regressionsfunktion mit allen drei unabhängigen Variablen zu haben, die präzisere Ergebnisse liefert. Diese Möglichkeit bietet eine multiple Regression. Die Anwendung der einfachen Regression sollte auf Probleme beschränkt werden, bei denen wir nur eine unabhängige Variable haben.

### 2.2.2.2 Multiple Regression

Im Allgemeinen hat die Funktion der multiplen Regression die folgende Form:

$$\hat{Y} = b_0 + b_1 X_1 + b_2 X_2 + \ldots + b_j X_j + \ldots + b_J X_J \tag{2.23}$$

wobei $J$ die Anzahl der unabhängigen Variablen bezeichnet. Aus technischen Gründen werden wir nun den konstanten Term $a$ mit $b_0$ bezeichnen.[11] Allerdings liefert die multiple Regression komplexere Formeln für die Schätzung der Parameter als die einfache Regression.

**Regression mit zwei unabhängigen Variablen**

Im Folgenden wird die multiple Regression mit nur zwei unabhängigen Variablen ($J=2$) erläutert. Angenommen, unser Manager möchte die kombinierten Effekte von Werbung und Preis analysieren:

---

[11] Bei der Verwendung von Matrixalgebra zur Berechnung wird der konstante Term als Koeffizient einer fiktiven Variablen behandelt, deren Werte alle gleich 1 sind. Dadurch kann er auf die gleiche Weise wie die anderen Koeffizienten berechnet werden, und die Berechnung wird einfacher.

## 2.2 Vorgehensweise

**Tab. 2.6** Korrelationsmatrix

|  | Absatz | Werbung | Preis | Verkaufsförderung |
|---|---|---|---|---|
| Absatz | 1 | 0,742 | −0,048 | 0,713 |
| Werbung |  | 1 | 0,155 | 0,290 |
| Preis |  |  | 1 | 0,299 |
| Verkaufsförderung |  |  |  | 1 |

$$\text{Absatz} = f(\text{Werbung}, \text{Preis}) \quad (2.24)$$

Bevor wir mit der multiplen Regression beginnen, sollten wir einen Blick auf die Korrelationsmatrix für unsere Variablen werfen, die in Tab. 2.6 dargestellt ist. Sie zeigt, dass der Preis mit der Werbung niedrig korreliert ist und noch niedriger mit dem Absatz. Wir spezifizieren die folgende Regressionsfunktion:

$$\hat{Y} = b_0 + b_1 X_1 + b_2 X_2 \quad (2.25)$$

mit

$\hat{Y}$  Geschätzte Absatzmenge
$X_1$  Werbung
$X_2$  Preis

Hierbei ist zu beachten, dass diese Funktion keine Linie darstellt wie bei der einfachen Regression. Sie definiert nun eine Ebene in einem dreidimensionalen Raum, der von den drei Variablen aufgespannt wird. Bei mehr als zwei Regressoren wird die Regressionsfunktion zu einer Hyperebene.

Unter Verwendung des Kriteriums der kleinsten Quadrate zur Schätzung der unbekannten Parameter, wie oben beschrieben, muss man die folgende Summe der quadrierten Residuen minimieren:

$$SSR = \sum_{i=1}^{N} e_i^2 = \sum_{i=1}^{N} (y_i - b_0 - b_1 x_{1i} - b_2 x_{2i})^2 \to \min_{b_0, b_1, b_2}! \quad (2.26)$$

Minimiert man diese Summe, indem man partielle Ableitungen nach den drei unbekannten Parametern $b_0, b_1, b_2$ bildet, erhält man den Wert $SSR = 254.816$ (im Gegensatz zu $SSR = 271.217$ in Tab. 2.5). Wenn wir also den Einfluss des Preises auf den Absatz berücksichtigen, können wir die Summe der Residuenquadrate um 16.401 oder 6 % reduzieren. Dies ist nicht viel. Aber aufgrund der geringen Korrelation zwischen Absatz und Preis war nur eine geringe Reduktion zu erwarten.

Die resultierende Regressionsfunktion lautet:

$$\hat{Y} = 814 + 9{,}97\, X_1 - 194{,}6\, X_2 \quad (2.27)$$

Wie wir sehen, weist der Preiskoeffizient ein negatives Vorzeichen auf, was logisch korrekt ist. Er zeigt an, dass die Verkäufe mit steigendem Preis sinken werden, was normalerweise zu erwarten ist. Die Kontrolle der Vorzeichen der Koeffizienten sollte der erste Schritt bei der Überprüfung einer Regressionsfunktion sein.

Der Regressionskoeffizient $b_1 = 9{,}97$ bezeichnet die Änderung von $\hat{Y}$ bei Änderung von $X_1$ (Werbung) um eine Einheit, wenn $X_2$ (Preis) konstant gehalten wird. In gleicher Weise bezeichnet der Regressionskoeffizient $b_2 = -194{,}6$ die Änderung von $\hat{Y}$ bei Änderung von $X_2$ (Preis) um eine Einheit, wenn $X_1$ (Werbung) konstant gehalten wird.

Im Rahmen der multiplen Regression werden die Regressionskoeffizienten auch *partielle Regressionskoeffizienten.* genannt, weil ihre Werte im Allgemeinen von den anderen unabhängigen Variablen in der Regressionsfunktion abhängen. Der partielle Regressionskoeffizient für die Werbung beträgt nun $b_1 = 9{,}97$ und unterscheidet sich von dem Koeffizienten $b = 9{,}63$, den wir durch einfache Regression erhalten haben. Der Grund dafür ist, dass bei der einfachen Regression der Effekt des Preises auf den Absatz die Schätzung von $b$ beeinflusst hat. In $b_1$ ist dieser Effekt durch die Einbeziehung des Preises in die Regressionsfunktion nun beseitigt. Aus diesem Grund wird $b_1$ als partieller Regressionskoeffizient bezeichnet.

Wenn alle Effekte positiv sind, wird der partielle Regressionskoeffizient kleiner sein als die einfachen Regressionskoeffizienten. Wenn wir uns jedoch die Korrelationsmatrix in Tab. 2.6 ansehen, sehen wir, dass der Preis negativ mit den Verkäufen korreliert ist. Dieser negative Effekt ist in $b_1$ nun beseitigt worden, sodass der Koeffizient größer geworden ist.

Da die Korrelationen des Preises mit dem Absatz und auch mit der Werbung gering sind, ist auch hier die Veränderung des Regressionskoeffizienten der Werbung gering. Wenn keine Korrelation zwischen Preis und Werbung bestehen würde, dann würde $b_1 = b$ gelten, d. h. es gäbe keinen Unterschied zwischen dem einfachen und dem multiplen Regressionskoeffizienten.

**Standardisierte Regressionskoeffizienten (Beta-Koeffizienten)**
Vergleicht man die Regressionskoeffizienten von Werbung und Preis in Gl. (2.27), so kann man den Eindruck gewinnen, dass der Preis für die Erklärung der Absatzschwankungen viel wichtiger als die Werbung ist, da seine absolute Größe viel größer ist. Dies ist jedoch falsch.

Für eine einfache Regression kann man aus Formel Gl. (2.11) ersehen, dass der Wert des Regressionskoeffizienten $b$ durch den Wert der Korrelation $r$ zwischen den beiden Variablen und dem Verhältnis der Standardabweichungen bestimmt wird.

$$b = r_{xy} \frac{s_y}{s_x}$$

Je größer also die Standardabweichung der unabhängigen Variablen ist, desto kleiner wird $b$ sein. Für unsere Daten gilt: $s_{x_1} = 18{,}07$ für Werbung und $s_{x2} = 0{,}201$ für den Preis. Die Standardabweichung der Werbung ist viel größer als die des Preises. Daher ist

## 2.2 Vorgehensweise

bei gleicher Bedeutung von Werbung und Preis ein viel kleinerer Regressionskoeffizient für Werbung zu erwarten.

Eine Möglichkeit, die Regressionskoeffizienten vergleichbar zu machen, besteht darin, sie zu standardisieren. Die standardisierten Regressionskoeffizienten werden gewöhnlich *Beta-Koeffizienten* genannt. Sie werden wie folgt berechnet:

$$beta_j = b_j \frac{s_{x_j}}{s_y} \qquad (2.28)$$

Durch den Vergleich dieser Formel mit Gl. (2.11) kann man sehen, dass die Skalierung der Variablen $X$ und $Y$ in den Beta-Koeffizienten eliminiert wird. Die Beta-Koeffizienten sind also unabhängig von linearen Transformationen der Variablen und können daher als Maß der Wichtigkeit verwendet werden. Wir erhalten für

- Werbung: $beta_1 = 9{,}97 \frac{18{,}07}{234{,}38} = 0{,}768$
- Preis: $beta_2 = -194{,}6 \frac{0{,}201}{234{,}38} = -0{,}167$

Daraus können wir ersehen, dass die Werbung hier einen viel größeren Einfluss auf die Absatzschwankungen hat als der Preis. Es gibt mehrere Gründe, warum der Preis hier nur eine vergleichsweise geringe Bedeutung hat. Wir haben oben gesehen, dass der Preis sehr gering mit dem Absatz korreliert ist. Dies könnte darauf zurückzuführen sein, dass die Preise in unserem Datensatz einem Einzelhandelspanel entnommen wurden. Daher handelt es sich bei den Preisen hier um Durchschnittswerte über Verkaufsstellen. Dadurch wird die Preisschwankung wahrscheinlich verringert und die Korrelation etwas verzerrt.

Man könnte die Beta-Koeffizienten auch erhalten, wenn man die Variablen standardisieren würde. In diesem Fall würde die KQ-Methode Regressionskoeffizienten ergeben, die mit den Beta-Koeffizienten identisch sind, und der konstante Term würde Null werden. Bei einer einfachen Regression wäre der Beta-Koeffizient identisch mit dem Korrelationskoeffizienten, aber im Allgemeinen können die Beta-Koeffizienten nicht als Korrelationskoeffizienten interpretiert werden.

Anmerkung: Um die Auswirkungen von Änderungen in den unabhängigen Variablen abzuschätzen oder Prognosen für die abhängige Variable zu treffen, werden die nicht standardisierten Regressionskoeffizienten benötigt. Nur diese geben die Effekte von Änderungen der unabhängigen Variablen in der Skaleneinheit von $Y$ an.

**Regression mit drei und mehr Regressoren**

Auf die gleiche Weise, wie wir die einfache Regression auf die Regression mit zwei Regressoren erweitert haben, können wir die Regressionsfunktion auch auf weitere Regressoren anwenden. Indem wir alle drei Marketing-Variablen aus Tab. 2.3 in unser Modell einbeziehen, erhalten wir:

$$\text{Absatz} = f(\text{Werbung, Preis, Verkaufsförderung})$$

$$\hat{Y} = b_0 + b_1 X_1 + b_2 X_2 + b_3 X_3 \qquad (2.29)$$

Die KQ-Methode liefert mit den Daten aus Tab. 2.3 die Regressionsfunktion:

$$\hat{Y} = 1248 + 7{,}91\, X_1 - 387{,}6\, X_2 + 2{,}42\, X_3$$

Wie oben erwähnt, ändern sich die Regressionskoeffizienten durch die Erweiterung des Modells nicht, wenn die unabhängigen Variablen unkorreliert sind, und sie sind gleich den entsprechenden einfachen Regressionskoeffizienten. Aber hier sehen wir jetzt größere Veränderungen der Regressionskoeffizienten für Werbung und Preis durch die Einbeziehung der Variable Verkaufsförderung in die Regressionsfunktion.

Der partielle Regressionskoeffizient für Werbung ist jetzt $b_1 = 7{,}91$ und damit deutlich kleiner als der durch einfache Regression erhaltene Koeffizient $b = 9{,}63$. Der positive Effekt der Verkaufsförderung ist nun aus dem Koeffizienten der Werbung entfernt worden. Wie aus der Korrelationsmatrix zu erkennen ist, ist dieser Effekt viel stärker als der negative Effekt des Preises.

Die Beta-Koeffizienten erhalten jetzt die folgenden Werte:

$$beta_1 = 0{,}610;\ beta_2 = -0{,}332;\ beta_3 = 0{,}636$$

Für den Regressionskoeffizienten des Preises erhielten wir den größten absoluten Wert, aber der Beta-Koeffizient zeigt, dass der Preis die geringste Bedeutung hat. Den größten Einfluss auf den Absatz hat hier die Verkaufsförderung, etwas größer noch als die Werbung. Durch die Einbeziehung der Verkaufsförderung in die Regressionsfunktion hat sich die Summe der Residuenquadrate von $SSR = 254.816$ auf $SSR = 47.166$ verringert. Dies bestätigt die große Bedeutung der Verkaufsförderung für die Erklärung der Absatzschwankungen.

### 2.2.3 Prüfung der Regressionsfunktion

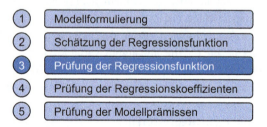

Nachdem eine Regressionsfunktion geschätzt wurde, ist im folgenden Schritt ihre Güte (Qualität) zu beurteilen. Niemand möchte sich auf ein schlechtes Modell verlassen. Es gilt herauszufinden, wie gut sich ein Modell an die empirischen Daten anpasst und weiterhin, ob es sich als Modell der Realität eignet. Aus diesem Grund werden Maßnahmen zur Bewertung der *Anpassungsgüte (Goodness-of-fit)* benötigt.

## 2.2 Vorgehensweise

Eine natürliche Grundlage für die Bewertung der Anpassungsgüte bietet das Anpassungskriterium der Regression, die Summe der quadrierten Residuen *(SSR)*. Wir haben die drei oben genannten Modelle bereits anhand ihrer *SSR* verglichen. Mit jedem Regressor, der hinzugefügt wurde, wurde die *SSR* kleiner und damit die Anpassung an die Daten verbessert.

Der absolute Wert von *SSR* hat jedoch keine Bedeutung, da er nicht nur von der Anpassungsgüte, sondern auch von der Anzahl der Beobachtungen und der Skalierung von *Y* abhängt. Mit *SSR* können also nur Modelle für denselben Datensatz verglichen werden. Auch gibt *SSR* keine Auskunft darüber, ob ein Modell gut oder schlecht ist bzw. wie gut oder schlecht ein Modell ist. Gebräuchliche Größen zur Beurteilung der Anpassungsgüte eines Modells sind:

- Standardfehler der Regression,
- Bestimmtheitsmaß (R-Quadrat),
- F-Statistik und entsprechender p-Wert,
- korrigiertes Bestimmtheitsmaß.

### 2.2.3.1 Standardfehler der Regression

Der *Standardfehler der Regression* (englisch: *standard error of the estimate*) (SE) misst, wie stark die Beobachtungen (vertikal) um die geschätzte Regressionsfunktion streuen. Er wird als inverses Maß für die statistische *Genauigkeit* (Präzision) verwendet. Die Präzision nimmt zu, wenn SE abnimmt. SE wird als die Standardabweichung der Residuen berechnet:

$$SE = \sqrt{\frac{SSR}{N - J - 1}} \qquad (2.30)$$

mit

*N*  Anzahl der Beobachtungen
*J*  Anzahl der Regressoren

$N - J - 1$ ist die *Anzahl der Freiheitsgrade (df)* für die Schätzung, d. h. die Anzahl der Beobachtungen abzüglich der Anzahl der Parameter in der Regressionsfunktion, die aus unseren Beobachtungen geschätzt werden müssen.

Die Einheiten für den Standardfehler sind die gleichen wie für *Y*. Für unsere einfache Regression „Absatz$=f$(Werbung)" erhalten wir

$$SE = \sqrt{\frac{271.217}{12 - 1 - 1}} = 164,7$$

Somit sind 165 [Verkaufseinheiten] der Fehler, den wir im Durchschnitt machen, wenn wir die geschätzte Regressionsfunktion zur Absatzprognose verwenden. Es ist oft nützlich, den Standardfehler in Form von Prozentsätzen auszudrücken, die unabhängig von der Skala sind. Dies ergibt 5,8 % der durchschnittlichen Absatzmenge $\bar{y} = 2825$.

Für das multiple Regressionsmodell „Absatz $=f$ (Werbung, Preis, Verkaufsförderung)" erhalten wir:

$$SE = \sqrt{\frac{47.166}{12-3-1}} = 76,8 \text{ oder } 2,7\,\%$$

Dies liegt deutlich unter 5 % und scheint durchaus akzeptabel zu sein. Die Präzision wurde durch die Erweiterung des Modells erheblich gesteigert.

### 2.2.3.2 Bestimmtheitsmaß (R-Quadrat)

Ein weiteres und besseres Maß für die Anpassungsgüte ist das *Bestimmtheitsmaß*, das mit $R^2$ (R-Quadrat) bezeichnet wird. Für eine einfache Regression wird es durch Quadrieren der Korrelation zwischen $Y$ und $X$ berechnet:

$$R^2 = r_{yx}^2 \tag{2.31}$$

mit $0 \leq R^2 \leq 1$. Bei multipler Regression erhält man R-Quadrat durch Quadrieren der Korrelation zwischen $Y$ und $\hat{Y}$:

$$R^2 = r_{y\hat{y}}^2 \tag{2.32}$$

Der Korrelationskoeffizient $r_{y\hat{y}}$ zwischen den beobachteten und den geschätzten y-Werten wird als *multiple Korrelation* bezeichnet, da $\hat{Y}$ eine Linearkombination der x-Variablen ist.

R-Quadrat kann interpretiert werden als der Anteil der Variation von $Y$, der durch die unabhängigen Variablen erklärt wird. Je höher R-Quadrat, desto besser die Anpassung. Diese intuitiv einfache Interpretation ist der Grund für die Beliebtheit von R-Quadrat. In unserem Beispiel erhalten wir die folgenden Werte:

- Modell 1: Absatz $= f$ (Werbung) $\qquad R^2 = 0{,}551$
- Modell 2: Absatz $= f$ (Werbung, Preis) $\qquad R^2 = 0{,}578$
- Modell 3: Absatz $= f$ (Werbung, Preis, Verkaufsförderung) $R^2 = 0{,}922$

Während wir also mit Werbung allein nur 55 % der Absatzschwankungen erklären können, können wir mit dem vollständigen Modell 92 % erklären. Mit jedem zusätzlichen Regressor nimmt das R-Quadrat zu.

**Zerlegung der Streuung von Y**

Um die Interpretation von R-Quadrat als „erklärten Anteil" verständlich zu machen, gehen wir zunächst auf die einfache Regression zurück. Wir betrachten nur eine einzige Beobachtung von Werbung und Absatz $(x_i, y_i)$. Der entsprechende Punkt und seine vertikale Abweichung $y_i - \bar{y}$ vom Mittelwert $\bar{y}$ sind in Abb. 2.9 dargestellt. Diese Abweichung nennen wir die *Gesamtabweichung*, und sie kann in zwei Komponenten aufgeteilt werden:

## 2.2 Vorgehensweise

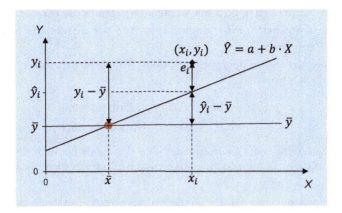

**Abb. 2.9** Zersetzung der Abweichung vom Mittelwert

- *Erklärte Abweichung* $\hat{y}_i - \bar{y}$, die durch die Regressionsgerade erklärt werden kann. Für ein gegebenes $x_i$ liefert die Regressionsgerade den Wert $\hat{y}_i - \bar{y} = b(x_i - \bar{x})$
- *Residuum* $e_i = y_i - \hat{y}_i$, das nicht erklärt werden kann.

Es gilt also:

$$\text{Gesamtabweichung} = \text{erklärte Abweichung} + \text{Residuum}$$

$$y_i - \bar{y} = (\hat{y}_i - \bar{y}) + (y_i - \hat{y}_i) \tag{2.33}$$

Dies ist ziemlich trivial und kann in Abb. 2.9 leicht überprüft werden. Es ist jedoch nicht trivial, dass diese Gleichung immer noch gültig ist, wenn die Elemente quadriert und über die Beobachtungen summiert werden.[12] Daraus ergibt sich das Prinzip der *Zerlegung der Gesamtstreuung* von Y.

$$\begin{array}{ccccc}
\text{Gesamtstreuung} & = & \text{erklärte Streuung} & + & \text{nicht erklärte Streuung} \\
\sum_{i=1}^{N}(y_i - \bar{y})^2 & = & \sum_{i=1}^{N}(\hat{y}_i - \bar{y})^2 & + & \sum_{i=1}^{N}(y_i - \hat{y}_i)^2 \\
\text{SST} & = & \text{SSE} & + & \text{SSR}
\end{array} \tag{2.34}$$

SST steht für „total sum of squares" und misst die *Gesamtstreuung von Y*. Sie kann vor der Durchführung einer Regressionsanalyse berechnet werden, indem die quadrierten Abweichungen der beobachteten Werte von Y von ihrem Mittelwert aufsummiert werden. Nachdem die Regressionsanalyse durchgeführt wurde, kann dasselbe mit

---

[12] Dies gilt nur für lineare Modelle und KQ-Schätzung. Das Prinzip der Streuungszerlegung ist auch von zentraler Bedeutung für die Varianzanalyse bzw. ANOVA (vgl. Kap. 3) und für die Diskriminanzanalyse (vgl. Kap. 4).

den geschätzten Werten von Y gemacht werden. Dies ergibt die erklärte Streuung bzw. „explained sum of squares" *(SSE)*. Einfacher können wir die erklärte Streuung durch *SSE = SST − SSR* berechnen.

Basierend auf der Streuungszerlegung kann R-Quadrat alternativ zu Gl. (2.32) berechnet werden durch:

$$R^2 = 1 - \frac{SSR}{SST} = \frac{SSE}{SST} = \frac{\text{erklärte Streuung}}{\text{Gesamtstreuung}} \quad (2.35)$$

Die Streuungszerlegung gilt gleichermaßen für die einfache und für die multiple Regression. Die Minimierung der residuellen *Streuung SSR* (KQ-Kriterium) ist identisch mit der Maximierung von $R^2$.

R-Quadrat hat damit eine intuitiv einfache Interpretation. Allerdings gibt es keine eindeutige Aussage darüber, was ein gutes R-Quadrat ist. Dies hängt sehr stark vom Anwendungsbereich und der Art der Daten ab. In Bereichen wie Ingenieurwesen, Physik oder Astronomie erhält man normalerweise viel höhere Werte als in Bereichen wie Wirtschaft, Soziologie oder Psychologie, wo es um menschliches Verhalten geht. Hier hat man es mit vielen Einflussgrößen und einem großen Maß von Zufälligkeit zu tun. Ein weiterer Unterschied ergibt sich durch die Art der Daten. Bei *experimentellen Daten* können wir höhere Werte von R-Quadrat erwarten als bei *Beobachtungsdaten*. Und *bei aggregierten Daten* können wir höhere Werte erwarten als bei *Individualdaten*. Um den Wert von R-Quadrat zu beurteilen, ist es also notwendig, ihn mit Werten aus ähnlichen Anwendungen zu vergleichen. Letztlich basiert alles Messen auf Vergleichen.

### 2.2.3.3 Stochastisches Modell der Regression und F-Test

Das primäre Ziel der Regressionsanalyse bildet nicht die maximale Anpassung eines Modells an die Daten, sondern eine gute Abbildung der Realität. Die Daten, auf denen die Regressionsanalyse basiert, sind in der Regel Stichprobendaten. Wenn wir die Stichprobe wiederholen, erhalten wir andere Daten, und die Regressionsanalyse wird andere Schätzungen für dasselbe Problem liefern. Die Daten der wiederholten Stichproben werden zufällig variieren, und daher werden auch die Ergebnisse der Regressionsanalyse zufällig variieren. Deshalb ist das primäre Ziel der Regressionsanalyse nicht, eine Beschreibung der Daten in der Stichprobe zu geben, sondern aus der Stichprobe Rückschlüsse auf die Grundgesamtheit (Teil der Realität) zu ziehen, aus der die Stichprobe gezogen wurde.[13]

Um die inhärente Zufälligkeit der Stichprobendaten zu berücksichtigen, verwendet die Regressionsanalyse ein stochastisches Modell. Entsprechend diesem Modell werden alle Ergebnisse als zufällig angesehen, sowohl die geschätzten Parameter als auch die Prognosen.

---

[13] Dies wird Inferenzstatistik genannt und muss von der deskriptiven Statistik unterschieden werden. Die Inferenzstatistik macht Rückschlüsse und Vorhersagen über eine Population auf der Grundlage einer aus der untersuchten Population gezogenen Stichprobe.

## 2.2 Vorgehensweise

**Stochastisches Modell der Regression**

Das stochastische Modell der Regressionsanalyse besteht aus zwei Komponenten, einer systematischen Komponente und einer stochastischen Komponente $\varepsilon$. In seiner generischen Form kann das Regressionsmodell ausgedrückt werden durch:

$$Y = \beta_0 + \beta_1 X_1 + \beta_2 X_2 + \ldots + \beta_J X_J + \varepsilon \tag{2.36}$$

mit

- $Y$     abhängige Variable
- $X_j$    unabhängige Variablen ($j = 1, 2, \ldots, J$)
- $\beta_0$    Konstanter Term
- $\beta_j$    Regressionskoeffizient ($j = 1, 2, \ldots, J$)
- $\varepsilon$    Fehlerterm (Störgröße)

Die Parameter des Modells (in der systematischen Komponente) werden als wahre Werte angenommen, die unbekannt sind und geschätzt werden müssen. Sie werden mit griechischen Buchstaben bezeichnet, um sie von den geschätzten Werten zu unterscheiden.

Die stochastische Komponente ist der Fehlerterm $\varepsilon$. Er repräsentiert alle Einflüsse auf $Y$, die nicht explizit in der systematischen Komponente enthalten sind. Dies können Fehler sein, die bei der Messung von $Y$ auftreten, oder Einflüsse, die unbekannt sind oder nicht gemessen werden können. Der Fehlerterm wird auch als *Störgröße* bezeichnet, weil er die Schätzung der systematischen Komponente, an der wir interessiert sind, stört. Der Fehlerterm ist nicht beobachtbar, aber er manifestiert sich in den Residuen $e_i$. Es wird angenommen, dass die Störgröße eine Zufallsvariable ist und dass sie statistisch unabhängig von den x-Werten ist und den Mittelwert Null hat.

Wenn man an die Verkaufsdaten denkt, gibt es unzählige Einflüsse, z. B. von Wettbewerbern, Einzelhändlern und Käufern. Das Verhalten von Menschen enthält immer ein gewisses Maß an Zufälligkeit. Außerdem gibt es verschiedene makroökonomische, soziale und andere Umwelteinflüsse. In der Regel werden die Daten aus Stichproben gewonnen, und ein Stichprobenfehler ist unvermeidlich. Es ist daher gerechtfertigt, den Fehlerterm als Zufallsvariable zu betrachten.

Da die abhängige Variable $Y$ die Störgröße $\varepsilon$ enthält, bildet sie ebenfalls eine Zufallsvariable. Außerdem sind die geschätzten Regressionsparameter $b_j$, die aus Beobachtungen von $Y$ gewonnen werden, Realisierungen von Zufallsvariablen. Im Falle wiederholter Zufallsstichproben schwanken diese Schätzungen um die wahren Werte $\beta_j$.

Auf der Grundlage dieser Überlegungen können wir die statistische Signifikanz eines Modells überprüfen. Die Forschungsfrage lautet: Kann das Modell oder zumindest eine der unabhängigen Variablen dazu beitragen, die Variation der abhängigen Variablen $Y$ zu erklären? Um diese Frage zu beantworten, testen wir die Nullhypothese

$$H_0 : \beta_1 = \beta_2 = \ldots = \beta_J = 0 \tag{2.37}$$

gegen die Alternativhypothese.

**Tab. 2.7** Varianztabelle (ANOVA) für Modell 3

| Quelle der Streuung | Quadratsumme SS | Freiheitsgrade df | mittlere Quadrate MS |
|---|---|---|---|
| Erklärt | $\sum_{i=1}^{N}(\hat{y}_i - \bar{y})^2 = 557.113$ | $df1 = J = 3$ | $MSE = \frac{SSE}{J} = 185.704$ |
| Residual | $\sum_{i=1}^{N}(y_i - \hat{y}_i)^2 = 47.166$ | $df2 = N-J-1 = 8$ | $MSR = \frac{SSR}{N-J-1} = 5.896$ |
| Total | $\sum_{i=1}^{N}(y_i - \bar{y})^2 = 604.279$ | $df3 = N-1 = 11$ | $MST = \frac{SST}{N-1} = 54.934$ |

$H_1$   mindestens ein $\beta_j$ ist ungleich *Null*

Um dies zu beweisen, müssen wir die Nullhypothese zurückweisen. Dies kann durch einen F-Test erfolgen. Hierfür ist es nützlich, die Daten in einer ANOVA-Tabelle aufzubereiten, wie sie in der *Varianzanalyse* verwendet wird (siehe Kap. 3).

**ANOVA-Tabelle**

Durch Division von Quadratsummen „sum of squares" *(SS)* durch ihre entsprechenden Freiheitsgrade (df) erhalten wir die Mittel der Quadrate „mean squares" *(MS)*, die wir auch als *Varianzen* bezeichnen. In Tab. 2.7 erfolgt dies mit den Werten unseres Modells 3 für die erklärte Summe, die residuelle Summe und die Gesamtsumme der Quadrate.

Die Freiheitsgrade für die erklärte Streuung ($df_1$) ist durch die Anzahl der unabhängigen Variablen im Regressionsmodell gegeben. Die Freiheitsgrade für die residuelle Streuung ($df_2$) sind durch die Anzahl der Beobachtungen abzüglich der Anzahl der Parameter im Regressionsmodell gegeben: $df_2 = N - (J+1)$. Für ein Modell ohne konstanten Term erhalten wir $df_2 = N - J$.

Aus Gl. (2.34) wissen wir, dass sich die erklärte *Streuung* und die residuelle *Streuung* zur Gesamt*streuung* summieren: $SST = SSE + SSR$. Dasselbe gilt für die entsprechenden Freiheitsgrade: $df_3 = df_1 + df_2$. Dies gilt jedoch nicht für die Varianzen: $MST \neq MSE + MSR$.

**F-Test**

Für die Durchführung eines F-Tests müssen wir einen empirischen Wert der *F-Statistik* berechnen.[14] Mit den Werten aus Tab. 2.7 erhalten wir für unser Modell 3:

$$F_{emp} = \frac{MSE}{MSR} = \frac{\text{erklärte Varianz}}{\text{nicht erklärte Varianz}} = \frac{185.704}{5.896} = 31{,}50 \quad (2.38)$$

Unter der Nullhypothese folgt die F-Statistik einer F-Verteilung. Ihre Dichtefunktion für die Freiheitsgrade in unserem Beispiel ist in Abb. 2.10 (die untere Linie) dargestellt. Mit den Freiheitsgraden können wir die *F-Statistik als Funktion von R-Quadrat* schreiben:

---

[14] In Abschn. 1.3 wird kurz auf Grundlagen des statistischen Testens eingegangen.

## 2.2 Vorgehensweise

$$F_{emp} = \frac{R^2/J}{(1-R^2)/(N-J-1)} \quad (2.39)$$

In dieser Form ist es einfach, ein R-Quadrat oder einen einfachen Korrelationskoeffizienten zu testen.[15]

Mit dem empirischen F−Wert können wir ein *empirisches Signifikanzniveau*, den p-Wert, ableiten. In SPSS wird der p-Wert als „Signifikanz" oder „Sig." bezeichnet. Abb. 2.10 zeigt den p-Wert als Funktion von $F_{emp}$. Je größer $F_{emp}$, desto kleiner ist *p*. Für $F_{emp} = 31{,}50$ mit $df_1 = J$ und $df_2 = N - J - 1$ Freiheitsgraden (im Zähler und im Nenner) erhalten wir den p-Wert $p = 0{,}009$ %.[16]

Wir lehnen $H_0$ ab, wenn $p < \alpha$ und sagen, dass die geschätzte Regressionsfunktion mit $\alpha$ (alpha) statistisch signifikant ist. $\alpha$ ist die Wahrscheinlichkeit, dass $H_0$ fälschlicherweise zurückgewiesen wird, wenn sie wahr ist (Typ-I-Fehler), und sie wird auch als *Signifikanzniveau* bezeichnet. Üblicherweise wird der Wert $\alpha = 0{,}05$ oder 5 % gewählt.[17] Aus Abb. 2.10 können wir erkennen, dass unser empirischer F-Wert $F_{emp}$ viel größer ist als der kritische F-Wert für $\alpha = 5$ %. Unser *p* ist daher fast Null, und es ist praktisch unmöglich, dass $H_0$ wahr sein kann. Unsere geschätzte Regressionsfunktion für Modell 3 ist damit hoch signifikant. Auch unsere Modelle 1 und 2 sind statistisch signifikant, wie mit den angegebenen Werten für R-Quadrat überprüft werden kann.

### 2.2.3.4 Overfitting und korrigiertes Bestimmtheitsmaß

R-Quadrat ist zwar das meist gebrauchte Gütemaß der Regression, aber als alleiniges Gütemaß ist es nicht ausreichend. Gewöhnlich wird ein Modell mit einem hohen R-Quadrat gewünscht, aber ein Modell mit dem höheren Bestimmtheitsmaß muss nicht notwendigerweise auch das bessere Modell sein.

- $R^2$ berücksichtigt nicht die *Anzahl der Beobachtungen* (Stichprobenumfang *N*), auf denen die Regression basiert. Jedoch wird man mehr Vertrauen in eine Schätzung haben, die auf 50 Beobachtungen basiert, als in eine, die auf nur 5 Beobachtungen basiert. Im Extremfall mit nur zwei Beobachtungen würde eine einfache Regression immer $R^2 = 1$ ergeben, da eine Gerade immer ohne Abweichungen durch zwei Punkte gelegt werden kann. Dafür brauchen wir aber keine Regressionsanalyse.

---

[15] Für einen einfachen Korrelationskoeffizienten r erhalten wir: $F_{emp} = \frac{r^2}{(1-r^2)/(N-2)}$, da $J = 1$.

[16] Mit Excel können wir den p-Wert berechnen mit der Funktion F.VERT.RE($F_{emp}$;*df1*;*df2*). Wir erhalten: F.VERT.RE(31,50;3; 8) = 0,00009 oder 0,009 %.

[17] Der Leser sollte sich bewusst sein, dass auch andere Werte für $\alpha$ möglich sind. $\alpha = 5$ % ist eine Art „Gold"-Standard in der Statistik, der auf Sir R. A. Fisher (1890 − 1962) zurückgeht, welcher auch die F-Verteilung geschaffen hat. Der Anwender muss aber auch die Folgen (Kosten) einer Fehlentscheidung bedenken.

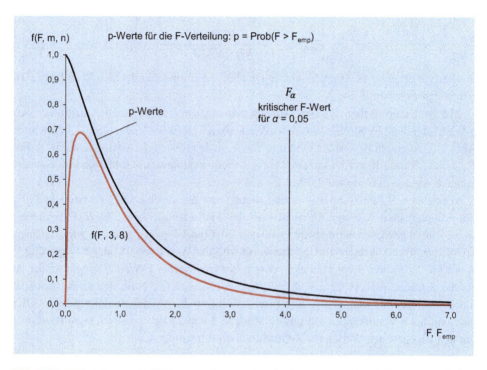

**Abb. 2.10** F-Verteilung und p-Werte

- $R^2$ berücksichtigt nicht die Anzahl der *unabhängigen Variablen* im Regressionsmodell und damit die Komplexität des Modells. Wir haben das *Prinzip der Sparsamkeit* bei der Modellbildung erwähnt. Die Komplexität eines Modells durch Hinzufügen von Variablen (Erhöhung von $J$) wird R-Quadrat immer vergrößern, aber nicht notwendigerweise die Güte des Modells verbessern.

Die Erhöhung von R-Quadrat bei Aufnahme einer neuen Variablen kann zufällig bedingt sein. Darüber hinaus kann mit zunehmender Anzahl von Variablen die Präzision der Schätzungen aufgrund von Multikollinearität zwischen den Variablen verringert werden (siehe Abschn. 2.2.5.7).

Bei einer zu starken Anpassung, die als „overfitting" bezeichnet wird, „passt sich das Modell zu stark an die Daten an und wird sich nicht gut verallgemeinern lassen" (Hastie et al. 2011, S. 38). Denken wir an Prognosen: Wir sind nicht so sehr daran interessiert, einen Wert $y_i$ vorherzusagen, den wir bereits für die Schätzung verwendet haben. Wir sind mehr daran interessiert, einen Wert $y_{N+i}$ vorherzusagen, den wir noch nicht beobachtet haben. Und dafür kann ein einfacheres Modell besser sein als ein komplexeres Modell, weil jeder Parameter im Modell mit einem Fehler behaftet ist.

## 2.2 Vorgehensweise

Andererseits, wenn relevante Variablen in einem Modell fehlen und es zu simpel bzw. nicht komplex genug ist, was als „underfitting" bezeichnet wird, werden die Schätzungen der Modellparameter verzerrt sein, d. h. sie werden systematische Fehler enthalten (siehe Abschn. 2.2.5.2). Und ebenfalls werden möglicherweise große Prognosefehler resultieren. Daher wiederholen wir: Modellierung ist ein Balanceakt zwischen Einfachheit und Komplexität oder zwischen underfitting und overfitting.

Die Aufnahme einer Variablen in das Regressionsmodell sollte immer auf logischen und/oder theoretischen Überlegungen beruhen. Es ist schlechter wissenschaftlicher Stil, mehrere oder alle verfügbaren Variablen in das Regressionsmodell zu werfen, in der Hoffnung, einige unabhängige Variablen mit statistisch signifikantem Einfluss zu finden. Dieses Verfahren wird auch als „kitchen sink regression" bezeichnet und gilt als unseriös. Mit der heutigen Software und Rechenleistung ist die Berechnung sehr einfach und ein solches Verfahren ist verlockend. Da R-Quadrat durch Hinzufügen von Variablen nicht verringert werden kann, kann es eine Verschlechterung des Modells, die durch Überanpassung verursacht wird, nicht anzeigen.

Aus diesen Gründen sollte zusätzlich zu R-Quadrat auch ein *korrigiertes Bestimmtheitsmaß* (korrigiertes R-Quadrat) berechnet werden. Mit den Werten aus Tab. 2.7 erhalten wir:

$$R^2_{korr} = 1 - \frac{\text{SSR}/(N - J - 1)}{\text{SST}/(N - 1)} = 1 - \frac{\text{MSR}}{\text{MST}} = 1 - \frac{5.896}{54.934} = 0{,}893 \quad (2.40)$$

mit $R^2_{korr} < R^2$.

Das korrigierte Bestimmtheitsmaß verwendet die gleichen Informationen wie die F-Statistik. Beide Statistiken berücksichtigen die Stichprobengröße und die Anzahl der Parameter. Um das korrigierte Bestimmtheitsmaß mit R-Quadrat zu vergleichen, können wir schreiben:

$$R^2_{korr} = 1 - \frac{N - 1}{N - J - 1}(1 - R^2) \quad (2.41)$$

Das korrigierte Bestimmtheitsmaß wird kleiner, wenn die Anzahl der Regressoren zunimmt (bei sonst gleichen Bedingungen) und kann auch negativ werden. Es „bestraft" also zunehmende Modellkomplexität oder Überanpassung.[18] In unserem Beispiel erhalten wir die folgenden Werte:

- Modell 1: Absatz $= f$ (Werbung) $\qquad R^2_{korr} = 0{,}506$
- Modell 2: Absatz $= f$ (Werbung, Preis) $\qquad R^2_{korr} = 0{,}485$
- Modell 3: Absatz $= f$ (Werbung, Preis, Verkaufsförderung) $R^2_{korr} = 0{,}893$

---

[18] Weitere Kriterien, die zur Modellbewertung und -auswahl entwickelt wurden, sind das Akaike Information Criterion (AIC) und das Bayesian Information Criterion (BIC). Siehe z. B. Agresti (2013, S. 212); Greene (2012, S. 212); Hastie et al. (2011, S. 219–257).

Durch die Einbeziehung des Preises in das Modell verschlechtert sich das korrigierte R–Quadrat. Der Preis trägt nur wenig zur Erklärung der Absatzmenge bei, und dies kann die Strafe für die Erhöhung der Komplexität des Modells nicht kompensieren. Mit Einbeziehung der Verkaufsförderung erhalten wir ein anderes Bild. Die Verkaufsförderung erhöht den Anteil der erklärten Streuung beträchtlich. Hier spielt die Erhöhung der Modellkomplexität nur eine geringe Rolle.

Der Name „korrigiertes R-Quadrat" kann missverstanden werden, zum einen, weil $R^2_{korr}$ nicht das Quadrat irgendeiner Korrelation ist, wie $R^2$. Außerdem suggeriert er, dass $R^2$ falsch ist, was aber nicht der Fall ist.

### 2.2.4 Prüfung der Regressionskoeffizienten

①  Modellformulierung
②  Schätzung der Regressionsfunktion
③  Prüfung der Regressionsfunktion
④  **Prüfung der Regressionskoeffizienten**
⑤  Prüfung der Modellprämissen

#### 2.2.4.1 Präzision der Regressionskoeffizienten

Wenn die globale Überprüfung der Regressionsfunktion (durch F-Test oder p-Wert) ergeben hat, dass unser Modell statistisch signifikant ist, müssen die Regressionskoeffizienten nun einzeln überprüft werden. Damit wollen wir Informationen über deren *Präzision* (statistische Genauigkeit, bedingt durch Zufallsfehler) und die Wichtigkeit der betreffenden Variablen erhalten.

Wie oben erläutert, handelt es sich bei den geschätzten Regressionsparametern $b_j$ um Realisierungen von Zufallsvariablen. Daher kann die Standardabweichung von $b_j$, auch Standardfehler des Koeffizienten genannt, als inverses Maß für die *Präzision* verwendet werden.

Für eine einfache Regression kann der Standardfehler von $b$ wie folgt berechnet werden:

$$SE(b) = \frac{SE}{s(x) \cdot \sqrt{N-1}} \quad (2.42)$$

mit

*SE* Standardfehler der Regression
*s(x)* Standardabweichung der unabhängigen Variablen

Für unser Modell 1: Absatz = *f(Werbung)* erhalten wir:

## 2.2 Vorgehensweise

$$SE(b) = \frac{164{,}7}{18{,}07 \cdot \sqrt{12-1}} = 2{,}75$$

Wir schätzten $b = 9{,}63$. Der relative Standardfehler beträgt damit $2{,}75/9{,}63 = 0{,}29$ oder 29 %.

Es ist aufschlussreich, die Formel für $SE(b)$ näher zu betrachten. Um eine hohe Präzision für einen geschätzten Koeffizienten zu erzielen, reicht es nicht aus, eine gute Modellanpassung zu erhalten, die hier durch den Standardfehler der Regression ausgedrückt wird. Die Präzision nimmt außerdem zu, d. h. der Standardfehler von $b$ wird kleiner, wenn

- die Standardabweichung $s(x)$ des Regressors zunimmt,
- die Stichprobengröße $N$ erhöht wird.

Eine hinreichende Variation der x-Werte und eine ausreichende Stichprobengröße sind daher notwendig, um mittels Regressionsanalyse zuverlässige Ergebnisse zu erhalten. Um einen Vergleich zu machen: man kann keine stabile Position erhalten, wenn man auf einem Fuß balanciert. Wenn also die Varianz der x-Werte und/oder die Stichprobengröße klein sind, wird die Regressionsanalyse eine wackelige Angelegenheit sein. In einem Experiment kann der Anwender diese beiden Bedingungen kontrollieren. Er kann die unabhängige(n) Variable(n) manipulieren und die Stichprobengröße bestimmen. Aber meistens haben wir es mit Beobachtungsdaten zu tun. Experimente sind nicht immer möglich, und eine höhere Stichprobengröße erfordert mehr Zeit und höhere Kosten.

Bei der multiplen Regression erweitert sich die Formel für den Standardfehler eines geschätzten Koeffizienten wie folgt:

$$SE(b_j) = \frac{SE}{s(x_j) \cdot \sqrt{N-1} \cdot \sqrt{1-R_j^2}} \qquad (2.43)$$

wobei $R_j^2$ das R-Quadrat für eine Regression des Regressors $j$ auf alle anderen unabhängigen Variablen bezeichnet. $R_j^2$ ist ein Maß für Multikollinearität (siehe Abschn. 2.2.5.7). Es betrifft die Beziehungen zwischen den x-Variablen. Die Präzision eines geschätzten Koeffizienten nimmt (bei sonst gleichen Bedingungen) mit einem kleineren $R_j^2$, d. h. mit einer geringeren multiplen Korrelation von $x_j$ mit den anderen x-Variablen zu.

Für unser Modell 3 und die Variable $j = 1$ (Werbung) erhalten wir für $b_1$ den Standardfehler:

$$SE(b_1) = \frac{76{,}8}{18{,}07 \cdot \sqrt{12-1} \cdot \sqrt{1-0{,}089}} = 1{,}34$$

Wir schätzten $b_1 = 7{,}91$. Damit ist der relative Standardfehler für den Koeffizienten der Werbung nun auf 0,17 oder 17 % gesunken. Dies ist auf eine erhebliche Verringerung des Standardfehlers der Regression in Modell 3 zurückzuführen.

### 2.2.4.2 t-Test der Regressionskoeffizienten

Zur Prüfung, ob Variable $X_j$ einen signifikanten Einfluss auf $Y$ hat, müssen wir prüfen, ob der Regressionskoeffizient $\beta_j$ ausreichend von Null abweicht. Dazu müssen wir die Nullhypothese $H_0$: $\beta_j = 0$ gegenüber der Alternativhypothese $H_1$: $\beta_j \neq 0$ testen.

Auch hier kann ein F-Test angewendet werden. Einfacher und damit gebräuchlicher ist jedoch ein *t-Test*. Während der F-Test zum Testen einer Gruppe von Variablen verwendet werden kann, eignet sich der t-Test nur zum Testen einer einzelnen Variablen.[19] Für eine einzelne Variable ($df=1$) gilt: $F = t^2$. Daher werden beide Tests die gleichen Ergebnisse liefern.

Die *t-Statistik* (empirischer t-Wert) einer unabhängigen Variablen $j$ wird sehr einfach berechnet, indem der Regressionskoeffizient durch seinen Standardfehler dividiert wird:

$$t_{emp} = \frac{b_j}{SE(b_j)} \qquad (2.44)$$

Unter der Nullhypothese folgt die *t-Statistik* einer *t-Verteilung* (Student's distribution) mit $N–J–1$ Freiheitsgraden. In unserem Modell 3 haben wir $12–3–1 = 8$ *df*. Abb. 2.11 zeigt die Dichtefunktion der t-Verteilung für 8 *df* mit Quantilen (kritische Werte) $-t_{\alpha/2}$ und $t_{\alpha/2}$ für einen *zweiseitigen t-Test* mit Irrtumswahrscheinlichkeit $\alpha = 5\%$. Für 8 *df* erhalten wir $t_{\alpha/2} \pm 2{,}306$.[20]

Für unser Modell 3 erhalten wir die in Tab. 2.8 dargestellten empirischen t-Werte. Alle diese t-Werte liegen deutlich außerhalb des Intervalls $[-2{,}306, 2{,}306]$ und sind daher mit $\alpha = 5\%$ statistisch signifikant. Die p-Werte liegen deutlich unter $5\%$.[21] Wir können also schlussfolgern, dass alle drei Marketingvariablen den Absatz beeinflussen.

**Einseitiger t-Test**

Ein Vorteil des t-Tests gegenüber dem F-Test ist, dass er die Anwendung eines einseitigen Tests erlaubt, da die t-Verteilung zweiseitig ist. Während der zweiseitige t-Test standardgemäß in der Regressionsanalyse angewandt wird, bietet ein einseitiger t-Test eine größere Trennschärfe. Kleinere Abweichungen von Null sind statistisch signifikant, und damit wird die Gefahr eines *Typ-II-Fehlers* (Annahme einer falschen Nullhypothese) verringert. Aber ein einseitiger Test erfordert vom Anwender mehr a-priori-Wissen.

Ein einseitiger t-Test ist dann angebracht, wenn das Testergebnis je nach Richtung der Abweichung unterschiedliche Konsequenzen hat. Unser Manager wird nur dann Geld für Werbung ausgeben, wenn sich die Werbung positiv auf den Absatz auswirkt. Er wird

---

[19] In Abschn. 1.3 wird auf die Grundlagen des statistischen Testens eingegangen.
[20] Mit Excel können wir den kritischen Wert $t_{\alpha/2}$ für einen zweiseitigen t-Test berechnen, indem wir die Funktion T.INV.2S($\alpha$;*df*) verwenden. Wir erhalten: T.INV.2S(0,05;8) = 2,306.
[21] Die p-Werte können wir mit Excel berechnen, indem wir die Funktion T.VERT.2S(ABS(temp); *df*) verwenden. Z. B. für die Variable Preis erhalten wir: T.VERT.2S(3,20;8) = 0,0126 oder 1,3 %.

## 2.2 Vorgehensweise

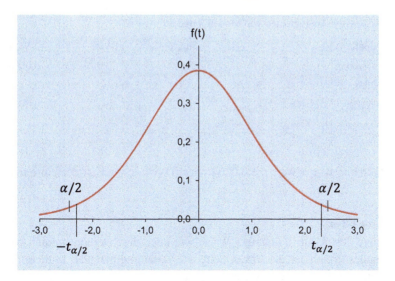

**Abb. 2.11** t-Verteilung und kritische Werte für die Irrtumswahrscheinlichkeit $\alpha = 5\,\%$ (zweiseitiger t-Test)

kein Geld ausgeben, wenn die Wirkung gleich Null ist oder, wenn sie negativ ist. Die Größe eines negativen Effekts spielt keine Rolle. Daher will er die Alternativhypothese beweisen.

$$H_1: \beta_j > 0 \text{ gegen die Nullhypothese } H_0: \beta_j \leq 0 \qquad (2.45)$$

$H_0$ sagt das Gegenteil der Forschungsfrage aus. Das Entscheidungskriterium ist:

$$\text{Wenn } t_{emp} > t_\alpha, \text{ dann } H_0 \text{ ablehnen} \qquad (2.46)$$

Nun ist der kritische Wert für einen einseitigen t-Test mit $\alpha = 5\,\%$ nur noch $t_\alpha = 1{,}86$.[22] Dieser Wert ist viel kleiner als der kritische Wert $t_{\alpha/2} = 2{,}306$ für den zweiseitigen Test. Da sich der Ablehnungsbereich nur auf der oberen (rechten) Seite der Verteilung befindet, spricht man auch von einem rechtsseitigen Test. Der Ablehnungsbereich auf der rechten Seite ist jetzt doppelt so groß ($\alpha$ statt $\alpha/2$). Daher ist schon ein geringerer Wert von $t_{emp}$ signifikant.

Bei Verwendung des p-Wertes ist das Entscheidungskriterium dasselbe wie zuvor: Wir lehnen $H_0$ ab, wenn $p < \alpha$. Aber der einseitige p-Wert beträgt nur die Hälfte des zweiseitigen p-Wertes. Wenn wir also den zweiseitigen p-Wert kennen, ist es einfach, den einseitigen p-Wert durch Division durch 2 zu berechnen. Aus Tab. 2.8 erhalten wir für die

---

[22] Mit Excel können wir den kritischen Wert $t_\alpha$ für einen einseitigen t-Test mit der Funktion T.INV$(1 - \alpha; df)$ berechnen. Wir erhalten: T.INV$(0{,}95; 8) = 1{,}860$.

**Tab. 2.8** Regressionskoeffizienten von Modell 3 und Statistik

| j | Regressand | $b_j$ | Std.fehler | t-Wert | p-Wert |
|---|---|---|---|---|---|
| 1 | Werbung | 7,91 | 1,342 | 5,89 | 0,0004 |
| 2 | Preis | −387,6 | 121,1 | −3,20 | 0,0126 |
| 3 | Verkaufsförderung | 2,42 | 0,408 | 5,93 | 0,0003 |

Variable Werbung den p-Wert $p = 0{,}0004$ oder 0,04 %. Somit ist der einseitige p-Wert $p = 0{,}02\,\%$.[23]

**Linksseitiger t-Test**

Der einseitige Test kann in analoger Weise wie oben durchgeführt werden, wenn sich der Ablehnungsbereich auf der linken Seite der Verteilung befindet. In diesem Fall soll folgende Alternativhypothese bewiesen werden:

$$H_1: \beta_j < 0 \text{ gegen die Nullhypothese } H_0: \beta_j \geq 0$$

Das Entscheidungskriterium ist: Wenn $t_{emp} < -t_\alpha$, dann $H_0$ ablehnen.

Für die Variable Preis erhielten wir den empirischen t-Wert −3,20. Da dieser Wert niedriger ist als der kritische Wert $-t_\alpha = -1{,}86$, ist der Effekt des Preises mit $\alpha = 5\,\%$ statistisch signifikant.[24] Der p-Wert beträgt 1,26/2 = 0,6 %, also deutlich weniger als 5 %.

### 2.2.4.3 Konfidenzintervall der Regressionskoeffizienten

Wir verwendeten den t-Test, um zu überprüfen, ob ein unbekannter wahrer Regressionskoeffizient $\beta_j$ von Null abweicht. Eine andere, ganz ähnliche Frage ist nun, in welchem Bereich der Wert des wahren Regressionskoeffizienten $\beta_j$ mit einer bestimmten Konfidenzwahrscheinlichkeit liegt. Die Regressionsanalyse lieferte uns eine Punktschätzung $b_j$. Nun fragen wir nach einer *Intervallschätzung*. Für diese Frage können wir die gleichen Statistiken verwenden, die wir zuvor im t-Test verwendet haben.

$b_j$ ist die beste Schätzung, die wir für $\beta_j$ erhalten können. Aber $\beta_j$ ist eine Konstante und die Schätzung $b_j$ ist eine Zufallsvariable, die einen anderen Wert für eine andere Stichprobe annehmen wird. Nur rein zufällig könnten beide Werte gleich sein. Im Allgemeinen wird der Schätzwert einen Fehler $e$ enthalten und wir können schreiben:

$$b_j - e \leq \beta_j \leq b_j + e \tag{2.47}$$

---

[23] Mit Excel können wir den p-Wert für den rechtsseitigen Test durch die Funktion T.VERT.RE(temp;df) berechnen. Für die Variable Werbung erhalten wir: T.VERT.RE(5,89;8) = 0,00018 oder 0,018 %.

[24] Mit Excel können wir den kritischen Wert für einen linksseitigen t-Test mit T.INV($\alpha$;df) berechnen. Wir erhalten: T.INV(0,05;8) = −1,860.

## 2.2 Vorgehensweise

Das *Konfidenzintervall* ist also ein Bereich um $b_j$, in dem der unbekannte Wert $\beta_j$ mit einer gewissen Wahrscheinlichkeit liegt. Seine Größe hängt von einer gegebenen Irrtumswahrscheinlichkeit $\alpha$ (oder Konfidenzwahrscheinlichkeit $1 - \alpha$) ab. Wir können das Konfidenzintervall berechnen durch:

$$b_j - t_{\alpha/2} \cdot SE(b_j) \leq \beta_j \leq b_j + t_{\alpha/2} \cdot SE(b_j) \quad (2.48)$$

mit

| | |
|---|---|
| $\beta_j$ | wahrer Regressionskoeffizient (unbekannt) |
| $b_j$ | geschätzter Regressionskoeffizient |
| $t_{\alpha/2}$ | theoretischer t-Wert für die Irrtumswahrscheinlichkeit $\alpha$ und $df = N-J-1$ |
| $SE(b_j)$ | Standardfehler von $b_j$ |

Mit der Konfidenzwahrscheinlichkeit $(1 - \alpha)$ liegt der wahre Wert $\beta_j$ in dem gegebenen Intervall um den Schätzwert $b_j$. Mit der Irrtumswahrscheinlichkeit ($\alpha$) liegt er außerhalb des Konfidenzintervalls. Je niedriger $\alpha$, desto größer ist das Intervall.

Alle für die Berechnung benötigten Werte haben wir oben bereits für den t-Test verwendet (siehe Tab. 2.8). Für die Variable Werbung und Modell 3 erhalten wir

$$7{,}91 - 2{,}306 \cdot 1{,}342 \leq \beta_j \leq 7{,}91 + 2{,}306 \cdot 1{,}342$$
$$4{,}81 \leq \beta_j \leq 11{,}00$$

Dies ist das Intervall für die Irrtumswahrscheinlichkeit $\alpha = 5\ \%$ oder die Vertrauenswahrscheinlichkeit von 95 %. Mit einer Konfidenzwahrscheinlichkeit von 95 % liegt der wahre Regressionskoeffizient der Variable Werbung also zwischen 4,81 und 11,00. Wenn wir die Konfidenz erhöhen, dann erhöht sich auch das Intervall. Tab. 2.9 zeigt die Konfidenzintervalle für alle Regressionskoeffizienten von Modell 3.

### 2.2.5 Prüfung der Modellprämissen

1. Modellformulierung
2. Schätzung der Regressionsfunktion
3. Prüfung der Regressionsfunktion
4. Prüfung der Regressionskoeffizienten
5. **Prüfung der Modellprämissen**

Die Regressionsanalyse ist eine leistungsfähige und relativ einfach anzuwendende Methode. Wir haben aber auch eingangs erwähnt, dass die Regressionsanalyse anfällig für Fehler und Missverständnisse ist. Dies betrifft insbesondere die dem Regressionsmodell zugrunde liegenden Annahmen. Deren Verletzung kann die Ergebnisse stark verzerren oder zu falschen Interpretationen führen. Des Weiteren ist die Entdeckung von

**Tab. 2.9** 95 % Konfidenzintervalle für die Parameter von Modell 3

| $j$ | Regressor | $b_j$ | Std.fehler | Untergrenze | Obergrenze |
|---|---|---|---|---|---|
| 1 | Werbung | 7,91 | 1,342 | 4,81 | 11,0 |
| 2 | Preis | −387,6 | 121,1 | −666,9 | −108,3 |
| 3 | Verkaufsförderung | 2,42 | 0,408 | 1,48 | 3,36 |

Verletzungen der Annahmen nicht so einfach wie die Berechnung einer Regressionsfunktion mithilfe eines Computers.

Zunächst ist eine Vorbemerkung zu machen. Die Daten müssen für das untersuchte Problem geeignet sein. Wenn es den Daten an Validität oder Repräsentativität für das untersuchte Problem mangelt, ist die Analyse wertlos („garbage in, garbage out"). Dies betrifft aber jede Art der Datenanalyse und ist nicht spezifisch für die Regression.

*Das lineare Regressionsmodell* kann wie folgt formuliert werden:

$$y_i = \beta_0 + \beta_1 x_{1i} + \ldots + \beta_J x_{Ji} + \varepsilon_i \quad (i = 1, 2, \ldots, N) \tag{2.49}$$

Der erwartete Wert von $y_i$ ist

$$E(y_i) = \beta_0 + \beta_1 x_{1i} + \ldots + \beta_J x_{Ji} + E(\varepsilon_i) \tag{2.50}$$

Das Modell ist korrekt spezifiziert, wenn der erwartete Wert für jedes $y_i$ gleich der systematischen Komponente ist:

$$E(y_i) = \beta_0 + \beta_1 x_{1i} + \ldots + \beta_J x_{Ji} \tag{2.51}$$

Das ist nur möglich, wenn:

$$E(\varepsilon_i | x_{1i}, x_{2i}, \ldots, x_{Ji}) = 0 \tag{2.52}$$

Dies ist die zentrale Annahme des linearen Regressionsmodells. Aus Gl. (2.52) können wir die unten aufgeführten Annahmen 1, 2, 4 und 5 ableiten, die den Fehlerterm betreffen. Eine weitere Annahme betrifft die Verteilung des Fehlerterms. Außerdem müssen wir zwei Annahmen bezüglich der statistischen Eigenschaften der unabhängigen Variablen angeben.[25]

**Annahmen des linearen Regressionsmodells**
- A1: Linearität in den Parametern.
- A2: Es fehlen keine relevanten unabhängigen Variablen: $Cov(\varepsilon_i, x_{ji}) = 0$.
- A3: Die unabhängigen Variablen werden ohne Fehler gemessen.
- A4: Homoskedastizität: Die Störgrößen haben eine konstante Varianz: $Var(\varepsilon_i) = \sigma^2$.

---

[25] Vgl. z. B. Kmenta (1997, S. 392); Fox (2008, S. 105); Greene (2012, S. 92); Wooldridge (2016, S. 79 ff.); Gelman und Hill (2018, S. 45). Zwischen den Formulierungen der verschiedenen Autoren finden sich leichte Unterschiede.

## 2.2 Vorgehensweise

**Tab. 2.10** Verstöße gegen Annahmen und Konsequenzen

| Annahmen | Verletzung | Konsequenz |
| --- | --- | --- |
| 1. Linearität und Additivität | Nichtlinearität | Verzerrte Koeffizienten |
| 2. Berücksichtigung aller relevanten Variablen | Vernachlässigte Variablen | Verzerrte Koeffizienten |
| 3. Die X-Werte werden ohne Fehler beobachtet | Fehler in X-Werten | Verzerrte Koeffizienten |
| 4. Homoskedastizität | Heteroskedastizität | Geringere Präzision |
| 5. Keine Autokorrelation | Autokorrelation | Geringere Präzision |
| 6. Normalverteilung der Störgrößen | Normalverteilung der Störgrößen | Keine Gültigkeit der Signifikanz |
| 7. Keine perfekte Multikollinearität | Perfekte Multikollinearität Starke Multikollinearität | Keine Lösung möglich Geringe Präzision |

- A5: Keine Autokorrelation: Die Störgrößen sind unkorreliert: $Cov(\varepsilon_i, \varepsilon_{i+r}) = 0$.
- A6: Die Störgrößen sind normalverteilt: $\varepsilon_i \sim N(0, \sigma^2)$.
- A7: Keine perfekte Multikollinearität.

Tab. 2.10 gibt einen Überblick über die Verletzungen dieser Annahmen und ihre Folgen, die im Folgenden erörtert werden. Die ersten drei Annahmen sind am wichtigsten, weil sie die Gültigkeit der Ergebnisse betreffen. Zusammen mit den Annahmen 4 und 5 führt die Methode der kleinsten Quadrate zu *unverzerrten und effizienten linearen Schätzungen* der Parameter. Diese Eigenschaft wird als BLUE (Best Linear Unbiased Estimators) bezeichnet, wobei „Best" bzw. „effizient" die kleinstmögliche Varianz (höchste Präzision) bedeutet.[26]

Annahme 6 wird für die Konstruktion von Signifikanztests und Konfidenzintervallen benötigt. Diese Annahme wird durch den *zentralen Grenzwertsatz* der Statistik gestützt.[27] Perfekte Multikollinearität sollte nicht auftreten. Wenn ja, liegt ein Fehler in der Modellierung vor. Eine starke Multikollinearität ist jedoch ein Problem.

Im Allgemeinen kann man sagen, dass die Wirkung oder der Schaden einer Verletzung vom Grad der Verletzung abhängt. Jede Verletzung kann also schädlich sein. Die gute Nachricht ist, dass kleinere Verletzungen keinen Schaden anrichten.

---

[26] Dies ergibt sich aus dem Gauß-Markov-Theorem. Siehe z. B. Fox (2008, S. 103); Kmenta (1997, S. 216).

[27] Der zentrale Grenzwertsatz spielt in der statistischen Theorie eine wichtige Rolle. Es besagt, dass die Summe oder der Mittelwert von n unabhängigen Zufallsvariablen zu einer Normalverteilung tendiert, wenn n ausreichend groß ist, auch wenn die ursprünglichen Variablen selbst nicht normalverteilt sind. Dies ist der Grund dafür, dass die Normalverteilung für viele Phänomene angenommen werden kann.

Es sollte betont werden, dass die Erfüllung der genannten Annahmen des linearen Regressionsmodells nur eine notwendige, aber keine hinreichende Bedingung ist, um gute Schätzungen zu erhalten. Um eine ausreichende Präzision der Schätzungen zu erreichen, sind auch eine ausreichende *Variation* (Streuung) der unabhängigen Variablen, eine ausreichend große *Stichprobengröße* und eine *geringe Multikollinearität* erforderlich.

### 2.2.5.1 Nichtlinearität

Die Welt ist nicht linear. Lineare Modelle sind deshalb in fast allen Fällen eine Vereinfachung der Realität. Schließlich „wird die gesamte Wissenschaft von der Idee der Approximation beherrscht" (Bertrand Russel). Lineare Modelle können gute Annäherungen liefern, zumindest in dem Bereich, der durch die Daten unterstützt wird (Stützbereich). Sie sind außerdem viel einfacher zu handhaben als nichtlineare Modelle. Wenn es eine starke nichtlineare Beziehung zwischen $Y$ und einer x-Variablen gibt, dann kann der Erwartungswert $E(\varepsilon_i)$ für jeden Wert $X$ nicht Null sein und er kann nicht unabhängig von X sein.

Ein gutes Beispiel liefert die Werbung: Wird das Werbebudget verdoppelt, so wird sich dadurch der Werbeeffekt in der Regel nicht verdoppeln. Je mehr Geld ausgegeben wird, desto geringer werden die marginalen Effekte sein. Abb. 2.12 zeigt mögliche Formen der nichtlinearen Werbewirkung. Die gleichen Modelle werden auch in anderen Bereichen verwendet (z. B. Epidemiologie, Verbreitung von Innovationen).

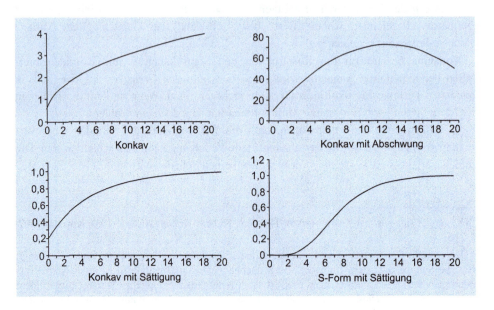

**Abb. 2.12** Modelle der Werbewirkung

## 2.2 Vorgehensweise

Durch die Transformation von Variablen können wir viele nichtlineare Probleme innerhalb des linearen Regressionsmodells behandeln. Die Annahme A1 des Regressionsmodells postuliert nur, dass das Modell *in den Parametern linear* ist. Daher kann eine Variable im Modell eine nichtlineare Funktion einer beobachteten Variablen sein. Um einen konkaven Werbewirkungsverlauf zu modellieren, können wir die Werbeausgaben $X$ durch eine Quadratwurzel transformieren:

$$X' = \sqrt{X} \tag{2.53}$$

Danach schätzen wir das Modell

$$Y = \alpha + \beta \cdot X' + \varepsilon \tag{2.54}$$

durch lineare Regression.

Im Allgemeinen kann jede Variable $X$ in einem Regressionsmodell ersetzt werden durch eine Variable

$$X' = f(X),$$

wobei $f$ eine nichtlineare Funktion (Transformation) der beobachteten Variablen bezeichnet. Tab. 2.11 zeigt Beispiele für anwendbare nichtlineare Transformationen. Der zulässige Wertebereich ist jeweils angegeben.

Das *lineare Regressionsmodell* kann also auch in folgender Form geschrieben werden:

$$f(Y) = \beta_0 + \beta_1 \cdot f_1(X_1) + \ldots + \beta_J \cdot f_J(X_J) + \varepsilon \tag{2.55}$$

Bei der multiplen Regression müssen die Effekte der Variablen additiv sein. Ein multiplikatives Modell kann durch Logarithmieren auf beiden Seiten linearisiert werden:

$$Y = \alpha \cdot X^\beta \cdot \varepsilon \tag{2.56}$$

$$\ln Y = \alpha' + \beta \cdot \ln X + \varepsilon' \tag{2.57}$$

**Tab. 2.11** Nichtlineare Transformationen

| Nr | Bezeichnung | Definition | Bereich |
|---|---|---|---|
| 1 | Quadrat | $X^2$ | unbegrenzt |
| 2 | Wurzel | $\sqrt{X}$ | $X \geq 0$ |
| 3 | Potenz | $X^c$ | $X > 0$ |
| 4 | Reziprok | $1/X$ | $X \neq 0$ |
| 5 | Logarithmus | $\ln(X)$ | $X > 0$ |
| 6 | Exponential | $\exp(X)$ | unbegrenzt |
| 7 | Logit | $\ln(X/(1-X))$ | $0 < X < 1$ |
| 8 | Arkussinus | $\sin^{-1}(X)$ | $|X| \leq 1$ |
| 9 | Arkustangens | $\tan^{-1}(X)$ | unbegrenzt |

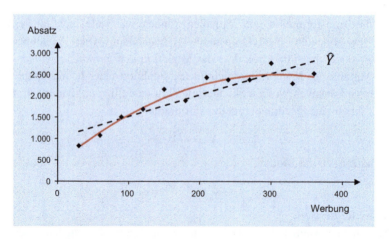

**Abb. 2.13** Streudiagramm mit nichtlinearer Werbewirkung

mit $\alpha' = ln\ \alpha$ und $\varepsilon' = ln\ \varepsilon$. Dies kann auf die multiple Regression ausgedehnt werden.

Eine weitere sehr flexible Form der nichtlinearen Transformationen bieten Polynome. Eine Polynomregression j-ten Grades ist gegeben durch:

$$Y = \beta_0 + \beta_1 X + \beta_2 X^2 + \beta_3 X^3 + \ldots + \beta_j X^j + \varepsilon \tag{2.58}$$

Die Regressionsgerade in Abb. 2.13 zeigt ein Polynom zweiten Grades. Mit einem Polynom 3. Grades können wir S-förmige Funktionen erzeugen.

**Interaktionseffekte**

Eine weitere häufige Form der Nichtlinearität tritt auf, wenn der gemeinsame Effekt von zwei unabhängigen Variablen größer oder kleiner ist als die Summe der Einzeleffekte. Derartige Synergien treten häufig zwischen Preis und Werbung auf. Eine Preissenkung wird von den Verbrauchern oft nicht bemerkt, wenn sie nicht mit einer Werbeaktion einhergeht und die Wirkung einer Werbeaktion wird durch eine Preissenkung verstärkt. Deshalb werde diese Aktionen in der Praxis oft kombiniert.

Interaktionseffekte können modelliert werden, indem das Produkt der beiden Variablen in das Modell einbezogen wird:

$$Y = \beta_0 + \beta_1 \cdot A + \beta_2 \cdot B + \beta_3 \cdot A \cdot B + \varepsilon \tag{2.59}$$

mit $A$ für Preis und $B$ für Werbung. Das Produkt $AxB$ wird als *Interaktionsterm* bezeichnet. Eine von zwei interagierenden Variablen kann auch eine *moderierende Variable* sein (siehe Abb. 2.17).

**Erkennung von Nichtlinearität**

Die Folge einer unentdeckten Nichtlinearität wird sein, dass die geschätzten Parameter verzerrt sind (systematischer Fehler). Daher sind die Erkennung und Behandlung von

Nichtlinearitäten wichtig. Oft verfügt ein Anwender aufgrund seines Fachwissens über Kenntnisse zu Nichtlinearitäten. Falls nicht, können statistische Werkzeuge verwendet werden. Eine visuelle Inspektion der Daten mittels Scatterplots ist in der Regel am besten.

Das Streudiagramm in Abb. 2.13 zeigt einen nichtlinearen Zusammenhang zwischen Absatz und Werbeausgaben. Es ist zu erkennen, dass der Mittelwert der Fehlerterme $\varepsilon_i$ über den Bereich der x-Werte variiert. Im mittleren Bereich liegt er über Null und bei niedrigen oder hohen Ausgaben unter Null. Somit wird $E(\varepsilon_i|x_{1i}, x_{2i},\ldots,x_{Ji}) = 0$ durch Nichtlinearität verletzt.

Um Nichtlinearitäten bei der multiplen Regression zu erkennen, können wir die y-Werte gegen jede unabhängige Variable auftragen. Eine weitere Möglichkeit ist die Verwendung eines Tukey-Anscombe-Plots, der im folgenden Abschnitt diskutiert wird.

### 2.2.5.2 Vernachlässigung relevanter Variablen

Die Auslassung relevanter Variablen *(underfitting)* ist ein sehr häufiger Spezifikationsfehler, der zu verzerrten Schätzungen führen kann. In den Wirtschafts- und Sozialwissenschaften haben wir es oft mit sehr vielen Einflussgrößen zu tun. Denkt man an Absatzdaten, so gibt es unzählige Einflüsse durch Wettbewerber, Einzelhändler und Käufer. Es wird nicht möglich sein, sie alle in das Regressionsmodell einzubeziehen. Dies ist auch nicht notwendig. Gemäß Annahme 2 dürfen keine *relevanten Variablen* fehlen. Es stellt sich damit die Frage, was eine relevante Variable ist.

Aus Gl. (2.52) $E(\varepsilon_i|x_{1i}, x_{2i},\ldots,x_{Ji}) = 0$ können wir die Annahme A2: $Cov(\varepsilon_i, x_{ji}) = 0$ folgern, d. h. es darf keine Korrelation zwischen den unabhängigen Variablen und dem Fehlerterm bestehen.

Nehmen wir nun an, wir haben ein korrektes Modell:

$$Y = \beta_0 + \beta_1 X_1 + \beta_2 X_2 + \varepsilon$$

und fälschlicherweise spezifizieren wir:

$$Y = \tilde{\beta}_0 + \tilde{\beta}_1 X_1 + \tilde{\varepsilon} \quad \text{mit} \quad \tilde{\varepsilon} = \varepsilon + \beta_2 X_2$$

In dem falsch spezifizierten Modell wird die Wirkung von $X_2$ durch den Fehlerterm $\tilde{\varepsilon}$ absorbiert. Wenn $X_1$ und $X_2$ korreliert sind, dann sind auch $X_1$ und $\tilde{\varepsilon}$ im zweiten Modell korreliert und A2 ist verletzt (vgl. Kmenta 1997, S. 443; Fox 2008, S. 111).

Für die beiden obigen Modelle schätzen wir die Regressionsfunktionen:

$$\hat{Y} = a + b_1 X_1 + b_2 X_2$$
$$\hat{Y} = \tilde{a} + \tilde{b}_1 X_1$$

Der Schätzer $\tilde{b}_1$ wird verzerrt sein, weil er die Wirkung von $X_2$ enthält.

Wir werden dies an den Modellen 1 und 2 verdeutlichen. Aus der Korrelationsmatrix in Tab. 2.6 können wir ersehen, dass der Preis positiv mit der Werbung korreliert ist ($r=0{,}155$). Somit ist der Koeffizient der Werbung in Modell 1, in dem der Preis weggelassen wird, verzerrt. Wir haben oben geschätzt:

$$\text{Modell 2: } \hat{Y} = 814 + 9{,}97\, X_1 - 194{,}6\, X_2$$
$$\text{Modell 1: } \hat{Y} = 560 + 9{,}63\, X_1$$

Die Schätzung $\tilde{b}_1 = 9{,}63$ für Werbung in Modell 1 ist nach unten verzerrt, weil sie den negativen Effekt des Preises enthält. Durch Subtraktion des Koeffizienten des „richtigen" Modells (Modell 2) vom unvollständigen Modell (Modell 1) erhalten wir einen Bias (systematische Verzerrung):

$$\text{Bias} = 9{,}63 - 9{,}97 = -0{,}34$$

Dies ist hier zwar ein vernachlässigbarer Effekt, aber er soll zur Veranschaulichung dienen. Wir berechnen:

$$\tilde{b}_1 = b_1 + \text{Bias} \tag{2.60}$$

mit

$$\text{Bias} = b_2 \cdot r_{12} \cdot \frac{s_2}{s_1} \tag{2.61}$$

Aus dieser Formel können wir lernen: Der Bias vergrößert sich mit $b_2$ und der Korrelation $r_{12}$.

Mit den Werten von Tab. 2.3 und 2.6 erhalten wir:

$$\text{Bias} = -194{,}6 \cdot 0{,}155 \cdot \frac{0{,}201}{18{,}07} = -0{,}34$$

Der Bias ist hier gering, da die Variable Preis nur einen geringen Einfluss auf $Y$ hat und nur schwach mit Werbung korreliert ist. Der durch den Verzicht auf Werbung entstehende Bias wäre hier viel größer ($> 2$) und positiv. Der Leser möge diesen Bias in Modell 1 berechnen.

Wir fassen zusammen: Eine vernachlässigte Variable ist relevant, wenn sie

- einen bedeutenden Einfluss auf $Y$ besitzt
- und signifikant mit den unabhängigen Variablen im Modell korreliert ist.

Eine vernachlässigte Variable verursacht keinen Bias, wenn sie mit den unabhängigen Variablen im Modell nicht korreliert.

**Entdeckung von vernachlässigten Variablen**

Wenn relevante Variablen weggelassen werden, dann werden $E(\varepsilon_i)$ und $Corr(\varepsilon_i, x_{ji})$ nicht gleich Null sein.

Um dies zu überprüfen, müssen die Residuen $e_i = y_i - \hat{y}_i$ betrachtet werden. Die Residuen können mit numerischen oder grafischen Methoden analysiert werden. In diesem Fall stößt eine numerische Analyse der Residuen auf Probleme. Durch die Konstruktion der KQ-Methode ist der Mittelwert aller Residuen immer Null. Auch die

Korrelationen zwischen den Residuen und den x-Variablen werden alle Null sein. Diese Statistiken sind also nicht hilfreich für die Entdeckung fehlender Variablen.

Deshalb brauchen wir grafische Methoden, um die Annahmen zu überprüfen. Grafische Methoden sind oft leistungsfähiger und einfacher zu verstehen. Ein wichtiges Verfahren bildet der *Tukey-Anscombe-Plot,* bei dem die Residuen gegen die geschätzten y-Werte (auf der x-Achse) geplottet werden.[28] Für eine einfache Regression ist dies gleichbedeutend mit der Darstellung der Residuen gegen die x-Variable. Die geschätzten y-Werte sind Linearkombinationen der x-Werte.

Gemäß den Annahmen des Regressionsmodells sollten die Residuen zufällig und gleichmäßig um die x-Achse streuen, ohne jegliche Struktur oder systematisches Muster. Um einen Eindruck zu vermitteln, zeigen wir in Abb. 2.15 einen Residuen-Plot mit rein zufälliger Streuung (für $N = 75$ Beobachtungen). Abweichungen der residualen Streuung von diesem idealen Aussehen würden darauf hinweisen, dass das Modell nicht korrekt spezifiziert ist.

In unserem Modell 1: Absatz = $f$ (Werbung) fehlen die Variablen Preis und Verkaufsförderung. Abb. 2.15 zeigt das Tukey-Anscombe-Diagramm für dieses Modell. Die Streudiagramme weichen vom idealen Aussehen in Abb. 2.14 ab, und der Unterschied würde deutlicher werden, wenn wir mehr Beobachtungen hätten.

Im Modell 3 wurden die Variablen Preis und Verkaufsförderung berücksichtigt. Für dieses Modell erhalten wir das Streudiagramm in Abb. 2.16. Die verdächtige Häufung auf der rechten Seite in Abb. 2.15 ist jetzt verschwunden.

**Drittvariable und Konfundierung**

Die Auswahl der in einem Regressionsmodell zu berücksichtigenden Variablen zählt zu den schwierigsten Aufgaben des Anwenders. Sie erfordert Kenntnis des Problems und logisches Denken. Aus Gl. (2.60) können wir folgern, dass ein Bias

- die wahre Wirkung verschleiern (verdecken) kann,
- die wahre Wirkung überhöhen kann,
- die „Illusion" eines positiven Effekts erzeugen kann, wenn der wahre Effekt gleich Null oder sogar negativ ist.

Daher ist bei der Schlussfolgerung der Kausalität aus einem Regressionskoeffizienten große Vorsicht geboten (vgl. Freedman 2002). Die Kausalität wird offensichtlich, wenn wir über *experimentelle Daten* verfügen.[29] Die meisten Daten sind jedoch

---

[28] Anscombe und Tukey (1963) demonstrierten die Leistungsfähigkeit grafischer Techniken zur Datenanalyse.

[29] In einem Experiment verändert der Anwender aktiv die unabhängige Variable $X$ und beobachtet Veränderungen der abhängigen Variable $Y$. Und er versucht, andere Einflüsse auf $Y$ so weit wie möglich fernzuhalten. Für die Gestaltung von Experimenten siehe z. B. Campbell und Stanley (1966); Green et al. (1988).

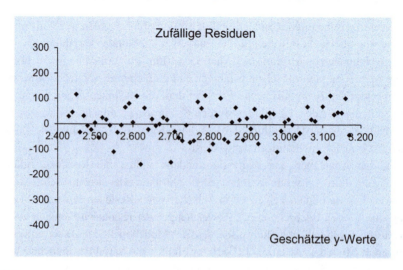

**Abb. 2.14** Streudiagramm mit rein zufälligen Residuen ($N = 75$)

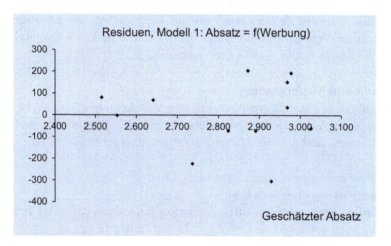

**Abb. 2.15** Streudiagramm der Residuen für Modell 1

*Beobachtungsdaten.* Aus einer Assoziation oder einer signifikanten Korrelation auf eine Kausalität zu schließen, kann deshalb in die Irre führen.

„*Korrelation ist nicht Kausalität*" ist ein Mantra, das in der Statistik immer wieder gepredigt wird. Dasselbe gilt für einen Regressionskoeffizienten. Wenn wir die Auswirkungen von Änderungen der unabhängigen Variablen auf $Y$ vorhersagen wollen, dann müssen wir unterstellen, dass ein kausaler Zusammenhang besteht. Aber die Regressionsanalyse ist „blind" für Kausalität. Mathematisch können wir eine Ursache $X$ auf ihre Wirkung $Y$ regressieren. Daten enthalten keine Informationen über Kausalität.

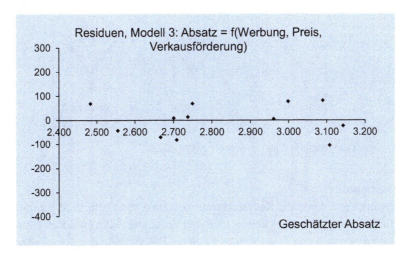

**Abb. 2.16** Streudiagramm der Residuen für Modell 3

Es gehört deshalb zu den Aufgaben des Anwenders, einen Regressionskoeffizienten als kausalen Effekt zu interpretieren.

Eine Gefahr besteht in der Existenz von Drittvariablen, die sowohl auf die abhängige wie auch auf die unabhängige Variable wirken, die aber nicht gesehen oder nicht bekannt sind und deshalb nicht in der Regressionsgleichung berücksichtigt werden. Im Englischen werden sie auch als „*lurking variables*" bezeichnet, die „im Verborgenen lauern", oder als „*confounders*", die die Beziehung zwischen $X$ und $Y$ verfälschen bzw. *konfundieren* (siehe Abb. 2.17).

> **Beispiel**
> Für viel Überraschung und Verwirrung sorgte eine Studie über den Zusammenhang zwischen dem Schokoladenkonsum und der Anzahl der Nobelpreisträger in einem Land (R-Quadrat = 63 %):[30] Es gibt zwar Behauptungen, die besagen, dass sog. Flavanole (pflanzliche Stoffe), die in dunkler Schokolade (und ebenso in grünem Tee und Rotwein) vorkommen, eine positive Wirkung auf die kognitiven Fähigkeiten des Menschen besitzen. Dennoch kann nicht erwartet werden, nur durch den ausgiebigen Genuss von dunkler Schokolade auch einen Nobelpreis zu gewinnen. Die Lurking Variable oder Confounding Variable ist hier vermutlich der „Wohlstand" oder der „Lebensstandard" in den betrachteten Ländern. ◄

---

[30] Die Schweiz war der Spitzenreiter beim Schokoladenkonsum und bei der Anzahl der Nobelpreisträger. Siehe Messerli (2012).

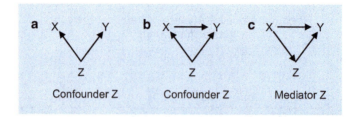

**Abb. 2.17** Kausaldiagramm mit Z als Confounder und Mediator

**Kausaldiagramme**

Konfundierung kann durch die Kausaldiagramme a) und b) in Abb. 2.17 veranschaulicht werden. In Diagramm a) gibt es keinen kausalen Zusammenhang zwischen $X$ und $Y$. Die Korrelation zwischen $X$ und $Y$, verursacht durch die Störvariable $Z$, ist eine *nicht-kausale oder scheinkausale Korrelation*. Wird die Drittvariable $Z$ vernachlässigt, dann ist der geschätzte Regressionskoeffizient von $X$ gleich dem Bias in Gl. (2.61).

In Diagramm b) enthält die Korrelation zwischen $X$ und $Y$ einen kausalen und einen nicht-kausalen Teil. Der Regressionskoeffizient von $X$ wird durch den nicht-kausalen Teil verzerrt, wenn die Drittvariable $Z$ nicht berücksichtigt wird. Die Verzerrung (Bias) bei der Regression ist gegeben durch Gl. (2.61).[31]

Ein weiteres häufiges Problem bei der Kausalanalyse ist die *Mediation*, die durch Diagramm c) veranschaulicht wird. Die Diagramme sehen ähnlich aus und die Daten könnten die gleichen wie in b) sein, aber die kausale Interpretation ist eine völlig andere. Es muss deshalb klar zwischen einem Confounder und einem Mediator unterschieden werden.[32] Ein klassisches Beispiel für eine Mediation ist der Placebo–Effekt in der Medizin: Ein Medikament kann eine biophysikalische Wirkung auf den Körper des Patienten haben (direkte Wirkung), aber es kann auch durch den Glauben des Patienten an seinen Nutzen wirken (indirekte Wirkung). Im Fallbeispiel in Abschn. 2.3 wird ein Beispiel für Mediation gegeben.

**Einschluss irrelevanter Variablen**

Neben der Auslassung relevanter Variablen *(Unteranpassung)* kann es auch vorkommen, dass ein Modell zu viele unabhängige Variablen enthält *(Überanpassung)*. Dies kann eine Folge von unvollständigem theoretischem Wissen und der daraus resultierenden Unsicherheit sein. Der Anwender nimmt dann aus Sorge, relevante Variablen zu

---

[31] Zur kausalen Inferenz in der Regression siehe Freedman (2012); Pearl und Mackenzie (2018, S. 72). Probleme wie diese sind Themen der Pfadanalyse, die ursprünglich von Sewall Wright (1889–1988) entwickelt wurde, und der Strukturgleichungsmodellierung (Structural Equation Modeling, SEM), vgl. z. B. Kline (2016); Hair et al. (2014); Weiber und Sarstedt (2021).

[32] Einen Mediator mit einem Confounder zu verwechseln, ist eine der tödlichsten Sünden bei der kausalen Schlussfolgerung (Pearl und Mackenzie 2018, S. 276).

übersehen, häufig alle verfügbaren Variablen in ein Modell auf. Solche Modelle werden auch als „kitchen sink Modelle" bezeichnet (vgl. auch Abschn. 2.2.3.4). Wie in vielen Bereichen, so gilt auch hier: mehr ist nicht unbedingt besser.

### 2.2.5.3 Zufallsfehler in unabhängigen Variablen

Eine entscheidende Annahme des linearen Regressionsmodells ist die Annahme A3: Die unabhängigen Variablen werden ohne Fehler gemessen. Wir haben eingangs gesagt, dass eine Analyse wertlos ist, wenn die Daten falsch sind. Aber bei der Messung müssen wir zwischen systematischen Fehlern (Validität) und zufälligen Fehlern (Reliabilität) unterscheiden. Für $Y$ haben wir zufällige Fehler zugelassen. Sie werden im Fehlerterm absorbiert, der in der Regressionsanalyse eine zentrale Rolle spielt.

In der praktischen Anwendung der Regressionsanalyse begegnen wir auch zufälligen Fehlern in den unabhängigen Variablen. Solche Messfehler sind erheblich, wenn die Variablen durch Stichproben und/oder Umfragen erhoben werden, insbesondere in den Sozialwissenschaften. Beispiele aus dem Marketing sind Konstrukte wie Image, Einstellung, Vertrauen, Zufriedenheit oder Markenkenntnis, die alle den Absatz beeinflussen können. Solche Variablen können nie mit vollkommener Zuverlässigkeit gemessen werden. Daher ist es wichtig, etwas über die Folgen von Zufallsfehlern in den unabhängigen Variablen zu wissen.

Wir werden dies anhand einer kleinen Simulation veranschaulichen und wählen dazu ein sehr einfaches Modell:

$$Y^* = X^*$$

welches eine diagonale Linie bildet.

Nehmen wir nun an, wir können $Y$ und $X$ beobachten mit

$$Y = Y^* + \varepsilon_y \text{ und } X = X^* + \varepsilon_x$$

mit zufälligen Fehlern $\varepsilon_x$ und $\varepsilon_y$. Darüber hinaus nehmen wir an, dass die Fehler normalverteilt sind mit Mittelwert Null und Standardabweichungen $\sigma_{\varepsilon x}$ und $\sigma_{\varepsilon y}$.

Basierend auf diesen Beobachtungen von $Y$ und $X$ schätzen wir wie üblich:

$$\hat{Y} = a + b \cdot X$$

Wichtig ist nun, dass die beiden ähnlichen Fehler $\varepsilon_x$ und $\varepsilon_y$ ganz unterschiedliche Auswirkungen auf die Regressionsgerade haben. Wir werden dies anhand von vier Szenarien demonstrieren, die in Abb. 2.18 dargestellt sind:

1. $\sigma_{\varepsilon x} = \sigma_{\varepsilon y} = 0$
   Kein Fehler. Alle Beobachtungen liegen auf der Diagonale, dem wahren Modell. Durch Regression erhalten wir korrekt $a = 0$ und $b = 1$. Die Regressionsgerade ist identisch mit der Diagonalen.

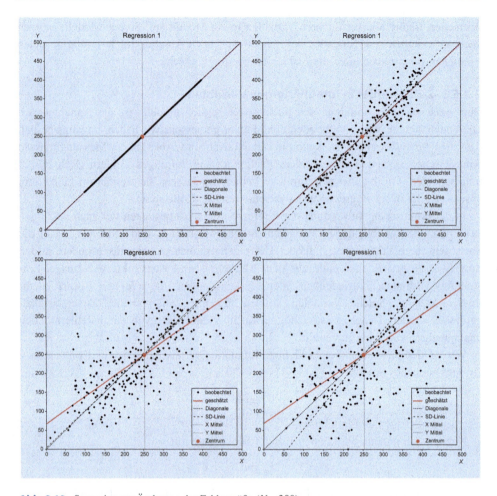

**Abb. 2.18** Szenarien zur Änderung der Fehlergröße ($N = 300$)

2. $\sigma_{\varepsilon x} = 0, \sigma_{\varepsilon y} = 50$

   Wir induzieren einen Fehler in $Y$. Dies ist der Normalfall in der Regressionsanalyse. Trotz erheblicher Zufallsstreuung der Beobachtungen zeigt die geschätzte Regressionsgerade (durchgezogene Linie) keine sichtbare Veränderung.

   Die Steigung der SD-Linie (gestrichelte Linie) hat leicht zugenommen, weil die Standardabweichung von $Y$ durch den Zufallsfehler in $Y$ erhöht wurde.

3. $\sigma_{\varepsilon x} = 50, \sigma_{\varepsilon y} = 50$.

   Wir induzieren nun einen gleichen Fehler in $X$ wie in $Y$. Die Regressionsgerade dreht sich im Uhrzeigersinn. Der geschätzte Koeffizient $b < 0{,}75$ ist nun gegenüber dem wahren Wert 1 nach unten (gegen Null) verfälscht.

   Die Steigung der SD-Linie hat ebenfalls leicht abgenommen, weil die Standardabweichung von $X$ durch den zufälligen Fehler in $X$ erhöht wurde. Die Abweichung

**Tab. 2.12** Auswirkungen der Fehlergröße auf Standardabweichungen, Korrelation und Schätzung

| $\sigma_{\varepsilon x}$ | $\sigma_{\varepsilon y}$ | $\sigma_x$ | $\sigma_y$ | $r_{xy}$ | $a$ | $b$ |
|---|---|---|---|---|---|---|
| 0 | 0 | 87 | 87 | 1,00 | 0,0 | 1,000 |
| 0 | 50 | 87 | 100 | 0,87 | −0,1 | 0,999 |
| 50 | 50 | 103 | 100 | 0,74 | 67,2 | 0,724 |
| 100 | 50 | 137 | 100 | 0,57 | 144,5 | 0,415 |

zwischen der SD-Linie und der Regressionsgeraden hat sich vergrößert, weil die Korrelation zwischen X und Y abgenommen hat (zufälliger Regressionseffekt).

4. $\sigma_{\varepsilon x} = 100, \sigma_{\varepsilon y} = 50$

Wir verdoppeln jetzt den Fehler in X. Die Auswirkungen sind die gleichen wie in 3), aber stärker. Der Koeffizient $b < 0{,}5$ ist jetzt weniger als die Hälfte des wahren Wertes.

Tab. 2.12 zeigt die numerischen Veränderungen zwischen den Szenarien.

Die Auswirkung des Messfehlers in X auf die Parameterschätzung $b$ kann ausgedrückt werden durch

$$b = \beta \cdot Reliabilität \qquad (2.62)$$

wobei $\beta$ der wahre Regressionskoeffizient ist (hier $\beta = 1$). Die Reliabilität ist eine Funktion des zufälligen Fehlers bei der Messung von X. Folgende Formel gilt:

$$Reliabilität = \frac{\sigma^2(X^*)}{\sigma^2(X^*) + \sigma^2(\varepsilon_x)} \leq 1 \qquad (2.63)$$

Die Zuverlässigkeit nimmt den Maximalwert eins an, wenn die Varianz des Zufallsfehlers in X Null wird. Je größer der Zufallsfehler, desto geringer die Zuverlässigkeit der Messung.

Die abnehmende Zuverlässigkeit wirkt sich sowohl auf den Korrelationskoeffizienten als auch auf den Regressionskoeffizienten aus. Der Effekt auf den Regressionskoeffizienten ist jedoch stärker, da der Zufallsfehler in X auch die Standardabweichung von X erhöht.

Der Effekt der Verzerrung des Regressionskoeffizienten gegen Null wird *Regression to mean* genannt, wodurch die Regression ihren Namen erhielt.[33] Es ist wichtig zu

---

[33] Der Ausdruck geht auf Francis Galton (1886) zurück, der den Effekt „regression towards mediocrity" nannte. Galton interpretierte ihn fälschlicherweise als kausalen Effekt bei der menschlichen Vererbung. Es ist eine Ironie des Schicksals, dass die erste und wichtigste Methode der multivariaten Datenanalyse ihren Namen von etwas erhielt, das das Gegenteil dessen bedeutet, was die Regressionsanalyse bewirken soll. Vgl. Kahneman (2011, S. 175 ff.); Pearl und Mackenzie (2018, S. 53 ff.).

beachten, dass dies ein rein zufälliger Effekt ist. Ihn mit einem kausalen Effekt zu verwechseln, wird als *regression fallacy* (Trugschluss der Regression) bezeichnet.[34]

In der Praxis ist es schwierig, diesen Effekt zu quantifizieren, da wir die Fehlervarianzen in der Regel nicht kennen.[35] Aber es ist wichtig, über seine Existenz Bescheid zu wissen, um Fehlinterpretationen zu vermeiden. Wenn es erhebliche Messfehler in $X$ gibt, wird der Regressionskoeffizient tendenziell unterschätzt (abgeschwächt). Dies führt zu nicht-signifikanten p-Werten und Typ-II-Fehlern bei der Hypothesenprüfung.

### 2.2.5.4 Heteroskedastizität

Annahme 3 des Regressionsmodells besagt, dass die Fehlerterme eine konstante Varianz haben. Dies wird *Homoskedastizität* genannt, und die nicht konstante Fehlervarianz wird *Heteroskedastizität* genannt. Skedastizität bedeutet statistische Streuung oder Variabilität und kann durch Varianz oder Standardabweichung gemessen werden.

Da der Fehlerterm nicht beobachtet werden kann, müssen wir als Ersatz wieder die Residuen heranziehen. Abb. 2.19 zeigt Beispiele für eine zunehmende oder abnehmende Streuung der Residuen in einem Tukey-Anscombe-Plot.

Heteroskedastizität führt nicht zu verzerrten Schätzern, aber die Präzision der Schätzung mit der KQ-Methode wird verringert. Und auch die Standardfehler der Regressionskoeffizienten, ihre p-Werte und die Schätzung der Konfidenzintervalle werden ungenauer.

Um Heteroskedastizität zu erkennen, wird eine visuelle Inspektion der Residuen empfohlen, indem sie gegen die vorhergesagten (geschätzten) Werte von $Y$ geplottet werden. Wenn Heteroskedastizität vorhanden ist, erhält man gewöhnlich ein dreieckiges Muster, wie in Abb. 2.19 dargestellt. Numerische Methoden bieten der Goldfeld/Quandtest und die Methode von Glesjer.[36]

**Goldfeld/Quandt Test**

Ein bekannter Test zum Nachweis von Heteroskedastizität ist der Goldfeld/Quandt Test, bei dem die Stichprobe in zwei Teilstichproben aufgeteilt wird, z. B. die erste und zweite Hälfte einer Zeitreihe, und die jeweiligen Varianzen der Residuen verglichen werden. Wenn perfekte Homoskedastizität vorliegt, müssen die Varianzen identisch sein ($s_1^2 = s_2^2$), d. h. das Verhältnis der beiden Varianzen in den Untergruppen ist eins. Je weiter das Verhältnis von eins abweicht, desto unsicherer wird die Annahme einer gleichen Varianz.

---

[34] Vgl. Freedman et al. (2007, S. 169). In der ökonometrischen Analyse wird dieser Effekt als Kleinste-Quadrate-Abschwächung *(attenuation bias)* bezeichnet. Vgl. z. B. Kmenta (1997, S. 346); Greene (2012, S. 280); Wooldridge (2016, S. 306).

[35] In der Psychologie wurden, beginnend mit Charles Spearman (1904), große Anstrengungen unternommen, um die Zuverlässigkeit von Messmethoden empirisch zu messen und daraus Korrekturen für den Regressionseffekt *(attenuation bias)* abzuleiten. Vgl. z. B. Hair et al. (2014, S. 96); Charles (2005).

[36] Einen Überblick über diese und andere Tests gibt Kmenta (1997, S. 292); Maddala und Lahiri (2009, S. 214).

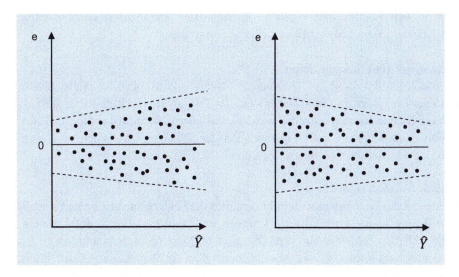

**Abb. 2.19** Heteroskedastizität

Wenn die Störgröße normalverteilt und die Annahme der Homoskedastizität richtig ist, folgt das Verhältnis der Varianzen einer F-Verteilung und kann daher gegen die Nullhypothese gleicher Varianzen $H_0: \sigma_1^2 = \sigma_2^2$ getestet werden. Die F-Test-Statistik wird wie folgt berechnet:

$$F_{emp} = \frac{s_1^2}{s_2^2} \quad \text{mit} \quad s_1^2 = \frac{\sum_{i=1}^{N_1} e_i^2}{N_1 - J - 1} \quad \text{und} \quad s_2^2 = \frac{\sum_{i=1}^{N_2} e_i^2}{N_2 - J - 1} \quad (2.64)$$

$N_1$ und $N_2$ sind die Anzahl der Fälle in den beiden Untergruppen und $J$ ist die Anzahl der unabhängigen Variablen in der Regression. Die Gruppen sind so anzuordnen, dass $s_1^2 \geq s_2^2$ zutrifft. Der empirische F-Wert ist bei einem gegebenen Signifikanzniveau gegen den theoretischen F-Wert für ($N_1 - J - 1, N_2 - J - 1$) Freiheitsgrade zu testen.

### Methode von Glesjer

Ein einfacherer Weg zur Feststellung von Heteroskedastizität ist die Methode von Glesjer, bei der die Absolutwerte der Residuen auf die Regressoren regressiert werden:

$$|e_i| = \beta_0 + \sum_{j=1}^{J} \beta_j x_{ji} \quad (2.65)$$

Im Falle der Homoskedastizität gilt die Nullhypothese:

$$H_0: \beta_j = 0 \ (j = 1, 2, \ldots, J)$$

Wenn sich Koeffizienten ergeben, die signifikant von Null abweichen, muss die Annahme der Homoskedastizität zurückgewiesen werden.

**Umgang mit Heteroskedastizität**
Heteroskedastizität kann ein Hinweis auf Nichtlinearität oder die Vernachlässigung relevanter Einflussgrößen sein. Daher kann der Test auf Heteroskedastizität auch als ein Test auf Nichtlinearität verstanden werden, was überprüft werden sollte. Im Falle von Nichtlinearität kann oft eine Transformation der abhängigen Variablen oder auch der unabhängigen Variablen (z. B. eine logarithmische Transformation) helfen.

### 2.2.5.5 Autokorrelation

Annahme 4 des Regressionsmodells besagt, dass die Fehlerterme unkorreliert sind. Wenn diese Bedingung nicht erfüllt ist, spricht man von Autokorrelation. Autokorrelation tritt hauptsächlich in Zeitreihen auf, kann aber auch in Querschnittsdaten auftreten (z. B. aufgrund von Nichtlinearität). Die Abweichungen von der Regressionsgeraden sind dann nicht mehr zufällig, sondern hängen von den Abweichungen früherer Werte ab. Diese Abhängigkeit kann positiv (aufeinanderfolgende Restwerte liegen nahe beieinander) oder negativ (aufeinanderfolgende Werte schwanken stark und ändern das Vorzeichen) sein. Dies wird durch ein Tukey-Anscombe-Plot in Abb. 2.20 veranschaulicht.

Wie die Heteroskedastizität führt auch die Autokorrelation nicht zu verzerrten Schätzern, aber die Präzision der Schätzung mit der KQ-Methode wird verringert. Die Standardfehler der Regressionskoeffizienten, ihre p-Werte und die Schätzung der Konfidenzintervalle werden ungenauer.

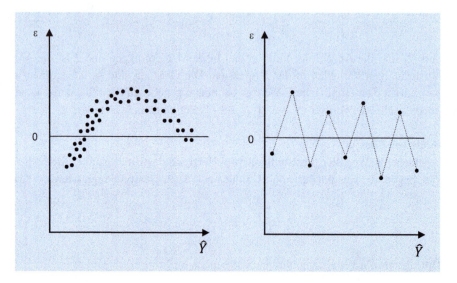

**Abb. 2.20** Positive und negative Autokorrelation

## 2.2 Vorgehensweise

**Erkennung von Autokorrelation**

Um Autokorrelation zu erkennen, wird wiederum eine visuelle Inspektion der Residuen empfohlen, indem diese gegen die vorhergesagten (geschätzten) Werte von $Y$ geplottet werden.

Eine numerische Methode zur Prüfung der Autokorrelation ist der *Durbin-Watson-Test*. Der Durbin-Watson-Test überprüft die Hypothese $H_0$, dass die Störgrößen nicht autokorreliert sind: $Cov(\varepsilon_i, \varepsilon_{i+r}) = 0$ mit $r \neq 0$. Um diese Hypothese zu überprüfen, wird aus den Residuen eine Durbin-Watson-Statistik $DW$ berechnet:

$$DW = \frac{\sum_{i=2}^{N} (e_i - e_{i-1})^2}{\sum_{i=1}^{N} e_i^2} \approx 2\left[1 - Cov(\varepsilon_i, \varepsilon_{i-1})\right] \quad (2.66)$$

Die Formel berücksichtigt nur eine Autoregression erster Ordnung. Werte von $DW$ nahe 0 oder nahe 4 weisen auf eine Autokorrelation hin, während Werte nahe 2 anzeigen, dass keine Autokorrelation vorliegt. Es gilt:

$DW \to 0$    bei positiver Autokorrelation:    $Cov(e_i, e_{i-1}) = 1$

$DW \to 4$    bei negativer Autokorrelation:    $Cov(e_i, e_{i-1}) = -1$

$DW \to 2$    falls keine Autokorrelation:    $Cov(e_i, e_{i-1}) = 0$

Faustregel: Bei einer Stichprobengröße um $N=50$ sollte die Durbin-Watson-Statistik zwischen 1,5 und 2,5 liegen, wenn keine Autokorrelation vorliegt.

Genauere Ergebnisse erhält man durch Verwendung der kritischen Werte $d_L$ (Untergrenze) und $d_U$ (Obergrenze) aus einer Durbin-Watson-Tabelle. Die kritischen Werte für ein gegebenes Signifikanzniveau (z. B. $\alpha = 5\%$) variieren mit der Anzahl der Regressoren $J$ und der Anzahl der Beobachtungen $N$.

Abb. 2.21 veranschaulicht diese Situation. Sie zeigt die Akzeptanzregion für die Nullhypothese (dass keine Autokorrelation vorliegt) und die Ablehnungsregionen. Und sie zeigt auch, dass es zwei Regionen (Unschärfebereiche) gibt, in denen der Test keine Aussage liefert.

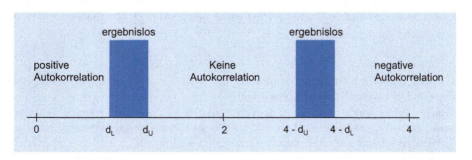

**Abb. 2.21** Regionen der Durbin-Watson-Statistik

**Entscheidungsregeln für den (zweiseitigen) Durbin-Watson-Test (Test von $H_0$: $d=2$)**
1. $H_0$ ablehnen, wenn: $DW < d_L$ or $DW > 4 - d_L$ (Autokorrelation)
2. $H_0$ nicht ablehnen, wenn: $d_U < DW < 4 - d_U$ (keine Autokorrelation)
3. In allen anderen Fällen ist keine Aussage möglich.

Für unsere Daten (Modell 1) erhalten wir $DW = 2{,}04$. Dies ist sehr nahe an 2. Die Hypothese, dass keine Autokorrelation vorliegt, muss nicht verworfen werden.[37] Es gibt keinen Grund, eine Autokorrelation zu vermuten.

**Bewältigung der Autokorrelation**
Autokorrelation kann, wie Heteroskedastizität, ein Hinweis auf Nichtlinearität oder die Vernachlässigung einer oder mehrerer relevanter Variablen sein. Daher kann der Test auf Autokorrelation auch als ein Test auf Nichtlinearität verstanden werden, welches zu überprüfen gilt. Oftmals können nichtlineare Transformationen helfen. Im Falle von Zeitreihendaten kann oft die Einbeziehung von Dummy–Variablen das Problem lösen (siehe Abschn. 2.4.2).

### 2.2.5.6 Normalverteilung der Störgrößen

Die letzte Annahme zu den Fehlertermen besagt, dass die Fehler *normalverteilt* sind. Diese Annahme ist nicht notwendig, um unverzerrte und effiziente Schätzungen der Parameter zu erhalten. Sie ist aber für die Gültigkeit von Signifikanztests und Konfidenzintervallen notwendig. Für diese wird angenommen, dass die geschätzten Werte der Regressionsparameter normalverteilt sind.[38] Ist dies nicht der Fall ist, sind auch die Tests nicht valide.

Da die Störgrößen nicht beobachtet werden können, müssen wir uns wiederum die Residuen ansehen, um die Normalitätsannahme zu überprüfen. Hierfür sind grafische Methoden am besten geeignet.[39] Eine einfache Möglichkeit besteht darin, die Verteilung der Residuen anhand eines Histogramms zu überprüfen (Abb. 2.22). Da die Normalverteilung symmetrisch ist, sollte dies auch für die Verteilung der Residuen gelten. Bei kleinen Stichprobengrößen wird dies jedoch nicht immer deutlich.

Bessere Instrumente zur Überprüfung der Normalitätsannahme sind spezialisierte Wahrscheinlichkeitsplots wie Q-Q-Plot und P-P-Plot. Beide basieren auf den gleichen Informationen und liefern ähnliche Ergebnisse (siehe Abb. 2.23). Sie betrachten die gleiche Sache von verschiedenen Seiten.

---

[37] Aus einer Durbin-Watson-Tabelle würden wir die Werte $d_L = 0{,}97$ und $d_U = 1{,}33$ und damit $1{,}33 < DW < 2{,}67$ erhalten (keine Autokorrelation).

[38] Wenn die Fehler normalverteilt sind, dann sind auch die y-Werte, die die Fehler als additive Elemente enthalten, normalverteilt. Und da die Kleinste-Quadrate-Schätzer Linearkombinationen der y-Werte bilden, sind auch die Parameterschätzungen normalverteilt.

[39] Numerische Signifikanztests der Normalität sind der Kolmogorov-Smirnov-Test und der Shapiro-Wilk-Test.

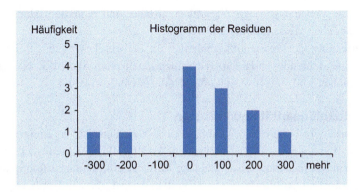

**Abb. 2.22** Histogramm der Residuen

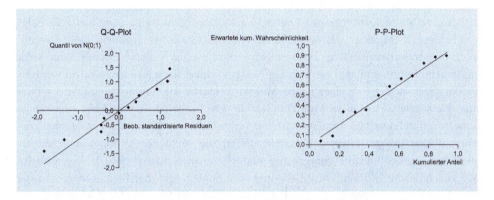

**Abb. 2.23** Q-Q-Plot und P-P-Plot, basierend auf standardisierten Residuen

- Q-Q-Plot: Die standardisierten Residuen, in aufsteigender Reihenfolge sortiert, werden entlang der x-Achse geplottet und die entsprechenden Quantile der Standard-Normalverteilung werden entlang der y-Achse geplottet.
- P-P-Plot: Die erwarteten kumulierten Wahrscheinlichkeiten der (sortierten) standardisierten Residuen werden entlang der y-Achse gegen die kumulativen Anteile (Wahrscheinlichkeiten) der Beobachtungen auf der x-Achse geplottet.

Unter der Normalitätsannahme sollten die Punkte zufällig entlang der Diagonale (x = y-Linie) streuen. Dies ist hier der Fall. Geringe Abweichungen an den Enden sind häufig anzutreffen und stellen kein Problem dar.

Wenn die Normalitätsannahme verletzt ist, sollte man sich allerdings nicht allzu große Sorgen machen. Bei großen Stichproben ($N > 40$) werden die geschätzten Parameter normalverteilt sein, auch wenn die Störgröße nicht normalverteilt ist. Dies ergibt sich aus dem zentralen Grenzwertsatz der statistischen Theorie. Die Signifikanztests und Konfidenzintervalle werden also trotzdem annähernd richtig sein. Aber bei kleinen

Stichproben ist Vorsicht geboten. Signifikanzniveaus und Konfidenzintervalle können nicht in der üblichen Weise interpretiert werden.

Eine Verletzung der Normalitätsannahme ist oft die Folge einiger anderer Verletzungen, z. B. fehlende Variablen, Nichtlinearitäten oder Ausreißer. Nachdem diese Probleme behoben sind, verschwindet oft auch die Nicht-Normalität.

### 2.2.5.7 Multikollinearität und Präzision

Multikollinearität zwischen den unabhängigen Variablen ist in empirischen Daten immer bis zu einem gewissen Grad vorhanden. Andernfalls bräuchten wir keine multiple Regression und könnten stattdessen für jede Variable eine einfache Regression durchführen. Die Annahme A6 des Regressionsmodells besagt, dass es keine *perfekte Multikollinearität* geben darf, d. h. es darf keine lineare Beziehung zwischen den Regressoren geben. In diesem Fall hat die Matrix der x-Werte keinen vollständigen Rang und die Regressionsanalyse ist mathematisch nicht durchführbar.[40]

Perfekte Multikollinearität wird nur selten auftreten, und wenn, dann meist als Folge von Fehlspezifikationen, z. B. wenn derselbe Einfluss zweimal als unabhängige Variable in das Regressionsmodell einbezogen wird. Die zweite Variable enthält dann keine zusätzliche Information und ist überflüssig. Das Problem kann also leicht gelöst werden.

Wichtiger ist der Fall einer hohen Multikollinearität. Bei empirischen Daten gibt es immer ein gewisses Maß an Multikollinearität. Die Frage ist, was ist hohe oder schädliche Multikollinearität? Und was ist die Folge? Da die Multikollinearität nicht das stochastische Regressionsmodell betrifft, liefert die Methode der kleinsten Quadrate auch bei Multikollinearität unverzerrte und effiziente Schätzer (BLUE Eigenschaft). Mit zunehmender Multikollinearität werden die Schätzungen der Regressionsparameter allerdings weniger zuverlässig (die Präzision nimmt ab). Die Multikollinearität nimmt gewöhnlich mit der Anzahl der Variablen im Modell zu. Aus diesem Grund ist Sparsamkeit bei der Modellerstellung wichtig.

Wenn zwei Regressoren ähnliche Informationen enthalten, wird es schwierig, ihre Effekte zu trennen. Dies kann grafisch anhand eines Venn-Diagramms veranschaulicht werden (Abb. 2.24). Die Streuungen der abhängigen Variablen $Y$ und der beiden Regressoren $X_1$ und $X_2$ werden jeweils durch Kreise dargestellt.[41] Die Überlappung der beiden unabhängigen Variablen, Bereiche C und D, stellt die Kollinearität zwischen diesen beiden Variablen dar.

Für die Schätzung des Koeffizienten $b_1$ können nur die Informationen in Bereich A und für die Schätzung von $b_2$ die Informationen in Bereich B verwendet werden. Die Informationen in Bereich C hingegen können den Regressoren nicht einzeln zugeordnet werden und können daher nicht zur Schätzung der Koeffizienten verwendet werden. Dadurch werden die Standardfehler der Koeffizienten größer.

---

[40] Die Matrix X'X wird singulär und kann nicht mehr invertiert werden.
[41] Numerisch lassen sich diese Flächen durch die Summe ihrer Quadrate ausdrücken: $SS_Y = \sum (y_k - \bar{y})^2$ und $SS_{X_j} = \sum (x_{jk} - \bar{x}_j)^2$.

## 2.2 Vorgehensweise

**Abb. 2.24** Venn Diagramm

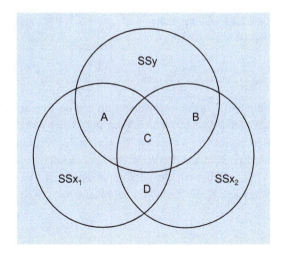

Die sich überschneidenden Informationen gehen jedoch nicht vollständig verloren. Sie reduzieren den Standardfehler der Regression und erhöhen damit das R-Quadrat und auch die Genauigkeit der Prognosen.

Als Ergebnis der Multikollinearität kann es vorkommen, dass das R-Quadrat signifikant ist, obwohl keiner der Koeffizienten in der Regressionsfunktion signifikant ist. Eine weitere Folge der Multikollinearität kann sein, dass sich die Regressionskoeffizienten signifikant ändern, wenn eine andere Variable in das Modell aufgenommen oder eine Variable entfernt wird. Dadurch werden die Schätzungen unzuverlässig.

**Nachweis von Multikollinearität**

Um dem Problem der Multikollinearität zu begegnen, ist es zunächst notwendig, es zu erkennen, d. h. festzustellen, welche Variablen betroffen sind und wie stark das Ausmaß der Multikollinearität ist. Die Kollinearität zwischen zwei Variablen kann durch den Korrelationskoeffizienten gemessen werden. Somit kann ein erster Anhaltspunkt durch Betrachtung der Korrelationsmatrix gewonnen werden. Hohe Korrelationskoeffizienten zwischen den unabhängigen Variablen können auf ein Kollinearitätsproblem hinweisen. Der Korrelationskoeffizient misst jedoch nur paarweise Beziehungen. Auch trotz durchgehend niedriger Werte für die Korrelationskoeffizienten der unabhängigen Variablen kann daher hochgradige Multikollinearität bestehen.[42]

Um Multikollinearität zu erkennen, wird daher empfohlen, jede unabhängige Variable $X_j$ auf die anderen unabhängigen Variablen zu regressieren, um deren multiple Beziehungen zu bestimmen. Ein Maß dafür ist der entsprechende quadrierte *multiple Korrelationskoeffizient*, bezeichnet mit $R_j^2$. Ein großer Wert von $R_j^2$ bedeutet, dass die

---

[42] Siehe Belsley et al. (1980, S. 93).

**Tab. 2.13** Kollinearitäts-statistik für Modell 3

|         | Werbung | Preis | Verkaufsförderung |
|---------|---------|-------|-------------------|
| Toleranz | 0,911  | 0,906 | 0,850             |
| VIF     | 1,098   | 1,104 | 1,177             |

Variable $X_j$ näherungsweise durch eine Linearkombination der anderen unabhängigen Variablen erzeugt werden kann und daher redundant ist. $R_j^2$ kann daher als Maß für die Redundanz der Variablen $X_j$ verwendet werden. Der komplementäre Wert $T_j = 1 - R_j^2$ wird als Toleranz der Variablen $j$ bezeichnet.

Der Kehrwert des Toleranzwertes ist der *Variance Inflation Factor* (VIF) der Variablen $X_j$, der heute das gebräuchlichste Maß für die Multikollinearität ist:

$$VIF_j = \frac{1}{1 - R_j^2} \qquad (2.67)$$

In Statistiksoftware für Regressionsanalysen können in der Regel Toleranz und *VIF* zur Überprüfung der Multikollinearität aufgerufen werden. Exakte Schwellenwerte können jedoch nicht angegeben werden: Für $T_j = 0{,}2$ erhält man $VIF_j = 5$, oder für $T_j = 0{,}1$ erhält man $VIF_j = 10$. Solche kritischen Werte sind in der Literatur zu finden.[43] In unseren Daten finden wir keine nennenswerte Multikollinearität wie die Statistiken in Tab. 2.13 zeigen.

**Präzision des geschätzten Regressionskoeffizienten**
In Gl. (2.43) haben wir bereits ein Maß für die Präzisionsmaß der geschätzten Regressionsparameter $b_j$ angegeben. Jetzt können wir für den *Standardfehler des Koeffizienten $b_j$* schreiben:

$$SE(b_j) = \frac{SE}{s(x_j) \cdot \sqrt{N-1}} \cdot \sqrt{VIF_j} \qquad (2.68)$$

Z. B. erhalten wir für die Variable Verkaufsförderung wie zuvor (vgl. Tab. 2.8):

$$SE(b_3) = \frac{76{,}8}{61{,}53 \cdot \sqrt{12-1}} \cdot \sqrt{1{,}177} = 0{,}408$$

Aus Gl. (2.68) können wir vier Faktoren für die Präzision eines geschätzten Regressionskoeffizienten identifizieren.

Die Präzision steigt (der Standardfehler sinkt) mit

a) der Variation des Regressors $s(x_j)$ und
b) der Stichprobengröße $N$.

---

[43] Sehr kleine Toleranzwerte können zu Berechnungsproblemen führen. Daher lässt SPSS standardmäßig keine Variablen mit $T_j < 0{,}0001$ in das Modell einfließen.

Die Präzision nimmt ab (der Standardfehler nimmt zu) mit

c) dem Standardfehler der Regression *SE* (Anpassung des Modells) und
d) der Multikollinearität.

Sobald die Daten vorliegen, können die Faktoren a) und b) nicht mehr geändert werden. Die Faktoren c) und d) können vom Anwender durch Anpassung des Modells geändert werden. Eine einfache Möglichkeit, einer hohen Multikollinearität zu begegnen, besteht darin, Variablen mit großem *VIF* zu entfernen. Aber durch das Entfernen von Variablen aus dem Modell nimmt normalerweise die Modellanpassung (R-Quadrat) ab und der Standardfehler der Regression nimmt zu. Dies ist also ein Balanceakt. Es ist unproblematisch, solange die entfernten Variablen von untergeordneter Bedeutung sind.

Problematisch wird das Verfahren jedoch, wenn eine Variable mit großem *VIF* für den Anwender von primärem Interesse ist. Dann steht er möglicherweise vor dem Dilemma, entweder die Variable zu entfernen und damit möglicherweise den Zweck der Untersuchung infrage zu stellen oder die Variable zu behalten und die Konsequenzen der Multikollinearität zu akzeptieren.

Die Faktorenanalyse (siehe Kap. 7) kann bei der Bewältigung von Multikollinearität sehr nützlich sein. Sie hilft bei der Analyse der Zusammenhänge zwischen den unabhängigen Variablen. Sie kann dabei helfen, niedrig korrelierte Variablen auszuwählen oder zusammengesetzte Variablen (Indikatoren) zu bilden, indem zwei oder mehr Variablen zu einer neuen Variable kombiniert werden (z. B. durch Summation oder Mittelwertbildung) und so die Multikollinearität verringert wird (vgl. Hair et al. 2010, S. 123 ff.). Oder man kann auch eine Regression über die Faktoren durchführen, die immer unkorreliert sind (sie bilden Kombination aller Variablen). Werden jedoch die Regressoren durch Faktoren ersetzt, kann dies den eigentlichen Zweck der Untersuchung gefährden, da die Faktoren nicht beobachtet werden können. Der einfachste Weg, der Multikollinearität zu begegnen, ist die Erhöhung der Stichprobengröße. Dies jedoch kostet in der Regel Zeit und Geld und ist nicht immer möglich.[44]

### 2.2.5.8 Einflussreiche Ausreißer

Empirische Daten enthalten oft einen oder mehrere Ausreißer, d. h. Beobachtungen, die erheblich von den anderen Daten abweichen. Die Regressionsanalyse ist anfällig für Ausreißer, da die Residuen bei der KQ−Methode quadriert werden. Ein Ausreißer kann also einen starken Einfluss auf das Ergebnis der Analyse haben. In diesem Fall wird der Ausreißer als *einflussreich* (influential) bezeichnet.[45] Wir müssen herausfinden, ob ein

---

[44] Eine weitere Methode, der Multikollinearität zu begegnen, die allerdings den Rahmen dieses Textes sprengt, ist die *Ridge-Regression*. Mit dieser Methode nimmt man eine kleine Erhöhung der Verzerrung der Schätzer gegen eine große Reduzierung der Varianz in Kauf. Siehe Fox (2008, S. 325); Kmenta (1997, S. 440); Belsley et al. (1980, S. 219).

[45] Ausgezeichnete Behandlungen dieses Themas finden sich in Belsley et al. (1980); Fox (2008, S. 246). SPSS liefert zahlreiche Statistiken.

Ausreißer einflussreich ist. Dazu müssen wir zunächst den/die Ausreißer entdecken. Und wenn ein Ausreißer einflussreich ist, müssen wir prüfen, ob er eine Verletzung der Annahmen darstellt.

Ausreißer können aus verschiedenen Gründen auftreten. Sie können zurückzuführen sein auf

- Zufall (zufällige Addition von Einflüssen),
- Fehler bei der Messung oder Dateneingabe,
- ein ungewöhnliches Ereignis außerhalb des Forschungskontextes. Beispielsweise können die Verkäufe in einem Zeitraum aufgrund einer Lieferverzögerung aufgrund eines Streiks der Eisenbahnergewerkschaft zurückgehen.
- ein ungewöhnliches Ereignis innerhalb des Forschungskontextes. Z. B. steigen die Schokoladenverkäufe vor Weihnachten oder Ostern. In diesem Fall enthält der Ausreißer wertvolle Informationen für unseren Manager.

Um die Wirkung von Ausreißern zu demonstrieren, greifen wir für eine einfache Regression auf unser Modell 1 zurück. Tab. 2.5 zeigt die Daten und Residuen. Angenommen, ein „kleiner" Eingabefehler liegt vor. Für die Verkäufe in der ersten Periode ($i = 1$) wurde eine falsche Ziffer eingegeben: Statt des korrekten Wertes 2596 wurde der Wert 2996 eingegeben, was einer Zunahme von 400 Einheiten entspricht.

Wenn der erwartete Wert der Störgröße in Periode 1 vor dem Eingabefehler $E(\varepsilon_1) = 0$ war, ist er nun $E(\varepsilon_1) = 400$. Dies ist eine Verletzung der Bedingung (2.51). Es ist aufschlussreich, die Auswirkungen dieses Fehlers auf die Regressionsergebnisse zu betrachten.

Abb. 2.25 zeigt die Streudiagramme mit dem Ausreißer, Punkt (203, 2996) auf der linken Seite (markiert durch einen fetten Punkt bzw. bullet) und sie zeigt auch die entsprechende Regressionsgerade (durchgezogene Linie). Die gestrichelte Linie repräsentiert die Regressionsgerade aus Abb. 2.4. mit den richtigen Daten. Normalerweise ist diese Linie dem Anwender unbekannt, wenn wir es mit Ausreißern zu tun haben. Wir haben sie hier eingefügt, um die Wirkung des „kleinen" Eingabefehlers zu veranschaulichen.

Tab. 2.14 zeigt die numerischen Ergebnisse der Regressionsanalyse mit dem falschen und dem richtigen y-Wert in Periode 1. Die untere Zeile zeigt die durch den Ausreißer verursachten Änderungen

- Durch die Erhöhung des beobachteten y-Wertes in Periode 1 um 400 erhöht sich der geschätzte Wert um 149.
- Der Regressionskoeffizient sinkt von 9,63 auf 6,05 [Schokoladentafeln/€]. Die Auswirkung auf die Steigung der Regressionsgeraden ist aus Abb. 2.25. ersichtlich. Wir sehen, wie der Ausreißer an der Regressionsgeraden zieht.
- R-Quadrat schrumpft dramatisch von 0,55 auf 0,23.
- Das Residuum in Periode 1 erhöht sich von 81 um 251 auf 332.

## 2.2 Vorgehensweise

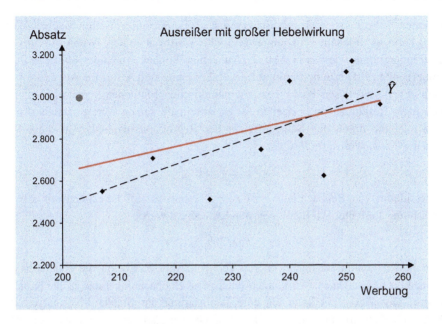

**Abb. 2.25** Regressionsgerade für Daten mit einem Ausreißer mit hohem Hebel (durchgezogene Linie). Die gestrichelte Linie zeigt die korrekte Regressionsgerade

Das Beispiel zeigt, dass die Änderung eines Datenwertes sehr starke Auswirkungen auf die Ergebnisse der Regressionsanalyse haben kann, insbesondere bei kleinen Stichprobengrößen.

**Erkennen von Ausreißern**

Wenn wir auf einen Ausreißer stoßen, kennen wir den richtigen Wert nicht, wie hier in der obigen Simulation. Wenn wir also ein Streudiagramm wie in Abb. 2.25 erstellen, fehlt die korrekte Regressionsgerade (gestrichelte Linie), und in einer Tabelle wie Tab. 2.14 erhalten wir nur die Werte in der ersten Zeile.

Zur Erkennung von Ausreißern kann man grafische und/oder numerische Methoden verwenden. Grafische Methoden sind leichter verständlich, schneller und

**Tab. 2.14** Ergebnisse der Regressionsanalyse mit falschen und richtigen Daten

| Daten | Beob. y-Wert | Geschätzter y-Wert | Koeff $b$ | $R^2$ | Residuum $r_1$ |
|---|---|---|---|---|---|
| Falsch | 2996 | 2664 | 6,05 | 0,23 | 332 |
| Korrekt | 2596 | 2515 | 9,63 | 0,55 | 81 |
| Änderung | 400 | 149 | −3,58 | −0,32 | 251 |

effizienter.[46] Wenn wir eine möglicherweise große Anzahl von numerischen Werten haben, kann es mühsam sein, ungewöhnliche Werte zu finden. Wenn wir uns aber ein Streudiagramm wie das in Abb. 2.25 ansehen, können wir ungewöhnliche Punkte leicht erkennen.[47] Der hohe Punkt auf der linken Seite fällt sofort ins Auge.

Wir sehen uns diesen Punkt nun mit numerischen Methoden genauer an. Um die Größe eines Residuums zu beurteilen, ist es vorteilhaft, seinen Wert zu standardisieren, indem man ihn durch den Standardfehler der Regression dividiert. Auf diese Weise erhalten wir *standardisierte Residuen*:

$$z_i = r_i/SE \tag{2.69}$$

Das Residuum von Beobachtung 1 ist $r_1 = 332$ und für SE berechnen wir 209. Für Beobachtung 1 erhalten wir damit den standardisierten Wert:

$$z_1 = 332/209 = 1{,}59$$

Das Balkendiagramm im linken oberen Teil von Abb. 2.26 zeigt die standardisierten Residuen für unsere Daten. Wir können sehen, dass Beobachtung 1 das größte Residuum aufweist. Der Wert 1,59 kann als eine Realisierung der Standard-Normalverteilung (gemäß Annahme 6) angesehen werden. Wir können also aus diesem Wert die Wahrscheinlichkeit seines Auftretens, seinen p-Wert, ableiten. Für $z = \pm 2$ wäre $p = 5\ \%$ (2-Sigma-Regel). Hier haben wir allerdings einen kleineren Wert $z = 1{,}59$ mit einem größeren p-Wert von 11 %.[48] Normalerweise beurteilen wir p-Werte unter 5 % als signifikant. Daher ist $p = 11\ \%$ nicht alarmierend.

Ein Problem von Residuen ist, dass sie ihre wahre Größe teilweise verdecken können. Vor dem Fehler betrug das Residuum der Beobachtung 1 81 (siehe Tab. 2.5). Nach dem Fehler stieg es auf $81 + 400 = 481$. Dies ist der vertikale Abstand zwischen dem Beobachtungspunkt 1 und der gestrichelten Linie in Abb. 2.25. Das wahre Residuum 481 ist viel größer als das beobachtete Residuum 332. Für $r = 481$ erhalten wir $z = 2{,}30$ mit $p = 2{,}1\ \%$. Dieser Wert ist hoch signifikant. Jedoch kennen wir normalerweise nicht die wahre Größe der Residuen.

Durch Ziehen an der Regressionsgerade hat der Ausreißer seine residuelle Distanz auf 332 Einheiten verringert. Der Effekt kann durch eine Gruppe von Ausreißern noch verstärkt werden. Dies stellt eine Schwierigkeit bei der Erkennung von Ausreißern dar, die es zu überwinden gilt. Der Grund dafür, dass der Ausreißer hier die Regression so stark beeinflussen konnte, liegt in seiner *Hebelwirkung*.

---

[46] Bevor man eine Regressionsanalyse durchführt, kann man explorative Techniken der Datenanalyse, wie z. B. Box-Plots *(Box-und-Whisker-Plots)*, zur Überprüfung der Daten und zur Erkennung möglicher Ausreißer verwenden. Sie zeigen jedoch nicht die Auswirkungen auf die Regression.

[47] Dies kann anders sein, wenn die Anzahl der Variablen groß ist. In diesem Fall kann die Erkennung von multivariaten Ausreißern durch Scatterplots schwierig sein. Siehe dazu Belsley et al. (1980, S. 17).

[48] Mit Excel können wir berechnen: $p(abs(z) \geq 1{,}59) = 2*(1-\text{NORM.S.VERT}(1{,}59;1)) = 0{,}112$.

## 2.2 Vorgehensweise 129

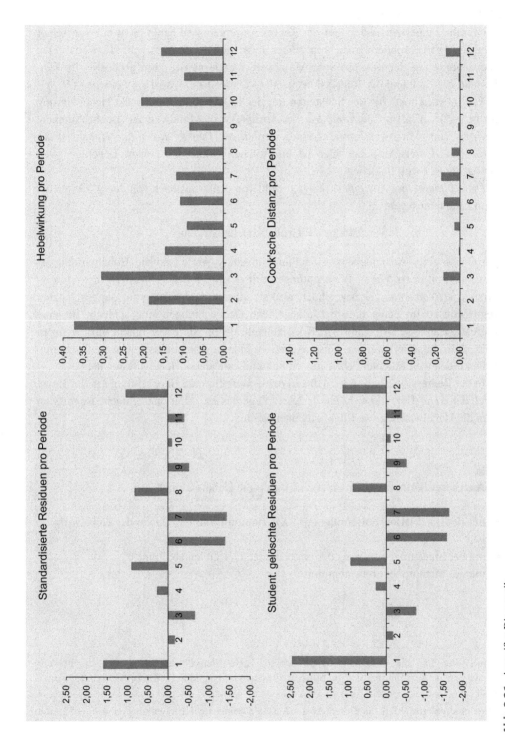

**Abb. 2.26** Ausreißer-Diagnostik

**Einfluss und Hebelwirkung**

Der Einfluss eines Ausreißers auf die Regressionsergebnisse hängt nicht nur von seiner Größe (y-Wert), sondern auch von seiner Lage auf der x-Achse ab. Je weiter eine Beobachtung auf der x-Achse vom Mittelwert $\bar{x}$ entfernt ist, desto größer ist ihr Einfluss auf die Steigung der Regressionsgeraden. Dieser Effekt wird als *Leverage (Hebelwirkung)* bezeichnet. Bei der Schätzung mit der KQ-Methode nimmt die Hebelwirkung mit $(x_i - \bar{x})^2$, d. h. mit dem *quadrierten Abstand* vom Mittelwert zu. Beobachtungen, die weit vom Mittelwert entfernt sind, werden als *Punkte mit hoher Hebelwirkung* bezeichnet. Unser Ausreißer hier ist ein solcher Punkt mit hohem Leverage, weil Beobachtung 1 weit links liegt.

*Der Einfluss eines Ausreißers* hängt sowohl von den x- als auch von den y-Werten ab. Grob kann man sagen:

$$\text{Einfluss} = \text{Größe} \times \text{Hebelwirkung}$$

Die Größe eines Ausreißers ist eine Funktion der y-Werte und die Hebelwirkung ist eine Funktion der x-Werte. Beobachtungen mit einem großen Einfluss werden als *einflussreiche Beobachtungen* bezeichnet, weil sie eine starke Wirkung auf die geschätzten Regressionskoeffizienten haben. Einflussreiche Beobachtungen sind schlecht für eine Regressionsanalyse. Niemand will Koeffizienten, deren Werte von einem oder wenigen Ausreißern dominiert werden. Unser Ausreißer hier ist eine einflussreiche Beobachtung, weil er einen wesentlichen Fehler in *y* enthält und eine starke Hebelwirkung hat.

In der Regressionsanalyse wird die *Hebelwirkung* für eine Beobachtung *i* in der Regel durch den „*Hut-Wert*" $h_i \equiv h_{ii}$ ($i = 1, 2, ..., N$) gemessen.[49] Für eine einfache Regression kann die Hebelwirkung wie folgt berechnet werden:

$$h_i = \frac{1}{N} + \frac{1}{N-1} \cdot \left(\frac{x_i - \bar{x}}{s_x}\right)^2 \qquad (1/N \leq h_i \leq 1) \qquad (2.70)$$

Aus dieser Formel können wir ersehen, dass die Hebelwirkung

- mit der quadrierten Entfernung $(x_i - \bar{x})^2$ zunimmt, die die Quelle der Hebelwirkung ist,[50]
- mit der Standardabweichung der unabhängigen Variablen abnimmt,
- mit der Stichprobengröße abnimmt.

---

[49] Hut-Werte sind die Diagonalelemente der sog. „Hut-Matrix" (hat matrix) H, die bei der rechnerischen Durchführung der multiplen Regressionsanalyse mittels Matrix-Algebra verwendet wird.

[50] Ein modifiziertes Maß für diesen Abstand ist die zentrierte Hebelwirkung $h'_i = h_i - \frac{J+1}{N}$ mit $-1 \leq h'_i \leq 1$.

## 2.2 Vorgehensweise

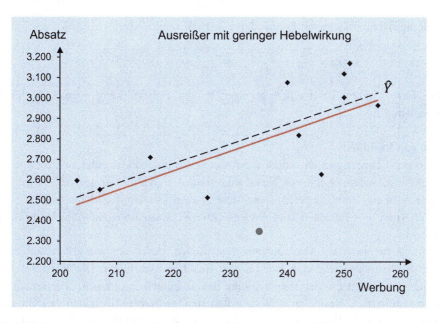

**Abb. 2.27** Regressionsgerade für Daten mit Ausreißer mit geringer Hebelwirkung (durchgezogene Linie). Die gestrichelte Linie zeigt die korrekte Regressionsgerade

Das Balkendiagramm im rechten oberen Bereich von Abb. 2.26 zeigt die Hebelwerte für unsere Daten. Der Mittelwert der $N$ Hebelwerte $h_i$ ist $\bar{h} = (J+1)/N$. Für unser Beispiel erhalten wir 0,1677. Ein Hebelwert $h_i > 2\,\bar{h}$ wird als hohe Hebelwirkung betrachtet.

Für die Hebelwirkung des Ausreißers Beobachtung 1 erhalten wir:

$$h_1 = \frac{1}{12} + \frac{1}{12-1} \cdot (\frac{203 - 235,2}{18,07})^2 = 0{,}371$$

Dies ist deutlich mehr als $2\,\bar{h} = 0{,}333$.

**Ausreißer mit geringer Hebelwirkung**

Zum Kontrast nehmen wir jetzt an, die falsche Dateneingabe erfolgte in Beobachtung 9. Für die Verkäufe in Periode 9 wurde der Wert 2351 anstelle von 2751 eingegeben, was nun 400 Einheiten zu niedrig ist. Abb. 2.27 zeigt die Streudiagramme mit dem Ausreißer (markiert durch einen fetten Punkt) und der resultierenden Regressionsgerade (durchgezogene Linie). Die gestrichelte Linie zeigt wieder die korrekte Regressionsgerade.

Diesmal hat sich die Steigung der Regressionsgeraden trotz der gleichen Fehlergröße nicht sichtbar verändert. Die Regressionsgerade ist nur leicht nach unten verschoben, weil der y-Wert für die Beobachtung 9 zu niedrig ist. Der Grund für diese unterschiedlichen Auswirkungen der Fehler in Beobachtung 1 und Beobachtung 9 liegt darin, dass letztere nahe am Mittelwert liegt und somit nur eine geringe Hebelwirkung hat (siehe Abb. 2.26 oben rechts).

Für die Hebelwirkung von Beobachtung 9 erhalten wir:

$$h_9 = \frac{1}{12} + \frac{1}{12-1} \cdot \left(\frac{235-235,2}{18,07}\right)^2 = 0,083$$

Diese Hebelwirkung ist deutlich geringer als die Hebelwirkung $h_1 = 0,371$ für die Beobachtung 1.

**Arten von Residuen**

Wegen der Schwierigkeiten, einen Ausreißer anhand seines Residuums zu erkennen, werden verschiedene Arten von Residuen verwendet. Wir haben uns bereits mit dem normalen (nicht standardisierten) und dem standardisierten Residuum befasst. Zwei weitere Arten von Residuen sind *studentisierte Residuen* und *studentisierte gelöschte Residuen*.

Wir haben oben den Mechanismus beschrieben, durch den ein Ausreißer an der Regressionsgeraden zieht und dadurch sein Residuum verringert. Die Wirkung dieses Mechanismus hängt mit der Hebelwirkung des Ausreißers zusammen. Die Berechnung von studentisierten Residuen und studentisierten gelöschten Residuen bezieht diese Hebelwirkung in die Berechnung der Residuen ein. Wir vergleichen die Formeln der vier Arten von Residuen:

$$\text{Normale Residuen: } e_i = y_i - \hat{y}_i$$

$$\text{Standardisierte Residuen: } z_i = e_i / SE \quad (2.71)$$

$$\text{Studentisierte Residuen: } t_i = e_i \Big/ \left(SE \cdot \sqrt{1-h_i}\right) \quad (2.72)$$

$$\text{Studentisierte gelöschte Residuen: } t_i^* = e_i \Big/ \left(SE(-i) \cdot \sqrt{1-h_i}\right) \quad (2.73)$$

Tab. 2.15 zeigt die Werte für die vier verschiedenen Arten von Residuen für Beobachtung 1, zunächst für den falschen Verkaufswert (nach Fehler) und dann für den richtigen Verkaufswert (vor Fehler), um die Auswirkung des Fehlers in Beobachtung 1 sichtbar zu machen. Wegen der sperrigen Begriffe fügen wir die in der Statistik-Software SPSS verwendeten Abkürzungen bei.

Die Berechnung des *studentisierten gelöschten Residuums i* verwendet den Standardfehler der Regression nach dem Löschen der Beobachtung $i$. Diesen Standardfehler der Regression haben wir mit $SE(-i)$ bezeichnet.[51] Hier haben wir $SE = 208,9$ und $SE(-i) = 170,2$ Für Beobachtung 1 erhalten wir:

---

[51] Durch die Verwendung von $s(-i)$ anstelle des Standardfehlers $s$ werden der Zähler und der Nenner in der Formel für die studentisierten gelöschten Residuen stochastisch unabhängig. Siehe Belsley et al. 1980, S. 14.

## 2.2 Vorgehensweise

**Tab. 2.15** Werte verschiedener Arten von Residuen für Beobachtung 1 (nach und vor Fehler)

| Daten | Residuen<br>$r$<br>RES | Standardisierte<br>Residuen $z$<br>ZRE | Studentisierte<br>Residuen $t$<br>SRE | Studentisierte<br>gelöschte<br>Residuen $t^*$<br>SDR |
|---|---|---|---|---|
| Falsch | 332 | 1,59 | 2,01 | 2,46 |
| Korrekt | 81 | 0,49 | 0,62 | 0,60 |

$$t_i^* = 332 \Big/ \left(170{,}2 \cdot \sqrt{1-0{,}37}\right) = 2{,}46$$

Abb. 2.26 unten links zeigt das Balkendiagramm der studentisierten gelöschten Residuen. Sie folgen einer t-Verteilung mit $N-J-2$ Freiheitsgraden.[52] Daher können wir für den p-Wert des studentisierten-gelöschten Residuums $t_1^* = 2{,}46$ den p-Wert $p = 3{,}6$ % ableiten.[53] Dieser Wert ist wesentlich kleiner als der p-Wert $p = 11{,}2$, den wir für das standardisierte Residuum der Periode 1 erhalten haben. Und der p-Wert liegt unter 5 %. Somit reagiert das studentisierte-gelöschte Residuum empfindlicher auf Residuen mit hoher Hebelwirkung und markiert Beobachtung 1 als Ausreißer.

**Cook'sche Distanz**

Zuvor wurde der Einfluss eines Residuums grob als das Produkt von zwei Faktoren definiert:

$$\text{Einfluss} = \text{Größe} \times \text{Hebelwirkung}$$

Eine Spezifikation dieser Formel ist die *Cook'sche Distanz*, die sich berechnen lässt durch:

$$D_i = \frac{t_i^2}{J+1} \cdot \frac{h_i}{1-h_i} \tag{2.74}$$

Diese Statistik von Cook (1977) ist heute das am häufigsten verwendete Maß für den Einfluss von Ausreißern. Die Berechnung basiert auf dem studentisierten Residuum für eine Beobachtung $i$ und seinem Hut-Wert. Für Beobachtung 1 erhalten wir:

$$D_1 = \frac{2{,}01^2}{1+1} \cdot \frac{0{,}37}{1-0{,}37} = 2{,}02 \cdot 0{,}587 = 1{,}19$$

Abb. 2.26 unteren rechts zeigt das Balkendiagramm der Cook'schen Distanzen für alle Beobachtungen. Wir können sehen, dass der Balken für Beobachtung 1 sich deutlich von den anderen Beobachtungen abhebt. Somit zeigt Cooks Distanz deutlich, dass Beobachtung 1 ein sehr einflussreicher Ausreißer ist.

---

[52] Siehe Fox 2008, S. 246; Belsley et al. 1980, S. 20.
[53] Mit Excel können wir berechnen: p(abs(t) ≥ 2.46) = T.VERT.2S(2,46;9) = 0,036.

In der Literatur findet man unterschiedliche Meinungen bezüglich eines Schwellenwertes für die Erkennung von einflussreichen Ausreißern (z. B. $4/N = 0{,}333$, oder $4/(N-J-1) = 0{,}4$ oder nur 0,5). Werte größer als eins gelten als schwerwiegend. Unser Wert der Cook'schen Distanz übersteigt hier diese möglichen kritischen Werte bei weitem. Dies deutet auch darauf hin, dass Beobachtung 1 ein sehr einflussreicher Ausreißer ist. Aber im Allgemeinen ist der beste Weg, einflussreiche Ausreißer zu erkennen, in einem Diagramm (wie in Abb. 2.26) nach Werten (Punkten oder Balken) zu suchen, die sich von den anderen abheben.

**Löschung von Ausreißern**

Oben zeigten wir die Auswirkung eines simulierten Ausreißers auf die Regressionsergebnisse, indem wir sie mit den richtigen Daten verglichen. Aber die korrekten Daten kennen wir in der Regel nicht. Eine andere Möglichkeit, die Wirkung eines Ausreißers zu zeigen, besteht darin, die Analyse zu wiederholen, nachdem die Beobachtung mit dem Ausreißer gelöscht wurde. Dies veranschaulicht Abb. 2.28 und Tab. 2.16 zeigt die numerischen Ergebnisse.

Wir können sehen, dass die Regression nach dem Löschen der Beobachtung 1 (mit dem Ausreißer) nahe an der Regression mit den (meist unbekannten) korrekten Daten liegt. In diesem Fall führt also die Löschung des Ausreißers zu guten Ergebnissen.

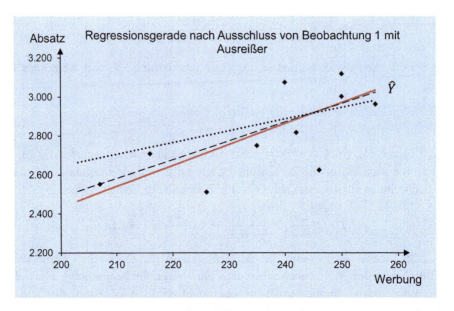

**Abb. 2.28** Regressionsgerade nach Löschung von Beobachtung 1 mit Ausreißer (durchgezogene Linie). Die gepunktete Linie zeigt die Regression mit Ausreißer und die gestrichelte Linie wieder die richtige Regressionsgerade

**Tab. 2.16** Regressionsergebnisse: a) nach Löschung von Beobachtung 1 mit Ausreißer, b) vor Löschung von Ausreißer, c) korrekte Daten

| Daten | Koeff. $b$ | $R^2$ | $s$ |
|---|---|---|---|
| a) ohne Ausreißer | 10,8 | 0,52 | 170,2 |
| b) mit Ausreißer | 6,05 | 0,23 | 208,9 |
| c) korrekte Daten | 9,63 | 0,55 | 164,7 |

**Behandlung von Ausreißern**

„Rein oder raus, das ist hier die Frage: Ob …". Das ist in der Tat eine schwierige Frage. Nur, wenn eine Beobachtung einflussreich ist, müssen wir handeln. Im obigen Beispiel haben wir gute Ergebnisse erzielt, nachdem wir den Ausreißer gelöscht haben. Aber wir wussten auch, dass der Ausreißer durch einen Eingabefehler verursacht wurde. Die automatische Löschung eines Ausreißers ist nicht akzeptabel. Wenn der Ausreißer durch Zufall entstanden ist, stellt er keine Verletzung der Annahmen dar und darf nicht eliminiert werden. Durch das Löschen von Ausreißern kann man möglicherweise die Regressionsergebnisse manipulieren. Wenn man dies aus irgendeinem guten Grund tut, sollte dies in einem Bericht oder einer Publikation dokumentiert werden. Wenn möglich, sollte man die Ergebnisse mit und ohne den Ausreißer darstellen, wie wir es in Abb. 2.28 getan haben.

In jedem Fall sollte man nach dem Grund für einen Ausreißer suchen (siehe oben). Manchmal ist es möglich, einen Fehler bei der Messung oder Dateneingabe zu korrigieren. Nur wenn wir Grund haben, an einen Fehler zu glauben (z. B. für das Alter oder Gewicht eines Befragten wurde der Wert 5 eingegeben), dann sollten wir die Beobachtung löschen. Auch wenn wir Beweise dafür finden, dass der Ausreißer durch ein ungewöhnliches Ereignis außerhalb des Forschungskontextes verursacht wurde (z. B. ein Streik der Gewerkschaft oder ein Stromausfall), sollten wir die Beobachtung eliminieren.

In allen anderen Fällen sollten die Ausreißer beibehalten werden. Manchmal kann eine Änderung der Modellspezifikation helfen, z. B. die Aufnahme einer vernachlässigten Variablen oder eine nichtlineare Transformation einer oder mehrerer Variablen. Durch die Verwendung von Dummy-Variablen können ungewöhnliche Ereignisse innerhalb des Forschungskontextes in das Modell einbezogen werden (vgl. Abschn. 2.4.1).

## 2.3 Fallbeispiel

### 2.3.1 Problemstellung

Anhand eines weiteren Beispiels, das sich auf den Schokoladenmarkt bezieht, soll nun gezeigt werden, wie eine Regressionsanalyse mit Hilfe von SPSS durchgeführt werden kann.

Der Marketingleiter des Schokoladenunternehmens ChocoChain möchte den Einfluss demografischer Variablen auf das Einkaufsverhalten seiner Kunden analysieren. Er möchte herausfinden, ob und wie Alter und Geschlecht die Einkaufshäufigkeit in seinen Outlet-Stores beeinflussen. Sein Modell lautet:

$$\text{Einkäufe} = f(\text{Alter, Geschlecht})$$

und er spezifiziert die folgende Regressionsfunktion:

$$\hat{Y} = b_0 + b_1 X_1 + b_2 X_2$$

mit

$\hat{Y}$   Einkäufe (geschätzte Kauffrequenz)
$X_1$   Alter
$X_2$   Geschlecht (kodiert mit 0 für weiblich und 1 für männlich)

Eine Variable, die mit 0 oder 1 kodiert ist, wird als Dummy-Variable bezeichnet. Sie kann wie eine metrische Variable behandelt werden. Dummy-Variablen können verwendet werden, um qualitative Prädiktoren in ein lineares Modell einzubinden (vgl. Abschn. 2.4.1).

Für die Schätzung beginnt der Manager mit einer kleinen Stichprobe von 40 Kunden, die nach dem Zufallsprinzip aus der Firmendatenbank ausgewählt wurden.

Da der Manager mit den Ergebnissen seiner Analyse nicht zufrieden war, sammelte er zusätzlich Daten über das Einkommen seiner Kunden durch eine separate Umfrage. Generell geben Befragte ihr Einkommen nicht gerne an. Daher musste sichergestellt werden, dass die Daten der Befragten vertraulich und anonym bleiben. Die Einkommensdaten sind auch in der hier verwendeten Datendatei enthalten.

### 2.3.2 Durchführung einer Regressionsanalyse mit Hilfe von SPSS

Um eine Regressionsanalyse mit SPSS durchzuführen, können wir die grafische Benutzeroberfläche (GUI) verwenden. Zuerst müssen wir die Datendatei in SPSS laden. Nachdem wir dies getan haben, können wir die Daten im SPSS-Dateneditor sehen (siehe Abb. 2.29). Die ersten 23 Fälle sind teilweise sichtbar.

Um das Verfahren zur Regressionsanalyse auszuwählen, müssen wir auf „*Analysieren*" klicken. Es öffnet sich ein Pulldown-Menü mit Untermenüs für Gruppen von Verfahren (siehe Abb. 2.29). Die Gruppe „*Regression*" enthält (neben anderen Formen der Regressionsanalyse) das Verfahren der linearen Regression („*Linear*").

Nach Auswahl von „*Analysieren/Regression/Linear*" öffnet sich das Dialogfenster „*Lineare Regression*", wie in Abb. 2.30 dargestellt. Das linke Feld zeigt die Liste der Variablen. Unsere abhängige Variable „Einkäufe" muss in das Feld „*Abhängige Variable*" eingegeben werden. Dazu muss die Variable „Einkäufe" durch Klicken mit

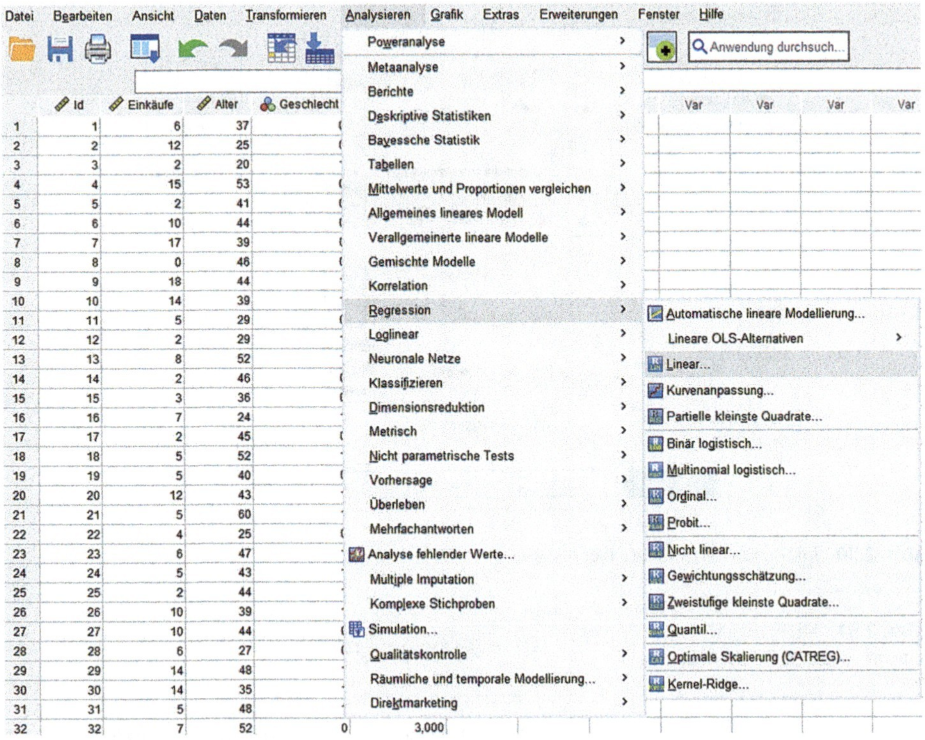

## 2.3 Fallbeispiel

**Abb. 2.29** Dateneditor mit Auswahl der Prozedur „Lineare Regression"

der linken Maustaste verschoben werden. Die unabhängigen Variablen „Alter" und „Geschlecht" sind in das Feld *„Unabhängige Variable(n)"* zu verschieben.

SPSS bietet verschiedene Methoden für die Modellbildung. Wir wählen die Methode *„Einschluss"*, welche die Standardmethode ist. Das bedeutet, dass die ausgewählten unabhängigen Variablen alle zusammen in das Modell einbezogen werden, so wie sie in das Feld *„Unabhängige Variable(n)"* eingegeben wurden. Dies wird als *blockweise Regression* bezeichnet.

Das Dialogfenster *„Lineare Regression"* enthält mehrere Menüs, die zu weiteren Untermenüs führen. Nach Klicken auf das Menü *„Statistiken"* öffnet sich das Dialogfenster *„Lineare Regression: Statistiken"* (Abb. 2.31). Hierüber können Sie verschiedene statistische Ausgaben anfordern. *„Schätzungen"* und *„Anpassungsgüte des Modells"* sind die Standardeinstellungen.

Wenn der Datensatz fehlende Werte enthalten würde, was in der Praxis häufig vorkommt, kann dies bei der Analyse mit den Optionen für *„Fehlende Werte"* berücksichtigt

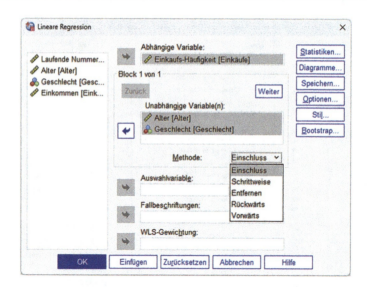

**Abb. 2.30** Dialogfenster: Lineare Regression

**Abb. 2.31** Dialogfenster:
Lineare Regression: Statistiken

werden (vgl. Abb. 2.32).[54] Die Regressionsanalyse in SPSS bietet die Möglichkeit, fehlende Werte listen- oder paarweise auszuschließen oder fehlende Werte durch Mittelwerte zu ersetzen.

---

[54] Fehlende Werte sind ein häufiges und leider unvermeidbares Problem bei der Durchführung von Umfragen (z. B. weil Personen die Frage nicht beantworten können oder wollen, oder aufgrund von Fehlern des Interviewers). Der Umgang mit fehlenden Werten in empirischen Studien wird in Abschn. 1.5.2 behandelt.

**Abb. 2.32** Dialogfenster: Lineare Regression: Optionen

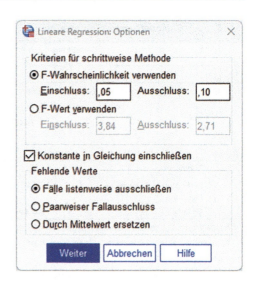

### 2.3.3 Ergebnisse

#### 2.3.3.1 Ergebnisse der ersten Regressionsanalyse

Nachdem auf „*Weiter*" und dann auf „*OK*" geklickt wird, liefert SPSS die in Abb. 2.33 gezeigten Ergebnisse.

Die Ausgabe umfasst drei Abschnitte: „*Modellzusammenfassung*", „*ANOVA*" und „*Koeffizienten*". Der letzte Abschnitt gibt uns die geschätzten Regressionsparameter in der mit „*Regressionskoeffizient B*" gekennzeichneten Spalte: den konstanten Term und die beiden Koeffizienten. Damit können wir die geschätzte Regressionsfunktion formulieren:

$$\text{Einkäufe} = 3{,}832 + 0{,}101 \cdot \text{Alter} - 0{,}015 \cdot \text{Geschlecht} \tag{2.75}$$

Sie besagt, dass die Einkäufe mit dem Alter leicht zunehmen und mit dem Geschlecht abnehmen. Da das Geschlecht für Frauen mit 0 und für Männer mit 1 kodiert wurde, bedeutet das negative Vorzeichen, dass die Anzahl der Einkäufe für Männer etwas geringer ist als für Frauen.

Der Abschnitt „*Modellzusammenfassung*" enthält globale Maße zur Bewertung der Anpassungsgüte der geschätzten Regressionsfunktion. Das Bestimmtheitsmaß R-Quadrat sagt uns, dass nur 4,8 % der Gesamtvariation der abhängigen Variablen $Y$ = Einkäufe durch die beiden Prädiktoren „Alter" und „Geschlecht" erklärt werden können. Dies ist ein sehr enttäuschendes Ergebnis.

Der mit „*ANOVA*" (Varianzanalyse) überschriebene zweite Abschnitt zeigt, dass die Regressionsfunktion keine statistische Signifikanz besitzt (vgl. Abschn. 2.2.3.3). Wir erhalten einen empirischen F-Wert von nur 0,923. Der kritische F-Wert für $J = 2$ und

**Modellzusammenfassung**

| Modell | R | R-Quadrat | Korrigiertes R-Quadrat | Standardfehler des Schätzers |
|---|---|---|---|---|
| 1 | ,218 [a] | ,048 | -,004 | 4,919 |

a. Einflußvariablen : (Konstante), Geschlecht, Alter

**ANOVA**[a]

| Modell | | Quadratsumme | df | Mittel der Quadrate | F | Sig. |
|---|---|---|---|---|---|---|
| 1 | Regression | 44,673 | 2 | 22,337 | ,923 | ,406 [b] |
| | Nicht standardisierte Residuen | 895,227 | 37 | 24,195 | | |
| | Gesamt | 939,900 | 39 | | | |

a. Abhängige Variable: Einkaufs-Häufigkeit
b. Einflußvariablen : (Konstante), Geschlecht, Alter

**Koeffizienten**[a]

| | | Nicht standardisierte Koeffizienten | | Standardisierte Koeffizienten | | |
|---|---|---|---|---|---|---|
| Modell | | Regressionskoeffizient B | Std.-Fehler | Beta | T | Sig. |
| 1 | (Konstante) | 3,832 | 3,273 | | 1,171 | ,249 |
| | Alter | ,101 | ,074 | ,218 | 1,359 | ,182 |
| | Geschlecht | -,015 | 1,563 | -,002 | -,010 | ,992 |

a. Abhängige Variable: Einkaufs-Häufigkeit

**Abb. 2.33** SPSS-Output zur Regressionsanalyse 1

$N-J-1 = 37$ $df$ beträgt 3,25. Daher erhalten wir einen p-Wert von 40,6 %, viel größer als die übliche Obergrenze von $\alpha = 5$ % für statistische Signifikanz.[55]

Die erste Spalte in diesem Abschnitt, *„Quadratsumme"*, zeigt die Zerlegung der Gesamtstreuung gemäß Gl. (2.34): $SSE + SSR = SST$. Die nächste Spalte gibt die entsprechenden Freiheitsgrade *(df)* an. Vergleiche hierzu Tab. 2.7.

Der letzte Abschnitt mit den geschätzten Regressionsparametern gibt auch für jeden Parameter

- den Standardfehler, vgl. Gl. (2.42),
- den Beta-Koeffizienten, vgl. Gl. (2.28),
- den t-Wert, vgl. Gl. (2.44), mit dem korrespondierenden p-Wert.

---

[55] Zur Auffrischung der Grundlagen zum statistischen Testen, bietet Abschn. 1.3 eine Zusammenfassung der grundlegenden Aspekte.

## 2.3 Fallbeispiel

**Modellzusammenfassung**

| Modell | R | R-Quadrat | Korrigiertes R-Quadrat | Standardfehler des Schätzers |
|---|---|---|---|---|
| 1 | ,811 [a] | ,658 | ,630 | 2,988 |

a. Einflußvariablen : (Konstante), Einkommen, Geschlecht, Alter

**ANOVA[a]**

| Modell | | Quadratsumme | df | Mittel der Quadrate | F | Sig. |
|---|---|---|---|---|---|---|
| 1 | Regression | 618,568 | 3 | 206,189 | 23,100 | <,001 [b] |
| | Nicht standardisierte Residuen | 321,332 | 36 | 8,926 | | |
| | Gesamt | 939,900 | 39 | | | |

a. Abhängige Variable: Einkaufs-Häufigkeit
b. Einflußvariablen : (Konstante), Einkommen, Geschlecht, Alter

**Koeffizienten[a]**

| Modell | | Nicht standardisierte Koeffizienten | | Standardisierte Koeffizienten | | |
|---|---|---|---|---|---|---|
| | | Regressions-koeffizientB | Std.-Fehler | Beta | T | Sig. |
| 1 | (Konstante) | 1,401 | 2,011 | | ,696 | ,491 |
| | Alter | -,120 | ,053 | -,259 | -2,271 | ,029 |
| | Geschlecht | -,438 | ,951 | -,045 | -,460 | ,648 |
| | Einkommen | 3,116 | ,389 | ,917 | 8,018 | <,001 |

a. Abhängige Variable: Einkaufs-Häufigkeit

**Abb. 2.34** SPSS-Output zur Regressionsanalyse 2

Der kritische t-Wert für 37 $df$ beträgt 2,03 ($\approx$ 2). Alle t-Werte sind hier kleiner und die p-Werte sind viel größer als $\alpha = 5\,\%$. Somit ist keiner der geschätzten Parameter statistisch signifikant.

### 2.3.3.2 Ergebnisse der zweiten Regressionsanalyse

Aufgrund dieser enttäuschenden Ergebnisse sammelte der Manager Daten über das Einkommen seiner Kunden. Nachdem die Variable „Einkommen" in das Modell einbezogen und eine zweite Regressionsanalyse durchgeführt wurde, liefert SPSS die in Abb. 2.34 dargestellten Ergebnisse.

Die geschätzte Regressionsfunktion sieht nun wie folgt aus:

$$\text{Einkäufe} = 1{,}401 - 0{,}120 \cdot \text{Alter} - 0{,}438 \cdot \text{Geschlecht} + 3{,}116 \cdot \text{Einkommen} \tag{2.76}$$

Diese Regressionsfunktion ist hoch signifikant. R-Quadrat zeigt an, dass 65,8 % der Gesamtvariation durch die drei Prädiktoren erklärt wird. Der F-Wert beträgt jetzt 23,1 mit einem p-Wert von < 0,001. Auch der Koeffizient der Variable „Alter" ist jetzt statistisch

**Korrelationen**

| | Einkaufs-Häufigkeit | Alter | Geschlecht | Einkommen |
|---|---|---|---|---|
| Korrelation nach Pearson | 1,000 | ,218 | ,001 | ,779 |
| | ,218 | 1,000 | ,012 | ,521 |
| | ,001 | ,012 | 1,000 | ,054 |
| | ,779 | ,521 | ,054 | 1,000 |

**Abb. 2.35** Korrelationsmatrix

signifikant, hat aber sein Vorzeichen geändert. Der Koeffizient der Variable „Geschlecht" hat sich vergrößert, ist aber nicht signifikant geworden.

Dass der Koeffizient des Alters sein Vorzeichen geändert hat, bedarf einer gesonderten Betrachtung. Wenn wir einen Blick auf die Korrelationsmatrix in Abb. 2.35 werfen, sehen wir, dass „Einkäufe" und „Alter" positiv korreliert sind. Der Koeffizient des „Alters" ist jedoch negativ geworden. Dies erfordert eine Kausalanalyse.

**Prüfung der Kausalität**

Wenn es einen kausalen Zusammenhang zwischen Alter und Einkäufe gibt, muss dieser in Richtung Einkäufe gehen. Schokolade kann vielleicht die Lebenserwartung erhöhen, aber nichts kann das Alter ändern. Das Alter muss also die Ursache für Veränderungen in den Einkäufen sein und nicht umgekehrt. Aber warum ist der Regressionskoeffizient negativ geworden, während die Korrelation zwischen Alter und Einkäufen positiv ist?

Der Grund dafür ist, dass das Alter in direktem und indirektem kausalem Zusammenhang mit den Einkäufen steht und dass das Einkommen als Mediator fungiert (vgl. Abb. 2.17c). Das Alter hat einen direkten Einfluss auf die Einkäufe, der negativ ist. Und es hat einen indirekten Effekt über das Einkommen, der positiv und größer ist als der direkte Effekt.

In Gl. (2.75) wurde das Einkommen vernachlässigt. Deshalb wurde ein Teil der Wirkung des Einkommens auf die Einkäufe fälschlicherweise dem Koeffizienten der Variable „Alter" zugeordnet, weil Alter und Einkommen positiv korreliert sind. Der Koeffizient $b_1 = 0{,}101$ in Gl. (2.75) umfasst den direkten und den indirekten Effekt des Alters auf die Einkäufe. Da der positive indirekte Effekt größer ist als der negative direkte Effekt, erhalten wir einen positiven Wert für $b_1$.

Durch Einbeziehung des Einkommens in die Regressionsgleichung (2.76) werden der direkte und der indirekte Effekt des Alters getrennt. Somit spiegelt der Koeffizient $b_1$ des Alters in der zweiten Analyse nur den direkten Effekt wider, und der ist negativ. Das bedeutet, dass innerhalb einer Gruppe von Kunden mit gleichem Einkommen die Zahl der Einkäufe mit zunehmendem Alter abnimmt. Intuitiv hatte der Schokoladenmanager dies gespürt und deshalb die zweite Regressionsanalyse durchgeführt.

## 2.3.3.3 Prüfung der Annahmen

**A1: Linearität**

Um die Nichtlinearität zu überprüfen, können wir die abhängige Variable „Absatz" gegen jede der unabhängigen Variablen auftragen. Wenn wir z. B. die Einkäufe gegen Einkommen auftragen, erhalten wir das Streudiagramm in Abb. 2.36. In SPSS erreichen wir dies, indem wir „*Grafik / Diagrammerstellung / Streu–/Punktdiagramm*" auswählen und dann mit der Maus die „Einkäufe" auf die Y-Achse und das „Einkommen" auf die X-Achse verschieben. Die Streuung in Abb. 2.36 deutet nicht auf eine Verletzung der Linearitätsannahme hin. Zusätzlich können wir in das Diagramm eine Ausgleichsgerade durch die Punktwolke legen, indem wir „*Gesamt*" unter der Option "*Lineare Anpassungslinie*" auswählen. Auf die gleiche Weise können wir Streudiagramme mit den anderen unabhängigen Variablen erstellen.

Ein effizienterer Plot ist der Tukey-Anscombe-Plot, bei dem die Residuen gegen die geschätzten y-Werte auf der X-Achse aufgetragen werden (vgl. Abschn. 2.2.5.2), da die geschätzten y-Werte Linearkombinationen aller x-Werte sind. Wir können ein solches Diagramm leicht in dem Dialogfenster „*Lineare Regression: Diagramme*" der SPSS-Regression erstellen (siehe Abb. 2.37). Dieses Dialogfenster bietet standardisierte Werte der geschätzten y-Werte und der Residuen an. Wir setzen die standardisierten Residuen „*ZRESID" auf die Y-Achse und die standardisierten geschätzten Werte „*ZPRED" auf die X-Achse (wie in Abb. 2.37 gezeigt) und erhalten das Diagramm in Abb. 2.38. Das erhaltene Streudiagramm zeigt keine Ausreißer. Die Residuen scheinen zufällig ohne

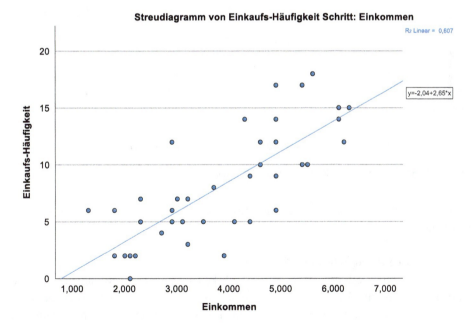

**Abb. 2.36** Streudiagramm für die abhängige Variable „Einkäufe" gegen „Einkommen"

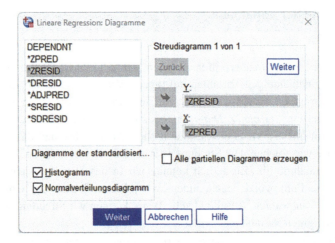

**Abb. 2.37** Dialogfenster: Lineare Regression: Diagramme

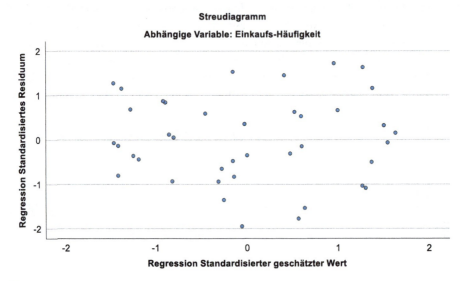

**Abb. 2.38** Streudiagramm der Residuen gegen die Schätzwerte

jede Struktur zu streuen und zeigen kein verdächtiges Muster. Dies ist, was wir zu sehen wünschen.

### A2: Keine Auslassung relevanter Variablen

Der Tukey-Anscombe-Plot kann auch für die Erkennung fehlender Variablen verwendet werden (vgl. Abschn. 2.2.5.2). Da die Residuen in Abb. 2.38 zufällig um die X-Achse streuen, haben wir keinen Grund zu vermuten, dass relevante Variablen (die mit den unabhängigen Variablen im Modell korreliert sind) vernachlässigt wurden.

## A3: Die unabhängigen Variablen werden ohne Fehler gemessen

In Bezug auf Alter und Geschlecht können wir davon ausgehen, dass diese Variablen ohne Fehler gemessen werden. Anders verhält es sich beim angegebenen Einkommen, das in der Regel Zufallsfehler enthält und auch nicht unverzerrt ist (aus Angst vor dem Finanzamt wird es meist zu niedrig angegeben. Dadurch wird der geschätzte Regressionskoeffizient unterschätzt (abgeschwächt).

Im vorliegenden Fall stellt dies jedoch kein Problem dar. Der geschätzte Regressionskoeffizient der Variable Einkommen ist hier trotz möglicher Abschwächung mit einem p-Wert von praktisch Null sehr groß.

## A4 + A5: Homoskedastizität und keine Autokorrelation

Der Tukey-Anscombe-Plot in Abb. 2.38 zeigt weder Heteroskedastizität (nicht konstante Fehlervarianz) noch Autokorrelation (vgl. Abb. 2.19 und 2.20).

Autokorrelation ist hier nicht relevant, da wir keine Zeitreihendaten haben. Wir wollen jedoch zeigen, wie man in SPSS auf Autokorrelation prüft. Über das Dialogfenster *„Lineare Regression: Statistiken"* (Abb. 2.31) können wir den Wert der Durbin-Watson-Statistik abfragen. Wir erhalten DW = 1,94. Dies ist nahe am Idealwert 2.

## A6: Normalverteilung

Um die Residuen auf Normalverteilung zu überprüfen, können wir *„Histogramm"* und *„Normalverteilungsdiagramm"* im Dialogfenster *„Lineare Regression: Diagramme"* auswählen (vgl. Abb. 2.37) und erhalten die Diagramme in Abb. 2.39 und 2.40.

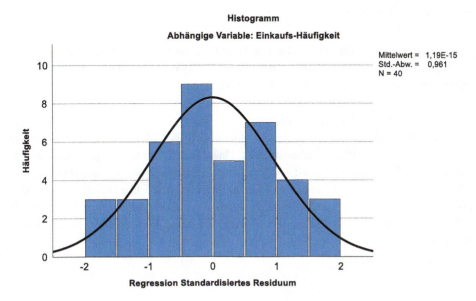

**Abb. 2.39** Histogramm der Residuen mit Normalverteilungskurve

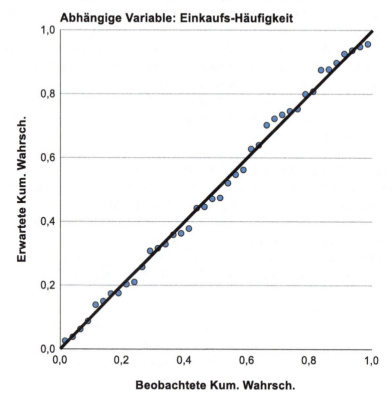

**Abb. 2.40** P-P-Diagramm

Die Verteilung der Residuen scheint symmetrisch zu sein. Die Wahrscheinlichkeiten im P-P-Plot streuen zufällig entlang der diagonalen Linie. Wir können also davon ausgehen, dass die Normalitätsannahme nicht verletzt ist.

**A7: Keine starke Multikollinearität**

Über das Dialogfenster *„Lineare Regression: Statistiken"* (Abb. 2.31) können wir die Option *„Kollinearitätsdiagnose"* auswählen. Dadurch erhalten wir für jede unabhängige Variable den Toleranzwert $T_j = 1 - R_j^2$ und den Wert des „Variance Inflation Factors" $VIF_j$ gemäß Gl. (2.67). Der niedrigste Toleranzwert ergibt sich hier für die Variable Einkommen: $T_1 = 0{,}726$. Für das Einkommen erhalten wir damit den größten VIF-Wert mit $VIF_1 = 1{,}377$. Dies ist ein sehr moderater Wert. Wir haben hier also kein Kollinearitätsproblem.

### 2.3.3.4 Schrittweise Regression

Neben der blockweisen Regression (Methode „*Einschluss*"), die wir oben verwendet haben, bietet SPSS auch eine schrittweise Regression an. Diese Methode kann über das Dialogfenster „*Lineare Regression*" gewählt werden (siehe Abb. 2.30).

Wenn wir die schrittweise Regression wählen, dann lassen wir einen Algorithmus von SPSS das Modell bilden. Er wird die unabhängigen Variablen sukzessiv, eine nach der anderen, in der Reihenfolge ihrer statistischen Signifikanz in das Modell einbeziehen (dieser Vorgang wird Vorwärtsauswahl genannt). Nicht-signifikante Variablen werden weggelassen. Auf diese Weise versucht der Algorithmus, ein gutes Modell zu finden. Diese Methode kann nützlich sein, wenn wir eine große Anzahl von unabhängigen Variablen haben.

Im Fallbeispiel mit nur drei unabhängigen Variablen können insgesamt sieben verschiedene Modelle (Regressionsgleichungen) gebildet werden: drei mit einer unabhängigen Variable, drei mit zwei unabhängigen Variablen und eines mit drei unabhängigen Variablen. Wenn wir 10 unabhängige Variablen hätten, könnten 1023 Modelle gebildet werden. Die Anzahl der möglichen Kombinationen steigt exponentiell mit der Anzahl der Variablen.

Aus diesem Grund kann es sehr verlockend sein, den Computer ein gutes Modell finden zu lassen, aber es besteht auch eine Gefahr. Der Computer kann Variablen nur nach statistischen Kriterien auswählen, aber er kann nicht erkennen, ob ein Modell auch inhaltlich sinnvoll ist. Wir haben gezeigt, dass auch unsinnige Korrelationen statistisch signifikant sein können. Dies zu erkennen, ist die Aufgabe des Anwenders. Der Computer weiß nichts über Kausalität, weil die Daten keine Informationen über Kausalität enthalten. So könnte ein Computer möglicherweise „denken", dass die Gewinnsteuer ein guter Prädiktor für Umsatz oder Gewinn ist, wenn man ihn mit entsprechenden Daten füttert.

Nichtsdestotrotz wollen wir die Methode der schrittweisen Regression hier an unserem Beispiel demonstrieren. Abb. 2.41 zeigt, dass im ersten Schritt das Einkommen und im zweiten Schritt das Alter in das Modell einbezogen wird. Die Variable „Geschlecht" wird nicht berücksichtigt, da ihr p-Wert $\alpha = 5\,\%$ übersteigt.

**Aufgenommene/Entfernte Variablen[a]**

| Modell | Aufgenommene Variablen | Entfernte Variablen | Methode |
|---|---|---|---|
| 1 | Einkommen | . | Schrittweise Selektion (Kriterien: Wahrscheinlichkeit von F-Wert für Aufnahme <= ,050, Wahrscheinlichkeit von F-Wert für Ausschluß >= ,100). |
| 2 | Alter | . | Schrittweise Selektion (Kriterien: Wahrscheinlichkeit von F-Wert für Aufnahme <= ,050, Wahrscheinlichkeit von F-Wert für Ausschluß >= ,100). |

a. Abhängige Variable: Einkaufs-Häufigkeit

**Abb. 2.41** Schrittweise Regression: aufgenommene/entfernte Variablen

**Modellzusammenfassung**[c]

| Modell | R | R-Quadrat | Korrigiertes R-Quadrat | Standardfehler des Schätzers |
|---|---|---|---|---|
| 1 | ,779[a] | ,607 | ,597 | 3,116 |
| 2 | ,810[b] | ,656 | ,638 | 2,956 |

a. Einflußvariablen : (Konstante), Einkommen
b. Einflußvariablen : (Konstante), Einkommen, Alter
c. Abhängige Variable: Einkaufs-Häufigkeit

**Abb. 2.42** Schrittweise Regression: Änderung im Bestimmtheitsmaß

Das Zielkriterium für die sukzessive Einbeziehung von Variablen ist die Erhöhung von R-Quadrat. Im ersten Schritt wird die Variable „Einkommen" ausgewählt, weil sie die höchste Korrelation mit der abhängigen Variable aufweist und somit das höchste R-Quadrat ergibt (siehe Abb. 2.42). In jedem nachfolgenden Schritt wird die Variable ausgewählt, die den höchsten Anstieg von R-Quadrat ergibt. Der Prozess endet, wenn es keine weitere Variable gibt, die eine signifikante Zunahme von R-Quadrat erbringt. Hier im Beispiel endet der Prozess nach dem zweiten Schritt.

Die geschätzten Koeffizienten sind in Abb. 2.43 dargestellt. Nach dem ersten Schritt ist der Koeffizient des Einkommens etwas nach unten verzerrt, da er den negativen Effekt des Alters aufnimmt. Dies wird im zweiten Schritt durch die Einbeziehung des Alters in das Modell korrigiert. Die Koeffizienten des Einkommens und des Alters sind fast identisch mit den Koeffizienten in der Gl. (2.76), die zusätzlich die Variable „Geschlecht" enthält.

Der Auswahlprozess der schrittweisen Regression kann über das Menü „*Optionen*" gesteuert werden (vgl. Abb. 2.32). Die in Abb. 2.32 gezeigten Standardeinstellungen von SPSS wurden hier verwendet (PIN=0.05; POUT=0.10). Der Benutzer kann die p–

**Koeffizienten**[a]

| Modell | | Nicht standardisierte Koeffizienten | | Standardisierte Koeffizienten | | |
|---|---|---|---|---|---|---|
| | | Regressions-koeffizientB | Std.-Fehler | Beta | T | Sig. |
| 1 | (Konstante) | -2,041 | 1,405 | | -1,453 | ,155 |
| | Einkommen | 2,649 | ,345 | ,779 | 7,669 | <,001 |
| 2 | (Konstante) | 1,222 | 1,952 | | ,626 | ,535 |
| | Einkommen | 3,106 | ,384 | ,914 | 8,092 | <,001 |
| | Alter | -,120 | ,052 | -,258 | -2,287 | ,028 |

a. Abhängige Variable: Einkaufs-Häufigkeit

**Abb. 2.43** Schrittweise Regression: geschätzte Parameter

Werte für PIN (Einfügen) und POUT (Entfernen) einer Variablen ändern. Eine bereits ausgewählte Variable kann durch die Einbeziehung anderer Variablen an Bedeutung verlieren und damit ihren p-Wert erhöhen. Wenn der p-Wert den „Entfernen"-Wert POUT überschreitet, wird die Variable aus dem Modell entfernt. Der „Entfernen"-Wert muss immer größer als der „Einfügen"-Wert sein (PIN < POUT), da sonst der Algorithmus möglicherweise kein Ende findet.

Wenn wir PIN = 0,7 und POUT = 0,8 setzen, dann wird auch die Variable Geschlecht ausgewählt und die schrittweise Regression ergibt die gleiche Regressionsfunktion, die wir mit der blockweisen Regression erhalten haben Gl. (2.76).

Wenn die Rückwärtselimination gewählt wird, dann beginnt der Algorithmus mit einem Modell, das alle Variablen einschließt und in jedem Schritt diejenige Variable entfernt, die die kleinste Änderung von R-Quadrat ergibt.

### 2.3.4 SPSS-Kommandos

Im Fallbeispiel wurde die Regressionsanalyse mithilfe der grafischen Benutzeroberfläche von SPSS (GUI: graphical user interface) durchgeführt. Alternativ kann der Anwender aber auch die sog. *SPSS-Syntax* verwenden, die eine speziell für SPSS entwickelte Programmiersprache darstellt. Jede Option, die auf der grafischen Benutzeroberfläche von SPSS aktiviert wurde, wird dabei in die SPSS-Syntax übersetzt. Wird im Hauptdialogfenster der Regressionsanalyse auf *„Einfügen"* geklickt (Abb. 2.30), so wird die zu den gewählten Optionen gehörende SPSS-Syntax automatisch in einem neuen Fenster ausgegeben. Die Prozeduren von SPSS können auch allein auf Basis der SPSS-Syntax ausgeführt werden und Anwender können dabei auch weitere SPSS-Befehle verwenden. Die Verwendung der SPSS-Syntax kann z. B. dann vorteilhaft sein, wenn Analysen mehrfach wiederholt werden sollen (z. B. zum Testen verschiedener Modellspezifikationen). Abb. 2.44 zeigt die SPSS-Syntax für die Ausführung der oben besprochenen Analysen. Das Verfahren der linearen Regression kann durch den Befehl *„REGRESSION"* und mehrere Unterbefehle angefordert werden. Die hier gezeigte Syntax bezieht sich dabei nicht auf eine bestehende Datendatei von SPSS (*.sav), sondern die Daten sind in die Befehle zwischen BEGIN DATA und END DATA eingebettet.

Anwender, die R (https://www.r-project.org) zur Datenanalyse nutzen möchten, finden die entsprechenden R-Befehle zum Fallbeispiel auf der Internetseite www.multivariate.de.

## 2.4 Modifikationen und Erweiterungen

### 2.4.1 Regression mit Dummy-Variablen

Die Flexibilität des linearen Regressionsmodells kann durch die Verwendung von Dummy-Variablen erheblich erweitert werden. Dadurch können auch qualitative

```
* MVA: Fallbeispiel Schokolade Regressionsanalyse.
* Datendefinition.
DATA LIST FREE / Id Einkäufe Alter Geschlecht Einkommen.
MISSING VALUES ALL (9999).

BEGIN DATA
1    6    37    0    1,800
2   12    25    0    2,900
3    2    20    1    2,000
------------------------------
40   9    56    0    4,900
END DATA.
* Alle Datensätze einfügen.

* A: Fallbeispiel Regression: Methode „Einschluss".
* Erste Analyse: Methode „Einschluss".
REGRESSION
  /MISSING LISTWISE
  /STATISTICS COEFF OUTS R ANOVA
  /CRITERIA=PIN(.05) POUT(.10)
  /NOORIGIN
  /DEPENDENT Einkäufe
  /METHOD=ENTER Alter Geschlecht.

* Zweite Analyse: Methode „Einschluss".
REGRESSION
  /DESCRIPTIVES MEAN STDDEV CORR SIG N
  /MISSING LISTWISE
  /STATISTICS COEFF OUTS R ANOVA
  /CRITERIA=PIN(.05) POUT(.10)
  /NOORIGIN
  /DEPENDENT Einkäufe
  /METHOD=ENTER Alter Geschlecht Einkommen
  /SCATTERPLOT=(*ZRESID ,*ZPRED)
  /RESIDUALS HISTOGRAM(ZRESID) NORMPROB(ZRESID).

* B: Fallbeispiel Regression: Methode „Schrittweise".
REGRESSION
  /MISSING LISTWISE
  /STATISTICS COEFF OUTS R ANOVA
  /CRITERIA=PIN(.05) POUT(.10)
  /NOORIGIN
  /DEPENDENT Einkäufe
  /METHOD=STEPWISE Alter Geschlecht Einkommen.
```

**Abb. 2.44** SPSS-Syntax zur Regressionsanalyse im Fallbeispiel

(nominal skalierte) Variablen als erklärende Variablen oder Prädiktoren in ein Regressionsmodell einbezogen werden. Dummy-Variablen sind binäre Variablen (0,1-Variablen). Mathematisch können sie wie metrische Variablen behandelt werden.

Ein Beispiel für eine Dummy-Variable haben wir bereits im Fallbeispiel gesehen, in dem wir das folgende Modell geschätzt hatten:

## 2.4 Modifikationen und Erweiterungen

$$\text{Einkäufe} = f(\text{Alter}, \text{Geschlecht})$$

Für Geschlecht hatten wir eine Dummy-Variable mit den Werten 0 und 1 verwendet. Wenn wir die Dummy-Variable mit $d$ bezeichnen, können wir die geschätzte Regressionsfunktion in der folgenden Form schreiben:

$$\hat{Y} = a + b_1 \cdot d + b_2 \cdot X \qquad (2.77)$$

mit

$\hat{Y}$  Geschätzter Einkäufe von Schokolade
$X$  Alter
$d$  Dummy für Geschlecht

$$d = \begin{cases} 1 & \text{für Manner} \\ 0 & \text{für Frauen} \end{cases}$$

Damit erhalten wir
 Für Männer: $\hat{Y} = a + b_1 \cdot d + b_2 \cdot X = (a + b_1) + b_2 \cdot X$
 Für Frauen: $\hat{Y} = a + b_2 \cdot X$

Für eine qualitative Variable mit zwei Kategorien benötigen wir eine Dummy-Variable. Frauen sind hier die Basiskategorie. Für die Basiskategorie benötigen wir keine Dummy-Variable.

Dies kann auf qualitative Variablen mit mehr als zwei Kategorien verallgemeinert werden. Nehmen wir an, wir wollen anstelle des Geschlechts untersuchen, ob die Haarfarbe den Einkauf von Schokolade beeinflusst. Wir unterscheiden zwischen den Farben Blond, Braun und Schwarz. Für die $q = 3$ Kategorien benötigen wir nun zwei Dummy-Variablen:

$$d_1 = \begin{cases} 1 & \text{für blond} \\ 0 & \text{sonst} \end{cases}$$

$$d_2 = \begin{cases} 1 & \text{für braun} \\ 0 & \text{sonst} \end{cases}$$

Schwarz ist hier die Basiskategorie, für die wir keinen Dummy brauchen. Wir müssen folgende Regressionsfunktion schätzen:

$$\hat{Y} = a + b_1 \cdot d_1 + b_2 \cdot d_2 + b_3 \cdot X \qquad (2.78)$$

Im Allgemeinen benötigen wir also für eine qualitative Variable mit $q$ Kategorien $q - 1$ Dummy-Variablen. Wenn wir $q$ Dummy-Variablen in das Modell einbeziehen, würden wir eine perfekte Multikollinearität zwischen den unabhängigen Variablen verursachen und die Annahme A7 verletzen. Ein numerisches Beispiel für die Verwendung von Dummy-Variablen wird im nächsten Abschnitt zur Regressionsanalyse mit Zeitreihendaten gegeben.

## 2.4.2 Regressionsanalyse mit Zeitreihendaten

Eine wichtige Anwendung des linearen Regressionsmodells ist die Analyse von Zeitreihendaten. Während im Fallbeispiel Querschnittsdaten (Daten, die zu einem bestimmten Zeitpunkt von verschiedenen Subjekten oder Objekten erhoben wurden) betrachtet wurden, beinhaltete das einführende Beispiel in Tab. 2.3 Zeitreihendaten. Die besonderen Eigenschaften von Zeitreihendaten wurden aber hier bislang nicht berücksichtigt. *Zeitreihendaten* sind

- nach Zeit *geordne*t,
- erlauben die Einbeziehung von *Zeitvariablen* in ein Modell.

Neben der Beschreibung und Erläuterung der zeitlichen Entwicklung einer Variablen $Y$ dient die Zeitreihenanalyse auch der Prognose ihrer Entwicklung, d. h. der Abschätzung der Werte von $Y$ für zukünftige Zeitpunkte oder Zeiträume. Dies können wir auch mit anderen Regressionsmodellen durchführen. Dann aber müssen wir zunächst die zukünftigen Werte der Prädiktorvariablen vorhersagen oder Annahmen darüber treffen. Dies kann schwierig sein, wenn die unabhängigen Variablen nicht durch den Anwender kontrolliert werden, z. B. wenn es sich um Aktionen von Konkurrenten oder um Umweltveränderungen handelt. Wenn die Prädiktorvariable die Zeit ist, dann können wir eine Prognose einfach durch *Zeitreihen-Extrapolation* erhalten.

Die Zeit ist eine spezielle Variable, im Gegensatz zu allen anderen Variablen. Sie entwickelt sich in völlig gleichförmiger Weise und unabhängig von allen anderen Ereignissen.[56] Zeit hat keine Ursache. Sie hat eine Ordnungsfunktion und bringt die Daten in eine feste und unveränderliche Reihenfolge. Bei Querschnittsdaten hingegen ist die Reihenfolge der Daten irrelevant und kann beliebig verändert werden. Eine *Zeitvariable* unterteilt die Zeit in äquidistante Punkte oder Perioden (z. B. Tage, Wochen, Monate, Jahre).

> **Beispiel**
>
> Als Zahlenbeispiel verwenden wir die Verkaufsdaten aus unserem einleitenden Anwendungsbeispiel Tab. 2.3. Tab. 2.17 zeigt den Absatz von Schokolade ohne die Marketingvariablen, aber mit einer Zeitvariablen $t$ ($t = 1, \ldots, 12$). Die Zeitvariable zählt hier Perioden von drei Monaten (Quartalen). Die vier Dummy-Variablen ($d_1$ bis $d_4$) kennzeichnen jeweils das Quartal innerhalb eines Jahres auf das sich die Daten beziehen. ◄

---

[56] Seit Albert Einstein (1879–1955) wissen wir zwar, dass dies nicht ganz stimmt. Die Relativitätstheorie sagt uns, dass sich die Zeit mit zunehmender Geschwindigkeit verlangsamt und bei Lichtgeschwindigkeit sogar zum Stillstand kommt. Aber für unsere Probleme können wir dies vernachlässigen.

## 2.4 Modifikationen und Erweiterungen

**Tab. 2.17** Zeitreihendaten für Schokoladenverkäufe

| Periode $i$ | Absatz [1000 Einheiten] | Zeit $t$ [Quartal] | $d_1$ | $d_2$ | $d_3$ | $d_4$ |
|---|---|---|---|---|---|---|
| 1 | 2596 | 1 | 1 | 0 | 0 | 0 |
| 2 | 2709 | 2 | 0 | 1 | 0 | 0 |
| 3 | 2552 | 3 | 0 | 0 | 1 | 0 |
| 4 | 3004 | 4 | 0 | 0 | 0 | 1 |
| 5 | 3076 | 5 | 1 | 0 | 0 | 0 |
| 6 | 2513 | 6 | 0 | 1 | 0 | 0 |
| 7 | 2626 | 7 | 0 | 0 | 1 | 0 |
| 8 | 3120 | 8 | 0 | 0 | 0 | 1 |
| 9 | 2751 | 9 | 1 | 0 | 0 | 0 |
| 10 | 2965 | 10 | 0 | 1 | 0 | 0 |
| 11 | 2818 | 11 | 0 | 0 | 1 | 0 |
| 12 | 3171 | 12 | 0 | 0 | 0 | 1 |

**Lineares Trendmodell**

Abb. 2.45 zeigt ein Streudiagramm für Verkaufsdaten. Wir können einen leichten Anstieg über die Zeit erkennen. Das einfachste Zeitreihenmodell ist das *lineare Trendmodell*:

$$Y = \alpha + \beta \cdot t + \varepsilon \quad (2.79)$$

Durch einfache Regression erhalten wir das folgende geschätzte Modell:

$$\hat{Y} = a + b \cdot t = 2617 + 32{,}09 \cdot t \quad (2.80)$$

Das geschätzte Modell wird durch die Trendlinie in Abb. 2.45 dargestellt. Durch Extrapolation dieser Geraden können wir eine Prognose der Verkäufe für einen beliebigen Zeitraum ($N+k$) in der Zukunft (außerhalb des Beobachtungsbereichs) erhalten. Z. B. für die nächste Periode $N+1 = 13$ erhalten wir:

$$\hat{y}_{N+1} = a + b \cdot (N+1) = 2617 + 32{,}09 \cdot 13 = 3034$$

Oder für eine Prognose, die 10 Perioden vor uns liegt:

$$\hat{y}_{N+10} = a + b \cdot (N+10) = 2617 + 32{,}09 \cdot 22 = 3322$$

Um die Güte des geschätzten Modells zu beurteilen, können wir die Maße verwenden, die wir in Abschn. 2.2.3 diskutiert haben:

- Standardfehler der Regression: $SE = 214$
- R-Quadrat: $R^2 = 24{,}4\,\%$

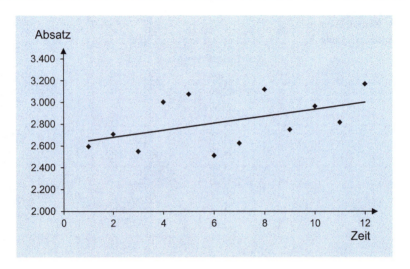

**Abb. 2.45** Streudiagramm und linearer Trend

Ein weiteres gebräuchliches Maß, das in der Zeitreihenanalyse verwendet wird, ist die Mittlere Absolute Abweichung (Mean Absolute Deviation, MAD):

$$MAD = \frac{\sum_{i=1}^{N} |y_i - \hat{y}_i|}{N} = \frac{2060{,}7}{12} = 171{,}7 \qquad (2.81)$$

Zur Beurteilung der Prognosequalität eines Modells sollte die Berechnung des MAD auf Beobachtungen basieren, die nicht für die Schätzung des Modells verwendet wurden. Ein Modell kann eine gute Anpassung haben, muss deshalb aber nicht unbedingt auch eine gute prognostische Fähigkeit bieten.

Alle diese Messungen weisen auf eine schlechte Qualität des geschätzten Modells hin. Dies geht auch aus Abb. 2.45 hervor, die eine beträchtliche Streuung (nicht erklärte Variation) der Beobachtungen um die Trendlinie zeigt.

**Lineares Trendmodell mit saisonalen Dummy-Variablen**

Verkaufsdaten zeigen oft saisonale Schwankungen. Durch die Verwendung von Dummy-Variablen können die saisonalen Effekte in das Modell einbezogen werden. Da unsere Perioden Quartale sind, können wir zwischen 4 Jahreszeiten pro Jahr unterscheiden, die durch die 4 Dummy-Variablen in Tab. 2.17 dargestellt werden. Um perfekte Multikollinearität zu vermeiden, muss eine Jahreszeit (z. B. Jahreszeit 4) als Basiskategorie gewählt werden und Dummies für Saison 1 bis 3 müssen in das Modell aufgenommen werden:

$$\hat{Y} = a + b_1 \cdot q_1 + b_2 \cdot q_2 + b_3 \cdot q_3 + b \cdot t \qquad (2.82)$$

Eine alternative Spezifikation bietet ein Modell ohne konstanten Term:

## 2.4 Modifikationen und Erweiterungen

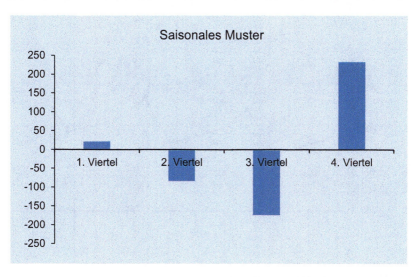

**Abb. 2.46** Saisonales Muster

$$\hat{Y} = b_1 \cdot q_1 + b_2 \cdot q_2 + b_3 \cdot q_3 + b_4 \cdot q_4 + b \cdot t \tag{2.83}$$

Nachdem wir den konstanten Term des Regressionsmodells entfernt haben, können wir alle 4 Dummies in das Modell einbeziehen, ohne eine perfekte Multikollinearität zu verursachen. In SPSS können wir dies über das Dialogfenster „Lineare Regression: Optionen" tun (vgl. Abb. 2.32), indem wir das Häkchen bei der Standardoption „Konstante in die Gleichung einbeziehen" entfernen.

Wenn wir dieses Modell schätzen, erhalten wir:

$$\hat{Y} = 2676 \cdot d_1 + 2571 \cdot d_2 + 2481 \cdot d_3 + 2887 \cdot d_4 + 26{,}38 \cdot t \tag{2.84}$$

Abb. 2.46 zeigt das saisonale Muster. Wir erhalten dieses nach Zentrierung der Koeffizienten der Dummy-Variablen. Durch Einfügen des saisonalen Musters in das Modell verringert sich die nicht erklärte Streuung (siehe Abb. 2.47) und die Güte des Modells verbessert sich erheblich. Wir erhalten jetzt:

- Standardfehler der Regression: $SE = 163$
- R-Quadrat: $R^2 = 69{,}2\,\%$
- Mittlere absolute Abweichung: $MAD = 94{,}1$

Durch Extrapolation der Gl. (2.84) können wir Prognosen für jeden beliebigen Zeitraum in der Zukunft erstellen. Für die nächste Periode (Quartal) $N+1$ erhalten wir:

$$\hat{y}_{13} = 2676 \cdot 1 + 2571 \cdot 0 + 2481 \cdot 0 + 2887 \cdot 0 + 26{,}38 \cdot 13 = 3019$$

Und für die Periode 20 erhalten wir:

$$\hat{y}_{20} = 2676 \cdot 0 + 2571 \cdot 0 + 2481 \cdot 0 + 2887 \cdot 1 + 26{,}38 \cdot 20 = 3415$$

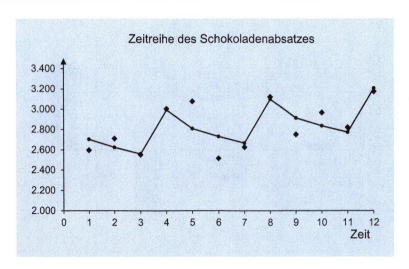

**Abb. 2.47** Geschätzte Zeitreihe mit saisonalen Schwankungen

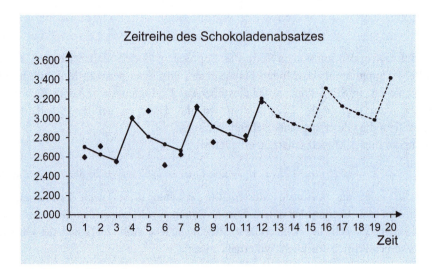

**Abb. 2.48** Geschätzte Zeitreihe und Prognosen

Die gestrichelte Linie in Abb. 2.48 zeigt die Prognosen für die nächsten 8 Perioden 13 bis 20.

**Prognosefehler**

Leider sind Prognosen immer mit Fehlern verbunden („insbesondere, wenn sie auf die Zukunft gerichtet sind", lässt sich sarkastisch bemerken). Auf der Grundlage des Standardfehlers der Regression nach Gl. (2.30) können wir den *Standardfehler der Prognose* für eine zukünftige Periode $N+k$ wie folgt berechnen:

$$s_p(N+k) = SE \sqrt{1 + \frac{1}{N} + \frac{(N+k-\bar{t})^2}{\sum_1^N (t-\bar{t})^2}}$$

(2.85)

wobei $N=12$ die Periode der letzten Beobachtung ist. Es ist wichtig zu beachten, dass der Prognosefehler mit dem Prognosehorizont $N+k$ zunimmt, d. h. je weiter die Prognose in die Zukunft reicht.

Für die nächste Periode erhalten wir:

$$s_p(13) = 163\sqrt{1 + \frac{1}{12} + \frac{(12 + 1 - 6{,}5)^2}{143}} = 191{,}4$$

Und für Periode 20 erhalten wir:

$$s_p(20) = 163\sqrt{1 + \frac{1}{12} + \frac{(12 + 8 - 6{,}5)^2}{143}} = 250{,}4$$

**Intervall-Prognose**

Die Prognosen, die wir oben gemacht haben, werden als *Punktprognosen* bezeichnet. Mithilfe des *Standardfehlers der Prognose* können wir *Intervallprognosen* erstellen, d. h. wir können ein Konfidenzintervall angeben, in dem der zukünftige Wert mit einer bestimmten Wahrscheinlichkeit liegen wird:

$$\hat{y}_{T+k} - t_{\alpha/2} \cdot s_p(N+k) \leq y_{T+k} \leq \hat{y}_{T+k} + t_{\alpha/2} \cdot s_p(N+k) \tag{2.86}$$

Für die nächste Periode 13 erhalten wir also das Intervall

$$3019 - t_{\alpha/2} \cdot 191{,}4 \leq y_{13} \leq 3019 + t_{\alpha/2} \cdot 191{,}4$$

$t_{\alpha/2}$ bezeichnet das Quantil der t-Verteilung (Student-Verteilung) für die Irrtumswahrscheinlichkeit $\alpha = 5\,\%$ (Konfidenzwahrscheinlichkeit $1 - \alpha = 95\,\%$) für einen zweiseitigen Test. Für Stichprobengrößen $N > 30$ können wir $t_{\alpha/2} \approx 2$ annehmen. Hier haben wir nur $N - 4 = 8$ Freiheitsgrade und müssen daher $t_{\alpha/2} = 2{,}3$ nehmen. Damit erhalten wir das Prognoseintervall:

$$3019 - 440 \leq y_{13} \leq 3019 + 440$$

Das Prognoseintervall hat hier eine Spanne von 880. Für Periode 20 erhöht sich das Intervall auf mehr als 1100. Dies macht verständlich, warum Prognosen in der Realität so oft scheitern, besonders, wenn sie weit in die Zukunft reichen.

### 2.4.3 Multivariate Regression

Die *multivariate Regression* ist eine Erweiterung der multiplen Regression mit mehr als einer abhängigen Variablen (vgl. z. B. Izenman 2013, S. 159 ff.; Greene 2020, S. 366 ff.). Jede der $M$ abhängigen Variablen wird durch denselben Satz unabhängiger Variablen beeinflusst. Es gibt also $M$ Gleichungen, von denen jede den gleichen Satz unabhängiger Variablen enthält.

In einer Studie über die Auswirkungen von Essgewohnheiten auf die Gesundheit könnten die unabhängigen Variablen beispielsweise die Menge an Fleisch, Gemüse,

Getreideprodukten, Obst und Schokolade sein. Die abhängigen Variablen können der BMI (Body Mass Index), der Blutdruck und der Cholesterinspiegel sein. Man kann also drei Gleichungen mit den gleichen fünf unabhängigen Variablen betreffend die Essgewohnheiten bilden. Bei der multivariaten Regression werden alle Parameter gleichzeitig geschätzt. Dies fällt in den Bereich der simultanen Gleichungsmodelle und sprengt den Rahmen dieses Buches.

## 2.5 Anwendungsempfehlungen

Für die praktische Anwendung der Regressionsanalyse werden einige Empfehlungen gegeben:

- Das zu untersuchende Problem muss genau definiert werden: Welche Variable soll erklärt oder vorhergesagt werden? Die abhängige Variable muss ein metrisches Skalenniveau haben. Wenn unabhängige Variablen ein nominales Skalenniveau haben, müssen sie in Dummy-Variablen transformiert werden.
- Bevor der Anwender eine Regressionsanalyse beginnt, sollte er die Daten durch Streudiagramme visualisieren und die Korrelationsmatrix ansehen.
- Fachwissen und logische Überlegungen müssen eingebracht werden, um mögliche Einflussgrößen zu identifizieren und zu definieren. Eine Variable sollte nur dann in Betracht gezogen werden, wenn es dafür logische Gründe gibt.
- Die Anzahl der Beobachtungen muss ausreichend groß sein. Ein Modell wird zuverlässiger sein, wenn es auf mehr Beobachtungen beruht. Außerdem sind mehr Beobachtungen erforderlich, wenn mehr Variablen berücksichtigt werden sollen. In der Literatur existieren unterschiedliche Empfehlungen, die von 10 bis 30 Beobachtungen pro unabhängiger Variable reichen. 10 Beobachtungen pro Parameter ist eine einfache und praktische Faustregel, d. h. mindestens 20 Beobachtungen für eine einfache Regression. Wie wir allerdings gezeigt haben, hängt die Präzision einer Schätzung nicht nur von der Anzahl der Beobachtungen ab, sondern auch von der Variation der unabhängigen Variablen, und bei mehreren unabhängigen Variablen hängt die Präzision auch von ihrer Kollinearität ab (siehe Abschn. 2.2.5.7).
- Nach der Schätzung einer Regressionsfunktion muss das Bestimmtheitsmaß zunächst auf Signifikanz überprüft werden. Wenn kein signifikantes Testergebnis erzielt werden kann, muss der gesamte Regressionsansatz verworfen werden.
- Die einzelnen Regressionskoeffizienten müssen logisch (auf Vorzeichen) und statistisch (auf Signifikanz) überprüft werden.
- Es ist zu überprüfen, ob die Annahmen des linearen Regressionsmodells erfüllt sind (siehe Abschn. 2.2.5). Dazu ist die Überprüfung der Residuen zwingenderweise notwendig (siehe Abschn. 2.2.5.1 und 2.2.5.2).

- Wenn das Modell zur Erklärung oder Entscheidungsfindung verwendet wird, ist die Richtigkeit der Kausalitätsannahmen unerlässlich. Dies erfordert außerstatistische Überlegungen und Information die über Entstehung der Daten.
- Möglicherweise müssen Variablen aus der Gleichung entfernt oder neue Variablen hinzugefügt werden. Die Modellierung ist oft ein iterativer Prozess, bei dem der Anwender neue Hypothesen auf der Grundlage empirischer Ergebnisse formuliert und diese dann erneut prüft.
- Wenn das Regressionsmodell alle statistischen und logischen Prüfungen bestanden hat, muss seine Gültigkeit anhand der Realität überprüft werden.

## Literatur

### Zitierte Literatur

Agresti, A. (2013). *Categorical data analysis*. Wiley.
Anscombe, F. J., & Tukey, J. W. (1963). The Examination and Analysis of Residuals. *Technometrics, 5*(2), 141–160.
Belsley, D., Kuh, E., & Welsch, R. (1980). *Regression diagnostics*. John Wiley & Sons.
Blalock, H. M. (1964). *Causal inferences in nonexperimental research*. The Norton Library.
Campbell, D. T., & Stanley, J. C. (1966). *Experimental and quasi-experimental designs for research*. Rand McNelly.
Charles, E. P. (2005). The correction for attenuation due to measurement error: Clarifying concepts and creating confidence sets. *American Psychological Association, 10*(2), 206–226.
Cook, R. D. (1977). Detection of influential observations in linear regression. *Technometrics, 19*, 15–18.
Fox, J. (2008). *Applied regression analysis and generalized linear models*. Sage Publications.
Freedman, D. (2002). From Association to causation: Some remarks on the history of statistics. University of California, Berkeley, Technical Report No. 521.
Freedman, D. (2012). *Statistical models: Theory and practice*. Cambridge University Press.
Freedman, D., Pisani, R., & Purves, R. (2007). *Statistics* (4. Aufl.). Norton & Company.
Galton, F. (1886). Regression towards mediocrity in hereditary stature. *Journal of the Anthropological Institute of Great Britain and Ireland, 15*, 246–263.
Gelman, A., & Hill, J. (2018). *Data analysis using regression and multilevel/hierarchical models*. Cambridge University Press.
Green, P. E., Tull, D. S., & Albaum, G. (1988). *Research for marketing decisions* (5. Aufl.). Prentice Hall, Englewood Cliffs (NJ).
Greene, W. H. (2012). *Econometric analysis* (7. Aufl.). Pearson.
Greene, W. H. (2020). *Econometric analysis* (8. Aufl.). Pearson.
Hair, J. F., Black, W. C., Babin, B. J., & Anderson, R. E. (2010). *Multivariate data analysis* (7. Aufl.). Pearson.
Hair, J. F., Hult, G.T., Ringle, C. M., & Sarstedt, M. (2014). *A primer on partial least squares structural equation modelling (PLS-SEM)*. Sage.
Hastie, T., Tibshirani, R., & Friedman, J. (2011). *The elements of statistical learning*. Springer.
Izenman, A. L. (2013). *Modern multivariate statistical techniques*. Springer Texts in Statistics.

Kahneman, D. (2011). *Thinking, fast and slow.* Penguin Books.
Kline, R. B. (2016). *Principles and practice of structural equation modeling.* Guilford Press.
Kmenta, J. (1997). *Elements of econometrics* (2. Aufl.). Macmillan.
Leeflang, P., Witting, D., Wedel, M., & Naert, P. (2000). *Building models for marketing decisions.* Kluwer Academic Publishers.
Little, J. D. C. (1970). Models and managers: The concept of a decision calculus. *Management Science, 16*(8), 466–485.
Maddala, G., & Lahiri, K. (2009). *Introduction to econometrics* (4. Aufl.). Wiley.
Messerli, F. H. (2012). Chocolate consumption, cognitive function, and Nobel laureates. *New England Journal of Medicine, 367*(16), 1562–1564.
Pearl, J., & Mackenzie, D. (2018). *The book of why – The new science of cause and effect.* Basic Books.
Spearman, C. (1904). The proof and measurement of association between two things. *The American Journal of Psychology, 15*(1), 72–101.
Stigler, S. M. (1997). Regression towards the mean, historically considered. *Statistical Methods in Medical Research, 6,* 103–114.
Weiber, R., & Sarstedt, M. (2021). *Strukturgleichungsmodellierung* (3. Aufl.). Springer.
Wooldridge, J. (2016). *Introductory econometrics: A modern approach* (6. Aufl.). Thomson.

## Weiterführende Literatur

Fahrmeir, L., Kneib, T., Lang, S., & Marx, B. (2009). *Regression – Models, methods and aplications.* Springer.
Hanke, J. E., & Wichern, D. (2013). *Business forecasting* (9. Aufl.). Prentice-Hall.
Härdle, W., & Simar, L. (2012). *Applied multivariate analysis.* Springer.
Stigler, S. M. (1986). *The history of statistics.* Harvard University Press.

# Varianzanalyse (ANOVA) 3

## Inhaltsverzeichnis

| | | |
|---|---|---:|
| 3.1 | Problemstellung | 162 |
| 3.2 | Vorgehensweise | 165 |
| | 3.2.1 Einfaktorielle Varianzanalyse | 165 |
| |     3.2.1.1 Modellformulierung | 165 |
| |     3.2.1.2 Zerlegung der Streuung und Modellgüte | 170 |
| |     3.2.1.3 Prüfung der statistischen Signifikanzen | 173 |
| |     3.2.1.4 Interpretation der Ergebnisse | 179 |
| | 3.2.2 Zweifaktorielle Varianzanalyse | 182 |
| |     3.2.2.1 Modellformulierung | 182 |
| |     3.2.2.2 Zerlegung der Streuung und Modellgüte | 189 |
| |     3.2.2.3 Prüfung der statistischen Signifikanzen | 193 |
| |     3.2.2.4 Interpretation der Ergebnisse | 195 |
| 3.3 | Fallbeispiel | 196 |
| | 3.3.1 Problemstellung | 196 |
| | 3.3.2 Durchführung einer zweifaktoriellen ANOVA mit SPSS | 197 |
| | 3.3.3 Ergebnisse | 197 |
| |     3.3.3.1 Zweifaktorielle ANOVA | 197 |
| |     3.3.3.2 Post-hoc-Test für den Faktor „Platzierung" | 204 |
| |     3.3.3.3 Kontrastanalyse für den Faktor „Platzierung" | 205 |
| | 3.3.4 SPSS-Kommandos | 208 |
| 3.4 | Modifikationen und Erweiterungen | 210 |
| | 3.4.1 Verfahrenserweiterungen | 210 |
| | 3.4.2 Kovarianzanalyse (ANCOVA) | 212 |
| |     3.4.2.1 Erweiterung des Fallbeispiels und Umsetzung in SPSS | 212 |
| |     3.4.2.2 Ergebnisse der ANCOVA im Fallbeispiel | 214 |
| | 3.4.3 Prüfung der Varianzhomogenität mithilfe des Levene-Tests | 216 |
| 3.5 | Anwendungsempfehlungen | 218 |

© Springer Fachmedien Wiesbaden GmbH, ein Teil von Springer Nature 2023
K. Backhaus et al., *Multivariate Analysemethoden*,
https://doi.org/10.1007/978-3-658-40465-9_3

Literatur.................................................... 220
    Zitierte Literatur........................................ 220
    Weiterführende Literatur................................. 221

## 3.1 Problemstellung

Sowohl die Wissenschaft als auch die Unternehmenspraxis stehen häufig vor der Frage, welche Maßnahmen am besten geeignet sind, um ein bestimmtes Ziel zu erreichen. Ein Test der Wirksamkeit verschiedener Maßnahmen kann dabei dadurch erfolgen, dass alternative Maßnahmen (z. B. verschiedene Werbekonzepte) definiert und dann in verschiedenen Gruppen eingesetzt werden. Führen die in den verschiedenen Gruppen durchgeführten Maßnahmen zu jeweils unterschiedlichen Ergebnissen einer interessierenden Zielgröße, so kann das als Indiz dafür gewertet werden, dass die verschiedenen Maßnahmen die Zielgröße in unterschiedlicher Weise beeinflussen. Dies gilt natürlich nur dann, wenn die verschiedenen Gruppen in ihrer Struktur vergleichbar sind und sich quasi nur durch die in einer Gruppe durchgeführten Maßnahmen unterscheiden.

Zur Analyse und statistischen Auswertung solcher Überlegungen stellt die *Varianzanalyse (Analysis of Variance; ANOVA)* das wichtigste statistische Verfahren dar. Im einfachsten Fall untersucht sie die Wirkung einer oder mehrerer unabhängigen Variablen auf eine abhängige Variable. Es wird somit ein vermuteter *Kausalzusammenhang* untersucht, der sich formal wie folgt darstellen lässt:

$$Y = f(X_1, X_2, \ldots, X_j, \ldots, X_J).$$

Dabei sind die unabhängigen Variablen *($X_j$)* nominal skalierte (kategoriale) Variablen, die in jeweils unterschiedlichen Ausprägungen auftreten können, während die abhängige Variable immer auf metrischem Skalenniveau gemessen wird. In Tab. 3.1 ist eine Reihe von Beispielen aus unterschiedlichen Anwendungsfeldern aufgeführt, die die Vermutungen über die *Wirkungsrichtung* von Variablen zum Ausdruck bringen.

So wird im Beispiel aus dem Marketing untersucht, ob die Werbung als unabhängige Variable mit den drei Ausprägungen „Internetwerbung", „Plakatwerbung" und „Zeitungswerbung" einen Einfluss auf die abhängige Variable „Kino-Besucherzahl" hat. Im Beispiel aus der Pädagogik soll hingegen untersucht werden, ob die Unterrichtsmethodik das Notenniveau in einem Schulfach verändern kann. Bei allen Beispielen beinhalten die unabhängigen Variablen stets alternative *Zustände* (Ausprägungen), von denen vermutet wird, dass sie die metrisch messbaren abhängigen Variablen (z. B. Besucherzahlen, Jahresabsatz, Imagewert, Genesungszeit, Noten der Klassenarbeiten) in unterschiedlicher Weise beeinflussen.

Ein weiteres gemeinsames Merkmal der Beispiele in Tab. 3.1 ist, dass sie *experimentelle Situationen* beschreiben: Experimente sind ein klassisches Instrument zur empirischen Untersuchung von Kausalhypothesen. Der Anwender greift dabei aktiv in ein Experiment ein, indem er die unabhängigen Variablen systematisch variiert (manipuliert) und dann die Auswirkungen auf die abhängige Variable misst. Die unabhängigen Variablen *(X)* werden also einer systematischen „*Behandlung*" durch den

## 3.1 Problemstellung

**Tab. 3.1** Anwendungsbeispiele der ANOVA in verschiedenen Fachdisziplinen

| Anwendungsfelder | Beispielhafte Fragestellungen der ANOVA |
|---|---|
| Agrarwissenschaft | Ein Landwirtschaftsbetrieb will die Wirksamkeit von drei verschiedenen Düngemitteln im Zusammenhang mit der *Bodenqualität* überprüfen. Dazu werden der Ernteertrag und die Halmlänge bei gegebener Getreidegattung auf Feldern verschiedener Bodenbeschaffenheit, die jeweils drei verschiedene Düngesegmente haben, untersucht |
| Betriebswirtschaft | Ein Unternehmen testet drei verschiedene Markennamen in zwei verschiedenen Absatzwegen und möchte so feststellen, welche Wirkung diese beiden Marketinginstrumente jeweils isoliert und gemeinsam auf den *Jahresabsatz* besitzen |
| Gesundheitswesen | Es wird vermutet, dass Diäten in unterschiedlichem Maße zur Reduktion von Übergewicht beitragen. Zur Prüfung werden fünf (vergleichbare) Gruppen von übergewichtigen Personen gebildet, die für sechs Monate jeweils eine der fünf Diäten durchführen. Sollte nach dem halben Jahr die durchschnittliche *Gewichtsreduktion* (in kg) in den fünf Personengruppen unterschiedlich sein, so wird die Vermutung als bestätigt angesehen |
| Marketing | Ein Kinobetreiber möchte wissen, ob Werbung im Internet, auf Plakaten oder über Zeitungsannoncen zu unterschiedlichen Wirkungen auf die Besucherzahlen in seinem Kino führt. Um dies zu erfahren, wird eine Zeit lang jeweils nur eine Form der Werbung durchgeführt und die Besucherzahlen erfasst |
| Medizin | Eine Klinik kann zur Behandlung einer Krankheit auf verschiedene Therapiemethoden zurückgreifen. Sie möchte nun wissen, ob die verschiedenen Therapien die *Genesungszeit* unterschiedlich beeinflussen und welche Therapie zur schnellsten Genesung führt |
| Pädagogik | Es soll untersucht werden, ob die Wahl der Unterrichtsmethodik die Leistungsfähigkeit von Schülern in einem Fach beeinflusst. Es wird deshalb über ein halbes Jahr in mehreren Schulklassen einer Schulstufe das gleiche Fach mit drei verschiedenen Unterrichtsmethoden unterrichtet. Anschließend werden die Noten der Klassenarbeiten der Schulklassen verglichen |
| Psychologie | Es soll untersucht werden, ob Menschen mit vergleichbaren Lebenssituationen, die im ländlichen Raum leben, im Vergleich zu Personen in Großstädten ein unterschiedliches *Glücksempfinden* aufweisen |
| Soziologie | Ein soziologisches Institut soll herausfinden, ob durch die Wahl des Hobbies das Ansehen einer Person beeinflusst wird. Vergleichbare Personengruppen, die aber unterschiedliche Hobbies verfolgen, werden deshalb untersucht und das *Ansehen* in den verschiedenen Gruppen verglichen |
| Technologie | Es stehen vier verschiedene Produktionstechnologien zur Verfügung. Durch den Einsatz der vier Technologien in vergleichbaren Produktionsumgebungen wird nun geprüft, ob die Technologien die *Produktivität* der Fertigung in unterschiedlicher Weise beeinflussen |

**Tab. 3.2** Alternative Bezeichnungen der Variablen einer ANOVA

| **Abhängige Variable** *(Y)*<br>*Oder:*<br>**Zielvariable,** erklärte Variable, Untersuchungsvariable; Messgröße; Kriteriumsvariable | **Unabhängige Variablen** *(X)*<br>*Oder:*<br>(experimentelle) **Faktoren,** Einflussvariablen |
|---|---|
| *Skalenniveau:* metrisch | *Skalenniveau:* nominal<br>*Ausprägungen **einer** nominalen Variablen:*<br>**Faktorstufen,** Kategorien, Gruppen |

Anwender unterzogen, weshalb sie häufig auch als experimenteller Faktor bezeichnet werden. Demgegenüber wird die abhängige Variable (Y) oft als Messgröße oder Kriteriumsvariable bezeichnet.

Tab. 3.2 gibt einen Überblick zu verschiedenen Bezeichnungen der in einer ANOVA verwendeten Variablen, die in der Literatur üblich sind. In diesem Beitrag wird eine unabhängige Variable durchgängig als „Faktor" und deren Ausprägungen als „Faktorstufen" bezeichnet.

Die gezielte Variation (Manipulation) der Faktoren erfolgt aufgrund von theoretischen oder sachlogischen Überlegungen des Anwenders im Vorfeld. Diese schlagen sich in dem sog. *experimentellen Design* nieder. Durch das experimentelle Design (Versuchsanordnung) soll sichergestellt werden, dass die gebildeten Gruppen gleich sind und sich nicht systematisch unterscheiden. Nur unter dieser Bedingung lassen sich die Unterschiede in den Testergebnissen eindeutig auf die Unterschiede in der Behandlung (Faktorstufen) zurückführen. Um diese Bedingung zu erfüllen, erfordert die Anwendung der Varianzanalyse, dass die Testobjekte nach dem *Zufallsprinzip* den verschiedenen Faktorstufen zugeordnet werden. Anschließend werden die durchschnittlichen Messwerte der Zielvariable in den verschiedenen Gruppen miteinander verglichen. Treten dann signifikante Unterschiede auf, so kann daraus auch auf unterschiedliche Einflussstärken der Faktoren geschlossen werden. Ist dies hingegen nicht der Fall, so wird das als Indikator dafür gewertet, dass die verschiedenen Faktorstufen die abhängige Variable unterschiedlich beeinflussen.

Wird nur ein Faktor mit zwei Faktorstufen betrachtet, so entspricht die Prüfung, ob sich die abhängige Variable im Durchschnitt in den Gruppen der beiden Faktorstufen unterscheidet, einem einfachen *Test auf Mittelwertunterschiede*. Liegen bei einem Faktor aber drei und mehr Faktorstufen vor oder werden auch zwei oder mehr Faktoren betrachtet, so ist die (simultane) Prüfung der Mittelwertunterschiede mit dem einfachen Mittelwerttest nicht mehr möglich und es bedarf der ANOVA. Die Bezeichnung „Varianzanalyse" ist dabei darauf zurückzuführen, dass in die Prüfgröße zum Test der Mittelwertunterschiede die Streuungen (Varianzen) sowohl innerhalb der verschiedenen Gruppen als auch zwischen den Gruppen eingehen (vgl. Abschn. 3.2.1.3).

Mit dem Begriff „Varianzanalyse" wird nicht nur ein bestimmtes Analyseverfahren bezeichnet, sondern er wird auch als Sammelbegriff für die unterschiedlichen Varianten der ANOVA verwendet. Unterschiede in diesen Verfahrensvarianten werden kurz in Abschn. 3.4.1 aufgezeigt. Hier sei nur darauf hingewiesen, dass univariate Varianzanalysen (ANOVA) mit einer abhängigen Variablen in Abhängigkeit der Anzahl der betrachteten Faktoren als ein-, zwei-, dreifaktorielle usw. ANOVA bezeichnet werden. In diesem Beitrag konzentrieren sich die Betrachtungen auf die einfaktorielle und die zweifaktorielle ANOVA.

## 3.2 Vorgehensweise

Das Grundprinzip der ANOVA wird im Folgenden zunächst am Beispiel einer univariaten ANOVA mit einer abhängigen und einer unabhängigen Variablen (einfaktorielles Modell) verdeutlicht. Anschließend werden die Überlegungen auf die zweifaktorielle ANOVA (zwei unabhängige Variablen) ausgeweitet. In beiden Fällen wird die Vorgehensweise in vier Schritte unterteilt, die in Abb. 3.1 dargestellt sind.

Im ersten Schritt erfolgt die Modellformulierung und zentrale Vorüberlegungen zur Durchführung der ANOVA werden vorgestellt. Die Modellformulierung variiert dabei in Abhängigkeit von der gewählten Art der ANOVA (ein-, zwei-, dreifaktorielle usw.). Der zweite Schritt wendet sich sodann der Analyse von Streuungen zu, die das Grundprinzip der ANOVA darstellen. Je mehr Faktoren betrachtet werden und je mehr Faktorstufen diese besitzen, desto mehr Quellen der Streuung gibt es. Aufbauend auf diesen Überlegungen wird im dritten Schritt gezeigt, wie statistisch getestet werden kann, ob Unterschiede in den Mittelwerten der Faktorstufen signifikant sind und wie die Güte des formulierten Varianzmodells zu beurteilen ist. Schließlich dient der vierte Schritt der Interpretation der Ergebnisse und der Prüfung von Anschlussfragen, die sich aus den Ergebnissen ergeben.

### 3.2.1 Einfaktorielle Varianzanalyse

#### 3.2.1.1 Modellformulierung

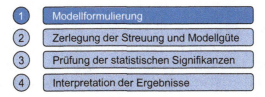

Die Modellformulierung der ANOVA bringt eine Erklärung darüber zum Ausdruck, wie ein bestimmter Beobachtungswert $i$ der abhängigen Variablen $(Y)$, der aus einer bestimmten Untersuchungsgruppe (Faktorstufe) $g$ entstammt, reproduziert werden kann.

**Stochastisches Modell der ANOVA**

Varianzanalysen werden meist auf der Basis von Stichprobendaten durchgeführt. Jede Stichprobenziehung ergibt dabei andere Daten und entsprechend liefert auch die ANOVA

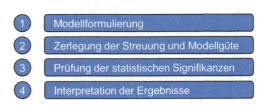

**Abb. 3.1** Ablaufschritte der ANOVA

andere Schätzungen für dasselbe Problem. Daher kann das primäre Ziel der ANOVA nicht darin bestehen, eine Beschreibung der Daten in der Stichprobe zu geben, sondern aus der Stichprobe Rückschlüsse auf die Grundgesamtheit zu ziehen, aus der die Stichprobe gezogen wurde.[1] Durch das stochastische Modell der ANOVA wird die den Stichprobendaten innewohnende Zufälligkeit abgedeckt. Das stochastische Modell der ANOVA besteht aus zwei Komponenten, einer systematischen Komponente und einer stochastischen Komponente ε. In seiner allgemeinen Form lautet das Modell wie folgt:

$$y_{gi} = \mu + \alpha_g + \varepsilon_{gi} \tag{3.1}$$

$y_{gi}$  Beobachtungswert $i$ ($i = 1, 2, ..., N$) der abhängigen Variable in Faktorstufe $g$ ($g = 1, 2, ..., G$)
$\mu$  Gesamtmittelwert in der Grundgesamtheit
$\alpha_g$  wahrer Effekt von Faktorstufe $g$ ($g = 1, 2, ..., G$)
$\varepsilon_{gi}$  Fehlerterm (Störgröße)

Es gilt:

$\alpha_g \quad \mu_g - \mu;$

wobei:

$\mu_g$  Mittelwert der Faktorstufe $g$ in der Grundgesamtheit

In den Abweichungen zwischen den Mittelwerten der Faktorstufen bzw. Untersuchungsgruppen ($\alpha_g$) schlagen sich die Effekte der verschiedenen Faktorstufen nieder. Diese bringen zum Ausdruck, ob die Faktorstufen eine Auswirkung auf die abhängige Variable besitzen und liefern damit einen Erklärungsbeitrag für den gemessenen Wert der abhängigen Variablen. Diese Modellkomponente wird auch als *„systematische Komponente"* bezeichnet.

Demgegenüber bringen die Störgrößen $\varepsilon_{gi}$ Messfehler und die Wirkung im Modell nicht betrachteter Variablen zum Ausdruck. Dabei wird angenommen, dass in allen Gruppen ungefähr gleich starke Störeinflüsse herrschen. Diese Modellkomponente wird auch als *„stochastische Komponente"* bezeichnet. Das Modell der ANOVA setzt sich somit aus einer systematischen Komponente und einer stochastischen Komponente zusammen, die miteinander linear verknüpft sind.

---

[1] Es wird in diesem Fall von der „Inferenzstatistik" gesprochen, die von der deskriptiven Statistik zu unterscheiden ist. Die Inferenzstatistik macht Rückschlüsse und Vorhersagen über eine Population auf der Grundlage einer aus der untersuchten Grundgesamtheit gezogenen Stichprobe.

**Tab. 3.3** Daten des Anwendungsbeispiels: Schokoladenabsatz nach Platzierungsform in den 15 Supermärkten

| Platzierung | Ausgangsdaten $y_{gi}$ | | | | |
|---|---|---|---|---|---|
| | Schokoladenabsatz in 15 Supermärkten (kg pro 1000 Kassenvorgänge) | | | | |
| Süßwarenabteilung | 47 | 39 | 40 | 46 | 45 |
| Sonderplatzierung | 68 | 65 | 63 | 59 | 67 |
| Kassenplatzierung | 59 | 50 | 51 | 48 | 53 |

### Anwendungsbeispiel zur einfaktoriellen ANOVA

Zur Verdeutlichung der Zusammenhänge sei folgendes Beispiel betrachtet: Der Manager einer Supermarktkette möchte die Wirkung verschiedener Arten der Warenplatzierung (Faktor) auf den Schokoladenabsatz überprüfen. Zu diesem Zweck wählt er drei Möglichkeiten der Platzierung (Faktorstufen) aus:

1. Süßwarenabteilung
2. Sonderplatzierung
3. Kassenplatzierung

Anschließend wird das folgende *experimentelle Design* entworfen: Aus den weitgehend vergleichbaren 100 Filialen seiner Supermarktkette wählt er 15 Supermärkte zufällig aus. Danach werden in jeweils 5 ebenfalls zufällig ausgewählten Geschäften eine der drei Platzierungsmaßnahmen für jeweils eine Woche durchgeführt. Am Ende wird der Schokoladenabsatz (abhängige Variable) pro Supermarkt in *„Kilogramm pro 1000 Kassenvorgänge"* erfasst. Tab. 3.3 zeigt die drei Teilstichproben ($g$) mit den Schokoladenabsätzen in den jeweils fünf Supermärkten ($i = 5$ für jeden Platzierungstyp). Da jede der drei Gruppen die gleiche Anzahl an Beobachtungen umfasst wird das Design auch als „ausgewogen" bezeichnet *(balancierten Design)*.[2] ◄

Die Mittelwerte der drei Gruppen und der Gesamtmittelwert der Daten sind in Tab. 3.4 dargestellt. Diese Werte werden für die Durchführung der ANOVA benötigt, da die ANOVA die Differenzen zwischen den Mittelwerten der Faktorstufen analysiert. Die unbekannten wahren Mittelwerte einer Faktorstufe $\mu_g$ lassen sich durch die Mittelwerte der Beobachtungswerte in Tab. 3.4 schätzen.

---

[2] Im Anwendungsbeispiel wurden bewusst nur 5 Beobachtungen pro Gruppe und damit insgesamt 15 Beobachtungen gewählt, um die nachfolgenden Berechnungen leichter nachvollziehen zu können. In der Literatur wird meist eine Anzahl von mindestens 20 Beobachtungen pro Gruppe empfohlen.

**Tab. 3.4** Mittelwerte des Schokoladenabsatzes pro Platzierungsform

| Platzierungsform | Mittlerer Absatz pro Platzierung |
|---|---|
| Süßwarenabteilung | $\bar{y}_1 = 43{,}40$ |
| Sonderplatzierung | $\bar{y}_2 = 64{,}40$ |
| Kassenplatzierung | $\bar{y}_3 = 52{,}20$ |
| Gesamtmittelwert | $\bar{y} = 53{,}33$ |

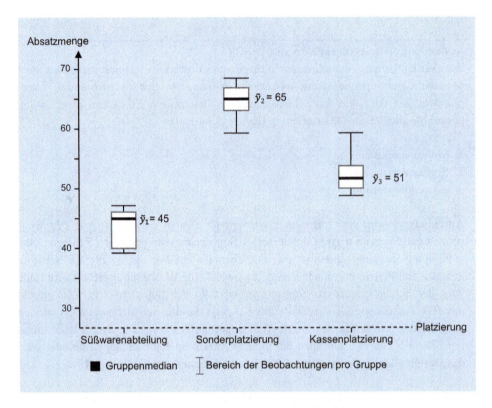

**Abb. 3.2** Boxplots der durchschnittlichen Absatzmengen der drei Platzierungen

Am Anfang einer Analyse sollte immer eine Veranschaulichung der Daten stehen.[3] Zum Vergleich mehrerer Stichproben eignen sich insbesondere Boxplots, wie sie Abb. 3.2 für die vorliegenden Daten zeigt. Jeder Boxplot kennzeichnet eine der drei Teilstichproben

---

[3] Auf der zu diesem Buch gehörigen Internetseite www.multivariate.de stellen wir ergänzendes Material zur Verfügung, um das Verstehen der Methode zu erleichtern und zu vertiefen.

## 3.2 Vorgehensweise

(Platzierungsart) und zeigt deren Lage und Streuung an. Der Kasten zeigt die Position des Medians an. Die Box gibt den Bereich an, in dem 50 % der Beobachtungen liegen. Die „Antennen" markieren die Spannweite der Daten (maximaler und minimaler Wert mit Ausnahme von Ausreißern)

Aus Abb. 3.2 ist erkennbar, dass Unterschiede bezüglich der Absatzmengen in den drei Gruppen bestehen, die durch die unterschiedlichen Platzierungen bedingt sind. Daraus kann gefolgert werden, dass die Art der Platzierung einen Einfluss auf den Schokoladenabsatz besitzt. Vorerst wird dies aber nur als eine *Hypothese* betrachtet, die nachfolgend mittels ANOVA geprüft werden soll.

Da die Absatzmengen auch bei gleicher Platzierung voneinander abweichen (Streuung innerhalb einer Gruppe), müssen neben der Platzierung noch andere Einflussgrößen vorhanden sein. Im Marktgeschehen gibt es immer vielfältige Einflüsse, die sich größtenteils nicht beobachten lassen. Diese werden im Modell der ANOVA durch die Störgrößen $\epsilon_{gi}$ (Zufallsgrößen) repräsentiert, die in jeder Beobachtung $y_{gi}$ enthalten sind.

Die Auswirkungen (Effekte) der Faktorstufen auf die Absatzmengen im Beispiel ergeben sich aus den Abweichungen der Gruppenmittelwerte vom Gesamtmittelwert. Da das Modell in Gl. (3.1) $G+1$ unbekannte Parameter bei nur $G$ Kategorien besitzt, ist zwecks eindeutiger Bestimmung (Identifizierbarkeit) eine Nebenbedingung (Reparametrisierungsbedingung) erforderlich. Als eine Möglichkeit kann angenommen werden, dass die Effekte sich gegenseitig ausgleichen, wodurch lediglich deren Skalierung tangiert wird. In diesem Fall gilt also:

$$\sum_{g=1}^{G} \alpha_g = 0 \quad (3.2)$$

Alternativ könnte auch eine der Kategorien als Referenzkategorie gewählt und deren Effekt null gesetzt werden.

Die Effekte der drei Platzierungsformen lassen sich unter Rückgriff auf die verschiedenen Mittelwerte schätzen. Dabei wird der „wahre" Effekt einer Platzierungsform $g$ in der Grundgesamtheit ($\alpha_g$) durch die beobachtete Differenz zwischen dem Gruppenmittelwert und dem Gesamtmittelwert ($a_g$) geschätzt. Es gilt:

$$a_g = (\bar{y}_g - \bar{y}) \quad (3.3)$$

mit

$$\bar{y}_g = \frac{1}{N} \sum_{i=1}^{N} y_{gi} \quad \text{Gruppenmittelwerte} \quad (3.4)$$

$$\bar{y} = \frac{1}{G \cdot N} \sum_{g=1}^{G} \sum_{i=1}^{N} y_{gi} \quad \text{Gesamtmittelwerte} \quad (3.5)$$

Mit den Werten aus Tab. 3.4 ergeben sich folgende Abweichungen zwischen den Gruppenmittelwerten und dem Gesamtmittelwert:

$$a_1 = (\bar{y}_1 - \bar{y}) = 43{,}40 - 53{,}33 = -9{,}93 \quad \text{Süßwarenabteilung}$$
$$a_2 = (\bar{y}_2 - \bar{y}) = 64{,}40 - 53{,}33 = 11{,}07 \quad \text{Sonderplatzierung}$$
$$a_3 = (\bar{y}_3 - \bar{y}) = 52{,}20 - 53{,}33 = -1{,}13 \quad \text{Kassenplatzierung}$$

Die Summe der drei Effekte ist (bis auf Rundungsfehler) null. Den stärksten positiven Effekt erbringt die Sonderplatzierung mit $a_2 = 11{,}07$, während der durchschnittliche Abverkauf aus der Süßwarenabteilung mit einem Wert von $-9{,}93$ (Gruppenmittelwert von 43,40) am geringsten ist.

Trotz dieser Unterschiede bleibt die Frage offen, ob die ermittelten Effekte auch wirklich durch die Art der Platzierung der Schokolade verursacht wurden. Wegen des Vorhandenseins von nicht beobachtbaren Einflussgrößen (Störgrößen) könnten möglicherweise die geschätzten Effekte auch rein zufällig entstanden sein. Diese Frage kann durch eine sog. *Streuungszerlegung* (bzw. *Varianzzerlegung*) beantwortet werden.

### 3.2.1.2 Zerlegung der Streuung und Modellgüte

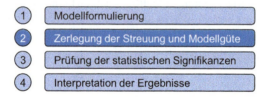

**Streuungszerlegung als Grundprinzip der ANOVA**

Zur Erklärung des Zustandekommens der Beobachtungswerte der abhängigen Variable zerlegt die ANOVA die Varianz einer abhängigen Variable in einen durch das Modell der ANOVA (vgl. Gl. 3.1) erklärten und einen nicht erklärten Anteil. Der erklärte Anteil wird dabei auf die Wirkung der betrachteten unabhängigen Variablen zurückgeführt. Bei der einfaktoriellen ANOVA wird unterstellt, dass die Abweichungen zwischen den Faktorstufen durch diese erzeugt und damit erklärt werden können (systematische Komponente). Demgegenüber sind die Varianzen innerhalb einer Gruppe (Faktorstufe) *nicht* durch das formulierte Modell der ANOVA erklärt (zufällige Komponente). Grundlegend ist dabei die Zerlegung der Abweichungen zwischen den beobachteten Werten $y_{gi}$ und dem Gesamtmittelwert (vgl. auch den in Gl. 3.6 dargestellten allgemeinen Zusammenhang).

$$\text{Gesamtstreuung} = \text{erklärte Streuung} + \text{nicht erklärte Streuung}$$
$$SS_{t\,(otal)} = SS_{b\,(etween)} + SS_{w\,(ithin)}$$
$$\sum_{g=1}^{G}\sum_{i=1}^{N}\left(y_{gi}-\bar{y}\right)^2 = \sum_{g=1}^{G} N\left(\bar{y}_g - \bar{y}\right)^2 + \sum_{g=1}^{G}\sum_{i=1}^{N}\left(y_{gi}-\bar{y}_g\right)^2 \quad (3.6)$$

## 3.2 Vorgehensweise

Dabei bedeutet SS „*Sum of Squares*" und spiegelt die verschiedenen quadrierten Abweichungen vom Mittelwert wider. Entsprechend steht $SS_t$ für die Gesamtstreuungen der Erhebung. $SS_b$ spiegelt die Streuungen (Varianz) zwischen (between) den Gruppen wider, die vom formulierten Modell erklärt werden können und $SS_w$ entspricht den Streuungen innerhalb (within) einer Gruppe, die vom formulierten Modell nicht erklärt werden können. Wird die Streuungszerlegung in Gl. (3.6) auf den Datensatz in Tab. 3.3 angewandt, so erhält man die Daten in Tab. 3.5.

Für das Anwendungsbeispiel ist aus Tab. 3.5 ersichtlich, dass von der Gesamtstreuung des Schokoladenabsatzes ($SS_t = 1287{,}33$) im Experiment durch die Form der Platzierung eine Streuung im Umfang von $SS_b = 1112{,}13$ erklärt werden kann, während $SS_w = 175{,}20$ unerklärt bleiben.

**Tab. 3.5** Ermittlung der Abweichungsquadrate (sum of squares)

| | $SS_t$ $\sum_{g=1}^{G}\sum_{i=1}^{N}(y_{gi}-\bar{y})^2$ | $SS_b$ $\sum_{g=1}^{G} N(\bar{y}_g - \bar{y})^2$ | $SS_w$ $\sum_{g=1}^{G}\sum_{i=1}^{N}(y_{gi}-\bar{y}_g)^2$ |
|---|---|---|---|
| Süßwaren-abteilung | $(47 - 53{,}\overline{3})^2 = 40{,}11$ | $(43{,}4 - 53{,}\overline{3})^2 = 98{,}67$ | $(47 - 43{,}4)^2 = 12{,}96$ |
| | $+(39 - 53{,}\overline{3})^2 = 205{,}44$ | $+(43{,}4 - 53{,}\overline{3})^2 = 98{,}67$ | $(39 - 43{,}4)^2 = 19{,}36$ |
| | $+(40 - 53{,}\overline{3})^2 = 177{,}78$ | $+(43{,}4 - 53{,}\overline{3})^2 = 98{,}67$ | $(40 - 43{,}4)^2 = 11{,}56$ |
| | $+(46 - 53{,}\overline{3})^2 = 53{,}78$ | $+(43{,}4 - 53{,}\overline{3})^2 = 98{,}67$ | $(46 - 43{,}4)^2 = 6{,}76$ |
| | $+(45 - 53{,}\overline{3})^2 = 69{,}44$ | $+(43{,}4 - 53{,}\overline{3})^2 = 98{,}67$ | $(45 - 43{,}4)^2 = 2{,}56$ |
| Sonder-platzierung | $+(68 - 53{,}\overline{3})^2 = 215{,}11$ | $+(64{,}4 - 53{,}\overline{3})^2 = 122{,}47$ | $(68 - 64{,}4)^2 = 12{,}96$ |
| | $+(65 - 53{,}\overline{3})^2 = 136{,}11$ | $+(64{,}4 - 53{,}\overline{3})^2 = 122{,}47$ | $(65 - 64{,}4)^2 = 0{,}36$ |
| | $+(63 - 53{,}\overline{3})^2 = 93{,}44$ | $+(64{,}4 - 53{,}\overline{3})^2 = 122{,}47$ | $(63 - 64{,}4)^2 = 1{,}96$ |
| | $+(59 - 53{,}\overline{3})^2 = 32{,}11$ | $+(64{,}4 - 53{,}\overline{3})^2 = 122{,}47$ | $(59 - 64{,}4)^2 = 29{,}16$ |
| | $+(67 - 53{,}\overline{3})^2 = 186{,}78$ | $+(64{,}4 - 53{,}\overline{3})^2 = 122{,}47$ | $(67 - 64{,}4)^2 = 6{,}76$ |
| Kassen-platzierung | $+(59 - 53{,}\overline{3})^2 = 32{,}11$ | $+(52{,}2 - 53{,}\overline{3})^2 = 1{,}28$ | $(59 - 52{,}2)^2 = 46{,}24$ |
| | $+(50 - 53{,}\overline{3})^2 = 11{,}11$ | $+(52{,}2 - 53{,}\overline{3})^2 = 1{,}28$ | $(50 - 52{,}2)^2 = 4{,}84$ |
| | $+(51 - 53{,}\overline{3})^2 = 5{,}44$ | $+(52{,}2 - 53{,}\overline{3})^2 = 1{,}28$ | $(51 - 52{,}2)^2 = 1{,}44$ |
| | $+(48 - 53{,}\overline{3})^2 = 28{,}44$ | $+(52{,}2 - 53{,}\overline{3})^2 = 1{,}28$ | $(48 - 52{,}2)^2 = 17{,}64$ |
| | $+(53 - 53{,}\overline{3})^2 = 0{,}11$ | $+(52{,}2 - 53{,}\overline{3})^2 = 1{,}28$ | $(53 - 52{,}2)^2 = 0{,}64$ |
| | $SS_t = 1287{,}33$ | $SS_b = 1112{,}13$ | $SS_w = 175{,}20$ |

Die Streuungszerlegung sei hier exemplarisch für den ersten Beobachtungswert im Supermarkt 2 bei der Sonderplatzierung ($y_{21}$) gezeigt. Nach Tab. 3.3 beträgt dieser Wert $y_{21} = 68$. Mithilfe der Mittelwerte im Fallbeispiel (vgl. Tab. 3.4) können nun die folgenden Berechnungen durchgeführt werden:

Die Abweichung vom Gesamtmittelwert beträgt

$$y_{21} - \bar{y} = 68 - 53{,}3 = 14{,}7.$$

Davon lässt sich die Abweichung

$$\bar{y}_2 - \bar{y} = a_2 = 11{,}1$$

durch den Effekt der Platzierung erklären, nicht aber die Abweichung

$$y_{21} - \bar{y}_2 = 68 - 64{,}4 = 3{,}6.$$

Es gilt somit der in Tab. 3.6 dargestellte Zusammenhang. Der Zusammenhang in Tab. 3.6 ist in Abb. 3.3 auch exemplarisch für die Beobachtungswert $y_{13} = 40$ und $y_{21} = 68$ aus Tab. 3.3 grafisch verdeutlicht.

Die Gleichung in Tab. 3.6 gilt auch, wenn die Sum of Squares (SS) betrachtet werden, d. h. die Elemente quadriert und über die Beobachtungen aufsummiert werden.

**Erklärungskraft (Güte) eines varianzanalytischen Modells**
Auf Basis der Streuungszerlegung kann nun auch leicht die Güte des formulierten varianzanalytischen Modells beurteilt werden. Zu diesem Zweck wird berechnet, welcher Anteil der gesamten Streuung durch das Modell (im Beispiel ist das die Platzierung der Schokolade) erklärt wird. Dieser Anteilswert wird als *Eta-Quadrat* bezeichnet und setzt die durch das Modell erklärte Streuung zur Gesamtstreuung in Beziehung.

$$\text{Eta-Quadrat} = \frac{\text{erklärte Streuung}}{\text{Gesamtstreuung}} = \frac{SS_b}{SS_t} \qquad (3.7)$$

Eta-Quadrat kann Werte zwischen null und eins annehmen. Es ist umso größer, je höher der Anteil der erklärten Streuung an der Gesamtstreuung ist. Ein hoher Wert für Eta-Quadrat besagt, dass das geschätzte Modell die Daten der Stichprobe gut erklärt.

Für das Anwendungsbeispiel ergibt sich auf Basis der Zahlen in Tab. 3.5 für Eta-Quadrat des Gesamtmodells ein Wert von (1112,13/1287,33 =) 0,864. Das bedeutet, dass sich 86,4 % der Streuung in der Absatzmenge durch die Platzierung erklären lassen. Nur (1 − 0,864 =) 13,6 % bleiben unerklärt und müssen auf Störeinflüsse zurückgeführt

**Tab. 3.6** Streuungszerlegung im Anwendungsbeispiel

| $y_{21} - \bar{y}$ | $= \bar{y}_2 - \bar{y}$ | $+ y_{21} - \bar{y}_2$ |
|---|---|---|
| 14,7 | = 11,1 | + 3,6 |
| Gesamtabweichung | = erklärte Abweichung | + nicht erklärte Abweichung |

## 3.2 Vorgehensweise

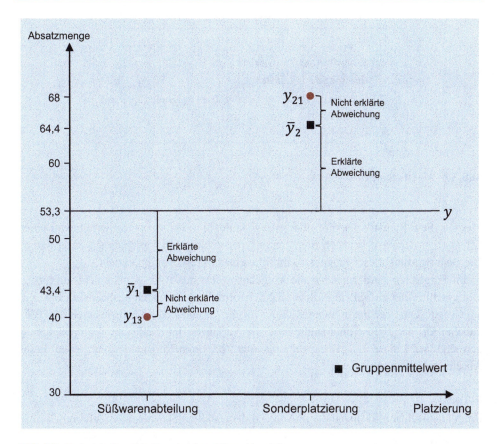

**Abb. 3.3** Beispiele für erklärte und nicht erklärte Abweichungen

werden. Eta-Quadrat entspricht dem Bestimmtheitsmaß (R-Quadrat) der Regressionsanalyse (vgl. Abschn. 2.2.3.2), das ebenfalls den Anteil der durch das formulierte Regressionsmodell erklärten Streuung angibt.

### 3.2.1.3 Prüfung der statistischen Signifikanzen

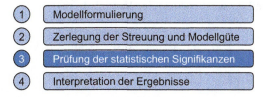

Ein hoher Eta-Quadrat-Wert besagt, dass das geschätzte Modell die Daten der *Stichprobe* gut erklärt. Das bedeutet aber noch nicht, dass diese Aussage auch für die Grundgesamtheit gilt. Die ANOVA verwendet für die Prüfung der statistischen Signifikanz eines

> **F-Test**
>
> 1. Formulierung der Nullhypothese
> 2. Berechnung der Prüfgröße $F_{emp}$
> 3. Festlegung der Irrtumswahrscheinlichkeit α (Signifikanzniveau) und Entscheidung
> 4. Interpretation

**Abb. 3.4** Ablaufschritte eines F-Tests

Modells die F-Statistik. Die Forschungsfrage lautet hier: Hat der betrachtete Faktor einen Effekt ($\alpha_g$), der dazu beiträgt, die Streuung der abhängigen Variablen *(y)* zu erklären? Die Beantwortung dieser Frage wird mithilfe eines F-Tests vorgenommen.

Im Folgenden wird zunächst die Vorgehensweise des F-Tests allgemein aufgezeigt und anschließend auf das in Abschn. 3.2.1.1 formulierte Anwendungsbeispiel (Tab. 3.3) angewandt. Die Ergebnisse münden in der für die Varianzanalyse bedeutsamen ANOVA-Tabelle. Da der F-Test unterstellt, dass die Varianzen innerhalb der Gruppen homogen sind, wird diese als „Varianzhomogenität" bezeichnete Annahme am Ende dieses Abschnitts überprüft.

**F-Test**

Beim klassischen F-Test sind die in Abb. 3.4 dargestellten Schritte durchzuführen.[4]

*Schritt 1*

Zuerst ist die Nullhypothese des F-Tests zu formulieren. Dabei ist zu beachten, dass in der Literatur unterschiedliche Formulierungen der Nullhypothese existieren, die in Ihrer Aussage aber identisch sind.

*Variante a:*

Für das stochastische Modell Formel der ANOVA in Gl. (3.1) lautet die Nullhypothese, dass alle Faktorstufen einen Effekt von Null ($\alpha_g = 0$) auf die abhängige Variable besitzen und somit keinen Einfluss auf die abhängige Variable besitzen:

$$H_0: \alpha_i = \alpha_2 = \ldots = \alpha_G = 0$$
$$H_1: \text{mindestens zwei } \alpha_g \text{ sind} \neq 0 \tag{3.8}$$

---

[4] Zur Auffrischung der Grundlagen zum statistischen Testen, bietet Abschn. 1.3 eine kurze Zusammenfassung der grundlegenden Aspekte.

## 3.2 Vorgehensweise

*Variante b:*
Eine zweite Formulierung der Nullhypothese besagt, dass alle Gruppenmittelwerte identisch sind. Auch das bedeutet, dass die Faktorstufen keinen Effekt auf die abhängige Variable besitzen, da sie zu keinen Unterschieden in den Gruppenmittelwerten führen:

$$H_0: \mu_1 = \mu_2 = \ldots = \mu_G$$
$$H_1: \text{mindestens zwei } \mu_G \text{ sind } \neq 0 \quad (3.9)$$

Zu Variante b ist anzumerken, dass hier auch das Modell der ANOVA im Vergleich zu Gl. (3.1) abweichend formuliert wird. Es gilt:

$$y_{gi} = \mu_g + \epsilon_{gi} \quad (3.10)$$

mit

$y_{gi}$  Beobachtungswert i *(i = 1, 2, ..., N)* in Faktorstufe g *(g = 1, 2, ..., G)*
$\mu_g$  Mittelwert für Faktorstufe g in der Grundgesamtheit
$\epsilon_{gi}$  Fehlerterm (Störgröße)

*Variante c:*
Die in Gl. (3.8 und 3.9) formulierten Nullhypothesen sind beide gleichbedeutend mit der Aussage, dass sich die Streuung des untersuchten Faktors zwischen den Gruppen *nicht* von der Streuung innerhalb der Gruppen unterscheidet. Entsprechend könnte für beide Formen der Nullhypothese auch geschrieben werden:

$$H_0: SS_b = SS_w \text{ bzw. } SS_b/SS_w = 1$$
$$H_1: SS_b \neq SS_w \text{ bzw. } SS_b/SS_w > 1 \quad (3.11)$$

**Schritt 2**
Im *zweiten Schritt* ist die Prüfgröße des F-Tests zu berechnen, wobei alle drei Varianten der Nullhypothese aufgrund der Beziehung in Gl. (3.6) in der folgenden Prüfgröße münden:

$$F_{\text{emp}} = \frac{\text{erklärte Varianz}}{\text{nicht erklärte Varianz}} = \frac{SS_b/(G-1)}{SS_w/(G \cdot (N-1))} = \frac{MS_b}{MS_w} \quad (3.12)$$

Die Prüfgröße folgt einer F-Verteilung und setzt die Varianz zwischen den Gruppen zur Varianz innerhalb der Gruppen in Beziehung. Die Varianzen errechnen sich aus den Streuungen (*SS*) durch Division mit ihren jeweiligen Freiheitsgraden *(df)*.[5] Sie werden

---

[5]Vgl. zum Konzept der Freiheitsgrade die Ausführungen zu den statistischen Grundlagen in Abschn. 1.2.1.

auch als mittlere quadratische Abweichungen bezeichnet und mit „MS" abgekürzt. Aus der Streuungszerlegung und dem im F−Test betrachteten Verhältnis von zwei Varianzen leitet sich auch der Name „Varianzanalyse" ab.

Je stärker die experimentellen Effekte sind, desto größer wird die F−Statistik. Sind die Störeinflüsse gering, so lassen sich schon kleinste Effekte als signifikant (durch den Faktor verursacht) nachweisen. Je größer aber die Störeinflüsse werden, desto größer wird die (nicht erklärte) Varianz im Nenner und desto schwieriger wird der Nachweis der Signifikanz. Um eine Analogie zu gebrauchen: Je lauter die Umweltgeräusche sind, desto lauter muss man schreien, um verstanden zu werden. Der Nachrichtentechniker spricht hier vom Signal−Rausch−Verhältnis (Signal−Rausch−Verhältnis).

*Schritt 3*

Ist der empirische F−Wert berechnet, so ist dieser mit dem theoretischen F−Wert ($F_\alpha$) aus der F−Tabelle zu vergleichen. Die Größe von $F_\alpha$ bestimmt sich aus der vom Anwender zu wählenden Irrtumswahrscheinlichkeit $\alpha$ (Signifikanzniveau) und den Freiheitsgraden im Zähler und Nenner der Prüfgröße. Die Entscheidung über die Ablehnung der Nullhypothese lautet dabei wie folgt:

$$F_{emp} > F_\alpha \rightarrow H_0 \text{ wird verworfen} \rightarrow \text{Zusammenhang ist signifikant}$$
$$F_{emp} \leq F_\alpha \rightarrow H_0 \text{ wird nicht verworfen}$$

Die Irrtumswahrscheinlichkeit $\alpha$ ist die Wahrscheinlichkeit, dass die Nullhypothese abgelehnt wird, obwohl sie richtig ist (Fehler 1. Art). Je kleiner $\alpha$ gewählt wird, desto größer ist das Bestreben des Anwenders bei der Ablehnung der Nullhypothese keinen Fehler zu begehen. Üblicherweise wird der Wert $\alpha = 0{,}05$ oder 5 % gewählt.[6]

Beim Einsatz von statistischen Softwarepaketen wird die Entscheidung zur Ablehnung der Nullhypothese meist am sog. p−Wert (probability value) orientiert. Er wird auf Basis des empirischen F−Werts abgeleitet und gibt die Wahrscheinlichkeit an, dass die Ablehnung der Nullhypothese eine *Fehlentscheidung* darstellt.[7] Je größer $F_{emp}$, desto kleiner ist $p$. Abb. 3.5 zeigt den p-Wert als Funktion von $F_{emp}$. In SPSS wird der p-Wert als „Signifikanz" oder „Sig" bezeichnet. Bei Verwendung des p-Wertes wird die Nullhypothese abgelehnt, wenn gilt: $p < \alpha$.

---

[6] Der Anwender kann auch andere Werte für $\alpha$ verwenden. Allerdings ist $\alpha = 5$ % eine Art „Gold"-Standard in der Statistik, der auf R. A. Fisher (1890 – 1962) zurückgeht, der auch die F-Verteilung entwickelt hat. Allerdings muss der Anwender auch die Folgen (Kosten) einer Fehlentscheidung bei der Entscheidung berücksichtigen.

[7] Zur Auffrischung der Grundlagen zum statistischen Testen, bietet Abschn. 1.3 eine kurze Zusammenfassung der grundlegenden Aspekte.

## 3.2 Vorgehensweise

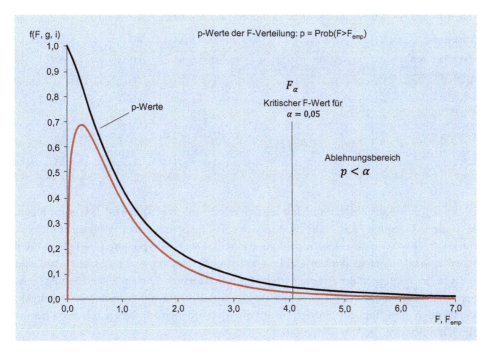

**Abb. 3.5** F-Verteilung und p-Werte

*Schritt 4*
Wird die Nullhypothese auf Basis des F-Tests abgelehnt, so kann daraus geschlossen werden, dass statistisch signifikante Unterschiede zwischen den Gruppenmittelwerten bzw. der Streuung zwischen und innerhalb der Gruppen bestehen. Das bedeutet, dass die im Modell betrachteten Faktoren auch in der Grundgesamtheit einen signifikanten Einfluss auf die abhängige Variable besitzen.

**ANOVA-Tabelle und F-Test für das Anwendungsbeispiel**
Für das Anwendungsbeispiel lässt sich die Prüfgröße des F-Tests mithilfe der Sum of Squares in Tab. 3.5 berechnen. Das Ergebnis ist in Tab. 3.7 dargestellt. Die Tabelle wird allgemein auch als Varianztabelle oder ANOVA-Tabelle bezeichnet.

Mit den Werten aus Tab. 3.7 ergibt sich im Anwendungsbeispiel für die Prüfgröße des F-Tests (vgl. Gl. 3.12) folgender Wert:

$$F_{emp} = \frac{MS_b}{MS_w} = \frac{556{,}07}{14{,}60} = 38{,}09$$

Für $F_{emp} = 38{,}09$ und $df1 = G - 1 = 2$ und $df2 = G(N-1) = 12$ (im Zähler und im Nenner) ergibt sich bei einer unterstellten Irrtumswahrscheinlichkeit von $\alpha = 0{,}05$ aus der F-Tabelle ein Wert von $F_\alpha = 3{,}89$. Damit ist $F_{emp} > F_\alpha$ und die Nullhypothese ist abzulehnen.

**Tab. 3.7** ANOVA-Tabelle für das Anwendungsbeispiel zur einfaktoriellen ANOVA

| Varianzquelle | SS | df | MS |
|---|---|---|---|
| Zwischen den Faktorstufen | $\sum_{g=1}^{G} N(\bar{y}_g - \bar{y})^2 = 1112{,}13$ | $G - 1 = 2$ | $MSE = \frac{SS_b}{G-1} = 556{,}07$ |
| Innerhalb der Faktorstufen | $\sum_{g=1}^{G}\sum_{i=1}^{N} (y_{gi} - \bar{y}_g)^2 = 175{,}20$ | $G(N - 1) = 12$ | $MSR = \frac{SS_w}{G(N-1)} = 14{,}50$ |
| Gesamt | $\sum_{g=1}^{G}\sum_{i=1}^{N} (y_{gi} - \bar{y})^2 = 1287{,}33$ | $G \cdot N - 1 = 14$ | $\frac{SS_t}{G \cdot N-1} = 91{,}95$ |

Für $F_{emp} = 38{,}09$ folgt weiterhin ein p-Wert von $p = 0{,}0000064$.[8] Das bedeutet, dass die Ablehnung der Nullhypothese des F−Tests mit einer Wahrscheinlichkeit von $p = 0{,}0000064$ eine Fehlentscheidung darstellt. Die Nullhypothese (die Faktorstufen haben *keinen* unterschiedlichen Einfluss auf die Absatzmenge) kann somit abgelehnt und von der Gültigkeit der Alternativhypothese (Faktorstufen haben einen Einfluss) ausgegangen werden. Da der p−Wert hier praktisch null ist, bringt er auch zum Ausdruck, wie deutlich der Effekt der Platzierung auf die Absatzmenge ist. Dies wurde auch bereits durch die Boxplots in Abb. 3.2 bestätigt.

**Varianzhomogenität und Normalverteilung als zentrale Annahmen der ANOVA**
Der F−Test setzt voraus, dass die abhängige Variable in allen Faktorstufen (Gruppen) normalverteilt ist und die Varianzen in den Gruppen *($SS_w$)* etwa gleich groß sind, was auch als *Varianzhomogenität* oder *Homoskedastizität* bezeichnet wird. Da die $SS_w$ die Störgrößen (Fehlerterm) des ANOVA-Modells widerspiegeln, würden unterschiedliche $SS_w$ unterschiedlich starken Störgrößen in den Gruppen entsprechen. Damit wäre aber ein Vergleich der Effekte in den Gruppen nicht mehr gegeben. *Zur Prüfung von Varianzhomogenität kann der Levene-Tests* (vgl. Levene, 1960) herangezogen werden. Er geht von der Nullhypothese aus, dass sich die Varianzen in den Gruppen *nicht* unterscheiden bzw. die Fehlervarianz der abhängigen Variablen über die Gruppen hinweg gleich sind.[9]

Insgesamt wird die ANOVA als relativ robust im Hinblick auf Schätzfehler eingestuft, wenn die Stichprobe insgesamt umfangreich und die Stichprobengrößen der Gruppen

---

[8] Der p-Wert kann auch mit Hilfe von Excel durch Verwendung der Funktion F.VERT.RE *($F_{emp}$; df1;df2)* berechnet werden. Für das Anwendungsbeispiel erhält man: F.VERT.RE(38,09;2; 12) = 0,0000064 oder 0,00064 %. Eine detaillierte Erläuterung zum p-Wert findet der Leser auch in Abschn. 1.3.1.2.

[9] Hinweise zur Prüfung der *Annahme multivariater Normalverteilung* werden in Abschn. 3.5 gegeben. Eine detaillierte Darstellung zur Prüfung von Varianzhomogenität mit dem Levene-Test findet der Leser in Abschn. 3.4.3.

ungefähr gleich sind (Bray & Maxwell, 1985, S. 34; Perreault & Darden, 1975, S. 334) Davon kann ausgegangen werden, wenn das Verhältnis zwischen dem Stichprobenumfang in der größten und in der kleinsten Gruppe nicht größer als 1,5 ist (Pituch & Stevens, 2016, S. 220). Allerdings werden in der Literatur teilweise auch höhere Werte (bis zu 4) genannt (vgl. Moore, 2010, S. 645). Bei einem Umfang der Stichproben in den Gruppen zwischen z. B. 20 bis 30 Fällen wäre diese Regel erfüllt (30/20=1,5), d. h. es dürfte von etwa gleichgroßen Gruppen ausgegangen werden. Bei einem größeren Verhältnis der Stichprobengrößen sollten aber Fälle per Zufallsprinzip aus den größeren Gruppen eliminiert werden. Da Heteroskedastizität auch den p−Wert des F−Tests beeinflusst, ist eine Verletzung der Varianzhomogenität umso weniger dramatisch, je kleiner der zu $F_{emp}$ gemäß Gl. (3.12) gehörige p−Wert ist. So war im vorliegenden Anwendungsbeispiel $p = 0{,}0000064$, womit eine Verletzung der Varianzhomogenität kein Problem darstellt. Bei einem p−Wert um 0,05 wäre die Situation hingegen kritischer zu beurteilen.

### 3.2.1.4 Interpretation der Ergebnisse

1. Modellformulierung
2. Zerlegung der Streuung und Modellgüte
3. Prüfung der statistischen Signifikanzen
4. Interpretation der Ergebnisse

Die zentralen Ergebnisse der ANOVA schlagen sich in der Varianztabelle nieder (vgl. Tab. 3.7). Sie gibt Auskunft darüber, ob der im Modell betrachtete Faktor einen signifikanten Einfluss auf die abhängige Variable besitzt und wie groß der Erklärungsbeitrag des Modells ist. Dem dabei verwendeten F-Test liegt eine sog. *Omnibus-Hypothese* zu Grunde, d. h. er prüft, ob es grundsätzlich Unterschiede zwischen den Gruppen gibt. Aus dem Test lässt sich aber *nicht* ablesen, ob sich nur eine, mehrere oder sogar alle Gruppen voneinander unterscheiden und wie groß diese Effekte sind. Im Anwendungsbeispiel ist das zwar der Fall, aber die Boxplots in Abb. 3.2 zeigen auch, dass der Unterschied zwischen Sonderplatzierung und Süßwarenabteilung besonders groß ist, während der Unterschied zwischen Süßwarenabteilung und Kassenplatzierung am geringsten ist. Zeigt also der F-Test, dass ein Faktor einen signifikanten Einfluss auf die abhängige Variable besitzt, so kann aus einem solchen Ergebnis *nicht* geschlossen werden, dass alle Faktorstufenmittelwerte (Gruppenmittelwerte) unterschiedlich sind und damit alle betrachteten Faktorstufen über einen bedeutsamen Einfluss auf die abhängige Variable verfügen. Vielmehr können durchaus mehrere Gruppenmittelwerte gleich sein und der Unterschied z. B. nur an einer Faktorstufe begründet liegen. Für den Anwender ist die genaue Kenntnis der Unterschiede häufig aber von großem Interesse. Zur Analyse solcher Unterschiede sind zwei Situationen zu unterscheiden:

a) Der Anwender verfügt bereits *vor* der Analyse (ex ante; a priori) über theoretisch oder sachlogisch begründete Hypothesen, wo genau Mittelwertunterschiede in den Faktorstufen vorhanden sind. Ob solche *vermuteten* Unterschiede (Kontraste) tatsächlich existieren, lässt sich dann mithilfe einer Kontrastanalyse überprüfen. Kontrastanalysen sind damit konfirmatorisch, d. h. hypothesenprüfend.

b) Der Anwender hat *keine* begründeten Hypothesen zu möglichen Wirkunterschieden in den Faktorstufen und möchte deshalb **nach** einem signifikanten F-Test (ex post) wissen, *wo* sich empirisch signifikante Mittelwertunterschiede zeigen. Um dies zu prüfen, kann er auf sog. Post-hoc-Tests zurückgreifen. Ihre Anwendung ist also explorativ, d. h. hypothesengenerierend und erfolgt ad hoc.

**Multiple Vergleichstests bei a priori Vermutungen: Kontrastanalyse**

Die *Kontrastanalyse* der ANOVA gibt Hinweise, inwiefern sich die Mittelwerte der abhängigen Variable bei verschiedenen Faktorstufen einer unabhängigen Variablen unterscheidet. Eine *Kontrastanalyse* könnte im Anwendungsbeispiel angewandt werden, wenn z. B. Marktstudien einen großen Effekt der Sonderplatzierung auf den Schokoladenabsatz nachgewiesen hätten und der Supermarktleiter diesen Effekt nun auch bei seinen Platzierungen vermutet. Zur Prüfung würden die Süßwarenplatzierung und die Kassenplatzierung zu einer Gruppe zusammengefasst, was durch Mittelwertbildung erfolgen kann. Gegenüber dieser Gruppe könnte dann der Schokoladenabsatz bei der Sonderplatzierung kontrastiert (verglichen) werden. Für das Anwendungsbeispiel ließe sich der Kontrast mithilfe der Mittelwerte aus Tab. 3.4 wie folgt berechnen:

$$\text{Kontrast} = (0{,}5 \cdot 43{,}4 + 0{,}5 \cdot 52{,}2) - 1 \cdot 64{,}4 = -16{,}6$$

Der Kontrastwert besagt, dass der durchschnittliche Schokoladenabsatz in der Süßwarenabteilung und bei Kassenplatzierung im Vergleich 16,6 kg pro 1000 Kassenvorgänge geringer war als bei Sonderplatzierung. In diesem Beispiel wurden folgende Kontrastkoeffizienten gewählt: Süßwarenabteilung = 0,5; Sonderplatzierung = −1,0; Kassenplatzierung = 0,5. In Abhängigkeit der a priori-Vermutungen können über die Wahl der Kontrastkoeffizienten natürlich auch andere Gewichtungen vorgenommen werden. Ob der errechnete Kontrastwert auch signifikant ist, kann durch einen Kontrast-Test überprüft werden, der von der Nullhypothese ausgeht, dass *keine* signifikanten Unterschiede bestehen.

**Multiple Vergleichstests aufgrund signifikanter F-Tests: Post hoc-Test**

Im Vergleich zur Kontrastanalyse werden *Post-hoc-Tests* erst dann durchgeführt, wenn der F-Test einer ANOVA zu einem signifikanten Ergebnis geführt hat und der Anwender *anschließend* (ex post; a posteriori) wissen möchte, welche Faktorstufen die Unterschiede in den Mittelwerten begründen.

Um nun Unterschiede herauszufinden, wäre vordergründig eine einfache Lösung denkbar, indem mithilfe eines t-Tests jeweils zwei Faktorstufen kombiniert und auf signifikante Unterschiede zwischen den Mittelwerten getestet werden. Die Problematik, die sich dabei ergibt, liegt jedoch in der Kumulierung des Fehlers erster Art ($\alpha$-Fehler).[10] Es wird deshalb auch von einer Alpha–Fehler–Inflation gesprochen. Sind z. B. fünf Faktorstufen vorhanden, so wären bereits „fünf–über–zwei" = 10 verschiedene t–Tests durchzuführen, um alle paarweisen Kombinationen der Faktorstufen auf Mittelwertunterschiede zu testen. Es wird hier von *multiplen Tests* gesprochen, da dieselbe Nullhypothese mit mehreren Tests untersucht wird. Mit der Anzahl der Testwiederholungen steigt die Wahrscheinlichkeit, dass ein Unterschied als signifikant erscheint, auch wenn in Wirklichkeit keiner der Unterschiede signifikant ist. Bei $\alpha = 0{,}05$ und 10 Testwiederholungen beträgt diese Wahrscheinlichkeit schon rund 40 %. Der Alpha–Fehler muss deshalb so korrigiert werden, dass im Ergebnis über die Vergleichstests die gewünschte Irrtumswahrscheinlichkeit (z. B. 5 %) erhalten bleibt.

Alpha–Fehler–Inflation kann durch sog. Post–hoc–Tests vermieden werden, denen die Nullhypothese zu Grunde liegt, dass keine Unterschiede zwischen den Gruppenmittelwerten eines Faktors bestehen. Post–hoc–Tests werden im Rahmen der ANOVA erst nach einem signifikanten F–Test (ex post) durchgeführt, wenn vorab keine sachlogischen Hypothesen zu spezifischen Mittelwertunterschieden vorliegen. Zu diesem Zweck werden paarweise Mittelwertvergleiche zwischen den Faktorstufen durchgeführt und geprüft, ob sich die Mittelwerte signifikant unterscheiden. Post–hoc–Tests sind nur für Faktoren mit drei und mehr Faktorstufen definiert, da bei nur zwei Faktorstufen der klassische Test auf Mittelwertunterschiede (t–Test) durchgeführt werden kann.

In der Literatur werden vielfältige Varianten von Post–hoc–Tests diskutiert, die sich z. B. danach unterscheiden, ob Varianzhomogenität zwischen den Gruppen vorliegt oder ob die Fallzahl in den Gruppen gleich ist (vgl. Shingala & Rajyaguru, 2015, S. 22 ff.).[11] Erstere kann mithilfe des Levene-Tests überprüft werden (Abschn. 3.4.3). Alle Tests berechnen zunächst die paarweisen Mittelwertunterschiede zwischen den Faktorstufen. Anschließend wird geprüft, ob die Unterschiede signifikant sind. Dabei wird einerseits der p–Wert ausgewiesen und andererseits ein 95 %iges Konfidenzintervall für die Differenzwerte angeführt. Bei Varianzgleichheit in den Gruppen, haben u. a. folgende Tests in der Praxis eine weite Verbreitung gefunden:

- Der *Bonferroni-Test* führt die paarweisen Vergleiche zwischen den Gruppenmittelwerte auf der Basis von t-Tests durch.

---

[10] Der Alpha-Fehler spiegelt die Wahrscheinlichkeit wider, die Nullhypothese abzulehnen, obwohl sie wahr ist. Vgl. zum Fehler erster und zweiter Art die Ausführungen zum statistischen Testen in Abschn. 1.3.

[11] SPSS bietet insgesamt 18 Varianten an Post-hoc-Tests an. Vgl. hierzu Abb. 3.16 in Abschn. 3.3.3.2.

**Tab. 3.8** Vergleich der Gruppenmittelwerte im Bonferroni Post hoc-Test

| Platzierung (I) | Platzierung (J) | Mittelwert (J) | Mittlere Differenz (I-J) | Sig |
|---|---|---|---|---|
| Süßwarenabteilung $\bar{y}_1 = 43{,}4$ | Sonderplatzierung | 64,4 | −21,0 | 0,000 |
|  | Kassenplatzierung | 52,2 | −8,8 | 0,010 |
| Sonderplatzierung $\bar{y}_2 = 64{,}4$ | Süßwarenabteilung | 43,4 | 21,0 | 0,000 |
|  | Kassenplatzierung | 52,2 | 12,2 | 0,001 |
| Kassenplatzierung $\bar{y}_3 = 52{,}2$ | Süßwarenabteilung | 43,4 | 8,8 | 0,010 |
|  | Sonderplatzierung | 64,4 | −12,2 | 0,001 |

- Der *Scheffe-Test* führt gemeinsame paarweise Vergleiche gleichzeitig für alle möglichen paarweisen Kombinationen der Mittelwerte durch. Dabei wird die F-Verteilung verwendet.
- Der *Tukey-Test* führt alle möglichen paarweisen Vergleiche zwischen den Gruppen durch und verwendet ebenfalls die t-Verteilung.

Neben den unterstellten Verteilungen unterscheiden sich die Tests vor allem im Hinblick auf die Korrektur der Alpha−Fehler−Inflation. Da die Tests die Gesamtfehlerrate in unterschiedlicher Weise bestimmen, unterscheiden sich deren Ergebnisse vor allem im Hinblick auf die ausgewiesenen Konfidenzintervalle.

Für das Rechenbeispiel lässt bereits Abb. 3.2 erkennen, dass Unterschiede in den Mittelwerten der drei Faktorstufen (Platzierungsarten) existieren. Tab. 3.8 zeigt für das Rechenbeispiel zusätzlich die Mittelwertdifferenzen, die von den Post−hoc−Tests vorgenommen werden. Weiterhin wird in der letzten Spalte das Signifikanzniveau nach dem *Bonferroni-Test* ausgewiesen. Es zeigt sich, dass sich alle Platzierungskombinationen signifikant unterscheiden.

Daraus kann geschlossen werden, dass alle drei Platzierungsformen den Schokoladenabsatz deutlich beeinflussen. Das im Beispiel Unterschiede zwischen den Gruppenmittelwerten bestehen, macht auch der Boxplot in Abb. 3.2 deutlich.

### 3.2.2 Zweifaktorielle Varianzanalyse

#### 3.2.2.1 Modellformulierung

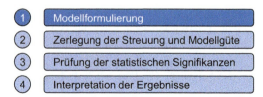

## 3.2 Vorgehensweise

Bei der zweifaktoriellen ANOVA werden zwei Faktoren (unabhängige Variable) gleichzeitig betrachtet, die jeweils durch zwei oder mehr Faktorstufen gekennzeichnet sein können. Es ist effizienter, wenn gleichzeitig zwei oder mehrere Faktoren untersucht werden, anstatt für jeden Faktor eine separate Untersuchung durchzuführen. Bei gleichzeitiger Variation von zwei oder mehr Faktoren spricht man von *faktoriellen Designs*. Abgesehen von Effizienzeffekten kann die Erweiterung des Modells der ANOVA auf mehre Faktoren weitere Vorteile erbringen:

- Es lassen sich Wechselwirkungen *(Interaktionseffekte)* zwischen den Faktoren untersuchen.
- Die nichterklärte Varianz lässt sich verringern und damit der Nachweis von Faktorwirkungen erleichtern.

**Stochastisches Modell der zweifaktoriellen ANOVA**

Auch das stochastische Modell der zweifaktoriellen ANOVA besteht aus einer systematischen und einer stochastischen Komponente $\varepsilon$. Die systematische Komponente beinhaltet dabei die aus der Wirksamkeit der beiden Faktoren resultierenden Erklärungsbeiträge. Das Modell der zweifaktoriellen ANOVA mit Interaktionseffekten hat folgende Form:

$$y_{ghi} = \mu + \alpha_g + \beta_h + (\alpha\beta)_{gh} + \varepsilon_{ghi} \qquad (3.13)$$

mit

$y_{ghi}$ Beobachtungswert $i$ ($i = 1, \ldots, 5$) für Platzierung $g$ und Verpackung $h$ ($h = 1, 2$)
$\alpha$ Gesamtmittelwert der Grundgesamtheit
$\alpha_g$ wahrer Effekt von Platzierung $g$ ($g = 1, 2, 3$)
$\beta_h$ wahrer Effekt von Verpackung $h$ ($h = 1, 2$)
$(\alpha\beta)_{gh}$ wahrer Interaktionseffekt von Platzierung $g$ und Verpackung $h$
$\varepsilon_{ghi}$ Störgröße

Auch hier wird wieder zwecks eindeutiger Bestimmung (Identifizierbarkeit) der Effekte vereinbart, dass diese sich jeweils zu null addieren. Die isolierten Effekte der Faktoren werden bei der zweifaktoriellen ANOVA als Haupteffekte (main effects) bezeichnet, um sie von Interaktionseffekten zu unterscheiden.

**Erweitertes Anwendungsbeispiel zur zweifaktoriellen ANOVA**

Der Manager der Supermarktkette möchte wissen, ob neben der Platzierung (vgl. Abschn. 3.2.1.1) auch die Verpackungsart (Box oder Papier) einen Einfluss auf den Absatz hat. Dazu wird das Experiment entsprechend erweitert. Bei drei Platzierungsarten und zwei Verpackungsarten ergeben sich $3 \times 2$ experimentelle Kombinationen der Faktorstufen, sog. $3 \times 2$-faktoriellen Design. In den 15 zufällig ausgewählten

**Tab. 3.9** Daten des erweiterten Anwendungsbeispiels: Schokoladenabsatz in kg pro 1000 Kassenvorgänge in Abhängigkeit von Platzierung und Verpackung

| Platzierung | | Verpackung | |
|---|---|---|---|
| | | Box | Papier |
| Süßwarenabteilung | SM 1 | 47 | 40 |
| | SM 2 | 39 | 39 |
| | SM 3 | 40 | 35 |
| | SM 4 | 46 | 36 |
| | SM 5 | 45 | 37 |
| Sonderplatzierung | SM 6 | 68 | 59 |
| | SM 7 | 65 | 57 |
| | SM 8 | 63 | 54 |
| | SM 9 | 59 | 56 |
| | SM 10 | 67 | 53 |
| Kassenplatzierung | SM 11 | 59 | 53 |
| | SM 12 | 50 | 47 |
| | SM 13 | 51 | 48 |
| | SM 14 | 48 | 50 |
| | SM 15 | 53 | 51 |

Supermärkten des Beispiels aus Abschn. 3.2.1.1 wird nun nochmals in jedem Supermarkt (SM) Schokolade sowohl in der Box als auch in Papier angeboten. Tab. 3.9 zeigt die erzielten Schokoladenabsätze innerhalb einer Woche in den 15 Supermärkten. Es ergibt sich eine erweiterte Datenmatrix mit sechs Zellen (3 Platzierungsformen × 2 Verpackungsarten).[12]

Weiterhin möchte der Manager in Erfahrung bringen, ob zwischen den Faktoren Verpackung und Warenplatzierung eventuelle Wechselwirkungen (Interaktionen) bestehen, d. h. ob die durchschnittlichen Schokoladenverkäufe in einer Box oder Papier auch durch die Art der Platzierung beeinflusst werden et vice versa. ◄

**Berechnung der Haupteffekte**
Zur Bestimmung der Haupteffekte müssen zunächst die Mittelwerte zu allen Absatzzahlen in Tab. 3.9 berechnet werden. Neben den Mittelwerten in den Zellen der Tabelle

---

[12] Auch hier sei nochmals darauf hingewiesen, dass die Zahl von 5 Beobachtungen pro Gruppe und damit insgesamt 30 Beobachtungen bewusst gewählt wurde, um die nachfolgenden Berechnungen leichter nachvollziehen zu können. In der Literatur wird meist eine Anzahl von mindestens 20 Beobachtungen pro Gruppe bei einer zweifaktoriellen ANOVA empfohlen.

## 3.2 Vorgehensweise

sind zusätzlich auch die Randmittelwerte für die beiden Faktoren sowie der Gesamtmittelwert zu berechnen. Die Ergebnisse sind in Tab. 3.10 dargestellt.

Die Berechnung der Haupteffekte erfolgt wie bei der einfaktoriellen ANOVA durch die Differenzen zwischen den Gruppenmittelwerten und dem Gesamtmittelwert. Folgende Berechnungen sind zur Bestimmung der Haupteffekte der beiden Faktoren auf die abhängige Variable durchzuführen:

$$a_g = (\bar{y}_{g.} - \bar{y}) \tag{3.14}$$

$$b_h = (\bar{y}_{.h} - \bar{y}) \tag{3.15}$$

mit

$$\bar{y}_{g.} = \frac{1}{H \cdot N} \sum_{h=1}^{H} \sum_{i=1}^{N} y_{ghi} \quad \text{(Gruppenmittelwerte g)}$$

$$\bar{y}_{.h} = \frac{1}{G \cdot N} \sum_{g=1}^{G} \sum_{i=1}^{N} y_{ghi} \quad \text{(Gruppenmittelwerte h)}$$

$$\bar{y} = \frac{1}{G \cdot H \cdot N} \sum_{g=1}^{G} \sum_{h=1}^{H} \sum_{i=1}^{N} y_{ghi} \quad \text{(Gesamtmittelwert)}$$

Für die Effekte der drei Platzierungsarten erhält man hier:

$$a_1 = (\bar{y}_1 - \bar{y}) = 40{,}4 - 50{,}5 = -10{,}1 \quad \text{(Süßwarenabteilung)}$$
$$a_2 = (\bar{y}_2 - \bar{y}) = 60{,}1 - 50{,}5 = 9{,}6 \quad \text{(Sonderplatzierung)}$$
$$a_3 = (\bar{y}_3 - \bar{y}) = 51{,}0 - 50{,}5 = 0{,}5 \quad \text{(Kassenplatzierung)}$$

Die Summe der drei Effekte ist wieder null.
Analog ergeben sich für die Effekte der beiden Verpackungsarten:

$$b_1 = (\bar{y}_1 - \bar{y}) = 53{,}33 - 50{,}5 = 2{,}83 \quad \text{(Box)}$$
$$b_2 = (\bar{y}_2 - \bar{y}) = 47{,}67 - 50{,}5 = -2{,}83 \quad \text{(Papier)}$$

**Tab. 3.10** Gruppenmittelwerte und Randmittelwerte im erweiterten Anwendungsbeispiel

| | Verpackung | | Randmittelwert |
|---|---|---|---|
| Platzierung | $h_1$: Box | $h_2$: Papier | Verpackung |
| $g_1$: Süßwarenabteilung | 43,4 | 37,4 | 40,4 |
| $g_2$: Sonderplatzierung | 64,4 | 55,8 | 60,1 |
| $g_3$: Kassenplatzierung | 52,2 | 49,8 | 51,0 |
| Randmittelwert Platzierung | 53,3 | 47,7 | 50,5 |

Es kann dann von unterschiedlichen Wirkungen der betrachten Faktoren ausgegangen werden, wenn die Faktorstufen der beiden Faktoren jeweils deutliche (signifikante) Unterschiede bei den durchschnittlichen Absatzmengen aufweisen. Das ist gegeben, wenn sich die Mittelwerte auf den Faktorstufen eines Faktors im Vergleich zu den Mittelwerten auf den Faktorstufen des anderen Faktors deutlich unterscheiden.

Tab. 3.10 lässt erkennen, dass die durchschnittlichen Absatzmengen auf den drei Stufen des Faktors „Platzierung" im Hinblick auf die beiden Stufen des Faktors „Verpackung" (Box und Papier) Unterschiede aufweisen: So beträgt z. B. bei der „Sonderplatzierung" die durchschnittliche Absatzmenge der Schokolade in der Box 64,4, während die durchschnittliche Absatzmenge der Papierverpackung dort nur bei 55,8 liegt. Auch für die Absatzmenge der Schokolade in der Box ist erkennbar, dass diese bei den drei Arten der Platzierung Unterschiede aufweist (43,3 im Vergleich zu 64,4 und 52,2). Erweisen sich diese Unterschiede über alle Stufen und Faktoren als signifikant, so kann unterstellt werden, dass die Faktoren unterschiedliche Haupteffekte auf die abhängige Variable aufweisen.

**Prüfung von Interaktionseffekten**

Interaktionen zwischen zwei Faktoren liegen vor, wenn die Stufen eines Faktors die Absatzmengen auf den Stufen des zweiten Faktors beeinflussen. Bezogen auf das Anwendungsbeispiel beträgt z. B. der Unterschied der durchschnittlichen Absatzmenge bei der Spezialplatzierung im Hinblick auf die Verpackungen Box und Papier $(64,4 - 55,8 =)$ 8,6. Demgegenüber beträgt dieser Unterschied bei der Kassenplatzierung nur $(52,2 - 49,8 =)$ 2,4. Aus diesen Unterschieden kann geschlossen werden, dass die Art der Platzierung die Absätze bei den beiden Verpackungstypen beeinflusst. Wären diese Unterschiede immer gleich groß, so gäbe es keine Interaktion zwischen den Faktoren.

Die Schätzung der Interaktionseffekte erfolgt durch

$$(ab)_{gh} = \bar{y}_{gh} - \hat{y}_{gh} \tag{3.16}$$

mit

$\bar{y}_{gh} \quad \frac{1}{N}\sum_{i=1}^{5} y_{ghi}$ = beobachteter Mittelwert in Zelle$(g, h)$

$\hat{y}_{gh}$ Schätzwert für den Mittelwert von Zelle $(g, h)$ ohne Interaktion

Der Schätzwert $\hat{y}_{gh}$ ist derjenige Wert, der für die Zelle $(g, h)$ zu erwarten wäre, wenn keine Interaktion vorläge. Er errechnet sich aus den Gruppenmitteln und dem Gesamtmittelwert wie folgt:

$$\hat{y}_{gh} = \bar{y}_{g.} + \bar{y}_{.h} - \bar{y} \tag{3.17}$$

Beispielhaft sei hier die Zelle $g = 3$ und $h = 2$ betrachtet. Der beobachtete Mittelwert beträgt $\bar{y}_{32} = 49{,}8$ (Tab. 3.10). Dieser Wert enthält den Interaktionseffekt, falls ein solcher vorhanden ist. Für den Schätzwert ohne Interaktion erhält man:

$$\hat{y}_{32} = (51{,}00 + 47{,}67) - 50{,}50 = 48{,}17$$

Der Interaktionseffekt ergibt sich damit durch:

$$(ab)_{gh} = 49{,}8 - 48{,}17 = 1{,}63$$

Bedingt durch die Interaktion ergibt sich hier für den Absatz von Schokolade in Papier ein höherer Wert, wenn sie bei der Kassenplatzierung angeboten wird.

Interaktionseffekte können mithilfe eines statistischen Tests auch auf Signifikanz geprüft werden. Dabei werden die folgenden Hypothesen geprüft:

- $H_0$: Die Mittelwerte der Faktorstufen sind identisch, daher liegt keine Interaktion zwischen den Faktoren vor.
- $H_1$: Die Mittelwerte der Faktorstufen sind nicht identisch, daher liegt eine Interaktion zwischen den Faktoren vor.

Wird $H_0$ verworfen, so kann von signifikanten Interaktionseffekten ausgegangen werden, die dann im nächsten Schritt interpretiert werden können.

**Allgemeine Typen von Interaktionseffekten**

Eine einfache Methode, Interaktionen zu erkennen, bietet die grafische Darstellung der Faktorstufenmittelwerte. Dabei werden die Mittelwerte der Stufen eines Faktors jeweils in Abhängigkeit der Stufen des anderen Faktors geplottet. Zur Verdeutlichung werden die Gruppenmittelwerte durch Linien verbunden. Insgesamt können nach Leigh und Kinnear (1980) allgemein drei Arten von Interaktionseffekten unterschieden werden, die in Abb. 3.6 dargestellt sind.[13]

**Ordinale Interaktionseffekte**

Charakteristisch für einen ordinalen Interaktionseffekt ist, dass die Rangfolge der Stufen des einen Faktors für die jeweiligen Stufen des anderen Faktors identisch ist et vice versa. Das bedeutet, dass die Linienzüge beider Plots einen gemeinsamen Trend aufweisen und sich nicht schneiden. Die Haupteffekte beider Faktoren können daher auch isoliert sinnvoll interpretiert werden. Ordinale Interaktionseffekte weisen tendenziell den schwächsten Effekt auf die abhängige Variable auf.

---

[13] Im Folgenden werden die drei allgemeinen Formen der Interaktion graphisch verdeutlicht. Die Interaktionseffekte im Anwendungsbeispiel entsprechen denen im Fallbeispiel und sind in Abb. 3.15 dargestellt und erläutert.

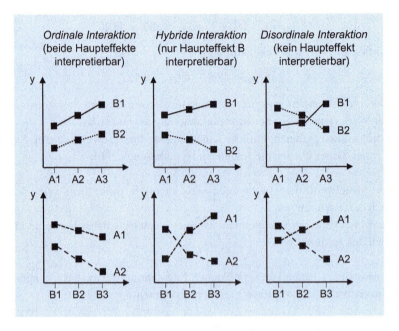

**Abb. 3.6** Typen von Interaktionseffekten der ANOVA

**Disordinale Interaktionseffekte**

Disordinale Interaktionseffekte liegen vor, wenn in beiden Plots kein gemeinsamer Trend der Faktoren erkennbar ist, da die Rangfolge und damit die Linienzüge der Stufen beider Faktoren in beiden Plots in unterschiedliche Richtungen verlaufen. Eine inhaltliche Interpretation der beiden Haupteffekte ist dadurch nicht möglich. Die Linienzüge einer disordinalen Interaktion können sich dabei schneiden oder auch nicht. Disordinale Interaktionen mit nicht-überschneidenden Linienzügen sind erst ab mehr als zwei Faktorstufen erkennbar. Disordinale Interaktionseffekte weisen tendenziell den stärksten Effekt auf die abhängige Variable auf.

**Hybride Interaktionseffekte**

Treten ordinale und disordinale Interaktionseffekte gleichzeitig auf, so wird von hybriden Interaktionseffekten gesprochen. Während bei einem ordinalen Interaktionseffekt beide Einflussfaktoren interpretiert werden können, ist die globale Interpretation bei *hybriden Interaktionseffekten* nur noch für einen der beiden Einflussfaktoren möglich. In einem der beiden Plots schneiden sich die Linien nicht, sodass hier der Haupteffekt des Faktors interpretierbar ist. Der in diesem Plot gezeigte Effekt spiegelt sich allerdings nicht in dem Gegenplot wider. Der Trend dieses Haupteffektes verläuft im Gegenplot gegenläufig und die Linienzüge schneiden sich, sodass hier der Haupteffekt des anderen Faktors nicht mehr interpretierbar ist.

### 3.2.2.2 Zerlegung der Streuung und Modellgüte

① Modellformulierung
② Zerlegung der Streuung und Modellgüte
③ Prüfung der statistischen Signifikanzen
④ Interpretation der Ergebnisse

**Streuungszerlegung im Rahmen der zweifaktoriellen ANOVA**

Zur Beurteilung der Signifikanz der Effekte ist wiederum eine Zerlegung der Gesamtstreuung der Daten vorzunehmen, wie sie schon bei der einfachen ANOVA erfolgte. Zur Vereinfachung der Notation werden die beiden Faktoren mit A (Platzierung) und B (Verpackung) bezeichnet. Das Prinzip der Streuungszerlegung für die zweifaktorielle ANOVA ist in Abb. 3.7 dargestellt.

Wie bei der einfachen ANOVA wird die Gesamtstreuung in eine erklärte Streuung und eine nicht erklärte Streuung aufgeteilt. Die erklärte Streuung wird dabei jetzt weiter in drei Komponenten aufgeteilt, die sich aus dem Einfluss des Faktors A, dem Einfluss des Faktors B und der Interaktion von Faktor A und B ergeben. Man erhält damit folgende Zerlegung der Gesamtstreuung:

$$SS_t = SS_A + SS_B + SS_{AxB} + SS_w \qquad (3.18)$$

Die in Gl. (3.18) aufgeführten Sum of Square *(SS)* werden nun wie folgt berechnet:

$SS_t$: *Gesamtstreuung*

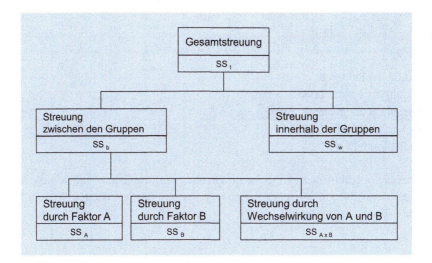

**Abb. 3.7** Aufteilung der Gesamtstreuung im faktoriellen Design mit 2 Faktoren

$$SS_t = \sum_{g=1}^{G}\sum_{h=1}^{H}\sum_{i=1}^{N} (y_{ghi} - \bar{y})^2 \qquad (3.19)$$

$SS_b$: *Streuung zwischen den Gruppen (erklärte Streuung)*

Die $SS_b$ kann direkt als Differenz zwischen dem Gruppenmittelwert und dem Gesamtmittelwert berechnet werden, wobei Folgendes gilt

$$SS_b = N \cdot \sum_{g=1}^{G}\sum_{h=1}^{H} (\bar{y}_{gh} - \bar{y})^2 \qquad (3.20)$$

Die erklärten Gesamtvariationen lassen sich aber auch durch Addition der einzelnen Effekte berechnen:

$$SS_b = SS_A + SS_B + SS_{AxB} \qquad (3.21)$$

Die durch die isolierten Wirkungen (Haupteffekte) von Faktor A (Platzierung) und Faktor B (Verpackung) erzeugten Streuungen errechnen sich aus den Abweichungen der Zeilen- bzw. Spaltenmittelwerte vom Gesamtmittelwert. Gl. (3.22 und 3.23) zeigen die allgemeine Berechnung der durch die *Haupteffekte* erklärten Streuungen.

$$SS_A = H \cdot N \cdot \sum_{g=1}^{G} (\bar{y}_g - \bar{y})^2 \qquad (3.22)$$

$$SS_B = G \cdot N \cdot \sum_{h=1}^{H} (\bar{y}_h - \bar{y})^2 \qquad (3.23)$$

mit

| | |
|---|---|
| $G$ | Anzahl der Faktorstufen von Faktor A |
| $H$ | Anzahl der Faktorstufen von Faktor B |
| $N$ | Anzahl der Elemente in Zelle $(g, h)$ |
| $\bar{y}_g$ | Zeilenmittelwert |
| $\bar{y}_h$ | Spaltenmittelwert |

Die durch die Interaktionseffekte erzeugte Streuung ergibt sich aber auch durch Addition der quadrierten Abweichungen der Zellmittelwerte und der geschätzten Werte, die *ohne* Interaktion zu erwarten wären:

$$SS_{AxB} = N \cdot \sum_{g=1}^{G}\sum_{h=1}^{H} (\bar{y}_{gh} - \hat{y}_{gh})^2 \qquad (3.24)$$

## 3.2 Vorgehensweise

*$SS_w$: Streuung innerhalb der Gruppen (nicht erklärte Streuung)*

Die nicht erklärte Streuung ist die Streuung, die weder auf die beiden Faktoren noch auf Interaktionseffekte zurückgeführt werden kann, d. h. es handelt sich um einen zufälligen Einfluss auf die abhängige Variable. Sie spiegelt sich in den $SS_w$ wider und wird analog zu den $SS_w$ der einfaktoriellen ANOVA (vgl. Gl. 3.6 in Abschn. 3.2.1.2) wie folgt definiert

$$SS_w = \sum_{g=1}^{G}\sum_{h=1}^{H}\sum_{i=1}^{N}(y_{ghi} - \bar{y}_{gh})^2 \qquad (3.25)$$

**Ergebnisse für das erweiterte Anwendungsbeispiel**

Um die Gesamtstreuung für das erweiterte Fallbeispiel zu berechnen, ist Gl. (3.25) auf die Daten in Tab. 3.9 anzuwenden. Das Ergebnis lautet wie folgt:

$$SS_t = \sum_{g=1}^{G}\sum_{h=1}^{H}\sum_{i=1}^{N}(y_{ghi} - \bar{y})^2 = 2471{,}50$$

Der Leser sollte einmal selbst versuchen, diesen Wert aus den Daten in Tab. 3.9 zu berechnen.

Mithilfe der Zellenmittelwerte aus Tab. 3.10 können die weiteren SS für das erweiterte Beispiel wie folgt berechnet werden:

$$SS_A = 2 \cdot 5 \cdot [(40{,}4 - 50{,}5)^2 + (60{,}1 - 50{,}5)^2 + (51{,}0 - 50{,}5)^2] = 1944{,}20$$
$$SS_B = 3 \cdot 5 \cdot [(53{,}\overline{3} - 50{,}5)^2 + (47{,}\overline{6} - 50{,}5)^2] = 240{,}83$$

Für die ohne Interaktion zu erwartenden Mittelwerte erhält man folgende Schätzwerte:

$$\hat{y}_{11} = 40{,}4 + 53{,}\overline{3} - 50{,}5 = 43{,}2\overline{3}$$
$$\hat{y}_{12} = 40{,}4 + 47{,}\overline{6} - 50{,}5 = 37{,}5\overline{6}$$
$$\hat{y}_{21} = 60{,}1 + 53{,}\overline{3} - 50{,}5 = 62{,}9\overline{3}$$
$$\hat{y}_{22} = 60{,}1 + 47{,}\overline{6} - 50{,}5 = 57{,}2\overline{6}$$
$$\hat{y}_{31} = 51{,}0 + 53{,}\overline{3} - 50{,}5 = 53{,}8\overline{3}$$
$$\hat{y}_{32} = 51{,}0 + 47{,}\overline{6} - 50{,}5 = 48{,}1\overline{6}$$

Damit ergibt sich für die durch die Wechselwirkungen erklärte Streuung:

$$SS_{AxB} = 5 \cdot \left\{ \begin{array}{l} (43{,}4 - 43{,}2\overline{3})^2 + (37{,}4 - 37{,}5\overline{6})^2 \\ +(64{,}4 - 62{,}9\overline{3})^2 + (55{,}8 - 57{,}2\overline{6})^2 \\ +(52{,}2 - 53{,}8\overline{3})^2 + (49{,}8 - 48{,}1\overline{6})^2 \end{array} \right\}$$
$$= 48{,}47$$

$SS_b$ sind die Abweichungen zwischen den Gruppenmitteln und dem Gesamtmittel. Für das erweiterte Anwendungsbeispiel ergibt sich:

$$SS_b = 5 \cdot \{(43{,}4 - 50{,}5)^2 + \ldots + (49{,}8 - 50{,}5)^2\}$$
$$= 2233{,}5$$

Die $SS_{A \times B}$ können nun auch bestimmt werden aus:

$$SS_{A\tilde{A}-B} = SS_b - SS_A - SS_B$$
$$= 2233{,}5 - 240{,}83 - 1944{,}20$$
$$= 48{,}47$$

Für die Reststreuung, die sich als „Streuung innerhalb der Gruppen" analog zu $SS_W$ bei der einfachen ANOVA manifestiert, berechnet sich das Beispiel wie folgt:

$$SS_w = (47 - 43{,}4)^2 + \ldots + (45 - 43{,}4)^2$$
$$+ (40 - 37{,}4)^2 + \ldots + (37 - 37{,}4)^2$$
$$+ (68 - 64{,}4)^2 + \ldots +$$
$$+ (53 - 49{,}8)^2 + \ldots + (51 - 49{,}8)^2$$
$$= 238$$

In Analogie zu Abb. 3.7 lässt sich die Reststreuung auch indirekt über die Zerlegung der Gesamtstreuung berechnen:

$$SS_w = SS_t - SS_A - SS_B - SS_{AxB} = SS_t - SS_b$$
$$= 2471{,}5 - 2233{,}5 = 238$$
(3.26)

**Erklärungskraft eines varianzanalytischen Modells**

Zusammenfassend kann auf Basis der Streuungszerlegung jetzt wieder die Güte des Modells beurteilt werden. Mithilfe der Ergebnisse aus Gl. (3.7) ergibt sich:

$$\text{Eta-Quadrat} = \frac{2233{,}5}{2471{,}5} = 0{,}904$$

Mittels des erweiterten Modells können jetzt 90,4 % der gesamten Streuung erklärt werden (vorher 0,864, gem. Gl. 3.7). Eine einfache Varianzanalyse mit dem Faktor Platzierung würde für den vorliegenden Datensatz 78,7 % der Streuung erklären. Die nicht erklärte Streuung kann damit durch Erweiterung des Modells von 21,3 % auf 9,6 % reduziert werden. Auch hier sei nochmals darauf hingewiesen, dass Eta-Quadrat dem Bestimmtheitsmaß (R-Quadrat) der Regressionsanalyse (vgl. Abschn. 2.2.3.2) entspricht.

Bei einer zweifaktoriellen Varianzanalyse können zusätzlich zum Eta-Quadrat des Gesamtmodells auch die partiellen Eta-Quadrat-Werte für jeden Faktor und auch den Interaktionsterm berechnet werden. Dabei werden die auf die Erklärungsgrößen (Faktor

## 3.2 Vorgehensweise

**Tab. 3.11** Berechnung der partiellen Eta-Quadrate

| Quelle der Erklärung | Quadrat-summe (erklärt) | Fehler (nicht erklärt) | Summe (Gesamtabweichung) | Partielles Eta-Quadrat |
|---|---|---|---|---|
| Platzierung | 1944,200 | 238,000 | 2182,200 | 0,891 |
| Verpackungsart | 240,833 | 238,000 | 478,833 | 0,503 |
| Platzierung* Verpackungsart | 48,467 | 238,000 | 286,467 | 0,169 |

A, Faktor B und Interaktionsterm AxB) entfallende Quadratsummen durch die partielle Gesamtstreuung geteilt. Diese ergibt sich, indem zu den partiellen Streuungen der Erklärungsgrößen jeweils die Fehlerstreuung $(SS_w)$ addiert wird.

**Partielles Eta-Quadrat für einzelne Effekte**

$$\text{Partielles Eta-Quadrat}_{\text{Effect}} = \frac{SS_{b(Effekt)}}{SS_{b(Effekt)} + SS_w} \quad (3.27)$$

Für das erweiterte Fallbeispiel zeigt Tab. 3.11 die Berechnung der partiellen Eta-Quadrat-Werte unter Verwendung der auf die beiden Haupteffekte (Gl. 3.22 und 3.23), den Interaktionsterm (Gl. 3.24) und den Fehlerterm (Gl. 3.25) entfallenden Streuungen.

### 3.2.2.3 Prüfung der statistischen Signifikanzen

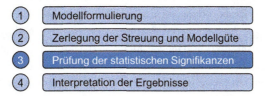

Im zweifaktoriellen Fall erfolgt die statistische Prüfung auf unterschiedliche Wirkungen der beiden Faktoren durch einen Vergleich der Mittelwerte in allen Zellen. Wenn alle Mittelwerte annähernd gleich sind, so deutet dies darauf hin, dass die Faktoren keine Wirkung haben (Nullhypothese). Die Alternativhypothese besagt, dass zumindest eine der Faktorstufen einen Einfluss besitzt.

Der globale Signifikanztest für das zweifaktorielle Modell ist damit (bis auf die unterschiedliche Anzahl von Freiheitsgraden) identisch mit dem Test für das einfache Modell (vgl. Gl. 3.12):

$$F_{\text{emp}} = \frac{\text{erklärte Varianz}}{\text{nicht erklärte Varianz}} = \frac{SS_b/(G \cdot H - 1)}{SS_w/(G \cdot H \cdot N - G \cdot H)} = \frac{MS_b}{MS_w} \quad (3.28)$$

Mit obigen Werten erhält man:

$$F_{emp} = \frac{2233{,}5/5}{238{,}0/24} = \frac{446{,}7}{9{,}917} = 45{,}05$$

Bei einem Konfidenzniveau von 95 % lässt sich hier aus der F-Tabelle der Wert $F_\alpha = 2{,}62$ entnehmen. Das Ergebnis ist also hoch signifikant und die Nullhypothese kann verworfen werden. Der zugehörige p-Wert ist praktisch null.

Damit lassen sich weitere Fragestellungen untersuchen, die einzelne Faktoren bzw. deren Interaktionen betreffen. In diesen Fällen lautet die Nullhypothese, dass der jeweils untersuchte Faktor keine Wirkung hat oder dass keine Wechselwirkungen vorhanden sind.

Auch bei der zweifaktoriellen ANOVA sind die zentralen Ergebnisse in der ANOVA-Tabelle zusammengefasst. In Erweiterung der ANOVA-Tabelle der einseitigen Varianzanalyse (vgl. Tab. 3.7) werden nun die SS für beide Faktoren und die Interaktion zwischen den Faktoren aufgeführt. Tab. 3.12 zeigt das Ergebnis direkt für das erweiterte Anwendungsbeispiel. Die aufgeführten Werte wurden bereits in Abschn. 3.2.2.2 berechnet.

Für die Freiheitsgrade (df) der verschiedenen Streuungen gilt:

$$df_A = G - 1$$
$$df_B = H - 1$$
$$df_{AxB} = (G - 1) \cdot (H - 1)$$
$$df_w = G \cdot H \cdot (N - 1)$$
$$df_t = G \cdot H \cdot N - 1$$

Tab. 3.13 zeigt die Ergebnisse der spezifischen F-Tests mit einem Konfidenzniveau von 95 %. Die Varianz der Reststreuung ist in allen Fällen dieselbe und beträgt 238,000.

Das Ergebnis zeigt, dass für beide Faktoren die jeweilige Nullhypothese verworfen werden kann, für die Interaktion dagegen nicht. Verpackung und Platzierung haben also isoliert betrachtet jeweils eine Wirkung auf den Absatz, eine gemeinsame Wirkung von Verpackung und Platzierung zeigt sich aufgrund des F-Tests als nicht signifikant. Dies

**Tab. 3.12** Zweifaktorielle ANOVA-Tabelle

| Varianzquelle | SS | df | MS |
|---|---|---|---|
| Haupteffekte | | | |
| Platzierung | 1944,200 | 2 | 972,100 |
| Verpackung | 240,833 | 1 | 240,833 |
| Interaktion | | | |
| Platzierung*Verpackung | 48,467 | 2 | 24,233 |
| Reststreuung | 238,000 | 24 | 9,917 |
| Total | 2471,500 | 29 | 85,224 |

**Tab. 3.13** Spezifische F-Tests im zweifaktoriellen Design

| Quelle der Varianz | df (Zähler) | df (Nenner) | $F_{tab}$ | $F_{emp}$ |
|---|---|---|---|---|
| Verpackung | 1 | 24 | 4,26 | 24,286 |
| Platzierung | 2 | 24 | 3,40 | 98,026 |
| Interaktion | | | | |
| Verpackung * Platzierung | 2 | 24 | 3,40 | 2,444 |

muss nicht heißen, dass in Wirklichkeit kein Zusammenhang vorliegt, sondern nur, dass die Nullhypothese aufgrund der vorliegenden Ergebnisse nicht verworfen werden kann (vgl. die graphische Analyse der Interaktionen in Abb. 3.15).

### 3.2.2.4 Interpretation der Ergebnisse

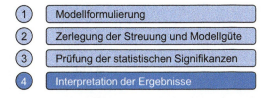

Auch bei der zweifaktoriellen ANOVA sind die zentralen Ergebnisse in der Varianztabelle (vgl. Tab. 3.12) enthalten. Diese geben Auskunft darüber, ob die betrachteten Faktoren oder deren Interaktion einen signifikanten Effekt auf die abhängige Variable ausüben. Die F-Statistiken stellen wiederum Omnibus-Tests dar, d. h. sie geben keine Auskunft darüber, *welche Stufen* eines bzw. mehrerer betrachteter Faktoren einen signifikanten Einfluss auf die abhängige Variable ausüben und *wie groß* diese Effekte sind.

Gibt es a priori Vermutungen zu möglichen Unterschieden bei der zweifaktoriellen ANOVA, so können diese mit Hilfe von *Kontrastanalysen* getestet werden. Sind solche Vermutungen vorab hingegen nicht bekannt, so können bei signifikanten F-Tests aber auch Post-hoc-Tests durchgeführt werden. Im erweiterten Fallbeispiel sind *Post-hoc-Tests* für die Verpackungsart (Box oder Papier) jedoch nicht sinnvoll, da hier nur zwei Faktorstufen vorliegen. Ein Post-hoc-Test kann somit nur für den Faktor „Platzierung" durchgeführt werden und ist identisch zum Fall der einfaktoriellen ANOVA (siehe Abschn. 3.2.1.4). womit sich die Überlegungen nicht von denen im Fall der einfaktoriellen ANOVA unterscheiden.

Im Fall der zweifaktoriellen ANOVA findet der Leser weitere Erläuterungen zu Kontrasten und Post-hoc-Tests auch in den Abschn. 3.3.3.2 und 3.3.3.3. Schwerpunkt bilden hier die in SPSS implementierten Optionen. Da auch im Fallbeispiel (Abschn. 3.3) die Daten des erweiterten Anwendungsbeispiels verwendet werden, gelten die Ausführungen in diesen Abschnitten uneingeschränkt auch für das erweiterte Anwendungsbeispiel.

**Tab. 3.14** Schokoladenabsatz in 15 Supermärkten nach Platzierung und Verpackung

| Platzierung | | Verpackung | |
|---|---|---|---|
| | | Box | Papier |
| Süßwarenabteilung | SM 1 | 47 | 40 |
| | SM 2 | 39 | 39 |
| | SM 3 | 40 | 35 |
| | SM 4 | 46 | 36 |
| | SM 5 | 45 | 37 |
| Sonderplatzierung | SM 6 | 68 | 59 |
| | SM 7 | 65 | 57 |
| | SM 8 | 63 | 54 |
| | SM 9 | 59 | 56 |
| | SM 10 | 67 | 53 |
| Kassenplatzierung | SM 11 | 59 | 53 |
| | SM 12 | 50 | 47 |
| | SM 13 | 51 | 48 |
| | SM 14 | 48 | 50 |
| | SM 15 | 53 | 51 |

## 3.3 Fallbeispiel

### 3.3.1 Problemstellung

Der Manager einer Supermarktkette geht aufgrund seiner Erfahrungen davon aus, dass der Absatz einer bestimmten Schokoladensorte durch die Verpackungsart und den Platzierungsort beeinflusst werden kann. Zur Prüfung seiner Vermutung nimmt er drei verschiedene Platzierungen vor (Platzierung in der Süßwarenabteilung, Sonderplatzierung, Kassenplatzierung) und präsentiert seine Schokolade auch in zwei unterschiedlichen Verpackungen (Box und Papier). Damit ergeben sich $3 \times 2 = 6$ Präsentationsmöglichkeiten der Schokolade. Wie bereits in Abschn. 3.2.2.1 beschrieben, werden aus den 100 Filialen seiner Supermarktkette zufällig 15 Supermärkte (SM) ausgewählt. In jeweils 5 ebenfalls zufällig ausgewählten Geschäften werden dann die drei Platzierungsmaßnahmen mit Schokoladen in der Box und in Papier für jeweils eine Woche angeboten. Tab. 3.14 zeigt die erzielten Schokoladenabsätze in Kilogramm pro 1000 Kassenvorgänge in den 15 Supermärkten sowohl für die Schokolade in der Box als auch für die Schokolade in Papier.[14]

---

[14] Im Fallbeispiel werden aus didaktischen Gründen nochmals die Daten des erweiterten Anwendungsbeispiels verwendet (vgl. Abschn. 3.2.2.1; Tab. 3.9). Deshalb ist auch hier darauf hinzuweisen, dass das Fallbeispiel nur auf insgesamt 30 Fällen basiert. In der Literatur wird meist eine Anzahl von mindestens 20 Beobachtungen pro Gruppe empfohlen.

Auf der zu diesem Buch gehörigen Internetseite www.multivariate.de stellen wir ergänzendes Material zur Verfügung, um das Verstehen der Methode zu erleichtern und zu vertiefen.

Mithilfe der erhobenen Daten möchte er nun prüfen, ob die Verpackungsform und die Platzierung einen signifikanten Einfluss auf den Schokoladenabsatz besitzen. Zur Beantwortung dieser Frage führt der Supermarktleiter eine *zweifaktorielle ANOVA* durch. Sollte sich der Einfluss der Platzierung aufgrund der Ergebnisse der ANOVA als *signifikant* herausstellen, so möchte der Supermarktleiter im zweiten Schritt wissen, ob alle drei Platzierungsarten (Süßwarenabteilung, Sonderplatzierung und Kassenplatzierung) einen Einfluss auf den Schokoladenabsatz besitzen und wie stark diese Effekte sind. Mit Hilfe des sog. *Post hoc−Tests* ist eine solche Prüfung möglich. Da der Supermarktleiter weiß, dass sowohl die ANOVA insgesamt als auch der Post−hoc−Test Varianzgleichheit in den Faktorstufen (Gruppen) voraussetzen, möchte er diese Annahme vorab mithilfe des *Levene−Tests* überprüfen.

### 3.3.2 Durchführung einer zweifaktoriellen ANOVA mit SPSS

Zur Durchführung von zwei− und mehrfaktoriellen ANOVA ist in SPSS unter dem Hauptmenü „*Analysieren*" der Unterpunkt „*Allgemeines lineares Modell*" und dort die Prozedur „*Univariat*" aufzurufen (vgl. Abb. 3.8). Die Bezeichnung „*univariat*" bringt dabei zum Ausdruck, dass nur eine abhängige Variable betrachtet wird.

Im erscheinenden Dialogfenster „*Univariat*" sind die abhängige Variable (Absatzmenge) und die beiden unabhängigen, nominal skalierten Variablen (Platzierung und Verpackungsart) aus der Liste auszuwählen und in das Feld „*Feste Faktoren*" zu übertragen (vgl. Abb. 3.9).

Weiterhin können über den Unterpunkt „*Optionen*" (vgl. Abb. 3.10) diverse Statistiken und Kenngrößen ausgewählt werden. Für das Fallbeispiel wurden „*Deskriptive Statistiken*" und „*Schätzungen der Effektgröße*" ausgewählt. Durch das Anklicken der Auswahl „*Homogenitätstests*" wird der Levene-Tests auf Homogenität der Varianzen angefordert.

Zur optischen Prüfung des Vorhandenseins von Interaktionen kann einPlot der Faktorstufenmittelwerte angefordert werden. Zu diesem Zweck ist in der Menüauswahl „*Diagramme*" anzuklicken. Anschließend ist in dem erscheinenden Dialogfenster der Faktor „Platzierung" als „*Horizontale Achse*" und der Faktor „Verpackung" unter „*Separate Linien*" einzutragen und anschließend über „*Hinzufügen*" in das Feld „*Diagramme*" einzutragen (siehe Abb. 3.11).

### 3.3.3 Ergebnisse

#### 3.3.3.1 Zweifaktorielle ANOVA

Da die ANOVA Varianzhomogenität zwischen den Gruppen voraussetzt, wird für das Fallbeispiel zunächst das in Abb. 3.12 ausgewiesene Ergebnis für den Levene-Test betrachtet (vgl. Abschn. 3.2.1.3). In der letzten Spalte ist die Signifikanz in Höhe von

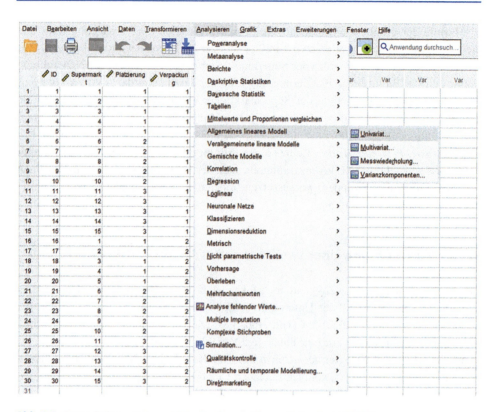

**Abb. 3.8** Daten-Editor mit Auswahl des Analyseverfahrens *Univariat* (ANOVA)

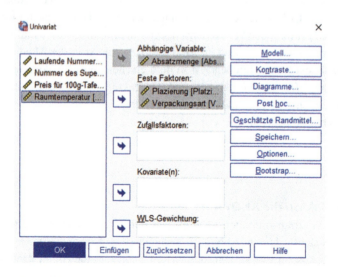

**Abb. 3.9** Dialogfenster: Univariat

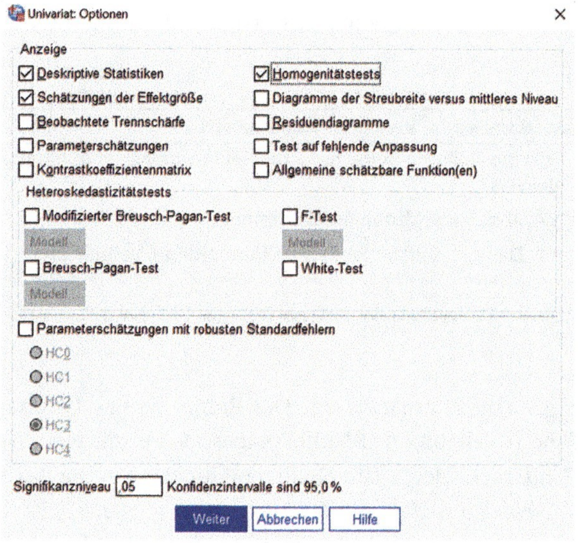

**Abb. 3.10** Dialogfenster: Univariat: Optionen

**Abb. 3.11** Dialogfenster: Univariat: Profilplots

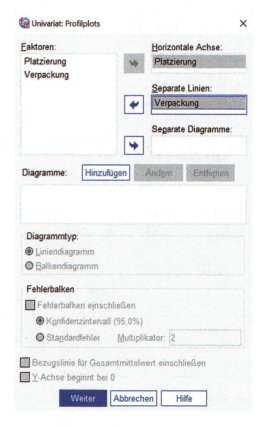

## Levene-Test auf Gleichheit der Fehlervarianzen[a,b]

| | | Levene-Statistik | df1 | df2 | Sig. |
|---|---|---|---|---|---|
| Absatzmenge | Basiert auf dem Mittelwert | ,896 | 5 | 24 | ,499 |

Prüft die Nullhypothese, dass die Fehlervarianz der abhängigen Variablen über Gruppen hinweg gleich ist.

a. Abhängige Variable: Absatzmenge
b. Design: Konstanter Term + Platzierung + Verpackung + Platzierung * Verpackung

**Abb. 3.12** Ergebnis des Levene-Tests auf Gleichheit der Fehlervarianzen

Sig. = 0,499 ausgewiesen. Die Prüfgröße des Levene-Tests ist damit *nicht* signifikant. Eine Ablehnung der Nullhypothese wäre mit einer Wahrscheinlichkeit von 0,499 eine Fehlentscheidung. Die Nullhypothese des Levene-Tests (*„Fehlervarianz der abhängigen Variablen ist über die Gruppen hinweg gleich"*) ist somit anzunehmen. Das bedeutet, dass keine signifikanten Unterschiede in den *Fehlervarianzen* zwischen den drei Faktorstufen bestehen. Es kann somit von Varianzhomogenität ausgegangen werden.

In Abb. 3.13 sind die Ergebnisse zu den in Abb. 3.10 angeforderten deskriptiven Statistiken wiedergegeben. Dabei sind für die jeweiligen Platzierungen der durchschnittliche

## Deskriptive Statistiken

Abhängige Variable: Absatzmenge

| Plazierung | Verpackungsart | Mittelwert | Standardabweichung | N |
|---|---|---|---|---|
| Süßwarenabteilung | Box | 43,40 | 3,647 | 5 |
| | Papier | 37,40 | 2,074 | 5 |
| | Gesamt | 40,40 | 4,222 | 10 |
| Sonderplatzierung | Box | 64,40 | 3,578 | 5 |
| | Papier | 55,80 | 2,387 | 5 |
| | Gesamt | 60,10 | 5,363 | 10 |
| Kassenplatzierung | Box | 52,20 | 4,207 | 5 |
| | Papier | 49,80 | 2,387 | 5 |
| | Gesamt | 51,00 | 3,464 | 10 |
| Gesamt | Box | 53,33 | 9,589 | 15 |
| | Papier | 47,67 | 8,209 | 15 |
| | Gesamt | 50,50 | 9,232 | 30 |

**Abb. 3.13** Deskriptive Statistiken zum Fallbeispiel

## 3.3 Fallbeispiel

Schokoladenabsatz in Kilogramm pro 1000 Kassenvorgänge sowie die zugehörige Standardabweichung und die Fallzahlen ($N$) für die beiden Verpackungsarten angegeben.

Eine Sichtung der deskriptiven Ergebnisse lässt bereits Unterschiede in den durchschnittlichen Absatzmengen in der Kombination der Faktorstufen der beiden unabhängigen Variablen erkennen: So zeigt die Verpackungsart „Box" bei allen Platzierungen durchweg höhere Absatzzahlen als die Papierverpackung, und auch die Sonderplatzierung führt mit durchschnittlich 60,1 Absatzeinheiten zu den höchsten Ergebnissen. Die Mittelwerte lassen somit bereits die Wirksamkeit der beiden Marketingmaßnahmen vermuten.

Die Ergebnisse der zweifaktoriellen ANOVA sind in Form der ANOVA-Tabelle (Tests der Zwischensubjekteffekte) in Abb. 3.14 aufgeführt. Da in Abschn. 3.2.2.2 mit den gleichen Zahlen gearbeitet wurde wie im Fallbeispiel entsprechen die Ergebnisse in dieser Abbildung den bereits in Tab. 3.12 und 3.13 ausgewiesenen Werten. Zusätzlich sind in Abb. 3.14 zu den empirischen F-Werten die zugehörigen p-Werte („Signifikanz") angegeben.

Der Aufbau der Tabelle in Abb. 3.14 spiegelt sehr deutlich das Grundprinzip der Streuungszerlegung wider; denn es gilt nach Gl. (3.6):

$$SS_{t(otal)} = SS_{b(etween)} + SS_{w(ithin)}$$
$$2471{,}500 = 2233{,}500 + 238{,}000$$

Wird in die Betrachtungen noch der von der ANOVA geschätzte „konstante Term" einbezogen, so ergibt sich für die erklärte Gesamtstreuung folgendes Ergebnis:

$$2471{,}500 + 76507{,}500 = 78979{,}000.$$

Auch der konstante Term kann als eine Erklärungsgröße interpretiert werden: Er entspricht der Summe der Abweichungsquadrate, die sich ergibt, wenn die Wirksamkeit der

**Tests der Zwischensubjekteffekte**

Abhängige Variable: Absatzmenge

| Quelle | Typ III Quadratsumme | df | Mittel der Quadrate | F | Sig. | Partielles Eta-Quadrat |
|---|---|---|---|---|---|---|
| Korrigiertes Modell | 2233,500 [a] | 5 | 446,700 | 45,045 | <,001 | ,904 |
| Konstanter Term | 76507,500 | 1 | 76507,500 | 7715,042 | <,001 | ,997 |
| Platzierung | 1944,200 | 2 | 972,100 | 98,027 | <,001 | ,891 |
| Verpackung | 240,833 | 1 | 240,833 | 24,286 | <,001 | ,503 |
| Platzierung * Verpackung | 48,467 | 2 | 24,233 | 2,444 | ,108 | ,169 |
| Fehler | 238,000 | 24 | 9,917 | | | |
| Gesamt | 78979,000 | 30 | | | | |
| Korrigierte Gesamtvariation | 2471,500 | 29 | | | | |

a. R-Quadrat = ,904 (korrigiertes R-Quadrat = ,884)

**Abb. 3.14** Ergebnisse der zweifaktoriellen ANOVA (ANOVA-Tabelle)

Faktoren „Platzierung" und „Verpackung" Null wäre. Es wird in diesem Fall auch vom „Nullmodell" gesprochen. Allerdings hat das Nullmodell inhaltlich keine Bedeutung, sondern dient primär als Vergleichsgröße zu anderen Modellen um deren Erklärungskraft zu verdeutlichen. Bezogen auf das Fallbeispiel gibt der konstante Term die Summe der Abweichungsquadrate an, die im Durchschnitt erzeugt wird, wenn der Supermarktleiter keinerlei Aktivitäten unternommen hätte.

Werden weiterhin die „Typ III Quadratsummen" durch die Freiheitsgrade (df) geteilt, so ergeben sich in Spalte vier die „Mittel der Quadrate". Mit ihrer Hilfe können dann unmittelbar die Prüfgrößen der F-Statistik berechnet und deren Signifikanzen ausgegeben werden (vgl. Abschn. 3.2.1.3 bzw. 3.2.2.3). Hervorzuheben ist, dass im Fallbeispiel die F-Tests zu den beiden Marketinginstrumenten („Platzierung" und „Verpackung") signifikant sind (vgl. Spalte „Sig." in Abb. 3.14). Das bedeutet, dass beide Maßnahmen einen signifikanten Einfluss auf den Schokoladenabsatz besitzen. Demgegenüber ist die Wechselwirkung zwischen Platzierung und Verpackung nicht signifikant (Sig. = 0,108).

**Güte des Modells (Eta-Quadrat-Werte)**
Die letzte Spalte in Abb. 3.14 weist die über die Option „Schätzungen der Effektgröße" (Abb. 3.10) angeforderte Eta-Statistik aus. Für das Gesamtmodell (Korrigiertes Modell) berechnet sich dessen Güte gemäß Gl. (3.7) und für das Fallbeispiel folgt:

$$\text{Eta - Quadrat} = \frac{\text{erklärte Streuung}}{\text{gesamte Streuung}} = \frac{SS_b}{SS_t} = \frac{2233,5}{2471,5} = 0,904$$

Das bedeutet, dass das Modell (ohne konstanter Term) 90,4 % der quadrierten Streuung der abhängigen Variablen erklären kann. Darüber hinaus kann auch für die Faktoren („Platzierung" und „Verpackung") sowie des Interaktionseffektes („Platzierung*Verpackung") jeweils „isoliert" dessen Erklärungskraft im Hinblick auf die abhängige Variable (sog. partielle Eta-Quadrate-Werte) bestimmt werden. Die durch SPSS erzeugten partiellen Eta-Quadrat-Werte entsprechen denen in Tab. 3.11 aufgeführten Ergebnissen, da in beiden Fällen derselbe Datensatz verwendet wurde.

Die partiellen Eta-Quadrat-Werte verdeutlichen, dass der Faktor „Platzierung" mit 89,1 % einen größeren Varianzerklärungsanteil aufweist als der Faktor „Verpackung" (50,3 %). Durch den Interaktionsterm „Platzierung*Verpackung" können 16,9 % der Varianz der abhängigen Variablen erklärt werden. Es sei angemerkt, dass der Interaktionsterm in der Spalte „*Sig.*" einen Wert von 0,108 aufweist. Das heißt, wir würden mit einer Wahrscheinlichkeit von 10,8 % das Risiko eingehen, wenn wir behaupteten, dass ein Einfluss des Interaktionsterms auf die Absatzmenge gegeben sei. Der Einfluss des Interaktionsterms ist entsprechend als nicht signifikant einzustufen. Zusätzlich weist SPSS noch das partielle Eta für den konstanten Term aus, der sich in Anlehnung an Gl. (3.27) wie folgt berechnet:

$$\text{Partielles Eta} - \text{Quadrat}_{KonstanterTerm} = \frac{76507{,}50}{76507{,}50 + 238} = 0{,}997$$

Die hohe Erklärungskraft des konstanten Terms (Nullmodell) lässt vermuten, dass sich in der Modellkonstanten Einflüsse niederschlagen, die zur Erklärung der Streuungen der Absatzmenge beitragen, im Modell aber nicht explizit formuliert wurden. Diese Vermutung wird bei den späteren Betrachtungen auch bestätigt (vgl. Abb. 3.23 in Abschn. 3.4.2.2).

**Interaktion zwischen Verpackung und Platzierung im Fallbeispiel**
Die Ergebnisse der ANOVA in Abb. 3.14 zeigen, dass keine signifikante Interaktion zwischen den Faktoren „Verpackung" und „Platzierung" vorliegt (partielles Eta-Quadrat: 0,169). Eine visuelle Prüfung von Interaktionen kann in SPSS durch die Anforderung eines Profilplots (vgl. Abb. 3.15) erfolgen. Dabei werden die durchschnittlichen Absatzzahlen für die drei Platzierungen und die beiden Verpackungsarten gegeneinander abgetragen. Interaktionseffekte sind dann daran erkennbar, dass die Verbindungs-

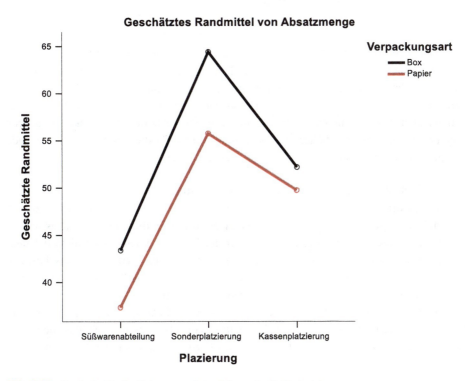

**Abb. 3.15** Grafische Verdeutlichung von Interaktionen im Fallbeispiel

**Abb. 3.16** Dialogfenster: Einfaktorielle Varianzanalyse: Post-hoc-Mehrfachvergleiche

linien zwischen den Mittelwerten nicht parallel verlaufen.[15] Im Fallbeispiel weisen die Verpackungen Box und Papier bei der Platzierung in der Süßwarenabteilung und der Sonderplatzierung keine Interaktion auf (parallele Linien), während die Kassenplatzierung den Absatz der beiden Verpackungsarten beeinflusst (geringer Abstand der beiden zugehörigen Absatzwerte, da der am weitesten rechts liegende Punkt des unteren Polygons, relativ gesehen, höher ist). Es ergibt sich also für den Absatz von Schokolade in Papier ein höherer Wert, wenn sie bei der Kasse platziert wird.

### 3.3.3.2 Post-hoc-Test für den Faktor „Platzierung"

Die zweifaktorielle ANOVA hat im Fallbeispiel ergeben, dass der Faktor „Platzierung" aufgrund des signifikanten F-Tests einen nennenswerten Einfluss auf den Schokoladenabsatz besitzt. Damit ist allerdings dem Leiter der Supermarktkette noch nicht bekannt, ob alle drei Platzierungsformen (Faktorstufen) einen gleich starken Einfluss besitzen oder ob hier Unterschiede bestehen. Diese Frage kann mit Hilfe von *Post hoc-Tests* beantwortet werden (vgl. hierzu die Ausführungen in Abschn. 3.2.1.4).

SPSS stellt unter dem Dialogfenster *„Post-hoc-Mehrfachvergleiche"* im Hauptmenü der Prozedur *„Univariat"* (vgl. Abb. 3.16) insgesamt 18 verschiedene Post-hoc-Tests zur Verfügung. Dabei sind 14 Test auf den Fall bezogen, dass Varianzgleichheit in den

---

[15] Vgl. zu den Arten von Interaktionseffekten und der Berechnung des Interaktionseffektes im Fallbeispiel die Ausführungen in Abschn. 3.2.2.1.

Gruppen unterstellt werden kann, und vier Testmöglichkeiten sind auf den Fall bezogen, dass keine Varianzgleichheit angenommen werden kann. Abb. 3.16 zeigt das zur Menüauswahl „*Post hoc*" gehörende Dialogfenster.

Da im Fallbeispiel der Levene-Test gezeigt hat, dass von Varianzhomogenität ausgegangen werden darf (vgl. Abb. 3.12), wurde für das Fallbeispiel der Tukey- und der Scheffé-Test ausgewählt. Sie zählen zu den gebräuchlichsten Post-hoc-Tests in der empirischen Anwendung.

Der *Tukey-Test* wird vor allem bei paarweisen Mittelwertvergleichen (wie im Fallbeispiel) empfohlen und als sehr robust eingestuft (vgl. Smith, 1971, S. 31). Der *Scheffé-Test* ist ebenfalls robust, wird aber gegenüber dem Tukey-Test als *konservativer* bezeichnet. Auch der Scheffé-Test wird in der Literatur als empfehlenswert hervorgehoben, wobei hier die Stichprobenumfänge in den Gruppen unterschiedlich groß sein dürfen (sog. unbalancierter Fall). Im Beispiel ist das aber nicht der Fall. Zum Vergleich werden hier die Ergebnisse beider Tests angefordert.

Es ist zu beachten, dass die Prozedur „*Univariat*" Post-hoc-Tests nur ermöglicht, wenn *keine* Kovariate in die Analyse einbezogen sind (vgl. zur Analyse *mit* Kovariaten Abschn. 3.4.2 zur ANCOVA). Auch kann für den Faktor „Verpackung" kein Post hoc-Test durchgeführt werden, da dieser Faktor nur zwei Faktorstufen (Box und Papier) besitzt. Post-hoc-Tests sind aber nur für Faktoren mit drei und mehr Faktorstufen definiert. Bei zwei Faktorstufen kann aber ein einfacher Test auf Mittelwertunterschiede durchgeführt werden, der in SPSS mit der Menüfolge „*Analysieren/Mittelwerte vergleichen/Mittelwerte*" aufgerufen werden kann.

**Ergebnisse der Post hoc-Tests im Fallbeispiel**
Die Ergebnisse für die zwei in Abb. 3.16 angeforderten Post-hoc-Tests sind in Abb. 3.17 dargestellt. Alle zwei Testvarianten führen im Fallbeispiel zum gleichen Ergebnis und alle paarweisen Vergleiche der Mittelwerte der drei Faktorstufen zu signifikanten Ergebnisse führen, was in der Abb. 3.17 in der Spalte „*Sig.*" direkt abzulesen ist. Darüber hinaus ist eine Signifikanz auf einem Niveau von $\leq 5\%$ ebenfalls in der Spalte „*Mittelwertdifferenz (I-J)*" durch einen Stern gekennzeichnet. Daraus lässt sich der Hinweis ableiten, dass alle Faktorstufen unterschiedliche Wirkungen auf den Schokoladenabsatz haben, mit dem größten Unterschied zwischen den Faktorstufen Süßwarenabteilung und Sonderplatzierung: $(40{,}4 - 60{,}1 =) - 19{,}7$.

### 3.3.3.3 Kontrastanalyse für den Faktor „Platzierung"
Im Fallbeispiel wurde unterstellt, dass der Supermarktleiter im Vorfeld *keine* Vorstellung darüber hatte, ob die Faktorstufen unterschiedliche Auswirkungen auf die abhängige Variable besitzen. Häufig ist aber der Fall gegeben, dass der Anwender z. B. aufgrund sachlogischer Überlegungen bereits im Vorfeld (a priori) über entsprechende Vorstellungen verfügt. In diesen Fällen können die bereits im Vorfeld bestehenden Vermutungen zu den Unterschieden in der Wirksamkeit der Faktorstufen durch die sog. *Kontrastanalyse* geprüft werden (siehe Abschn. 3.2.1.3).

**Mehrere Vergleiche**

Abhängige Variable: Absatzmenge

| | (I) Plazierung | (J) Plazierung | Mittelwertdifferenz (I-J) | Std.-Fehler | Sig. | 95% Konfidenzintervall | |
|---|---|---|---|---|---|---|---|
| | | | | | | Untergrenze | Obergrenze |
| Tukey-HSD | Süßwarenabteilung | Sonderplatzierung | -19,70* | 1,408 | <,001 | -23,22 | -16,18 |
| | | Kassenplatzierung | -10,60* | 1,408 | <,001 | -14,12 | -7,08 |
| | Sonderplatzierung | Süßwarenabteilung | 19,70* | 1,408 | <,001 | 16,18 | 23,22 |
| | | Kassenplatzierung | 9,10* | 1,408 | <,001 | 5,58 | 12,62 |
| | Kassenplatzierung | Süßwarenabteilung | 10,60* | 1,408 | <,001 | 7,08 | 14,12 |
| | | Sonderplatzierung | -9,10* | 1,408 | <,001 | -12,62 | -5,58 |
| Scheffé | Süßwarenabteilung | Sonderplatzierung | -19,70* | 1,408 | <,001 | -23,37 | -16,03 |
| | | Kassenplatzierung | -10,60* | 1,408 | <,001 | -14,27 | -6,93 |
| | Sonderplatzierung | Süßwarenabteilung | 19,70* | 1,408 | <,001 | 16,03 | 23,37 |
| | | Kassenplatzierung | 9,10* | 1,408 | <,001 | 5,43 | 12,77 |
| | Kassenplatzierung | Süßwarenabteilung | 10,60* | 1,408 | <,001 | 6,93 | 14,27 |
| | | Sonderplatzierung | -9,10* | 1,408 | <,001 | -12,77 | -5,43 |

Grundlage: beobachtete Mittelwerte.
Der Fehlerterm ist Mittel der Quadrate(Fehler) = 9,917.
*. Die Mittelwertdifferenz ist in Stufe ,05 signifikant.

**Abb. 3.17** Ergebnisse der Post-hoc-Tests

## 3.3 Fallbeispiel

Für das Fallbeispiel sei unterstellt, dass Studien gezeigt haben, dass die Sonderplatzierung von Schokolade in besonderer Weise den Absatz erhöhen kann. Der Supermarktleiter möchte deshalb wissen, ob dieser Effekt auch in seinem Fall Gültigkeit besitzt. Der Leiter ist damit nur an einer Kontrastanalyse für den Faktor „Platzierung" interessiert. In diesem Fall kann zur Durchführung der Kontrastanalyse auf die einfaktorielle ANOVA zurückgegriffen werden.

In SPSS wird die einfaktorielle ANOVA durch die Menüabfolge *„Analysieren/Mittelwerte vergleichen/Einfaktorielle Varianzanalyse"* aufgerufen. Dort kann als abhängige Variable die Absatzmenge und als Faktoren die Platzierung eingetragen werden. Nach Anklicken des Menüs *„Kontraste"* öffnet sich das zugehörige Dialogfenster, dass in Abb. 3.18 dargestellt ist.

Im Rahmen der einfaktoriellen ANOVA vergleicht die Kontrastanalyse die interessierende Kontrastvariable (Faktorstufe) mit den übrigen Faktorstufen, die zu diesem Zweck zu einer Gruppe zusammengefasst werden. Dies wird durch die Festlegung der sog. *Kontrast-Koeffizienten* erreicht, die häufig auch als *Lambda-Koeffizienten* bezeichnet werden.

Um die Faktorstufe „Sonderplatzierung" gegenüber den beiden anderen Faktorstufen möglichst gut zu kontrastieren, wählt der Schokoladenhersteller hier einen Kontrast-Koeffizienten von −1. Für die verbleibenden Faktorstufen setzt er aufgrund sachlogischer Überlegungen den Kontrast-Koeffizienten für die „Süßwarenabteilung" sowie für die „Kassenplatzierung" jeweils auf +0,5. Dadurch wird erreicht, dass die „Sonderplatzierung" als eigenständige Gruppe betrachtet wird und die Faktorstufen „Süßwarenabteilung" und „Kassenplatzierung" zu einer Gruppe zusammengefasst werden. Im Dialogfenster *„Kontraste"* wurden diese Werte jeweils in das Feld *„Koeffizienten"* eingetragen und durch Anklicken von *„Hinzufügen"* für die Analyse übernommen.

Hingewiesen sei hier darauf, dass die absolute Höhe der Ausprägungen der Lambda-Koeffizienten unerheblich ist. Sie geben lediglich das Gewichtungsverhältnis der Mittelwerte (hier 1:1) an. Zu beachten ist, dass die Koeffizienten der zu kontrastierenden Faktorstufen gegensätzliche Vorzeichen aufweisen müssen und die Summe aller Kontrast-Koeffizienten insgesamt Null ergibt.

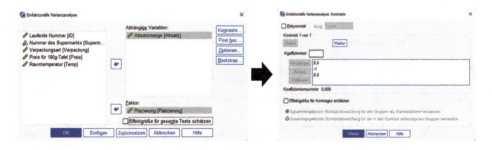

**Abb. 3.18** Dialogfenster: Einfaktorielle Varianzanalyse: Kontraste

**Ergebnisse der Kontrastanalyse für den Faktor „Platzierung"**
Das Ergebnis der Kontrastanalyse im Rahmen der einfaktoriellen ANOVA sind in Abb. 3.19 aufgeführt.

Dabei zeigt die Matrix der Kontrastkoeffizienten nochmals die im Fallbeispiel vorgenommenen Gewichtungen: Der Mittelwertvergleich zwischen der Faktorstufe „Sonderplatzierung" und der Gruppe „Süßwarenabteilung und Kassenplatzierung" wird mithilfe eines t-Tests sowohl unter der Annahme „gleiche Varianzen" als auch unter der Annahme „keine gleichen Varianzen" durchgeführt. Der Kontrastwert spiegelt den Unterschied zwischen den zwei betrachteten Gruppenmittelwerten wider und berechnet sich im Fallbeispiel wie folgt:

$$\text{Kontrast} = 0{,}5 \cdot 40{,}4 + (-1 \cdot 60{,}1) + 0{,}5 \cdot 51{,}0 = -14{,}4$$

Die Gruppenmittelwerte der Faktorstufen können in Abb. 3.13 (jeweils in der Zeile Gesamt) entnommen werden. Beide t-Tests führen zum gleichen Ergebnis und sind mit einem p-Wert von 0,000 hoch signifikant. Das bedeutet, dass die Vermutung des Supermarktleiters bestätigt werden kann und die Sonderplatzierung von Schokolade gegenüber der Platzierung in der Süßwarenabteilung und der Kassenplatzierung den Schokoladenumsatz deutlich erhöht. Bei der einfaktoriellen ANOVA bezieht sich die Kontrastanalyse allein auf die Unterschiede zwischen den Faktorstufen des betrachteten Faktors. Wird hingegen eine Kontrastanalyse im Rahmen der einer mehrfaktoriellen ANOVA durchgeführt, so werden die Unterschiede zwischen den betrachteten Faktoren über die Faktorstufen hinweg (sog. Randmittelwerte) betrachtet.

### 3.3.4 SPSS-Kommandos

Im Fallbeispiel wurde die ANOVA mithilfe der grafischen Benutzeroberfläche von SPSS (GUI: graphical user interface) durchgeführt. Alternativ kann der Anwender aber auch die sog. *SPSS-Syntax* verwenden, die eine speziell für SPSS entwickelte Programmiersprache darstellt. Jede Option, die auf der grafischen Benutzeroberfläche von SPSS aktiviert wurde, wird dabei in die SPSS-Syntax übersetzt. Wird im Hauptdialogfeld der ANOVA auf *„Einfügen"* geklickt (Abb. 3.9), so wird die zu den gewählten

**Kontrastkoeffizienten**

| Kontrast | Süßwarenabteilung | Plazierung Sonderplatzierung | Kassenplatzierung |
|---|---|---|---|
| 1 | ,5 | -1 | ,5 |

**Kontrast-Tests**

| | | Kontrast | Kontrastwert | Std.-Fehler | T | df | Sig. (2-seitig) | 95% Konfidenzintervall Unterer | Oberer |
|---|---|---|---|---|---|---|---|---|---|
| Absatzmenge | Gleiche Varianzen voraussetzen | 1 | -14,40 | 1,712 | -8,413 | 27 | <,001 | -17,91 | -10,89 |
| | Varianzen sind nicht gleich | 1 | -14,40 | 1,903 | -7,566 | 13,789 | <,001 | -18,49 | -10,31 |

**Abb. 3.19** Ergebnisse der Kontrastanalyse

## 3.3 Fallbeispiel

Optionen gehörende SPSS-Syntax automatisch in einem neuen Fenster ausgegeben. Die Prozeduren von SPSS können auch allein auf Basis der SPSS-Syntax ausgeführt werden und Anwender können dabei auch weitere SPSS-Befehle verwenden. Die Verwendung der SPSS-Syntax kann z. B. dann vorteilhaft sein, wenn Analysen mehrfach wiederholt werden sollen (z. B. zum Testen verschiedener Modellspezifikationen). Abb. 3.20 zeigt die SPSS-Syntaxbefehle zur zweifaktoriellen Varianzanalyse des Fallbeispiels. Die Syntax bezieht sich dabei nicht auf eine bestehende Datendatei von SPSS (*.sav), sondern die Daten sind in die Befehle zwischen BEGIN DATA und END DATA eingebettet.

Abb. 3.21 zeigt die SPSS-Syntaxbefehle zur Kovarianzanalyse (ANCOVA), welche in Abschn. 3.4.2 erläutert wird.

```
* MVA: Fallbeispiel Schokolade Varianzanalyse (ANOVA).
* Datendefinition.
DATA LIST FREE / ID PLATZIERUNG VERPACKUNG ABSATZ PREIS TEMP.
MISSING VALUES ALL (9999)

BEGIN DATA
1  1 1 47 1,89 16
2  1 1 39 1,89 21
3  1 1 49 1,89 19
------------------
30 3 2 51 2,13 18
* Alle Datensätze einfügen.
END DATA.

* Fallbeispiel Zweifaktorielle Varianzanalyse.
UNIANOVA MENGE BY PLATZIERUNG VERPACKUNG
  /METHOD=SSTYPE(3)
  /INTERCEPT = INCLUDE
  /POSTHOC=REGAL(TUKEY SCHEFFE)
  /CONTRAST=0.5 -1 0.5
  /PLOT=PROFILE(PLATZIERUNG*VERPACKUNG) TYPE=LINE ERRORBAR=NO
    MEANREFERENCE=NO YAXIS=AUTO
  /PRINT ETASQ HOMOGENEITY DESCRIPTIVE
  /CRITERIA=ALPHA(.05)
  /DESIGN=PLATZIERUNG VERPACKUNG PLATZIERUNG*VERPACKUNG.
```

**Abb. 3.20** SPSS-Syntax zur zweifaktoriellen Varianzanalyse

```
* MVA: Fallbeispiel Varianzanalyse: Methode mit Kovariaten (ANCOVA).
UNIANOVA ABSATZ BY PLATZIERUNG VERPACKUNG WITH PREIS TEMP
  /METHOD=SSTYPE(3)
  /INTERCEPT = INCLUDE
  /PLOT=PROFILE(PLATZIERUNG*VERPACKUNG) TYPE=LINE ERRORBAR=NO
    MEANREFERENCE=NO YAXIS=AUTO
  /PRINT ETASQ DESCRIPTIVE HOMOGENEITY
  /CRITERIA=ALPHA(.05)
  /DESIGN=PREIS TEMP PLATZIERUNG VERPACKUNG PLATZIERUNG*VERPACKUNG.
```

**Abb. 3.21** SPSS-Syntax zur Kovarianzanalyse (ANCOVA)

Anwender, die R (https://www.r-project.org) zur Datenanalyse nutzen möchten, finden die entsprechenden R-Befehle zum Fallbeispiel auf der Internetseite www.multivariate.de.

## 3.4 Modifikationen und Erweiterungen

In diesem Abschnitt werden zunächst unterschiedliche Verfahrenserweiterungen der ANOVA vorgestellt. Anschließend wird die Kovarianzanalyse genauer betrachtet und dabei auch am Fallbeispiel aus Abschn. 3.3.1 erläutert. Zu diesem Zweck werden die Daten aus dem Fallbeispiel um zwei Kovariate (metrisch skalierte unabhängige Variable) erweitert. Schließlich wird in Abschn. 3.4.3 der Levene-Test zur Prüfung der Annahme der Varianzhomogenität im Detail vorgestellt.

### 3.4.1 Verfahrenserweiterungen

Die Bezeichnung „*Varianzanalyse*" umfasst verschiedene Formen der ANOVA. Die Erweiterungen ergeben sich dabei durch das Einbeziehen weiterer Variablen, wie aus Tab. 3.15 ersichtlich wird. Da diese Erweiterungen auch zu Änderungen in der Analysemethodik der ANOVA führen, werden sie in der Literatur unterschiedlich bezeichnet (vgl. letzte Spalte in Tab. 3.15).

**Tab. 3.15** Verfahrensvarianten der Varianzanalyse

| Abhängige Variable | Unabhängige Variable | Bezeichnung | Abkürzung |
|---|---|---|---|
| Eine, metrisch | Eine nominal skaliert, mit mehreren Stufen | Univariate Varianzanalyse einfaktoriell | **ANOVA** |
| Eine, metrisch | Mehrere nominal skalierte, mit mehreren Stufen | Univariate Varianzanalyse *multiple oder mehrfaktoriell* (zwei-, dreifaktoriell usw.) | **ANOVA** |
| Eine, metrisch | Eine oder mehrere nominal und eine oder mehrere metrisch skalierte | Univariate Varianzanalyse mit Kovariaten | **ANCOVA** |
| Eine oder mehrere, metrisch | Eine oder mehrere, nominal skaliert | Multivariate Varianzanalyse | **MANOVA** |
| Eine oder mehrere, metrisch | Eine oder mehrere nominal und eine oder mehrere metrisch skaliert | Multivariate Varianzanalyse mit Kovariaten | **MANCOVA** |

## 3.4 Modifikationen und Erweiterungen

Alle Verfahrensvarianten halten dabei aber an der sog. Streuungszerlegung fest. Auf der Ebene der ANOVA ist zu beachten, dass mit steigender Zahl an Faktoren, auch die Möglichkeiten von Interaktionsbeziehungen ansteigen.

Exemplarisch ist in Abb. 3.22 die Aufteilung der Gesamtstreuung für ein *dreifaktorielles* Design aufgezeigt. Die dreifaktorielle ANOVA umfasst dabei die Interaktion zwischen allen möglichen Kombinationen von zwei Faktoren und zusätzlich die Interaktion aller drei Faktoren. Wenn mehr als drei Faktoren in die Analyse einbezogen werden, müssen alle Interaktionen der Faktoren berücksichtigt werden. In diesen Fällen

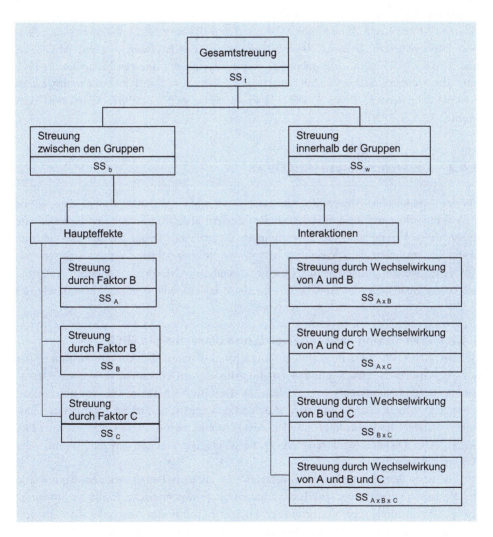

**Abb. 3.22** Aufteilung der Gesamtstreuung im dreifaktoriellen Design

können die Wechselwirkungen jedoch kaum inhaltlich interpretiert werden. ANOVA mit vier und mehr Faktoren spielen deshalb in der empirischen Anwendung kaum eine Bedeutung.

Eine deutlich größere Bedeutung hat in der praktischen Anwendung die ANCOVA erlangt, da sie die gleichzeitige Berücksichtigung von nominal und metrisch skalierten unabhängigen Variablen erlaubt. Aufgrund ihrer Bedeutung wird die ANCOVA im folgenden Abschnitt einer detaillierten Betrachtung unterzogen.

Schließlich erlaubt die sog. MANOVA ein Design mit mehr als einer abhängigen Variablen und mehreren Faktoren. Die MANCOVA betrachtet ebenfalls mehrere abhängige Variablen und zieht neben nominal skalierten Faktoren auch metrisch skalierte Kovariate ein. Eine MANCOVA kann in SPSS über die Menüreihenfolge „*Analysieren/Allgemeines lineares Modell/Multivariat*" durchgeführt werden. MANOVA und MANCOVA führen im Ergebnis zu einem allgemeinen linearen Modellansatz (vgl. zum allgemeinen linearen Modell Christensen, 1996, S. 427–431 und zur multivariaten ANOVA Christensen, 1996, S. 367–374 sowie Haase & Ellis, 1987, S. 404–113 oder Warne, 2014, S. 1–10).

### 3.4.2 Kovarianzanalyse (ANCOVA)

Für die praktische Anwendung besitzen vor allem Varianzanalysen eine große Bedeutung, die nicht nur nominal skalierte, sondern gleichzeitig auch metrisch skalierte unabhängige Variablen in die Betrachtungen einbeziehen. Dabei werden die metrisch skalierten unabhängigen Variablen als *Kovariate* bezeichnet. Varianzanalysen mit Kovariaten werden deshalb auch als Kovarianzanalyse (ANCOVA) bezeichnet. Aufgrund der hohen Bedeutung der ANCOVA wird diese im Folgenden unter Verwendung des Fallbeispiels aus Abschn. 3.3 genauer betrachtet.

#### 3.4.2.1 Erweiterung des Fallbeispiels und Umsetzung in SPSS

Bei der ANCOVA wird in der Regel zunächst der Anteil der Varianz bestimmt, der auf die Kovariaten zurückzuführen ist. Im Allgemeinen entspricht dies einer vorausgehenden Regressionsanalyse (vgl. Kap. 2). Die Beobachtungswerte der abhängigen Variablen werden dann um den durch die Regressionsanalyse ermittelten Einfluss korrigiert und anschließend der ANOVA unterzogen (vgl. Christensen, 1996, S. 281–298). Dadurch wird rechnerisch die abhängige Variable um den Einfluss der Kovariaten bereinigt.

Würden in dem Schokoladen-Fallbeispiel z. B. auch die Preise variieren, dann würde die Reststreuung nicht nur zufällige, sondern auch systematische Einflüsse enthalten. Zwecks Vermeidung von verzerrten Schätzwerten sollte der Anwender deshalb versuchen, die Preise konstant zu halten und so die Analyse zu vereinfachen. Falls er die Preise experimentell variiert, um deren Effekte zu ermitteln, so sollten die Variationen

## 3.4 Modifikationen und Erweiterungen

unabhängig (unkorreliert) von den anderen experimentellen Variablen erfolgen. Indem der Preis als Kovariate eingeführt wird, kann ein Teil der Gesamtvarianz möglicherweise auf die Variation des Preises zurückgeführt werden, was sich bei Nichterfassung in einer erhöhten Reststreuung ($SS_W$) ausdrücken würde.

### Erweiterung des Fallbeispiels

Der Leiter der Supermarktkette geht davon aus, dass durch die zusätzliche Betrachtung von „Preisniveau" und „Raumtemperatur" die durch die ANOVA erzielte Erklärung des Schokoladenabsatzes weiter verbessert werden kann. Er ergänzt deshalb die zu den beiden Faktoren erhobenen Daten (vgl. Tab. 3.14) um die Angabe zu Preisniveau und Temperatur in den 15 Supermärkten. Diese Angaben sind metrisch skalierte Variablen und wurden als „Preis" und „Temp" in Tab. 3.16 aufgenommen.

Zur Durchführung der zweifaktoriellen Varianzanalyse mit Kovariaten sind im Dialogfenster „*Univariat*" (vgl. Abb. 3.9) zusätzlich die metrisch skalierten Variablen „Preis" und „Temp" in das Feld „*Kovariate*" einzufügen. Nach der Übertragung wird automatisch der Unterpunkt „*Post hoc*" ausgeblendet, da Post-hoc-Tests nur für Analysen *ohne* Kovariate definiert sind. Zur Ausführung der Prozedur „*Univariat*" mit Kovariaten ist erneut OK zu klicken. ◄

**Tab. 3.16** Datenmatrix des Fallbeispiels mit Kovariaten

| Platzierung | Verpackung | Box | | | Papier | | |
|---|---|---|---|---|---|---|---|
| | | Absatz | Preis | Temp | Absatz | Preis | Temp |
| Süßwarenabteilung | SM 1 | 47 | 1,89 | 16 | 40 | 2,13 | 22 |
| | SM 2 | 39 | 1,89 | 21 | 39 | 2,13 | 24 |
| | SM 3 | 40 | 1,89 | 19 | 35 | 2,13 | 21 |
| | SM 4 | 46 | 1,84 | 24 | 36 | 2,09 | 21 |
| | SM 5 | 45 | 1,84 | 25 | 37 | 2,09 | 20 |
| Sonderplatzierung | SM 6 | 68 | 2,09 | 18 | 59 | 2,09 | 18 |
| | SM 7 | 65 | 2,09 | 19 | 57 | 1,99 | 19 |
| | SM 8 | 63 | 1,99 | 21 | 54 | 1,99 | 18 |
| | SM 9 | 59 | 1,99 | 21 | 56 | 2,09 | 18 |
| | SM 10 | 67 | 1,99 | 19 | 53 | 2,09 | 18 |
| Kassenplatzierung | SM 11 | 59 | 1,99 | 20 | 53 | 2,19 | 19 |
| | SM 12 | 50 | 1,98 | 21 | 47 | 2,19 | 20 |
| | SM 13 | 51 | 1,98 | 23 | 48 | 2,19 | 17 |
| | SM 14 | 48 | 1,89 | 24 | 50 | 2,13 | 18 |
| | SM 15 | 53 | 1,89 | 20 | 51 | 2,13 | 18 |

## 3.4.2.2 Ergebnisse der ANCOVA im Fallbeispiel

Wird die zweifaktorielle Varianzanalyse mit Kovariaten ausgeführt, so zeigt Abb. 3.23 die Ergebnisse der Varianztabelle unter der Berücksichtigung der beiden Kovariaten.

Wiederum sind in der ersten Spalte der Tabelle die Zerlegung der Gesamtstreuung in die erklärte Streuung (Korrigiertes Modell) und in die Reststreuung (Fehler) zu finden. Die mittleren Zeilen zeigen nunmehr in der ersten Spalte eine Aufteilung der durch die Kovariaten und durch die Faktoren erklärten Streuung (Korrigiertes Modell) in ihre jeweiligen Einzelbeiträge (Preis, Temp, Platzierung, Verpackung, Platzierung · Verpackung). Die übrigen Spalten enthalten wie oben die Freiheitsgrade *(df)*, die Varianzen (Mittel der Quadrate), die empirischen F-Werte *(F)*, das Signifikanzniveau der *F*-Statistik (Signifikanz) sowie die partiellen Eta-Quadrate.

Die Ergebnisse zeigen, dass die Kovariaten mit partiellen Eta-Quadrat-Werten von 0,022 (Preis) und 0,021 (Temperatur) keine nennenswerte Erklärungskraft für die abhängige Variable besitzen. Die Vermutung des Supermarktleiters, dass die nachgefragte Menge zusätzlich durch diese Faktoren erklärt werden kann, lässt sich daher nicht bestätigen.

Mathematisch wird die Absatzmenge um den Einfluss der Kovariaten „korrigiert". Diese Bereinigung kommt darin zum Ausdruck, dass die zweifaktorielle Varianzanalyse nun auf eine um den Einfluss der Kovariaten verringerte Gesamtstreuung bezogen wird. Das hat unmittelbare Auswirkungen auf die Ergebnisse, wie ein Vergleich der Varianztabelle in Abb. 3.14 mit der in Abb. 3.23 zeigt:

- Die durch den Faktor Platzierung erklärte Streuung ist absolut von 1944,2 auf 1207,881 gefallen. Auch die Erklärung durch den Faktor Verpackung ist von 240,833 auf 82,605 gesunken.
- Besonders deutlich wird auch die Veränderung beim konstanten Term: Dort ist die erklärte Streuung absolut von 76507,500 auf 8,815 gesunken. Entsprechend ist der

**Tests der Zwischensubjekteffekte**

Abhängige Variable: Absatzmenge

| Quelle | Typ III Quadratsumme | df | Mittel der Quadrate | F | Sig. | Partielles Eta-Quadrat |
|---|---|---|---|---|---|---|
| Korrigiertes Modell | 2247,511 a | 7 | 321,073 | 31,536 | <,001 | ,909 |
| Konstanter Term | 8,815 | 1 | 8,815 | ,866 | ,362 | ,038 |
| Preis | 5,010 | 1 | 5,010 | ,492 | ,490 | ,022 |
| Temp | 4,884 | 1 | 4,884 | ,480 | ,496 | ,021 |
| Platzierung | 1207,881 | 2 | 603,941 | 59,319 | <,001 | ,844 |
| Verpackung | 82,605 | 1 | 82,605 | 8,113 | ,009 | ,269 |
| Platzierung * Verpackung | 13,220 | 2 | 6,610 | ,649 | ,532 | ,056 |
| Fehler | 223,989 | 22 | 10,181 | | | |
| Gesamt | 78979,000 | 30 | | | | |
| Korrigierte Gesamtvariation | 2471,500 | 29 | | | | |

a. R-Quadrat = ,909 (korrigiertes R-Quadrat = ,881)

**Abb. 3.23** Zweifaktorielle Kovarianzanalyse mit 2 Kovariaten mittels Prozedur Univariat

## 3.4 Modifikationen und Erweiterungen

konstante Term nun auch nicht mehr signifikant und verfügt nur noch über ein partielles Eta-Quadrat von 0,038 (vorher: 0,997). Das bedeutet, dass die ursprüngliche „Erklärungskraft" des konstanten Terms anscheinend durch die beiden Kovariate absorbiert wird.

**Empfehlungen zur Durchführung einer ANCOVA**
Bei der ANCOVA werden zusätzlich zu den nominal skalierten Faktoren auch metrisch skalierte Kovariate in die Analyse einbezogen. Die ANCOVA folgt dabei einem linearen Modellansatz. Faktoren und Kovariate müssen deshalb unabhängig voneinander sein, d. h. es dürfen zwischen beiden keine Interaktionen auftreten. Es ist deshalb bereits bei der Erstellung des experimentellen Designs der Faktoren darauf zu achten, dass das Design keinen Einfluss auf die Kovariaten besitzt (sog. balanciertes experimentelles Design). Im Gegensatz dazu ist eine Korrelation zwischen Kovariaten und der oder den abhängigen Variablen zwingend erforderlich, was ebenfalls vorab zu prüfen ist.

Der Beitrag der Kovariaten zur Erklärung der abhängigen Variablen wird vorab durch Regressionsanalysen bestimmt. Da diese für jede Faktorstufe (Gruppe) durchgeführt werden, sollten die vorgeschalteten Regressionen in den einzelnen Gruppen homogen sein (etwa gleich große Regressionskoeffizienten). Simulationsstudien von Levy (1980, S. 835 ff.) haben erbracht, dass eine Kovarianzanalyse durchgeführt werden sollte, wenn die Regressionen in den Gruppen heterogen sind, die Annahme der Multinormalverteilung verletzt ist und die Gruppen ungleich groß sind (vgl. hierzu auch die Ausführungen zu den Annahmen der Regressionsanalyse in Abschn. 2.2.5).

Durch die Berücksichtigung von Kovariaten kann die Varianzanalyse nicht mehr um Post-hoc-Tests ergänzt werden. Wohl aber können auch bei der ANCOVA Kontraste berücksichtigt werden. Das Dialogfenster zu „Kontraste" der Prozedur „Univariat" zeigt Abb. 3.24. Unter „Kontraste" können hier sechs Typen von Kontrasten gewählt werden (Abweichung, Einfach, Differenz, Helmert, Wiederholt, Polynomial). Dabei besteht bei Einfach- und Abweichungskontrasten die Wahl, die „Letzte" oder die „Erste" Faktorstufe als „Referenzkategorie" zu verwenden. Der Kontrasttyp kann dabei pro Faktor variiert werden.

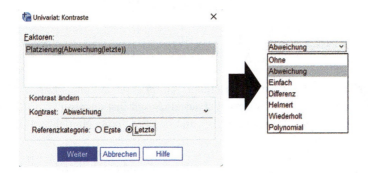

**Abb. 3.24** Dialogfenster: Univariat: Kontraste

Im Gegensatz zu den Kontrastoptionen der einfaktoriellen ANOVA (vgl. Abb. 3.18) kann der Anwender bei der zweifaktoriellen ANOVA Kontrastkoeffizienten nicht frei definieren. Somit werden für das Fallbeispiel bei beiden Verfahrensvarianten auch nicht identische Ergebnisse erzielt. Die Unterschiede in den Ergebnissen bei der Wahl unterschiedlicher Kontrastoptionen möge der Leser für das Fallbeispiel einmal selbst nachvollziehen.

### 3.4.3 Prüfung der Varianzhomogenität mithilfe des Levene-Tests

Wie in Abschn. 3.2.1.3 ausgeführt, ist der *Levene-Test* (vgl. Levene, 1960) ein weit verbreitetes Instrument zur statistischen Prüfung der Annahme der *Varianzhomogenität*. Der Levene-Test prüft die Nullhypothese, dass sich die Varianzen in den Gruppen *nicht* unterscheiden (bzw. die Fehlervarianz der abhängigen Variablen über die Gruppen hinweg gleich sind).

$H_0 \quad \sigma_1^2 = \sigma_2^2 = \ldots = \sigma_g^2$
$H_1 \quad$ mindestens zwei $\sigma_g^2$ sind verschieden

Die Entscheidung über die Ablehnung der Nullhypothese lautet dabei wie folgt:

$L_{emp} > F_\alpha \rightarrow H_0$ wird verworfen, d. h. Varianzhomogenität liegt *nicht* vor
$L_{emp} \leq F_\alpha \rightarrow H_0$ wird nicht verworfen, d. h. Varianzhomogenität liegt vor

Um Varianzhomogenität unterstellen zu können, sollte $L_{emp}$ möglichst klein bzw. der zugehörige p-Wert möglichst groß sein (mindestens $p > 0{,}05$). Der Levene-Test ist dabei relativ robust bei einer Verletzung der Normalverteilungsannahme. Zur Prüfung der Nullhypothese wird folgende Prüfgröße verwendet:

$$L_{emp} = \frac{L_1}{L_2} \tag{3.29}$$

mit

$$L_1 = \frac{1}{G-1} \cdot \sum_{g=1}^{G} N_g \cdot (\bar{l}_{g\cdot} - \bar{l})^2 \tag{3.30}$$

$$L_2 = \frac{1}{G(N-1)} \cdot \sum_{g=1}^{G} \sum_{i=1}^{N} (l_{gi} - \bar{l}_{g\cdot})^2 \tag{3.31}$$

Die Prüfgröße $L$ folgt einer F-Verteilung mit $df1 = G - $ und $df2 = G(N-1)$. Zur Berechnung der Prüfgröße des Levene-Tests sind zunächst die absoluten Abweichungen $l_{gi}$ zwischen den Beobachtungswerten $y_{gi}$ und den Stichprobenmittelwerte innerhalb der Gruppen ($\bar{y}_g$) zu bilden:

$$l_{gi} = |y_{gi} - y_{g\cdot}| \text{ mit } g = 1, \ldots, G \text{ und } i = 1, \ldots, N$$

## 3.4 Modifikationen und Erweiterungen

Anschließend sind für die $l$-Werte die Mittelwerte je Gruppe ($\bar{l}_g$) und der Gesamtmittelwert ($\bar{l}$) zu bestimmen:

$$\bar{l}_g = \frac{1}{N} \cdot \sum_{i=1}^{N} l_{gi} \tag{3.32}$$

$$\bar{l} = \frac{1}{G} \sum_{g}^{G} \bar{l}_g \tag{3.33}$$

Für das Anwendungsbeispiel der einfaktoriellen ANOVA zeigt Tab. 3.17 die Berechnungen für die drei Faktorstufen des Faktors Platzierung. Die Berechnungen für das Beispiel erfolgen auf Basis der Ausgangsdaten in Tab. 3.3 und des durchschnittlichen Schokoladenabsatzes in den drei Supermärkten in Tab. 3.4:

Mithilfe der Ergebnisse in Tab. 3.17 lassen sich nun auch die gewichteten Varianzen $L_1$ und $L_2$ der $l$-Werte gemäß Gl. (3.30 und 3.31) bestimmen:

$L_1 = \frac{1}{2} \cdot \left(5 \cdot (3{,}12 - 2{,}96)^2 + \ldots + 5 \cdot (3{,}04 - 2{,}96)^2\right) = \frac{1}{2} \cdot 0{,}448 = 0{,}224$
$L_2 = \frac{1}{12} \cdot \left((3{,}6 - 3{,}12)^2 + (4{,}4 - 3{,}12)^2 + \ldots + (0{,}8 - 3{,}04)^2\right) = \frac{1}{12} \cdot 43{,}328 = 3{,}611$
$L_{emp} = \frac{L_1}{L_2} = \frac{0{,}224}{3{,}611} = 0{,}062$

Bei einer unterstellten Irrtumswahrscheinlichkeit von $\alpha = 0{,}05$ ergibt sich aus der F-Tabelle bei $df1 = G-1 = 2$ und $df2 = G\,(N-1) = 12$ ein Wert für $F_\alpha = 3{,}89$. Damit ist $L_{emp} < F_\alpha$, d. h. die Nullhypothese kann *nicht* abgelehnt werden. Die Annahme

**Tab. 3.17** Absolute Abweichungen (l-Werte) und deren Mittelwerte im Anwendungsbeispiel für den Faktor „Platzierung" (Verpackungsart Box)

| Absolute Abweichungen der Stichprobenwerte vom jeweiligen Stichprobenmittelwert | | |
|---|---|---|
| Süßwarenabteilung | Sonderplatzierung | Kassenplatzierung |
| $\|47 - 43{,}4\| = 3{,}6$ | $\|68 - 64{,}4\| = 3{,}6$ | $\|59 - 52{,}2\| = 6{,}8$ |
| $\|39 - 43{,}4\| = 4{,}4$ | $\|65 - 64{,}4\| = 0{,}6$ | $\|50 - 52{,}2\| = 2{,}2$ |
| $\|40 - 43{,}4\| = 3{,}4$ | $\|63 - 64{,}4\| = 1{,}4$ | $\|51 - 52{,}2\| = 1{,}2$ |
| $\|46 - 43{,}4\| = 2{,}6$ | $\|59 - 64{,}4\| = 5{,}4$ | $\|48 - 52{,}2\| = 4{,}2$ |
| $\|45 - 43{,}4\| = 1{,}6$ | $\|67 - 64{,}4\| = 2{,}6$ | $\|53 - 52{,}2\| = 0{,}8$ |
| Gruppenmittelwerte der Abweichungen $\bar{l}_g$ | | |
| $(3{,}6+4{,}4+3{,}4+2{,}6+1{,}6)/5$ $=3{,}12$ | $(3{,}6+0{,}6+1{,}4+5{,}4+2{,}6)/5$ $=2{,}72$ | $(6{,}8+2{,}2+1{,}2+4{,}2+0{,}8)/5$ $=3{,}04$ |
| Gesamtmittelwert der Abweichungen $\bar{l}$ | | |
| | $(3{,}12+2{,}72+3{,}04)/3=2{,}96$ | |

der Varianzhomogenität kann damit als erfüllt angesehen werden. Für $L_{emp}=0{,}062$ folgt weiterhin ein p-Wert von $p=0{,}9402$[16] Damit ist $p > 0{,}05$ und die Nullhypothese darf auch nach dem p−Wert nicht abgelehnt werden.

## 3.5 Anwendungsempfehlungen

Um das Instrument der ANOVA anwenden zu können, müssen Voraussetzungen erfüllt sein, die sich sowohl auf die Eigenschaften der erhobenen Daten als auch auf die Auswertung der Daten beziehen:

**(A) Modellformulierung und Annahmen der Varianzanalyse**
- *Sachlogik bei der Modellfundierung:*
  Die ANOVA ist eine konfirmatorische (struktur-prüfende) Analyse. Entsprechend sind Sachlogik, Fachwissen und Theorie entscheidend, um eine Modellformulierung begründet vorzunehmen und die möglichen Einflussvariablen auf eine abhängige Variable zu identifizieren.
- *Skalenniveau der Variablen:*
  Die abhängige Variable muss metrisches Skalenniveau besitzen. Die betrachteten Faktoren (unabhängige Variablen) sind bei der ANOVA kategorial ausgeprägt. Die einzelnen Kategorien sollten jeweils Beobachtungen repräsentieren, von denen erwartet wird, dass sie zu Unterschieden bei der abhängigen Variable führen. Die Beobachtungen dürfen dabei jeweils nur zu einer Faktorstufe (Gruppe) gehören.
- *Unabhängigkeit der Faktoren:*
  Bei zwei- und mehrfaktoriellen Varianzanalysen müssen die gewählten Faktoren jeweils verschiedenartige Einflussquellen auf die abhängige Variable darstellen. Würden zwei vermeintlich unterschiedlichen Faktoren *derselbe* Zusammenhang zu Grunde liegen, so ließe sich die Variation der abhängigen Variable nicht mehr eindeutig auf einen der beiden Faktoren zurückführen (Problem der Multikollinearität). Das wäre der Fall, wenn z. B. als Faktoren „Verpackung" und „Marke" gewählt werden, der Käufer beide aber als untrennbar voneinander wahrnimmt.
- *Störgrößen:*
  Störgrößen dürfen keine systematischen Einflussgrößen (oder Störgrößen) enthalten. Sollten weitere systematische Einflussfaktoren vorhanden sein, so gehen sie automatisch in den Fehlerterm ein. Diese Problematik besteht vor allem bei einer

---

[16] Der p-Wert kann auch mit Hilfe von Excel durch Verwendung der Funktion F.VERT.RE $(F_{emp}$; df1; df2) berechnet werden. Für das Anwendungsbeispiel in Abschn. 3.2.1.1 erhält man: F.VERT.RE(0,062;2;12)=0,9402. Eine detaillierte Erläuterung zum p-Wert findet der Leser auch in Abschn. 13.1.2.

einfaktoriellen ANOVA. Eine Lösung besteht hier in einer Erweiterung des Modells (z. B. mehrfaktorielle ANOVA, unter Einbezug von Kovariaten).
- *Annahme der Varianzhomogenität:*
Sowohl die ANOVA insgesamt als auch der Post-hoc-Tests setzen Varianzgleichheit in den Faktorstufen (Gruppen) voraus. Eine Prüfung dieser Annahme ist mithilfe des Levene-Tests möglich (vgl. Abschn. 3.2.1.3 und 3.4.3).
Vor allem bei großen und etwa gleich großen Gruppen (balancierte Designs) ist eine leichte Verletzung der Varianzhomogenität unproblematisch. Bei ungleich großen Gruppen führt eine starke Verletzung der Varianzhomogenität allerdings zu einer Verzerrung des F-Tests. Eine fehlende Varianzhomogenität kann durch Gleichbesetzung der Zellen abgemildert werden (z. B. Herausnehmen von Fällen bei besonders stark besetzten Zellen).
- *Annahme multivariater Normalverteilung:*
Die für die ANOVA bedeutsamen Teststatistiken (F-Test, Levene-Test, Post-hoc-Test) setzen Normalverteilung der Beobachtungen der abhängigen Variablen in jeder Gruppe (Faktorstufe) voraus.
Zur Prüfung auf Normalverteilung kann ein Quantil-Quantil-Diagramm (Q-Q-Diagramm) und der Kolmogorov-Smirnov-Test verwendet werden. SPSS bietet diese Analysen unter dem Menüpunkt „*Deskriptive Statistiken*" an. Insgesamt sind die Teststatistiken aber relativ robust gegenüber Verletzungen der Normalverteilungsannahme. Je größer der Stichprobenumfang, desto mehr verliert sie an Bedeutung (vgl. Bray & Maxwell, 1985, S. 32 ff.)

**(B) Variablenauswahl und Erhebungsplanung**
- *Manipulation check:*
Vor einer empirischen Untersuchung ist sicherzustellen, dass Veränderungen in den Beobachtungen der abhängigen Variable auch auf verschiedenen Faktorstufen der gewählten Faktoren zurückzuführen sind. Die gezielte Variation (Manipulation) der unabhängigen Variablen hat dabei aufgrund von theoretischen oder sachlogischen Überlegungen im Vorfeld durch den Anwender zu erfolgen. Diese schlagen sich dann in der Ausgestaltung des sog. *experimentellen Designs* nieder (vgl. Kahn, 2011, S. 687 ff.; Perdue & Summers, 1986, S. 317 ff.).
- *Anzahl der Faktoren:*
Eine ANOVA ist nur sinnvoll, wenn die Wirkung von zumindest einem Faktor mit drei und mehr Faktorstufen untersucht wird. Bei nur einem Faktor mit zwei Faktorstufen kann auch auf den einfachen Mittelwertvergleich zurückgegriffen werden.
- *Anzahl der Beobachtungen:*
Ein Modell wird zuverlässiger, wenn es auf vielen Beobachtungen basiert. Je mehr Faktoren und Faktorstufen betrachtet werden, desto mehr Beobachtungen werden benötigt. Eine Daumenregel hierzu lautet: Eine Gruppe sollte mindestens 20 Beobachtungen umfassen. Außerdem sollte jede Zelle mit etwa gleich vielen Fällen

besetzt sein (vgl. Perreault & Darden, 1975, S. 334 ff.). Um Verletzung der Annahmen entgegenzuwirken, sollte im Vorfeld nach Möglichkeit eine zufällige Zuordnung der Fälle zu den Gruppen erfolgen.

**(C) Empfehlungen bei der praktischen Durchführung**
- *Modellkomplexität:*
Der Einstieg in die ANOVA wird erleichtert, wenn der Anfänger nicht zu viele Faktoren (und ggf. Kovariate) gleichzeitig in die Untersuchung einbezieht, damit die Interpretation der Ergebnisse nicht zu schwierig wird (z. B. steigende Anzahl an Interaktionseffekten).
- *Ausreißeranalyse:*
Ausreißer beeinflussen in besonderer Weise die Varianzen einer Erhebung. Ebenso haben sie Einfluss auf die Annahmen der Varianzhomogenität und der Normalverteilung. Sie sollten deshalb identifiziert und aus der Analyse ausgeschlossen werden.
- *Problem unvollständiger Versuchspläne:*
In diesem Kapitel wurden nur vollständige experimentelle Designs (Versuchspläne) betrachtet, bei denen alle möglichen Kombinationen von Faktorstufen auch durch entsprechende Beobachtungen repräsentiert waren. In der Anwendungspraxis können fehlende Daten oder auch inhaltliche Gründe (z. B. unnötige oder kostspielige Beobachtungen) dazu führen, dass unvollständige Designs vorliegen. In diesen Fällen sind sog. reduzierte Designs zu bilden (vgl. Brown et al., 1990).

# Literatur

## Zitierte Literatur

Bray, J. H., & Maxwell, S. E. (1985). *Multivariate analysis of variance*. Sage.
Brown, S. R., Collins, R. L., & Schmidt, G. W. (1990). *Experimental design and analysis*. Sage.
Christensen, R. (1996). *Analysis of variance, design, and regression: Applied statistical methods*. CRC Press.
Haase, R. F., & Ellis, M. V. (1987). Multivariate analysis of variance. *Journal of Counseling Psychology, 34*(4), 404–413.
Kahn, J. (2011). Validation in marketing experiments revisited. *Journal of Business Research, 64*(7), 687–692.
Leigh, J. H., & Kinnear, T. C. (1980). On interaction classification. *Educational and Psychological Measurement, 40*(4), 841–843.
Levene, H. (1960). Robust tests for equality of variances. In I. Olkin (Hrsg.), *Contributions to probability and statistics. Essays in honor of Harold Hotelling* (S. 278–292). Stanford University Press.
Levy, K. I. (1980). A Monte Carlo study of analysis of covariance under violations of the assumptions of normality and equal regression slopes. *Educational and Psychological Measurement, 40*(4), 835–840.
Moore, D. S. (2010). *The basic practice of statistics* (5. Aufl.). Freeman.

Perdue, B., & Summers, J. (1986). Checking the success of manipulations in marketing experiments. *Journal of Marketing Research, 23*(4), 317–326.

Perreault, W. D., & Darden, W. R. (1975). Unequal cell sizes in marketing experiments: Use of the general linear hypothesis. *Journal of Marketing Research, 12*(3), 333–342.

Pituch, K. A., & Stevens, J. P. (2016). *Applied multivariate statistics for the social sciences* (6. Aufl.). Routledge.

Shingala, M. C., & Rajyaguru, A. (2015). Comparison of post hoc tests for unequal variance. *Journal of New Technologies in Science and Engineering, 2*(5), 22–33.

Smith, R. A. (1971). The effect of unequal group size on Tukey's HSD procedure. *Psychometrika, 36*(1), 31–34.

Warne, R. T. (2014). A primer on Multivariate analysis of variance (MANOVA) for behavioral scientists. *Practical Assessment, Research & Evaluation, 19*(17), 1–10.

## Weiterführende Literatur

Eschweiler, M., Evanschitzky, H., & Woisetschläger, D. (2007). Ein Leitfaden zur Anwendung varianzanalytisch ausgerichteter Laborexperimente. *Wirtschaftswissenschaftliches Studium, 36*(12), 546–554.

Gelman, A. (2005). Analysis of variance – Why it is more important than ever. *The annals of statistics, 33*(1), 1–53.

Ho, R. (2006). *Handbook of univariate and multivariate data analysis and interpretation with SPSS*. CRC Press.

Huber, F., Meyer, F., & Lenzen, M. (2014). *Grundlagen der Varianzanalyse*. Springer Gabler.

Sawyer, S. F. (2009). Analysis of variance: The fundamental concepts. *Journal of Manual & Manipulative Therapy, 17*(2), 27–38.

Scheffe, H. (1999). *The analysis of variance*. Wiley.

Turner, J. R., & Thayer, J. (2001). *Introduction to analysis of variance: Design, analyis & interpretation*. Sage.

# Diskriminanzanalyse 4

## Inhaltsverzeichnis

| | | |
|---|---|---|
| 4.1 | Problemstellung | 224 |
| 4.2 | Vorgehensweise | 226 |
| | 4.2.1 Definition der Gruppen und Spezifikation der Diskriminanzfunktion | 227 |
| | 4.2.2 Schätzung der Diskriminanzfunktion | 229 |
| |     4.2.2.1 Diskriminanzkriterium | 229 |
| |     4.2.2.2 Normierung der Diskriminanzkoeffizienten | 237 |
| |     4.2.2.3 Schrittweises Schätzverfahren | 239 |
| |     4.2.2.4 Mehr-Gruppen-Fall | 240 |
| | 4.2.3 Prüfung der Diskriminanzfunktion | 240 |
| |     4.2.3.1 Bewertung der Diskriminanzfunktion basierend auf dem Diskriminanzkriterium | 240 |
| |     4.2.3.2 Prüfung der Klassifikation | 244 |
| | 4.2.4 Prüfung der beschreibenden Variablen | 247 |
| | 4.2.5 Klassifikation neuer Beobachtungen | 249 |
| |     4.2.5.1 Distanzkonzept | 250 |
| |     4.2.5.2 Klassifizierungsfunktionen | 251 |
| |     4.2.5.3 Wahrscheinlichkeitskonzept | 253 |
| | 4.2.6 Prüfung der Modellannahmen | 257 |
| 4.3 | Fallbeispiel | 259 |
| | 4.3.1 Problemstellung | 259 |
| | 4.3.2 Durchführung einer Diskriminanzanalyse mit SPSS | 260 |
| | 4.3.3 Ergebnisse | 265 |
| |     4.3.3.1 Ergebnis des blockweisen Schätzverfahrens | 265 |
| |     4.3.3.2 Ergebnis des schrittweisen Schätzverfahrens | 277 |
| | 4.3.4 SPSS-Kommandos | 282 |
| 4.4 | Anwendungsempfehlungen | 283 |
| Literatur | | 286 |
| | Zitierte Literatur | 286 |
| | Weiterführende Literatur | 286 |

© Springer Fachmedien Wiesbaden GmbH, ein Teil von Springer Nature 2023
K. Backhaus et al., *Multivariate Analysemethoden*,
https://doi.org/10.1007/978-3-658-40465-9_4

## 4.1 Problemstellung

Die Diskriminanzanalyse ist ein Verfahren, um Unterschiede zwischen Gruppen zu untersuchen. Beispielsweise könnte uns interessieren, welche Eigenschaften Wählerinnen und Wähler verschiedener politischer Parteien (z. B. CDU, SPD, FDP und Die Grünen) voneinander unterscheiden. Um diese Frage zu beantworten, könnten wir eine Zufallsstichprobe von Wählerinnen und Wählern der verschiedenen Parteien ziehen und soziodemografische und psychografische Merkmale erheben. Wir hätten dann Informationen über die Partei, die eine Person wählt, sowie über die Person selbst. Die Variable, die angibt, welche Partei eine Person wählt, ist eine kategoriale (nominale) Variable. Die Ausprägungen dieser Variablen repräsentieren verschiedene Kategorien (hier: Parteien), die sich gegenseitig ausschließen. Das heißt, jede Person kann einer bestimmten Gruppe zugeordnet werden. Die Variablen, die zur Beschreibung der Wählerinnen und Wähler in Betracht gezogen werden, können beispielsweise Alter, Einkommen, Konsumorientierung oder Einstellung zur Technologie sein. Diese Variablen werden als metrisch skaliert betrachtet. Mithilfe der Diskriminanzanalyse können wir nun untersuchen, welche personenbezogenen Eigenschaften die verschiedenen Gruppen von Wählern diskriminieren. Tab. 4.1 zeigt einige weitere Forschungsfragen aus verschiedenen Anwendungsbereichen, die mittels der Diskriminanzanalyse beantwortet werden können.

**Tab. 4.1** Anwendungsbeispiele der Diskriminanzanalyse in verschiedenen Fachdisziplinen

| Anwendungsfelder | Beispielhafte Fragestellungen der Diskriminanzanalyse |
|---|---|
| Biologie | Erklären ökologische und soziale Faktoren die Häufigkeit des Vorkommens (Abnahme, keine Veränderung und Zunahme) bestimmter Tierarten? |
| Erziehungswissenschaften | Beeinflusst körperliches Training die motorischen Fähigkeiten von Grundschülern? |
| Geografie | Können Bodeneigenschaften genutzt werden, um den geografischen Ursprung von chinesischem Grüntee zu identifizieren? |
| Medizin | Was unterscheidet benigne und maligne Mikroverkalkungen in Mammografien? |
| Politikwissenschaft | Wer stimmt für welche politische Partei? |
| Psychologie | Können Kompetenzen und Persönlichkeitsmerkmale den beruflichen Erfolg erklären? |
| Wirtschaftswissenschaften | Welche organisatorischen und kontextuellen Faktoren unterscheiden innovative von nicht-innovativen Unternehmen? |

## 4.1 Problemstellung

Grundsätzlich ist die Diskriminanzanalyse eine multivariate Methode, um die Beziehung zwischen einer kategorialen abhängigen und mehreren metrisch skalierten unabhängigen Variablen zu untersuchen.[1] Die kategoriale Variable wird *Gruppierungsvariable* genannt und spiegelt die Gruppe wider, zu der eine Beobachtung (Objekt oder Subjekt) gehört, wie z. B. Käufer verschiedener Marken, Wähler verschiedener Parteien, Patienten mit verschiedenen Symptomen oder Firmen mit unterschiedlichem Erfolg. Im Rahmen der Diskriminanzanalyse können wir zwei *(Zwei-Gruppen-Fall)* oder mehrere Gruppen *(Mehr-Gruppen-Fall)* berücksichtigen (vgl. Abschn. 4.2.2.4).

Die Beobachtungen einer jeden Gruppe werden anhand einer Reihe von *Variablen* beschrieben *(beschreibende Variablen)*. So können wir soziodemografische oder psychografische Variablen für Käufer verschiedener Marken, historische Gesundheitsdaten von Patienten mit unterschiedlichen Symptomen oder Merkmale von Unternehmen beobachten. Die Entscheidung darüber, welche beschreibenden Variablen berücksichtigt werden, ist eine Entscheidung des Anwenders. Hierbei sollten theoretische Überlegungen die Auswahl der beschreibenden Variablen leiten.

Insgesamt kann die Durchführung einer Diskriminanzanalyse zwei unterschiedliche Ziele verfolgen:

1. Wir können die Diskriminanzanalyse nutzen, um beschreibende Variablen zu identifizieren, die zwischen Gruppen diskriminieren *(Diskriminierungsaufgabe)*.
2. Die Diskriminanzanalyse kann verwendet werden, um die Gruppenzugehörigkeit neuer Beobachtungen vorherzusagen. Dies ist möglich, wenn wir wissen, welchen Einfluss die beschreibenden Variablen auf die Gruppenzugehörigkeit haben, und die beschreibenden Variablen für eine neue Beobachtung vorliegen *(Klassifizierungsaufgabe)*.

Ein Beispiel für das letztgenannte Ziel ist die Kreditwürdigkeitsprüfung: Kunden einer Bank, die einen Kredit haben, können gemäß ihrem Zahlungsverhalten in „gute" und „schlechte" Kunden eingeteilt werden. Mithilfe der Diskriminanzanalyse kann untersucht werden, welche Variablen (z. B. Alter, Familienstand, Einkommen, Dauer der aktuellen Beschäftigung oder Anzahl der bestehenden Kredite) zwischen den beiden Gruppen diskriminieren. Wenn ein neuer Kunde einen Kredit beantragt, kann die Bank die Kreditwürdigkeit dieses Kunden, basierend auf seinen Merkmalen, einstufen.

---

[1] Wenn wir an der Frage interessiert sind, ob sich zwei Gruppen in Bezug auf nur eine Variable unterscheiden, können wir einen t-Test für unabhängige Stichproben nutzen. Für mehr als zwei Gruppen steht uns die univariate Varianzanalyse zur Verfügung (vgl. Abschn. 3.2.1).

## 4.2 Vorgehensweise

Im Folgenden wird die Diskriminanzanalyse anhand von sechs Ablaufschritten erklärt, die in Abb. 4.1 dargestellt sind. Im *ersten Schritt* sind die (a-priori gegebenen) Gruppen und damit die Kategorien der abhängigen Variablen zu definieren. Zudem gilt es die beschreibenden Variablen festzulegen. Im *zweiten Schritt* werden eine oder mehrere Diskriminanzfunktionen geschätzt, die jeweils Linearkombinationen der unabhängigen Variablen darstellen. Die Diskriminanzfunktionen werden dabei so geschätzt, dass sie eine bestmögliche Unterscheidung zwischen den Gruppen herbeiführen. Ist die Gruppierungsvariable dichotom, d. h. es existieren nur zwei Gruppen, so ist eine eindeutige Trennung durch nur eine Diskriminanzfunktion möglich. Werden hingegen drei oder mehr Gruppen betrachtet, so können auch mehrere Diskriminanzfunktionen genutzt werden, um die Gruppen zu diskriminieren (vgl. Abschn. 4.2.2.4). Im *dritten Schritt* folgt die Prüfung der Trennschärfe der geschätzten Diskriminanzfunktion(en), wohingegen im *vierten Schritt* die Trennschärfe der beschreibenden (unabhängigen) Variablen geprüft wird. Im *fünften Schritt* wird erläutert, wie (neue) Beobachtungen auf der Grundlage ihrer beobachteten Merkmale einer der Gruppen zugeordnet werden können. Abschließend wird im *sechsten Schritt* noch eine Prüfung der Modellannahmen vorgenommen.

Im Folgenden wird anhand eines illustrativen Beispiels mit nur zwei Gruppen und zwei beschreibenden Variablen (Zwei-Gruppen-Fall) die Vorgehensweise der Diskriminanzanalyse erläutert.

### Anwendungsbeispiel

Der Manager eines Unternehmens, welches Schokolade herstellt, möchte wissen, ob die Käufer der eigenen Marke (hier: Hauptmarke) diese im Vergleich zu den Käufern der Konkurrenzmarke anders wahrnehmen. Der Manager hält zwei beschreibende Variablen für relevant, um zwischen den Käufern der Konkurrenzmarke und seiner Marke zu unterscheiden: die Wahrnehmung des Preises und die Wahrnehmung des Geschmacks als köstlich. Es liegen jeweils 12 Beobachtungen von Käufern der

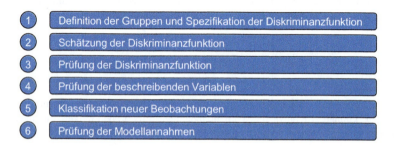

**Abb. 4.1** Ablaufschritte der Diskriminanzanalyse

**Tab. 4.2** Wahrnehmungen der Haupt- und Konkurrenzmarke (illustratives Beispiel)

| Käufer der Hauptmarke (Gruppe = 1) | | | Käufer der Konkurrenzmarke (Gruppe = 2) | | |
|---|---|---|---|---|---|
| Käufer | Preis | Köstlich | Käufer | Preis | Köstlich |
| 1 | 2 | 3 | 13 | 5 | 4 |
| 2 | 3 | 4 | 14 | 4 | 3 |
| 3 | 6 | 5 | 15 | 7 | 5 |
| 4 | 4 | 4 | 16 | 3 | 3 |
| 5 | 3 | 2 | 17 | 4 | 4 |
| 6 | 4 | 7 | 18 | 5 | 2 |
| 7 | 3 | 5 | 19 | 4 | 2 |
| 8 | 2 | 4 | 20 | 5 | 5 |
| 9 | 5 | 6 | 21 | 6 | 7 |
| 10 | 3 | 6 | 22 | 5 | 3 |
| 11 | 3 | 3 | 23 | 6 | 4 |
| 12 | 4 | 5 | 24 | 6 | 6 |

Haupt- und der Konkurrenzmarke vor. Alle 24 Befragten haben die beiden Variablen anhand einer 7-Punkte-Skala (von 1 = „niedrig" bis 7 = „hoch") beurteilt (subjektive Wahrnehmungen). Tab. 4.2 zeigt die erhobenen Daten.[2] ◄

## 4.2.1 Definition der Gruppen und Spezifikation der Diskriminanzfunktion

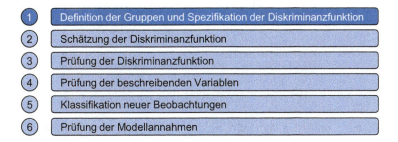

---

[2] Auf der zu diesem Buch gehörigen Internetseite www.multivariate.de stellen wir ergänzendes Material zur Verfügung, um das Verstehen der Diskriminanzanalyse zu erleichtern und zu vertiefen.

Die Gruppierungsvariable muss eine kategoriale Variable sein, die verschiedene, sich gegenseitig ausschließende Gruppen widerspiegelt. Die (zwei oder mehr) Gruppen können entweder durch die vorliegende Forschungsfrage bestimmt werden oder zum Beispiel das Ergebnis einer Clusteranalyse sein (vgl. Kap. 8).

Wir können auch metrische Variablen (z. B. den Gewinn eines Unternehmens) als abhängige Variablen nutzen, wenn wir diese zunächst in eine kategoriale Variable (z. B. niedriger vs. hoher Gewinn) transformieren. Allerdings verlieren wir durch diese Transformation Informationen.

Im Allgemeinen sollte die *Anzahl der Gruppen nicht größer sein als die Anzahl der beschreibenden Variablen*. Im Beispiel sind zwei beschreibende Variablen gegeben: „Preis" und „köstlich". Daher beschränken wir das Beispiel auf zwei Gruppen: „Käufer der Hauptmarke" und „Käufer der Konkurrenzmarke". Die Gruppen werden durch einen Gruppenindex $g$ ($g = 1, 2, ..., G$) identifiziert, wobei $G$ die Gesamtzahl der Gruppen darstellt (hier: $G = 2$ und $g = 1, 2$).

**Mindestanzahl von Beobachtungen**

Es ist wichtig zu beachten, dass die Güte der Diskriminanzanalyse von der Anzahl der Beobachtungen abhängt. Es sollten *mindestens fünf Beobachtungen pro beschreibender Variable* vorliegen, wobei 20 Beobachtungen pro beschreibender Variable empfohlen werden. Darüber hinaus sollte *jede Gruppe mindestens 20 Beobachtungen* haben, um statistisch signifikante und robuste Ergebnisse zu gewährleisten. Schließlich sollten die relativen Größen der Gruppen vergleichbar sein, denn große Unterschiede in den Gruppengrößen beeinflussen die Schätzung der Diskriminanzfunktion(en) und die Klassifizierung der Beobachtungen. Unter Berücksichtigung dieser Überlegungen stellen wir fest, dass die Gruppen in unserem Beispiel recht klein sind (12 Beobachtungen für jede Gruppe). Jedoch dient das Beispiel lediglich der Veranschaulichung.

**Diskriminanzfunktion**

Die *Diskriminanzfunktion* ist eine Linearkombination der beschreibenden Variablen:

$$Y = b_0 + b_1 X_1 + b_2 X_2 + \ldots + b_J X_J \tag{4.1}$$

mit

$Y$    abhängige Variable (Gruppierungsvariable)
$b_0$    konstanter Term
$b_j$    Diskriminanzkoeffizient der unabhängigen (beschreibenden) Variablen $j$
$X_j$    unabhängige (beschreibende) Variable $j$

Die Diskriminanzfunktion wird auch *kanonische Diskriminanzfunktion* und die Diskriminanzvariable $Y$ *kanonische Variable* genannt. Hierbei gibt der Begriff *kanonisch* an, dass die Variablen *linear* kombiniert werden. Es wird also angenommen, dass die Beziehung zwischen den unabhängigen Variablen und der abhängigen Variable linear ist.

## 4.2 Vorgehensweise

Für jede Beobachtung sagt die Diskriminanzfunktion in Gl. (4.1) einen Wert für die Diskriminanzvariable $Y$ voraus. Die Koeffizienten $b_0$ und $b_j$ ($j = 1, 2, \ldots, J$) werden auf Basis der beobachteten Daten so geschätzt, dass sich die Gruppen möglichst stark in den Werten der Diskriminanzvariable $Y$ unterscheiden. Da die beschreibenden Variablen metrisch sind, ist die resultierende Diskriminanzvariable $Y$ ebenfalls metrisch und gibt somit nicht direkt die Gruppenzugehörigkeit an. Wir erläutern in Abschn. 4.2.2.2, wie die geschätzte Gruppenzugehörigkeit aus dem geschätzten Wert der Diskriminanzvariable abgeleitet wird.

### 4.2.2 Schätzung der Diskriminanzfunktion

1. Definition der Gruppen und Spezifikation der Diskriminanzfunktion
2. **Schätzung der Diskriminanzfunktion**
3. Prüfung der Diskriminanzfunktion
4. Prüfung der beschreibenden Variablen
5. Klassifikation neuer Beobachtungen
6. Prüfung der Modellannahmen

Bei der Schätzung der Koeffizienten $b_0$ und $b_j$ der Diskriminanzfunktion besteht das Ziel darin, alle $b_j$ so zu identifizieren, dass sich die Gruppen gut unterscheiden lassen. Dies erfordert eine Zielfunktion, die die Unterschiede in den geschätzten Werten der Gruppierungsvariable für die verschiedenen Gruppen maximiert *(Diskriminanzkriterium)*.

#### 4.2.2.1 Diskriminanzkriterium

Die Diskriminanzanalyse zielt darauf ab, die beschreibenden Variablen zu identifizieren, die die Gruppen diskriminieren. Dies impliziert, dass sich die Gruppen in Bezug auf die beschreibenden Variablen unterscheiden. Wenn sie dies tun, sollten wir unterschiedliche Werte für die beschreibenden Variablen in den beiden Gruppen beobachten. Abb. 4.2 zeigt ein Streudiagramm der beobachteten Werte der beschreibenden Variablen. Die Beobachtungen der Käufer der Hauptmarke sind als rote Quadrate und die der Käufer der Konkurrenzmarke als schwarze Sternchen dargestellt.

Abb. 4.2 zeigt auch die Häufigkeitsverteilungen (Histogramme) der Werte der beschreibenden Variablen unter („Preis") und neben („köstlich") dem Streudiagramm. Die Häufigkeitsverteilung für jede Gruppe wird separat dargestellt. Die Achsen entsprechen der ursprünglichen x- und y-Achse. Es zeigt sich, dass Käufer der Konkurrenzmarke den „Preis" tendenziell höher wahrnehmen als Käufer der Hauptmarke (vgl. Histogramm unterhalb des Streudiagramms). Die jeweiligen Mittelwerte von „Preis" liegen bei 5,0 und 3,5. Stattdessen stufen die Käufer der Hauptmarke die Variable

„köstlich" im Durchschnitt höher ein als die Käufer der Konkurrenzmarke (Mittelwerte: 4,5 vs. 4,0) (vgl. Histogramm neben dem Streudiagramm). Aufgrund der signifikanten Überlappungen der beiden Verteilungen scheint jedoch keine der beiden Variablen die beiden Gruppen sehr gut zu trennen. Eine visuelle Inspektion legt jedoch nahe, dass „Preis" die Gruppen besser diskriminiert, da sich die Gruppen in Bezug auf diese Variable stärker unterscheiden.

Das Streudiagramm in Abb. 4.2 bietet einen ersten Blick auf die Daten, betrachtet aber jede beschreibende Variable isoliert. Mithilfe der Diskriminanzfunktion können wir die beiden beschreibenden Variablen gemeinsam betrachten. Da sich die beiden Gruppen in ihren Wahrnehmungen bezüglich „Preis" (höherer Mittelwert für Käufer des Hauptkonkurrenten) und „köstlich" (höherer Mittelwert für Käufer der Hauptmarke) zu unterscheiden scheinen, erwarten wir, dass die Koeffizienten für die beiden beschreibenden Variablen gegensätzlich sind. Das heißt, wir erwarten, dass ein Koeffizient ein positives und der andere ein negatives Vorzeichen hat. Zunächst wird Folgendes angenommen: $b_0 = 0$, $b_1 = 0{,}5$ und $b_2 = -0{,}5$:

$$Y = 0{,}5 \cdot X_1 - 0{,}5 \cdot X_2$$

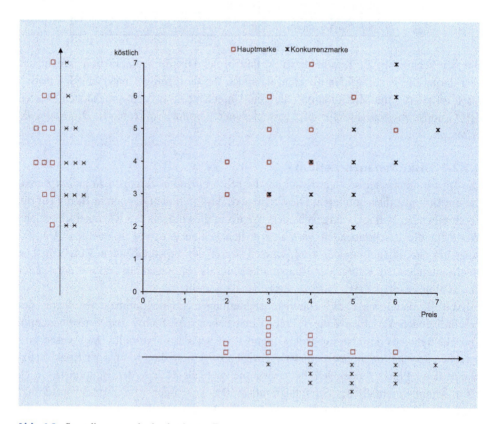

**Abb. 4.2** Streudiagramm der beobachteten Daten

## 4.2 Vorgehensweise

Auf der Grundlage dieser Diskriminanzfunktion können wir den Wert der Diskriminanzvariablen für jede Beobachtung berechnen (vgl. Tab. 4.3). Zum Beispiel hat der Käufer $i=1$ einen geschätzten Wert für die Diskriminanzvariable von $-0{,}5$ ($y_1 = 0{,}5 \cdot 2 - 0{,}5 \cdot 3$).

**Diskriminanzachse**

Wenn die beschreibenden Variablen die Gruppen gut trennen, sollten sich die resultierenden Werte für die Diskriminanzvariable $Y$ zwischen den beiden Gruppen unterscheiden. Wir beschreiben daher jede Gruppe $g$ anhand ihres Mittelwertes für die Diskriminanzvariable. Dieser Gruppenmittelwert wird auch *Zentroid* genannt:

$$\overline{Y}_g = \frac{1}{N_g} \sum_{i=1}^{N_g} Y_{ig} \qquad (4.2)$$

**Tab. 4.3** Individuelle Diskriminanzwerte ($b_0 = 0$, $b_1 = 0{,}5$ und $b_2 = -0{,}5$)

| Gruppe | Käufer | Preis | Köstlich | $y_i$ |
|---|---|---|---|---|
| 1 | 1 | 2 | 3 | −0,50 |
| 1 | 2 | 3 | 4 | −0,50 |
| 1 | 3 | 6 | 5 | 0,50 |
| 1 | 4 | 4 | 4 | 0,00 |
| 1 | 5 | 3 | 2 | 0,50 |
| 1 | 6 | 4 | 7 | −1,50 |
| 1 | 7 | 3 | 5 | −1,00 |
| 1 | 8 | 2 | 4 | −1,00 |
| 1 | 9 | 5 | 6 | −0,50 |
| 1 | 10 | 3 | 6 | −1,50 |
| 1 | 11 | 3 | 3 | 0,00 |
| 1 | 12 | 4 | 5 | −0,50 |
| 2 | 13 | 5 | 4 | 0,50 |
| 2 | 14 | 4 | 3 | 0,50 |
| 2 | 15 | 7 | 5 | 1,00 |
| 2 | 16 | 3 | 3 | 0,00 |
| 2 | 17 | 4 | 4 | 0,00 |
| 2 | 18 | 5 | 2 | 1,50 |
| 2 | 19 | 4 | 2 | 1,00 |
| 2 | 20 | 5 | 5 | 0,00 |
| 2 | 21 | 6 | 7 | −0,50 |
| 2 | 22 | 5 | 3 | 1,00 |
| 2 | 23 | 6 | 4 | 1,00 |
| 2 | 24 | 6 | 6 | 0,00 |

Wenn die beiden Gruppen gut voneinander getrennt sind, ist der Unterschied in den Gruppenmittelwerten groß. Für die angenommenen Koeffizienten $b_1 = 0{,}5$ und $b_2 = -0{,}5$ ergibt sich ein Gruppenmittelwert von $-0{,}5$ für die Käufer der Hauptmarke ($g = 1$) und von 0,5 für die Käufer der Konkurrenzmarke ($g = 2$).

Die Werte der Gruppenmittelwerte können auf einer sogenannten *Diskriminanzachse* dargestellt werden. Abb. 4.3 zeigt eine generische Diskriminanzachse. Die Differenz der Gruppenmittelwerte wird als Abstand ausgedrückt. Neben den Werten der Gruppenmittelwerte zeigt die Diskriminanzachse auch den *kritischen Diskriminanzwert (Y\*)*. Wenn wir den kritischen Diskriminanzwert kennen, können wir neue Beobachtungen einer der beiden Gruppen zuordnen. In Abb. 4.3 werden Beobachtungen mit einem Wert für die Diskriminanzvariable, der niedriger ist als der kritische Wert ($Y_i < Y^*$), der Gruppe A zugeordnet. Neue Beobachtungen mit einem Wert für die Diskriminanzvariable, der höher ist als der kritische Wert ($Y_i > Y^*$), werden der Gruppe B zugeordnet.

**Diskriminanzkriterium basierend auf der Varianz zwischen und innerhalb der Gruppen**

Die bloße Betrachtung der Unterschiede der Gruppenmittelwerte reicht jedoch nicht aus. Der obere und der untere Teil von Abb. 4.4 zeigt die Verteilung der Diskriminanzwerte für die Gruppen A und B entlang der Diskriminanzachse. Die Differenz der Gruppenmittelwerte ist in beiden Szenarien gleich $D$. Im unteren Teil überlappen die beiden Verteilungen jedoch erheblich, während sich die Verteilungen im oberen Teil der Abb. 4.4 nur an den Rändern der Verteilungen überlappen. Folglich sind die Gruppen im unteren Teil nicht so gut voneinander getrennt wie die beiden im oberen Teil. Dies liegt daran, dass die Verteilungen im unteren Teil der Abb. 4.4 eine größere Streuung aufweisen.

Daher sollte die Streuung der Diskriminanzwerte innerhalb der Gruppen neben dem Unterschied in den Gruppenmittelwerten bei der Beurteilung, wie gut die Gruppen getrennt sind, berücksichtigt werden. Als Ergebnis der Schätzung der Diskriminanzfunktion sollten die Unterschiede zwischen den Gruppenmittelwerten groß und die Streuung in jeder Gruppe gering sein.

Im Beispiel betragen die Standardabweichungen (als Maß für die Streuung) in den beiden Gruppen 0,67 ($g = 1$) und 0,60 ($g = 2$). Die Informationen über die Gruppenmittelwerte und die Standardabweichungen innerhalb jeder Gruppe können genutzt werden, um die Verteilung der Diskriminanzwerte für jede Gruppe darzustellen. Da davon ausgegangen wird, dass die unabhängigen Variablen normalverteilt sind, folgen

**Abb. 4.3** Diskriminanzachse

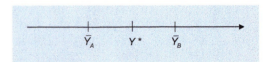

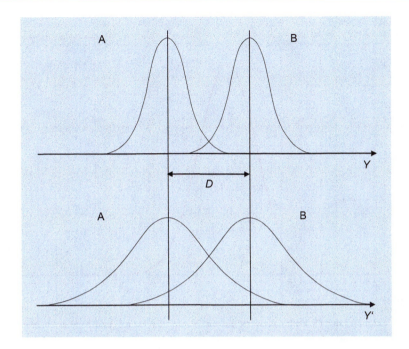

**Abb. 4.4** Verteilung der Diskriminanzwerte in zwei verschiedenen Szenarien (oben: geringe Überlappung der Verteilungen der Diskriminanzwerte der Gruppen A und B; unten: große Überlappung der Verteilungen der Diskriminanzwerte der Gruppen A und B)

auch die Diskriminanzwerte einer *Normalverteilung*. Abb. 4.5 zeigt die Verteilungen der Diskriminanzwerte für die Käufer der Haupt- und der Konkurrenzmarke basierend auf der Diskriminanzfunktion $Y = 0{,}5 \cdot X_1 - 0{,}5 \cdot X_2$. Die Verteilungen der Diskriminanzwerte überlappen substanziell.

Für dieses eher unbefriedigende Ergebnis kann es zwei Gründe geben. Erstens kann es sein, dass sich die beiden Käufergruppen hinsichtlich ihrer Wahrnehmung von „Preis" und „köstlich" nicht signifikant unterscheiden. Zweitens kann der Grund darin liegen, dass die angenommenen Koeffizienten nicht „optimal" sind. Das heißt, sie sind nicht in der Lage, die Gruppen gut voneinander zu trennen. Da die Koeffizienten nicht geschätzt, sondern lediglich eine Annahme getroffen wurde, vermuten wir zunächst, dass der letztgenannte Grund relevant ist.

Die Verteilungen in Abb. 4.5 sind nicht durch die beobachteten Daten selbst gegeben, sondern hängen von den Koeffizienten $b_j$ ab. Die Koeffizienten bestimmen den geschätzten Wert für die Diskriminanzvariable und somit die Gruppenmittelwerte und die Varianz innerhalb der Gruppen. Wie bereits erwähnt, sollen die Gruppen mittels der Koeffizienten möglichst gut voneinander getrennt werden. Das heißt, die Gruppenmittelwerte sollten

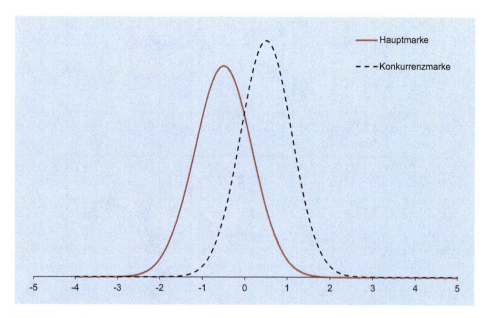

**Abb. 4.5** Verteilung der Diskriminanzwerte für die Käufer der Haupt- und Konkurrenzmarke ($b_0 = 0$, $b_1 = 0{,}5$ und $b_2 = -0{,}5$)

möglichst weit voneinander entfernt und die Varianz in jeder Gruppe so klein wie möglich sein. Dies kann formal mit dem *Diskriminanzkriterium* $\Gamma$ ausgedrückt werden:

$$\Gamma = \frac{\text{Streuung zwischen den Gruppen}}{\text{Streuung innerhalb der Gruppen}} = \frac{\sum_{g=1}^{G} N_g (\overline{Y}_g - \overline{Y})^2}{\sum_{g=1}^{G} \sum_{i=1}^{N_g} (Y_{ig} - \overline{Y}_g)^2} = \frac{SS_b}{SS_w} \quad (4.3)$$

Der Zähler des Diskriminanzkriteriums in Gl. (4.3) repräsentiert den Unterschied in den Gruppenmittelwerten und repräsentiert die *Streuung zwischen den Gruppen* ($SS_b$). Die Streuung zwischen den Gruppen ist die quadrierte Differenz zwischen dem Mittelwert einer Gruppe und dem Gesamtmittelwert. Um unterschiedliche Gruppengrößen berücksichtigen zu können, werden die Differenzen mit der jeweiligen Gruppengröße $N_g$ gewichtet. Je größer der Zähler, desto größer ist die Differenz der Gruppenmittelwerte.

Der Nenner in Gl. (4.3) repräsentiert die *Streuung innerhalb der Gruppen* ($SS_w$), d. h. die quadrierte Differenz zwischen jedem Diskriminanzwert und dem jeweiligen Gruppenmittelwert. Dabei wird von *gleichen Varianz-Kovarianz-Matrizen für die verschiedenen Gruppen* ausgegangen. Je kleiner der Nenner, desto geringer die Streuung innerhalb der Gruppen und desto wahrscheinlicher sind die Gruppen gut voneinander getrennt. Je größer $SS_b$ und je kleiner $SS_w$ ist, desto größer ist also der Wert für das Diskriminanzkriterium $\Gamma$ und desto besser sind die Gruppen separiert.

**Tab. 4.4** Individuelle Diskriminanzwerte basierend auf der geschätzten Diskriminanzfunktion ($b_0 = -1{,}982$, $b_1 = 1{,}031$ und $b_2 = -0{,}565$)

| Gruppe | Käufer | $Y_i$ | Gruppe | Käufer | $Y_i$ |
|---|---|---|---|---|---|
| 1 | 1 | −1,614 | 2 | 13 | 0,914 |
| 1 | 2 | −1,148 | 2 | 14 | 0,448 |
| 1 | 3 | 1,381 | 2 | 15 | 2,412 |
| 1 | 4 | −0,117 | 2 | 16 | −0,583 |
| 1 | 5 | −0,018 | 2 | 17 | −0,117 |
| 1 | 6 | −1,810 | 2 | 18 | 2,044 |
| 1 | 7 | −1,712 | 2 | 19 | 1,013 |
| 1 | 8 | −2,179 | 2 | 20 | 0,350 |
| 1 | 9 | −0,215 | 2 | 21 | 0,252 |
| 1 | 10 | −2,277 | 2 | 22 | 1,479 |
| 1 | 11 | −0,583 | 2 | 23 | 1,946 |
| 1 | 12 | −0,681 | 2 | 24 | 0,816 |

Da die Gruppenmittelwerte durch die beschreibenden Variablen definiert sind, nennen wir die Streuung zwischen den Gruppen auch *erklärte Streuung*. Die Streuung innerhalb der Gruppen wird jedoch nicht durch die beschreibenden Variablen erklärt und daher als *nicht erklärte Streuung* bezeichnet.[3]

Unser Ziel ist es, die Koeffizienten $b_j$ so zu schätzen, dass $\Gamma$ maximiert wird. Der konstante Term $b_0$ verschiebt lediglich die Skala der Diskriminanzwerte, hat aber keinen Einfluss auf den Wert des Diskriminanzkriteriums $\Gamma$. Der konstante Term spielt somit keine aktive Rolle im Schätzverfahren. Für unsere Beispieldaten erhalten wir bei Maximierung des Diskriminanzkriteriums die folgende Diskriminanzfunktion:

$$Y = -1{,}982 + 1{,}031 \cdot X_1 - 0{,}565 \cdot X_2$$

Basierend auf dieser Diskriminanzfunktion werden erneut die Diskriminanzwerte für jede Beobachtung errechnet (vgl. Tab. 4.4). Die Gruppenmittelwerte betragen nun −0,914 für die Haupt- ($g=1$) und 0,914 für die Konkurrenzmarke ($g=2$). Die jeweiligen Standardabweichungen betragen 1,079 für $g=1$ und 0,915 für $g=2$, welche recht ähnlich sind.

Wir können die Informationen über die Gruppenmittelwerte zusammen mit den individuell geschätzten Werten der Diskriminanzvariablen nutzen, um $SS_b$ und $SS_w$ zu berechnen. Es ergibt sich ein Wert von 20,07 für $SS_b$ und ein Wert von 22,0 für $SS_w$. Dementsprechend beträgt der resultierende Wert für das Diskriminanzkriterium 0,912,

---

[3] Eine ausführlichere Diskussion der erklärten und nicht erklärten Streuung nehmen wir in Abschn. 3.2.1.2 vor.

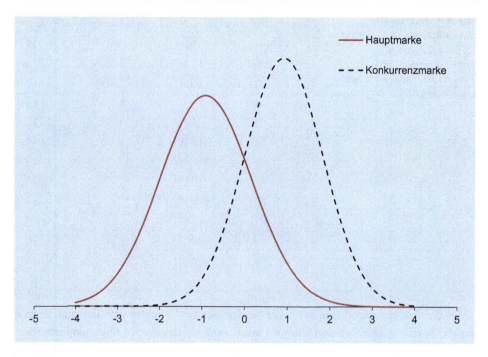

**Abb. 4.6** Verteilung der Diskriminanzwerte der beiden Gruppen ($b_0 = -1{,}982$, $b_1 = 1{,}031$ und $b_2 = -0{,}565$)

was in diesem Beispiel dem Maximalwert entspricht. Abb. 4.6 zeigt jedoch, dass es immer noch eine beträchtliche Überlappung der beiden Verteilungen gibt – obwohl sich diese reduziert hat (vgl. Abb. 4.5).

Tab. 4.5 zeigt die Werte für das Diskriminanzkriterium, wenn wir alternative Werte für die Koeffizienten $b_1$ und $b_2$ verwenden. Da $b_0$ keinen Einfluss auf das Diskriminanzkriterium hat, wurde sein Wert auf null gesetzt.

Für die Werte $b_1 = 1$ und $b_2 = 0$ ist die Diskriminanzvariable identisch mit Variable $X_1$ („Preis"). Für die Werte $b_1 = 0$ und $b_2 = 1$ ist sie identisch mit Variable $X_2$ („köstlich"). Die resultierenden Werte für die Diskriminanzvariable finden sich in Tab. 4.5 wieder und entsprechen der isolierten Diskriminanz der beiden beschreibenden Variablen. Wie Abb. 4.2 bereits angedeutet hat, besitzt „Preis" eine größere Trennschärfe ($\Gamma = 0{,}466$) als „köstlich" ($\Gamma = 0{,}031$). Der Mittelwertunterschied für die beschreibende Variable „köstlich" ist kleiner als für „Preis". Gleichzeitig ist die Standardabweichung für die beschreibende Variable „köstlich" größer als für „Preis". Dies führt zu einer geringeren Streuung zwischen den Gruppen ($SS_b$) und einer größeren Streuung innerhalb der Gruppen ($SS_w$) für „köstlich". Daraus folgt ein wesentlich geringerer Wert für das Diskriminanzkriterium. Im Vergleich zur gemeinsamen Betrachtung beider Variablen ($\Gamma = 0{,}912$ vs. $\Gamma = 0{,}466$) führt die alleinige Betrachtung der beschreibenden Variablen

## 4.2 Vorgehensweise

**Tab. 4.5** Alternative Werte für die Diskriminanzkoeffizienten und resultierende Werte des Diskriminanzkriteriums (hier: $|b_1| + |b_2| = 1$)

| Diskriminanzkoeffizienten | | Diskriminanzkriterium |
|---|---|---|
| $b_1$ | $b_2$ | $\Gamma$ |
| 1,000 | 0,000 | 0,466 |
| 0,000 | 1,000 | 0,031 |
| 0,500 | 0,500 | 0,050 |
| 0,500 | −0,500 | 0,667 |
| 0,600 | −0,400 | 0,885 |
| **0,646** | **−0,354** | **0,912** |
| 0,700 | −0,300 | 0,882 |
| 0,800 | −0,200 | 0,735 |
| 0,900 | −0,100 | 0,582 |

„Preis" jedoch zu einem geringeren Wert für $\Gamma$. So scheinen tatsächlich beide Variablen zur Trennung der Gruppen beizutragen.

**Eigenschaft der ‚optimalen' Diskriminanzkoeffizienten**

In Tab. 4.5 ergeben die Koeffizienten $b_1 = 0{,}646$ und $b_2 = -0{,}354$ ebenfalls den Maximalwert für das Diskriminanzkriterium von 0,912. Der Grund dafür ist, dass diese Koeffizienten proportional zu den geschätzten Koeffizienten sind:

$$\frac{-0{,}565}{1{,}031} = \frac{-0{,}354}{0{,}646} = -0{,}55$$

Jede Kombination von Koeffizienten, die die Anforderung $b_2 = -0{,}55 \cdot b_1$ erfüllt, führt zu einem Wert des Diskriminanzkriteriums von 0,912. Jedoch führt keine andere Kombination von Koeffizienten zu einem höheren Wert für das Diskriminanzkriterium. Bei der Maximierung des Diskriminanzkriteriums ist somit nur das Verhältnis der Diskriminanzkoeffizienten $b_2/b_1$ klar definiert (hier: −0,55).

### 4.2.2.2 Normierung der Diskriminanzkoeffizienten

Um klar definierte Werte für die Diskriminanzkoeffizienten zu erhalten, können wir die Diskriminanzkoeffizienten normieren. Die gebräuchlichste Methode zur Normierung der Diskriminanzkoeffizienten besteht darin, die gepoolte gruppenspezifische Streuung gleich eins zu setzen. Die gepoolte gruppenspezifische Streuung wird wie folgt ausgedrückt:

$$s^2_{\text{gepoolt}} = \frac{SS_w}{N - G} \qquad (4.4)$$

mit

$N$  Anzahl der Beobachtungen
$G$  Anzahl der Gruppen

Der konstante Term $b_0$ wird dann so bestimmt, dass der Gesamtmittelwert aller Diskriminanzwerte gleich null ist. Wenn SPSS zur Durchführung einer Diskriminanzanalyse verwendet wird, führt SPSS die Normierung standardmäßig durch.

Somit ist der kritische Diskriminanzwert $Y^*$ nach der Normierung der Diskriminanzkoeffizienten gleich null. Beim Zwei-Gruppen-Fall werden Beobachtungen mit einem geschätzten Diskriminanzwert größer null der einen Gruppe und Beobachtungen mit einem geschätzten Diskriminanzwert kleiner null der anderen Gruppe zugeordnet.

Abb. 4.7 basiert auf Abb. 4.2 und zeigt die ursprünglichen Beobachtungen auf der Diskriminanzachse für die Diskriminanzfunktion $Y = -1{,}982 + 1{,}031 \cdot X_1 - 0{,}565 \cdot X_2$.

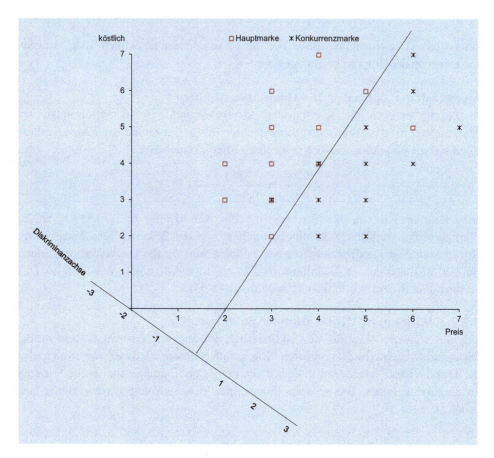

**Abb. 4.7** Darstellung der „optimalen" Diskriminanzachse

Die Diskriminanzachse hat eine Steigung von $-0{,}55$ und im Koordinatenursprung gilt $Y = -1{,}982$. Der kritische Diskriminanzwert $Y^*$ von null liegt auf der schwarzen Linie, die die Diskriminanzachse kreuzt. Es wird deutlich, dass eine Beobachtung der Gruppe $g = 1$ (Hauptmarke, rote Quadrate) und zwei Beobachtungen der Gruppe $g = 2$ (Hauptkonkurrent, schwarze Sternchen) nicht korrekt zugeordnet werden (vgl. Tab. 4.4). Insgesamt scheinen die beiden beschreibenden Variablen „Preis" und „köstlich" die beiden Gruppen jedoch recht gut voneinander zu trennen.

### 4.2.2.3 Schrittweises Schätzverfahren

Im obigen Beispiel haben wir bei der Schätzung der Diskriminanzfunktion die beiden beschreibenden Variablen gleichzeitig berücksichtigt. Alternativ kann ein schrittweises Schätzverfahren verwendet werden. Die schrittweise Schätzung ist ein Verfahren zur Bestimmung der Diskriminanzfunktion, bei dem die beschreibenden Variablen nacheinander entsprechend ihrer Trennschärfe berücksichtigt werden. Wenn die Variablen nicht in der Lage sind, zwischen den Gruppen zu diskriminieren, werden sie nicht in die Diskriminanzfunktion miteinbezogen.

Das schrittweise Schätzverfahren folgt einem sequenziellen Prozess des Hinzufügens oder Löschens beschreibender Variablen:

1. Die beschreibende Variable mit der größten Trennschärfe wird in die Diskriminanzfunktion aufgenommen. Es handelt sich hierbei um die Variable, die – allein betrachtet – zum höchsten Wert für das Diskriminanzkriterium führt.
2. Nun wird jene beschreibende Variable in der Diskriminanzfunktion berücksichtigt, die in Kombination mit der Variable aus Schritt 1 zum höchsten Wert für das Diskriminanzkriterium führt.
3. Bei der Aufnahme zusätzlicher beschreibender Variablen ist zu beachten, dass einige zuvor ausgewählte beschreibende Variablen wieder aus der Diskriminanzfunktion entfernt werden können. Dies kann der Fall sein, wenn beschreibende Variablen miteinander korrelieren.
4. Das Verfahren wird beendet, wenn keine weitere Verbesserung des Diskriminanzkriteriums möglich ist.

Einerseits kann das schrittweise Schätzverfahren nützlich sein, wenn eine große Anzahl von beschreibenden Variablen vorliegt, die potenziell zwischen den Gruppen diskriminieren könnten. Durch die sequenzielle Auswahl der Variablen kann möglicherweise die Anzahl an beschreibenden Variablen reduziert werden. Andererseits sollten generell nur beschreibende Variablen in Betracht gezogen werden, die durch theoretische Überlegungen oder a-priori-Wissen als sinnvoll erscheinen. Daher sollte das schrittweise Schätzverfahren nur nach gründlicher Überlegung und nicht zum „Data Mining" genutzt werden. Auch sollte erwähnt werden, dass ein nicht-signifikantes Ergebnis für eine beschreibende Variable ebenfalls ein relevantes Ergebnis ist.

## 4.2.2.4 Mehr-Gruppen-Fall

Im Mehr-Gruppen-Fall ($G>2$) kann mehr als eine Diskriminanzfunktion ermittelt werden. Bei $G$ Gruppen lassen sich maximal $G-1$ Diskriminanzfunktionen bilden. Die Anzahl der Diskriminanzfunktionen kann allerdings nicht größer sein als die Anzahl $J$ der beschreibenden Variablen, sodass die maximale Anzahl von Diskriminanzfunktionen durch $min\{G-1, J\}$ gegeben ist. Gewöhnlich wird man jedoch mehr beschreibende Variablen als Gruppen haben. Ist das nicht der Fall, so sollte die Anzahl der Gruppen reduziert werden.

Jede Diskriminanzfunktion $k$ ergibt einen separaten Wert für die Diskriminanzvariable $Y_k$. Im Falle von drei Gruppen und $K=2$ hat jedes Objekt einen separaten Diskriminanzwert für die Funktion $k=1$ und $k=2$. Die zusätzlichen Diskriminanzfunktionen verbessern nicht nur die Erklärung der Gruppenzugehörigkeit, sondern geben auch Einblicke in die verschiedenen Kombinationen beschreibender Variablen, die zwischen Gruppen trennen. Im Abschn. 4.3 erläutern wir den Mehr-Gruppen-Fall im Detail.

### 4.2.3 Prüfung der Diskriminanzfunktion

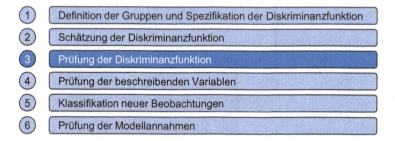

Um die Güte einer Diskriminanzfunktion zu beurteilen, kann zum einen das *Diskriminanzkriterium* herangezogen werden. Zum anderen kann die geschätzte und tatsächliche *Gruppenzugehörigkeit* von Beobachtungen verglichen werden.

Im Folgenden diskutieren wir beide Möglichkeiten zur Beurteilung der Diskriminanzfunktion. Wir erwähnen darüber hinaus die Maße, die für den Mehr-Gruppen-Fall relevant sind.

#### 4.2.3.1 Bewertung der Diskriminanzfunktion basierend auf dem Diskriminanzkriterium

**Eigenwert und Anteil der erklärten Streuung**

Der Maximalwert des Diskriminanzkriteriums für eine bestimmte Diskriminanzfunktion ist ein Maß für die Trennkraft der Diskriminanzfunktion. Der Maximalwert des Diskriminanzkriteriums wird auch als *Eigenwert* bezeichnet. Die (theoretische) Untergrenze des Eigenwertes ist null. Seine Obergrenze kann größer als eins sein, was den Vergleich

## 4.2 Vorgehensweise

von Eigenwerten verschiedener Analysen erschwert. Um dieses Problem zu adressieren, können wir das folgende Maß verwenden:

$$\frac{\Gamma}{1+\Gamma} = \frac{\frac{SS_b}{SS_w}}{1+\frac{SS_b}{SS_w}} = \frac{\frac{SS_b}{SS_w}}{\frac{SS_w+SS_b}{SS_w}} = \frac{SS_b}{SS_b+SS_w} = \frac{\text{erklärte Streuung}}{\text{Gesamtstreuung}} \quad (4.5)$$

Der Nenner ist nun die Summe von $SS_b$ und $SS_w$ und entspricht der Gesamtstreuung. Das Maß in Gl. (4.5) ist also der Anteil der erklärten Streuung an der Gesamtstreuung.[4] In unserem Beispiel werden (nur) 47,7 % (= 0,912/(1+0,912)) der Streuung der abhängigen Variablen durch die Diskriminanzfunktion erklärt, was ein recht enttäuschendes Ergebnis ist.

**Eigenwertanteil als Maß im Mehr-Gruppen-Fall**
Im Mehr-Gruppen-Fall maximieren wir auch das Diskriminanzkriterium, wobei die erste Funktion den höchsten Eigenwert hat. Die zweite Diskriminanzfunktion, welche unkorreliert mit der ersten ist, hat den zweithöchsten Eigenwert usw. Die zweite Diskriminanzfunktion wird so bestimmt, dass sie einen maximalen Anteil der Streuung erklärt, der durch die erste Diskriminanzfunktion nicht erklärt wird. Da die erste Diskriminanzfunktion so bestimmt wurde, dass der Eigenwert – und damit seine erklärte Streuung – maximiert wird, kann die erklärte Streuung der zweiten Diskriminanzfunktion (bezogen auf die Gesamtvarianz) nicht höher sein. Dementsprechend wird jede weitere Diskriminanzfunktion so bestimmt, dass sie einen maximalen Anteil der verbleibenden nicht erklärten Streuung erklärt. Wir erhalten also: $\Gamma_1 \geq \Gamma_2 \geq \Gamma_3 \geq \ldots \geq \Gamma_K$.

Als Maß für die relative Bedeutung einer Diskriminanzfunktion kann der *relative Eigenwert (Eigenwertanteil)* genutzt werden, der den Anteil an der erklärten Streuung widerspiegelt:

$$\text{Anteil der erklärten Streuung}_k = \frac{\Gamma_k}{\Gamma_1 + \Gamma_2 + \ldots + \Gamma_K} = \frac{\text{erklärte Streuung}_k}{\sum_{k=1}^{K} \text{erklärte Streuung}_k} \quad (4.6)$$

Die Bedeutung der sukzessiv bestimmten Diskriminanzfunktionen nimmt in der Regel rasch ab. Empirische Belege zeigen, dass selbst bei einer großen Anzahl von Gruppen und beschreibenden Variablen oft zwei Diskriminanzfunktionen ausreichend sind (vgl. Cooley & Lohnes, 1971, S. 244). Der Vorteil von nur zwei Diskriminanzfunktionen besteht darin, dass wir die Beobachtungen in einem zweidimensionalen Raum darstellen können, dessen Achsen die Diskriminanzwerte der jeweiligen Diskriminanzfunktionen

---

[4] Im Zwei-Gruppen-Fall entspricht das Ergebnis von Gl. (4.5) dem Bestimmtheitsmaß $R^2$ in der Regressionsanalyse (vgl. Abschn. 2.2.3.2).

sind. In ähnlicher Weise können die beschreibenden Variablen als Vektoren auf der Diskriminanzebene dargestellt werden. Die Verwendung von solchen grafischen Darstellungen ermöglicht eine Positionierungsanalyse als Alternative zur Faktorenanalyse (vgl. Abschn. 7.3.3.3) oder mehrdimensionalen Skalierung.

**Kanonische Korrelation**
Statt des Anteils der erklärten Streuung wird im Zwei-Gruppen-Fall häufig die Wurzel aus Gl. (4.5) als ein Maß für die Trennkraft einer Diskriminanzfunktion betrachtet. Dieses Maß wird als *kanonische Korrelation* bezeichnet und ist im Zwei-Gruppen-Fall identisch mit der (einfachen) Korrelation zwischen den geschätzten Diskriminanzwerten und der Gruppierungsvariable (vgl. Tatsuoka, 1988, S. 235).

$$c = \sqrt{\frac{\Gamma}{1+\Gamma}} \qquad (4.7)$$

Im Beispiel ist die kanonische Korrelation:

$$c = \sqrt{\frac{0{,}912}{1+0{,}912}} = 0{,}691$$

Der maximale (und beste) Wert für die kanonische Korrelation ist gleich eins. So weist der Wert im Beispiel auf eine ganz gute Trennkraft der Diskriminanzfunktion hin.

**Wilks-Lambda**
Zusätzlich kann die Signifikanz der geschätzten Diskriminanzfunktion mithilfe von *Wilks-Lambda* (auch als U-Statistik bekannt) bewertet werden:

$$\Lambda = \frac{1}{1+\Gamma} = \frac{1}{1+\frac{SS_b}{SS_w}} = \frac{1}{\frac{SS_w+SS_b}{SS_w}} = \frac{SS_w}{SS_b+SS_w} = \frac{\text{nicht erklärte Streuung}}{\text{Gesamtstreuung}} \qquad (4.8)$$

*Wilks-Lambda* ist ein inverses Qualitätsmaß, d. h. je kleiner der Wert, desto besser ist die Trennkraft der Diskriminanzfunktion ($\Lambda = 1 - c^2$). In dem Beispiel erhalten wir:

$$\Lambda = \frac{1}{1+0{,}912} = 0{,}523 \text{ oder } \Lambda = 1 - 0{,}477 = 0{,}523$$

Die Nützlichkeit von Wilks-Lambda liegt darin, dass es sich in eine probabilistische Variable transformieren lässt und damit Wahrscheinlichkeitsaussagen über die Unterschiedlichkeit von Gruppen erlaubt. Dadurch wird eine statistische Signifikanzprüfung der Diskriminanzfunktion möglich. Die folgende Transformation liefert eine Variable, die annähernd Chi-Quadrat verteilt ist und $J \times (G-1)$ Freiheitsgrade aufweist:

$$\chi^2_{\text{emp}} = -\left[N - \frac{J+G}{2} - 1\right] \ln(\Lambda) \qquad (4.9)$$

## 4.2 Vorgehensweise

mit

N  Anzahl der Beobachtungen
J  Anzahl der beschreibenden Variablen
G  Anzahl der Gruppen

Der Chi-Quadrat-Wert steigt mit kleineren Werten für Wilks-Lambda. Höhere Werte für Chi-Quadrat weisen daher auf eine bessere Trennung der Gruppen hin. Für das Beispiel erhalten wir:

$$\chi^2_{emp} = - \left[ 24 - \frac{2+2}{2} - 1 \right] \ln(0{,}523) = 13{,}614$$

Die entsprechende Nullhypothese $H_0$ besagt, dass der mittlere Diskriminanzwert zwischen den Gruppen gleich ist. Bei einem Signifikanzniveau von 5 % und zwei Freiheitsgraden ($df=2$) beträgt der theoretische Chi-Quadrat-Wert 5,99.[5] Da der empirische Chi-Quadrat-Wert von 13,6 größer ist als der theoretische Wert, lehnen wir $H_0$ ab und akzeptieren $H_1$. Die beiden Gruppen unterscheiden sich in Bezug auf den Mittelwert der Diskriminanzvariable ($p=0{,}001$). Folglich ist die Diskriminanzfunktion signifikant.

**Multivariates Wilks-Lambda**
Um im Mehr-Gruppen-Fall zu beurteilen, ob alle $K$-Diskriminanzfunktionen signifikant sind, kann das *multivariate Wilks-Lambda* genutzt werden. Dies erhalten wir durch die Multiplikation der Werte für Wilks-Lambda für jede einzelne Funktion.

$$\Lambda = \prod_{k=1}^{K} \Lambda_k = \prod_{k=1}^{K} \frac{1}{1+\Gamma_k} \qquad (4.10)$$

Wir verwenden wieder einen Chi-Quadrat-Test mit $J \times (G-1)$ Freiheitsgraden. Das multivariate Wilks-Lambda sagt aus, ob alle Diskriminanzfunktionen gemeinsam signifikant sind. Allerdings können einzelne geschätzte Diskriminanzfunktionen nicht signifikant sein.

**Wilks-Lambda für residuelle Diskriminanz**
Um im Mehr-Gruppen-Fall zu entscheiden, ob nach der Bestimmung der ersten k Diskriminanzfunktionen die verbleibenden $K-k$ Diskriminanzfunktionen immer noch signifikant zur Trennung der Gruppen beitragen, können wir folgendes Maß nutzen (*Wilks-Lambda für residuelle Diskriminanz*):

---

[5] Um das Verständnis des Lesers für die Grundlagen des statistischen Testens aufzufrischen, bietet Abschn. 1.3 eine kurze Zusammenfassung.

$$\Lambda_q = \prod_{q=k+1}^{K} \frac{1}{1+\Gamma_q} \tag{4.11}$$

Der zugehörige Chi-Quadrat-Wert hat $(J-k)\cdot(G-k-1)$ Freiheitsgrade. Wird die residuelle Diskriminanz insignifikant, so kann man die Ermittlung weiterer Diskriminanzfunktionen abbrechen, da diese nicht signifikant zur Trennung der Gruppen beitragen können. Ist die residuelle Diskriminanz bereits für $k=0$ insignifikant, so bedeutet dies, dass die Nullhypothese nicht widerlegt werden kann. Das heißt, es existiert dann kein empirischer Beleg für einen systematischen Unterschied zwischen den Gruppen. Die Bildung von Diskriminanzfunktionen erscheint somit wenig sinnvoll.

### 4.2.3.2 Prüfung der Klassifikation

Tab. 4.6 zeigt die geschätzten Diskriminanzwerte für alle 24 Befragten unseres Beispiels. Die Gruppenmittelwerte betragen $-0{,}914$ für $g=1$ (Käufer der Hauptmarke) und $+0{,}914$ für $g=2$ (Käufer der Konkurrenzmarke). Der Gesamtmittelwert ist gleich null, was auch dem kritischen Diskriminanzwert entspricht. Befragte, für die ein Diskriminanzwert kleiner als null geschätzt wird, werden der Gruppe $g=1$ zugeordnet. Für diejenigen mit einem geschätzten Diskriminanzwert größer als null erfolgt eine Zuordnung in die Gruppe $g=2$.

Tab. 4.6 zeigt, dass ein Befragter der Gruppe $g=1$ ($i=3$) und zwei Befragte der Gruppe $g=2$ ($i=16$ und $i=17$) basierend auf den geschätzten Diskriminanzwerten falsch zugeordnet werden. Insgesamt sind also 21 von 24 Gruppenzuordnungen korrekt, was einer Trefferquote von 87,5 % ($= 21/24 \cdot 100$) entspricht.

**Klassifikationsmatrix**

Tab. 4.7 zeigt die sogenannte *Klassifikationsmatrix*, eine $2\times 2$-Tabelle, die die Anzahl der richtig und falsch zugeordneten Beobachtungen wiedergibt.

Auf der Hauptdiagonalen stehen die Häufigkeiten der korrekt klassifizierten Beobachtungen jeder Gruppe und in den übrigen Zellen die der falsch klassifizierten Beobachtungen. In Klammern sind jeweils die relativen Häufigkeiten angegeben. Die Klassifikationsmatrix lässt sich analog auch für mehr als zwei Gruppen erstellen.

Auf den ersten Blick klingt eine Trefferquote von 87,5 % akzeptabel. Wir müssen jedoch die Trefferquote der geschätzten Diskriminanzfunktion mit der Trefferquote vergleichen, die durch eine rein zufällige Zuordnung der Beobachtungen (z. B. durch das Werfen einer Münze) erzielt wird. Im Falle von zwei gleich großen Gruppen wird eine Trefferquote von 50 % erwartet. Die Trefferquote, basierend auf einer zufälligen Zuordnung, kann jedoch auch höher sein, wenn die Gruppen ungleich groß sind. Nehmen wir ein Verhältnis von 80:20 an. Die beste Vorhersage der Gruppenzugehörigkeit ist dann, alle Beobachtungen der größten Gruppe zuzuordnen, was zu einer Trefferquote von 80 % führt.

## 4.2 Vorgehensweise

**Tab. 4.6** Vergleich der geschätzten und tatsächlichen Gruppenmitgliedschaft

| Gruppe | Befragter | $y_i$ | Geschätzte Gruppenmitgliedschaft | Treffer? |
|---|---|---|---|---|
| 1 | 1 | −1,614 | 1 | 1 |
| 1 | 2 | −1,148 | 1 | 1 |
| 1 | 3 | 1,381 | 2 | 0 |
| 1 | 4 | −0,117 | 1 | 1 |
| 1 | 5 | −0,018 | 1 | 1 |
| 1 | 6 | −1,810 | 1 | 1 |
| 1 | 7 | −1,712 | 1 | 1 |
| 1 | 8 | −2,179 | 1 | 1 |
| 1 | 9 | −0,215 | 1 | 1 |
| 1 | 10 | −2,277 | 1 | 1 |
| 1 | 11 | −0,583 | 1 | 1 |
| 1 | 12 | −0,681 | 1 | 1 |
| 2 | 13 | 0,914 | 2 | 1 |
| 2 | 14 | 0,448 | 2 | 1 |
| 2 | 15 | 2,412 | 2 | 1 |
| 2 | 16 | −0,583 | 1 | 0 |
| 2 | 17 | −0,117 | 1 | 0 |
| 2 | 18 | 2,044 | 2 | 1 |
| 2 | 19 | 1,013 | 2 | 1 |
| 2 | 20 | 0,350 | 2 | 1 |
| 2 | 21 | 0,252 | 2 | 1 |
| 2 | 22 | 1,479 | 2 | 1 |
| 2 | 23 | 1,946 | 2 | 1 |
| 2 | 24 | 0,816 | 2 | 1 |

**Tab. 4.7** Klassifikationsmatrix

| Tatsächliche Gruppenzugehörigkeit | Geschätzte Gruppenzugehörigkeit | |
|---|---|---|
| | Käufer der Hauptmarke | Käufer der Konkurrenzmarke |
| Käufer der Hauptmarke | 11 (91,7 %) | 1 (8,3 %) |
| Käufer der Konkurrenzmarke | 2 (16,7 %) | 10 (83,3 %) |

Im Allgemeinen hat eine Diskriminanzfunktion nur dann Trennkraft, wenn sie eine wesentlich höhere Trefferquote erzielt als eine auf dem Zufallsprinzip basierende Trefferquote. In unserem Beispiel liegt der Richtwert bei 50 %. Die Trefferquote von 87,5 % auf der Grundlage der geschätzten Diskriminanzfunktion liegt weit über diesem kritischen Wert.

Weiterhin ist zu berücksichtigen, dass die Trefferquote immer überhöht ist, wenn sie – wie allgemein üblich – auf Basis derselben Stichprobe berechnet wird, die auch für die Schätzung der Diskriminanzfunktion genutzt wurde (interne Validität). Da die Diskriminanzfunktion immer so ermittelt wird, dass die Trefferquote in der verwendeten Stichprobe maximal ist, ist bei Anwendung auf eine andere Stichprobe von einer niedrigeren Trefferquote auszugehen. Dieser Effekt vermindert sich allerdings mit zunehmendem Umfang der Stichprobe.

**Externe Validität**

Um die externe Validität zu beurteilen, können wir die Stichprobe nach dem Zufallsprinzip in zwei Hälften teilen *(Split-Half-Methode)*. Dann wird die Hälfte der Stichprobe zur Schätzung der Diskriminanzfunktion verwendet (Trainingsstichprobe). Danach wenden wir die Diskriminanzfunktion auf die andere Hälfte an (Kontrollstichprobe oder auch Holdout-Stichprobe) und berechnen die Trefferquote. Die Analyse gilt es zu wiederholen, indem die Zuordnungen der beiden Stichproben geändert werden. Wird die Stichprobe in zwei Hälften geteilt, führt dies zu einem Informationsverlust bei der Schätzung der Diskriminanzfunktion. Daher muss sichergestellt werden, dass die Trainingsstichprobe eine ausreichende Größe hat (vgl. Abschn. 4.4). Außerdem sollte die Verteilung der Variablen in der Trainings- und Kontrollstichprobe der Verteilung der Gesamtstichprobe entsprechen. Aufgrund unserer sehr kleinen Stichprobe beurteilen wir die externe Validität nicht mithilfe der Split-Half-Methode.

Für kleine Stichproben können wir die *Leave-one-out-Methode* (auch Klassifikation mit Fallauslassung) nutzen. Bei dieser Methode wird jeweils eine Beobachtung aus der Stichprobe entfernt. Die Schätzung der Diskriminanzfunktion erfolgt dann basierend auf den verbleibenden $N-1$ Beobachtungen. Danach wird die entfernte Beobachtung klassifiziert und beurteilt, ob die geschätzte mit der tatsächlichen Gruppenzugehörigkeit übereinstimmt. Das Verfahren wird $N$-mal wiederholt. Schließlich ist eine Klassifikationstabelle abzuleiten, um die Trefferquote zu berechnen. Vergleicht man die Trefferquote der Gesamtstichprobe mit der Trefferquote der Leave-one-out-Methode, erhält man einen Eindruck von der Sensitivität der geschätzten Koeffizienten gegenüber einem Informationsverlust. Im Idealfall sind die Trefferquoten sehr ähnlich. Wenn dies nicht der Fall ist, sind die Ergebnisse wenig robust und sehr stark von den berücksichtigten Beobachtungen abhängig. Wir sollten dann sorgfältig analysieren, was Gründe für die Sensitivität sind (z. B. Ausreißer). Im Beispiel ist die Trefferquote für die Leave-one-out-Methode gleich 79,2 % und somit wesentlich geringer als bei Verwendung der kompletten Stichprobe. Grund hierfür ist die sehr kleine Stichprobe. Jedoch liegt der Wert noch weit über dem Referenzwert von 50 %.

## 4.2.4 Prüfung der beschreibenden Variablen

- ① Definition der Gruppen und Spezifikation der Diskriminanzfunktion
- ② Schätzung der Diskriminanzfunktion
- ③ Prüfung der Diskriminanzfunktion
- ④ **Prüfung der beschreibenden Variablen**
- ⑤ Klassifikation neuer Beobachtungen
- ⑥ Prüfung der Modellannahmen

Der Wert eines Diskriminanzkoeffizienten für eine bestimmte beschreibende Variable hängt von den anderen beschreibenden Variablen ab, die in der Diskriminanzfunktion berücksichtigt werden. Darüber hinaus sind die Vorzeichen der Koeffizienten willkürlich und geben keinen Aufschluss über die Trennschärfe eines bestimmten Koeffizienten.

Wir sind jedoch an der Trennschärfe einzelner beschreibender Variablen interessiert: Beschreibende Variablen mit hoher Trennschärfe unterscheiden sich signifikant über die Gruppen hinweg. In unserem Beispiel beobachten wir einen Mittelwert von 3,5 und 5,0 für die beschreibende Variable „Preis" für die Käufer der Hauptmarke ($g=1$) bzw. der Konkurrenzmarke ($g=2$). Für die beschreibende Variable „köstlich" liegen die Mittelwerte bei 4,5 für die Gruppe $g=1$ und 4,0 für die Gruppe $g=2$. Es ist also zu erwarten, dass „Preis" in unserem Beispiel eine stärkere diskriminierende Wirkung hat als „köstlich".

**Diskriminanzkriterium für einzelne Variablen und F-Test**

Wir können den Wert des *Diskriminanzkriteriums* verwenden, um die Trennschärfe einer einzelnen Variablen zu beurteilen (vgl. Tab. 4.8 und siehe auch Tab. 4.5, Zeilen 1 und 2). Auf der Grundlage des Diskriminanzkriteriums können wir einen *F-Test* durchführen.

$$F_{\text{emp}} = \frac{SS_b/(G-1)}{SS_w/(N-G)} = \Gamma \cdot \frac{N-G}{G-1} \qquad (4.12)$$

Das Ergebnis des F-Tests entspricht den Ergebnissen einer univariaten ANOVA und beurteilt, ob sich die Gruppen in Bezug auf die beschreibende Variable signifikant unterscheiden (vgl. Abschn. 3.2.1.3). Im Zwei-Gruppen-Fall sind die Ergebnisse des F-Tests gleich den Ergebnissen eines *t-Tests* unabhängiger Stichproben.

**Tab. 4.8** Bewertung der Trennschärfe der beschreibenden Variablen

| Variable | Diskriminanzkriterium | F-Wert | p-Wert | Wilks-Lambda |
|---|---|---|---|---|
| Preis | 0,466 | 10,241 | 0,004 | 0,682 |
| Köstlich | 0,031 | 0,673 | 0,421 | 0,970 |

Tab. 4.8 zeigt das Ergebnis des F-Tests für dieses Beispiel. Der theoretische F-Wert für $df_1 = (G-1) = 1$ und $df_2 = (N-G) = 22$ Freiheitsgrade beträgt 4,30. Für die beschreibende Variable „Preis" ist der empirische F-Wert größer als der theoretische, sodass „Preis" eine signifikante Trennschärfe aufweist ($p = 0{,}004$). Hingegen ist die beschreibende Variable „köstlich" nicht signifikant ($p = 0{,}421$).

Obwohl die Variable „köstlich" allein keine signifikante Trennschärfe hat, trägt sie in Kombination mit der Variable „Preis" zu einer Erhöhung des Diskriminanzkriteriums bei (vgl. Tab. 4.5). Das Diskriminanzkriterium der Diskriminanzfunktion unter Berücksichtigung beider Variablen beträgt 0,912 gegenüber 0,466, wenn nur „Preis" betrachtet wird.

**Wilks-Lambda für einzelne Variablen**

Tab. 4.8 zeigt auch die Werte für *Wilks-Lambda* für jede beschreibende Variable. Da es sich bei Wilks-Lambda um ein inverses Qualitätsmaß handelt, weist der kleinere Wert für „Preis" auf eine höhere Trennschärfe dieser Variable ($= 0{,}682$) im Vergleich zur beschreibenden Variablen „köstlich" ($= 0{,}970$) hin.

**Standardisierter Diskriminanzkoeffizient**

Da Skalierungseffekte den Wert der Diskriminanzkoeffizienten beeinflussen können, betrachten wir nun die standardisierten Koeffizienten. Daraus lässt sich die relative Bedeutung der beschreibenden Variablen zur Trennung der Gruppen beurteilen.[6] Dabei werden die Koeffizienten mit der gepoolten Standardabweichung der jeweiligen beschreibenden Variablen multipliziert (vgl. Abschn. 4.2.3.2). Der *standardisierte Diskriminanzkoeffizient* ist:

$$b_j^{\text{std.}} = b_j \cdot s_j \qquad (4.13)$$

mit

$b_j$    Diskriminanzkoeffizient der beschreibenden Variablen $j$

$s_j$    Standardabweichung der beschreibenden Variablen $j$ $\left(s_j = \sqrt{\frac{SS_w}{N-G}}\right)$

Für das Beispiel erhalten wir:

$$s_1 = \sqrt{\frac{29}{24-2}} = 1{,}148 \text{ und } s_2 = \sqrt{\frac{49}{24-2}} = 1{,}492$$

---

[6] Hat man z. B. als beschreibende Variable den tatsächlichen „Preis" berücksichtigt und ändert dessen Maßeinheit von EUR auf Cent, so würde sich der zugehörige Diskriminanzkoeffizient um den Faktor 100 verkleinern. Auf die Trennschärfe hat die Skalentransformation jedoch keinen Einfluss.

## 4.2 Vorgehensweise

Daraus ergeben sich die folgenden standardisierten Diskriminanzkoeffizienten:

$$b_1^{\text{std.}} = b_1 \cdot s_1 = 1{,}031 \cdot 1{,}148 = 1{,}184$$
$$b_2^{\text{std.}} = b_2 \cdot s_2 = -0{,}565 \cdot 1{,}492 = -0{,}843$$

Das Vorzeichen der standardisierten Koeffizienten ist für die Beurteilung der relativen Trennschärfe nicht relevant. Aus diesem Grund betrachten wir die absoluten Werte der standardisierten Koeffizienten. Die Variable „Preis" hat immer noch einen größeren absoluten Koeffizienten als „köstlich", aber der Unterschied ist geringer. Dementsprechend hat auch die beschreibende Variable „köstlich" eine gewisse Trennschärfe, die allerdings nicht signifikant ist.

Es gilt zu beachten, dass die standardisierten Koeffizienten nicht zur Berechnung der Diskriminanzwerte verwendet werden. Hierfür werden immer die nicht-standardisierten Koeffizienten genutzt.

**Mittlerer Diskriminanzkoeffizient**

Im Mehr-Gruppen-Fall werden für jede beschreibende Variable mehrere Diskriminanzkoeffizienten geschätzt. Um die Trennschärfe einer beschreibenden Variable in Bezug auf alle Diskriminanzfunktionen zu bewerten, können wir den *mittleren Diskriminanzkoeffizienten* berechnen. Dieser entspricht dem absoluten Wert des standardisierten Koeffizienten, der mit dem Anteil der erklärten Streuung einer Diskriminanzfunktion $k$ gewichtet wird:

$$\bar{b}_j = \sum_{k=1}^{K} |b_{jk}^{\text{std}}| \cdot \frac{\text{erklärte Streuung}_k}{\sum_{k=1}^{K} \text{erklärte Streuung}_k} \qquad (4.14)$$

mit

$b_{jk}^{\text{std}}$ standardisierter Diskriminanzkoeffizient der Variable $j$ in der Diskriminanzfunktion $k$

### 4.2.5 Klassifikation neuer Beobachtungen

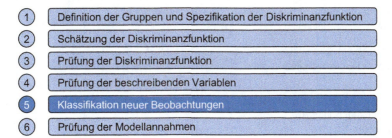

Basierend auf der geschätzten Diskriminanzfunktion können *neue* Beobachtungen einer der Gruppen zugeordnet werden. Wir unterscheiden drei Konzepte, um neue Beobachtungen zu klassifizieren: Distanzkonzept, Konzept der Klassifizierungsfunktionen und Wahrscheinlichkeitskonzept. Bevor die verschiedenen Konzepte im Detail diskutiert werden, skizzieren wir kurz Ähnlichkeiten und Unterschiede zwischen den Konzepten (vgl. Tab. 4.9).

**Vergleich der verschiedenen Klassifikationskonzepte**
Erstens unterscheiden sich die Konzepte in Bezug auf die *explizite Berücksichtigung von A-priori-Wahrscheinlichkeiten*. Die A-priori-Wahrscheinlichkeit drückt die Wahrscheinlichkeit aus, dass eine Beobachtung $i$ zu einer bestimmten Gruppe $g$ gehört. Die Konzepte gehen entweder implizit von gleichen A-priori-Wahrscheinlichkeiten (d. h. gleichen Gruppengrößen) aus oder von unterschiedlichen A-priori-Wahrscheinlichkeiten, die auf den Gruppengrößen oder auf A-priori-Wissen beruhen.

Zweitens unterscheiden sich die Konzepte dahin gehend, ob *Kosten einer Fehlklassifikation berücksichtigt werden*. Zum Beispiel sind in der medizinischen Diagnostik die Kosten für das Nicht-Erkennen einer bösartigen Erkrankung sicherlich höher als die Kosten für eine Fehldiagnose einer bösartigen Erkrankung. Die Berücksichtigung der Kosten einer Fehlklassifikation ermöglicht es, Entscheidungen auf Grundlage des Erwartungswertes zu treffen.

Drittens basiert die Diskriminanzanalyse auf der Annahme gleicher Varianz-Kovarianz-Matrizen in den Gruppen (vgl. Abschn. 4.2.6). Die Klassifikationskonzepte unterscheiden sich in der Frage, ob es möglich ist, *ungleiche Varianz-Kovarianz-Matrizen* zu berücksichtigen.

Schließlich unterscheiden sich die Klassifikationskonzepte dahin gehend, ob bei der Schätzung von zwei oder mehr Diskriminanzfunktionen lediglich *relevante Diskriminanzfunktionen* oder alle geschätzten Funktionen berücksichtigt werden.

### 4.2.5.1 Distanzkonzept
Auf Basis der geschätzten Diskriminanzfunktion kann der Diskriminanzwert für eine neue Beobachtung berechnet werden, indem die beobachteten Werte der beschreibenden

**Tab. 4.9** Vergleich der Klassifikationskonzepte

|  | Distanzkonzept | Klassifizierungsfunktionen | Wahrscheinlichkeitskonzept |
|---|---|---|---|
| Explizite Berücksichtigung von A-priori-Wahrscheinlichkeiten | Nein | Ja | Ja |
| Kosten der Fehlklassifikation | Nein | Nein | Ja |
| Ungleiche Varianz-Kovarianz-Matrizen | Ja | Nein | Ja |
| Möglichkeit, nur relevante Diskriminanzfunktionen zu berücksichtigen | Ja | Nein | Ja |

## 4.2 Vorgehensweise

Variablen für die neue Beobachtung mit den geschätzten (nicht-standardisierten) Diskriminanzkoeffizienten multipliziert und aufsummiert werden.

Es sei angenommen, dass ein Konsument jeweils den Wert 5 auf der 7-Punkte-Skala für die Wahrnehmung der beschreibenden Variablen „Preis" und „köstlich" angibt. Der berechnete Diskriminanzwert ist dann 0,350 ($= -1,982 + 5 \cdot 1,031 + 5 \cdot (-0,565)$).

Nach dem *Distanzkonzept* wird eine Beobachtung $i$ der Gruppe $g$ zugeordnet, der sie am nächsten ist. Das heißt, die (quadrierte) Distanz zum Gruppenmittelwert ist für diese Gruppe am geringsten.

$$d_{ig}^2 = (Y_i - \overline{Y}_g)^2 \tag{4.15}$$

In unserem Beispiel beträgt die quadrierte Distanz zu den Gruppenmittelwerten 1,598 für $g = 1$ und 0,319 für $g = 2$. Daher wird der Konsument der Gruppe $g = 2$ zugeordnet.

Das Distanzkonzept verwendet somit lediglich den Abstand des Diskriminanzwertes zum Gruppenmittelwert, um Beobachtungen zu klassifizieren. A-priori-Wahrscheinlichkeiten sowie die Kosten einer Fehlklassifikation werden nicht berücksichtigt.

Wenn mehr als eine Diskriminanzfunktion betrachtet wird, kann die quadrierte euklidische Distanz oder die Mahalanobis-Distanz zur Klassifizierung von Beobachtungen verwendet werden. Ursprünglich nehmen alle diese Distanzmaße gleiche Varianz-Kovarianz-Matrizen in den Gruppen an, aber die Maße können erweitert werden, um ungleiche Varianz-Kovarianz-Matrizen zu erfassen (vgl. Tatsuoka, 1988, S. 350). Zudem müssen bei der Schätzung von mehr als einer Diskriminanzfunktion nicht alle möglichen Diskriminanzfunktionen beachtet werden. Vielmehr können nur jene Berücksichtigung finden, die signifikant sind.

Insgesamt liegt ein Vorteil des Distanzkonzepts darin, dass es leicht umzusetzen und intuitiv ist. Ein Nachteil ist der deterministische Ansatz: Die Beobachtungen werden mit einer Wahrscheinlichkeit von 100 % einer der Gruppen zugeordnet.

### 4.2.5.2 Klassifizierungsfunktionen

Die *Klassifizierungsfunktionen* nutzen für die Klassifizierung neuer Beobachtungen die beschreibenden Variablen, ohne auf die Diskriminanzfunktionen zurückzugreifen. Die Klassifizierungsfunktionen werden auch als Fishers lineare Diskriminanzfunktionen bezeichnet. Dies kann leicht zu einer Verwechslung mit den (kanonischen) Diskriminanzfunktionen führen (vgl. Abschn. 4.2.1). Das Konzept der Klassifizierungsfunktionen ermittelt jedoch für jede Gruppe $g$ eine gesonderte Klassifizierungsfunktion. So ergeben sich G Funktionen folgender Form:

$$\begin{aligned} F_1 &= B_{01} + B_{11}X_1 + B_{21}X_2 + \ldots + B_{J1}X_J \\ F_2 &= B_{02} + B_{12}X_1 + B_{22}X_2 + \ldots + B_{J2}X_J \\ &\vdots \\ F_G &= B_{0G} + B_{1G}X_1 + B_{2G}X_2 + \ldots + B_{JG}X_J \end{aligned} \tag{4.16}$$

Der berechnete Wert $F_g$ der Klassifizierungsfunktion *unterscheidet sich* von dem auf den (nicht-standardisierten) Diskriminanzkoeffizienten basierenden Diskriminanzwert. Daher verwenden wir im Folgenden den Begriff *Klassifizierungswert*, wenn auf den Wert der Klassifizierungsfunktionverwiesen wird.

Die Koeffizienten $B_{jg}$ hängen von den beobachteten Mittelwerten und der Varianz der beschreibenden Variablen ab, sind aber *nicht das Ergebnis eines Optimierungsverfahrens*. Im Allgemeinen sind die Koeffizienten umso größer, je höher der Mittelwert und je geringer die Varianz der beschreibenden Variablen in einer Gruppe sind. Hierbei ist wichtig zu beachten, dass das Konzept der Klassifizierungsfunktion gleiche Varianz-Kovarianz-Matrizen innerhalb der Gruppe voraussetzt (vgl. Abschn. 4.3).

Im Beispiel betragen die Mittelwerte für „Preis" 3,5 für $g=1$ und 5,0 für $g=2$. Die entsprechenden Standardabweichungen sind 1,168 für $g=1$ und 1,128 für $g=2$. Die Gruppe $g=2$ hat also einen höheren Mittelwert und eine geringere Standardabweichung für „Preis" im Vergleich zur Gruppe $g=1$. Folglich ist der Koeffizient für „Preis" in der Klassifizierungsfunktion für Gruppe $g=2$ größer als für Gruppe $g=1$. Wir erhalten:

$$F_1 = -6{,}597 + 1{,}729 \cdot X_1 + 1{,}280 \cdot X_2$$
$$F_2 = -10{,}22 + 3{,}614 \cdot X_1 + 0{,}247 \cdot X_2$$

Die Werte $F_g$ selbst haben keine interpretatorische Bedeutung und dienen lediglich der Klassifizierung. Für eine neue Beobachtung mit den Werten 5,0 für „Preis" und 5,0 für „köstlich" erhalten wir einen Klassifizierungswert von 8,444 für Gruppe $g=1$ und von 9,083 für Gruppe $g=2$. Da wir den höchsten Wert für die Gruppe $g=2$ beobachten, wird der Konsument dieser Gruppe zugeordnet.

Das Konzept der Klassifizierungsfunktionen ermittelt jeweils eine Funktion für jede Gruppe. Kosten einer Fehlklassifikation werden aber nicht betrachtet. Es ist jedoch möglich, A-priori-Wahrscheinlichkeiten explizit zu berücksichtigen. Dabei können die Ergebnisse, die auf dem Konzept der Klassifizierungsfunktionen basieren, von den Ergebnissen des Distanzkonzepts abweichen; anderenfalls führen beide Konzepte zu exakt den gleichen Ergebnissen.

**Berücksichtigung von A-priori-Wahrscheinlichkeiten in Klassifizierungsfunktionen**
Die A-priori-Wahrscheinlichkeiten können angegeben oder geschätzt werden. Zudem kann man berücksichtigen, dass die Gruppen in der Bevölkerung unterschiedlich groß sind. Beispielsweise könnten die Marktanteile in unserem Beispiel 15 % für die Hauptmarke und 10 % für die Konkurrenzmarke betragen. Da die A-priori-Wahrscheinlichkeiten über die Gruppen hinweg eins ergeben müssen, erhalten wir für das Beispiel die folgenden A-priori-Wahrscheinlichkeiten: $P(g=1)=60\%$ und $P(g=2)=40\%$. Neben den objektiv verfügbaren Informationen über die Gruppengrößen können wir aber auch subjektiv ermittelte A-priori-Wahrscheinlichkeiten verwenden. Darüber hinaus ist es möglich, individuelle A-priori-Wahrscheinlichkeiten $P_i(g)$ zu berücksichtigen, wenn solche Informationen verfügbar sind.

## 4.2 Vorgehensweise

Um die A-priori-Wahrscheinlichkeiten $P(g)$ in den Klassifizierungsfunktionen zu berücksichtigen, werden diese wie folgt modifiziert:

$$F_g = \left[ B_{0g} + \ln P(g) \right] + B_{1g}X_1 + B_{2g}X_2 + \ldots + B_{Jg}X_J \quad (4.17)$$

### 4.2.5.3 Wahrscheinlichkeitskonzept

Das *Wahrscheinlichkeitskonzept*, das auf dem Distanzkonzept aufbaut, ist das flexibelste Konzept zur Klassifizierung von Beobachtungen. Insbesondere ermöglicht es, wie schon die Klassifizierungsfunktionen, die Berücksichtigung von (ungleichen) A-priori-Wahrscheinlichkeiten. Zusätzlich ermöglicht es auch die Berücksichtigung von Kosten der Fehlklassifikation. Wenn weder die Wahrscheinlichkeiten noch die Kosten einer Fehlklassifikation berücksichtigt werden, entspricht das *Wahrscheinlichkeitskonzept* dem *Distanzkonzept*. Darüber hinaus können nur relevante Diskriminanzfunktionen betrachtet werden und es ist möglich, ungleiche Varianz-Kovarianz-Matrizen zu berücksichtigen.

**Klassifizierungsregel**

Im Allgemeinen verwendet das *Wahrscheinlichkeitskonzept* die folgende *Klassifizierungsregel*:

*Die Beobachtung i wird der Gruppe zugeordnet, für die die Wahrscheinlichkeit $P(g|Y_i)$ maximal ist. Dabei ist $P(g|Y_i)$ die Wahrscheinlichkeit für die Zugehörigkeit der Beobachtung i zur Gruppe g basierend auf ihrem Diskriminanzwert $Y_i$.*

In der Entscheidungstheorie wird die *Klassifizierungswahrscheinlichkeit* $P(g|Y_i)$ als A-posteriori-Wahrscheinlichkeit der Gruppenzugehörigkeit bezeichnet. Wir berechnen die A-posteriori-Wahrscheinlichkeit mithilfe des *Bayes-Theorems*:

$$P(g|Y_i) = \frac{P(Y_i|g)P_i(g)}{\sum_{g=1}^{G} P(Y_i|g)P_i(g)} \quad (4.18)$$

mit

$P(g|Y_i)$    A-posteriori-Wahrscheinlichkeit der Beobachtung $i$ zur Gruppe $g$ zu gehören, wenn der Diskriminanzwert $Y_i$ entspricht

$P(Y_i|g)$    bedingte Wahrscheinlichkeit, den Diskriminanzwert $Y_i$ zu beobachten, wenn $i$ zur Gruppe $g$ gehört

$P_i(g)$    A-priori-Wahrscheinlichkeit der Beobachtung $i$ zur Gruppe $g$ zu gehören

**A-posteriori-Wahrscheinlichkeit**

Die *A-posteriori-Wahrscheinlichkeiten* (Klassifizierungswahrscheinlichkeiten) werden mithilfe der Distanzen zwischen den Diskriminanzwerten und den Gruppenmittelwerten berechnet (vgl. Tatsuoka, 1988):

$$P(g|Y_i) = \frac{\exp(-d_{ig}^2/2)\, P_i(g)}{\sum_{g=1}^{G} \exp(-d_{ig}^2/2)\, P_i(g)} \quad (4.19)$$

mit

$d_{ig}$  Distanz zwischen dem Diskriminanzwert der Beobachtung $i$ und dem Gruppenmittelwert der Gruppe $g$

Für eine neue Beobachtung mit den Werten 5,0 für „Preis" und 5,0 für „köstlich" erhalten wir

$$Y_i = -1{,}98 + 1{,}031 \cdot 5 - 0{,}565 \cdot 5 = 0{,}350$$

Die quadrierten Distanzen zu den Gruppenmittelwerten sind $d_{i1}^2 = 1{,}598$ und $d_{i2}^2 = 0{,}319$. Durch Transformation der Distanzen ergeben sich folgende Werte (Dichten):

$$f(Y_i|g) = \exp(-d_{ig}^2/2)$$
$$f(Y_i|g=1) = 0{,}450$$
$$f(Y_i|g=2) = 0{,}853$$

Wenn gleiche A-priori-Wahrscheinlichkeiten $P_i(g=1)=0{,}5$ und $P_i(g=2)=0{,}5$ angenommen werden, erhält man die folgenden Klassifizierungswahrscheinlichkeiten:

$$P(g|Y_1) = \frac{f(Y_i|g)P_i(g)}{f(Y_i|g=1)P_i(g=1) + f(Y_i|g=2)P_i(g=2)}$$
$$P(g=1|Y_i) = \frac{0{,}450 \cdot 0{,}5}{0{,}450 \cdot 0{,}5 + 0{,}853 \cdot 0{,}5} = 0{,}345$$
$$P(g=2|Y_i) = \frac{0{,}853 \cdot 0{,}5}{0{,}450 \cdot 0{,}5 + 0{,}853 \cdot 0{,}5} = 0{,}655$$

Die vorliegende Beobachtung wird der Gruppe $g=2$ zugeordnet, da sie für diese Gruppe die höchste A-posteriori-Wahrscheinlichkeit aufweist.

Die Klassifizierungswahrscheinlichkeiten $P(g|Y_i)$ addieren sich immer zu eins. Jede Beobachtung gehört also zu einer der definierten Gruppen. Folglich lassen die Klassifizierungswahrscheinlichkeiten keine Aussage darüber zu, wie wahrscheinlich es ist, dass eine Beobachtung überhaupt einer der Gruppen angehört.

**Bedingte Wahrscheinlichkeit**

Die bedingten Wahrscheinlichkeiten geben die Wahrscheinlichkeit an, den Diskriminanzwert $Y$ zu beobachten, wenn $i$ der Gruppe $g$ angehört. Im Gegensatz zu den A-priori- und A-posteriori-Wahrscheinlichkeiten müssen sich die bedingten Wahrscheinlichkeiten nicht zu eins addieren. Die bedingten Wahrscheinlichkeiten können für jede Gruppe beliebig klein sein. Daher sollte die bedingte Wahrscheinlichkeit herangezogen werden, um zu beurteilen, wie wahrscheinlich es ist, dass eine Beobachtung überhaupt einer Gruppe angehört.

Die *bedingte Wahrscheinlichkeit* kann auf der Grundlage der Standardnormalverteilung bestimmt werden (vgl. Tatsuoka, 1988). Für die Beobachtung mit einem Wert von 5,0 für „Preis" und „köstlich" beträgt der Diskriminanzwert 0,350, der den Gruppenmittelwerten der Gruppe $g=2$ am nächsten ist:

$$|d_{i2}| = |0{,}350 - 0{,}914| = 0{,}564$$

Die resultierende bedingte Wahrscheinlichkeit ist:[7]

$$P(Y_i|g=2) = 0{,}572$$

Das heißt, dass etwa 60 % aller Beobachtungen in Gruppe $g=2$ weiter vom Gruppenmittelwert entfernt sind als Beobachtung $i$. Beobachtung $i$ ist daher ein recht guter Vertreter der Gruppe $g=2$.

Im Vergleich dazu erhält man für eine Beobachtung $i$ mit den Werten 6,0 für „Preis" und 1,0 für „köstlich" einen Diskriminanzwert gleich 3,639 und folgende Klassifizierungswahrscheinlichkeiten für die Gruppen $g=1$ und $g=2$:

$$P(g=1|Y_i) = 0{,}001$$
$$P(g=2|Y_i) = 0{,}999$$

Die Beobachtung $i$ würde daher auch mit sehr hoher Wahrscheinlichkeit der Gruppe $g=2$ zugeordnet werden. Allerdings ist der Abstand zum Gruppenmittelwert mit $d_{i2}=2{,}725$ relativ groß. Daher ist die bedingte Wahrscheinlichkeit sehr klein:

$$P(Y_i|g=2) = 0{,}006$$

Die Wahrscheinlichkeit, dass eine Beobachtung der Gruppe $g=2$ eine größere Distanz zum Gruppenmittelwert hat als die Beobachtung $i$, ist extrem gering – genauer gesagt, etwa 0,6 %. Die bedingte Wahrscheinlichkeit für die Gruppe $g=1$ wäre jedoch noch geringer. Es erscheint daher eher unwahrscheinlich, dass die Beobachtung tatsächlich zu einer der beiden Gruppen gehört.

Abb. 4.8 zeigt die Beziehung zwischen der Distanz $d_{ig}$ und der bedingten Wahrscheinlichkeit. Je größer $d_{ig}$ ist, desto unwahrscheinlicher ist es, dass eine Beobachtung der Gruppe $g$ mit einer gleichen oder größeren Distanz beobachtet wird. Daher wird die Hypothese, dass die Beobachtung $i$ zur Gruppe $g$ gehört, unwahrscheinlicher. Die *bedingte Wahrscheinlichkeit* $P(Y_i|g)$ entspricht dem Wahrscheinlichkeits- oder Signifikanzniveau der Hypothese.

**Kosten einer Fehlklassifikation**

Die *Bayes'sche Entscheidungsregel*, die auf der Erwartungswert-Theorie beruht, kann um die Berücksichtigung von Kosten der Fehlklassifikationen erweitert werden. Dabei spielt es keine Rolle, ob der Erwartungswert eines Kostenkriteriums minimiert oder der Erwartungswert eines Gewinnkriteriums maximiert wird.

---

[7] Auf der zu diesem Buch gehörigen Internetseite www.multivariate.de sind Hinweise eingestellt, wie die bedingte Wahrscheinlichkeit mit Excel berechnet werden kann.

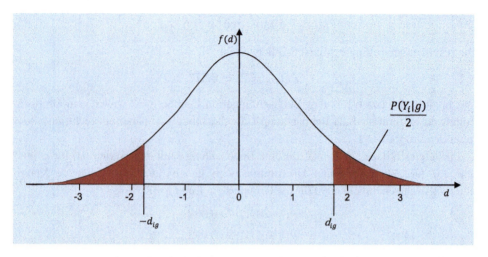

**Abb. 4.8** Darstellung der bedingten Wahrscheinlichkeit (roter Bereich) unter der Dichtefunktion der Standardnormalverteilung

Wenn die Kosten einer Fehlklassifikation berücksichtigt werden, wird eine Beobachtung $i$ der Gruppe $g$ zugeordnet, für die der erwartete Wert der Kosten minimal ist:

$$E_h(\text{Kosten}) = \sum_{g=1}^{G} \text{Kosten}_{gh} \cdot P(g|Y_i) \qquad (4.20)$$

mit

$\text{Kosten}_{gh}$  Kosten der Fehlklassifikation, wenn die Beobachtung $i$ tatsächlich zur Gruppe $g$ gehört, aber der Gruppe $h$ zugeordnet wird

Gegeben sei ein kleines Beispiel, um die Anwendung der *Bayes'schen Regel* zu veranschaulichen. Ein Bankkunde $i$ möchte einen Kredit in Höhe von 1000 EUR für ein Jahr zu einem Zinssatz von 10 % aufnehmen. Für die Bank stellt sich das Problem, den möglichen Zinsgewinn gegen das Risiko eines Kreditausfalls abzuwägen. Für den Kunden wurden folgende Klassifizierungswahrscheinlichkeiten ermittelt: Abb. 4.33

$$P(g = 1|Y_i) = 0{,}8 \text{ (Kreditrückzahlung)}$$
$$P(g = 2|Y_i) = 0{,}2 \text{ (Kreditausfall)}$$

Wenn die Zuordnung zu Gruppe $g=1$ mit der Gewährung des Kredits und die Zuordnung zu Gruppe $g=2$ mit der Ablehnung des Kreditantrags verbunden ist, entstehen folgende Kosten der Fehlklassifikation (vgl. Tab. 4.10).

## 4.2 Vorgehensweise

**Tab. 4.10** Kosten einer Fehlklassifikation (Beispiel eines Kredites)

| Zuordnung zu Gruppe… | Wahre Gruppenzugehörigkeit | |
|---|---|---|
| | Kreditrückzahlung | Kreditausfall |
| | 1 | 2 |
| 1: Kredit wird bewilligt | −100 EUR | 1000 EUR |
| 2: Kreditantrag wird abgelehnt | 100 EUR | 0 EUR |

Wenn die Bank den Kredit gewährt, erzielt sie einen Gewinn von 100 EUR, wenn der Kunde den Kredit zurückzahlt. Ist der Kunde nicht in der Lage, den Kredit zurückzuzahlen, entsteht für die Bank ein Verlust von 1000 EUR. Gewährt die Bank den Kredit nicht, können ihr Opportunitätskosten (aufgrund eines Gewinnverlustes) in Höhe von 100 EUR entstehen.

Die Erwartungswerte für die Kosten der beiden Handlungsalternativen sind:

$$\text{Bewilligung: } E_1(\text{Kosten}) = -100 \cdot 0{,}8 + 1000 \cdot 0{,}2 = 120$$
$$\text{Ablehnung: } E_2(\text{Kosten}) = 100 \cdot 0{,}8 + 0 \cdot 0{,}2 = 80$$

Da die Ablehnung des Kreditantrags zu insgesamt niedrigeren Kosten führt, ist der erwartete Gewinn bei Ablehnung des Kredits höher. Daher sollte die Bank dem Kunden den Kredit nicht gewähren, obgleich die Wahrscheinlichkeit einer Kreditrückzahlung weit höher ist als die eines Kreditausfalls.

Verglichen mit dem Distanzkonzept und dem Ansatz der Klassifizierungsfunktionen ist das Wahrscheinlichkeitskonzept komplizierter und für viele vermutlich nicht so leicht eingängig. Jedoch sollte dieses Konzept bei ungleichen Kosten der Fehlklassifikation zum Einsatz kommen.

### 4.2.6 Prüfung der Modellannahmen

1. Definition der Gruppen und Spezifikation der Diskriminanzfunktion
2. Schätzung der Diskriminanzfunktion
3. Prüfung der Diskriminanzfunktion
4. Prüfung der beschreibenden Variablen
5. Klassifikation neuer Beobachtungen
6. **Prüfung der Modellannahmen**

Einige Annahmen der Diskriminanzanalyse wurden bereits in den vorangegangenen Abschnitten erwähnt. An dieser Stelle sei ein Überblick über die Modellannahmen gegeben:

- multivariate Normalverteilung der beschreibenden Variablen,
- gleiche Varianz-Kovarianz-Matrizen in den Gruppen,
- keine Multikollinearität.

**Multivariate Normalverteilung der beschreibenden Variablen**
Die Diskriminanzanalyse geht von normalverteilten unabhängigen (beschreibenden) Variablen aus. Wenn die Annahme der univariaten Normalverteilung für die einzelnen Variablen erfüllt ist, ist oft auch die *Annahme der multivariaten Normalverteilung* erfüllt. Um auf univariate Normalverteilung zu testen, können wir beispielsweise den Kolmogorow-Smirnow-Test nutzen.

Der Test auf multivariate Normalverteilung kann mithilfe von *Q-Q-* oder *P-P-Plots* durchgeführt werden. Ist die Annahme der multivariaten Normalverteilung nicht erfüllt, kann die Testsignifikanz verzerrt sein. Eine Transformation der Variablen (z. B. ln-Transformation) kann eventuell die Abweichung von der Normalverteilung reduzieren. Wenn die Transformation nicht den gewünschten Effekt erzielt, können alternative Methoden wie die logistische Regression (vgl. Kap. 5) genutzt werden. Die logistische Regression stützt sich nicht auf die Annahme der Normalverteilung. Jedoch erweist sich die Diskriminanzanalyse als ziemlich robust gegenüber einer Verletzung dieser Annahme.

**Gleiche Varianz-Kovarianz-Matrizen in den Gruppen**
Des Weiteren geht die Diskriminanzanalyse davon aus, dass die Varianz-Kovarianz-Matrizen in den Gruppen gleich sind. Zur Beurteilung gleicher Varianz-Kovarianz-Matrizen kann der *Box-M-Test* genutzt werden. Dieser Test prüft die Nullhypothese, dass die Varianz-Kovarianz-Matrizen in den Gruppen gleich sind. Jedoch reagiert der Box-M-Test empfindlich auf Abweichungen von der multivariaten Normalverteilung.

Eine Verletzung der Annahme gleicher Varianz-Kovarianz-Matrizen kann sich sowohl auf den Signifikanztest als auch auf die Klassifizierung auswirken. Wir können wiederum eine Transformation der Variablen in Betracht ziehen, um eine Verletzung der Annahme gleicher Varianz-Kovarianz-Matrizen in den Gruppen zu adressieren. Alternativ kann die quadratische Diskriminanzanalyse (QDA) zum Einsatz kommen (vgl. Hastie et al., 2009, S. 110). Jedoch scheint die Diskriminanzanalyse auch gegenüber einer Verletzung dieser Annahme recht robust zu sein.

**Multikollinearität**
*Multikollinearität* zwischen den beschreibenden Variablen (d. h. beschreibende Variablen sind korreliert; vgl. Abschn. 2.2.5.7) kann die endgültige Spezifikation der Diskriminanzfunktion beeinflussen, wenn das schrittweise Schätzverfahren eingesetzt wird. Wenn Variablen hoch korreliert sind, kann eine Variable durch die andere(n) Variable(n) erklärt werden. Aus diesem Grund könnte sie aus dem Modell ausgeschlossen oder gar nicht erst aufgenommen werden. Außerdem kann Multikollinearität den Signifikanztest beeinflussen. Um den Grad der Multikollinearität zu beurteilen, können wir den *Toleranz-* oder *VIF-Wert* für jede beschreibende Variable berechnen (vgl. Abschn. 2.2.5.7).

**Tab. 4.11** Schokoladensorten und wahrgenommene Produkteigenschaften im Fallbeispiel

| Schokoladensorte | | Produkteigenschaften | |
|---|---|---|---|
| 1 | Vollmilch | 1 | Preis |
| 2 | Espresso | 2 | Erfrischend |
| 3 | Keks | 3 | Köstlich |
| 4 | Orange | 4 | Gesund |
| 5 | Erdbeer | 5 | Bitter |
| 6 | Mango | 6 | Leicht |
| 7 | Cappuccino | 7 | Knackig |
| 8 | Mousse | 8 | Exotisch |
| 9 | Karamell | 9 | Süß |
| 10 | Nougat | 10 | Fruchtig |
| 11 | Nuss | | |

## 4.3 Fallbeispiel

### 4.3.1 Problemstellung

Im Folgenden wird ein umfangreicheres Beispiel aus dem Schokoladenmarkt betrachtet, um die Durchführung einer Mehr-Gruppen-Diskriminanzanalyse mit Hilfe von SPSS zu erläutern.[8]

Ein Manager eines Schokoladenunternehmens möchte wissen, wie Konsumenten verschiedene Schokoladensorten in Bezug auf 10 subjektiv wahrgenommene Produkteigenschaften bewerten. Zu diesem Zweck hat der Manager 11 Schokoladensorten identifiziert und 10 Eigenschaften ausgewählt, die er für die Bewertung der Schokoladensorten für relevant erachtet.

Anschließend wurde ein kleiner Pretest mit 18 Testpersonen durchgeführt. Die Personen wurden gebeten, die 11 Schokoladensorten bezüglich der 10 Produkteigenschaften zu bewerten (vgl. Tab. 4.11).[9] Zur Bewertung wurde für jede Eigenschaft eine siebenstufige Bewertungsskala (1 = niedrig, 7 = hoch) verwendet. Die unabhängigen (beschreibenden) Variablen sind hier also wahrgenommene Eigenschaften der Schokoladensorten.

---

[8] Für das Fallbeispiel wird der gleiche Datensatz wie auch im Fallbeispiel zur logistischen Regression (vgl. Abschn. 5.4) verwendet, um so die Gemeinsamkeiten und Unterschiede zwischen beiden Verfahren besser verdeutlichen zu können.

[9] Auf der zu diesem Buch gehörigen Internetseite www.multivariate.de stellen wir ergänzendes Material zur Verfügung, um das Verstehen der Diskriminanzanalyse zu erleichtern und zu vertiefen.

**Tab. 4.12** Gruppen für die Diskriminanzanalyse

| Gruppe (Segment) | Schokoladensorten im Segment | Fälle |
|---|---|---|
| g = 1 \| Seg_1 Klassik | Vollmilch, Keks, Mousse, Karamell, Nougat, Nuss | 65 |
| g = 2 \| Seg_2 Frucht | Orange, Erdbeer, Mango | 28 |
| g = 3 \| Seg_3 Kaffee | Espresso, Cappuccino | 23 |

Allerdings waren nicht alle Personen in der Lage, alle 11 Schokoladensorten zu bewerten. Daher enthält der Datensatz nur 127 Bewertungen anstelle der vollständigen Anzahl von 198 Bewertungen (18 Personen × 11 Sorten). Jede Bewertung umfasst die Skalenwerte der 10 Produkteigenschaften für eine Schokoladensorte einer befragten Person. Sie spiegelt die subjektive Beurteilung einer bestimmten Schokoladensorte durch eine bestimmte Testperson wider. Da eine Testperson mehr als nur eine Schokoladensorte beurteilt hat, sind die Beobachtungen potenziell nicht unabhängig voneinander. Dennoch werden sie im Folgenden als unabhängig behandelt.

Von den 127 Bewertungen sind nur 116 vollständig, während 11 Bewertungen fehlende Werte enthalten.[10] Im Folgenden werden alle unvollständigen Beobachtungen aus der Analyse ausgeschlossen. Dadurch reduziert sich die Zahl der betrachteten Fälle auf 116.

Um Unterschiede zwischen den verschiedenen Schokoladensorten zu untersuchen, könnten hypothetisch 11 Gruppen betrachtet werden, wobei jede Gruppe jeweils eine Schokoladensorte repräsentieren würde. Zur Vereinfachung wurde aber vorab eine Clusteranalyse durchgeführt, deren Ergebnisse hier genutzt werden (vgl. Abschn. 8.3). Es haben sich 3 Cluster von Schokoladensorten ergeben. Tab. 4.12 zeigt die Zusammensetzung der drei Cluster und deren Größe. Die Größe des Segments „Klassik" ist mehr als doppelt so groß wie die der Segmente „Frucht" und „Kaffee".

Im Folgenden wird untersucht, welche wahrgenommenen Produkteigenschaften die drei Gruppen besonders gut trennen. Dabei dienen alle 10 Produkteigenschaften als beschreibende Variablen.

### 4.3.2 Durchführung einer Diskriminanzanalyse mit SPSS

Um eine Diskriminanzanalyse mit SPSS durchzuführen, folgen wir dem SPSS-Menüpfad „*Analysieren/Klassifizieren*" und wählen „*Diskriminanzanalyse*" (vgl. Abb. 4.9). Es öffnet sich ein Dialogfenster, in dem wir zunächst die Gruppierungsvariable und die beschreibenden Variablen auswählen („*Unabhängige Variable(n)*"; vgl. Abb. 4.10).

---

[10] Fehlende Werte sind ein häufiges und leider unvermeidbares Problem bei empirischen Erhebungen (z. B. weil Personen eine Frage nicht beantworten konnten oder wollten). Der Umgang mit fehlenden Werten in empirischen Studien wird in Abschn. 1.1.5.2 dieses Buches diskutiert.

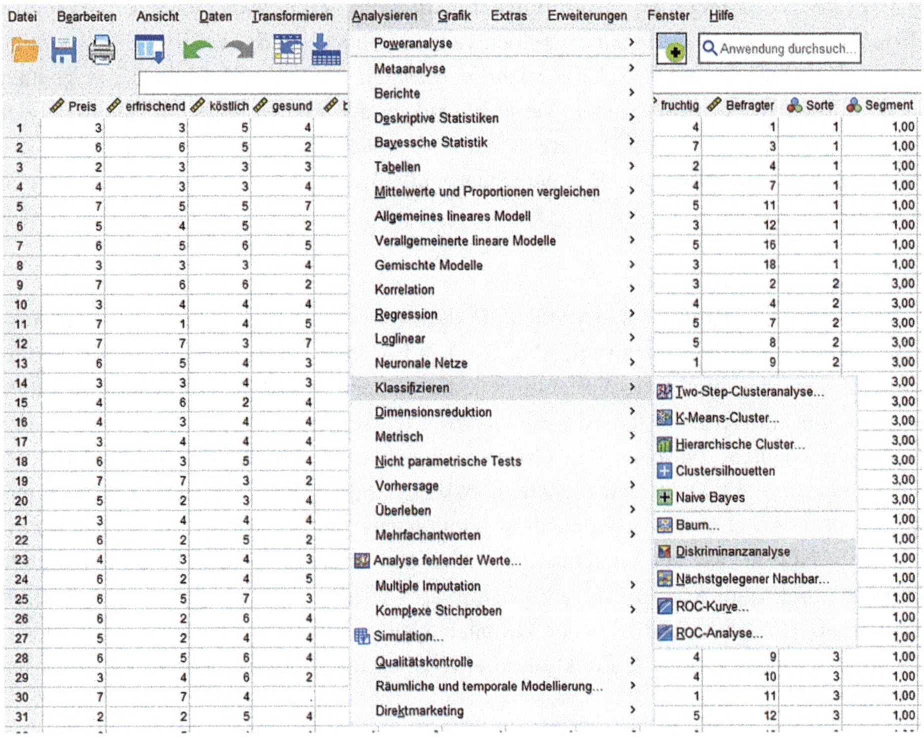

## 4.3 Fallbeispiel

**Abb. 4.9** Dateneditor mit einer Auswahl der Analysemethode „Diskriminanzanalyse"

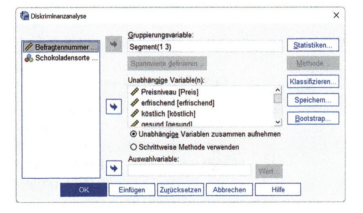

**Abb. 4.10** Dialogfenster: Diskriminanzanalyse

Im Fallbeispiel betrachten wir drei Gruppen. Die Variable „Segment(1 3)" enthält die Gruppenzugehörigkeit jeder Schokoladensorte. Mit der Option *„Bereich definieren"* wählen wir alle drei Gruppen für die nachfolgenden Analysen aus (hier: 1 bis 3).

Für die Schätzung der Diskriminanzfunktion(en) kann zwischen „*Unabhängige Variablen zusammen aufnehmen*" (blockweise Methode) und „*Schrittweise Methode verwenden*" (schrittweises Schätzverfahren) gewählt werden. Wenn letzteres genutzt wird, werden die beschreibenden Variablen sukzessive dem Modell hinzugefügt oder gelöscht (vgl. Abschn. 4.2.2.3). Vorerst wird die blockweise Methode angewendet, die auch die Standardoption ist. Die Menüauswahl „*Methode*" lassen wir daher vorerst außer Acht.

**Dialogfenster: Statistiken**

Wir gehen zu „*Statistiken*" und wählen die deskriptiven Statistiken aus, die in der Ausgabe angezeigt werden sollen (vgl. Abb. 4.11). Wir wählen „*Mittelwert*", um den Mittelwert für jede beschreibende Variable in jeder Gruppe zu erhalten. Diese deskriptive Statistik gibt uns einen ersten Hinweis darauf, welche beschreibenden Variablen in der Lage sein könnten, zwischen den Gruppen zu unterscheiden. Darüber hinaus wählen wir „*Univariate ANOVA*", um die Trennstärke der beschreibenden Variablen zu untersuchen (vgl. Abschn. 4.2.4). Wenn diese Option gewählt wird, führt SPSS einen einseitigen ANOVA-Test auf Gleichheit der Gruppenmittelwerte für jede beschreibende Variable durch (vgl. Kap. 3). Zusätzlich wählen wir „*Box' M*", um herauszufinden, ob die Varianz-Kovarianz-Matrizen der Gruppen gleich sind (vgl. Abschn. 4.2.6). Zudem können wir angeben, welche Funktionskoeffizienten und Matrizen ausgewiesen werden (vgl. Abb. 4.11).

SPSS zeigt standardmäßig nur die standardisierten Diskriminanzkoeffizienten an (vgl. Abschn. 4.2.2.2). Wir wählen daher „*Nicht standardisiert*", um auch die nicht-standardisierten Diskriminanzkoeffizienten abzurufen.

Um die Klassifikationsfunktionen und die entsprechenden Koeffizienten zu erhalten, ist „*Fisher*" anzuwenden. Für jede Klassifikationsfunktion werden die Koeffizienten ausgewiesen.

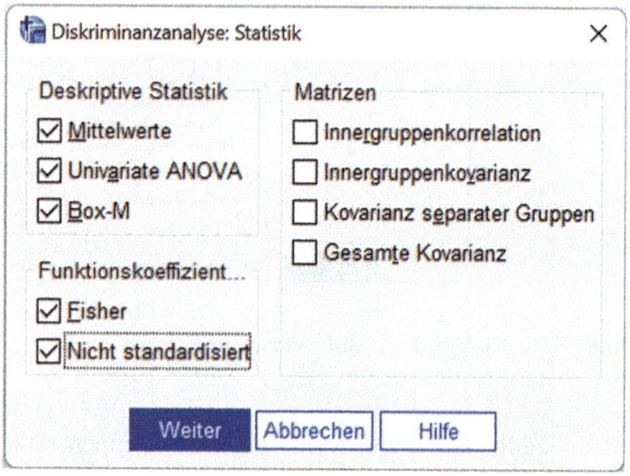

**Abb. 4.11** Dialogfenster: Diskriminanzanalyse: Statistik

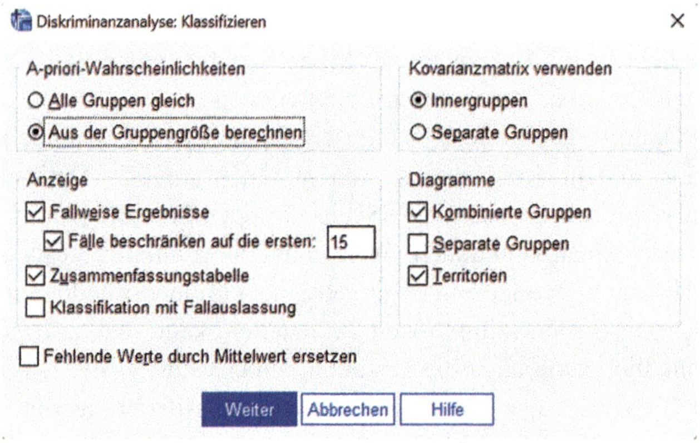

## 4.3 Fallbeispiel

**Abb. 4.12** Dialogfenster: Diskriminanzanalyse: Klassifizieren

**Dialogfenster: Klassifizieren**

Mithilfe des Dialogfensters „*Klassifizieren*" (vgl. Abb. 4.12) ist es möglich, A-priori-Wahrscheinlichkeiten (Im Dialogfenster unter „*A-priori-Wahrscheinlichkeiten*") zu definieren. Die Standardoption ist „*Alle Gruppen gleich*", die für alle Gruppen gleiche A-priori-Wahrscheinlichkeiten annimmt. Wenn wir „*Aus der Gruppengröße berechnen*" wählen, bestimmen die beobachteten Gruppengrößen die A-priori-Wahrscheinlichkeiten der Gruppenzugehörigkeit. Im Beispiel gehören 72 der insgesamt 127 Beobachtungen zur Gruppe $g=1$. Somit beträgt die Gruppengröße der Gruppe $g=1$ 56,7 %. Die Gruppen $g=2$ und $g=3$ sind mit 24,4 % bzw. 18,9 % relativ klein. Wir verwenden daher die Option „*Aus der Gruppengröße berechnen*", um den Daten gerecht zu werden.

Wir belassen es bei der Standardoption gepoolter Varianz-Kovarianz-Matrizen („*Innerhalb der Gruppen*") und nutzen nicht die Option „*Gruppenspezifisch*", um gruppenspezifische Varianz-Kovarianz-Matrizen zugrunde zu legen (vgl. Abb. 4.12). Es wird also von gleichen Varianz-Kovarianz-Matrizen ausgegangen. Wenn sich später herausstellt, dass diese Annahme verletzt ist, kann die Option „*Gruppenspezifisch*" genutzt werden.

Zudem können wir angeben, welche Informationen über die Klassifizierung im SPSS-Ausgabefenster angezeigt werden sollen (vgl. Abb. 4.12). Verfügbare Anzeigeoptionen sind „*Fallweise Ergebnisse*", „*Zusammenfassungstabelle*" und „*Klassifikation mit Fallauslassung*". Die Option „*Fallweise Ergebnisse*" erzeugt eine Ausgabe mit den tatsächlichen Gruppenzugehörigkeiten, den vorhergesagten Gruppenzugehörigkeiten, den A-posteriori-Wahrscheinlichkeiten und den Diskriminanzwerten. Wir können uns dafür entscheiden, diese Informationen nur für eine Teilmenge der Beobachtungen auszuweisen. Im Beispiel sollen die Informationen nur für die ersten 15 Beobachtungen dargestellt werden. Die Option „*Zusammenfassungstabelle*" erstellt eine Klassifikationstabelle. Wir aktivieren diese Option, um Informationen über die Trefferquote des

Modells zu erhalten. Die Option „*Klassifikation mit Fallauslassung*" (Leave-One-Out-Methode) ermöglicht es, die Robustheit des Modells zu beurteilen (vgl. Abschn. 4.3.3.2). Es ist dem Leser überlassen, diese Option zu aktivieren.

Mithilfe der Option „*Diagramme*" können verschiedene Diagramme zur Bewertung der Klassifikation erstellt werden (vgl. Abb. 4.12). Wenn die Option „*Kombinierte Gruppen*" ausgewählt wird, erstellt SPSS ein Gruppen-Streudiagramm der Werte der ersten beiden Diskriminanzfunktionen. Wenn nur eine Funktion geschätzt wird, wird stattdessen ein Histogramm angezeigt. Um getrennte Gruppenstreudiagramme der Werte der ersten beiden Diskriminanzfunktionen zu erstellen, kann man „*Gruppenspezifisch*" auswählen. Schließlich kann auch die Erstellung einer Gebietskarte *(„Territorien")* zur Darstellung der Grenzen ausgewählt werden, die zur Klassifizierung von Beobachtungen verwendet werden. Im Fallbeispiel aktivieren wir „*Kombinierte Gruppen*" und „*Territorien*", um die Ergebnisse der Diskriminanzanalyse visuell zu überprüfen.

SPSS bietet die Möglichkeit, fehlende Werte durch den jeweiligen Mittelwert zu ersetzen *(„Fehlende Werte durch Mittelwert ersetzen")*. Wenn wir die Option „*Fehlende Werte durch Mittelwert ersetzen*" aktivieren, wird eine fehlende Beobachtung für eine beschreibende Variable durch den Mittelwert dieser Variable ersetzt. Da es in unserem Beispiel nur sechs fehlende Werte gibt, haben wir uns entschieden, diese Beobachtungen zu „verlieren", anstatt sie durch den Mittelwert zu ersetzen.

**Dialogfenster: Speichern**

Das Dialogfenster „*Speichern*" ermöglicht das Speichern zusätzlicher Informationen in der SPSS-Datendatei, indem neue Variablen hinzugefügt werden (vgl. Abb. 4.13). Verfügbare Optionen sind „*Vorhergesagte Gruppenzugehörigkeit*", „*Scores der Diskriminanzfunktion*" und „*Wahrscheinlichkeiten der Gruppenzugehörigkeit*". Wir wählen alle drei Optionen aus und besprechen die erstellten Variablen später zusammen mit den Ergebnissen.

Schließlich bietet SPSS das Dialogfenster „*Bootstrap*" an. Im Allgemeinen ist Bootstrapping eine Methode zur Ableitung robuster Schätzungen von Standardfehlern und Konfidenzintervallen für Koeffizienten. Wenn Bootstrapping verwendet wird,

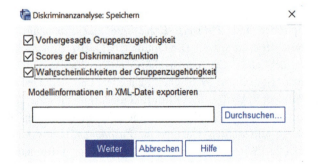

**Abb. 4.13** Dialogfenster: Diskriminanzanalyse: Speichern

führt SPSS ein Bootstrapping für die standardisierten Koeffizienten der Diskriminanzfunktionen durch. Wir werden auf die Ergebnisse der Bootstrapping-Methode verweisen, aber die Ergebnisse nicht im Detail diskutieren.

### 4.3.3 Ergebnisse

#### 4.3.3.1 Ergebnis des blockweisen Schätzverfahrens

SPSS liefert zunächst die Gruppenstatistik, die unter anderem über die Gruppengrößen Auskunft gibt. Im Beispiel ist die Gruppe $g=3$ mit 23 Beobachtungen die kleinste Gruppe (vgl. Abb. 4.14). Da die Mindestanforderung 20 Beobachtungen je Gruppe beträgt, können wir mit der Analyse fortfahren. Darüber hinaus werden die Mittelwerte der beschreibenden Variablen für jede Gruppe aufgeführt.

Die Mittelwerte geben einen ersten Einblick in die Trennschärfe der beschreibenden Variablen. Wir beobachten recht große Unterschiede zwischen (mindestens zwei) Gruppen für die folgenden beschreibenden Variablen: „Preis" (Label: Preisniveau), „knackig", „exotisch" und „fruchtig". Tatsächlich scheint es, dass sich die Gruppe $g=2$ in Bezug auf diese Variablen von den anderen beiden Gruppen unterscheidet.

Bevor die spezifischen Ergebnisse der Diskriminanzanalyse präsentiert werden, liefert SPSS die Tests für die Gleichheit der Gruppenmittelwerte für jede beschreibende Variable (vgl. Abb. 4.15). Jeder Test zeigt die Ergebnisse einer ANOVA für die beschreibenden Variablen *(F-Test),* wobei die Gruppierungsvariable als Faktor genutzt wird. Wenn der Signifikanzwert größer als 0,10 ist, trägt die Variable wahrscheinlich nicht zur Trennung der Gruppen bei. Gemäß den Ergebnissen in Abb. 4.15 sind die beschreibenden Variablen „gesund", „bitter" und „süß" nicht signifikant ($p>0,1$). Wir erwarten daher, dass diese Variablen in den späteren Analysen nicht signifikant zur Trennung der Gruppen beitragen. Die Variablen „Preis", „knackig", „exotisch" und „fruchtig" sind hingegen signifikant ($p=0,000$). Dies legt wiederum den Schluss nahe, dass diese Variablen eine hohe Trennschärfe besitzen.

Neben dem Ergebnis der univariaten ANOVAs gibt SPSS Wilks-Lambda aus (vgl. Abb. 4.15). Je kleiner der Wert für Wilks-Lambda, desto besser kann eine Variable die Gruppen trennen. Im Beispiel unterscheiden sich die Werte für Wilks-Lambda nicht sonderlich. Die beschreibende Variable „exotisch" hat den kleinsten Wert für Wilks-Lambda (0,800). Den zweitkleinsten Wert beobachten wir für die Variable „fruchtig" (0,803). Die Werte für Wilks-Lambda für die beschreibenden Variablen „gesund", „bitter" und „süß" sind hingegen die höchsten. Diese Werte unterstützen auch das Ergebnis des F-Tests, dass diese Variablen weniger geeignet sind, zwischen Gruppen zu unterscheiden.

**Prüfung der Diskriminanzfunktionen**

Abb. 4.16 zeigt den Eigenwert (Maximalwert des Diskriminanzkriteriums) für die beiden Diskriminanzfunktionen sowie den Anteil der erklärten Varianz und die kanonische Korrelation. Der Eigenwert und folglich der Anteil der erklärten Streuung für die erste

## Gruppenstatistiken

| Segment | | Mittelwert | Std.-Abweichung | Gültige Werte (listenweise) | |
|---|---|---|---|---|---|
| | | | | Nicht gewichtet | Gewichtet |
| Seg_1 Klassiker | Preisniveau | 5,06 | 1,321 | 65 | 65,000 |
| | erfrischend | 3,91 | 1,444 | 65 | 65,000 |
| | köstlich | 4,52 | 1,091 | 65 | 65,000 |
| | gesund | 3,78 | 1,231 | 65 | 65,000 |
| | bitter | 3,97 | 1,489 | 65 | 65,000 |
| | leicht | 4,25 | 1,238 | 65 | 65,000 |
| | knackig | 3,69 | 1,380 | 65 | 65,000 |
| | exotisch | 2,20 | 2,174 | 65 | 65,000 |
| | süss | 3,95 | 1,304 | 65 | 65,000 |
| | fruchtig | 3,85 | 1,290 | 65 | 65,000 |
| Seg_2 Frucht | Preisniveau | 3,54 | 1,732 | 28 | 28,000 |
| | erfrischend | 4,79 | 1,853 | 28 | 28,000 |
| | köstlich | 3,93 | 1,464 | 28 | 28,000 |
| | gesund | 3,50 | 1,478 | 28 | 28,000 |
| | bitter | 4,18 | 1,786 | 28 | 28,000 |
| | leicht | 5,29 | 1,329 | 28 | 28,000 |
| | knackig | 5,11 | 1,227 | 28 | 28,000 |
| | exotisch | 5,00 | 2,639 | 28 | 28,000 |
| | süss | 4,43 | 1,345 | 28 | 28,000 |
| | fruchtig | 5,21 | 1,228 | 28 | 28,000 |
| Seg_3 Kaffee | Preisniveau | 5,17 | 1,403 | 23 | 23,000 |
| | erfrischend | 3,78 | 1,594 | 23 | 23,000 |
| | köstlich | 4,22 | 1,043 | 23 | 23,000 |
| | gesund | 3,91 | 1,311 | 23 | 23,000 |
| | bitter | 3,35 | 1,774 | 23 | 23,000 |
| | leicht | 4,17 | 1,435 | 23 | 23,000 |
| | knackig | 4,00 | 1,706 | 23 | 23,000 |
| | exotisch | 3,09 | 2,372 | 23 | 23,000 |
| | süss | 4,17 | 1,072 | 23 | 23,000 |
| | fruchtig | 3,61 | 1,234 | 23 | 23,000 |
| Gesamt | Preisniveau | 4,72 | 1,581 | 116 | 116,000 |
| | erfrischend | 4,09 | 1,615 | 116 | 116,000 |
| | köstlich | 4,32 | 1,199 | 116 | 116,000 |
| | gesund | 3,74 | 1,306 | 116 | 116,000 |
| | bitter | 3,90 | 1,633 | 116 | 116,000 |
| | leicht | 4,48 | 1,367 | 116 | 116,000 |
| | knackig | 4,09 | 1,521 | 116 | 116,000 |
| | exotisch | 3,05 | 2,584 | 116 | 116,000 |
| | süss | 4,11 | 1,277 | 116 | 116,000 |
| | fruchtig | 4,13 | 1,399 | 116 | 116,000 |

**Abb. 4.14** Gruppenstatistik

## Gleichheitstest der Gruppenmittelwerte

|  | Wilks-Lambda | F | df1 | df2 | Sig. |
|---|---|---|---|---|---|
| Preisniveau | ,821 | 12,350 | 2 | 113 | <,001 |
| erfrischend | ,940 | 3,582 | 2 | 113 | ,031 |
| köstlich | ,956 | 2,579 | 2 | 113 | ,080 |
| gesund | ,988 | ,709 | 2 | 113 | ,495 |
| bitter | ,969 | 1,805 | 2 | 113 | ,169 |
| leicht | ,889 | 7,063 | 2 | 113 | ,001 |
| knackig | ,852 | 9,835 | 2 | 113 | <,001 |
| exotisch | ,800 | 14,116 | 2 | 113 | <,001 |
| süss | ,976 | 1,395 | 2 | 113 | ,252 |
| fruchtig | ,803 | 13,888 | 2 | 113 | <,001 |

**Abb. 4.15** Univariate Trennschärfe der beschreibenden Variablen

## Eigenwerte

| Funktion | Eigenwert | % der Varianz | Kumulierte % | Kanonische Korrelation |
|---|---|---|---|---|
| 1 | 1,043 [a] | 89,8 | 89,8 | ,714 |
| 2 | ,118 [a] | 10,2 | 100,0 | ,325 |

a. Die ersten 2 kanonischen Diskriminanzfunktionen werden in dieser Analyse verwendet.

**Abb. 4.16** Eigenwerte und kanonische Korrelation

Diskriminanzfunktion (Eigenwert = 1,043, % der Varianz = 89,8 %) ist viel höher als für die zweite (Eigenwert = 0,118, % der Varianz = 10,2 %).

Die kanonische Korrelation als Maß für die Trennkraft einer Diskriminanzfunktion beträgt für die erste Diskriminanzfunktion 0,714, während sie für die zweite nur einen Wert von 0,325 aufweist. Insgesamt können wir feststellen, dass die erste Diskriminanzfunktion eine viel höhere Trennkraft hat als die zweite Diskriminanzfunktion.

Abb. 4.17 zeigt das *multivariate Wilks-Lambda* einschließlich des Chi-Quadrat-Tests. Das multivariate Wilks-Lambda gibt an, dass beide Diskriminanzfunktionen zusammen signifikant sind ($p = 0,000$). Jedoch ist Wilks-Lambda für Funktion 2 nicht signifikant ($p = 0,205$). Somit trägt die zweite Diskriminanzfunktion nicht signifikant zur Trennung der Gruppen bei. Wir können daher später zur Interpretation nur die erste Diskriminanzfunktion heranziehen.

**Wilks-Lambda**

| Test der Funktion(en) | Wilks-Lambda | Chi-Quadrat | df | Sig. |
|---|---|---|---|---|
| 1 bis 2 | ,438 | 89,638 | 20 | <,001 |
| 2 | ,894 | 12,142 | 9 | ,205 |

**Abb. 4.17** Wilks-Lambda und Chi-Quadrat-Test

**Prüfung der beschreibenden Variablen**

Als nächstes präsentiert SPSS die standardisierten Diskriminanzkoeffizienten, die einen Vergleich der Trennschärfe der beschreibenden Variablen ermöglichen (vgl. Abb. 4.18). Koeffizienten mit großen absoluten Werten entsprechen Variablen mit größerer

**Standardisierte kanonische Diskriminanzfunktionskoeffizienten**

| | Funktion 1 | Funktion 2 |
|---|---|---|
| Preisniveau | -,372 | ,599 |
| erfrischend | ,329 | -,335 |
| köstlich | -,388 | -,338 |
| gesund | -,207 | ,093 |
| bitter | -,103 | -,795 |
| leicht | ,387 | ,180 |
| knackig | ,447 | ,333 |
| exotisch | ,343 | ,599 |
| süss | -,209 | ,337 |
| fruchtig | ,461 | -,336 |

**Strukturmatrix**

| | Funktion 1 | Funktion 2 |
|---|---|---|
| fruchtig | ,476* | -,291 |
| exotisch | ,475* | ,350 |
| Preisniveau | -,455* | ,163 |
| knackig | ,404* | ,178 |
| leicht | ,344* | -,120 |
| erfrischend | ,243* | -,130 |
| bitter | ,089 | -,447* |
| köstlich | -,190 | -,260* |
| süss | ,143 | ,171* |
| gesund | -,101 | ,127* |

Gemeinsame Korrelationen innerhalb der Gruppen zwischen Diskriminanzvariablen und standardisierten kanonischen Diskriminanzfunktionen
Variablen sind nach ihrer absoluten Korrelationsgröße innerhalb der Funktion geordnet.

*. Größte absolute Korrelation zwischen jeder Variablen und einer Diskriminanzfunktion

**Abb. 4.18** Standardisierte kanonische Diskriminanzfunktionskoeffizienten und Struktur-Matrix

Trennschärfe. Im Beispiel hat die beschreibende Variable „fruchtig" die größte Trennschärfe für die Diskriminanzfunktion 1 und die beschreibende Variable „bitter" die größte Trennschärfe für die Diskriminanzfunktion 2. Wir müssen uns jedoch bewusst sein, dass die Diskriminanzfunktion 2 nicht in der Lage ist, zwischen den Gruppen zu trennen (vgl. Abb. 4.17). Zudem war die univariate ANOVA für die Variable „bitter" nicht signifikant ($p=0{,}169$; siehe Abb. 4.15). Daher ist es nicht überraschend, dass bei der Anwendung der Bootstrapping-Methode der standardisierte Diskriminanzkoeffizient für die Variable „bitter" nicht signifikant ist.

Darüber hinaus gibt SPSS die sogenannte „*Struktur-Matrix*" an (vgl. Abb. 4.18). Die Struktur-Matrix zeigt die Korrelation jeder beschreibenden Variablen mit den Diskriminanzfunktionen. Das Sternchen markiert die größte absolute Korrelation jeder Variablen mit einer der Diskriminanzfunktionen. Innerhalb jeder Funktion sind diese markierten beschreibenden Variablen nach der Größe der Korrelation geordnet. Die Reihenfolge der beschreibenden Variablen unterscheidet sich somit von der in der Tabelle der standardisierten Koeffizienten.

Die beschreibenden Variablen „fruchtig", „exotisch", „Preis", „knackig", „leicht" und „erfrischend" sind am stärksten mit der ersten Diskriminanzfunktion korreliert, obwohl die Korrelationen von „leicht" (Korrelation $=0{,}344$) und „erfrischend" (Korrelation $=0{,}243$) eher gering sind. Zu beachten ist, dass die Variablen „fruchtig", „exotisch", „Preis" und „knackig" bei der Betrachtung der Gruppenstatistik bereits als gute potenzielle Diskriminanzvariablen identifiziert wurden (vgl. Abb. 4.14).

Die beschreibenden Variablen „bitter", „köstlich", „süß" und „gesund" sind am stärksten mit der zweiten Diskriminanzfunktion korreliert. Die Variablen „köstlich", „süß" und „gesund" weisen jedoch im Vergleich zu „bitter" eher geringe Korrelationen mit der Diskriminanzfunktion 2 auf und sind bei Verwendung der Bootstrapping-Methode nicht signifikant.

Um die Trennschärfe der beschreibenden Variablen in Bezug auf alle Diskriminanzfunktionen zu beurteilen, berechnen wir die *mittleren (standardisierten)Diskriminanzkoeffizienten* nach Gl. (4.14). Tab. 4.13 zeigt, dass die Variable „fruchtig" mit 0,448 ($=0{,}461 \cdot 0{,}898 + 0{,}336 \cdot 0{,}102$) den höchsten Wert hat, während „bitter" den niedrigsten Wert (0,201) aufweist. Somit hat die Variable „bitter" die geringste und die Variable „fruchtig" insgesamt die größte Trennschärfe. Dieses Ergebnis unterstützt die vorhergehende Auffassung, dass die Variable „bitter" kein guter Kandidat für eine Trennung zwischen den Gruppen ist und dass die Diskriminanzfunktion 2 nicht geeignet ist, die Gruppen zu trennen.

Abb. 4.19 zeigt die geschätzten nicht-standardisierten Diskriminanzkoeffizienten für die beiden Diskriminanzfunktionen. Die nicht-standardisierten Diskriminanzkoeffizienten werden zur Berechnung der Diskriminanzwerte für jede Beobachtung genutzt (vgl. Abb. 4.22). Neben den Koeffizienten werden die (nicht-standardisierten) Gruppenmittelwerte angegeben. Die Gruppenmittelwerte zeigen an, dass die Diskriminanzfunktion 1 in der Lage ist, die Gruppe $g=2$ von den Gruppen $g=1$ und $g=3$ zu trennen. Demgegenüber scheint die Diskriminanzfunktion 2 in der Lage zu sein, die Gruppe $g=3$ von den Gruppen $g=1$ und $g=2$ zu trennen. In Anbetracht der Tatsache,

**Tab. 4.13** Trennschärfe der beschreibenden Variablen bezüglich aller Diskriminanzfunktionen

| Beschreibende Variable | Trennschärfe (insgesamt) |
|---|---|
| Fruchtig | 0,448 |
| Knackig | 0,435 |
| Preis | 0,395 |
| Köstlich | 0,383 |
| Exotisch | 0,369 |
| Leicht | 0,366 |
| Erfrischend | 0,330 |
| Süß | 0,222 |
| Gesund | 0,195 |
| Bitter | 0,173 |

dass die Gruppe $g=3$ die Schokoladensorten mit Kaffeegeschmack repräsentiert, erscheint die Relevanz der Variable „bitter" plausibel.

Das Streudiagramm in Abb. 4.20 basiert auf den beiden Diskriminanzfunktionen und zeigt die Diskriminanzwerte für jede Beobachtung. Die Beobachtungen werden als Punkte in einem zweidimensionalen Raum dargestellt, der von den beiden Diskriminanzfunktionen aufgespannt wird. Die Diskriminanzwerte bestimmen den Ort jeder

**Kanonische Diskriminanzfunktionskoeffizienten**

| | Funktion 1 | Funktion 2 |
|---|---|---|
| Preisniveau | -,257 | ,414 |
| erfrischend | ,208 | -,212 |
| köstlich | -,328 | -,286 |
| gesund | -,158 | ,071 |
| bitter | -,063 | -,490 |
| leicht | ,298 | ,138 |
| knackig | ,315 | ,235 |
| exotisch | ,147 | ,257 |
| süss | -,164 | ,264 |
| fruchtig | ,365 | -,266 |
| (Konstante) | -1,292 | -,560 |

Nicht-standardisierte Koeffizienten

**Funktionen bei den Gruppen-Zentroiden**

| Segment | Funktion 1 | Funktion 2 |
|---|---|---|
| Seg_1 Klassiker | -,606 | -,221 |
| Seg_2 Frucht | 1,784 | -,034 |
| Seg_3 Kaffee | -,459 | ,665 |

Nicht-standardisierte kanonische Diskriminanzfunktionen, die bezüglich des Gruppen-Mittelwertes bewertet werden

**Abb. 4.19** Diskriminanzfunktionskoeffizienten und Diskriminanzwerte an Gruppenmittelpunkten

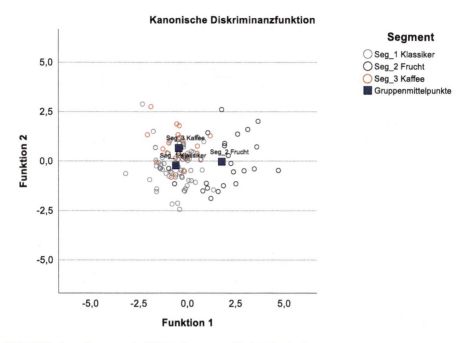

**Abb. 4.20** Streudiagramm der Diskriminanzwerte für jede Beobachtung

Beobachtung. Wir stellen fest, dass insbesondere die Gruppen $g=1$ (Klassiker) und $g=3$ (Kaffee) eine beträchtliche Überlappung aufweisen und dass die Gruppenmittelwerte ziemlich nahe beieinanderliegen. Die Diskriminanzfunktion 1 scheint die Gruppe $g=2$ (Frucht) von den beiden anderen Gruppen zu trennen.

**Klassifizierungsergebnisse**
Der nächste Abschnitt der SPSS-Ausgabe betrifft die Klassifizierungsergebnisse. SPSS berichtet zunächst die A-priori-Wahrscheinlichkeiten (hier nicht dargestellt). Im Beispiel haben wir die Option *„Aus der Gruppengröße berechnen"* verwendet. Daher entsprechen die A-priori-Wahrscheinlichkeiten den Gruppengrößen der beobachteten Daten.

SPSS liefert auch Informationen über die Klassifizierungsfunktionen (vgl. Abb. 4.21). Die Koeffizienten der Klassifizierungsfunktionen werden verwendet, um die Beobachtungen einer der drei Gruppen zuzuordnen (vgl. Abschn. 4.2.5).

Wir haben angegeben, dass wir nur für die ersten 15 Beobachtungen die fallweisen Ergebnisse erhalten möchten (vgl. Abb. 4.22). SPSS gibt folgende Informationen aus:

- Tatsächliche Gruppenzugehörigkeit einer Beobachtung *(Tatsächliche Gruppe)*, die aus dem Datensatz (Variable „Segment") abgeleitet wird.
- Vorhergesagte Gruppenzugehörigkeit *(Vorhergesagte Gruppe)*, wobei Sternchen auf eine falsche Klassifizierung hinweisen.

**Klassifizierungsfunktionskoeffizienten**

| | Segment | | |
|---|---|---|---|
| | Seg_1 Klassiker | Seg_2 Frucht | Seg_3 Kaffee |
| Preisniveau | 1,646 | 1,109 | 1,975 |
| erfrischend | ,752 | 1,210 | ,595 |
| köstlich | 1,884 | 1,047 | 1,582 |
| gesund | 1,918 | 1,554 | 1,958 |
| bitter | -,282 | -,526 | -,726 |
| leicht | -,023 | ,715 | ,144 |
| knackig | 1,200 | 1,998 | 1,455 |
| exotisch | ,583 | ,983 | ,833 |
| süss | -,270 | -,613 | -,060 |
| fruchtig | 1,534 | 2,357 | 1,353 |
| (Konstante) | -18,769 | -24,188 | -20,613 |

Lineare Diskriminanzfunktionen nach Fisher

**Abb. 4.21** Koeffizienten der Klassifizierungsfunktionen (Fisher)

- *Bedingte Wahrscheinlichkeit* $P(D>d|G=g)$, dass eine Beobachtung der Gruppe $g$ eine größere Distanz $d$ zum Mittelwert der Gruppe $g$ hat.
- *A-posteriori-Wahrscheinlichkeit* $P(G=g|D=d)$, dass eine Beobachtung mit Distanz $d$ zur Gruppe $g$ gehört. Die Klassifizierungswahrscheinlichkeit zeigt die Konfidenz in Bezug auf die Zuordnung einer Beobachtung zu einer bestimmten Gruppe an. Zum Beispiel wird die erste Beobachtung der Gruppe $g=1$ mit einer Wahrscheinlichkeit von 86,2 % zugeordnet, was eine hohe A-posteriori-Wahrscheinlichkeit ist.
- Mahalanobis-Distanz zum Gruppenmittelwert der vorhergesagten Gruppe.
- Die Wahrscheinlichkeiten und Distanz zu der Gruppe mit der zweithöchsten Klassifizierungswahrscheinlichkeit. Für die erste Beobachtung beträgt die Klassifizierungswahrscheinlichkeit für die Gruppe $g=3$ 13,2 % (vs. 86,2 % für die Gruppe $g=1$).
- Die letzten beiden Spalten zeigen die geschätzten Diskriminanzwerte für die beiden Diskriminanzfunktionen auf Grundlage der nicht-standardisierten Koeffizienten *(Diskriminanzwerte)*. Um diese Werte zu erhalten, werden die beobachteten Daten mit den nicht-standardisierten Koeffizienten für die Diskriminanzfunktionen 1 und 2 unter Berücksichtigung des konstanten Terms multipliziert (vgl. Abb. 4.19).

Darüber hinaus liefert SPSS die Klassifikationsmatrix (vgl. Abb. 4.23). Die Klassifikationsmatrix zeigt die Häufigkeiten der tatsächlichen und geschätzten Gruppenzugehörigkeit für jede Gruppe auf Basis der Klassifizierungswahrscheinlichkeiten. Die Trefferquoten betragen 95,4 % für Gruppe $g=1$, 71,4 % für Gruppe $g=2$ und 13,0 % für Gruppe $g=3$. Insgesamt sind 85 ($=62+20+3$) von 116 Beobachtungen korrekt

## 4.3 Fallbeispiel

**Fallweise Statistiken**

| | Fallnummer | Tatsächliche Gruppe | Vorhergesagte Gruppe | Höchste Gruppe P(D>d \| G=g) p | df | P(G=g \| D=d) | Quadrierter Mahalanobis-Abstand zum Zentroid | Zweithöchste Gruppe | P(G=g \| D=d) | Quadrierter Mahalanobis-Abstand zum Zentroid | Diskriminanzwerte Funktion 1 | Funktion 2 |
|---|---|---|---|---|---|---|---|---|---|---|---|---|
| Original | 1 | 1 | 1 | ,809 | 2 | ,862 | ,423 | 3 | ,132 | 2,092 | -1,118 | -,622 |
| | 2 | 1 | 1 | ,718 | 2 | ,736 | ,662 | 3 | ,156 | 1,688 | ,167 | -,473 |
| | 3 | 1 | 1 | ,743 | 2 | ,672 | ,595 | 3 | ,237 | ,602 | ,088 | ,115 |
| | 4 | 1 | 1 | ,807 | 2 | ,699 | ,429 | 3 | ,225 | ,623 | ,002 | ,024 |
| | 5 | 1 | 1 | ,399 | 2 | ,543 | 1,839 | 3 | ,433 | ,215 | -,472 | 1,129 |
| | 6 | 1 | 1 | ,436 | 2 | ,588 | 1,662 | 3 | ,404 | ,336 | -,907 | 1,033 |
| | 7 | 1 | 1 | ,749 | 2 | ,668 | ,578 | 3 | ,253 | ,445 | ,024 | ,205 |
| | 8 | 1 | 1 | ,812 | 2 | ,871 | ,417 | 3 | ,121 | 2,290 | -,954 | -,765 |
| | 9 | 3 | 1** | ,352 | 2 | ,521 | 2,090 | 2 | ,451 | ,300 | -,399 | 1,210 |
| | 10 | 3 | 1** | ,396 | 2 | ,502 | 1,854 | 2 | ,305 | 1,164 | ,715 | ,111 |
| | 11 | 3 | 1** | ,100 | 2 | ,564 | 4,608 | 3 | ,435 | 3,050 | -2,063 | 1,356 |
| | 12 | 3 | 1** | ,557 | 2 | ,683 | 1,169 | 3 | ,313 | ,650 | -1,264 | ,637 |
| | 14 | 3 | 1** | ,478 | 2 | ,608 | 1,477 | 3 | ,384 | ,321 | -,952 | ,944 |
| | 15 | 3 | 1** | ,811 | 2 | ,687 | ,419 | 3 | ,254 | ,330 | -,117 | ,203 |
| | 16 | 3 | 1** | ,798 | 2 | ,687 | ,450 | 3 | ,246 | ,428 | -,050 | ,154 |

**. Falsch klassifizierter Fall

**Abb. 4.22** Fallweise Statistiken

**Klassifizierungsergebnisse**[a]

| | | Segment | Vorhergesagte Gruppenzugehörigkeit | | | |
|---|---|---|---|---|---|---|
| | | | Seg_1 Klassiker | Seg_2 Frucht | Seg_3 Kaffee | Gesamt |
| Original | Anzahl | Seg_1 Klassiker | 62 | 1 | 2 | 65 |
| | | Seg_2 Frucht | 8 | 20 | 0 | 28 |
| | | Seg_3 Kaffee | 19 | 1 | 3 | 23 |
| | % | Seg_1 Klassiker | 95,4 | 1,5 | 3,1 | 100,0 |
| | | Seg_2 Frucht | 28,6 | 71,4 | ,0 | 100,0 |
| | | Seg_3 Kaffee | 82,6 | 4,3 | 13,0 | 100,0 |

a. 73,3% der ursprünglich gruppierten Fälle wurden korrekt klassifiziert.

**Abb. 4.23** Klassifizierungsergebnisse (Klassifikationsmatrix)

klassifiziert. Die Gesamttrefferquote beträgt somit 73,3 %. Wir stellen fest, dass die Beobachtungen, die zur Gruppe $g=3$ gehören, nicht gut vorhergesagt werden (vgl. Abb. 4.22). Wir haben bereits gelernt, dass die Diskriminanzfunktion 1 in der Lage ist, die Gruppe $g=2$ von den beiden anderen Gruppen zu trennen. Allerdings gibt es eine erhebliche Überlappung der Gruppen $g=1$ und $g=3$. Da die A-priori-Wahrscheinlichkeiten aus den tatsächlichen Gruppengrößen geschätzt wurden und die Gruppe $g=1$ die größte ist, ist die A-priori-Wahrscheinlichkeit für die Gruppe $g=1$ viel höher als für $g=3$. Dies führt dazu, dass die meisten Beobachtungen, die zur Gruppe $g=3$ gehören, der Gruppe $g=1$ zugeordnet werden. Wenn wir davon ausgehen, dass die Gruppen gleich groß sind und die Diskriminanzanalyse erneut durchführen (Ergebnisse werden hier nicht berichtet), beträgt die Gesamttrefferquote 69,8 %. Diese ist geringer als die oben ausgewiesene, aber es werden 16 der 23 Beobachtungen der Gruppe $g=3$ korrekt klassifiziert. Im Gegensatz dazu werden aber nur 42 Beobachtungen der Gruppe $g=1$ korrekt zugeordnet (im Vergleich zu 62 Beobachtungen; vgl. Abb. 4.23). Beide Gesamttrefferquoten (69,8 % und 73,3 %) liegen jedoch deutlich über der Trefferquote von 33,3 %, wenn wir eine rein zufällige Zuordnung annehmen.

Wir haben zusätzlich eine Territorialkarte zur Veranschaulichung der Klassifizierungsergebnisse ausgewählt (vgl. Abb. 4.24). Die erste Diskriminanzfunktion, dargestellt auf der horizontalen Achse, trennt die Gruppe $g=2$ (Frucht) von den beiden anderen Gruppen. Da „fruchtig" am höchsten mit der Diskriminanzfunktion 1 korreliert, deutet dies darauf hin, dass die Gruppe $g=2$ im Allgemeinen als am meisten „fruchtig" wahrgenommen wird.

Die zweite Diskriminanzfunktion trennt die Gruppen $g=1$ (Klassik) und $g=3$ (Kaffee). Die beschreibende Variable „bitter" ist diejenige, die am höchsten mit der Diskriminanzfunktion 2 korreliert. Die Gruppe $g=1$ (Klassik) hat im Durchschnitt einen niedrigeren Wert für „bitter" als die Gruppe $g=3$ (Kaffee). Die Testpersonen nehmen also die klassischen Schokoladensorten als weniger bitter wahr als die Kaffee-Sorten.

## 4.3 Fallbeispiel

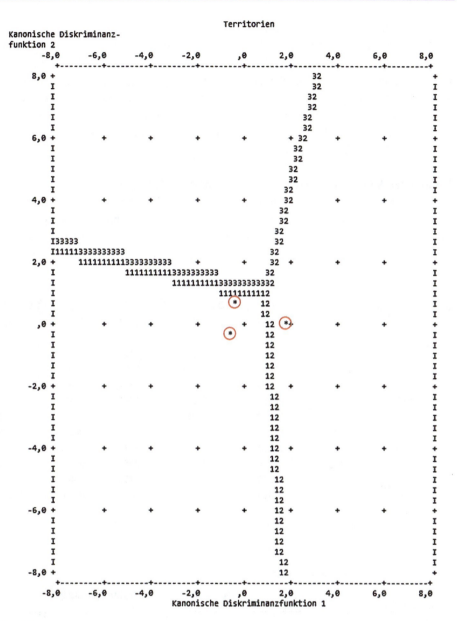

**Abb. 4.24** Territorien

Generell deutet die geringe Distanz der mit Sternchen und roten Kreisen markierten Gruppenmittelwerte zu den Territoriallinien wieder darauf hin, dass die Trennung zwischen den beiden Gruppen nicht sehr stark ausgeprägt ist.

**Neue Variablen in SPSS-Datendatei**

Wir haben zuvor angegeben, dass die Information über die geschätzte Gruppenzugehörigkeit *(„Dis_1")*, die Diskriminanzwerte *(„Dis1_1" und „Dis2_1";* vgl. auch Abb. 4.22) und die A-posteriori-Wahrscheinlichkeiten *(„Dis1_2", „Dis2_2", „Dis3_2")* im SPSS-Datensatz gespeichert werden (vgl. Abb. 4.25). Zum Beispiel sind die Diskriminanzwerte für die Diskriminanzfunktionen 1 und 2 für die erste Beobachtung gleich $-1{,}12$ und $-0{,}622$. Die Klassifizierungswahrscheinlichkeiten betragen 86,19 % ($g=1$), 0,01 % ($g=2$) und 13,24 % ($g=3$).

**Prüfung der Annahme gleicher Varianz-Kovarianz-Matrizen**

Die Diskriminanzanalyse beruht auf der *Annahme gleicher Varianz-Kovarianz-Matrizen* in den Gruppen (vgl. Abschn. 4.2.6). Um die Annahme zu prüfen, nutzen wir den *Box-M-Test* (vgl. Abb. 4.26). Obwohl wir das Ergebnis des Box-M-Tests am Ende diskutieren, präsentiert SPSS das Ergebnis dieses Tests bereits sehr früh im Ausgabefenster.

| Segment | Dis_1 | Dis1_1 | Dis2_1 | Dis1_2 | Dis2_2 | Dis3_2 |
|---|---|---|---|---|---|---|
| 1,00 | 1,00 | -1,11754 | -,62239 | ,86190 | ,00573 | ,13236 |
| 1,00 | 1,00 | ,16727 | -,47318 | ,73568 | ,10845 | ,15587 |
| 1,00 | 1,00 | ,08816 | ,11509 | ,67164 | ,09149 | ,23687 |
| 1,00 | 1,00 | ,00157 | ,02359 | ,69933 | ,07614 | ,22454 |
| 1,00 | 1,00 | -,47216 | 1,12851 | ,54344 | ,02345 | ,43311 |
| 1,00 | 1,00 | -,90652 | 1,03275 | ,58765 | ,00882 | ,40353 |
| 1,00 | 1,00 | ,02372 | ,20488 | ,66800 | ,07933 | ,25268 |
| 1,00 | 1,00 | -,95394 | -,76474 | ,87089 | ,00834 | ,12078 |
| 3,00 | 1,00 | -,39882 | 1,20995 | ,52134 | ,02722 | ,45144 |
| 3,00 | 1,00 | ,71455 | ,11096 | ,50159 | ,30509 | ,19332 |
| 3,00 | 1,00 | -2,06258 | 1,35598 | ,56433 | ,00057 | ,43511 |
| 3,00 | 1,00 | -1,26404 | ,63710 | ,68273 | ,00405 | ,31322 |

**Abb. 4.25** Neue Variablen im SPSS-Datensatz

**Log-Determinanten**

| Segment | Rang | Log-Determinante |
|---|---|---|
| Seg_1 Klassiker | 10 | 3,384 |
| Seg_2 Frucht | 10 | 4,078 |
| Seg_3 Kaffee | 10 | 3,444 |
| Gemeinsam innerhalb der Gruppen | 10 | 5,222 |

Die Ränge und natürlichen Logarithmen der ausgegebenen Determinanten sind die der Gruppen-Kovarianz-Matrizen.

**Testergebnisse**

| | |
|---|---|
| Box-M | 187,682 |
| F  Näherungswert | 1,428 |
| df1 | 110 |
| df2 | 13254,345 |
| Sig. | ,002 |

Testet die Null-Hypothese der Kovarianz-Matrizen gleicher Grundgesamtheit.

**Abb. 4.26** Box-M-Test zur Gleichheit von Kovarianz-Matrizen

## 4.3 Fallbeispiel

Die zudem ausgewiesenen log-Determinanten sind ein Maß für die Varianz innerhalb der Gruppen. Größere log-Determinanten entsprechen einer größeren Varianz innerhalb einer Gruppe. Folglich weisen große Unterschiede in den log-Determinanten auf unterschiedliche Varianz-Kovarianz-Matrizen hin. Im Beispiel ist die log-Determinante der Gruppe $g=2$ (4,078) größer als die für die Gruppen $g=1$ (3,384) und $g=3$ (3,444). Dies führt zu einem signifikanten Box-M-Test ($p=0{,}002$). Das heißt, die Annahme gleicher Varianz-Kovarianz-Matrizen ist nicht erfüllt.

Um das Problem ungleicher Varianz-Kovarianz-Matrizen zu adressieren, fordern wir separate Varianz-Kovarianz-Matrizen an und beurteilen, ob dies zu wesentlich unterschiedlichen Ergebnissen führt (Option „*Kovarianzmatrix verwenden/Gruppenspezifisch*" im Dialogfenster „*Klassifizieren*").

Es ist zu beachten, dass die Klassifizierungsfunktionen immer auf Basis der gepoolten Varianz-Kovarianz-Matrizen berechnet werden. Daher ändern sie sich im Gegensatz zu den Klassifizierungswahrscheinlichkeiten nicht. In unserem Beispiel ändern sich die Klassifizierungsergebnisse leicht. Die Trefferquote für die Gruppe $g=1$ nimmt geringfügig ab, während sie für die Gruppe $g=3$ steigt (vgl. Abb. 4.27). Insgesamt ist die Trefferquote mit 75,9 % im Vergleich zu 73,3 % etwas höher.

Die in Abb. 4.28 dargestellte Territorialkarte sieht jedoch anders aus als die in Abb. 4.24 dargestellte Territorialkarte, denn die territorialen Grenzen sind nicht mehr linear.

### 4.3.3.2 Ergebnis des schrittweisen Schätzverfahrens

Abschn. 4.3.3.1 zeigte, dass nicht alle beschreibenden Variablen zur Trennung der Gruppen beitragen. Im Folgenden werden daher die Ergebnisse des schrittweisen Schätzverfahrens dargestellt (vgl. Abb. 4.10). Wenn eine schrittweise Diskriminanzanalyse durchgeführt wird, kann zwischen verschiedenen Methoden ausgewählt werden. Diese unterscheiden sich dahin gehend, wie die beschreibenden Variablen in das Modell eingegeben und aus dem Modell entfernt werden (vgl. Abb. 4.29). Die verfügbaren Alternativen sind:

**Klassifizierungsergebnisse[a]**

| | | | Vorhergesagte Gruppenzugehörigkeit | | | |
|---|---|---|---|---|---|---|
| | | Segment | Seg_1 Klassiker | Seg_2 Frucht | Seg_3 Kaffee | Gesamt |
| Original | Anzahl | Seg_1 Klassiker | 60 | 2 | 3 | 65 |
| | | Seg_2 Frucht | 6 | 22 | 0 | 28 |
| | | Seg_3 Kaffee | 16 | 1 | 6 | 23 |
| | % | Seg_1 Klassiker | 92,3 | 3,1 | 4,6 | 100,0 |
| | | Seg_2 Frucht | 21,4 | 78,6 | ,0 | 100,0 |
| | | Seg_3 Kaffee | 69,6 | 4,3 | 26,1 | 100,0 |

a. 75,9% der ursprünglich gruppierten Fälle wurden korrekt klassifiziert.

**Abb. 4.27** Klassifizierungsmatrix mit Kovarianzen getrennter Gruppen

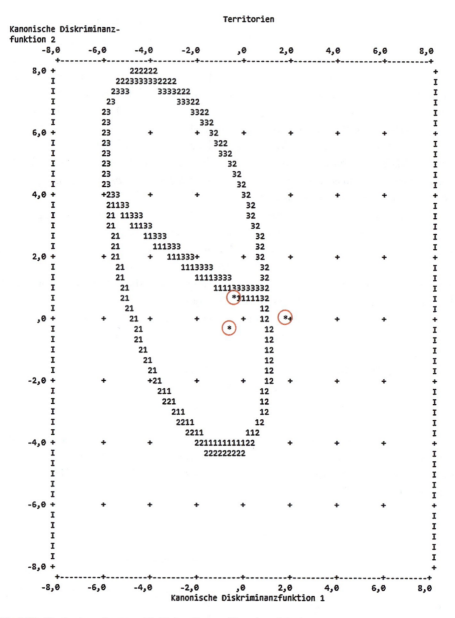

**Abb. 4.28** Territorien mit unterschiedlichen Varianz-Kovarianz-Matrizen

- *Wilks-Lambda.* Beschreibende Variablen werden ausgewählt, um in die Diskriminanzfunktion einzugehen, je nachdem, um wie viel sie Wilks-Lambda senken. Bei jedem Schritt wird die Variable hinzugefügt, die Wilks-Lambda insgesamt minimiert.

## 4.3 Fallbeispiel

**Abb. 4.29** Dialogfenster: Diskriminanzanalyse: Schrittweise Methode

- *Nicht erklärte Varianz.* Bei jedem Schritt wird die Variable, die die Summe der nicht erklärten Varianz zwischen den Gruppen minimiert, hinzugefügt.
- *Mahalanobis-Distanz.* Beschreibende Variablen werden auf der Grundlage ihres Potenzials, die Distanz zwischen den Gruppen zu vergrößern, ausgewählt.
- *Kleinster F-Quotient.* Beschreibende Variablen werden basierend auf der Maximierung eines F-Verhältnisses ausgewählt, das aus der Mahalanobis-Distanz zwischen den Gruppen berechnet wird.
- *Rao-V.* Diese Methode (auch *Lawley-Hotelling-Spur* genannt) misst die Unterschiede zwischen den Gruppenmittelwerten. Bei jedem Schritt wird die Variable hinzugefügt, die den Anstieg von Rao-V maximiert.

Es gibt keine beste Methode und wir können unterschiedliche Verfahren nutzen, um die Robustheit der Ergebnisse zu testen. Im Fallbeispiel wird Wilks-Lambda verwendet, das auch die Standardoption in SPSS ist.

Darüber hinaus können wir angeben, wann das Hinzufügen oder Entfernen von beschreibenden Variablen gestoppt werden soll. Verfügbare Alternativen sind „*F-Wert verwenden*" oder „*F-Wahrscheinlichkeit verwenden*".

Im ersten Fall wird eine beschreibende Variable dem Modell hinzugefügt, wenn ihr F-Wert größer als der Einschlusswert ist, und entfernt, wenn ihr F-Wert kleiner als der Ausschlusswert ist. Der Einschlusswert muss größer als der Ausschlusswert sein. Zudem müssen beide Werte positiv sein. Um mehr Variablen in das Modell aufzunehmen, sollte der Einschlusswert gesenkt werden. Wenn mehr Variablen aus dem Modell entfernt werden sollen, muss der Ausschlusswert erhöht werden.

Bei der Option „*F-Wahrscheinlichkeit verwenden*" wird eine Variable in das Modell aufgenommen, wenn das Signifikanzniveau ihres F-Wertes kleiner als der Einschlusswert ist. Die Variable wird entfernt, wenn das Signifikanzniveau größer als der Ausschlusswert ist. Auch hier muss der Einschlusswert kleiner als der Ausschlusswert sein. Zudem müssen beide Werte positiv sowie kleiner als eins sein. Um mehr Variablen in das Modell aufzunehmen, muss ebenfalls der Einschlusswert erhöht werden. Gesenkt werden muss hingegen der Ausschlusswert, wenn mehr Variablen aus dem Modell entfernt werden sollen.

Für beide Ansätze bietet SPSS einige Standardwerte für die Aufnahme und den Ausschluss beschreibender Variablen. Wir verwenden das Standardkriterium in Bezug auf *„F-Wert verwenden"* (Aufnahme: 3,84, Ausschluss: 2,71). Schließlich soll eine Zusammenfassung der verschiedenen Schritte angezeigt werden *(„Zusammenfassung der Schritte")*.

Abb. 4.30 zeigt die Variablen, die aufgenommen werden. In Schritt 1 wird die Variable „exotisch" aufgenommen. Tatsächlich war bei Verwendung des blockweisen Schätzverfahrens die Variable „exotisch" diejenige mit dem kleinsten Wert für Wilks-Lambda, gefolgt von der Variable „fruchtig". Daher macht es Sinn, dass die Variable „fruchtig" in Schritt 2 aufgenommen wird. Nach Schritt 4 stoppt das Verfahren, da keine weiteren Variablen auf Grundlage der festgelegten Kriterien aufgenommen oder ausgeschlossen werden können. Die Diskriminanzfunktionen berücksichtigen dann die Variablen „exotisch", „fruchtig", „Preis" und „erfrischend".

Abb. 4.31 zeigt die Eigenwerte für die beiden Diskriminanzfunktionen sowie den Anteil der erklärten Varianz *(% der Varianz)* und die kanonische Korrelation. Da die

**Aufgenommene/Entfernte Variablen[a,b,c,d]**

| | | Wilks-Lambda | | | | Exaktes F | | | |
|---|---|---|---|---|---|---|---|---|---|
| Schritt | Aufgenommen | Statistik | df1 | df2 | df3 | Statistik | df1 | df2 | Sig. |
| 1 | exotisch | ,800 | 1 | 2 | 113,000 | 14,116 | 2 | 113,000 | ,000 |
| 2 | fruchtig | ,675 | 2 | 2 | 113,000 | 12,153 | 4 | 224,000 | ,000 |
| 3 | Preisniveau | ,599 | 3 | 2 | 113,000 | 10,795 | 6 | 222,000 | ,000 |
| 4 | erfrischend | ,551 | 4 | 2 | 113,000 | 9,545 | 8 | 220,000 | ,000 |

Bei jedem Schritt wird die Variable aufgenommen, die das gesamte Wilks-Lambda minimiert.

[a.] Maximale Anzahl der Schritte ist 20.
[b.] Minimaler partieller F-Wert für die Aufnahme ist 3.84.
[c.] Maximaler partieller F-Wert für den Ausschluß ist 2.71.
[d.] F-Niveau, Toleranz oder VIN sind für eine weitere Berechnung unzureichend.

**Abb. 4.30** Übersicht über die aufgenommenen Variablen (schrittweises Verfahren)

**Eigenwerte**

| Funktion | Eigenwert | % der Varianz | Kumulierte % | Kanonische Korrelation |
|---|---|---|---|---|
| 1 | ,752[a] | 95,5 | 95,5 | ,655 |
| 2 | ,036[a] | 4,5 | 100,0 | ,185 |

[a.] Die ersten 2 kanonischen Diskriminanzfunktionen werden in dieser Analyse verwendet.

**Abb. 4.31** Eigenwerte für die beiden Diskriminanzfunktionen (schrittweises Verfahren)

## 4.3 Fallbeispiel

Eigenwerte verschiedener Analysen schwer zu vergleichen sind, konzentrieren wir uns auf den Anteil der erklärten Varianz. Die Diskriminanzfunktion 1 erklärt 95,5 % der erklärten Varianz, während Diskriminanzfunktion 2 nur die restlichen 4,5 % der erklärten Varianz erklärt. Auch die kanonische Korrelation der Diskriminanzfunktion 2 ist eher gering. Die Ergebnisse deuten also darauf hin, dass eine Diskriminanzfunktion ausreicht, um die Unterschiede zwischen den Gruppen zu erklären.

Abb. 4.32 zeigt die standardisierten Diskriminanzkoeffizienten, die einen Vergleich der Trennschärfe der beschreibenden Variablen ermöglichen. Bei der Diskriminanzfunktion 1 hat die Variable „Preis" die größte Trennschärfe. Die Variable „exotisch" hat die größte Trennschärfe für die Diskriminanzfunktion 2. Ein Bootstrapping ist bei der Verwendung des schrittweisen Schätzverfahrens in SPSS nicht verfügbar.

**Standardisierte kanonische Diskriminanzfunktionskoeffizienten**

| | Funktion 1 | Funktion 2 |
|---|---|---|
| Preisniveau | -,640 | ,415 |
| erfrischend | ,453 | -,223 |
| exotisch | ,378 | ,948 |
| fruchtig | ,560 | -,406 |

**Strukturmatrix**

| | Funktion 1 | Funktion 2 |
|---|---|---|
| fruchtig | ,567* | -,331 |
| Preisniveau | -,539* | ,108 |
| leicht [b] | ,316* | ,041 |
| erfrischend | ,289* | -,135 |
| süss [b] | ,258* | ,052 |
| knackig [b] | ,100* | ,021 |
| exotisch | ,547 | ,834* |
| bitter [b] | ,121 | ,198* |
| köstlich [b] | -,016 | ,119* |
| gesund [b] | ,020 | -,086* |

Gemeinsame Korrelationen innerhalb der Gruppen zwischen Diskriminanzvariablen und standardisierten kanonischen Diskriminanzfunktionen
Variablen sind nach ihrer absoluten Korrelationsgröße innerhalb der Funktion geordnet.

*. Größte absolute Korrelation zwischen jeder Variablen und einer Diskriminanzfunktion

b. Diese Variable wird in der Analyse nicht verwendet.

**Abb. 4.32** Standardisierte kanonische Diskriminanzfunktionskoeffizienten und Struktur-Matrix (schrittweises Verfahren)

Die Struktur-Matrix gibt die Korrelation jeder beschreibenden Variablen mit den Diskriminanzfunktionen an (vgl. Abb. 4.32). Das Sternchen markiert die größte absolute Korrelation jeder Variable mit einer der Diskriminanzfunktionen. Die Variablen mit einem hochgestellten 'b' sind in der endgültigen Formulierung der Diskriminanzfunktion nicht enthalten, aber SPSS gibt die Werte dennoch aus. Die beschreibenden Variablen „fruchtig" und „Preis" sind am stärksten mit der ersten Diskriminanzfunktion korreliert, wobei die Variable „exotisch" diejenige ist, die die höchste Korrelation mit der Diskriminanzfunktion 2 aufweist.

Die Gruppenmittelwerte legen nahe, dass die Diskriminanzfunktion 1 die Gruppe $g = 2$ von den Gruppen $g = 1$ und $g = 3$ trennt (vgl. Abb. 4.33). Die Diskriminanzfunktion 2 ist stattdessen nicht wirklich in der Lage, zwischen den Gruppen zu trennen. Dieses Ergebnis ist zu erwarten, da die Diskriminanzfunktion 2 nicht signifikant ist (SPSS-Ergebnis hier nicht berichtet).

Abschließend betrachten wir die Klassifizierungsergebnisse (vgl. Abb. 4.34). Die Gesamttrefferquote für das Modell mit nur 4 beschreibenden Variablen liegt bei 70,0 % und ist somit etwas niedriger als die Gesamttrefferquote des Modells mit 10 beschreibenden Variablen, das eine Trefferquote von 73,3 % aufweist.

Im Allgemeinen sollte das schrittweise Schätzverfahren mit Vorsicht angewendet werden. Wir empfehlen die Anwendung des blockweisen Schätzverfahrens, es sei denn, es liegen sehr viele beschreibende Variablen vor (vgl. Abschn. 4.2.2.3).

### 4.3.4 SPSS-Kommandos

Im Fallbeispiel wurde die Diskriminanzanalyse mithilfe der grafischen Benutzeroberfläche von SPSS (GUI: graphical user interface) durchgeführt. Alternativ kann der Anwender aber auch die sog. *SPSS-Syntax* verwenden, die eine speziell für SPSS entwickelte Programmiersprache darstellt. Jede Option, die auf der grafischen Benutzeroberfläche von

**Abb. 4.33** Mittelwerte der Gruppe (schrittweises Verfahren)

**Funktionen bei den Gruppen-Zentroiden**

| Segment | Funktion | |
|---|---|---|
| | 1 | 2 |
| Seg_1 Klassiker | -,470 | -,129 |
| Seg_2 Frucht | 1,517 | ,007 |
| Seg_3 Kaffee | -,518 | ,357 |

Nicht-standardisierte kanonische Diskriminanzfunktionen, die bezüglich des Gruppen-Mittelwertes bewertet werden

## Klassifizierungsergebnisse[a]

| | | Segment | Vorhergesagte Gruppenzugehörigkeit | | | Gesamt |
|---|---|---|---|---|---|---|
| | | | Seg_1 Klassiker | Seg_2 Frucht | Seg_3 Kaffee | |
| Original | Anzahl | Seg_1 Klassiker | 62 | 3 | 2 | 67 |
| | | Seg_2 Frucht | 9 | 20 | 0 | 29 |
| | | Seg_3 Kaffee | 21 | 1 | 2 | 24 |
| | % | Seg_1 Klassiker | 92,5 | 4,5 | 3,0 | 100,0 |
| | | Seg_2 Frucht | 31,0 | 69,0 | ,0 | 100,0 |
| | | Seg_3 Kaffee | 87,5 | 4,2 | 8,3 | 100,0 |

a. 70,0% der ursprünglich gruppierten Fälle wurden korrekt klassifiziert.

**Abb. 4.34** Klassifikationsmatrix (schrittweise Schätzung)

SPSS aktiviert wurde, wird dabei in die SPSS-Syntax übersetzt. Wird im Hauptdialogfeld der Diskriminanzanalyse auf „*Einfügen*" geklickt (Abb. 4.10), so wird die zu den gewählten Optionen gehörende SPSS-Syntax automatisch in einem neuen Fenster ausgegeben. Die Prozeduren von SPSS können auch allein auf Basis der SPSS-Syntax ausgeführt werden und Anwender können dabei auch weitere SPSS-Befehle verwenden. Die Verwendung der SPSS-Syntax kann z. B. dann vorteilhaft sein, wenn Analysen mehrfach wiederholt werden sollen (z. B. zum Testen verschiedener Modellspezifikationen). Abb. 4.35 und 4.36 zeigen die SPSS-Syntaxbefehle zur Diskriminanzanalyse des Fallbeispiels. Die Syntax bezieht sich dabei nicht auf eine bestehende Datendatei von SPSS (*.sav), sondern die Daten sind in die Befehle zwischen BEGIN DATA und END DATA eingebettet.

Anwender, die R (https://www.r-project.org) zur Datenanalyse nutzen möchten, finden die entsprechenden R-Befehle zum Fallbeispiel auf der Internetseite www.multivariate.de.

## 4.4 Anwendungsempfehlungen

Wir schließen dieses Kapitel mit einigen Anforderungen und Empfehlungen zur Durchführung einer Diskriminanzanalyse.

**Datenerhebung und Spezifikation der Diskriminanzfunktion**
- Die abhängige Variable muss kategorial sein und Gruppen von Beobachtungen repräsentieren, von denen erwartet wird, dass sie sich bei den unabhängigen Variablen unterscheiden. Jede Beobachtung gehört genau zu einer Gruppe. Dies setzt voraus, dass sich die Gruppen gegenseitig ausschließen.

```
* MVA: Fallbeispiel Schokolade Diskriminanzanalyse.
* Datendefinition.
DATA LIST FREE / Preis erfrischend köstlich gesund bitter leicht knackig
exotisch süß fruchtig Segment.
VALUE LABELS
 /segment 1 'Klassik' 2 'Frucht' 3 'Kaffee'.

BEGIN DATA
3 3 5 4 1 2 3 1 3 4 1
6 6 5 2 2 5 2 1 6 7 1
2 3 3 3 2 3 5 1 3 2 1
--------------------
5 4 4 1 4 4 1 1 1 4 1
* Alle Datensätze einfügen.
END DATA.

* Fallbeispiel Diskriminanzanalyse: Methode „Blockweise".
DISCRIMINANT
  /GROUPS=Segment(1 3)
  /VARIABLES=Preis erfrischend köstlich gesund bitter leicht knackig
   exotisch süß fruchtig
  /ANALYSIS ALL
  /SAVE=CLASS SCORES PROBS
  /PRIORS SIZE
  /STATISTICS=MEAN STDDEV UNIVF BOXM COEFF RAW TABLE
  /PLOT=COMBINED MAP
  /PLOT=CASES(15)
  /CLASSIFY=NONMISSING POOLED.
```

**Abb. 4.35** SPSS-Syntax für die blockweise Schätzung mit gleichen Varianz-Kovarianz-Matrizen

```
* MVA: Fallbeispiel Diskriminanzanalyse: Methode „Schrittweise".
DISCRIMINANT
  /GROUPS=Segment(1 3)
  /VARIABLES=Preis erfrischend köstlich gesund bitter leicht knackig
   exotisch süß fruchtig
  /ANALYSIS ALL
  /SAVE=CLASS SCORES PROBS
  /METHOD=WILKS
  /FIN=3.84
  /FOUT=2.71
  /PRIORS SIZE
  /HISTORY
  /STATISTICS=MEAN STDDEV UNIVF BOXM COEFF RAW TABLE
  /PLOT=COMBINED MAP
  /PLOT=CASES(15)
  /CLASSIFY=NONMISSING POOLED.
```

**Abb. 4.36** SPSS-Syntax für die schrittweise Schätzung mit gleichen Varianz-Kovarianz-Matrizen

- Die beschreibenden (unabhängigen) Variablen müssen zwischen mindestens zwei Gruppen unterscheiden, um bei der Diskriminanzanalyse signifikant zu sein. Die Anzahl der beschreibenden Variablen sollte größer sein als die Anzahl der Gruppen.

- Wir sollten 20 Beobachtungen pro beschreibender Variable beobachten, und jede Gruppe sollte mindestens 20 Beobachtungen aufweisen.

**Schätzung der Diskriminanzfunktion und Klassifizierung**
- Eine Stichprobe sollte groß genug sein, um auf externe Validität zu testen (Split-Half-Analyse). Jede Stichprobe sollte die oben genannten Anforderungen erfüllen.
- Die Gleichheit der Varianz-Kovarianzen-Matrizen in den Gruppen sollte mit dem Box-M-Test überprüft werden. Falls erforderlich, sollten anstelle der gepoolten Matrizen gruppenspezifische Varianz-Kovarianz-Matrizen verwendet werden.
- Beim Mehr-Gruppen-Fall sollten nicht alle möglichen, sondern nur signifikante Diskriminanzfunktionen berücksichtigt werden.
- Im Falle ungleicher Kosten einer Fehlklassifikation sollte das Wahrscheinlichkeitskonzept zur Klassifizierung neuer Beobachtungen angewendet werden.

**Alternative Methoden**

Als Alternative zur Diskriminanzanalyse kann im Zwei-Gruppen-Fall die *logistische Regression* genutzt werden, um signifikante Unterschiede zwischen Gruppen zu untersuchen und Beobachtungen auf Basis ihrer Eigenschaften zu klassifizieren. Der wesentliche Unterschied zwischen der logistischen Regression und der Diskriminanzanalyse besteht darin, dass die logistische Regression Wahrscheinlichkeiten für das Auftreten alternativer Ereignisse oder die Zuordnung zu Gruppen liefert. Im Gegensatz dazu schätzt die Diskriminanzanalyse Diskriminanzwerte, aus denen dann in einem separaten Schritt Wahrscheinlichkeiten abgeleitet werden können. Ein Vorteil der logistischen Regression besteht darin, dass sie auf weniger Annahmen beruht als die Diskriminanzanalyse. Beispielsweise geht die Diskriminanzanalyse von normalverteilten beschreibenden Variablen mit gleichen Varianz-Kovarianz-Matrizen aus. Bei der logistischen Regression wird lediglich eine multinomiale Verteilung der Variablen angenommen. Die logistische Regression ist daher flexibler und robuster als die Diskriminanzanalyse. Wenn jedoch die Annahmen der Diskriminanzanalyse erfüllt sind, dann nutzt die Diskriminanzanalyse mehr Informationen aus den Daten und liefert effizientere Schätzungen als die logistische Regression (vgl. Hastie et al., 2009, S. 128). Dies ist insbesondere bei kleinen Stichprobengrößen ($N < 50$) von Vorteil. Empirische Belege deuten darauf hin, dass bei großen Stichprobengrößen beide Methoden ähnliche Ergebnisse liefern, auch wenn die Annahmen der Diskriminanzanalyse nicht erfüllt sind (vgl. Michie et al., 1994, S. 214; Hastie et al., 2009, S. 128; Lim et al., 2000, S. 216).

Wenn die Annahme gleicher Varianz-Kovarianz-Matrizen verletzt ist, kann eine quadratische Diskriminanzanalyse (QDA) in Erwägung gezogen werden. Den interessierten Leser verweisen wir auf Hastie et al. (2009).

Wenn unser primäres Ziel darin besteht, neue Beobachtungen zu klassifizieren, sind Methoden des maschinellen Lernens wie Entscheidungsbäume und Neuronale Netze alternative Methoden. In einer großen Studie von Lim et al. (2000) wurden 33 Algorithmen zur Klassifizierung getestet. Die Diskriminanzanalyse und die logistische

Regression gehörten zu den fünf besten Methoden. Lim et al. (2000) stellten fest, dass es interessant sei, dass die „alte" Diskriminanzanalyse so gut funktioniert wie „neuere" Methoden. Daher scheint es empfehlenswert, zunächst mit einer Diskriminanzanalyse (oder logistischen Regression) zu beginnen, bevor fortgeschrittene Methoden angewendet werden.

## Literatur

### Zitierte Literatur

Cooley, W., & Lohnes, P. (1971). *Multivariate data analysis*. Wiley.
Hastie, T., Tibshirani, R., & Friedman, J. (2009). *The elements of statistical learning* (2. Aufl.). Springer.
Lim, T., Loh, W., & Shih, Y. (2000). A comparison of predicting accuracy, complexity, and training time of thirty-three old and new classification algorithms. *Machine Learning, 44*(3), 203–229.
Michie, D., Spiegelhalter, D., & Taylor, C. (1994). *Machine learning, neural and statistical classification*. Ellis Horwood.
Tatsuoka, M. (1988). *Multivariate analysis – Techniques for educational and psychological research* (2. Aufl.). Macmillan.

### Weiterführende Literatur

Breiman, L., Friedman, J., Olshen, R., & Stone, C. (1984). *Classification and regression trees*. Chapman & Hall.
Fisher, R. A. (1936). The use of multiple measurement in taxonomic problems. *Annals of Eugenics, 7*(2), 179–188.
Green, P., Tull, D., & Albaum, G. (1988). *Research for marketing decisions* (5. Aufl.). Prentice Hall.
Huberty, C. J., & Olejnik, S. (2006). *Applied MANOVA and discriminant analysis* (2. Aufl.). Wiley-Interscience.
IBM SPSS Inc. (2022). *IBM SPSS Statistics 29 documentation*. https://www.ibm.com/support/pages/ibm-spss-statistics-29-documentation. Zugegriffen: 4. Nov. 2022.
Klecka, W. (1993). *Discriminant analysis* (15. Aufl.). Sage.
Lachenbruch, P. (1975). *Discriminant analysis*. Springer.

# Logistische Regression 5

## Inhaltsverzeichnis

| | | |
|---|---|---|
| 5.1 | Problemstellung | 288 |
| 5.2 | Vorgehensweise | 295 |
| | 5.2.1 Modellformulierung | 297 |
| |     5.2.1.1 Das lineare Wahrscheinlichkeitsmodell (Modell 1) | 298 |
| |     5.2.1.2 Logit-Modell mit gruppierten Daten (Modell 2) | 300 |
| |     5.2.1.3 Logistische Regression mit Individualdaten (Modell 3) | 302 |
| |     5.2.1.4 Klassifizierung | 303 |
| |     5.2.1.5 Multiple logistische Regression (Modell 4) | 311 |
| | 5.2.2 Schätzung der logistischen Regressionsfunktion | 313 |
| | 5.2.3 Interpretation der Regressionskoeffizienten | 316 |
| | 5.2.4 Prüfung des Gesamtmodells | 323 |
| |     5.2.4.1 Likelihood-Ratio-Statistik | 325 |
| |     5.2.4.2 Pseudo-R-Quadrat-Statistiken | 327 |
| |     5.2.4.3 Beurteilung der Klassifizierung | 328 |
| |     5.2.4.4 Prüfung auf Ausreißer | 329 |
| | 5.2.5 Prüfung der geschätzten Koeffizienten | 333 |
| | 5.2.6 Durchführung einer binären Logistischen Regression mit SPSS | 336 |
| 5.3 | Multinomiale logistische Regression | 339 |
| | 5.3.1 Das multinomiale logistische Modell | 342 |
| | 5.3.2 Beispiel und Interpretation | 343 |
| | 5.3.3 Das Baseline-Logit-Modell | 345 |
| | 5.3.4 Gütemaße | 348 |
| |     5.3.4.1 Pearson-Gütemaß | 349 |
| |     5.3.4.2 Devianz-Gütemaß | 352 |
| |     5.3.4.3 Informationskriterien für die Modellauswahl | 353 |
| 5.4 | Fallbeispiel | 355 |
| | 5.4.1 Problemstellung | 355 |
| | 5.4.2 Durchführung einer Multinomialen Log. Regression mit SPSS | 357 |
| | 5.4.3 Ergebnisse | 361 |

© Springer Fachmedien Wiesbaden GmbH, ein Teil von Springer Nature 2023
K. Backhaus et al., *Multivariate Analysemethoden*,
https://doi.org/10.1007/978-3-658-40465-9_5

| | 5.4.3.1 | Blockweise Logistische Regression | 361 |
|---|---|---|---|
| | 5.4.3.2 | Schrittweise Logistische Regression | 370 |
| 5.4.4 | | SPSS-Kommandos | 370 |
| 5.5 | | Modifikationen und Erweiterungen | 372 |
| 5.6 | | Anwendungsempfehlungen | 376 |
| Literatur | | | 378 |
| | | Zitierte Literatur | 378 |
| | | Weiterführende Literatur | 379 |

## 5.1 Problemstellung

Bei vielen Problemstellungen in Wissenschaft und Praxis treten immer wieder die folgenden Fragen auf:

- Welcher von zwei oder mehreren alternativen Zuständen *liegt vor* oder welches Ereignis *wird eintreffen?*
- Welche Faktoren *beeinflussen* das Zustandekommen von bestimmten Ereignissen und welche *Wirkung* haben sie?

Häufig geht es dabei nur um zwei alternative Zustände oder Ereignisse, z. B. hat ein Patient eine bestimmte Krankheit oder nicht? Wird er überleben oder nicht? Wird ein Kreditnehmer seinen Kredit zurückzahlen oder nicht? Wird ein potenzieller Käufer ein Produkt kaufen oder nicht? In anderen Fällen geht es um mehr als zwei Alternativen, z. B. welche Marke wird ein potenzieller Käufer wählen oder welcher Partei wird ein Wähler seine Stimme geben?

Zur Beantwortung derartiger Fragen kann die *logistische Regression* angewandt werden. Die logistische Regression gehört zur Klasse der *strukturen-prüfenden Verfahren*. Sie bildet, wie schon der Name erkennen lässt, eine Variante der Regressionsanalyse. Im Allgemeinen befasst sich die logistische Regressionsanalyse mit Problemen der folgenden Art:

$$Y = f(X_1, X_2, \ldots, X_J)$$

wobei die abhängige Variable (Response-Variable) $Y$ eine kategoriale Variable ist. Die unabhängigen Variablen (Prädiktoren) können metrische oder auch kategoriale Variablen sein. Die logistische Regressionsanalyse zählt heute zu den wichtigsten Methoden zur Analyse von Problemen mit kategorialen Phänomenen.

Bei der abhängigen Variablen $Y$ handelt es sich um eine kategoriale Variable, deren Ausprägungen ($g=1, \ldots, G$) die möglichen Alternativen (Gruppen, Response-Kategorien) repräsentieren. Da das Eintreffen von Ereignissen meist mit Unsicherheit behaftet ist, wird $Y$ als eine Zufallsvariable betrachtet, und es werden die Wahrscheinlichkeiten für die Kategorien von $Y$ prognostiziert. Das Ziel der logistischen Regressionsanalyse besteht dann darin, Wahrscheinlichkeiten für die Prognose von Ereignissen abzuschätzen:

## 5.1 Problemstellung

$$\pi = f(X_1, X_2, \ldots, X_J)$$

Praktische Beispiele für logistische Regressionen mit nur zwei Ausprägungen der abhängigen Variablen sind:

- Prognose des Kaufs eines neuen Produkts: Beobachtet wurde der Kauf oder Nicht-Kauf von Produkten in einem Testmarkt. Die unabhängigen Variablen (Prädiktoren) sind Alter, Geschlecht, Einkommen, Lebensstil usw.
- Prognose des Risikos, an einer Herzkrankheit zu erkranken: Beobachtet wird das Vorhandensein oder Nichtvorhandensein eines Herzinfarkts. Prädiktoren können z. B. sein: Alter, Fettleibigkeit, Rauchgewohnheiten, Ernährung und klinische Variablen.
- Entwurf eines Spam-Filters für E-Mails (Junk-Mails): Beobachtet wurden E-Mails, die Spam- oder zulässige E-Mails waren. Prädiktoren waren die Häufigkeit bestimmter Wörter oder das Auftreten bestimmter Zeichenketten (57 Variablen).[1]

Für $G = 2$ Alternativen bildet $Y$ eine binäre (dichotome) Variable und man spricht entsprechend von *binärer logistischer Regression*. Für $G \geq 3$ spricht man von *multinomialer logistischer Regression*. In Tab. 5.1 sind weitere Beispiele für die Anwendung der logistischen Regressionsanalyse aufgeführt.

Bei der klassischen Regressionsanalyse hat die abhängige Variable immer ein metrisches Skalenniveau. Das gilt sowohl für die empirischen Beobachtungen (Input) als auch für die Schätzungen (Output). Dies ist anders bei der logistischen Regression. Während die Beobachtungen kategorial sind, sind die Schätzungen (Wahrscheinlichkeiten) quantitativ (Werte zwischen null und eins).

**Modell der binären logistischen Regression**

In der binären logistischen Regression werden die beiden alternativen Ereignisse mit 1 und 0 bezeichnet bzw. kodiert (z. B. Erfolg oder Misserfolg, kaufen oder nicht kaufen). Die abhängige Variable $Y$ ist dann eine 0,1-Variable. Es wird angenommen, dass $Y$ eine *Zufallsvariable* ist.[2] Die Wahrscheinlichkeit, das Ereignis 1 zu beobachten, wird mit $\pi$ bezeichnet. Es gilt also:

---

[1] Vgl. Hastie et al. (2011, S. 2, 300). Der Datensatz „Spambase" enthält Informationen zu 4601 E-Mails und ist öffentlich zugänglich unter https://archive.ics.uci.edu.

[2] Eine solche Variable wird als Bernoulli-Variable bezeichnet, und die Ereignisse können als Ergebnisse eines Bernoulli-Prozesses angesehen werden. Die sich daraus ergebende Wahrscheinlichkeitsverteilung wird als Bernoulli-Verteilung bezeichnet. Der Name geht auf Jacob Bernoulli (1656–1705) zurück. Das einfachste Beispiel für einen Bernoulli-Prozess ist der Münzwurf mit dem Erwartungswert $E(Y) = \pi = 0{,}5$ und der Varianz $V(Y) = \pi(1-\pi)$. Die Bernoulli-Verteilung ist ein Spezialfall der Binomialverteilung für $N = 1$ Versuche. Die Binomialverteilung resultiert aus einer Folge von $N$ Bernoulli-Versuchen. Dementsprechend ist die Kauffrequenz (Summe der Käufe oder Käufer) binomial verteilt mit Stichprobengröße $N$. Mit zunehmendem $N$ konvergiert die Binomialverteilung gegen die Normalverteilung.

**Tab. 5.1** Anwendungsbeispiele der logistischen Regression in verschiedenen Fachdisziplinen

| Anwendungsfelder | Beispielhafte Fragestellungen der Logistischen Regression |
|---|---|
| Bankwesen | Beurteilung der Kreditwürdigkeit eines Kunden auf der Grundlage bestimmter Merkmale, z. B. Alter, Familiengröße, Einkommen, Anzahl der Kreditkarten, Dauer der Beschäftigung. Dies wird als Kreditwürdigkeitsprüfung bezeichnet |
| Management | Was sind die kritischen Faktoren für den Erfolg oder Misserfolg einer Innovation? |
| Marketing | Was sind die Unterschiede zwischen Intensivkäufern (heavy buyers) und Schwachkäufern (light buyers), z. B. hinsichtlich Alter, Geschlecht, Einkommen, Familiengröße, Bildung, in einer bestimmten Produktkategorie? |
| | Welche Persönlichkeitsmerkmale beeinflussen die Wahl zwischen bestimmten Automarken? |
| Medizin | Diagnose einer bestimmten Krankheit anhand von Symptomen eines Patienten |
| | Prognose der Überlebenschancen für eine Person mit bestimmten klinischen Befunden und Merkmalen wie Alter, Geschlecht, Rauchen und Fettleibigkeit? |
| | Ermittlung von Risikofaktoren für Osteoporose bei Frauen (z. B. Alter, Body-Mass-Index, Rauchen) |
| Psychologie | Welche Faktoren bestimmen die Wahrscheinlichkeit eines Universitätsabschlusses? (z. B. Geschlecht, soziale Klasse, ethnische Zugehörigkeit, Aktivitäten) |
| | Welche Faktoren bestimmen die Loyalität von Mitgliedern oder Kunden? |
| Technik | Was sind die kritischen Faktoren im Produktionsprozess, um eine bestimmte Spezifikation des Produkts zu erreichen? |
| Volkswirtschaft | Erkennung oder Prognose von Wendepunkten in Geschäftszyklen (Rezession oder Expansion) |

$$\pi \equiv P(Y = 1) \text{ und } 1 - \pi = P(Y = 0) \tag{5.1}$$

Aufeinanderfolgende Ereignisse werden als voneinander unabhängig angenommen.

Im einfachsten Fall der logistischen Regression wird untersucht, wie $Y$ von einer unabhängigen Variablen $X$ abhängt. Dazu wird folgende *bedingte Wahrscheinlichkeit* modelliert:

$$\pi(x) \equiv P(Y = 1|x). \tag{5.2}$$

$\pi(x)$ ist die Wahrscheinlichkeit des Auftretens des Ereignisses 1 für einen gegebenen Wert $x$ des Prädiktors $X$.

Das *logistische Regressionsmodell* setzt sich aus zwei Komponenten zusammen: einer *linearen systematischen Komponente* und einer *nichtlinearen logistischen Funktion*:

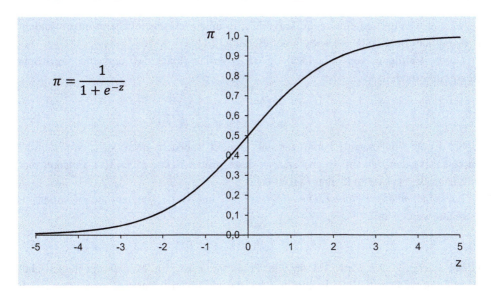

**Abb. 5.1** Logistische Funktion

- Die *systematische Komponente* ist eine lineare Funktion des Prädiktors X. Für einen gegebenen Wert x erhält die systematische Komponente den Wert

$$z(x) = \alpha + \beta x \tag{5.3}$$

- Die *logistische Funktion*, von der die logistische Regression ihren Namen hat, hat die Form

$$\pi = \frac{e^z}{1 + e^z} = \frac{1}{1 + e^{-z}} \tag{5.4}$$

und ist in Abb. 5.1 dargestellt.

Die systematische Komponente $z(x)$ ist eine Funktion, die beliebige Werte zwischen $-\infty$ bis $+\infty$ annehmen kann. Für die Modellierung der bedingten Wahrscheinlichkeit $\pi(x)$ wird eine Funktion benötigt, die die systematische Komponente in eine Wahrscheinlichkeit transformiert, d. h. in einen Bereich zwischen 0 und 1. Die logistische Funktion ist eine solche Funktion.

Die logistische Funktion hat eine S-förmige Form, ähnlich der Verteilungsfunktion (kumulative Wahrscheinlichkeitsfunktion) der Normalverteilung.[3] Sie kann daher

---

[3] Dies ist der Grund für die breite Anwendung und Bedeutung der logistischen Funktion, da sie viel einfacher zu handhaben ist als die Verteilungsfunktion der Normalverteilung, die nur als Integral ausgedrückt werden kann und daher schwer zu berechnen ist. Die logistische Funktion wurde von dem belgischen Mathematiker Pierre-Francois Verhulst (1804–1849) entwickelt, um das Bevölkerungswachstum zu beschreiben und vorherzusagen. Die Konstante $e = 2{,}71828$ ist die Euler'sche Zahl, die auch als Basis des natürlichen Logarithmus dient.

verwendet werden, um eine reelle Variable Z in eine Wahrscheinlichkeit umzuwandeln, d. h. aus dem Bereich $[-\infty, +\infty]$ in den Bereich $[0,1]$.

Durch Einfügen von Gl. (5.3) in (5.4) erhält man das einfache logistische Regressionsmodell:

$$\pi(x) = \frac{e^{\alpha+\beta x}}{1 + e^{\alpha+\beta x}} = \frac{1}{1 + e^{-(\alpha+\beta x)}} \qquad (5.5)$$

wobei $\alpha$ und $\beta$ unbekannte Parameter sind, die auf Beobachtungen $(y_i, x_i)$ von $Y$ und $X$ geschätzt werden müssen. Je größer $z(x)$, desto größer $\pi(x) = P(Y=1|x)$. Entsprechend gilt: je größer $z(x)$, desto kleiner $P(Y=0|x)$.

Für eine *multiple logistische Regression* kann die systematische Komponente erweitert werden auf

$$z(\boldsymbol{x}) = \alpha + \beta_1 x_1 + \cdots + \beta_J x_J \qquad (5.6)$$

wobei $\boldsymbol{x} = (x_1, ..., x_J)$ ein Vektor von Prädiktoren ist. Im Modell der logistischen Regression werden die Prädiktoren, wie bei der multiplen linearen Regressionsanalyse, linear kombiniert.

Durch Einfügen von Gl. (5.6) in (5.4) erhalten wir das *binäre logistische Regressionsmodell*:

$$\pi(\boldsymbol{x}) = \frac{1}{1 + e^{-z(\boldsymbol{x})}} = \frac{1}{1 + e^{-(\alpha + \beta_1 x_1 + \cdots + \beta_J x_J)}} \qquad (5.7)$$

**Terminologie**

Je nach Anwendungsdisziplin werden für die logistische Regression unterschiedliche Bezeichnungen für die Variablen verwendet:

- Die abhängige Variable wird auch als Response-Variable, Gruppierungsvariable, Indikatorvariable oder $Y$-Variable bezeichnet.
- Die unabhängigen Variablen werden auch als Prädiktoren, erklärende Variablen, Kovariaten oder $X$-Variablen bezeichnet.

Teilweise wird bei den unabhängigen Variablen nur dann von Kovariaten gesprochen, wenn es sich um metrische Variablen handelt, und von Faktoren, wenn es sich um kategoriale Variablen handelt.[4]

**Odds und Logits**

Zwei statistische Größen, die in engem Zusammenhang mit der logistischen Regression stehen, sind *Odds* und *Logits*. Sie können verwendet werden, um die Interpretation und

---

[4] Kategoriale unabhängige Variablen müssen, wie bei der linearen Regressionsanalyse, in binäre Variablen zerlegt werden.

## 5.1 Problemstellung

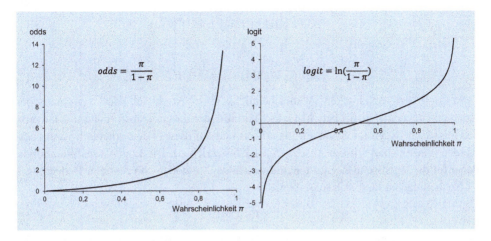

**Abb. 5.2** Odds und Logits als eine Funktion der Wahrscheinlichkeit $\pi$

Berechnung des logistischen Modells zu erleichtern. Eine Wahrscheinlichkeit $\pi$ hat den Bereich $0 \leq \pi \leq 1$. Die Odds und Logits sind Funktionen (Transformationen), die diesen Wertebereich erweitern:

$$\text{odds}(\pi) = \frac{\pi}{1-\pi} \qquad 0 \leq \text{odds} < \infty \tag{5.8}$$

$$\text{logit}(\pi) \equiv \ln\left(\frac{\pi}{1-\pi}\right) \qquad -\infty < \text{logit} < \infty \tag{5.9}$$

Die *Odds* können als das Verhältnis von „Erfolg" ($\pi$) zu „Misserfolg" ($1-\pi$) interpretiert werden. Wir werden die Odds in Abschn. 5.2.3 erörtern. Indem die Wahrscheinlichkeit $\pi$ mit dem Bereich [0,1] in Odds umgewandelt wird, wird der Wertebereich auf $[0, +\infty]$ erweitert (siehe den linken Teil von Abb. 5.2).

Der Logarithmus der Odds wird *Logit* genannt. Durch Transformation der Wahrscheinlichkeit $\pi$ oder der Odds in Logits wird der Bereich auf $[-\infty, +\infty]$ erweitert (siehe den rechten Teil von Abb. 5.2).

Durch die Umwandlung der Wahrscheinlichkeiten in Odds und Logits lässt sich das logistische Regressionsmodell

$$\text{Wahrscheinlichkeit:} \quad \pi(x) = \frac{1}{1 + e^{-(\alpha + \beta x)}} \tag{5.10}$$

in vereinfachter Form ausdrücken:

$$\text{odds:} \quad \text{odds}[\pi(x)] = e^{\alpha+\beta x} \tag{5.11}$$

$$\text{Logit:} \quad \text{logit}[\pi(x)] = \alpha + \beta x \tag{5.12}$$

Der Logit der abhängigen Wahrscheinlichkeit $\pi$ ist gleich der systematischen Komponente des logistischen Modells. Mithilfe der Logit-Transformation kann also das logistische Regressionsmodell linearisiert und auf diese Weise erheblich vereinfacht werden (ein Beispiel wird in Abschn. 5.2.1.2 beschrieben). Die Logit-Transformation ist daher für die logistische Regression und verwandte Methoden von zentraler Bedeutung.[5]

Noch einfacher lässt sich schreiben:

$$\text{logit}(\pi) = z \tag{5.13}$$

Die Logit-Transformation ist die Umkehrfunktion der logistischen Funktion. Dies wird auch deutlich, wenn Abb. 5.1 mit der rechten Seite von Abb. 5.2 verglichen wird. Die logistische Funktion mit ihrer S-förmigen Form transformiert eine reelle Variable Z in eine Wahrscheinlichkeit, d. h. vom Bereich $[-\infty, +\infty]$ in den Bereich $[0,1]$. Die Logit-Funktion macht genau das Gegenteil von dem, was die logistische Funktion macht, sie wandelt eine Variable mit einem begrenzten Bereich zwischen 0 und 1 in Werte mit einem unendlichen Bereich (ohne Ober- oder Untergrenze) um.

Beide Funktionen, die logistische und die Logit-Funktion, sind symmetrisch um $\pi = 0{,}5$. Für $z = 0$ ergibt sich die Wahrscheinlichkeit $\pi = 0{,}5$:

$$\pi = \frac{1}{1+e^{-z}} = \frac{1}{1+e^0} = \frac{1}{1+1} = 0{,}5$$

Für $\pi = 0{,}5$ wird das Logit 0:

$$\text{logit}(0{,}5) = \ln\left(\frac{0{,}5}{1-0{,}5}\right) = \ln(1) = 0$$

Wenn ich keine Informationen über das Auftreten von zwei Ereignissen habe, dann muss ich jedem Ereignis eine Wahrscheinlichkeit von 0,5 zuweisen.

---

[5] Im Rahmen der *„Verallgemeinerten Linearen Modelle"* bildet $\text{logit}(\pi)$ eine sogenannte *Linkfunktion*, mit deren Hilfe ein linearer Zusammenhang zwischen dem Erwartungswert einer abhängigen Variablen und der systematischen Komponente des Modells hergestellt wird. Die Logit-Verknüpfung wird insbesondere dann verwendet, wenn eine binomiale Verteilung für die abhängige Variable angenommen wird. Hierzu vgl. Agresti (2013, S. 112–122); Fox (2015, S. 418 ff.).

**Abb. 5.3** Ablaufschritte der logistischen Regressionsanalyse

## 5.2 Vorgehensweise

In diesem Abschnitt wird die Durchführung einer logistischen Regression im Detail vorgestellt. Das Verfahren lässt sich in fünf Schritte gliedern, die in Abb. 5.3 dargestellt sind.

Die Ablaufschritte der logistischen Regression sollen im Folgenden an einem kleinen Beispiel erläutert werden.

> **Anwendungsbeispiel**
> Der Produktmanager eines Schokoladenunternehmens möchte die Marktchancen eines neuen Produkts (eine extra dunkle Schokolade in einer Geschenkverpackung, die im Premiumsegment positioniert werden soll) bewerten. Wegen des bitteren Geschmacks und des Premium-Preises will der Manager wissen, ob und wie die Nachfrage nach dieser neuen Gourmet-Schokolade vom Einkommen der Konsumenten abhängt und ob sie eher von Frauen oder Männern bevorzugt wird.
>
> Zu diesem Zweck führt der Manager einen Produkttest durch, bei dem die Testpersonen nach der Präsentation und Verkostung des Produkts gefragt werden, ob sie diese neue Schokoladensorte kaufen würden. Die Testpersonen konnten zwischen den folgenden Antwortkategorien wählen: „ja", „vielleicht", „eher nicht" und „nein". Zur Einfachheit werden die letzten drei Antworten in einer Kategorie zusammengefasst. Für die Analyse ergeben sich damit zwei alternative Ergebnisse: „Kaufen" und „Nicht-Kaufen". Tab. 5.2 zeigt die demografischen Merkmale der $N=30$ Befragten und ihre Antworten. Das Einkommen wird in 1000 € angegeben. Das Geschlecht wird mit 0 (= weiblich) und 1 (= männlich) kodiert. Eine mit 0 oder 1 kodierte Variable wird auch als *Dummy-Variable* bezeichnet, die wie eine metrische Variable behandelt werden kann. Dummy-Variablen können verwendet werden, um qualitative Prädiktoren in ein lineares Modell einzubeziehen.[6] ◄

---

[6] Auf der zu diesem Buch gehörigen Internetseite www.multivariate.de stellen wir ergänzendes Material zur Verfügung, um das Verstehen der Methode zu erleichtern und zu vertiefen.

**Tab. 5.2** Daten des Anwendungsbeispiels

| Person | Einkommen (Tsd. Euro) | Geschlecht 0=w, 1=m | Kauf 1=ja, 0=nein |
|---|---|---|---|
| 1 | 2,530 | 0 | 1 |
| 2 | 2,370 | 1 | 0 |
| 3 | 2,720 | 1 | 1 |
| 4 | 2,540 | 0 | 0 |
| 5 | 3,200 | 1 | 1 |
| 6 | 2,940 | 0 | 1 |
| 7 | 3,200 | 0 | 1 |
| 8 | 2,720 | 1 | 1 |
| 9 | 2,930 | 0 | 1 |
| 10 | 2,370 | 0 | 0 |
| 11 | 2,240 | 1 | 1 |
| 12 | 1,910 | 1 | 1 |
| 13 | 2,120 | 0 | 1 |
| 14 | 1,830 | 1 | 1 |
| 15 | 1,920 | 1 | 1 |
| 16 | 2,010 | 0 | 0 |
| 17 | 2,010 | 0 | 0 |
| 18 | 2,230 | 1 | 0 |
| 19 | 1,820 | 0 | 0 |
| 20 | 2,110 | 0 | 0 |
| 21 | 1,750 | 1 | 1 |
| 22 | 1,460 | 1 | 0 |
| 23 | 1,610 | 0 | 1 |
| 24 | 1,570 | 1 | 0 |
| 25 | 1,370 | 0 | 0 |
| 26 | 1,410 | 1 | 0 |
| 27 | 1,510 | 0 | 0 |
| 28 | 1,750 | 1 | 1 |
| 29 | 1,680 | 1 | 1 |
| 30 | 1,620 | 0 | 0 |

## 5.2.1 Modellformulierung

1. Modellformulierung
2. Schätzung der logistischen Regressionsfunktion
3. Interpretation der Regressionskoeffizienten
4. Prüfung des Gesamtmodells
5. Prüfung der geschätzten Koeffizienten

Der Anwender muss zunächst festlegen, welche Ereignisse als mögliche Kategorien der abhängigen Variablen betrachtet werden sollen und welche Variablen *hypothetisch* als Einflussgrößen infrage kommen und untersucht werden sollen.

Bei zahlreichen Kategorien kann es u. U. erforderlich sein, mehrere Kategorien zusammenzufassen: So wurden hier bereits die drei Antwortkategorien „vielleicht", „eher nicht" und „nein" zu einer Kategorie „Nicht-Kauf" zusammengefasst. Eine ähnliche Situation ergibt sich, wenn Haushalte danach eingeteilt werden, ob Kinder vorhanden sind oder nicht, ohne weiter nach der Zahl der Kinder zu differenzieren. Anders sähe es aus, wenn es um die Markenwahl zwischen Mercedes, BMW und Audi gehen würde. In diesem Fall könnte man schwerlich zwei der Kategorien zusammenfassen.

Zunächst soll hier nur das Einkommen als Einflussgröße betrachtet werden. Der Produktmanager vermutet, dass dieses einen positiven Einfluss auf das Kaufverhalten haben wird. Er formuliert daher folgendes Modell:

$$\text{Kaufwahrscheinlichkeit} = f(\text{Einkommen})$$

Um dieses Modell zu schätzen, muss es genauer spezifiziert werden. Die Wahrscheinlichkeiten der Testpersonen sind nicht beobachtbar, aber sie manifestieren sich in ihren Antworten, ob sie die neue Schokolade kaufen werden oder nicht. Dies wird durch die Variable $Y$ mit den Werten $y_i$ ($i = 1, ..., N$) ausgedrückt, wobei $y_i = 1$ für „Kauf" und 0 für „Nicht-Kauf" steht.

Zu Beginn der Analyse ist es immer sinnvoll, die zu analysierenden Daten zu visualisieren. Hierzu kann ein Scatterplot verwendet werden (vgl. Abb. 5.4). Jede Beobachtung der Variablen $X$ = Einkommen und $Y$ = Kauf wird durch einen Punkt ($x_i$, $y_i$) dargestellt. Der Scatter der Datenpunkte hat hier ein eigentümliches Aussehen. Die Punkte sind in zwei parallelen Linien angeordnet. Die obere Reihe der Punkte stellt die „Käufer" und die untere Reihe die „Nicht-Käufer" dar.

Es wird deutlich, dass sich die beiden Gruppen auf der x-Achse überlappen. Das bedeutet, dass bei einem mittleren Einkommen sowohl „Käufer" als auch „Nicht-Käufer" existieren. Die Käufer sind jedoch etwas mehr nach rechts zu höheren Einkommen hin verschoben. Dies deutet darauf hin, dass das Einkommen einen positiven Einfluss auf das Kaufverhalten hat, wie bereits von den Produktmanagern angenommen.

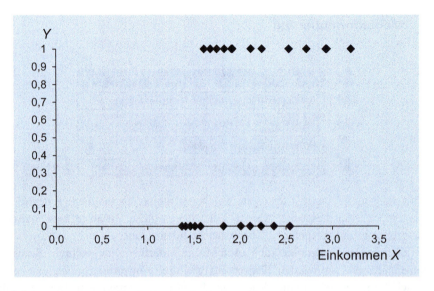

**Abb. 5.4** Streudiagramm für Kauf (Y) versus Einkommen (X)

Das Ergebnis der visuellen Inspektion soll im Folgenden bestätigt und durch eine numerische Analyse quantifiziert werden.

Im Folgenden werden die obigen Daten anhand von vier verschiedenen Modellen analysiert und die Ergebnisse verglichen:

a) Lineares Wahrscheinlichkeitsmodell (Modell 1),
b) Logit-Modell mit gruppierten Daten (Modell 2),
c) Logistische Regression (Modell 3),
d) Multiple logistische Regression (Modell 4).

Bei den ersten beiden Modellen handelt es sich um einfache lineare Regressionsmodelle, die mithilfe der *Methode der kleinsten Quadrate* (KQ-Methode) geschätzt werden können. Sie sind einfach zu handhaben und können gute Näherungen liefern. Daher sind sie von praktischer Relevanz. Darüber hinaus ist es aufschlussreich, diese einfacheren Modelle mit den logistischen Regressionsmodellen zu vergleichen, deren Schätzung die Anwendung der komplizierteren *Maximum-Likelihood-Methode* (ML) erfordert.

### 5.2.1.1 Das lineare Wahrscheinlichkeitsmodell (Modell 1)

Das einfache lineare Regressionsmodell hat die Form

$$Y = \alpha + \beta x + \varepsilon \tag{5.14}$$

wobei die abhängige Variable metrisch ist und das Modell einen Fehlerterm $\varepsilon$ enthält, dessen Verteilung bestimmte Annahmen erfüllen muss (siehe Kap. 2: Regressionsanalyse). Sein Erwartungswert muss null sein und daher $E(Y) = \alpha + \beta x$.

## 5.2 Vorgehensweise

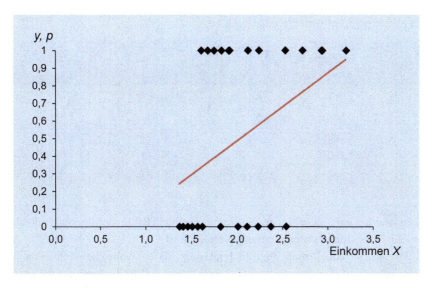

**Abb. 5.5** Geschätzte Regressionsfunktion für das lineare Wahrscheinlichkeitsmodell (Modell 1)

Bei der binären logistischen Regression ist die abhängige Variable $Y$ nicht metrisch, sondern kann nur die Werte 0 und 1 annehmen. Es existiert also kein Fehlerterm, wie bei der linearen Regressionsanalyse. Aber gemäß Gl. (5.2) ist der Erwartungswert der binären Variablen $Y$ eine bedingte Wahrscheinlichkeit und damit eine metrische Variable. Damit ergibt sich das *lineare Wahrscheinlichkeitsmodell*[7]

$$\pi(x) = \alpha + \beta x \tag{5.15}$$

$\pi(x)$ ist die Kaufwahrscheinlichkeit bei einem bestimmten Einkommen $x$. Mit den Daten für die Variablen Kauf und Einkommen in Tab. 5.2 erhalten wir unter Anwendung der Methode der kleinsten Quadrate:

$$\hat{y} = a + bx = -0{,}28 + 0{,}386x \qquad R^2 = 16{,}6\%$$

Wenn wir die geschätzten Werte als Wahrscheinlichkeiten ($p \equiv \hat{y}$) interpretieren, können wir schreiben:

$$p(x) = -0{,}28 + 0{,}386x \tag{5.16}$$

Abb. 5.5 zeigt die geschätzte Regressionsgerade für das lineare Wahrscheinlichkeitsmodell mit den beobachteten Daten.

Das positive Vorzeichen des Regressionskoeffizienten $b$ bestätigt die Annahme des Produktmanagers, dass das Einkommen einen positiven Einfluss auf die

---

[7] Behandlungen des linearen Wahrscheinlichkeitsmodells finden sich in Agresti (2007, S. 68, 2013, S. 117); Hosmer und Lemeshow (2000, S. 5).

**Tab. 5.3** Daten gruppiert nach Einkommensklasse

| Gruppe | Mittleres Einkommen | Käufer | Mittelwert | |
|---|---|---|---|---|
| $k$ | $\bar{x}$ | | $\bar{y}$ | logit($\bar{y}$) |
| 1 | 2,717 | 4 | 0,667 | 0,69 |
| 2 | 2,562 | 5 | 0,833 | 1,61 |
| 3 | 2,020 | 3 | 0,500 | 0,00 |
| 4 | 1,720 | 2 | 0,333 | −0,69 |
| 5 | 1,557 | 2 | 0,333 | −0,69 |

Kaufwahrscheinlichkeit ausübt. Das Bestimmtheitsmaß (R-Quadrat) beträgt nur 16,6 %, was aber für individuelle Daten nicht ungewöhnlich ist.

Das Modell ist jedoch nicht logisch konsistent, da es Wahrscheinlichkeiten liefern kann, die außerhalb des Intervalls von 0 bis 1 liegen. Für Einkommen unter 734 € würden wir negative „Wahrscheinlichkeiten" und für Einkommen über 3324 € würden wir „Wahrscheinlichkeiten" größer als 1 erhalten. Trotz dieser Unzulänglichkeiten bietet das Modell jedoch brauchbare Approximationen im Bereich der beobachteten Einkommen (Stützbereich). Dies wird sich noch zeigen, wenn wir das lineare Wahrscheinlichkeitsmodell mit den anderen Modellen vergleichen.

Der Vorteil des Modells besteht darin, dass es leicht zu berechnen und leicht zu interpretieren ist, da sich die Kaufwahrscheinlichkeit linear mit dem Einkommen ändert. Bei einem Einkommen von 1500 € beträgt die erwartete Kaufwahrscheinlichkeit etwa $p=30$ %, wie mit der geschätzten Gl. (5.16) leicht berechnet werden kann. Steigt das Einkommen von 1500 € auf 1600 € und damit $x$ von 1,5 auf 1,6, erhöht sich die Kaufwahrscheinlichkeit um $b/10=0,039$ auf $p=33,9$ %.

### 5.2.1.2 Logit-Modell mit gruppierten Daten (Modell 2)

Eine alternative Analysemethode bietet die Gruppierung der Daten, in diesem Fall nach Einkommensklassen. Für jede Einkommensklasse lässt sich dann der Mittelwert $\bar{y}$ der $y$-Werte berechnen, der dem Anteil der Käufer in dieser Gruppe entspricht. Auf diese Weise können die binären Daten der Käufe in quantitative Daten (Häufigkeiten) umgewandelt werden, wobei sich allerdings die Stichprobengröße verringert. Tab. 5.3 zeigt das Ergebnis.

Die $N=30$ Beobachtungen wurden in $K=5$ Einkommensklassen mit jeweils 6 Personen gruppiert.[8] Für jede Gruppe $k$ wurden das mittlere Einkommen $\bar{x}$ und der Mittelwert $\bar{y}$ der $y$-Werte (der Anteil der Käufer) berechnet. Die Daten in Tab. 5.3 sind bereits nach dem Einkommen vom größten zum kleinsten geordnet. Die ersten 6 Beobachtungen bilden also die erste Gruppe mit den Mittelwerten

---

[8] Diese Gruppen (Klassen) müssen von den Kategoriegruppen der abhängigen Variablen $Y$ unterschieden werden.

## 5.2 Vorgehensweise

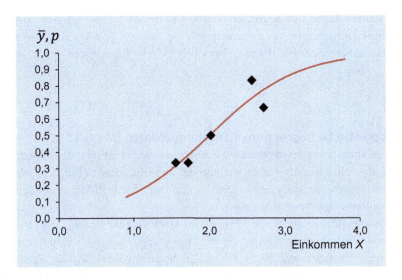

**Abb. 5.6** Logistische Regressionsfunktion für gruppierte Daten (Modell 2)

$$\bar{x}_1 = 2{,}717 \quad \text{and} \quad \bar{y}_1 = 4/6 = 0{,}67$$

Die Streuung der 5 Punkte $(\bar{x}_k, \bar{y}_k)$ ist in Abb. 5.6 dargestellt. Damit gibt es nur noch $K=5$ Beobachtungen anstelle von $N=30$. Diese Methode funktioniert natürlich besser für größere Stichproben, wenn mehr und größere Gruppen gebildet werden können.

Mit Gl. (5.12) lässt sich das einfache lineare Regressionsmodell (5.14) mit gruppierten Daten wie folgt in Logitform darstellen:

$$\text{logit}(\bar{y}) = \alpha + \beta \bar{x} + \varepsilon \tag{5.17}$$

Mit den Daten

$$\{\bar{x}_k, \text{logit}(\bar{y}_k)\}_{k=1,\ldots,K}$$

aus Tab. 5.3 ergibt sich durch Anwendung der Methode der kleinsten Quadrate:

$$\text{logit}(p) = a + b\bar{x} = -3{,}48 + 1{,}73\bar{x} \quad R^2 = 80{,}5\%$$

$p$ bezeichnet wiederum die geschätzte Wahrscheinlichkeit. Mit Gl. (5.10) erhalten wir eine Schätzung des logistischen Regressionsmodells

$$p(x) = \frac{1}{1 + e^{3{,}48 - 1{,}73x}}$$

Abb. 5.6 zeigt diese geschätzte logistische Regressionsfunktion. Im Gegensatz zum Linearen Wahrscheinlichkeitsmodell flacht die Kurve mit der Entfernung vom mittleren Einkommen ab. Daher können für die Wahrscheinlichkeit $p$ nur Werte zwischen 0 und 1 auftreten.

Diese Funktion, die auf aggregierter Basis geschätzt wurde, können wir nun auf individuelle Einkommenswerte anwenden und so Schätzungen für individuelle Wahrscheinlichkeiten erhalten. Für die erste Person mit einem Einkommen von 2530 € ergibt sich:

$$p_1 = \frac{1}{1 + e^{3{,}48 - 1{,}73 x_1}} = \frac{1}{1 + e^{3{,}48 - 1{,}73 \cdot 2{,}53}} = 0{,}71$$

### 5.2.1.3 Logistische Regression mit Individualdaten (Modell 3)

Während im vorangegangenen Abschnitt eine logistische Funktion mit gruppierten Daten (Tab. 5.3) abgeleitet wurde, wollen wir nun die Individualdaten (Tab. 5.2) mithilfe der *logistischen Regression* analysieren. Das ist der Fall, der in SPSS unter dem Begriff „logistische Regression" behandelt wird.

Für Individualdaten (fallweise Daten) ist eine Linearisierung der logistischen Regressionsfunktion nicht möglich, wie dies bei gruppierten Daten mithilfe der Logit-Transformation möglich war (siehe Gl. 5.12). Stattdessen müssen die Parameter der nichtlinearen Funktion geschätzt werden (siehe Gl. 5.10). Zu diesem Zweck ist eine andere Schätzmethode erforderlich, die als *Maximum-Likelihood-Methode* bezeichnet und die in Abschn. 5.2.2 beschrieben wird.

Zunächst sei hier das Ergebnis des Schätzverfahrens vorweggenommen: Es sind die Parameter $\alpha$ und $\beta$ des logistischen Modells gemäß Gl. (5.10) zu schätzen:

$$\pi = \frac{1}{1 + e^{-(\alpha + \beta x)}}$$

Mit den Daten $\{x_i, y_i\}_{i=1,\ldots,N}$ erhalten wir die Werte $a = -3{,}67$, $b = 1{,}83$. Mit diesen Werten erhalten wir die geschätzte logistische Funktion

$$p(x) = \frac{1}{1 + e^{3{,}67 - 1{,}83 x}}$$

die in Abb. 5.7 dargestellt ist. Diese Funktion ist der Funktion sehr ähnlich, die wir im vorigen Abschnitt mit den gruppierten Daten erhalten haben.

**Vergleich der Modelle**

Tab. 5.4 vergleicht die geschätzten Wahrscheinlichkeiten der drei Modelle für drei ausgewählte Personen (Fälle 1, 15 und 30). Diese Wahrscheinlichkeiten liegen für die verschiedenen Modelle recht nahe beieinander, insbesondere für Person 15 mit einem mittleren Einkommen.

Abb. 5.8 zeigt ein Diagramm mit den drei geschätzten Modellen. Die Funktion des Logit-Modells mit gruppierten Daten (Modell 2) ist durch die gestrichelte Linie dargestellt. Die Unterschiede zur logistischen Regression mit Individualdaten (Modell 3) sind kaum sichtbar. Dies ist angesichts der geringen Stichprobengröße überraschend. Wir konnten nur 5 recht kleine Gruppen bilden, deren Mittelwerte eine beträchtliche Streuung aufwiesen (Abb. 5.6). Aber die Streuung wurde durch die Regression geglättet.

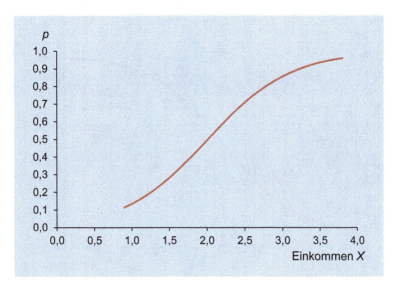

**Abb. 5.7** Geschätzte logistische Regressionsfunktion (Modell 3)

**Tab. 5.4** Vergleich der geschätzten Wahrscheinlichkeiten

| Person | Einkommen (1000 €) | Kauf 1=ja, 0=nein | Modell 1: Lineares W.keitsmodell | Modell 2: LogReg gruppiert | Modell 3: LogReg individuell |
|---|---|---|---|---|---|
| 1 | 2,53 | 1 | 0,694 | 0,711 | 0,722 |
| 15 | 1,92 | 1 | 0,458 | 0,462 | 0,459 |
| 30 | 1,62 | 0 | 0,342 | 0,338 | 0,329 |

Im Bereich der mittleren Einkommen zeigt auch das lineare Modell eine gute Annäherung an die beiden anderen Modelle. Wenn sich das Einkommen jedoch weiter vom Mittelwert entfernt, weicht das lineare Wahrscheinlichkeitsmodell stärker von den beiden logistischen Funktionen ab und ergibt schließlich Wahrscheinlichkeiten außerhalb des Bereichs von 0 bis 1.

### 5.2.1.4 Klassifizierung

Die geschätzten Wahrscheinlichkeiten können zur Prognose des Kaufverhaltens oder – in der Terminologie der Klassifikation – für die Einordnung von Personen in Kategorien (Gruppen) verwendet werden.

Unser Beispiel umfasst die zwei Kategorien „Käufer" und „Nicht-Käufer". Es soll nun herausgefunden werden, ob das Modell allein durch die Kenntnis des Einkommens einer Person korrekt vorhersagen kann, zu welcher Gruppe eine Person gehört. Wenn dies funktioniert, dann kann das Modell auch auf andere Personen in der Bevölkerung angewandt werden, die für die Analyse nicht verwendet wurden.

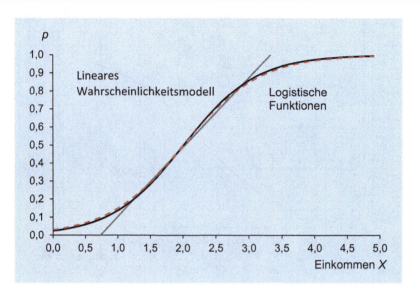

**Abb. 5.8** Vergleich der geschätzten Modelle

Für jede Person in unserer Stichprobe

- haben wir eine *beobachtete* Gruppenzugehörigkeit,
- können wir eine Gruppenzugehörigkeit *prognostizieren*.

Für die Prognose der Gruppenzugehörigkeit (Klassifikation) verwenden wir die geschätzten Wahrscheinlichkeiten. Um aus einer Wahrscheinlichkeit eine Prognose der Gruppenzugehörigkeit abzuleiten, ist ein *Trennwert* (Cutoff-Wert) erforderlich, den wir mit $p*$ bezeichnen. Eine Person mit einer geschätzten Wahrscheinlichkeit größer als $p*$ wird als „Käufer" klassifiziert (prognostiziert), andernfalls als „Nicht-Käufer". Es gilt:

$$\hat{y}_i = \begin{cases} 1, \text{wenn } p_i > p* \\ 0, \text{wenn } p_i \leq p* \end{cases} \quad (5.18)$$

Der Cutoff-Wert für nur zwei Alternativen ist normalerweise die Wahrscheinlichkeit $p*=0{,}5$. Mit diesem Wert zeigt Tab. 5.4, dass alle drei Modelle die gleiche Prognose ergeben. Für Person 1 sagen sie korrekt voraus, ein „Käufer" zu sein, für Person 15 sagen sie fälschlicherweise einen „Nicht-Kauf" voraus, und für Person 30 sagen sie korrekt einen „Nicht-Kauf" voraus.

Prognosen sind i. d. R. auf die Zukunft gerichtet. Streng genommen können wir nur von Prognosen sprechen, wenn es um zukünftiges Verhalten geht. Hier verwenden wir einen retrospektiven Ansatz („Prognosen in die Vergangenheit"), um die Prognosegenauigkeit eines Modells zu überprüfen.

Tab. 5.5 zeigt die geschätzten Wahrscheinlichkeiten aller 30 Personen, die durch logistische Regression mit individuellen Daten abgeleitet wurden (Modell 3). Und sie zeigt die beobachtete Gruppenzugehörigkeit (Kaufen oder Nichtkaufen) und die vorhergesagte Gruppenzugehörigkeit.

Bemerkenswert ist, dass der Mittelwert der geschätzten Kaufwahrscheinlichkeiten gleich dem Anteil der beobachteten Käufer ist (Mittelwert der y-Werte). Dies entspricht der Methode der kleinsten Quadrate in der linearen Regression, bei der die Mittelwerte der geschätzten und beobachteten y-Werte ebenfalls immer gleich sind.

**Klassifizierungstabellen**

Die Gesamtheit der Beobachtungen und Prognosen lässt sich in einer *Klassifikationstabelle* zusammenfassen. Tab. 5.6 zeigt die Klassifikationstabelle für die Ergebnisse in Tab. 5.5.

In der Diagonale der vier Felder (unter „Prognose") stehen die Fallzahlen der richtigen Prognosen: 9 „Kaufen" und 7 „Nicht kaufen" (als fettgedruckte Zahlen angegeben). Die restlichen zwei Felder enthalten die Fallzahlen der falschen Prognosen. Die Spalte „Summe" enthält die Fallzahlen der beiden Kategoriegruppen (Kauf und Nicht-Kauf) und die Gesamtzahl der Fälle (hier die Anzahl aller Testpersonen). Diese Zahlen sind durch die Daten gegeben und müssen nicht berechnet werden. Sie müssen mit der Summe der Zellen in der gleichen Zeile übereinstimmen.

Auf der rechten Seite der Klassifikationstabelle sehen wir drei verschiedene *Maße für die Prognosegenauigkeit:*

*Sensitivität:* Anteil der korrekt vorhergesagten Käufer an der Gesamtzahl der Käufer

$$9/16 = 0{,}563; \text{ „korrekte Käufe"}$$

*Spezifität:* Anteil der korrekt vorhergesagten Nicht-Käufer an der Anzahl der Nicht-Käufer

$$7/14 = 0{,}500; \text{ „korrekte Nicht-Käufe"}$$

*Trefferquote:* Anteil der korrekten Prognosen bezogen auf die Anzahl aller Fälle

$$(7+9)/30 = 0{,}533; \text{ „korrekte Prognosen"}$$

Tab. 5.7 zeigt die Berechnung in allgemeiner Form. Die Trefferquote ist ein gewichteter Durchschnitt von Sensitivität und Spezifität.

Die hier erreichte Trefferquote von 53,3 % ist sehr bescheiden und liegt nur geringfügig über dem, was wir beim Münzwurf erwarten würden. Zum Vergleich siehe die Klassifikationstabelle für das lineare Wahrscheinlichkeitsmodell in Tab. 5.8. Dieses Modell ergibt eine Trefferquote von 60 %, was den Schluss zulässt, dass dieses Modell besser vorhersagt oder klassifiziert.

Dies ist jedoch eine Täuschung. Die Trefferquote ist als Maß für die Prognosegenauigkeit nur bedingt geeignet, da sie von dem mehr oder weniger willkürlich gewählten Trennwert $p^*$ abhängt. Wird die Klassifikation mit modifizierten Trennwerten

**Tab. 5.5** Geschätzte Wahrscheinlichkeiten und prognostizierte Käufer für $p^* = 0{,}5$ (Modell 3)

| Person | Einkommen [1000 €] | Beobachteter Kauf 1=ja, 0=nein | Prognostizierte Wahrscheinlichkeit $p$ | Prognostizierter Kauf 1=ja, 0=nein |
|---|---|---|---|---|
| 1 | 2,53 | 1 | 0,722 | 1 |
| 2 | 2,37 | 0 | 0,659 | 1 |
| 3 | 2,72 | 1 | 0,786 | 1 |
| 4 | 2,54 | 0 | 0,725 | 1 |
| 5 | 3,20 | 1 | 0,898 | 1 |
| 6 | 2,94 | 1 | 0,846 | 1 |
| 7 | 3,20 | 1 | 0,898 | 1 |
| 8 | 2,72 | 1 | 0,786 | 1 |
| 9 | 2,93 | 1 | 0,843 | 1 |
| 10 | 2,37 | 0 | 0,659 | 1 |
| 11 | 2,24 | 1 | 0,604 | 1 |
| 12 | 1,91 | 1 | 0,455 | 0 |
| 13 | 2,12 | 1 | 0,551 | 1 |
| 14 | 1,83 | 1 | 0,419 | 0 |
| 15 | 1,92 | 1 | 0,459 | 0 |
| 16 | 2,01 | 0 | 0,500 | 1 |
| 17 | 2,01 | 0 | 0,500 | 1 |
| 18 | 2,23 | 0 | 0,600 | 1 |
| 19 | 1,82 | 0 | 0,415 | 0 |
| 20 | 2,11 | 0 | 0,546 | 1 |
| 21 | 1,75 | 1 | 0,384 | 0 |
| 22 | 1,46 | 0 | 0,268 | 0 |
| 23 | 1,61 | 1 | 0,325 | 0 |
| 24 | 1,57 | 0 | 0,310 | 0 |
| 25 | 1,37 | 0 | 0,237 | 0 |
| 26 | 1,41 | 0 | 0,251 | 0 |
| 27 | 1,51 | 0 | 0,287 | 0 |
| 28 | 1,75 | 1 | 0,384 | 0 |
| 29 | 1,68 | 1 | 0,354 | 0 |
| 30 | 1,62 | 0 | 0,329 | 0 |
| Mittelwert | 2,115 | 0,533 | 0,533 | 0,533 |
| Summe | | 16 | 16 | 16 |

## 5.2 Vorgehensweise

**Tab. 5.6** Klassifikationstabelle für das logistische Modell ($p^* = 0{,}50$)

| Gruppe | Prognose | | | Genauigkeit | |
|---|---|---|---|---|---|
| | 1 = Kauf | 0 = Nicht-Kauf | Summe | Verhältnis richtig | |
| 1 = Kauf | 9 | 7 | 16 | 0,563 | Sensitivität |
| 0 = Nicht-Kauf | 7 | 7 | 30 | 0,500 | Spezifität |
| Gesamt | 7 | 7 | 30 | **0,533** | Trefferquote |

**Tab. 5.7** Berechnung der Genauigkeitsmaße

| Gruppe | Prognose | | | Genauigkeit | |
|---|---|---|---|---|---|
| | 1 = Kauf | 0 = Nicht-Kauf | Summe | Verhältnis richtig | |
| 1 = Kauf | $n_{11}$ | $n_{10}$ | $n_1$ | $n_{11}/n_1$ | Sensitivität |
| 0 = Nicht-Kauf | $n_{01}$ | $n_{00}$ | $n_0$ | $n_{00}/n_0$ | Spezifität |
| Gesamt | | | $n$ | $(n_{00} + n_{11})/n$ | Trefferquote |

**Tab. 5.8** Klassifikationstabelle für das lineare Wahrscheinlichkeitsmodell ($p^* = 0{,}50$)

| Gruppe | Prognose | | | Genauigkeit | |
|---|---|---|---|---|---|
| | 1 = Kauf | 0 = Nicht-Kauf | Summe | Verhältnis richtig | |
| 1 = Kauf | 99 | 7 | 16 | 0,563 | Sensitivität |
| 0 = Nicht-Kauf | 5 | 9 | 14 | 0,643 | Spezifität |
| Gesamt | 14 | 16 | 30 | **0,600** | Trefferquote |

**Tab. 5.9** Klassifikationstabelle für das logistische Modell ($p^* = 0{,}30$)

| Gruppe | Prognose | | | Genauigkeit | |
|---|---|---|---|---|---|
| | 1 = Kauf | 0 = Nicht-Kauf | Summe | Verhältnis richtig | |
| 1 = Kauf | 16 | 0 | 16 | 1,000 | Sensitivität |
| 0 = Nicht-Kauf | 10 | 4 | 14 | 0,286 | Spezifität |
| Gesamt | 26 | 4 | 30 | **0,667** | Trefferquote |

durchgeführt, z. B. $p^* = 0{,}3$ oder $p^* = 0{,}7$, ergibt sich mit den Daten aus Tab. 5.5 die in Tab. 5.9 und 5.10 dargestellte Klassifikation.

In beiden Fällen erhalten wir nun eine erhöhte Trefferquote. Dies zeigt den Einfluss des Trennwertes auf die Trefferquote. Es ist jedoch ungewöhnlich, dass die Trefferquote sowohl bei einer Vergrößerung als auch bei einer Verkleinerung des Trennwertes steigt, wie es hier der Fall ist.

**Tab. 5.10** Klassifikationstabelle für das logistische Modell ($p^* = 0{,}70$)

| Gruppe | Prognose | | | Genauigkeit | |
|---|---|---|---|---|---|
| | 1 = Kauf | 0 = Nicht-Kauf | Summe | Verhältnis richtig | |
| 1 = Kauf | 7 | 9 | 16 | 0,438 | Sensitivität |
| 0 = Nicht-Kauf | 1 | **13** | 14 | 0,929 | Spezifität |
| Gesamt | 8 | 22 | 30 | **0,667** | Trefferquote |

**ROC Kurve**

Ein gegenüber der Klassifizierungstabelle verallgemeinertes Konzept bildet die *ROC-Kurve* (Receiver Operating Characteristic). Während eine Klassifizierungstabelle immer für einen bestimmten Trennwert $p^*$ gilt, gibt die ROC-Kurve eine Zusammenfassung der Klassifizierungstabellen über die möglichen Werte von $p^*$.

Abb. 5.9 zeigt die ROC-Kurve, die hier für das logistische Modell mit den Werten in Tab. 5.5 erstellt wurde. Ein Punkt auf der ROC-Kurve gilt für einen bestimmten Trennwert und damit auch für eine bestimmte Klassifizierungstabelle.[9] Man erhält die ROC-Kurve, wenn man für verschiedene Trennwerte $p^*$ die Sensitivität über 1 − Spezifität einzeichnet. Die Klassifizierungstabelle in Tab. 5.6 für $p^* = 0{,}5$ liefert 1 − Spezifität = 0,500 und Sensitivität = 0,563. Dieses Ergebnis wird durch den Punkt (0,500, 0,563) repräsentiert. Er ist durch einen Pfeil markiert und liegt nahe an der Diagonalen.

Die eingezeichnete Diagonale wäre zu erwarten, wenn die Prognose rein zufällig erfolgen würde, z. B. durch Münzwurf. Sie ermöglicht keine Diskrimination. Ein Maß für die Güte der Prognose- oder Klassifizierungsfähigkeit des Modells bildet die Fläche unter der ROC-Kurve, die als AUC (Area under Curve) bezeichnet wird. Ihr Maximum beträgt Eins. Zur Beurteilung der durch die ROC-Kurve ausgedrückte Prognosegüte gelten folgende Richtwerte (Hosmer et al., 2013, S. 177):

$AUC < 0{,}7$: ungenügend

$0{,}7 \leq AUC < 0{,}8$: akzeptabel

$0{,}8 \leq AUC < 0{,}9$: exzellent

$AUC \geq 0{,}9$: außerordentlich

---

[9] Das Konzept der ROC-Kurve stammt aus der Nachrichtentechnik und wurde ursprünglich im 2. Weltkrieg zur Erkennung von Radar-Signalen bzw. feindlichen Objekten entwickelt und findet heute in vielen Wissenschaftsbereichen Anwendung. Vgl. dazu z. B. Agresti (2013, S. 224 ff.); Hastie et al. (2011, S. 313 ff.); Hosmer et al. (2013, S. 173 ff.) SPSS bietet eine Prozedur zur Erstellung von ROC-Kurven für gegebene Klassifizierungswahrscheinlichkeiten oder Diskriminanzwerte an. Die obige ROC-Kurve wurde mit Excel erstellt.

## 5.2 Vorgehensweise

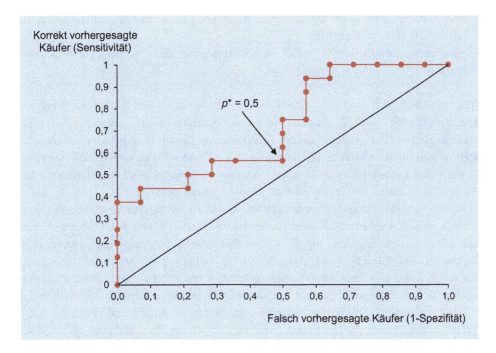

**Abb. 5.9** ROC-Kurve für die logistische Regression (AUC = 0,723)

Für das hier betrachtete Modell erhalten wir $AUC = 0{,}723$. Dieser Wert ergibt sich für alle drei hier verwendeten Modelle, auch wenn sie bei einzelnen Trennwerten unterschiedliche Klassifizierungstabellen liefern.[10]

**Wahl des Trennwertes (cutoff value)**

Die Wahl des Trennwertes $p^*$ bildet immer einen Trade-off zwischen Sensitivität und Spezifität, wie die Klassifizierungstabellen in Tab. 5.9 und 5.10 verdeutlichen. Die Gesamt-Trefferquote ist identisch, aber Sensitivität und Spezifität verändern sich diametral. Es sind daher bei der Wahl des Trennwertes auch die Konsequenzen der jeweiligen Prognosen zu berücksichtigen.

Diese Konsequenzen können sehr gravierend sein, wenn es um medizinische Tests geht anstatt um Kaufverhalten. Hier ist die Wahl des Trennwertes von eminenter Wichtigkeit. Ein *klinischer Test* für eine bestimmte Krankheit sollte positiv ausfallen, wenn der untersuchte Patient die Krankheit hat, und negativ, wenn er die Krankheit nicht hat. Die Begriffe der Sensitivität und Spezifität erhalten dann folgende Bedeutung:

---

[10] Man erhält denselben Wert auch für *AUC*, wenn man die Diskriminanzanalyse auf die vorliegenden Daten anwendet. Dabei kann man die ROC-Kurve alternativ auf Basis der Diskriminanzwerte oder der Klassifizierungswahrscheinlichkeiten erstellen.

- *Sensitivität = „richtig positiv":* Der Test ist positiv, wenn der Patient krank ist (Krankheit wird richtig erkannt).
- *Spezifität = „richtig negativ":* Der Test wird negativ sein, wenn der Patient nicht krank ist.

Man stelle sich vor, dass eine Krankheit zwar gefährlich, aber heilbar ist, wenn sie schnell behandelt wird. In diesem Fall ist der Schaden eines „falsch positiv" (eine unnötige Behandlung) geringer als der Schaden eines „falsch negativ" (der Patient kann sterben, weil die Krankheit nicht erkannt wurde).[11] Dann wäre es sinnvoll, die Sensitivität durch Senkung des Cutoff-Wertes zu erhöhen. In Tab. 5.9 wird die Sensitivität auf 100 % erhöht, indem der Cutoff-Wert auf $p^* = 0{,}3$ gesenkt wird.

Ist die Krankheit dagegen nicht heilbar, so kann eine falsche Krankheitsdiagnose („falsch positiv") erhebliche Schaden anrichten. Der Patient kann schwere Ängste und Depressionen erleiden, die im Extremfall sein Leben ruinieren können (vgl. Gigerenzer, 2002, S. 3 ff.; Pearl, 2018, S. 104 ff.). Daher wäre es angebracht, die Spezifität durch Anhebung des Cutoff-Wertes zu erhöhen und so ein „falsch positiv" zu vermeiden. In Tab. 5.10 wird die Spezifität auf 92,9 % erhöht, indem der Cutoff-Wert auf $p^* = 0{,}7$ erhöht wird. Dadurch wird der Prozentsatz „falsch positiv" auf $(1 - \text{Spezifität}) \cdot 100 = 7{,}1\,\%$ reduziert. Für einen medizinischen Test scheint diese Wahrscheinlichkeit für „falsch positiv" immer noch sehr hoch zu sein.

Ein ähnliches Problem ergibt sich bei der Konstruktion eines Spam-Filters für E-Mails: Wird „1 = Spam" und „0 = kein Spam" kodiert (was im obigen Beispiel Kaufen und Nicht-Kaufen entspricht), misst die Sensitivität die Fähigkeit, Spam korrekt zu erkennen. Bei einem niedrigen Cutoff-Wert erhalten wir eine hohe Sensitivität. Bei einer hohen Sensitivität besteht jedoch die Gefahr, dass eine seriöse E-Mail (No-Spam) fälschlicherweise im Spam-Filter verloren geht („falsch positiv"). Da es unangenehm ist, wenn eine wichtige E-Mail auf diese Weise verloren geht, wird der Cutoff-Wert daher höher angesetzt. Dadurch wird die Sensitivität reduziert, und man erhält weiterhin Spams.

Eine umgekehrte Situation besteht bei der Sicherheitskontrolle im Flughafen. Hier hätte ein „falsch positiv" keine ernsthaften Konsequenzen. Es würde nur zu einer gründlicheren Kontrolle eines Passagiers führen. Aber ein „falsch negativ" bedeutet, dass ein Terrorist nicht erkannt wird und vielleicht hunderte von Todesfällen die Folge wären. Daher muss die Sensitivität hier sehr hoch sein (und ein niedriger Cutoff-Wert ist notwendig).

---

[11] Eine weitere Gefahr der „falschen Negativität" besteht darin, dass eine kranke Person die Krankheit verbreiten kann. Die schockierend hohe Rate von „falsch-negativen" Testergebnissen hat zur raschen Ausbreitung der COVID-19-Pandemie im Jahr 2020 beigetragen.

## 5.2.1.5 Multiple logistische Regression (Modell 4)

Wie oben erwähnt, kann das binäre logistische Regressionsmodell auf mehr als eine unabhängige Variable erweitert werden. Gemäß Gl. (5.6) erhalten wir die systematische Komponente

$$z(\boldsymbol{x}) = \alpha + \beta_1 x_1 + \cdots + \beta_J x_J$$

wobei $\boldsymbol{x}$ ein Vektor von $J$ Prädiktoren ist. Damit erhalten wir das Modell der *multiplen logistischen Regression*:

$$\pi(\boldsymbol{x}) = \frac{e^{\alpha + \beta_1 x_1 + \cdots \beta_J x_J}}{1 + e^{\alpha + \beta_1 x_1 + \cdots \beta_J x_J}} = \frac{1}{1 + e^{-(\alpha + \beta_1 x_1 + \cdots \beta_J x_J)}} \quad (5.19)$$

mit

$$\pi(\boldsymbol{x}) = P(Y = 1 | x_1, x_2, \ldots, x_J) \quad (5.20)$$

Die Prädiktoren werden, wie bei der multiplen Regressionsanalyse, linear kombiniert.

Alternativ werden die folgenden Formulierungen verwendet:

$$\pi(\boldsymbol{x}) = \frac{e^{\alpha + \sum_j \beta_j x_j}}{1 + e^{\alpha + \sum_j \beta_j x_j}} = \frac{e^{\alpha + \boldsymbol{x}\boldsymbol{\beta}'}}{1 + e^{\alpha + \boldsymbol{x}\boldsymbol{\beta}'}} = \frac{1}{1 + e^{-(\alpha + \boldsymbol{x}\boldsymbol{\beta}')}}$$

wobei $\boldsymbol{x}$ und $\boldsymbol{\beta}$ für Zeilenvektoren stehen.

Wir erweitern nun unser Beispiel, indem wir die Variable Geschlecht mit den Daten aus Tab. 5.2 einbeziehen. Es soll also das Modell.

$$\text{Kaufwahrscheinlichkeit} = f(\text{Einkommen, Geschlecht})$$

geschätzt werden. Gemäß Gl. (5.19) wird das folgende logistische Modell formuliert:

$$\pi(\boldsymbol{x}) = \frac{1}{1 + e^{-(\alpha + \beta_1 x_1 + \beta_2 x_2)}} \quad (5.21)$$

Die Schätzung mit der Maximum-Likelihood-Methode liefert die folgenden Werte für die Parameter:

$$a = -5{,}635, \ b_1 = 2{,}351, \ b_2 = 1{,}751$$

Mit diesen Werten erhalten wir die folgende logistische Regressionsfunktion:

$$p(\boldsymbol{x}) = \frac{1}{1 + e^{-(-5{,}635 + 2{,}351 x_1 + 1{,}751 x_2)}} \quad (5.22)$$

**Beispiel**

Für die erste Person in Tab. 5.2, eine Frau mit einem Einkommen von 2530 €, ergibt sich für die systematische Komponente des Modells:

$$z = -5{,}635 + 2{,}351 \cdot 2{,}530 + 1{,}751 \cdot 0 = 0{,}313$$

und man erhält damit die Kaufwahrscheinlichkeit:

$$p = \frac{1}{1+e^{-z}} = \frac{1}{1+e^{-0,313}} = 0,578$$

Der positive Koeffizient für die Variable „Geschlecht" weist darauf hin, dass die Gourmet-Schokolade von Männern stärker präferiert wird als von Frauen. Dies ist eine Information, die unseren Produktmanager sehr interessiert, um die Werbung für das Produkt zielgenau ausrichten zu können. Für einen Mann mit gleichem Einkommen würde sich die folgende Kaufwahrscheinlichkeit ergeben:

$$p = \frac{1}{1+e^{-(0,313+1,751)}} = 0,887$$

Das Diagramm in Abb. 5.10 zeigt die geschätzten logistischen Regressionsfunktionen für Männer und Frauen.

Die Prognose mit dem geschätzten Modell liefert die Klassifizierungstabelle in Tab. 5.11. Durch die Einbeziehung der Variable „Geschlecht" hat sich die Prognosegüte des Modells erheblich verbessert.

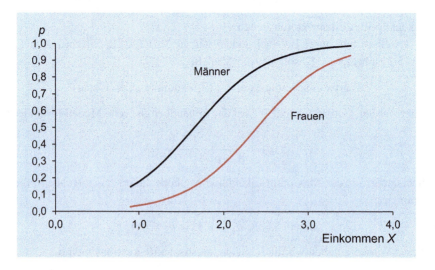

**Abb. 5.10** Logistische Regressionsfunktionen

**Tab. 5.11** Klassifikationstabelle für das logistische Modell ($p^* = 0,50$)

| Gruppe | Prognose | | | Genauigkeit | |
|---|---|---|---|---|---|
| | 1 = Kauf | 0 = Nicht-Kauf | Summe | Verhältnis richtig | |
| 1 = Kauf | **14** | 2 | 16 | 0,875 | Sensitivität |
| 0 = Nicht-Kauf | 3 | **11** | 14 | 0,786 | Spezifität |
| Gesamt | 17 | 13 | 30 | **0,833** | Trefferquote |

## 5.2 Vorgehensweise

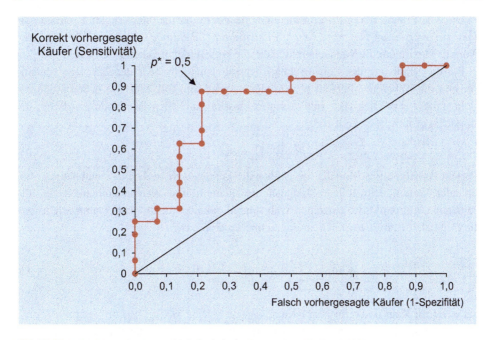

**Abb. 5.11** ROC-Kurve für die multiple logistische Regression (AUC = 0,813)

Die ROC-Kurve in Abb. 5.11 zeigt, dass die Trefferquote bei einem Cutoff-Wert $p^* = 0,5$ ihr Maximum erreicht. Mit $AUC = 0,813$ (Fläche unter der ROC-Kurve) kann die Prognosegüte des Modells nun als „ausgezeichnet" beurteilt werden.

### 5.2.2 Schätzung der logistischen Regressionsfunktion

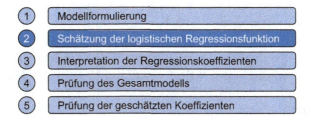

Zur Schätzung der logistischen Regressionsfunktion ist infolge deren Nichtlinearität die *Maximum-Likelihood-Methode* (ML-Methode) anzuwenden anstelle der Kleinste-Quadrate-Methode, die bei der linearen Regression zur Anwendung kommt.

Das ML-Prinzip besagt: Bestimme die Schätzwerte für die unbekannten Parameter so, *dass die realisierten Daten maximale Plausibilität (Likelihood) erlangen.*[12] Mit anderen Worten: Maximiere die Wahrscheinlichkeit, die beobachteten Daten zu erhalten.

Für die Schätzung des Logistischen Regressionsmodells bedeutet dies, dass für eine Person $i$ die Wahrscheinlichkeit $p(x_i)$ möglichst groß sein soll, falls $y_i = 1$, und möglichst klein, falls $y_i = 0$. Dies lässt sich zusammenfassen durch den folgenden Ausdruck, der möglichst groß werden soll:

$$p(x_i)^{y_i} \cdot [1 - p(x_i)]^{1-y_i} \tag{5.23}$$

Da laut Annahme des Modells die $y_i$ über die Personen $i(i = 1,..., N)$ unabhängig voneinander verteilt sein sollen, lässt sich die gemeinsame Wahrscheinlichkeit für alle Personen als Produkt der einzelnen Wahrscheinlichkeiten ausdrücken. Damit erhält man die folgende *Likelihood-Funktion*, die zu maximieren ist:

$$L(a,b) = \prod_{i=1}^{N} p(x_i)^{y_i} \cdot [1 - p(x_i)]^{1-y_i} \to \text{Max!} \tag{5.24}$$

mit $y_i = 1$ für Kauf und 0 für Nicht-Kauf.

Die Parameter $a$ und $b$ sollen so bestimmt werden, dass die Likelihood maximal wird. Für die praktische Berechnung ist es von Vorteil, die Wahrscheinlichkeiten zu logarithmieren und damit das Produkt in eine Summe umzuwandeln. Man erhält damit die sog. *Log-Likelihood-Funktion*:

$$LL(a,b) = \sum_{i=1}^{N} (\ln[p(x_i)] \cdot y_i + \ln[1-p(x_i)] \cdot (1 - y_i)) \to \text{Max!} \tag{5.25}$$

Da der Logarithmus eine streng monoton steigende Funktion ist, führt die Maximierung beider Funktionen zum gleichen Ergebnis.

*LL* kann nur negative Werte annehmen, da der Logarithmus einer Wahrscheinlichkeit negativ ist. Die Maximierung von *LL* bedeutet also, dass man dem Wert 0 möglichst nahekommt. $LL = 0$ würde sich ergeben, wenn die Wahrscheinlichkeiten der gewählten Alternativen alle 1 und somit die für die nicht gewählten Alternativen 0 werden.

Abb. 5.12 veranschaulicht den Verlauf von *LL* bei Variation des Koeffizienten $b$ im Beispiel für die einfache logistische Regression (Modell 3). Für $b = 1$ ergibt sich für *LL* der Wert $-28$. Das Maximum ist $LL = -18{,}027$. Es wird bei $b = 1{,}83$ erreicht (Schätzung für Modell 3).

---

[12] Das Prinzip der ML-Methode geht zurück Daniel Bernoulli (1700–1782), einem Neffen von Jakob Bernoulli. Ronald A. Fisher (1890–1962) analysierte die statistischen Eigenschaften der ML-Methode und bereitete so den Weg für ihre praktische Anwendung und Verbreitung. Sie bildet neben der KQ-Methode das wichtigste statistische Schätzprinzip.

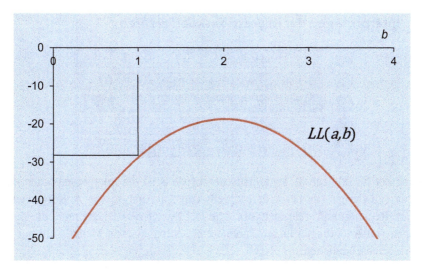

**Abb. 5.12** Maximierung der LL-Funktion

Die Lösung dieses Optimierungsproblems, d. h. die Maximierung der Log-Likelihood-Funktion, erfordert die Anwendung iterativer Algorithmen. Infrage kommen hierfür *Quasi-Newton-Verfahren* oder *Gradientenverfahren*.[13] Diese sind zwar sehr rechenaufwendig, was aber angesichts der Rechenleistung heutiger Computer kaum ins Gewicht fällt. Problematischer ist dagegen, dass iterative Algorithmen möglicherweise nicht konvergieren oder in einem lokalen Optimum hängenbleiben können. Diese Gefahr besteht hier nicht, da die *LL*-Funktion konvex ist und somit nur ein globales Optimum existiert.[14]

---

[13] Für die Logistische Regression kommen primär Quasi-Newton-Verfahren zur Anwendung, die recht schnell konvergieren. Diese Verfahren basieren auf der Methode von Newton zum Auffinden der Nullstelle einer Funktion. Sie benutzen zur Auffindung des Optimums die ersten und zweiten partiellen Ableitungen der LL-Funktion nach den unbekannten Parametern. Die Ableitungen werden, je nach Verfahren, unterschiedlich approximiert. Spezielle Verfahren sind die Gauss–Newton-Methode und deren Weiterentwicklung, die Newton–Raphson-Methode. Verbreitete Anwendung findet inzwischen auch die Methode der Iteratively Reweighted Least Squares (IRLS). Siehe dazu z. B. Agresti (2013, S. 149 ff.); Fox (2015, S. 431 ff.); Press et al. (2007, S. 521 ff.).

[14] McFadden (1974) hat nachgewiesen, dass bei linearer systematischer Komponente des logistischen Modells die LL-Funktion global konvex verläuft, was die Maximierung sehr erleichtert.

## 5.2.3 Interpretation der Regressionskoeffizienten

- (1) Modellformulierung
- (2) Schätzung der logistischen Regressionsfunktion
- (3) **Interpretation der Regressionskoeffizienten**
- (4) Prüfung des Gesamtmodells
- (5) Prüfung der geschätzten Koeffizienten

Aufgrund der Nichtlinearität des logistischen Modells ist die Interpretation der Modellparameter schwieriger als bei anderen Methoden zur Analyse von Abhängigkeiten (z. B. lineare Regression, Varianzanalyse). Abb. 5.13 zeigt drei Diagramme, die die Auswirkungen von Änderungen in den Parametern des logistischen Modells mit nur einem Prädiktor veranschaulichen.

a) Änderung des konstanten Terms
   Eine Änderung des konstanten Terms $a$ bewirkt eine horizontale Verschiebung der logistischen Funktion, während sie bei der linearen Regression eine vertikale Verschiebung der Regressionsgeraden bewirkt. Wenn der Parameter $a$ zunimmt, verschiebt sich die Kurve nach links und die Wahrscheinlichkeit bei einem gegebenen Wert $x$ steigt. Den gegenteiligen Effekt hat eine Verminderung von $a$.
b) Änderung des Koeffizienten $b$
   Eine Erhöhung des Koeffizienten $b$ erhöht die Krümmung der logistischen Funktion. Im mittleren Bereich wird die Steigung der Kurve steiler (wie die Regressionsgerade). In den äußeren Bereichen wird die Kurve jedoch flacher, da sie S-förmig ist.
   Für $b=0$ wird die gesamte Kurve zu einer horizontalen Linie abgeflacht (wie bei der linearen Regression).
c) Änderung des Vorzeichens von $b$
   Ein negatives Vorzeichen des Koeffizienten $b$ bewirkt einen abnehmenden Verlauf (wie bei der linearen Regression).

Der Koeffizient $b$ kann als ein Maß für die Auswirkung der unabhängigen Variable auf die abhängige Variable angesehen werden. Er bestimmt, wie sich die unabhängige Variable $x$ auf die abhängige Variable $p$ auswirkt. Eine Schwierigkeit bei der Interpretation im logistischen Modell ergibt sich daraus, dass die Auswirkungen auf die abhängige Variable bei gleichen Änderungen von $x$ nicht konstant sind (im Gegensatz zur linearen Regressionsanalyse):

- Bei der linearen Regression verursacht jede Änderung von $x$ um eine Einheit eine konstante Änderung $b$ der abhängigen Variable.

## 5.2 Vorgehensweise

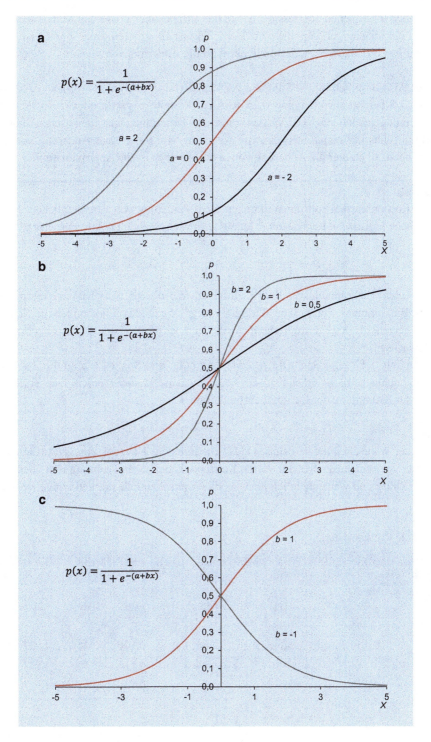

**Abb. 5.13** Verläufe der logistischen Funktion mit verschiedenen Werten der Parameter

- Bei der logistischen Regression hängt der Effekt einer Änderung von $x$ auch vom Wert der abhängigen Variable $p$ ab. Der Effekt ist am größten, wenn $p = 0{,}5$ ist, und je mehr $p$ von 0,5 abweicht, desto kleiner wird die Änderung von $p$.

An der Position $p$ beträgt die Steigung der logistischen Funktion $p(1-p) \times b$ und somit für $p = 0{,}5$ beträgt die Steigung $0{,}25\,b$. An der Stelle $p = 0{,}01$ oder $p = 0{,}99$ beträgt die Steigung jedoch nur $0{,}01\,b$. Aufgrund der Krümmung der logistischen Funktion beschreibt dies nur näherungsweise die Änderung von $p$ bei einer Änderung von $x$ um eine Einheit. Je kleiner die Änderung von $x$, desto besser ist die Approximation.

**Beispiel**

Ein Rechenbeispiel soll die Wirkungen einer Änderung von $x$ verdeutlichen. Für die einfache logistische Regression (Modell 3) wurde folgende Funktion geschätzt:

$$p = \frac{1}{1 + e^{-(a+bx)}} = \frac{1}{1 + e^{-(-3{,}67 + 1{,}827x)}} \qquad (5.26)$$

Bei einem Einkommen von 2000 € gilt annähernd $p = 0{,}5$. Hier hat eine Veränderung des Einkommens die größte Wirkung auf $p$. Wenn das Einkommen in Schritten von jeweils 1 (Tsd. Euro) erhöht wird, dann vergrößert sich $p$ mit abnehmenden Zuwächsen.

In Tab. 5.12 zeigt Spalte 1a, wie sich $p$ erhöht, und Spalte 2a zeigt die Zuwächse, die abnehmen. Es ist erkennbar, dass die Zuwächse kleiner werden. Dies ergibt sich aus der Krümmung der logistischen Funktion. ◀

**Odds**

Neben der Wahrscheinlichkeit sind „Odds" ein ähnliches Konzept, um das Auftreten von Zufallsereignissen auszudrücken. Beide Konzepte haben ihren Ursprung im Glücksspiel, und die Odds sind wahrscheinlich älter als die Wahrscheinlichkeit, und einige ziehen sie

**Tab. 5.12** Rechenbeispiel

| Einkommen [Tsd. Euro] | Werte der Logistischen Funktion | | | Differenz zum vorherigen Wert | | |
|---|---|---|---|---|---|---|
| $x$ | 1a $p(x)$ | 1b Odds | 1c Logits | 2a $p(x)$ | 2b Odds | 2c Logits |
| 2 | 0,496 | 0,984 | −0,016 | | | |
| 3 | 0,859 | 6,115 | 1,811 | 0,364 | 5,132 | 1,827 |
| 4 | 0,974 | 38,01 | 5,465 | 0,115 | 31,899 | 1,827 |
| 5 | 0,996 | 236,3 | 5,465 | 0,021 | 198,291 | 1,827 |

## 5.2 Vorgehensweise

der Wahrscheinlichkeit vor.[15] Ein Beispiel bietet Würfeln. Die *Chancen, eine Sechs zu würfeln,* sind

$$\text{odds} \equiv \frac{\text{günstige Ereignisse}}{\text{ungünstige Ereignisse}} = \frac{1}{5}$$

und man sagt „die Chancen, eine Sechs zu würfeln, stehen 1 zu 5".

Im Gegensatz dazu beträgt die *Wahrscheinlichkeit, eine Sechs zu würfeln*

$$\text{Wahrscheinlichkeit} \equiv \frac{\text{günstige Ereignisse}}{\text{mögliche Ereignisse}} = \frac{1}{6}$$

In der Statistik werden die Odds als Ausdruck der relativen Wahrscheinlichkeit verwendet, z. B. für das Verhältnis der beiden Wahrscheinlichkeiten einer binären Variablen (Bernoulli-Prozess). Wird $q$ als die Wahrscheinlichkeit „keine Sechs würfeln" definiert, so ist $q = 5/6 = 1 - p$. Damit erhalten wir die Odds für „eine Sechs würfeln" (im Gegensatz zu „keine Sechs würfeln") als das Verhältnis der beiden Wahrscheinlichkeiten $p$ und $q$. Die Odds werden in der Statistik als Ausdruck der relativen Wahrscheinlichkeit verwendet, z. B. für das Verhältnis der beiden Wahrscheinlichkeiten $p$ und $q$:

$$\text{odds} = \frac{p}{1-p} = \frac{p}{q} = \frac{1/6}{5/6} = 1/5 \qquad (5.27)$$

Die Odds sind immer positiv und haben im Gegensatz zu den Wahrscheinlichkeiten keine Obergrenze (siehe Abb. 5.2 oder Spalte 1b in Tab. 5.12).

Umgekehrt wird die Wahrscheinlichkeit $p$ durch die Odds bestimmt durch

$$p = \frac{\text{odds}}{\text{odds} + 1} \qquad (5.28)$$

Wenn die Chancen zum Beispiel 1 zu 3 stehen, beträgt die Wahrscheinlichkeit

$$p = \frac{1/3}{1/3 + 1} = \frac{1}{4} = 0{,}25$$

Und wenn die Chancen 3 zu 1 stehen, ist die Wahrscheinlichkeit

$$p = \frac{3/1}{3/1 + 1} = \frac{3}{4} = 0{,}75$$

---

[15] Der Begriff „Odds" wird nur im Plural verwendet. Das Konzept der Odds und ihre Nützlichkeit wurde von dem italienischen Mathematiker und Arzt Gerolano Cardano (1501–1576) beschrieben, der seinen Lebensunterhalt mit Glücksspielen aufbessern musste. In seinem „Buch über Glücksspiele" schrieb er die erste Abhandlung über Wahrscheinlichkeiten. Die Wahrscheinlichkeitstheorie entwickelte sich erst später im 17. Jahrhundert mit den Arbeiten der Wissenschaftler Pierre de Fermat (1601–1665), Blaise Pascal (1623–1662) und Jakob Bernoulli (1655–1705).

Mit Gl. (5.11) und (5.26) kann das geschätzte Modell 3 in Odds-Form geschrieben werden:

$$\text{odds}(x) = e^{a+bx} = e^{-3{,}67+1{,}827x} \qquad (5.29)$$

mit $\text{odds}(x) \equiv \text{odds}\left[p(x)\right]$.

Um die Auswirkung einer Änderung von $x$ auf die Quoten zu veranschaulichen, wird $x+1$ in diese Funktion eingefügt und man erhält:

$$\text{odds}(x+1) = e^{a+b(x+1)} = e^{a+bx+b} = e^{a+bx} \cdot e^b = \text{odds}(x) \cdot e^b \qquad (5.30)$$

Werden die Quotienten auf der linken Seite durch die Quotienten auf der rechten Seite der Gleichung dividiert, so ergibt sich

$$\frac{\text{odds}(x+1)}{\text{odds}(x)} = e^b \qquad (5.31)$$

Daraus folgt die einfache Regel: Die Odds erhöhen sich um den Faktor $e^b$, wenn $x$ um eine Einheit erhöht wird. Der Faktor $e^b$ wird als *Effektkoeffizient* bezeichnet. Für das Beispiel ergibt sich:

$$e^b = e^{1{,}827} = 6{,}216 \qquad (5.32)$$

Dieser Wert wird in der Regel in der Ausgabe von Statistikprogrammen zur logistischen Regression (z. B. SPSS) angezeigt. Bei der multiplen logistischen Regression wird er für jeden Prädiktor angezeigt. Das Verhältnis in Gl. (5.31) wird auch als *Odds Ratio* (*OR*) bezeichnet. Das *OR* ist von besonderer Bedeutung für binäre Prädiktoren (siehe unten).

Der Wert des Effektkoeffizienten kann (abgesehen von Rundungsfehlern) auch durch Division der Werte in den Spalten 1b oder 2b von Tab. 5.12 durch den jeweils vorhergehenden Wert erhalten werden, z. B.

$$\frac{\text{odds}(3)}{\text{odds}(2)} = \frac{6{,}115}{0{,}984} = 6{,}214$$

In unserem Beispiel besagt dies, dass sich die Kaufchancen um den Faktor 6 erhöhen, wenn sich das Einkommen einer Person um eine Einheit [1000 €] erhöht. Wenn sich das Einkommen in Schritten von einer Einheit verändert, dann erhöhen sich die Odds nicht jedes Mal um einen konstanten Betrag, sondern um einen konstanten Faktor. Wenn der logistische Regressionskoeffizient negativ ist, ergibt sich:

$$e^{-b} = \frac{1}{e^b} \leq 1$$

d. h. die Odds verringern sich um diesen Faktor, wenn $x$ sich um eine Einheit vergrößert. Für $b=0$ ist der Faktor 1 und eine Änderung von $x$ hat dann keine Auswirkung. Diese Interpretationen gelten in gleicher Weise auch für die multiple logistische Regression, wenn einer der Prädiktoren geändert wird und die anderen konstant gehalten werden.

## 5.2 Vorgehensweise

**Logit**

Der *Logit* einer Wahrscheinlichkeit p ist wie folgt definiert:

$$\text{logit}(p) = \ln\left(\frac{p}{1-p}\right) \tag{5.33}$$

Logit steht als Kurzform für logarithmierte Odds (logarithmic odds, *Log-Odds*), denn es gilt gleichermaßen:[16]

$$\text{logit}(p) \equiv \ln\left[\text{odds}(p)\right] \tag{5.34}$$

Durch die Umwandlung der Odds in Logits wird der Wertebereich auf $[-\infty, +\infty]$ erweitert (siehe Abb. 5.2 rechts).

Gemäß Gl. (5.31) erhöhen sich die Odds um $e^b$, wenn sich $x$ um eine Einheit erhöht. Somit erhöhen sich die Logits (Log-Odds) um

$$\ln(e^b) = b \tag{5.35}$$

In unserem Modell 3 erhöhen sich also die Logits um $b = 1{,}827$ Einheiten, wenn $x$ um eine Einheit zunimmt. Dies lässt sich auch aus Spalte 2c in Tab. 5.12 ersehen.

Es ist daher einfach, mit Logits zu rechnen. Der Koeffizient $b$ stellt den marginalen Effekt von $x$ auf die Logits dar, so wie bei der linearen Regression $b$ der marginale Effekt von $x$ auf $Y$ ist. Sind die Logits bekannt, können die entsprechenden Wahrscheinlichkeiten z. B. durch Gl. (5.10) berechnet werden

$$p(x) = \frac{1}{1 + e^{-z(x)}}$$

Daher werden Logits normalerweise nicht aus Wahrscheinlichkeiten[17] berechnet, wie Gl. (5.33) vermuten lässt. Die Logits werden zur Berechnung von Wahrscheinlichkeiten verwendet, z. B. Gl. (5.10). Tab. 5.13 fasst die oben beschriebenen Effekte zusammen.

**Odds Ratio und relatives Risiko**

Das Verhältnis der beiden Odds, wie in Gl. (5.31), wird als *Odds Ratio* (OR) bezeichnet. Das Odds Ratio ist ein wichtiges Maß in der Statistik. Gewöhnlich wird es aus den Odds zweier getrennter Gruppen (Populationen) gebildet, z. B. Männer und Frauen (oder

---

[16] Der Name „logit" wurde 1944 von Joseph Berkson eingeführt, der ihn als Abkürzung für „logistische Einheit" verwendete, in Analogie zur Abkürzung „probit" für „Wahrscheinlichkeitseinheit". Berkson trug stark zur Entwicklung und Popularisierung der logistischen Regression bei.

[17] Das ist der Grund, warum das Zeichen „per definition gleich" in Gl. (5.33) und (5.34) verwendet wurde.

**Tab. 5.13** Auswirkungen einer Erhöhung von $x$ um eine Einheit (mit positiven und negativen Regressionskoeffizienten)

|  | Eine Erhöhung von $x$ auf $x+1$ hat folgende Auswirkungen | |
| --- | --- | --- |
|  | $b > 0$ | $b < 0$ |
| $p$ | Erhöhung um etwa $p(1-p)b$ | Reduzierung um etwa $p(1-p)\|b\|$ |
| Odds | Erhöhung um den Faktor $e^b$ | Reduzierung um den Faktor $e^{-\|b\|} = \frac{1}{e^{\|b\|}}$ |
| Logit | Erhöhung um den Wert $b$ | Reduzierung um den Wert $\|b\|$ |
| Odds-ratio | es gilt: $e^b > 1$ | es gilt: $e^b < 1$ |

Testgruppe und Kontrollgruppe). Damit gibt das Odds Ratio die Differenz zwischen den beiden Gruppen an.

Wenn das Odds Ratio für zwei Werte einer metrischen Variablen berechnet wird (wie im Beispiel für das Einkommen), dann hängt seine Größe von der Maßeinheit dieser Variable ab und ist daher nicht sehr aussagekräftig. Im obigen Beispiel war $OR \approx 6$ für eine Erhöhung des Einkommens $x$ um eine Einheit. Das Odds Ratio ist groß, weil hier die Einheit von $x$ [1000 €] beträgt.

Anders verhält es sich bei binären Variablen, die nur die Werte 0 und 1 annehmen können und somit keine Einheit haben. Im Modell 4 wurde das Geschlecht der Personen als Prädiktor einbezogen und die folgende Funktion geschätzt:

$$p = \frac{1}{1+e^{-(a+b_1 x_{1k}+b_2 x_{2k})}} = \frac{1}{1+e^{-(-5{,}635+2{,}351 x_{1k}+1{,}751 x_{2k})}}$$

Die binäre Variable Geschlecht bezeichnet zwei Gruppen: Männer und Frauen.

Bei einem Durchschnittseinkommen von 2 [1000 €] ergeben sich für Männer und Frauen folgende Wahrscheinlichkeiten:

$$\text{Männer: } p_m = \frac{1}{1+e^{-(-5{,}635+2{,}351\cdot 1+1{,}751\cdot 1)}} = 0{,}694$$

$$\text{Frauen: } p_w = \frac{1}{1+e^{-(-5{,}635+2{,}351\cdot 2+1{,}751\cdot 0)}} = 0{,}283$$

Daraus ergibt sich das entsprechende Odds Ratio:

$$OR_m = \frac{\text{odds}_m}{\text{odds}_w} = \frac{p_m/(1-p_m)}{p_w/(1-p_w)} = \frac{2{,}267}{0{,}393} = 5{,}8$$

$$OR_w = \frac{\text{odds}_w}{\text{odds}_m} = \frac{p_w/(1-p_w)}{p_m/(1-p_m)} = \frac{0{,}393}{2{,}267} = 0{,}17$$

Die Odds eines Mannes für einen Kauf sind 5,8 Mal höher als die einer Frau.[18] Dies scheint ein sehr großer Unterschied zwischen Männern und Frauen zu sein.

Ein weiteres ähnliches Maß für den Unterschied zwischen zwei Gruppen ist das *relative Risiko* (RR), d. h. das Verhältnis von zwei Wahrscheinlichkeiten.[19] Analog zu den Odds Ratios ergibt sich hier:

$$RR_m = \frac{p_m}{p_w} = \frac{0,694}{0,283} = 2,5$$

$$RR_w = \frac{p_w}{p_m} = \frac{0,283}{0,694} = 0,41$$

Danach kauft ein Mann mit einer 2,5-mal höheren Wahrscheinlichkeit als eine Frau bei gegebenen Einkommen. Die Werte von *RR* sind deutlich kleiner (bzw. näher bei 1) als die Werte des Odds Ratio *OR* und kommen unserer Intuition oft näher. *OR* kann jedoch auch in Situationen verwendet werden, in denen eine Berechnung der *RR* nicht möglich ist.[20] Das Odds Ratio hat daher ein breiteres Anwendungsspektrum als das relative Risiko.

### 5.2.4 Prüfung des Gesamtmodells

Nachdem ein logistisches Modell geschätzt wurde, ist anschließend seine Qualität oder Anpassungsgüte (goodness of fit) zu beurteilen. Niemand möchte sich auf ein schlechtes Modell verlassen. Wir sollten wissen, wie gut ein Modell die empirischen Daten widerspiegelt und weiterhin, ob es sich als Modell der Realität eignet. Aus diesem Grund werden Maße zur Bewertung der Anpassungsgüte benötigt. Gebräuchliche Maße sind:

- Likelihood-Ratio-Statistik,
- Pseudo-R-Quadrat-Statistiken,
- Trefferquote der Klassifikation und ROC-Kurve.

---

[18] Die Odds Ratios können alternativ mit (5.32) berechnet werden durch: $OR_m = e^{b2} = e^{1,751} =$ und $OR_w = e^{-b2} = e^{-1,751} = 0,174$

[19] Im allgemeinen Sprachgebrauch wird der Begriff Risiko mit negativen Ereignissen wie Unfällen, Krankheit oder Tod assoziiert. Hier bezieht sich der Risikobegriff auf die Wahrscheinlichkeit eines ungewissen Ereignisses.

[20] Dies kann in so genannten Fall-Kontroll-Studien der Fall sein, bei denen die Gruppen nicht durch Zufallsstichproben gebildet werden. Die Größe der Gruppen kann also nicht für die Schätzung von Wahrscheinlichkeiten verwendet werden. Solche Studien werden oft für die Analyse seltener Ereignisse durchgeführt, z. B. in der Epidemiologie, Medizin oder Biologie. Vgl. Agresti (2013, S. 42 f.); Hosmer et al. (2013, S. 229 f.).

Bei der linearen Regression gibt das Bestimmtheitsmaß $R^2$ den Anteil der erklärten Streuung der abhängigen Variablen an. Damit ist er ein leicht berechenbares und anschauliches Maß für die Anpassungsgüte. Leider existiert ein solches Maß für die logistische Regression nicht, da die abhängige Variable nicht metrisch ist. Bei der logistischen Regression existieren mehrere Maße für die Anpassungsgüte, was verwirrend sein kann.

Da zur Schätzung der Parameter des logistischen Regressionsmodells die Maximum-Likelihood-Methode (ML-Methode) verwendet wurde, ist es naheliegend, den Wert der maximierten Likelihood oder der Log-Likelihood $LL$ (siehe Abb. 5.12) als Grundlage für die Beurteilung der Anpassungsgüte zu verwenden. Und in der Tat ist dies die Grundlage für verschiedene Maße der Anpassungsgüte.

Ein einfaches Maß, das verwendet wird, ist der Wert $-2LL = -2 \times LL$. Da $LL$ immer negativ ist, ist $-2LL$ positiv. Ein kleiner Wert für $-2LL$ zeigt also eine gute Anpassung des Modells an die verfügbaren Daten an. Die „2" ist darauf zurückzuführen, dass eine Chi-Quadrat-verteilte Teststatistik angestrebt wird (siehe nächster Abschnitt).

Für Modell 4 mit der systematischen Komponente $z = a + b_1 x_1 + b_2 x_2$ erhalten wir:

$$-2LL = 2 \cdot 16{,}053 = 32{,}11 \tag{5.36}$$

Die absolute Größe dieses Wertes sagt wenig aus, da $LL$ eine Summe gemäß Gl. (5.25) ist. Der Wert von $LL$ und damit $-2LL$ ist also abhängig von der Stichprobengröße $N$. Beide Werte würden sich also verdoppeln, wenn sich die Anzahl der Beobachtungen verdoppeln würde, ohne die Schätzwerte zu verändern. Die Größe von $-2LL$ ist vergleichbar mit der Summe der quadrierten Residuen (SSR) in der linearen Regression, die durch die KQ-Methode (Kleinste-Quadrate-Methode) minimiert wird. Für eine perfekte Anpassung sind beide Werte Null. Die ML-Schätzung kann alternativ durch Maximierung von $LL$ oder Minimierung von $-2LL$ durchgeführt werden.

Die $-2LL$-Statistik kann verwendet werden, um ein Modell mit anderen Modellen (für denselben Datensatz) zu vergleichen. Für Modell 3, d. h. die einfache logistische Regression mit nur einem Prädiktor (Einkommen), wird die systematische Komponente reduziert auf $z = a + bx$, und es ergibt sich:

$$-2LL = 2 \cdot 18{,}027 = 36{,}05$$

Wird also die Variable 2 (Geschlecht) weggelassen, so steigt der Wert von $-2LL$ von 32,11 auf 36,05, und die Modellanpassung wird schlechter.

Ein noch einfacheres Modell ergibt sich mit der systematischen Komponente

$$z = a = 0{,}134$$

Wir erhalten: $-2LL = -2 \cdot 20{,}728 = 41{,}46$.

Dieses primitive Modell wird als Nullmodell (constant-only model) bezeichnet und hat für sich keine Bedeutung. Aber es dient dazu, die wichtigste Statistik zur Prüfung der Eignung eines logistischen Modells zu konstruieren, die Likelihood-Ratio-Statistik.

### 5.2.4.1 Likelihood-Ratio-Statistik

Um die Gesamtqualität des untersuchten Modells (das angepasste oder vollständige Modell) zu bewerten, kann seine Wahrscheinlichkeit mit der Wahrscheinlichkeit des entsprechenden Null-Modells verglichen werden. Daraus ergibt sich die *Likelihood-Ratio-Statistik* (der Logarithmus des Likelihood-Quotienten):

$$LLR = -2 \cdot \ln\left(\frac{\text{Likelihood des 0-Modells}}{\text{Likelihood des vollständigen Modells}}\right)$$
$$= -2 \cdot \ln\left(\frac{L_0}{L_v}\right) = -2 \cdot (LL_0 - LL_v) \quad (5.37)$$

mit

$LL_0$   Maximierte Log-Likelihood für das 0-Modell (constant-only model)
$LL_v$   Maximierte Log-Likelihood des vollständigen Modells

Der Likelihood-Quotient ist also gleich der Differenz der Log-Likelihoods. Mit den obigen Werten aus unserem Beispiel für die multiple logistische Regression (Modell 4) erhalten wir:

$$LLR = -2 \cdot (LL_0 - LL_v) = -2 \cdot (-20{,}728 + 16{,}053) = 9{,}35$$

Unter der Nullhypothese $H_0$: $\beta_1 = \beta_2 = \ldots = \beta_J = 0$ ist *LLR* angenähert Chi-Quadrat-verteilt mit *J* Freiheitsgraden (*df*).[21] Damit können wir *LLR* verwenden, um die statistische Signifikanz eines angepassten Modells zu testen. Dies wird als *Likelihood-Ratio-Test* (LR-Test) bezeichnet, der mit dem F-Test in der linearen Regressionsanalyse vergleichbar ist.[22]

Der tabellierte Chi-Quadrat-Wert für $\alpha = 0{,}05$ und 2 Freiheitsgrade beträgt 5,99. Da $LLR = 9{,}35 > 5{,}99$, kann die Nullhypothese zurückgewiesen werden und das Modell als statistisch signifikant betrachtet werden. Der p-Wert (empirisches Signifikanzniveau) beträgt nur 0,009 und das Modell kann somit als hochsignifikant angesehen werden.[23] Abb. 5.14 veranschaulicht die im LR-Test verwendeten Log-Likelihood Werte.

---

[21] Daher wird in SPSS die *LLR*-Statistik als Chi-Quadrat bezeichnet. Zur Wahrscheinlichkeits-Ratio-Test-Statistik siehe z. B. Agresti (2013, S. 11); Fox (2015, S. 346 ff.).

[22] Um das Verständnis des Lesers für die Grundlagen des statistischen Testens aufzufrischen, bietet Abschn. 1.3 hierzu eine kurze Zusammenfassung.

[23] Mit Excel lässt sich der p-Wert berechnen, indem die Funktion CHIQU.VERT.RE(x;df) verwendet wird. Es ergibt sich CHIQU.VERT.RE(9,35;2) = 0,009.

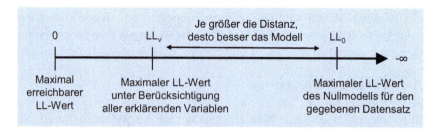

**Abb. 5.14** Log-Wahrscheinlichkeitswerte im LR-Test

**Vergleich verschiedener Modelle**

Modellbildung sollte immer um Sparsamkeit (parsimony) bemüht sein. Mithilfe des LR-Tests lässt sich auch überprüfen, ob ein komplexeres Modell eine signifikante Verbesserung erbringt (Agresti, 2013, S. 136 f.). Im Beispiel könnte man z. B. untersuchen, ob die Einbeziehung weiterer Merkmale wie Alter oder Gewicht der Personen eine bessere Modellanpassung liefern würde. Umgekehrt kann hier untersucht werden, ob Modell 4 durch Einbeziehung der Variable Geschlecht eine signifikante Verbesserung gegenüber Modell 3 erbringt. Zur Überprüfung wird die folgende Likelihood-Ratio-Statistik gebildet:

$$LLR = -2 \cdot \ln\left(\frac{L_r}{L_v}\right) = -2 \cdot (LL_r - LL_v) \qquad (5.38)$$

mit

$LL_r$ Maximierte Log-Likelihood für das reduzierte Modell (Modell 3)
$LL_v$ Maximierte Log-Likelihood für das vollständige Modell (Modell 4)

Mit den obigen Werten ergibt sich:

$$LLR = -2 \cdot (LL_r - LL_v) = -2(-18{,}027 + 16{,}053) = 3{,}949$$

*LLR* ist wiederum angenähert Chi-Quadrat-verteilt, wobei die Zahl der Freiheitsgrade sich aus der Differenz der Anzahl der Parameter zwischen beiden Modellen ergibt (Agresti, 2013, S. 515 f.; Menard, 2002, S. 22).[24] In diesem Fall gilt $df = 1$. Damit ergibt sich ein p-Wert von 0,047. Die Verbesserung von Model 4 gegenüber Model 3 erweist sich damit bei $\alpha = 0{,}05$ als statistisch signifikant. Eine Voraussetzung für die Anwendung der Chi-Quadrat-Verteilung ist, dass die Modelle verschachtelt sind. Die Variablen des einen Modells müssen eine Untermenge der Variablen des anderen Modells sein.

---

[24] Voraussetzung für die Chi-Quadrat-Verteilung ist, dass es sich um ineinander verschachtelte Modelle (nested models) handelt. Die Variablen eines der Modelle müssen eine Untermenge der Variablen des anderen Models bilden.

### 5.2.4.2 Pseudo-R-Quadrat-Statistiken

Es gab viele Bemühungen in der logistischen Regression, ein ähnliches Maß für die Anpassungsgüte zu schaffen wie das Bestimmtheitsmaß $R^2$ (R-Quadrat) in der linearen Regression. Das Ergebnis dieser Bemühungen sind die sogenannten Pseudo-R-Quadrat-Statistiken. Sie ähneln $R^2$ insofern, als dass

- sie nur Werte zwischen 0 und 1 annehmen können,
- ein höherer Wert eine bessere Anpassung bedeutet.

Die Pseudo-$R^2$-Statistiken messen jedoch keinen Anteil. Sie basieren auf dem Verhältnis zweier Wahrscheinlichkeiten, wie die Likelihood-Ratio-Statistik

a) McFaddens $R^2$

$$\text{McF} - R^2 = 1 - \left(\frac{LL_v}{LL_0}\right) = 1 - \frac{-16{,}053}{-20{,}728} = 0{,}226 \tag{5.39}$$

Im Unterschied zur LR-Statistik, die den Logarithmus der Quotienten der Likelihoods verwendet, verwendet McFadden den Quotienten der logarithmischen Likelihoods. Bei einem geringen Unterschied zwischen den beiden Log-Likelihoods (des angepassten Modells und des Null-Modells) wird der Quotient nahe 1 und damit McF $- R^2$ nahe 0 liegen, d. h. das geschätzte Modell ist nicht viel besser als das 0-Modell. Oder, mit anderen Worten, das geschätzte Modell ist wertlos.
Gibt es einen großen Unterschied zwischen den beiden Log-Likelihoods, ist es genau umgekehrt. Aber mit McFaddens $R^2$ ist es fast unmöglich, mit empirischen Daten Werte nahe 1 zu erreichen. Für einen Wert von 1 (perfekte Anpassung) müsste die Likelihood 1 und damit die Log-Likelihood 0 sein. Die Werte sind daher in der Praxis viel niedriger als bei $R^2$. Als Faustregel gilt, dass Werte von 0,2 bis 0,4 als Indikator für eine gute Modellanpassung angesehen werden können (Louviere et al., 2000, S. 54).

b) Cox & Snell-$R^2$

$$R_{CS}^2 = 1 - \left(\frac{L_0}{L_v}\right)^{\frac{2}{N}} = 1 - \left(\frac{\exp(-20{,}728)}{\exp(-16{,}053)}\right)^{\frac{2}{30}} = 0{,}268 \tag{5.40}$$

Das Cox & Snell-$R^2$ kann nur Werte <1 annehmen, da $L_0$ immer >0 sein wird, d. h. es liefert auch bei perfekter Anpassung Werte <1.

c) Nagelkerkes $R^2$

$$R_{Na}^2 = \frac{R_{CS}^2}{1 - L_0^{2/N}} = \frac{0{,}268^2}{1 - \exp(-20{,}728)^{2/30}} = 0{,}358 \tag{5.41}$$

Das Pseudo-$R^2$ von Nagelkerke basiert auf der Statistik von Cox und Snell. Es modifiziert sie so, dass auch der Maximalwert 1 erreicht werden kann.

Für unser Modell liefern alle drei Pseudo-R-Quadrate recht niedrige Werte, obgleich das Modell eine recht gute Anpassung und hohe Signifikanz erzielt. Die Werte liegen weit unter dem, was man bei einer linearen Regression von R-Quadrat (Bestimmtheitsmaß) erwarten würde.

### 5.2.4.3 Beurteilung der Klassifizierung

Die Erstellung von Klassifizierungstabellen, die zuvor bereits behandelt wurden, bildet eine weitere und besonders anschauliche Möglichkeit zur Beurteilung der Güte eines Modells. Leider führen diese alternativen Ansätze nicht immer zu übereinstimmenden Ergebnissen. Ein Modell kann eine gute Anpassung zeigen, aber dennoch schlechte Prognosen (Klassifizierungen) liefern.

Bei der Beurteilung der Trefferquote der erzielten Klassifizierung ist immer in Betracht zu ziehen, welche Trefferquote man bei einer rein *zufälligen Zuordnung* der Elemente erwarten würde. Bei zwei Gruppen wäre durch Werfen einer Münze eine Trefferquote von 50 % zu erwarten. Dieselbe Trefferquote erzielt man auch bei gleicher Größe der Gruppen, wenn man blindlings alle Elemente einer der beiden Gruppen zuordnet.

Eine noch höhere Trefferquote erzielt man mit dieser naiven Klassifizierung bei ungleicher Größe der Gruppen. Beträgt z. B. das Verhältnis der Gruppen 80 zu 20, so würde man eine Trefferquote von 80 % erzielen, wenn man alle Elemente der größeren Gruppe zuordnet.

Weiterhin ist zu berücksichtigen, dass die Trefferquote immer überhöht ist, wenn sie, wie allgemein üblich, auf Basis derselben Stichprobe berechnet wird, die auch für die Schätzung der logistischen Regressionsfunktion verwendet wurde (z. B. Morrison, 1969, S. 158). Da die logistische Regressionsfunktion immer so ermittelt wird, dass die Trefferquote in der verwendeten Stichprobe maximal wird, ist bei Anwendung auf eine andere Stichprobe mit einer niedrigeren Trefferquote zu rechnen. Dieser *Stichprobeneffekt* vermindert sich allerdings mit zunehmendem Umfang der Stichprobe. Er wird allerdings größer mit der Zahl der Variablen im Modell. Deshalb ist Sparsamkeit (parsimony) ein wichtiges Kriterium der Modellbildung.

Eine *bereinigte Trefferquote* lässt sich gewinnen, indem die verfügbare Stichprobe zufällig in zwei Unterstichproben aufgeteilt wird, und zwar in ein „Trainings-Set" (Lernstichprobe) und ein (in der Regel kleineres) „Test-Set" (Kontrollstichprobe, Validation-Set, Holdout-Sample).

Die Lernstichprobe wird zur Schätzung der logistischen Regressionsfunktion verwendet, mit deren Hilfe sodann die Elemente der Kontrollstichprobe klassifiziert werden und hierfür die Trefferquote berechnet wird. Diese Vorgehensweise ist allerdings nur dann zweckmäßig, wenn eine hinreichend große Stichprobe zur Verfügung steht, da sich mit abnehmender Größe der Lernstichprobe die Zuverlässigkeit der geschätzten logistischen Regressionsfunktion reduziert. Außerdem wird die vorhandene Information nur unvollständig genutzt.

Bessere Möglichkeiten zur Erzielung von unverzerrten Trefferquoten bieten Methoden der Kreuz-Validierung (Cross-Validation; vgl. Hastie et al., 2011, S. 241 ff.; James et al., 2014, S. 175 ff.). Ein einfacher Spezialfall ist die *Leave-one-out-Methode* (LOO). Man sondert dabei ein Element der Stichprobe aus und klassifiziert es mithilfe derjenigen logistischen Regressionsfunktion, die auf Basis der übrigen Elemente geschätzt wurde. Dies wird dann für alle Elemente der Stichprobe wiederholt. Auf diese Art lässt sich unter vollständiger Nutzung der vorhandenen Information eine unverzerrte Klassifizierungstabelle erzielen. Die Methode ist allerdings recht aufwendig. In unserem Beispiel werden bei Anwendung der LOO-Methode 3 Treffer weniger erzielt, womit sich die Trefferrate von 83,3 % auf 73,3 % vermindert.

Im Hinblick auf die Beurteilung der Qualität des zugrunde liegenden Modells stellt sich das Problem, dass sich die Klassifikationstabelle und damit auch die Trefferquote bei einer Änderung des gewählten Cutoff-Wertes ändern kann. Daher verwendeten wir oben als verallgemeinertes Konzept die ROC-Kurve (Receiver Operating Characteristic), die die Klassifikationstabellen für die möglichen Cutoff-Werte zusammenfasst. Die Fläche unter der ROC-Kurve, bekannt als AUC, ist ein Maß für die Prognosegenauigkeit des Modells (Abschn. 5.2.1.4).

### 5.2.4.4 Prüfung auf Ausreißer

Empirische Daten enthalten oft einen oder mehrere Ausreißer, d. h. Beobachtungen, die deutlich von den anderen Daten abweichen. Solche Ausreißer können den Fit des Modells oder die Schätzungen der Koeffizienten verändern. Obwohl die 'logistische Regression als relativ unempfindlich gegenüber Ausreißern gilt (im Gegensatz zur Regressionsanalyse), ist es dennoch sinnvoll, die Daten in dieser Hinsicht zu kontrollieren. Zu diesem Zweck müssen zunächst eventuelle Ausreißer aufgespürt und dann untersucht werden, ob sie *einflussreich* sind. Wenn sie einflussreich sind, wird eine weitere Analyse notwendig.

Um Ausreißer aufzufinden, sind die Residuen zu betrachten. In der linearen Regression werden die Residuen berechnet durch $e_i = y_i - \hat{y}_i$ (beobachteter minus geschätzter Wert). Analog dazu werden die Residuen hier berechnet durch

$$e_i = y_i - p_i$$

berechnet (beobachteter Wert minus geschätzte Wahrscheinlichkeit). Da $y$ nur die Werte 0 oder 1 annehmen kann und $p$ Werte im Bereich von 0 bis 1 annehmen kann, können die Residuen nur Werte von $-1$ bis $+1$ annehmen. Wie bei der linearen Regression ist die Summe der Residuen gleich Null.

Um die Größe eines Residuums zu beurteilen, ist es vorteilhaft, seinen Wert zu standardisieren, indem man ihn durch die Standardabweichung dividiert. Da die Residuen hier einer Bernoulli-Verteilung folgen, erhalten wir:

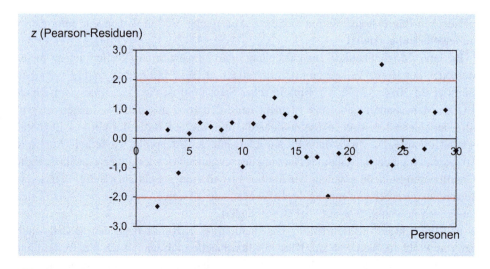

**Abb. 5.15** Standardisierte Residuen pro Person

$$z_i = \frac{y_i - p_i}{\sqrt{p_i(1 - p_i)}} \qquad (5.42)$$

Bei großem Stichprobenumfang $N$ sind die standardisierten Residuen annähernd normalverteilt mit Mittelwert 0 und Standardabweichung 1. Sie werden auch als *Pearson-Residuen* bezeichnet. Tab. 5.14 zeigt die berechneten Residuen und Abb. 5.15 zeigt ein Streudiagramm der standardisierten Residuen.

Die Summe der quadrierten Pearson-Residuen ergibt die Pearson-Chi-Quadrat-Statistik:

$$X^2 = \sum_{i=1}^{N} \frac{(y_i - p_i)^2}{p_i(1 - p_i)} = 30{,}039 \qquad (5.43)$$

Die Pearson-Chi-Quadrat-Statistik wird in der Regel auf der Grundlage von Häufigkeiten gruppierter Daten berechnet, z. B. bei der Auswertung von Kontingenztabellen (vgl. Kap. 6). Im Zusammenhang mit der logistischen Regression wird sie auch als Maß für die Anpassungsgüte verwendet (siehe Abschn. 5.3.4). Der Wert von $X^2$ liegt hier in der Nähe des Wertes 32,105, den wir für $-2LL$ erhalten haben. Sowohl $-2LL$ als auch $X^2$ sind vergleichbar mit der Summe der quadrierten Residuen (SSR) in der linearen Regression.

**Erkennung von Ausreißern**

Ausreißer können durch visuelle Inspektion eines Streudiagramms (wie in Abb. 5.15) oder automatisch durch Setzen eines Grenzwertes (cutoff value) identifiziert werden. Der Standard-Cutoff-Wert in SPSS beträgt 2 [Standardabweichungen]. Beobachtungen mit einem standardisierten Residuum, das absolut größer als 2 ist, haben eine

**Tab. 5.14** Residuenanalyse

| Person | Einkommen | Geschlecht | Kauf y | p | y-p | z |
|---|---|---|---|---|---|---|
| 1 | 2,530 | 0 | 1 | 0,578 | 0,422 | 0,855 |
| 2 | **2,370** | **1** | **0** | **0,844** | **−0,844** | **−2,326** |
| 3 | 2,720 | 1 | 1 | 0,925 | 0,075 | 0,285 |
| 4 | 2,540 | 0 | 0 | 0,583 | −0,583 | −1,183 |
| 5 | 3,200 | 1 | 1 | 0,974 | 0,026 | 0,162 |
| 6 | 2,940 | 0 | 1 | 0,782 | 0,218 | 0,528 |
| 7 | 3,200 | 0 | 1 | 0,869 | 0,131 | 0,389 |
| 8 | 2,720 | 1 | 1 | 0,925 | 0,075 | 0,285 |
| 9 | 2,930 | 0 | 1 | 0,778 | 0,222 | 0,534 |
| 10 | 2,370 | 0 | 0 | 0,484 | −0,484 | −0,969 |
| 11 | 2,240 | 1 | 1 | 0,799 | 0,201 | 0,501 |
| 12 | 1,910 | 1 | 1 | 0,647 | 0,353 | 0,738 |
| 13 | 2,120 | 0 | 1 | 0,343 | 0,657 | 1,385 |
| 14 | 1,830 | 1 | 1 | 0,603 | 0,397 | 0,811 |
| 15 | 1,920 | 1 | 1 | 0,653 | 0,347 | 0,730 |
| 16 | 2,010 | 0 | 0 | 0,287 | −0,287 | −0,635 |
| 17 | 2,010 | 0 | 0 | 0,287 | −0,287 | −0,635 |
| 18 | 2,230 | 1 | 0 | 0,796 | −0,796 | −1,973 |
| 19 | 1,820 | 0 | 0 | 0,205 | −0,205 | −0,508 |
| 20 | 2,110 | 0 | 0 | 0,338 | −0,338 | −0,714 |
| 21 | 1,750 | 1 | 1 | 0,557 | 0,443 | −0,891 |
| 22 | 1,460 | 1 | 0 | 0,389 | −0,389 | −0,798 |
| 23 | **1,610** | **0** | **1** | **0,136** | **0,864** | **2,522** |
| 24 | 1,570 | 1 | 0 | 0,452 | −0,452 | −0,908 |
| 25 | 1,370 | 0 | 0 | 0,082 | −0,082 | −0,299 |
| 26 | 1,410 | 1 | 0 | 0,362 | −0,362 | −0,752 |
| 27 | 1,510 | 0 | 0 | 0,111 | −0,111 | −0,353 |
| 28 | 1,750 | 1 | 1 | 0,557 | 0,443 | 0,891 |
| 29 | 1,680 | 1 | 1 | 0,516 | 0,484 | 0,968 |
| 30 | 1,620 | 0 | 0 | 0,139 | −0,139 | −0,401 |
| Summe | | | 16 | 16 | 0,0 | 0,0 |

Wahrscheinlichkeit von weniger als 5 % (2-Sigma-Regel). Dies kann als Alarm für eine weitere Untersuchung angesehen werden. Tab. 5.14 zeigt zwei solcher Beobachtungen. Es handelt sich um Person 2 und Person 23, deren Punkte in Abb. 5.15 außerhalb der beiden roten Linien liegen.

Die Beobachtung 23 mit einem Residuum $z = 2{,}522$ [Std. Abweichungen] sei hier näher betrachtet: Es handelt sich um eine Frau mit einem Einkommen von 1610 €, das deutlich unter dem Durchschnitt liegt. Sie hat die Gourmet-Schokolade gekauft. Die Ergebnisse unserer Analyse zeigen jedoch, dass die getestete Schokolade eher von Männern mit höherem Einkommen gekauft wird. In Abb. 5.15 ist diese Beobachtung durch den Marker über der oberen roten Linie dargestellt.

**Einflussreiche Beobachtungen (Influential observations)**

Beobachtungen, die einen starken Einfluss auf die geschätzten Parameter haben, werden als „Influential observations" (einflussreiche Beobachtungen) bezeichnet. Es soll untersucht werden, ob Person 23 eine solche einflussreiche Beobachtung ist. Am einfachsten ist es, die auffällige Person aus dem Datensatz zu eliminieren und die Schätzung des Modells zu wiederholen.

Die obige Gl. (5.22) zeigte die geschätzte Regressionsfunktion für alle Daten. Diese vergleichen wir jetzt mit der Regressionsfunktion, die sich nach Entfernen der Beobachtung 23 ergibt. Das Ergebnis (in Logits geschrieben) lautet:

a) Komplette Stichprobe: $\text{logit}[p(\boldsymbol{x})] = -5{,}635 + 2{,}351\, x_1 + 1{,}751\, x_2$

b) Person 23 entfernt: $\text{logit}[p(\boldsymbol{x})] = -7{,}998 + 3{,}203\, x_1 + 2{,}551\, x_2$

Es ist ein deutlicher Effekt zu erkennen: Alle Parameter erhöhen sich beträchtlich (in absoluten Werten). Dies zeigt, dass ein einzelner Ausreißer in einem kleinen Datensatz einen starken Einfluss auf das Ergebnis der Analyse haben kann.

Der zweite Ausreißer ist hier die Beobachtung 2 mit dem Residuum $z = -2{,}326$. Es handelt sich um einen Mann mit überdurchschnittlichem Einkommen, der die Schokolade nicht gekauft hat. In Abb. 5.15 wird er durch den Marker unterhalb der unteren roten Linie repräsentiert. Nach Eliminierung dieser Beobachtung erhalten wir:

c) Person 2 entfernt: $\text{logit}[p(\boldsymbol{x})] = -7{,}099 + 3{,}002\, x_1 + 2{,}386\, x_2$

Hier sind die Auswirkungen nicht ganz so stark. Dafür gibt es zwei Gründe:

- die *Größe* des Residuums ist etwas kleiner,
- die Beobachtung hat eine geringere *Hebelwirkung* (leverage).

Die Abschätzung des Einflusses eines Ausreißers kann durch folgende vereinfachte Formel erfolgen:

$$\text{Einfluss} = \text{Größe} \times \text{Hebelwirkung}$$

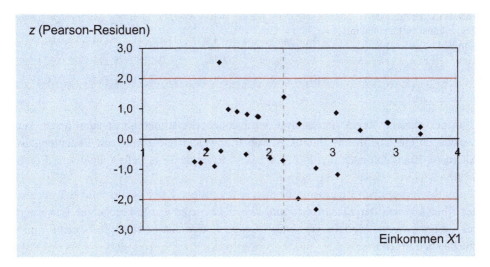

**Abb. 5.16** Standardisierte Residuen und Einkommen

Die Größe ist eine Funktion der abhängigen Variable (hier $y$ bzw. $p$) und die Hebelwirkung (Leverage) ist eine Funktion der unabhängigen Variable(n) $X$ (hier Einkommen). Genauer gesagt hängt die Hebelwirkung von der Entfernung des $x$-Wertes vom Zentrum ab. In Abb. 5.16 ist das mittlere Einkommen $\bar{x} = 2115$ € durch die gestrichelte Linie in der Mitte gekennzeichnet. Das Einkommen der Frau (Person 23) ist deutlich weiter vom Zentrum entfernt als das Einkommen des Mannes (Person 2). Die Frau hat hier also eine größere Hebelwirkung als der Mann.

Wenn einflussreiche Ausreißer entdeckt wurden, werden weitere Analysen notwendig. Die Werte können aufgrund von Fehlern bei der Messung oder Dateneingabe falsch sein. Wenn dies der Fall ist, sollten sie korrigiert (wenn möglich), oder eliminiert werden. Andere Gründe können ungewöhnliche Ereignisse innerhalb oder außerhalb des Forschungskontexts sein. Im ersten Fall sollten versucht werden, die Modellspezifikation zu ändern, im zweiten Fall sollten die Ausreißer eliminiert werden.

Lässt sich kein Grund finden, so ist davon auszugehen, dass die Ausreißer durch zufällige Fluktuation verursacht wurden. In diesem Fall müssen die Ausreißer in der Analyse beibehalten werden. Ausreißer ohne guten Grund ausfallen zu lassen, würde eine Manipulation der Regressionsergebnisse bedeuten. Nur wenn bekannt ist, dass ein Wert falsch ist und nicht korrigiert werden kann, sollte er eliminiert werden.

### 5.2.5 Prüfung der geschätzten Koeffizienten

Neben der Bewertung der Güte eines Modells ist es in der Regel von Interesse, Informationen über den Einfluss und die Bedeutung der einzelnen Prädiktoren zu erhalten. Zu diesem Zweck müssen die geschätzten Koeffizienten untersucht werden.

**Tab. 5.15** Prüfung der Regressionskoeffizienten mit dem Wald-Test

|            | $b_j$   | SE    | Wald  | p-Wert |
|------------|---------|-------|-------|--------|
| Konstante  | −5,635  | 2,417 | 5,436 | 0,020  |
| Einkommen  | 2,351   | 1,040 | 5,114 | 0,024  |
| Geschlecht | 1,751   | 0,953 | 3,380 | 0,066  |

In der linearen Regressionsanalyse wird üblicherweise der t-Test zum Testen verwendet, ob ein Koeffizient signifikant von 0 abweicht und somit von Bedeutung ist. Alternativ kann man auch den F-Test verwenden. Beide Tests liefern identische Ergebnisse.

Bei der logistischen Regression ist dies etwas anders. Zwei gebräuchliche Tests sind der *Wald-Test* und der *Likelihood-Ratio-Test*.[25] Letzterer wurde bereits zur Bewertung der Gesamtgüte des Modells verwendet. Leider liefern diese beiden Tests nicht immer die gleichen Ergebnisse.

(a) **Wald-Test**

Der Wald-Test[26] ähnelt dem t-Test. Die Wald-Statistik lautet

$$W = \left( \frac{b_j}{SE(b_j)} \right)^2 \tag{5.44}$$

mit $SE(b_j)$ = Standardfehler von $b_j$ ($j = 0, 1, 2, \ldots, J$).

Formal ist die Wald-Statistik identisch mit dem Quadrat der t-Statistik. Unter der Nullhypothese $H_0$: $\beta_i = 0$ ist sie asymptotisch Chi-Quadrat-verteilt mit einem Freiheitsgrad (im Gegensatz zur t-Statistik, die Student-verteilt ist). Tab. 5.15 zeigt für unser Beispiel die Werte der Wald-Statistik und deren p-Werte (Modell 4). Der Koeffizient der Variable Geschlecht ist hier nicht signifikant bei $\alpha = 0{,}05$.

(b) **Likelihood-Ratio-Test**

Analog zur Verwendung des Likelihood-Ratio-Tests für die globale Güteprüfung des Modells lässt sich dieser auch verwenden, um die geschätzten Regressionskoeffizienten auf Signifikanz zu prüfen. Hierzu wird die Likelihood des vollständigen Modells $LL_v$ mit der Likelihood des reduzierten Modells verglichen, die man erhält, wenn man den zu prüfenden Koeffizienten $b_j$ auf 0 setzt und die Maximierung der Likelihood für die

---

[25] Beide Tests werden in SPSS verwendet, aber der LR-Test wird nur im NOMREG-Verfahren für die multinomiale logistische Regression verwendet, nicht aber für die binäre Logistische Regression.

[26] Benannt nach dem ungarischen Mathematiker Abraham Wald (1902–1950). Siehe zum Wald Test auch Agresti (2013, S. 10); Hosmer et al. (2013, S. 42 ff.).

## 5.2 Vorgehensweise

**Tab. 5.16** Prüfung der Regressionskoeffizienten mit dem Likelihood-Ratio-Test

|  | $b_j$ | $LL_{0j}$ | $LL_v$ | $LLR_j$ | p-Wert |
|---|---|---|---|---|---|
| Konstante | −5,635 | −19,944 | −16,053 | 7,783 | 0,005 |
| Einkommen | 2,351 | −19,643 | −16,053 | 7,181 | 0,007 |
| Geschlecht | 1,751 | −18,027 | −16,053 | 3,949 | 0,047 |

übrigen Parameter durchführt. $LL_{0j}$ sei der Maximalwert, den man so erhält. Für die Likelihood-Statistik zur Prüfung des Koeffizienten $b_j$ gilt damit:

$$LLR_j = -2 \cdot (LL_{0j} - LL_v) \qquad (5.45)$$

$LL_v$ bezeichnet wiederum den Wert für das vollständige Modell, der sich nicht ändert.

Unter der Hypothese $H_0$: $b_j = 0$ ist $LLR_j$ asymptotisch Chi-Quadrat-verteilt mit einem Freiheitsgrad. Die Ergebnisse für unser Beispiel zeigt Tab. 5.16.

Ein Vergleich der Ergebnisse zeigt, dass beim Likelihood-Ratio-Test hier die p-Werte generell kleiner ausfallen als beim Wald-Test. Bei $\alpha = 0{,}05$ erweisen sich beim Likelihood-Ratio-Test alle Koeffizienten als signifikant, während dies beim Wald-Test für die Variable Geschlecht nicht der Fall ist.

Der Likelihood-Ratio-Test ist rechnerisch sehr viel aufwendiger als der Wald-Test, da zur Prüfung jedes der Koeffizienten eine separate ML-Schätzung durchgeführt werden muss. Aus diesem Grund wird oft dem Wald-Test der Vorzug gegeben. Der Wald-Test aber kann irreführend sein, da er systematisch größere p-Werte liefert, als der Likelihood-Ratio-Test.[27] Folglich kann er versagen, die Signifikanz eines Koeffizienten anzuzeigen (bzw. eine falsche Nullhypothese abzulehnen), so wie dies hier für die Variable Geschlecht der Fall ist. Der Likelihood-Ratio-Test ist daher der eindeutig bessere Test. Der Wald-Test sollte nur für große Stichproben zur Anwendung kommen, da sich dann die Ergebnisse der beiden Tests angleichen.

Abschließend sei noch darauf hingewiesen, dass der LR-Test zur Signifikanzprüfung von $b_2$ (Koeffizient der Variable Geschlecht) identisch ist mit dem Test, der gemäß Gl. (5.38) für den Vergleich von Modell 4 mit Modell 3 durchgeführt wurde. Die Signifikanz der Verbesserung von Modell 4 gegenüber Modell 3 durch die Einbeziehung der Variable Geschlecht ist gleich der Signifikanz des Koeffizienten der Variable Geschlecht.

---

[27] Der Grund ist, dass der Standardfehler zu groß wird, insbesondere wenn der absolute Wert des Koeffizienten groß ist. Die Wald-Statistik wird damit zu klein und der p-Wert zu groß. Siehe dazu Hauck und Donner (1977). Agresti (2013, S. 169), weist darauf hin, dass der Likelihood-Ratio-Test mehr Information nutzt als der Wald-Test und deshalb vorzuziehen ist.

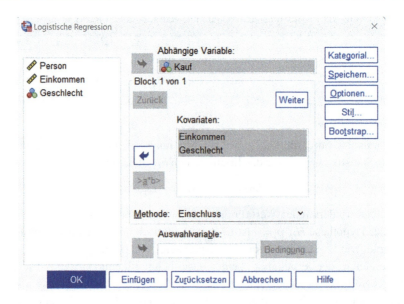

**Abb. 5.17** Dialogfenster: Logistische Regression

### 5.2.6 Durchführung einer binären Logistischen Regression mit SPSS

In SPSS existieren zwei Prozeduren zur Durchführung von logistischen Regressionsanalysen: die Prozedur LOGISTIC REGRESSION für die binäre logistische Regression und die Prozedur MULTINOMIAL LOGISTIC REGRESSION (NOMREG). Beide Prozeduren werden in SPSS über die Menüfolge „*Analysieren/Regression*" aufgerufen. Da für das Fallbeispiel in Abschn. 5.4 die Prozedur NOMREG verwendet wird, werden nachfolgend auszugsweise Outputs der Prozedur LOGISTIC REGRESSION für den Beispieldatensatz gezeigt (die vorherigen Ergebnisse wurden mit MS Excel berechnet), und es wird auf Unterschiede der beiden Prozeduren hingewiesen.[28]

Die Prozedur LOGISTIC REGRESSION wird unter dem Menüpunkt „*Analysieren/ Regression/Binär logistisch…*" aufgerufen. Es öffnet sich das in Abb. 5.17 dargestellte Dialogfenster für die logistische Regression. Dort ist im Dialogfenster als abhängige Variable die binäre Variable „Kauf" anzugeben und als Kovariaten sind die Variablen „Einkommen" und „Geschlecht" anzugeben (vgl. Abb. 5.17).[29]

---

[28] Der Anwender findet alle in diesem Kapitel verwendeten Excel-Dateien auf der Internetseite zu diesem Buch www.multivariate.de.

[29] Die binäre Logistische Regression kann auch mit Hilfe der SPSS-Syntax ausgeführt werden, die in Abschn. 5.4.4 in Abb. 5.42 dargestellt ist.

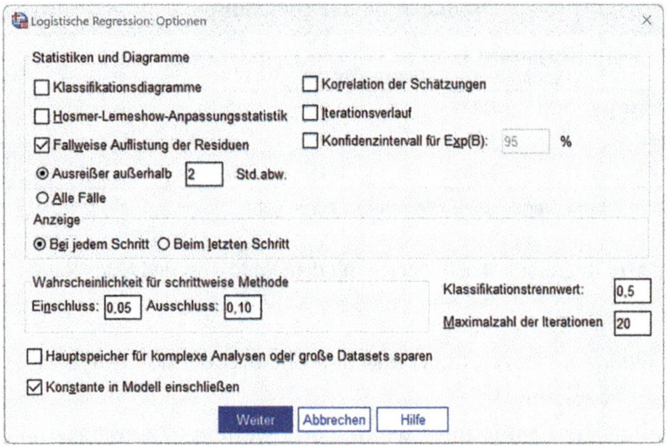

## 5.2 Vorgehensweise

**Abb. 5.18** Dialogfenster: Logistische Regressions-Optionen

In dem Dialogfenster „*Optionen*" (Abb. 5.18) kann ein Cutoff-Wert (Trennwert) für die Erstellung eine Klassifikationstabelle angegeben werden. Der Standardwert für den „Klassifikationstrennwert" ist 0,5. Um eine Liste von Ausreißern zu erhalten, ist „*Fallweise Auflistung der Residuen*" zu wählen. Wird auf „*Weiter*" und dann auf „*OK*" geklickt, so erhält man mit den Daten aus Tab. 5.2 den in Abb. 5.19 gezeigten Output.

Abb. 5.19 zeigt im oberen Teil unter „*Omnibus-Tests der Modellkoeffizienten*" das Ergebnis des Likelihood-Ratio-Tests nach Gl. (5.37), nämlich den Wert von *LLR* (in

### Omnibus-Tests der Modellkoeffizienten

|   |   | Chi-Quadrat | df | Sig. |
|---|---|---|---|---|
| Schritt 1 | Schritt | 9,350 | 2 | ,009 |
|   | Block | 9,350 | 2 | ,009 |
|   | Modell | 9,350 | 2 | ,009 |

### Modellzusammenfassung

| Schritt | -2 Log-Likelihood | Cox & Snell R-Quadrat | Nagelkerkes R-Quadrat |
|---|---|---|---|
| 1 | 32,105 [a] | ,268 | ,358 |

[a]. Schätzung beendet bei Iteration Nummer 5, weil die Parameterschätzer sich um weniger als ,001 änderten.

**Abb. 5.19** Globale Qualitätsmessungen

**Variablen in der Gleichung**

|  |  | Regressions-koeffizient B | Standardfehler | Wald | df | Sig. | Exp(B) |
|---|---|---|---|---|---|---|---|
| Schritt 1[a] | Einkommen | 2,351 | 1,040 | 5,114 | 1 | ,024 | 10,495 |
|  | Geschlecht | 1,751 | ,953 | 3,380 | 1 | ,066 | 5,762 |
|  | Konstante | -5,635 | 2,417 | 5,436 | 1 | ,020 | ,004 |

a. In Schritt 1 eingegebene Variablen: Einkommen, Geschlecht.

**Abb. 5.20** Geschätzte Regressionskoeffizienten mit dem Wald-Test und Odds Ratios

SPSS als „*Chi-Quadrat*" bezeichnet) und den entsprechenden p-Wert (als „Sig." für das Signifikanzniveau bezeichnet).

Unter „Modellzusammenfassung" werden drei weitere Gütemaße angegeben:

- den Wert von $-2LL$ gemäß der Gl. (5.36),
- die Werte von zwei Pseudo-$R^2$-Statistiken: das $R^2$ von Cox & Snell und das $R^2$ von Nagelkerke gemäß den Gl. (5.40) und (5.41).

Das $R^2$ von McFadden wird nur im Verfahren NOMREG ausgegeben. Es wird im Output auch angegeben, dass die ML-Schätzung 5 Iterationen erforderte.

Abb. 5.20 zeigt die geschätzten Regressionskoeffizienten und den Wald-Test und entspricht Tab. 5.15. Außerdem sind ganz rechts die Effekt-Koeffizienten Exp($b$) gemäß Gl. (5.31) angegeben. Der Likelihood-Ratio-Test der Regressionskoeffizienten, wie in Tab. 5.16 dargestellt, kann in SPSS nur mit dem Verfahren NOMREG erhalten werden.

Abb. 5.21 zeigt die Klassifikationstabelle und ist konsistent mit Tab. 5.11. Zeilen und Spalten sind allerdings in SPSS vertauscht entsprechend der Codierung 0 und 1. Der Trennwert kann vom Benutzer geändert werden. Dies ist im Verfahren NOMREG nicht möglich. Der Standardwert ist 0,5, den wir oben ebenfalls verwendet haben.

Wird „*Fallweise Auflistung der Residuen*" gewählt, erhält man die Tabelle in Abb. 5.22, die die beiden Ausreißer, die Personen 2 und 23, zeigt. Für jede Person ist angegeben:

**Klassifizierungstabelle[a]**

|  | Beobachtet |  | Vorhergesagt | | Prozentsatz der Richtigen |
|---|---|---|---|---|---|
|  |  |  | Kauf | | |
|  |  |  | Nicht-Kauf | Kauf | |
| Schritt 1 | Kauf | Nicht-Kauf | 11 | 3 | 78,6 |
|  |  | Kauf | 2 | 14 | 87,5 |
|  | Gesamtprozentsatz |  |  |  | 83,3 |

a. Der Trennwert lautet ,500

**Abb. 5.21** Klassifikationstabelle

**Fallweise Liste**[b]

| Fall | Ausgewählter Status[a] | Beobachtet Kauf | Vorhergesagt | Vorhergesagte Gruppe | Temporäre Variable | | |
|---|---|---|---|---|---|---|---|
| | | | | | Resid | ZResid | SResid |
| 2 | S | N** | ,844 | K | -,844 | -2,326 | -2,015 |
| 23 | S | K** | ,136 | N | ,864 | 2,522 | 2,102 |

a. S = Ausgewählte, U = Nicht ausgewählte Fälle und ** = Falsch klassifizierte Fälle.
b. Fälle mit studentisierten Residuen größer als 2,000 werden aufgelistet.

**Abb. 5.22** Liste der Ausreißer

- „Beobachtete" Reaktion: Kauf oder Nicht-Kauf
- „Vorhergesagte" Wahrscheinlichkeit $p$
- „Vorhergesagte Gruppe": Kauf oder Nicht-Kauf (basierend auf $p$ und dem angegebenen Trennwert)
- Residuen: normale, standardisierte und studentierte Residuen (die studentierten Residuen folgen der t-Verteilung).

Um die ROC-Kurve zur Bewertung der Klassifizierungstabelle zu generieren, müssen zunächst die geschätzten Wahrscheinlichkeiten (wie in Tab. 5.14 angegeben) generiert und in der Arbeitsdatei gespeichert werden. Zu diesem Zweck ist die Option „Speichern" im Dialogfenster „Logistische Regression" und dann „Wahrscheinlichkeiten" zu wählen. Dadurch wird nach der Durchführung der Analyse eine Variable „PRE_1" erstellt, die die geschätzten Wahrscheinlichkeiten $p_i = P(Y=1)$ enthält. Die Variable „PRE_1" erscheint in der Arbeitsdatei.

Unter dem Menüpunkt „Analysieren/Klassifizieren/ROC-Kurve" gelangt man zum Verfahren ROC. Dort ist die Variable „PRE_1" als „Testvariable" und die Variable „Kauf" als „Zustandsvariable" zu wählen. Außerdem müssen wir für „Der Wert der Zustandsvariablen" den Wert von Y angeben, für den die Wahrscheinlichkeiten gelten. In unserem Fall ist dies 1 (= Kauf). Weiterhin sollte ausgewählt werden: „Mit diagonaler Bezugslinie" und „Standardfehler und Konfidenzintervall". Das Ergebnis zeigen Abb. 5.23 und 5.24.

## 5.3 Multinomiale logistische Regression

Wird die logistische Regression auf mehr als zwei Kategorien (Gruppen, Ereignisse) ausgedehnt, so wird von einer *multinomialen logistischen Regression* gesprochen. Die abhängige Variable Y kann nun die Werte $g = 1, \ldots, G$ annehmen. Wie bisher ist $x = (x_1, x_2, \ldots, x_J)$ eine Menge von Werten (Vektor) der J unabhängigen Variablen (Prädiktoren).

Y bezeichnet jetzt eine *multinomiale Zufallsvariable*. Analog zu Gl. (5.3) ergibt sich die bedingte Wahrscheinlichkeit $P(Y = g|x)$ für das Auftreten des Ereignisses g bei gegebenen Werten von $x$ durch

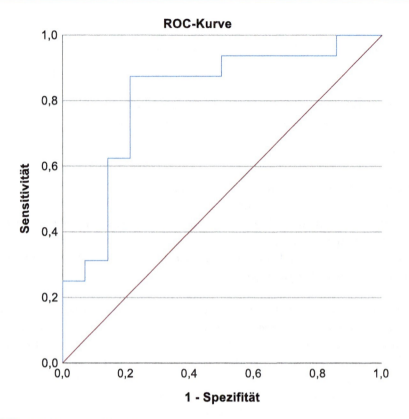

**Abb. 5.23** ROC-Kurve für Modell 4

**Fläche unter der Kurve**

Variable(n) für Testergebnis: Vorhergesagte Wahrscheinlichkeit

| Fläche | Std.-Fehler[a] | Asymptotische Signifikanz[b] | Asymptotisches 95% Konfidenzintervall | |
|---|---|---|---|---|
| | | | Untergrenze | Obergrenze |
| ,813 | ,083 | ,004 | ,649 | ,976 |

a. Unter der nichtparametrischen Annahme
b. Nullhypothese: Wahrheitsfläche = 0.5

**Abb. 5.24** Fläche unter der ROC-Kurve (AUC) mit p-Wert und Konfidenzintervall

$$\pi_g(\boldsymbol{x}) = P(Y = g | \boldsymbol{x}) \quad (g = 1, \ldots, G) \tag{5.46}$$

und es gilt:

## 5.3 Multinomiale logistische Regression

$$\sum_{g=1}^{G} \pi_g(x) = 1.$$

Zum besseren Verständnis des Modells für die multinomiale logistische Regression wollen wir das Modell für die binäre logistische Regression in einer etwas anderen Form schreiben. In Gl. (5.7) wurde das binäre logistische Regressionsmodell für die Wahrscheinlichkeit $P(Y=1|x)$ mittels folgender Gleichung ausgedrückt:

$$\pi(x) = \frac{1}{1+e^{-z(x)}} \quad \text{with} \quad z(x) = \alpha + \beta_1 x_1 + \cdots + \beta_J x_J$$

Nun drücken wir das binäre logistische Regressionsmodell durch zwei Gleichungen aus, für jede Kategorie eine:

$$P(Y=1|x): \pi_1(x) = \frac{e^{z_1(x)}}{e^{z_1(x)} + e^{z_0(x)}} \tag{5.47}$$

$$P(Y=0|x): \pi_0(x) = \frac{e^{z_0(x)}}{e^{z_1(x)} + e^{z_0(x)}} \tag{5.48}$$

Da sich die beiden Wahrscheinlichkeiten zu eins addieren müssen, sind die Parameter in einer der beiden Gleichungen redundant. Um die Parameter zu identifizieren, müssen sie deshalb in einer der Gleichungen fixiert werden. Dazu wählen wir hier die zweite Gleichung. Die Parameter in $z_0(x)$ setzen wir auf Null und erhalten damit $z_0(x) = 0$.[30] Damit lässt sich schreiben:

$$\pi_1(x) = \frac{e^{z_1(x)}}{e^{z_1(x)} + e^{z_0(x)}} = \frac{e^{z_1(x)}}{e^{z_1(x)} + e^0} = \frac{e^{z_1(x)}}{e^{z_1(x)} + 1} = \frac{1}{1+e^{-z_1(x)}} = \frac{1}{1+e^{-z(x)}}$$

$$\pi_0(x) = \frac{e^{z_0(x)}}{e^{z_1(x)} + e^{z_0(x)}} = \frac{1}{1+e^{z_1(x)}} = \frac{1}{1+e^{z(x)}}$$

Für $\pi_1(x)$ kommen wir zu der gleichen Formulierung wie oben für $\pi(x)$.

Mit dem Wert $z(x) = 0{,}313$ (siehe Abschn. 5.2.1.5, Modell 4), der für Person 1 in Tab. 5.14 gilt, folgt

$$\pi_1(x) = \frac{1}{1+e^{-z(x)}} = \frac{1}{1+e^{-0{,}313}} = 0{,}578$$

$$\pi_0(x) = \frac{1}{1+e^{z(x)}} = \frac{1}{1+e^{0{,}313}} = 0{,}422$$

---

[30] Eine Alternative ist, die Parameter so zu zentrieren, dass ihre Summe über die beiden Kategorien Null ist.

und somit $\pi_1(\mathbf{x}) + \pi_0(\mathbf{x}) = 1$.

Die 0-Kategorie (für $Y=0$), deren Parameter auf Null gesetzt sind, ist die Referenzkategorie (Basiskategorie). Für diese Kategorie ist keine Berechnung der logistischen Funktion erforderlich, da wir die Wahrscheinlichkeit durch $\pi_0(\boldsymbol{x}) = 1 - \pi_1(\boldsymbol{x})$ erhalten. Daher hatten wir die 0-Kategorie des binären Modells nicht explizit modelliert.

Im binären logistischen Modell wird automatisch immer die 0-Kategorie (für $Y=0$) als Referenzkategorie gewählt. Im multinomialen logistischen Modell dagegen kann jede der G Kategorien als Referenzkategorie gewählt werden.

### 5.3.1 Das multinomiale logistische Modell

Analog zu Gl. (5.47) kann nun das Modell der multinomialen logistischen Regression wie folgt formuliert werden:

$$\pi_g(\boldsymbol{x}) = \frac{e^{z_g(\boldsymbol{x})}}{\sum_{h=1}^{G} e^{z_h(\boldsymbol{x})}} \quad (g = 1\ldots, G) \tag{5.49}$$

oder vereinfacht:

$$\pi_g = \frac{e^{z_g}}{e^{z_1} + e^{z_2} + \cdots + e^{z_G}}$$

mit $z_g = \alpha_g + \beta_{g1} \cdot x_1 + \cdots + \beta_{gJ} \cdot x_J$.

Eine der $G$ Kategorien muss als Referenzkategorie (Basiskategorie) ausgewählt werden. Dazu wird in der Regel die letzte Kategorie $G$ gewählt. Werden die Parameter der Kategorie $G$ auf Null gesetzt, so folgt:

$$\pi_g(\boldsymbol{x}) = \frac{e^{z_g(\boldsymbol{x})}}{1 + \sum_{h=1}^{G-1} e^{z_h(\boldsymbol{x})}} \quad (g = 1, \ldots, G-1) \tag{5.50}$$

Die Wahrscheinlichkeit der Referenzkategorie $G$ ist gegeben durch

$$\pi_G(\boldsymbol{x}) = \frac{1}{1 + \sum_{h=1}^{G-1} e^{z_h(\boldsymbol{x})}} = 1 - \sum_{h=1}^{G-1} \pi_h(\boldsymbol{x}) \tag{5.51}$$

Durch Einfügen der systematischen Komponente in Gl. (5.50) ergibt sich das Modell der *multinomialen logistischen Regression* in folgender Form:

$$\pi_g(\boldsymbol{x}) = \frac{e^{\alpha_g + \beta_{g1} x_1 + \cdots + \beta_{gJ} x_J}}{1 + \sum_{h=1}^{G-1} e^{\alpha_h + \beta_{h1} x_1 + \cdots + \beta_{hJ} x_J}} \quad (g = 1, \ldots, G-1) \tag{5.52}$$

Die Parameter der Kategorien $g=1$ bis $G-1$ drücken die relative Wirkung in Bezug auf die Referenzkategorie $G$ aus. Handelt es sich bei den Kategorien beispielsweise um die Schokoladenmarken Alpia, Lindt und Milka, dann würden die Parameter für Alpia und Lindt die relative Bedeutung gegenüber Milka ausdrücken. Aber natürlich kann die Reihenfolge der Marken auch geändert und Alpia oder Lindt als Referenzkategorie gewählt werden.

Für jede Kategorie des multinomialen logistischen Modells (mit Ausnahme der Referenzkategorie $G$) muss eine logistische Regressionsfunktion gemäß Gl. (5.50) gebildet werden. Jede dieser $G-1$-Funktionen umfasst alle Parameter.

Insgesamt müssen $(J+1) \times (G-1)$ Parameter geschätzt werden. Bei zwei Prädiktoren und drei Kategorien wären dies z. B. $3 \times 2 = 6$ Parameter. Alle Parameter werden simultan geschätzt. Bei 10 Prädiktoren wären dies 22 Parameter.

**Maximum-Likelihood-Methode für multinomiale logistische Regression**

Für die Schätzung der Parameter des multinomialen logistischen Modells muss wiederum die log-Likelihood-Funktion über die Beobachtungen $i=1, \ldots, N$ maximiert werden:

$$LL = \sum_{i=1}^{N} \sum_{g=1}^{G} \ln \left[ p_g(\boldsymbol{x}_i) \right] \cdot y_{gi} \rightarrow \text{Max!} \tag{5.53}$$

mit $y_{gi}=1$, falls bei Person $i$ die Kategorie $g$ beobachtet wurde, und $y_{gi}=0$ andernfalls. Die Wahrscheinlichkeiten werden wie folgt berechnet:

$$p_g(\boldsymbol{x}_i) = \frac{e^{a_g + b_{g1} x_{1i} + \ldots + b_{gJ} x_{Ji}}}{1 + \sum_{h=1}^{G-1} e^{a_h + b_{h1} x_{1i} + \ldots + b_{hJ} x_{Ji}}} \quad (g = 1, \ldots, G) \tag{5.54}$$

mit $a_G = b_{G1} = \ldots = b_{GJ} = 0$.

### 5.3.2 Beispiel und Interpretation

Zur Veranschaulichung obiger Zusammenhänge wird das bisherige Kaufbeispiel wie folgt verändert.[31]

> **Beispiel**
>
> Den Testpersonen aus dem bisherigen Kaufbeispiel werden zwei Schokoladensorten A und B zur Auswahl angeboten, womit sich insgesamt drei Response-Kategorien ergeben:

---

[31] Für dieses Beispiel wird ein zweiter Datensatz mit 50 Beobachtungen verwendet.

- $g=1$: Kauf A
- $g=2$: Kauf B
- $g=3$: Nicht-Kauf

Als Prädiktor wird nur die Variable Einkommen betrachtet. ◀

Gemäß Gl. (5.50) sind die Kaufwahrscheinlichkeiten für ein bestimmtes Einkommen $x$ wie folgt zu schätzen:

$$\text{Kauf A:} \quad p_1(x) = \frac{e^{a_1+b_1 x}}{1+\sum_{h=1}^{2} e^{a_h+b_h x}} = \frac{e^{z_1(x)}}{1+\sum_{h=1}^{2} e^{z_h(x)}}$$

$$\text{Kauf B:} \quad p_2(x) = \frac{e^{a_2+b_2 x}}{1+\sum_{h=1}^{2} e^{a_h+b_h x}} = \frac{e^{z_2(x)}}{1+\sum_{h=1}^{2} e^{z_h(x)}}$$

$$\text{Nicht-Kauf:} \quad p_3(x) = \frac{1}{1+\sum_{h=1}^{2} e^{a_h+b_h x}} = 1 - (p_1 + p_2)$$

$(J+1) \times (G-1) = 2 \times 2 = 4$ Parameter sind zu schätzen. Jede logistische Regressionsfunktion enthält alle vier Parameter.

Die geschätzten Werte der vier Parameter sind:

$$\text{Kauf A:} \quad a_1 = -22{,}418, \quad b_1 = 6{,}697$$
$$\text{Kauf B:} \quad a_2 = -7{,}929, \quad b_2 = 2{,}772$$

Für die Referenzkategorie $g=3$ wird festgelegt:

$$\text{Nicht-Kauf:} \quad a_3 = 0, \quad b_3 = 0$$

Die negativen Vorzeichen der Konstanten $a_1$ und $a_2$ besagen, dass Personen ohne oder mit nur geringem Einkommen die Nicht-Kauf-Alternative wählen werden. Nur wenn das Einkommen eine bestimmte Schwelle überschreitet, werden Personen Schokolade kaufen. Zuerst werden sie nur Schokolade B kaufen, bei höherem Einkommen dann auch Schokolade A.

Die positiven Koeffizienten $b_1$ und $b_2$ besagen, dass die Kaufwahrscheinlichkeiten für beide Schokoladensorten mit steigendem Einkommen zunehmen werden. Der Einfluss des Einkommens auf den Kauf von Schokolade A ist stärker als bei Schokolade B.

Mit den geschätzten Parametern können die Wahrscheinlichkeiten für jedes Einkommen berechnet werden. Für z. B. ein Einkommen von 3000 € ergeben sich folgende Logits und die entsprechenden Exponentialwerte (aus numerischen Gründen wird das Einkommen in Einheiten von 1000 EUR angegeben):

$$\text{Kauf A:} \quad z_1 = -22{,}42 + 6{,}70 \times 3 = -2{,}329, \rightarrow \exp(z_1) = 0{,}097$$

## 5.3 Multinomiale logistische Regression

Kauf B: $z_2 = -7{,}93 + 2{,}77 \times 3 = 0{,}387, \rightarrow \exp(z_2) = 1{,}473$

Nicht-Kauf: $z_3 = 0, \rightarrow \exp(z_3) = 1$

Daraus ergeben sich die Wahrscheinlichkeiten

$$\text{Kauf A:} \quad p_1 = \frac{0{,}097}{1 + 0{,}097 + 1{,}473} = 0{,}04$$

$$\text{Kauf B:} \quad p_2 = \frac{1{,}473}{1 + 0{,}097 + 1{,}473} = 0{,}57$$

$$\text{Nicht-Kauf:} \quad p_3 = \frac{1}{1 + 0{,}097 + 1{,}473} = 0{,}39$$

In Tab. 5.17 werden die Wahrscheinlichkeiten für drei verschiedene Einkommen verglichen. Bei niedrigem Einkommen von 2000 € ist die Wahrscheinlichkeit für Nicht-Kauf am höchsten, bei mittlerem Einkommen 3000 € für Schokolade B und bei hohem Einkommen 4000 € für Schokolade A. Die Summe der drei Wahrscheinlichkeiten muss immer 1 betragen. Das Diagramm in Abb. 5.25 zeigt die Wahrscheinlichkeiten für Einkommen zwischen 1500 und 5000 €. Es veranschaulicht die Nichtlinearität der logistischen Regression.

### 5.3.3 Das Baseline-Logit-Modell

Es sei nochmals die einfache binäre logistische Regression mit den beiden Kategorien 1 = Kauf und 0 = Nicht-Kauf betrachtet. Gemäß Gl. (5.12) kann die logistische Funktion für die Wahrscheinlichkeit $P(Y = 1|x)$ wie folgt in Logitform ausgedrückt werden:

$$\text{logit}[p(x)] \equiv \ln\left(\frac{p(x)}{1 - p(x)}\right) = a + bx$$

Um das Logit zu erhalten, ist die systematische Komponente $z$ für einen gegebenen Wert $x$ zu bestimmen.

**Tab. 5.17** Geschätzte Wahrscheinlichkeiten für verschiedene Einkommen

| Einkommen | Wahrscheinlichkeiten | | | |
|---|---|---|---|---|
| | Kauf A | Kauf B | Nicht-Kauf | Summe |
| 2000 | 0,00 | 0,08 | 0,92 | 1,00 |
| 3000 | 0,04 | 0,57 | 0,39 | 1,00 |
| 4000 | 0,76 | 0,23 | 0,01 | 1,00 |

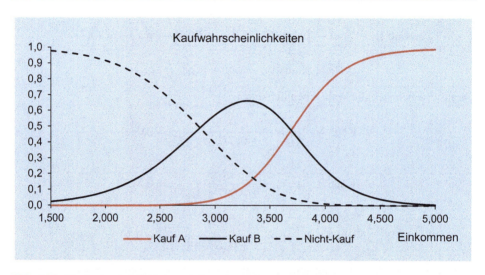

**Abb. 5.25** Kaufwahrscheinlichkeiten als Funktionen des Einkommens

Wir ändern jetzt die Kodierung der zweiten Kategorie in 2 = Nicht-Kauf. Und wir wählen Kategorie 2 explizit als Baseline (Referenzkategorie). Damit kann das binäre Modell als sogenanntes *Baseline-Logit-Modell* formuliert werden:

$$\ln\left(\frac{P(Y=1|x)}{P(Y=2|x)}\right) = \ln\left(\frac{p_1(x)}{p_2(x)}\right) = a + bx \qquad (5.55)$$

Es ändert sich praktisch nichts. Aber diese Formulierung lässt sich leicht zu einem *multinomialen Baseline-Logit-Modell* erweitern.

Das multinomiale logistische Modell kann durch eine Menge von binären logistischen Gleichungen für Paare von Kategorien dargestellt werden. Sie ergeben das *multinomiale Baseline-Logit-Modell* mit den G − 1 Logit-Gleichungen:

$$\ln\left(\frac{p_g(\boldsymbol{x})}{p_G(\boldsymbol{x})}\right) = z_g \quad (g = 1, \ldots, G-1) \qquad (5.56)$$

und den systematischen Komponenten $z_g = a_g + b_{g1}x_1 + \ldots + b_{gJ}x_J$.

Jede Gleichung beschreibt die Auswirkungen der Prädiktoren auf die abhängige Variable im Verhältnis zur Baseline-Kategorie. Während die Berechnung einer Wahrscheinlichkeit immer alle Parameter (für alle Kategorien) erfordert, benötigt ein Baseline-Logit nur die Parameter für die jeweilige Kategorie.

Für *G*-Kategorien gibt es

$$\binom{G}{2} = \frac{(G-1) \cdot G}{2} \text{ mögliche Paare von Kategorien}$$

## 5.3 Multinomiale logistische Regression

Eine Teilmenge von $G-1$ Baseline-Logits enthält alle Informationen des multinomialen logistischen Modells. Der Rest ist redundant. Für $G=3$ gibt es 3 mögliche Paare (Baseline-Logits), von denen eines redundant ist.

In unserem Beispiel mit $G=3$ Kategorien und der Wahl von $G$ als Baseline-Kategorie ergeben sich die folgenden beiden Gleichungen:

$$\ln\left(\frac{p_1(x)}{p_3(x)}\right) = a_1 + b_1 x$$

$$\ln\left(\frac{p_2(x)}{p_3(x)}\right) = a_2 + b_2 x$$

Für eine Person mit einem Einkommen von 3000 € erhält man mit den obigen Parametern für die beiden Schokoladensorten A und B folgende Logits:

$$\ln\left(\frac{p_1(x)}{p_3(x)}\right) = -22{,}42 + 6{,}70 \cdot 3 = -2{,}33$$

$$\ln\left(\frac{p_2(x)}{p_3(x)}\right) = -7{,}93 + 2{,}77 \cdot 3 = 0{,}387$$

Daraus lassen sich die Odds mit Gl. (5.11) ableiten. Die Chancen, dass eine Person mit einem Einkommen von 3000 € Schokolade A kauft ($g=1$) anstatt nicht zu kaufen ($g=3$) sind:

$$\text{odds}_1 = e^{z_1} = e^{-2{,}33} = 0{,}10$$

oder 1 zu 10.

Die Chancen, Schokolade B zu kaufen, sind im Vergleich zum Nicht-Kaufen:

$$\text{odds}_2 = e^{z_2} = e^{0{,}387} = 1{,}47$$

oder etwa 3 zu 2.

Wenn der Logit (systematische Komponente $z_g$) für eine Kategorie $g$ gegeben ist, dann ist es also recht einfach, die Odds relativ zur Referenzkategorie zu berechnen. Man muss nur die Exponentialfunktion $\exp(z_g)$ berechnen.

Will man wissen, wie hoch die Chancen sind, Schokolade A mit einem höheren Einkommen, z. B. 3500 €, zu kaufen, ist zu berechnen $z_1 = -22{,}42 + 6{,}70 \times 3{,}5 = 1{,}02$ und $\exp(1{,}02) = 2{,}77$. Das bedeutet Odds von fast 3 zu 1. In unserem Beispiel vergrößern sich die Odds also erheblich, wenn sich das Einkommen von 3000 auf 3500 erhöht. Dies kann auch mit Abb. 5.25 nachvollzogen werden.

### Vergleich von Kategorien

Für jedes andere Paar von Kategorien, von denen keine die Referenzkategorie ist, ergibt sich der Logit durch die Differenz

$$\ln\left(\frac{p_g(x)}{p_h(x)}\right) = \ln\left(\frac{p_g(x)}{p_G(x)}\right) - \ln\left(\frac{p_h(x)}{p_G(x)}\right) = z_g - z_h \quad (5.57)$$

Die Odds erhält man durch:

$$\text{odds}_{gh} = e^{z_g - z_h} \quad (5.58)$$

Für eine Person mit einem Einkommen von 3000 € erhalten wir

$$z1 - z2 = -2{,}33 - 0{,}387 = -2{,}72$$

und:

$$\text{odds}_{12} = e^{z_1 - z_2} = e^{-2{,}72} = 0{,}066 = 1/15$$

Die Chancen, dass diese Person Schokolade A statt Schokolade B kauft, liegen nur bei 1 zu 15.

Derselbe Wert ergibt sich auch bei Verwendung der Wahrscheinlichkeiten $p_1/p_2 = 0{,}038/0{,}573$. Die Berechnung der Wahrscheinlichkeiten erfordert jedoch viel mehr Aufwand als die Berechnung der Odds. Ein Wechsel der Kategorien (Ereignisse) kehrt das Vorzeichen der $z$-Werte und damit die Odds um.[32]

### 5.3.4 Gütemaße

Zur Prüfung der Anpassungsgüte des binären logistischen Modells wurden oben (siehe Abschn. 5.2.4) die folgenden Maße verwendet:

- Likelihood-Ratio-Statistik LLR (in SPSS Chi-Quadrat genannt)
- Trefferquote
- Pseudo-R-Quadrat-Statistiken (McFadden, Cox & Snell, Nagelkerkes)

Diese Statistiken und die entsprechenden Tests können auch für das multinomiale logistische Modell verwendet werden. In Tab. 5.18 wird das binäre logistische Modell (Modell 3) mit den Kovariaten Einkommen und Geschlecht für $N = 30$ und das entsprechende multinomiale logistische Modell (Modell 4) für $N = 50$ in Bezug auf diese Maße verglichen. Mit dem multinomialen Modell erhält man eine deutlich bessere Anpassungsgüte.

---

[32] In SPSS (Verfahren NOMREG) kann der Benutzer eine beliebige Kategorie als Referenzkategorie wählen und so die Quoten anhand des Baseline-Logit-Modells bestimmen. Dies geschieht im Dialogfenster durch die Option „Referenzkategorie" und „Benutzerdefiniert". Standardmäßig wird die letzte Kategorie G gewählt. Die Kategorie mit der niedrigsten Codierung wird gewählt, wenn der Benutzer die Kategoriereihenfolge „Absteigend" wählt (Standard ist „Aufsteigend").

## 5.3 Multinomiale logistische Regression

**Tab. 5.18** Vergleich von Modellen

| Vergleich von Modellen | LLR Chi-Quadrat | p [%] | Trefferquote [%] | McF | C&S | Na |
|---|---|---|---|---|---|---|
| Modell 3, $N=30$ | 9,350 | 0,9 | 83,3 | 0,226 | 0,268 | 0,358 |
| Modell 4, $N=50$ | 67,852 | 0,0 | 88,0 | 0,742 | 0,743 | 0,885 |

Neben diesen Maßen werden in SPSS für die multinomiale logistische Regression zwei weitere Maße für „Goodness-of-Fit" angeboten:

- Pearson-Gütemaß,
- Devianz-Gütemaß.

Darüber hinaus bietet SPSS auch *Informationskriterien* für die Modellauswahl.

Im Gegensatz zur LLR-Statistik und den Pseudo-R-Quadrat-Statistiken, die bei besserer Anpassung größer werden, ist es beim Pearson-Gütemaß und der Deviance umgekehrt. Sie sind „inverse" Gütemaße. Sie messen fehlende Anpassung und werden daher auch als „badness-of-fit measures" bezeichnet. Bei besserer Anpassung werden sie kleiner und im Extremfall Null. Bei Hypothesentests ist daher die Annahme der Nullhypothese erwünscht und nicht die Ablehnung. Ein größerer p-Wert ist besser.

### 5.3.4.1 Pearson-Gütemaß

Das *Pearson-Gütemaß* ist eine Anwendung von Pearsons Chi-Quadrat-Statistik bei der logistischen Regression. Pearsons Chi-Quadrat-Statistik wurde bereits im Abschn. 5.2.4.4 zur Residuenanalyse erwähnt. In der Form entsprechend Gl. (5.43) unterscheidet es sich vom Pearson-Goodness-of-Fit-Maß. Es ist nicht wirklich Chi-Quadrat-verteilt (vgl. Agresti, 2013, S. 138; Hosmer & Lemeshow, 2000, S. 146). Die approximative Chi-Quadrat-Verteilung erhält man nur mit Häufigkeitsdaten, wie sie z. B. in der Kontingenzanalyse (vgl. Kap. 6) analysiert werden. Für Häufigkeitsdaten wird die Chi-Quadrat-Statistik $X^2$ von Pearson wie folgt berechnet:

$$X^2 = \sum_{\text{Zellen}} \frac{(\text{beobachtete Häufigkeiten} - \text{erwartete Häufigkeiten})^2}{\text{erwartete Häufigkeiten}}$$

Entsprechend wird in der Prozedur NOMREG für die multinomiale logistische Regression von SPSS die Chi-Quadrat-Statistik nach Pearson mittels folgender Formel berechnet (vgl. IBM Corporation, 2017, NOMREG Algorithms):

$$X^2 = \sum_{i=1}^{I} \sum_{g=1}^{G} \frac{(m_{ig} - e_{ig})^2}{e_{ig}} = \sum_{i=1}^{I} \sum_{g=1}^{G} r_{ig}^2 \qquad (5.59)$$

wobei

$m_{ig}$ beobachtete Häufigkeit: Anzahl der Ereignisse (z. B. Käufe) in Zelle $ig$
$e_{ig}$ erwartete Häufigkeit

Die Werte $r_{ig}$ werden als *Pearson-Residuen* bezeichnet. $X^2$ ist für ausreichend große beobachtete Häufigkeiten $m_{ig}$ annähernd Chi-Quadrat-verteilt mit $df = I(G-1) - (J+1)$.

Bei der *logistischen* Regression werden die erwarteten Häufigkeiten unter Verwendung der abgeleiteten Wahrscheinlichkeiten berechnet:

$$e_{ig} = n_i \cdot p_{ig} \quad \text{mit} \quad p_{ig} = \frac{e^{z_{ig}}}{\sum_{h=1}^{G} e^{z_{ih}}} \qquad (5.60)$$

wobei $n_i$ die Anzahl der Fälle in Zelle $i$ ist. Dies unterscheidet sich von der Kontingenzanalyse (vgl. Kap. 6).

- In der *Kontingenzanalyse dient* $X^2$ als ein Maß für Unterschiede (Abweichungen der beobachteten von den erwarteten Häufigkeiten). Daher wünscht der Benutzer normalerweise einen großen Wert.
- Bei der *logistischen Regression dient* $X^2$ als Maß für die Anpassungsgüte (goodness-of-fit). Hierfür werden Wahrscheinlichkeiten $p_{ig}$ verwendet, um erwartete Häufigkeiten zu berechnen, die den beobachteten Häufigkeiten nahe kommen. Der Anwender wünscht in der Regel einen kleinen Wert.

**Beispiel**

Als ein einfaches Beispiel analysieren wir die Beziehung zwischen Kauf und Geschlecht, wobei wir die Daten aus Tab. 5.2 verwenden. Durch Auszählen ergeben sich die Häufigkeiten in Tab. 5.19. ◄

Mit den abgeleiteten Wahrscheinlichkeiten gemäß Gl. (5.60) können die in Tab. 5.20 dargestellten erwarteten Häufigkeiten berechnet werden. Das Pearson-Gütemaß zeigt hier mit $X^2 = 0$ eine perfekte Anpassung zwischen beobachteten und erwarteten Häufigkeiten.[33]

Jede Zeile der Tabelle in Tab. 5.20 entspricht einer Zelle der $2 \times 2$ Kontingenztabelle. Durch Hinzufügen von Zeilen kann die Tabelle auf eine beliebige Anzahl von Zellen erweitert werden.

---

[33] Für $X^2 = 0$ muss der p-Wert 1,0 betragen. Er kann jedoch nicht berechnet werden, da es für dieses Modell keine Freiheitsgrade gibt. Es dient nur dazu, das Prinzip der Berechnung zu demonstrieren. Die vorhergesagten (erwarteten) Wahrscheinlichkeiten sind hier gleich den relativen Häufigkeiten der beobachteten Werte in der jeweiligen Teilpopulation, d. h. für Männer und für Frauen.

## 5.3 Multinomiale logistische Regression

**Tab. 5.19** Gezählte Häufigkeiten

|  | Kauf $g=1$ | Nicht-Kauf $g=2$ | Gesamt |
|---|---|---|---|
| Mann: $i=1$ | 10 | 5 | 15 |
| Frau: $i=2$ | 6 | 9 | 15 |
| Gesamt: | 16 | 14 | 30 |

**Tab. 5.20** Berechnung des Pearson-Chi-Quadrats in der logistischen Regression

| Geschlecht $i$ | Gruppe | Fälle $n(i)$ | Beobachtet $m(i,g)$ | prob $p(i,g)$ | Erwartet $e = n \times p$ | $r(i,g)^2$ |
|---|---|---|---|---|---|---|
| 1 | 1 | 15 | 10 | 0,667 | 10,00 | 0,0 |
| 2 | Kauf | 15 | 6 | 0,400 | 6,00 | 0,0 |
| 1 | 2 | 15 | 5 | 0,333 | 5,00 | 0,0 |
| 2 | Nicht-Kauf | 15 | 9 | 0,600 | 9,00 | 0,0 |
| chi-square: |  |  |  |  |  | 0,0 |

Eine Zelle wird definiert durch

a) ein Kovariatenmuster (Subpopulation) $i$ ($i=1, \ldots, I$)
b) eine Response-Kategorie (Gruppe) $g$ ($g=1, \ldots, G$).

Ein Kovariatenmuster (covariate pattern) ist eine beobachtete Kombination von Werten der unabhängigen Variablen:

$$x_i = (x_{1i}, x_{2i}, \ldots, x_{Ji}) \quad (i = 1, \ldots, I \leq N)$$

Jedes Kovariatenmuster definiert eine Subpopulation (Teilgesamtheit) der Gesamtstichprobe. Im obigen Beispiel gab es nur zwei solcher Subpopulationen, nämlich Männer und Frauen, und es gibt zwei Antwortkategorien (Kauf und Nicht-Kauf). Die Anzahl der Zellen ist also: $I \times G = 2 \times 2 = 4$.

Liegen metrische Kovariaten vor, so ergeben sich viele verschiedene Kovariatenmuster. Im Extremfall wird sich jedes Kovariatenmuster von den anderen unterscheiden, und die Anzahl der Kovariatenmuster ist gleich der Stichprobengröße ($I = N$). Alle Fallzahlen werden 1 sein und die meisten Zellen werden keine Ereignisse enthalten (Kauf). $I \times (G-1)$ Zellen werden leer sein mit $m_{ig} = 0$.

Deshalb ist bei *metrischen Kovariaten* (Prädiktoren) die Berechnung der Chi-Quadrat-Statistik nach Pearson in der Regel nicht möglich oder macht keinen Sinn. $X^2$ wird nur dann einer Chi-Quadrat-Verteilung folgen, wenn mehrere Ereignisse für jedes *Kovariatenmuster* beobachtet werden (d. h. wenn die $m_{ig}$ ausreichend groß sind).

Wenn der Benutzer ein Modell mit metrischen (kontinuierlichen) Prädiktoren hat und er die „Goodness-of-Fit"-Statistiken in NOMREG auswählt, erhält er in der Regel eine „Warnung". Er wird darüber informiert, dass es „Zellen mit Null-Frequenzen" gibt.

## 5.3.4.2 Devianz-Gütemaß

Die Berechnung der *Devianz* basiert auf denselben Zellen wie die Berechnung des Pearson-Gütemaßes. Die Werte dieser beiden Maße sind in der Regel sehr ähnlich. In SPSS wird das Devianz-Gütemaß berechnet durch (vgl. IBM Corporation, 2022, S. 768 ff.):

$$X^2 = 2 \sum_{i=1}^{I} \sum_{g=1}^{G} m_{ig} \cdot \ln \left( \frac{m_{ig}}{n_i \cdot p_{ig}} \right) \quad (5.61)$$

Dies zeigt die Ähnlichkeit mit dem Pearson-Gütemaß (siehe Gl. 5.59). Beide Maße sind annähernd Chi-Quadrat-verteilt mit $df = I\,(G-1) - (J+1)$ für ausreichend große beobachtete Häufigkeiten $m_{ig}$.

Beide Maße sind mit den gleichen Problemen verbunden, wenn die Anzahl der Zellen groß wird und die Anzahl der beobachteten Ereignisse $m_{ig}$ in den Zellen klein wird. Für leere Zellen (mit $m_{ig} = 0$) ist eine Berechnung nicht möglich, da der Logarithmus von Null nicht definiert ist. Daher haben wir bei Modellen mit metrischen Prädiktoren den gleichen Einwand gegen die Verwendung des Devianz-Gütemaßes wie gegen das Pearson-Gütemaß.

**Die Bedeutung der Devianz**

Generell spielt die Devianz als Maß für die Anpassungsgüte bei der logistischen Regression und verwandten Methoden eine wichtige Rolle (vgl. Agresti, 2013, S. 116, 136 ff.; Hosmer et al., 2013, S. 13, 145 ff.) Wir werden sie daher kurz beschreiben. Die Devianz kann als Wahrscheinlichkeitsverhältnis definiert werden:

$$D = -2 \cdot \ln \left( \frac{\text{Maximum Likelihood des angepassten Modells}}{\text{Maximum Likelihood des gesättigten Modells}} \right) \quad (5.62)$$

Verkürzt lässt sich schreiben:

$$D = -2 \cdot \ln \left( \frac{L_v}{L_s} \right) = -2 \cdot (LL_v - LL_s)$$

Die Devianz vergleicht das angepasste Modell mit einem so genannten *gesättigten Modell*. Sie misst die Abweichung von diesem Modell. Daher kommt auch ihr Name.

Das *gesättigte Modell* ist das „bestmögliche" Modell bezüglich der Anpassung. Dieses Modell hat für jede Beobachtung einen eigenen Parameter und erreicht daher eine perfekte Anpassung. Aber dies ist kein gutes Modell hinsichtlich der Sparsamkeit, da es die Realität nicht vereinfacht. Daher ist das gesättigte Modell kein nützliches Modell. Es dient lediglich als Ausgangspunkt für den Vergleich mit dem angepassten Modell. In der linearen Regression wäre ein gesättigtes Modell für $N$ Beobachtungen ein Modell mit $J = N-1$ unabhängigen Variablen, z. B. eine einfache Regression mit zwei Beobachtungen.

## 5.3 Multinomiale logistische Regression

Es besteht eine Ähnlichkeit zwischen Devianz und der Likelihood-ratio Statistik *LLR*. In Gl. (5.37) definierten wir *LLR* als die Differenz der log-Wahrscheinlichkeit des angepassten Modells und der log-Wahrscheinlichkeit eines Nullmodells:

$$LLR = -2 \cdot \ln\left(\frac{L_0}{L_v}\right) = -2 \cdot (LL_0 - LL_v)$$

*LLR* misst also die Abweichung vom „schlechtest möglichen" Modell, dem Null-Modell. Je größer die Abweichung, desto größer die Anpassungsgüte.

Die Devianz misst die Abweichung vom „bestmöglichen" Modell. Je größer die Abweichung, desto schlechter das Modell. Die Devianz misst also die fehlende Anpassung. Dasselbe gilt für das Pearson-Gütemaß. Beide sind inverse Anpassungsgütemaße und liefern ähnliche Ergebnisse.

Bei Modellen mit individuellen (fallweisen) Daten ist die Wahrscheinlichkeit des gesättigten Modells für jede Beobachtung 1 und somit ist die Summe der Logarithmen gleich Null. Die Devianz degeneriert dann zu

$$D = -2\, LL_v$$

Dies ist die $-2$ Log-Likelihood-Statistik ($-2LL$), die wir im SPSS-Output finden.

Die Deviance oder $-2LL$-Statistik spielt bei der logistischen Regression die gleiche Rolle wie die Summe der quadrierten Residuen *(SSR)* bei der linearen Regression. Bei der linearen Regression werden die Parameter durch Minimierung der *SSR* geschätzt, bei der logistischen Regression werden die Parameter durch Minimierung von $-2LL$ geschätzt.

### 5.3.4.3 Informationskriterien für die Modellauswahl

Wird ein Modell durch die Einbeziehung zusätzlicher Prädiktoren erweitert, so nimmt $-2LL$ (bei gegebenen Daten) ab, so wie die Summe der quadrierten Residuen (*SSR*) bei der linearen Regression abnimmt. Mit mehr Parametern wird das Modell besser an die Daten der Stichprobe angepasst. Dies bedeutet jedoch nicht, dass das Modell besser wird. Ein Modell sollte bestmöglich die Realität (Population) widerspiegeln und nicht nur die Daten der Stichprobe.

Ein eher simples Modell mit einer akzeptablen Anpassung wird daher meist bessere Prognosen für Fälle außerhalb der Stichprobe liefern als ein komplexeres Modell, dass innerhalb der Stichprobe besser prognostiziert. Deshalb bildet Sparsamkeit (model parsimony) ein wichtiges Kriterium der Modellbildung.

Neben Signifikanztests (wie z. B. dem Likelihood-Ratio-Test) wurden daher weitere Kriterien entwickelt, die von Nutzen sind, um Modelle mit unterschiedlicher Anzahl von Variablen zu vergleichen und zwischen diesen auszuwählen. Hierzu gehören das *Akaike Informationskriterium* (AIC) und das *Bayes'sche Informationskriterium* (BIC). Wie beim *korrigierten Bestimmtheitsmaß* der linearen Regression wird zunehmende Modellkomplexität durch eine Korrekturgröße „bestraft" (penalty effect). Diese Korrekturgröße wird innerhalb des Informationskriteriums hinzuaddiert. Ein Modell mit kleinerem Wert des Informationskriteriums ist das bessere Modell.

*Akaike-Informationskriterium* (AIC)

$$AIC = -2LL + 2 \cdot \text{Anzahl der Parameter} \tag{5.63}$$

*Bayes'sches Informationskriterium* (BIC)

$$BIC = -2LL + \ln(N) \cdot \text{Anzahl der Parameter} \tag{5.64}$$

mit

- *N*: Stichprobenumfang
- *Anzahl der Parameter*: $[(G-1) \times (J+1)]$ (= Freiheitsgrade)
- *J*: Anzahl der Prädiktoren
- *G*: Anzahl der Kategorien der abhängigen Variable

Im Beispiel zur multinomialen logistischen Regression (Abschn. 5.3.1) mit $G=3$ und $N=50$ erhalten wir für das Modell mit nur einer unabhängigen Variable, dem Einkommen, für $-2LL$ den Wert 45, 5. Für die Zahl der Parameter (Freiheitsgrade) gilt bei Einbeziehung eines konstanten Terms:

$$[(G-1) \cdot (J+1)] = [(3-1) \cdot (1+1)] = 4$$

Damit erhält man:

$$AIC = 45{,}5 + 2 \cdot 4 = 45{,}5 + 8 = 53{,}5$$
$$BIC = 45{,}5 + \ln(50) \cdot 4 = 45{,}5 + 15{,}6 = 61{,}1$$

Bezieht man jetzt die Variable Geschlecht in das Modell mit ein, so verringert sich der Wert von $-2LL$ auf 23,6. Die Zahl der Parameter aber steigt auf 6 und damit erhöht sich der Bestrafungseffekt:

$$AIC = 23{,}6 + 2 \cdot 6 = 23{,}6 + 12 = 35{,}6$$
$$BIC = 23{,}6 + \ln(50) \cdot 6 = 23{,}5 + 23{,}6 = 47{,}1$$

Beide Maße verringern sich durch die Aufnahme der zusätzlichen Variable Geschlecht in das Modell. Durch die Verminderung der Likelihood wird der Bestrafungseffekt mehr als kompensiert. Die Modellerweiterung ist hier also vorteilhaft.

AIC und BIC eignen sich nur für den Vergleich von Modellen, die auf dem gleichen Datensatz basieren. Die Maße machen keine Aussage über die absolute Qualität der verglichenen Modelle, sie geben nur an, welches besser ist (das Modell mit dem niedrigsten Wert).

AIC und BIC führen jedoch nicht immer zu gleichen Ergebnissen. Wie man sieht, ist der Bestrafungseffekt beim BIC größer als beim AIC. Daher bevorzugt BIC sparsamere Modelle. Welches der beiden Kriterien „richtiger" ist, kann nicht zweifelsfrei entschieden werden. Je größer die Stichprobe ist, desto wahrscheinlicher wird das beste Modell mit BIC ausgewählt. Bei kleinen Stichproben besteht dagegen die Gefahr, dass durch die Verwendung des BIC ein zu einfaches Modell ausgewählt wird (Hastie et al., 2011, S. 235).

## 5.4 Fallbeispiel

### 5.4.1 Problemstellung

Im Folgenden wird ein umfangreicheres Beispiel aus dem Schokoladenmarkt betrachtet, um die Durchführung einer multinomialen logistischen Regressionsanalyse mit Hilfe von SPSS zu verdeutlichen.[34]

Ein Manager eines Schokoladenunternehmens möchte wissen, wie Konsumenten verschiedene Schokoladensorten in Bezug auf 10 subjektiv wahrgenommene Produkteigenschaften bewerten. Diese Informationen sind für ihn von strategischer Bedeutung, um sein bestehendes Angebot gegenüber dem seiner Konkurrenten zu differenzieren und für die Positionierung von neuen Produkten. Um die notwendigen Informationen zu erhalten, hat der Manager 11 Schokoladensorten identifiziert und 10 Eigenschaften ausgewählt, die er für die Bewertung dieser Sorten für relevant erachtet.

Anschließend wurde ein kleiner Pretest mit 18 Testpersonen durchgeführt. Die Personen wurden gebeten, die 11 Schokoladensorten bezüglich der 10 Produkteigenschaften zu bewerten (siehe Tab. 5.21).[35] Zur Bewertung wurde für jede Eigenschaft eine siebenstufige Bewertungsskala (1 = niedrig, 7 = hoch) verwendet. Die unabhängigen (beschreibenden) Variablen sind hier also wahrgenommene Eigenschaften der Schokoladensorten.

Allerdings waren nicht alle Personen in der Lage, alle 11 Schokoladensorten zu bewerten. Daher enthält der Datensatz nur 127 Bewertungen anstelle der vollständigen Anzahl von 198 Bewertungen (18 Personen × 11 Sorten). Jede Bewertung umfasst die Skalenwerte der 10 Produkteigenschaften für eine Schokoladensorte einer befragten Person. Sie spiegelt die subjektive Beurteilung einer bestimmten Schokolade durch eine bestimmte Testperson wider. Da eine Testperson mehr als nur eine Schokoladensorte beurteilt hat, sind die Beobachtungen potenziell nicht unabhängig voneinander. Dennoch werden sie im Folgenden als unabhängig behandelt.

---

[34] Für das Fallbeispiel wird der gleiche Datensatz wie auch im Fallbeispiel zur Diskriminanzanalyse (vgl. Abschn. 4.3) verwendet, um so die Gemeinsamkeiten und Unterschiede zwischen beiden Verfahren besser verdeutlichen zu können.
[35] Auf der zu diesem Buch gehörigen Internetseite www.multivariate.de stellen wir ergänzendes Material zur Verfügung, um das Verstehen der Methode zu erleichtern und zu vertiefen.

**Tab. 5.21** Schokoladensorten und wahrgenommene Eigenschaften im Fallbeispiel

| Schokoladensorte | | Produkteigenschaften | |
|---|---|---|---|
| 1 | Vollmilch | 1 | Preis |
| 2 | Espresso | 2 | Erfrischend |
| 3 | Keks | 3 | Köstlich |
| 4 | Orange | 4 | Gesund |
| 5 | Erdbeer | 5 | Bitter |
| 6 | Mango | 6 | Leicht |
| 7 | Cappuccino | 7 | Knackig |
| 8 | Mousse | 8 | Exotisch |
| 9 | Karamell | 9 | Süß |
| 10 | Nougat | 10 | Fruchtig |
| 11 | Nuss | | |

**Tab. 5.22** Definition der Segmente (Gruppen) für die multinomiale logistische Regression

| Gruppe (Segment) | Schokoladensorten im Segment | Fälle ($n$) |
|---|---|---|
| $g=1$ \| Seg_1 Klassiker | Vollmilch, Keks, Mousse, Karamell, Nougat, Nuss | 65 |
| $g=2$ \| Seg_2 Frucht | Orange, Erdbeer, Mango | 28 |
| $g=3$ \| Seg_3 Kaffee | Espresso, Cappuccino | 23 |

Von den 127 Bewertungen sind nur 116 vollständig, während 11 Bewertungen fehlende Werte enthalten.[36] Im Folgenden werden alle unvollständigen Beobachtungen aus der Analyse ausgeschlossen. Dadurch reduziert sich die Zahl der betrachteten Fälle auf 116.

Um Unterschiede zwischen den verschiedenen Schokoladensorten zu untersuchen, könnten hypothetisch 11 Gruppen betrachtet werden, wobei jede Gruppe jeweils eine Schokoladensorte repräsentieren würde. Zur Vereinfachung wurde aber vorab eine Clusteranalyse durchgeführt, deren Ergebnisse hier genutzt werden (vgl. Abschn. 8.3). Es haben sich 3 Cluster von Schokoladensorten ergeben. Tab. 5.22 zeigt die Zusammensetzung der drei Cluster und deren Größe. Die Größe des Segments „Klassiker" ist mehr als doppelt so groß wie die der Segmente „Frucht" und „Kaffee".

Der Manager des Schokoladenunternehmens möchte nun mithilfe der logistischen Regression die folgenden Fragen beantworten:

---

[36] Fehlende Werte sind ein häufiges und leider unvermeidbares Problem bei empirischen Erhebungen (z. B. weil Personen eine Frage nicht beantworten konnten oder wollten). Der Umgang mit fehlenden Werten in empirischen Studien wird in Abschn. 1.5.2 dieses Buches diskutiert.

- Wie unterscheiden sich die Marktsegmente hinsichtlich der ausgewählten Produkteigenschaften?
- Mit welchen Produkteigenschaften kann am besten zwischen den Segmenten unterschieden werden?
- Wie können neue Schokoladensorten den Marktsegmenten zugeordnet werden (Klassifizierungsproblem)?
- Lässt sich auch mit weniger Eigenschaften zwischen den Segmenten unterscheiden?

### 5.4.2 Durchführung einer Multinomialen Log. Regression mit SPSS

Im Folgenden wird gezeigt, wie eine multinomiale logistische Regression mit der Prozedur NOMREG von SPSS über die grafische Benutzeroberfläche (GUI) ausgeführt werden kann. Abb. 5.26 zeigt den Dateneditor mit der Arbeitsdatei, die unsere Daten enthält, und die Menüs in der Kopfzeile. Die 127 Zeilen der Tabelle enthalten die Bewertungen (Fälle) und die Spalten repräsentieren die 10 Attribute (unsere unabhängigen Variablen). In den drei letzten Spalten stehen die Identitätsnummern der 18 Befragten, die 11 Geschmacksrichtungen (Produkttypen) und die drei Segmente (unsere abhängige Variable).

Um ein Analyseverfahren in SPSS auszuwählen, ist in der Kopfzeile „Analysieren" zu wählen. Es öffnet sich ein Pulldown-Menü mit Untermenüs für Gruppen von Prozeduren. Die Prozedur „Multinomial logistische Regression" (NOMREG) ist in der Menüabfolge „Regression/Multinomial logistisch" aufzurufen. Diese Menügruppe unter „Regression" enthält auch das Verfahren „Binäre logistische Regression", das in Abschn. 5.2.6 besprochen wurde.

Nach Auswahl von „Analysieren/Regression/Multinomial logistisch" wird das in Abb. 5.27 gezeigte Dialogfenster geöffnet. Im linken Feld wird zu Beginn die Liste der Variablen angezeigt. Die abhängige Variable „Segment" muss in das Feld „Abhängige Variable" eingegeben werden. Dazu muss die Variable „Segment" durch Klicken mit der linken Maustaste verschoben werden. Die Angabe „Letzte" zeigt an, dass standardmäßig das letzte Segment (G=3) als Referenzkategorie gewählt wurde. Wie bereits erwähnt, kann der Benutzer jede beliebige Kategorie (Segment) als Referenzkategorie wählen. Wir wollen hier das erste Segment als Referenzkategorie wählen, weil dieses Segment das größte ist. Zu diesem Zweck ist auf „Referenzkategorie/Benutzerdefiniert" zu klicken und der „Wert" 1 einzugeben.

Eingangs wurde erwähnt, dass in der logistischen Regression für die unabhängigen Variablen folgende Bezeichnungen üblich sind:

- *Kovariate,* wenn sie metrische Variablen sind,
- *Faktoren,* wenn sie kategoriale Variablen sind.

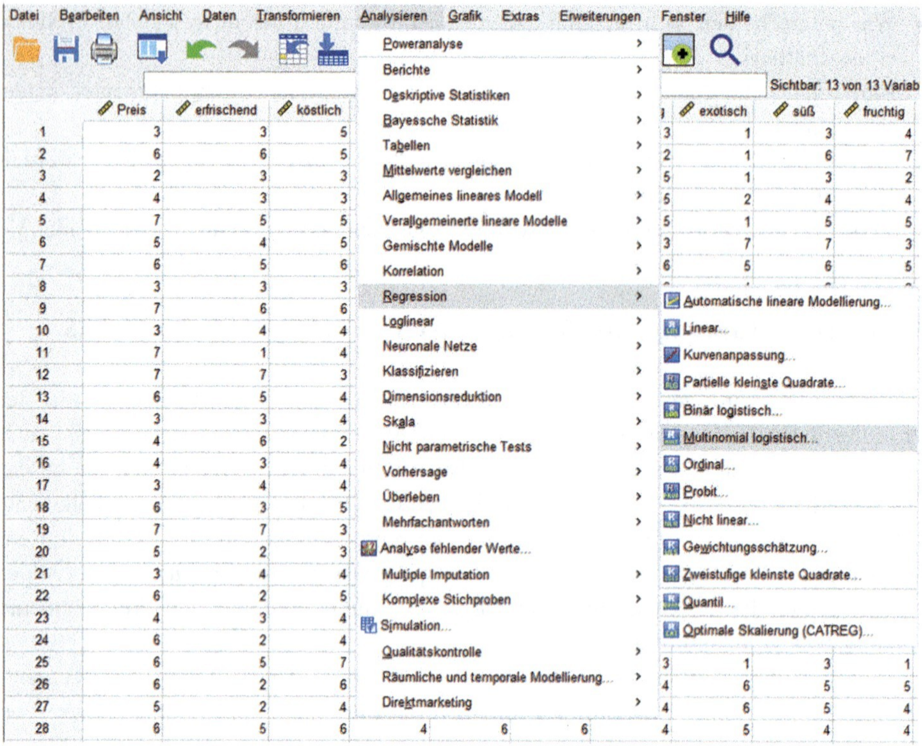

**Abb. 5.26** Daten-Editor mit Auswahl der Prozedur NOMREG (Multinomial logistische Regression)

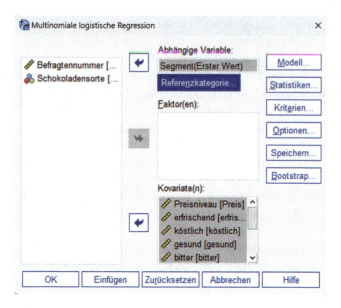

**Abb. 5.27** Dialogfenster: Multinomiale logistische Regression

## 5.4 Fallbeispiel

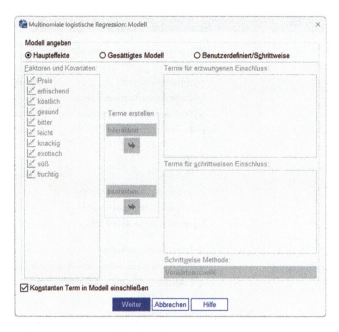

**Abb. 5.28** Dialogfenster: Multinominale logistische Regression: Modell

Dementsprechend enthält das Dialogfenster zwei Felder zur Angabe der unabhängigen Variablen. Da hier alle 10 unabhängigen Variablen metrisch sind, müssen sie in das Feld „*Kovariate(n)*" verschoben werden. Weitere Dialogfenster können über die Schaltflächen auf der rechten Seite des Dialogfensters aufgerufen werden.

Das Dialogfenster „*Multinominale logistische Regression: Modell*" (Abb. 5.28) wird anfangs nicht benötigt. Standardmäßig schätzt das Verfahren der Multinomialen Logistischen Regression die Koeffizienten für alle ausgewählten Prädiktoren (Faktoren und/oder Kovariaten) und den konstanten Term. Dies ist der erste Menüpunkt „*Haupteffekte*" und er wird auch als „*blockweise*" Regression bezeichnet.

Im Dialogfenster „*Multinominale logistische Regression: Modell*" gibt es zwei weitere Menüpunkte. Wenn „*Gesättigtes Modell*" gewählt wird, werden alle möglichen Interaktionseffekte zwischen den gewählten faktoriellen (kategorialen) Variablen ebenfalls in das Modell einbezogen. Kovariate Interaktionen werden nicht geschätzt. Mit der Option „*Benutzerdefiniert/Schrittweise*" kann der Benutzer Interaktionseffekte (faktorielle oder kovariate Interaktionen) angeben. Er kann auch wählen, ob anstelle einer blockweisen Regression eine schrittweise Regression durchgeführt werden soll. In diesem Fall werden die unabhängigen Variablen durch einen Algorithmus sukzessive in der Reihenfolge ihrer Signifikanz ausgewählt. Wir werden diese Möglichkeit in Abschn. 5.4.4 nutzen. Schließlich kann der Benutzer ein Modell ohne konstanten Term wählen. Mit einem Klick auf die Schaltfläche „*Weiter*" kehrt man zum Hauptmenü zurück.

**Abb. 5.29** Dialogfenster: Multinominale logistische Regression: Statistiken

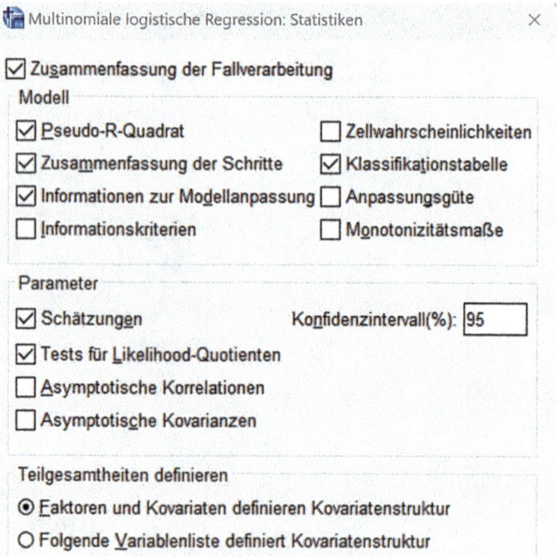

Im Dialogfenster „*Multinominale logistische Regression: Statistiken*" können Einstellungen für den Output vorgenommen werden. Abb. 5.29 zeigt die Standardeinstellungen

- Die „*Zusammenfassung der Fallverarbeitung*" liefert Informationen über die angegebenen kategorialen Variablen (z. B. die Anzahl der Fälle nach Segmenten, fehlende Werte).
- Unter „*Modell*" können Statistiken zur Beurteilung der Güte des Modells angefordert werden, wie z. B. die Pseudo-$R^2$-Statistiken (McFadden, Cox & Snell, Nagelkerke), den Likelihood-Ratio-Test oder die Klassifizierungstabelle. Mit „*Klassifikationstabelle*" erhalten Sie eine Tabelle mit beobachteten versus prognostizierten Gruppen (Segmenten).
- Unter „*Parameter*" kann eine Tabelle mit den geschätzten Koeffizienten einschließlich Standardfehler, Wald-Test und Odds Ratio angefordert werden (ähnlich wie in Tab. 5.15). Wird „*Tests für Likelihood-Quotienten*" ausgewählt, so werden die Likelihood-Ratio-Tests der Koeffizienten ausgedruckt (analog zu Tab. 5.16). Es werden auch Konfidenzintervalle für die Odds Ratios angegeben, und der Benutzer kann die Konfidenzwahrscheinlichkeit dieser Intervalle angeben.

Das Pearson-Gütemaß und das Devianz-Gütemaß können unter der Option „Anpassungsgüte" angefordert werden. Wird diese Option gewählt, so erhält man eine Warnung, da die unabhängigen Variablen hier metrisch sind und daher fast jeder Fall ein eigenes *Kovariatenmuster* aufweist. Daher enthalten die meisten Zellen Null-Frequenzen (siehe oben). Insgesamt erhalten wir mit den 116 Fällen 113 unterschiedliche *Kovariatenmuster* (d. h. es gibt nur drei Paare mit gleichen *Kovariatenmustern*), was zu 339 Zellen führt, von denen 226 leer sind. SPSS gibt daher eine Warnmeldung im Output aus.

Das Dialogfenster „*Multinominale logistische Regression: Konvergenzkriterien*" bietet Parameter zur Steuerung des iterativen Algorithmus für die Durchführung der Maximum-Likelihood-Schätzung (z. B. die maximale Anzahl von Iterationen) und den Ausdruck des Iterationsverlaufs. Das Dialogfenster „*Multinominale logistische Regression: Optionen*" kann zur Einstellung von Parametern für die Durchführung einer schrittweisen Regression verwendet werden. Über das Dialogfenster „*Multinominale logistische Regression: Speichern*" lassen sich einzelne Ergebnisse, wie z. B. die geschätzten Wahrscheinlichkeiten oder die prognostizierte Kategorie, in der Arbeitsdatei zu speichern, wo sie als neue Variablen angehängt werden.

### 5.4.3 Ergebnisse

#### 5.4.3.1 Blockweise Logistische Regression

Der Output der multinomialen logistischen Regression gibt zunächst einen Überblick über die Fallzahlen des Datensatzes (Abb. 5.30). Von den 127 eingegebenen Fällen enthalten 11 Fälle fehlende Daten und werden daher verworfen. Die restlichen 116 Fälle verteilen sich auf die drei Segmente mit den Prozentsätzen 56 %, 24 % und 20 %.

Die Bemerkung unter der Tabelle bezieht sich auf die oben erwähnte Aufspaltung der Fälle nach *Kovariatenmustern* in Subpopulationen *(Teilgesamtheiten)*, was jedoch bei metrischen unabhängigen Variablen keinen Sinn macht.

**Güte des geschätzten Modells**

Abb. 5.31 zeigt im oberen Teil den Likelihood-Ratio-Test, der in Abschn. 5.2.4.1 beschrieben wurde. Die erste Spalte zeigt die Werte von $-2LL_0$ und $-2LL_v$. Die Differenz ergibt die Likelihood-Ratio-Statistik $LLR = 229{,}326 - 142{,}016 = 87{,}310$ („Chi-Quadrat"). Für $J \times (G-1) = 20$ Freiheitsgrade ergibt sich ein p-Wert von praktisch Null. Somit kann das Modell als statistisch hoch signifikant angesehen werden, d. h. die Prädiktoren unterscheiden zwischen den drei Segmenten.

Die Werte der drei Pseudo-R-Quadrat-Statistiken weisen ebenfalls auf eine akzeptable Modellanpassung hin. McFaddens $R^2$ resultiert aus den obigen Log-Likelihood-Werten:

$$McF - R^2 = 1 - \left(\frac{LL_v}{LL_0}\right) = 1 - \frac{-142{,}016}{-229{,}326} = 0{,}381$$

Die Ergebnisse sind nicht überraschend, da die Segmente durch Clusteranalyse derselben 10 Attribute gebildet wurden, die hier als Prädiktoren verwendet werden. Das Ergebnis kann als Indiz dafür gewertet werden, dass die Clusteranalyse gut funktioniert hat.

**Verarbeitete Fälle**

| | | Anzahl | Rand-Prozentsatz |
|---|---|---|---|
| Segment | Seg_1 Klassiker | 65 | 56,0% |
| | Seg_2 Frucht | 28 | 24,1% |
| | Seg_3 Kaffee | 23 | 19,8% |
| Gültig | | 116 | 100,0% |
| Fehlend | | 11 | |
| Gesamt | | 127 | |
| Teilgesamtheit | | 113 [a] | |

a. Die abhängige Variable hat nur einen in 113 (100,0%) Teilgesamtheiten beobachteten Wert.

**Abb. 5.30** Bearbeitete Fälle

**Informationen zur Modellanpassung**

| | Kriterien für die Modellanpassung | Likelihood-Quotienten-Tests | | |
|---|---|---|---|---|
| Modell | -2 Log-Likelihood | Chi-Quadrat | Freiheitsgrade | Signifikanz |
| Nur konstanter Term | 229,326 | | | |
| Endgültig | 142,016 | 87,310 | 20 | <,001 |

**Pseudo-R-Quadrat**

| Cox und Snell | ,529 |
|---|---|
| Nagelkerke | ,614 |
| McFadden | ,381 |

**Abb. 5.31** Globale Qualitätskontrolle des Modells

**Schätzung der Parameter**

Da Segment $g=1$ als Referenzkategorie (Baseline) gewählt wurde, müssen die Parameter für die Segmente 2 und 3 mit der ML-Methode nach Gl. (5.53) geschätzt werden. Einschließlich des konstanten Terms müssen insgesamt $(G-1) \times (J+1) = 22$ Parameter geschätzt werden. Sie sind in Abb. 5.32 zusammen mit ihren Standardfehlern und weiteren Statistiken dargestellt.

## 5.4 Fallbeispiel

**Parameterschätzer**

| Segment[a] | | B | Standard Fehler | Wald | Freiheitsgrade | Signifikanz | Exp(B) | 95% Konfidenzintervall für Exp(B) | |
|---|---|---|---|---|---|---|---|---|---|
| | | | | | | | | Untergrenze | Obergrenze |
| Seg_2 Frucht | Konstanter Term | -4,646 | 2,231 | 4,336 | 1 | ,037 | | | |
| | Preisniveau | -,419 | ,309 | 1,841 | 1 | ,175 | ,658 | ,359 | 1,205 |
| | erfrischend | ,327 | ,318 | 1,058 | 1 | ,304 | 1,386 | ,744 | 2,583 |
| | köstlich | -1,252 | ,495 | 6,386 | 1 | ,012 | ,286 | ,108 | ,755 |
| | gesund | -,657 | ,335 | 3,851 | 1 | ,050 | ,518 | ,269 | ,999 |
| | bitter | -,188 | ,316 | ,354 | 1 | ,552 | ,829 | ,446 | 1,538 |
| | leicht | 1,014 | ,471 | 4,640 | 1 | ,031 | 2,757 | 1,096 | 6,938 |
| | knackig | ,901 | ,290 | 9,621 | 1 | ,002 | 2,462 | 1,393 | 4,351 |
| | exotisch | ,226 | ,168 | 1,820 | 1 | ,177 | 1,254 | ,903 | 1,742 |
| | süss | -,199 | ,426 | ,218 | 1 | ,640 | ,819 | ,355 | 1,890 |
| | fruchtig | ,965 | ,428 | 5,068 | 1 | ,024 | 2,624 | 1,133 | 6,077 |
| Seg_3 Kaffee | Konstanter Term | -1,590 | 1,771 | ,806 | 1 | ,369 | | | |
| | Preisniveau | ,265 | ,224 | 1,407 | 1 | ,236 | 1,304 | ,841 | 2,021 |
| | erfrischend | -,240 | ,204 | 1,390 | 1 | ,238 | ,787 | ,528 | 1,172 |
| | köstlich | -,359 | ,336 | 1,139 | 1 | ,286 | ,699 | ,361 | 1,350 |
| | gesund | ,001 | ,228 | ,000 | 1 | ,996 | 1,001 | ,641 | 1,564 |
| | bitter | -,641 | ,249 | 6,600 | 1 | ,010 | ,527 | ,323 | ,859 |
| | leicht | ,303 | ,297 | 1,038 | 1 | ,308 | 1,354 | ,756 | 2,424 |
| | knackig | ,352 | ,216 | 2,664 | 1 | ,103 | 1,422 | ,932 | 2,172 |
| | exotisch | ,288 | ,131 | 4,811 | 1 | ,028 | 1,334 | 1,031 | 1,726 |
| | süss | ,246 | ,281 | ,767 | 1 | ,381 | 1,279 | ,737 | 2,219 |
| | fruchtig | -,100 | ,271 | ,136 | 1 | ,712 | ,905 | ,532 | 1,538 |

a. Die Referenzkategorie lautet: Seg_1 Klassiker.

**Abb. 5.32** Geschätzte Parameter der Regressionsfunktionen für Segment 2 und 3

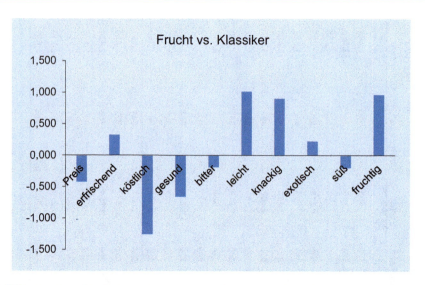

**Abb. 5.33** Geschätzte Koeffizienten für das Segment Frucht versus Klassiker

Zur Unterstützung der Interpretation können die geschätzten Koeffizienten durch Säulendiagramme visualisiert werden. Aus Abb. 5.33 sehen wir, dass das Segment „Frucht" (im Vergleich zu „Klassiker") als weniger köstlich, dafür aber als leichter und fruchtiger empfunden wird. Dies scheint plausibel zu sein. Weniger plausibel ist, dass das Segment „Frucht" als knackiger empfunden wird, was eher bei Nüssen und Keksen erwartet würde. Dass „Frucht" als weniger gesund empfunden wird, scheint ebenfalls fragwürdig zu sein.

Abb. 5.34 zeigt, dass sich die Segmente „Kaffee" und „Klassiker" wesentlich weniger unterscheiden als die Segmente „Frucht" und „Klassiker". Der grösste Unterschied betrifft das Attribut „bitter". Aber dass „Kaffee" als weniger bitter empfunden wird als „Klassiker", scheint ebenfalls fragwürdig zu sein.

Gemäß Gl. (5.57) erhalten wir die Koeffizienten für andere Kategoriepaare durch die Differenzen der jeweiligen Logits. Das Ergebnis zeigt Abb. 5.35 für „Frucht" versus „Kaffee". Für „Kaffee" versus „Frucht" (durch Vertauschen der Baseline) würden sich identische Koeffizienten mit entgegengesetzten Vorzeichen ergeben.

Das Segment „Frucht" wird im Vergleich zum Segment „Kaffee" als fruchtiger empfunden, was nicht überrascht. Weiterhin wird es auch als leichter, erfrischender und knackiger wahrgenommen. Allerdings wird es als weniger köstlich, weniger teuer und weniger gesund empfunden. Nicht alle diese Ergebnisse entsprechen unserer Intuition, aber menschliches Verhalten ist manchmal unvorhersehbar.

Abb. 5.32 zeigt auch die Werte der Wald-Statistik gemäß Gl. (5.44) und die entsprechenden p-Werte. Für das Segmentpaar Frucht vs. Klassiker sind bei $\alpha = 5\,\%$ fünf Koeffizienten signifikant, für die anderen Segmentpaare sind die meisten Koeffizienten

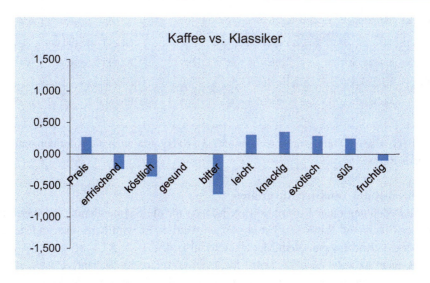

**Abb. 5.34** Geschätzte Koeffizienten für das Segment Kaffee versus Klassiker

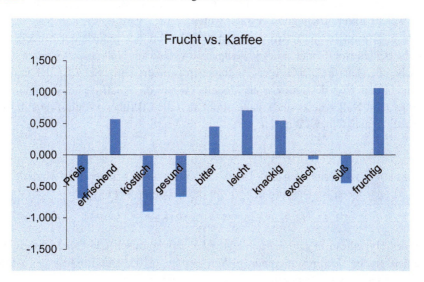

**Abb. 5.35** Geschätzte Koeffizienten für das Segment Frucht versus Kaffee

jedoch nicht signifikant. Tab. 5.23 zeigt die signifikanten Koeffizienten in der Reihenfolge ihres Signifikanzniveaus. Wie man sehen kann, haben die größten Koeffizienten nicht immer die höchste Signifikanz.

In der rechten Spalte von Abb. 5.32 sind schließlich die Effektkoeffizienten (Odds Ratios, Exp(B)) der Kovariaten (spezifisch für die jeweilige Referenzkategorie) dargestellt. Sie sind alle positiv, aber <1 für negative Werte der Regressionskoeffizienten

**Tab. 5.23** Signifikante Koeffizienten für α = 5 %

| Segmente | Positiv signifikant | Negativ signifikant |
|---|---|---|
| Frucht vs. Klassiker | Knackig, fruchtig, leicht | Köstlich, gesund |
| Kaffee vs. Klassiker | Exotisch | Bitter |
| Frucht vs. Kaffee | Fruchtig | Preis |

und >1 für positive Werte (siehe Abschn. 5.2.3). SPSS gibt auch die Konfidenzintervalle der Odds Ratios an.

**Likelihood-Ratio-Tests der Kovariaten**

Um die Bedeutung einer Kovariate (Eigenschaft) für die Segmentierung zu überprüfen, kann der Likelihood-Ratio-Test herangezogen werden. Er wird berechnet, indem nacheinander jede Kovariate aus dem Modell entfernt wird.

Im Gegensatz zum Wald-Test wird nicht ein einzelner Koeffizient getestet, sondern alle Koeffizienten einer Kovariate. In unserem Fall gibt es für jede Kovariate zwei Koeffizienten. Das Ergebnis ist in Abb. 5.36 dargestellt. Dieses Ergebnis ist unabhängig davon, welche Referenzkategorie gewählt wurde.

Abb. 5.36 zeigt für jede Kovariate den $-2LL$-Wert des reduzierten Modells, d. h. wenn die beiden Koeffizienten der jeweiligen Kovariate auf Null gesetzt werden und die Wahrscheinlichkeit für die übrigen Parameter maximiert wird. Sei $LL_{0j}$ der maximale Log-Likelihood-Wert des reduzierten Modells (wobei die Koeffizienten $b_{1j}$ und $b_{2j}$ der Kovariate $j$ auf Null gesetzt sind), dann ergibt sich die Likelihood-Ratio-Statistik für die Kovariate $j$ gemäß Gl. (5.45) durch:

$$LLR_j = -2 \cdot (LL_{0j} - LL_v)$$

$LL_v$ bezeichnet wiederum den Log-Likelihood-Wert für das angepasste Modell, der in Abb. 5.31 angegeben ist. Dies ergibt z. B. für die Kovariate 1 (Preis):

$$LLR_j = 146{,}531 - 142{,}016 = 4{,}515$$

Unter der Hypothese $H_0$: $b_{1j} = b_{2j} = 0$ ist $LLR_j$ asymptotisch Chi-Quadrat-verteilt mit 2 Freiheitsgraden. Der resultierende p-Wert beträgt 0,105. Der Einfluss des Attributs „Preis" kann also nicht als signifikant angesehen werden.

Hier hat überraschenderweise das Attribut „knackig" die stärkste Wirkung. Es folgen „köstlich", „bitter" und „fruchtig". Den kleinsten Effekt hat „süß" mit einem p-Wert von 0,55 (etwas seltsam für ein Produkt wie Schokolade). Damit kann die Analyse zeigen, dass die Daten einige Ungereimtheiten enthalten. Vielleicht sollte der Pretest mit einem anderen Interviewer wiederholt werden.

**Likelihood-Quotienten-Tests**

| Effekt | Kriterien für die Modellanpassung -2 Log-Likelihood für reduziertes Modell | Likelihood-Quotienten-Tests | | |
|---|---|---|---|---|
| | | Chi-Quadrat | Freiheitsgrade | Signifikanz |
| Konstanter Term | 146,952 | 4,936 | 2 | ,085 |
| Preisniveau | 146,531 | 4,515 | 2 | ,105 |
| erfrischend | 145,095 | 3,079 | 2 | ,215 |
| köstlich | 150,079 | 8,063 | 2 | ,018 |
| gesund | 146,545 | 4,529 | 2 | ,104 |
| bitter | 149,274 | 7,258 | 2 | ,027 |
| leicht | 147,568 | 5,551 | 2 | ,062 |
| knackig | 154,930 | 12,914 | 2 | ,002 |
| exotisch | 147,614 | 5,598 | 2 | ,061 |
| süss | 143,214 | 1,197 | 2 | ,550 |
| fruchtig | 149,224 | 7,208 | 2 | ,027 |

Die Chi-Quadrat-Statistik stellt die Differenz der -2 Log-Likelihoods zwischen dem endgültigen Modell und einem reduziertem Modell dar. Das reduzierte Modell wird berechnet, indem ein Effekt aus dem endgültigen Modell weggelassen wird.
Hierbei liegt die Nullhypothese zugrunde, nach der alle Parameter dieses Effekts 0 betragen.

**Abb. 5.36** Testen der Kovariablen mit dem Likelihood-Ratio-Test

**Klassifizierungsergebnisse**

Eine wichtige Eigenschaft der logistischen Regression ist, dass sie Wahrscheinlichkeiten für die Kategorien (Gruppen) für jedes *Kovariatenmuster* liefert. Die Wahrscheinlichkeiten können für die Prognose oder die Zuordnung von Fällen zu Kategorien verwendet werden. SPSS berechnet für jede Testperson die Wahrscheinlichkeiten bezüglich der drei Segmente von Schokoladensorten. Diese Wahrscheinlichkeiten können auch für Personen berechnet werden, die nicht in die Analyse einbezogen waren. Zur Berechnung sei auf die Gl. (5.47) und (5.48) in Abschn. 5.3 verwiesen. In SPSS können die geschätzten Wahrscheinlichkeiten über den Button „Speichern" angefordert werden. Sie werden dann als neue Variablen an die Arbeitsdatei angehängt. Die Wahrscheinlichkeiten sind unabhängig davon, welche Referenzkategorie gewählt wurde.

Abb. 5.37 zeigt einen Abschnitt der Arbeitsdatei im Dateneditor mit den erstellten Variablen EST1_1, EST2_1 und EST3_1 für die geschätzten Wahrscheinlichkeiten der drei Segmente. Die Variable PRE_1 gibt die vorausgesagte Kategorie an. Dies ist die Kategorie mit der höchsten Wahrscheinlichkeit.

| Befragter | Sorte | Segment | EST1_1 | EST2_1 | EST3_1 | PRE_1 |
|---|---|---|---|---|---|---|
| 1 | 1 | 1,00 | ,84 | ,00 | ,16 | 1,00 |
| 3 | 1 | 1,00 | ,52 | ,32 | ,15 | 1,00 |
| 4 | 1 | 1,00 | ,57 | ,13 | ,30 | 1,00 |
| 7 | 1 | 1,00 | ,63 | ,15 | ,22 | 1,00 |
| 11 | 1 | 1,00 | ,49 | ,03 | ,47 | 1,00 |
| 12 | 1 | 1,00 | ,62 | ,01 | ,37 | 1,00 |
| 16 | 1 | 1,00 | ,70 | ,08 | ,22 | 1,00 |
| 18 | 1 | 1,00 | ,88 | ,01 | ,11 | 1,00 |
| 2 | 2 | 3,00 | ,43 | ,10 | ,47 | 3,00 |
| 4 | 2 | 3,00 | ,33 | ,43 | ,24 | 2,00 |
| 7 | 2 | 3,00 | ,49 | ,00 | ,51 | 3,00 |
| 8 | 2 | 3,00 | ,75 | ,00 | ,25 | 1,00 |
| 9 | 2 | 3,00 | . | . | . | . |
| 10 | 2 | 3,00 | ,50 | ,01 | ,49 | 1,00 |
| 11 | 2 | 3,00 | ,66 | ,07 | ,27 | 1,00 |
| 12 | 2 | 3,00 | ,65 | ,08 | ,27 | 1,00 |
| 13 | 2 | 3,00 | ,53 | ,10 | ,36 | 1,00 |

**Abb. 5.37** Geschätzte Wahrscheinlichkeiten (Abschnitt der Arbeitsdatei)

Für den ersten Fall (Befragter 1 und Sorte 1 = Milch) ergibt sich die höchste Wahrscheinlichkeit von 0,84 für Segment 1 (Klassiker). Diese Prognose ist korrekt. Für Fall 10 (Befragter 4 und Sorte 2 = Espresso) wird hingegen Segment 2 (Frucht) vorhergesagt, was falsch ist.

Eine Zusammenfassung aller beobachteten und vorhergesagten Segmente ergibt die Klassifizierungstabelle in Abb. 5.38, die jetzt 9 Zellen enthält. Die Treffer befinden sich in den diagonalen Zellen. Von den 65 Fällen in Segment 1 (Klassiker) werden 62 Fälle richtig vorhergesagt (95,4 %), und von den 28 Fällen in Segment 2 (Frucht) werden 23 Fälle richtig vorhergesagt (82,1 %). Dies sind sehr gute Ergebnisse. Aber von den 23 Fällen in Segment 3 (Kaffee) werden nur 6 richtig vorhergesagt (26,1 %). Die logistische Regression ergibt höhere Trefferquoten für größere Segmente. Die Gesamttrefferquote beträgt 78,4 %

Um die Klassifizierung zu überprüfen, kann für jedes Segment eine ROC-Kurve erstellt werden. Beispielhaft sei dies hier für Segment 1 (Klassiker) gezeigt: Nach Auswahl des Menüpunktes *„Analysieren / Klassifizieren / ROC-Kurve"* müssen als *„Testvariable"* die Variable „EST1_1" und als *„Zustandsvariable"* die Variable *„Segment"* gewählt werden. Für den „Wert der Zustandsvariablen" geben wir 1 für das Segment 1 (Klassiker) ein. Weiter werden *„Mit diagonaler Bezugslinie"* und *„Standardfehler und Konfidenzintervall"* gewählt. Die Ausgabe ist in Abb. 5.39 dargestellt. Die Fläche unter der Kurve beträgt AUC = 82,4 %, was ausgezeichnet ist.

## Klassifikation

| Beobachtet | Vorhergesagt | | | |
|---|---|---|---|---|
| | Seg_1 Klassiker | Seg_2 Frucht | Seg_3 Kaffee | Prozent richtig |
| Seg_1 Klassiker | 62 | 1 | 2 | 95,4% |
| Seg_2 Frucht | 5 | 23 | 0 | 82,1% |
| Seg_3 Kaffee | 15 | 2 | 6 | 26,1% |
| Prozent insgesamt | 70,7% | 22,4% | 6,9% | 78,4% |

**Abb. 5.38** Klassifikationstabelle für das Fallbeispiel

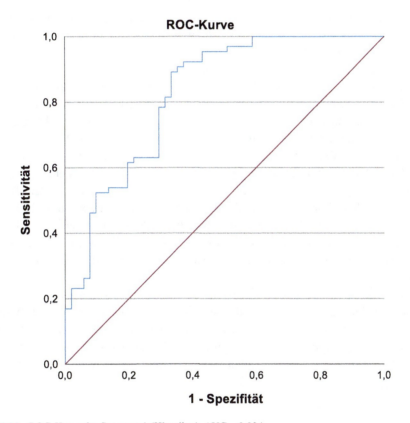

**Abb. 5.39** ROC-Kurve für Segment 1 (Klassiker), AUC = 0,824

In gleicher Weise kann auch für die beiden anderen Segmente verfahren werden. Für Segment 2 (Frucht) muss die Variable „EST2_1" als „Testvariable" gewählt werden und der Wert 2 für die „Zustandsvariable" eingegeben werden. Es ergibt sich AUC = 91,5 % und für Segment 3 (Kaffee) ergibt sich AUC = 79,5 %. Dies sind ausgezeichnete Ergebnisse. Die Clusteranalyse, die für die Segmentierung verwendet wurde, hat anscheinend „gute Arbeit" geleistet.

### 5.4.3.2 Schrittweise Logistische Regression

Bei empirischen Anwendungen ist die Frage von großer Bedeutung, ob sich auch ein reduzierter Satz an Variablen finden lässt, der eine gute Diskriminierung zwischen den Gruppen ermöglicht. Wenn in einer Hauptstudie mit einer kleineren Anzahl an Merkmalen als im Pretest gearbeitet werden kann, so können dadurch Zeit und Geld gespart werden. Auch die Qualität der Daten kann oft verbessert werden, weil die Belastung der Befragten verringert wird.

Um ein sparsameres Modell zu erstellen, können die obigen Ergebnisse verwendet werden. Der Likelihood-Ratio-Test hat uns gezeigt, dass die Attribute „knackig", „köstlich", „bitter" und „fruchtig" die größte Bedeutung für die Zuordnung von Fällen zu Segmenten haben.

Einen anderen Weg bietet eine schrittweise Logistische Regression. Hierbei wird es dem Computer überlassen, ein gutes Modell zu finden. Ein Algorithmus fügt sukzessive Variablen zu einem Modell hinzu, das anfangs nur den konstanten Term enthält. Die Variablen werden in der Reihenfolge ihres Beitrags zur Erhöhung der Wahrscheinlichkeit (Likelihood) des Modells ausgewählt (Vorwärtsauswahl). Oder der Algorithmus entfernt Variablen aus einem Modell, das alle unabhängigen Variablen enthält (Rückwärtsauswahl). Dies kann über die Menüauswahl „Modell" gesteuert werden (Abb. 5.28). Die statistischen Kriterien für den Auswahlprozess können über das Menü „Optionen" gesteuert werden (Abb. 5.40). Der voreingestellte Schwellenwert für die Aufnahme einer Variablen in das Modell ist ein p-Wert $\leq 5\,\%$ für den Likelihood-Quotienten.

Abb. 5.41 zeigt die Ergebnisse der schrittweisen Auswahl von Kovariaten. Das Verfahren wählt fünf Variablen aus, die das Standardauswahlkriterium (Eintrittswahrscheinlichkeit $\leq 5\,\%$) erfüllen. Diese sind „fruchtig", „Preis", „exotisch", „knackig" und „bitter". Die Likelihood-Statistik ist aufgrund der Multikollinearität nicht identisch mit den Werten in Abb. 5.36. Mit diesen Variablen wird eine Trefferquote von 69 % erzielt (Abb. 5.42).

Wird die „Eintrittswahrscheinlichkeit" auf 10 % erhöht, wird dem Modell das Attribut „erfrischend" hinzugefügt und es wird eine Trefferquote von 71,6 % erreicht. Wird hingegen das Attribut „bitter" weggelassen, so kann die Trefferquote auf 73,1 % erhöht werden. Dies zeigt, dass nicht zu viel Vertrauen in die automatische Auswahl durch eine schrittweise Regression gesetzt werden sollte. Sie sollte daher immer kritisch geprüft werden.

### 5.4.4 SPSS-Kommandos

Im Fallbeispiel wurde die binär logistische Regression mithilfe der grafischen Benutzeroberfläche von SPSS (GUI: graphical user interface) durchgeführt. Alternativ kann der Anwender aber auch die sog. *SPSS-Syntax* verwenden, die eine speziell für SPSS entwickelte Programmiersprache darstellt. Jede Option, die auf der grafischen Benutzeroberfläche von SPSS aktiviert wurde, wird dabei in die SPSS-Syntax übersetzt. Wird

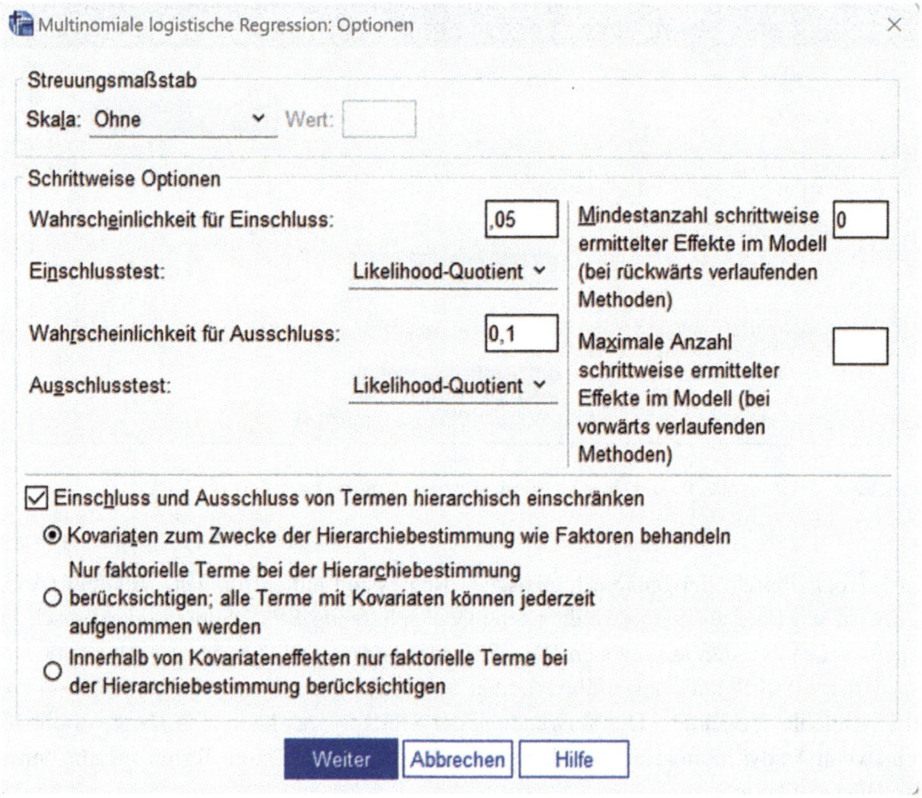

## 5.4 Fallbeispiel

**Abb. 5.40** Dialogfenster: Multinominale logistische Regression: Optionen

### Schrittübersicht

| Modell | Aktion | Effekt(e) | Kriterien für die Modellanpassung -2 Log-Likelihood | Effektauswahltests Chi-Quadrat[a] | Freiheitsgrade | Signifikanz |
|---|---|---|---|---|---|---|
| 0 | Eingegeben | Konstante | 229,326 | . | | |
| 1 | Eingegeben | fruchtig | 204,206 | 25,121 | 2 | <,001 |
| 2 | Eingegeben | Preisniveau | 185,033 | 19,173 | 2 | <,001 |
| 3 | Eingegeben | exotisch | 176,211 | 8,822 | 2 | ,012 |
| 4 | Eingegeben | knackig | 168,566 | 7,645 | 2 | ,022 |
| 5 | Eingegeben | bitter | 161,202 | 7,364 | 2 | ,025 |

Schrittweise Methode: Vorwärtsselektion

a. Das Chi-Quadrat für die Aufnahme beruht auf dem Likelihood-Quotienten-Test.

**Abb. 5.41** Zusammenfassung der schrittweisen Regression (Vorwärtsauswahl)

```
* MVA: Binäre logistische Regression für das Rechenbeispiel.
* Datendefinition.
DATA LIST FREE / Befragter Einkommen Geschlecht Kauf.

BEGIN DATA
1   2530 0 1
2   2370 1 0
3   2720 1 1
-----------
30 1620 0 0
* Alle Datensätze einfügen.
END DATA.

* Fallbeispiel logistische Regression: Methode „Blockweise ".
LOGISTIC REGRESSION VARIABLES Kauf
  /METHOD=ENTER Einkommen Geschlecht
  /CASEWISE OUTLIER(2)
  /CRITERIA=PIN(0.05) POUT(.10) ITERATE(20) CUT(0.5).
```

**Abb. 5.42** SPSS-Syntax für die binär logistische Regression (Abschn. 5.2.6)

im Hauptdialogfeld der binären logistischen Regression auf *„Einfügen"* geklickt (Abb. 5.17), so wird die zu den gewählten Optionen gehörende SPSS-Syntax automatisch in einem neuen Fenster ausgegeben. Die Prozeduren von SPSS können auch allein auf Basis der SPSS-Syntax ausgeführt werden und Anwender können dabei auch weitere SPSS-Befehle verwenden. Die Verwendung der SPSS-Syntax kann z. B. dann vorteilhaft sein, wenn Analysen mehrfach wiederholt werden sollen (z. B. zum Testen verschiedener Modellspezifikationen).

Abb. 5.42 zeigt die SPSS-Syntax für die binäre logistische Regression, die in Abschn. 5.2.6 durchgeführt wurde. In der Syntax sind die Daten in die Befehle zwischen BEGIN DATA und END DATA eingebettet.

Abb. 5.43 und 5.44 zeigen die SPSS-Syntax zur Durchführung der multinomialen logistischen Regression für das Fallbeispiel (Abschn. 5.4).

Anwender, die R (https://www.r-project.org) zur Datenanalyse nutzen möchten, finden die entsprechenden R-Befehle zum Fallbeispiel auf der Internetseite www.multivariate.de.

## 5.5 Modifikationen und Erweiterungen

Die logistische Regression ist von großer Bedeutung für die Schätzung von Discrete-Choice-Modellen, d. h. für Modelle, die die Wahl von Personen zwischen zwei oder mehr diskreten Entscheidungsalternativen beschreiben, erklären, vorhersagen und unterstützen. In diesem Kapitel wurde der Kauf von Schokolade (z. B. Kauf oder Nicht-Kaufen; Kauf Typ A oder Typ B) als Beispiel verwendet. Bei diesen Modellen muss zwischen zwei Gruppen von unabhängigen Variablen (Prädiktoren) unterschieden werden:

## 5.5 Modifikationen und Erweiterungen

```
* MVA: Fallbeispiel Schokolade multinominale logistische Regression.
* Datendefinition.
DATA LIST FREE / teuer erfrischend sättigend gesund bitter leicht knackig
exotisch süß fruchtig Segment.
VALUE LABELS
 /segment 1 'Klassik' 2 'Frucht' 3 'Kaffee'.

BEGIN DATA
3 3 5 4 1 2 3 1 3 4 1
6 6 5 2 2 5 2 1 6 7 1
2 3 3 3 2 3 5 1 3 2 1
--------------------
5 4 4 1 4 4 1 1 1 4 1
* Alle Datensätze einfügen
END DATA.

* Fallbeispiel multinominale logistische Regression: Methode „Blockweise
".
NOMREG segment (BASE=1 ORDER=ASCENDING) WITH Preis erfrischend sättigend
gesund bitter leicht knackig exotisch süß fruchtig
  /CRITERIA CIN(95) DELTA(0) MXITER(100) MXSTEP(5) CHKSEP(20) LCONVERGE(0)
    PCONVERGE(0.000001) SINGULAR(0.00000001)
  /MODEL
  /STEPWISE=PIN(.05) POUT(0.1) MINEFFECT(0) RULE(SINGLE) ENTRYMETHOD(LR)
    REMOVALMETHOD(LR)
  /INTERCEPT=INCLUDE
  /PRINT=CLASSTABLE PARAMETER SUMMARY LRT CPS STEP MFI
  /SAVE ESTPROB PREDCAT.

ROC EST1_1 BY segment (1)
  /PLOT=CURVE(REFERENCE)
  /PRINT=SE
  /CRITERIA=CUTOFF(INCLUDE) TESTPOS(LARGE) DISTRIBUTION(FREE) CI(95)
  /MISSING=EXCLUDE.

ROC EST2_1 BY segment (2)
  /PLOT=CURVE(REFERENCE)
  /PRINT=SE
  /CRITERIA=CUTOFF(INCLUDE) TESTPOS(LARGE) DISTRIBUTION(FREE) CI(95)
  /MISSING=EXCLUDE.

ROC EST3_1 BY segment (3)
  /PLOT=CURVE(REFERENCE)
  /PRINT=SE
  /CRITERIA=CUTOFF(INCLUDE) TESTPOS(LARGE) DISTRIBUTION(FREE) CI(95)
  /MISSING=EXCLUDE.
```

**Abb. 5.43** SPSS-Syntax für blockweise Schätzung und ROC-Kurve (Abschn. 5.4.3.1)

- *Merkmale der Personen:* z. B. soziodemografische Variablen wie Geschlecht, Alter, Einkommen, Haushaltsgröße, Bildung, Interessen, Lebensstil, etc.
- *Attribute der Alternativen* (choices): z. B. Marke, Preis, Größe, Farbe, Inhaltsstoffe, Eigenschaften, Qualität, Werbung, etc.

```
* MVA: Fallbeispiel Schokolade multinominale logistische Regression:
Methode „Schrittweise ".
NOMREG segment (BASE=1 ORDER=ASCENDING) WITH Preis erfrischend sättigend
gesund bitter leicht knackig exotisch süß fruchtig
  /CRITERIA CIN(95) DELTA(0) MXITER(100) MXSTEP(5) CHKSEP(20)
    LCONVERGE(0) PCONVERGE(0.000001) SINGULAR(0.00000001)
  /MODEL=| FORWARD=teuer erfrischend sättigend gesund bitter leicht
    knackig exotisch süß fruchtig
  /STEPWISE=PIN(.05) POUT(0.1) MINEFFECT(0) RULE(SINGLE)
    ENTRYMETHOD(LR) REMOVALMETHOD(LR)
  /INTERCEPT=INCLUDE
  /PRINT=CLASSTABLE PARAMETER SUMMARY LRT CPS STEP MFI IC.
```

**Abb. 5.44** SPSS-Syntax für schrittweise Schätzung (Abschn. 5.4.3.2)

Die in der logistischen Regression verwendeten Prädiktoren sind überwiegend Merkmale der Personen. Aber für die Entscheidungsfindung in realen Situationen sind auch die Attribute der Alternativen von großer und oft größerer Bedeutung.[37]

Basierend auf der vorherrschenden Verwendung dieser beiden Prädiktorentypen kann zwischen zwei Arten von Modellen für diskrete Auswahlentscheidungen unterschieden werden:

- Logistische Regressionsmodelle (unter Verwendung von Merkmalen der Personen)
- Logit-Choice-Modelle (unter Verwendung von Attributen der Alternativen).[38]

Ein Problem bei logistischen Regressionsmodellen ist die große Anzahl von Parametern, die geschätzt und interpretiert werden müssen, insbesondere wenn die Anzahl der Kategorien groß ist. Wikipedia listet z. B. mehr als 200 Schokoladenmarken auf. Werden 10 Marken ausgewählt und 10 Prädiktoren verwendet, müssen 99 Parameter (9 Konstanten und 90 Koeffizienten) für ein logistisches Regressionsmodell geschätzt werden.

Für ein Logit-Choice-Modell reduziert sich die Anzahl der Parameter auf 19 (9 Konstanten und 10 Koeffizienten). Der Grund dafür ist, dass das Logit-Choice-Modell (in seiner Grundform) *generische Koeffizienten* verwendet, während das logistische Regressionsmodell *alternativspezifische Koeffizienten* verwendet. So gibt es z. B. für die Preise der Auswahlalternativen nur einen Koeffizienten, und es wird angenommen,

---

[37] Es gibt eine dritte Gruppe von Variablen, die nach Person und Alternativen variieren. Beispiele sind die subjektiv wahrgenommenen Eigenschaften, die im Fallbeispiel enthalten waren.

[38] Logit-Choice-Modelle wurden durch die Arbeit von Daniel McFadden (1974) populär, der die Grundlagen für diese Modelle und ihre Anwendungen legte. Im Jahr 2000 gewann er den Nobelpreis für Wirtschaftswissenschaften. Abhandlungen über diese Modelle finden sich in den Büchern von Ben-Akiva und Lerman (1985); Hensher et al. (2015); Train (2009). Die Anwendungen betreffen die Nutzung von Transportalternativen (z. B. Auto, Straßenbahn, Bus, Fahrrad, zu Fuß (Mc Fadden, 1974) oder Marktdaten von Scanner-Panels (z. B. Guadagni & Little, 1983; Jain et al., 1994).

## 5.5 Modifikationen und Erweiterungen

dass der Preis auf alle Alternativen die gleiche Wirkung hat. Die Möglichkeit, generische Koeffizienten anzugeben, die über die Alternativen hinweg konstant sind, ermöglicht es, sehr effiziente und sparsame Modelle zu formulieren. Die logistische Regression erlaubt keine Schätzung von generischen Koeffizienten. Und generische Koeffizienten können auch nicht für Merkmale von Personen, die über die Alternativen nicht variieren, geschätzt werden. Dies sei an einem kleinen Beispiel demonstriert.

**Beispiel**

Als Beispiel wird das Modell in Gl. (5.52) vereinfacht, und es werden $G=3$ Wahlalternativen und nur einen Prädiktor angenommen. Es sollen die Kaufwahrscheinlichkeiten für die drei Alternativen für eine Person mit einem Einkommen $x$ prognostiziert werden. Damit ergibt sich das folgende *logistische Regressionsmodell*

$$\pi_g(x) = \frac{e^{\alpha_g + \beta_g x}}{e^{\alpha_1 + \beta_1 x} + e^{\alpha_2 + \beta_2 x} + e^{\alpha_3 + \beta_3 x}} \quad (g = 1, 2, 3) \quad (5.65)$$

Werden die Parameter für die Referenzkategorie $g=3$ auf Null gesetzt, so sind $(J+1) \times (G-1) = 4$ Parameter zu schätzen. ◀

Jetzt wollen wir diesem Modell das korrespondierende *Logit-Choice-Modell* gegenüberstellen, bei dem der Prädiktor über die Alternativen variiert. Als Prädiktor wählen wir den Preis $p$ der Alternativen. Dies führt zu folgender Formulierung:

$$\pi_g(p) = \frac{e^{\alpha_g + \beta p_g}}{e^{\alpha_1 + \beta p_1} + e^{\alpha_2 + \beta p_2} + e^{\alpha_3 + \beta p_3}} \quad (g = 1, 2, 3) \quad (5.66)$$

Nun ist der Preiskoeffizient ein generischer Parameter, der für alle Alternativen gilt, während die Preise über die Alternativen variieren. Für die Schätzung des Preiskoeffizienten $\beta$ ist ein negativer Wert zu erwarten. Wird $\alpha_3$ auf Null gesetzt, so müssen $(J+G-1)=3$ Parameter geschätzt werden. Für Alternative 1 lässt sich die Wahrscheinlichkeit ausdrücken durch:

$$\pi_1(p) = \frac{1}{1 + e^{(\alpha_2 - \alpha_1) + \beta(p_2 - p_1)} + e^{-\alpha_1 + \beta(p_3 - p_1)}} \quad (5.67)$$

Die konstanten Terme des Modells können hier als Nutzenwerte der Alternativen relativ zur Referenzkategorie interpretiert werden. Das Modell besagt, dass die Wahrscheinlichkeit, die Alternative 1 zu kaufen, von den Unterschieden in Nutzen und Preis gegenüber den beiden anderen Alternativen abhängt.

Wird nun im Logit-Choice-Modell der Preis der Alternativen durch das Einkommen der Personen ersetzt, so erhalten wir die folgende Formel:

$$\pi_1(x) = \frac{1}{1 + e^{(\alpha_2 - \alpha_1) + \beta(x - x)} + e^{-\alpha_1 + \beta(x - x)}} = \frac{1}{1 + e^{\alpha_2 - \alpha_1} + e^{-\alpha_1}}$$

Da das Einkommen zwischen den Alternativen nicht variiert, wird es aus dem Logit-Choice-Modell eliminiert.

Wie bereits erwähnt, erlaubt die logistische Regression keine Schätzung von generischen Koeffizienten. Wird also ein Attribut der Alternativen in ein logistisches Regressionsmodell aufgenommen, so ist für jede Alternative ein spezifischer Koeffizient zu schätzen. Dies kann in bestimmten Situationen nützlich sein: So könnte eine starke Marke von einer Preiserhöhung weniger stark betroffen sein als eine schwache Marke, und es wäre interessant, diesen Effekt der Marke zu messen. Die logistische Regression zwingt jedoch dazu, alle Parameter spezifisch für die Alternativen zu schätzen. Im Allgemeinen sind also sehr viele Parameter zu schätzen.

Das Logit-Choice-Modell kann um Merkmale der Personen erweitert werden, indem hierfür alternativenspezifische Koeffizienten geschätzt werden, neben den generischen Koeffizienten für die Attribute der Alternativen. Damit kann das logistische Regressionsmodell als Spezialfall eines erweiterten Logit-Choice-Modells angesehen werden.[39]

## 5.6 Anwendungsempfehlungen

Nachfolgend sind einige Empfehlungen zur Durchführung einer logistischen Regression zusammengestellt, die nach den Aspekten Anforderungen an das Datenmaterial, Schätzung der Regressionskoeffizienten und globale Gütemaße differenziert sind.

**Anforderungen an das Datenmaterial**
- Die logistische Regression stellt relativ geringe statistische Anforderungen an die Daten. Die Hauptannahme des logistischen Modells ist, dass die kategoriale abhängige Variable eine Zufallsvariable ist (Bernoulli- oder multinomial verteilt). Die Beobachtungen der abhängigen Variablen sollten statistisch unabhängig sein. Es werden keine Annahmen bezüglich der Verteilung der unabhängigen Variablen getroffen.
- Der logistischen Regression ist damit gegenüber der Diskriminanzanalyse der Vorzug zu geben, wenn Unsicherheit über die Verteilung der unabhängigen Variablen besteht, insbesondere wenn kategoriale unabhängige Variable vorhanden sind.
- Für die logistische Regression werden größere Fallzahlen benötigt als z. B. für die lineare Regression oder die Diskriminanzanalyse. Die Fallzahl sollte pro Gruppe (Kategorie der abhängigen Variable) nicht kleiner als 25 sein und damit mindestens 50 betragen.

---

[39] SPSS enthält kein spezielles Verfahren für die Logit-Choice-Analyse. Für die Berechnung kann jedoch das Verfahren COXREG für Cox-Regression verwendet werden.

## 5.6 Anwendungsempfehlungen

- Bei größerer Zahl an unabhängigen Variablen sind auch größere Fallzahlen pro Gruppe erforderlich. Es sollten wenigstens 10 Fälle pro zu schätzendem Parameter vorhanden sein.
- Die unabhängigen Variablen sollten weitgehend frei von Multikollinearität sein. (keine linearen Abhängigkeiten).

**Schätzung der Regressionskoeffizienten**
- Zur Prüfung der Regressionskoeffizienten ist dem Likelihood-Ratio-Test gegenüber dem Wald-Test der Vorzug zu geben, da der Wald-Test bei kleinen Stichproben zu hohe p-Werte liefert. Damit werden eventuell relevante Einflussfaktoren nicht als signifikant erkannt. Der LR-Test für die Koeffizienten wird in SPSS allerdings nur von der Prozedur für die multinomiale logistische Regression durchgeführt.
- Es ist zu beachten, dass bei einer Kodierung der Ausprägungen einer binären abhängigen Variablen mit Null und Eins die Prozedur zur binären logistischen Regression die Gruppe Null als Referenzkategorie wählt. Demgegenüber wählt die multinomiale logistische Regression stets die Gruppe mit der höchsten Kodierung als Referenzkategorie aus; im binären Fall also die Gruppe 1. Die geschätzten Parameter unterscheiden sich dadurch in ihren Vorzeichen, nicht jedoch in ihrem Betrag. Der Benutzer kann jedoch die Referenzkategorie auswählen.

**Globale Gütemaße**
- Der Likelihood-Ratio-Test zur Beurteilung der Signifikanz des Gesamtmodells ist der beste verfügbare Test und immer anwendbar. Er ist vergleichbar mit dem F-Test der linearen Regressionsanalyse. Andere globale Gütemaße, wie das Pearson-Gütemaß oder das Devianz-Gütemaß sollten bei metrischen unabhängigen Variablen (wenn viele Kovariatenmuster auftreten) skeptisch betrachtet werden, da sie in diesen Fällen meist nicht Chi-Quadrat-verteilt sind.
- Niedrige Werte der Pseudo-R-Quadrat-Statistiken sollten nicht zu Enttäuschung Anlass geben, da deren Werte regelmäßig niedriger liegen, als man sie vom R-Quadrat (Bestimmtheitsmaß) der linearen Regression erwartet.
- Bei der Prüfung des Modells mittels einer Klassifizierungstabelle ist zu beachten, dass die Trefferquoten von der Wahl des Trennwertes abhängen. Ein davon unabhängiges Maß für die Güte der Prognose- bzw. Klassifizierungsfähigkeit des Modells bildet die Fläche unter der ROC-Kurve (AUC), die Werte zwischen 0 und 1 annehmen kann.
- Generell wird eine Ausreißerdiagnostik auf Basis der Pearson-Residuen pro Beobachtung empfohlen. Im Fall eines multinomialen Modells werden sie von SPSS nicht pro Beobachtung, sondern zellenweise berechnet und ausgegeben (Option „Zellwahrscheinlichkeiten", Abb. 5.29).

**Alternativen zur logistischen Regression**
Eine alternative Methode zur binären logistischen Regression ist die *lineare Regression*. Dies wurde zu Beginn dieses Kapitels mit dem linearen Wahrscheinlichkeitsmodell

(Modell 1, Abschn. 5.2.1.1) und mit der Gruppierung der Daten und der Anwendung einer Logit-Transformation (Modell 2, Abschn. 5.2.1.2) demonstriert. Diese Modelle können gute Annäherungen liefern und sind rechnerisch viel einfacher. Allerdings hat das lineare Wahrscheinlichkeitsmodell nur eine begrenzte Gültigkeit, und die Gruppierung der Daten bedeutet immer auch einen Verlust an Information.

Eine weitere Alternative zur logistischen Regression (LRA) ist die *Diskriminanzanalyse* (DA), die in Kap. 4 behandelt wird. Beide Methoden können auch für multinomiale Probleme verwendet werden, und beide Methoden basieren auf einem linearen Modell (einer linearen systematischen Komponente). Während sich die LRA primär mit der *Prognose von Zuständen oder Ereignissen* befasst, ist die DA auf die *Klassifikation von Elementen* in vordefinierte *Gruppen* ausgerichtet, was historisch durch die ursprünglichen Anwendungsbereiche bedingt ist. Wie gezeigt wurde, kann aber auch die LRA für Probleme der Klassifikation verwendet werden.

Der Hauptunterschied zwischen den beiden Methoden besteht für den Anwender darin, dass LRA Wahrscheinlichkeiten für das Auftreten alternativer Ereignisse oder die Einteilung in getrennte Gruppen liefert. Im Gegensatz dazu liefert die DA Diskriminanzwerte, aus denen dann in einem separaten Schritt Wahrscheinlichkeiten abgeleitet werden können. Eine sehr nützliche Möglichkeit der DA besteht darin, dass sie *Klassifizierungsdiagramme* liefert, d. h. Abbildungen (territoriale Karten) für die Gruppen und die Grenzen zwischen Gruppen.

Die LRA ist rechnerisch etwas aufwendiger, da die Schätzung der Parameter die Anwendung der Maximum-Likelihood-Methode und somit eines iterativen Verfahrens erforderlich macht. Bezüglich der statistischen Eigenschaften der Methoden gilt als ein Vorteil der LRA, dass sie auf weniger Annahmen bezüglich der verwendeten Daten basiert als die DA, und dass sie deshalb robuster in Bezug auf das Datenmaterial ist und insbesondere auch unempfindlicher gegenüber groben Ausreißern reagiert.[40] Die Erfahrung zeigt allerdings, dass beide Verfahren, insbesondere bei großen Stichproben ähnlich gute Ergebnisse liefern, auch in Fällen, in denen die Annahmen der DA nicht erfüllt sind (Michie et al., 1994, S. 214; Hastie et al., 2011, S. 128; Lim et al., 2000, S. 216).

## Literatur

### Zitierte Literatur

Agresti, A. (2007). *An Introduction to Categorical Data Analysis* (2. Aufl.). Wiley.
Agresti, A. (2013). *Categorical data analysis*. Wiley.

---

[40] Die Diskriminanzanalyse unterstellt, dass die unabhängigen Variablen multivariat normalverteilt sind, während die LRA davon ausgeht, dass die abhängige Variable einer binomialen oder multinomialen Verteilung folgt.

Ben-Akiva, M., & Lerman, S. (1985). *Discrete choice analysis*. MIT Press.
Fox, J. (2015). *Applied regression analysis and generalized linear models*. Sage.
Gigerenzer, G. (2002). *Calculated risks. How to know when numbers deceive you*. Simon Schuster.
Guadagni, P., & Little, J. (1983). A logit model of brand choice calibrated on scanner data. *Marketing Science, 2*(3), 203–238.
Hastie, T., Tibshirani, R., & Friedman, J. (2011). *The elements of statistical learning*. Springer.
Hauck, W., & Donner, A. (1977). Wald's test as applied to hypotheses in logit analysis. *Journal of the American Statistical Association, 72*, 851–853.
Hensher, D., Rose, J., & Greene, W. (2015). *Applied choice analysis*. Cambridge University Press.
Hosmer, D., & Lemeshow, S. (2000). *Applied logistic regression*. Wiley.
Hosmer, D., Lemeshow, S., & Sturdivant, R. (2013). *Applied logistic regression*. Wiley.
IBM Corporation. (2022). IBM SPSS Statistics Algorithms. https://www.ibm.com/docs/en/SSLVMB_29.0.0/pdf/IBM_SPSS_Statistics_Algorithms.pdf. Zugegriffen: 4. Nov. 2022.
Jain, D., Vilcassim, N., & Chintagunta, P. (1994). A random-coeffcients logit brand-choice model applied to panel data. *Journal of Business & Economic Statistics, 13*(3), 317–326.
James, G., Witten, D., Hastie, T., & Tibshirani, R. (2014). *An introduction to statistical learning*. Springer.
Lim, T., Loh, W., & Shih, Y. (2000). A comparison of predicting accuracy, complexity, and training time of thirty-three old and new classification algorithms. *Machine Learning, 40*(3), 203–229.
Louviere, J., Hensher, D., & Swait, J. (2000). *Stated choice methods*. Cambridge University Press.
McFadden, D. (1974). Conditional logit analysis of qualitative choice behavior. In P. Zarembka (Hrsg.), *Frontiers in econometrics*, 40 (S. 105–142). Academic.
Menard, S. (2002). *Applied logistic regression analysis* (S. 106). Sage-University Paper.
Michie, D., Spiegelhalter, D., & Taylor, C. (1994). *Machine learning, neural and statistical classification*. Ellis Horwood Limited.
Morrison, D. (1969). On the interpretation of discriminant analysis. *Journal of Marketing Research, 6*(2), 156–163.
Pearl, J., & Mackenzie, D. (2018). *The Book of Why. The new science of cause and effect*. Basic Books.
Press, W., Flannery, B., Teukolsky, S., & Vetterling, W. (2007). *Numerical recipes – The art of scientific computing*. Cambridge University Press.
Train, K. (2009). *Discrete choice methods with simulation*. Cambridge University Press.

## Weiterführende Literatur

Hair, J., Black, W., Babin, B., & Anderson, R. (2010). *Multivariate data analysis*. Pearson.
Corporation, I. B. M. (2017). *IBM SPSS regression 27*.
McCullagh, P., & Nelder, J. (1989). *Generalized linear models*. Chapman and Hall.

# Kontingenzanalyse 6

## Inhaltsverzeichnis

6.1 Problemstellung . . . . . . . . . . . . . . . . . . . . . . . . . . . . . . . . . . . . . . . . . . . . . . . . . . . 381
6.2 Vorgehensweise . . . . . . . . . . . . . . . . . . . . . . . . . . . . . . . . . . . . . . . . . . . . . . . . . . 382
     6.2.1 Erstellung einer Kreuztabelle . . . . . . . . . . . . . . . . . . . . . . . . . . . . . . . . . 383
     6.2.2 Interpretation von Kreuztabellen . . . . . . . . . . . . . . . . . . . . . . . . . . . . . . 385
     6.2.3 Prüfung der Zusammenhänge . . . . . . . . . . . . . . . . . . . . . . . . . . . . . . . . 387
          6.2.3.1 Prüfung auf statistische Unabhängigkeit . . . . . . . . . . . . . . . . . 387
          6.2.3.2 Bewertung der Stärke des Zusammenhangs . . . . . . . . . . . . . . . 390
          6.2.3.3 Rolle von Störvariablen in der Kontingenzanalyse . . . . . . . . . . 395
6.3 Fallbeispiel . . . . . . . . . . . . . . . . . . . . . . . . . . . . . . . . . . . . . . . . . . . . . . . . . . . . . . 396
     6.3.1 Problemstellung . . . . . . . . . . . . . . . . . . . . . . . . . . . . . . . . . . . . . . . . . . . 396
     6.3.2 Durchführung einer Kontingenzanalyse mit SPSS . . . . . . . . . . . . . . . . 397
     6.3.3 Ergebnisse . . . . . . . . . . . . . . . . . . . . . . . . . . . . . . . . . . . . . . . . . . . . . . . 401
     6.3.4 SPSS-Kommandos . . . . . . . . . . . . . . . . . . . . . . . . . . . . . . . . . . . . . . . . . 404
6.4 Anwendungsempfehlungen . . . . . . . . . . . . . . . . . . . . . . . . . . . . . . . . . . . . . . . . . 406
     6.4.1 Anwendungsempfehlungen zur Umsetzung der Kontingenzanalyse . . . . . . . . . . 406
     6.4.2 Beziehung der Kontingenzanalyse zu anderen multivariaten Analysemethoden . . . 407
Literatur . . . . . . . . . . . . . . . . . . . . . . . . . . . . . . . . . . . . . . . . . . . . . . . . . . . . . . . . . . . . . 408
     Zitierte Literatur . . . . . . . . . . . . . . . . . . . . . . . . . . . . . . . . . . . . . . . . . . . . . . . . . 408
     Weiterführende Literatur . . . . . . . . . . . . . . . . . . . . . . . . . . . . . . . . . . . . . . . . . . 408

## 6.1 Problemstellung

Die Kontingenzanalyse (auch Kreuztabellierung genannt) ist eine Methode, um Beziehungen zwischen *zwei oder mehr kategorialen (nominalen) Variablen* zu untersuchen. Beispielsweise könnte uns die Frage interessieren, ob es einen Zusammenhang zwischen den Variablen „Geschlecht" und „Ernährungsstil" gibt. Wir erheben die beiden Variablen in einer Zufallsstichprobe. Die Variable „Geschlecht" wird durch zwei Ausprägungen beschrieben: weiblich und männlich. Die Variable „Ernährungsstil" hat ebenfalls zwei Ausprägungen: omnivor und vegetarisch.[1] Beide Variablen sind kategoriale Variablen. Die Werte der Variablen repräsentieren verschiedene Kategorien, die sich gegenseitig ausschließen, das heißt, jeder Konsument kann einer bestimmten Kombination der Variablen zugeordnet werden (z. B. weibliche Konsumentin, die alles isst (omnivorer Ernährungsstil), männlicher Vegetarier).

In dem obigen Beispiel möchten wir wissen, ob ein Zusammenhang zwischen den kategorialen Variablen besteht. Mit anderen Worten sind wir daran interessiert, ob die Variablen *unabhängig* voneinander sind. Manchmal sind wir aber auch daran interessiert festzustellen, ob eine Variable in zwei oder mehr Stichproben gleich verteilt ist. Zum Beispiel ist dies der Fall, wenn wir die Frage beantworten möchten, ob die Verteilung der Koronararterienanomalien bei Patienten, die mit Aspirin oder Gamma-Globulin behandelt werden, gleich verteilt ist. Wir ziehen eine Zufallsstichprobe von Patienten mit Koronararterienanomalien und beobachten, ob die Patienten mit Aspirin oder Gamma-Globulin behandelt wurden. Beide Variablen sind wiederum kategoriale Variablen. In diesem Beispiel vergleichen wir jedoch die Wahrscheinlichkeiten der Entwicklung von Koronararterienanomalien bei einer Behandlung mit Aspirin oder Gamma-Globulin. In diesem Fall möchten wir die *Homogenität der Verteilung prüfen*. Auch solche Fragestellungen können mithilfe der Kontingenzanalyse beantwortet werden.

Tab. 6.1 zeigt weitere Beispiele für Forschungsfragen aus verschiedenen Disziplinen, die mit der Kontingenzanalyse beantwortet werden können. Es wird außerdem angegeben, ob die Fragen einen Test auf Unabhängigkeit oder Homogenität bedingen. Tatsächlich sind die Verfahren zur Prüfung auf Unabhängigkeit oder Homogenität jedoch gleich.

Im Folgenden gehen wir daher nur auf den Fall des Testens auf Unabhängigkeit zweier Variablen ein. Hierfür beziehen wir uns auf ein Beispiel aus dem Bereich Schokolade.

## 6.2 Vorgehensweise

Im Allgemeinen folgt die Kontingenzanalyse einem dreistufigen Verfahren, das in Abb. 6.1 dargestellt ist.

Zunächst erstellen wir eine Kreuztabelle, die die gemeinsame Verteilung von zwei kategorialen Variablen zeigt. Danach diskutieren wir, welche Erkenntnisse man bereits aus einer Kreuztabelle ableiten kann. Zum Schluss beurteilen wir, ob ein Zusammenhang zwischen den kategorialen Variablen im statistischen Sinne besteht und wie stark dieser Zusammenhang ist.

---

[1] Wir sind uns bewusst, dass beide Variablen mehr als zwei Ausprägungen haben können. Wir nutzen diese Vereinfachung, um die Grundidee der Kontingenzanalyse darzustellen.

## 6.2 Vorgehensweise

**Tab. 6.1** Anwendungsbeispiele der Kontingenzanalyse in verschiedenen Fachdisziplinen

| Anwendungsfelder | Unabhängigkeit von Variablen | Homogenität der Verteilung |
|---|---|---|
| Biologie | Hängt die Zeckenpopulation mit den Wetterbedingungen (regnerisch vs. sonnig) zusammen? | Ist die Zahl der Albinos unter den Tierarten, die in ländlichen und städtischen Gebieten leben, gleich verteilt? |
| Medizin | Gibt es einen Zusammenhang zwischen Rauchen und dem Sterben an Lungenkrebs? | Sind die Todesraten im Zusammenhang mit Covid-19 in Europa und den USA gleich verteilt? |
| Pädagogik | Gibt es einen Zusammenhang zwischen besuchtem Schultyp und Schulverweigerung? | Ist das Geschlecht bei hochbegabten Schüler*innen gleich verteilt? |
| Psychologie | Sind Selbstbeherrschung in der Kindheit und späterer beruflicher Erfolg abhängig voneinander? | Sind Depressionen und Angstzustände bei jüngeren und älteren Frauen gleich verteilt? |
| Wirtschaft | Gibt es einen Zusammenhang zwischen der Kundenorientierung und dem Erfolg eines Unternehmens? | Unterscheidet sich der Marktanteil von „fairen" Konsumgüterartikeln in Europa und den USA? |

**Abb. 6.1** Ablaufschritte der Kontingenzanalyse

### 6.2.1 Erstellung einer Kreuztabelle

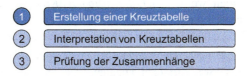

Der Ausgangspunkt einer Kontingenzanalyse ist eine Kreuztabelle, die die gemeinsame Verteilung zweier Variablen widerspiegelt. Im Allgemeinen sollten theoretische Überlegungen und vernünftige Argumente die Hypothese eines Zusammenhangs zwischen den beiden Variablen stützen.

**Anwendungsbeispiel**

Im Rahmen einer Befragung wurde von 181 Befragten das Alter und die bevorzugte Schokoladensorte erhoben. Die Variable „Alter" hat zwei Ausprägungen (Kategorien): „18 bis 44 Jahre" (jünger) und „45 Jahre und älter" (älter). Wenn wir die

**Tab. 6.2** Auszug der gesammelten Daten

| Befragte | Schokoladensorte (1 = Vollmilch, 2 = Zartbitter) | Alter (1 = 18 bis 44 Jahre, 2 = 45 Jahre und älter) |
|---|---|---|
| 1 | 1 | 1 |
| 2 | 2 | 2 |
| 3 | 1 | 1 |
| 4 | 2 | 1 |
| 5 | 1 | 2 |
| … | … | … |

Variable „Alter" als metrische Variable gemessen hätten, könnten wir sie nach der Datenerhebung in eine kategoriale Variable transformieren. Die Variable „bevorzugte Schokoladensorte" hat ebenfalls nur zwei Ausprägungen: „Vollmilch" und „Zartbitter". Jede Beobachtung kann eindeutig einer Kombination dieser Ausprägungen zugeordnet werden. Beispielsweise beobachten wir eine jüngere Person, die Vollmilchschokolade bevorzugt. Zudem sind die *einzelnen Beobachtungen unabhängig voneinander*, das heißt, jeder Befragte liefert eine einzige Beobachtung. ◄

Mithilfe des obigen Beispiels wollen wir nun der Frage nachgehen, ob es einen Zusammenhang zwischen „Alter" und „bevorzugter Schokoladensorte" gibt. Dazu können wir die Kontingenzanalyse einsetzen und testen, ob die beiden Variablen unabhängig voneinander sind.

Obwohl wir unser Beispiel auf den Fall von zwei kategorialen Variablen beschränken, kann die Kontingenzanalyse auch für mehr als zwei kategoriale Variablen verwendet werden. In solchen Fällen werden *mehrdimensionale Kreuztabellen* erstellt, die den Wert einer Variablen innerhalb einer Tabelle konstant halten.[2] Damit lässt sich beispielsweise im Fall von drei Variablen feststellen, ob eine Variable unabhängig von den beiden anderen Variablen ist, die aber voneinander abhängig sind. Alternativ kann sich der Zusammenhang zwischen zwei Variablen, abhängig von den Werten der dritten Variable, unterschiedlich darstellen. Ein solches Beispiel diskutieren wir in Abschn. 6.2.3.3.

Im Folgenden konzentrieren wir uns jedoch auf zwei kategoriale Variablen, um die Grundidee der Kontingenzanalyse zu erläutern. Wir wollen die Frage beantworten, ob es einen Zusammenhang zwischen dem Alter und der Präferenz der Befragten für Vollmilch- oder Zartbitterschokolade gibt. Tab. 6.2 zeigt einen Auszug aus den gesammelten Daten.

---

[2] Weitere Möglichkeiten wären die Berechnung von Mittelwerten oder Verhältnissen (Zeisel, 1985). Darüber hinaus wurden Methoden zur Analyse von mehrdimensionalen Tabellen wie loglineare Modelle entwickelt (siehe Fahrmeir & Tutz, 2001 für einen Literaturüberblick).

## 6.2 Vorgehensweise

**Tab. 6.3** $I \times J$-Kreuztabelle

| $I \times J$-Kreuztabelle | Variable 2 | | | | | |
|---|---|---|---|---|---|---|
| Variable 1 | Kategorie 1 | Kategorie 2 | Kategorie 3 | ... | Kategorie $J$ | Gesamtzahl in Zeile |
| Kategorie 1 | $n_{11}$ | | | | | $n_{1.}$ |
| Kategorie 2 | $n_{21}$ | $n_{22}$ | | | | $n_{2.}$ |
| Kategorie 3 | | | | ... | | |
| ... | | | | | | |
| Kategorie $I$ | $n_{I1}$ | | | | $n_{IJ}$ | $n_{I.}$ |
| Gesamtzahl in Spalte | $n_{.1}$ | $n_{.2}$ | | | $n_{.J}$ | $n$ |

**Tab. 6.4** Kreuztabelle für die bevorzugte Schokoladensorte und das Alter

| | Alter | | |
|---|---|---|---|
| Bevorzugte Schokoladensorte | 18 bis 44 Jahre | 45 Jahre und älter | Gesamt |
| Vollmilch | 45 | 23 | 68 |
| Zartbitter | 30 | 83 | 113 |
| Summe | 75 | 106 | 181 |

In einem ersten Schritt aggregieren wir die gesammelten Daten, um eine Kreuztabelle zu erstellen. Dazu berechnen wir die Anzahl der Beobachtungen $n_{ij}$ mit einer bestimmten Kombination der verschiedenen Ausprägungen der Variablen. Hierbei gibt $i$ ($i=1, ..., I$) die Ausprägung der in den Zeilen angezeigten Variablen und $j$ ($j=1, ..., J$) die Ausprägung der in den Spalten angezeigten Variablen an. Neben der Anzahl der Beobachtungen in jeder Zelle ($n_{ij}$) sind auch die Gesamtzahl der Beobachtungen in jeder Zeile ($n_{i.}$) und Spalte $n_{.j}$) sowie die Gesamtzahl der Beobachtungen ($n$) angegeben (vgl. Tab. 6.3). Tab. 6.4 zeigt die Kreuztabelle für das Beispiel mit 181 Beobachtungen.

### 6.2.2 Interpretation von Kreuztabellen

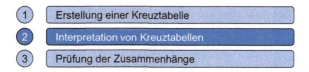

Tab. 6.4 zeigt, dass 75 der 181 Befragten jünger sind (18–44 Jahre). Zudem bevorzugen 68 Befragte Vollmilch- gegenüber Zartbitterschokolade. Von diesen 68 Befragten sind 45 zwischen 18 und 44 Jahre alt.

**Tab. 6.5** Relative Häufigkeit (in %) basierend auf der Gesamtzahl der Beobachtungen in einer Zeile

| Bevorzugte Schokoladensorte | Alter | | |
|---|---|---|---|
| | 18 bis 44 Jahre (%) | 45 Jahre und älter (%) | Gesamt (%) |
| Vollmilch | 66,2 | 33,8 | 100 |
| Zartbitter | 26,5 | 73,5 | 100 |

**Tab. 6.6** Relative Häufigkeit (in %) basierend auf der Gesamtzahl der Beobachtungen in einer Spalte

| Bevorzugte Schokoladensorte | Alter | |
|---|---|---|
| | 18 bis 44 Jahre (%) | 45 Jahre und älter (%) |
| Vollmilch | 60,0 | 21,7 |
| Zartbitter | 40,0 | 78,3 |
| Gesamt | 100 | 100 |

**Tab. 6.7** Relative Häufigkeit (in %) basierend auf der Gesamtzahl der Beobachtungen (Die Angabe der Prozente (Gesamt) bezieht sich auf die Originaldaten und es kann zu Abweichungen aufgrund von Rundungen kommen)

| Bevorzugte Schokoladensorte | Alter | | |
|---|---|---|---|
| | 18 bis 44 Jahre (%) | 45 Jahre und älter (%) | Gesamt (%) |
| Vollmilch | 24,9 | 12,7 | 37,6 |
| Zartbitter | 16,6 | 45,9 | 62,4 |
| Gesamt | 41,4 | 58,6 | 100 |

Um die Interpretation von Kreuztabellen zu erleichtern, werden meist relative Häufigkeiten (Prozentsätze) anstelle absoluter Häufigkeiten betrachtet (vgl. Tab. 6.5). Es können drei alternative Methoden zur Berechnung der relativen Häufigkeiten verwendet werden:

a) Relative Häufigkeit basierend auf der Gesamtzahl der Beobachtungen pro Zeile ($n_{i.}$)
b) Relative Häufigkeit basierend auf der Gesamtzahl der Beobachtungen pro Spalte ($n_{.j}$)
c) Relative Häufigkeit basierend auf der Gesamtzahl der Beobachtungen ($n$)

Tab. 6.5, 6.6 und 6.7 zeigen die jeweiligen Kreuztabellen. Jede dieser Tabellen bietet leicht unterschiedliche Darstellungen derselben Informationen. Daher hängt die Auswahl der geeigneten Darstellung der Kreuztabelle vom spezifischen Interesse des Anwenders ab.

Tab. 6.5 zeigt zum Beispiel, dass 66,2 % aller Befragten, die Vollmilchschokolade bevorzugen, jünger als 45 Jahre sind. Dagegen sind 73,5 % aller Befragten, die Zartbitterschokolade bevorzugen, älter als 45 Jahre.

Tab. 6.6 zeigt stattdessen, dass 60,0 % der jüngeren Befragten Vollmilchschokolade bevorzugen, während 78,3 % der älteren Befragten Zartbitterschokolade präferieren.

Betrachtet man die vollständige Stichprobe von 181 Befragten (vgl. Tab. 6.7), so ergibt sich, dass 62,4 % der Befragten Zartbitterschokolade lieber mögen. Die Kreuztabelle lässt also vermuten, dass es für Zartbitterschokolade einen größeren Markt gibt als für Vollmilchschokolade. Berücksichtigt man, dass ältere Befragte eher Zartbitter- und jüngere eher Vollmilchschokolade bevorzugen (vgl. Tab. 6.5 und 6.6), können Management-Implikationen abgeleitet werden. Da die Mehrheit der Befragten Zartbitterschokolade bevorzugt, könnte ein Einzelhandelsmanager das Sortiment an Zartbitterschokoladen vergrößern. Eine solche Sortimentsanpassung würde vor allem dann Sinn machen, wenn der Supermarkt überwiegend von älteren Konsumenten besucht wird.

Auf den ersten Blick deuten Tab. 6.5, 6.6 und 6.7 auf einen Zusammenhang zwischen dem Alter der Befragten und der bevorzugten Schokoladensorte hin. Jedoch liefern die Kreuztabellen keine ausreichende Evidenz für einen Zusammenhang zwischen den Variablen im statistischen Sinne. Im Folgenden wird daher formal geprüft, ob ein signifikanter Zusammenhang besteht.

### 6.2.3 Prüfung der Zusammenhänge

Um zu testen, ob tatsächlich ein Zusammenhang zwischen den kategorialen Variablen besteht, sollten in 20 % aller Zellen einer Kreuztabelle mindestens fünf Beobachtungen auftreten (Everitt, 1992, S. 39). In unserem Beispiel sind alle Häufigkeiten größer fünf, sodass wir mit der Analyse fortfahren können. Zunächst beurteilen wir mithilfe des *Chi-Quadrat-Tests* (hier: Test auf Unabhängigkeit), ob die kategorialen Variablen zusammenhängen. Danach bewerten wir die *Stärke der Assoziation* zwischen den Variablen.

#### 6.2.3.1 Prüfung auf statistische Unabhängigkeit

Tab. 6.4 zeigt, dass 68 von 181 Befragten Vollmilchschokolade bevorzugen. Das sind 37,6 % aller Befragten (vgl. Tab. 6.7). Wenn die Variablen „Alter" und „bevorzugte Schokoladensorte" unabhängig voneinander wären, dann würden wir erwarten, dass in etwa 37,6 % der jüngeren und älteren Befragten Vollmilchschokolade gegenüber Zartbitterschokolade bevorzugen. Wir würden also erwarten, dass 28,2 (= 75 · 0,376)

**Tab. 6.8** Kreuztabelle zur Gegenüberstellung der beobachteten und erwarteten Anzahl an Beobachtungen

| Bevorzugte Schokoladensorte | | Alter | |
|---|---|---|---|
| | | 18 bis 44 Jahre (%) | 45 Jahre und älter |
| Vollmilch | Beobachtet | 45,0 | 23,0 |
| | Erwartet | **28,2** | **39,8** |
| Zartbitter | Beobachtet | 30,0 | 83,0 |
| | Erwartet | **46,8** | **66,2** |

jüngere und 39,8 (= 106 · 0,376) ältere Konsumenten in den entsprechenden Zellen der Kreuztabelle (d. h. $n_{11}$ und $n_{12}$) beobachtet werden (vgl. Tab. 6.8). Die beobachtete Anzahl der jüngeren Konsumenten, die Vollmilchschokolade präferieren, beträgt jedoch 45, und die beobachtete Zahl der älteren Konsumenten, die Vollmilchschokolade bevorzugen, beträgt 23.

Im Allgemeinen können wir die folgende Gleichung nutzen, um die erwartete Anzahl an Beobachtungen zu berechnen, wenn wir von Unabhängigkeit der Variablen ausgehen:

$$e_{ij} = \frac{n_{i.} \cdot n_{.j}}{n} \tag{6.1}$$

Die erwartete Anzahl der Beobachtungen in einer Zelle ist somit gleich der Anzahl der Beobachtungen in der jeweiligen Zeile ($n_{i.}$), multipliziert mit der Anzahl der Beobachtungen in der jeweiligen Spalte ($n_{.j}$), geteilt durch die Gesamtzahl der Beobachtungen ($n$).

Wenn die beiden Variablen unabhängig sind, sollten die Abweichungen zwischen den beobachteten ($n_{ij}$) und erwarteten ($e_{ij}$) Häufigkeiten gering sein. Stattdessen sind große Abweichungen ein Hinweis darauf, dass eine Assoziation (Abhängigkeit) zwischen den beiden Variablen besteht. In unserem Beispiel betragen die Abweichungen in jeder Zelle 16,8 (vgl. Tab. 6.8). Angesichts des geringen Stichprobenumfangs scheinen die Abweichungen beträchtlich zu sein. Die Variablen „Alter" und „bevorzugte Schokoladensorte" sind daher vermutlich voneinander abhängig.

**Chi-Quadrat-Test ($\chi^2$-Test)**

Wir verwenden die Informationen über die Abweichungen der beobachteten und erwarteten Häufigkeiten, um zu beurteilen, ob ein Zusammenhang zwischen den beiden Variablen im statistischen Sinne besteht. Wir testen die Hypothese der Unabhängigkeit:

$H_0$  X und Y sind voneinander unabhängig
$H_1$  X und Y sind voneinander abhängig

## 6.2 Vorgehensweise

Wir verwenden die *Chi-Quadrat-Teststatistik*, um die Nullhypothese zu prüfen.[3] Die Chi-Quadrat-Teststatistik berücksichtigt alle Abweichungen der beobachteten und erwarteten Häufigkeiten ($n_{ij} - e_{ij}$), wobei wir diese quadrieren, sodass sich positive und negative Abweichungen nicht gegenseitig aufheben. Wir dividieren jede quadrierte Abweichung durch ihre erwartete Häufigkeit, um die Abweichungen zu normalisieren.

$$\chi^2 = \sum_{i=1}^{I} \sum_{j=1}^{J} \frac{(n_{ij} - e_{ij})^2}{e_{ij}} \qquad (6.2)$$

Für unser Beispiel erhalten wir den folgenden Wert für Chi-Quadrat:

$$\chi^2 = (45 - 28{,}2)^2/28{,}2 + (30 - 46{,}8)^2/46{,}8 + (23 - 39{,}8)^2/39{,}8 + (83 - 66{,}2)^2/66{,}2 = 27{,}47.$$

Die Chi-Quadrat-Teststatistik ist ungefähr Chi-Quadrat-verteilt mit $(I - 1) \cdot (J - 1)$ *Freiheitsgraden*. Wenn der Wert der Teststatistik größer ist als der theoretische Wert, der einem bestimmten Signifikanzniveau entspricht, lehnen wir die Nullhypothese ab und akzeptieren die Alternativhypothese $H_1$ (vgl. Abschn. 1.3). Dann kommen wir zu dem Schluss, dass die Variablen voneinander abhängig sind.

Bei einem Signifikanzniveau von 5 % und 1 ($= (2-1) \cdot (2-1)$) Freiheitsgrad beträgt der theoretische Chi-Quadrat-Wert 3,84. Der empirische Chi-Quadrat-Wert beträgt in unserem Beispiel 27,47 und ist damit größer als der theoretische Wert. Folglich lehnen wir die Nullhypothese ab und akzeptieren die Alternativhypothese $H_1$: Die Variablen „Alter" und „bevorzugte Schokoladensorte" sind voneinander abhängig. Zudem schließen wir aus Tab. 6.8, dass ältere Menschen eine stärkere Präferenz für Zartbitterschokolade haben, während jüngere Menschen eher Vollmilchschokolade bevorzugen.

**Statistische Tests für kleine Stichproben**

Wie bereits erwähnt, ist die Chi-Quadrat-Teststatistik nur annähernd Chi-Quadrat-verteilt. Sie hat tatsächlich eine diskrete Verteilung (multinomiale Verteilung). Für *Stichprobengrößen zwischen 20 und 60 Beobachtungen* wird daher vorzugsweise die *Yates-Korrektur* verwendet (vgl. Fleiss et al., 2003, S. 27). Im Falle von zwei Variablen mit jeweils zwei Ausprägungen entspricht die Yates-Korrektur folgender Gleichung:

$$\chi^2_{corr} = \frac{n \cdot \left(|n_{11} \cdot n_{22} - n_{12} \cdot n_{21}| - n/2\right)^2}{n_{1.} \cdot n_{.1} \cdot n_{2.} \cdot n_{.2}} \qquad (6.3)$$

---

[3] Zur Auffrischung der Grundlagen zum statistischen Testen bietet Abschn. 1.3 eine Zusammenfassung der grundlegenden Aspekte.

In unserem Beispiel ergibt sich auf Basis der Yates-Korrektur ein Chi-Quadrat-Wert von:

$$\chi^2_{corr} = \frac{181 \cdot (|45 \cdot 83 - 23 \cdot 30| - 181/2)^2}{68 \cdot 75 \cdot 113 \cdot 106} = 25{,}86$$

Wenn wir den Chi-Quadrat-Wert der Yates-Korrektur mit dem theoretischen Chi-Quadrat-Wert von 3,84 vergleichen, lehnen wir die Nullhypothese erneut ab. Im Allgemeinen führt die Yates-Korrektur zu kleineren Werten für Chi-Quadrat. Mit zunehmender Stichprobengröße verringert sich jedoch der Unterschied zwischen den Chi-Quadrat-Werten in den Gl. (6.2) und (6.3) (vgl. Fleiss et al., 2003, S. 57–58; Everitt, 1992, S. 13).

Bei *Stichproben mit weniger als 20 Beobachtungen* oder *stark asymmetrischen Randverteilungen* (d. h. große Unterschiede zwischen $n_{i\cdot}$ und/oder $n_{\cdot j}$) können wir mit dem *exakten Fisher-Test* beurteilen, ob die Variablen unabhängig sind (vgl. Agresti, 2019, S. 45–47). Der exakte Fisher-Test *berechnet die Wahrscheinlichkeit, die beobachteten Häufigkeiten zu erhalten, wenn die Nullhypothese zutrifft.* Dabei stellt der exakte Fisher-Test keine Anforderungen an die Stichprobengröße. Der ursprüngliche Test ist für $2 \times 2$ Kreuztabellen ausgelegt und entspricht:[4]

$$p = \frac{n_{1\cdot}! n_{2\cdot}! n_{\cdot 1}! n_{\cdot 2}!}{n_{11}! n_{12}! n_{21}! n_{22}! n!} \qquad (6.4)$$

Je kleiner die berechnete Wahrscheinlichkeit, desto wahrscheinlicher sind die beiden Variablen voneinander abhängig.

### 6.2.3.2 Bewertung der Stärke des Zusammenhangs

Oft möchten wir aber nicht nur wissen, ob Variablen voneinander abhängig sind, sondern auch, wie stark die Abhängigkeit ist. Da der Wert der Chi-Quadrat-Teststatistik jedoch von der Stichprobengröße beeinflusst wird, können wir diesen nicht zur Beurteilung der Assoziationsstärke heranziehen. Um das Problem zu veranschaulichen, duplizieren wir die Stichprobe aus unserem Beispiel. In Zelle $n_{11}$ hätten wir dann 90 Beobachtungen, wobei wir 56,4 ($= 150 \times 136/362$) Beobachtungen in dieser Zelle erwarten würden. Dieser Wert ist exakt das Doppelte von 28,2. Der schlussendlich resultierende Chi-Quadrat-Wert wäre dann 54,94 ($= 27{,}47 \cdot 2$). Tatsächlich ist aber die Stärke der Assoziation zwischen den Variablen „Alter" und „bevorzugte Schokoladensorte" immer noch die gleiche. Aus diesem Grund gilt es, die Stichprobengröße bei der Beurteilung der Assoziationsstärke zu berücksichtigen.

Im Allgemeinen unterscheiden wir zwischen Maßen für die Assoziationsstärke, die sich auf Chi-Quadrat stützen, und Maßen, die auf Wahrscheinlichkeitsüberlegungen basieren. Wir stellen zunächst die auf Chi-Quadrat basierenden Maße dar. Dies sind der *Phi-Koeffizient, Kontingenzkoeffizient* und *Cramers V*.

---

[4] Weitere Informationen sind auf der zu diesem Buch gehörigen Internetseite www.multivariate.de zu finden.

**Messung der Stärke von Zusammenhängen auf der Grundlage von Chi-Quadrat**
Der *Phi-Koeffizient (ϕ)* korrigiert für die Stichprobengröße und entspricht:

$$\phi = \sqrt{\frac{\chi^2}{n}} \tag{6.5}$$

Je größer der Phi-Koeffizient, desto stärker die Assoziation. Eine Faustregel besagt, dass ein Phi-Koeffizient größer als 0,3 auf eine Assoziation hinweist, die „mehr als trivial" ist (vgl. Fleiss et al., 2003, S. 99). In unserem Beispiel ist der Phi-Koeffizient gleich:

$$\phi = \sqrt{\frac{27,4}{181}} = 0,389$$

Daher kommen wir zu dem Schluss, dass der Zusammenhang zwischen „Alter" und „bevorzugter Schokoladensorte" mehr als trivial ist.

Der Phi-Koeffizient hat jedoch mehrere Schwächen. Erstens hat der Phi-Koeffizient keinen klar definierten Wertebereich, sodass Phi-Koeffizienten verschiedener Studien nicht miteinander verglichen werden können. Zweitens kann der Cutoff-Wert (hier: 45 Jahre für das Alter) einen Einfluss auf den Wert von Phi haben, wenn metrische Variablen in Kategorien eingeteilt werden (wie in unserem Beispiel „Alter") (vgl. Fleiss et al., 2003, S. 99). In unserem Beispiel könnte dies der Fall sein, wenn wir die Variable „Alter" in Jahren abgefragt hätten und später nur zwischen „jünger" und „älter" unterscheiden. Drittens kann der Phi-Koeffizient größer als 1 sein, wenn Variablen mit mehr als zwei Ausprägungen betrachtet werden.

Um das letztere Problem zu adressieren, können wir den *Kontingenzkoeffizienten* nutzen:

$$CC = \sqrt{\frac{\chi^2}{\chi^2 + n}} \tag{6.6}$$

Der Wertebereich des Kontingenzkoeffizienten liegt zwischen 0 und 1, wobei dieser kaum den Maximalwert von 1 erreicht. Vielmehr ist die Obergrenze eine Funktion der Anzahl der Zeilen und Spalten der Kreuztabelle. Daher sollte der jeweilige Maximalwert bei der Beurteilung der Assoziationsstärke berücksichtigt werden. Die Obergrenze des Kontingenzkoeffizienten ist:

$$CC_{\max} = \sqrt{(R-1)/R} \quad \text{mit } R = \min(I, J) \tag{6.7}$$

Für unser Beispiel erhalten wir:

$$CC = 0{,}362 \text{ und } CC_{\max} = \sqrt{1/2} = 0{,}707$$

Da der Maximalwert 0,707 ist, scheint der Wert von 0,362 für den Kontingenzkoeffizienten auf eine einigermaßen starke Assoziation hinzuweisen.

Alternativ dazu ist *Cramers V* ein Maß für die Assoziationsstärke, dessen Werte zwischen 0 und 1 liegen. Der Maximalwert von 1 wird erreicht, wenn jede Variable vollständig von der anderen bestimmt wird:

$$Cramers\ V = \sqrt{\frac{\chi^2}{n(R-1)}} \text{ mit } R = \min(I, J) \tag{6.8}$$

Wenn eine der Variablen binär ist, ergeben der Phi-Koeffizient und Cramers V den gleichen Wert. In unserem Beispiel hat Cramers V daher einen Wert von 0,389.

In Abschn. 6.3.3 werden wir die näherungsweise Signifikanz für den Phi-Koeffizienten, den Kontingenzkoeffizienten und Cramers V erörtern. Mithilfe des näherungsweisen Signifikanzniveaus können wir beurteilen, ob die Assoziation zwischen den kategorialen Variablen stark ist oder nicht.

**Messung der Stärke von Assoziationen auf Basis von Wahrscheinlichkeiten**
Neben den Maßen, die sich auf Chi-Quadrat stützen, haben Goodman und Kruskal (1954) zwei alternative Maße vorgeschlagen: *Goodman* und *Kruskals Lambda* ($\lambda$) und *Tau* ($\tau$). Beide Maße basieren auf Wahrscheinlichkeitsüberlegungen und messen, inwieweit die Kenntnis der Ausprägung einer Variablen bei der Prognose der anderen Variablen hilft.

Der *Lambda-Koeffizient* vergleicht die Wahrscheinlichkeit einer falschen Vorhersage der Ausprägung der ersten (abhängigen) Variablen bei Unkenntnis der Ausprägung der zweiten (unabhängigen) Variablen mit der Wahrscheinlichkeit einer falschen Vorhersage der Ausprägung der ersten Variablen bei Kenntnis der Ausprägung der zweiten Variablen. Je nachdem, welche Variable als erste und welche als zweite betrachtet wird, ergeben sich unterschiedliche Ergebnisse für den Lambda-Koeffizienten (asymmetrisches Maß). Der Berechnung des Lambda-Koeffizienten wird die Annahme zugrunde gelegt, dass die beste Strategie für die Vorhersage darin besteht, die Ausprägung mit den meisten Beobachtungen (modale Kategorie) vorherzusagen. Die Logik ist, dass dadurch die Anzahl der falschen Vorhersagen minimiert wird.

Für unser Beispiel nehmen wir an, dass wir keine Kenntnisse über das Alter haben. Wir wissen nur, dass von den insgesamt 181 Befragten 68 Befragte Vollmilch- und 113 Befragte Zartbitterschokolade bevorzugen (vgl. Tab. 6.9). Die Variable „bevorzugte

**Tab. 6.9** Kreuztabelle mit den relevanten Informationen zur Berechnung des Lambda-Koeffizienten

| | Alter | | |
|---|---|---|---|
| Bevorzugte Schokoladensorte | 18 bis 44 Jahre | 45 Jahre und älter | Gesamt |
| Vollmilch | 45 | 23 | 68 |
| Zartbitter | 30 | 83 | 113 |
| Gesamt | 75 | 106 | 181 |

Schokoladensorte" ist jetzt die abhängige Variable und die Variable „Alter" die unabhängige Variable. Die beste Vorhersage, die wir machen können, ist eine Präferenz für „Zartbitter" vorherzusagen, da dies die modale Kategorie ist. Somit liegen wir für 113 Befragte richtig und für 68 Befragte falsch.

Nehmen wir nun an, dass wir das Alter eines Befragten, aber nicht die bevorzugte Schokoladensorte kennen. Wenn wir wissen, dass ein Befragter der Alterskategorie „18 bis 44 Jahre" angehört, ist die beste Vorhersage, dass der Befragte „Vollmilch" bevorzugt. Dann liegen wir bei 45 Befragten richtig und bei 30 Befragten falsch. Wissen wir, dass ein Befragter „45 Jahre und älter" ist, sagen wir voraus, dass die präferierte Schokoladensorte „Zartbitter" ist. Nun liegen wir bei 83 Befragten richtig und bei 23 Befragten falsch. Somit machen wir trotz der Kenntnis der Alterskategorie insgesamt 53 ($= 30 + 23$) falsche Vorhersagen. Verglichen mit der Situation, in der wir das Alter eines Befragten nicht kennen, verringert sich die Zahl der falschen Vorhersagen um 15 ($= 68 - 53$). Ausgehend von der Anzahl der falschen Vorhersagen ohne Kenntnis des Alters erhalten wir den folgenden Lambda-Koeffizienten für $\lambda_{Sorte}$:

$$\lambda_{Sorte} = \frac{68 - 53}{68} = 0{,}221$$

Die gleiche Logik können wir auf die Situation anwenden, in der wir eine Vorhersage über das Alter machen wollen, ohne Informationen über die bevorzugte Schokoladensorte zu haben (hier: „Alter" abhängige Variable). Der Lambda-Koeffizient ist dann:

$$\lambda_{Alter} = \frac{75 - 53}{75} = 0{,}293$$

Es wird deutlich, dass der Lambda-Koeffizient asymmetrisch ist, da der Wert von der abhängigen Variablen abhängt. Im Allgemeinen werden die Lambda-Koeffizienten auf folgende Weise berechnet:

$$\lambda_{\text{Zeilenvariable}} = \frac{\sum_j \max_i n_{ij} - \max_i n_{i.}}{n - \max_i n_{i.}} \quad \text{oder} \quad \lambda_{\text{Spaltenvariable}} = \frac{\sum_i \max_j n_{ij} - \max_j n_{.j}}{n - \max_j n_{.j}} \tag{6.9}$$

Der Wertebereich der Lambda-Koeffizienten liegt zwischen 0 und 1. Ein Wert von 0 bedeutet, dass die Kenntnis der Ausprägung der unabhängigen Variable die Wahrscheinlichkeit einer falschen Vorhersage für die abhängige Variable nicht verringert. Im Gegensatz dazu zeigt ein Wert von 1 an, dass die Kenntnis der Ausprägung der unabhängigen Variable eine fehlerfreie Vorhersage der abhängigen Variablen ermöglicht. Somit ist die Größe des Lambda-Koeffizienten ein Indikator für die Stärke der Assoziation. Darüber hinaus können wir testen, ob die Lambda-Koeffizienten statistisch signifikant sind (vgl. Abschn. 6.3.3).

Alternativ zur Berechnung zweier Lambda-Koeffizienten können wir auch den sogenannten symmetrischen Lambda-Koeffizienten ausweisen:

**Tab. 6.10** Kreuztabelle mit den relevanten Informationen zur Berechnung des Tau-Koeffizienten (abhängige Variable: Sorte)

|  | Alter | | |
|---|---|---|---|
| Bevorzugte Schokoladensorte | 18 bis 44 Jahre (%) | 45 Jahre und älter (%) | Gesamt (%) |
| Vollmilch | 60,0 | 21,7 | 37,6 |
| Zartbitter | 40,0 | 78,3 | 62,4 |
| Gesamt | 41,4 | 58,6 | |

$$\lambda_{sym} = \frac{\frac{1}{2}\left(\sum_i \max_j n_{ij} + \sum_j \max_i n_{ij}\right) - \frac{1}{2}\left(\max_j n_{.j} + \max_i n_{i.}\right)}{n - \frac{1}{2}\left(\max_j n_{.j} + \max_i n_{i.}\right)} \quad (6.10)$$

In unserem Beispiel hat der symmetrische Lambda-Koeffizient einen Wert von 0,259. Alle Lambda-Koeffizienten sind kleiner als die auf Chi-Quadrat basierenden Maße, was in der Regel zutrifft.

Ein weiteres Maß zur Beurteilung der Assoziationsstärke ist *Goodman und Kruskal Tau* ($\tau$). Während der Lambda-Koeffizient den Modus heranzieht, berücksichtigt der *Tau-Koeffizient* alle marginalen Wahrscheinlichkeiten. Die Wahrscheinlichkeit, eine falsche Vorhersage zu treffen, basiert auf einer zufälligen Zuordnung zu einer Ausprägung mit einer gewissen Wahrscheinlichkeit. Wir veranschaulichen die Berechnung des Tau-Koeffizienten mithilfe von Tab. 6.10.

Ohne das Alter eines Befragten zu kennen, würden wir 37,6 % der Befragten in die Kategorie „Vollmilch" und 62,4 % in die Kategorie „Zartbitter" einordnen. Wir machen in 37,6 % und 62,4 % aller Fälle eine korrekte Vorhersage für die erste und zweite Ausprägung der Variable „bevorzugte Schokoladensorte". Folglich werden insgesamt 53,1 % (= $0,376^2 + 0,624^2$) aller Beobachtungen richtig und 46,9 % falsch zugeordnet. Wenn wir das Alter eines Befragten kennen, verbessert sich die Vorhersage: Bei den jüngeren Befragten bevorzugen 60 % Vollmilch- und 40 % Zartbitterschokolade. Bei den älteren Befragten liegen die entsprechenden Werte bei 21,7 % und 78,3 %. Damit prognostizieren wir 52 % (= $0,60^2 + 0,40^2$) aller jüngeren und 66 % (= $0,217^2 + 0,783^2$) aller älteren Befragten richtig. Insgesamt sagen wir nun 60,2 % (= $0,52 \cdot 0,414 + 0,66 \cdot 0,586$) richtig und 39,8 % falsch voraus. Das ist eine Verbesserung um 7,1 %-Punkte.

Zur Berechnung des Tau-Koeffizienten setzen wir die Verbesserung der Vorhersage wieder in Relation zu der Wahrscheinlichkeit, ohne Kenntnis des Alters eine falsche Vorhersage zu treffen. Daher erhalten wir:

$$\tau_{Sorte} = \frac{0,469 - 0,398}{0,469} = \frac{0,071}{0,469} = 0,152$$

Der Tau-Koeffizient ist ebenfalls ein asymmetrisches Maß. Allerdings ist in unserem Beispiel $\tau_{Alter}$ auch gleich 0,152. Der Tau-Koeffizient ist kleiner als der Lambda-Koeffizient und die auf Chi-Quadrat basierenden Maße. Zur Beurteilung können wir die Signifikanz der Tau-Koeffizienten heranziehen (vgl. Abschn. 6.3.3).

## 6.2.3.3 Rolle von Störvariablen in der Kontingenzanalyse

Störvariablen sind Variablen, die die Beziehungen zwischen Variablen beeinflussen. Als solche stellen Störvariablen alternative Erklärungen von Ergebnissen dar. Störvariablen können die interne und externe Validität von Analysen „zerstören", indem sie zu verzerrten Ergebnissen führen.

Um den potenziellen Effekt einer Störvariablen auf die Ergebnisse einer Kontingenzanalyse zu veranschaulichen, sei ein weiteres Beispiel betrachtet.

> **Beispiel**
>
> Es wurden 132 junge und 158 ältere Personen gefragt, ob sie Diät-Schokolade kaufen oder nicht. Tab. 6.11 zeigt die Ergebnisse. Für das Beispiel soll die Frage beantwortet werden, ob der Kauf von Diät-Schokolade mit dem Alter zusammenhängt oder nicht.
>
> Tab. 6.11 zeigt, dass es einen Zusammenhang gibt, das heißt, ältere Befragte kaufen relativ mehr Diät-Schokolade als jüngere. Nun nehmen wir an, wir hätten auch das Körpergewicht und die Körpergröße erhoben, um den BMI zu berechnen. Mithilfe des BMI soll eine Kategorisierung der Befragten hinsichtlich des Vorliegens von Übergewicht getroffen werden. Wir haben daher eine dritte Variable „Übergewicht" mit den Ausprägungen „ja" und „nein". Wir stellen nun für beide Gruppen eine Kreuztabelle auf. Tab. 6.12 und 6.13 zeigen die Ergebnisse für beide Untergruppen. Wir stellen fest, dass der Anteil der jüngeren und älteren Befragten, die Diät-Schokolade kaufen (oder nicht kaufen), ähnlich ist. Etwa 80 % der übergewichtigen Befragten kaufen unabhängig von ihrem Alter Diät-Schokolade (vgl. Tab. 6.12), während nur etwa 20 % der nicht-übergewichtigen Konsumenten unabhängig von ihrem Alter Diät-Schokolade kaufen (vgl. Tab. 6.13).
>
> So beeinflusst im Beispiel die Variable „Übergewicht" den Kauf von Diät-Schokolade. Übergewichtige Befragte kaufen relativ mehr Diät-Schokolade als nicht-übergewichtige Befragte. Da das Alter in der Regel mit dem Körpergewicht positiv

**Tab. 6.11** Kreuztabelle mit den Variablen „Alter" und „Kauf von Diät-Schokolade" (N = 290)

| Alterskategorie | Kauf von Diät-Schokolade | | Gesamt |
|---|---|---|---|
| | Ja | Nein | |
| Jüngere Menschen (bis 30) | 30 (23 %) | 102 (77 %) | 132 (100 %) |
| Ältere Menschen (60 und älter) | 100 (63 %) | 58 (37 %) | 158 (100 %) |

**Tab. 6.12** Untergruppe der übergewichtigen Befragten (n = 132)

| Alterskategorie | Kauf von Diät-Schokolade | | Gesamt |
|---|---|---|---|
| | Ja | Nein | |
| Jüngere Menschen (bis 30) | 10 (83 %) | 2 (17 %) | 12 (100 %) |
| Ältere Menschen (60 und älter) | 90 (81 %) | 21 (19 %) | 111 (100 %) |

**Tab. 6.13** Untergruppe der nicht-übergewichtigen Befragten (n = 167)

| Alterskategorie | Kauf von Diät-Schokolade | | Gesamt |
|---|---|---|---|
| | Ja | Nein | |
| Jüngere Menschen (bis 30) | 20 (17 %) | 100 (83 %) | 120 (100 %) |
| Ältere Menschen (60 und älter) | 10 (21 %) | 37 (79 %) | 47 (100 %) |

**Tab. 6.14** Kreuztabelle für die Variablen „Jahreszeit" und „Schokoladensorte"

| Jahreszeit | Schokoladensorte | | | Gesamt |
|---|---|---|---|---|
| | Vollmilch | Zartbitter | Joghurt | |
| Frühling | 19 | 8 | 14 | 41 |
| Sommer | 14 | 6 | 16 | 36 |
| Herbst | 27 | 27 | 10 | 64 |
| Winter | 35 | 39 | 5 | 79 |
| Gesamt | 95 | 80 | 45 | 220 |

korreliert, scheint es auf den ersten Blick, dass das Alter mit dem Kauf von Diät-Schokolade zusammenhängt.

Die Berücksichtigung einer dritten Variable kann daher zu neuen Erkenntnissen führen. Auch kann eine dritte Variable Zusammenhänge aufzeigen, die zunächst nicht offensichtlich waren. Theoretische Überlegungen können den Forscher bei der Entscheidung leiten, welche zusätzlichen Variablen in Betracht gezogen werden sollten. ◄

## 6.3 Fallbeispiel

### 6.3.1 Problemstellung

Der Marketing-Manager eines Schokoladenunternehmens möchte wissen, ob der Verkauf bestimmter Schokoladensorten mit der Jahreszeit zusammenhängt. Um eine Antwort auf diese Frage zu bekommen, bittet der Manager die Geschäftsführerin einer Supermarktkette um Hilfe. Sie stellt ihm einen Datensatz mit 220 Einkäufen, in denen eine Tafel Schokolade gekauft wurde, zur Verfügung. Die extrahierten Einkäufe sind eine Zufallsstichprobe aus den Einkäufen der letzten 12 Monate. In den Daten finden sich drei unterschiedliche Schokoladensorten: Vollmilch, Zartbitter und Joghurt. Jeder Einkauf kann eindeutig einer Jahreszeit zugeordnet werden (Frühling = März bis Mai, Sommer = Juni bis August, Herbst = September bis November und Winter = Dezember bis Februar). In einem ersten Schritt erstellt der Manager eine Kreuztabelle, die in Tab. 6.14 dargestellt ist.[5]

---

[5] Auf der zu diesem Buch gehörigen Internetseite www.multivariate.de stellen wir ergänzendes Material zur Verfügung, um das Verstehen der Methode zu erleichtern und zu vertiefen.

Die Kreuztabelle lässt vermuten, dass es einen Zusammenhang zwischen der Jahreszeit und der gekauften Schokoladensorte geben könnte. Um aber auch statistisch zu testen, ob die beiden Variablen miteinander verbunden sind, führt der Manager mithilfe von SPSS eine Kontingenzanalyse durch.

### 6.3.2 Durchführung einer Kontingenzanalyse mit SPSS

Eine Kontingenzanalyse kann mithilfe der Prozedur *„Kreuztabellen"* in SPSS durchgeführt werden. Abb. 6.2 zeigt die Datenansicht in SPSS. Die Daten können in zwei verschiedenen Formaten vorliegen: Falldaten (d. h. jede Zeile enthält eine Beobachtung (hier: Kauf) oder Häufigkeitsdaten) (d. h. in jeder Zeile finden sich Häufigkeiten der Kreuztabelle wieder). Abb. 6.2 zeigt den Dateneditor für beide Formate.

Bei den fallbezogenen Daten beinhaltet die erste Spalte die ID der Beobachtung (hier: Kauf), die zweite Spalte gibt die Jahreszeit an (1 = Frühling, 2 = Sommer, 3 = Herbst und 4 = Winter) und die dritte Spalte stellt die gekaufte Schokoladensorte dar (1 = Vollmilch, 2 = Zartbitter und 3 = Joghurt).

Wenn nur Häufigkeitsdaten verfügbar sind, repräsentieren die ersten beiden Spalten die Ausprägungen der beiden Variablen bzw. die verschiedenen Kombinationen der Ausprägungen. Die dritte Spalte enthält die Häufigkeiten ($n_{ij}$). Die Zuordnung

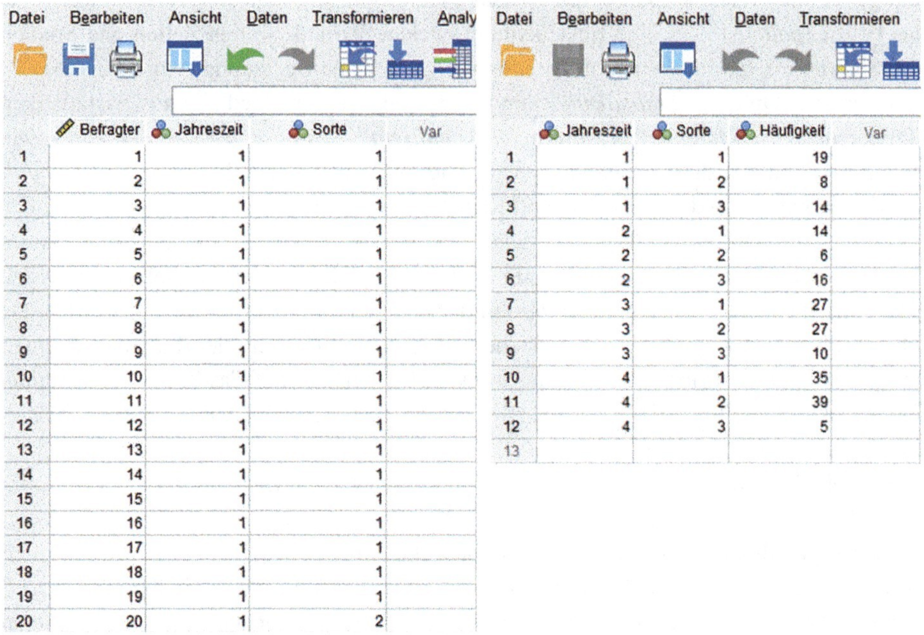


| | Befragter | Jahreszeit | Sorte | Var |
|---|---|---|---|---|
| 1 | 1 | 1 | 1 | |
| 2 | 2 | 1 | 1 | |
| 3 | 3 | 1 | 1 | |
| 4 | 4 | 1 | 1 | |
| 5 | 5 | 1 | 1 | |
| 6 | 6 | 1 | 1 | |
| 7 | 7 | 1 | 1 | |
| 8 | 8 | 1 | 1 | |
| 9 | 9 | 1 | 1 | |
| 10 | 10 | 1 | 1 | |
| 11 | 11 | 1 | 1 | |
| 12 | 12 | 1 | 1 | |
| 13 | 13 | 1 | 1 | |
| 14 | 14 | 1 | 1 | |
| 15 | 15 | 1 | 1 | |
| 16 | 16 | 1 | 1 | |
| 17 | 17 | 1 | 1 | |
| 18 | 18 | 1 | 1 | |
| 19 | 19 | 1 | 1 | |
| 20 | 20 | 1 | 2 | |

| | Jahreszeit | Sorte | Häufigkeit | Var |
|---|---|---|---|---|
| 1 | 1 | 1 | 19 | |
| 2 | 1 | 2 | 8 | |
| 3 | 1 | 3 | 14 | |
| 4 | 2 | 1 | 14 | |
| 5 | 2 | 2 | 6 | |
| 6 | 2 | 3 | 16 | |
| 7 | 3 | 1 | 27 | |
| 8 | 3 | 2 | 27 | |
| 9 | 3 | 3 | 10 | |
| 10 | 4 | 1 | 35 | |
| 11 | 4 | 2 | 39 | |
| 12 | 4 | 3 | 5 | |
| 13 | | | | |

**Abb. 6.2** Dateneditor (links: fallweise Darstellung, rechts: Häufigkeit)

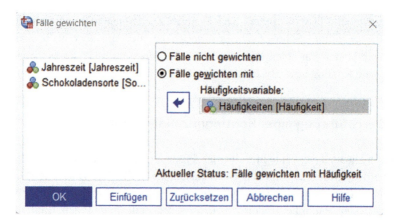

**Abb. 6.3** Dialogfenster: Fälle gewichten

der Beobachtungszahlen zu den Zellen der Kreuztabelle erfolgt mithilfe des SPSS-Menüpunktes „*Daten*" und der Option „*Fälle gewichten*" (vgl. Abb. 6.3). Wir gewichten die Fälle mit der Variable „Häufigkeit".

Im Folgenden werden wir jedoch die fallweisen Daten zur Durchführung der Kontingenzanalyse verwenden. Um eine Kontingenzanalyse durchzuführen, nutzen wir den SPSS-Menüpfad „*Analysieren/Deskriptive Statistiken/Kreuztabellen*" (vgl. Abb. 6.4) und geben die Variable „Jahreszeit" in das Feld „*Zeile(n)*" und die Variable „Sorte" in das Feld „*Spalte(n)*" ein. Die Entscheidung, welche Variable in den Zeilen und Spalten aufgeführt wird, hat für die nachfolgenden Analysen keine Bedeutung (vgl. Abb. 6.5).

Über die Option „*Statistiken*" können wir die unterschiedlichen Teststatistiken aktivieren: „*Chi-Quadrat*", „*Kontingenzkoeffizient*", „*Phi und Cramer-V*" sowie (Goodman und Kruskal) „*Lambda*" (vgl. Abb. 6.6). Wenn wir die Option „*Lambda*" aktivieren, wird auch das Goodman und Kruskal Tau ausgewiesen.

Der „*Unsicherheitskoeffizient*" (auch Theils U genannt) ist ein alternatives Assoziationsmaß, das die proportionale Verringerung des Fehlers angibt, wenn Werte einer Variablen zur Vorhersage von Werten der anderen Variablen verwendet werden. Da die substanziellen Ergebnisse des Unsicherheitskoeffizienten dem des Tau-Koeffizienten entsprechen, konzentrieren wir uns in unserem Fallbeispiel auf das Tau von Goodman und Kruskal. Durch das Klicken auf „*Weiter*" gelangt man zum Dialogfenster „*Kreuztabellen*" zurück.

Die Menüauswahl „*Zellen*" führt zum Dialogfenster „*Zellen anzeigen*". In diesem Dialogfenster kann festgelegt werden, welche Werte in der Kreuztabelle angezeigt werden (vgl. Abb. 6.7). Wir können uns Häufigkeiten („*Beobachtet*", „*Erwartet*") und Prozentwerte („*Zeilenweise*", „*Spaltenweise*", „*Gesamtsumme*") sowie die „*Residuen*" anzeigen lassen. Residuen sind die Unterschiede zwischen beobachteten und erwarteten

## 6.3 Fallbeispiel

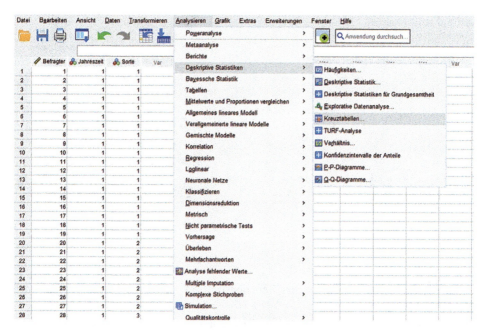

**Abb. 6.4** Start der Kontingenzanalyse in SPSS über „Deskriptive Statistik"

**Abb. 6.5** Dialogfenster: Kreuztabellen

Häufigkeiten. Zuvor haben wir nicht standardisierte Residuen berechnet. Wir aktivieren diese auch in diesem Beispiel *("Nicht standardisiert")*. Durch Anklicken von *"Weiter"* gelangen wir zum Dialogfenster *"Kreuztabellen"* zurück.

**Abb. 6.6** Dialogfenster: Kreuztabellen: Statistik

Die Option „*Stil*" definiert den Tabellenstil (vgl. Abb. 6.8). Wir behalten den Standardstil bei.

Die Option „*Bootstrap*" erlaubt Resampling, was besonders bei kleinen Stichprobengrößen nützlich ist (vgl. Abb. 6.9; für weitere Details zum Bootstrapping siehe Efron (2003) und Efron und Tibshirani (1994)).

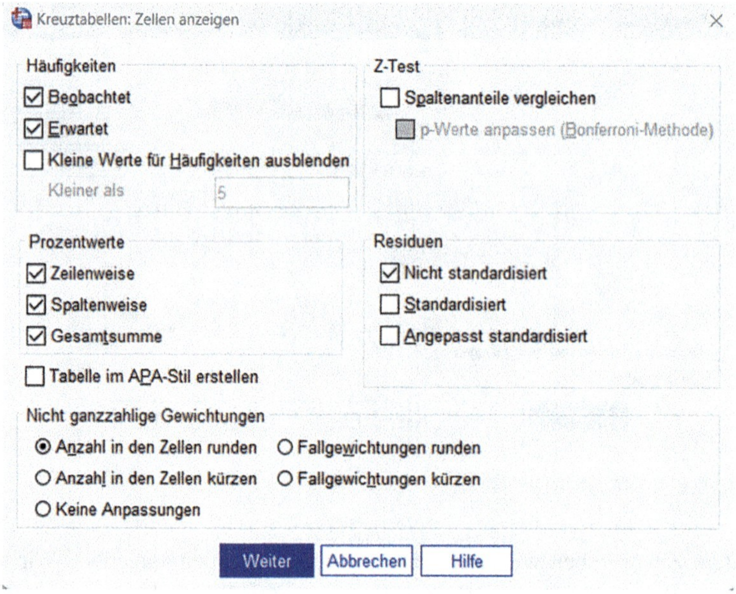

**Abb. 6.7** Dialogfenster: Kreuztabellen: Zellen anzeigen

## 6.3 Fallbeispiel

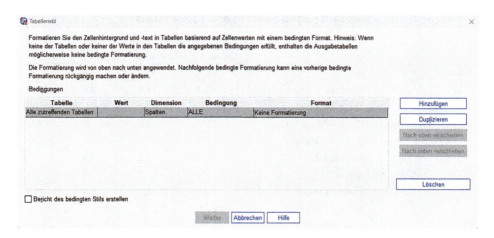

**Abb. 6.8** Dialogfenster: Tabellenstil

**Abb. 6.9** Dialogfenster: Bootstrap

Durch Anklicken des „*OK*"-Buttons im Dialogfenster „*Kreuztabelle*" startet man die Datenanalyse.

### 6.3.3 Ergebnisse

Im SPSS-Ausgabefenster wird zunächst die Kreuztabelle angezeigt. Neben der Anzahl der Beobachtungen in jeder Zelle *(Anzahl)* werden die Zeilen- *(Jahreszeit)*,

## Jahreszeit * Schokoladensorte Kreuztabelle

| | | | Schokoladensorte | | | |
|---|---|---|---|---|---|---|
| | | | Vollmilch | Zartbitter | Joghurt | Gesamt |
| Jahreszeit | Frühling | Anzahl | 19 | 8 | 14 | 41 |
| | | Erwartete Anzahl | 17,7 | 14,9 | 8,4 | 41,0 |
| | | % von Jahreszeit | 46,3% | 19,5% | 34,1% | 100,0% |
| | | % von Schokoladensorte | 20,0% | 10,0% | 31,1% | 18,6% |
| | | % der Gesamtzahl | 8,6% | 3,6% | 6,4% | 18,6% |
| | | Residuum | 1,3 | -6,9 | 5,6 | |
| | Sommer | Anzahl | 14 | 6 | 16 | 36 |
| | | Erwartete Anzahl | 15,5 | 13,1 | 7,4 | 36,0 |
| | | % von Jahreszeit | 38,9% | 16,7% | 44,4% | 100,0% |
| | | % von Schokoladensorte | 14,7% | 7,5% | 35,6% | 16,4% |
| | | % der Gesamtzahl | 6,4% | 2,7% | 7,3% | 16,4% |
| | | Residuum | -1,5 | -7,1 | 8,6 | |
| | Herbst | Anzahl | 27 | 27 | 10 | 64 |
| | | Erwartete Anzahl | 27,6 | 23,3 | 13,1 | 64,0 |
| | | % von Jahreszeit | 42,2% | 42,2% | 15,6% | 100,0% |
| | | % von Schokoladensorte | 28,4% | 33,8% | 22,2% | 29,1% |
| | | % der Gesamtzahl | 12,3% | 12,3% | 4,5% | 29,1% |
| | | Residuum | -,6 | 3,7 | -3,1 | |
| | Winter | Anzahl | 35 | 39 | 5 | 79 |
| | | Erwartete Anzahl | 34,1 | 28,7 | 16,2 | 79,0 |
| | | % von Jahreszeit | 44,3% | 49,4% | 6,3% | 100,0% |
| | | % von Schokoladensorte | 36,8% | 48,8% | 11,1% | 35,9% |
| | | % der Gesamtzahl | 15,9% | 17,7% | 2,3% | 35,9% |
| | | Residuum | ,9 | 10,3 | -11,2 | |
| Gesamt | | Anzahl | 95 | 80 | 45 | 220 |
| | | Erwartete Anzahl | 95,0 | 80,0 | 45,0 | 220,0 |
| | | % von Jahreszeit | 43,2% | 36,4% | 20,5% | 100,0% |
| | | % von Schokoladensorte | 100,0% | 100,0% | 100,0% | 100,0% |
| | | % der Gesamtzahl | 43,2% | 36,4% | 20,5% | 100,0% |

**Abb. 6.10** Kontingenzanalyse in SPSS: Kreuztabelle

Spalten- *(Schokoladensorte)* und Gesamtprozentsätze dargestellt. Die Häufigkeitswerte entsprechen jenen in Tab. 6.14. Die erwarteten Häufigkeiten für jede Zelle $e_{ij}$ *(Erwartete Anzahl)* und die Unterschiede zwischen der beobachteten und erwarteten Häufigkeit *(Residuum)* werden ebenfalls ausgegeben (vgl. Abb. 6.10).

Zudem werden die Ergebnisse der Chi-Quadrat-Teststatistik *(Pearson-Chi-Quadrat)* gezeigt (vgl. Abb. 6.11). Neben den Freiheitsgraden *(df)* wird die asymptotische

## Chi-Quadrat-Tests

|  | Wert | df | Asymptotische Signifikanz (zweiseitig) |
|---|---|---|---|
| Pearson-Chi-Quadrat | 33,922[a] | 6 | <,001 |
| Likelihood-Quotient | 34,899 | 6 | <,001 |
| Zusammenhang linear-mit-linear | 5,960 | 1 | ,015 |
| Anzahl der gültigen Fälle | 220 | | |

a. 0 Zellen (0,0%) haben eine erwartete Häufigkeit kleiner 5. Die minimale erwartete Häufigkeit ist 7,36.

**Abb. 6.11** Kontingenzanalyse in SPSS: Chi-Quadrat-Test

## Symmetrische Maße

|  |  | Wert | Näherungsweise Signifikanz |
|---|---|---|---|
| Nominal- bzgl. Nominalmaß | Phi | ,393 | <,001 |
|  | Cramer-V | ,278 | <,001 |
|  | Kontingenzkoeffizient | ,366 | <,001 |
| Anzahl der gültigen Fälle |  | 220 |  |

**Abb. 6.12** Kontingenzanalyse in SPSS: Stärke der Assoziation basierend auf Chi-Quadrat

Signifikanz berichtet. Der Chi-Quadrat-Test ist auf dem 5 %-Niveau signifikant. Die Nullhypothese der Unabhängigkeit lehnen wir daher ab. So zeigt die Statistik des Chi-Quadrat-Tests, dass die Variablen „Jahreszeit" und „Schokoladensorte" assoziiert und somit abhängig voneinander sind. In der Fußnote der SPSS-Tabelle heißt es weiter, dass die erwartete Mindestzahl 7,36 beträgt. Dies bedeutet, dass jede Zelle mehr als 5 Beobachtungen aufweist.

Des Weiteren werden die Werte für den *Likelihood-Quotient* und den *Test „Zusammenhang linear-mit-linear"* aufgeführt. Der *Likelihood-Quotient* ist für große Stichproben ähnlich dem Chi-Quadrat-Test und wird daher hier nicht diskutiert. Der Test *„Zusammenhang linear-mit-linear"* ist nicht auf nominale Variablen anwendbar und wird daher ignoriert (vgl. Bishop et al. 2007). Da wir eine $4 \times 3$-Kreuztabelle vorliegen haben, werden die Yates-Korrektur *(Kontinuitätskorrektur)* und der exakte *Fisher-Test* nicht berechnet und ausgewiesen.

Abb. 6.12 zeigt die Werte für die Maße, die es erlauben, die Stärke der Assoziation zu bewerten *(Phi, Cramer-V und Kontingenzkoeffizient)*. Da die betrachteten Variablen vier und drei Ausprägungen haben, sind die Werte für *Phi* und *Cramer-V* nicht identisch. Unter der Annahme eines Signifikanzniveaus von 5 % legt die (näherungsweise) Signifikanz für alle drei Maße nahe, dass wir die Nullhypothese ablehnen müssen. Die Nullhypothese besagt, dass ein bestimmtes Maß gleich null ist. Da wir bereits wissen, dass es einen Zusammenhang zwischen den beiden Variablen gibt, ist die Ablehnung der Nullhypothese nicht überraschend. Die Faustregel bezüglich des Wertes von *Phi* legt ferner nahe, dass der Zusammenhang mehr als trivial ist.

Abb. 6.13 zeigt die Lambda- und Tau-Koeffizienten von Goodman und Kruskal. Zunächst werden die drei Lambda-Koeffizienten angegeben (*symmetrischer Lambda-Koeffizient, Lambda-Koeffizient* für „Jahreszeit" und „Sorte"). Auf der Grundlage des *asymptotischen Standardfehlers* können wir den *näherungsweisen t-Wert* und die Fehlerwahrscheinlichkeit *(näherungsweise Signifikanz)* berechnen. Unter der Annahme eines Signifikanzniveaus von 5 % ist der asymmetrische Lambda-Koeffizient für „Schokoladensorte" nicht signifikant. Dies ist ein Hinweis darauf, dass das Wissen über die Jahreszeit die Vorhersage der gekauften Schokoladensorte nicht signifikant verbessert. Auch der symmetrische Lambda-Koeffizient ist nicht signifikant. Die nächsten Zeilen in Abb. 6.13 enthalten Informationen über *Goodman-und-Kruskal-Tau* für „Jahreszeit" und „Schokoladensorte". Beide Tau-Koeffizienten sind signifikant. So ergibt sich hier kein einheitliches Bild hinsichtlich der Stärke des Zusammenhangs.

Insgesamt haben wir gelernt, dass die Jahreszeit und die Schokoladensorte miteinander verbunden sind. Das heißt, die Variablen sind voneinander abhängig. Die Stärke der Assoziation ist signifikant und scheint „mehr als trivial" zu sein (Chi-Quadrat basierende Maße). Zudem hat sich gezeigt, dass Joghurt-Schokolade verstärkt im Frühling und Sommer gekauft wird, wohingegen Zartbitter-Schokolade im Herbst und Winter beliebter ist.

### 6.3.4 SPSS-Kommandos

Im Fallbeispiel wurde die Kontingenzanalyse mithilfe der grafischen Benutzeroberfläche von SPSS (GUI: graphical user interface) durchgeführt. Alternativ kann der Anwender aber auch die sog. *SPSS-Syntax* verwenden, die eine speziell für SPSS entwickelte Programmiersprache darstellt. Jede Option, die auf der grafischen Benutzeroberfläche von SPSS aktiviert wurde, wird dabei in die SPSS-Syntax übersetzt. Wird im Hauptdialogfeld der Kontingenzanalyse auf *„Einfügen"* geklickt (vgl. Abb. 6.5), so wird die zu den gewählten Optionen gehörende SPSS-Syntax automatisch in einem neuen Fenster ausgegeben. Die Prozeduren von SPSS können auch allein auf Basis der SPSS-Syntax ausgeführt werden und Anwender können dabei auch weitere SPSS-Befehle verwenden. Die Verwendung der SPSS-Syntax kann z. B. dann vorteilhaft sein, wenn Analysen mehrfach wiederholt werden sollen (z. B. zum Testen verschiedener Modellspezifikationen). Abb. 6.14 zeigt die SPSS-Syntaxbefehle zur Kontingenzanalyse des Fallbeispiels. Die Syntax bezieht sich dabei nicht auf eine bestehende Datendatei von

## Richtungsmaße

| | | | Wert | Asymptotischer Standardfehler[a] | Näherungsweises t[b] | Näherungsweise Signifikanz |
|---|---|---|---|---|---|---|
| Nominal- bzgl. Nominalmaß | Lambda | Symmetrisch | ,064 | ,046 | 1,362 | ,173 |
| | | Jahreszeit abhängig | ,078 | ,031 | 2,432 | ,015 |
| | | Schokoladensorte abhängig | ,048 | ,080 | ,589 | ,556 |
| | Goodman-und-Kruskal-Tau | Jahreszeit abhängig | ,051 | ,015 | | <,001[c] |
| | | Schokoladensorte abhängig | ,063 | ,020 | | <,001[c] |

a. Die Null-Hyphothese wird nicht angenommen.
b. Unter Annahme der Null-Hyphothese wird der asymptotische Standardfehler verwendet.
c. Basierend auf Chi-Quadrat-Näherung

**Abb. 6.13** Kontingenzanalyse in SPSS: Stärke der Assoziation basierend auf Wahrscheinlichkeitsüberlegungen

```
* MVA: Fallbeispiel Schokolade Kontingenzanalyse.
* Datendefinition.
DATA LIST FREE / Jahreszeit Sorte Häufigkeit.
VARIABLE LABELS Jahreszeit „Jahreszeit"
 /Sorte „gekaufte Schokoladensorte"
 /Häufigkeit „Häufigkeiten".
VALUE LABELS
 /Jahreszeit 1 „Frühling" 2 „Sommer" 3 „Herbst" 4 „Winter"
 /Sorte 1 „Vollmilch" 2 „Zartbitter" 3 „Joghurt".

BEGIN DATA
1 1 19
1 2 8
1 3 14
------
4 3 5
* Alle Datensätze einfügen.
END DATA.

* Fallbeispiel Kontingenzanalyse.
WEIGHT BY Häufigkeit
CROSSTABS
 /TABLES=Jahreszeit BY Sorte
 /FORMAT=AVALUE TABLES
 /STATISTICS=CHISQ CC PHI LAMBDA
 /CELLS=COUNT EXPECTED ROW COLUMN TOTAL RESID
 /COUNT ROUND CELL.
```

**Abb. 6.14** SPSS-Syntax zur Durchführung einer auf Häufigkeitsdaten basierenden Kontingenzanalyse

SPSS (*.sav), sondern die Daten sind in die Befehle zwischen BEGIN DATA und END DATA eingebettet.

Anwender, die R (https://www.r-project.org) zur Datenanalyse nutzen möchten, finden die entsprechenden R-Befehle zum Fallbeispiel auf der Internetseite www.multivariate.de.

## 6.4 Anwendungsempfehlungen

### 6.4.1 Anwendungsempfehlungen zur Umsetzung der Kontingenzanalyse

Im Folgenden werden Hinweise und Empfehlungen zur Durchführung einer Kontingenzanalyse gegeben:

1. Die einzelnen Beobachtungen müssen voneinander unabhängig sein.
2. Jede Beobachtung kann eindeutig einer Kombination von Ausprägungen zugeordnet werden.

3. Der Anteil der Zellen mit einer erwarteten Häufigkeit von weniger als fünf Beobachtungen sollte 20 % nicht überschreiten (Faustregel). Keine der erwarteten Häufigkeiten sollte null sein. Man kann in Erwägung ziehen, Ausprägungen einer Variable zusammenzufassen, um diese Anforderungen zu erfüllen.
4. Der Chi-Quadrat-Test ist angemessen, wenn mehr als 60 Beobachtungen vorliegen. Bei Stichproben mit 20 bis 60 Beobachtungen sollte die Yates-Korrektur Anwendung finden. Für Stichproben mit weniger als 20 Beobachtungen ist der exakte Fisher-Test geeignet. Bei solch kleinen Stichproben ist es jedoch empfehlenswert, die Stichprobengröße zu erhöhen, um die Robustheit der Analyse zu verbessern.
5. Zur Bewertung der Assoziationsstärke können der Phi-Koeffizient, der Kontingenz-Koeffizient, Cramers V, Goodman und Kruskals Lambda- und Tau-Koeffizient herangezogen werden. Eine sinnvolle Interpretation der verschiedenen Koeffizienten erfordert Kenntnis über den minimalen und maximalen Wert dieser Maße.

### 6.4.2 Beziehung der Kontingenzanalyse zu anderen multivariaten Analysemethoden

Die Kontingenzanalyse untersucht die Beziehung zwischen zwei oder mehr kategorialen Variablen (d. h. *mehrdimensionale Kreuztabellen*). In diesem Kapitel haben wir uns auf den einfachen Fall von zwei Variablen konzentriert. Obwohl die Kontingenzanalyse auch für mehr als zwei Variablen verwendet werden kann, wird die Anwendung dann etwas komplizierter. Als Alternative zu einer mehrdimensionalen Kontingenzanalyse können wir *log-lineare Modelle* verwenden (Agresti, 2019, S. 204–243; Everitt, 1992, S. 80–107; siehe auch die SPSS-Prozeduren HILOGLINEAR; LOGLINEAR). Log-lineare Modelle verwenden eine Modelldarstellung ähnlich einem Regressionsmodell und bewerten den Einfluss von mehreren nominalen unabhängigen Variablen auf eine nominale (abhängige) Variable (vgl. Kap. 2 und 5). Letztlich untersuchen log-lineare Modelle, ob zwischen den unabhängigen und den abhängigen Variablen ein signifikanter Zusammenhang besteht. Log-lineare Modelle bewerten die Stärke der Beziehungen auf der Grundlage der geschätzten Koeffizienten (vgl. Kap. 2 und 5).

Eine weitere Methode für die Analyse von mehr als zwei kategorialen Variablen ist die *Korrespondenzanalyse*. Die Korrespondenzanalyse ist eine Methode zur Visualisierung von Kreuztabellen (vgl. Backhaus et al., 2015, S. 401 ff.). Die Korrespondenzanalyse dient somit der Veranschaulichung komplexer Zusammenhänge und kann als strukturentdeckendes Verfahren klassifiziert werden. Sie ist verwandt mit der Faktorenanalyse (vgl. Kap. 7).

Log-lineare Modelle und die Korrespondenzanalyse sind komplexer als die Kontingenzanalyse, liefern aber zusätzliche Erkenntnisse wie die explizite Berücksichtigung der multivariaten Struktur der Daten und die Visualisierung von Beziehungen zwischen Variablen. Dennoch ist die Kontingenzanalyse, wie sie in diesem Kapitel diskutiert wurde, in der Praxis populär. Dafür gibt es zwei Gründe: Sie ist einfach durchzuführen und Kreuztabellen sind leicht zu interpretieren sowie zu verstehen. Außerdem vermitteln mehrere Kreuztabellen ein umfassenderes Bild im Gegensatz zu komplexeren Analysen, die ein gutes Verständnis der Methode erfordern.

## Literatur

### Zitierte Literatur

Agresti, A. (2019). *An introduction to categorical data analysis* (3. Aufl.). Wiley-Interscience.
Backhaus, K., Erichson, B., & Weiber, R. (2015). *Fortgeschrittene Multivariate Analysemethoden* (3. Aufl.). Springer Gabler.
Bishop, Y., Fienberg, S., & Holland, P. (2007). *Discrete multivariate analysis. Theory and practice.* Springer.
Efron, B. (2003). Second thoughts on the bootstrap. *Statistical Science, 18*(2), 135–140.
Efron, B., & Tibshirani, R. (1994). *An introduction to the bootstrap.* Springer.
Everitt, B. (1992). *The analysis of contingency tables* (2. Aufl.). Chapman & Hall.
Fahrmeir, L., & Tutz, G. (2001). *Multivariate statistical modelling based on generalized linear models* (2. Aufl.). Springer.
Fleiss, J., Levin, B., & Paik, M. (2003). *Statistical methods for rates and proportions.* (3. Aufl.). Wiley-Interscience.
Goodman, L. A., & Kruskal, W. H. (1954). Measures of association for cross classifications part I. *Journal of the American Statistical Association, 49*(4), 732–764.
Zeisel, H. (1985). *Say it with figures* (6. Aufl.). Harper Collins.

### Weiterführende Literatur

Fienberg, S. (2007). *The analysis of cross-classified categorical data* (2. Aufl.). Springer.
Kateri, M. (2014). *Contingency table analysis – methods and implementation using R.* Birkhäuser.
Sirkin, R. M. (2005). *Statistics for the social science* (3. Aufl.). SAGE Publications.
IBM SPSS Inc. (2022). *IBM SPSS Statistics 29 documentation.* https://www.ibm.com/support/pages/ibm-spss-statistics-29-documentation. Zugegriffen: 4. Nov. 2022.
Wickens, T. (1989). *Multiway contingency tables analysis for the social sciences.* Psychology Press.

# Faktorenanalyse 7

## Inhaltsverzeichnis

7.1 Problemstellung . . . . . . . . . . . . . . . . . . . . . . . . . . . . . . . . . . . . . . . . . . . . . . . . . . . . . 410
7.2 Vorgehensweise . . . . . . . . . . . . . . . . . . . . . . . . . . . . . . . . . . . . . . . . . . . . . . . . . . . . . 414
    7.2.1 Eignung der Daten für eine Faktorenanalyse . . . . . . . . . . . . . . . . . . . . . . 414
    7.2.2 Extraktion und Anzahl der Faktoren . . . . . . . . . . . . . . . . . . . . . . . . . . . . . 422
        7.2.2.1 Grafische Verdeutlichung von Korrelationen . . . . . . . . . . . . . . 423
        7.2.2.2 Das Fundamentaltheorem . . . . . . . . . . . . . . . . . . . . . . . . . . . . . 426
        7.2.2.3 Grafische Verdeutlichung der Faktorenextraktion . . . . . . . . . . 427
        7.2.2.4 Mathematische Verfahren zur Extraktion von Faktoren . . . . . 431
            7.2.2.4.1 Hauptkomponentenanalyse . . . . . . . . . . . . . . . . . . 432
            7.2.2.4.2 Faktoranalytischer Ansatz . . . . . . . . . . . . . . . . . . . 437
        7.2.2.5 Anzahl der Faktoren . . . . . . . . . . . . . . . . . . . . . . . . . . . . . . . . . 443
        7.2.2.6 Beurteilung der Güte einer Faktorenlösung . . . . . . . . . . . . . . . 444
    7.2.3 Faktoren-Interpretation . . . . . . . . . . . . . . . . . . . . . . . . . . . . . . . . . . . . . . . 446
    7.2.4 Bestimmung der Faktorwerte . . . . . . . . . . . . . . . . . . . . . . . . . . . . . . . . . . 448
    7.2.5 Zusammenfassung zentraler Analyseschritte einer Faktorenanalyse . . . . . . . . . . 452
7.3 Fallbeispiel . . . . . . . . . . . . . . . . . . . . . . . . . . . . . . . . . . . . . . . . . . . . . . . . . . . . . . . . . 454
    7.3.1 Problemstellung . . . . . . . . . . . . . . . . . . . . . . . . . . . . . . . . . . . . . . . . . . . . 454
    7.3.2 Durchführung einer Faktorenanalyse mit SPSS . . . . . . . . . . . . . . . . . . . . 455
    7.3.3 Ergebnisse . . . . . . . . . . . . . . . . . . . . . . . . . . . . . . . . . . . . . . . . . . . . . . . . 458
        7.3.3.1 Eignung der Datenmatrix und Variablenbeurteilung . . . . . . . . 459
        7.3.3.2 Ergebnisse der Hauptachsenanalyse im 9-Variablen-Fall . . . . . 463
        7.3.3.3 Produktpositionierung . . . . . . . . . . . . . . . . . . . . . . . . . . . . . . . . 472
        7.3.3.4 Unterschiede zwischen Hauptkomponenten- und Hauptachsenanalyse . . . 474
    7.3.4 SPSS-Kommandos . . . . . . . . . . . . . . . . . . . . . . . . . . . . . . . . . . . . . . . . . . 476
7.4 Erweiterung: Konfirmatorische Faktorenanalyse (KFA) . . . . . . . . . . . . . . . . . . . . . 478
7.5 Anwendungsempfehlungen . . . . . . . . . . . . . . . . . . . . . . . . . . . . . . . . . . . . . . . . . . . 482
Literatur . . . . . . . . . . . . . . . . . . . . . . . . . . . . . . . . . . . . . . . . . . . . . . . . . . . . . . . . . . . . . . . 483
    Zitierte Literatur . . . . . . . . . . . . . . . . . . . . . . . . . . . . . . . . . . . . . . . . . . . . . . . . . 483
    Weiterführende Literatur . . . . . . . . . . . . . . . . . . . . . . . . . . . . . . . . . . . . . . . . . . 483

© Springer Fachmedien Wiesbaden GmbH, ein Teil von Springer Nature 2023
K. Backhaus et al., *Multivariate Analysemethoden*,
https://doi.org/10.1007/978-3-658-40465-9_7

## 7.1 Problemstellung

Die Faktorenanalyse ist eine Methode der multivariaten Datenanalyse, die dann verwendet wird, wenn große Datensätze im Hinblick auf zwei Hauptziele analysiert werden sollen:

1. Reduktion einer großen Anzahl von korrelierenden Variablen auf eine geringere Anzahl von Faktoren.
2. Strukturierung der Daten mit dem Ziel, Abhängigkeiten zwischen korrelierenden Variablen zu erkennen und diese auf gemeinsame Ursachen (Faktoren) zu untersuchen, um auf dieser Basis ein neues Konstrukt (Faktor) zu generieren.

**Grundidee der Faktorenanalyse**

Bei beiden Zielsetzungen wird unterstellt, dass der zu analysierende Datensatz überwiegend aus hoch korrelierenden (abhängigen) Variablen besteht.[1] Zur Erreichung der Ziele analysiert die Faktorenanalyse deshalb primär die Korrelationsmatrix (vereinzelt auch die Varianz-Kovarianz-Matrix) der Daten, die die Wechselbeziehungen zwischen den Variablen abbildet. Die Faktorenanalyse wird in vielen Disziplinen wie Psychologie, Soziologie, Medizin, Wirtschaft, Management, Finanzen und Marketing eingesetzt. Tab. 7.1 gibt hierzu einige Beispiele.

Um eine Faktorenanalyse sinnvoll anwenden zu können, sollte die Korrelationsmatrix bestimmte Eigenschaften aufweisen, wobei vor allem eine ausreichende Wechselbeziehung zwischen den Variablen bestehen sollte. Mit anderen Worten: Nicht jede Korrelationsmatrix ist auch für eine Faktorenanalyse geeignet.

Die Faktorenanalyse startet deshalb im *ersten Schritt* mit der Prüfung, ob die Daten einer empirischen Erhebung überhaupt für eine Faktorenanalyse geeignet sind. Diese Prüfung bezieht sich auf die Korrelationsmatrix der Variablen, wobei dieser empirischen Prüfung eine konzeptionelle Prüfung vorausgehen sollte. Abb. 7.1 zeigt die im ersten Schritt zu durchlaufende Prüflogik.

Bei der *konzeptionellen Eignung* wird eine bestimmte kausale Interpretation einer empirischen Korrelation unterstellt. In den meisten Fällen wird die Korrelation zwischen zwei Variablen $x_1$ und $x_2$ ($r_{x1, x2}$) als Indiz dafür gewertet, dass $x_1$ die Ursache von $x_2$ darstellt oder umgekehrt (vgl. auch Abb. 7.2). Die Faktorenanalyse hingegen geht davon aus, dass die empirische Korrelation $r_{x1, x2}$ durch eine dahinter stehende Variable F (hypothetische Größe) *verursacht* wird, die als Faktor bezeichnet wird. Das folgende Beispiel möge die Zusammenhänge verdeutlichen:

---

[1] Korrelationen bilden die Analysebasis der Faktorenanalyse. Für Leser, die mit dem Begriff nicht mehr hinreichend vertraut sind, werden in Abschn. 1.2.2 Korrelationen nochmals ausführlich erläutert und an einem kleinen Rechenbeispiel verdeutlicht.

## 7.1 Problemstellung

**Tab. 7.1** Anwendungsbeispiele der Faktorenanalyse in verschiedenen Fachdisziplinen

| Anwendungsfelder | Beispielhafte Fragestellungen der Faktorenanalyse |
|---|---|
| Fertigung | In vielen modernen Fertigungsprozessen sind große Mengen an Daten für vielfältige Variablen durch automatisierte In-Process-Sensorik verfügbar. Die Faktorenanalyse ist geeignet, Informationen aus den Daten zu extrahieren und die Ursachen für die Zuverlässigkeit von Prozessen zu identifizieren. |
| Marketing | Ein Schokoladenunternehmen ist an seinem Image interessiert. 26 Variablen wurden auf 3 Faktoren reduziert: Reputation, Kompetenz und Marke. |
| Medizin | Die Faktorenanalyse kann die medizinische Diagnostik verbessern. Gegenüber mehreren anderen Versuchen zur Lösung des diagnostischen Problems bietet dieses Konzept den Vorteil, dass es nicht von der Voraussetzung der gegenseitigen Unabhängigkeit der Symptome abhängig ist. |
| Psychologie | Die Big Five im OCEAN-Projekt (Offenheit, Gewissenhaftigkeit, Extraversion, Verträglichkeit, Neurotizismus) sind Faktoren, die das Konstrukt „Persönlichkeit" beschreiben. Die 5 Faktoren wurden aus 18.000 Variablen abgeleitet. |
| Umweltwissenschaft | Eine breit angelegte Faktorenanalyse bewertet und fasst die 4 Mikro-Umweltfaktoren – politische, wirtschaftliche, soziale und technologische Faktoren – zusammen, die einen erheblichen Einfluss auf das Betriebsumfeld des Unternehmens haben. |

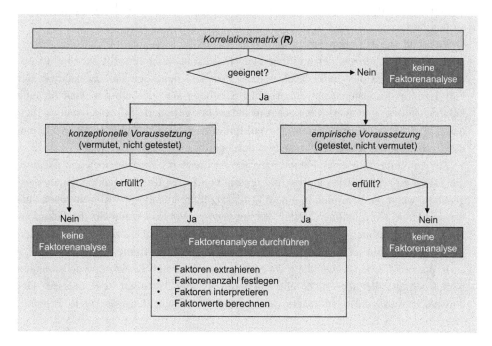

**Abb. 7.1** Prozess zur Eignungsprüfung einer Korrelationsmatrix für die Faktorenanalyse

**Abb. 7.2** Kausale Interpretationen einer Korrelation ($r_{x1, x2}$)

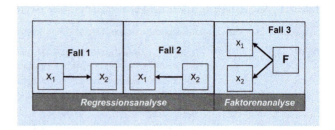

**Beispiel**

Zwischen den Werbeausgaben für ein Produkt ($x_1$) und dem Umsatz ($x_2$) wurde eine hohe Korrelation (z. B. $r_{x1, x2} = 0{,}9$) gemessen. Diese lässt sich u. a. wie folgt *kausal* interpretieren:

*Fall 1:* Die Werbeausgaben beeinflussen die Umsatzhöhe.

*Fall 2:* Die Umsatzhöhe beeinflusst die Werbeausgaben (Prozent-vom-Umsatz-Regel).

*Fall 3:* Werbeausgaben und Umsatz sind *nicht* kausal verbunden (in Wahrheit gilt also $r_{x1, x2} = 0$) und die beobachtete Korrelation lässt sich auf eine dahinter stehende gemeinsame Ursache, den Faktor F (z. B. allgemeine Preiserhöhung, Inflation), zurückführen.

Während die kausalen Interpretationen der Fälle 1 und 2 von den *dependenzanalytischen Verfahren* der multivariaten Datenanalyse unterstellt werden (z. B. Varianz-, Regressions- oder Diskriminanzanalyse), liegt der Faktorenanalyse der Fall 3 zugrunde. Daten einer empirischen Erhebung sind deshalb nur dann für eine Faktorenanalyse geeignet, wenn der Anwender über gesicherte Informationen verfügt, dass Fall 3 die in seinem Anwendungsfall relevante Interpretation darstellt. Nur wenn dies zutrifft, sollte eine Faktorenanalyse durchgeführt werden.

Zur Durchführung einer Faktorenanalyse ist daher im *ersten Schritt* die *Eignung der Daten* zu prüfen. Die empirische Eignung von Daten für eine Faktorenanalyse ist gegeben, wenn die Variablen in einem Datensatz hinreichend hohe Korrelationen aufweisen. Hohe Korrelationen stellen die notwendige Voraussetzung für die Faktorenanalyse dar, da ohne Korrelationen auch keine Erklärung von Korrelationen möglich ist. Zur Prüfung dieser Voraussetzung stehen mehrere Prüfinstrumente zur Verfügung.

In der praktischen Anwendung wird in der Regel eine große Anzahl von Variablen berücksichtigt, die aber nicht alle hoch miteinander korreliert sein müssen. Der Anwender muss daher in einem *zweiten Schritt* entscheiden, wie viele Faktoren

## 7.1 Problemstellung

extrahiert werden sollen. Um diese Entscheidung zu erleichtern, liefert die Faktorenanalyse auch hier verschiedene statistische Kriterien. Auch für die anschließende Extraktion der Faktoren gibt es verschiedene Algorithmen (z. B. Hauptkomponentenanalyse (HKA), Hauptachsenanalyse (HAA)). Neben der *Anzahl der Faktoren* muss sich der Anwender in diesem zweiten Schritt auch für eine *Extraktionsmethode* entscheiden.

Die Extraktionsverfahren führen zu einer Zuordnung der ursprünglich betrachteten Variablen zu den extrahierten Faktoren. Die Stärke dieser Zuordnungen wird auch durch Korrelationen zwischen den ursprünglichen Variablen und den Faktoren gemessen, die als *Faktorladungen* bezeichnet werden. Die Faktorladungen sind eine wichtige Informationsquelle für den Benutzer, um die Faktoren interpretieren zu können. Diese Interpretation ist nicht trivial und von grundlegender Bedeutung; denn hier entscheidet der Anwender, welche inhaltliche Begründung durch einen Faktor repräsentiert wird. Die *Interpretation der Faktoren* durch den Anwender ist daher als ein eigener, *dritter Schritt* der Faktorenanalyse zu betrachten, da sie für die Ableitung von Handlungskonsequenzen aus den Ergebnissen einer Faktorenanalyse von großer Bedeutung ist.

Der *vierte* und letzte *Schritt* der Faktorenanalyse betrifft die Frage, wie die extrahierten Faktoren von den Personen bewertet werden, die die untersuchten Merkmale ursprünglich in Betracht gezogen haben. Diese (fiktiven) Beurteilungswerte pro Person werden als *Faktorwerte* bezeichnet. Sie werden aus den Bewertungen der Ausgangsvariablen abgeleitet. ◄

**Explorative versus konfirmatorische Faktorenanalyse**
Obige Überlegungen bezogen sich auf den Fall der sog. explorativen Faktorenanalyse (EFA), die dem „Entdecken" von Strukturen in einem Datensatz dient. Das bedeutet, dass der Anwender über *keine* Vorstellung verfügt, wie metrische Ausgangsvariablen zu Faktoren zusammengefasst werden könnten. Ebenso ist im Ausgangspunkt die Anzahl der zu extrahierenden Faktoren unbekannt.

Es sind aber auch viele Anwendungen denkbar, bei denen der Anwender über sehr genaue Vorstellungen hinsichtlich der Anzahl, der Interpretation und auch der Zuordnung der Ausgangsvariablen zu den Faktoren verfügt. In solchen Fällen können diese Informationen von der Faktorenanalyse verwendet und in die Berechnungen einbezogen werden. Dadurch sind weniger Berechnungsschritte erforderlich. Die Schritte „Extrahieren der Anzahl der Faktoren", „Bestimmen der Anzahl der Faktoren" und „Interpretieren der Faktoren" entfallen. Im Gegensatz dazu bleiben die Extraktionsalgorithmen gleich. Damit ändert sich aber der Charakter der Faktorenanalyse und sie wird zu einem konfirmatorischen, d. h. strukturprüfenden Instrument. Die Kernaussagen dieser wichtigen Variante der Faktorenanalyse (sog. konfirmatorische Faktorenanalyse (KFA)) werden in Abschn. 7.4 ausführlicher diskutiert.

**Abb. 7.3** Ablauf der Faktorenanalyse

## 7.2 Vorgehensweise

Entsprechend den im vorangegangenen Abschnitt dargestellten Überlegungen wird die Faktorenanalyse im Folgenden in vier grundlegende Schritte untergliedert, die in Abb. 7.3 dargestellt sind: Der erste Schritt bei der Durchführung einer Faktorenanalyse ist die Bewertung der Eignung der Daten. Da Variablen, die hoch korrelieren, zu einem Faktor kombiniert werden, basieren die Maßnahmen zur Bewertung der Eignung der Daten auf den Korrelationen zwischen den Variablen. Im zweiten Schritt werden die Faktoren extrahiert und dabei eine Entscheidung über die Anzahl der zu extrahierenden Faktoren getroffen. Im dritten Schritt sind die abgeleiteten Faktoren zu interpretieren. Schließlich können in einem vierten Schritt noch Faktorwerte berechnet werden, die fiktive Bewertungen der gefundenen Faktoren für die betrachteten Personen darstellen.

### 7.2.1 Eignung der Daten für eine Faktorenanalyse

Im Folgenden werden die vier Ablaufschritte einer Faktorenanalyse anhand des folgenden Beispiels im Detail erläutert.

**Anwendungsbeispiel (Beispiel 1)**

Der Manager eines Schokoladenunternehmens möchte wissen, wie seine Schokolade von seinen Kunden wahrgenommen wird. Zu diesem Zweck werden 30 Testpersonen gebeten, die Schokolade nach fünf Eigenschaftsmerkmalen (milchig, schmelzend, künstlich, fruchtig und erfrischend) auf einer Ratingskala (von $1=$ „niedrig" bis $7=$ „hoch") zu beurteilen. Das Ergebnis der Befragung ist in Tab. 7.2 dargestellt.

Mithilfe der Daten der Testpersonen möchte der Manager nun prüfen, ob zwischen den unterschiedlichen Wahrnehmungen der fünf Attribute Zusammenhänge bestehen und ob sich diese auf gemeinsame Ursachen (Faktoren) verdichten lassen. ◀

**Tab. 7.2** Ausgangsdatenmatrix (**X**) im Anwendungsbeispiel

| Testperson | Wahrnehmungen | | | | |
|---|---|---|---|---|---|
| | Milchig | Schmelzend | Künstlich | Fruchtig | Erfrischend |
| 1 | 1 | 1 | 2 | 1 | 2 |
| 2 | 2 | 6 | 3 | 3 | 4 |
| 3 | 4 | 5 | 4 | 4 | 5 |
| 4 | 5 | 6 | 6 | 2 | 3 |
| 5 | 2 | 3 | 3 | 5 | 7 |
| 6 | 3 | 4 | 4 | 6 | 7 |
| 7 | 2 | 3 | 3 | 5 | 7 |
| 8 | 2 | 6 | 3 | 3 | 4 |
| 9 | 2 | 3 | 3 | 5 | 7 |
| 10 | 3 | 4 | 4 | 6 | 7 |
| 11 | 3 | 4 | 4 | 6 | 7 |
| 12 | 2 | 6 | 3 | 3 | 4 |
| 13 | 3 | 4 | 4 | 6 | 7 |
| 14 | 4 | 5 | 4 | 4 | 5 |
| 15 | 1 | 1 | 2 | 1 | 2 |
| 16 | 5 | 6 | 6 | 2 | 3 |
| 17 | 5 | 6 | 6 | 2 | 3 |
| 18 | 4 | 5 | 4 | 4 | 5 |
| 19 | 2 | 3 | 3 | 5 | 7 |
| 20 | 2 | 6 | 3 | 3 | 4 |
| 21 | 2 | 3 | 3 | 5 | 7 |
| 22 | 1 | 1 | 2 | 1 | 2 |
| 23 | 5 | 6 | 6 | 2 | 3 |
| 24 | 2 | 6 | 3 | 3 | 4 |
| 25 | 1 | 1 | 2 | 1 | 2 |
| 26 | 1 | 1 | 2 | 1 | 2 |
| 27 | 5 | 6 | 6 | 2 | 3 |
| 28 | 4 | 5 | 4 | 4 | 5 |
| 29 | 4 | 5 | 4 | 4 | 5 |
| 30 | 3 | 4 | 4 | 6 | 7 |

**Tab. 7.3** Korrelationsmatrix (**R**) im Anwendungsbeispiel

|  | Milchig | Schmelzend | Künstlich | Fruchtig | Erfrischend |
|---|---|---|---|---|---|
| Milchig | 1 | | | | |
| Schmelzend | 0,712 | 1 | | | |
| Künstlich | 0,961 | 0,704 | 1 | | |
| Fruchtig | 0,109 | 0,138 | 0,078 | 1 | |
| Erfrischend | 0,044 | 0,067 | 0,024 | 0,983 | 1 |

Bereits ein Blick auf die Datenmatrix des Anwendungsbeispiels lässt erkennen, dass die Bewertungen der Variablen „fruchtig" und „erfrischend" ein ähnliches Muster zeigen, d. h. höhere (niedrigere) Werte von „fruchtig" gehen mit höheren (niedrigeren) Werten von „erfrischend" einher. Bereits dieses ähnliche Muster deutet darauf hin, dass diese beiden Variablen wahrscheinlich positiv korreliert sind.[2]

Um einen genaueren Einblick in die Zusammenhänge zwischen den Variablen zu erhalten, wird zunächst die Korrelationsmatrix berechnet (vgl. Tab. 7.3). Im vorliegenden Anwendungsbeispiel ist die Korrelationsmatrix eine $5 \times 5$ symmetrische Matrix und zeigt die Korrelationen zwischen den Variablen an. Wir erhalten die höchste Korrelation von 0,983 zwischen den Variablen „fruchtig" und „erfrischend", was die Erkenntnis aus Tab. 7.2 bestätigt, dass diese beiden Variablen positiv korreliert sind. Somit scheinen diese beiden Variablen „zusammenzugehören", und wir können diese beiden Variablen zu einem Faktor kombinieren, da sie ähnliche Informationen beinhalten. Darüber hinaus zeigt sich, dass die Variablen „milchig" und „künstlich" ebenfalls hoch und positiv korreliert sind ($r_{\text{milchig, künstlich}} = 0{,}961$). Auch die Variablen „milchig" und „schmelzend" ($r_{\text{milchig, schmelzend}} = 0{,}712$) sowie „künstlich" und „schmelzend" ($r_{\text{künstlich, schmelzend}} = 0{,}704$) weisen eine relativ hohe und positive Korrelation auf. Daher scheinen diese drei Variablen miteinander korreliert zu sein. Die niedrigen Korrelationen in Tab. 7.3 deuten aber auch darauf hin, dass nicht alle Variablen kombiniert werden können, sondern dass die zugrunde liegende Struktur komplexer ist. An dieser Stelle sei erwähnt, dass auch hohe negative Korrelationen auf Variablen hinweisen können, die „zusammengehören".

In einer Faktorenanalyse interpretieren wir die Korrelationen zwischen zwei Variablen als von einem dritten (nicht beobachteten) gemeinsamen Faktor abhängig (vgl. Child 2006, S. 21). Im Anwendungsbeispiel scheinen zwei Gruppen von Variablen zu existieren, die zu zwei Faktoren F1 und F2 kombiniert werden können (vgl. Abb. 7.4). Wie sich diese Faktoren inhaltlich interpretieren lassen, wird in Abschn. 7.2.3 gezeigt.

---

[2] Auf der zu diesem Buch gehörigen Internetseite www.multivariate.de stellen wir ergänzendes Material zur Verfügung, um das Verstehen der Methode zu erleichtern und zu vertiefen.

**Abb. 7.4** Zugrunde liegende Struktur unter den fünf Variablen des Anwendungsbeispiels

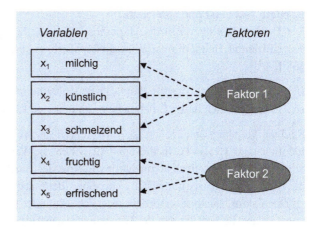

Die Berechnung der Korrelationsmatrix kann vereinfacht werden, wenn die Variablen in einem Datensatz vorher standardisiert werden.[3] Die Standardisierung hat den Vorteil, dass Variablen, die auf unterschiedlichen Dimensionen gemessen werden, vergleichbar sind (vgl. Abschn. 7.2.4). Die Standardisierung der Variablen hat keinen Einfluss auf die Relationen in der Korrelationsmatrix (vgl. Tab. 7.3). Allerdings wird die Berechnung der Korrelationsmatrix **R** vereinfacht. Es gilt:

$$\mathbf{R} = \frac{1}{N-1} \cdot \mathbf{Z}' \cdot \mathbf{Z} \qquad (7.1)$$

mit

- **Z** standardisierte Ausgangsdatenmatrix
- **Z'** transponierte Matrix der standardisierten Ausgangsdatenmatrix **Z**
- $N$ Anzahl der Fälle im Datensatz

Werden standardisierte Variablen verwendet, sind die Varianz-Kovarianz-Matrix und die Korrelationsmatrix identisch, da die Varianz von standardisierten Variablen 1 beträgt und auf der Hauptdiagonalen der Varianz-Kovarianz-Matrix steht. In der unteren Dreiecksmatrix werden die Kovarianzen (cov) ausgewiesen, die bei standardisierten Variablen den Korrelationen entsprechen. Bei standardisierten Variablen gilt also $\text{cov}(x_1, x_2) = r_{x1, x2}$.

Während hohe Korrelationen zwischen Variablen eine Voraussetzung für die Faktorenanalyse sind, stellt sich die Frage, ob die beobachteten Korrelationen in unserem Anwendungsbeispiel tatsächlich „hoch genug" sind. Es gibt mehrere Maße, um die Eignung der Daten entsprechend zu bewerten. Alle im Folgenden aufgezeigten Maße beziehen sich dabei auf die Korrelationsmatrix.

---

[3] Standardisierte Variablen haben einen Mittelwert von 0 und eine Varianz von 1. Vgl. zur Standardisierung von Variablen auch Abschn. 1.2.

**Bartlett-Test (Test auf Sphärizität)**
Der Bartlett-Test überprüft die Hypothese, dass die Stichprobe aus einer Grundgesamtheit entstammt, in der die Variablen unkorreliert sind (vgl. Dziuban und Shirkey 1974, S. 358 ff.).[4]

$H_0$  Die Variablen in der Erhebungsgesamtheit sind unkorreliert
$H_1$  Die Variablen in der Erhebungsgesamtheit sind korreliert

Sind die Variablen unkorreliert, so entspricht die Korrelationsmatrix einer Einheits- bzw. Identitätsmatrix ($\mathbf{R}=\mathbf{I}$). In diesem Fall wären die Variablen für eine Faktorenanalyse ungeeignet. Das Äquivalent zur Nullhypothese des Bartlett-Tests ist daher die Frage, ob die Korrelationsmatrix nur zufällig von einer Identitätsmatrix abweicht.

Die Faktorenanalyse erfordert metrisch skalierte Variablen. Der Bartlett-Test setzt voraus, dass die Variablen in der Erhebungsgesamtheit einer *Normalverteilung* folgen. Es wird die folgende Prüfgröße verwendet:

$$\text{Chi-Quadrat} = -\left(N - 1 - \frac{2 \cdot J + 5}{6}\right) \cdot \ln(|R|) \tag{7.2}$$

mit

$N$   Anzahl der Beobachtungen (pro Variable)
$J$   Anzahl der Variablen
$|R|$   Determinante der Korrelationsmatrix

Die Prüfgröße ist annähernd Chi-Quadrat-verteilt mit $J(J-1)/2$ df (Freiheitsgraden). Das bedeutet, dass der Wert der Prüfgröße in hohem Maße durch die Größe der Stichprobe beeinflusst wird. Im Anwendungsbeispiel ergibt sich für den Bartlett-Test ein Chi-Quadrat-Wert von[5]

$$\text{Chi-Quadrat} = -\left(30 - 1 - \frac{2 \cdot 5 + 5}{6}\right) \cdot \ln(0{,}00096) = 184{,}13$$

Die Anzahl der Freiheitsgrade beträgt $(5 \cdot (5-1))/2 = 10$, was zu einem Signifikanzniveau von 0,000 führt. Es kann also praktisch mit einer Fehlerwahrscheinlichkeit von Null davon ausgegangen werden, dass sich die Korrelationsmatrix von einer Identitätsmatrix unterscheidet und somit für die Faktorenanalyse geeignet ist.

**Kaiser-Meyer-Olkin (KMO) Kriterium**
Ein weiteres Kriterium zur Beurteilung der Eignung einer Korrelationsmatrix für eine Faktorenanalyse ist das Kaiser-Meyer-Olkin (KMO)-Kriterium. Das KMO-Kriterium berücksichtigt die bivariaten partiellen Korrelationen und wird wie folgt berechnet:

---

[4] Leser, die die Grundlagen des statistischen Testens nochmals auffrischen möchten, finden hierzu in Abschn. 1.3 einen zusammenfassenden Überblick.
[5] Die Determinante der Korrelationsmatrix im Anwendungsbeispiel beträgt $\det = 0{,}001$. Weiterhin ist $\ln(0{,}00096) = -6{,}9485$.

## 7.2 Vorgehensweise

$$\text{KMO} = \frac{\sum_{\substack{j=1 \\ }}^{J} \sum_{\substack{j'=1 \\ j' \neq j}}^{J} r_{x_j x_{j'}}^2}{\sum_{\substack{j=1 \\ j' \neq j}}^{J} \sum_{j'=1}^{J} r_{x_j x_{j'}}^2 + \sum_{\substack{j=1 \\ j' \neq j}}^{J} \sum_{j'=1}^{J} partial\_r_{x_j x_{j'}}^2} \quad (7.3)$$

mit

$r_{x_j x_{j'}}^2$      Quadrierte Korrelation zwischen Variable $x_j$ und $x_{j'}$

$partial\_r_{x_j x_{j'}}^2$      Partielle quadrierte Korrelation zwischen Variable $x_j$ und $x_{j'}$

Eine partielle Korrelation beschreibt den Grad der Abhängigkeit zwischen zwei Variablen nach Ausschluss der Einflüsse aller anderen Variablen. Sind die partiellen Korrelationen eher klein, so kann davon ausgegangen werden, dass die Variablen eine gemeinsame Varianz besitzen, die durch einen zugrunde liegenden gemeinsamen Faktor verursacht wird. Kleine partielle Korrelationen ergeben deshalb relativ hohe Werte für KMO (vgl. Gl. (7.3)). Das KMO-Kriterium nähert sich einem Wert nahe 1, wenn alle partiellen Korrelationen nahe 0 sind. Das KMO-Kriterium ist gleich 1, wenn alle partiellen Korrelationen 0 sind, d. h. ein Wert von 1 ist der maximale Wert, den dieses Kriterium erreichen kann. Im Gegensatz dazu ist das KMO-Kriterium gleich 0,5, wenn die Korrelationsmatrix gleich der partiellen Korrelationsmatrix ist, was für eine Faktorenanalyse aber nicht wünschenswert ist (vgl. Cureton und D'Agostino 1993, S. 389). Der KMO-Wert sollte also größer als 0,5 sein; ideal wäre ein Wert nahe 1. Tab. 7.4 liefert Anhaltspunkte zur Interpretation des KMO-Wertes nach Kaiser und Rice (1974, S. 111).

Für das Anwendungsbeispiel ergibt sich ein KMO-Wert von 0,576, womit er zwar über der Schwelle von 0,5 liegt, aber nur als „kläglich" zu bezeichnen ist.

**Maß für die Stichprobenadäquanz und Kaiser-Meyer-Olkin-Kriterium**
Während das KMO-Kriterium die Eignung aller Variablen insgesamt bewertet, wird die Eignung einer einzelnen Variable für eine Faktorenanalyse durch das sog. „Maß der Stichprobenadäquanz" (Measure of Sampling Adequacy (MSA)) beurteilt:

**Tab. 7.4** Bewertung des KMO-Kriteriums (vgl. Kaiser und Rice 1974)

| KMO-Wert | Interpretation |
|---|---|
| ≥0,9 | Marvellous (wunderbar) |
| ≥0,8 | Meritorious (verdienstvoll) |
| ≥0,7 | Middling (ziemlich gut) |
| ≥0,6 | Mediocre (mittelmäßig) |
| ≥0,5 | Miserable (kläglich) |
| <0,5 | Unacceptable (untragbar) |

**Tab. 7.5** MSA-Werte der Variablen im Anwendungsbeispiel

| | MSA |
|---|---|
| Milchig | 0,597 |
| Schmelzend | 0,878 |
| Künstlich | 0,598 |
| Fruchtig | **0,471** |
| Erfrischend | **0,467** |

$$\text{MSA}_j = \frac{\sum_{\substack{j'=1 \\ j' \neq j}}^{J} r^2_{x_j x_{j'}}}{\sum_{\substack{j'=1 \\ j' \neq j}}^{J} r^2_{x_j x_{j'}} + \sum_{\substack{j'=1 \\ j' \neq j}}^{J} partial\_r^2_{x_j x_{j'}}} \tag{7.4}$$

mit

$r^2_{x_j x_{j'}}$      Quadrierte Korrelation zwischen den Variablen $x_j$ und $x_{j'}$

$partial\_r^2_{x_j x_{j'}}$    Partielle quadrierte Korrelation zwischen den Variablen $x_j$ und $x_{j'}$

MSA kann Werte zwischen 0 und 1 annehmen. Für eine Faktorenanalyse sollten die MSA-Werte möglichst nahe 1 oder zumindest größer als 0,5 sein. Die in Tab. 7.4 vorgeschlagenen Interpretationen der MSA-Werte können dem Anwender bei der eigenen Bewertung eine Hilfestellung geben.

Tab. 7.5 zeigt die MSA-Werte der fünf Variablen im Anwendungsbeispiel. Da die Variablen „fruchtig" und „erfrischend" MSA-Werte unter 0,5 besitzen, könnten diese Variablen aus einer folgenden Faktorenanalyse ausgeschlossen werden. Dieser Möglichkeit wird hier aber aus didaktischen Gründen nicht gefolgt, um die folgenden Darstellungen zum Anwendungsbeispiel nicht zu verkürzen.

**Anti-Image-Kovarianz-Matrix**
Der Begriff „*Anti-Image*" stammt aus der Image-Analyse von Guttman (1953, S. 277 ff.). Guttman geht davon aus, dass sich die Varianz einer Variablen in zwei Teile zerlegen lässt: das Image und das Anti-Image.

Das *Image* beschreibt dabei den Anteil der Varianz, der durch die verbleibenden Variablen mithilfe einer multiplen Regressionsanalyse (vgl. Kap. 2) erklärt werden kann, während das *Anti-Image* denjenigen Teil darstellt, der von den übrigen Variablen unabhängig ist. Da die Faktorenanalyse unterstellt, dass den Variablen gemeinsame Faktoren zugrunde liegen, ist es unmittelbar einsichtig, dass Variablen nur dann für eine Faktorenanalyse geeignet sind, wenn sie eine hohe gemeinsame Varianz aufweisen. Das Anti-Image der Variablen sollte deshalb nahe Null liegen.

**Tab. 7.6** Anti-Image-Kovarianz-Matrix im Anwendungsbeispiel

|  | Milchig | Schmelzend | Künstlich | Fruchtig | Erfrischend |
|---|---|---|---|---|---|
| Milchig | **0,069** | −0,019 | −0,065 | −0,010 | 0,010 |
| Schmelzend | −0,019 | **0,459** | −0,027 | −0,026 | 0,025 |
| Künstlich | −0,065 | −0,027 | **0,071** | 0,009 | −0,008 |
| Fruchtig | −0,010 | −0,026 | 0,009 | **0,026** | −0,026 |
| Erfrischend | 0,010 | 0,025 | −0,008 | −0,026 | **0,027** |

Neben dem Anti-Image können auch die *partiellen Kovarianzen* zwischen zwei Variablen betrachtet werden (Dziuban und Shirkey 1974). Die partielle Kovarianz ist konzeptionell ähnlich zur partiellen Korrelation. Daher sollte der Wert für die negative partielle Kovarianz eher klein sein (d. h. nahe 0). Als Faustregel gilt, dass Daten dann *nicht* für eine Faktorenanalyse geeignet sind, wenn 25 % oder mehr der negativen partiellen Kovarianzen von Null verschieden sind (>|0,09|).

Die sog. *Anti-Image-Kovarianz-Matrix* (vgl. Tab. 7.6) enthält die partiellen Kovarianzen zwischen den Variablen (d. h. die Werte außerhalb der Diagonalen) und weist zusätzlich in der Hauptdiagonalen die Anti-Image-Werte der Variablen aus (fett gedruckt).

Im Anwendungsbeispiel unterscheidet sich keiner der Werte außerhalb der Diagonalen und damit der partiellen Kovarianzen signifikant von Null (>|0,09|). Dennoch ist das Anti-Image der Variable „schmelzend" mit 0,459 relativ groß, was darauf hindeutet, dass diese Variable nicht durch die anderen Variablen erklärt werden kann und daher nur schwach mit den anderen Variablen korreliert ist.

**Zusammenfassung**
Zur Beurteilung der Eignung der Daten für die Faktorenanalyse können verschiedene Kriterien verwendet werden, wobei aber kein Kriterium eine „überlegene" Stellung einnimmt (vgl. Tab. 7.7). Dies liegt vor allem darin begründet, dass alle Kriterien die gleichen Informationen verwenden, um die Eignung der Daten zu beurteilen. Die Kriterien sollten deshalb zusammenschauend verwendet werden, um ein gutes Verständnis der Daten zu erhalten.

Für das Anwendungsbeispiel lässt sich abschließend zusammenfassend feststellen, dass die Ausgangsdaten nur „mittelmäßig" für eine Faktorenanalyse geeignet sind. Dennoch fahren wir mit der Extraktion von Faktoren fort, um die Grundidee der Faktorenanalyse zu illustrieren.

**Tab. 7.7** Kriterien zur Beurteilung der Eignung der Daten

| Kriterium | Wann ist das Kriterium erfüllt? | Ist das Kriterium für das Anwendungsbeispiel erfüllt? |
|---|---|---|
| Bartlett Test | Die Nullhypothese kann abgelehnt werden, d. h. es gilt: $R \neq I$ | Erfüllt bei einem Signifikanzniveau von 5 % |
| Kaiser-Meyer-Olkin Kriterium | – KMO sollte größer als 0,5 sein<br>– Ein Wert für KMO > 0,8 wird empfohlen | KMO von 0,576 liegt nur geringfügig über dem kritischen Wert |
| Measure of Sampling Adequacy (MSA) | MSA sollte für jede Variable > 0,5 sein | Die MSA für die Variablen „fruchtig" und „erfrischend" liegen unter dem Schwellenwert von 0,5 |
| Anti-Image-Kovarianz-Matrix | – Die nicht-diagonalen Elemente der Anti-Image-Kovarianz-Matrix sollten nahe Null liegen<br>– Daten sind für eine Faktorenanalyse nicht geeignet, wenn 25 % oder mehr der nicht-diagonalen Elemente von Null verschieden sind (>\|0,09\|) | Daten erfüllen die Anforderungen |

## 7.2.2 Extraktion und Anzahl der Faktoren

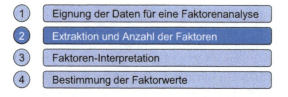

Während sich die bisherigen Überlegungen auf die Eignung von Ausgangsdaten für eine Faktorenanalyse bezogen, wird im Folgenden der Frage nachgegangen, wie Faktoren tatsächlich aus einer Datenmenge mit hoch korrelierenden Variablen extrahiert werden können. Zur Veranschaulichung der Zusammenhänge zeigen wir zunächst, wie sich Korrelationen zwischen Variablen auch grafisch durch Vektoren visualisieren lassen. Die grafische Interpretation von Korrelationen hilft dabei, das Fundamentaltheorem der Faktorenanalyse und damit das Grundprinzip der Faktorenextraktion anschaulich darzustellen. Aufbauend auf diesen Überlegungen werden dann verschiedene mathematische Methoden zur Faktorenextraktion vorgestellt, wobei ein Schwerpunkt auf die Hauptkomponentenanalyse und das faktoranalytische Verfahren der Hauptachsenanalyse gelegt wird. Diese Überlegungen münden dann in der Frage nach Ansatzpunkten zur

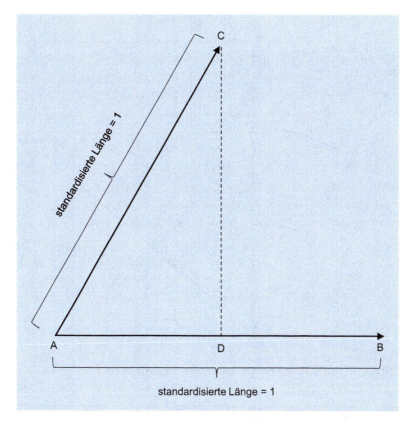

**Abb. 7.5** Grafische Darstellung der Korrelationskoeffizienten

Bestimmung der Anzahl der Faktoren, die in einem konkreten Anwendungsfall zu extrahieren sind.

### 7.2.2.1 Grafische Verdeutlichung von Korrelationen

Allgemein lassen sich Korrelationen auch in einem Vektordiagramm abbilden, bei dem die jeweiligen Korrelationen Winkel zwischen zwei Vektoren darstellen. Zwei Vektoren werden als linear unabhängig (unkorreliert) bezeichnet, wenn sie orthogonal zueinanderstehen (Winkel = 90°). Sind hingegen zwei Vektoren korreliert, ist der Winkel ungleich 90°. Beispielsweise kann eine Korrelation von 0,5 durch einen Winkel von 60° zwischen zwei Vektoren grafisch dargestellt werden. Warum eine Korrelation von 0,5 einem Winkel von 60° entspricht, lässt sich wie folgt erklären.

In Abb. 7.5 repräsentieren die Vektoren $\overline{AB}$ und $\overline{AC}$ zwei Variablen. Die Länge der Vektoren ist gleich 1, da wir standardisierte Daten verwenden. Zwischen den beiden Variablen möge eine Korrelation von 0,5 gemessen worden sein. Bei einem Winkel von 60° ist die Länge von $\overline{AD}$ gleich 0,5, was dem Cosinus eines Winkels von 60° entspricht. Der Cosinus ist definiert als der Quotient aus Ankathete und Hypotenuse, also als $\overline{AD}/\overline{AC}$. Da $\overline{AC}$ gleich 1 ist, ist der Korrelationskoeffizient gleich der Strecke $\overline{AD}$.

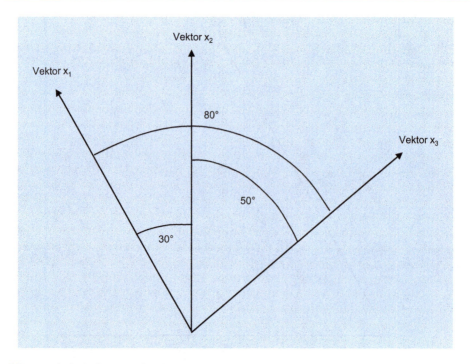

**Abb. 7.6** Grafische Interpretation der Korrelationen im 3-Variablen-Beispiel

**Beispiel 2: Korrelationsmatrix mit drei Variablen**

Der obige Zusammenhang wird im Folgenden anhand eines zweiten Beispiels mit drei Variablen und der folgenden Korrelationsmatrix **R** veranschaulicht:

$$\mathbf{R} = \begin{pmatrix} 1 & & \\ 0{,}8660 & 1 & \\ 0{,}1736 & 0{,}6428 & 1 \end{pmatrix}, \text{ das entspricht } \mathbf{R} = \begin{pmatrix} 0° & & \\ 30° & 0° & \\ 80° & 50° & 0° \end{pmatrix} \blacktriangleleft$$

Die Korrelationen in Beispiel 2 sind so gewählt, dass eine grafische Darstellung in einem zweidimensionalen Raum eindeutig möglich ist. Abb. 7.6 stellt die Beziehungen zwischen den drei Variablen in Beispiel 2 grafisch dar. Im Allgemeinen können wir sagen: Je kleiner der Winkel, desto höher die Korrelation zwischen zwei Variablen.

Je mehr Variablen zu berücksichtigen sind, desto mehr Dimensionen werden benötigt, um die Vektoren mit ihren entsprechenden Winkeln eindeutig zueinander positionieren zu können.

**Grafische Faktorenextraktion**

Die Faktorenanalyse ist bestrebt, die Beziehungen zwischen den durch die Korrelationen gemessenen Variablen mit einer möglichst geringen Anzahl an Faktoren

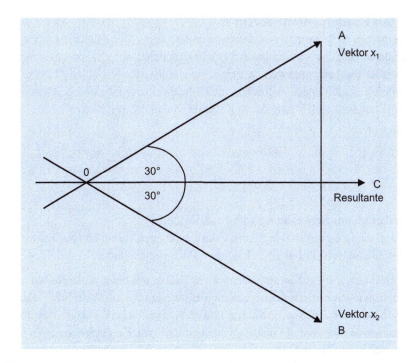

**Abb. 7.7** Faktorextraktion bei zwei Variablen mit einer Korrelation von 0,5

zu reproduzieren. Die Anzahl der Achsen (=Dimension), die erforderlich ist, um die Beziehungen zwischen den Variablen zu reproduzieren, gibt dann die Anzahl der Faktoren an. Die Frage ist nun, wie werden die Achsen (d. h. die Faktoren) in ihrer Position zu den jeweiligen Vektoren (d. h. den Variablen) bestimmt? Um die Frage zu beantworten, stellen wir uns einen halboffenen Regenschirm vor. Die Streben des Schirms, welche die in bestimmte Richtungen weisenden Variablen repräsentieren, können näherungsweise durch den Stock des Schirms dargestellt werden.

Abb. 7.7 veranschaulicht diese Idee für den 2-Variablen-Fall. Die Korrelation zwischen den beiden Variablen beträgt 0,5, was einem Winkel zwischen den beiden Vektoren $\overline{OA}$ und $\overline{OB}$ von 60° entspricht. Der Vektor $\overline{OC}$ ist eine gute Darstellung der beiden Vektoren $\overline{OA}$ und $\overline{OB}$ und stellt somit den Faktor dar (d. h. die sog. „Resultierende" = Summe, wenn zwei oder mehr Vektoren addiert werden). Die Winkel von 30° zwischen $\overline{OA}$ und $\overline{OC}$ sowie zwischen $\overline{OB}$ und $\overline{OC}$ geben die Korrelationen zwischen den Variablen und dem Faktor an. Diese Korrelation wird als *Faktorladung* bezeichnet und entspricht $\cos 30° = 0{,}866$.

## 7.2.2.2 Das Fundamentaltheorem

Zur allgemeinen Erläuterung des Fundamentaltheorems der Faktorenanalyse werden Ausgangsdaten zunächst standardisiert.[6] Die Faktorenanalyse geht von der *Annahme* aus, dass sich jeder Beobachtungswert ($z_{ij}$) einer standardisierten Variablen $j$ bei Person $i$ als eine Linearkombination aus mehreren (nicht beobachteten) Faktoren darstellen lässt. Diese Annahme lässt sich formal durch folgende Gleichung ausdrücken:

$$z_{ij} = a_{j1} \cdot p_{i1} + a_{j2} \cdot p_{i2} + \ldots + a_{jQ} \cdot p_{iQ} = \sum_{q=1}^{Q} a_{jq} \cdot p_{iq} \qquad (7.5)$$

mit

$z_{ij}$  standardisierter Beobachtungswert $i$ von Variable $j$
$a_{jq}$  Faktorladung $q$ für Variable $j$ (bzw. Faktorladung der Variablen $j$ auf Faktor $q$)
$p_{iq}$  Beurteilungswert für Faktor $q$ (Faktorwert) bei Beobachtung $i$

Die *Faktorladungen* $a_{jq}$ geben an, *wie stark* ein Faktor mit einer anfänglichen Variablen zusammenhängt. Statistisch entsprechen Faktorladungen deshalb der *Korrelation* zwischen einer beobachteten Variablen und dem extrahierten Faktor, der aber nicht beobachtet wurde. Somit sind Faktorladungen ein *Maß für die Beziehung zwischen einer Variablen und einem Faktor*.

Wir können Gl. (7.5) als Matrix ausdrücken:

$$\mathbf{Z} = \mathbf{P} \cdot \mathbf{A}' \qquad (7.6)$$

Die Matrix der standardisierten Daten $\mathbf{Z}$ hat die Dimension (N x J), wobei N die Anzahl der Beobachtungen und J die Anzahl der Variablen ist. Wir beobachten die standardisierte Datenmatrix $\mathbf{Z}$, während die Matrizen $\mathbf{P}$ und $\mathbf{A}$ unbekannt sind und bestimmt werden müssen. Dabei spiegelt $\mathbf{P}$ die Matrix der Faktorwerte wider und $\mathbf{A}$ ist die Matrix der Faktorladungen.

In Gl. (7.1) haben wir gezeigt, dass die Korrelationsmatrix $\mathbf{R}$ aus den standardisierten Variablen abgeleitet werden kann. Wenn wir $\mathbf{Z}$ durch Gl. (7.6) ersetzen, erhalten wir:

$$\begin{aligned}\mathbf{R} &= \frac{1}{K-1} \cdot \mathbf{Z}' \cdot \mathbf{Z} = \frac{1}{K-1} \cdot (\mathbf{P} \cdot \mathbf{A}')' \cdot (\mathbf{P} \cdot \mathbf{A}') \\ &= \frac{1}{K-1} \cdot \mathbf{A} \cdot \mathbf{P}' \cdot \mathbf{P} \cdot \mathbf{A}' = \mathbf{A} \cdot \frac{1}{K-1} \cdot \mathbf{P}' \cdot \mathbf{P} \cdot \mathbf{A}'\end{aligned} \qquad (7.7)$$

Da die Daten standardisiert wurden, ist $\frac{1}{K-1} \cdot \mathbf{P}' \cdot \mathbf{P}$ in Gl. (7.7) wieder eine Korrelationsmatrix, die die Korrelationen zwischen den Faktoren widerspiegelt. Diese wird im Folgenden gleich $\mathbf{C}$ gesetzt, und somit folgt:

---

[6] Die Transformation einer Variablen $x_j$ in eine standardisierte Variable $z_j$ bewirkt, dass anschließend der Mittelwert von $z_j = 0$ und die Varianz von $z_j = 1$ beträgt. Dadurch ergeben sich wesentliche Vereinfachungen bei der Darstellung der folgenden Zusammenhänge. Vgl. zur Standardisierung auch die Ausführungen in Abschn. 1.2.1.

**Tab. 7.8** Korrelationsmatrix mit entsprechenden Winkeln in Beispiel 3

|       | $x_1$  | $x_2$ | $x_3$ | $x_4$ | $x_5$ |
|-------|--------|-------|-------|-------|-------|
| $x_1$ | 1      | 10°   | 70°   | 90°   | 100°  |
| $x_2$ | 0,985  | 1     | 60°   | 80°   | 90°   |
| $x_3$ | 0,342  | 0,500 | 1     | 20°   | 30°   |
| $x_4$ | 0,000  | 0,174 | 0,940 | 1     | 10°   |
| $x_5$ | −0,174 | 0,000 | 0,866 | 0,985 | 1     |

$$\mathbf{R} = \mathbf{A} \cdot \mathbf{C} \cdot \mathbf{A}' \tag{7.8}$$

Die in Gl. (7.8) ausgedrückte Beziehung wird als das *Fundamentaltheorem der Faktorenanalyse* bezeichnet. Der Fundamentalsatz der Faktorenanalyse besagt, dass die Korrelations-Matrix der Ausgangsdaten (**R**) durch die Faktorladungsmatrix **A** und die Korrelationsmatrix zwischen den Faktoren **C** reproduziert werden kann.

Ursprünglich geht die Faktorenanalyse davon aus, dass die extrahierten Faktoren unkorreliert sind. Somit entspricht **C** der Einheitsmatrix. Die Multiplikation einer Matrix mit der Einheitsmatrix ergibt aber die Ausgangsmatrix und daher vereinfacht sich Gl. (7.8) zu:

$$\mathbf{R} = \mathbf{A} \cdot \mathbf{A}' \tag{7.9}$$

Unter der Annahme unabhängiger (unkorrelierter) Faktoren kann die empirische Korrelationsmatrix der Ausgangsdaten (**R**) durch die Faktorladungsmatrix **A** reproduziert werden.

### 7.2.2.3 Grafische Verdeutlichung der Faktorenextraktion

Im Folgenden wird mithilfe eines weiteren Beispiels zunächst gezeigt, wie Faktoren grafisch extrahiert werden können, wenn mehr als zwei Variable erhoben wurden. Auch hier seien die Zusammenhänge wieder grafisch verdeutlicht, und es wird die Vektordarstellung für die Korrelationen zwischen Variablen und Faktoren gewählt.

> **Beispiel 3: Korrelationsmatrix von fünf Variablen**
> Es wird die Korrelationsmatrix von fünf Variablen betrachtet, wobei die Korrelationen so gewählt wurden, dass sich sowohl die Korrelationen zwischen den Variablen als auch zwischen Variablen und Faktoren eindeutig in einem zweidimensionalen Raum darstellen lassen, was aber in der Realität meist nicht der Fall sein wird.[7] Tab. 7.8 zeigt die Korrelationsmatrix für Beispiel 3, wobei die obere Dreiecksmatrix die zu den Korrelationen gehörenden Winkelangaben enthält. ◄

---

[7] Es sei darauf hingewiesen, dass Beispiel 3 *nicht* dem Anwendungsbeispiel aus Abschn. 7.2.1 (Korrelationsmatrix in Tab. 7.3) entspricht.

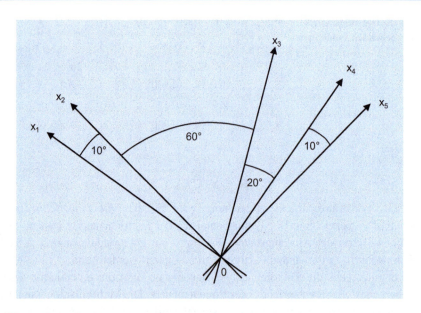

**Abb. 7.8** Grafische Darstellung der Korrelationen in Beispiel 3

Abb. 7.8 visualisiert die Korrelationen aus Beispiel 3 im zweidimensionalen Raum.

Um den ersten Faktor zu extrahieren, wird nach dem Schwerpunkt (Centroid) der fünf Vektoren gesucht, der die Resultierende der fünf Vektoren ist. Wenn die fünf Vektoren fünf Seile, verbunden mit einem Gewicht in 0, darstellen würden und je eine Person mit gleicher Kraft an den Enden der Seile ziehen würde, dann würde sich das Gewicht in eine bestimmte Richtung bewegen. Diese Richtung wird durch die gestrichelte Linie in Abb. 7.9 angezeigt. Sie ist die grafische Darstellung des ersten Faktors.

Wir können die Faktorladungen nun mithilfe der Winkel zwischen den Variablen und dem Vektor des ersten Faktors ableiten. Zum Beispiel ist der Winkel zwischen dem ersten Faktor und Variable $x_1$ gleich 55°12′ (=45°12′+10°), was einer Faktorladung von 0,571 entspricht. Tab. 7.9 zeigt die Faktorladungen für alle fünf Variablen.

Da bei der Faktorenanalyse i. d. R. nach Faktoren gesucht wird, die unabhängig (unkorreliert) sind, sollte ein zweiter Faktor orthogonal zum ersten Faktor stehen (vgl. Abb. 7.9). Tab. 7.10 zeigt die Faktorladungen für den entsprechenden zweiten Faktor.

Die negativen Faktorladungen von $x_1$ und $x_2$ für Faktor 2 zeigen an, dass der jeweilige Faktor negativ mit den entsprechenden Variablen korreliert ist.

Wenn die extrahierten Faktoren die Varianz der beobachteten Variablen vollständig erklären, ist die Summe der quadrierten Faktorladungen für jede Variable gleich 1 (sog. Einheitsvarianz). Dieser Zusammenhang lässt sich wie folgt begründen:

1. Durch die Standardisierung der Ausgangsvariablen erhalten wir einen Mittelwert von 0 und eine Standardabweichung von 1. Da die Varianz die quadrierte Standardabweichung ist, ist auch die Varianz gleich 1: $s_j^2 = 1$.

## 7.2 Vorgehensweise

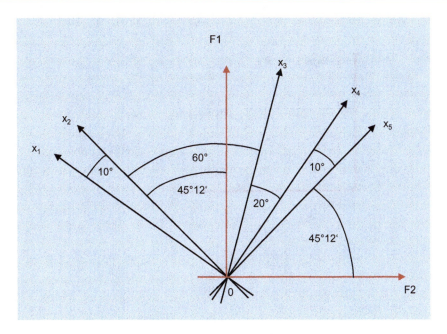

**Abb. 7.9** Grafische Repräsentation des Variablenschwerpunktes

**Tab. 7.9** Faktorladungen der einfaktoriellen Lösung in Beispiel 3

|       | Faktor 1 |
|-------|----------|
| $x_1$ | 0,571    |
| $x_2$ | 0,705    |
| $x_3$ | 0,967    |
| $x_4$ | 0,821    |
| $x_5$ | 0,710    |

**Tab. 7.10** Faktorladungen der Zwei-Faktorenlösung in Beispiel 3

|       | Faktor 1 | Faktor 2 |
|-------|----------|----------|
| $x_1$ | 0,571    | –0,821   |
| $x_2$ | 0,705    | –0,710   |
| $x_3$ | 0,967    | 0,255    |
| $x_4$ | 0,821    | 0,571    |
| $x_5$ | 0,710    | 0,705    |

2. Die Varianz der standardisierten Variablen stehen auf der Hauptdiagonalen der „Korrelationsmatrix" und entsprechen der Korrelation einer Variablen mit sich selbst: $s_j^2 = 1 = r_{jj}$.

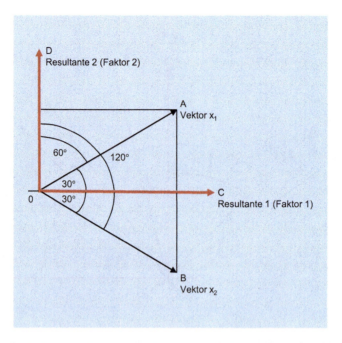

**Abb. 7.10** Grafische Verdeutlichung, wenn die gesamten Varianzen der standardisierten Variablen erklärt werden

3. Können die Faktoren die Varianz der standardisierten Ausgangsvariablen vollständig reproduzieren, so ist die Summe der quadrierten Faktorladungen gleich 1.

Zur Verdeutlichung betrachten wir ein Beispiel, bei dem die Varianz von zwei Variablen durch zwei Faktoren vollständig reproduziert wird (vgl. Abb. 7.10). Die Faktorladungen entsprechen dem Cosinus der Winkel zwischen den Vektoren, die die Variablen widerspiegeln, und den beiden Faktoren. Für $x_1$ betragen die Faktorladungen 0,866 (= cos 30°) für Faktor 1 und 0,5 (=cos 60°) für Faktor 2. Die Summe der quadrierten Faktorladungen beträgt somit 1 (=0,866² + 0,5²). Gemäß Abb. 7.10 lassen sich die Faktorladungen von $x_1$ auf Faktor 1 und Faktor 2 auch wie folgt ausdrücken:
$\frac{\overline{OC}}{\overline{OA}}$ für Faktor 1 und $\frac{\overline{OD}}{\overline{OA}}$ für Faktor 2. Wenn die beiden Faktoren die Varianz der standardisierten Ausgangsvariablen vollständig reproduzieren, dann muss die folgende Beziehung gelten:

$\left(\frac{\overline{OC}}{\overline{OA}}\right)^2 + \left(\frac{\overline{OD}}{\overline{OA}}\right)^2 = 1$, was auch im Beispiel der Fall ist.

Damit kann die Varianz einer standardisierten Ausgangsvariablen auch mithilfe der *Faktorladungen* wie folgt errechnet werden:

$$s_j^2 = r_{jj} = a_{j1}^2 + a_{j2}^2 + \ldots + a_{jQ}^2 = \sum_{q=1}^{Q} a_{jq}^2 \qquad (7.10)$$

mit

$a_{jq}$ : Faktorladung zwischen Variable $j$ und Faktor $q$

Die Faktorladungen stellen die Modellparameter des faktoranalytischen Modells dar, mit dessen Hilfe sich die sog. *modelltheoretische (reproduzierte) Korrelationsmatrix* ($\hat{\mathbf{R}}$) errechnen lässt. Die Parameter (Faktorladungen $a_{jq}$) sind nun so zu bestimmen, dass die Differenz zwischen der empirischen Korrelationsmatrix (**R**) und der modelltheoretischen Korrelationsmatrix ($\hat{\mathbf{R}}$), die mithilfe der abgeleiteten Faktorladungen errechnet wird, möglichst klein wird (vgl. Loehlin 2004, S. 160). Die Zielfunktion lautet also: $\mathbf{F} = (\mathbf{R} - \hat{\mathbf{R}}) \to \text{Min.}!$

### 7.2.2.4 Mathematische Verfahren zur Extraktion von Faktoren

Im Eingangskapitel wurde herausgestellt, dass mit der Faktorenanalyse im Prinzip zwei unterschiedliche Zielsetzungen verfolgt werden können:

1. *Reduktion* einer großen Anzahl von korrelierten Variablen auf eine möglichst geringere Anzahl von Faktoren.
2. *Aufdeckung der Ursachen* (Faktoren), die hinter den Korrelationen zwischen Variablen stehen und diese erzeugen.

Für *Ziel 1* wird die *Hauptkomponentenanalyse* (HKA) herangezogen. Hier wird nach einer kleinen Anzahl von Faktoren (Hauptkomponenten) gesucht, die eine maximale Varianz (Information) der in den Variablen enthaltenen Informationen reproduzieren können. Dies erfordert natürlich einen Kompromiss zwischen einer möglichst geringen Anzahl von Faktoren und einem minimalen Informationsverlust. Werden alle möglichen Komponenten extrahiert, so gilt das in Gl. (7.9) dargestellte Fundamentaltheorem der Faktorenanalyse:

$$\mathbf{R} = \mathbf{A} \cdot \mathbf{A}'$$

mit

**R** Korrelationsmatrix
**A** Faktorladungsmatrix
**A'** transponierte Faktorladungsmatrix

Für *Ziel 2* wird die *Faktoranalyse* (FA) verwendet. Faktoren werden als die *Ursachen* der beobachteten Variablen und ihrer Korrelationen interpretiert. In diesem Fall wird davon ausgegangen, dass die Faktoren *nicht* die gesamte Varianz der Variablen erklären. Daher kann die Korrelationsmatrix durch die Faktorladungen auch nicht vollständig reproduziert werden, und das Fundamentaltheorem ändert sich wie folgt:

$$\mathbf{R} = \mathbf{A} \cdot \mathbf{A}' + \mathbf{U} \qquad (7.11)$$

Dabei stellt **U** eine Diagonalmatrix dar, die den Anteil der Einheitsvarianzen der Variablen enthält, die *nicht* durch die Faktoren erklärt werden können.[8]

Während die Hauptkomponentenanalyse einen eher pragmatischen Zweck verfolgt (Datenreduktion), wird die Faktorenanalyse in einem eher theoretischen Kontext eingesetzt (Auffinden und Untersuchung von Hypothesen). Daher wird in der Literatur häufig zwischen der Hauptkomponentenanalyse und der Faktorenanalyse unterschieden und die HKA als ein von der FA unabhängiges Verfahren behandelt. Und in der Tat basieren HKA und faktoranalytische Ansätze auf grundlegend unterschiedlichen *theoretischen Modellen*. Beide Ansätze folgen jedoch den gleichen Schritten, wie in Abb. 7.3 dargestellt, und verwenden iterative Algorithmen zur Lösung. Häufig führen beide Verfahren im Hinblick auf die Komponenten bzw. Faktorladungen auch zu ähnlichen Ergebnissen. Aus diesen Gründen wird die HKA in vielen Statistikprogrammen als voreingestelltes Extraktionsverfahren im Rahmen der Faktorenanalyse aufgeführt (so auch in SPSS).

#### 7.2.2.4.1 Hauptkomponentenanalyse

Das Grundprinzip der Hauptkomponentenanalyse (HKA, Principal Component Analysis) wird zunächst an einem Beispiel mit 300 Beobachtungen von zwei Variablen veranschaulicht, die zunächst standardisiert wurden. Die Varianz einer Variable ist ein Maß für die Information, die in der Variable enthalten ist. Wenn eine Variable eine Varianz von 0 hat, kann sie keine Information enthalten. Ansonsten gilt: Nach der Standardisierung besitzt jede Variable eine Varianz von 1.

Abb. 7.11 zeigt das zugehörige Streudiagramm der beiden standardisierten Variablen $z_1$ und $z_2$. Jeder Punkt repräsentiert einen Beobachtungswert. Darüber hinaus stellt die Gerade (durchgezogene Linie) die *erste Hauptkomponente* (HK_1) dieser beiden Variablen dar. Sie minimiert die Abstände zwischen den Beobachtungen und der Geraden. Diese Linie stellt die maximale Varianz (Information) dar, die in den beiden Variablen enthalten ist. Die Varianz der Projektionen der beobachteten Punkte auf die durchgezogenen Linie ist gleich $s^2 = 1{,}596$. Da die Varianz jeder standardisierten Variablen 1 ist, beträgt die Gesamtvarianz der Daten 2, sodass die Linie 80 % ($1{,}596/2 = 0{,}80$) der Gesamtvarianz erklärt.

Abb. 7.11 enthält mit der roten Linie auch die *zweite Hauptkomponente* (HK_2), die senkrecht (orthogonal) zur ersten Hauptkomponente bestimmt wurde. Die zweite Hauptkomponente kann die restlichen 20 % der Gesamtinformation (Varianz) erklären. Somit hat HK_2 im Vergleich zu HK_1 einen signifikant geringeren Anteil an der Gesamtinformation im Datensatz. Zugunsten einer sparsameren Darstellung der Daten könnte HK_2 auch weggelassen werden. Das Beispiel zeigt deutlich die Absicht der HKA,

---

[8] Es werden standardisierte Variablen mit einer Einheitsvarianz von 1 unterstellt. Zur Zerlegung der Einheitsvarianz einer Variablen siehe auch die Erläuterungen in Abschn. 7.2.2.4.2 und insbesondere Abb. 7.13.

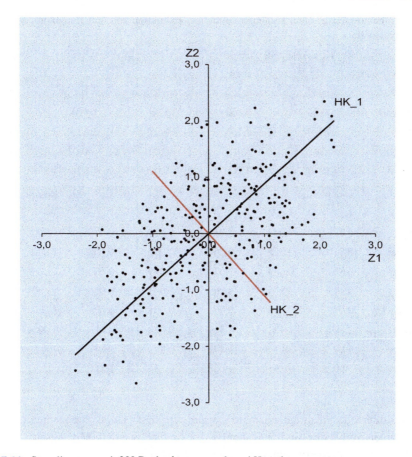

**Abb. 7.11** Streudiagramm mit 300 Beobachtungen und zwei Hauptkomponenten

einen großen Teil der Varianz in einem Datensatz mit nur einer oder wenigen Hauptkomponenten zu reproduzieren.

Diese einfache grafische Veranschaulichung spiegelt sich auch im Fundamentalsatz der Faktorenanalyse wider, der nach Gl. (7.9) die empirische Korrelationsmatrix (**R**) über die Faktorladungsmatrix (**A**) vollständig reproduzieren kann, wenn so viele Hauptkomponenten wie Variablen extrahiert werden.

**Anwendungsbeispiel**

Kehren wir zu unserem Anwendungsbeispiel aus Abschn. 7.2.1 mit der in Tab. 7.3 gezeigten Korrelationsmatrix zurück.[9] Tab. 7.11 zeigt im oberen Teil die aus diesen

---

[9] Es sei daran erinnert, dass standardisierte Variablen verwendet wurden und daher die Varianz jeder Variable 1 und die Gesamtvarianz des Datensatzes bei fünf Variablen 5 beträgt.

**Tab. 7.11** Faktorladungen und Ladungsquadrate bei Extraktion von fünf Hauptkomponenten im Anwendungsbeispiel

|  | Komponentenladungen | | | | |
| --- | --- | --- | --- | --- | --- |
|  | 1 | 2 | 3 | 4 | 5 |
| Milchig | 0,937 | −0,229 | −0,223 | −0,138 | 0,017 |
| Schmelzend | 0,843 | −0,160 | 0,514 | 0,004 | 0,004 |
| Künstlich | 0,929 | −0,254 | −0,233 | 0,137 | −0,015 |
| Fruchtig | 0,342 | 0,936 | −0,001 | −0,026 | −0,079 |
| Erfrischend | 0,277 | 0,957 | −0,028 | 0,029 | 0,078 |

|  | Quadrierte Komponentenladungen | | | | | Kommunalitäten |
| --- | --- | --- | --- | --- | --- | --- |
|  | 1 | 2 | 3 | 4 | 5 | |
| Milchig | 0,879 | 0,053 | 0,050 | 0,019 | 0,000 | 1,000 |
| Schmelzend | 0,710 | 0,026 | 0,264 | 0,000 | 0,000 | 1,000 |
| Künstlich | 0,862 | 0,064 | 0,054 | 0,019 | 0,000 | 1,000 |
| Fruchtig | 0,117 | 0,876 | 0,000 | 0,001 | 0,006 | 1,000 |
| Erfrischend | 0,077 | 0,915 | 0,001 | 0,001 | 0,006 | 1,000 |
| Eigenwerte | 2,645 | 1,934 | 0,369 | 0,039 | 0,013 | 5,000 |
| EW-Anteil | 52,9 % | 38,7 % | 7,4 % | 0,8 % | 0,3 % | 100 % |
| Kumuliert | 52,9 % | 91,6 % | 99,0 % | 99,7 % | 100 % | |

Daten resultierende Faktorladungsmatrix, wenn alle fünf Hauptkomponenten (so viele, wie Variablen vorhanden sind) mit der HKA extrahiert werden. Mit diesen Ladungen kann die Korrelationsmatrix gemäß Gl. (7.9) reproduziert werden.

Im unteren Teil der Tabelle sind die Quadrate der Komponentenladungen (Faktorladungen) dargestellt ($a^2_{jq}$). Werden diese pro Zeile (über die Komponenten) aufsummiert, so erhält man die Varianz einer Variable, die durch die extrahierten Komponenten gemäß Gl. (7.10) erzeugt wird. Da die Varianz einer standardisierten Variablen 1 ist und alle 5 möglichen Komponenten extrahiert wurden (Q=J), ergibt die Summe der quadrierten Ladungen für jede Variable 1. Diese Summe wird als *Kommunalität* einer Variablen j bezeichnet:

$$\text{Kommunalität der Variablen } j: \quad h_j^2 = \sum_{q=1}^{Q} a_{jq}^2 \quad (7.12)$$

Die Kommunalität ist ein Maß für die Varianz (Information) einer Variable j, die durch die Hauptkomponenten erklärt werden kann.

Natürlich ist nichts gewonnen, wenn ebenso viele Komponenten extrahiert werden, wie es Variablen gibt, da das Ziel in einer Reduktion der Daten oder Dimensionen

## 7.2 Vorgehensweise

liegt. Wird aber eine kleinere Anzahl von Komponenten (Q < J) extrahiert, gibt die Kommunalität Auskunft darüber, wie viel Varianz (Information) einer Variablen durch die extrahierten Hauptkomponenten erklärt werden kann.

Die Summe der quadrierten Ladungen über die Variablen ergibt den *Eigenwert* einer Hauptkomponente q. Der Eigenwert kann als ein Maß für die in einem Faktor enthaltene Information interpretiert werden.[10] Er gilt:

$$\text{Eigenwert der Komponente q: } \lambda_q = \sum_{j=1}^{J} a_{jq}^2 \qquad (7.13)$$

Der Eigenwert geteilt durch die Anzahl der Variablen ergibt den *Eigenwertanteil* einer Hauptkomponente. Kumuliert über die Hauptkomponenten geben die Eigenwertanteile an, wie viel Information durch die extrahierten Hauptkomponenten insgesamt erklärt werden kann.

Es zeigt sich, dass im Anwendungsbeispiel bei Extraktion von nur zwei Hauptkomponenten 91,6 % der Informationen erhalten werden können. Bei drei Hauptkomponenten würde man sogar 99 % der Informationen erhalten. Da die dritte Hauptkomponente aber nur über einen Eigenwert von 0,37 (7,4 %) verfügt, erscheint es gerechtfertigt, diese zu vernachlässigen und sich aus Gründen der Sparsamkeit nur auf zwei Hauptkomponenten zu beschränken.

Dies kann durch einen sog. Screeplot veranschaulicht werden (vgl. Abb. 7.12). Ein Screeplot ist ein Liniendiagramm der Eigenwerte über die Anzahl der extrahierten Hauptkomponenten oder Faktoren. Es wird deutlich, dass der dritte und die folgenden Eigenwerte nur noch geringe Information erzeugen können.

Die HKA wählt die erste Hauptkomponente in einer Weise, die der größtmöglichen Menge der in den Variablen enthaltenen Informationen Rechnung trägt. Dann wird die zweite Hauptkomponente so gewählt, dass sie den größtmöglichen Anteil der verbleibenden Informationen berücksichtigt (die nicht bereits durch die erste Hauptkomponente berücksichtigt sind). Diese zweite Hauptkomponente muss senkrecht zur ersten Hauptkomponente stehen.

Dann wird jede weitere Hauptkomponente so extrahiert, dass sie wieder den maximalen Anteil der verbleibenden Information einnimmt und senkrecht zu den vorhergehenden Hauptkomponenten steht. Jede nachfolgende Hauptkomponente kann also nur eine geringere Informationsmenge ausmachen und ist daher von geringerer Bedeutung. Dasselbe gilt auch für die Faktoren in der Faktorenanalyse.

Tab. 7.12 zeigt die Kommunalitäten der Variablen, wenn nur zwei Hauptkomponenten extrahiert werden. Es zeigt sich, dass mit Ausnahme der Variable „schmelzend" durch die beiden Hauptkomponenten mehr als 90 % der jeweiligen Varianz der übrigen Variablen erklärt werden kann.

---

[10] Die Berechnung der Eigenwerte stellt ein „Standardproblem" der Mathematik dar. Sie werden als erstes berechnet, bevor die Ableitung der Komponenten oder Faktoren erfolgt.

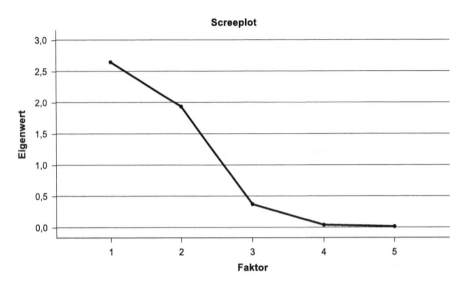

**Abb. 7.12** Screeplot der Hauptkomponentenanalyse

**Tab. 7.12** Anfängliche und finale Kommunalitäten bei Extraktion von zwei Hauptkomponenten ($Q = 2$) im Anwendungsbeispiel

|  | Hauptkomponentenanalyse | |
| --- | --- | --- |
|  | Anfängliche Kommunalität | Extrahierte Kommunalität |
| Milchig | 1,000 | 0,931 |
| Schmelzend | 1,000 | 0,736 |
| Künstlich | 1,000 | 0,927 |
| Fruchtig | 1,000 | 0,993 |
| Erfrischend | 1,000 | 0,992 |

Damit wird das Ziel der HKA deutlich: Die Entdeckung einer geringen Anzahl von Komponenten (Datenreduktion) bei gleichzeitiger Erhaltung eines Maximums an Information bzw. Minimierung des Informationsverlustes. Zusammenfassend lässt sich festhalten, dass die HKA die Ziele verfolgt,

1. eine große Anzahl von Variablen durch eine möglichst kleine Anzahl an Hauptkomponenten zu repräsentieren,
2. die (im Gegensatz zu den beobachteten Variablen) unkorreliert sind und somit keine redundanten Informationen enthalten,
3. während sie ein Maximum der in den Variablen enthaltenen Informationen bewahren.

Zur Interpretation der Hauptkomponenten sollte die folgende Frage beantwortet werden: Welcher *Sammelbegriff* lässt sich für die Variablen finden, die auf eine Hauptkomponente besonders stark laden?[11]

Die HKA wird häufig auch verwendet, um die bei linearen Modellen meist vorausgesetzte Unabhängigkeit der zur Erklärung herangezogenen Variablen sicherzustellen. Die Annahmen „Linearität" und „Unabhängigkeit" gelten vor allem für die dependenzanalytischen Verfahren der multivariaten Datenanalyse wie z. B. Regressionsanalyse, Diskriminanzanalyse oder Logistische Regression. Sind die bei diesen Verfahren betrachteten unabhängigen Variablen korreliert, so kann mithilfe der HKA die Unabhängigkeit der Variablen hergestellt werden.

### 7.2.2.4.2 Faktoranalytischer Ansatz

Im Gegensatz zur HKA verfolgt die Faktorenanalyse ein eher theoretisches Ziel und ist daran interessiert, die *Ursachen* (Faktoren) der beobachteten Variablen und deren Korrelationen aufzudecken. Da die Variablen in der Regel nicht fehlerfrei gemessen werden können, lassen sie sich auch nicht vollständig durch die Faktoren erklären.

Darüber hinaus wird bei der Faktorenanalyse davon ausgegangen, dass jede beobachtete Variable auch eine *spezifische Varianz* enthält, die nicht durch die gemeinsamen Faktoren erklärt werden kann. Fehlervarianz und spezifische Varianz bilden zusammen die Restvarianz einer Variablen $j$ (UniqueVarianz), die *nicht* durch die gemeinsamen Faktoren erklärt werden kann. Im Fall einer standardisierten Variable gilt für die Restvarianz auch 1 − Kommunalität.

Bei der Faktorenanalyse kann also die Kommunalität einer Variablen niemals 1 werden, sondern ist immer kleiner als 1. Das gilt selbst dann, wenn alle möglichen Faktoren extrahiert werden. Abb. 7.13 veranschaulicht, wie die Varianz einer Variable $j$ im faktoranalytischen Modell zerlegt wird.

Gemäß Gl. (7.11) gilt sie für das faktoranalytische Modell:

$$\mathbf{R} = \mathbf{A} \cdot \mathbf{A}' + \mathbf{U}$$

Die Matrix $\mathbf{U}$ enthält diejenigen Varianzanteile der Variablen, die *nicht* durch die extrahierten Faktoren erklärt werden können. Zusammenfassend werden sie auch als „Unique Varianz" bezeichnet. Daraus folgt, dass die empirische Korrelationsmatrix ($\mathbf{R}$) im Gegensatz zur HKA durch die Faktorladungen nicht vollständig reproduziert werden kann.

Die empirische Korrelationsmatrix enthält in ihrer Diagonale die Werte 1 (vgl. Tab. 7.3). Dies sind die Varianzen der standardisierten Variablen. Da die Faktorenanalyse davon ausgeht, dass nicht die Gesamtvarianz durch die gemeinsamen Faktoren erklärt werden kann, muss die Diagonale *vor* der Extraktion der Faktoren durch die

---

[11] Vgl. zur Problematik der Interpretation von Faktoren bzw. Hauptkomponenten auch die Darstellung in Abschn. 7.2.3 sowie die Darstellungen zum Fallbeispiel in Abschn. 7.3.3.4.

Kommunalitäten der Variablen ersetzt werden, die kleiner als 1 sein müssen. Das Problem besteht nun darin, dass die Kommunalitäten aber erst *nach* der Extraktion der Faktoren bekannt sind (sog. *Kommunalitätenproblem*).

Um dieses Problem zu lösen, müssen anfängliche Kommunalitäten als Startwerte geschätzt werden, die dann iterativ durch den Algorithmus der Faktorenanalyse verbessert werden. Zur Bestimmung der Anfangskommunalitäten existieren verschiedene Methoden. Die gebräuchlichste dabei ist, die multiplen quadrierten Korrelationskoeffizienten jeder beobachteten Variable $j$ in Bezug auf die anderen Variablen zu verwenden. Wir erhalten diese durch das Bestimmtheitsmaß (R-Quadrat), das sich ergibt, wenn wir jede Variable $j$ einmal als abhängige Variable betrachten und dann jeweils eine Regression (vgl. Kap. 2) mit allen anderen Variablen durchführen. Die Schätzung der anfänglichen Kommunalitäten über Regressionen ist auch eine sehr plausible Vorgehensweise, da das Bestimmtheitsmaß ein Maß für die Varianz ist, die eine Variable $j$ mit den anderen Variablen gemeinsam hat.

**Kommunalitäten im Anwendungsbeispiel**
Wird im Anwendungsbeispiel eine Regressionsanalyse mit der Variablen „milchig" als abhängige Variable und den vier anderen Variablen als unabhängige Variablen gerechnet, so ergibt sich die folgende Regressionsgleichung:

$$\text{milchig} = b_0 + b_1 \text{ schmelzend} + b_2 \text{ künstlich} + b_3 \text{ fruchtig} + b_4 \text{ erfrischend}$$

Für diese Regression ergibt sich ein Bestimmtheitsmaß von 0,931 (vgl. auch Tab. 7.13). Das bedeutet, dass 93,1 % Varianz der Variable „milchig" durch die anderen Variablen erklärt werden kann. Wird in gleicher Weise auch für die anderen Variablen als abhängige Variable eine Regression verwendet, so erhält man die anfänglichen Kommunalitäten, die in der vierten Spalte der Tab. 7.13 dargestellt sind. Zum Vergleich wurden in den zweiten und dritten Spalten der Tabelle die Werte für die HKA aus Tab. 7.12 aufgenommen.

Wie bereits erwähnt, werden bei der Faktorenanalyse die Faktorladungen und damit auch die Kommunalitäten iterativ berechnet. Dabei stehen verschiedene Iterationsverfahren (Extraktionsmethoden) zur Verfügung. Eine grundlegende Methode ist die Hauptachsenanalyse (HAA, Principal Axis Factoring). Werden mithilfe der HAA zwei Faktoren extrahiert, ergeben sich die in der letzten Spalte von Tab. 7.13 dargestellten Endkommunalitäten.

Tab. 7.14 zeigt die quadrierten Faktorladungen zusammen mit den Eigenwerten und Eigenwertanteilen für die Zwei-Faktoren-Lösung der HAA. Vergleicht man diese Werte mit den entsprechenden Werten aus der HKA in Tab. 7.11, so stellt man fest, dass sich kleinere Werte für Eigenwerte und Eigenwertanteile ergeben. Somit wird ein geringerer Prozentsatz der Gesamtvarianz durch die Faktoren erklärt, verglichen mit der Varianz, die durch die Hauptkomponenten erklärt wird. Der kumulative Prozentsatz der ersten beiden Hauptkomponenten nach der HKA beträgt 91,6 %, während die ersten beiden Faktoren nach der HAA nur 88,363 % erklären.

## 7.2 Vorgehensweise

**Tab. 7.13** Vergleich der Kommunalitäten zwischen HKA und HAA für $Q = 2$

|  | Hauptkomponentenanalyse | | Hauptachsenanalyse | |
| --- | --- | --- | --- | --- |
|  | Anfängliche Kommunalität | Extrahierte Kommunalität | Anfängliche Kommunalität | Extrahierte Kommunalität |
| Milchig | 1,000 | 0,931 | 0,931 | 0,968 |
| Schmelzend | 1,000 | 0,736 | 0,541 | 0,526 |
| Künstlich | 1,000 | 0,927 | 0,929 | 0,953 |
| Fruchtig | 1,000 | 0,993 | 0,974 | 0,991 |
| Erfrischend | 1,000 | 0,992 | 0,973 | 0,981 |

**Tab. 7.14** Quadratische Ladungen von 2 Faktoren für HAA

|  | Quadrierte Ladungen | | |
| --- | --- | --- | --- |
|  | 1 | 2 | Kommunalitäten |
| Milchig | 0,890 | 0,079 | 0,968 |
| Schmelzend | 0,499 | 0,026 | 0,526 |
| Künstlich | 0,862 | 0,091 | 0,953 |
| Fruchtig | 0,152 | 0,839 | 0,991 |
| Erfrischend | 0,104 | 0,876 | 0,981 |
| Eigenwerte | 2,51 | 1,91 | 4,42 |
| EW-Anteil | 50,148 % | 38,225 % | 88,363 % |
| Kumuliert | 50,148 % | 88,363 % |  |

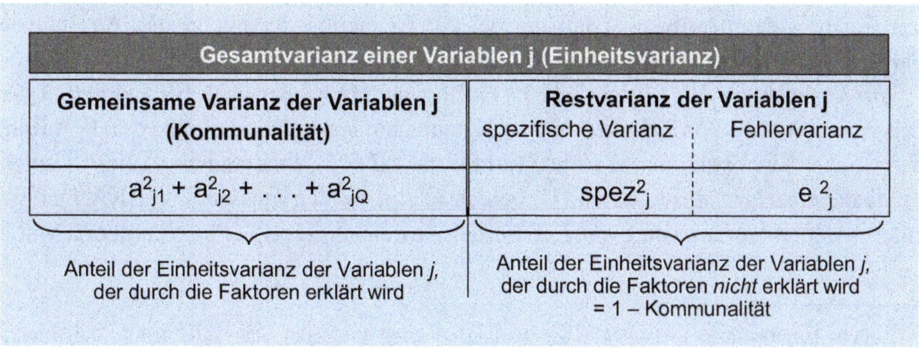

| Gesamtvarianz einer Variablen j (Einheitsvarianz) | | |
| --- | --- | --- |
| **Gemeinsame Varianz der Variablen j (Kommunalität)** | **Restvarianz der Variablen j** | |
|  | spezifische Varianz | Fehlervarianz |
| $a^2_{j1} + a^2_{j2} + \ldots + a^2_{jQ}$ | $spez^2_j$ | $e^2_j$ |
| Anteil der Einheitsvarianz der Variablen *j*, der durch die Faktoren erklärt wird | Anteil der Einheitsvarianz der Variablen *j*, der durch die Faktoren *nicht* erklärt wird = 1 − Kommunalität | |

**Abb. 7.13** Zerlegung der Einheitsvarianz einer Variablen im faktoranalytischen Modell

Wie aus Tab. 7.13 ersichtlich, sind die Ergebnisse von HKA und HAA im Anwendungsbeispiel relativ ähnlich. Auch ein Screeplot der HAA zeigt keinen sichtbaren Unterschied zum Screeplot der HKA.[12] Eine Ausnahme bildet die geringere Ladung der Variablen „schmelzend" auf Faktor 1, die zu einer geringeren Kommunalität für „schmelzend" bei der Faktorenanalyse führt.

**Extraktionsmethoden der Faktorenanalyse**
Für die Durchführung einer Faktorenanalyse können verschiedene Extraktionsmethoden verwendet werden, aber alle erfordern Ausgangswerte für die iterative Schätzung der Kommunalitäten. In der Regel bestimmen alle Methoden die Ausgangswerte für die Kommunalitäten nach dem Bestimmtheitsmaß. Tab. 7.15 gibt einen Überblick über gängige Extraktionsmethoden.

Eine besondere Bedeutung hat dabei die *Hauptachsenanalyse* (HAA) erlangt, die als *Grundverfahren* der Faktorenanalyse bezeichnet werden kann. Die HAA extrahiert die Faktorladungen aus der empirischen Korrelationsmatrix und verwendet sie dann zur Schätzung der Kommunalitäten der Variablen. Dieser Prozess wird so lange wiederholt, bis die Schätzungen der Gemeinsamkeiten konvergieren oder bis eine vorgegebene maximale Anzahl von Iterationen durchgeführt worden ist. Daher gelten die vorhergehenden Darstellungen in besonderer Weise für die Handlungsidee, die der HAA zugrunde liegt.[13]

Im Gegensatz zur HKA führen alle in Tab. 7.16 aufgeführten Methoden der Extraktionsverfahren zu einem Ergebnis von Kommunalitäten$<1$, da alle Methoden immer eine Restvarianz pro Variable berücksichtigen. Das bedeutet, dass maximal nur $J$-1-Faktoren extrahiert werden können.

Zur Veranschaulichung des Beispiels aus Abschn. 7.2.2 zeigt Tab. 7.16 die Ausgangswerte der Kommunalitäten nach dem obigen Bestimmtheitsmaß der Variablen sowie das Ergebnis der iterativen Schätzung bei der Extraktion der maximalen Anzahl von Faktoren mittels HAA.

Im Vergleich zur HKA (vgl. Tab. 7.11) führt die HAA aber auch bei Extraktion der maximalen Anzahl von Faktoren nur zu Kommunalitäten$<1$, und die maximale Anzahl der extrahierbaren Faktoren ist nicht $J$ (im Beispiel: $J = 5$), sondern nur $J$-1 (im Beispiel: 4), da die einzelnen Restfaktoren (**U**) berücksichtigt werden müssen. Die HKA führt zu einer erklärten Varianz von 89,567 % für das Anwendungsbeispiel bei Extraktion von 4

---

[12] Größere Unterschiede zwischen HKA und HAA zeigt hingegen das Fallbeispiel. Vgl. hierzu Abschn. 7.3.3.4.

[13] Im Vergleich zur HAA besteht das Ziel der Verfahren ML, GLS und ULS jeweils darin, die Faktorladungen so zu bestimmen, dass die Differenz zwischen der empirischen Korrelationsmatrix (**R**) und der modelltheoretischen Korrelationsmatrix ($\hat{\mathbf{R}}$) minimal wird. Bei der Alpha-Faktorisierung wird Cronbachs Alpha maximiert, und die Image-Faktorisierung stellt auf das Image einer Variablen ab. Die aufgeführten Verfahren sind auch in SPSS implementiert, wobei in SPSS auch die HKA als weiteres Extraktionsverfahren enthalten ist (vgl. Abb. 7.21).

**Tab. 7.15** Gebräuchliche Extraktionsverfahren der Faktorenanalyse

| | |
|---|---|
| Hauptachsenanalyse (HAA) | Eine Methode der Faktorextraktion aus der ursprünglichen Korrelationsmatrix, bei der die auf der Diagonalen befindlichen quadrierten multiplen Korrelationskoeffizienten als Anfangsschätzungen der Kommunalitäten verwendet werden. Diese Faktorladungen werden benutzt, um neue Kommunalitäten zu schätzen, welche die alten Schätzungen auf der Diagonalen ersetzen. Die Iterationen werden so lange fortgesetzt, bis die Änderungen in den Kommunalitäten von einer Iteration zur nächsten das Konvergenzkriterium der Extraktion erfüllen |
| Maximum Likelihood (ML) | Eine Methode für die Faktorextraktion, die Parameterschätzungen erzeugt, bei denen die Wahrscheinlichkeit am größten ist, dass sie die beobachtete Korrelationsmatrix erzeugt haben, wenn die Stichprobe aus einer multivariaten Normalverteilung stammt. Die Korrelationen werden durch die inverse Eindeutigkeit der Variablen gewichtet und es wird ein iterativer Algorithmus eingesetzt |
| Ungewichtete Kleinste Quadrate (ULS) | Eine Faktorextraktionsmethode, welche die Summe der quadrierten Differenzen zwischen der beobachteten und der reproduzierten Korrelationsmatrix unter Nichtberücksichtigung der Diagonalen minimiert |
| Verallgemeinerte Kleinste Quadrate (GLS) | Eine Faktorextraktionsmethode, welche die Summe der quadrierten Differenzen zwischen der beobachteten und der reproduzierten Korrelationsmatrix minimiert. Die Korrelationen werden mit dem inversen Wert der Eindeutigkeit gewichtet, sodass Variablen mit hoher Eindeutigkeit schwach und solche mit geringer Eindeutigkeit stärker gewichtet werden |
| Alpha-Faktorisierung | Eine Methode der Faktorextraktion, welche die Variablen in der Analyse als eine Stichprobe aus einer Grundgesamtheit aller potenziellen Variablen betrachtet. Dies vergrößert die Alpha-Reliabilität der Faktoren |
| Image-Faktorisierung | Eine Faktorextraktionsmethode, die von Guttman entwickelt wurde und auf der Image-Theorie basiert. Der gemeinsame Teil einer Variablen – partielles Image genannt – ist als ihre lineare Regression auf die verbleibenden Variablen definiert und nicht als eine Funktion von hypothetischen Faktoren |

Faktoren. Im Gegensatz dazu könnte die HKA 100 % der Varianz der standardisierten Ausgangsvariablen für 5 Hauptkomponenten erklären.

Zusammenfassend lässt sich sagen, dass die Schätzverfahren der Faktorenanalyse nach Faktoren suchen, die als „Ursache" der Korrelation zwischen korrelierenden Variablen angesehen werden können. Dies bedeutet jedoch, dass die Korrelation zwischen zwei Variablen Null wird, wenn diese Ursache (Faktor) gefunden wird. Hier zeigt sich die Interpretation eines bereits in Abschn. 7.1 in Abb. 7.2 dargestellten

**Tab. 7.16** Kommunalitäten im Anwendungsbeispiel bei Verwendung der Hauptachsenanalyse und Extraktion von 4 Faktoren

|  | Hauptachsenanalyse | |
|---|---|---|
|  | Anfängliche Kommunalität | Extrahierte Kommunalität |
| Milchig | 0,931 | 0,966 |
| Schmelzend | 0,541 | 0,556 |
| Künstlich | 0,929 | 0,961 |
| Fruchtig | 0,974 | 0,999 |
| Erfrischend | 0,973 | 0,996 |

empirischen Zusammenhangs, von dem die Faktorenanalyse ausgeht: Sind z. B. die Werbeausgaben eines Produktes ($x_1$) und sein Absatz ($x_2$) stark korreliert, so geht die Faktorenanalyse davon aus, dass dieser Zusammenhang *nicht* als Hinweis auf die Abhängigkeit zwischen den Variablen $x_1$ und $x_2$ gewertet werden kann, sondern z. B. auf einen allgemeinen Preisanstieg als *Ursache* (Faktor) der Korrelation zurückzuführen ist. Bei der Interpretation der Faktoren sollte deshalb die folgende Frage beantwortet werden: Wie kann der Effekt beschrieben werden, der die hohen Ladungen der Variablen auf einen Faktor verursacht?[14]

**Zusammenfassende Betrachtung zur Extraktion mittels HKA oder HAA**
Letztendlich entstammen die theoretischen Unterschiede zwischen der HKA und den faktoranalytischen Ansätzen (insb. HAA) unterschiedliche „Welten". Die Schlüsselfrage bei der Durchführung einer Faktorenanalyse lautete deshalb: Welches Konzept sollte der Entscheider bevorzugen? Wie immer lautet die Antwort: Es kommt darauf an. In unserem Fall wird die Entscheidung beeinflusst von

1. der mit der Faktorenanalyse verfolgten Zielsetzung,
2. dem Umfang des a priori-Wissens des Anwenders.

Die HKA sollte bevorzugt werden, wenn das Ziel der Faktorenanalyse auf der Datenverdichtung liegt. Verfügt ein Anwender über kein spezifisches a priori-Wissen, ist er auch nicht in der Lage, die Gesamtvarianz einer Variablen in eine gemeinsame und eine Einzelrestvarianz aufzuteilen. In diesem Fall können die Informationen, die für eine HAA benötigt werden, nicht geliefert werden. Liegen hingegen Kenntnisse über die Struktur der Gesamtvarianz vor (z. B. Informationen über die Trennung in gemeinsame

---

[14] Es sei daran erinnert, dass im Gegensatz dazu bei der HKA nach einem *„Sammelbegriff"* für korrelierende Variablen zu suchen ist. Vgl. zur Problematik der Interpretation von Faktoren auch die Darstellung in Abschn. 7.2.3 sowie die Darstellungen zum Fallbeispiel in Abschn. 7.3.3.4.

Varianz, spezifische und Fehler-Varianz-Anteile), dann ist man auch in der Lage, eine HAA durchzuführen. Formal schlägt sich der Unterschied in der Hauptdiagonalen der Korrelationsmatrix nieder: Bei der HKA kann die Hauptdiagonale einen Wert von 1 erreichen, während bei der HAA nur Werte kleiner 1 möglich sind.

### 7.2.2.5 Anzahl der Faktoren

Bei den bisherigen Darstellungen wurde unterstellt, dass der Anwender die Anzahl der zu extrahierenden Faktoren kennt und somit weiß,

a) wie der bei der HKA bestehende Zielkonflikt gelöst werden kann oder
b) wie viele Ursachen existieren, die bei einer HAA die Korrelationen zwischen den Variablen begründen.

Die Anzahl der erforderlichen Faktoren kann auch aus der Vorstellung des Anwenders abgeleitet werden, wie viel Einheitsvarianz in einer Datenmenge durch eine Faktorenanalyse mindestens erklärt werden soll (z. B. mindestens 90 %).

Ist dieses Sachwissen bekannt, so kann der Anwender die Anzahl der zu extrahierenden Faktoren (Hauptkomponenten) vorgeben. Entsprechend der *vorgegebenen* Faktorenzahl wird dann die Schätzung der Faktorladungen vorgenommen. Bei allen Extraktionsverfahren werden die Faktoren immer so extrahiert, dass der erste Faktor ein Maximum an Varianz aller Variablen auf sich vereint. Entsprechend ist auch der Eigenwert des ersten Faktors immer am größten, gefolgt vom Eigenwert des zweiten Faktors usw. Die Eigenwerte nehmen somit immer sukzessive ab.

Verfügt ein Anwender über keine klaren sachlogischen Vorstellungen zur Zahl der zu extrahierenden Faktoren, so können *Hilfskriterien* zur Entscheidungsfindung herangezogen werden:

**Betrachtung der „anfänglichen Eigenwerte" im Ausgangspunkt**
Zur Orientierung ist es zweckmäßig, im ersten Schritt die Eigenwerte zu betrachten, die sich ergeben, wenn die gesamte Einheitsvarianz einer Variablenmenge erklärt werden soll. Dabei wird die Frage nach den Einzelrestfaktoren (Matrix **U**) bewusst vernachlässigt und deshalb $Q = J$ Faktoren mithilfe der HKA extrahiert. Tab. 7.17 zeigt das Ergebnis für das Anwendungsbeispiel. Es wird deutlich, dass die ersten beiden Faktoren Eigenwerte größer 1 besitzen, während die Eigenwerte der Faktoren 3 bis 5 deutlich unter 1 liegen.

**Eigenwert- oder Kaiser-Kriterium**
Da die Varianz einer einzelnen standardisierten Variablen gleich 1 ist (die Gesamtvarianzmenge ist somit 5), empfiehlt Kaiser (1970), nur Faktoren zu extrahieren, die einen Eigenwert von größer 1 besitzen. Nur in diesem Fall ist ein Faktor in der Lage, mehr Varianz auf sich zu vereinen als eine einzelne Ausgangsvariable. Basierend auf dieser Empfehlung, die auch als Eigenwert-Kriterium bezeichnet wird, sind im

**Tab. 7.17** Varianzerklärung bei Extraktion von $J = Q$ Faktoren im Anwendungsbeispiel

| | Gesamt | % der Varianz | Kumulierte % |
|---|---|---|---|
| Faktor 1 | **2,645** | 52,903 | 52,903 |
| Faktor 2 | **1,934** | 38,678 | 91,581 |
| Faktor 3 | 0,369 | 7,374 | **98,955** |
| Faktor 4 | 0,039 | 0,786 | 99,741 |
| Faktor 5 | 0,013 | 0,259 | 100,000 |

Anwendungsbeispiel zwei Faktoren zu extrahieren. Diese beiden Faktoren sind in der Lage, (2,645 + 1,934)/5 = 91,58 % der Varianz der Datenmenge im Anwendungsbeispiel zu erklären. Möchte der Anwender im Anwendungsbeispiel z. B. mindestens 95 % der Varianzmenge in den Ausgangsdaten erklärt haben, so wären unter Rückgriff auf Tab. 7.17 drei Faktoren zu extrahieren. Das Eigenwert-Kriterium ist i. d. R. die Voreinstellung der Softwareprogramme zur Faktorenanalyse.

**Scree-Test**

Auch der sog. Scree-Test greift auf die anfänglichen Eigenwerte, wie in Tab. 7.17 dargestellt, zurück und stellt diese in einem Koordinatensystem dar. Wird ein *„Knick"* oder *„Ellbogen"* in der Abfolge der Eigenwerte erkennbar, so bedeutet das, dass dort die Differenz zwischen zwei Eigenwerten am größten ist. Es wird empfohlen, die Anzahl an Faktoren zu extrahieren, die links des „Ellbogens" liegen. Für das Anwendungsbeispiel zeigt Abb. 7.14, dass der größte Unterschied in den Eigenwerten zwischen der Anzahl der Faktoren 2 und 3 auftritt. Im Anwendungsbeispiel sollten deshalb nach dem Scree-Test zwei Faktoren extrahiert werden.

Die Grundidee dieses Ansatzes besteht darin, dass die Faktoren mit den kleinsten Eigenwerten als „Geröllhalde" (d. h. ungeeignet) betrachtet und daher nicht extrahiert werden. Der Scree-Test liefert jedoch nicht immer eine eindeutige Lösung und lässt Raum für eine subjektive Beurteilung. Aus diesem Grund wird meist das Kaiser-Kriterium bevorzugt und in empirischen Studien häufig verwendet.

### 7.2.2.6 Beurteilung der Güte einer Faktorenlösung

Die Anzahl der extrahierten Faktoren erlaubt unmittelbar eine Aussage darüber, wie viel Varianz durch eine gewählte Faktorenlösung erklärt werden kann. Im Anwendungsbeispiel kann z. B. die Zwei-Faktoren-Lösung 91,58 % und die Drei-Faktoren-Lösung 98,96 % der Gesamtvarianz von 5 erklären (vgl. Tab. 7.17).

Darüber hinaus können zur Beurteilung auch die Differenzen zwischen den empirischen und den mithilfe der Faktorladungen reproduzierten Korrelationen betrachtet werden. Diese Differenzwerte (Residuen) sollten jeweils nicht größer als 0,5 sein (vgl. hierzu auch Abb. 7.31 im Fallbeispiel).

Die reproduzierte Korrelationsmatrix erhalten wir mithilfe des Fundamentaltheorems der Faktorenanalyse gemäß Gl. (7.9). Da die extrahierten Kommunalitäten kleiner als 1

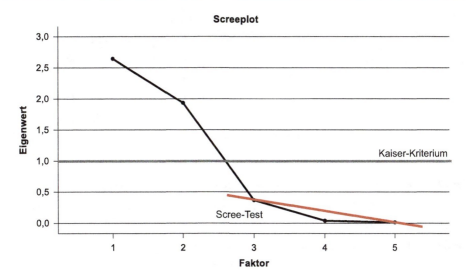

**Abb. 7.14** Scree-Test und Kaiser-Kriterium im Rechenbeispiel

sind, kann die Faktorladungsmatrix die ursprüngliche Korrelationsmatrix **R** nicht vollständig reproduzieren. Für die mithilfe der Modellparameter reproduzierte Korrelationsmatrix $\hat{\mathbf{R}}$ gilt $\hat{\mathbf{R}} = \mathbf{AA}'$. Tab. 7.18 zeigt die *unrotierte Faktorladungsmatrix* **A,** die wir erhalten, wenn im Anwendungsbeispiel mithilfe der Hauptachsenanalyse zwei Faktoren extrahiert werden.

Die reproduzierte Korrelationsmatrix $\hat{\mathbf{R}}$ kann durch Multiplikation der Faktorladungsmatrix (**A**) mit ihrer transponierten Matrix (**A**') errechnet werden. Sie ist für das Anwendungsbeispiel in Tab. 7.19 dargestellt. In der Hauptdiagonalen von Tab. 7.19 sind die Kommunalitäten der Variablen durch Fettdruck ausgewiesen, die sich am Ende ergeben, wenn mithilfe der HAA zwei Faktoren extrahiert werden. Zum Beispiel beträgt die Kommunalität für die Variable „milchig" 0,968, d. h. 96,8 % der Varianz der Variable „milchig" wird durch die beiden extrahierten Faktoren erklärt. Die nicht-diagonalen Elemente spiegeln die durch die Faktorladungen reproduzierten Korrelationen wider.

Die reproduzierte Korrelationsmatrix $\hat{\mathbf{R}}$ in Tab. 7.19 kann nun mit der empirischen Korrelationsmatrix **R** aus Tab. 7.3 verglichen werden. Das Ergebnis dieses Vergleichs ist in Tab. 7.20 ausgewiesen. Wir stellen fest, dass die Unterschiede zwischen den ursprünglichen und den reproduzierten Korrelationen nur sehr gering sind. Daraus schließen wir, dass die Zwei-Faktoren-Lösung die ursprüngliche Korrelationsmatrix im Anwendungsbeispiel sehr gut reproduziert. Die Zwei-Faktoren-Lösung ist daher geeignet, die fünf Ausgangsvariablen mithilfe von zwei Faktoren ohne großen Informationsverlust zu beschreiben.

**Tab. 7.18** Unrotierte Faktorladungen der Zwei-Faktorenlösung im Anwendungsbeispiel (HAA)

|  | Faktorladungen | |
|---|---|---|
|  | F1 | F2 |
| Milchig | 0,943 | −0,280 |
| Schmelzend | 0,707 | −0,162 |
| Künstlich | 0,928 | −0,302 |
| Fruchtig | 0,389 | 0,916 |
| Erfrischend | 0,323 | 0,936 |

**Tab. 7.19** Reproduzierte Korrelationsmatrix basierend auf den Faktorladungen

|  | Milchig | Schmelzend | Künstlich | Fruchtig | Erfrischend |
|---|---|---|---|---|---|
| Milchig | **0,968*** |  |  |  |  |
| Schmelzend | 0,712 | **0,526*** |  |  |  |
| Künstlich | 0,960 | 0,705 | **0,953*** |  |  |
| Fruchtig | 0,110 | 0,127 | 0,085 | **0,991*** |  |
| Erfrischend | 0,042 | 0,077 | 0,017 | 0,983 | **0,981*** |

*: Kommunalitäten der Variablen nach Extraktion von zwei Faktoren mittels HAA

**Tab. 7.20** Unterschiede zwischen reproduzierten und originalen Korrelationen

|  | Milchig | Schmelzend | Künstlich | Fruchtig | Erfrischend |
|---|---|---|---|---|---|
| Milchig |  |  |  |  |  |
| Schmelzend | 0,000 |  |  |  |  |
| Künstlich | 0,001 | −0,001 |  |  |  |
| Fruchtig | −0,001 | 0,011 | −0,006 |  |  |
| Erfrischend | 0,002 | −0,010 | 0,006 | 0,000 |  |

### 7.2.3 Faktoren-Interpretation

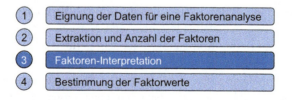

1. Eignung der Daten für eine Faktorenanalyse
2. Extraktion und Anzahl der Faktoren
3. Faktoren-Interpretation
4. Bestimmung der Faktorwerte

Wenn wir die Anzahl der Faktoren entschieden haben, sind diese anschließend zu interpretieren. Dazu verwenden wir die Faktorladungsmatrix, da hohe Faktorladungen darauf hinweisen, dass eine Variable stark mit einem Faktor korreliert ist. In dem Anwendungsbeispiel wird Faktor 1 durch die Variablen „milchig", „schmelzend" und „künstlich" dargestellt. Da die Faktorladungen das Ergebnis der Faktorisierung der Hauptachse sind, müssen wir die Frage beantworten, wie der Effekt, der die hohen Faktorladungen verursacht, zu kennzeichnen ist.

Alle drei Variablen scheinen sich auf einen Faktor zu beziehen, der als „Konsistenz", „Textur" oder auch als „ungesund" bezeichnet werden könnte. Der zweite Faktor besteht aus den Variablen „fruchtig" und „erfrischend", die als „Geschmackserlebnis" oder „Aroma" etikettiert werden könnten. An diesem Punkt wird besonders deutlich, dass die Interpretation der Faktoren vom Anwender ein hohes Maß an Expertise in Bezug auf die Anwendung erfordert.

**Mehrfachladungen**

Die Interpretation der Faktorlösung ist auch dann schwierig, wenn die Faktorladungen nicht klar angeben, auf welchem Faktor eine bestimmte Variable lädt. Vielmehr laden die Faktoren auf verschiedene Variablen (sog. *Mehrfachladungen*), sodass kein klares Muster zu erkennen ist. Die subjektiven Kenntnisse sind gefragt. Allerdings gibt es eine Faustregel, die uns bei dieser Entscheidung helfen kann: Der absolute Wert einer Faktorladung sollte größer als 0,5 sein, um für einen Faktor relevant zu sein. Wenn eine Variable für mehrere Faktoren absolute Faktorladungen von mehr als 0,5 aufweist, sollte die Variable jedoch jedem dieser Faktoren zugeordnet werden. Wenn dies jedoch der Fall ist, ist eine sinnvolle Interpretation der Faktoren unter Umständen nicht mehr möglich.

**Rotation**

Wenn die Zuordnung von Variablen zu Faktoren nicht eindeutig ist, kann eine Verbesserung der Interpretation meist durch die Rotation der Faktoren erreicht werden. Wird das Koordinatensystem in Abb. 7.9, das durch die Faktorvektoren dargestellt wird, in seinem Ursprung gedreht, so erhält man z. B. Abb. 7.15. Die Winkel zwischen $x_1$ und $F_1$ sowie $x_2$ und $F_1$ sind wesentlich kleiner und damit die Faktorladung erhöht. Dasselbe gilt für die Variablen $x_3$, $x_4$ und $x_5$ und deren Winkel mit dem Faktor 2 ($F_2$) und damit für die Faktorladungen. Letztlich ist die Interpretation der Faktoren wesentlich einfacher.

Bei der Rotation des Koordinatensystems und damit der Faktorvektoren gibt es grundsätzlich zwei verschiedene Möglichkeiten:

1. Sofern angenommen werden kann, dass die Faktoren untereinander nicht korrelieren, verbleiben die Vektoren der Faktoren während der Drehung in einem rechten Winkel zueinander. Diese Methode wird deshalb auch als *orthogonale (rechtwinklige) Rotation* bezeichnet. Die bekannteste orthogonale Rotationsmethode ist die sog. VARIMAX-Rotation, die auch in der Statistiksoftware SPSS voreingestellt ist.
2. Wird hingegen eine Korrelation zwischen den rotierten Achsen bzw. Faktoren angenommen, so werden die Vektoren der Faktoren in einem schiefen Winkel (<90°) zueinander rotiert. Solche Rotationsmethoden werden als *oblique (schiefwinklige) Rotation* bezeichnet. Statistische Softwarepakete wie SPSS bieten verschiedene Methoden der schiefwinkligen Rotation (vgl. Abb. 7.22).

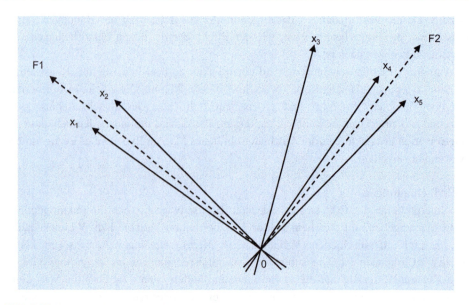

**Abb. 7.15** Beispiel einer rotierten Faktorlösung

Tab. 7.21 zeigt die unrotierten und rotierten Faktorladungen für das Anwendungsbeispiel, wobei die rotierten Faktorladungen mithilfe der VARIMAX-Methode ermittelt wurden. Es wird deutlich, dass die Faktorladungen für die Variablen „milchig", „schmelzend" und „künstlich" auf Faktor 1 ($F_1$) höher laden. Demgegenüber laden die Variablen „fruchtig" und „erfrischend" auf den zweiten Faktor ($F_2$). Auch bei einer eindeutigen Struktur der Faktorladungsmatrix ist eine Faktorinterpretation nicht einfach. Der Leser sollte versuchen, seine eigene Interpretation zu finden. Wir bieten die folgenden Bezeichnungen an: $F_1$ „Konsistenz" und $F_2$ „Leichtigkeit".

### 7.2.4 Bestimmung der Faktorwerte

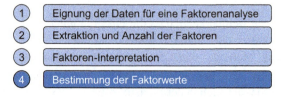

Für eine Vielzahl von Fragen ist es von großem Interesse, die Variablen nicht nur zu einer kleineren Anzahl von Faktoren zu aggregieren und Kennzeichnungen für die Faktoren zu finden, sondern auch zu bestimmen, wie die Objekte auf die Faktoren einwirken.

**Tab. 7.21** Unrotierte und rotierte Faktorladungen für das Rechenbeispiel (HAA)

|  | Unrotierte Faktorladungen | | Rotierte Faktorladungen | |
|---|---|---|---|---|
|  | F1 | F2 | F1 | F2 |
| Milchig | 0,943 | −0,280 | **0,984** | 0,032 |
| Schmelzend | 0,707 | −0,162 | **0,722** | 0,070 |
| Künstlich | 0,928 | −0,302 | **0,976** | 0,007 |
| Fruchtig | 0,389 | 0,916 | 0,080 | **0,992** |
| Erfrischend | 0,323 | 0,936 | 0,011 | **0,990** |

Die Faktorenanalyse zielt darauf ab, die standardisierte Ausgangsdatenmatrix **Z** als eine Linearkombination von Faktoren darzustellen: $\mathbf{Z} = \mathbf{P} \cdot \mathbf{A}'$. Bisher haben wir uns auf die Bestimmung von **A** (Matrix der Faktorladungen) konzentriert. Da **Z** gegeben ist, müssen wir noch die Matrix der Faktorwerte (**P**) bestimmen. **P** enthält die geschätzten Bewertungen der Befragten im Hinblick auf die gefundenen Faktoren. **P** beantwortet damit die folgende Frage: Wie hätten die Befragten die Faktoren bewertet, wenn sie hierzu die Möglichkeit gehabt hätten?

Die Faktorwertematrix kann wie folgt berechnet werden:

$$\mathbf{Z} \cdot (\mathbf{A}')^{-1} = \mathbf{P} \cdot \mathbf{A}' \cdot (\mathbf{A}')^{-1} \tag{7.14}$$

Da $\mathbf{A}' \cdot (\mathbf{A}')^{-1}$ definitionsgemäß die Einheitsmatrix **E** ergibt, folgt:

$$\mathbf{Z} \cdot (\mathbf{A}')^{-1} = \mathbf{P} \cdot \mathbf{E} \tag{7.15}$$

Da $\mathbf{P} \cdot \mathbf{E} = \mathbf{P}$ ist, ergibt sich:

$$\mathbf{P} = \mathbf{Z} \cdot (\mathbf{A}')^{-1} \tag{7.16}$$

Für das in der Regel nicht quadratische Faktormuster **A** (es sollen ja gerade weniger Faktoren als Variablen gefunden werden!) ist eine Inversion nicht möglich. Es müssen deshalb andere Lösungen gefunden werden:

Gl. (7.15) wird von rechts mit **A** multipliziert:

$$\mathbf{Z} \cdot \mathbf{A} = \mathbf{P} \cdot \mathbf{A}' \cdot \mathbf{A} \tag{7.17}$$

Matrix $(\mathbf{A}' \cdot \mathbf{A})$ ist definitionsgemäß quadratisch und somit invertierbar:

$$\mathbf{Z} \cdot \mathbf{A} \cdot (\mathbf{A}' \cdot \mathbf{A})^{-1} = \mathbf{P} \cdot (\mathbf{A}' \cdot \mathbf{A}) \cdot (\mathbf{A}' \cdot \mathbf{A})^{-1} \tag{7.18}$$

Da $(\mathbf{A}' \cdot \mathbf{A}) \cdot (\mathbf{A}' \cdot \mathbf{A})^{-1}$ definitionsgemäß eine Einheitsmatrix ergibt, gilt:

$$\mathbf{P} = \mathbf{Z} \cdot \mathbf{A} \cdot \left(\mathbf{A}' \cdot \mathbf{A}\right)^{-1} \tag{7.19}$$

Der Ausdruck $\mathbf{A} \cdot \left(\mathbf{A}' \cdot \mathbf{A}\right)^{-1}$ beschreibt die Transformation von den Ausgangswerten in der Matrix $\mathbf{Z}$ zu den fallbezogenen Beurteilungswerten in der Matrix $\mathbf{P}$. Bei der Lösung können jedoch Schwierigkeiten auftreten Gl. (7.19) und wir können daher vereinfachte Ansätze zur Bestimmung von $\mathbf{P}$ verwenden. Wir betrachten drei verschiedene Ansätze: Surrogate, summierte Skalen und Regressionsanalyse. Alle drei Ansätze stützen sich auf die Faktorladungen, betrachten diese Werte aber unterschiedlich.

**Surrogate**

Surrogate beschreiben eine ziemlich einfache Methode zur Untersuchung von Faktorwerten, indem die höchste Ladung einer Variablen als Ersatz für einen Faktor genommen wird. Aber Surrogate sind sehr grobe Indikatoren: Es wird davon ausgegangen, dass eine einzelne Variable für einen komplexen Faktor stehen kann. In unserem Fall würde die Verwendung von Surrogaten bedeuten, dass die höchste Ladung jedes Faktors als Surrogat genommen wird. Tab. 7.21 zeigt, dass unter diesen Bedingungen die Surrogate für Faktor 1 „milchig" und für Faktor 2 „erfrischend" wären. Surrogate sind jedoch nur akzeptabel, wenn die höchste Ladung ein dominanter Wert ist: Die Ladungen aller anderen Kriterien sollten dramatisch niedriger sein als die des Surrogats. Wie aus Tab. 7.21 ersichtlich, sind die nächsten Ladungsvariablen (Faktor 1 „künstlich" und Faktor 2 „erfrischend" = 0,992) nicht weit von den Ladungen dieser beiden Variablen entfernt ($F_1 = 0{,}976$; $F_2 = 0{,}990$). Wir müssen also feststellen: Surrogate dürfen in unserem Fall nicht verwendet werden.

**Summierte Skalen**

Summierte Skalen sind eine Alternative zu Surrogaten. Summierte Skalen kombinieren verschiedene Variablen, die dasselbe Konzept messen, in einem einzigen Konstrukt. Sie werden berechnet, indem der Mittelwert der hoch ladenden Variablen jedes Faktors gebildet wird. In unserem Fall erwarten wir mit zwei Faktoren zwei summierte Skalen. Die erste Skala kann direkt aus Tab. 7.21 abgeleitet werden.

$$F_1 = 0{,}984 + 0{,}976 + 0{,}722 = 2{,}682 : 3 = 0{,}894$$
$$F_2 = 0{,}992 + 0{,}990 = 1{,}982 : 2 = 0{,}991$$

Summierte Skalen beruhen ebenso wie Surrogate auf Informationen, die in den Faktorladungen enthalten sind. Während sich Surrogate auf die höchsten Auslastungen pro Faktor konzentrieren, basieren summierte Skalen auf Mehrfachladungen. Beide nutzen jedoch nicht die vollständige Information, die die Faktorladungen bieten. Dies ist Gegenstand einer Regressionsanalyse.

## Regressionsanalyse

Die dritte Alternative ist die Durchführung einer Regressionsanalyse (vgl. Kap. 2). Die Struktur dieses Ansatzes ist in Abb. 7.16 dargestellt.

Wird die Matrix der standardisierten Ausgangsdaten (**Z**) mit der Matrix der Regressionskoeffizienten (sog. Faktorwerte-Koeffizienten) multipliziert, so erhält man die Matrix der Faktorwerte **P**. Für das Anwendungsbeispiel erhalten wir die Faktorwerte-matrix **P** (Größe $30 \times 2$) durch Multiplikation der Ausgangsmatrix **Z** (Größe $30 \times 5$) mit den Regressionskoeffizienten, die in Tab. 7.22 (Größe $5 \times 2$) dargestellt sind.

Für das Anwendungsbeispiel zeigt Tab. 7.23 die Faktorwerte der Zwei-Faktoren-Lösung für die ersten drei Personen und die letzte Person.

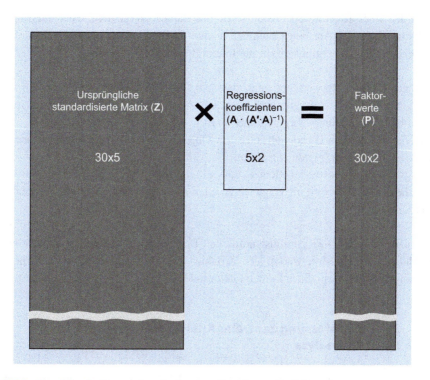

**Abb. 7.16** Grundidee des Regressions-Ansatzes zur Berechnung der Faktorwerte

**Tab. 7.22** Matrix der Regressionskoeffizienten zur Berechnung der Faktorwerte

|  | F1 | F2 |
| --- | --- | --- |
| Milchig | 0,551 | −0,049 |
| Schmelzend | 0,015 | −0,010 |
| Künstlich | 0,422 | 0,001 |
| Fruchtig | 0,261 | 0,673 |
| Erfrischend | −0,281 | 0,331 |

**Tab. 7.23** Matrix **P** der personenbezogenen Faktorwerte im Anwendungsbeispiel (Auszug)

| Person | F1 | F2 |
|---|---|---|
| Person 1 | −1,305 | −1,347 |
| Person 2 | −0,520 | −0,289 |
| Person 3 | 0,614 | 0,205 |
| …. | … | … |
| Person 30 | 0,210 | 1,367 |
| Mittelwert | 0,000 | 0,000 |
| Varianz | 1,000 | 1,000 |

Bei der Interpretation der Faktorwerte ist darauf zu achten, dass aufgrund der Standardisierung der Ausgangsdatenmatrix auch die Faktorwertematrix standardisierte Werte enthält. Daraus ergibt sich für die Interpretation der Faktorwerte:

1. Ein negativer Faktorwert bedeutet, dass ein Objekt (Produkt) in Bezug auf diesen Faktor von einem Befragten im Vergleich zu allen anderen Personen unterdurchschnittlich ausgeprägt wahrgenommen wird.
2. Ein Faktorwert von 0 bedeutet, dass ein Objekt (Produkt) genau der Durchschnittsbeurteilung aller Befragten entspricht.
3. Ein positiver Faktorwert bedeutet, dass ein Objekt (Produkt) in Bezug auf diesen Faktor von einer Person im Vergleich zu allen anderen Befragten überdurchschnittlich beurteilt wird.

Ein Anhaltspunkt für die „durchschnittliche" Beurteilung pro Variable (Faktorwert 0) kann dabei aus den Mittelwerten der Variablen im Ausgangsdatensatz der erhobenen Daten abgeleitet werden, die auf einen Faktor laden.

### 7.2.5 Zusammenfassung zentraler Analyseschritte einer Faktorenanalyse

Abb. 7.17 fasst die notwendigen Aufgaben bei der Durchführung einer Faktorenanalyse in sechs Schritten zusammen und veranschaulicht, wie man von der ursprünglichen Datenmatrix zur Faktorwertematrix gelangt. Zu beachten ist, dass die Größe der Kästchen, die die verschiedenen Matrizen darstellen, absichtlich gewählt wurde. Die Länge und Breite der Kästchen spiegelt die Größe der Matrix wider, d. h. die Anzahl der Zeilen und Spalten. Auf diese Weise wandeln wir die ursprüngliche Datenmatrix schließlich in eine Matrix mit weniger Spalten, aber der gleichen Anzahl von Zeilen um. Im Anwendungsbeispiel hat die ursprüngliche Datenmatrix 30 Zeilen und 5 Spalten, während die Faktorwertematrix 30 Zeilen und 2 Spalten hat.

## 7.2 Vorgehensweise

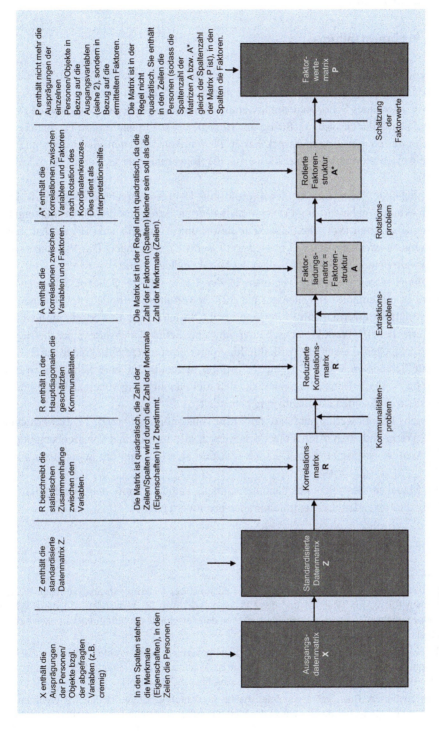

**Abb. 7.17** Analyseschritte der Faktorenanalyse

## 7.3 Fallbeispiel

### 7.3.1 Problemstellung

Im Folgenden wird ein umfangreicheres Beispiel aus dem Schokoladenmarkt betrachtet, um die Durchführung einer Faktorenanalyse mithilfe von SPSS zu verdeutlichen.[15]

Ein Manager eines Schokoladenunternehmens möchte wissen, wie Konsumenten verschiedene Schokoladensorten in Bezug auf 10 subjektiv wahrgenommene Produkteigenschaften bewerten. Zu diesem Zweck hat er 11 Schokoladensorten identifiziert und 10 Produkteigenschaften ausgewählt, die er für die Bewertung dieser Sorten für relevant erachtet.

Anschließend wurde ein kleiner Pretest mit 18 Testpersonen durchgeführt. Die Personen wurden gebeten, die 11 Schokoladensorten bezüglich der 10 Produkteigenschaften zu bewerten (vgl. Tab. 7.24). Zur Bewertung wurde für jede Eigenschaft eine siebenstufige Bewertungsskala (1 = niedrig, 7 = hoch) verwendet. Die Variablen sind hier also wahrgenommene Eigenschaften der Schokoladensorten.

Allerdings waren nicht alle Personen in der Lage, alle 11 Schokoladensorten zu bewerten. Daher enthält der Datensatz nur 127 Bewertungen anstelle der vollständigen Anzahl von 198 Bewertungen (18 Personen × 11 Sorten). Jede Bewertung umfasst die Skalenwerte der 10 Produkteigenschaften für eine Schokoladensorte einer befragten Person. Sie spiegelt die subjektive Beurteilung einer bestimmten Schokolade durch eine bestimmte Testperson wider. Da eine Testperson mehr als nur eine Schokoladensorte beurteilt hat, sind die Beobachtungen potenziell nicht unabhängig voneinander. Dennoch werden sie im Folgenden als unabhängig behandelt.

Von den 127 Bewertungen sind nur 116 vollständig, während 11 Bewertungen fehlende Werte enthalten.[16] Im Folgenden werden alle unvollständigen Beobachtungen aus der Analyse ausgeschlossen. Dadurch reduziert sich die Zahl der betrachteten Fälle auf 116.[17]

Der Manager des Schokoladenunternehmens möchte mit der durchgeführten Erhebung die folgenden drei zentralen Fragen beantwortet haben:

---

[15] Im Fallbeispiel wird der gleiche Datensatz wie auch bei der Diskriminanzanalyse (Kap. 4), der Logistischen Regression (Kap. 5) und der Clusteranalyse (Kap. 8) verwendet. Auf diese Weise sollen die Ähnlichkeiten und Unterschiede zwischen den verschiedenen Verfahrensvarianten besser verdeutlicht werden.

[16] Fehlende Werte sind ein häufiges und leider unvermeidbares Problem bei empirischen Erhebungen (z. B. weil Personen nicht antworten konnten oder wollten). Der Umgang mit fehlenden Werten in empirischen Studien wird in Abschn. 1.5.2 diskutiert.

[17] Auf der zu diesem Buch gehörigen Internetseite www.multivariate.de stellen wir ergänzendes Material zur Verfügung, um das Verstehen der Methode zu erleichtern und zu vertiefen.

## 7.3 Fallbeispiel

**Tab. 7.24** Schokoladensorten und wahrgenommene Produkteigenschaften im Fallbeispiel

| Schokoladensorte | | Produkteigenschaften | |
|---|---|---|---|
| 1 | Vollmilch | 1 | Preis |
| 2 | Espresso | 2 | Erfrischend |
| 3 | Keks | 3 | Köstlich |
| 4 | Orange | 4 | Gesund |
| 5 | Erdbeer | 5 | Bitter |
| 6 | Mango | 6 | Leicht |
| 7 | Cappuccino | 7 | Knackig |
| 8 | Mousse | 8 | Exotisch |
| 9 | Karamell | 9 | Süss |
| 10 | Nougat | 10 | Fruchtig |
| 11 | Nuss | | |

1. Beurteilen die 10 abgefragten Produkteigenschaften unabhängig voneinander das Urteil über eine Schokoladensorte oder bestehen zwischen den Eigenschaften Abhängigkeiten?
2. Sollten Abhängigkeiten zwischen den Bewertungen der 10 Produkteigenschaften bestehen, auf welche zentralen *Ursachen* lassen sich diese Abhängigkeiten zurückführen, und wie lauten die unabhängigen Beurteilungsfaktoren?
3. Wie können die 11 Schokoladensorten vor dem Hintergrund der gefundenen Beurteilungsfaktoren positioniert werden?

Zur Beantwortung seiner Fragen führt der Manager eine Faktorenanalyse durch. Gemäß den Überlegungen in Abschn. 7.2.2.4.2 wird die HAA als Extraktionsmethode gewählt. Zur abschließenden Positionierung der Schokoladensorten werden die Faktorwerte herangezogen, wobei eine Durchschnittsbildung über die befragten Personen pro Schokoladensorte vorgenommen wird.

### 7.3.2 Durchführung einer Faktorenanalyse mit SPSS

Um eine Faktorenanalyse mit SPSS durchzuführen, gehen wir zu *„Analysieren/ Dimensionsreduktion"* und wählen *„Faktorenanalyse"* (vgl. Abb. 7.18).

Es öffnet sich ein Dialogfenster, in dem wir zunächst die Variablen auswählen, die miteinander in Beziehung stehen sollen (*„Variablen"*; vgl. Abb. 7.19).

Wir gehen zu *„Deskriptive Statistik"* und wählen die deskriptiven Statistiken und Kriterien aus, um die Eignung der Daten zu beurteilen (vgl. Abb. 7.20). Die Standardoption *„Anfangslösung"* liefert die grundlegende Ausgabe einer Faktorenanalyse. Da wir in einem ersten Schritt die Eignung der Daten beurteilen wollen, aktivieren wir

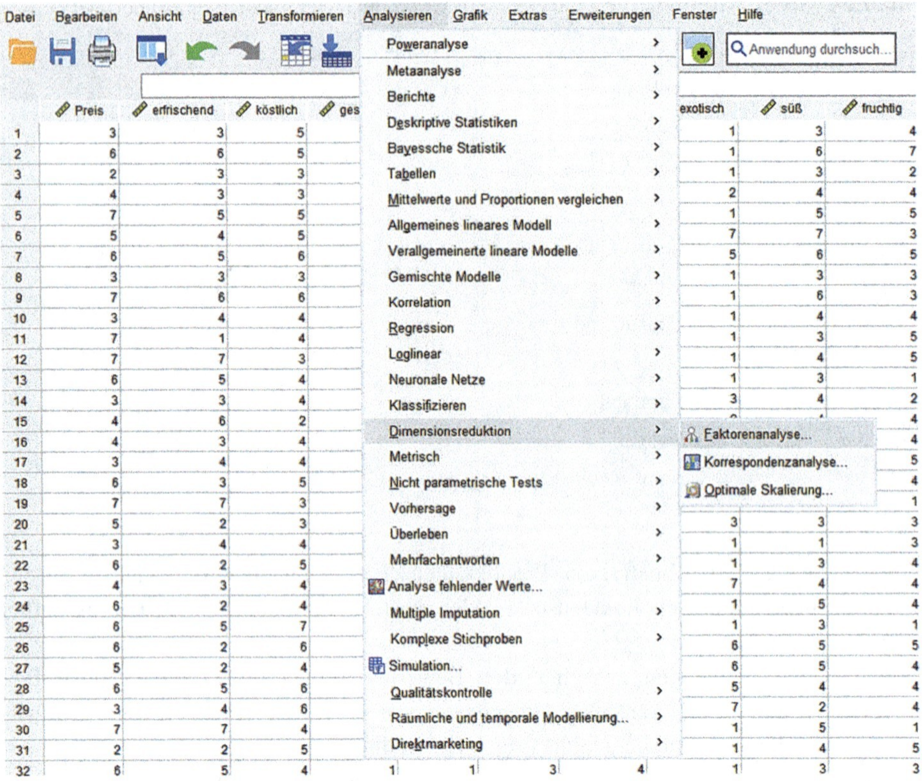

**Abb. 7.18** Dateneditor mit einer Auswahl der „Faktorenanalyse"-Methode

weiter „*Koeffizienten*" und „*Signifikanzniveaus*", um die Korrelationsmatrix und die Signifikanzniveaus der Korrelationen zu erhalten. Außerdem aktivieren wir „*KMO und Bartlett-Test auf Sphärizität*" und fordern die Anti-Image-Matrix (*„Anti-Image"*) und die reproduzierte Korrelationsmatrix (*„Reproduziert"*) an.

Als nächstes gehen wir zu „*Extraktion*", um die Methode für die Extraktion der Faktoren zu wählen. Dabei gibt es zwei verschiedene Methoden zur Extraktion der Faktoren: die Hauptkomponentenanalyse und die Hauptachsenanalyse (vgl. Abschn. 7.2.2.3). Hier gehen wir davon aus, dass spezifische Varianzen und Messfehler relevant sind, und wählen daher „*Hauptachsen-Faktorisierung*" (vgl. Abb. 7.21). SPSS bietet verschiedene Extraktionsmethoden an, die bereits in Tab. 7.15 kurz beschrieben wurden. Für das Fallbeispiel wird die Hauptachsenanalyse gewählt, da der Manager an den Ursachen der Korrelationen interessiert ist (vgl. auch Abschn. 7.3.1). Darüber hinaus wird die Option „*Screeplot*" ausgewählt, die dabei hilft, die Entscheidung über die Anzahl der zu extrahierenden Faktoren zu treffen.

Um die rotierte Faktormatrix zu erhalten, öffnen wir das Dialogfenster „*Faktorenanalyse: Rotation*" und wählen „*Varimax*" (vgl. Abb. 7.22). Die Varimax-Rotation führt

**Abb. 7.19** Dialogfenster: Faktorenanalyse

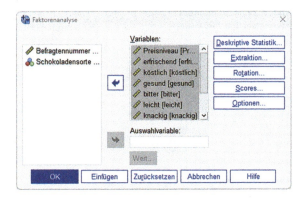

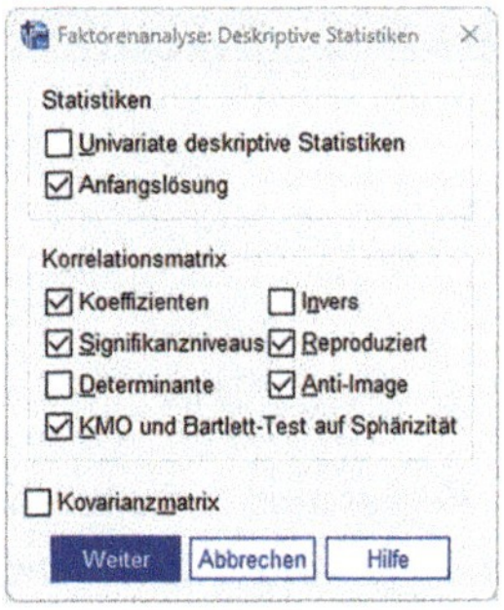

**Abb. 7.20** Dialogfenster: Faktorenanalyse: Deskriptive Statistiken

**Abb. 7.21** Dialogfenster: Faktorenanalyse: Extraktion

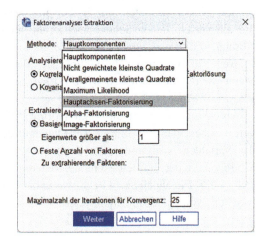

zu unkorrelierten Faktoren und hilft bei der Identifizierung der Variablen, die zu einem bestimmten Faktor gehören.

Schließlich gehen wir zum Dialogfenster *„Faktorenanalyse: Faktorscores"* und wählen die Standardoption *„Regression"* (vgl. Abb. 7.23). Bei Verwendung der Option

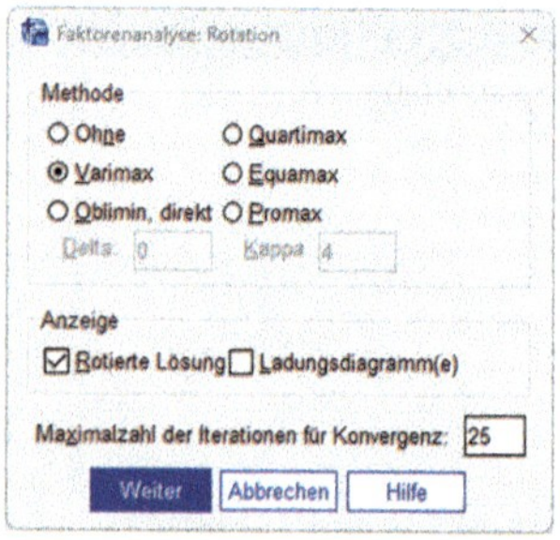

**Abb. 7.22** Dialogfenster: Faktorenanalyse: Rotation

**Abb. 7.23** Dialogfenster: Faktorenanalyse: Faktorscores

„*Regression*" erzeugt SPSS standardisierte Faktorwerte, die einen Mittelwert von 0 und eine Varianz haben. Die Faktorwerte können korreliert sein, selbst wenn die Faktoren orthogonal sind. SPSS speichert dann die geschätzten Faktorwerte als neue Variablen in der SPSS-Datendatei. Im Fallbeispiel werden die Faktorwerte später verwendet, um die verschiedenen Schokoladensorten entlang der Faktoren zu positionieren (vgl. Abschn. 7.3.3.3).

Weiter aktivieren wir die Option „*Koeffizientenmatrix der Faktorscores anzeigen*". Wenn wir dies tun, erhalten wir die Regressionskoeffizienten, die zur Berechnung der Faktorwerte im SPSS-Ausgabefenster verwendet werden.

Als Alternative führt die Option „*Bartlett*" zu Faktorwerten, die einen Mittelwert von 0 haben, und die Summe der Quadrate der einzelnen Faktoren über den Bereich der Variablen wird minimiert. Schließlich ist die Methode „*Anderson-Rubin*" eine Modifikation der Bartlett-Methode, die die Orthogonalität der geschätzten Faktoren sicherstellt. Die abgeleiteten Faktorwerte haben einen Mittelwert von 0, eine Standardabweichung von 1 und sind unkorreliert.

### 7.3.3 Ergebnisse

Im Folgenden werden die Ergebnisse der Faktorenanalyse entsprechend den in Abschn. 7.2 vorgestellten Ablaufschritten einer Faktorenanalyse vorgestellt (vgl. Abb. 7.3). Es wird die HAA als Extraktionsverfahren gewählt, da der Manager an den Ursachen der Korrelationen in Daten des Fallbeispiels interessiert ist. Dabei wird folgende Zweiteilung in der Darstellung der Ergebnisse vorgenommen:

1. Prüfung, ob die Korrelationsmatrix im Fallbeispiel für eine Faktorenanalyse geeignet ist (Ablaufschritt 1).
2. Durchführung der HAA für das Fallbeispiel (Ablaufschritte 2 bis 4).

Anschließend wird in Abschn. 7.3.3.3 der Frage des Managers nachgegangen, wie die 11 Schokoladensorten positioniert werden können. Die Beantwortung erfolgt unter Rückgriff auf die Faktorwerte der Befragten.

Aufgrund der hohen Bedeutung der HKA bei praktischen Anwendungen und dem grundlegenden Unterschied zur HAA (vgl. die Diskussionen in Abschn. 7.2.2.4) werden abschließend nochmals die zentralen Unterschiede zwischen beiden Methoden im Fallbeispiel aufgezeigt (Abschn. 7.3.3.4).

### 7.3.3.1 Eignung der Datenmatrix und Variablenbeurteilung

Im ersten Schritt werden die Ausgangsdaten des Fallbeispiels standardisiert und die Korrelationsmatrix berechnet (vgl. Abb. 7.24).

Abb. 7.24 zeigt in der oberen Matrix, dass nur wenige hohe Korrelationen vorhanden sind. Die höchsten Korrelationen bestehen zwischen den Variablen „leicht" und „süß" ($r = 0{,}537$) sowie „leicht" und „fruchtig" ($r = 0{,}549$). Es gibt viele Korrelationen unter 0,2 und die niedrigsten Korrelationen bestehen zwischen den Variablen „gesund" und „erfrischend" ($r = -0{,}009$) sowie „gesund" und „köstlich" ($r = -0{,}019$). Betrachtet man die Signifikanzniveaus der Korrelationen (dargestellt in der unteren Matrix), so sind nur 25 von 45 Korrelationen auf dem 5 %-Niveau signifikant. Wir kommen zu dem Schluss, dass die Daten nur bedingt für eine Faktorenanalyse geeignet sind.

Um detailliertere Einblicke in die Eignung der Daten zu erhalten, werden weiterhin die Ergebnisse für KMO und den Bartlett-Test auf Sphärizität betrachtet, die in Abb. 7.25 dargestellt sind. Das KMO-Kriterium beträgt 0,701, was auf eine nur „mittelmäßige" Eignung der Datenmatrix (vgl. Tab. 7.4) für eine Faktorenanalyse hinweist. Dennoch liegt KMO über dem kritischen Wert von 0,5. Der Bartlett-Test auf Sphärizität ist signifikant ($p = {<}0{,}001$), was zu der Schlussfolgerung führt, dass die Korrelationsmatrix keine Einheitsmatrix ist und die Daten korreliert sind.

Abb. 7.26 zeigt die Anti-Image-Korrelationsmatrix mit dem variablenspezifischen Kaiser-Meyer-Olkin-Kriterium (d. h. MSA) auf der Hauptdiagonalen. Die Variablen „gesund" (MSA $= 0{,}492$) und „Preis" (MSA $= 0{,}491$) weisen MSA-Werte unterhalb des kritischen Wertes von 0,5 auf, sodass wir erwägen könnten, diese Variablen in den weiteren Analysen zu ignorieren. Die übrigen Variablen haben MSA-Werte, die „mittelmäßig" oder sogar besser abschneiden. Wir entscheiden uns, die Variablen „gesund" und „Preis" an diesemPunkt beizubehalten.

Im Allgemeinen ähnelt die Beurteilung, ob die Daten für die Faktorenanalyse geeignet sind, einem „Blumenstrauß". Obwohl alle Bewertungskriterien auf den

**Korrelationsmatrix**

| | | Preisniveau | erfrischend | köstlich | gesund | bitter | leicht | knackig | exotisch | süß | fruchtig |
|---|---|---|---|---|---|---|---|---|---|---|---|
| Korrelation | Preisniveau | 1,000 | ,171 | ,443 | ,090 | ,133 | ,048 | -,144 | -,354 | ,145 | -,125 |
| | erfrischend | ,171 | 1,000 | ,128 | -,009 | ,020 | ,310 | ,106 | ,088 | ,180 | ,172 |
| | köstlich | ,443 | ,128 | 1,000 | -,019 | ,395 | ,415 | ,041 | -,014 | ,295 | ,136 |
| | gesund | ,090 | -,009 | -,019 | 1,000 | ,085 | ,085 | ,122 | -,091 | ,205 | ,057 |
| | bitter | ,133 | ,020 | ,395 | ,085 | 1,000 | ,463 | ,298 | ,236 | ,364 | ,307 |
| | leicht | ,048 | ,310 | ,415 | ,085 | ,463 | 1,000 | ,220 | ,315 | ,537 | ,549 |
| | knackig | -,144 | ,106 | ,041 | ,122 | ,298 | ,220 | 1,000 | ,233 | ,294 | ,268 |
| | exotisch | -,354 | ,088 | -,014 | -,091 | ,236 | ,315 | ,233 | 1,000 | ,238 | ,229 |
| | süß | ,145 | ,180 | ,295 | ,205 | ,364 | ,537 | ,294 | ,238 | 1,000 | ,469 |
| | fruchtig | -,125 | ,172 | ,136 | ,057 | ,307 | ,549 | ,268 | ,229 | ,469 | 1,000 |
| Sig. (1-seitig) | Preisniveau | | ,033 | ,000 | ,167 | ,077 | ,305 | ,061 | ,000 | ,060 | ,091 |
| | erfrischend | ,033 | | ,085 | ,462 | ,415 | ,000 | ,129 | ,173 | ,026 | ,033 |
| | köstlich | ,000 | ,085 | | ,420 | ,000 | ,000 | ,333 | ,442 | ,001 | ,073 |
| | gesund | ,167 | ,462 | ,420 | | ,182 | ,182 | ,096 | ,165 | ,014 | ,273 |
| | bitter | ,077 | ,415 | ,000 | ,182 | | ,000 | ,001 | ,005 | ,000 | ,000 |
| | leicht | ,305 | ,000 | ,000 | ,182 | ,000 | | ,009 | ,000 | ,000 | ,000 |
| | knackig | ,061 | ,129 | ,333 | ,096 | ,001 | ,009 | | ,006 | ,001 | ,002 |
| | exotisch | ,000 | ,173 | ,442 | ,165 | ,005 | ,000 | ,006 | | ,005 | ,007 |
| | süß | ,060 | ,026 | ,001 | ,014 | ,000 | ,000 | ,001 | ,005 | | ,000 |
| | fruchtig | ,091 | ,033 | ,073 | ,273 | ,000 | ,000 | ,002 | ,007 | ,000 | |

**Abb. 7.24** Korrelationsmatrix und Signifikanzen der Korrelationen

## KMO- und Bartlett-Test

| Maß der Stichprobeneignung nach Kaiser-Meyer-Olkin. | | ,701 |
|---|---|---|
| Bartlett-Test auf Sphärizität | Ungefähres Chi-Quadrat | 266,331 |
| | df | 45 |
| | Signifikanz nach Bartlett | <,001 |

**Abb. 7.25** KMO und Bartlett-Test im Fallbeispiel mit 10 Variablen

Korrelationen zwischen den Variablen beruhen, können die Schlussfolgerungen, die auf den Kriterien basieren, mehrdeutig sein. Was wir also lernen müssen, ist: Es macht nicht viel Sinn, ein spezielles Kriterium auszuwählen. Vielmehr ist es notwendig, das Gesamtbild zu sehen. Es ist das Portfolio (Bündel) von Kriterien, auf das sich der Entscheider verlassen muss.

In einem letzten Schritt werden noch die Kommunalitäten der Ausgangsvariablen geprüft, da diese Auskunft darüber geben können, ob Variablen aus der Analyse ausgeschlossen werden sollten. Das ist immer dann der Fall, wenn die Kommunalitäten nur sehr kleine Werte besitzen und die Faktoren somit die Varianz einer Variablen nicht reproduzieren können. Zu diesem Zweck betrachten wir die Matrix der anfänglichen und finalen Kommunalitäten, wenn die HAA verwendet wird. Abb. 7.27 zeigt das Ergebnis für das Fallbeispiel.

Theoretisch könnten alle Variablen mit sehr kleinen Kommunalitäten gestrichen werden: Das wären „erfrischend" (0,182), „gesund" (0,239) und „knackig" (0,237). Folgefragen sind: Eine oder zwei oder alle drei Variablen löschen? Was passiert, wenn die Löschung der drei Variablen zu neuen kritischen Kandidaten für die Eliminierung führt? Was bedeutet es, dass wir am Ende ein Bild mit völlig unterschiedlichen Ergebnissen je nach Anwendung einer HKA oder einer HAA haben? Andere Fragen stellen sich. Bedeutet das, dass es sich um ein Trial-and-Error-Verfahren handelt in Bezug auf die Ergebnisse „gesund = 0,239" und „knackig = 0,237"?

Im Folgenden analysieren wir den Prozess, wenn wir – als Beispiel – die Variable mit der niedrigsten extrahierten Kommunalität, d. h. „erfrischend", löschen (vgl. Abb. 7.27). Auf diese Weise müssen wir eine völlig neue Faktorenanalyse durchführen. In unserem Fall erhöht sich die KMO leicht von 0,701 auf 0,723, und die MSA steigt ebenfalls geringfügig an. Der Bartlett-Test ist nach wie vor signifikant.

Abb. 7.28 zeigt die Ergebnisse für die Kommunalitäten bei 9 Variablen und wenn wiederum die HAA angewandt wird. Es bleiben die kritischen Variablen nach der Streichung von „erfrischend" in der Lösung mit neun Variablen als Kandidaten für die Streichung gleich („gesund" = 0,188; „knackig" = 0,207). Um zu sehen, wie sich die Ergebnisse ändern, wenn andere Variablen mit geringen Kommunalitäten eliminiert werden, kann der Forscher die Ergebnisse systematisch überprüfen, indem er für jede Kombination eine vollständige Analyse durchführt. Die Ergebnisse können völlig unterschiedlich ausfallen.

## Anti-Image-Matrizen

| | | Preisniveau | erfrischend | köstlich | gesund | bitter | leicht | knackig | exotisch | süß | fruchtig |
|---|---|---|---|---|---|---|---|---|---|---|---|
| Anti-Image-Kovarianz | Preisniveau | ,595 | -,159 | -,229 | -,048 | -,079 | ,049 | ,108 | ,234 | -,117 | ,105 |
| | erfrischend | -,159 | ,831 | ,036 | ,047 | ,137 | -,161 | -,090 | -,058 | ,011 | -,026 |
| | köstlich | -,229 | ,036 | ,601 | ,100 | -,134 | -,154 | ,010 | ,025 | -,030 | ,042 |
| | gesund | -,048 | ,047 | ,100 | ,908 | -,029 | -,038 | -,081 | ,114 | -,131 | ,035 |
| | bitter | -,079 | ,137 | -,134 | -,029 | ,644 | -,118 | -,160 | -,105 | -,019 | -,043 |
| | leicht | ,049 | -,161 | -,154 | -,038 | -,118 | ,445 | ,043 | -,090 | -,120 | -,183 |
| | knackig | ,108 | -,090 | ,010 | -,081 | -,160 | ,043 | ,802 | -,051 | -,108 | -,059 |
| | exotisch | ,234 | -,058 | ,025 | ,114 | -,105 | -,090 | -,051 | ,703 | -,099 | ,047 |
| | süß | -,117 | ,011 | -,030 | -,131 | -,019 | -,120 | -,108 | -,099 | ,581 | -,155 |
| | fruchtig | ,105 | -,026 | ,042 | ,035 | -,043 | -,183 | -,059 | ,047 | -,155 | ,609 |
| Anti-Image-Korrelation | Preisniveau | ,491[a] | -,225 | -,383 | -,065 | -,128 | ,095 | ,156 | ,361 | -,198 | ,174 |
| | erfrischend | -,225 | ,552[a] | ,051 | ,054 | ,188 | -,264 | -,110 | -,076 | ,016 | -,037 |
| | köstlich | -,383 | ,051 | ,675[a] | ,135 | -,215 | -,299 | ,015 | ,039 | -,051 | ,070 |
| | gesund | -,065 | ,054 | ,135 | ,492[a] | -,038 | -,060 | -,094 | ,143 | -,181 | ,048 |
| | bitter | -,128 | ,188 | -,215 | -,038 | ,771[a] | -,220 | -,223 | -,157 | -,031 | -,069 |
| | leicht | ,095 | -,264 | -,299 | -,060 | -,220 | ,741[a] | ,072 | -,161 | -,237 | -,351 |
| | knackig | ,156 | -,110 | ,015 | -,094 | -,223 | ,072 | ,744[a] | -,068 | -,159 | -,084 |
| | exotisch | ,361 | -,076 | ,039 | ,143 | -,157 | -,161 | -,068 | ,656[a] | -,154 | ,071 |
| | süß | -,198 | ,016 | -,051 | -,181 | -,031 | -,237 | -,159 | -,154 | ,795[a] | -,261 |
| | fruchtig | ,174 | -,037 | ,070 | ,048 | -,069 | -,351 | -,084 | ,071 | -,261 | ,766[a] |

a. Maß der Stichprobeneignung

**Abb. 7.26** Anti-Image-Kovarianzen und Anti-Image-Korrelationen

**Abb. 7.27** Kommunalitäten im Fallbeispiel bei Extraktion mittels HAA (10 Variablen)

### Kommunalitäten

|  | Anfänglich | Extraktion |
|---|---|---|
| Preisniveau | ,405 | ,815 |
| erfrischend | ,169 | ,182 |
| köstlich | ,399 | ,500 |
| gesund | ,092 | ,239 |
| bitter | ,356 | ,711 |
| leicht | ,555 | ,746 |
| knackig | ,198 | ,237 |
| exotisch | ,297 | ,341 |
| süß | ,419 | ,549 |
| fruchtig | ,391 | ,438 |

Extraktionsmethode: Hauptachsen-Faktorenanalyse.

Bedeutet das, dass der Entscheider zu „Bauchgefühl"-Entscheidungen zurückkehren muss? Die Antwort lautet: Nein. Was wir brauchen, ist eine umfassende Theorie, die den Anwender durch die Reihe der kritischen Fragen führt. Deshalb empfehlen wir, nach einer stabilen, annehmbaren Theorie zu suchen, bevor man mit weitreichenden, aber irreführenden empirischen Entwürfen beginnt.

Aus didaktischen Gründen entscheiden wir uns dafür, die Variablen „gesund" und „knackig" beizubehalten und mit der Interpretation der Anzahl der Faktoren (basierend auf 9 Variablen und einer HAA) fortzufahren.

#### 7.3.3.2 Ergebnisse der Hauptachsenanalyse im 9-Variablen-Fall

Im Folgenden werden die Ergebnisse für das Fallbeispiel vorgestellt, wenn die Variable „erfrischend" vorab eliminiert wird und die verbleibenden 9 Variablen mithilfe der Hauptachsenanalyse untersucht werden. Die Darstellungen folgen den in Abb. 7.3 aufgezeigten Ablaufschritten 2–4.[18]

**Anzahl der Faktoren**

SPSS verwendet standardmäßig das Kaiser-Kriterium (Eigenwert), um die Anzahl der Faktoren zu bestimmen. Abb. 7.29 zeigt die Eigenwerte für die Faktoren, wenn wir nur 9 Variablen betrachten. Im Gegensatz zur ursprünglichen Lösung mit 10 Variablen haben 3 anstelle von 4 Faktoren einen Eigenwert größer als 1 (Spalte „*Anfängliche Eigenwerte/*

---

[18] Durch die Reduktion der Variablenzahl auf 9 verändert sich die Zahl der zur Analyse herangezogenen Fälle im Fallbeispiel auf 117.

**Abb. 7.28** Kommunalitäten im Fallbeispiel bei Extraktion mittels HAA. (Nach Eliminierung der Variable „erfrischend")

**Kommunalitäten**

|  | Anfänglich | Extraktion |
|---|---|---|
| Preisniveau | ,362 | ,654 |
| köstlich | ,386 | ,654 |
| gesund | ,090 | ,188 |
| bitter | ,329 | ,378 |
| leicht | ,496 | ,602 |
| knackig | ,179 | ,207 |
| exotisch | ,295 | ,400 |
| süß | ,411 | ,560 |
| fruchtig | ,390 | ,422 |

Extraktionsmethode: Hauptachsen-Faktorenanalyse.

Gesamt"). 63,145 % der Varianz in den Daten werden durch diese 3 Faktoren erklärt. Eine separate Faktorenanalyse auf der Grundlage der Drei-Faktoren-Lösung führt zu einer kumulierten Varianz-Explikation von 45,17 %.

Die Werte, die sich auf die Spalte „*Summen von quadrierten Faktorladungen für Extraktion*" beziehen, berücksichtigen die gemeinsame Varianz anstelle der Gesamtvarianz und sind daher niedriger als die in den Spalten „*Anfängliche Eigenwerte*" angegebenen Werte. Die Spalten, die sich auf „*Rotierte Summe der quadrierten Ladungen*" beziehen, stellen die Verteilung der Varianz nach der VARIMAX-Rotation dar.

Neben dem Kaiser-Kriterium werfen wir einen Blick auf den Scree-Test. Abb. 7.30 zeigt den Screeplot. Das Ergebnis ist allerdings nicht eindeutig: Es ließe sich sowohl die Extraktion von sowohl drei als auch zwei Faktoren rechtfertigen.

**Güte der Drei-Faktoren-Lösung**

Zur Beurteilung der Güte der Faktorlösung kann zunächst der erklärte Varianzanteil herangezogen werden. Gemäß Abb. 7.29 kann die Drei-Faktoren-Lösung 45,17 % der Gesamtvarianz erklären. Aus der Abbildung ist weiterhin ersichtlich, dass fünf Faktoren extrahiert werden müssten, wenn z. B. mindestens 80 % der Gesamtvarianz erklärt werden sollten. Ein weiteres Kriterium zur Beurteilung der Güte ist die reproduzierte Korrelationsmatrix ($\hat{R}$) sowie die Abweichungen (Residuen) zwischen den empirischen ($R$) und den reproduzierten Korrelationen. Beide Matrizen sind in Abb. 7.31 dargestellt.

## Erklärte Gesamtvarianz

| Faktor | Anfängliche Eigenwerte | | | Summen von quadrierten Faktorladungen für Extraktion | | | Rotierte Summe der quadrierten Ladungen | | |
|---|---|---|---|---|---|---|---|---|---|
| | Gesamt | % der Varianz | Kumulierte % | Gesamt | % der Varianz | Kumulierte % | Gesamt | % der Varianz | Kumulierte % |
| 1 | 2,904 | 32,270 | 32,270 | 2,397 | 26,630 | 26,630 | 2,271 | 25,235 | 25,235 |
| 2 | 1,677 | 18,636 | 50,906 | 1,246 | 13,843 | 40,474 | 1,329 | 14,764 | 39,999 |
| 3 | 1,102 | 12,240 | 63,145 | ,423 | 4,697 | 45,170 | ,465 | 5,171 | 45,170 |
| 4 | ,824 | 9,153 | 72,299 | | | | | | |
| 5 | ,706 | 7,849 | 80,147 | | | | | | |
| 6 | ,574 | 6,374 | 86,521 | | | | | | |
| 7 | ,471 | 5,236 | 91,757 | | | | | | |
| 8 | ,387 | 4,297 | 96,055 | | | | | | |
| 9 | ,355 | 3,945 | 100,000 | | | | | | |

Extraktionsmethode: Hauptachsen-Faktorenanalyse.

**Abb. 7.29** Eigenwerte und erklärte Gesamtvarianz (basierend auf 9 Variablen)

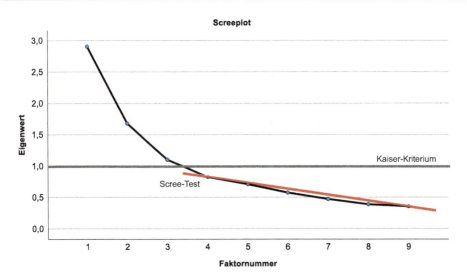

**Abb. 7.30** Scree-Test und Kaiser-Kriterium

Die Matrix der Residuen ($\mathbf{R} - \widehat{\mathbf{R}}$) zeigt, dass nur 5 Residuen Werte von > 0,05 aufweisen. Das sind nur 13 % aller Korrelationen. Die größten Residualwerte besitzen dabei die Korrelationen $r_{\text{knackig, bitter}} = +0091$, $r_{\text{fruchtig, leicht}} = +0{,}078$ und $r_{\text{fruchtig, exotisch}} = -0{,}070$. Werden die in der reproduzierten Korrelationsmatrix auf der Hauptdiagonalen aufgeführten Kommunalitäten beachtet (vgl. auch Abb. 7.28), so zeigt sich, dass schlechte Reproduktionen vor allem im Zusammenhang mit den Variablen mit nur kleinen Kommunalitäten stehen. Das sind die Variablen „bitter" (Kommunalität 0,378) und „knackig" (Kommunalität 0,207). Demgegenüber ist die Variable „gesund" mit der kleinsten Kommunalität (0,188) hiervon nicht betroffen, was aber daran liegt, dass sie bei der Faktorenextraktion einen eigenen Faktor bildet und den Faktor 3 dominiert (vgl. Abb. 7.33). Zusammenfassend kann festgestellt werden, dass die Gesamtgüte (45,17 % erklärte Gesamtvarianz) zwar eher gering ist, die Reproduktionen der Korrelationen unter Beachtung der durchgehend eher geringen Kommunalitäten aber relativ gut gelungen sind.

**Interpretation der Faktoren**

Zur Interpretation der Drei-Faktoren-Lösung wird zunächst die unrotierte Faktorladungsmatrix in Abb. 7.32 betrachtet: Die Variablen „leicht", „süß", „bitter" und „fruchtig" laden stark auf Faktor 1. Die Variable „köstlich" hat eine Doppelladung auf Faktor 1 und 2. Neben „köstlich" sind auch die Variablen „Preis" und „exotisch" mit Faktor 2 korreliert. Die Variable „gesund" ist die einzige Variable, die auf Faktor 3 stärker lädt (0,406). Dies könnte ein erster Hinweis darauf sein, dass es zu Inkompatibilitäten mit den konzeptionellen Anforderungen der Faktorenanalyse kommen wird. Demgegenüber korreliert die Variable „knackig" eher schwach mit allen drei Faktoren. Es stellt sich

## 7.3 Fallbeispiel

**Reproduzierte Korrelationen**

| | | Preisniveau | köstlich | gesund | bitter | leicht | knackig | exotisch | süß | fruchtig |
|---|---|---|---|---|---|---|---|---|---|---|
| Reproduzierte Korrelation | Preisniveau | ,654[a] | ,449 | ,111 | ,109 | ,053 | -,127 | -,353 | ,110 | -,102 |
| | köstlich | ,449 | ,654[a] | -,022 | ,377 | ,398 | ,031 | ,012 | ,295 | ,157 |
| | gesund | ,111 | -,022 | ,188[a] | ,050 | ,084 | ,087 | -,074 | ,195 | ,109 |
| | bitter | ,109 | ,377 | ,050 | ,378[a] | ,470 | ,199 | ,210 | ,407 | ,339 |
| | leicht | ,053 | ,398 | ,084 | ,470 | ,602[a] | ,290 | ,308 | ,537 | ,467 |
| | knackig | -,127 | ,031 | ,087 | ,199 | ,290 | ,207[a] | ,212 | ,293 | ,288 |
| | exotisch | -,353 | ,012 | -,074 | ,210 | ,308 | ,212 | ,400[a] | ,199 | ,299 |
| | süß | ,110 | ,295 | ,195 | ,407 | ,537 | ,293 | ,199 | ,560[a] | ,449 |
| | fruchtig | -,102 | ,157 | ,109 | ,339 | ,467 | ,288 | ,299 | ,449 | ,422[a] |
| Residuum[b] | Preisniveau | | -,017 | -,019 | ,016 | ,002 | -,012 | -,005 | ,028 | -,023 |
| | köstlich | -,017 | | ,001 | ,025 | ,002 | ,004 | -,018 | ,005 | -,021 |
| | gesund | -,019 | ,001 | | ,033 | ,002 | ,036 | -,019 | ,008 | -,053 |
| | bitter | ,016 | ,025 | ,033 | | -,023 | ,091 | ,032 | -,037 | -,033 |
| | leicht | ,002 | ,002 | ,002 | -,023 | | -,065 | -,003 | -,013 | ,078 |
| | knackig | -,012 | ,004 | ,036 | ,091 | -,065 | | ,016 | -,004 | -,021 |
| | exotisch | -,005 | -,018 | -,019 | ,032 | -,003 | ,016 | | ,044 | -,070 |
| | süß | ,028 | ,005 | ,008 | -,037 | -,013 | -,004 | ,044 | | ,019 |
| | fruchtig | -,023 | -,021 | -,053 | -,033 | ,078 | -,021 | -,070 | ,019 | |

Extraktionsmethode: Hauptachsen-Faktorenanalyse.

a. Reproduzierte Kommunalitäten

b. Residuen werden zwischen beobachteten und reproduzierten Korrelationen berechnet. Es liegen 5 (13,0%) nicht redundante Residuen mit absoluten Werten größer 0,05 vor.

**Abb. 7.31** Reproduzierte Korrelationen und Residuen

**Abb. 7.32** Unrotierte Faktorladungsmatrix im Fallbeispiel

**Faktorenmatrix**[a]

| | Faktor | | |
|---|---|---|---|
| | 1 | 2 | 3 |
| Preisniveau | ,112 | ,793 | ,112 |
| köstlich | ,518 | ,536 | -,313 |
| gesund | ,139 | ,063 | ,406 |
| bitter | ,604 | ,064 | -,093 |
| leicht | ,774 | -,036 | -,052 |
| knackig | ,373 | -,230 | ,123 |
| exotisch | ,361 | -,463 | -,234 |
| süß | ,710 | ,004 | ,238 |
| fruchtig | ,600 | -,228 | ,099 |

Extraktionsmethode: Hauptachsenfaktorenanalyse.

a. 3 Faktoren extrahiert. Es werden 15 Iterationen benötigt.

damit die Frage, ob diese Variable ebenfalls eliminiert werden sollte (analog zur Variable „erfrischend" am Anfang des Fallbeispiels).

Um die Interpretation der Faktorlösung zu erleichtern, empfiehlt es sich, die nach der Anwendung der VARIMAX-Rotation resultierenden Faktorladungen zu betrachten: Im zweidimensionalen (wie im dreidimensionalen) Fall könnten wir die Drehung grafisch üben, indem wir versuchen, das Koordinationssystem so zu drehen, dass die Winkel zwischen den Variablen und dem Vektor eines Faktors abnehmen. Im Falle von mehr als drei Faktoren ist es jedoch notwendig, die Rotation zu berechnen.

Die VARIMAX-Rotation ist eine orthogonale Rotationsmethode. Das bedeutet, dass die beiden Koordinaten bei der Rotation immer in einem rechten Winkel verbleiben. Dadurch werden die beiden Faktoren immer als unabhängig (unkorreliert) unterstellt. Da die Rotation der Faktoren zwar die Faktorladungen, nicht aber die Kommunalitäten des Modells verändert, ist die unrotierte Lösung primär für die Auswahl der Anzahl von Faktoren und für die Gütebeurteilung der Faktorlösungen geeignet. Eine Interpretation der ermittelten Faktoren ist auf Basis eines unrotierten Modells allerdings *nicht* empfehlenswert, da sich durch Anwendung einer Rotationsmethode die Verteilung des erklärten Varianzanteils einer Variablen auf die Faktoren verändert.

Für das Fallbeispiel zeigt Abb. 7.33 die Matrix der rotierten Faktorladungen. Im Vergleich zu Abb. 7.32 sind Änderungen in den Faktorladungen erkennbar, die im Ergebnis die Faktorinterpretation erleichtern bzw. eindeutiger machen.

**Abb. 7.33** VARIMAX-rotierte Faktorladungsmatrix der Drei-Faktoren-Lösung

**Rotierte Faktorenmatrix**[a]

| | Faktor 1 | Faktor 2 | Faktor 3 |
|---|---|---|---|
| Preisniveau | -,157 | ,748 | ,265 |
| köstlich | ,319 | ,725 | -,163 |
| gesund | ,102 | ,020 | ,421 |
| bitter | ,551 | ,271 | -,027 |
| leicht | ,743 | ,224 | ,010 |
| knackig | ,425 | -,119 | ,110 |
| exotisch | ,498 | -,267 | -,283 |
| süß | ,663 | ,182 | ,295 |
| fruchtig | ,640 | -,040 | ,107 |

Extraktionsmethode: Hauptachsenfaktorenanalyse.
Rotationsmethode: Varimax mit Kaiser-Normalisierung.

a. Die Rotation ist in 8 Iterationen konvergiert.

Im Fallbeispiel sind nun die Variablen „bitter", „leicht", „knackig", „exotisch", „süß" und „fruchtig" deutlicher mit Faktor 1 verbunden. Faktor 2 korreliert mit den Variablen „Preis" und „köstlich", und Faktor 3 ist nur mit der Variable „gesund" stärker verbunden.

Insgesamt wird deutlich, dass die Ergebnisse einer Faktorenanalyse oft viele Fragen aufwerfen und nur selten eindeutige Antworten geben. Genau das aber macht die Faktorenanalyse auch so „flexibel" und lässt Raum für Interpretationen. Insbesondere die Interpretation der Faktoren ist immer subjektiv und bedarf letztendlich einer großen Sachkenntnis des Anwenders im Untersuchungsfeld. Dadurch ist es oft schwierig, die „richtigen" Bezeichnungen für die abstrakten, unbeobachteten Faktoren zu finden. Genau deshalb werden die Informationen über die Variablen, die auf einen Faktor stark laden, zur Interpretation der Faktoren verwendet. Für das Fallbeispiel werden hier folgende Interpretationen vorgeschlagen:

1. Faktor 1: Geschmackserlebnis
2. Faktor 2: Preis-Leistungs-Verhältnis
3. Faktor 3: Gesundheit

Der Leser sei an dieser Stelle durchaus ermutigt, obige Vorschläge auch infrage zu stellen und alternative Interpretationen für die drei Faktoren zu entwickeln. Darüber hinaus motivieren wir den Leser, bei der Durchführung einer Faktorenanalyse auch verschiedene methodische Optionen anzuwenden, um auf diese Weise auch ein Gefühl für die Robustheit der Ergebnisse zu erlangen.

**Faktorwerte**

Nach Extraktion der Faktoren ist häufig noch die Frage von Interesse, wie die befragten Personen die gefundenen (fiktiven) Faktoren beurteilen würden. Diese Beurteilungen können unter Verwendung der Matrix der Ausgangsdaten (**Z**) mithilfe der sog. Faktorwerte geschätzt werden. Zur Berechnung der Faktorwerte wird hier auf die Regressionsmethode zurückgegriffen (vgl. Abb. 7.23 und Abschn. 7.2.4). SPSS liefert hierzu die in Abb. 7.34 dargestellte „*Koeffizientenmatrix der Faktorwerte*", mit deren Hilfe aus den Ausgangsdaten die Faktorwerte berechnet werden können.

Die Regressionskoeffizienten dienen als Gewichte für die standardisierten Ausgangswerte zur Berechnung der Faktorwerte. Abb. 7.34 zeigt, dass die Variablen „leicht", „süß", „fruchtig", „bitter", „exotisch" und „knackig" die höchsten Gewichte haben, die mit den vorherigen Ergebnissen übereinstimmen. Erwartungsgemäß erhielten die Variablen „Preis" und „köstlich" die höchsten Gewichte für Faktor 2, und die Variable „süß" hat die höchste Relevanz, wenn der Faktorwert für Faktor 3 berechnet wird. Da bei der Berechnung der Faktorwerte für einen Faktor alle Variablen berücksichtigt werden, sind die Faktorwerte korreliert.

SPSS berechnet die jeweiligen Faktorwerte für alle 116 Personen im Fallbeispiel und speichert diese Werte als neue Variablen in der SPSS-Datendatei. In SPSS werden

**Abb. 7.34** Koeffizientenmatrix der Faktorwerte

**Koeffizientenmatrix der Faktorwerte**

| | Faktor | | |
|---|---|---|---|
| | 1 | 2 | 3 |
| Preisniveau | -,176 | ,486 | ,290 |
| köstlich | ,092 | ,483 | -,374 |
| gesund | ,015 | -,020 | ,284 |
| bitter | ,162 | ,052 | -,036 |
| leicht | ,326 | ,058 | -,027 |
| knackig | ,111 | -,055 | ,085 |
| exotisch | ,166 | -,095 | -,258 |
| süß | ,268 | -,014 | ,337 |
| fruchtig | ,184 | -,048 | ,083 |

Extraktionsmethode: Hauptachsenfaktorenanalyse.
Rotationsmethode: Varimax mit Kaiser-Normalisierung.
Faktorscoremethode: Regression.

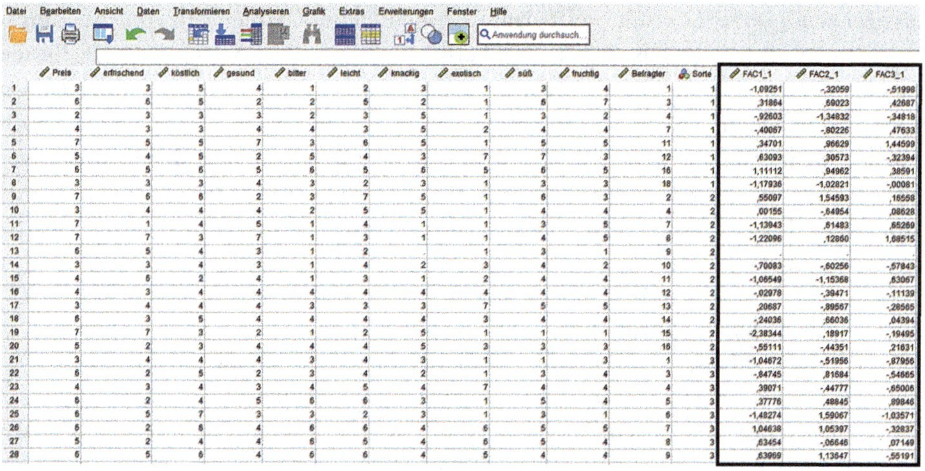


| | Preis | erfrischend | köstlich | gesund | bitter | leicht | knackig | exotisch | süß | fruchtig | Befragter | Sorte | FAC1_1 | FAC2_1 | FAC3_1 |
|---|---|---|---|---|---|---|---|---|---|---|---|---|---|---|---|
| 1 | 3 | 3 | 5 | 4 | 1 | 2 | 3 | 1 | 3 | 4 | 1 | 1 | -1,09251 | -,32059 | -,51998 |
| 2 | 6 | 6 | 5 | 2 | 2 | 5 | 2 | 1 | 6 | 7 | 3 | 1 | ,31864 | ,69023 | ,42687 |
| 3 | 2 | 3 | 3 | 3 | 2 | 3 | 5 | 1 | 3 | 2 | 4 | 1 | -,92603 | -1,34832 | -,34818 |
| 4 | 4 | 3 | 3 | 4 | 4 | 3 | 5 | 2 | 4 | 4 | 7 | 1 | -,40067 | -,80226 | ,47633 |
| 5 | 7 | 5 | 5 | 7 | 3 | 6 | 5 | 1 | 5 | 5 | 11 | 1 | ,34701 | ,96629 | 1,44599 |
| 6 | 5 | 4 | 5 | 2 | 5 | 4 | 3 | 7 | 7 | 3 | 12 | 1 | ,63093 | ,30573 | -,32394 |
| 7 | 6 | 5 | 6 | 5 | 6 | 5 | 6 | 5 | 6 | 5 | 16 | 1 | 1,11112 | ,94962 | ,38591 |
| 8 | 3 | 3 | 3 | 4 | 3 | 2 | 3 | 1 | 3 | 3 | 18 | 1 | -1,17936 | -1,02821 | -,00081 |
| 9 | 7 | 6 | 6 | 2 | 3 | 7 | 5 | 1 | 6 | 3 | 2 | 2 | ,55097 | 1,54593 | ,16558 |
| 10 | 3 | 4 | 4 | 4 | 2 | 5 | 5 | 1 | 4 | 4 | 4 | 2 | ,00155 | -,64954 | ,08628 |
| 11 | 7 | 1 | 4 | 5 | 1 | 4 | 1 | 1 | 3 | 5 | 7 | 2 | -1,13943 | ,61483 | ,65269 |
| 12 | 7 | 7 | 3 | 7 | 1 | 3 | 1 | 1 | 4 | 5 | 8 | 2 | -1,22096 | ,12860 | 1,68515 |
| 13 | 6 | 5 | 4 | 3 | 1 | 2 | . | 1 | 3 | 1 | 9 | 2 | . | . | . |
| 14 | 3 | 3 | 4 | 3 | 1 | 4 | 2 | 3 | 4 | 2 | 10 | 2 | -,70083 | -,60256 | -,57843 |
| 15 | 4 | 6 | 2 | 4 | 1 | 3 | 1 | 2 | 4 | 4 | 11 | 2 | -1,06549 | -1,15368 | ,63067 |
| 16 | 4 | 3 | 4 | 4 | 4 | 4 | 4 | 4 | 4 | 4 | 12 | 2 | -,02978 | -,39471 | -,11139 |
| 17 | 3 | 4 | 4 | 4 | 3 | 3 | 3 | 7 | 5 | 5 | 13 | 2 | ,20687 | -,89567 | -,28565 |
| 18 | 6 | 3 | 5 | 4 | 4 | 4 | 4 | 3 | 4 | 4 | 14 | 2 | -,24036 | ,66036 | ,04394 |
| 19 | 7 | 7 | 3 | 2 | 1 | 2 | 5 | 1 | 1 | 1 | 15 | 2 | -2,38344 | ,18917 | -,19495 |
| 20 | 5 | 2 | 3 | 4 | 4 | 4 | 5 | 3 | 3 | 3 | 16 | 2 | -,55111 | -,44351 | ,21631 |
| 21 | 3 | 4 | 4 | 4 | 3 | 4 | 3 | 1 | 1 | 3 | 1 | 3 | -1,04672 | -,51956 | -,87956 |
| 22 | 6 | 2 | 5 | 2 | 3 | 4 | 2 | 1 | 3 | 4 | 3 | 3 | -,84745 | ,81684 | -,54665 |
| 23 | 4 | 3 | 4 | 3 | 4 | 5 | 4 | 7 | 4 | 4 | 4 | 3 | ,39071 | -,44777 | -,65006 |
| 24 | 6 | 2 | 4 | 5 | 6 | 6 | 3 | 1 | 5 | 4 | 5 | 3 | ,37776 | ,48845 | ,89846 |
| 25 | 6 | 5 | 7 | 3 | 3 | 2 | 3 | 1 | 3 | 1 | 6 | 3 | -1,48274 | 1,59067 | -1,03571 |
| 26 | 6 | 2 | 6 | 4 | 6 | 6 | 4 | 6 | 5 | 5 | 7 | 3 | 1,04638 | 1,05397 | -,32837 |
| 27 | 5 | 2 | 4 | 4 | 6 | 5 | 4 | 6 | 5 | 4 | 8 | 3 | ,63454 | -,06646 | ,07149 |
| 28 | 6 | 5 | 6 | 4 | 6 | 6 | 4 | 5 | 4 | 4 | 9 | 3 | ,63969 | 1,13647 | -,55191 |

**Abb. 7.35** SPSS-Dateneditor mit den Faktorwerten der ersten 28 Personen im Fallbeispiel

die Faktorwerte der einzelnen Fälle als neue Variablen an die Datenmatrix angehängt: „FAC1_1", „FAC2_1" und „FAC3_1" (vgl. Abb. 7.35).

Wie bereits in Abschn. 7.2.4 allgemein diskutiert, ist bei der Interpretation der Faktorwerte darauf zu achten, dass diese standardisierte Werte mit einem Mittelwert von 0 und einer Varianz von 1 darstellen. Die sich daraus ergebende Interpretation sei hier am Beispiel der Personen 1, 2 und 10 verdeutlicht:

1. Die Faktorwerte für Person 1 lauten: −1,093; −0,321; −0,520.
   Das bedeutet, dass Person 1 alle drei Faktoren im Vergleich zum Durchschnitt aller Befragten *unterdurchschnittlich* beurteilt. Bei der verwendeten Beurteilungsskala (1 = niedrig, 7 = hoch) bedeutet das, dass Person 1 alle drei Faktoren im Vergleich zum Durchschnittswert als niedrig ausgeprägt einschätzt.
2. Die Faktorwerte für Person 2 lauten: 0,319; 0,690; 0,427.
   Bei Person 2 zeigt sich der umgekehrte Fall, d. h. die Beurteilungen sind bei allen drei Faktoren *überdurchschnittlich.* Person 2 beurteilt also alle drei Faktoren im Vergleich zur Durchschnittsbeurteilung der anderen Personen als hoch.
3. Die Faktorwerte für Person 10 lauten: −0,002; –0,650; −0,086.
   Person 10 weist bei den Faktoren 1 und 3 Werte nahe Null auf, d. h. die Einschätzung dieser Faktoren entspricht der *durchschnittlichen* Einschätzung über alle befragten Personen.

Einen Anhaltspunkt für die „durchschnittliche" Beurteilung pro Variable (Faktorwert 0) kann aus den Mittelwerten der Variablen in den Ausgangsdaten abgeleitet werden, die auf einen Faktor laden. Zu diesem Zweck ist in Abb. 7.20 im Dialogfenster *„Faktorenanalyse: Deskriptive Statistik"* zusätzlich das Feld *„Univariate deskriptive Statistiken"* auszuwählen. Diese Statistik weist dann die Beurteilungs-Mittelwerte pro Ausgangsvariable einer Erhebung aus. Für das Fallbeispiel beträgt dieser Mittelwert z. B. für die Variable „Preis" 4,73 und für die Variable „köstlich" 4,31. Da diese beiden Variablen den Faktor 2 dominieren, lässt sich schließen, dass Person 2 den Faktor 2 als besonders hoch interpretiert (Faktorwert +0,690), während Person 10 den Faktor als deutlich niedriger ausgeprägt einschätzt (Faktorwert −0,650). Ein Faktorwert von Null weist hier hingegen darauf hin, dass die Beurteilung einer entsprechenden Person auf dem Durchschnittsniveau (4,31 bzw. 4,73) liegt.

### 7.3.3.3 Produktpositionierung

Um die im Fallbeispiel formulierte Positionierung der 11 Schokoladensorten zu erreichen, greift der Manager des Schokoladenunternehmens auf die (fiktiven) Beurteilungen der gefundenen drei Faktoren in Form der Faktorwerte der 116 befragten Personen zurück (vgl. Abb. 7.32). Zur Positionierung benötigt er nun die durchschnittlichen Bewertungen der drei Faktoren für jede Schokoladensorte. Diese können mithilfe der SPSS-Prozedur „Mittelwerte" berechnet werden, die über die folgende Menüfolge aufgerufen wird: *„Analysieren/Mittelwerte und Proportionen vergleichen/Mittelwerte"*. In der Prozedur *„Mittelwerte"* sind die drei Variablen mit den Faktorwerten („FAC1_1"; „FAC2_1"; „FAC3_1") in die *„Abhängige Variablen"* einzufügen und die Schokoladensorten als *„Unabhängige Variablen"* anzugeben. Anschließend können über das Menü *„Optionen"* die Mittelwerte berechnet werden (vgl. Abb. 7.36).

Die Datenmatrix für die Positionierung ist somit eine 11 × 3-Matrix, mit den 11 Schokoladensorten als Fälle und den 3 durchschnittlichen Faktorwerten als Variablen. Dabei ist zu beachten, dass durch die Mittelwertbildung pro Schokoladensorte die Information über die Unterschiede in den Bewertungen zwischen den Individuen

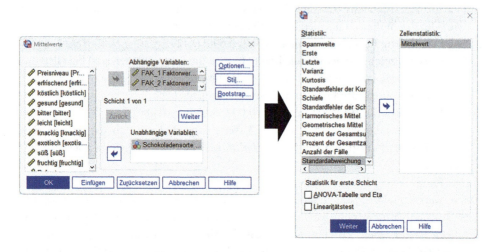

**Abb. 7.36** Dialogfenster: Mittelwerte und Optionen

## Bericht

Mittelwert

| Schokoladensorte | FAK_1 Faktorwert (Geschmack) | FAK_2 Faktorwert (Preis-Leistung) | FAK_3 Faktorwert (gesund) |
|---|---|---|---|
| Vollmilch | -,1488577 | -,0734388 | ,1927729 |
| Espresso | -,5974541 | -,0909821 | ,2100178 |
| Keks | -,2323478 | ,3299029 | -,4012978 |
| Orange | ,4740075 | -,5108377 | -,4255430 |
| Erdbeer | ,6576517 | -,6045530 | -,0909758 |
| Mango | 1,1502797 | -,7692322 | -,1588123 |
| Cappuccino | ,0844460 | ,2511822 | ,0799484 |
| Mousse | -,0296617 | ,7170836 | ,1790648 |
| Karamell | -,2249302 | ,3207209 | ,0851738 |
| Nougat | -,2964816 | ,0367757 | ,3897684 |
| Nuss | -,4147846 | -,0756999 | -,0872719 |
| Insgesamt | ,0000000 | ,0000000 | ,0000000 |

**Abb. 7.37** Mittelwerte der Faktorwerte pro Schokoladensorte

verloren geht. Abhängig von der Heterogenität der Antworten der Testpersonen kann dieser Informationsverlust groß und möglicherweise nicht akzeptabel sein. Abb. 7.37 zeigt die durchschnittlichen Faktorbeurteilungen für die 11 Schokoladensorten.

Abb. 7.37 zeigt, dass nur die „Fruchtsorten" (Orange, Erdbeer, Mango) beim Geschmackserlebnis (Faktor 1) hohe positive Werte besitzen. Das bedeutet, dass sie im Vergleich zu allen anderen Sorten als überdurchschnittlich beurteilt werden. Andererseits weisen die Fruchtsorten bei den beiden anderen Faktoren hohe negative Werte auf. Bezüglich „Preis-Leistungs-Verhältnis" und „Gesundheitsaspekt" werden sie damit im Vergleich zu den übrigen Schokoladensorten als nur unterdurchschnittlich beurteilt. Wie bereits zuvor aufgezeigt, bestimmt dabei die in einer Erhebung verwendete Beurteilungsskala (hier: 1 bis 7), was „durchschnittlich" bedeutet. Die Mittelwerte der Ausgangsvariablen, die auf einen Faktor laden, liefern also einen Anhaltspunkt für die Bedeutung des Durchschnittswerts der standardisierten Faktorwerte bei einem Faktor $j$ ($\overline{z_j} = 0$).

Einen guten Gesamteindruck erhält man durch die grafische Darstellung der Werte in Abb. 7.37. Der sich ergebende dreidimensionale Faktorenraum (Wahrnehmungsraum) ist in Abb. 7.38 dargestellt.

Die Grafik macht deutlich, dass sich die Wahrnehmung der drei Fruchtsorten auf allen drei Dimensionen deutlich von den übrigen Schokoladensorten unterscheidet. Demgegenüber sind die verbleibenden acht Schokoladensorten im Wahrnehmungsraum der

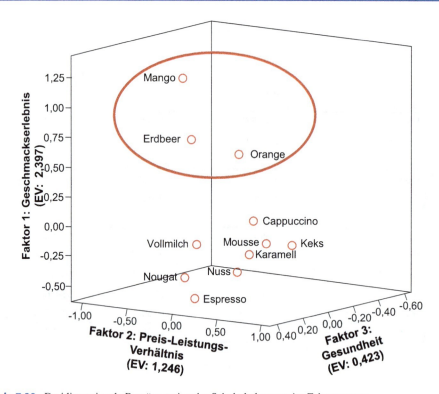

**Abb. 7.38** Dreidimensionale Repräsentation der Schokoladensorte im Faktorenraum

Nachfrager relativ nahe zueinander positioniert.[19] Für den Manager des Schokoladenunternehmens bedeutet das, dass z. B. ein Werbekonzept für die Fruchtsorten die Geschmacksdimension besonders hervorheben sollte.

Allerdings ist bei der Interpretation des Faktorenraums in Abb. 7.38 auch Vorsicht geboten: Aufgrund der unterschiedlichen Eigenwerte der Faktoren (vgl. auch Abb. 7.29) besitzen die Faktoren eine unterschiedlich hohe Bedeutung für die Erklärung der Varianz in der Datenmenge. Insbesondere Faktor 3 hat eine nur sehr geringe Erklärungskraft.

### 7.3.3.4 Unterschiede zwischen Hauptkomponenten- und Hauptachsenanalyse

In Abschn. 7.2.2.4 wurde herausgestellt, dass sich die Zielsetzungen der HKA und der Extraktionsverfahren der Faktorenanalyse grundlegend unterscheiden. Dabei wurde

---

[19] Zur Identifikation ähnlich wahrgenommener Objekte ist die Clusteranalyse das zentrale methodische Instrument. Auch die in diesem Buch dargestellte Clusteranalyse (vgl. Kap. 8) basiert im Fallbeispiel auf dem hier verwendeten Datensatz (vgl. Tab. 7.24) und bestätigt das sich hier abzeichnende Ergebnis einer Zwei-Cluster-Lösung.

## 7.3 Fallbeispiel

**Kommunalitäten**

| | Anfänglich | Extraktion |
|---|---|---|
| Preisniveau | 1,000 | ,778 |
| erfrischend | 1,000 | ,853 |
| köstlich | 1,000 | ,753 |
| gesund | 1,000 | ,829 |
| bitter | 1,000 | ,689 |
| leicht | 1,000 | ,718 |
| knackig | 1,000 | ,429 |
| exotisch | 1,000 | ,617 |
| süß | 1,000 | ,612 |
| fruchtig | 1,000 | ,545 |

Extraktionsmethode: Hauptkomponentenanalyse.

**Kommunalitäten**

| | Anfänglich | Extraktion |
|---|---|---|
| Preisniveau | ,405 | ,815 |
| erfrischend | ,169 | ,182 |
| köstlich | ,399 | ,500 |
| gesund | ,092 | ,239 |
| bitter | ,356 | ,711 |
| leicht | ,555 | ,746 |
| knackig | ,198 | ,237 |
| exotisch | ,297 | ,341 |
| süß | ,419 | ,549 |
| fruchtig | ,391 | ,438 |

Extraktionsmethode: Hauptachsen-Faktorenanalyse.

**Abb. 7.39** Anfängliche und extrahierte Kommunalitäten: HKA vs. HAA (10 Variablen)

betont, dass die Entscheidung für eine der beiden Verfahrensvarianten sachlogisch erfolgen muss, da sie mit vollständig anderen Zielsetzungen verbunden sind.[20]

Im Fallbeispiel war die Anwendung der HAA durch die Fragestellung des Managers vorgegeben. Dennoch soll im Folgenden kurz aufgezeigt werden, welche Unterschiede sich in den Ergebnissen des Fallbeispiels ergeben, wenn anstelle der HAA eine HKA durchgeführt wird.

**Schätzung der Kommunalitäten**

Abb. 7.39 zeigt die unterschiedlichen Schätzungen der Kommunalitäten bei der HKA und der HAA. Es ist ersichtlich, dass beide Verfahren zu sehr unterschiedlichen Kommunalitäten für die Ausgangsvariablen gelangen. Besonders auffällig ist, dass bei der HKA die Variable „*erfrischend*" die höchste Kommunalität nach Extraktion besitzt, während diese Variable bei Anwendung der HAA im Fallbeispiel sogar ausgeschlossen wurde. Gleiches gilt auch für die Variable „*gesund*" die bei der HKA die zweithöchste Kommunalität besitzt, während sie bei der HAA den zweitkleinsten Wert besitzt. Die unterschiedlichen Schätzungen der Kommunalitäten im Fallbeispiel machen sehr schön deutlich, dass beide Extraktionsverfahren zu völlig anderen Folgeentscheidungen führen. Während „*erfrischend*" bei der HAA ausgeschlossen wurde, würde bei der HKA allenfalls die Variable „*knackig*" mit einer finalen Kommunalität von 0,429 eliminiert. Letztendlich verdeutlicht das Fallbeispiel damit sehr gut die sehr unterschiedlichen

---

[20] Vgl. hierzu allgemein auch die Ausführungen in Abschn. 7.2.2.4.

theoretischen Fragestellungen beider Extraktionsmethoden. Das Bild ändert sich auch dann nicht, wenn statt der anfänglichen 10 Variablen nur 9 Variablen analysiert werden.

**Zentrale Unterschiede in weiteren Ergebnissen von HKA und HAA im Fallbeispiel**
Der Hauptunterschied zwischen HKA und HAA schlägt sich in der Schätzung der Kommunalitäten nieder (vgl. auch Abschn. 7.2.2.4). Werden ebenso viele Faktoren wie Variablen extrahiert, so kann die HKA mit fünf Faktoren 100 % der Varianz reproduzieren. Demgegenüber kann die HAA nur ($J - 1 =$) 4 Faktoren extrahieren, die nur 57,87 % der Varianz erklären.

In der Folge kommt es im aktuellen Fallbeispiel zwischen HAA und HKA noch zu weiteren Unterschieden, wenn eine HKA mit den gleichen 9 Variablen durchgeführt wird. Folgende Aspekte seien herausgestellt:

1. Auch bei der HKA werden bei Anwendung des Kaiser-Kriteriums drei Hauptkomponenten extrahiert. Während die HAA nur 45,17 % der Varianz erklärt (vgl. Abb. 7.29), kann die HKA 63,15 % der Gesamtvarianz erklären.
2. Der Vergleich zwischen der rotierten Faktorladungsmatrix und der rotierten Komponentenmatrix bringt jedoch weder im Hinblick auf die Zuordnung der Variablen zu den Faktoren noch im Hinblick auf die Ladungen größere Unterschiede. Auffällig ist, dass bei der HKA wiederum die Variable „*gesund*" mit einer Ladung von 0,900 allein auf die dritte Hauptkomponente lädt und damit diese Variable am besten durch die Hauptkomponenten erklärt werden kann (Kommunalität von 0,823). Bei der HAA betrug diese Faktorladung nur 0,421 und die Kommunalität 0,188 (vgl. Abb. 7.31 und 7.33).
3. Es zeigt sich, dass die rotierten Ladungsmatrizen bei beiden Extraktionsverfahren nur geringe Unterschiede aufweisen. Entscheidend aber ist, dass die Interpretation der Faktoren vor unterschiedlichem theoretischen Hintergrund zu erfolgen hat: Bei der HKA geht es *nicht* darum, die *Ursache* der Korrelationen zu finden, sondern eine *Sammelbezeichnung* für die korrelierenden Variablen.
4. Unterschiede ergeben sich im Hinblick auf die Faktorwerte. Das bedeutet, dass das Beurteilungsverhalten der Befragten im Hinblick auf die Faktoren (Hauptkomponenten) bei beiden Extraktionsverfahren unterschiedlich abgebildet wird.

### 7.3.4 SPSS-Kommandos

Im Fallbeispiel wurde die Faktorenanalyse mithilfe der grafischen Benutzeroberfläche von SPSS (GUI: graphical user interface) durchgeführt. Alternativ kann der Anwender aber auch die sog. *SPSS-Syntax* verwenden, die eine speziell für SPSS entwickelte Programmiersprache darstellt. Jede Option, die auf der grafischen Benutzeroberfläche von SPSS aktiviert wurde, wird dabei in die SPSS-Syntax übersetzt. Wird im Hauptdialogfeld der Faktorenanalyse auf „Einfügen" geklickt (vgl. Abb. 7.19), so wird die zu den gewählten Optionen gehörende SPSS-Syntax automatisch in einem neuen Fenster ausgegeben. Die Prozeduren von SPSS können auch allein auf Basis der SPSS-Syntax ausgeführt werden und Anwender können dabei auch weitere SPSS-Befehle verwenden. Die Verwendung der SPSS-Syntax kann z. B. dann vorteilhaft sein, wenn Analysen mehrfach wiederholt werden sollen (z. B. zum Testen verschiedener Modellspezifikationen). Abb. 7.40 zeigt die SPSS-Syntax der Faktorenanalyse im Fallbeispiel unter Anwendung der Hauptachsenanalyse bei 9 Variablen (ohne „erfrischend").

Im zweiten Teil der Syntax ist die Prozedur „Mittelwerte" angegeben, die zur Berechnung der Mittelwerte der Faktorwerte pro Faktor für die 11 Schokoladensorten (vgl. Abb. 7.37) und zur Erstellung des Positionierungsbildes in Abb. 7.38 verwendet wurde. Die Syntax bezieht sich dabei nicht auf eine bestehende Datendatei von SPSS (*.sav), sondern die Daten sind in die Befehle BEGIN DATA und END DATA eingebettet.

```
* MVA: Fallbeispiel Schokolade Faktorenanalyse.
* Datendefinition.
DATA LIST FREE / Preis erfrischend köstlich gesund bitter leicht knackig
exotisch süß fruchtig Befragter Sorte.

BEGIN DATA
3 3 5 4 1 2 3 1 3 4   1  1
6 6 5 2 2 5 2 1 6 7   3  1
2 3 3 3 2 3 5 1 3 2   4  1
------------------------
5 4 4 1 4 4 1 1 1 4  18 11
* Alle Datensätze eingeben.
END DATA.

* Fallbeispiel Faktorenanalyse mit 9 Variablen: Methode
„Hauptachsenanalyse".
FACTOR
  /VARIABLES Preis köstlich gesund bitter leicht knackig exotisch süß
    fruchtig
  /MISSING LISTWISE
  /ANALYSIS Preis köstlich gesund bitter leicht knackig exotisch süß
    fruchtig
  /PRINT INITIAL CORRELATION SIG KMO REPR AIC EXTRACTION ROTATION FSCORE
  /PLOT EIGEN
  /CRITERIA MINEIGEN(1) ITERATE(25)
  /EXTRACTION PAF
  /CRITERIA ITERATE(25)
  /ROTATION VARIMAX
  /SAVE REG(ALL)
  /METHOD=CORRELATION.

* Berechnung der Mittelwerte für die Faktorwerte für die 11
Schokoladensorten.
MEANS TABLES=FAC1_3 FAC2_3 FAC3_3 BY Sorte
  /CELLS=MEAN.
```

**Abb. 7.40** SPSS-Syntax zur Durchführung der Faktorenanalyse im Fallbeispiel

Anwender, die R (https://www.r-project.org) zur Datenanalyse nutzen möchten, finden die entsprechenden R-Befehle zum Fallbeispiel auf der Internetseite www.multivariate.de.

## 7.4 Erweiterung: Konfirmatorische Faktorenanalyse (KFA)

Bisher haben wir den Begriff der Faktorenanalyse verwendet, um die Methode der *explorativen Faktorenanalyse* (EFA) zu beschreiben. Neben der EFA, wie sie in diesem Kapitel vorgestellt wurde, besitzt für praktische Anwendungen aber auch die sog. *konfirmatorische Faktorenanalyse* (KFA) eine große Bedeutung. Im Folgenden beleuchten wir die konzeptionellen Unterschiede zwischen beiden Ansätzen.[21]

**Theoretische Fundierung**
Ziel der EFA ist es, die Variablen zu eruieren, die hoch korreliert sind und zu Faktoren kombiniert werden können. Es gibt keine a priori definierten Beziehungen zwischen den Variablen; vielmehr verwenden wir die EFA, um die Daten zu erforschen und nach Strukturen in einem Satz von Variablen zu suchen (d. h. um Strukturen zu entdecken). Häufig führen wir eine EFA durch, um die Anzahl der in weiteren Analysen zu berücksichtigenden Variablen zu reduzieren.

Im Gegensatz dazu zielt die KFA darauf ab, vorgegebene sog. hypothetische Konstrukte durch empirisch erhobene Variablen (Messvariablen oder Indikatoren) zu messen. Die hypothetischen Konstrukte entsprechen dabei den Faktoren. Dementsprechend wird die KFA ausschließlich zur *Prüfung* verwendet, ob sich ein Faktor (Konstrukt) in den vom Anwender vorgegebenen und empirisch gemessenen Variablen widerspiegelt. Die KFA ist damit ein Instrument zur Operationalisierung hypothetischer Konstrukte, die auch als latente Variablen bezeichnet werden.

Der Sachverhalt sei hier unter Rückgriff auf Variablen aus unserem Fallbeispiel (Abschn. 7.3) verdeutlicht: Es wird unterstellt, dass ein Anwender die hypothetischen Konstrukte „Geschmackserlebnis" (Faktor 1) und „Preis-Leistungs-Verhältnis" (Faktor 2) über bestimmte Indikatoren (Messvariablen) operationalisieren möchte. Da die Faktoren latente Variablen darstellen, die sich einer direkten Messbarkeit entziehen, sucht er nach Indikatoren (Variablen), die die beiden Faktoren in der Wirklichkeit widerspiegeln. Es wird deshalb auch von *reflektiven Messmodellen* für die hypothetischen Konstrukte gesprochen. Dabei sollte jede Messvariable eine möglichst gute Reflexion eines Konstruktes darstellen. Damit dieses Kriterium erfüllt ist, müssen die einem Konstrukt zugeordneten Variablen hohe Korrelationen aufweisen. Die Messvariable von verschiedenen Konstrukten sollten hingegen, wenn die betrachteten Konstrukte

---

[21] Vgl. zu einer detaillierten Darstellung der konfirmatorischen Faktorenanalyse: Backhaus et al. (2015), S. 121 ff.

## 7.4 Erweiterung: Konfirmatorische Faktorenanalyse (KFA)

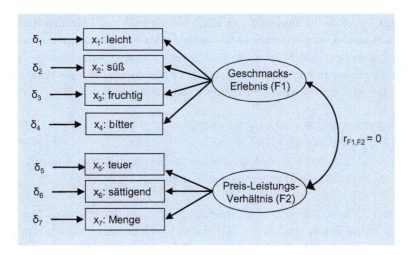

**Abb. 7.41** Beispiel eines reflektiven Messmodells der KFA

(Faktoren) unabhängig sind, nicht miteinander korrelieren. Abb. 7.41 verdeutlicht den Zusammenhang und zeigt auf, dass jeder Indikator durch das postulierte Konstrukt erzeugt wird, wobei jede Messung aber auch einem Messfehler ($\delta$) unterliegt.

Aufgrund dieser Grundidee der KFA ändern sich auch die in Abb. 7.3 für die EFA vorgestellten Ablaufschritte: Im Prinzip ist *Ablaufschritt 1* nicht erforderlich, da die Variablen vorab so gewählt werden sollten, dass alle Indikatoren (Variablen), die ein Konstrukt (Faktor) reflektieren, hohe Korrelationen aufweisen. Der erste Schritt dient damit nicht der Prüfung, ob eine Datenmenge überhaupt für eine Faktorenanalyse geeignet ist, sondern der Prüfung, ob die einem Konstrukt vorab zugeordneten Variablen auch die erwarteten hohen Korrelationen aufweisen.

Weiterhin basiert die KFA auf dem Modell der HAA. Gemäß Gl. (11) gilt: $R = A' + U$. Wie auch Abb. 7.41 verdeutlicht, schlägt sich dabei jede Messung in einer Regressionsgleichung nieder, die sich für die sieben Messvariablen (Indikatoren) wie folgt darstellen:

$x_1 = \lambda_{11} F_1 + \delta_1$      $x_5 = \lambda_{12} F_2 + \delta_5$
$x_2 = \lambda_{21} F_1 + \delta_2$      $x_6 = \lambda_{22} F_2 + \delta_6$
$x_3 = \lambda_{31} F_1 + \delta_3$      $x_7 = \lambda_{32} F_2 + \delta_7$
$x_4 = \lambda_{41} F_1 + \delta_4$

mit

$x_i$  Messvariable $i$ (Indikatorvariable)
$\lambda_{iq}$  Faktorladung der Variablen $i$ auf Faktor $q$
$\delta_i$  Messfehler der Variablen $i$
$F_q$  Faktor $q$

Die Größen $\lambda_{iq}$ bilden die aus den empirischen Messungen zu schätzenden Regressionskoeffizienten, die bei standardisierten Messvariablen den Faktorladungen entsprechen.

Das obige Beispiel macht deutlich, dass bereits *vor* der Durchführung einer KFA folgende Informationen erforderlich sind, die durch den Anwender a priori auf der Basis sachlogischer oder theoretischer Überlegungen festzulegen sind:

1. Anzahl der Faktoren (betrachteten Konstrukte),
2. Inhaltliche Benennung der Faktoren sowie
3. Findung und Zuordnung von Messvariablen, die die betrachteten Konstrukte jeweils möglichst in ihrer Gesamtheit widerspiegeln (reflektive Messungen).

Damit erhält auch *Ablaufschritt 2* (Extraktion und Anzahl der Faktoren) bei der KFA eine völlig andere Bedeutung, da die Zahl der zu extrahierenden Faktoren a priori vom Anwender festgelegt ist und als Extraktionsverfahren nur einer der faktoranalytischen Ansätze (i. d. R. die HAA oder die ML-Methode) infrage kommt. Demgegenüber besitzt die HKA für die KFA keine Bedeutung.

Bei zwei und mehr gleichzeitig in einem Modell betrachteten Faktoren schlägt sich die Zuordnung der Messvariablen zu Faktoren in der Faktorladungsmatrix nieder. Während bei der EFA alle Faktorladungen zu schätzen sind, bedarf es bei der KFA nur einer Schätzung der Faktorladungen, die auch einem Faktor zugeordnet wurden. Alle anderen Faktorladungen können a priori auf Null gesetzt werden. Die Schätzung der Faktorladungsmatrix erfolgt auch im Rahmen der KFA auf der Basis des Fundamentaltheorems der Faktorenanalyse (vgl. Abschn. 7.2.2.2). Die Schätzung verfolgt dabei das Ziel, dass sich die mithilfe der Parameterschätzungen errechnete (modelltheoretische) Korrelationsmatrix nur minimal von der empirischen Korrelationsmatrix unterscheidet.

Da die Faktoren bei der KFA bereits vor der Untersuchung inhaltlich festgelegt sind, entfällt der für die EFA sehr bedeutsame *Ablaufschritt 3* (Faktoren-Interpretation). Abb. 7.42 verdeutlicht nochmals anhand der Faktorladungsmatrix die zentralen Unterschiede in den Grundideen von EFA und KFA (vgl. Weiber und Sarstedt 2021, S. 148 ff.).

Nach Durchführung einer KFA ist es für die Bestätigung des Messmodells unerlässlich, die Validität des Modells zu beurteilen. Die KFA stellt hierzu eine Vielzahl an Gütekriterien zur Verfügung. Es würde jedoch den Rahmen dieses Buches sprengen, die KFA im Detail zu erörtern. Wir verweisen den interessierten Leser deshalb auf die am Ende dieses Kapitels angegebene weiterführende Literatur.

Die zentralen Unterschiede zwischen EFA und KFA sind zusammenfassend nochmals in Tab. 7.25 aufgeführt.

Zur Durchführung einer KFA stellt SPSS unter dem Namen AMOS (Analysis of Moment Structures) ein eigenständiges Softwarepaket zur Verfügung.

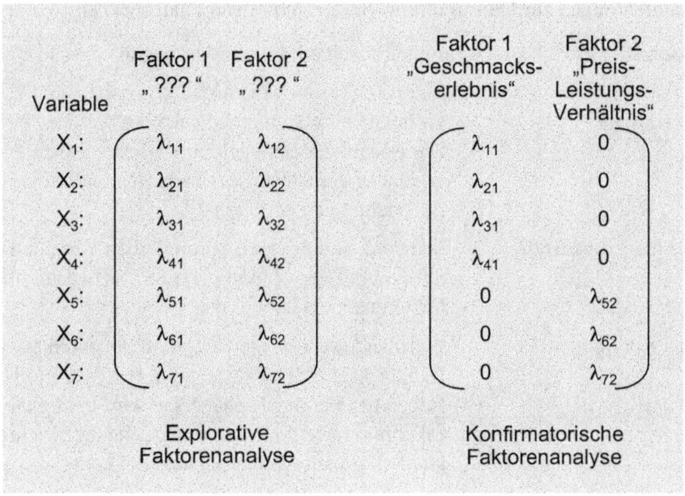

## 7.4 Erweiterung: Konfirmatorische Faktorenanalyse (KFA)

$$\begin{array}{c c}
\text{Explorative Faktorenanalyse} & \text{Konfirmatorische Faktorenanalyse} \\
\begin{array}{c}
\text{Faktor 1} \quad \text{Faktor 2} \\
\text{„???"} \quad \text{„???"}
\end{array} &
\begin{array}{c}
\text{Faktor 1} \quad \text{Faktor 2} \\
\text{„Geschmacks-} \quad \text{„Preis-} \\
\text{erlebnis"} \quad \text{Leistungs-Verhältnis"}
\end{array}
\end{array}$$

Variable:

$X_1$: $\begin{pmatrix} \lambda_{11} & \lambda_{12} \\ \lambda_{21} & \lambda_{22} \\ \lambda_{31} & \lambda_{32} \\ \lambda_{41} & \lambda_{42} \\ \lambda_{51} & \lambda_{52} \\ \lambda_{61} & \lambda_{62} \\ \lambda_{71} & \lambda_{72} \end{pmatrix}$ $\begin{pmatrix} \lambda_{11} & 0 \\ \lambda_{21} & 0 \\ \lambda_{31} & 0 \\ \lambda_{41} & 0 \\ 0 & \lambda_{52} \\ 0 & \lambda_{62} \\ 0 & \lambda_{72} \end{pmatrix}$

**Abb. 7.42** Schätzung der Faktorladungsmatrix bei EFA und KFA

**Tab. 7.25** Vergleich explorative versus konfirmatorische Faktorenanalyse

|   | Explorative Faktorenanalyse | Konfirmatorische Faktorenanalyse |
|---|---|---|
| Zielsetzung | Verdichtung von hoch korrelierten Variablen auf möglichst wenige unabhängige Faktoren | Prüfung der Beziehungen zwischen Variablen und hypothetischen Faktoren auf der Grundlage a priori vorgenommener theoretischer Überlegungen |
| Zuordnung von Variablen zu Faktoren | Der Algorithmus nimmt die Zuordnung der Variablen zu Faktoren (Struktur der Faktorladungsmatrix) vor | Der Anwender nimmt die Zuordnung von Variablen zu Faktoren (Konstrukten) a priori aus theoretischer Sicht vor |
| Anzahl der Faktoren | Bestimmung auf Basis statistischer Kriterien (z. B. Eigenwertkriterium) | A priori vom Anwender vorgegeben |
| Schätzung der Faktorladungsmatrix | Alle Elemente der Faktorladungsmatrix werden geschätzt | I.d.R. werden keine „Mehrfachladungen" von Variablen auf Faktoren zugelassen (Nullsetzung von Variablen) |
| Faktoren-Interpretation | – Rotation der Faktorladungsmatrix zur Erleichterung der inhaltlichen Interpretation der Ergebnisse<br>– Wird a posteriori auf der Grundlage der geschätzten Faktorladungsmatrix vom Anwender durchgeführt | – Eine Faktorrotation ist aufgrund der vorgegebenen Faktorenstruktur irrelevant<br>– Entfällt, da Interpretation a-priori vom Anwender vorgegeben |

**Tab. 7.26** Empfehlungen zur Durchführung einer explorativen Faktorenanalyse

| Notwendige Schritte der Faktorenanalyse | Empfehlungen oder Anforderungen |
|---|---|
| Anfängliche Umfrage | – Variablen müssen metrisch skaliert werden<br>– Die Anzahl der Beobachtungen sollte mindestens das Dreifache der Anzahl der Variablen und mindestens 50 Beobachtungen betragen |
| Erstellung der Ausgangsdatenmatrix | – Standardisierung der ursprünglichen Variablen (nicht relevant bei Verwendung von SPSS zur Durchführung der Faktorenanalyse) |
| Schätzung von Kommunalitäten und Faktorextraktion | – Entscheidung, ob eine Hauptkomponentenanalyse oder eine Hauptachsenanalyse durchgeführt werden soll<br>– Neben der Hauptachsenanalyse wird häufig die Maximum-Likelihood-Methode verwendet, um die Kommunalitäten und Faktorladungen zu schätzen |
| Bestimmung der Anzahl der Faktoren | – Verwendung des Kaiser-Kriteriums und des Scree-Tests |
| Rotation | – Die VARIMAX-Rotation wird häufig verwendet, da sie die Annahme orthogonaler (unkorrelierter) Faktoren beibehält |
| Interpretation | – Variablen, die zu einem Faktor gehören, sollten eine Faktorladung über 0,5 aufweisen |
| Bestimmung der Faktorwerte | – Summierte Skalen werden in der wissenschaftlichen Literatur häufig verwendet, da die ursprüngliche Skala beibehalten wird<br>– Die Ergebnisse der Regressionsmethode werden durch die vorliegenden Daten beeinflusst und führen zu korrelierten Faktoren |

## 7.5 Anwendungsempfehlungen

Wir schließen dieses Kapitel mit einigen Empfehlungen zur Durchführung einer Faktorenanalyse:

Die Betrachtungen in diesem Kapitel haben gezeigt, dass eine explorative Faktorenanalyse (EFA) trotz gleicher Ausgangsdaten zu unterschiedlichen Ergebnissen führen kann, je nachdem, wie die subjektiv definierten Einflussgrößen „angepasst" werden (vgl. Abb. 7.17). Insbesondere für diejenigen, die in diesem Bereich aktiv werden wollen, können die in Tab. 7.26 aufgeführten Empfehlungen für die vom Anwender subjektiv zu definierenden Parameter eine erste Hilfe sein. Die Empfehlungen sind danach ausgerichtet, welche Entscheidungen sich bei der Durchführung von Faktorenanalysen bewährt haben.

Allerdings ist zu betonen, dass diese Empfehlungen nur an diejenigen gerichtet sind, die neu in der Faktorenanalyse sind. Lesern, die tiefer in die Materie eintauchen möchten, seien die weiterführenden Literaturangaben am Ende dieses Kapitels empfohlen.

## Literatur

### Zitierte Literatur

Backhaus, K., Erichson, B., & Weiber, R. (2015). *Fortgeschrittene Multivariate Analysemethoden* (3. Aufl.). Springer Gabler.
Child, D. (2006). *The essentials of factor analysis* (3. Aufl.). Bloomsbury Academic.
Cureton, E. E., & D'Agostino, R. B. (1993). *Factor analysis: An applied approach.* Erlbaum.
Dziuban, C. D., & Shirkey, E. C. (1974). When is a correlation matrix appropriate for factor analysis? Some decision rules. *Psychological bulletin, 81*(6), 358.
Guttman, L. (1953). Image theory for the structure of quantitative variates. *Psychometrika, 18*(4), 277–296.
Kaiser, H. F. (1970). A second generation little jiffy. *Psychometrika, 35*(4), 401–415.
Kaiser, H. F., & Rice, J. (1974). Little jiffy, mark IV. *Educational and psychological measurement, 34*(1), 111–117.
Loehlin, J. (2004). *Latent variable models: An introduction to factor, path, and structural equation analysis* (4. Aufl.). Psychology Press.
Weiber, R., & Sarstedt, M. (2021). *Strukturgleichungsmodellierung* (3. Aufl.). Springer Gabler.

### Weiterführende Literatur

Bartholomew, D. J., Knott, M., & Moustaki, I. (2011). *Latent variable models and factor analysis: A unified approach* (Bd. 904). Wiley.
Costello, A. B., & Osborne, J. W. (2005). Best practices in exploratory factor analysis: Four recommendations for getting the most from your analysis. *Practical Assessment, Research and Evaluation, 10*(7), 1–9.
Tabachnick, B. G., & Fidell, L. S. (2007). *Using multivariate statistics* (5. Aufl.). Allyn & Bacon.
Überla, K. (1977). *Faktorenanalyse* (2. Aufl.). Springer.
Yong, A. G., & Pearce, S. (2013). A beginner's guide to factor analysis: Focusing on exploratory factor analysis. *Tutorials in quantitative methods for psychology, 9*(2), 79–94.

# Clusteranalyse 8

## Inhaltsverzeichnis

8.1 Problemstellung ............................................. 486
8.2 Vorgehensweise .............................................. 489
    8.2.1 Auswahl der Clustervariablen ............................ 490
    8.2.2 Bestimmung der Ähnlichkeiten ........................... 493
        8.2.2.1 Ausgangsbeispiel und Überblick zu Proximitätsmaßen ............. 494
        8.2.2.2 Proximitätsmaße bei metrisch skalierten Variablen ............... 495
            8.2.2.2.1 Einfache und quadrierte Euklidische Distanz (L2-Norm) ..... 496
            8.2.2.2.2 City-Block-Metrik (L1-Norm) ....................... 498
            8.2.2.2.3 Minkowski-Metrik (L-Normen) ...................... 500
            8.2.2.2.4 Pearson Korrelationskoeffizient als Ähnlichkeitsmaß ........ 501
    8.2.3 Auswahl des Fusionierungsalgorithmus .................... 503
        8.2.3.1 Ablaufschritte der hierarchisch-agglomerativen Verfahren .......... 504
        8.2.3.2 Single Linkage, Complete Linkage und Ward-Verfahren ........... 507
            8.2.3.2.1 Single Linkage-Verfahren (nächstgelegener Nachbar) ....... 507
            8.2.3.2.2 Complete Linkage-Verfahren (Entferntester Nachbar) ....... 512
            8.2.3.2.3 Ward-Verfahren ................................ 513
        8.2.3.3 Fusionierungseigenschaften ausgewählter Clusterverfahren .......... 516
        8.2.3.4 Verdeutlichung der Fusionierungseigenschaften an einem erweiterten Beispiel ................................ 518
    8.2.4 Bestimmung der Clusterzahl ............................. 523
        8.2.4.1 Analyse von Scree-Plot und Elbow-Kriterium ................... 524
        8.2.4.2 Regeln zur Bestimmung der Clusterzahl ....................... 525
        8.2.4.3 Beurteilung von Robustheit und Güte einer Cluster-Lösung ......... 527
    8.2.5 Interpretation einer Cluster-Lösung ....................... 528
    8.2.6 Empfehlungen zum Ablauf einer hierarchisch, agglomerativen Clusteranalyse ... 530
8.3 Fallbeispiel ................................................. 530
    8.3.1 Problemstellung ....................................... 530
    8.3.2 Durchführung einer Cluster Analyse mit SPSS ............... 532
    8.3.3 Ergebnisse ............................................ 535

                8.3.3.1 Ausreißer-Analyse mittels Single Linkage-Verfahren ............... 535
                8.3.3.2 Clusterung mithilfe des Ward-Verfahrens........................ 535
                8.3.3.3 Interpretation der Zwei-Cluster-Lösung im Fallbeispiel ............. 543
        8.3.4 SPSS-Kommandos................................................. 545
8.4 Modifikationen und Erweiterungen ........................................ 548
        8.4.1 Proximitätsmaße bei nicht metrischen Daten ........................... 548
                8.4.1.1 Proximitätsmaße bei nominalem Skalenniveau .................... 548
                8.4.1.2 Proximitätsmaße bei binären Variablen ........................ 552
                        8.4.1.2.1 Überblick und Ausgangsdaten für ein Rechenbeispiel ........ 552
                        8.4.1.2.2 Simple Matching, Jaccard- und RR-Ähnlichkeitskoeffizient ... 555
                        8.4.1.2.3 Vergleich der Ähnlichkeitskoeffizienten................... 557
                8.4.1.3 Proximitätsmaße bei gemischt skalierter Variablenstruktur ........... 558
        8.4.2 Zentrale partitionierende Clusterverfahren ............................. 561
                8.4.2.1 K-Means Clusteranalyse..................................... 562
                        8.4.2.1.1 Vorgehensweise der KM-CA............................ 562
                        8.4.2.1.2 Durchführung einer KM-CA mit SPSS ................... 565
                8.4.2.2 Two-Step Clusteranalyse..................................... 565
                        8.4.2.2.1 Vorgehensweise der TS-CA ............................ 565
                        8.4.2.2.2 Durchführung einer TS-CA mit SPSS ................... 568
                8.4.2.3 Vergleich von KM-CA und TS-CA............................. 568
8.5 Anwendungsempfehlungen ............................................... 569
Literatur................................................................... 571
        Zitierte Literatur....................................................... 571
        Weiterführende Literatur ................................................ 571

## 8.1 Problemstellung

Empirische Untersuchungen erheben oft die Einschätzungen einer Vielzahl von Personen gegenüber bestimmten Sachverhalten. Häufig ergeben sich dabei große Unterschiede in den Einschätzungen der einzelnen Personen, sodass die Daten in einer Erhebung stark voneinander abweichen. Es besteht eine hohe *Heterogenität*. Werden stark heterogene Daten, z. B. durch einen Mittelwert beschrieben, so ist dieser mit einer entsprechend großen Varianz bzw. Standardabweichung verbunden. Diese deutet statistisch bereits darauf hin, dass der Mittelwert als charakteristisches Maß für die Gesamterhebung eine nur geringe Aussagekraft besitzt. Je geringer hingegen die Heterogenität, desto verlässlicher ist die Aussage des Mittelwertes und desto kleiner die zugehörige Standardabweichung.

Eine Möglichkeit, das Problem der Heterogenität von Daten zu lösen, liegt in der Zusammenfassung von Personen (oder Objekten) zu Gruppen, die in ihren Einschätzungen relativ vergleichbar sind. Die ursprüngliche Erhebungsgesamtheit wird so in Gruppen zerlegt, bei denen die Personen (oder Objekte) in einer Gruppe eine hohe Homogenität aufweisen *(Intragruppen-Homogenität)*. Zwischen den Gruppen hingegen besteht eine hohe Heterogenität *(Intergruppen-Heterogenität)*. Auf diese Weise können statistische Analysen pro Gruppe vorgenommen werden, die dann pro Gruppe deutlich verlässlichere Ergebnisse liefern.

## 8.1 Problemstellung

**Tab. 8.1** Anwendungsbeispiele der Clusteranalyse in verschiedenen Fachdisziplinen

| Anwendungsfelder | Beispielhafte Fragestellungen der Clusteranalyse |
|---|---|
| Agrarwissenschaften | Welche Pflanzen zeigen ein ähnliches Wachstumsverhalten und sollten daher ähnlich gepflegt werden? |
| Biologie | Gibt es unerforschte genetische Verwandtschaften zwischen bestimmten Tierarten? |
| Finanzbereich | Welche Bonitätsstufen lassen sich aufgrund des Zahlungsverhaltens von Bankkunden ableiten? |
| Marketing | Wie kann ein Gesamtmarkt auf der Grundlage des Verbraucherverhaltens in homogene Marktsegmente zerlegt werden? |
| Medizin | Wie können Patienten auf der Grundlage von Laborergebnissen in verschiedene Gruppen eingeteilt werden, um für jede Patientengruppe zugeschnittene Therapien zu entwickeln? |
| Meteorologie | Können Regionen mit ähnlichen klimatischen Bedingungen identifiziert werden, um ein Frühwarnsystem für diese Gruppen von Regionen zu entwickeln? |
| Pharmazie | Gibt es Medikamente mit ähnlichen Nebenwirkungen, um daraus Empfehlungen für eine bestmögliche Therapie ableiten zu können? |

Die Clusteranalyse ist das methodische Instrument, um heterogene Erhebungsergebnisse in homogene Gruppen zu zerlegen. Sie ist in vielen Disziplinen wie Medizin, Soziologie, Biologie oder Ökonomie anwendbar und wird hier verwendet, um Ähnlichkeiten z. B. von Patienten, Käufern, Pflanzenarten, Unternehmen oder Produkten zu bestimmen. Tab. 8.1 zeigt ausgewählte Fragestellungen in unterschiedlichen Anwendungsfeldern, die alle auf die Bildung von Gruppen von Personen bzw. Objekten abzielen.

Die Fragen machen deutlich, dass die Clusteranalyse zu den explorativen Datenanalyseverfahren gehört, da sie im *Ergebnis* zu Vorschlägen für eine Gruppierung erhobener Untersuchungsobjekte führt und damit „neue Erkenntnisse" generiert bzw. Strukturen in Datensätzen entdeckt.

Um das Vorgehen der Clusteranalyse besser visualisieren zu können, sind in Abb. 8.1 zwei Beispiele dargestellt: Im ersten Fall wurden für 30 Personen Alter und Einkommen erfasst. Das Durchschnittsalter liegt in der Erhebungsgesamtheit bei 31,4 Jahren und das Durchschnittseinkommen beträgt 2595 €. Wie *Diagramm A* in Abb. 8.1 leicht erkennen lässt, sind diese beiden Mittelwerte aber nur wenig aussagekräftig zur Charakterisierung der 30 Personen. Das macht auch die Standardabweichung ($s$) des Alters ($s_{\text{Alter}} = \pm 8,1$ Jahre) und auch des Einkommens ($s_{\text{Einkommen}} = \pm 1151$ €) deutlich. Es ist bereits per Augenschein erkennbar, dass eine Clusterung der Daten in zwei Gruppen zu deutlich aussagekräftigeren Ergebnissen führt: Für die Gruppe der *jüngeren Personen* ($g = 1$) ergibt sich ein Durchschnittsalter von 24,7 Jahren ($s_{1,\text{Alter}} = \pm 2,4$ Jahre), bei einem Durchschnittseinkommen von 1550 € ($s_{1,\text{Einkommen}} = \pm 225$ €). Die Gruppe der *älteren*

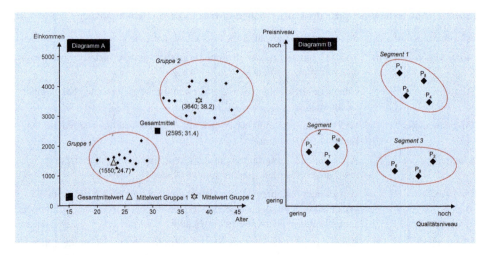

**Abb. 8.1** Beispielhafte Ergebnisse einer Cluster Analyse

*Personen* ($g = 2$) ist hingegen im Durchschnitt 38,2 Jahre alt ($s_{2,\text{Alter}} = \pm 4{,}1$ Jahre) und verfügt über ein Durchschnittseinkommen von 3640 € ($s_{2,\text{Einkommen}} = \pm 475$).[1]

Ein weiteres Beispiel zeigt *Diagramm B* in Abb. 8.1. Dort wurden 10 Produkte im Hinblick auf das von Nachfragern wahrgenommene Preis- und Qualitätsniveau untersucht. Die Durchschnittsbeurteilungen der befragten Personen pro Produkt sind in Diagramm B eingezeichnet. Auch hier lässt sich bereits per Augenschein relativ leicht erkennen, dass sich drei Segmente herausbilden, die eine hohe Ähnlichkeit in den Einschätzungen der enthaltenen Produkte aufweisen und es so einem Anbieter erlauben, z. B. eine segmentspezifische Marketing-Kampagne aufzusetzen.

Da in beiden aufgezeigten Beispielen eine Beschreibung der Untersuchungsobjekte jeweils durch nur zwei Variablen erfolgte, konnten die Untersuchungsobjekte in einem Koordinatensystem (Scatterplot) grafisch verdeutlich werden. Bei vielen Anwendungen sind die Untersuchungsobjekte aber durch deutlich mehr Variablen beschrieben. In diesen Fällen kann das Ergebnis einer Clusteranalyse nicht mehr visualisiert werden. Exemplarisch genannt seien hier die 20.000 immatrikulierten Studierenden einer Universität als Fälle (Untersuchungsobjekte), von denen als Charakteristika (Merkmalsvariable) Alter, Geschlecht, Semesterzahl, Abiturnote usw. erhoben wurden. Wird eine Clusterung auf der Grundlage dieser Daten durchgeführt, so kann die Universitätsleitung mithilfe der dann gefundenen *Gruppen von Studierenden* z. B. spezifische Angebote für

---

[1] Die Abbildung lässt leicht erkennen, dass die beiden Merkmale „Einkommen" und „Alter" nicht unabhängig sind. Das bedeutet, dass die erzielte Zwei-Clusterlösung auch allein auf Basis nur eines der beiden Merkmale hätte erzielt werden können. Vgl. zum Unabhängigkeit von Clustervariablen die Ausführungen in Abschn. 8.2.1.

*Studierende* entwickeln. Auch hier sollte die Anzahl der Gruppen so gewählt werden, dass die Studierenden innerhalb einer Gruppe eine möglichst hohe Ähnlichkeit aufweisen, während zwischen den Studierendengruppen eine nur geringe Ähnlichkeit besteht.

Soll auch im Mehr-Variablen-Fall eine grafische Verdeutlichung z. B. im zweidimensionalen Raum vorgenommen werden, so kann die Variablenmenge vorab z. B. mithilfe einer *Faktorenanalyse* (vgl. Kap. 7) verdichtet werden. Mithilfe z. B. der (ersten beiden) Faktoren ist dann eine Visualisierung gut möglich. Ist der Anwender weiterhin an detaillierten Kenntnissen zu den Unterschieden einer gefundenen Cluster-Lösung interessiert, so kann hierzu z. B. die *Diskriminanzanalyse* (vgl. Kap. 4) herangezogen werden. Bei der Diskriminanzanalyse wird das Ergebnis der Clusteranalyse (Anzahl der Gruppen) als abhängige Variable vorgegeben und die Unterschiede zwischen den Gruppen auf Basis der unabhängigen Variablen untersucht.

## 8.2 Vorgehensweise

Die Durchführung einer Clusteranalyse erfordert im *ersten Schritt* eine Entscheidung darüber, welche Variablen zur Clusterung einer Objektmenge herangezogen werden sollen. Von der Wahl der Clustervariable ist es abhängig, dass später homogene Gruppen beschrieben werden. Im *zweiten Schritt* ist zu entscheiden, wie die Ähnlichkeit bzw. Unähnlichkeit zwischen Objekten bestimmt werden soll. Der Clusteranalyse steht dabei eine Vielzahl an Kriterien zur Verfügung (sog. *Proximitätsmaße*), mit deren Hilfe die Ähnlichkeit bzw. Unähnlichkeit (Distanz) zwischen den Untersuchungsobjekten auf der Basis der Clustervariable bestimmt werden kann. Proximitätsmaße drücken die Ähnlichkeit bzw. Unähnlichkeit zwischen zwei Objekten durch einen numerischen Wert aus.

Ist die Ähnlichkeit zwischen Objekten bestimmt, so ist im *dritten Schritt* ein Clusterverfahren zu bestimmen, mit dessen Hilfe die Clusterung der Objekte vorgenommen werden soll. Auch hier existiert eine Vielzahl sog. Cluster-Algorithmen, mit deren Hilfe gleichartige Objekte zu einem Cluster zusammengefasst werden können.

Bei der Clusterung von Objekten bleibt aber die Frage offen, wie viele Cluster im Ergebnis verwendet werden sollen und ob es eine „optimale Anzahl" an Clustern gibt. Obwohl diese Entscheidung letztendlich dem Anwender obliegt, existiert aber eine Reihe von Kriterien, mit deren Hilfe sich Hinweise auf eine „bestmögliche" Anzahl an Clustern ableiten lassen. Die Entscheidung für eine bestimmte Clusterzahl ist oft ein Kompromiss zwischen Handhabbarkeit (geringe Anzahl von Clustern) auf der einen Seite und Homogenität (große Anzahl von Clustern) auf der anderen Seite. Ist die Entscheidung über die Anzahl der Cluster gefallen, so ist im letzten Schritt eine inhaltliche Interpretation der gefundenen Cluster vorzunehmen.

Die nachfolgenden Betrachtungen orientieren sich an den obigen Überlegungen und folgen dem in Abb. 8.2 dargestellten Ablaufprozess.

**Abb. 8.2** Ablaufschritte einer hierarchischen Clusteranalyse

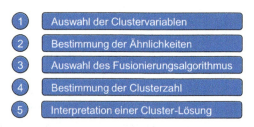

## 8.2.1 Auswahl der Clustervariablen

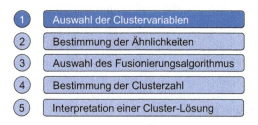

Ein zentrales Ziel der Clusteranalyse besteht darin, solche Objekte zu Gruppen zusammenzufassen, die im Hinblick auf bestimmte Kriterien homogen sind. Das Ergebnis dient i. d. R. dann dazu, die gefundenen Gruppen durch unterschiedliche Maßnahmenbündel zu bearbeiten. Exemplarisch sei hier die Marktsegmentierung genannt, bei der zunächst nach Gruppen von Personen mit ähnlichem Kaufverhalten (sog. Marktsegmente) gesucht wird. Anschließend werden die gefundenen Marktsegmente durch segmentspezifische Marketingkonzepte bearbeitet. Auf diese Weise können im Vergleich zu einem undifferenzierten Marketing (Gesamtmarktansatz) Streuverluste vermieden werden. Die Segmentierung (Clusterbildung) führt im Ergebnis meist zu effektiveren und auch effizienten Marketingkonzepten.

Das Beispiel der Marktsegmentierung lässt bereits erkennen, dass die Homogenität eines Clusters (Segments) über die Variablen definiert wird, die zur Clusterbildung herangezogen werden. Die Auswahl der Clustervariablen ist deshalb eine grundlegende und zentrale Aufgabe im Vorfeld einer Clusteranalyse, auch wenn für den Clusteralgorithmus selbst diese inhaltliche Frage nicht von Bedeutung ist. Die „korrekte" Bestimmung der Clustervariablen entscheidet darüber, wie gut die Ergebnisse einer Clusteranalyse später genutzt werden können. In Anlehnung an die Überlegungen der Marktsegmentierung (cf. Wedel und Kamakura 2000; Wind 1978, S. 318) seien hier folgende Eigenschaften kurz erläutert, die durch Clustervariablen erfüllt sein sollten:

- Gruppierungsrelevanz
- Unabhängigkeit
- Messbarkeit
- Vergleichbarkeit der Messdimensionen
- Beeinflussbarkeit

## 8.2 Vorgehensweise

- Trennkraft
- Repräsentativität
- Clusterstabilität

Clustervariablen müssen für die inhaltliche Zielsetzung einer Clusteranalyse eine hohe *Relevanz* besitzen. Ist es z. B. das Ziel einer Clusteranalyse, Gruppen von Personen mit ähnlichem Verhalten zu finden, so müssen die Clustervariablen eine Verhaltensrelevanz aufweisen. Bei der Clusterung von z. B. Parteien müssen die Clustervariablen aussagekräftige Größen zur allgemeinen Beschreibung von Parteiprogrammen darstellen. Der Anwender muss deshalb darauf achten, dass nur solche Merkmale im Gruppierungsprozess Berücksichtigung finden, die aus theoretischen bzw. sachlogischen Überlegungen als relevant für den zu untersuchenden Sachverhalt anzusehen sind. Merkmale, die für den Untersuchungszusammenhang bedeutungslos sind, müssen aus der Clusteranalyse ausgeschlossen werden.

Da eine Datenmenge meist durch mehrere Variablen beschrieben wird, die dann gemeinsam in die Clusterbildung eingehen, sollten die Clustervariablen *unabhängig* sein. Insbesondere ist darauf zu achten, dass die Clustervariablen keine hohen Korrelationen aufweisen. Liegen diese vor, so kommt es zu einer „impliziten Gewichtung" bestimmter Aspekte im Clusterungsprozess. Das kann dann wiederum zu einer Verzerrung der Ergebnisse führen. Bei korrelierenden Clustervariablen stehen dem Anwender folgende Möglichkeiten zur Verfügung:

- *Ausschluss von Variablen:*
  Informationen, die eine hoch korrelierte Variable liefern, werden größtenteils durch die andere Variable miterfasst und können von daher als redundant angesehen werden. Der Ausschluss korrelierter Merkmale aus der Ausgangsdatenmatrix ist deshalb eine sinnvolle Möglichkeit, eine Gleichgewichtung der Daten sicherzustellen.
- *Vorschaltung einer Faktorenanalyse (Hauptkomponentenanalyse):*
  Mithilfe einer Faktorenanalyse (vgl. Kap. 7) können hoch korrelierte Variablen auf unabhängige Faktoren verdichtet werden. Als Extraktionsverfahren sollte dabei die *Hauptkomponentenanalyse* verwendet werden und ebenso viele Faktoren (Hauptkomponenten) wie Variablen extrahiert werden. Dadurch gehen keine Informationen im Datensatz verloren, die Hauptkomponenten aber sind unabhängig voneinander. Die Clusteranalyse ist dann auf Basis der Faktorwerte durchzuführen. Allerdings ist zu beachten, dass die Faktoren und damit auch die Faktorwerte Interpretationsprobleme bereiten können, wenn bei der Interpretation nur auf die zentralen und nicht auf alle Faktoren zurückgegriffen wird. Werden nur weniger Hauptkomponenten extrahiert als Variable, so geht ein Teil der Ausgangsinformation verloren.
- *Mahalanobis-Distanz als Proximitätsmaß:*
  Wird zur Ermittlung der Unterschiede zwischen den Objekten die Mahalanobis-Distanz verwendet, so lassen sich dadurch bereits im Rahmen der Distanzberechnung zwischen den Objekten etwaige Korrelationen zwischen den Variablen (bei der

Berechnung der Entfernung zwischen Objekten) ausschließen. Die Mahalanobis-Distanz stellt allerdings bestimmte Voraussetzungen an die Daten (z. B. einheitliche Mittelwerte der Variablen in allen Gruppen), die gerade bei Clusteranalyseproblemen häufig nicht erfüllt sind (Kline 2011, S. 54; Steinhausen und Langer 1977, S. 89 ff.).

Clustervariablen sollten nach Möglichkeit manifeste Variablen darstellen, die in der Wirklichkeit auch beobachtbar sind und gemessen werden können. Bilden Clustervariablen hingegen hypothetische Größen (latente Variablen), so müssen geeignete *Operationalisierungen* gefunden werden.

Werden Clustervariablen auf unterschiedlichen *Messdimensionen* (Skalen) gemessen, so kann es allein dadurch zu einer Vergrößerung von Distanzen zwischen Objekten kommen. Um eine Vergleichbarkeit zwischen den Variablen herzustellen, sollte deshalb bei metrisch skalierten Clustervariablen vorab eine Standardisierung vorgenommen werden. Diese hat zur Folge, dass alle (standardisierten) Variablen einen Mittelwert von Null und eine Varianz von 1 besitzen.[2]

I. d. R. möchte ein Anwender im Anschluss an eine Clusteranalyse die gefundenen Cluster durch spezifische Maßnahmen bearbeiten. Diese Maßnahmen sollen i. d. R. auf die Besonderheiten der Cluster ausgerichtet werden. Es ist deshalb wichtig, bereits bei der Definition der Clustervariablen darauf zu achten, dass die Clustervariablen vom Anwender auch *beeinflussbar* sind.

Sollen Cluster untereinander möglichst heterogen sein, so müssen auch die Clustervariablen so gewählt werden, dass sie eine hohe *Trennkraft* zur Unterscheidung von Clustern aufweisen. Clustervariablen, die bei allen Objekten eine nahezu gleiche Ausprägung aufweisen (sog. konstante Merkmale), führen zu einer Nivellierung der Unterschiede zwischen den Objekten und rufen dadurch Verzerrungen bei der Fusionierung hervor. Da konstante Merkmale nicht trennungswirksam sind, sollten sie bereits vorab aus der Analyse ausgeschlossen werden. Das gilt insbesondere für Merkmale, die fast überall Null-Werte aufweisen.

Wird eine Clusteranalyse auf Basis einer Stichprobe durchgeführt und sollen aufgrund der gefundenen Gruppierung Rückschlüsse auf die Grundgesamtheit gezogen werden, so muss sichergestellt werden, dass auch genügend Elemente in den einzelnen Gruppen enthalten sind, um die entsprechenden Teilgruppen in der Grundgesamtheit zu *repräsentieren*. Da i. d. R. im Vorfeld aber nicht bekannt ist, welche Gruppen in einer Grundgesamtheit vertreten sind, – denn das Auffinden solcher Gruppen ist ja gerade das Ziel der Clusteranalyse – sollten insbesondere Ausreißer in einer Datenmenge eliminiert werden. Ausreißer beeinflussen den Fusionierungsprozess, erschweren das Erkennen

---

[2]Vgl. zur Standardisierung von Variablen die Ausführungen zu den statistischen Grundlagen in Abschn. 1.2.1.

## 8.2 Vorgehensweise

**Tab. 8.2** Aufbau der Rohdatenmatrix

|  | Variable 1 | Variable 2... | Variable $J$ |
|---|---|---|---|
| Objekt 1 | | | |
| Objekt 2 | | | |
| – | | | |
| – | | | |
| – | | | |
| Objekt $N$ | | | |

von Zusammenhängen zwischen Objekten und führen insgesamt zu Verzerrungen in den Ergebnissen.[3]

Der Charakter von Clustern kann sich im Zeitablauf verändern. Für die Bearbeitung von Clustern ist es aber wichtig, dass ihr Charakter zumindest für eine gewisse Zeit *stabil* bleibt, da Maßnahmen erst auf Basis einer Clusterung entwickelt werden und sie dann auch meist eine gewisse Zeit benötigen, bis sie sich entfalten können.

### 8.2.2 Bestimmung der Ähnlichkeiten

Den Ausgangspunkt der Clusteranalyse bildet eine Rohdatenmatrix mit $N$ Objekten (z. B. Personen, Unternehmen, Produkte), die durch $J$ Variablen beschrieben werden und deren allgemeiner Aufbau Tab. 8.2 verdeutlicht.

Im Inneren dieser Matrix stehen die objektbezogenen metrischen und/oder nicht metrischen Variablenwerte. Im ersten Schritt geht es zunächst um die Quantifizierung der Ähnlichkeit zwischen den Objekten durch eine statistische Maßzahl. Zu diesem Zweck wird die Rohdatenmatrix in eine Distanz- oder Ähnlichkeitsmatrix (Tab. 8.3) überführt, die immer eine quadratische (N × N)-Matrix darstellt.

Diese Matrix enthält die Ähnlichkeits- oder Unähnlichkeitswerte (Distanzwerte) zwischen den betrachteten Objekten, die unter Verwendung der objektbezogenen

---

[3]Vgl. zur Analyse von Ausreißern auch die Ausführungen zu den statistischen Grundlagen in Abschn. 1.5.1 sowie die Darstellungen zum Single Linkage-Verfahren in Abschn. 8.2.3.2, das in besonderer Weise zur Identifikation von Ausreißern in Clusteranalysen geeignet ist.

**Tab. 8.3** Aufbau der Rohdatenmatrix

|  | Objekt 1 | Objekt 2… | Objekt N |
|---|---|---|---|
| Objekt 1 |  |  |  |
| Objekt 2 |  |  |  |
| – |  |  |  |
| – |  |  |  |
| – |  |  |  |
| Objekt N |  |  |  |

Variablenwerte aus der Rohdatenmatrix berechnet werden. Maße, die eine Quantifizierung der Ähnlichkeit oder Distanz zwischen den Objekten ermöglichen, werden allgemein als *Proximitätsmaße* bezeichnet.

### 8.2.2.1 Ausgangsbeispiel und Überblick zu Proximitätsmaßen

Es lassen sich zwei Arten von Proximitätsmaßen unterscheiden:

- *Ähnlichkeitsmaße* spiegeln die Ähnlichkeit zwischen zwei Objekten wider: Je größer der Wert eines Ähnlichkeitsmaßes wird, desto ähnlicher sind sich zwei Objekte.
- *Distanzmaße* messen die Unähnlichkeit zwischen zwei Objekten: Je größer die Distanz wird, desto unähnlicher sind sich zwei Objekte. Sind zwei Objekte als vollkommen identisch anzusehen, so ergibt sich eine Distanz von Null.

Ähnlichkeits- und Distanzmaße sind komplementär, d. h. es gilt: Ähnlichkeit = 1– Unähnlichkeit. In Abhängigkeit des Skalenniveaus der betrachteten Merkmale existiert eine Vielzahl an Proximitätsmaßen. Diese können nach Proximitätsmaßen für metrische Daten, binäre Daten (0/1-Variable) und Zähldaten (diskrete Häufigkeiten) unterschieden werden. Zähldaten sind ganzzahlige Werte, die sich z. B. durch Auszählen von nominal skalierten Merkmalen ergeben. Tab. 8.4 gibt einen Überblick zu gebräuchlichen Proximitätsmaßen in der Anwendungspraxis.[4]

Im Folgenden konzentrieren sich die Betrachtungen aber auf Clusteranalysen auf der Basis von metrisch skalierten Variablen. Sind die Variablen *nominal* skaliert oder liegen binäre Variablen (0/1-Variable) vor, so ändern sich auch die Maße, die zur Bestimmung der Proximität herangezogen werden können (vgl. hierzu Abschn. 8.4.1).[5]

---

[4] Die Auswahl der in Tab. 8.4 aufgezeigten Proximitätsmaße orientierte sich an den auch in der SPSS-Prozedur „*Hierarchische Clusteranalyse*" bereitgestellten Maßen.

[5] Auf der zu diesem Buch gehörigen Internetseite www.multivariate.de stellen wir ergänzendes Material zur Verfügung, um das Verstehen der Methode zu erleichtern und zu vertiefen.

## 8.2 Vorgehensweise

**Tab. 8.4** Ausgewählte Proximitätsmaße für die hierarchische Clusteranalyse

|  | Skalenniveau der Merkmalsvariablen | | |
|---|---|---|---|
|  | Metrische Daten (Intervall) | Binäre Daten (0/1 Variable) | Zähldaten (Häufigkeiten) |
| Ähnlichkeitsmaße | • Kosinus<br>• Pearson-Korrelation | • Einfache Übereinstimmung<br>• Phi-4-Punkt Korrelation<br>• Lambda (Goodman & Kruskal)<br>• Würfel (Dice)<br>• Jaccard<br>• Rogers & Tanimoto<br>• Russel & Rao |  |
| Distanzmaße | • Euklidische Distanz<br>• Quadrierte euklidische Distanz<br>• Tscheyscheff<br>• (City-) Block-Metrik<br>• Minkowski | • Euklidische Distanz<br>• Quadrierte euklidische Distanz<br>• Größendifferenz<br>• Musterdifferenz<br>• Varianz<br>• Streuung<br>• Lance und Williams | • Chi-Quadrat-Maß<br>• Phi-Quadrat-Maß |

### 8.2.2.2 Proximitätsmaße bei metrisch skalierten Variablen

Zur Erläuterung von Proximitätsmaßen bei metrischem Skalenniveau der Beschreibungsmerkmale der Objekte wird folgendes Beispiel verwendet:

**Anwendungsbeispiel**

In einer Befragung wurden 30 Personen nach ihrer Einschätzung von Schokoladensorten befragt. Dabei wurden die Sorten Keks, Nuss, Nougat, Cappuccino und Espresso anhand der Eigenschaften Preis, bitter und erfrischend auf einer siebenstufigen Skala von hoch (=7) bis niedrig (=1) beurteilt. Tab. 8.5 enthält die durchschnittlichen subjektiven Beurteilungswerte der 30 befragten Personen für die entsprechenden Schokoladensorten.[6] ◄

Bei allen im Folgenden betrachteten Metriken ist darauf zu achten, dass die Variablen auf *vergleichbaren Maßeinheiten* gemessen wurden. Das ist im Anwendungsbeispiel erfüllt, da alle drei Eigenschaften auf einer siebenstufigen Ratingskala beurteilt wurden. Ist diese

---

[6] Zur Vereinfachung der folgenden Berechnungen wurden nur ganzzahlige Werte in die Ausgangsdatenmatrix aufgenommen.

**Tab. 8.5** Anwendungsbeispiel mit fünf Produkten und drei Variablen

| Sorte | Eigenschaften | | |
|---|---|---|---|
| | Preis | Bitter | Erfrischend |
| 1: Keks | 1 | 2 | 1 |
| 2: Nuss | 2 | 3 | 3 |
| 3: Nougat | 3 | 2 | 1 |
| 4: Cappuccino | 5 | 4 | 7 |
| 5: Espresso | 6 | 7 | 6 |

Voraussetzung *nicht* erfüllt, so müssen die Ausgangsdaten zuerst z. B. mithilfe einer *Standardisierung* vergleichbar gemacht werden.[7]

#### 8.2.2.2.1 Einfache und quadrierte Euklidische Distanz (L2-Norm)

Die Euklidische Distanz (L2-Norm) zählt zu den weit verbreiteten Distanzmaßen bei empirischen Anwendungen. Bei der Euklidischen Distanz wird die Distanz zwischen zwei Punkten nach ihrer kürzesten Entfernung zueinander („Luftweg") gemessen (vgl. Abb. 8.3). Sie wird wie folgt berechnet:

$$d_{k,l} = \sqrt{\sum_{j=1}^{J} (x_{kj} - x_{lj})^2} \qquad (1)$$

mit

$d_{k,l}$     Distanz zwischen den Objekten $k$ und $l$
$x_{kj}, x_{lj}$     Wert der Variablen $j$ für Objekt $k, l$ ($j = 1, 2, …, J$)

Für einen Zwei-Variablen-Fall verdeutlicht Abb. 8.3 die Euklidische Distanz als direkte (kürzeste) Verbindung zwischen den Objekten $k$ und $l$, was der Hypotenuse des eingezeichneten rechtwinkligen Dreiecks entspricht.

Im obigen zwei-Variablen-Fall berechnet sich die *Euklidische Distanz* zwischen den Punkten $k$ = Keks mit den Koordinaten (6;1) und $l$ = Nuss mit den Koordinaten (2;5) wie folgt:

$$d_{\text{Keks, Nuss}} = \sqrt{(6-2)^2 + (1-5)^2} = \sqrt{16+16} = 5{,}656$$

Für den Mehr-Variablen-Fall in unserem Rechenbeispiel lässt sich z. B. für das Produktpaar „Keks" und „Nuss" die *quadrierte Euklidische Distanz* wie folgt berechnen:

---

[7] Vgl. zur Standardisierung von Variablen die Ausführungen zu den statistischen Grundlagen in Abschn. 1.2.1.

## 8.2 Vorgehensweise

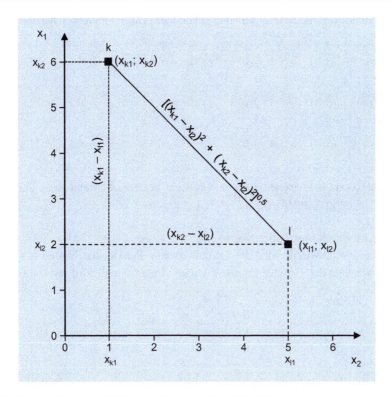

**Abb. 8.3** Verdeutlichung der Euklidischen Distanz im Zwei-Variablen-Fall

$$d_{\text{Keks, Nuss}} = (1-2)^2 + (2-3)^2 + (1-3)^2$$
$$= 1 + 1 + 4$$
$$= 6$$

Durch die Quadrierung werden große Differenzwerte bei der Berechnung der Distanz stärker berücksichtigt, während geringen Differenzwerten ein kleineres Gewicht zukommt. Außerdem wird dadurch vermieden, dass sich positive und negative Unterschiede gegenseitig aufheben. Die *Euklidische Distanz* ergibt sich dann durch Radizieren der quadrierten Euklidischen Distanz; in obigem Beispiel erhält man den Wert 6. Sowohl die quadrierte Euklidische Distanz als auch die Euklidische Distanz können als Maß für die *Unähnlichkeit* zwischen Objekten (Distanz) herangezogen werden. Da Simulationsstudien gezeigt haben, dass viele Algorithmen bei Verwendung der quadrierten Euklidischen Distanz die besten Ergebnisse liefern, stützen sich auch die folgenden Betrachtungen auf die quadrierte Euklidische Distanz. Tab. 8.6 fasst die quadrierten Euklidischen Distanzen für unser Rechenbeispiel mit fünf Produkten zusammen. Da der Abstand eines Objekts zu sich selbst immer Null beträgt, ist die Hauptdiagonale einer Distanzmatrix immer mit Nullen besetzt. Die Distanzmatrix macht bereits deutlich, dass

**Tab. 8.6** Distanzmatrix nach der quadrierten Euklidischen Distanz im Anwendungsbeispiel

|  | Keks | Nuss | Nougat | Cappuccino | Espresso |
|---|---|---|---|---|---|
| Keks | 0 | | | | |
| Nuss | 6 | 0 | | | |
| Nougat | 4 | 6 | 0 | | |
| Cappuccino | 56 | 26 | 44 | 0 | |
| Espresso | **75** | 41 | 59 | 11 | 0 |

die geringste Distanz zwischen Keks und Nougat besteht, während Keks und Espresso die größte Unähnlichkeit aufweisen (vgl. fett markierte Werte).

### 8.2.2.2.2 City-Block-Metrik (L1-Norm)

Bei der City-Block-Metrik wird die Distanz zweier Punkte als Summe der absoluten Abstände zwischen den Punkten ermittelt. Dieses Abstandsmaß wird wie folgt berechnet:

$$d_{k,l} = \sum_{j=1}^{J} |x_{kj} - x_{lj}| \qquad (2)$$

mit

$d_{k,l}$     Distanz zwischen den Objekten $k$ und $l$

$x_{kj}, x_{lj}$     Wert der Variablen $j$ für Objekt $k, l$ ($j = 1, 2, ..., J$)

Die Idee der City-Block-Metrik lässt sich vergleichen mit einer nach dem Schachbrettmuster aufgebauten Stadt (z. B. Manhattan), in der sich die Entfernung zwischen zwei Objekten, die z. B. ein PKW zurücklegen muss, durch das Abfahren der Straßen zwischen den Häuserblöcken ergibt. Sie wird deshalb auch als *Manhattan-* oder *Taxifahrer-Metrik* bezeichnet. Sie spielt eine wichtige Rolle bei praktischen Anwendungen wie z. B. der Gruppierung von Standorten. Sie wird ermittelt, indem für jede Variable die Differenz zwischen zwei Objekten berechnet und die resultierenden absoluten Differenzwerte addiert werden. Abb. 8.4 verdeutlicht dies für einen Zwei-Variablen Fall (Abb. 8.4).

Gemäß Gl. (8.2) berechnet sich die Distanz der Objekte $k =$ Keks mit den Koordinaten (6;1) und $l =$ Nuss mit den Koordinaten (2;5) wie folgt:

$$D_{\text{Keks, Nuss}} = |6 - 2| + |1 - 5| = 8$$

Für den Mehr-Variablen-Fall (Beispiel aus Tab. 8.5) sei hier beispielhaft für das Objektpaar „Keks" und „Nuss" die *City-Block-Metrik* berechnet, wobei die erste Zahl bei der Differenzbildung jeweils den Eigenschaftswert von „Keks" darstellt.

## 8.2 Vorgehensweise

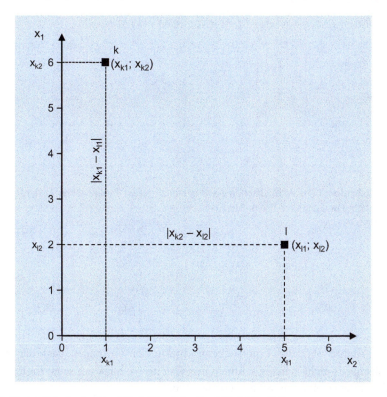

**Abb. 8.4** Verdeutlichung der City-Block-Metrik im Zwei-Variablen-Fall

$$d_{\text{Keks, Nuss}} = |1-2| + |2-3| + |1-3|$$
$$= 1 + 1 + 2$$
$$= 4$$

Das bedeutet, dass die Distanz zwischen den Produkten „Keks" und „Nuss" nach der City-Block-Metrik 4 beträgt. In gleicher Weise lassen sich auch die Distanzen zwischen allen anderen Produkten berechnen. Das Ergebnis der Berechnungen zeigt Tab. 8.7.

Tab. 8.7 macht deutlich, dass mit einer Distanz von 2 das Produktpaar „Nougat" und „Keks" die geringste Distanz und damit größte Ähnlichkeit aufweist. Die geringste Ähnlichkeit besteht demgegenüber zwischen „Espresso" und „Keks". Hier beträgt die Distanz 15.

Bezüglich des ähnlichsten und des unähnlichsten Paares gelangen die quadrierte Euklidische Distanz und die City-Block-Metrik zu den gleichen Aussagen. Wird die Reihenfolge der Ähnlichkeiten nach beiden Metriken in einer Tabelle zusammengefasst (vgl. Tab. 8.8), so wird deutlich, dass sich bei den Produktpaaren „Cappuccino" und „Nougat" sowie „Espresso" und „Nuss" eine Verschiebung der Reihenfolge der Ähnlichkeiten ergibt. Die Wahl des Distanzmaßes beeinflusst in diesem Fall also die

**Tab. 8.7** Distanzmatrix entsprechend der City-Block-Metrik (L1-Norm)

|  | Keks | Nuss | Nougat | Cappuccino | Espresso |
|---|---|---|---|---|---|
| Keks | 0 | | | | |
| Nuss | 4 | 0 | | | |
| Nougat | 2 | 4 | 0 | | |
| Cappuccino | 12 | 8 | 10 | 0 | |
| Espresso | 15 | 11 | 13 | 5 | 0 |

**Tab. 8.8** Reihenfolge der Ähnlichkeiten nach der quadrierten Euklidischen Distanz (Klammerwerte der Tabelle) und der City-Block-Metrik

|  | Keks | Nuss | Nougat | Cappuccino |
|---|---|---|---|---|
| Nuss | 2(2) | | | |
| Nougat | 1(1) | 2(2) | | |
| Cappuccino | 7(7) | 4(4) | 5(6) | |
| Espresso | 9(9) | 6(5) | 8(8) | 3(3) |

Ähnlichkeitsreihenfolge der Untersuchungsobjekte. Das bedeutet, dass die Wahl des Proximitätsmaßes nicht beliebig erfolgen, sondern im Hinblick auf seine Eignung für die Anwendungsfragestellung gewählt werden sollte.

Diese unterschiedlichen Ergebnisse sind auf die abweichende Behandlung der Differenzen zurückzuführen, da bei der City-Block-Metrik alle Differenzwerte gleichgewichtig in die Berechnung eingehen.

### 8.2.2.2.3 Minkowski-Metrik (L-Normen)

Eine Verallgemeinerung der Euklidischen Distanz und der City-Block-Metrik liefert die Minkowski-Metrik. Für zwei Punkte $k$ und $l$ wird die Distanz als Differenz der Koordinatenwerte über alle Dimensionen berechnet. Diese Differenzen werden mit einem konstanten Faktor $r$ potenziert und anschließend summiert. Durch Potenzierung der Gesamtsumme mit dem Faktor $1/r$ erhält man die gesuchte Distanz $d_{k,l}$ wie folgt:

$$d_{k,l} = \left[ \sum_{j=1}^{J} |x_{kj} - x_{lj}|^r \right]^{\frac{1}{r}} \tag{3}$$

mit

$d_{k,l}$     Distanz der Objekte $k$ und $l$
$x_{kj}, x_{lj}$     Wert der Variablen $j$ bei Objekt $k,l$ ($j = 1, 2, \ldots, J$)
$r \geq 1$     Minkowski-Konstante

## 8.2 Vorgehensweise

**Tab. 8.9** Ähnlichkeitsmatrix entsprechend dem Korrelationskoeffizienten

|  | Keks | Nuss | Nougat | Cappuccino | Espresso |
|---|---|---|---|---|---|
| Keks | 1,000 | | | | |
| Nuss | 0,500 | 1,000 | | | |
| Nougat | 0,000 | −0,866 | 1,000 | | |
| Cappuccino | −0,756 | 0,189 | −0,655 | 1,000 | |
| Espresso | 1,000 | 0,500 | 0,000 | −0,756 | 1,000 |

Dabei stellt $r$ eine positive Konstante dar. Für $r=1$ erhält man die *City-Block-Metrik* (L1-Norm) und für $r=2$ die *Euklidische Distanz* (L2-Norm).

### 8.2.2.2.4 Pearson Korrelationskoeffizient als Ähnlichkeitsmaß

Soll die Bestimmung der Ähnlichkeit zwischen Objekten mit metrischer Variablenstruktur nicht über ein Distanzmaß, sondern durch ein Ähnlichkeitsmaß erfolgen, so ist der *Korrelationskoeffizient* hierfür ein gebräuchliches Maß, das sich wie folgt berechnen lässt:

$$r_{k,l} = \frac{\sum_{j=1}^{J} (x_{jk} - \bar{x}_k) \cdot (x_{jl} - \bar{x}_l)}{\left\{ \sum_{j=1}^{J} (x_{jk} - \bar{x}_k)^2 \cdot \sum_{j=1}^{J} (x_{jl} - \bar{x}_l)^2 \right\}^{\frac{1}{2}}} \tag{4}$$

mit

$x_{jk}$  Beobachtungswert $k$ ($k = 1, 2, \ldots, K$) in Faktorstufe $j$ ($j = 1, 2, \ldots, J$)
$\bar{x}_k$  Durchschnittswert aller Eigenschaften bei Objekt (Cluster) $k$ (bzw. $l$)

Der *Pearson Korrelationskoeffizient* berechnet die Ähnlichkeit zwischen zwei Objekten $k$ und $l$ unter Berücksichtigung aller Variablen eines Objektes.[8] Für das Anwendungsbeispiel ergibt sich die in Tab. 8.9 dargestellte Ähnlichkeitsmatrix auf Basis des Pearson-Korrelationskoeffizienten.

Werden diese Ähnlichkeitswerte mit den Distanzwerten aus Tab. 8.7 verglichen, so wird deutlich, dass sich die Beziehungen zwischen den Objekten stark verschoben haben. Nach der quadrierten Euklidischen Distanz sind sich „Espresso" und „Keks" am unähnlichsten, während sie nach dem Q-Korrelationskoeffizienten als das ähnlichste Sortenpaar erkannt werden. Ebenso sind nach Euklid „Nougat" und „Keks" mit einer Distanz von 4 sehr ähnlich, während sie mit einer Korrelation von 0 in Tab. 8.9 als vollkommen unähnlich gelten. Diese Vergleiche machen deutlich, dass bei der Wahl des Proximitätsmaßes vor allem inhaltliche Überlegungen eine Rolle spielen. Betrachten

---

[8] Eine ausführliche Darstellung zur Berechnung des Korrelationskoeffizienten findet der Leser in Abschn. 1.2.2.

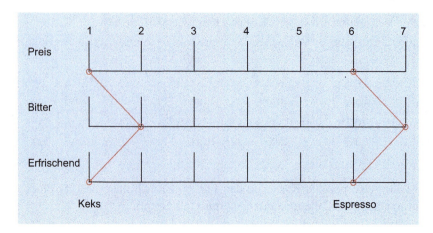

**Abb. 8.5** Profilverläufe der Sorten „Keks" und „Espresso"

wir zu diesem Zweck einmal die in Abb. 8.5 dargestellten Profilverläufe von „Keks" und „Espresso" entsprechend den Ausgangsdaten in unserem Beispiel.

Die Profilverläufe zeigen, dass „Keks" und „Espresso" zwar sehr weit voneinander entfernt liegen, der Verlauf ihrer Profile aber vollkommen gleich ist. Von daher lässt sich erklären, warum sie bei Verwendung eines Distanzmaßes als vollkommen unähnlich und bei Verwendung des Korrelationskoeffizienten als vollkommen ähnlich erkannt werden. Allgemein lässt sich somit festhalten:

Zur Messung der Ähnlichkeit zwischen Objekten sind

- *Distanzmaße* immer dann geeignet, wenn der absolute Abstand zwischen Objekten von Interesse ist und die Unähnlichkeit dann als umso größer anzusehen ist, wenn zwei Objekte weit entfernt voneinander liegen;
- *Ähnlichkeitsmaße* basierend auf Korrelationswerten immer dann geeignet, wenn der primäre Ähnlichkeitsaspekt im Gleichlauf zweier Profile zu sehen ist, unabhängig davon, auf welchem Niveau die Objekte liegen.

Betrachten wir hierzu ein Beispiel: Eine Reihe von Unternehmen wird durch die Umsätze eines bestimmten Produktes im Ablauf von fünf Jahren (=Variable) beschrieben. Mithilfe der Clusteranalyse sollen solche Unternehmen zusammengefasst werden, die

1. ähnlich hohe *Umsätze* mit diesem Produkt erzielt haben;
2. eine ähnliche *Umsatzentwicklung* in den fünf Jahren aufweisen.

Im ersten Fall ist für die Clusterung die *Umsatzhöhe* von Bedeutung. Folglich muss die Proximität zwischen den Unternehmen mithilfe eines *Distanzmaßes* ermittelt werden. Im zweiten Fall sind hingegen ähnliche *Umsatzentwicklungen von Interesse*, und ein Ähnlichkeitsmaß (z. B. der Pearson Korrelationskoeffizient) ist das geeignete Proximitätsmaß.

### 8.2.3 Auswahl des Fusionierungsalgorithmus

① Auswahl der Clustervariablen
② Bestimmung der Ähnlichkeiten
③ **Auswahl des Fusionierungsalgorithmus**
④ Bestimmung der Clusterzahl
⑤ Interpretation einer Cluster-Lösung

Die bisherigen Ausführungen haben gezeigt, wie sich mithilfe von Proximitätsmaßen eine Distanz- oder Ähnlichkeitsmatrix aus den Ausgangsdaten ermitteln lässt. Die gewonnene Distanz- oder Ähnlichkeitsmatrix bildet nun den Ausgangspunkt der Clusteralgorithmen, die eine Zusammenfassung der Objekte zum Ziel haben. Die Clusteranalyse bietet dem Anwender ein breites Spektrum an Algorithmen zur Gruppierung einer gegebenen Objektmenge. Der große Vorteil der Clusteranalyse liegt darin, simultan eine Vielzahl an Variablen zur Gruppierung der Objekte heranzuziehen. Eine Einteilung der Clusterverfahren (Cluster-Algorithmen) lässt sich entsprechend der Vorgehensweise im Fusionierungsprozess vornehmen. Abb. 8.6 gibt hierzu einen entsprechenden Überblick.

Die folgenden Ausführungen konzentrieren sich auf die hierarchischen Verfahren, denen bei praktischen Anwendungen eine große Bedeutung beizumessen sind. Erläuterungen zu den partitionierenden Verfahren werden in Abschn. 8.4 gegeben. Bei den *hierarchischen Verfahren* wird zwischen agglomerativen und divisiven Algorithmen unterschieden. Während bei den agglomerativen Verfahren von der feinsten Partition (sie entspricht der Anzahl der Untersuchungsobjekte) ausgegangen wird, bildet die gröbste Partition (alle Untersuchungsobjekte befinden sich in einer Gruppe) den Ausgangspunkt der divisiven Algorithmen. Somit lässt sich der Ablauf der ersten Verfahrensart durch die Zusammenfassung von Gruppen und der zweiten Verfahrensart durch die Aufteilung einer Gesamtheit in Gruppen charakterisieren.[9]

Aufgrund der großen praktischen Bedeutung konzentriert sich dieser Abschnitt auf die hierarchisch, agglomerativen Clusterverfahren. Auch das Fallbeispiel in Abschn. 8.3 betrachtet die hierarchische Clusteranalyse unter der Verwendung der Ward-Methode. Eine vergleichsweise kurze Darstellung erfahren in Abschn. 8.4.2 die partitionierenden

---

[9] Aufgrund ihrer für die Praxis eher geringen Bedeutung werden die *divisiven Verfahren* hier nicht weiter betrachtet. Allerdings stehen in SPSS mit dem *Klassifizierungsbaum (Menüfolge: Analysieren/Klassifizieren/Baum)* divisive Clusteralgorithmen zur Verfügung.

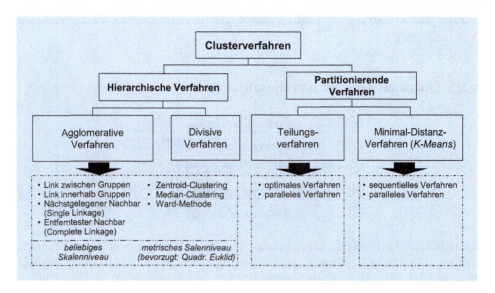

**Abb. 8.6** Überblick über ausgewählte Clusterverfahren

Clusterverfahren. Die Betrachtungen konzentrieren sich dort auf die K-Means- und die Two-Step-Clusteranalyse, die vor allem bei der Analyse großer Datenmengen eine zentrale Rolle spielen.

### 8.2.3.1 Ablaufschritte der hierarchisch-agglomerativen Verfahren

Die in Abb. 8.6 dargestellten *agglomerativen Clusterverfahren kommen* in der Praxis häufig zur Anwendung. Die Vorgehensweise dieser Verfahren kann durch die folgenden *allgemeinen Ablaufschritte* beschrieben werden:[10]

**Startpunkt** Gestartet wird mit der feinsten Partition, d. h. jedes Objekt stellt ein Cluster dar. Bei $N$ Objekten bestehen $N$ Ein-Objekt-Clusterr

**Schritt 1** Für die auf einer Fusionierungsstufe enthaltenen Objekte (Cluster) werden die paarweisen Distanzen bzw. Ähnlichkeiten zwischen den Objekten (Clustern) berechnet.

**Schritt 2** Es werden die beiden Objekte (Cluster) mit der geringsten Distanz (oder der größten Ähnlichkeit) gesucht und zu einem Cluster zusammengefasst. Die Zahl der Objekte bzw. bisher gebildeten Gruppen nimmt damit um 1 ab.

---

[10] Der konkrete Ablauf eines Fusionierungsprozesses wird i. d. R. anhand einer Tabelle (sog. Zuordnungsübersicht) und auch grafisch mittels Dendrogramm oder Eiszapfendiagramm verdeutlicht. Beide Möglichkeiten werden für das Single Linkage-Verfahren in Abschn. 8.2.3.2.1 ausführlich erläutert.

## 8.2 Vorgehensweise

**Schritt 3** Es werden die Abstände zwischen den neuen und den übrigen Objekten bzw. Gruppen berechnet, wodurch sich die sog. *„reduzierte Distanzmatrix"* ergibt.

**Schritt 4** Die Schritte 2 und 3 werden solange wiederholt, bis alle Untersuchungsobjekte in einer Gruppe enthalten sind (sog. Ein-Cluster-Lösung). Bei $N$ Objekten werden insgesamt $N - 1$ Fusionierungsschritte durchlaufen.

**Unterschiede in der Distanzberechnung hierarchisch-agglomerativer Clusterverfahren**

Die Unterschiede zwischen den agglomerativen Verfahren liegen in der Art und Weise, wie die Distanz zwischen einem Objekt (Cluster) $R$ und dem neuen Cluster $(P+Q)$ in Schritt 4 gebildet wird. Sind zwei Objekte (Cluster) $P$ und $Q$ zu vereinigen, so ergibt sich die Distanz $D(R;P+Q)$ zwischen irgendeiner Gruppe $R$ und der neuen Gruppe $(P+Q)$ durch folgende Transformation (vgl. Kaufman und Rousseeuw 2005, S. 225 ff.; Steinhausen und Langer 1977, S. 76):

$$D(R; P + Q) = A \cdot D(R,P) + B \cdot D(R,Q) + E \cdot D(P,Q) \\ + G \cdot |D(R,P) - D(R,Q)| \tag{5}$$

mit

*D(R,P)* Distanz zwischen Gruppe $R$ und $P$
*D(R,Q)* Distanz zwischen Gruppe $R$ und $Q$
*D(P,Q)* Distanz zwischen Gruppe $P$ und $Q$

Die Größen A, B, E und G sind Konstanten, die je nach verwendetem Algorithmus variieren. Die in Tab. 8.10 dargestellten agglomerativen Verfahren erhält man durch Zuweisung entsprechender Werte für die Konstanten in Gl. (8.5). Die Tab. 8.10 zeigt die jeweiligen Wertzuweisungen und die sich damit ergebenden Distanzberechnungen bei ausgewählten agglomerativen Verfahren (vgl. Kaufman und Rousseeuw 2005, S. 225 ff.; Steinhausen und Langer 1977, S. 77).

Während bei den ersten vier Verfahren grundsätzlich alle möglichen Proximitätsmaße verwendet werden können, ist die Anwendung der Verfahren „Centroid", „Median" und „Ward" nur sinnvoll bei Verwendung eines Distanzmaßes. Bezüglich des Skalenniveaus der Ausgangsdaten lässt sich festhalten, dass die Verfahren sowohl bei metrischen als auch bei nicht-metrischen Ausgangsdaten angewandt werden können. Entscheidend ist hier nur, dass die verwendeten Proximitätsmaße auf das Skalenniveau der Daten (metrisch oder nicht-metrisch) abgestimmt sind.

**Verdeutlichung des Fusionierungsprozesses in einer Zuordnungsübersicht**

Der Fusionierungsprozess einer Clustermethode wird meist durch eine sog. *Zuordnungsübersicht* (Agglomeration Schedule) verdeutlicht. Dabei wird in einer Tabelle für jeden Fusionierungsschritt aufgezeigt, welche beiden Objekte bzw. Cluster auf welchem Heterogenitätsniveau zusammengefasst werden. Weiterhin wird angegeben, bei welchem

**Tab. 8.10** Distanzberechnung bei ausgewählten agglomerativen Verfahren

| Verfahren | Konstante | | | | Distanzberechnung ($D(R;P+Q)$) nach Gl. (8.5) |
|---|---|---|---|---|---|
| | A | B | E | G | |
| Single Linkage | 0,5 | 0,5 | 0 | −0,5 | $0{,}5 \cdot \{D(R,P) + D(R,Q) - |D(R,P) - D(R,Q)|\}$ |
| Complete Linkage | 0,5 | 0,5 | 0 | 0,5 | $0{,}5 \cdot \{D(R,P) + D(R,Q) + |D(R,P) - D(R,Q)|\}$ |
| Average Linkage (ungewichtet) | 0,5 | 0,5 | 0 | 0 | $0{,}5 \cdot \{D(R,P) + D(R,Q)\}$ |
| Average Linkage (gewichtet) | $\frac{NP}{NP+NQ}$ | $\frac{NQ}{NP+NQ}$ | 0 | 0 | $\frac{1}{NP+NQ} \cdot \{NP \cdot D(R,P) + NQ \cdot D(R,Q)\}$ |
| Centroid | $\frac{NP}{NP+NQ}$ | $\frac{NQ}{NP+NQ}$ | $-\frac{NP \cdot NQ}{(NP+NQ)^2}$ | 0 | $\frac{1}{NP+NQ} \cdot \{NP \cdot D(R,P) + NQ \cdot D(R,Q)\} - \frac{NP \cdot NQ}{(NP+NQ)^2} D(P,Q)$ |
| Median | 0,5 | 0,5 | −0,25 | 0 | $0{,}5 \cdot \{D(R,P) + D(R,Q)\} - 0{,}25 \cdot D(P,Q)$ |
| Ward | $\frac{NR+NP}{NR+NP+NQ}$ | $\frac{NR+NQ}{NR+NP+NQ}$ | $-\frac{NR}{NR+NP+NQ}$ | 0 | $\frac{1}{NR+NP+NQ} \cdot \{(NR+NP) \cdot D(R,P) + (NR+NQ) \cdot D(R,Q) - NR \cdot D(P,Q)\}$ |

NR: Zahl der Objekte in Gruppe R
NP: Zahl der Objekte in Gruppe P
NQ: Zahl der Objekte in Gruppe Q

Schritt die Objekte bzw. Cluster erstmals in den Fusionierungsprozess einbezogen wurden und bei welchem Schritt das gebildete Cluster als nächstes betrachtet wird. Die Zuordnungsübersicht ist in Abschn. 8.2.3.2.1 exemplarisch für das Single Linkage-Verfahren angegeben (vgl. Tab. 8.14).

**Verdeutlichung des Fusionierungsprozesses mithilfe eines Dendrogramms**
Der Verlauf eines Fusionierungsprozesses lässt sich sehr anschaulich auch grafisch durch ein sog. *Dendrogramm:* verdeutlichen Ein Dendrogramm gibt an, mit welchem Heterogenitätsmaß eine bestimmte Anzahl an Clustern verbunden ist. Bei den hierarchischen Clusterverfahren sind deshalb i. d. R. auf der vertikalen Achse alle in einer Untersuchung betrachteten Objekte aufgelistet. Diese bilden bei den agglomerativen Verfahren den Ausgangspunkt und stellen jeweils eigene „Cluster" dar. Entsprechend sind sie im Ausgangspunkt immer mit einem Heterogenitätsmaß von „0" verbunden. Mit fortschreitender Fusionierung steigt dann auch das Heterogenitätsmaß, wobei das Dendrogramm grafisch diejenigen Objekte verbindet, die auf einer bestimmten Fusionierungsstufe miteinander verbunden werden. Für die in Abschn. 8.2.3.2 vorgestellten drei Verfahren sind die zugehörigen Dendrogramme in Abb. 8.7, 8.8 und 8.9 dargestellt.

### 8.2.3.2 Single Linkage, Complete Linkage und Ward-Verfahren
Im Folgenden werden die Fusionierungsprozesse von drei in der Anwendungspraxis sehr häufig angewandten Clusterverfahren im Detail erläutert. Dabei greifen wir jeweils auf die Daten des Anwendungsbeispiels in Tab. 8.5 sowie die Distanzmatrix der quadrierten Euklidischen Distanzen in Tab. 8.6 zurück.

Der zentrale Unterschied zwischen dem Single Linkage-, dem Complete Linkage- und dem Ward-Verfahren besteht in der Art und Weise, wie die Distanz zwischen einem einzelnen Objekt und einem Cluster (oder später im Fusionierungsprozess zwischen zwei Clustern) gebildet wird und nach welchem Kriterium Objekte zusammengefasst werden. Tab. 8.11 zeigt die verschiedenen Arten der Distanzbildung bei den drei Verfahren.

Im Folgenden werden die obigen drei Verfahren vorgestellt und jeweils deren Fusionierungsprozess erläutert. Abschließend werden in Abschn. 8.2.3.3 die Fusionierungseigenschaften der drei Verfahren an einem erweiterten Beispiel vergleichend betrachtet.

### 8.2.3.2.1 Single Linkage-Verfahren (nächstgelegener Nachbar)
Im Anwendungsbeispiel (Tab. 8.5) führt das *Single Linkage-Verfahren* ausgehend von der Distanzmatrix in Tab. 8.6 die folgenden Fusionierungsschritte durch:

**Schritt 1**
Es werden die Objekte fusioniert, die gemäß der Distanzmatrix die *kleinste* Distanz aufweisen, d. h. die Objekte, die sich am ähnlichsten sind. Somit werden im ersten

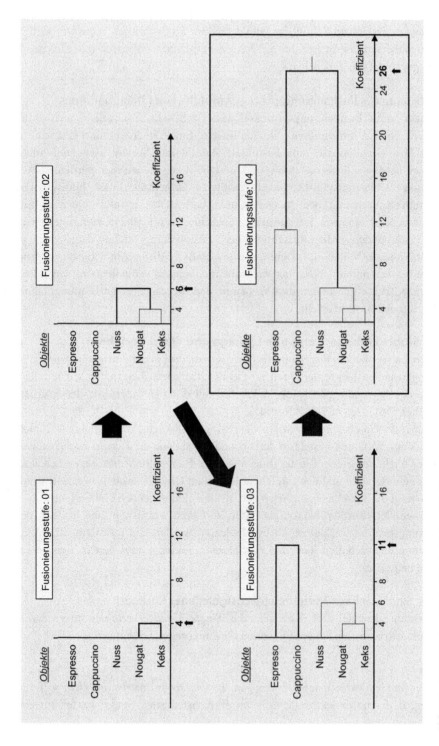

**Abb. 8.7** Dendrogramm für das Single Linkage-Verfahren

8.2 Vorgehensweise

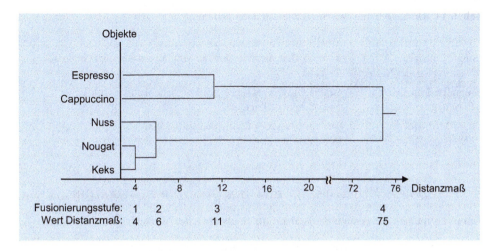

**Abb. 8.8** Dendrogramm für das Complete Linkage-Verfahren

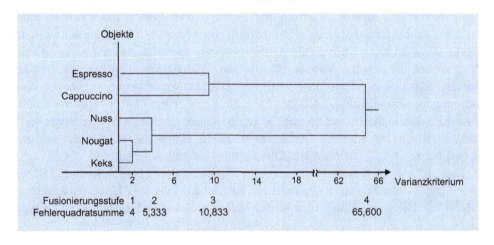

**Abb. 8.9** Dendrogramm für das Ward-Verfahren

Durchlauf die Objekte „Keks" und „Nougat" mit einer Distanz von 4 vereinigt (vgl. auch Fusionierungsschritt 1 in Abb. 8.7).

**Schritt 2**

Da „Keks" und „Nougat" nun eine eigenständige Gruppe bilden, muss im nächsten Schritt der Abstand dieser Gruppe zu allen übrigen Objekten bestimmt werden. Die Distanz zwischen der neuen Gruppe „Keks, Nougat" und einem Objekt (Gruppe) $R$ wird gemäß Gl. (8.6) wie folgt bestimmt (vgl. Tab. 8.10):

**Tab. 8.11** Distanzbildung zwischen Objekten und Clustern

| Algorithmus | Distanzbildung |
|---|---|
| Single Linkage (Nächstgelegener Nachbar) | Kleinste Distanz zwischen den Mitgliedern aus zwei Gruppen/Objekten |
| Complete Linkage (Entferntester Nachbar) | Größte Distanz zwischen den Mitgliedern aus zwei Gruppen/Objekten |
| Ward-Methode (Minimum-Varianz) | Geringster Anstieg der Fehlerquadratsumme (Varianzkriterium) |

$$D(R;\ P + Q) = 0{,}5\{D(R,P) + D(R,Q) - |D(R,P) - D(R,Q)|\} \quad (6)$$

Damit ergibt sich die gesuchte Distanz einfach als *kleinster* Wert der Einzeldistanzen:

$$D(R; P + Q) = \min\{D(R,P); D(R,Q)\}$$

Das Single Linkage-Verfahren weist somit einer neu gebildeten Gruppe die *kleinste Distanz* zu, die sich aus den alten Distanzen der in der Gruppe vereinigten Objekte zu einem bestimmten anderen Objekt ergibt. Man bezeichnet diese Methode deshalb auch als *„Nearest-Neighbour-Verfahren"* *(Nächstgelegener Nachbar)*. Verdeutlichen wir uns dieses Vorgehen beispielhaft an der Distanzbestimmung zwischen der Gruppe „Keks, Nougat" und der Schokoladensorte „Cappuccino". Zur Berechnung der neuen Distanz sind die Abstände zwischen „Keks" und „Cappuccino" sowie zwischen „Nougat" und „Cappuccino" heranzuziehen. Aus der Ausgangsdistanzmatrix (Tab. 8.6) ist ersichtlich, dass die erstgenannte Distanz 56 und die zweitgenannte Distanz 44 beträgt. Somit wird für den zweiten Durchlauf als Distanz zwischen der Gruppe „Keks, Nougat" und der Schokoladensorte „Cappuccino" eine Distanz von 44 zugrunde gelegt.

Formal lassen sich diese Distanzen auch mithilfe von Gl. (8.6) bestimmen. Dabei ist $P+Q$ die Gruppe „Nougat (P) und Keks (Q)", und $R$ stellt jeweils ein verbleibendes Objekt dar. Die neuen Distanzen zwischen „Nougat, Keks" und den übrigen Objekten ergeben sich in unserem Beispiel dann wie folgt (vgl. die Werte in Tab. 8.6):

$$D(\text{Nuss};\ \text{Nougat} + \text{Keks}) = 0{,}5 \cdot \{(6 + 6) - |6 - 6|\} = 6$$

$$D(\text{Cappuccino};\ \text{Nougat} + \text{Keks}) = 0{,}5 \cdot \{(44 + 56) - |44 - 56|\} = 44$$

$$D(\text{Espresso};\ \text{Nougat} + \text{Keks}) = 0{,}5 \cdot \{(59 + 75) - |59 - 75|\} = 59$$

Die reduzierte Distanzmatrix ergibt sich, indem die Zeilen und Spalten der fusionierten Cluster aus der für den betrachteten Durchgang gültigen Distanzmatrix entfernt und dafür eine neue Spalte und Zeile für die gerade gebildete Gruppe eingefügt wird. Am Ende des ersten Durchgangs ergibt sich eine reduzierte Distanzmatrix (Tab. 8.12), die im zweiten Schritt Verwendung findet.

## 8.2 Vorgehensweise

**Tab. 8.12** Reduzierte Distanzmatrix nach dem ersten Fusionsschritt beim Single Linkage-Verfahren

|            | Nougat, Keks | Nuss | Cappuccino |
|------------|--------------|------|------------|
| Nuss       | 6            |      |            |
| Cappuccino | 44           | 26   |            |
| Espresso   | 59           | 41   | 11         |

**Tab. 8.13** Reduzierte Distanzmatrix nach dem zweiten Fusionsschritt beim Single Linkage-Verfahren

|            | Nougat, Keks, Nuss | Cappuccino |
|------------|--------------------|------------|
| Cappuccino | 26                 |            |
| Espresso   | 41                 | 11         |

Entsprechend der reduzierten Distanzmatrix werden in Schritt 3 die Objekte (Cluster) vereinigt, die die geringste Distanz aufweisen. Im vorliegenden Fall wird „Nuss" in die Gruppe „Nougat, Keks" aufgenommen, da hier die Distanz ($d=6$) am kleinsten ist (vgl. auch Fusionierungsschritt 2 in Abb. 8.7).

**Schritt 3**

Für die reduzierte Distanzmatrix im zweiten Durchlauf errechnen sich in Schritt 3 die Abstände der Gruppe „Nougat, Keks, Nuss" zu „Cappuccino" bzw. „Espresso" wie folgt:

$$D(\text{Cappuccino}; \text{Nougat} + \text{Keks} + \text{Nuss}) = 0{,}5 \cdot \{(44 + 26) - |44 - 26|\} = 26$$

$$D(\text{Espresso}; \text{Nougat} + \text{Keks} + \text{Nuss}) = 0{,}5 \cdot \{(59 + 41) - |59 - 41|\} = 41$$

Damit ergibt sich die reduzierte Distanzmatrix im zweiten Schritt gemäß Tab. 8.13.

Den Werten in Tab. 8.13 entsprechend werden im vierten Schritt die Sorten „Espresso" und „Cappuccino" bei einer Distanz von $d=11$ zu einer eigenständigen Gruppe zusammengefasst (vgl. auch Fusionierungsschritt 3 in Abb. 8.7).

**Schritt 4**

Die Distanz zwischen den verbleibenden Gruppen „Nougat, Keks, Nuss" und „Espresso, Cappuccino" ergibt sich im vierten Schritt auf Basis von Tab. 8.13 wie folgt:

$$D(\text{Nougat, Keks, Nuss}; \text{Cappuccino, Espresso}) = 0{,}5 \cdot \{(26 + 41) - |26 - 41|\} = 26$$

Das bedeutet, dass die beiden Cluster „Nuss, Nougat, Keks" und „Espresso, Cappuccino" in Schritt 4 bei einer Distanz von $d=26$ zusammengefasst werden (vgl. auch Fusionierungsschritt 4 in Abb. 8.7). Nach diesem Schritt sind alle fünf Objekte in einem Cluster.

**Tab. 8.14** Zuordnungsübersicht für das Single Linkage-Verfahren

| Schritt | Zusammengeführte Cluster | | Koeffizienten | Erstes Vorkommen des Clusters | | Nächster Schritt |
|---|---|---|---|---|---|---|
| | Cluster 1 | Cluster 2 | | Cluster 1 | Cluster 2 | |
| 1 | 1 | 3 | 4,000 | 0 | 0 | 2 |
| 2 | 1 | 2 | 6,000 | 1 | 0 | 4 |
| 3 | 4 | 5 | 11,000 | 0 | 0 | 4 |
| 4 | 1 | 4 | 26,000 | 2 | 3 | 0 |

**Zusammenfassung**

Die aufgezeigten Fusionierungsschritte lassen sich zusammenfassend in der sog. Zuordnungsübersicht darstellen. Tab. 8.14 zeigt das Ergebnis für das Single Linkage-Verfahren für das Anwendungsbeispiel (vgl. Tab. 8.5) und die zugehörige Distanzmatrix (Tab. 8.6). Es wird deutlich, dass im ersten Schritt die Objekte 1 (Keks) und 3 (Nougat) bei einem Heterogenitätsmaß (Koeffizient) von 4,0 fusioniert werden. Das entspricht der quadrierten euklidischen Distanz zwischen beiden Objekten. Dass es sich dabei um Einzelobjekte handelt, ist aus Spalte „Erstes Vorkommen" erkennbar, wo das erste Vorkommen beider Objekte jeweils mit „Schritt 0" gekennzeichnet ist (vgl. Tab. 8.14). Demgegenüber enthält ein neu gebildetes Cluster immer die kleinste Nummer der fusionierten Objekte (hier: 1). Dieses Cluster 1 wird dann im nächsten Schritt mit Objekt 2 (Nuss) fusioniert. Die so gebildete Gruppe wird wiederum durch 1 gekennzeichnet und dann erst im vierten Schritt mit der Gruppe „4" fusioniert, die aus den Objekten 4 (Cappuccino) und 5 (Espresso) besteht.

Die Schritte des in Tab. 8.14 dargestellten Fusionierungsprozesses lassen sich auch grafisch verdeutlichen. Abb. 8.7 zeigt die Entstehung des Dendrogramms gemäß den vier Fusionierungsschritten. Von Softwareprogrammen wird aber nur der Gesamtprozess dargestellt (vgl. das Dendrogramm zu Fusionierungsschritt 4).

#### 8.2.3.2.2 Complete Linkage-Verfahren (Entferntester Nachbar)

**Schritt 1**

Auch das *Complete Linkage-Verfahren* fusioniert im *ersten Schritt* die Produkte „Keks" und „Nougat", da sie gem. Tab. 8.6 die kleinste Distanz ($d_{k,l}=4$) besitzen.

Der Unterschied zwischen dem Single Linkage- und dem *Complete Linkage-Verfahren* besteht in der Vorgehensweise bei der Distanzbildung. Diese berechnet sich gemäß Gl. (8.5) wie folgt (vgl. Tab. 8.10):

$$D(R; P + Q) = 0,5 \cdot \{D(R,P) + D(R,Q) + |D(R,P) - D(R,Q)|\} \qquad (7)$$

Vereinfacht ergibt sich diese Distanz auch aus der Beziehung:

$$D(R; P + Q) = \max\{D(R,P); D(R,Q)\}$$

## 8.2 Vorgehensweise

**Tab. 8.15** Reduzierte Distanzmatrix nach dem ersten Fusionsschritt beim Complete Linkage-Verfahren

|  | Nougat, Keks | Nuss | Cappuccino |
|---|---|---|---|
| Nuss | 6 |  |  |
| Cappuccino | 56 | 26 |  |
| Espresso | 75 | 41 | 11 |

Man bezeichnet dieses Verfahren deshalb auch als „Furthest-Neighbour-Verfahren" (Entferntester Nachbar). Ausgehend von der Distanzmatrix in Tab. 8.6 werden im *ersten Schritt* auch hier die Objekte „Keks" und „Nougat" vereinigt. Der Abstand dieser Gruppe zu z. B. „Cappuccino" entspricht aber jetzt in der reduzierten Distanzmatrix dem *größten* Einzelabstand, der entsprechend Tab. 8.15 jetzt 56 beträgt. Formal ergeben sich die Einzelabstände gemäß Gl. (8.7) wie folgt:

$$D(\text{Nuss; Nougat} + \text{Keks}) = 0{,}5 \cdot \{(6+6) + |6-6|\} = 6$$

$$D(\text{Cappuccino; Nougat} + \text{Keks}) = 0{,}5 \cdot \{(44+56) + |44-56|\} = 56$$

$$D(\text{Espresso; Nougat} + \text{Keks}) = 0{,}5 \cdot \{(59+75) + |59-75|\} = 75$$

Damit erhalten wir die in Tab. 8.15 dargestellte reduzierte Distanzmatrix.

Schritt 2

Im *zweiten Schritt* wird auch hier die Sorte „Nuss" in die Gruppe „Keks, „Nougat" aufgenommen, da entsprechend Tab. 8.15 hier die kleinste Distanz mit $d=6$ auftritt. Der Prozess setzt sich nun ebenso wie beim Single Linkage-Verfahren fort (vgl. Zuordnungsübersicht in Tab. 8.14), wobei die jeweiligen Distanzen immer nach Gl. (8.7) bestimmt werden. Hier sei nur das Endergebnis anhand eines Dendrogramms aufgezeigt (Abb. 8.8).

### 8.2.3.2.3 Ward-Verfahren

Das *Ward-Verfahren* hat in der Praxis eine große Verbreitung gefunden. Es unterscheidet sich von den vorhergehenden Verfahren nicht nur durch die Art der neuen Distanzbildung, sondern auch durch die Vorgehensweise bei der Fusion von Gruppen. Der Abstand zwischen dem zuletzt gebildeten Cluster und den anderen Gruppen wird wie folgt berechnet (vgl. Tab. 8.10):

$$D(R; P+Q) = \frac{1}{NR+NP+NQ}\{(NR+NP) \cdot D(R,P) \\ +(NR+NQ) \cdot D(R,Q) - NR \cdot D(P,Q)\} \tag{8}$$

Das Ward-Verfahren unterscheidet sich von den bisher dargestellten Linkage- Verfahren insbesondere dadurch, dass nicht diejenigen Gruppen zusammengefasst werden, die die geringste Distanz aufweisen, sondern es werden die Objekte (Gruppen) vereinigt, die

die Varianz in einer Gruppe möglichst wenig erhöhen. Die Varianz $s_g^2$ in einer Gruppe g errechnet sich dabei wie folgt:

$$s_g^2 = \sum_{i=1}^{N_g} \sum_{j=1}^{J} (x_{ijg} - \bar{x}_{jg})^2 \tag{9}$$

mit

$x_{ijg}$    Beobachtungswert der Variablen $j$ ($j = 1, ..., J$) bei Objekt $i$ (für alle Objekte $i = 1, ..., N_g$ in Gruppe $g$)

$\bar{x}_{jg}$    Mittelwert über die Beobachtungswerte der Variablen $j$ in Gruppe $g$

$$\left( = 1/N_g \sum_{i=1}^{N_g} x_{ijg} \right)$$

Gl. 8.9 wird auch als *Varianzkriterium* oder Fehlerquadratsumme bezeichnet. Wird dem Ward-Verfahren als Proximitätsmaß die quadrierte Euklidische Distanz zugrunde gelegt, so ergeben sich für das 5-Produkte-Beispiel im ersten Schritt die in Tab. 8.6 berechneten quadrierten Euklidischen Distanzen zwischen den Produkten. Jedes Objekt bildet eine eigenständige Gruppe und folglich kann bei den Variablenwerten der Objekte auch noch keine Streuung auftreten. Entsprechend besitzt die Fehlerquadratsumme im ersten Schritt einen Wert von Null. Das Zielkriterium beim Ward-Verfahren für die Zusammenfassung von Objekten (Gruppen) lautet nun:

> *„Vereinige diejenigen Objekte (Gruppen), die die Fehlerquadratsumme am wenigsten erhöhen."*

Diese Fehlerquadratsumme ist das Heterogenitätsmaß beim Ward-Verfahren. Es lässt sich zeigen, dass die Werte der Distanzmatrix in Tab. 8.6 (quadrierte Euklidische Distanzen) bzw. die mithilfe von Gl. (8.8) berechneten Distanzen genau der *doppelten Zunahme der Fehlerquadratsumme* gemäß Gl. (8.9) bei Fusionierung zweier Objekte (Gruppen) entsprechen.

Im *ersten Schritt* werden auch beim Ward-Verfahren die beiden Objekte mit der kleinsten quadrierten Euklidischen Distanz vereinigt. Das sind in unserem Beispiel die Produkte „Keks" und „Nougat", die eine quadrierte Euklidischen Distanz von 4 besitzen (vgl. Tab. 8.6). Wird berücksichtigt, dass der Mittelwert der Variablen „Preis" $(1+3)/2 = 2$ beträgt, so ergibt sich in diesem Fall für die Fehlerquadratsumme ein Wert von 2:

$$s^2(\text{Nougat, Keks}) = (1 - 2)^2 + (3 - 2)^2 = 2$$

Das ist tatsächlich die Hälfte der quadrierten euklidischen Distanz.

Im *zweiten Schritt* müssen nun die Distanzen zwischen der Gruppe „Nougat, Keks" und den verbleibenden Objekten gemäß Gl. (8.8) bestimmt werden. Auch hier werden zur Berechnung die quadrierten euklidischen Distanzen aus Tab. 8.6 erneut verwendet:

## 8.2 Vorgehensweise

**Tab. 8.16** Reduzierte Distanzmatrix im zweiten Schritt des Ward-Verfahrens

|           | Keks, Nougat | Nuss | Cappuccino |
|-----------|--------------|------|------------|
| Nuss      | 6,667        |      |            |
| Cappuccino| 65,333       | 26   |            |
| Espresso  | 88,000       | 41   | 11         |

$$D(\text{Nuss; Nougat} + \text{Keks}) = \frac{1}{3}\{(1+1) \cdot 6 + (1+1) \cdot 6 - 1 \cdot 4\} = 6{,}667$$

$$D(\text{Cappuccino; Nougat} + \text{Keks}) = \frac{1}{3}\{(1+1) \cdot 56 + (1+1) \cdot 44 - 1 \cdot 4\} = 65{,}333$$

$$D(\text{Espresso; Nougat} + \text{Keks}) = \frac{1}{3}\{(1+1) \cdot 75 + (1+1) \cdot 59 - 1 \cdot 4\} = 88{,}000$$

Im Ergebnis ergibt sich die in Tab. 8.16 dargestellte reduzierte Distanzmatrix, die ebenfalls die doppelte Zunahme der Fehlerquadratsumme bei Fusionierung zweier Objekte (Gruppen) enthält.

Die doppelte Zunahme der Fehlerquadratsumme ist bei Hinzunahme von „Nuss" in die Gruppe „Keks, Nougat" am geringsten. In diesem Fall wird die Fehlerquadratsumme nur um ½ · 6,667 = 3,333 erhöht. Die gesamte Fehlerquadratsumme beträgt nach diesem Schritt:

$$s_g^2 = 2 + 3{,}333 = 5{,}333$$

wobei der Wert 2 die Zunahme der Fehlerquadratsumme aus dem ersten Schritt darstellt. Nach Abschluss dieser Fusionierung sind die Produkte „Keks, Nougat, Nuss" in einer Gruppe und die Fehlerquadratsumme beträgt 5,333.

Im *dritten Schritt* müssen nun die Distanzen zwischen der Gruppe „Keks, Nougat, Nuss" und den verbleibenden Produkten bestimmt werden. Hierzu werden wiederum Gl. (8.8) und die Ergebnisse aus Tab. 8.16 des ersten Durchlaufs verwendet:

$$D(\text{Cappuccino; Keks} + \text{Nougat} + \text{Nuss}) = \frac{1}{4}\{(1+2) \cdot 65{,}333 + (1+1) \cdot 26 - 1 \cdot 6{,}667\}$$
$$= 60{,}333$$

$$D(\text{Espresso; Keks} + \text{Nougat} + \text{Nuss}) = \frac{1}{4}\{(1+2) \cdot 88{,}000 + (1+1) \cdot 41 - 1 \cdot 6{,}667\}$$
$$= 84{,}833$$

Das Ergebnis dieses Schrittes ist in Tab. 8.17 dargestellt. Es wird deutlich, dass die doppelte Zunahme in der Fehlerquadratsumme dann am kleinsten ist, wenn wir in

**Tab. 8.17** Matrix der doppelten Heterogenitätszuwächse nach dem zweiten Fusionsschritt beim Ward-Verfahren

|  | Keks, Nougat, Nuss | Cappuccino |
|---|---|---|
| Cappuccino | 60,333 | |
| Espresso | 84,833 | 11 |

diesem Schritt die Objekte „Cappuccino" und „Espresso" vereinigen. Die Fehlerquadratsumme erhöht sich dann nur um $1/2 \cdot 11 = 5{,}5$ und beträgt nach dieser Fusionierung:

$$s_g^2 = 5{,}333 + 5{,}5 = 10{,}833$$

Der Wert 10,833 spiegelt dabei die Höhe der Fehlerquadratsumme nach Abschluss des dritten Fusionierungsschrittes wider. Entsprechend Gl. (8.9) splittet sich der Gesamtwert korrekt in folgende zwei Einzelwerte auf: $s^2$ (Keks, Nougat, Nuss) = 5,333 und $s^2$ (Cappuccino, Espresso) = 5,5.

Werden im vierten Schritt die Gruppen „Keks, Nougat, Nuss" und „Cappuccino, Espresso" vereinigt, so bedeutet das eine doppelte Zunahme der Fehlerquadratsumme um:

$$D(\text{Keks, Nougat, Nuss, Espresso, Cappuccino}) = \frac{1}{5}\{(3+1) \cdot 84{,}833 + (3+1) \cdot 60{,}333 - 3 \cdot 11\}$$
$$= 109{,}533$$

Nach diesem Schritt sind *alle* Objekte in einem Cluster vereinigt, wobei das Varianzkriterium im letzten Schritt nochmals um $½ \cdot 109{,}533 = 54{,}767$ erhöht wurde. Die Gesamtfehlerquadratsumme beträgt somit im Endzustand $10{,}833 + 54{,}767 = 65{,}6$.

Der Fusionierungsprozess entsprechend dem Ward-Verfahren lässt sich zusammenfassend ebenfalls durch ein Dendrogramm wiedergeben, wobei nach jedem Schritt die Fehlerquadratsumme (Varianzkriterium) aufgeführt ist (Abb. 8.9).

### 8.2.3.3 Fusionierungseigenschaften ausgewählter Clusterverfahren

Die bisher betrachteten Clusterverfahren lassen sich bezüglich ihrer *Fusionierungseigenschaften* allgemein wie folgt charakterisieren (vgl. Lance und Williams 1966, S. 373 ff.; Steinhausen und Langer 1977, S. 75 ff.).

- *Dilatierende Verfahren* neigen dazu, die Objekte verstärkt in einzelne etwa gleich große Gruppen zusammenzufassen.
- *Kontrahierende Algorithmen* tendieren dazu, zunächst wenige große Gruppen zu bilden, denen viele kleine gegenüberstehen. Kontrahierende Verfahren sind damit geeignet, insbesondere *„Ausreißer"* in einem Objektraum zu identifizieren.
- *Konservative* Verfahren liegen dann vor, wenn sie weder Tendenzen zur Dilatation noch zur Kontraktion aufweisen.

**Tab. 8.18** Charakterisierung agglomerativer Clusterverfahren

| Verfahren | Eigenschaft | Proximitätsmaße | Bemerkungen |
|---|---|---|---|
| Verlinkung zwischen Gruppen (Average Link.) | Konservativ | Alle verwendbar | – |
| Verlinkung innerhalb der Gruppen (Average Link.) | Konservativ | Alle verwendbar | – |
| Nächstgelegener Nachbar (Single Linkage) | Kontrahierend | Alle verwendbar | Neigt zur Kettenbildung |
| Entferntester Nachbar (Complete Linkage) | Dilatierend | Alle verwendbar | Neigt zu kleinen Gruppen |
| Zentroid-Methode | Konservativ | Nur Distanzmaße | – |
| Median-Verfahren | Konservativ | Nur Distanzmaße | – |
| Ward-Methode | Konservativ | Nur Distanzmaße | Bildet etwa gleich große Gruppen |

Darüber hinaus kann eine Beurteilung danach vorgenommen werden, ob ein Verfahren zur Kettenbildung neigt oder nicht. Kettenbildung bedeutet, dass im Fusionierungsprozess primär einzelne Objekte aneinandergereiht werden und so eher große Gruppen gebildet werden. Mithilfe der genannten Kriterien lassen sich die hier besprochenen Verfahren wie in Tab. 8.18 dargestellt charakterisieren.

Werden die Verfahren aus Abschn. 8.2.2.2 vergleichend betrachtet, so können allgemein die folgenden Unterschiede herausgestellt werden:

1. Da das *Single Linkage-Verfahren* dazu neigt, viele kleine und wenige große Gruppen zu bilden (kontrahierendes Verfahren), bilden die kleinen Gruppen einen guten Anhaltspunkt für die Identifikation von „Ausreißern" in einer Objektmenge. Das Verfahren hat dadurch aber den Nachteil, dass es aufgrund der großen Gruppen zur Kettenbildung neigt, wodurch „schlecht" getrennte Gruppen nur schwer aufgedeckt werden.
2. Obwohl im Anwendungsbeispiel die Fusionierungsprozesse beim Single- und Complete Linkage-Verfahren identisch verlaufen, tendiert das *Complete Linkage-Verfahren* eher zur Bildung kleiner Gruppen. Das liegt darin begründet, dass als neue Distanz jeweils der größte Wert der Einzeldistanzen herangezogen wird. Von daher ist das Complete Linkage-Verfahren im Gegensatz zum Single Linkage-Verfahren nicht dazu geeignet, „Ausreißer" in einer Objektgesamtheit zu entdecken. Diese führen beim Complete Linkage-Verfahren eher zu einer Verzerrung des Gruppierungsprozesses und sollten daher vor Anwendung dieses Verfahrens (etwa mithilfe des Single Linkage- Verfahrens) eliminiert werden.
3. Für das *Ward-Verfahren* hat eine Untersuchung von Bergs (1981, S. 96 f.) gezeigt, dass es im Vergleich zu anderen Algorithmen in den meisten Fällen sehr gute Partitionen findet und die Elemente den Gruppen meist auch korrekt zuordnet. Das

Ward-Verfahren ist ein sehr guter Fusionierungsalgorithmus, wenn (vgl. Milligan 1980, S. 332 ff., Punj und Stewart 1983, S. 141 ff.)
- die Verwendung eines Distanzmaßes ein (inhaltlich) sinnvolles Kriterium zur Ähnlichkeitsbestimmung darstellt;
- alle Variablen auf metrischem Skalenniveau gemessen wurden;
- keine Ausreißer in einer Objektmenge enthalten sind bzw. vorher eliminiert wurden;
- die Variablen unkorreliert sind;
- zu erwarten ist, dass die Elementzahl in jeder Gruppe ungefähr gleich groß ist;
- die Gruppen in etwa die gleiche Ausdehnung besitzen.

Die drei letztgenannten Voraussetzungen beziehen sich auf die Anwendbarkeit des im Rahmen des Ward-Verfahrens verwendeten *Varianzkriteriums*. Allerdings neigt das Ward-Verfahren dazu, möglichst gleich große Cluster zu bilden und ist nicht in der Lage, langgestreckte Gruppen oder solche mit kleiner Elementzahl zu erkennen.

### 8.2.3.4 Verdeutlichung der Fusionierungseigenschaften an einem erweiterten Beispiel

Die zentralen Fusionierungseigenschaften der Verfahren „Single Linkage", „Complete Linkage" und „Ward" seien nachfolgend an einem fiktiven Beispiel mit 56 Fällen verdeutlicht. Die unterschiedlichen Fusionierungsprozesse für die drei Verfahren werden dabei mithilfe von Dendrogrammen aus SPSS verdeutlicht. Da die Heterogenitätsmaße im Endpunkt (alle Objekte sind in einem Cluster) sehr unterschiedlich hohe Werte annehmen können, wird in den Dendrogrammen von SPSS die Heterogenitätsentwicklung immer auf eine Skala von 0 bis 25 normiert. Das Ende des Fusionierungsprozesses ist also immer mit einem Wert von 25 verbunden.[11]

> **Erweitertes Anwendungsbeispiel mit 56 Fällen**
>
> Es werden 56 Fälle betrachtet, die jeweils durch zwei Variablen beschrieben werden und in Abb. 8.10 grafisch verdeutlicht sind. Die Beispieldaten wurden so gewählt, dass bereits optisch drei Gruppen erkennbar sind: Gruppe A besteht aus 15 Fällen (Fall 1 bis 15), Gruppe B aus 20 Fällen (Fall 16 bis 35) und Gruppe C aus 15 Fällen (Fall 36 bis 50). Darüber hinaus treten sechs Ausreißer auf, die jeweils durch einen Stern markiert wurden (Fall 51 bis 56). ◄

Wird auf die Beispieldaten in Abb. 8.10 zunächst das *Single Linkage-Verfahren* angewandt, so lässt das entsprechende Dendrogramm in Abb. 8.11 deutlich die Neigung dieses Verfahrens zur Kettenbildung erkennen. Während die Objekte der drei Gruppen

---

[11] Für das erweiterte Anwendungsbeispiel wurden die Dendrogramme mithilfe der Prozedur CLUSTER in SPSS erzeugt. Vgl. hierzu die Darstellungen in Abschn. 8.3.2.

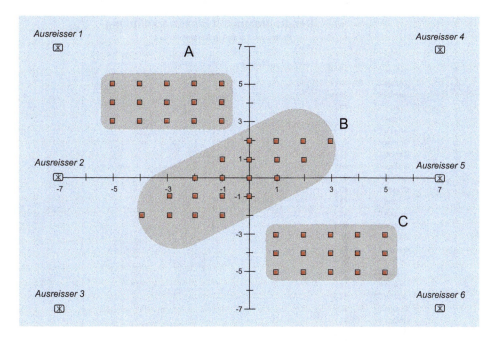

**Abb. 8.10** Beispieldaten zur Verdeutlichung der Fusionierungseigenschaften

quasi auf der gleichen Stufe zusammengefasst werden, werden die als Ausreißer gekennzeichneten Objekte erst am Ende des Prozesses fusioniert. Damit ist auch klar erkennbar, dass sich das Single Linkage-Verfahren in besonderem Maße dazu eignet, „Ausreißer" in einer Objektmenge zu erkennen.

Wendet man hingegen auf die Daten aus Abb. 8.10 das Complete Linkage- und das Ward-Verfahren an, so sind im Vergleich zum Single Linkage-Verfahren deutlich unterschiedliche Fusionierungsverläufe erkennbar. Abb. 8.12 lässt für das *Complete Linkage-Verfahren* zwar eine klare 3-Cluster-Lösung erkennen, jedoch wird nur die Gruppe A exakt isoliert, während die Gruppe B nur teilweise separiert und die überwiegende Zahl der Elemente aus B mit den Objekten aus Gruppe C zusammengefasst wird. Das Complete Linkage-Verfahren ist damit nicht in der Lage, die „wahre" (durch die Beispieldaten vorgegebene) Gruppierung entsprechend Abb. 8.10 zu reproduzieren.

Das Dendrogramm zum *Ward-Verfahren* in Abb. 8.13 macht deutlich, dass sich bereits bei einem normierten Heterogenitätsmaß von ca. 4 eine Vier-Cluster-Lösung und bei einem Heterogenitätsmaß von ca. 7 eine Drei-Cluster-Lösung herausbildet. Die Zwei-Cluster-Lösung entsteht erst bei einer Clusterdistanz von ca. 8. Das Ward-Verfahren ist damit in der Lage, die „wahre Gruppierung" gemäß der Beispieldaten aus Abb. 8.10 zu erzeugen, wobei die sechs Ausreißer bei der 3-Cluster-Lösung auf die drei Gruppen verteilt sind.

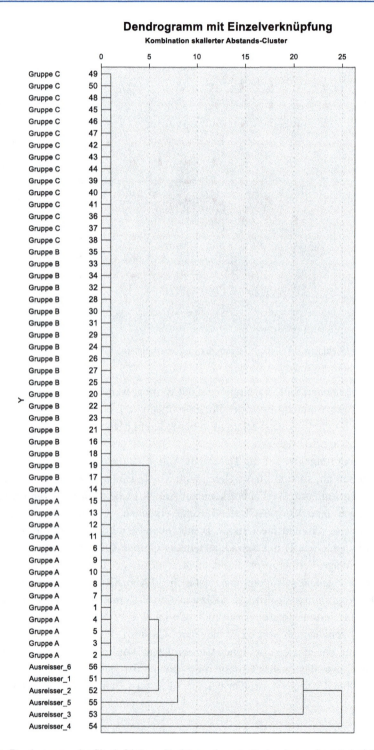

**Abb. 8.11** Dendrogramm des Single Linkage-Verfahrens im erweiterten Anwendungsbeispiel

## 8.2 Vorgehensweise

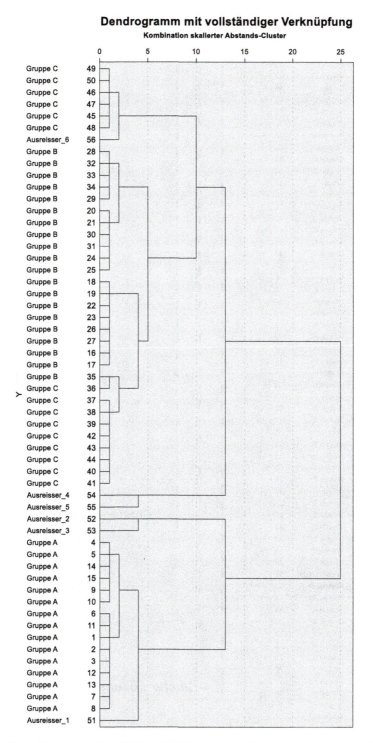

**Abb. 8.12** Dendrogramm des Single Linkage-Verfahrens im erweiterten Anwendungsbeispiel

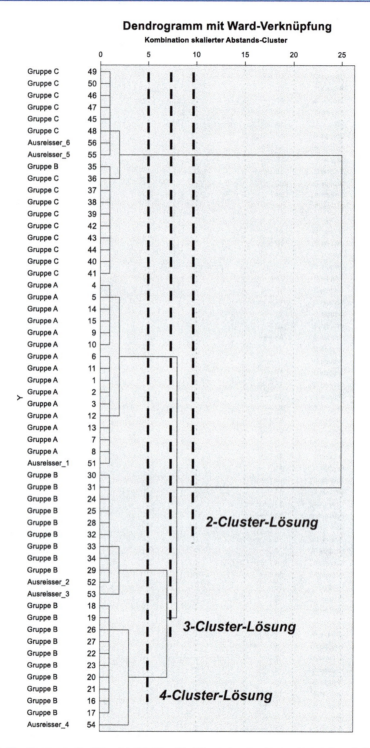

**Abb. 8.13** Dendrogramm des Complete Linkage-Verfahrens im erweiterten Anwendungsbeispiel

## 8.2 Vorgehensweise

**Zuordnungsübersicht**

| Schritt | Zusammengeführte Cluster | | Koeffizienten | Erstes Vorkommen des Clusters | | Nächster Schritt |
|---|---|---|---|---|---|---|
| | Cluster 1 | Cluster 2 | | Cluster 1 | Cluster 2 | |
| 1 | 49 | 50 | ,500 | 0 | 0 | 25 |
| 2 | 45 | 48 | 1,000 | 0 | 0 | 35 |
| 3 | 46 | 47 | 1,500 | 0 | 0 | 25 |
| 4 | 43 | 44 | 2,000 | 0 | 0 | 26 |
| 5 | 39 | 42 | 2,500 | 0 | 0 | 36 |
| ... | ... | ... | ... | ... | ... | ... |
| 50 | 24 | 53 | 223,797 | 47 | 0 | 53 |
| 51 | 35 | 45 | 272,958 | 43 | 48 | 55 |
| 52 | 16 | 54 | 337,367 | 42 | 0 | 53 |
| 53 | 16 | 24 | 519,185 | 52 | 50 | 54 |
| 54 | 1 | 16 | 725,401 | 49 | 53 | 55 |
| 55 | 1 | 35 | 1441,982 | 54 | 51 | 0 |

**Abb. 8.14** Dendrogramm des Ward-Verfahrens im erweiterten Anwendungsbeispiel

Für das Ward-Verfahren sei der im Dendrogramm in Abb. 8.13 abgebildete Fusionierungsprozess exemplarisch auch mithilfe der Zuordnungsübersicht in Abb. 8.14 dargestellt.[12] Es zeigt sich, dass auf den ersten fünf Stufen nur Einzelobjekte fusioniert werden. Die Clusternummern in der Spalte „Erstes Vorkommen" sind hier jeweils „0". Demgegenüber werden auf den Stufen 50 und 53 bis 55 auf vorherigen Stufen gebildete Cluster fusioniert. Erkennbar ist auch, dass auf Stufe 50 und 52 die Ausreißerobjekte 53 und 54 (Kennungen 0) fusioniert werden. In der Spalte „Koeffizienten" wird jeweils die Fehlerquadratsumme (Varianzkriterium) ausgewiesen, die von Ward als Heterogenitätsmaß bei der Fusionierung verwendet wird.

### 8.2.4 Bestimmung der Clusterzahl

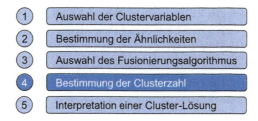

---

[12] Auch die Zuordnungsübersicht wurde mithilfe der Prozedur CLUSTER in SPSS erzeugt.

Die bisherigen Ausführungen haben gezeigt, nach welchen Kriterien verschiedene Clusteranalyse-Algorithmen eine Fusionierung von Einzelobjekten zu Gruppen vornehmen. Dabei gehen alle agglomerativen Verfahren von der feinsten Partition (alle Objekte bilden jeweils ein eigenständiges Cluster) aus und enden mit einer Zusammenfassung aller Objekte in einer großen Gruppe. Der Anwender muss deshalb im dritten Schritt entscheiden, welche Anzahl von Gruppen (Cluster-Lösung) als die „beste" anzusehen ist. I. d. R. hat der Anwender keine sachlogisch begründbaren Vorstellungen zur Gruppierung der Untersuchungsobjekte und versucht deshalb mithilfe der Clusteranalyse eine den Daten inhärente Gruppierung aufzudecken. Vor diesem Hintergrund sollte sich auch die Bestimmung der Clusterzahl an statistische Kriterien orientieren und nicht sachlogisch (im Hinblick auf den Gruppen zugeordneten Fällen) begründet werden.

Bei der Entscheidung über die Clusterzahl besteht immer ein Zielkonflikt zwischen der „Homogenitätsanforderung an die Cluster-Lösung" und der „Handhabbarkeit der Cluster-Lösung". Zur Lösung dieses Konflikts können auch sachlogische Überlegungen herangezogen werden, die sich allerdings nur auf die Anzahl der zu wählenden Cluster beziehen und nicht an den in den Clustern zusammengefassten Fällen ausgerichtet sein sollten.

Im Folgenden werden verschiedene Möglichkeiten zur Bestimmung der optimalen Clusterzahl besprochen.[13]

### 8.2.4.1 Analyse von Scree-Plot und Elbow-Kriterium

Einen ersten Anhaltspunkt zur Bestimmung der Clusterzahl liefert die Identifikation eines „Sprungs" (Elbow) in der Veränderung des Heterogenitätsmaßes im Verlauf des Fusionierungsprozesses. Zu diesem Zweck kann die in der Zuordnungsübersicht aufgezeigte Entwicklung des Heterogenitätsmaßes in Abhängigkeit der Clusterzahl in einem Diagramm (sog. Scree-Plot) dargestellt werden. Für das erweiterte Fallbeispiel zeigt Abb. 8.15 das Ergebnis für das Ward-Verfahren auf Basis der Zuordnungsübersicht in Abb. 8.14. Zeigt sich im Scree-Plot ein „Ellbogen" (Elbow) in der Entwicklung des Heterogenitätsmaßes, so kann dieser als Entscheidungskriterium für die zu wählende Clusteranzahl verwendet werden. Wir sprechen in diesem Fall auch von dem sog. *Elbow-Kriterium* als Entscheidungshilfe. Für die 56 Beispieldaten ergibt sich der in Abb. 8.15 dargestellte Scree-Plot, wobei hier nach dem Elbow-Kriterium eine Vier-Cluster-Lösung zu wählen wäre. Da das Elbow-Kriterium auch eine optische Unterstützung bei der Clusterentscheidung liefert, sollte bei der Konstruktion des entsprechenden Diagramms die Ein-Cluster-Lösung nicht berücksichtigt werden. Der Grund für diese Empfehlung ist darin zu sehen, dass beim Übergang von der Zwei- zur Ein-Cluster-Lösung immer der

---

[13] Da in SPSS bisher keine Kriterien zur Bestimmung der optimalen Clusterzahl verfügbar sind, wird empfohlen ggf. auf alternative Programme wie S-Plus, R oder SAS und das hier verfügbare Cubic Clustering Criterion (CCC) zurückzugreifen.

## 8.2 Vorgehensweise

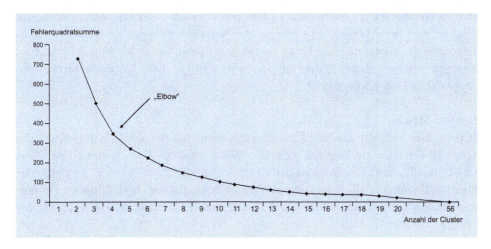

**Abb. 8.15** Elbow-Kriterium zur Bestimmung der Clusteranzahl (Scree-Plot)

größte Heterogenitätssprung zu verzeichnen ist und sich bei dessen Berücksichtigung bei nahezu allen Anwendungsfällen ein Elbow herausbildet.

### 8.2.4.2 Regeln zur Bestimmung der Clusterzahl

Da das Elbow-Kriterium stark von der subjektiven Einschätzung des Anwenders abhängt, wurde in der Literatur zusätzlich eine Vielzahl statistischer Kriterien (sog. *Stopping Rules*) entwickelt, die statistische und damit weitgehend objektive Anhaltspunkte zur Bestimmung der optimalen Clusterzahl bei Anwendung der hierarchischen Clusteranalyse liefern (vgl. Milligan und Cooper 1985, S. 163 ff.). Im Rahmen einer umfangreichen Simulationsstudie haben z. B. Milligan und Cooper insgesamt 30 dieser Stopping Rules getestet. Von den Autoren wurden unterschiedlich trennscharfe Cluster-Lösungen (mit 2 bis 5 Clustern) vorgegeben und anschließend unter Rückgriff auf das Single, Complete, Average Linkage- und Ward-Verfahren getestet, inwieweit die einzelnen Verfahren in der Lage sind, die „wahre" Gruppenzahl zu identifizieren.

**Regel nach Calinski/Harabasz**

Im Ergebnis wurde das *Kriterium von Calinski/Harabasz* als beste Stopping Rule identifiziert, da sie in über 90 % der untersuchten Fälle die „wahre" Gruppenstruktur aufdecken konnte. „Wahr" bedeutet dabei, dass die in einer Simulationsstudie vorgenommenen Gruppierung aufgedeckt werden konnte.

Das Kriterium nach Calinski und Harabasz (1974), welches für metrische Merkmale geeignet ist, betrachtet in Analogie zur Varianzanalyse (vgl. Kap. 3) als Prüfgröße das Verhältnis aus der Streuung zwischen den Gruppen ($SS_b$) und der Streuungen innerhalb einer Gruppe ($SS_w$). Diese Prüfgröße wird für die unterschiedliche Anzahl von Clusterlösungen berechnet. Die Clusterzahl $k$, bei der die Prüfgröße ein Maximum erreicht, wird als Hinweis dafür gewertet, dass $k$ Gruppen innerhalb eines Datensatzes existieren. Fällt der Wert der Prüfgröße monoton mit der Anzahl an Gruppen, so ist dies ein Indiz dafür, dass der Datensatz keine Gruppenstruktur aufweist. Steigt der Wert der Prüfgröße hingegen mit steigendem Clusterzahl, so wird das als Indiz für einen hierarchisch strukturierten Datensatz gewertet.

**Test von Mojena**
In der Studie von Milligan und Cooper wurde weiterhin der *Test von Mojena* zu den besten 10 Verfahren zur Ermittlung der Clusterzahl ermittelt. Da sich dieser Test relativ einfach mithilfe einer Tabellenkalkulation selbst durchführen lässt, sei er im Folgenden ebenfalls kurz dargestellt. Ausgangspunkt dieses Tests sind die standardisierten Fusionskoeffizienten ($\tilde{\alpha}$) je Fusionsstufe, die folgendermaßen berechnet werden (vgl. Mojena 1977, S. 359 ff.):[14]

$$\overline{\alpha} = \frac{1}{n-1} \sum_{i=1}^{n-1} \alpha_i \ldots s_\alpha = \sqrt{\frac{1}{n-2} \sum_{i=1}^{n-1} (\alpha_i - \overline{\alpha})^2} \ldots \tilde{\alpha}_i = \frac{\alpha_i - \overline{\alpha}}{s_\alpha} \quad (10)$$

Als Indikator für eine gute Cluster-Lösung gilt die größte Gruppenzahl, bei der ein vorgegebener Wert des standardisierten Fusionskoeffizienten zum ersten Mal überschritten wird. In der Literatur bestehen hierfür verschiedene Maßgaben: So erzielt Mojena in seiner Simulationsstudie mit einem Schwellwert von 2,75 die besten Ergebnisse, wohingegen die Studien von Milligan und Cooper für einen Wert von 1,25 sprechen. Hierbei weist die Ergebnisgüte nur geringfügige Variationen in einem Wertebereich von 1 bis 2 auf. Eine endgültige Empfehlung kann jedoch nicht ausgesprochen werden, da der optimale Parameter stark von der vorliegenden Datenstruktur abhängt. Nach eigenen Studien der Autoren dieses Buches zufolge erscheinen Werte im Bereich von 1,8 bis 2,7 für die meisten Datenkonstellationen gut geeignet.

**Optimierung einer Clusterlösung mithilfe von K-Means**
Ist eine finale Clusterzahl gefunden, so kann weiterhin geprüft werden, ob sich durch die Verschiebung von Objekten innerhalb der gefundenen Cluster eine Verbesserung der Lösung erreicht werden kann. „Verbesserung" bedeutet dabei, dass die Streuung innerhalb der Gruppen möglichst klein und zwischen den Gruppen möglichst groß sein sollte. Häufig wird dabei auf die K-Means-Clusteranalyse (KM-CA) zurückgegriffen.

Bei der KM-CA wird im Ausgangspunkt eine Anzahl von $k$ Clustern (Partitionen) gebildet, denen dann die Menge der betrachteten Datenpunkte bzw. Fälle (Objekte, Personen) anhand der betrachteten Variablen zugeordnet wird. Wird K-Means als „Optimierungs-Verfahren" für eine auf hierarchisch-agglomerativem Weg gefundene

---

[14] Zur Auffrischung der Grundlagen zum statistischen Testen bietet Abschn. 1.3 eine Zusammenfassung der grundlegenden Aspekte.

Clusterlösung verwendet, so wird der KM-CA im Ausgangspunkt die Anzahl der gefundenen Cluster mit den zugehörigen Objekten vorgegeben. Die KM-CA prüft anschließend, ob durch den Tausch von Objekten zwischen den Clustern oder auch die Neubildung von Clustern eine Clusterlösung verbessert werden kann. Als Zielkriterium für die Aufteilung einer Objektmenge ($X$) auf die Cluster dient der KM-CA dabei das Varianzkriterium (vgl. Gl. 8.9).[15]

### 8.2.4.3 Beurteilung von Robustheit und Güte einer Cluster-Lösung

Hat der Anwender einer Clusteranalyse eine Entscheidung im Hinblick auf die endgültige zu verwendende Anzahl der Cluster (Clusterlösung) getroffen, so stellt sich abschießend die Frage, wie stabil und verlässlich (robust) die gefundene Clusterlösung ist. Allgemein kann mit „Robustheit" die Unempfindlichkeit statistischer Ergebnisse gegenüber der Verletzung theoretischer Annahmen bei der Modellbildung, methodischen Annahmen (z. B. Annahmen statistischer Tests; Prämissen von Analyseverfahren), dem Einfluss von Ausreißern usw. bezeichnet werden. Da die Clusteranalyse eine explorative Methodik darstellt, deren Ziel es ist, in einem Datensatz Strukturen zu entdecken, gibt es aber nur selten objektive Vergleichskriterien, die bei der Clusteranalyse zur Robustheitsprüfung herangezogen werden können.

Im ersten Schritt sollten deshalb Ausreißer in einem Datensatz eliminiert werden, da diese in besonderer Weise die Ergebnisse einer Clusteranalyse beeinflussen.[16] Insbesondere bei hierarchischen Clustermethoden können Ausreißer „Verkettungseffekte" hervorrufen. Mit dem Single Linkage-Verfahren (vgl. Abschn. 8.2.3.2.1) wurde bereits eine Methodik vorgestellt, mit der sehr gut Ausreißer identifiziert werden können.

Im zweiten Schritt sollte geprüft werden, wie sensibel die Ergebnisse einer Clusteranalyse sind, wenn unterschiedliche Methoden zur Clusterung herangezogen werden. Dabei ist darauf zu achten, dass nur Methoden der gleichen Kategorie von Clusterverfahren (z. B. Zentroid-, Median- und Ward-Verfahren) vergleichend betrachtet werden. Weisen alternative Clusterverfahren hingegen unterschiedliche Fusionierungseigenschaften (vgl. Tab. 8.18) auf, so führt dies auch zur Entdeckung unterschiedlicher Strukturen in den Daten. Unterscheiden sich die Ergebnisse einer Clusteranalyse bei den verschiedenen Verfahren hingegen nicht bzw. nur wenig, so kann daraus auf eine robuste Lösung geschlossen werden. Gebräuchlich ist auch die Anwendung des sog. *Split Half-Verfahrens*. Dabei werden die Daten zunächst zufällig in zwei Stichproben aufgeteilt. Anschließend wird für jede Gruppe mit dem gleichen Verfahren eine Clusteranalyse

---

[15] Neben der KM-CA kann auch die Two-Step Clusteranalyse zur Optimierung einer gefundenen Clusterlösung herangezogen werden. Beide Verfahren zählen zu den partitionierenden Clustermethoden und werden in Abschn. 8.4.2 genauer dargestellt.

[16] Vgl. zur Ausreißer-Problematik auch die Ausführungen zu den Grundlagen empirischer Analysen in Abschn. 1.5.1.

durchgeführt. Gelangt man in beiden Stichproben zu gleichen oder ähnlichen Clusterstrukturen, so kann das als Robustheit einer Clusterlösung gewertet werden.[17]

Abschließend sei noch darauf hingewiesen, dass zur Beurteilung der Güte einer Clusteranalyse auch eine Diskriminanzanalyse (vgl. Kap. 4) herangezogen werden kann. In diesem Fall bilden die durch die Clusteranalyse gefundenen Cluster die abhängige, nominal skalierte Variable. Als unabhängige Variable der Diskriminanzanalyse können die bereits zur Clusterung herangezogenen metrisch skalierten Variablen verwendet werden. Die Ergebnisse der Diskriminanzanalyse erlauben dann Aussagen darüber, bei welchen Variablen die Cluster in besonderer Weise Unterschiede aufweisen. Eine Aussage zur Güte einer Clusterlösung erlaubt die Diskriminanzanalyse z. B. durch die Betrachtung der korrekt klassifizierten Objekte. Wird die Diskriminanzanalyse in dieser Weise zur *Güte-Prüfung* eingesetzt, so ist allerdings zu beachten, dass sich meist eine relativ hohe Güte ergibt. Der Grund hierfür ist darin zu sehen, dass die zur Clusterung herangezogenen Variablen und die unabhängigen Variablen der Diskriminanzanalyse identisch sind.

### 8.2.5 Interpretation einer Cluster-Lösung

1. Auswahl der Clustervariablen
2. Bestimmung der Ähnlichkeiten
3. Auswahl des Fusionierungsalgorithmus
4. Bestimmung der Clusterzahl
5. Interpretation einer Cluster-Lösung

Die Interpretation einer gefundenen Cluster-Lösung sollte sich an den Ausprägungen der Clustervariablen in den ermittelten Clustern orientieren. Dabei ist es sinnvoll, einen Vergleich mit der Erhebungsgesamtheit vorzunehmen. Hilfreich ist dabei die Berechnung von t- und F-Werten. Zur Analyse der Unterschiede zwischen den gefundenen Clustern ist die zusätzlich die Durchführung einer Diskriminanzanalyse sinnvoll.

**Berechnung von t-Werten**

Analog zu einem Test auf Mittelwertunterschiede können t-Werte für jede Variable $j$ in jedem Cluster $g$ wie folgt berechnet werden:

$$t_{gj} = \frac{\overline{x}_{gj} - \overline{x}_j}{s_j} \tag{11}$$

---

[17] Vertiefende Betrachtungen zur Robustheit von Clusteranalysen findet der Leser z. B. in dem Beitrag von García-Escudero et al. (2010, S. 89).

## 8.2 Vorgehensweise

mit

$\bar{x}_{gj}$    Mittelwert der Variablen $j$ in Cluster $g$ ($g = 1, ..., G$)
$\bar{x}_j$    Mittelwert der Variablen $j$ in der Erhebungsgesamtheit ($j = 1, ..., J$)
$s_j$    Standardabweichung der Variablen $j$ in der Erhebungsgesamtheit

Die t-Werte stellen normierte Werte dar, wobei

- negative t-Werte anzeigen, dass eine Variable in der betrachten Gruppe im Vergleich zur Erhebungsgesamtheit *unterrepräsentiert* ist;
- positive t-Werte anzeigen, dass eine Variable in der betrachten Gruppe im Vergleich zur Erhebungsgesamtheit *überrepräsentiert* ist.

Die t-Werte dienen *nicht* zur Beurteilung der Güte einer Cluster-Lösung, sondern werden zur Charakterisierung der jeweiligen Cluster herangezogen.

### Berechnung von F-Werten

Zur Beurteilung der *Homogenität* eines Clusters im Vergleich zur Erhebungsgesamtheit kann analog zum F-Test für jede Gruppe auch der F-Wert für jede Variable $j$ in jedem Cluster $g$ wie folgt berechnet werden:[18]

$$F_{gj} = \frac{s_{gj}^2}{s_j^2} \quad (12)$$

mit

$s_{gj}^2$    Varianz der Variablen $j$ in Cluster $g$ ($g = 1, ..., G$)
$s_j^2$    Varianz der Variablen $j$ in der Erhebungsgesamtheit ($j = 1, ..., J$)

Je kleiner ein F-Wert ist, desto geringer ist die Streuung dieser Variable in einer Gruppe im Vergleich zur Erhebungsgesamtheit. Der F-Wert sollte 1 nicht übersteigen, da in diesem Fall die entsprechende Variable in der Gruppe eine größere Streuung aufweist als in der Erhebungsgesamtheit. Die Berechnungen von t- und F-Werten werden in Abschn. 8.3.3.3 für das Schokoladen-Fallbeispiel konkret aufgezeigt.

### Diskriminanzanalyse zur Beschreibung von Unterschieden

Zur *Charakterisierung* einer gefundenen Cluster-Lösung kann auch eine Diskriminanzanalyse (vgl. Kap. 4) herangezogen werden. Dabei bilden die gefundenen Cluster die abhängige Variable (nominal skaliert) und die zur Clusterung herangezogenen Größen die unabhängigen Variablen (metrisch skaliert) der Diskriminanzanalyse. Auf

---

[18] Zur Auffrischung der Grundlagen zum statistischen Testen bietet Abschn. 1.3 eine Zusammenfassung der grundlegenden Aspekte.

diese Weise kann z. B. ermittelt werden, welche Variablen in besonderer Weise für die Trennung zwischen den Clustern verantwortlich sind. Darüber hinaus können aber auch andere vom Anwender als sinnvoll erachtete Variablen in der Diskriminanzanalyse verwendet werden. In diesem Fall können für die im Rahmen der Clusteranalyse identifizierten Gruppen Unterschiede bzgl. weiterer Variablen untersucht werden.

### 8.2.6 Empfehlungen zum Ablauf einer hierarchisch, agglomerativen Clusteranalyse

Aus den bisherigen Betrachtungen lassen sich abschließend vier Schritt zur Durchführung einer hierarchisch, agglomerativen Clusteranalyse ableiten:

1. Anwendung des *Single Linkage-Verfahrens* (nächstgelegener Nachbar) zur Identifikation von *Ausreißern*.
2. Eliminierung der Ausreißer und anschließende Anwendung eines *weiteren agglomerativen Verfahrens* (z. B. Ward) auf den reduzierten Datensatz. Die Auswahl des agglomerativen Verfahrens hat vor dem Hintergrund der jeweiligen Anwendungssituation und den Fusionierungseigenschaften der Clustermethodik zu erfolgen.
3. Optimierung der in Schritt 2 gefundenen Clusterlösung mithilfe des K-Means-Verfahrens.
4. Beurteilung der Robustheit einer Clusteranalyse und inhaltliche Interpretation der Ergebnisse.

Weitere Empfehlungen zur Durchführung einer Clusteranalyse findet der Leser in Abschn. 8.5.

## 8.3 Fallbeispiel

### 8.3.1 Problemstellung

Im Folgenden wird ein umfangreicheres Beispiel aus dem Schokoladenmarkt betrachtet, um die Durchführung einer Clusteranalyse mithilfe von SPSS zu verdeutlichen.

Ein Manager eines Schokoladenunternehmens möchte wissen, wie Konsumenten verschiedene Schokoladensorten in Bezug auf 10 subjektiv wahrgenommene Produkteigenschaften bewerten. Zu diesem Zweck hat er 11 Schokoladensorten identifiziert und 10 Produkteigenschaften ausgewählt, die er für die Bewertung dieser Sorten für relevant erachtet.

Anschließend wurde ein kleiner Pretest mit 18 Testpersonen durchgeführt. Die Personen wurden gebeten, die 11 Geschmacksrichtungen (Schokoladensorten) bezüglich

**Tab. 8.19** Schokoladensorten und wahrgenommene Produkteigenschaften im Fallbeispiel

| Schokoladensorte | | Produkteigenschaften | |
|---|---|---|---|
| 1 | Vollmilch | 1 | Preis |
| 2 | Espresso | 2 | Erfrischend |
| 3 | Keks | 3 | Köstlich |
| 4 | Orange | 4 | Gesund |
| 5 | Erdbeere | 5 | Bitter |
| 6 | Mango | 6 | Leicht |
| 7 | Cappuccino | 7 | Knackig |
| 8 | Mousse | 8 | Exotisch |
| 9 | Karamell | 9 | Süß |
| 10 | Nougat | 10 | Fruchtig |
| 11 | Nuss | | |

der 10 Produkteigenschaften zu bewerten (siehe Tab. 8.19).[19] Zur Bewertung wurde für jede Eigenschaft eine siebenstufige Bewertungsskala (1 = niedrig, 7 = hoch) verwendet. Die Variablen sind hier also wahrgenommene Eigenschaften der Schokoladensorten.

Allerdings waren nicht alle Personen in der Lage, alle 11 Schokoladensorten zu bewerten. Daher enthält der Datensatz nur 127 Bewertungen anstelle der vollständigen Anzahl von 198 Bewertungen (18 Personen × 11 Sorten). Jede Bewertung umfasst die Skalenwerte der 10 Produkteigenschaften für eine Schokoladensorte einer befragten Person. Sie spiegelt die subjektive Beurteilung einer bestimmten Schokolade durch eine bestimmte Testperson wider. Da eine Testperson mehr als nur eine Schokoladensorte beurteilt hat, sind die Beobachtungen potenziell nicht unabhängig voneinander. Dennoch werden sie im Folgenden als unabhängig behandelt.

Von den 127 Bewertungen sind nur 116 vollständig, während 11 Bewertungen fehlende Werte enthalten.[20] Im Folgenden werden alle unvollständigen Auswertungen aus der Analyse ausgeschlossen. Dadurch reduziert sich die Zahl der betrachteten Fälle auf 116.

Der Manager des Schokoladenunternehmens möchte nun wissen, welche Schokoladensorten von seinen Kunden hinsichtlich ihrer Eigenschaften ähnlich bewertet werden. Zur Beantwortung dieser Frage wurden zunächst in dem Datensatz mit 116 Fällen die durchschnittlichen Bewertungen der 18 Testpersonen für die Eigenschaften

---

[19] Auf der Internetseite www.multivariate.de wird ergänzendes Material (z. B. Excel-Dateien) zur Verfügung gestellt, mit dessen Hilfe der Leser sein Verständnis zur Clusteranalyse vertiefen kann.

[20] Fehlende Werte sind ein häufiges und leider unvermeidbares Problem bei empirischen Erhebungen (z. B. weil Personen nicht antworten konnten oder wollten). Der Umgang mit fehlenden Werten in empirischen Studien wird in Abschn. 1.5.2 diskutiert.

der elf Schokoladensorten berechnet. Die Mittelwerte wurden mit der SPSS Prozedur „*Mittelwerte*" berechnet, die über die folgende Menüfolge aufgerufen wird: „*Analysieren/Mittelwerte vergleichen/Mittelwerte*". Die Inputmatrix für die Clusteranalyse ist somit eine 11 × 10-Matrix, mit den 11 Schokoladensorten als Fälle und den 10 durchschnittlichen Eigenschaftsbeurteilungen als Variablen. Es ist zu beachten, dass durch die Mittelwertbildung pro Schokolade die Information über die Variationen der Beurteilungen zwischen den Individuen verloren geht.[21]

Zur Identifikation von Gruppen mit ähnlich wahrgenommenen Schokoladensorten (Marktsegmente) führt der Manager eine Clusteranalyse durch. Dabei greift er aufgrund der Empfehlungen in Abschn. 8.2.3.3 auf das Ward-Verfahren als Fusionierungsalgorithmus zurück. Als Proximitätsmaß verwendet er die quadratische euklidische Distanz.

## 8.3.2 Durchführung einer Cluster Analyse mit SPSS

Zur Durchführung einer hierarchischen Clusteranalyse ist in SPSS die Prozedur „Hierarchische Clusteranalyse" aufzurufen (vgl. Abb. 8.16): „*Analysieren/Klassifizieren/ Hierarchische Cluster*".

Im erscheinenden Dialogfenster „*Hierarchische Clusteranalyse*" sind die zehn metrisch skalierten Variablen zur Beschreibung der Schokoladensorten aus der Liste auszuwählen und in das Feld „*Variable(n)*" zu übertragen (vgl. Abb. 8.17). Die Variable „Sorte" dient der Beschreibung der elf Schokoladensorten und wird in das Feld „*Fallbeschriftung*" übernommen. Zusätzlich bildet dieses Dialogfenster unter dem Punkt „*Cluster*" die Möglichkeit, eine Clusterbildung über „*Fälle*" (sog. Q-Analyse) oder über „*Variablen*" (sog. R-Analyse) vorzunehmen. In diesem Kapitel wurde nur die Q-Analyse betrachtet, d. h. es ist die Option „*Fälle*" zu wählen. Für eine Clusterung über Variablen wird typischer Weise die *Faktorenanalyse* verwendet (vgl. Kap. 7).

Über den Unterpunkt „*Statistiken*" können eine Zuordnungsübersicht und die Ähnlichkeitsmatrix der elf Objekte auf Basis des gewählten Proximitätsmaßes angefordert werden. Weiterhin kann hier ein Bereich von Lösungen angegeben werden (z. B. 2 bis 5 Cluster-Lösung), für den dann die jeweilige Clusterzugehörigkeit der Objekte ausgegeben wird.

Mit dem Unterpunkt „*Diagramme*" können grafische Darstellungen zum Fusionierungsverlauf angefordert werden. Im Fallbeispiel wurde die Option „*Dendrogramm*" gewählt. Die Option „*Eiszapfen*" liefert Informationen darüber, wie die Fälle bei jeder Iteration zu Clustern zusammengefasst werden. Dabei kann ein vertikales oder ein horizontales Diagramm gewählt werden (vgl. Abb. 8.18).

---

[21] Die Mittelwerte wurden auf der Grundlage des Datensatzes berechnet, der auch im Fallbeispiel der Diskriminanzanalyse (Kap. 4), der Logistischen Regression (Kap. 5) und der Faktorenanalyse (Kap. 7) verwendet wurde. Die Gemeinsamkeiten und Unterschiede zwischen den Methoden können durch das gemeinsame Fallbeispiel besser veranschaulicht werden.

8.3 Fallbeispiel

**Abb. 8.16** Daten-Editor mit Auswahl des Analyseverfahrens „Hierarchische Clusteranalyse"

**Abb. 8.17** Dialogfenster: Hierarchische Clusteranalyse

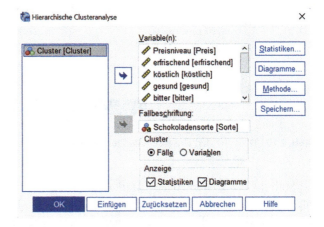

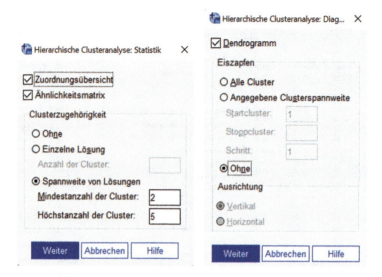

**Abb. 8.18** Dialogfenster: Statistik und Diagramme

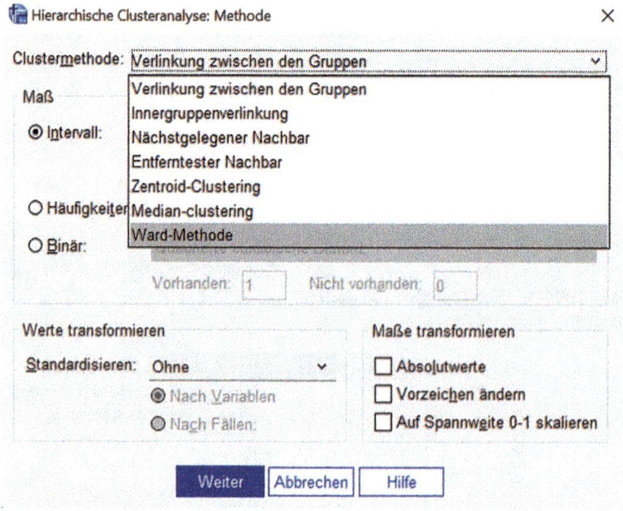

**Abb. 8.19** Dialogfenster: Hierarchische Clusteranalyse: Methode

Mithilfe des Unterpunktes „*Methode*" werden die Clustermethode (Fusionierungsalgorithmus) und das Proximitätsmaß (Maß) bestimmt. Für metrisch skalierte (Intervall), nominalskalierte (Zählungen) und binär codierte (Binärdifferenzierung) Variablen stehen verschiedene Maße zur Verfügung (vgl. Abb. 8.19).

Insgesamt stehen die in Tab. 8.4 aufgeführten Proximitätsmaße zur Verfügung, die nach Maßen für metrische (intervallskalierte) Daten, Häufigkeitsdaten und Binärdaten unterteilt sind. Über die Dropdown-Liste „*Clustermethode*" können sieben verschiedene Cluster-Methoden ausgewählt werden. Im Fallbeispiel wurde zunächst das Single Linkage-Verfahren *(Nächstgelegener Nachbar)* zur Identifikation von Ausreißern ausgewählt. Anschließend wurden die 11 Schokoladensorten mithilfe des *Ward-Verfahrens* analysiert, wobei die quadrierte Euklidische Distanz als Proximitätsmaß verwendet wurde.

Nach erfolgten Einstellungen in den Untermenüs gelangt der Anwender durch Anklicken auf „*Weiter*" jeweils wieder zurück zur Prozedur „*Hierarchische Clusteranalyse*" und die Durchführung der Analyse kann durch Drücken von „*OK*" gestartet werden.

### 8.3.3 Ergebnisse

Im Folgenden werden zunächst die mit SPSS erzeugten Ergebnisse der Clusteranalyse vorgestellt. Anschließend werden Kriterien zur Bestimmung der Clusterzahl im Fallbeispiel aufgezeigt. Die Überlegungen schließen mit einer Charakterisierung der gefundenen Cluster-Lösung durch t- und F-Werte.

#### 8.3.3.1 Ausreißer-Analyse mittels Single Linkage-Verfahren

Grundsätzlich empfiehlt es sich, die zu analysierenden Daten im Hinblick auf Ausreißer zu untersuchen. Wie in Abschn. 8.2.3.3 herausgestellt, ist hierzu das *Single Linkage-Verfahren* besonders geeignet. Für das vorliegende Beispiel zeigt Abb. 8.20 das Dendrogramm des Single Linkage-Verfahren.

Das Dendrogramm macht deutlich, dass die Sorte „Mango" im letzten Schritt mit den anderen Objekten fusioniert wird. Aufgrund des relativ geringen Heterogenitätsmaßes, bei der „Mango" mit den übrigen Sorten bzw. Clustern fusioniert wird sowie der insgesamt geringen Fallzahl wird „Mango" hier nicht als Ausreißer deklariert und in der nachfolgenden Analyse belassen.

#### 8.3.3.2 Clusterung mithilfe des Ward-Verfahrens

Die sich nach Durchführung des Ward-Verfahrens ergebende Distanzmatrix ist in Abb. 8.21 dargestellt. Die Überschrift der Matrix lautet „Näherungsmatrix", und in der Fußnote wird der Hinweis gegeben: „Dies ist eine Unähnlichkeitsmatrix".

Es wird deutlich, dass die größte Unähnlichkeit zwischen „Espresso" und „Mango" besteht; der Wert der quadrierten euklidischen Distanz beträgt hier 34,904. Die geringsten Distanzen (1,544) weisen „Karamell" und „Nuss" auf.

Der Fusionierungsprozess des Ward-Verfahrens wird durch die sog. *Zuordnungsübersicht* verdeutlicht, die in Abb. 8.22 wiedergegeben und wie folgt zu interpretieren ist:

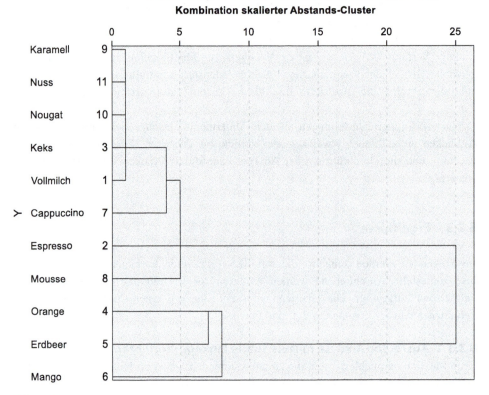

**Abb. 8.20** Dendrogramm des Single Linkage-Verfahrens

In der Spalte „Schritt" wird der jeweilige *Fusionierungsschritt* angegeben. Es gibt insgesamt immer genau einen Schritt weniger als Objekte existieren. Die Spalte „Zusammengeführte Cluster" gibt unter den Überschriften „Cluster 1" und „Cluster 2" die Nummer der im jeweiligen Schritt fusionierten Objekte bzw. Cluster an. In der Spalte „Koeffizienten" steht der jeweilige *Wert des verwendeten Heterogenitätsmaßes* (hier: Varianzkriterium) am Ende eines Fusionierungsschrittes. Die zu einem Cluster zusammengefassten Objekte bzw. Cluster erhalten als neue Identifikation immer die Nummer des zuerst genannten Objektes (Clusters). In der Spalte „Erstes Vorkommen des Clusters" wird jeweils der Fusionierungsschritt angegeben, bei dem das jeweilige Objekt (Cluster) *erstmals* in dieser Form zur Fusionierung herangezogen wurde. Die Spalte „Nächster Schritt" zeigt schließlich an, auf welcher Stufe die gebildete Gruppe zum *nächsten Mal* in den Fusionierungsprozess einbezogen wird. So wird z. B. im 7. Schritt das Cluster 1, das in dieser Form bereits im vierten Schritt gebildet wurde, mit dem Objekt 7 bei einem Heterogenitätsmaß von 13,969 vereinigt. Die sich dabei ergebende Gruppe erhält die Kennung „1" und wird im 8. Schritt wieder zur Fusionierung herangezogen. Der Wert „0" in der Spalte „Erstes Vorkommen des Clusters" zeigt an, dass

## 8.3 Fallbeispiel

### Näherungsmatrix

Quadriertes euklidisches Distanzmaß

| Fall | 1:Vollmilch | 2:Espresso | 3:Keks | 4:Orange | 5:Erdbeer | 6:Mango | 7:Cappuccino | 8:Mousse | 9:Karamell | 10:Nougat | 11:Nuss |
|---|---|---|---|---|---|---|---|---|---|---|---|
| 1:Vollmilch | ,000 | 3,774 | 3,897 | 15,298 | 14,973 | 22,625 | 4,988 | 6,100 | 2,749 | 3,168 | 1,893 |
| 2:Espresso | 3,774 | ,000 | 6,458 | 23,553 | 23,153 | 34,904 | 10,721 | 8,071 | 5,849 | 6,498 | 3,287 |
| 3:Keks | 3,897 | 6,458 | ,000 | 12,706 | 16,347 | 23,160 | 3,159 | 3,823 | 2,302 | 3,215 | 1,801 |
| 4:Orange | 15,298 | 23,553 | 12,706 | ,000 | 4,182 | 10,442 | 11,667 | 20,052 | 18,049 | 17,902 | 15,620 |
| 5:Erdbeer | 14,973 | 23,153 | 16,347 | 4,182 | ,000 | 4,570 | 12,447 | 22,679 | 20,318 | 20,130 | 17,363 |
| 6:Mango | 22,625 | 34,904 | 23,160 | 10,442 | 4,570 | ,000 | 13,769 | 32,338 | 29,996 | 27,088 | 26,462 |
| 7:Cappuccino | 4,988 | 10,721 | 3,159 | 11,667 | 12,447 | 13,769 | ,000 | 7,563 | 6,747 | 4,864 | 6,021 |
| 8:Mousse | 6,100 | 8,071 | 3,823 | 20,052 | 22,679 | 32,338 | 7,563 | ,000 | 3,396 | 6,270 | 5,686 |
| 9:Karamell | 2,749 | 5,849 | 2,302 | 18,049 | 20,318 | 29,996 | 6,747 | 3,396 | ,000 | 1,594 | 1,544 |
| 10:Nougat | 3,168 | 6,498 | 3,215 | 17,902 | 20,130 | 27,088 | 4,864 | 6,270 | 1,594 | ,000 | 2,366 |
| 11:Nuss | 1,893 | 3,287 | 1,801 | 15,620 | 17,363 | 26,462 | 6,021 | 5,686 | 1,544 | 2,366 | ,000 |

Dies ist eine Unähnlichkeitsmatrix

**Abb. 8.21** Näherungsmatrix der elf Schokoladensorten

**Zuordnungsübersicht**

| Schritt | Zusammengeführte Cluster | | Koeffizienten | Erstes Vorkommen des Clusters | | Nächster Schritt |
|---|---|---|---|---|---|---|
| | Cluster 1 | Cluster 2 | | Cluster 1 | Cluster 2 | |
| 1 | 9 | 11 | ,772 | 0 | 0 | 2 |
| 2 | 9 | 10 | 1,835 | 1 | 0 | 3 |
| 3 | 3 | 9 | 3,206 | 0 | 2 | 4 |
| 4 | 1 | 3 | 4,906 | 0 | 3 | 6 |
| 5 | 4 | 5 | 6,997 | 0 | 0 | 9 |
| 6 | 1 | 8 | 10,391 | 4 | 0 | 7 |
| 7 | 1 | 7 | 13,969 | 6 | 0 | 8 |
| 8 | 1 | 2 | 18,066 | 7 | 0 | 10 |
| 9 | 4 | 6 | 22,373 | 5 | 0 | 10 |
| 10 | 1 | 4 | 58,145 | 8 | 9 | 0 |

**Abb. 8.22** Zuordnungsübersicht des Ward-Verfahrens für das Fallbeispiel

hier ein einzelnes Objekt in die Fusionierung einbezogen wird. Insgesamt wird deutlich, dass bei den ersten vier Fusionierungsschritten die Schokoladensorten „Karamell (9), Nuss (11), Nougat (10) und Keks (3)" vereinigt werden, wobei die Fehlerquadratsumme nach der vierten Stufe 4,906 beträgt, d. h., dass die Varianz der Variablenwerte in dieser Gruppe also noch relativ gering ist.

Eine grafische Verdeutlichung des Fusionierungsprozesses liefert das in Abb. 8.23 dargestellte Dendrogramm. Im Dendrogramm normiert SPSS das verwendete Heterogenitätsmaß auf das Intervall [0;25].

**Bestimmung der Clusterzahl**
Die Prozedur „*Hierarchische Clusteranalyse*" in SPSS stellt keine Kriterien zur Bestimmung der Clusterzahl zur Verfügung, sodass der Anwender diese z. B. mit Excel selbst berechnen muss.

Einen *ersten Anhaltspunkt,* wie viele Cluster als endgültige Lösung heranzuziehen sind, liefern aber das Dendrogramm (vgl. Abb. 8.23) sowie die Entwicklung des Heterogenitätsmaßes, das in der Zuordnungsübersicht (Abb. 8.22) angegeben wird. Da vom 9. zum 10. Fusionierungsschritt (bzw. von der Zwei- zur Ein-Cluster-Lösung) ein großer Zuwachs der Fehlerquadratsumme (Vergrößerung des Heterogenitätszuwachse um 58,145 – 22,373 = 35,772) zu beobachten ist, erscheint eine Zwei-Cluster-Lösung in diesem Fall zweckmäßig. Um die Entscheidung für eine Zwei-Cluster-Lösung abzusichern, sollten weiterhin aber auch die in Abschn. 8.2.3 diskutierten Kriterien (Ellenbogenkriterium sowie den Test von Mojena) zur *Bestimmung der optimalen Clusterzahl* herangezogen werden.

*Elbow-Kriterium*
Zur Anwendung des *Elbow-Kriteriums* ist die Fehlerquadratsumme gegen die entsprechende Clusterzahl in einem Koordinatensystem abzutragen (vgl. auch

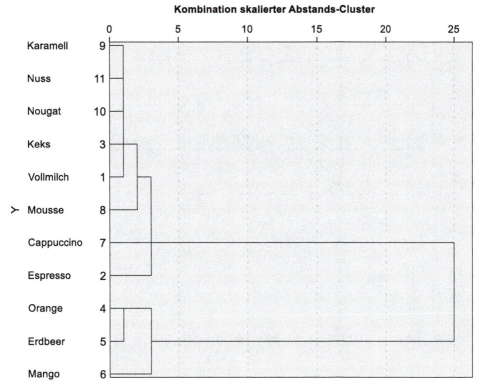

**Abb. 8.23** Dendrogramm für das Ward-Verfahren

Abschn. 8.2.4.1). Abb. 8.24 zeigt das sich ergebende Diagramm für das Fallbeispiel, das auf Basis der Koeffizienten-Werte in der Zuordnungsübersicht (vgl. Abb. 8.22) erstellt wurde. Das Diagramm lässt für das Fallbeispiel einen eindeutigen „*Elbow*" bei der Zwei-Cluster-Lösung erkennen. Allerdings ist hier kritisch anzumerken, dass sich bei den meisten Analysen ein Elbow bei der Zwei-Cluster-Lösung zeigt, da der Heterogenitätszuwachs von der Zwei- zur Ein-Cluster-Lösung immer am größten ist. Bei praktischen Anwendungen sollte zur Entscheidung deshalb auch immer auf einem zweiten Elbow im Diagramm geachtet werden. Im das Fallbeispiel ist ein zweiter Elbow allerdings nicht erkennbar.

*Test von Mojena*

Zur Durchführung des *Tests von Mojena* sind die Fusionslevels aus Abb. 8.22 (Spalte „*Koeffizienten*") in eine Excel-Tabelle zu übernehmen und die standardisierten Fusionskoeffizienten ($\alpha$) je Fusionsstufe entsprechend Gl. (8.10) zu berechnen (vgl. Abschn. 8.2.4.2). Dabei ergibt sich ein mittlerer Fusionskoeffizient von $\overline{\alpha} = 14{,}066$ und eine Standardabweichung der Koeffizienten von $s_\alpha = 18{,}096$. Die Ergebnisse sind in

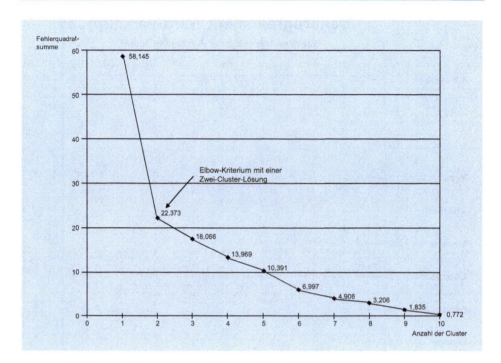

**Abb. 8.24** Entwicklung des Heterogenitätsmaßes im Fallbeispiel

**Tab. 8.20** Ergebnistabelle zum Test von Mojena im Fallbeispiel

| Fusionierungsstufe | 1 | ... | 7 | 8 | 9 | 10 |
|---|---|---|---|---|---|---|
| Clusteranzahl | 11 | ... | 4 | 3 | 2 | 1 |
| Fusionierungskoeffizient | 0,772 | ... | 13,969 | 18,066 | 22,373 | 58,145 |
| Standardabweichung der Koeffizienten | −0,735 | ... | −0,005 | 0,221 | 0,459 | 2,436 |

Tab. 8.20 aufgeführt. Wird *2 als kritischer Schwellenwert* herangezogen, so schlägt der Test von Mojena eine Ein-Cluster-Lösung vor ($\tilde{a}_{10} = 2,436$).

Aus sachlogischen und didaktischen Gründen werden im Folgenden sowohl eine Zwei- als auch eine Drei-Cluster-Lösung behandelt. mithilfe von Abb. 8.25 lässt sich erkennen, welches Objekt sich in welchem Cluster befindet. Für unser Beispiel sind die Clusterzuordnungen für die 2-, 3-, 4- und 5-Cluster-Lösung angegeben. Es wird deutlich, dass bei der Zwei-Cluster- Lösung die Sorten „Vollmilch", „Espresso", „Keks", „Cappuccino", „Mousse", „Karamell", „Nougat" und „Nuss" (Klassische Schokoladensorten) zum ersten Cluster zuordnen lassen, während „Orange", „Erdbeer" und „Mango" (Frucht-Cluster) im zweiten Cluster zusammengefasst sind.

Zum Vergleich der agglomerativen Verfahren wurde das hier betrachtete Fallbeispiel auch mit den Verfahren „Complete Linkage", „Average Linkage", „Zentroid"

## Cluster-Zugehörigkeit

| Fall | 5 Cluster | 4 Cluster | 3 Cluster | 2 Cluster |
|---|---|---|---|---|
| 1:Vollmilch | 1 | 1 | 1 | 1 |
| 2:Espresso | 2 | 2 | 1 | 1 |
| 3:Keks | 1 | 1 | 1 | 1 |
| 4:Orange | 3 | 3 | 2 | 2 |
| 5:Erdbeer | 3 | 3 | 2 | 2 |
| 6:Mango | 4 | 4 | 3 | 2 |
| 7:Cappuccino | 5 | 1 | 1 | 1 |
| 8:Mousse | 1 | 1 | 1 | 1 |
| 9:Karamell | 1 | 1 | 1 | 1 |
| 10:Nougat | 1 | 1 | 1 | 1 |
| 11:Nuss | 1 | 1 | 1 | 1 |

**Abb. 8.25** Cluster-Zugehörigkeit für verschiedene Lösungen (2 bis 5 Cluster)

und „Median" analysiert. Als zentraler Unterschied zum Ward-Verfahren ist dabei vor allem zu nennen, dass diese Verfahren in der Spalte „*Koeffizienten*" der „*Zuordnungsübersicht*" (vgl. Abb. 8.22) *nicht* den Zuwachs der Fehlerquadratsumme, sondern die Distanzen bzw. Ähnlichkeiten der jeweils zusammengefassten Objekte oder Gruppen enthalten. Allerdings führten im vorliegenden Fall alle Verfahren zu identischen Lösungen im Zwei-Cluster-Fall. Es ergab sich immer ein „Frucht-Cluster" und ein „Klassiker-Cluster".

**Optimierung der Clusterlösung mittels K-Means**
Zunächst sei herausgestellt, dass bei einem Datensatz mit 11 Fällen eine Optimierung mittels K-Means-Verfahren nur wenig sinnvoll ist bzw. keine Verbesserung der gefundenen Clusterlösung erwarten lässt. Diese Vermutung wird bestätigt, wenn das K-Means-Verfahren auf die im Fallbeispiel mittels Ward-Verfahren gewonnene Zwei-Cluster-Lösung angewandt wird. Es kommt zu keiner Veränderung der Lösung durch K-Means (vgl. die Cluster-Zugehörigkeit in Abb. 8.26).

Allerdings liefert K-Means mehr Hinweise zu den verwendeten Clustervariablen. Die Clusterzentren der endgültigen (Zwei-Cluster-) Lösung weisen die Beurteilungsmittelwerte der Variablen in beiden Clustern aus. Dabei wird deutlich, dass alle Variablen (bis auf die Variablen Preis, köstlich und gesund) in Cluster 1 (Frucht-Cluster) höher ausgeprägt sind als im Cluster der klassischen Schokoladensorten (Cluster 2). Weiterhin zeigt die ausgewiesene Varianztabelle (ANOVA-Tabelle) die quadrierten Abweichungen pro Variable zwischen den beiden Gruppen (vgl. Abb. 8.27). Je größer diese Abweichungen sind, desto mehr ist eine Variable für die Unterschiede zwischen

## Cluster-Zugehörigkeit

| Fallnummer | Schokoladensorte | Cluster | Distanz |
|---|---|---|---|
| 1 | Vollmilch | 2 | 1,151 |
| 2 | Espresso | 2 | 1,893 |
| 3 | Keks | 2 | 1,042 |
| 4 | Orange | 1 | 1,656 |
| 5 | Erdbeer | 1 | ,886 |
| 6 | Mango | 1 | 1,695 |
| 7 | Cappuccino | 2 | 1,874 |
| 8 | Mousse | 2 | 1,765 |
| 9 | Karamell | 2 | 1,013 |
| 10 | Nougat | 2 | 1,225 |
| 11 | Nuss | 2 | ,910 |

## Clusterzentren der endgültigen Lösung

| | Cluster 1 | Cluster 2 |
|---|---|---|
| Preisniveau | 3,5815 | 5,0861 |
| erfrischend | 4,6519 | 3,9503 |
| köstlich | 3,8176 | 4,4076 |
| gesund | 3,3882 | 3,8638 |
| bitter | 4,5231 | 3,7310 |
| leicht | 5,2130 | 4,2125 |
| knackig | 5,1852 | 3,8246 |
| exotisch | 5,1148 | 2,3306 |
| süß | 4,3241 | 4,0169 |
| fruchtig | 5,0843 | 3,7656 |

**Abb. 8.26** Cluster-Zugehörigkeit und Clusterzentren nach K-Means

## ANOVA

| | Cluster Mittel der Quadrate | df | Fehler Mittel der Quadrate | df | F | Sig. |
|---|---|---|---|---|---|---|
| Preisniveau | 4,939 | 1 | ,158 | 9 | 31,227 | <,001 |
| erfrischend | 1,074 | 1 | ,313 | 9 | 3,435 | ,097 |
| köstlich | ,759 | 1 | ,125 | 9 | 6,078 | ,036 |
| gesund | ,493 | 1 | ,194 | 9 | 2,538 | ,146 |
| bitter | 1,369 | 1 | ,465 | 9 | 2,943 | ,120 |
| leicht | 2,184 | 1 | ,163 | 9 | 13,414 | ,005 |
| knackig | 4,039 | 1 | ,286 | 9 | 14,139 | ,004 |
| exotisch | 16,913 | 1 | ,478 | 9 | 35,347 | <,001 |
| süß | ,206 | 1 | ,207 | 9 | ,993 | ,345 |
| fruchtig | 3,794 | 1 | ,096 | 9 | 39,483 | <,001 |

Die F-Tests sollten nur für beschreibende Zwecke verwendet werden, da die Cluster so gewählt wurden, daß die Differenzen zwischen Fällen in unterschiedlichen Clustern maximiert werden. Dabei werden die beobachteten Signifikanzniveaus nicht korrigiert und können daher nicht als Tests für die Hypothese der Gleichheit der Clustermittelwerte interpretiert werden.

**Abb. 8.27** Varianztabelle der K-Means Clustermittelwerte

den beiden Clustern verantwortlich. Es zeigt sich, dass vor allem die Variablen „Preis", „leicht", „knusprig" und „exotisch" und „fruchtig" deutliche Unterschiede in beiden Clustern aufweisen (vgl. Spalte „Sig." in Abb. 8.27). Allerdings ist darauf hinzuweisen, dass die F-Tests nur für beschreibende Zwecke verwendet werden sollten, da die Cluster so gewählt wurden, dass die Differenzen zwischen den Fällen in beiden Clustern maximiert werden. Die F-Werte und die ausgewiesenen Signifikanzniveaus dürfen hier nicht als statistische Tests auf Gleichheit der Clustermittelwerte interpretiert werden. Obige Informationen können aber dennoch bei der folgenden Interpretation der Cluster verwendet werden.

### 8.3.3.3 Interpretation der Zwei-Cluster-Lösung im Fallbeispiel

Die in SPSS implementierten Clusterverfahren stellen *keine* Kriterien zur Charakterisierung einer gefundenen Cluster-Lösung zur Verfügung. Allerdings können Anhaltspunkte zur Beschreibung der Cluster aus den Variablenmittelwerten pro Cluster aus der K-Means-Analyse und der dort ausgewiesenen Varianztabelle gewonnen werden (vgl. Abb. 8.26 und 8.27).

Ausführliche Hinweise zur Interpretation einer ANOVA-Tabelle findet der Leser in Kapitel 3 Varianzanalyse (vgl. Abschn. 3.3.3.1). Zur Durchführung einer K-Means Analyse mit SPSS vgl. Abschn. 8.4.2.1.2.

**Beschreibung der Zwei-Cluster-Lösung mithilfe von t- und F-Werten**

Darüber hinaus kann der Anwender Cluster interpretieren, indem die Mittelwerte und Varianzen der Erhebungsgesamtheit mit den Werten der gefundenen Clustern verglichen werden. Abb. 8.28 zeigt zunächst die mithilfe der Menüabfolge in SPSS *„Analysieren/ Tabellen/Benutzerdefinierte Tabellen"* für die Erhebungsgesamtheit und die beiden gefundenen Gruppen berechneten Mittelwerte und Varianzen.

Mithilfe der Ergebnisse aus Abb. 8.28 können nun entsprechend den Darstellungen in Abschn. 8.2.5 die t- und F-Werte für die gebildeten zwei Cluster berechnet werden. Die Ergebnisse zeigt Tab. 8.21.

| | Cluster | | | | | | | | |
|---|---|---|---|---|---|---|---|---|---|
| | Klassik | | | Frucht | | | Gesamt | | |
| | Anzahl | Mittelwert | Varianz | Anzahl | Mittelwert | Varianz | Anzahl | Mittelwert | Varianz |
| Preisniveau | 8 | 5,086 | ,193 | 3 | 3,581 | ,037 | 11 | 4,676 | ,636 |
| erfrischend | 8 | 3,950 | ,109 | 3 | 4,652 | 1,025 | 11 | 4,142 | ,389 |
| köstlich | 8 | 4,408 | ,160 | 3 | 3,818 | ,003 | 11 | 4,247 | ,188 |
| gesund | 8 | 3,864 | ,037 | 3 | 3,388 | ,746 | 11 | 3,734 | ,224 |
| bitter | 8 | 3,731 | ,516 | 3 | 4,523 | ,286 | 11 | 3,947 | ,556 |
| leicht | 8 | 4,212 | ,198 | 3 | 5,213 | ,039 | 11 | 4,485 | ,365 |
| knackig | 8 | 3,825 | ,346 | 3 | 5,185 | ,075 | 11 | 4,196 | ,661 |
| exotisch | 8 | 2,331 | ,426 | 3 | 5,115 | ,662 | 11 | 3,090 | 2,122 |
| süß | 8 | 4,017 | ,224 | 3 | 4,324 | ,148 | 11 | 4,101 | ,207 |
| fruchtig | 8 | 3,766 | ,073 | 3 | 5,084 | ,178 | 11 | 4,125 | ,466 |

**Abb. 8.28** Mittelwerte und Varianzen der Eigenschaftsurteile in der Erhebungsgesamtheit (Total) und den beiden Clustern

**Tab. 8.21** t- und F-Werte für die Zwei-Cluster-Lösung im Fallbeispiel

|  | t-Werte | | F-Werte | |
|---|---|---|---|---|
|  | Klassik | Frucht | Klassik | Frucht |
| Preis | **0,514** | **−1,372** | 0,303 | 0,058 |
| Erfrischend | −0,307 | 0,818 | 0,281 | **2,636** |
| Köstlich | 0,371 | −0,989 | 0,849 | 0,014 |
| Gesund | 0,274 | −0,730 | 0,164 | **3,327** |
| Bitter | −0,290 | 0,773 | 0,929 | 0,515 |
| Leicht | −0,452 | 1,205 | 0,543 | 0,106 |
| Knackig | −0,456 | 1,217 | 0,523 | 0,114 |
| Exotisch | **−0,521** | **1,390** | 0,201 | 0,312 |
| Süß | −0,184 | 0,491 | **1,082** | 0,716 |
| Fruchtig | **−0,527** | **1,405** | 0,156 | 0,383 |

Die Berechnung von t- und F-Werten für das Fallbeispiel sei hier exemplarisch für die Variable „*Preis*" im *Frucht-Cluster* gezeigt:

Der *t-Wert* berechnet sich gemäß Gl. (8.11) wie folgt:

$$t = \frac{3{,}581 - 4{,}675}{\sqrt{0{,}636}} = -1{,}372$$

Für den *F-Wert* ergibt sich gemäß Gl. (8.12) folgendes Ergebnis:

$$F = \frac{0{,}037}{0{,}636} = 0{,}058$$

Mithilfe der in Tab. 8.21 aufgeführten t- und F-Werte lassen sich die beiden Cluster nun wie folgt beschreiben:

- Im *Klassiker-Cluster* weisen die Variablen überwiegend geringere Werte als in der Erhebungsgesamtheit auf (t-Wert < 0), während die gleichen Variablen im *Frucht-Cluster* höher ausgeprägt sind (t-Wert > 0). Das bedeutet, dass im Frucht-Cluster diese Variablen als deutlich stärker ausgeprägt empfunden werden. Im Klassik-Cluster hingegen werden sie als deutlich schwächer wahrgenommen. Lediglich die Ausprägungen der Variablen „Preis", „köstlich" und „gesund" werden im Klassik-Cluster überdurchschnittlich stark beurteilt, während sie im Frucht-Cluster nur unterdurchschnittlich ausgeprägt sind. Die größten Unterschiede im Mittelwert zwischen den Gruppen weisen die Variablen „Preis", „exotisch" und „fruchtig" auf (vgl. die Fettmarkierungen).
- Im Hinblick auf die Homogenität der Variablen in den beiden Clustern weisen die F-Werte überwiegend auf deutlich geringere Streuungen als in der Erhebungsgesamtheit hin (F-Wert < 1). Im *Klassik-Cluster* besitzt lediglich die Variable „süß" eine leicht höhere Varianz als in der Erhebungsgesamtheit. Im *Frucht-Cluster* gilt das für die Variablen „erfrischend" und „gesund" (vgl. die Fettmarkierungen). Insgesamt

**Tab. 8.22** Cluster (Segmente) für die Diskriminanzanalyse und die logistische Regression

| Cluster (Segment) | Schokoladensorten eines Segments | Fallzahl (n) |
|---|---|---|
| g = 1 \| Seg_1 Klassiker | Vollmilch, Keks, Mousse, Karamell, Nougat, Nuss | 65 |
| g = 2 \| Seg_2 Frucht | Orange, Erdbeer, Mango | 28 |
| g = 3 \| Seg_3 Coffee | Espresso, Cappuccino | 23 |

kann aber im Hinblick auf die Homogenität in beiden Clustern festgestellt werden, dass die Variablen nahezu durchgehend jeweils deutlich geringere Streuung als in der Erhebungsgesamtheit aufweisen.

**Beschreibung der Zwei-Cluster-Lösung mithilfe der Diskriminanzanalyse**

Auch eine Diskriminanzanalyse mit Vorgabe der beiden gefundenen Cluster „Klassiker" (8 Sorten) und „Frucht" (3 Sorten) bestätigt die korrekten Klassifikationen der Zwei-Cluster-Lösung zu 100 %. Weiterhin werden durch die schrittweise Diskriminanzanalyse die Variablen „fruchtig", „gesund", „exotisch", „köstlich" und „leicht" als besonders trennstark ausgewiesen. Das bedeutet, dass sich die mittleren Bewertungen dieser Variablen in den beiden Clustern deutlich unterscheiden. Die Unterschiede zwischen den beiden Clustern in diesen beiden Variablen wurden teilweise auch bereits durch die t-Werte angezeigt. Lediglich die Trennkraft der Variable „Preis" wird nach der Diskriminanzanalyse anscheinend durch die übrigen Variablen „aufgenommen", da „Preis" durch die schrittweise Diskriminanzanalyse nicht als diskriminanzstark identifiziert wird.

Die Fallbeispiele für die Diskriminanzanalyse (vgl. Kap. 4) und die multinomiale logistische Regression (vgl. Kap. 5) verwenden in diesem Buch das Ergebnis der Clusteranalyse und gehen dabei aber von drei Gruppen (Segmenten) aus.[22] Durch die Verwendung von drei Gruppen können die Vorgehensweisen beider Verfahren besser verdeutlicht werden. Deshalb werden die Schokoladensorten „Espresso" und „Cappuccino" aus dem Cluster „Klassik" in ein separates drittes Cluster verlagert, dass wir als „Kaffee" bezeichnen. Eine Lösung mit drei Clustern lässt sich logisch gut begründen und wird auch durch das Dendrogramm in Abb. 8.23 unterstützt. Die Zugehörigkeit der 11 Schokoladengeschmacksrichtungen zu den drei Clustern ist in Tab. 8.22 zusammengefasst.

### 8.3.4 SPSS-Kommandos

Im Fallbeispiel wurde die Clusteranalyse mithilfe der grafischen Benutzeroberfläche von SPSS (GUI: graphical user interface) durchgeführt. Alternativ kann der Anwender aber auch die sog. *SPSS-Syntax* verwenden, die eine speziell für SPSS entwickelte Programmiersprache darstellt. Jede Option, die auf der grafischen Benutzeroberfläche

---

[22] Die multinomiale logistische Regression erfordert mindestens drei Gruppen. Im Falle der Zwei-Cluster-Lösung müsste hingegen eine binäre logistische Regression durchgeführt werden.

```
* MVA: Mittelwertbildung für Schokoladensorten auf der Basis von 127
Beurteilungen.
* Datendefinition.
DATA LIST FREE / Preis erfrischend köstlich gesund bitter leicht knackig
exotisch süß fruchtig.

BEGIN DATA
3 3 5 4 1 2 3 1 3 4
6 6 5 2 2 5 2 1 6 7
2 3 3 3 2 3 5 1 3 2
------------------
5 4 4 1 4 4 1 1 1 4
* Alle Datensätze einfügen.
END DATA.

* Mittelwertberechnung für 11 Schokoladensorten und Ausgabe in eigenem
Datensatz.
DATASET DECLARE DATACluster.
AGGREGATE
  /OUTFILE='DATACluster'
  /BREAK=Schokosorte
  /Preis=MEAN(Preis)
  /erfrischend=MEAN(erfrischend)
  /köstlich=MEAN(köstlich)
  /gesund=MEAN(gesund)
  /bitter=MEAN(bitter)
  /leicht=MEAN(leicht)
  /knackig=MEAN(knackig)
  /exotisch=MEAN(exotisch)
  /süß=MEAN(süß)
  /fruchtig=MEAN(fruchtig).
```

**Abb. 8.29** SPSS Syntax zur Generierung der Mittelwerte pro Schokoladensorte (Erzeugung der Datenmatrix für das Fallbeispiel)

von SPSS aktiviert wurde, wird dabei in die SPSS-Syntax übersetzt. Wird im Hauptdialogfeld der Clusteranalyse auf „Einfügen" geklickt (Abb. 8.17), so wird die zu den gewählten Optionen gehörende SPSS-Syntax automatisch in einem neuen Fenster ausgegeben. Die Prozeduren von SPSS können auch allein auf Basis der SPSS-Syntax ausgeführt werden und Anwender können dabei auch weitere SPSS-Befehle verwenden. Die Verwendung der SPSS-Syntax kann z. B. dann vorteilhaft sein, wenn Analysen mehrfach wiederholt werden sollen (z. B. zum Testen verschiedener Modellspezifikationen).

Abb. 8.29 zeigt die SPSS-Syntax zur Berechnung der Beurteilungsmittelwerte für die 11 Schokoladensorten aus den 127 individuellen Urteilen. Es wird eine Matrix mit den 10 Mittelwerten der Eigenschaftsbeurteilungen für die 11 Schokoladensorten erzeugt. Diese bildet die Datenmatrix im Fallbeispiel zur Durchführung der verschiedenen Clusteranalysen. Die Syntax bezieht sich dabei nicht auf eine bestehende Datendatei von SPSS (*.sav), sondern sind die Daten, die in die Befehle zwischen BEGIN DATA und END DATA eingebettet sind.

Die Syntax-Datei zu den verschiedenen im Fallbeispiel durchgeführten Clusteranalysen ist in Abb. 8.30 dargestellt.

## 8.3 Fallbeispiel

```
* MVA: Fallbeispiel Schokolade Clusteranalyse.
* Datendefinition.
DATA LIST FREE / Schokosorte Preis erfrischend köstlich gesund bitter leicht
knackig exotisch süß fruchtig.

BEGIN DATA
Milch       4,5000 4,0000 4,3750 3,8750 3,2500 3,7500 4,0000 2,3750 4,6250 4,1250
Espresso    5,1667 4,2500 3,8333 3,8333 2,1667 3,7500 3,2727 2,3333 3,7500 3,4167
Keks        5,0588 3,8235 4,7647 3,4375 4,2353 4,4706 3,7647 2,7059 3,5294 3,5294
Orange      3,8000 5,4000 3,8000 2,4000 5,0000 5,0000 5,0000 4,4000 4,0000 4,6000
Erdbeere    3,4444 5,0556 3,7778 3,7647 3,9444 5,3889 5,0556 4,9444 4,2222 5,2778
Mango       3,5000 3,5000 3,8750 4,0000 4,6250 5,2500 5,5000 6,0000 4,7500 5,3750
Cappuccino  5,2500 3,4167 4,5833 3,9167 4,3333 4,4167 4,6667 3,6667 4,5000 3,5833
Mousse      5,8571 4,4286 4,9286 3,8571 4,0714 5,0714 2,9286 2,0909 4,5714 3,7857
Karamell    5,0833 4,0833 4,6667 4,0000 4,2500 3,8182 1,5455 3,7500 4,1667
Nougat      5,2727 3,6000 3,9091 4,0909 4,0909 4,0909 4,5455 1,7273 3,9091 3,8182
Nuss        4,5000 4,0000 4,2000 3,9000 3,7000 3,9000 3,6000 2,2000 3,5000 3,7000
END DATA.

* Fallbeispiel Clusteranalyse: Methode „Single Linkage"(Ausreißeranalyse).
CLUSTER Preis erfrischend köstlich gesund bitter leicht knackig exotisch süß
fruchtig
   /METHOD SINGLE
   /MEASURE=SEUCLID
   /ID=Sorte
   /PRINT SCHEDULE CLUSTER(2,5)
   /PRINT DISTANCE
   /PLOT DENDROGRAM.

* Fallbeispiel Clusteranalyse: Methode „Ward Methode" (hierarchisches Verfahren).
CLUSTER Preis erfrischend köstlich gesund bitter leicht knackig exotisch süß
fruchtig
   /METHOD WARD
   /MEASURE=SEUCLID
   /ID=Sorte
   /PRINT SCHEDULE CLUSTER(2,5)
   /PRINT DISTANCE
   /PLOT DENDROGRAM.

* Fallbeispiel Clusteranalyse: Methode „K-Means" (partitionierendes Verfahren).
QUICK CLUSTER Preis erfrischend köstlich gesund bitter leicht knackig exotisch süß
fruchtig
   /MISSING=LISTWISE
   /CRITERIA=CLUSTER(2) MXITER(10) CONVERGE(0)
   /METHOD=KMEANS(NOUPDATE)
   /PRINT ID(Sorte) INITIAL ANOVA CLUSTER DISTAN.

* Fallbeispiel Clusteranalyse: Methode „Two-Step" (partitionierendes Verfahren).
TWOSTEP CLUSTER
   /CONTINUOUS VARIABLES = Preis erfrischend köstlich gesund bitter leicht knackig
     exotisch süß fruchtig
   /DISTANCE LIKELIHOOD
   /NUMCLUSTERS FIXED=2
   /HANDLENOISE 0
   /MEMALLOCATE 64
   /CRITERIA INITHRESHOLD(0) MXBRANCH(8) MXLEVEL(3)
   /VIEWMODEL DISPLAY=YES.
```

**Abb. 8.30** SPSS Syntax zu den Clusteranalysen im Fallbeispiel

Anwender, die R (https://www.r-project.org) zur Datenanalyse nutzen möchten, finden die entsprechenden R-Befehle zum Fallbeispiel auf der Internetseite www.multivariate.de.

## 8.4 Modifikationen und Erweiterungen

Die bisherigen Erläuterungen waren konzentriert auf den Fall, dass die Untersuchungsobjekte allein durch metrische Daten beschrieben sind und ein hierarchisch, agglomeratives Clusterverfahren verwendet wird. Die Clusteranalyse ist aber auch in der Lage, nicht-metrische Daten zu verarbeiten. In diesen Fällen ändern sich allerdings die zur Verfügung stehenden Proximitätsmaße, was bereits in Abschn. 8.2.2.1 gezeigt wurde. Im Folgenden werden in Abschn. 8.4.1 gebräuchliche Proximitätsmaße bei Vorliegen von

- nominal skalierten Variablen
- binären Variablen (0/1-Variable)
- gemischt skalierten Variablen

vorgestellt. Anschließend werden in Abschn. 8.4.2 mit der *K-Means Clusteranalyse* und der *Two-Step-Clusteranalyse* zwei häufig zur Anwendung kommende Verfahren aus der Gruppe der *partitionierenden Clusterverfahren* (vgl. Abb. 8.6) vorgestellt und miteinander verglichen.

### 8.4.1 Proximitätsmaße bei nicht metrischen Daten

#### 8.4.1.1 Proximitätsmaße bei nominalem Skalenniveau

Bei nominal skalierten Variablen bestehen grundsätzlich zwei Möglichkeiten, diese im Rahmen einer Clusteranalyse zu berücksichtigen:

- Transformation in binäre Variablen
- Analyse von Häufigkeitsdaten

**(A) Transformation in binäre Variablen**

Bei der Transformation in binäre Variablen werden alle Ausprägungen einer nominalen Variable als eigenständige Binär-Variable betrachtet und mit 0/1 kodiert. Der Wert 1 bedeutet dabei *„Merkmalsausprägung vorhanden"* und der Wert 0 *„Merkmalsausprägung nicht vorhanden"*.

> **Beispiel: Binärzerlegung einer nominalen Variablen**
>
> Betrachtet sei die nominale Variable *„Liefer-Beanstandungen"* mit vier Beanstandungskategorien als Merkmalsausprägungen. Tab. 8.23 zeigt die zugehörige Transformation der Beanstandungskategorien in binäre Variablen. Jede Zeile steht für eine Beanstandungsart, die bei Gültigkeit mit 1 (=Merkmalsausprägung vorhanden) kodiert wird. ◄

## 8.4 Modifikationen und Erweiterungen

**Tab. 8.23** Binärzerlegung der nominalen Variable „Beanstandungen"

| Merkmalsausprägung | Art der Beanstandung | Transformation in binäre Variable |
|---|---|---|
| A | Fehlerhafte Ware | 1000 |
| B | Unvollständige Lieferung | 0100 |
| C | Verpackungsschäden | 0010 |
| D | Verspätete Lieferung | 0001 |

Das Beispiel macht deutlich, dass die Zahl der Kategorien (Ausprägungen) einer nominalen Variablen die Länge der aus Nullen und Einsen bestehenden Binärvariablen bestimmt. In obigem Beispiel bestimmt die Zahl der möglichen Beanstandungsarten die Länge der aus Nullen und Einsen bestehenden Binärvariablen (siehe 3. Spalte). Liegen keine Beanstandungen vor, so lautet die Kodierung im Beispiel „0000".

Zur Berechnung der Ähnlichkeit bzw. Unähnlichkeit zwischen Objekten mit nominal skalierten Variablen können die in Abschn. 8.4.1.2 behandelten Proximitätsmaße herangezogen werden. Dabei ist allerdings zu beachten, dass Ähnlichkeitskoeffizienten, die den *gemeinsamen Nichtbesitz* als Übereinstimmung zählen, nicht verwendet werden sollten. Der Grund hierfür ist darin zu sehen, dass bei solchen Ähnlichkeits-Koeffizienten (z. B. Simple Matching-Koeffizient; vgl. Abschn. 8.4.1.2.2) eine große und insbesondere stark unterschiedliche Anzahl an Merkmalsausprägungen zu Verzerrungen in der Ähnlichkeits-Messung führt.

### (B) Analyse der Häufigkeiten von Merkmalsausprägungen

Da bei nominal skalierten Variablen keine Rechenoperationen durchgeführt werden dürfen, werden meist die Häufigkeiten analysiert, mit der die Ausprägungen einer nominalen Variablen bei einer Erhebung aufgetreten sind. Mithilfe der Häufigkeiten lässt sich dann prüfen, ob zwischen den nominalen Variablen eine statistische Abhängigkeit besteht (vgl. auch Kap. 6 zur Kontingenzanalyse).

> **Beispiel: Verpackungsarten von fünf Schokoladensorten**
> Es wurden 100 Personen nach ihrer Einschätzung von fünf Schokoladensorten (Espresso, Cappuccino, Keks, Nuss und Nougat) im Hinblick auf die gewünschte Verpackung befragt. Die Befragten konnten dabei zwischen drei Verpackungsarten wählen: „Papier", „Blechbox" und „Geschenkbox". Tab. 8.24 enthält die Häufigkeiten der Nennungen je Verpackungsart für die entsprechenden Schokoladensorten, wobei Mehrfachnennungen möglich waren. Insgesamt wurden $N = 606$ Antworten gegeben. ◄

Die Daten in Tab. 8.24 bilden eine Kreuztabelle der beiden nominal skalierten Variablen „Schokoladensorte" und „Verpackungsart". Als Distanzmaß zwischen je zwei

**Tab. 8.24** Häufigkeiten gewünschter Verpackungsarten

| Schokoladensorte | Verpackungsart | | | |
|---|---|---|---|---|
| | Papier | Blechbox | Geschenkbox | Zeilensumme |
| Espresso | 24 | 65 | 12 | **101** |
| Cappuccino | 35 | 55 | 21 | **111** |
| Keks | 20 | 40 | 75 | **135** |
| Nuss | 83 | 30 | 21 | **134** |
| Nougat | 75 | 28 | 22 | **125** |
| Spaltensumme | **296** | **338** | **184** | **606** |

Objekten $k$ und $l$ kann nun die Prüfgröße des *Chi-Quadrat-Homogenitätstest* verwendet werden. Dieser Test prüft die *Nullhypothese,* dass die beiden Objekte der gleichen Verteilung (Grundgesamtheit) entstammen. In der Prozedur CLUSTER von SPSS wird das Chi-Quadrat-Maß zur Distanzbestimmung bei Häufigkeitsdaten wie folgt berechnet:

$$\text{Chi} - \text{Quadrat} = \left( \sum \sum \frac{(n_{ij} - e_{ij})^2}{e_{ij}} \right)^{0,5} \quad (13)$$

mit

$n_{ij}$ Anzahl der Nennungen von Variable $j$ bei Objekt $i$ ($i=k,l; j=1, \ldots, J$) (Zellenhäufigkeit)

$e_{ij}$ erwartete Anzahl der Nennungen von Variable $j$ bei Objekt $i$ bei Unabhängigkeit der Merkmale [(Zeilensumme × Spaltensumme)/Gesamtsumme]

Je größer das Chi-Quadrat-Maß wird, desto größer ist auch die Wahrscheinlichkeit, dass die beiden Objekte *nicht* der gleichen Grundgesamtheit entstammen und somit als unähnlich einzustufen sind. Die Distanzmatrix nach dem Chi-Quadrat-Maß zu den Häufigkeitsdaten im obigen Beispiel (vgl. Tab. 8.24) ist in 8.25 wiedergegeben.

Die Distanzen für alle fünf Objekte nach dem Chi-Quadrat-Maß in Tab. 8.25 zeigen, dass die Häufigkeitsdaten von „Nuss" und „Nougat" mit einem Chi-Quadrat-Maß von 0,430 die geringste Distanz (größte Ähnlichkeit) aufweisen und somit auf der ersten Stufe zu fusionieren wären. Entsprechend sind im nächsten Schritt „Espresso" und „Cappuccino" bei einem Wert des Chi-Quadrat-Maßes von 2,209 zu fusionieren.

Weisen die absoluten Häufigkeiten zwischen den einzelnen Paarvergleichen große Unterschiede auf, so sollte zur Distanzbestimmung das *Phi-Quadrat-Maß* verwendet werden. Es basiert auf dem Chi-Quadrat-Maß, nimmt aber zusätzlich noch eine Normalisierung der Daten vor, indem durch die Gesamt-Fallzahl der beiden betrachteten Objekte dividiert wird.

## 8.4 Modifikationen und Erweiterungen

**Tab. 8.25** Distanzmatrix der Häufigkeitsdaten nach dem Chi-Quadrat-Maß

|  | Chi-Quadrat-Wert zwischen Häufigkeiten-Sets | | | | |
| --- | --- | --- | --- | --- | --- |
|  | Espresso | Cappuccino | Keks | Nuss | Nougat |
| Espresso | 0,000 | | | | |
| Cappuccino | **2,209** | 0,000 | | | |
| Keks | 6,931 | 5,901 | 0,000 | | |
| Nuss | 6,642 | 4,994 | 8,387 | 0,000 | |
| Nougat | 6,470 | 4,754 | 7,941 | 0,430 | 0,000 |

**Tab. 8.26** Häufigkeiten gewünschter Verpackungsarten im Beispiel

|  | Verpackungsart | | | |
| --- | --- | --- | --- | --- |
| **Schokoladensorte** | Papier | Blechbox | Geschenkbox | **Zeilensumme** |
| Espresso | 24 | 65 | 12 | **101** |
| Cappuccino | 35 | 55 | 21 | **111** |
| **Spaltensumme** | **59** | **120** | **184** | **212** |

Zur Verdeutlichung sei hier abschließend die Berechnung des Chi-Quadrat-Maßes in Höhe von 2,209 für die Objekte „Espresso" und „Cappuccino" aufgezeigt. Zu diesem Zweck werden aus Tab. 8.24 nur die ersten beiden Zeilen betrachtet (vgl. Tab. 8.26).

Zusätzlich sind noch die zu erwartenden Häufigkeiten ($e_{ij}$) bei Unabhängigkeit von der Schokoladensorte nach Gl. (8.14) zu berechnen:

$$e_{ij} = \frac{\text{Zeilensumme} \times \text{Spaltensumme}}{\text{Gesamtsumme}} \qquad (14)$$

(*Beispiel:* Berechnung der erwarteten Häufigkeit für die Zelle „Espresso-Papier": $(101 \cdot 59)/212 = 28{,}108$).

Für die erwarteten Häufigkeiten bei Unabhängigkeit der beiden Sorten ergibt sich das Ergebnis in Tab. 8.27.

Mithilfe der Tab. 8.26 und 8.27 kann nun gemäß Gl. (8.13) das Chi-Quadrat-Maß für die Objekte „Espresso" und „Cappuccino" berechnet werden:

**Tab. 8.27** Erwartete Häufigkeiten gewünschter Verpackungsarten im Beispiel

|  | Verpackungsart | | |
| --- | --- | --- | --- |
| **Schokoladensorte** | Papier | Blechbox | Geschenkbox |
| Espresso | 28,108 | 57,170 | 15,722 |
| Cappuccino | 30,892 | 62,830 | 17,278 |

$$= (\frac{(24-28,108)^2}{28,108} + \frac{(35-30,892)^2}{30,892}$$
$$+ \frac{(65-57,170)^2}{57,170} + \frac{(55-15,722)^2}{15,722}$$
$$+ \frac{(12-15,722)^2}{15,722} + \frac{(21-17,278)^2}{17,278})^{0,5}$$

$$= (0,6005 + 0,5464 + 1,0725 + 0,9758 + 0,8810 + 0,8016)^{0,5}$$
$$= 4,878^{0,5} = 2,209$$

Für das Beispiel ergibt sich zwischen den Sorten Espresso und Cappuccino folgendes Phi-Quadrat-Maß, wobei 212 die Gesamt-Fallzahl der beiden betrachteten Objekte darstellt:

$$\phi^2_{\text{Espresso,Cappuccino}} = \left(\frac{4,8778}{212}\right)^{0,5} = 0,152$$

### 8.4.1.2 Proximitätsmaße bei binären Variablen
#### 8.4.1.2.1 Überblick und Ausgangsdaten für ein Rechenbeispiel

Eine binäre Variablenstruktur liegt vor, wenn alle Merkmalsvariablen nur die Ausprägungen Null und Eins besitzen, wobei i. d. R. der Wert 1 „*Eigenschaft vorhanden*" bedeutet und der Wert 0 für „Eigenschaft nicht vorhanden" verwendet wird. Bei der Ermittlung der Ähnlichkeit zwischen zwei Objekten geht die Clusteranalyse immer von einem Paarvergleich aus, d. h. für jeweils zwei Objekte werden alle Eigenschaftsausprägungen miteinander verglichen. Wie Tab. 8.28 zeigt, sind im Fall binärer Merkmale beim Vergleich zweier Objekte bezüglich einer Eigenschaft vier Fälle zu unterscheiden:

- Eigenschaft ist bei beiden Objekten vorhanden (Feld a)
- Eigenschaft ist nur bei Objekt 2 vorhanden (Feld b)
- Eigenschaft ist nur bei Objekt 1 vorhanden (Feld c)
- Eigenschaft ist bei beiden Objekten nicht vorhanden (Feld d)

**Tab. 8.28** Kombinationsmöglichkeiten von binären Variablen

| | Objekt 2 | | Zeilensumme |
|---|---|---|---|
| Objekt 1 | Eigenschaft vorhanden (1) | Eigenschaft nicht vorhanden (2) | |
| Eigenschaft vorhanden (1) | a | c | **a+c** |
| Eigenschaft nicht vorhanden (2) | b | d | **b+d** |
| **Spaltensumme** | **a+b** | **c+d** | **M** |

## 8.4 Modifikationen und Erweiterungen

Für die Ermittlung von Ähnlichkeiten zwischen Objekten mit binärer Variablenstruktur existiert in der Literatur eine Vielzahl an Maßzahlen, die sich größtenteils auf folgende allgemeine Ähnlichkeitsfunktion zurückführen lassen (Kaufman und Rousseeuw 2005, S. 22 ff.; Steinhausen und Langer 1977, S. 53):

$$S_{ij} = \frac{a + \delta \cdot d}{a + \delta \cdot d + \lambda(b + c)} \qquad (15)$$

mit

$S_{ij}$    Ähnlichkeit zwischen den Objekten $i$ und $j$
$\delta, \lambda$    mögliche (konstante) Gewichtungsfaktoren

Dabei entsprechen die Variablen a, b, c und d den Kennungen in Tab. 8.28. Die Größen $\delta$ und $\lambda$ stellen Gewichtungsfaktoren dar. Je nach Wahl dieser Faktoren ergeben sich unterschiedliche Ähnlichkeitsmaße für Objekte mit binären Variablen. Tab. 8.29 zeigt die Berechnungen für gebräuchliche Ähnlichkeitsmaße im binären Fall, wobei M die Anzahl der Merkmale ist (vgl. Kaufman und Rousseeuw 2005, S. 24 ff.; Steinhausen und Langer 1977, S. 55).

Die Prozedur „Cluster" in SPSS bietet insgesamt sieben Distanzmaße und 20 Ähnlichkeitsmaße zur Berechnung der Proximität bei Objekten mit binärer Variablenstruktur an. Die Wahl des zu verwendenden Proximitätsmaßes ist dabei aufgrund von sachlogischen Überlegungen und in Abhängigkeit der Anwendungssituation zu bestimmen. Nachfolgend werden die Ähnlichkeitskoeffizienten *Simple Matching*, *Jaccard* und *Russel & Rao* näher betrachtet, die bei praktischen Anwendungen im Fall binärer Variablen häufig zur Anwendung kommen. Dabei wird auf das in Tab. 8.30 dargestellte Beispiel zurückgegriffen.

**Tab. 8.29** Berechnung ausgewählter Ähnlichkeitsmaße bei binären Variablen

| Name des Ähnlichkeitskoeffizienten | Gewichtungsfaktor | | Definition |
|---|---|---|---|
| | $\delta$ | $\lambda$ | |
| Einfache Übereinstimmung (Simple Matching-; M-Koeffizient) | 1 | 1 | $\frac{a+d}{M}$ |
| Würfel (Dice) | 0 | ½ | $\frac{2a}{2a + (b+c)}$ |
| Jaccard | 0 | 1 | $\frac{a}{a+b+c}$ |
| Rogers & Tanimoto | 1 | 2 | $\frac{a+d}{a+d+2(b+c)}$ |
| Russel & Rao (RR) | – | – | $\frac{a}{M}$ |

**Tab. 8.30** Ausgangsdatenmatrix zur Berechnung von Jaccard-, M- und RR- Koeffizient

| Eigenschaften Sorte | Lagerzeit >1 Jahr | Saisonverpackung | Nationale Werbung | Papierverpackung | XL-Größe | Verkaufshilfen | Sonderplatzierung | Markenschokolade | Spanne >20 % | Lagerprobleme |
|---|---|---|---|---|---|---|---|---|---|---|
| Espresso | 1 | 1 | 1 | 1 | 0 | 0 | 1 | 0 | 0 | 0 |
| Cappuccino | 1 | 1 | 1 | 1 | 1 | 0 | 1 | 0 | 1 | 0 |
| Keks | 1 | 1 | 0 | 1 | 0 | 1 | 0 | 1 | 0 | 1 |
| Nuss | 1 | 0 | 1 | 1 | 1 | 1 | 1 | 1 | 1 | 0 |
| Nougat | 1 | 1 | 0 | 1 | 1 | 1 | 0 | 1 | 1 | 0 |

## 8.4 Modifikationen und Erweiterungen

> **Beispiel: Beschreibung von fünf Schokoladensorten durch 10 binäre Merkmale**
> Die bisher betrachteten fünf Schokoladensorten seien durch 10 binäre Merkmale beschrieben, die in Tab. 8.30 dargestellt sind. Für alle Merkmale ist angegeben, ob eine Sorte die jeweilige Eigenschaft aufweist (1) oder nicht (0). ◄

### 8.4.1.2.2 Simple Matching, Jaccard- und RR-Ähnlichkeitskoeffizient

**Simple Matching (SM) Ähnlichkeitskoeffizient**
Beim *Simple Matching-Koeffizient* (auch „*Einfache Übereinstimmung*" oder „*Rand similarity coefficient*" genannt) werden im Zähler *alle* übereinstimmenden Komponenten erfasst. Beim Vergleich von „Espresso" und „Nuss" sind das gemäß Tab. 8.30 insgesamt 5 der 10 Merkmale: „Lagerzeit", „Nationale Werbung", „Papierverpackung", „Sonderplatzierung" (= bei beiden Sorten vorhandene Merkmale) und „Lagerprobleme" (= bei beiden Sorten nicht-vorhandenes Merkmal). Die Ähnlichkeit, die sich entsprechend des Bruchs $\left(\frac{a+d}{M}\right)$ berechnet, hat für das genannte Produktpaar folglich einen Wert von 0,5 (mit $M = a+b+c+d$). Die SM-Werte für die anderen Objektpaare sind in Tab. 8.31 aufgeführt.

**Jaccard Ähnlichkeitskoeffizient**
Der *Jaccard-Koeffizient* misst den relativen Anteil gemeinsamer Eigenschaften bezogen auf die Anzahl der Eigenschaften, die bei wenigstens einem der betrachteten Objekt zutreffen. Zunächst wird festgestellt, wie viele Eigenschaften beide Produkte übereinstimmend aufweisen. In unserem Beispiel sind dies bei den Schokoladensorten „Espresso" und „Cappuccino" fünf Merkmale („Lagerzeit > 1 Jahr", „Saisonverpackung", „Nationale Werbung", „Papierverpackung" und „Sonderplatzierung"). Anschließend werden die Eigenschaften gezählt, die lediglich bei einem Produkt vorhanden sind. In unserem Beispiel lassen sich zwei Attribute finden („XL-Größe" und „Spanne > 20 %"). Setzt man die Anzahl der Eigenschaften, die bei beiden Produkten vorhanden sind, in den Zähler ($a=5$) und addiert für den Nenner die Anzahl der Eigenschaften, bei beiden Produkten ($a=5$) sowie jene, die nur bei einem Produkt vorhanden

**Tab. 8.31** Simple Matching-Koeffizient (Einfache Übereinstimmung)

|  | Espresso | Cappuccino | Keks | Nuss | Nougat |
|---|---|---|---|---|---|
| Espresso | 1 | | | | |
| Cappuccino | 0,8 | 1 | | | |
| Keks | 0,5 | 0,3 | 1 | | |
| Nuss | 0,5 | 0,7 | 0,4 | 1 | |
| Nougat | 0,4 | 0,6 | 0,7 | 0,7 | 1 |

**Tab. 8.32** Ähnlichkeiten nach dem Jaccard-Koeffizient

|            | Espresso | Cappuccino | Keks  | Nuss  | Nougat |
|------------|----------|------------|-------|-------|--------|
| Espresso   | 1        |            |       |       |        |
| Cappuccino | 0,714    | 1          |       |       |        |
| Keks       | 0,375    | 0,3        | 1     |       |        |
| Nuss       | 0,444    | 0,667      | 0,4   | 1     |        |
| Nougat     | 0,333    | 0,556      | 0,625 | 0,667 | 1      |

sind ($b+c=2$), so beträgt der Jaccard-Koeffizient für die Produkte „Espresso" und „Cappuccino" $5/7 = 0{,}714$.

Auf dem gleichen Weg werden für alle anderen Objektpaare die entsprechenden Ähnlichkeiten berechnet. Tab. 8.32 gibt die Ergebnisse wieder. Bezüglich der dargestellten Matrix ist auf zwei Dinge hinzuweisen:

- Die Ähnlichkeit zweier Objekte wird nicht durch ihre Reihenfolge beim Vergleich beeinflusst, d. h. es ist unerheblich, ob die Ähnlichkeit zwischen „Espresso" und „Cappuccino" oder zwischen „Cappuccino" und „Espresso" gemessen wird (Symmetrie-Eigenschaft). Damit ist auch zu erklären, dass die Ähnlichkeit der Produkte in Tab. 8.32 nur durch die untere Dreiecksmatrix wiedergegeben werden kann.
- Die Werte der Ähnlichkeitsmessung liegen zwischen 0 („totale Unähnlichkeit", $a = d = 0$) und 1 („totale Ähnlichkeit", $b = c = 0$). Wird die Übereinstimmung der Merkmale eines einzigen Produktes mit sich selbst geprüft, so findet man natürlich vollständige Übereinstimmung. Somit ist auch verständlich, dass man in der Diagonalen der Matrix lediglich die Zahl 1 vorfindet.

Die Erläuterungen versetzen uns nunmehr in die Lage, das ähnlichste und das unähnlichste Paar zu ermitteln. Die größte Übereinstimmung weisen die Schokoladensorten „Espresso" und „Cappuccino" auf (Jaccard-Koeffizient $= 0{,}714$). Die geringste Ähnlichkeit besteht zwischen „Cappuccino" und „Keks" mit einem Jaccard-Koeffizienten von 0,3.

**Russel und Rao Ähnlichkeitskoeffizient**

Auf eine etwas andere Art und Weise wird die Ähnlichkeit der Objektpaare beim Koeffizienten von Russel und Rao (RR-Koeffizienten) gemessen. Der Unterschied zum Jaccard-Koeffizienten besteht darin, dass nunmehr im Nenner auch die Fälle, bei denen beide Objekte das Merkmal nicht aufweisen ($d$), mit aufgenommen werden. Damit wird also die Zahl der bei beiden Objekten gemeinsam vorhandenen Eigenschaften ins Verhältnis gesetzt zur Anzahl aller untersuchten Eigenschaften. Abgesehen von den Extremwerten (0 und 1) ergeben sich in unserem Beispiel nur „Zehntel-Brüche" als RR-Koeffizient, da das Beispiel insgesamt 10 Eigenschaften je Objekt betrachtet und deshalb der Nenner des RR-Koeffizienten gleich 10 ist. Existiert beim Paarvergleich der Fall,

## 8.4 Modifikationen und Erweiterungen

**Tab. 8.33** Ähnlichkeitskoeffizient nach Russel & Rao (RR-Koeffizient)

|  | Espresso | Cappuccino | Keks | Nuss | Nougat |
|---|---|---|---|---|---|
| Espresso | 0,5 | | | | |
| Cappuccino | 0,5 | 0,7 | | | |
| Keks | 0,3 | 0,3 | 0,6 | | |
| Nuss | 0,4 | 0,6 | 0,4 | 0,8 | |
| Nougat | 0,3 | 0,5 | 0,5 | 0,6 | 0,7 |

dass wenigstens eine Eigenschaft bei beiden Objekten nicht vorhanden ist, so weist der RR-Koeffizient einen kleineren Ähnlichkeitswert auf als der Jaccard-Koeffizient. Dies ist bei dem Produktpaar „Espresso" – „Nuss" der Fall. Diese beiden Schokoladensorten haben nicht das Merkmal „Lagerprobleme", womit ihr Ähnlichkeitswert im Vergleich zum Jaccard-Koeffizienten von 0,444 auf 0,4 sinkt. Fehlt niemals beiden die gleiche Eigenschaft ($d = 0$), gelangen beide Ähnlichkeitsmaße zum gleichen Ergebnis. Die einzelnen Werte für den RR-Koeffizienten enthält Tab. 8.33. Dabei ist zu beachten, dass auf der Hauptdiagonalen der Ähnlichkeitsmatrix nach Russel & Rao von SPSS nicht die „1", sondern der Anteil der je Untersuchungsobjekt vorhandenen Merkmale (Kodierung mit 1) ausgewiesen wird. Die Werte der Hauptdiagonalen lassen sich mithilfe der Ausgangsdatenmatrix in Tab. 8.30 leicht nachvollziehen.

#### 8.4.1.2.3 Vergleich der Ähnlichkeitskoeffizienten

Alle drei dargestellten Ähnlichkeitsmaße gelangen zum gleichen Ergebnis, wenn *keine* Eigenschaft beim Paarvergleich gleichzeitig fehlt, d. h. wenn $d = 0$ ist. Ist dies jedoch nicht gegeben, so weist grundsätzlich der RR-Koeffizient den geringsten und der SM-Koeffizient den höchsten Ähnlichkeitswert auf. Eine Mittelposition nimmt das Jaccard-Ähnlichkeitsmaß ein. Jaccard- und SM-Koeffizient kommen jedoch dann zum gleichen Ergebnis, wenn lediglich die Fälle (a) und (d) existieren, d. h. nur ein gleichzeitiges Vorhandensein bzw. Fehlen von Eigenschaften beim Paarvergleich zu verzeichnen ist.

An dieser Stelle kann nicht ausführlich auf alle *Unterschiede der Ähnlichkeitsrangfolge* in unserem Beispiel eingegangen werden, die sich aufgrund der drei vorgestellten Koeffizienten ergeben. Es sei jedoch kurz auf einige Differenzen hingewiesen:

- Das Objektpaar „Espresso" und „Cappuccino" belegt z. B. beim RR-Koeffizienten mit zwei anderen Objekt-Paaren den dritten Rang in der Ähnlichkeitsreihenfolge. Bei den beiden anderen Ähnlichkeitsmaßen sind die Produkte sich jedoch am ähnlichsten und deshalb auf dem ersten Rang zu finden.
- Während „Keks" – „Espresso" sowie „Keks" – „Cappuccino" nach dem Jaccard- und RR-Koeffizienten nur eine geringe Ähnlichkeit aufweisen (unter 0,375), erzielt insbesondere „Keks" – „Espresso" nach dem SM-Koeffizienten einen Ähnlichkeitswert von 0,5, während „Keks" – „Cappuccino" weiterhin eine Ähnlichkeit von 0,3 aufweisen.

Welches Ähnlichkeitsmaß im Rahmen einer empirischen Analyse vorzuziehen ist, lässt sich nicht allgemeingültig sagen. Eine große Bedeutung bei dieser nur im Einzelfall zu treffenden Entscheidung hat die Frage, ob das Nicht-Vorhandensein eines Merkmals für die Problemstellung die gleiche Bedeutung bzw. Aussagekraft besitzt wie das Vorhandensein der Eigenschaft.

> **Beispiel**
>
> Beim Merkmal „Geschlecht" kommt z. B. dem Vorhandensein der Eigenschaftsausprägung „männlich" die gleiche Aussagekraft zu wie dem Nichtvorhandensein. Dies gilt nicht für das Merkmal „Nationalität" mit den Ausprägungen „Deutscher" und „Nicht-Deutscher"; denn durch die Aussage „Nicht-Deutscher" lässt sich die genaue Nationalität, die möglicherweise von Interesse ist, nicht bestimmen. Wenn also das Vorhandensein einer Eigenschaft (eines Merkmals) dieselbe Aussagekraft für die Gruppierung besitzt wie das Nichtvorhandensein, so ist Ähnlichkeitsmaßen, die im Zähler alle Übereinstimmungen berücksichtigen (z. B. SM-Koeffizient), der Vorzug zu gewähren. Umgekehrt ist es ratsam, den Jaccard-Koeffizienten oder mit ihm verwandte Proximitätsmaße heranzuziehen. ◄

Insbesondere bei ungleich verteilten Merkmalen (z. B. Leiden an einer sehr seltenen Krankheit), führt die unreflektierte Anwendung von Proximitätsmaßen zu inhaltlich-sachlichen Verzerrungen, wenn bspw. der höchstwahrscheinliche Fall, dass zwei Personen nicht an ein und demselben seltenen Leiden erkranken, als Ähnlichkeit interpretiert wird.

### 8.4.1.3 Proximitätsmaße bei gemischt skalierter Variablenstruktur

Clusteranalytische Verfahren verlangen kein spezielles Skalenniveau der Merkmale. Dieser Vorteil der allgemeinen Verwendbarkeit ist allerdings mit dem Problem der Behandlung *gemischter Variablen* verbunden; denn in empirischen Studien werden sehr häufig sowohl metrische als auch nicht-metrische Eigenschaften der zu klassifizierenden Objekte verwendet. Ist dies der Fall, so muss eine Antwort auf die Frage gefunden werden, wie Merkmale mit unterschiedlichem Skalenniveau gemeinsam Berücksichtigung finden können. Es bieten sich folgende *Vorgehensweisen* an:

- A: Getrennte Berechnung für metrische und nicht-metrische Variablen
- B: Transformation auf ein niedrigeres Skalenniveau (Einteilung in Klassen)

### (A) Getrennte Berechnung für metrische und nicht-metrische Variablen

Eine erste Möglichkeit besteht in der für metrische und nicht-metrische Variablen *getrennten Berechnung von Ähnlichkeitskoeffizienten bzw. Distanzen*. Die Gesamtähnlichkeit ermittelt sich dann als ungewichteter oder gewichteter Mittelwert der im vorherigen Schritt berechneten Größen. Verdeutlichen wir uns die Vorgehensweise am

Beispiel der Produkte „Nuss" und „Nougat". Die Ähnlichkeit der Produkte soll anhand der nominalen und der metrischen Eigenschaften bestimmt werden. Als SM-Koeffizient für diese beiden Produkte hatten wir einen Wert von 0,7 ermittelt (vgl. Tab. 8.31). Die sich daraus ergebende Distanz der beiden Schokoladensorten beläuft sich auf 0,3. Man erhält sie, indem man den Wert für die Ähnlichkeit von der Zahl 1 subtrahiert.

Bei den metrischen Eigenschaften hatten wir für die beiden Produkte eine quadrierte euklidische Distanz von 6 (Tab. 8.6) berechnet. Verwendet man nun das *ungewichtete arithmetische Mittel* als gemeinsames Distanzmaß, so erhalten wir in unserem Beispiel einen Wert von [(0,3+6)/2 = ] 3,15. Zu einer anderen Distanz gelangt man bei Anwendung des *gewichteten arithmetischen Mittels*. Hier besteht einmal die Möglichkeit, mehr oder weniger willkürlich extern Gewichte für den metrischen und den nichtmetrischen Abstand vorzugeben. Zum anderen kann man auch den jeweiligen Anteil der Variablen an der Gesamt-Variablenzahl als Gewichtungsfaktor heranziehen. Würde man den letztgenannten Weg beschreiten, so ergäben sich in unserem Beispiel keine Veränderungen gegenüber der Verwendung des ungewichteten arithmetischen Mittels, weil wir sowohl zehn nominale als auch zehn metrische Merkmale zur Klassifikation benutzt haben.

### (B) Transformation auf ein niedrigeres Skalenniveau (Einteilung in Klassen)

Eine zweite Möglichkeit zur Behandlung gemischt skalierter Variablen besteht in der *Transformation von einem höheren auf ein niedrigeres Skalenniveau*. Welche Varianten sich in dieser Hinsicht ergeben, sei am Beispiel des Merkmals „Preis" verdeutlicht.

> **Beispiel: Skalentransformation der Variablen „Preis"**
> Für die betrachteten 5 Schokoladensorten im „metrischen Fall" habe man die in Tab. 8.34 aufgeführten durchschnittlichen Verkaufspreise ermittelt. ◄

Eine Möglichkeit zur Umwandlung der vorliegenden Verhältnisskalen in binäre Skalen besteht in der *Dichotomisierung*. Hierbei ist eine Schwelle festzulegen, die zu einer Trennung der niedrig- und hochpreisigen Schokoladensorten führt. Wird diese Grenze z. B. bei 1,60 € angenommen, so erhalten die Preisausprägungen bis zu 1,59 € als Schlüssel eine Null und die darüberhinausgehenden Preise eine Eins. Vorteilhaft an dieser

**Tab. 8.34** Durchschnittliche Verkaufspreise

| Sorte | Preis (€) |
|---|---|
| Espresso | 2,05 |
| Cappuccino | 1,75 |
| Keks | 1,65 |
| Nougat | 1,59 |
| Nuss | 1,35 |

**Tab. 8.35** Kodierung von Preisklassen

| Preisklassen | Binäres Merkmal | | |
|---|---|---|---|
| | 1 | 2 | 3 |
| Bis 1,40 € | 0 | 0 | 0 |
| 1,41–1,69 € | 1 | 0 | 0 |
| 1,70–1,99 € | 1 | 1 | 0 |
| 2,00–2,30 € | 1 | 1 | 1 |

Vorgehensweise sind ihre Einfachheit sowie schnelle Anwendungsmöglichkeit. Als problematisch ist demgegenüber der hohe Informationsverlust anzusehen, denn „Keks" stünde in preislicher Hinsicht mit „Espresso" auf einer Stufe, obwohl die letztgenannte Sorte wesentlich teurer ist. Ein weiterer Problemaspekt besteht in der Festlegung der Schwelle. Ihre willkürliche Bestimmung kann leicht zu Verzerrungen der realen Gegebenheiten führen, was wiederum einen Einfluss auf das Gruppierungsergebnis hat.

Der Informationsverlust lässt sich verringern, wenn Preisklassen (Preisintervalle) gebildet werden und jede Klasse binär derart kodiert wird, dass – wenn der Preis für ein Produkt in eine Klasse fällt – eine Eins und ansonsten eine Null vergeben wird. In unserem Beispiel gehen wir von den in Tab. 8.35 dargestellten vier Preisklassen aus. Zur Verschlüsselung sind dann drei binäre Merkmale erforderlich. Die Kodierung einer Null bzw. einer Eins erfolgt entsprechend der Antwort auf die nachfolgenden Fragen:

- Merkmal 1: Preis gleich oder größer als 1,41 €? (Ja = 1; Nein = 0)
- Merkmal 2: Preis gleich oder größer als 1,70 €? (Ja = 1; Nein = 0)
- Merkmal 3: Preis gleich oder größer als 2,00 €? (Ja = 1; Nein = 0)

Die erste Preisklasse wird durch drei Nullen kodiert, da jede Frage mit nein beantwortet wird. Insgesamt ergibt sich die in Tab. 8.35 enthaltene Kodierung. Wird nun die erhaltene Binärkombination z. B. zur Verschlüsselung von „Nuss" verwendet, so erhalten wir für dieses Produkt die Zahlenfolge „0 0 0". Tab. 8.36 enthält die weiteren Verschlüsselungen der Schokoladensorten.

Der besondere Vorteil dieses Verfahrens liegt in seinem geringen Informationsverlust, der umso geringer ausfällt, je kleiner die jeweilige Klassenspanne ist. Bei sieben

**Tab. 8.36** Verschlüsselung der Schokoladensorten

| Sorte | Binär-Schlüssel | | |
|---|---|---|---|
| Espresso | 1 | 1 | 1 |
| Cappuccino | 1 | 1 | 0 |
| Keks | 1 | 0 | 0 |
| Nougat | 1 | 0 | 0 |
| Nuss | 0 | 0 | 0 |

Preisklassen könnte man beispielsweise zu einer Halbierung der Spannweite und damit zu einer besseren Wiedergabe der tatsächlichen Preisunterschiede gelangen. Ein Nachteil einer derartigen Verschlüsselung ist in der Zunahme des Gewichts der betreffenden Eigenschaft zu sehen. Gehen wir nämlich davon aus, dass in einer Untersuchung neben dem Merkmal „Preis" nur noch Eigenschaften mit zwei Ausprägungen existieren, so lässt sich erkennen, dass dem Preis bei vier Preisklassen ein dreifaches Gewicht zukommt. Eine Halbierung der Spannweiten führt dann zu sechs Preisklassen mit fünffachem Gewicht. Inwieweit eine stärkere Berücksichtigung eines einzelnen Merkmals erwünscht ist, ist im Einzelfall zu klären.

### 8.4.2 Zentrale partitionierende Clusterverfahren

Die *hierarchisch, agglomerativen Clusterverfahren* besitzen eine große Bedeutung in der Anwendungspraxis. Allerdings kommen diese Verfahren auch heute noch schnell an rechentechnische Grenzen, wenn große Fallzahlen vorliegen. Das ist aber gerade im Zeitalter von Big Data zunehmend gegeben. Durch die Vielzahl elektronischer Systeme (z. B. soziale Netzwerke, Internet der Dinge, cyberphysische System, Prozess- und Nutzungsdaten) kann heute eine große Menge an Daten mit hoher Geschwindigkeit und in Echtzeit für nahezu alle in der realen Welt existierenden Fälle (Personen und Objekte) erfasst werden. Bei den in Abschn. 8.2.3 vorgestellten hierarchischen Clusteranalysen müssen jeweils die paarweisen Distanzen bzw. Ähnlichkeiten zwischen allen Fällen auf jeder Fusionierungsstufe berechnet werden. Ab einer gewissen Fallzahl sind hierzu aber selbst die heute verfügbaren Rechnerkapazitäten nicht mehr ausreichend. Einen Ausweg aus dieser Problematik bieten partitionierende Clusterverfahren (vgl. Abb. 8.6).

*Partitionierende Clusterverfahren* gehen von einer vorgegebenen Gruppierung der Objekte aus (Startpartition) und nehmen dann im Hinblick auf ein bestimmtes Zielkriterium eine sukzessive Verbesserung dieser Startpartition vor. Dabei werden die einzelnen Objekte mithilfe eines *Austauschalgorithmus* zwischen den Gruppen so lange umsortiert, bis das vorgegebene Zielkriterium erfüllt ist. Partitionierende Clusterverfahren haben den Vorteil, dass während des Fusionierungsprozesses Elemente zwischen den Gruppen getauscht werden können. Dadurch zeichnen sie sich durch eine größere Flexibilität aus. Bei den hierarchischen Clusterverfahren ist das nicht möglich und eine einmal gebildete Gruppe kann im Fusionierungsprozess nicht mehr aufgelöst werden.

Im Folgenden werden mit der K-Means-Clusteranalyse (KM-CA) und der Two-Step-Clusteranalyse (TS-CA) zwei *partitionierende Clusterverfahren* vorgestellt, die gerade bei großen Datenmengen deutliche Vorteile gegenüber den hierarchischen Clusterverfahren bieten. Beide Verfahrensvarianten sind effiziente Rechenmethoden, um Gruppen in einem großen Datensatz zu erkennen. Am Ender der folgenden Abschnitte findet der Leser Hinweise auf die Durchführung der beiden Verfahren mit SPSS.

## 8.4.2.1 K-Means Clusteranalyse

Die KM-CA geht im Ausgangspunkt von einer Partitionierung eines Datensatzes in $k$ Cluster aus. Jedes Cluster $i$ wird dabei durch dessen „Schwerpunkt" (auch Gruppen-Zentroid genannt) repräsentiert, der sich durch Mittelwertbildung der dem Cluster $i$ zugeordneten Fälle $S$ errechnet. Aus dieser Grundidee leitete sich auch der Name des Verfahrens „*K-Means*" ab, das häufig auch als *Clusterzentrenanalyse* bezeichnet wird. Das Zielkriterium (Z) der KM-CA lässt sich formal wie folgt darstellen:

$$Z = \sum_{i=1}^{k} \sum_{x_j \in S_i} \left\| x_j - \mu_i^2 \right\| \rightarrow Min! \quad (16)$$

Danach ist eine Objektmenge ($X$) so in $k$ Partitionen zu zerlegen, dass die Summe der quadrierten Abweichungen zwischen den Datenpunkten ($x_j$) und dem Schwerpunkt eines Clusters (Mittelwert $\mu_i$) ein Minimum ergibt. Nach diesem Zielkriterium nimmt die KM-CA also eine Clusterung durch Minimierung des sog. Varianzkriteriums vor (vgl. Gl. (8.9)).

### 8.4.2.1.1 Vorgehensweise der KM-CA

Die Vorgehensweise der KM-CA wird nachfolgend unter Rückgriff auf Abb. 8.31 erläutert.

> **Beispiel: K-Means-Algorithmus**
>
> Im Ausgangspunkt wurden 21 Datenpunkte (Fälle, Objekte) erhoben, wobei jeder Fall durch zwei Variablen beschrieben wurde. Die Begrenzung auf zwei Variablen erfolgt in diesem Beispiel allein aus Gründen der grafischen Darstellung. Bei realen Anwendungen werden die Objekte meist durch eine Vielzahl an Variablen beschrieben. ◄

Die Ablaufschritte des KM-CA lassen sich wie folgt verdeutlichen:

### Schritt 1: Zufällige Festlegung von k initialen Clusterzentren

Kasten A der Abb. 8.31 zeigt die Ausgangssituation mit 21 Objekten, die im zweidimensionalen Raum dargestellt sind. Im ersten Schritt erfordert die KM-CA die Vorgabe einer Anzahl von Clustern, denen die Objekte zugeordnet werden sollen. Diese Clusterzahl ($k$) kann entweder der Anwender aufgrund sachlogischer Überlegungen selbst vorgeben oder sie wird in SPSS durch das Programm automatisch bestimmt. Im Beispiel sei unterstellt, dass der Anwender drei Clusterzentren bilden möchte ($k = 3$). Diese werden dann in das Koordinatensystem (zufällig) eingefügt und sind in Abb. 8.31 als Rechtecke im Kasten B (Initiale Cluster) dargestellt.

## 8.4 Modifikationen und Erweiterungen

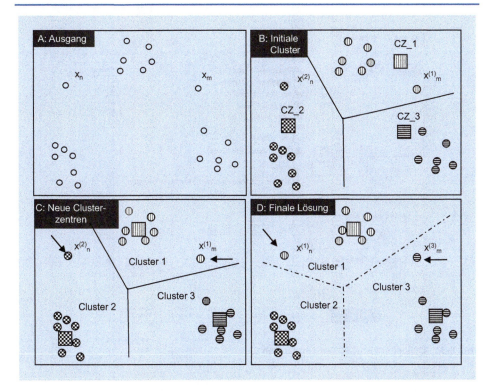

**Abb. 8.31** Beispiel zum K-Means-Algorithmus mit 21 Fällen und 3 Clusterzentren (CZ)

### Schritt 2: Zuordnung der Fälle (Datenpunkte) zu den (initialen) Clusterzentren in Abhängigkeit der Cluster-Varianzen

Um eine Zuordnung der 21 Datenpunkte zu den drei vorgegebenen Clusterzentren vornehmen zu können, wird zunächst die *Euklidische Distanz* (vgl. Gl. (8.1)) zwischen allen Datenpunkten ($x_j$) und den drei Clusterzentren ($\mu_i$) berechnet. Ein Datenpunkt wird dann demjenigen Cluster zugeordnet, bei dem das sog. *Varianzkriterium* (vgl. Gl. 8.9) am wenigsten vergrößert wird. In unserem Beispiel werden insgesamt 7 Fälle CZ_1, 8 Fälle CZ_2 und 6 Fälle CZ_3 zugeordnet (vgl. Abb. 8.31 Kasten B).

### Schritt 3: Neuberechnung der Clusterzentren

Dadurch, dass in Schritt 2 die einzelnen Fälle den initialen Clusterzentren zugeordnet werden (Abb. 8.31 Kasten B), muss in Schritt 3 eine Neuberechnung der Clusterzentren erfolgen. Ein neu berechnetes Clusterzentrum ergibt sich als Mittelwert ($m_i$) der zu einem Cluster $i$ gehörenden Datenpunkte ($x_j$):

$$m_i^{(t+1)} = \frac{1}{\left|S_i^{(t)}\right|} \sum_{x_j \in S_i^{(t)}} x_j \qquad (17)$$

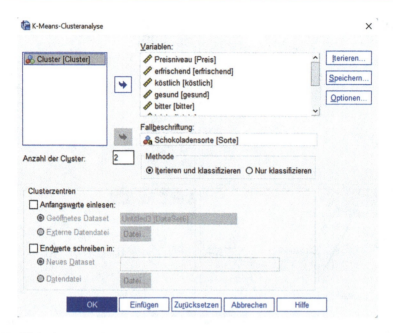

**Abb. 8.32** Dialogfenster: K-Means-Clusteranalyse

Kasten C in Abb. 8.31 zeigt, wie die Clusterzentren der drei vorgegebenen Gruppen nun im Zentrum der dem Cluster zugehörigen Objekte liegen. Anschließend werden mit den neuen Clusterzentren erneut die Cluster-Varianzen gem. Schritt 2 berechnet und geprüft, ob eine Verringerung der Cluster-Varianzen erreicht werden konnte. Auf diese Weise wird kontrolliert, ob Datenpunkte nicht doch besser einem anderen Cluster zugeordnet werden sollten. Für die Fälle $x_n$ und $x_m$ zeigt ein Vergleich zwischen Kasten C und Kasten D in Abb. 8.31, dass Fall $x_n$ aus Cluster 2 in Cluster 1 wanderte und Fall $x_m$ von Cluster 1 in Cluster 3 zugeordnet wurde.

**Schritt 4: Prüfung eines Konvergenzkriteriums**
Die Schritte 2 und 3 werden solange wiederholt, bis die Varianzen in den drei Clustern durch andere Zuordnungen der Fälle nicht mehr verringert werden können. Sobald sich das Varianzkriterium nicht mehr iterativ verkleinern lässt, sind die finalen Clusterzentren in Form der Gruppenmittelwerte gefunden. Dieser Wert gilt als „Repräsentant" eines Clusters und wird dazu verwendet, das Cluster zu beschreiben. Im Beispiel von Abb. 8.31 waren nur zwei Iterationen notwendig, um die optimale Lösung zu finden.

Liegen die Summen der Abweichungsquadrate in einem Anwendungsfall in einem zufriedenstellenden Rahmen, kann das gefundene Ergebnis bewertet werden. Zur Interpretation der Cluster kann in SPSS die sog. ANOVA-Tabelle angefordert werden, die für jede Variable den sog. F-Wert und das zugehörige Signifikanzniveau (sig.) ausweist. Allerdings werden dabei die beobachteten Signifikanzniveaus nicht korrigiert und können daher auch nicht als statistische Tests für die Hypothese der Gleichheit der Clustermittelwerte interpretiert werden. Die F-Werte haben deshalb eine nur beschreibende Funktion und geben nur einen Hinweis darauf, ob sich die Ausprägungen der Variablen in den Clustern unterscheiden. Möchte der Anwender die Stabilität einer gefundenen Lösung prüfen, so kann die KM-CA mehrmals durchgeführt werden, bei denen die Fälle in jeweils unterschiedlicher, zufällig ausgewählter Reihenfolge zugeordnet werden. Weiterhin ist auch zu beachten, dass die Berechnung der Clusterzentren von der subjektiven initialen Einteilung der Cluster (in Schritt 1) abhängt. Entschließt sich der Anwender, anfänglich eine andere Einteilung vorzuschlagen, ist es möglich, dass die Berechnung zu einer abweichenden Lösung gelangt. Somit besteht die Gefahr, dass eine gefundene Lösung zwar ein lokales Optimum, nicht aber ein globales Optimum darstellt. Generell empfiehlt es sich deshalb, verschiedene initiale Einteilungen auszuprobieren und die Ergebnisse miteinander zu vergleichen.

### 8.4.2.1.2 Durchführung einer KM-CA mit SPSS

Die KM-CA ist in SPSS durch die Prozedur „Quick Cluster" implementiert und wird über die Menüfolge *„Analysieren/Klassifizieren/K-Means-Cluster"* aufgerufen. Abb. 8.32 zeigt das Startfenster der KM-CA, in dem der Anwender die Anzahl der Cluster (hier: 2) eingeben kann und zwischen den methodischen Optionen *„Iterieren und klassifizieren"* oder *„Nur klassifizieren"* wählen kann. Unter dem Menüpunkt *„Optionen"* können die anfänglichen Clusterzentren, die ANOVA-Tabelle und Clusterinformationen für jeden Fall angefordert werden. Im Hinblick auf fehlende Werte kann zwischen listenweisem und paarweisem Fallausschluss gewählt werden. Die KM-CA-Prozedur erlaubt nur die Verarbeitung metrisch skalierter Variable.

### 8.4.2.2 Two-Step Clusteranalyse

Auch die TS-CA ist für große Datenmengen geeignet und kann dabei auch Variablen mit unterschiedlichem Messniveau verarbeiten. Zudem können durch den Algorithmus auch Ausreißer im Datensatz erkannt und die optimale Anzahl an Clustern bestimmt werden. Der TS-CA ist ein robustes Clusterverfahren, das nicht sehr empfindlich auf Verletzungen von Annahmen reagiert und insgesamt leicht interpretierbare Ergebnisse erzeugt.

### 8.4.2.2.1 Vorgehensweise der TS-CA

Wie der Name des Verfahrens bereits andeutet, ist die TS-CA zweistufig aufgebaut:

**Stufe 1**

Auf der *ersten Stufe* werden die Fälle im Ausgangsdatensatz den Knoten eines Entscheidungsbaums zugeordnet (sog. *Cluster Feature-Tree; CF-Tree*). Die Anzahl der Knoten kann vom Anwender vorgegeben oder durch SPSS automatisch erzeugt werden. Beim CF-Tree (vgl. Abb. 8.33) sind im Ausgangspunkt zunächst alle Fälle in einem Knoten enthalten. Dieser wird dann nach dem Muster eines Entscheidungsbaums auf der

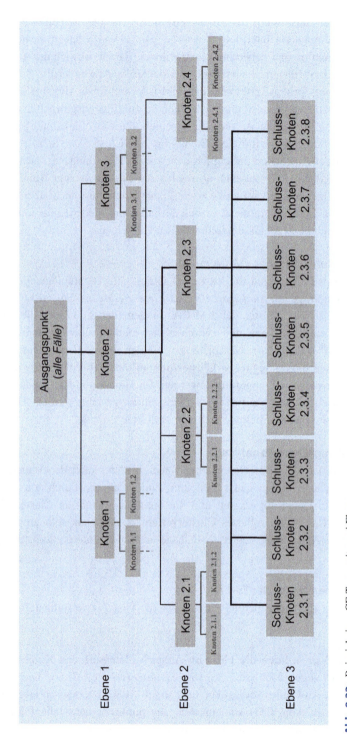

**Abb. 8.33** Beispiel eines CF-Trees mit zwei Ebenen

## 8.4 Modifikationen und Erweiterungen

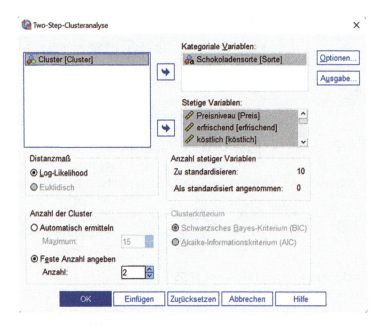

**Abb. 8.34** Dialogfenster: Two-Step-Clusteranalyse

nächsten Ebene in weitere Knoten unterteilt, denen die ursprünglichen Fälle basierend auf ihren Ähnlichkeiten zugeordnet werden. Die Aufteilung in weitere Ebenen wird dann sukzessive fortgesetzt. Pro Ebene können maximal acht Knoten gebildet werden. Bei drei Ebenen können somit $8 \cdot 8 \cdot 8 = 512$ Schlussknoten entstehen, auf die sich die einzelnen Datenpunkte (Fälle) des Ausgangs-Datensatzes verteilen.

Auf der 3. Ebene des CF-Trees werden die in einem Schlussknoten enthaltenen Datenpunkte jeweils durch Mittelwertbildung zu einem Fall zusammengefasst. Auf der ersten Stufe des TS-CA können auch Ausreißer identifiziert werden, die am Ende in einem eigenen Schlussknoten zusammengefasst werden.

**Stufe 2**

Auf der *zweiten Stufe* wird auf die Schlussknoten der ersten Stufe (ohne Ausreißer) einer *hierarchische Clusteranalyse* (vgl. Abschn. 8.2.2) angewandt. Sind alle Schlussknoten metrisch skaliert, so kann zur Distanzberechnung die *Euklidische Distanz* (vgl. Gl. (8.1)) verwendet werden. Weisen die Schlussknoten hingegen unterschiedliches Skalenniveaus auf, so muss der Anwender den wahrscheinlichkeitstheoretischen Modellansatz der *Log-Likelihood-Distanz* nutzen. Das Log-Likelihood-Kriterium kann auch bei rein metrisch skalierten Variablen verwendet werden. Zur Bestimmung der Clusterzahl können z. B. auch die in Abschn. 8.2.4 aufgezeigten Kriterien verwendet werden.

**Tab. 8.37** Vergleich zwischen KM-CA und TS-CA

| Kriterien | KM-CA | TS-CA |
|---|---|---|
| Skalenniveau der Variablen | Nur metrisches Skalenniveau | Metrisches und nominales Skalenniveau |
| Finale Clusterzahl | Vom Anwender festzulegen; zufällig v. SPSS bestimmt | Vom Anwender festzulegen; optimale Zahl durch SPSS bestimmbar |
| Ausreißer | Müssen vorab vom Anwender identifiziert werden | Können automatisch identifiziert u. verarbeitet werden |
| Reihenfolge der Eingabedaten | Kann Ergebnis beeinflussen | Hat keine Auswirkungen auf das Ergebnis |
| Verletzung der Annahmen | Relativ robust gegenüber Annahmeverletzungen | Relativ robust gegenüber Annahmeverletzungen |

#### 8.4.2.2.2 Durchführung einer TS-CA mit SPSS

Die TS-CA ist in SPSS durch die Prozedur „Two-Step-Cluster" implementiert und wird über die Menüfolge *„Analysieren/Klassifizieren/Two-Step-Cluster"* aufgerufen. Abb. 8.34 zeigt das Startfenster der TS-CA. Im Gegensatz zur KM-CA kann die TS-CA sowohl metrische (stetige) als auch nominal skalierte (kategoriale) Variablen verarbeiten. Als Distanzmaß zur Bestimmung der Ähnlichkeit zwischen zwei Clustern kann zwischen der euklidischen Distanz und Log-Likelihood gewählt werden. Im Hinblick auf die Anzahl der Cluster kann der Anwender diese aufgrund sachlogischer Überlegungen selbst festlegen (feste Anzahl angeben) oder durch SPSS automatisch bestimmen lassen. Bei der Bestimmung der Clusterzahl durch SPSS kann der Anwender zwischen dem Bayes'schen-Informationskriterium (BIC) oder dem Akaike-Informationskriterium (AIC) wählen. Zu BIC und AIC vgl. im Detail Kap. 5, Logistische Regression.

Unter dem Menüpunkt *„Optionen"* kann eine Standardisierung von Variablen angefordert werden. Weiterhin werden hier Optionen für die Erstellung des CF-Trees geboten.

### 8.4.2.3 Vergleich von KM-CA und TS-CA

Obwohl die KM-CA als auch die TS-CA partitionierende Clusteralgorithmen darstellen, so lassen sich in der Vorgehensweise doch deutliche Unterschiede erkennen. Tab. 8.37 fasst wesentliche Unterschiede zwischen beiden Verfahren zusammen.

Trotz der gestiegenen Bedeutung *partitionierender Cluster-Verfahren* für die Clusterung großer Datenmengen sollten die folgenden Probleme bei deren Anwendung sorgfältig bedacht werden:

- Die Ergebnisse der partitionierenden Verfahren werden durch die der „Umordnung" der Objekte zugrunde liegenden Zielfunktion beeinflusst.
- Die Wahl der Startpartition ist häufig subjektiv begründet und kann ebenfalls die Ergebnisse des Clusterprozesses beeinflussen. Sofern die Startpartition zufällig

initialisiert wird, was bei einigen Prozeduren wie z. B. K-Means üblich ist, führt dies u. U. dazu, dass die entsprechend erzielten Cluster-Lösungen variieren und somit die Ergebnisse nicht vergleichbar sind.
- Bei partitionierenden Verfahren ergeben sich häufig nur lokale und keine globalen Optima.

## 8.5 Anwendungsempfehlungen

Nach der Bestimmung der Clustervariablen ist zunächst zu entscheiden, welches Proximitätsmaß und welcher Fusionierungsalgorithmus verwendet werden sollen. Diese Entscheidungen können letztlich nur vor dem Hintergrund einer konkreten Anwendungssituation getroffen werden, wobei die in Abschn. 8.2.3.3 diskutierten Fusionierungseigenschaften der alternativen agglomerativen Clusterverfahren als Entscheidungshilfe dienen können. Dabei ist besonders das Ward-Verfahren hervorzuheben, da eine Simulationsstudie von Bergs gezeigt hat, dass nur das Ward-Verfahren „gleichzeitig sehr gute Partitionen findet und meistens die richtige Clusterzahl signalisiert" (Bergs 1981, S. 97). Zur „Absicherung" der Clusteranalyse können die Ergebnisse z. B. des Ward-Verfahrens anschließend auch durch die Anwendung anderer Algorithmen überprüft werden. Dabei sollten aber die unterschiedlichen Fusionierungseigenschaften der einzelnen Algorithmen beachtet werden (vgl. Tab. 8.18).

Die agglomerativen Verfahren führen jedoch insbesondere bei einer großen Anzahl von Fällen zu Berechnungsproblemen, da sie die Berechnung der Abstandsmatrix zwischen allen Fällen für jeden Fusionsschritt erfordern. Für eine *große Anzahl von Fällen* wird daher die Verwendung eines Partitionierungs-Cluster-Algorithmus empfohlen. In SPSS sind hierzu die K-Means-Clusteranalyse und das Two-Step-Cluster-Verfahren implementiert, die in Abschn. 8.4 vorgestellt wurden.

Zur abschließenden Verdeutlichung der durchzuführenden Tätigkeiten im Rahmen einer Clusteranalyse sei auf Abb. 8.35 verwiesen. Sie enthält auf der linken Seite die acht wesentlichen Arbeitsschritte eines Gruppierungsprozesses. Die einzelnen Schritte bedürfen nunmehr keiner weiteren Erläuterung, es soll allerdings vermerkt werden, dass die Analyse und Interpretation der Ergebnisse zu einem wiederholten Durchlauf einzelner Stufen führen kann. Dies wird immer dann der Fall sein, wenn die Ergebnisse keine sinnvolle Interpretation gestatten. Eine weitere Begründung für die Wiederholung erkennt man bei Betrachtung der rechten Seite der Abbildung. Dort sind für jeden Ablaufschritt beispielhaft Problemstellungen in Form von Fragen genannt, auf die bei Durchführung einer Studie Antwort gefunden werden muss. Die Überprüfung der Auswirkungen einer anderen Antwortalternative auf die Gruppierungsergebnisse kann somit ebenfalls zu einem wiederholten Durchlauf einzelner Stufen führen.

Abschließend sei noch darauf hingewiesen, dass die genannten Fragen nur die zentralen Entscheidungsprobleme einer Clusteranalyse betreffen und auf viele dieser Fragen mehr als zwei Antwortalternativen existieren. Vor diesem Hintergrund wird

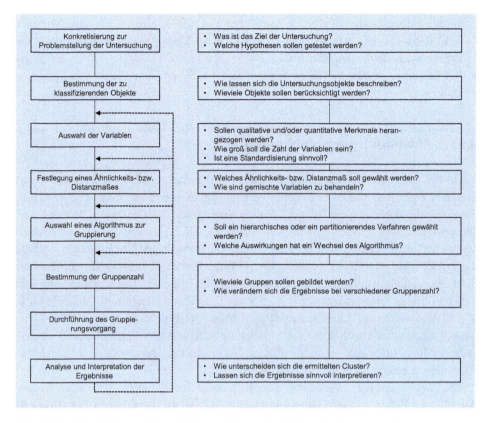

**Abb. 8.35** Ablaufschritte und Entscheidungsprobleme der Clusteranalyse

deutlich, dass der Anwender bei der Clusteranalyse über einen breiten Manövrier- und Einflussraum verfügt. Diese Tatsache hat zwar den Vorteil, dass sich hierdurch ein breites Anwendungsgebiet der Clusterverfahren ergibt. Auf der anderen Seite steht der Anwender in der Gefahr, die Daten der Untersuchung so zu manipulieren, dass sich die gewünschten Ergebnisse einstellen. Um Dritten einen Einblick in das Vorgehen im Rahmen der Analyse zu geben, sollte der jeweilige Anwender deshalb bei Darstellung seiner Ergebnisse wenigstens die nachstehenden Fragen begründet und eindeutig beantworten.

1. Welches Ähnlichkeitsmaß und welcher Algorithmus wurden gewählt?
2. Was waren die Gründe für die Wahl?
3. Wie stabil sind die Ergebnisse bei
   – Veränderung des Ähnlichkeitsmaßes
   – Wechsel des Algorithmus
   – Veränderung der Gruppenzahl?

# Literatur

## Zitierte Literatur

Bergs, S. (1981). *Optimalität bei Custer-Analysen*. Münster, Univ., Diss.

Calinski, T., & Harabasz, J. (1974). A dendrite method for cluster analysis. *Communications in statistics – Theory and methods, 3*(1), 1–27.

García-Escudero, L., Gordaliza, A., Matrán, C., & Mayo-Iscar, A. (2010). A review of robust clustering methods. *Advances in Data Analysis and Classification, 4*(2–3), 89–109.

Kaufman, L., & Rousseeuw, P. (2005). *Finding groups in data: An introduction to cluster analysis*. Wiley.

Kline, R. (2011). *Principles and practice of structural equation modeling* (3. Aufl.). Guilford Press.

Lance, G. H., & Williams, W. T. (1966). A general theory of classification sorting strategies i hierarchical systems. *The Computer Journal, 9*(4), 373–380.

Milligan, G. W. (1980). An examination of the effect of six types of error pertubation on fifteen clustering algorithms. *Psychometrika, 45*(3), 325–342.

Milligan, G. W., & Cooper, M. (1985). An examination of procedures for determining the number of clusters in a data set. *Psychometrika, 50*(2), 159–179.

Mojena, R. (1977). Hierarchical clustering methods and stopping rules: An evaluation. *The Computer Journal, 20*(4), 359–363.

Punj, G., & Stewart, D. (1983). Cluster analysis in marketing research: Review and suggestions for application. *Journal of Marketing Research, 20*(2), 134–148.

Steinhausen, D., & Langer, K. (1977). *Clusteranalyse*. de Gruyter.

Wedel, M., & Kamakura, W. A. (2000). *Market segmentation: Conceptual and methodological foundations* (2. Aufl.). Springer.

Wind, Y. (1978). Issues and advances in segmentation research. *Journal of Marketing Research, 15*(3), 317–337.

## Weiterführende Literatur

Anderberg, M. R. (2014). *Cluster analysis for applications: Probability and mathematical statistics: A series of monographs and textbooks* (19. Aufl.). Academic press.

Eisen, M. B., Spellman, P. T., Brown, P. O., & Botstein, D. (1998). Cluster analysis and display of genome-wide expression patterns. *Proceedings of the National Academy of Sciences, 95*(25), 14863–14868.

Everitt, B., Landau, S., Leese, M., & Stahl, D. (2011). *Cluster analysis* (5. Aufl.). Wiley.

Hennig, C., Meila, M., Murtagh, F., & Rocci, R. (Hrsg.). (2015). *Handbook of cluster analysis*. Chapman & Hall/CRC.

Romesberg, C. (2004). *Cluster analysis for researchers*. Lulu.com.

Wierzchoń, S., & Kłopotek, M. (2018). *Modern algorithms of cluster analysis*. Springer Nature.

# Conjoint-Analyse 9

**Inhaltsverzeichnis**

| | | |
|---|---|---|
| 9.1 | Problemstellung | 574 |
| 9.2 | Vorgehensweise | 578 |
| | 9.2.1 Auswahl von Eigenschaften und Eigenschaftsausprägungen | 578 |
| | 9.2.2 Erstellung des Erhebungsdesigns | 581 |
| |     9.2.2.1 Definition der Stimuli | 582 |
| |     9.2.2.2 Anzahl der Stimuli | 584 |
| | 9.2.3 Bewertung der Stimuli | 587 |
| | 9.2.4 Schätzung der Nutzenfunktion | 590 |
| |     9.2.4.1 Spezifikation der Nutzenfunktion | 590 |
| |     9.2.4.2 Schätzung der Teilnutzenwerte | 595 |
| |     9.2.4.3 Beurteilung der geschätzten Nutzenfunktion | 598 |
| | 9.2.5 Interpretation der Teilnutzenwerte | 600 |
| |     9.2.5.1 Präferenzstruktur und relative Wichtigkeit einer Eigenschaft | 600 |
| |     9.2.5.2 Standardisierung von Nutzenparametern | 602 |
| |     9.2.5.3 Aggregierte Teilnutzenwerte | 603 |
| |     9.2.5.4 Simulationen auf der Grundlage von Teilnutzenwerten | 604 |
| 9.3 | Fallbeispiel | 606 |
| | 9.3.1 Problemstellung | 606 |
| | 9.3.2 Durchführen einer Conjoint-Analyse mit SPSS | 607 |
| | 9.3.3 Ergebnisse | 614 |
| |     9.3.3.1 Ergebnisse der individuellen Analyse | 615 |
| |     9.3.3.2 Ergebnisse der gemeinsamen Schätzung | 617 |
| | 9.3.4 SPSS-Kommandos | 621 |
| 9.4 | CBC-Analyse (Auswahlbasierte Conjoint-Analyse) | 624 |
| | 9.4.1 Auswahl von Eigenschaften und Eigenschaftsausprägungen | 625 |
| | 9.4.2 Erstellung des Erhebungsdesigns | 626 |
| |     9.4.2.1 Definition der Stimuli und Auswahlsets | 627 |
| |     9.4.2.2 Anzahl der Auswahlsets | 628 |
| | 9.4.3 Bewertung der Stimuli | 630 |

© Springer Fachmedien Wiesbaden GmbH, ein Teil von Springer Nature 2023
K. Backhaus et al., *Multivariate Analysemethoden*,
https://doi.org/10.1007/978-3-658-40465-9_9

9.4.4 Schätzung der Nutzenfunktion. . . . . . . . . . . . . . . . . . . . . . . . . . . . . . . . . . . 630
    9.4.4.1 Spezifikation der Nutzenfunktion. . . . . . . . . . . . . . . . . . . . . . . . . . 631
    9.4.4.2 Spezifikation des Auswahlmodells. . . . . . . . . . . . . . . . . . . . . . . . . 632
    9.4.4.3 Schätzung der Nutzenparameter. . . . . . . . . . . . . . . . . . . . . . . . . . . 634
    9.4.4.4 Beurteilung der geschätzten Nutzenfunktion. . . . . . . . . . . . . . . . . . 639
9.4.5 Interpretation der Teilnutzenwerte. . . . . . . . . . . . . . . . . . . . . . . . . . . . . . . . 642
    9.4.5.1 Präferenzstruktur und relative Wichtigkeit einer Eigenschaft . . . . . . . . 642
    9.4.5.2 Disaggregierte Nutzenparameter . . . . . . . . . . . . . . . . . . . . . . . . . . 642
    9.4.5.3 Simulationen auf der Grundlage der geschätzten Nutzenparameter. . . . 643
9.5 Anwendungsempfehlungen. . . . . . . . . . . . . . . . . . . . . . . . . . . . . . . . . . . . . . . . . 643
    9.5.1 Empfehlungen zur Durchführung einer (traditionellen) Conjoint-Analyse. . . . . . 643
    9.5.2 Alternativen zur Conjoint-Analyse . . . . . . . . . . . . . . . . . . . . . . . . . . . . . . . . 644
Literatur. . . . . . . . . . . . . . . . . . . . . . . . . . . . . . . . . . . . . . . . . . . . . . . . . . . . . . . . . . . 646

## 9.1 Problemstellung

Die Conjoint-Analyse – auch Conjoint-Measurement, Verbundmessung oder konjunkte Analyse genannt – ist ein Verfahren zur Messung und Analyse von Konsumentenpräferenzen in Bezug auf Objekte (z. B. Produkte, Dienstleistungen).

Als Beispiel sei hier der Manager eines Schokoladenherstellers genannt, der eine neue Tafelschokolade auf den Markt bringen möchte und sich deshalb die Frage stellt, welche Tafelschokolade im Markt erfolgreich sein könnte. Daher hätte er gerne eine Antwort auf folgende Fragen: Bevorzugen Konsumenten Schokolade mit einem hohen Kakaoanteil? Wie wichtig ist der Preis einer Tafelschokolade für die Kaufentscheidung? Diese beiden Fragen können mithilfe der Conjoint-Analyse und basierend auf einer empirischen Erhebung beantwortet werden. Der Ablauf einer Conjoint-Analyse lässt sich mithilfe des Schokoladenbeispiels wie folgt beschreiben:

Im *ersten Schritt* erfordert die Conjoint-Analyse die Definition unterschiedlicher Objekte (z. B. unterschiedliche Tafelschokoladen), die durch verschiedene Eigenschaften beschrieben werden. Beispielsweise kann eine Tafelschokolade anhand der Eigenschaften „Kakaogehalt", „Verpackung", „Preis" oder „Marke" beschrieben werden. Diese Eigenschaften können verschiedene Ausprägungen haben: beispielsweise „30 % Kakaogehalt" oder „50 % Kakaogehalt" für die Eigenschaft „Kakaogehalt" und „1,00 EUR" oder „1,50 EUR" für die Eigenschaft „Preis". Durch alternative Kombinationen der verschiedenen Eigenschaftsausprägungen können unterschiedliche Tafelschokoladen abgebildet werden. Dabei können die sich ergebenden Schokoladensorten bereits am Markt vorhandene, aber auch noch nicht existierende Produkte darstellen. Da auch nicht-existente Produkte in einer Conjoint-Analyse berücksichtigt werden (können), werden die Objekte (Produkte) in Conjoint-Studien als Stimuli bezeichnet.

Im *zweiten Schritt* werden die Konsumenten nach ihren Präferenzen bezüglich der verschiedenen Stimuli gefragt. Dabei stützt sich die Conjoint-Analyse auf die Annahme, dass die *Konsumenten alle präsentierten Eigenschaften gemeinsam betrachten,* um ihre Präferenzen zu bilden (CONsidered JOINTly). Diese Annahme lässt bereits erkennen, dass sich die Conjoint-Analyse auf Entscheidungen konzentriert, die ein gewisses Abwägen der Konsumenten erfordern (d. h. Trade-off-Entscheidungen). Im Hinblick auf das gewählte Schokoladenbeispiel ist daher anzumerken, dass der kognitive Aufwand für den Konsumenten bei der Kaufentscheidung eher gering ist. Dennoch bleiben wir bei diesem leicht verständlichen Beispiel.

Um ihre Präferenzen anzugeben, werden die Konsumenten im Rahmen einer Befragung gebeten, die unterschiedlichen Stimuli anzuordnen, zu bewerten oder aber aus einem Set an Stimuli auszuwählen. Je nachdem, wie die Konsumenten ihre Präferenzen angeben, unterscheiden wir zwischen *(traditionellen) Conjoint-* und *auswahlbasierten Conjoint-Analysen.* Bei der traditionellen Conjoint-Analyse werden die Konsumenten gebeten, alle vorgelegten Stimuli mithilfe ordinaler oder metrischer Messskalen (z. B. Ranking, Ratingskala) zu bewerten. Zum Beispiel können die Konsumenten ihre Präferenzen angeben, indem sie 10 verschiedene Stimuli in eine Rangfolge bringen, wobei der bevorzugte Stimulus den niedrigsten Rang (d. h. Rang = 1) und der am wenigsten bevorzugte Stimulus den höchsten Rang (d. h. Rang = 10) erhält. Bei der auswahlbasierten Conjoint-Analyse *(Choice-based Conjoint; im Folgenden CBC-Analyse genannt)* wählen die Konsumenten stattdessen einen Stimulus aus einer Menge von Stimuli aus. Dies machen sie mehrmals. Beispielsweise können einem Konsumenten 3 verschiedene Tafelschokoladen vorgelegt und danach gefragt werden, welche er kaufen würde. Anschließend wird ein weiteres Set an Tafelschokoladen präsentiert und es wird erneut nach der Kaufentscheidung gefragt. Da der Konsument jeweils einen Stimulus (hier: Tafelschokolade) auswählt, sind die beobachteten Auswahlentscheidungen nominal (1, wenn Produkt ausgewählt wird, sonst 0).

Im Folgenden verwenden wir den Begriff „Conjoint-Analyse", wenn die Konsumenten die Stimuli mithilfe ordinaler oder metrischer Messskalen bewerten (traditionelle Vorgehensweise). Wenn Konsumenten Auswahlentscheidungen treffen, nutzen wir den Begriff „CBC-Analyse".

Im *letzten Schritt* werden die gesammelten Präferenzdaten analysiert. Sowohl traditionelle Conjoint- als auch CBC-Analysen gehen davon aus, dass die angegebenen Präferenzen den Gesamtnutzenwert der Stimuli widerspiegeln. Der Stimulus mit dem höchsten Gesamtnutzenwert ist der bevorzugte Stimulus. Dabei wird davon ausgegangen, dass der *Gesamtnutzenwert eines Stimulus gleich der Summe der Nutzenbeiträge jeder seiner Eigenschaftsausprägungen ist.* Die angegebene Präferenz für einen Stimulus dient als Näherung für den Gesamtnutzenwert desselben. Hat beispielsweise ein Konsument eine bestimmte Tafelschokolade auf einer Rating-Skala von 1 bis 10 (1 = „überhaupt nicht attraktiv" bis 10 = „sehr attraktiv") mit „8" bewertet, so wird davon ausgegangen, dass „8" den Gesamtnutzenwert der Schokolade widerspiegelt.

Der Gesamtnutzenwert ergibt sich aus den Nutzenbeiträgen der spezifischen Eigenschaftsausprägungen der Schokolade, wobei die Nutzenbeiträge als *Teilnutzenwerte* bezeichnet werden. Abb. 9.1 veranschaulicht diese Idee. Die Tafelschokolade hat einen

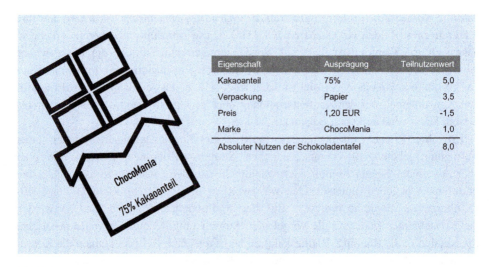

**Abb. 9.1** Veranschaulichung der Beziehung zwischen Teilnutzen- und Gesamtnutzenwert

Kakaogehalt von 75 %, ist in Papier verpackt und wird für 1,20 EUR von der Marke „ChocoMania" angeboten. Jede Eigenschaftsausprägung trägt zum Gesamtnutzenwert der Schokolade bei. Beispielsweise hat der Kakaogehalt von 75 % einen Teilnutzenwert von 5. Die Summe der Teilnutzenwerte beträgt über alle Eigenschaftsausprägungen hinweg 8.

*Ziel* der Conjoint-Analyse ist es, die *Teilnutzenwerte der einzelnen Eigenschaftsausprägungen zu bestimmen*. So kann der Anwender das von den Konsumenten am meisten bevorzugte Produkt ermitteln, das heißt, das Produkt mit dem höchsten Nutzen. Dieses Produkt setzt sich aus den am meisten bevorzugten Eigenschaftsausprägungen zusammen. Die Kernidee der Conjoint-Analyse besteht daher darin, die Gesamtpräferenzen der Konsumenten für Objekte in Präferenzen für die Eigenschaftsausprägungen zu zerlegen. Folglich ist die Conjoint-Analyse ein *dekompositionelles Verfahren*.

Häufig sollen aber nicht nur die Präferenzen der Konsumenten bezüglich der bewerteten Stimuli analysiert werden, sondern die Ergebnisse von Conjoint-Analysen sollen auch genutzt werden, um die Präferenzen der Konsumenten für nicht bewertete Objekte vorherzusagen. Die Ergebnisse von Conjoint-Analysen werden dann zu *Simulationszwecken* verwendet. Im Beispiel ist der Manager daran interessiert, die Tafelschokolade näher zu typisieren, die potenziell den größten Markterfolg hat.

Wie bereits erwähnt, zielen sowohl die Conjoint- als auch die CBC-Analyse darauf ab, die Teilnutzenwerte der einzelnen Eigenschaftsausprägungen basierend auf den angegebenen Präferenzen zu bestimmen. Bei der (traditionellen) Conjoint-Analyse haben wir in der Regel ausreichend Informationen, um die Teilnutzenwerte für jeden Konsumenten individuell zu ermitteln. Hingegen ist dies bei der CBC-Analyse häufig

**Tab. 9.1** Anwendungsbeispiele der Conjoint- oder CBC-Analyse in verschiedenen Fachdisziplinen

| Anwendungsfelder | Forschungsfrage | Eigenschaften |
|---|---|---|
| Erziehungswissenschaft | Was sind die treibenden Kräfte für die Präferenzen der Studierenden bei der Wahl einer Hochschule? | • Zukünftige Berufsaussichten<br>• Qualität der Lehre<br>• Fachkenntnisse der Lehrenden<br>• Kursinhalte<br>• Standort |
| Marketing | Wie sollte ein „smart home" gestaltet werden? | • Funktionsumfang (Energie, Sicherheit, Kommunikation)<br>• Handhabung<br>• Installation<br>• Kundendienst<br>• Innovationsgrad |
| Medizin | Wie sind die Präferenzen von Frauen im Hinblick auf die Behandlungsmethoden bei Fehlgeburten? | • Im Krankenhaus verbrachte Behandlungszeit<br>• Zeit, die benötigt wird, um nach der Behandlung zu normalen Aktivitäten zurückzukehren<br>• Behandlungskosten<br>• Wahrscheinlichkeit von Komplikationen, die mehr Zeit oder eine erneute Aufnahme ins Krankenhaus erfordern |
| Politikwissenschaft | Welches Wahlsystem wollen Wählerinnen und Wähler? | • Verständlichkeit<br>• Klare Mehrheiten<br>• Gesellschaftliche Akzeptanz |

nicht in einfacher Weise möglich, da die beobachteten Auswahlentscheidungen zu wenig Informationen für eine individuelle Schätzung bereitstellen. Daher werden bei der CBC-Analyse typischerweise die Teilnutzenwerte nicht für jede einzelne Person auf Individualebene geschätzt, sondern nur die Teilnutzenwerte für die Befragten in einer Stichprobe insgesamt. Dieser Unterschied zwischen der Conjoint- und der CBC-Analyse ist entscheidend, wenn die Ergebnisse für Simulationszwecke verwendet werden sollen (vgl. Abschn. 9.2.5.4 und 9.4.5.3).

Conjoint- und CBC-Analysen sind vor allem im Marketing weit verbreitet. Sie kommen aber auch in anderen Disziplinen zum Einsatz. Tab. 9.1 zeigt einige Beispiele für weitere Anwendungsbereiche und welche Eigenschaften zur Beschreibung der Stimuli genutzt werden könnten.

Im Folgenden wird zunächst im Detail die (traditionelle) Conjoint-Analyse erläutert (vgl. Abschn. 9.2). Nachdem gezeigt wurde, wie eine Conjoint-Analyse mithilfe von SPSS durchgeführt werden kann (vgl. Abschn. 9.3), wird in Abschn. 9.4 die CBC-Analyse dargestellt. Wir beschreiben das Vorgehen der CBC-Analyse, da diese als Variante der traditionellen Conjoint-Analyse sowohl in der Forschung als auch in der Praxis weit verbreitet ist. Neben der CBC-Analyse wurden aber noch zahlreiche weitere Varianten der

**Abb. 9.2** Ablaufschritte der traditionellen Conjoint-Analyse

traditionellen Conjoint-Analyse entwickelt, um deren Schwächen zu adressieren. Einige wichtige Weiterentwicklungen werden kurz in Abschn. 9.5.2 vorgestellt.

## 9.2 Vorgehensweise

Die Durchführung einer (traditionellen) Conjoint-Analyse umfasst fünf Schritte, die in Abb. 9.2 dargestellt sind.

Eine Conjoint-Analyse beginnt mit der Auswahl der Eigenschaften und deren Ausprägungen, die die Stimuli beschreiben. In einem zweiten Schritt wird ein experimentelles Design erstellt, das die Stimuli auf der Grundlage der betrachteten Eigenschaften und Eigenschaftsausprägungen darstellt. In Schritt 3 diskutieren wir alternative Methoden zur Bewertung der Stimuli. Nachdem die Präferenzen erhoben wurden, nutzen wir diese, um die Teilnutzenwerte der Eigenschaftsausprägungen zu ermitteln und die Präferenzen der Befragten abzubilden (Schritt 4). In einem letzten Schritt werden einerseits die geschätzten Teilnutzenwerte interpretiert und andererseits wird erörtert, wie die Ergebnisse zur Unterstützung der Entscheidungsfindung von Managern, politischen Entscheidungsträgern oder anderen Anwendern genutzt werden können.

### 9.2.1 Auswahl von Eigenschaften und Eigenschaftsausprägungen

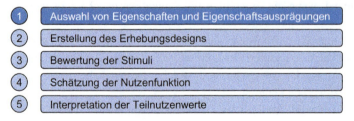

Der erste Schritt bei der Durchführung einer Conjoint-Analyse ist die Entscheidung über die Eigenschaften und Eigenschaftsausprägungen, die zur Beschreibung der Stimuli genutzt werden.

## 9.2 Vorgehensweise

**Tab. 9.2** Eigenschaften und Eigenschaftsausprägungen im Anwendungsbeispiel

| Eigenschaften | Eigenschaftsausprägungen |
|---|---|
| Kakaogehalt | 30 % Kakao<br>50 % Kakao<br>70 % Kakao |
| UTZ-Label | Ja<br>Nein |
| Preis | 0,80 EUR<br>1,00 EUR<br>1,20 EUR |

**Anwendungsbeispiel**

Im Folgenden wird ein Beispiel betrachtet, bei dem der Manager eines Schokoladenherstellers wissen möchte, ob das potenzielle Engagement des Unternehmens in einer Nachhaltigkeitsinitiative von der Zielgruppe positiv bewertet werden würde. Konkret erwägt der Manager die Beantragung des UTZ-Labels (www.utz.org), wodurch aber eine Anpassung der Lieferkette erforderlich wäre. Das UTZ-Label wird vergeben, wenn die Produkte vom Rohstofferzeuger bis zum Einzelhändler auf nachhaltige Weise beschafft wurden. Um zertifiziert zu werden und das UTZ-Label auf die Verpackung eines Produktes drucken zu dürfen, müssen alle Lieferanten einen Verhaltenskodex befolgen.

Mehrere Fokusgruppen haben gezeigt, dass neben Nachhaltigkeitsaspekten auch die Eigenschaften „Kakaogehalt" und „Preis" beim Kauf von Schokolade für die Konsumenten relevant sind. Daher berücksichtigt der Manager auch diese Eigenschaften (vgl. Tab. 9.2). Zur Festlegung der Eigenschaftsausprägungen stützt sich der Manager auf derzeitige Marktpreise von 100 g-Schokoladentafeln und den Kakaogehalt, den populäre Produkte im Markt haben.

Das Anwendungsbeispiel ist bewusst sehr einfach gehalten. In tatsächlichen Conjoint-Analysen werden meist mehr Eigenschaften und Eigenschaftsausprägungen berücksichtigt.

**Anforderungen an die Auswahl der Eigenschaften und deren Ausprägungen**
1. Die Eigenschaften müssen für die Entscheidungsfindung der Befragten *relevant* sein. Das heißt, dass wir größte Sorgfalt darauf verwenden müssen, nur solche Eigenschaften auszuwählen, von denen zu vermuten ist, dass sie für die Gesamtnutzenbewertung der Befragten von Bedeutung sind. Wir können Fokusgruppen nutzen, um die relevanten Eigenschaften zu identifizieren.
Die traditionelle Conjoint-Analyse geht davon aus, dass für alle Befragten dieselben Eigenschaften entscheidungsrelevant sind. Für den Fall, dass sich die Konsumenten in Bezug auf die für sie relevanten Eigenschaften unterscheiden, wurden alternative

Ansätze zur (traditionellen) Conjoint-Analyse entwickelt (z. B. Adaptive Conjoint-Analyse (ACA); vgl. Abschn. 9.5).
2. Die ausgewählten Eigenschaften müssen *unabhängig* voneinander sein. Die Conjoint-Analyse geht davon aus, dass jede Eigenschaftsausprägung, unabhängig von den anderen Eigenschaftsausprägungen, zum Gesamtnutzen beiträgt. Eine Verletzung dieser Annahme widerspricht dem additiven Modell der Conjoint-Analyse. Präferenzunabhängigkeit der Eigenschaften bedeutet, dass der empfundene Nutzen einer Eigenschaftsausprägung nicht durch die Ausprägungen anderer Eigenschaften beeinflusst wird. Darüber hinaus sollte sichergestellt werden, dass die Eigenschaftsausprägungen auch empirisch unabhängig sind. Darunter wird verstanden, dass die Ausprägungen realiter auch gemeinsam auftreten können bzw. nicht vom Befragten als abhängig voneinander wahrgenommen werden. Insbesondere bei der gemeinsamen Betrachtung von Eigenschaften wie Marke und Preis ist darauf zu achten, dass nur plausible Stimuli-Konstellationen im Erhebungsdesign berücksichtigt werden.
3. Manager, politische Entscheidungsträger oder andere Anwender müssen in der Lage sein, die *Eigenschaften anzupassen:* Um auf die Ergebnisse der Conjoint-Analyse reagieren zu können, sind wir gefordert, die Eigenschaften anzupassen. Die Betrachtung der Marke als eine Eigenschaft stellt beispielsweise diese Anforderung infrage. Dennoch wird die Marke immer wieder in Conjoint-Studien berücksichtigt, um zu beurteilen, ob Produkte einfach wegen der Marke bevorzugt werden.
4. Die Eigenschaftsausprägungen müssen *realisierbar* sein: Um auf die Ergebnisse der Conjoint-Analyse reagieren zu können, müssen Manager, politische Entscheidungsträger und andere Anwender in der Lage sein, das Produkt an die bevorzugten Eigenschaftsausprägungen anzupassen.
5. Die einzelnen Eigenschaftsausprägungen müssen *in einer kompensatorischen Beziehung zueinanderstehen:* Die Conjoint-Analyse geht davon aus, dass eine „schlechte" durch eine „gute" Eigenschaftsausprägung kompensiert werden kann. Zum Beispiel kann eine Preiserhöhung, die in der Regel den Gesamtnutzen verringert, durch die Verbesserung einer wünschenswerten Eigenschaftsausprägung kompensiert werden. Diese Anforderung setzt implizit einen Entscheidungsprozess voraus, bei dem alle Eigenschaften gleichzeitig von den Befragten bewertet werden.
6. Die berücksichtigten Eigenschaften und Eigenschaftsausprägungen sind *keine K.o.-Kriterien:* K.o.-Kriterien liegen vor, wenn bestimmte Eigenschaftsausprägungen aus Sicht des Konsumenten vorhanden sein müssen. Wenn K.o.-Kriterien auftreten, ist die Forderung nach einer kompensatorischen Beziehung zwischen den Eigenschaftsausprägungen nicht erfüllt.
7. *Die Anzahl der Eigenschaften und Eigenschaftsausprägungen muss begrenzt sein:* Der Aufwand zur Bewertung der Stimuli wächst exponentiell mit der Anzahl der Eigenschaften und Eigenschaftsausprägungen. Es wird daher empfohlen, nicht mehr als 6 Eigenschaften mit jeweils 3 bis 4 Ausprägungen zu berücksichtigen.

Im Rahmen des Anwendungsbeispiels werden alle Anforderungen an die Eigenschaften und Eigenschaftsausprägungen erfüllt (vgl. Tab. 9.3). Während im Beispiel die Anzahl

**Tab. 9.3** Überprüfung der Anforderungen für das Anwendungsbeispiel

| Anforderung | Bewertung |
|---|---|
| Relevanz | Die Eigenschaften und Eigenschaftsausprägungen wurden mithilfe von Fokusgruppen identifiziert |
| Unabhängigkeit | Das UTZ-Label ist nicht mit dem Preis korreliert. Eine Marktuntersuchung zeigt zudem, dass es nur eine schwache Korrelation zwischen Preis und Kakaogehalt gibt |
| Anpassungsfähigkeit | Ein Schokoladenhersteller kann alle 3 Eigenschaften und Eigenschaftsausprägungen anpassen – zumindest nach Investitionen in F&E oder Änderungen in der Lieferkette |
| Realisierbarkeit | Alle Eigenschaftsausprägungen sind realisierbar, da sie existierende Eigenschaftsausprägungen widerspiegeln |
| Kompensatorisch | Die Konsumenten akzeptieren wahrscheinlich einen höheren Preis, wenn sie den Kakaogehalt erhalten, den sie bevorzugen. Dasselbe gilt vermutlich auch, wenn sie für eine Schokolade mit einem Nachhaltigkeitslabel mehr bezahlen müssen |
| Keine K.o.-Kriterien | Eigenschaften und Eigenschaftsausprägungen stellen keine K.o.-Kriterien dar |
| Begrenzte Anzahl von Eigenschaften und Eigenschaftsausprägungen | Es werden nur 3 Eigenschaften mit jeweils 2 oder 3 Ausprägungen betrachtet |

der Eigenschaften und Eigenschaftsausprägungen eher gering ist, würden in einer tatsächlichen Studie vermutlich weitere Eigenschaften wie Verpackungsgröße oder Verpackungsmaterial berücksichtigt werden. Zur Veranschaulichung wurde das Beispiel aber einfach gehalten.

Abschließend ist es wichtig herauszustellen, dass eine einmal getroffene Entscheidung über die Eigenschaften und Eigenschaftsausprägungen nicht mehr verändert werden kann. Daher ist es von entscheidender Bedeutung, die Eigenschaften und Eigenschaftsausprägungen sorgfältig auszuwählen.

### 9.2.2 Erstellung des Erhebungsdesigns

1. Auswahl von Eigenschaften und Eigenschaftsausprägungen
2. **Erstellung des Erhebungsdesigns**
3. Bewertung der Stimuli
4. Schätzung der Nutzenfunktion
5. Interpretation der Teilnutzenwerte

Die Conjoint-Analyse umfasst neben der Analyse der Konsumentenpräferenzen auch das Erstellen eines Erhebungsdesigns. Dieses muss entwickelt werden, bevor die Präferenzen der Konsumenten erhoben und analysiert werden können. Der Anwender muss bei der Entwicklung des Erhebungsdesigns zwei Entscheidungen treffen:

1. Definition der Stimuli: Der Anwender muss entscheiden, wie die verschiedenen Stimuli den Befragten präsentiert werden. Die grundlegende Entscheidung ist, ob die Stimuli auf Basis aller Eigenschaften beschrieben werden oder ob nur 2 Eigenschaften gleichzeitig präsentiert werden (vgl. Abschn. 9.2.2.1).
2. Anzahl der Stimuli: Die Anzahl der möglichen Stimuli steigt exponentiell mit der Anzahl der Eigenschaften und Eigenschaftsausprägungen. Betrachtet man beispielsweise 3 Eigenschaften mit jeweils 3 Ausprägungen, so sind insgesamt 27 ($= 3^3$) verschiedene Kombinationen von Eigenschaftsausprägungen (d. h. Stimuli) möglich. Betrachtet man 6 Eigenschaften mit jeweils 3 Ausprägungen, ergeben sich 729 ($= 3^6$) mögliche Stimuli. Um eine Informationsüberlastung und daraus resultierende Ermüdungseffekte zu vermeiden, können wir ein reduziertes Design verwenden, das nur eine Teilmenge aller möglichen Stimuli berücksichtigt (vgl. Abschn. 9.2.2.2).

### 9.2.2.1 Definition der Stimuli

Bei der Durchführung einer Conjoint-Analyse geben die Befragten ihre Präferenzen bezüglich verschiedener Kombinationen von Eigenschaftsausprägungen (d. h. Stimuli) an. Die Stimuli können auf zwei alternative Arten gestaltet werden: Entweder werden die Stimuli basierend auf allen betrachteten Eigenschaften beschrieben oder sie setzen sich jeweils aus nur 2 Eigenschaften zusammen. Der erste Ansatz wird als *Profilmethode* und der zweite als *Zwei-Faktor-Methode* bezeichnet.

**Profilmethode**

Tab. 9.4 zeigt 3 beispielhafte Stimuli bei Anwendung der *Profilmethode*. Jeder Stimulus wird mittels aller 3 Eigenschaften dargestellt, wobei sich die Stimuli in Bezug auf die Eigenschaftsausprägungen unterscheiden. Insgesamt könnten wir im Beispiel 18 ($= 3 \times 2 \times 3$) verschiedene Stimuli darstellen.

**Zwei-Faktor-Methode**

Wenn die *Zwei-Faktor-Methode* angewendet wird, müssen wir für jede mögliche Kombination von 2 Eigenschaften eine Trade-off-Matrix entwickeln. Mit

**Tab. 9.4** Definition von Stimuli anhand der Profilmethode (hier: 3 beispielhafte Stimuli)

| Stimulus 1 | Stimulus 2 | Stimulus 3 |
|---|---|---|
| 30 % Kakao | 70 % Kakao | 50 % Kakao |
| UTZ-Label | UTZ-Label | Kein UTZ-Label |
| 0,80 EUR | 1,00 EUR | 1,20 EUR |

**Tab. 9.5** Definition von Stimuli anhand der Zwei-Faktor-Methode

| Trade-off-Matrix 1 | UTZ-Label (A) | |
|---|---|---|
| Kakaogehalt (B) | UTZ-Label (A1) | Kein UTZ-Label (A2) |
| 30 % (B1) | A1B1 | A2B1 |
| 50 % (B2) | A1B2 | A2B2 |
| 70 % (B3) | A1B3 | A2B3 |
| Trade-off-Matrix 2 | UTZ-Label (A) | |
| Preis (C) | UTZ-Label (A1) | Kein UTZ-Label (A2) |
| 0,80 EUR (C1) | A1C1 | A2C1 |
| 1,00 EUR (C2) | A1C2 | A2C2 |
| 1,20 EUR (C3) | A1C3 | A2C3 |
| Trade-off-Matrix 3 | Kakaogehalt (B) | | |
| Preis (C) | 30 % (B1) | 50 % (B2) | 70 % (B3) |
| 0,80 EUR (C1) | B1C1 | B2C1 | B3C1 |
| 1,00 EUR (C2) | B1C2 | B2C2 | B3C2 |
| 1,20 EUR (C3) | B1C3 | B2C3 | B3C3 |

$J$-Eigenschaften erhält man somit $\binom{J}{2}$ Trade-off-Matrizen. In unserem Beispiel ergeben sich $3 = \binom{3}{2}$ Trade-off-Matrizen (vgl. Tab. 9.5). Jede Zelle einer Trade-off-Matrix repräsentiert einen Stimulus. Zum Beispiel beschreibt die Kombination A1B1 den Stimulus mit einem UTZ-Label und 30 % Kakaogehalt. Der Stimulus berücksichtigt jedoch keine Preisinformation.

Beide Ansätze haben Vor- und Nachteile, die sich insbesondere auf die folgenden Aspekte beziehen:

1. Erforderliche kognitive Anstrengung und Zeit für die Befragten,
2. Realitätsbezug der Bewertungsaufgabe,
3. Auftreten von Positionseffekten.

**Erforderliche kognitive Anstrengung und Zeit für die Befragten**
Die Profilmethode erfordert, dass die Befragten alle betrachteten Eigenschaften und Eigenschaftsausprägungen auf einmal bewerten. In einem Beispiel mit 6 Eigenschaften kann die gleichzeitige Bewertung für die Befragten mühsam sein. Bei der Zwei-Faktor-Methode werden stattdessen nur 2 Eigenschaften gegeneinander abgewogen. Daher ist der kognitive Aufwand für die Befragten relativ gering. Die Zwei-Faktor-Methode erfordert jedoch die Bewertung zahlreicher Stimuli, um ausreichend Informationen über die Präferenzen der Befragten zu erhalten. Zusätzlich müssen die Befragten die Stimuli

jeder Trade-off-Matrix in eine Rangfolge bringen. Die Profilmethode bedingt stattdessen weniger Bewertungen und erfordert damit auch weniger Zeit für die Befragung.

**Realitätsbezug der Bewertungsaufgabe**
Die Profilmethode ist realistischer als die Zwei-Faktor-Methode, da die Konsumenten bei der Entscheidungsfindung in der Regel nicht nur 2 Eigenschaften gleichzeitig bewerten. Wenn wir uns beispielsweise die erste Trade-off-Matrix ansehen, so werden alle Stimuli nur entlang des UTZ-Labels und des Kakaogehalts beschrieben – ohne Berücksichtigung des Preises. Es ist jedoch wahrscheinlich, dass die Konsumenten in realen Situationen Preisinformationen zur Bildung ihrer Präferenzen nutzen. Daher ist es fraglich, ob eine Bewertung der 6 in der Trade-off-Matrix 1 dargestellten Stimuli realistisch und damit zuverlässig und valide ist.

**Auftreten von Positionseffekten**
Bei Verwendung der Profilmethode kann ein sogenannter Positionseffekt vorkommen. Der Positionseffekt kann auftreten, wenn die Reihenfolge der Eigenschaften bei allen Stimuli immer gleich ist. In Tab. 9.4 wird bei der Beschreibung der Stimuli immer zuerst die Eigenschaft „Kakaogehalt" erwähnt. Es kann sein, dass die Befragten daher glauben, dass diese Eigenschaft wichtiger als die anderen Eigenschaften ist und dieser Eigenschaft demzufolge bei der Präferenzbildung eine höhere Relevanz beimessen. So kann die Reihenfolge, in der die Eigenschaften präsentiert werden, die Relevanz für die Bewertungen der Befragten beeinflussen, ohne ihre tatsächlichen Präferenzen widerzuspiegeln (vgl. Kumar & Gaeth, 1991). In ähnlicher Weise können sich die Befragten, wenn sie die Bewertungsaufgabe als herausfordernd empfinden, auf die zuerst genannte(n) Eigenschaft(en) konzentrieren, um ihren kognitiven Aufwand zu reduzieren. Der Positionseffekt hat also einen psychologischen Hintergrund. Eine Möglichkeit, diesem Effekt entgegenzuwirken, ist die Variation der Reihenfolge der Eigenschaften bei der Präsentation der Stimuli. Eine Änderung der Reihenfolge der Eigenschaften erhöht jedoch die kognitive Anstrengung der Befragten. Bei der Zwei-Faktor-Methode tritt der Positionseffekt hingegen nicht auf.

Trotz der potenziellen Einschränkungen der Profilmethode hat sie sich aufgrund ihrer größeren Realitätsnähe durchgesetzt. Darüber hinaus können wir Darstellungen der Stimuli (z. B. Bilder) bei der späteren Bewertungsaufgabe berücksichtigen und so die Realitätsnähe noch weiter erhöhen. Wegen ihrer großen Relevanz in Forschung und Praxis verwenden auch wir im Folgenden die Profilmethode.

### 9.2.2.2 Anzahl der Stimuli

**Vollständiges Design**
In unserem Beispiel sind 18 ($= 3 \times 2 \times 3$) verschiedene Stimuli möglich. Wenn die Befragten alle 18 Stimuli bewerten, würde ein sogenanntes *vollständiges Design*

verwendet werden. Um Ermüdungseffekte zu vermeiden, ist es jedoch oft nicht möglich, den Befragten alle möglichen Stimuli zu präsentieren. Die Forschung zeigt, dass Konsumenten bis zu 30 Stimuli bewerten können, bevor es zu Ermüdungseffekten und Informationsüberlastung kommt (vgl. Green & Srinivasan, 1978). Die praktische Erfahrung zeigt jedoch, dass bis zu 20 Stimuli für die Befragten besser geeignet erscheinen. Wenn wir 3 Eigenschaften mit jeweils 3 Ausprägungen betrachten, sind $3^3 = 27$ Stimuli möglich. Häufig werden aber mehr als nur 3 Eigenschaften und 3 Eigenschaftsausprägungen berücksichtigt, sodass folglich oft ein reduziertes Design entwickelt werden muss, das nur eine Teilmenge aller möglichen Stimuli repräsentiert.

**Reduziertes Design**

Ein Ansatz, um die Anzahl der zu bewertenden Stimuli zu reduzieren, kann darin bestehen, eine Zufallsstichprobe aus allen möglichen Stimuli zu ziehen. Die experimentelle Forschung empfiehlt jedoch eine andere Vorgehensweise (vgl. Kuhfeld et al., 1994): Stimuli werden systematisch aus der Menge aller möglichen Stimuli ausgewählt. Die Grundidee hierbei ist, eine Teilmenge von Stimuli zu finden, die es erlaubt, später alle Teilnutzenwerte eindeutig zu schätzen.

Wenn alle Eigenschaften die gleiche Anzahl von Ausprägungen haben, sprechen wir von einem *symmetrischen Design,* während ein *asymmetrisches Design* vorliegt, wenn die Anzahl der Ausprägungen über die Eigenschaften hinweg variiert. Ein Vorteil von symmetrischen Designs ist, dass relativ einfach ein reduziertes Design entwickelt werden kann. Ein Sonderfall eines reduzierten symmetrischen Designs ist das *Lateinische Quadrat.* Seine Anwendung ist auf den Fall von genau 3 Eigenschaften beschränkt. Wenn jede Eigenschaft 3 Ausprägungen hat, umfasst das vollständige Design 27 ($= 3^3$) Stimuli (vgl. Tab. 9.6).

Von diesen 27 Stimuli werden 9 so ausgewählt, dass jede Eigenschaftsausprägung genau einmal mit jeder Ausprägung einer anderen Eigenschaft (in Tab. 9.6 fett markiert) berücksichtigt wird. Somit wird jede Eigenschaftsausprägung genau dreimal

**Tab. 9.6** Vollständiges Design für 3 Eigenschaften mit jeweils 3 Ausprägungen

| | | |
|---|---|---|
| **A1B1C1** | A2B1C1 | A3B1C1 |
| A1B1C2 | **A2B1C2** | A3B1C2 |
| A1B1C3 | A2B1C3 | **A3B1C3** |
| A1B2C1 | A2B2C1 | **A3B2C1** |
| **A1B2C2** | A2B2C2 | A3B2C2 |
| A1B2C3 | **A2B2C3** | A3B2C3 |
| A1B3C1 | **A2B3C1** | A3B3C1 |
| A1B3C2 | A2B3C2 | **A3B3C2** |
| **A1B3C3** | A2B3C3 | A3B3C3 |

**Tab. 9.7** Lateinisches Quadrat für den Fall von 3 Eigenschaften mit jeweils 3 Ausprägungen

|    | A1     | A2     | A3     |
|----|--------|--------|--------|
| B1 | A1B1C1 | A2B1C2 | A3B1C3 |
| B2 | A1B2C2 | A2B2C3 | A3B2C1 |
| B3 | A1B3C3 | A2B3C1 | A3B3C2 |

**Tab. 9.8** Reduziertes asymmetrisches Design für das Beispiel

| Stimulus | Kakaogehalt (%) | UTZ-Label | Preis (EUR) |
|----------|-----------------|-----------|-------------|
| 1 | 70 | 1 | 0,80 |
| 2 | 30 | 0 | 1,20 |
| 3 | 70 | 1 | 1,20 |
| 4 | 30 | 1 | 1,00 |
| 5 | 50 | 1 | 1,20 |
| 6 | 70 | 0 | 1,00 |
| 7 | 50 | 0 | 0,80 |
| 8 | 50 | 1 | 1,00 |
| 9 | 30 | 1 | 0,80 |

anstatt neunmal im vollständigen Design dargestellt. Tab. 9.7 zeigt das entsprechende Lateinische Quadrat.

Wie bereits erwähnt, ist die Entwicklung eines reduzierten *asymmetrischen Designs* eine größere Herausforderung (vgl. Addelman, 1962a, b). Jedoch bieten Softwarepakete wie SPSS Prozeduren zur Erstellung reduzierter asymmetrischer Designs an und befreien den Anwender von einer manuellen Erstellung solcher Designs. Für unser Beispiel nutzen wir ein reduziertes Design, das wir mithilfe von SPSS erstellt haben und das sich aus 9 Stimuli zusammensetzt (vgl. Tab. 9.8; vgl. Abschn. 9.3.2).

Im Allgemeinen sollten reduzierte Designs *orthogonal* sein. Das heißt, die Eigenschaftsausprägungen sind unabhängig voneinander (keine Multikollinearität). Tab. 9.8 zeigt, dass beispielsweise die Ausprägung „70 %" für die Eigenschaft „Kakaogehalt" mit und ohne UTZ-Label und mit allen 3 Preisen vorkommt. Dasselbe gilt für die anderen Ausprägungen der Eigenschaft „Kakaogehalt". Folglich ist das in Tab. 9.8 dargestellte reduzierte Design ein orthogonales Design. Orthogonale Designs stellen sicher, dass bei der späteren Schätzung die Teilnutzenwerte der verschiedenen Eigenschaftsausprägungen identifiziert werden können.

Allerdings erlauben reduzierte Designs oft keine Bewertung von *Interaktionseffekten*, da diese Designs mit einem Informationsverlust einhergehen. Daher können reduzierte Designs nur dann sinnvoll eingesetzt werden, wenn Interaktionseffekte vernachlässigbar sind.

## 9.2.3 Bewertung der Stimuli

1. Auswahl von Eigenschaften und Eigenschaftsausprägungen
2. Erstellung des Erhebungsdesigns
3. **Bewertung der Stimuli**
4. Schätzung der Nutzenfunktion
5. Interpretation der Teilnutzenwerte

Nachdem das Erhebungsdesign entwickelt wurde, erfolgt die Bewertung der berücksichtigten Stimuli durch die Befragten. Dabei können entweder metrische (Ratingskala, Dollar-Metrik und Konstantsummenskala) oder ordinale (Ranking und Paarvergleiche) Bewertungsmethoden genutzt werden, um die Präferenzen der Befragten zu erheben (vgl. Abb. 9.3). Die verschiedenen Bewertungsmethoden werden im Folgenden näher vorgestellt.

**Ordinale Bewertungsmethoden**
Bei der Verwendung eines *Rankingverfahrens* bewerten die Befragten die Stimuli, indem sie diese gemäß ihren Präferenzen anordnen. Der bevorzugte Stimulus erhält den niedrigsten Rang (Rang = 1). Der am wenigsten präferierte Stimulus erhält den höchsten Rang (Rang = $K$), wobei $K$ die Anzahl der Stimuli repräsentiert. Im Gegensatz dazu werden bei einem *Paarvergleich* jeweils nur 2 Stimuli präsentiert, die es zu bewerten gilt. Die Befragten vergleichen verschiedene Paare, sodass schließlich eine Reihenfolge (Ranking) abgeleitet werden kann. Beide Bewertungsmethoden führen zu ordinalen Präferenzdaten.

**Metrische Bewertungsmethoden**
Bei der Verwendung einer *Ratingskala* bewerten die Befragten die Stimuli anhand einer numerischen Skala, wobei ein hoher Wert einer hohen Präferenz entspricht. Beispielsweise bewerten die Befragten die Attraktivität verschiedener Stimuli auf einer Skala von 1 (= „überhaupt nicht attraktiv") bis 10 (= „sehr attraktiv"). Streng genommen sind die

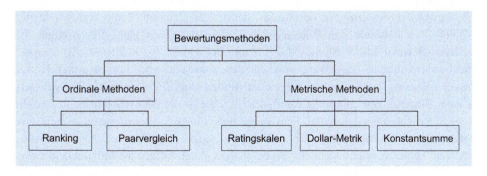

**Abb. 9.3** Alternative Bewertungsmethoden bei der Conjoint-Analyse

resultierenden Präferenzwerte ordinal skaliert, aber sie werden meist als metrisch interpretiert.

Mithilfe der *Dollar-Metrik* geben die Befragten entweder einen „$-Betrag" für die monetäre Differenz zwischen den Stimuli oder einen „$-Betrag" für den spezifischen Wert eines Stimulus an. Selbstverständlich kann die Skala auch mit EUR-Beträgen verwendet werden. Diese Bewertungsmethode kann aber nur genutzt werden, wenn der Preis nicht als Eigenschaft berücksichtigt wird.

Die *Konstantsummenskala* fordert die Befragten auf, auf die Stimuli eine konstante Punktesumme (z. B. 100 Punkte) aufzuteilen. Der bevorzugte Stimulus erhält die höchste und der am wenigsten bevorzugte Stimulus die niedrigste Punktzahl.

**Beurteilung der verschiedenen Bewertungsmethoden**
Die verschiedenen Bewertungsmethoden können anhand der folgenden Aspekte beurteilt werden:

- Informationsgehalt,
- Anzahl der Bewertungen und
- Eindeutigkeit der Bewertungen.

Im Allgemeinen haben *metrische Bewertungsmethoden* (Ratingskalen, Dollar-Metrik, Konstant-Summen-Skala) einen *höheren Informationsgehalt* als ordinale Methoden (Ranking, Paarvergleich), denn die Befragten geben nicht nur ihre Präferenzen, sondern auch die Stärke ihrer Präferenzen an. Bei der Verwendung metrischer Bewertungsmethoden können die zugewiesenen Präferenzwerte als Gesamtnutzenwerte der Stimuli interpretiert werden. Diese Interpretation ist jedoch nur dann zulässig, wenn von *Vollständigkeit, Reflexivität und Transitivität* der Präferenzen auszugehen ist. Ein Nachteil der metrischen Methoden ist jedoch die relativ geringe Reliabilität der Bewertungen. Diese resultiert aus der Tatsache, dass die Befragten oft nicht in der Lage sind, verlässliche Angaben über die Stärke ihrer Präferenzen zu machen (vgl. Green & Srinivasan, 1978, S. 112).

Sowohl bei den metrischen Methoden als auch bei der Ranking-Methode entspricht die *Anzahl der Bewertungen* der Anzahl der in der Conjoint-Studie berücksichtigten Stimuli. Die Methode der Paarvergleiche erfordert jedoch mehr Bewertungen. In unserem Beispiel mit 9 Stimuli müssen die Befragten 36 ($=9 \times (9-1)/2$) Paarvergleiche durchführen. Diese Vergleiche müssen konsistent sein, um zu gewährleisten, dass die Reihenfolge der Stimuli abgeleitet werden kann *(Bedingung der Transitivität)*. Je mehr Bewertungen erforderlich sind, desto größer ist die Wahrscheinlichkeit, dass die Befragten nicht in der Lage sind, konsistente Bewertungen vorzunehmen. Die Befragten konzentrieren sich dann vermutlich auf die Eigenschaften, die für sie besonders wichtig sind, und berücksichtigen nicht alle Eigenschaften gleichzeitig. Eine Möglichkeit, dieses Problem anzugehen, besteht darin, dass die Befragten die Stimuli entsprechend ihren

## 9.2 Vorgehensweise

Präferenzen zunächst in mehrere Untergruppen aufteilen (Stapelung) und dann eine Bewertung innerhalb dieser Untergruppen vornehmen.

Ordinale Methoden führen zu *eindeutigen Bewertungen,* während metrische Methoden bei mehreren Stimuli zu identischen Bewertungen führen können (sog. *Ties*). Einerseits zwingen metrische Methoden die Befragten nicht, die Stimuli in eine strenge Reihenfolge zu bringen, wenn sie keine Präferenzunterschiede wahrnehmen. Andererseits kann die Abgabe von zahlreichen identischen Bewertungen darauf hindeuten, dass die Konsumenten mit der Bewertungsaufgabe überfordert sind oder dass sie keine Anstrengungen unternehmen, eine ihren Präferenzen entsprechende Bewertung der Stimuli vorzunehmen. Viele gleiche Bewertungen können auch darauf hinweisen, dass die betrachteten Eigenschaften und/oder Eigenschaftsausprägungen für einen Befragten nicht relevant sind. In jedem Fall wird die spätere Schätzung der Teilnutzenwerte erschwert, wenn viele gleiche Bewertungen auftreten. In dem Fall, dass ein Befragter alle Stimuli gleich bewertet, ist es nicht möglich, die Teilnutzenwerte überhaupt zu schätzen.

In der Praxis haben sich die Ratingskala und das Ranking-Verfahren als Bewertungsmethoden durchgesetzt. Beide Verfahren sind für die Befragten relativ einfach anzuwenden (vgl. Wittink et al., 1994, S. 44). Im Folgenden nutzen wir für das Anwendungsbeispiel eine Ratingskala. Die Bewertung der Stimuli erfolgt auf einer Ratingskala von 1 (= „Stimulus ist überhaupt nicht attraktiv") bis 10 (= „Stimulus ist sehr attraktiv") (vgl. Tab. 9.9).

Es werden keine gleichen Bewertungen beobachtet. Zudem weisen die unterschiedlichen Bewertungen auf die Stärke der Präferenzen hin. Wir erkennen, dass der betrachtete Befragte ($i=1$) die höchste Präferenz für eine Schokolade mit einem Kakaogehalt von 50 %, einem UTZ-Label und einem Preis von 1,00 EUR hat. Insgesamt erkennen wir, dass Stimuli mit einem Kakaogehalt von 50 % höher bewertet und somit bevorzugt werden. Stimuli mit einem Kakaogehalt von 30 % werden besser bewertet

**Tab. 9.9** Bewertung der Stimuli im Anwendungsbeispiel anhand einer Ratingskala

| Stimulus | Kakaogehalt (%) | UTZ-Label | Preis (EUR) | Bewertung |
|---|---|---|---|---|
| 1 | 70 | 1 | 0,80 | 3 |
| 2 | 30 | 0 | 1,20 | 4 |
| 3 | 70 | 1 | 1,20 | 1 |
| 4 | 30 | 1 | 1,00 | 6 |
| 5 | 50 | 1 | 1,20 | 8 |
| 6 | 70 | 0 | 1,00 | 2 |
| 7 | 50 | 0 | 0,80 | 9 |
| 8 | 50 | 1 | 1,00 | 10 |
| 9 | 30 | 1 | 0,80 | 7 |

als Stimuli mit einem Kakaogehalt von 70 %. Bei den Eigenschaften „UTZ-Label" und „Preis" sind die Präferenzen nicht so stark ausgeprägt. So legt Tab. 9.9 nahe, dass die Eigenschaft „Kakaogehalt" für den Befragten sehr relevant ist und dass der Befragte einen Kakaogehalt von 50 % bevorzugt.

### 9.2.4 Schätzung der Nutzenfunktion

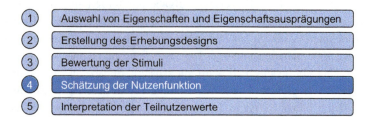

Nachdem die Befragten die verschiedenen Stimuli bewertet haben, können im nächsten Schritt die Teilnutzenwerte der Eigenschaftsausprägungen ermittelt werden. Im Folgenden wird zunächst die Spezifikation der Nutzenfunktion beschrieben, die die Teilnutzenwerte der Eigenschaftsausprägungen mit dem Gesamtnutzenwert eines Stimulus verknüpft. Im Allgemeinen gibt es hierfür drei Varianten:

- Teilnutzenwertmodell,
- Vektormodell und
- Idealpunktmodell.

Im Folgenden werden alle drei Varianten beschrieben, bevor dann die Schätzung der Teilnutzenwerte erläutert wird.

#### 9.2.4.1 Spezifikation der Nutzenfunktion

Die Conjoint-Analyse geht davon aus, dass sich der Gesamtnutzenwert eines Stimulus aus den Teilnutzenwerten der Eigenschaftsausprägungen ergibt. So gehen wir von einem additiven Modell aus:

$$y_k = \sum_{j=1}^{J} \sum_{m=1}^{M_j} \beta_{jm} \cdot x_{jmk} \tag{9.1}$$

mit

$y_k$  Gesamtnutzenwert des Stimulus $k$
$\beta_{jm}$  Teilnutzenwert der Eigenschaftsausprägung $m$ der Eigenschaft $j$

$$x_{jmk} = \begin{cases} 1, & \text{wenn Ausprägung } m \text{ von Eigenschaft } j \text{ bei Stimulus } k \text{ vorhanden ist} \\ 0 & \text{sonst} \end{cases}$$

## 9.2 Vorgehensweise

Zusätzlich zu den Teilnutzenwerten der Eigenschaftsausprägungen wird häufig ein konstanter Term $\beta_0$ berücksichtigt, der einen Basisnutzen widerspiegelt.

$$y_k = \beta_0 + \sum_{j=1}^{J} \sum_{m=1}^{M_j} \beta_{jm} \cdot x_{jmk} \qquad (9.2)$$

mit

$\beta_0$ konstanter Term

**Teilnutzenwertmodell**

Die Darstellung der Nutzenfunktion in Gl. (9.1) erfordert die Schätzung der Teilnutzenwerte für jede Eigenschaftsausprägung, weshalb die Spezifikation der Nutzenfunktion in Gl. (9.1) auch als *Teilnutzenwertmodell* bezeichnet wird. Das Teilnutzenwertmodell unterstellt keinerlei Beziehung zwischen den Eigenschaftsausprägungen und ihren Teilnutzenwerten, weshalb es als besonders flexibel gilt (vgl. Abb. 9.4). Darüber hinaus setzt es nur nominal skalierte Eigenschaftsausprägungen voraus.

Metrische Eigenschaften wie beispielsweise „Preis" können im Teilnutzenwertmodell berücksichtigt werden, indem die Eigenschaftsausprägungen in Dummy-Variablen transformiert werden. Dummy-Variablen sind binäre Variablen, die nur die Ausprägung 0 (nicht vorhanden) oder 1 (vorhanden) annehmen können. Im Allgemeinen sind ($M_j$ -1) Dummy-Variablen erforderlich, um die verschiedenen Ausprägungen einer Eigenschaft abzubilden. Im Anwendungsbeispiel hat die Eigenschaft „Preis" 3 Ausprägungen: 0,80 EUR, 1,00 EUR und 1,20 EUR. Es werden also 2 Dummy-Variablen benötigt, um

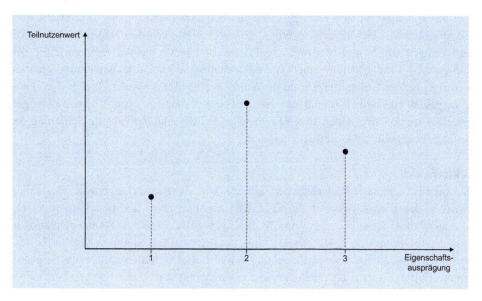

**Abb. 9.4** Darstellung des Teilnutzenwertmodells

die drei Preise darzustellen. Die erste Dummy-Variable nimmt den Wert 1 an, wenn der Stimulus einen Preis von 0,80 EUR hat, ansonsten ist diese gleich 0. Die zweite Dummy-Variable nimmt den Wert 1 an, wenn der Stimulus einen Preis von 1,00 EUR hat, sonst ist diese Variable gleich 0. Wenn die erste und die zweite Dummy-Variable gleich 0 sind, so ergibt sich, dass der Stimulus einen Preis von 1,20 EUR hat. Der Preis von 1,20 EUR dient somit als Referenzwert. Dieselbe Logik kann auch auf die Eigenschaft „Kakaogehalt" angewendet werden. Auch hier dient das höchste Niveau (d. h. 70 %) als Referenzwert. Es obliegt aber dem Anwender zu entscheiden, welche Ausprägung als Referenzwert herangezogen wird. So kann auch der niedrigste oder der mittlere Preis in unserem Beispiel als Referenzwert dienen.

Für das Beispiel kann die Nutzenfunktion dann wie folgt formuliert werden:

$$y_k = \beta_0 + \underbrace{\beta_{11} \cdot x_{11k} + \beta_{12} \cdot x_{12k}}_{\text{Kakaogehalt}} + \underbrace{\beta_{21} \cdot x_{21k}}_{\text{UTZ - Label}} + \underbrace{\beta_{31} \cdot x_{31k} + \beta_{32} \cdot x_{32k}}_{\text{Preis}}$$

mit

$j = 1$     für Eigenschaft „Kakaogehalt"
$j = 2$     für Eigenschaft „UTZ-Label" und
$j = 3$     für Eigenschaft „Preis"

Für den Stimulus $k=1$ in unserem Beispiel, der einen Kakaogehalt von 70 %, ein UTZ-Label und einen Preis von 0,80 EUR aufweist (vgl. Tab. 9.9), erhalten wir folgende spezifische Formulierung der Nutzenfunktion:

$$y_1 = \beta_0 + \beta_{11} \cdot 0 + \beta_{12} \cdot 0 + \beta_{21} \cdot 1 + \beta_{31} \cdot 1 + \beta_{32} \cdot 0$$

Ziel ist es, den konstanten Term $\beta_0$ sowie die Teilnutzenwerte $\beta_{jm}$ so zu schätzen, dass die resultierenden Gesamtnutzenwerte $y_k$ so gut wie möglich den empirisch erhobenen Bewertungen der Stimuli entsprechen. Im Beispiel bewertete der Befragte $i=1$ den Stimulus $k=1$ mit „3" (auf einer 10-Punkte-Ratingskala). Diese Bewertung wird als Näherung für den Gesamtnutzenwert des Stimulus ($y_1 = 3$) verwendet.

Insgesamt müssen 6 Teilnutzenwerte auf der Grundlage von 9 Beobachtungen geschätzt werden. Wir haben also 3 Freiheitsgrade, was eine individuelle Schätzung der Teilnutzenwerte für jeden Befragten erlaubt.

**Vektormodell**

Für metrisch skalierte Eigenschaften können wir alternativ eine lineare Beziehung zwischen den Teilnutzenwerten der Eigenschaftsausprägungen und dem Gesamtnutzenwert annehmen. So ist beispielsweise für die Eigenschaft „Preis" die Annahme plausibel, dass der Gesamtnutzen eines Stimulus mit steigendem Preis abnimmt (vgl. Abb. 9.5). Wenn wir eine solche lineare Beziehung für alle Eigenschaften annehmen (können), ergibt sich die folgende allgemeine Form der Nutzenfunktion:

## 9.2 Vorgehensweise

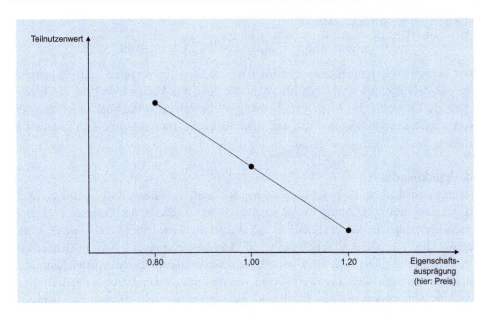

**Abb. 9.5** Abbildung des Vektormodells am Beispiel der Eigenschaft „Preis"

$$y_k = \beta_0 + \sum_{j=1}^{J} \beta_j \cdot x_{jk} \qquad (9.3)$$

mit

$\beta_j$    Nutzenparameter der Eigenschaft $j$

$x_{jk}$    Wert der Eigenschaft $j$ bei Stimulus $k$

Kann eine lineare Beziehung für alle Eigenschaften unterstellt werden, so müssen $(J+1)$ Nutzenparameter einschließlich des konstanten Terms geschätzt werden. Wegen seiner linearen Form wird dieses Modell auch als *Vektormodell* bezeichnet. Der Nutzenparameter $\beta_j$ entspricht jedoch nicht direkt dem Teilnutzenwert einer Eigenschaftsausprägung. Um diesen zu erhalten, muss der Nutzenparameter $\beta_j$ mit dem entsprechenden Wert $x_{jk}$ der Eigenschaft multipliziert werden.

In unserem Beispiel scheint eine lineare Beziehung zwischen der Eigenschaft „Preis" und dem Gesamtnutzen wahrscheinlich. Wir nutzen daher das Vektormodell für die Eigenschaft „Preis", behalten aber das Teilnutzenwertmodell für die Eigenschaften „UTZ-Label" und „Kakaogehalt" bei. Wir erhalten folgende Formulierung für die Nutzenfunktion:

$$y_k = \beta_0 + \beta_{11} \cdot x_{11k} + \beta_{12} \cdot x_{12k} + \beta_{21} \cdot x_{21k} + \underbrace{\beta_3 \cdot x_{3k}}_{\text{Preis}}$$

oder genauer für Stimulus $k=1$:

$$y_1 = \beta_0 + \beta_{11} \cdot 0 + \beta_{12} \cdot 0 + \beta_{21} \cdot 1 + \beta_3 \cdot 0{,}80$$

Jetzt müssen 5 Nutzenparameter geschätzt werden, was im Vergleich zum Teilnutzenwertmodell 1 Parameter weniger ist. Wenn wir auch das Vektormodell für die Eigenschaft „Kakaogehalt" zugrunde legen würden, würde sich die Anzahl der zu schätzenden Nutzenparameter auf 4 reduzieren. Die Zahl der Freiheitsgrade würde sich dann auf 5 erhöhen.

**Idealpunktmodell**

Für metrisch skalierte Eigenschaften können wir auch annehmen, dass es eine „ideale" Ausprägung gibt (vgl. Abb. 9.6). In unserem Beispiel scheint der Befragte $i=1$ eine Idealausprägung für die Eigenschaft „Kakaogehalt" zu haben: Schokolade sollte schokoladig, aber nicht zu schokoladig sein. Die Idealausprägung ist vergleichbar mit einem Sättigungspunkt. Das Über- oder Unterschreiten dieser idealen Ausprägung führt zu einem geringen Teilnutzenwert. Wenn wir davon ausgehen, dass die Bewertungsfunktion symmetrisch um den Idealpunkt ist, können wir eine quadratische Funktion nutzen, um das Idealpunktmodell zu erfassen.

Wenn wir im Beispiel für die Eigenschaft „Kakaogehalt" das Idealpunktmodell zugrunde legen, so ergibt sich folgende Formulierung für die Nutzenfunktion:

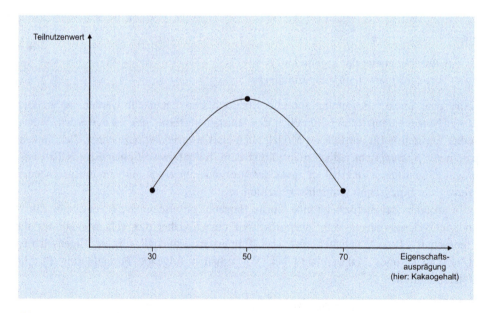

**Abb. 9.6** Abbildung des Idealpunktmodells am Beispiel der Eigenschaft „Kakaogehalt"

## 9.2 Vorgehensweise

$$y_k = \beta_0 + \underbrace{\beta_1 \cdot \left(x_{1k} - x_1^{\text{ideal}}\right)^2}_{\text{Kakaogehalt}} + \beta_{21} \cdot x_{21k} + \beta_3 \cdot x_{3k}$$

In dieser Formulierung wird für die Eigenschaft „UTZ-Label" noch stets das Teilnutzenwertmodell und für die Eigenschaft „Preis" das Vektormodell genutzt.

Die Implementierung des Idealpunktmodells erfordert jedoch Kenntnisse über die ideale Ausprägung einer Eigenschaft für jeden Befragten. Die Erhebung dieser Information ist oftmals nicht in einfacher Weise möglich. Das Teilnutzenwertmodell bietet dazu eine Alternative, denn es ist aufgrund seiner Flexibilität in der Lage, einen Idealpunkt näherungsweise abzubilden – ohne Kenntnis über die ideale Ausprägung.

Aus Tab. 9.9 haben wir gelernt, dass der Befragte $i=1$ offenbar einen Kakaogehalt von 50 % bevorzugt. Es scheint, dass es eine ideale Ausprägung für diesen Befragten gibt. Wir wissen jedoch nicht, ob der Idealpunkt genau 50 % beträgt. Vielmehr könnte jeder Wert im Intervall zwischen 30 % und 70 % der Idealpunkt sein. Daher behalten wir das Teilnutzenwertmodell für die Eigenschaft „Kakaogehalt" bei und fahren mit der folgenden Spezifikation der Nutzenfunktion fort:

$$y_k = \beta_0 + \beta_{11} \cdot x_{11k} + \beta_{12} \cdot x_{12k} + \beta_{21} \cdot x_{21k} + \beta_3 \cdot x_{3k}$$

Generell gibt es einen Trade-Off zwischen der Flexibilität der verschiedenen Varianten zur Spezifizierung der Nutzenfunktion und der Anzahl der Parameter, die geschätzt werden müssen. Das Teilnutzenwertmodell ist der flexibelste Ansatz, da es keine Annahme über eine spezifische funktionale Beziehung zwischen den Teilnutzenwerten und dem Gesamtnutzen trifft. Die Anzahl der zu schätzenden Nutzenparameter steigt jedoch bei dem Teilnutzenwertmodell mit der Anzahl der betrachteten Ausprägungen pro Eigenschaft im Vergleich zu den beiden anderen Ansätzen. Aufgrund seiner großen Flexibilität und seiner Möglichkeit, sowohl nominal als auch metrisch skalierte Eigenschaften zu berücksichtigen, wird das Teilnutzenwertmodell jedoch häufig genutzt (vgl. Green et al., 2001, S. 59). Es wird empfohlen, mit einer möglichst flexiblen Spezifikation der Nutzenfunktion zu beginnen (d. h. ein Teilnutzenwertmodell für alle Eigenschaften). Wenn wir aus späteren Analysen lernen, dass für einige (oder sogar alle) Eigenschaften eine lineare Beziehung angenommen werden kann, kann die Spezifikation der Nutzenfunktion geändert und die Analyse erneut durchgeführt werden. Anzumerken ist an dieser Stelle, dass normalerweise für alle Befragten die gleiche Spezifikation der Nutzenfunktion zugrunde gelegt wird.

### 9.2.4.2 Schätzung der Teilnutzenwerte

Nachdem der Zusammenhang zwischen den Teilnutzenwerten der Eigenschaftsausprägungen und dem Gesamtnutzenwert eines Stimulus spezifiziert wurde, können die Nutzenparameter geschätzt werden. Üblicherweise wird hierfür eine Regressionsanalyse verwendet, um die Parameter der Nutzenfunktion zu schätzen. In diesem Kapitel gehen wir nicht auf das Schätzverfahren ein, sondern verweisen den Leser auf Abschn. 2.2.2, in dem die Schätzung einer Regressionsfunktion im Detail erläutert wird.

**Tab. 9.10** Codierung der Variablen zur Schätzung der Nutzenparameter (Teilnutzenwertmodell)

| Stimulus | Kakaogehalt = 30 % ($x_{11k}$) | Kakaogehalt = 50 % ($x_{12k}$) | UTZ-Label ($x_{21k}$) | Preis = 0,80 EUR ($x_{31k}$) | Preis = 1,00 EUR ($x_{32k}$) | Bewertung ($y_k$) |
|---|---|---|---|---|---|---|
| 1 | 0 | 0 | 1 | 1 | 0 | 3 |
| 2 | 1 | 0 | 0 | 0 | 0 | 4 |
| 3 | 0 | 0 | 1 | 0 | 0 | 1 |
| 4 | 1 | 0 | 1 | 0 | 1 | 6 |
| 5 | 0 | 1 | 1 | 0 | 0 | 8 |
| 6 | 0 | 0 | 0 | 0 | 1 | 2 |
| 7 | 0 | 1 | 0 | 1 | 0 | 9 |
| 8 | 0 | 1 | 1 | 0 | 1 | 10 |
| 9 | 1 | 0 | 1 | 1 | 0 | 7 |

Im Folgenden diskutieren wir die Ergebnisse für das Teilnutzenwertmodell und das gemischte Modell (Teilnutzenwertmodell für „Kakaogehalt" und „UTZ-Label" sowie Vektormodell für „Preis"). Die Bewertungen der verschiedenen Stimuli dienen als abhängige Variable $y_k$. Die unabhängigen Variablen sind die Variablen, welche die Eigenschaftsausprägungen widerspiegeln. Wenn das Teilnutzenwertmodell verwendet wird, sind die unabhängigen Variablen binär (Dummy-Variablen). Tab. 9.10 zeigt die entsprechende Codierung der unabhängigen Variablen für dieses Modell. Da alle unabhängigen Variablen binäre Variablen sind, führen wir eine *Dummy-Regression* durch. In diesem Beispiel müssen 6 Nutzenparameter (einschließlich eines konstanten Terms) geschätzt werden. Wir haben also 3 Freiheitsgrade und können die Parameter für einen einzelnen Befragten schätzen.

Eine Schätzung der Nutzenparameter mittels Regressionsanalyse setzt voraus, dass die empirisch erhobenen Bewertungen der Stimuli als Gesamtnutzen der Stimuli interpretiert werden. Dies impliziert, dass die Bewertungen der Stimuli als metrisch angesehen werden. Streng genommen ist dies bei der Bewertung der Stimuli mit ordinalen Bewertungsmethoden nicht der Fall. Dennoch hat sich auch für das Ranking die Schätzung von Nutzenparametern mittels Regression durchgesetzt (vgl. Wittink et al., 1994, S. 46). Wenn die Befragten dem am meisten präferierten Stimulus den Rang 1 zugewiesen haben, ist zunächst eine Umcodierung der Daten erforderlich. Der am meisten präferierte Stimulus erhält den höchsten Wert.[1] Dies erreicht man, indem der beobachtete Rang vom maximalen Rangwert subtrahiert und 1 addiert wird. Wenn

---

[1] Dieser Kommentar bezieht sich auf eine Schätzung der Nutzenfunktion in z. B. EXCEL (siehe www.multivariate.de). SPSS führt die Recodierung automatisch durch.

**Tab. 9.11** Geschätzte Nutzenparameter (Teilnutzenwertmodell)

|  | Parameter | $p$-Wert (Signifikanz) |
|---|---|---|
| Konstanter Term | 0,22 | 0,53 |
| Kakaogehalt = 30 % | 3,67 | 0,00 |
| Kakaogehalt = 50 % | 7,00 | 0,00 |
| UTZ-Label | 0,83 | 0,05 |
| Preis = 0,80 EUR | 2,00 | 0,01 |
| Preis = 1,00 EUR | 1,67 | 0,01 |

beispielsweise 9 Stimuli bewertet wurden, erhält der bevorzugte Stimulus den Wert 9 (= 9 − 1 + 1) und der am wenigsten bevorzugte Stimulus den Wert 1 (= 9 − 9 + 1).

In unserem Beispiel wurden die Präferenzen anhand einer Ratingskala gemessen. Die Ratings können direkt als abhängige Variablen verwendet werden. Tab. 9.11 zeigt die geschätzten Nutzenparameter (Teilnutzenwerte) auf der Grundlage der Regressionsanalyse. Die Teilnutzenwerte für die Eigenschaftsausprägungen „Kakaogehalt = 30 %" und „Kakaogehalt = 50 %" sind beide positiv. Die Eigenschaftsausprägung „Kakaogehalt = 70 %" diente als Referenzwert und hat somit einen Teilnutzenwert von 0. Dementsprechend hat die Ausprägung „Kakaogehalt = 50 %" den höchsten Teilnutzenwert und ist die bevorzugte Eigenschaftsausprägung für den betrachteten Befragten $i = 1$. Dieses Ergebnis deutet darauf hin, dass der Befragte $i = 1$ einen gewissen herben Geschmack der Schokolade mag, aber dass Schokolade nicht zu herb sein sollte. Dieses Ergebnis steht im Einklang mit unserer früheren Vermutung. Darüber hinaus erfahren wir, dass der Befragte ein UTZ-Label bevorzugt. Außerdem präferiert der Befragte einen niedrigeren gegenüber einem höheren Preis. Der Preis von „1,20 EUR" ist der Referenzwert und hat einen Nutzenparameter von 0. Folglich bevorzugt der Befragte einen Preis von 0,80 EUR gegenüber einem Preis von 1,00 EUR und einem Preis von 1,20 EUR.

Zur Veranschaulichung werden auch die Nutzenparameter für das gemischte Modell ermittelt. Es werden das Teilnutzenwertmodell für die Eigenschaften „Kakaogehalt" und „UTZ-Label" und das Vektormodell für die Eigenschaft „Preis" verwendet. Tab. 9.12 zeigt die entsprechende Codierung der unabhängigen Variablen. Nun müssen 5 Parameter einschließlich des konstanten Terms geschätzt werden.

Tab. 9.13 zeigt die Ergebnisse der Regressionsanalyse für das gemischte Modell. Wenn das Vektormodell für den Preis verwendet wird, wird ein negativer Parameter geschätzt. Der negative Preisparameter weist darauf hin, dass der Befragte einen niedrigeren einem höheren Preis vorzieht. Die Teilnutzenwerte für die verschiedenen Ausprägungen der Eigenschaft „Preis" sind jetzt: −4 (= −5 × 0,80) für einen Preis von 0,80 EUR, −5 für einen Preis von 1,00 EUR und −6 für einen Preis von 1,20 EUR. Die Ergebnisse der beiden Modellvarianten entsprechen sich inhaltlich.

**Tab. 9.12** Codierung der Variablen zur Schätzung der Nutzenparameter (gemischtes Modell)

| Stimulus | Kakaogehalt = 30 % | Kakaogehalt = 50 % | UTZ-Label | Preis | Bewertung |
|---|---|---|---|---|---|
| 1 | 0 | 0 | 1 | 0,80 | 3 |
| 2 | 1 | 0 | 0 | 1,20 | 4 |
| 3 | 0 | 0 | 1 | 1,20 | 1 |
| 4 | 1 | 0 | 1 | 1,00 | 6 |
| 5 | 0 | 1 | 1 | 1,20 | 8 |
| 6 | 0 | 0 | 0 | 1,00 | 2 |
| 7 | 0 | 1 | 0 | 0,80 | 9 |
| 8 | 0 | 1 | 1 | 1,00 | 10 |
| 9 | 1 | 0 | 1 | 0,80 | 7 |

**Tab. 9.13** Geschätzte Nutzenparameter (gemischtes Modell)

| | Parameter | $p$-Wert (Signifikanz) |
|---|---|---|
| Konstante | 6,44 | 0,01 |
| Kakaogehalt = 30 % | 3,67 | 0,00 |
| Kakaogehalt = 50 % | 7,00 | 0,00 |
| UTZ-Label | 0,83 | 0,11 |
| Preis | −5,00 | 0,01 |

### 9.2.4.3 Beurteilung der geschätzten Nutzenfunktion

Um zu entscheiden, welche Spezifikation der Nutzenfunktion besser geeignet ist, die Präferenzen des Befragten (i = 1) abzubilden, vergleichen wir die Validität der beiden Modelle. Die Validität der geschätzten Nutzenfunktionen kann auf Grundlage der folgenden Kriterien beurteilt werden:

- Plausibilität der geschätzten Teilnutzenwerte,
- Anpassungsgüte des Modells und
- Vorhersagevalidität.

**Plausibilität der geschätzten Teilnutzenwerte**

Um die Plausibilität der geschätzten Nutzenparameter zu beurteilen, kann zunächst geprüft werden, ob das Vorzeichen der geschätzten Parameter mit den A-priori-Erwartungen übereinstimmt oder nicht *(Augenscheinvalidität)*. Im Beispiel entsprechen die geschätzten Nutzenparameter für den Preis den A-priori-Erwartungen, denn es wurde angenommen, dass die Befragten niedrige Preise bevorzugen. Außerdem scheint es wahrscheinlich, dass ein Nachhaltigkeitslabel positiv bewertet wird. Für die Eigenschaft „Kakaogehalt" können alle möglichen Beziehungen gelten (abnehmender Nutzen, zunehmender Nutzen oder Idealpunkt). Die Durchsicht der Bewertungen ergab jedoch, dass der Befragte eine ideale Ausprägung in Bezug auf den Kakaogehalt hat. Daher scheinen die Ergebnisse des Teilnutzenwertmodells plausibel.

Zusätzlich zeigt die Signifikanz der Nutzenparameter an, ob die Eigenschaften und deren Ausprägungen für den Befragten relevant waren. Aufgrund einer geringen Anzahl von Freiheitsgraden kommt es jedoch häufig zu großen Standardabweichungen und damit zu nicht-signifikanten Parametern. Daher sind nicht-signifikante Nutzenparameter mit Vorsicht zu betrachten. Im Beispiel sind bei Verwendung des Teilnutzenwertmodells alle Parameter signifikant (vgl. Tab. 9.11), während der Nutzenparameter für „UTZ-Label" für das gemischte Modell auf dem 5 %-Niveau nicht signifikant ist ($p=0{,}11$). Die beiden Nutzenfunktionen führen somit zu widersprüchlichen Ergebnissen bezüglich der Relevanz des Nachhaltigkeitslabels.

**Anpassungsgüte des Modells**
Um die Anpassungsgüte einer geschätzten Nutzenfunktion zu beurteilen, können wir die beobachteten und geschätzten Gesamtnutzenwerte vergleichen. Wir können korrelationsbasierte Maße wie die Pearson-Korrelation oder Kendalls Tau nutzen, um die Anpassungsgüte zu bewerten. Die Pearson-Korrelation ist ein angemessenes Maß, wenn die beobachteten Bewertungen metrisch skaliert sind (Ratings). Stattdessen ist Kendalls Tau für Rankingdaten anzuwenden. Kendalls Tau vergleicht die geschätzte mit der beobachteten Rangreihung der Stimuli. Das Vorzeichen von Kendalls Tau zeigt die Richtung der Beziehung an, während der absolute Wert die Stärke der Beziehung angibt. Für beide Maße liegt der Wertebereich zwischen $-1$ und $+1$, wobei ein Wert nahe $+1$ angestrebt wird.

Da in unserem Beispiel Ratingdaten beobachtet werden, nutzen wir die Pearson-Korrelation, um die Anpassungsgüte der beiden geschätzten Modelle zu beurteilen. Für das Teilnutzenwertmodell beträgt die Pearson-Korrelation 0,998. Für das gemischte Modell ist die Pearson-Korrelation mit einem Wert von 0,992 etwas niedriger. Beide Werte sind jedoch sehr hoch und weisen auf eine hohe Anpassungsgüte der beiden Modelle hin. Im Folgenden fokussieren wir aus didaktischen Gründen auf das gemischte Modell.

**Vorhersagevalidität**
Um die Vorhersagevalidität zu beurteilen, kann eine Holdout-Stichprobe verwendet werden. Eine Holdout-Stichprobe besteht aus Stimuli, die von den Befragten bewertet, aber bei der Schätzung der Parameter nicht berücksichtigt werden. Die Berücksichtigung von Holdout-Stimuli erlaubt zwar die Beurteilung der Vorhersagevalidität, jedoch steigt somit die Anzahl der Bewertungen, die ein Befragter vornehmen muss. Dadurch erhöht sich der kognitive Aufwand für die Befragten, was sich negativ auf die Reliabilität und Validität der Bewertungen auswirken kann.

Wenn Holdout-Stimuli berücksichtigt werden, werden die Gesamtnutzenwerte für diese Stimuli unter Verwendung der geschätzten Nutzenparameter prognostiziert.

Diese Werte werden dann mit den beobachteten Gesamtnutzenwerten verglichen. Zur Beurteilung der Vorhersagevalidität kann wiederum ein Korrelationsmaß verwendet werden. Alternativ können wir vorhersagen, welcher Stimulus in der Holdout-Stichprobe der bevorzugte ist (1. Wahl) und beurteilen, ob wir auch den höchsten Gesamtnutzen für diesen spezifischen Stimulus beobachten. Ist dies der Fall, gilt dies als sogenannter „Treffer". Der Prozentsatz der Treffer über alle Befragten hinweg kann auch als Maß für die Vorhersagevalidität dienen. In unserem Beispiel wurde keine Holdout-Stichprobe berücksichtigt. Wir verweisen den Leser für eine ausführlichere Diskussion auf Abschn. 9.3.3.

### 9.2.5 Interpretation der Teilnutzenwerte

In einem letzten Schritt ist zu diskutieren, welche Erkenntnisse und Implikationen aus den geschätzten Teilnutzenwerten abgeleitet werden können. Zunächst wird auf die Erkenntnisse eingegangen, die sich in Bezug auf die Präferenzstruktur der einzelnen Befragten gewinnen lassen. Dabei wird auch gezeigt, wie sich die relative Wichtigkeit der Eigenschaften ableiten lässt. Anschließend wird auf den Vergleich von Ergebnissen verschiedener Befragter eingegangen. Weiterhin wird gezeigt, wie die Ergebnisse zur Vorhersage des Konsumentenverhaltens genutzt werden können, um Entscheidungen von Managern, politischen Entscheidungsträgern und anderen Anwendern zu unterstützen.

#### 9.2.5.1 Präferenzstruktur und relative Wichtigkeit einer Eigenschaft

Die geschätzten Teilnutzenwerte ermöglichen die Ableitung des „optimalen" Produkts für einen Befragten. Unabhängig von der Spezifikation der Nutzenfunktion (Teilnutzenwertmodell vs. gemischtes Modell) ist im Anwendungsbeispiel eine Schokolade mit 50 % Kakaogehalt, einem UTZ-Label und einem Preis von 0,80 EUR die Schokolade mit dem höchsten Nutzen für den Befragten $i=1$. Der geschätzte Gesamtnutzenwert beträgt 10,05 (= 0,22 + 7,00 + 0,83 + 2,00) für das Teilnutzenwertmodell und 10,27 (= 6,44 + 7,00 + 0,83 + (−5 × 0,80)) für das gemischte Modell. In beiden Modellen liefert ein Kakaogehalt von 50 % den höchsten Beitrag zum geschätzten Nutzen mit einem Teilnutzenwert von 7,00.

Es ist jedoch zu beachten, dass das absolute Niveau der Teilnutzenwerte nicht die relative Wichtigkeit einer Eigenschaft widerspiegelt. Weist beispielsweise eine Eigenschaft im Vergleich zu einer anderen Eigenschaft in allen Ausprägungen konstant hohe

Teilnutzenwerte auf, kann daraus nicht geschlossen werden, dass diese Eigenschaft für den Befragten wichtiger ist als eine andere Eigenschaft mit niedrigeren Teilnutzenwerten. Vielmehr muss die Veränderung des Gesamtnutzens betrachtet werden, wenn sich eine Eigenschaftsausprägung ändert. Somit ist die Spannweite der Teilnutzenwerte einer Eigenschaft entscheidend für die Wichtigkeit derselben. Die Spannweite ist die Differenz zwischen dem höchsten und dem niedrigsten Teilnutzenwert einer Eigenschaft. Im Anwendungsbeispiel beträgt die Spannweite für die Eigenschaft „Kakaogehalt" 7 (= 7,00–0). Wenn die Spannweite groß ist, kann durch eine Änderung der Eigenschaftsausprägung eine signifikante Änderung des Gesamtnutzens erreicht werden. Wenn die Spannweite einer Eigenschaft in Relation zur Summe der Spannweiten aller Eigenschaften gesetzt wird, erhält man die relative Wichtigkeit einer einzelnen Eigenschaft:

$$w_j = \frac{\max_m \{b_{jm}\} - \min_m \{b_{jm}\}}{\sum_{j=1}^{J} \left(\max_m \{b_{jm}\} - \min_m \{b_{jm}\}\right)} \quad (9.4)$$

Im Anwendungsbeispiel ist die Eigenschaft „Kakaogehalt" für den Befragten die wichtigste Eigenschaft (vgl. Tab. 9.14). Die relative Wichtigkeit beträgt 71,2 % (oder 0,712 = 7,00/9,83), wenn man das gemischte Modell betrachtet. Eine Änderung des Kakaogehalts führt zu einer substanziellen Änderung des Gesamtnutzenwertes. Im Gegensatz dazu ist die Eigenschaft „UTZ-Label" die am wenigsten wichtige Eigenschaft (relative Wichtigkeit = 8,5 % oder 0,085).

Es ist wichtig zu beachten, dass die relative Wichtigkeit einer Eigenschaft von der Anzahl der Ausprägungen einer Eigenschaft *(Number-of-Levels-Effekt)* und der Spannweite der Eigenschaft *(Bandbreiteneffekt)* abhängen kann (vgl. Verlegh et al., 2002). Der sogenannte „Number-of-Levels-Effekt" tritt auf, wenn eine Erhöhung der Anzahl der Eigenschaftsausprägungen (bei gleichbleibender Spannweite) zu einer höheren Wichtigkeit der Eigenschaft führt. Im Anwendungsbeispiel wurden 3 Ausprägungen der Eigenschaft „Preis" betrachtet: 0,80 EUR, 1,00 EUR und 1,20 EUR. Wenn wir nun die Anzahl der Ausprägungen bei gleichbleibender Spannweite auf fünf erhöhen (0,80 EUR, 0,90 EUR, 1,00 EUR, 1,10 EUR, 1,20 EUR), so wird die Eigenschaft „Preis" für die Befragten an Wichtigkeit gewinnen. Das liegt darin begründet, dass es mehr

**Tab. 9.14** Relative Wichtigkeit der Eigenschaften (gemischtes Modell)

| | Minimaler geschätzter Teilnutzenwert | Maximaler geschätzter Teilnutzenwert | Spannweite | Relative Wichtigkeit |
|---|---|---|---|---|
| Kakaogehalt | 0,00 | 7,00 | 7,00 | 0,712 |
| UTZ-Label | 0,00 | 0,83 | 0,83 | 0,085 |
| Preis | −6,00 | −4,00 | 2,00 | 0,203 |
| Summe | | | 9,83 | 1,000 |

Ausprägungsstufen gibt und die Befragten dadurch mehr auf Preisänderungen achten. Darüber hinaus kann eine größere Spannweite von Eigenschaftsausprägungen auch zu einer höheren Bedeutung einer Eigenschaft führen (z. B. wenn die Preise zwischen 0,80 EUR und 1,50 EUR liegen). Daher muss der Anwender bereits beim Design einer Conjoint-Studie sorgfältig die Anzahl der Ausprägungen und Spannweiten abwägen (vgl. Abschn. 9.2.1).

### 9.2.5.2 Standardisierung von Nutzenparametern

Bislang haben wir die Präferenzdaten eines einzelnen Befragten betrachtet und analysiert. Meist beobachten wir aber die Präferenzdaten von mehr als einem Befragten. Es ist jedoch nicht möglich, die geschätzten Nutzenparameter über die Befragten hinweg direkt zu vergleichen, da die Befragten möglicherweise verschiedene subjektive Skalen zur Bewertung der Stimuli verwendet haben. Um Vergleiche zwischen verschiedenen Personen vornehmen zu können, müssen die individuell geschätzten Nutzenparameter transformiert und standardisiert werden.

Eine Möglichkeit, die individuellen Teilnutzenwerte zu transformieren und zu standardisieren, besteht darin, die geschätzten Teilnutzenwerte für alle Befragten um einen gemeinsamen „Nullpunkt" zu zentrieren. Dabei wird normalerweise der niedrigste Teilnutzenwert einer Eigenschaft gleich 0 gesetzt. So wird in einem ersten Schritt die Differenz zwischen den einzelnen Teilnutzenwerten und dem niedrigsten Teilnutzenwert der entsprechenden Eigenschaft berechnet:

$$b_{jm}^* = b_{jm} - b_j^{\min} \qquad (9.5)$$

mit

$b_{jm}$ geschätzter Teilnutzenwert der Ausprägung $m$ der Eigenschaft $j$
$b_j^{\min}$ geschätzter minimaler Teilnutzenwert der Eigenschaft $j$ über alle Ausprägungen hinweg

Gl. (9.5) gilt für das Teilnutzenwertmodell. Wenn das Vektormodell genutzt wurde, müssen zunächst die Teilnutzenwerte berechnet werden, indem die Nutzenparameter mit den entsprechenden Ausprägungswerten multipliziert werden. Für das gemischte Modell erhalten wir so für die Eigenschaft „Preis" die folgenden Werte für $b_{jm}^*$: 2 bei einem Preis von 0,80 EUR, 1 bei einem Preis von 1,00 EUR und 0 bei einem Preis von 1,20 EUR.

Im zweiten Schritt betrachten wir den geschätzten maximalen Gesamtnutzenwert für einen Befragten. Der maximale Gesamtnutzenwert ist die Summe der bevorzugten Eigenschaftsausprägungen. Im Beispiel bevorzugt der Befragte einen Kakaogehalt von 50 %, ein UTZ-Label und einen Preis von 0,80 EUR. Eine solche Schokolade hat bei Betrachtung des gemischten Modells einen Gesamtnutzenwert (basierend auf $b_{jm}^*$) von 16,27 (= 6,44 + 7,00 + 0,83 + 2,00). Der maximale transformierte Gesamtnutzenwert wird dann verwendet, um die Nutzenparameter so zu standardisieren, dass der standardisierte

**Tab. 9.15** Standardisierte Teilnutzenwerte (gemischtes Modell)

|  | Geschätzter Teilnutzenwert $b_{jm}$ | Transformierter Teilnutzenwert $b_{jm}^*$ | Standardisierter Teilnutzenwert $b_{jm}^{std.}$ |
|---|---|---|---|
| Konstanter Term | 6,44 |  | 0,396 |
| Kakaogehalt = 30 % | 3,67 | 3,67 | 0,225 |
| Kakaogehalt = 50 % | 7,00 | 7,00 | 0,430 |
| UTZ-Label | 0,83 | 0,83 | 0,051 |
| Preis = 0,80 EUR | −4,00 | 2,00 | 0,123 |
| Preis = 1,00 EUR | −5,00 | 1,00 | 0,061 |

Gesamtnutzenwert des optimalen Stimulus gleich 1 wird. Dies führt allgemein zu den standardisierten Teilnutzenwerten:

$$b_{jm}^{std.} = \frac{b_{jm}^*}{b_0 + \sum_{j=1}^{J} \max\{b_{jm}^*\}} \quad (9.6)$$

Tab. 9.15 zeigt die standardisierten Teilnutzenwerte für den Befragten $i = 1$. Wenn wir die Teilnutzenwerte der bevorzugten Eigenschaftsausprägungen inklusive des konstanten Terms aufsummieren, erhält man einen Wert von 1. Nachdem die Nutzenparameter gemäß Gl. (9.6) standardisiert wurden, können wir die Ergebnisse über unterschiedliche Befragte hinweg vergleichen.

### 9.2.5.3 Aggregierte Teilnutzenwerte

Häufig sind wir nicht an den Ergebnissen für jeden einzelnen Befragten, sondern an aggregierten Nutzenparametern über alle befragten Personen oder Gruppen (Segmente) von Befragten hinweg interessiert. Um aggregierte Teilnutzenwerte zu erhalten, stehen zwei grundlegende Ansätze zur Verfügung:

- Aggregation der individuellen Teilnutzenwerte,
- Gemeinsame Analyse der Präferenzdaten von mehreren oder allen Befragten.

**Aggregation der individuellen Teilnutzenwerte**

Es werden $N$ individuelle Analysen durchgeführt und die Nutzenparameter für jeden einzelnen Befragten ermittelt. Anschließend werden die individuellen Nutzenparameter standardisiert (vgl. Abschn. 9.2.5.2), bevor dann der Mittelwert der einzelnen Nutzenparameter über die Befragten hinweg berechnet wird. Wir können auch Gruppen definieren, für die wir dann die Mittelwerte der Nutzenparameter ermitteln. Wenn wir beispielsweise davon ausgehen, dass sich Frauen und Männer hinsichtlich ihrer Präferenzen in Bezug auf Schokolade unterscheiden, können wir die Mittelwerte der

Nutzenparameter für Frauen und Männer getrennt berechnen. So können vordefinierte Gruppen verwendet und die Nutzenparameter – basierend auf den individuellen Teilnutzenwerten – für jede Gruppe ermittelt werden. Alternativ können wir die standardisierten Nutzenparameter als Segmentierungsvariablen für die Clusteranalyse verwenden (vgl. Kap. 8). Dabei werden Gruppen mit ähnlichen Präferenzen identifiziert. Später können beschreibende Variablen wie Demografie oder Psychografie genutzt werden, um die Gruppen (Cluster) zu beschreiben.

**Gemeinsame Analyse der Präferenzdaten von mehreren oder allen Befragten**
Wir können auch alle beobachteten Präferenzdaten zusammen für die Schätzung der Teilnutzenwerte verwenden. Wenn wir beispielsweise eine Stichprobe von 100 Befragten haben und jeder Befragte die in Tab. 9.8 beschriebenen 9 Stimuli bewertet, erhalten wir 900 anstelle von nur 9 Beobachtungen. Mithilfe dieser 900 Beobachtungen schätzen wir dann die Nutzenparameter.

Eine Schätzung der Nutzenparameter über alle Befragten hinweg führt jedoch in der Regel zu weniger genauen Schätzungen für einen einzelnen Befragten. Dies liegt daran, dass die Heterogenität der Präferenzen der Befragten ignoriert wird. Durch die gemeinsame Schätzung der Nutzenparameter gehen Informationen verloren. Dies kann zu verzerrten Nutzenparameter führen. Allerdings sind mehr Beobachtungen vorhanden, um die gleiche Anzahl von Nutzenparametern zu schätzen, sodass nun auch mehr Freiheitsgrade gegeben sind, was letztendlich wiederum zu effizienteren Schätzungen der Nutzenparameter führt. Es gilt jedoch, sorgfältig zu prüfen, ob eine gemeinsame Schätzung zu validen Ergebnissen führt. Beispielsweise können zunächst individuelle Analysen durchgeführt werden, um zu überprüfen, ob die standardisierten Nutzenparameter der Befragten erheblich variieren. Wenn dies der Fall ist, besteht ein hohes Maß an Heterogenität. Dann sollte *keine* gemeinsame Schätzung vorgenommen werden. Es ist dann vielmehr angeraten, mithilfe einer Clusteranalyse homogene Gruppen, d. h. Gruppen mit ähnlichen Präferenzstrukturen, zu bilden (vgl. Kap. 8).

### 9.2.5.4 Simulationen auf der Grundlage von Teilnutzenwerten
Häufig ist der Anwender daran interessiert, die Ergebnisse einer Conjoint-Analyse zu nutzen, um den Gesamtnutzenwert für Objekte vorherzusagen, die nicht Teil der Conjoint-Studie waren. Wir können den Gesamtnutzenwert für jede mögliche Kombination von Eigenschaftsausprägungen auf der Grundlage der geschätzten Nutzenparameter berechnen.

Angenommen, es ist zu prüfen, ob die Konsumenten eine Schokolade ohne UTZ-Label für 1,00 EUR oder eine Schokolade mit UTZ-Label für 1,20 EUR bevorzugen – beide mit einem Kakaogehalt von 50 %. Die erste Alternative war nicht Teil des Versuchsdesigns, während die zweite Alternative vom Befragten (i = 1) bewertet wurde ($k=5$; Bewertung = 8). Basierend auf den geschätzten Nutzenparametern aus dem gemischten Modell ergeben sich folgende Gesamtnutzenwerte für die beiden Alternativen:

- Alternative 1 (50 % Kakao, ohne UTZ-Label, 1,00 EUR) = 8,44
- Alternative 2 (50 % Kakao, UTZ-Label, 1,20 EUR) = 8,27

Der Befragte bevorzugt die erste Alternative ohne UTZ-Label zu einem Preis von 1,00 EUR gegenüber der zweiten Alternative mit UTZ-Label für 1,20 EUR. Dennoch ist der Unterschied bei den vorhergesagten Gesamtnutzenwerten eher gering.

Um das potenzielle Kaufverhalten des Befragten vorherzusagen, können drei Ansätze genutzt werden:

- First-Choice-Regel (auch Max-Utility-Regel),
- Probabilistische Auswahlregel (auch Bradley-Terry-Luce (BTL)-Regel) und
- Logit-Regel.

Da die Conjoint-Analyse keine Annahme trifft, wie die Gesamtnutzenwerte mit dem tatsächlichen Kauf- oder Auswahlverhalten verknüpft sind, muss hierfür eine Regel angegeben werden.

**First-Choice-Regel**
Die *First-Choice-Regel* sagt voraus, dass die Konsumenten „mit Sicherheit" das Produkt mit dem höchsten Gesamtnutzenwert wählen werden. Wir weisen also der Alternative mit dem höchsten Gesamtnutzenwert eine Auswahlwahrscheinlichkeit von 100 % zu. Die andere(n) Alternative(n) haben hingegen eine Auswahlwahrscheinlichkeit von 0 %. Wenn zwei Alternativen exakt den gleichen Gesamtnutzenwert haben, wird die Wahlwahrscheinlichkeit gleichmäßig auf diese Stimuli verteilt, sodass sie für beide Alternativen 50 % beträgt. In unserem Beispiel sagen wir voraus, dass der Befragte die Alternative 1 mit einer Auswahlwahrscheinlichkeit von 100 % wählt. Dennoch können wir uns fragen, ob die Welt wirklich nur schwarz oder weiß ist (0/1).

**Probabilistische Auswahlregel**
Alternativ kann auch eine *probabilistische Auswahlregel* (BTL-Regel) genutzt werden: Die probabilistische Auswahlregel berücksichtigt, dass Konsumenten ein Produkt nur mit einer bestimmten Wahrscheinlichkeit wählen. Der jeweilige Gesamtnutzenwert des Produkts wird durch die Summe der Gesamtnutzenwerte aller betrachteten Alternativen geteilt.

$$P_{ik^*} = \frac{u_{ik^*}}{\sum_{k^*=1}^{K^*} u_{ik^*}} \tag{9.7}$$

mit

$P_{ik^*}$  Wahrscheinlichkeit, dass der Konsument $i$ die Alternative $k^*$ wählt
$u_{ik^*}$  Gesamtnutzen der Alternative $k^*$ für den Konsumenten $i$

Im Beispiel ist die Auswahlwahrscheinlichkeit für die erste Alternative gleich 0,505 (= 8,44/16,71) bzw. 50,5 %, während die Auswahlwahrscheinlichkeit für die zweite Alternative 0,495 bzw. 49,5 % beträgt.

**Logit-Regel**
Eine Variation der probabilistischen Auswahlregel ist die *Logit-Regel*, die sich zur Berechnung der Auswahlwahrscheinlichkeit auf die folgende Gleichung stützt:

$$P_{ik*} = \frac{\exp(u_{ik*})}{\sum_{k*=1}^{K*} \exp(u_{ik*})} \tag{9.8}$$

Die Logit-Regel impliziert eine s-förmige Beziehung zwischen dem Gesamtnutzenwert und der Auswahlwahrscheinlichkeit (vgl. Abb. 9.25). In unserem Beispiel sind die Auswahlwahrscheinlichkeiten 54 % (= exp(8,44)/(exp(8,44)+exp(8,27))) für die erste und 46 % für die zweite Alternative. Die Auswahlwahrscheinlichkeiten unterscheiden sich nicht wesentlich, da auch die Gesamtnutzenwerte nahe beieinanderliegen. Wenn wir große Unterschiede bei den Gesamtnutzenwerten beobachten, konvergiert die Logit-Regel zur First-Choice-Regel.

Zur Erinnerung: Die Conjoint-Analyse impliziert keine spezifische Auswahlregel. Der Anwender muss entscheiden, welche Regel zur Vorhersage des Konsumentenverhaltens genutzt wird. Da Konsumenten meist aber eine Auswahlentscheidung treffen, wurde die traditionelle Conjoint-Analyse in diesem Punkt als wenig realitätsnah kritisiert. Die Reaktion auf diese Kritik führte zur Entwicklung der sogenannten auswahlbasierten Conjoint-Analyse (Choice-Based Conjoint oder auch CBC), die wegen ihrer Relevanz in Forschung und Praxis in Abschn. 9.4 näher erläutert wird.

## 9.3 Fallbeispiel

### 9.3.1 Problemstellung

Im Folgenden wird – basierend auf einer größeren Stichprobe – die Durchführung einer Conjoint-Analyse mithilfe von SPSS erläutert. Es wird von folgender Situation ausgegangen: Ein Manager eines Herstellers von Schokolade erwägt die Einführung von Pralinen. Zu diesem Zweck befragt er auf einer Süßwarenmesse potenzielle Abnehmer und Konsumenten zu Aspekten, die beim Kauf von Pralinen relevant sind. Tab. 9.16 zeigt die identifizierten Eigenschaften und Eigenschaftsausprägungen.[2]

---

[2] Auf der zu diesem Buch gehörigen Internetseite www.multivariate.de stellen wir ergänzendes Material zur Verfügung, um das Verstehen der Methode zu erleichtern und zu vertiefen.

**Tab. 9.16** Eigenschaften und Eigenschaftsausprägungen im Fallbeispiel

| Eigenschaften | Eigenschaftsausprägungen |
|---|---|
| Geschmacksrichtung | • Fruchtig<br>• Nussig<br>• Gemischt |
| Größe der Pralinen | • 5 g<br>• 10 g<br>• 15 g |
| Zusatz von Superfoods | • Mit Superfood (Johannisbrot und Lucuma)<br>• Ohne Superfood (Johannisbrot und Lucuma) |
| Füllung | • Cremig<br>• Flüssig |
| Verpackung | • Einzeln in Folie verpackt<br>• Einzeln in Papier verpackt<br>• Nicht einzeln verpackt |
| Preis (150 g Schachtel) | • 5,99 EUR<br>• 6,99 EUR<br>• 7,99 EUR |

Insgesamt können auf Basis der 6 Eigenschaften und deren Ausprägungen 324 ($= 3 \times 3 \times 2 \times 2 \times 3 \times 3$) verschiedene Pralinensorten (Stimuli) erzeugt werden. Im Folgenden wird zunächst gezeigt, wie mithilfe von SPSS ein reduziertes Design erstellt werden kann.

### 9.3.2 Durchführen einer Conjoint-Analyse mit SPSS

Die Durchführung einer Conjoint-Analyse mit SPSS erfolgt in mehreren Schritten. Zuerst wird das Erhebungsdesign erstellt. Danach wird eine Datendatei erzeugt, die die Präferenzdaten der Befragten enthält. Zuletzt werden die Nutzenparameter für jeden einzelnen Befragten und die Stichprobe geschätzt.

**Generierung eines reduzierten Designs mithilfe von SPSS ORTHOPLAN**
Die Erstellung eines reduzierten Designs wird in SPSS über die Menüabfolge *„Daten/ Orthogonales Design/Erzeugen"* angefordert. Auf diese Weise wird die SPSS-Prozedur ORTHOPLAN gestartet (vgl. Abb. 9.7).

Es öffnet sich ein Dialogfenster (vgl. Abb. 9.8), in welches der Name und die Bezeichnung der ersten Eigenschaft (hier: Geschmack) einzugeben sind. Der *„Faktorname"* muss dabei den SPSS-Namenskonventionen entsprechen. Das heißt, der Name der Eigenschaft muss mit einem Buchstaben beginnen und darf bis zu 8 Zeichen ohne Leerzeichen enthalten. Die *„Faktorbeschriftung"* kann frei gewählt werden.

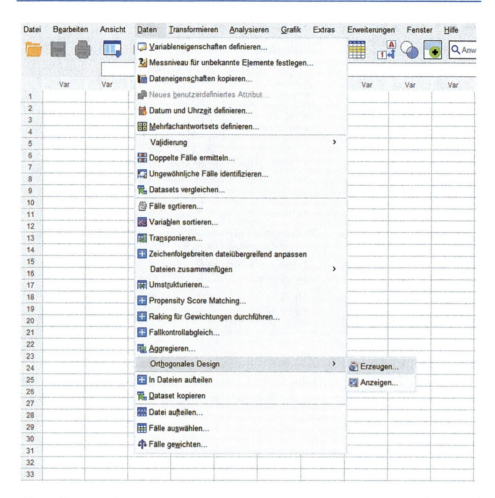

**Abb. 9.7** Erzeugen eines reduzierten Designs in SPSS

Im Fallbeispiel ist die erste Eigenschaft „Geschmack". Sobald der Name des Faktors und die Beschriftung eingegeben sind, klickt man auf *„Hinzufügen"*.

Mit dem Klick auf die Eigenschaft können die Eigenschaftsausprägungen angegeben werden (vgl. Abb. 9.9; *„Werte definieren"*). Es öffnet sich ein neues Dialogfenster, in welches die verschiedenen Werte für die Eigenschaftsausprägungen und die entsprechenden Beschriftungen eingetragen werden können. Für die Eigenschaft „Geschmack" sind die drei Eigenschaftsausprägungen 1 bis 3 (fruchtig, nussig und gemischt) angegeben. Mit einem Klick auf *„Weiter"* können dann die anderen Eigenschaften und deren Ausprägungen nach dem gleichen Verfahren erfasst werden. Sind die Eigenschaften metrischer Natur, wie z. B. die Eigenschaften „Größe" und „Preis", können die tatsächlichen Ausprägungen als Werte eingegeben werden (z. B. 5 = 5 g oder 5,99 = 5,99 EUR).

## 9.3 Fallbeispiel

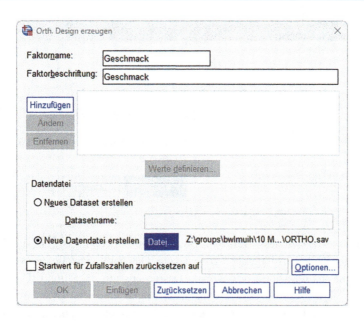

**Abb. 9.8** Dialogfenster: Orthogonales Design erzeugen

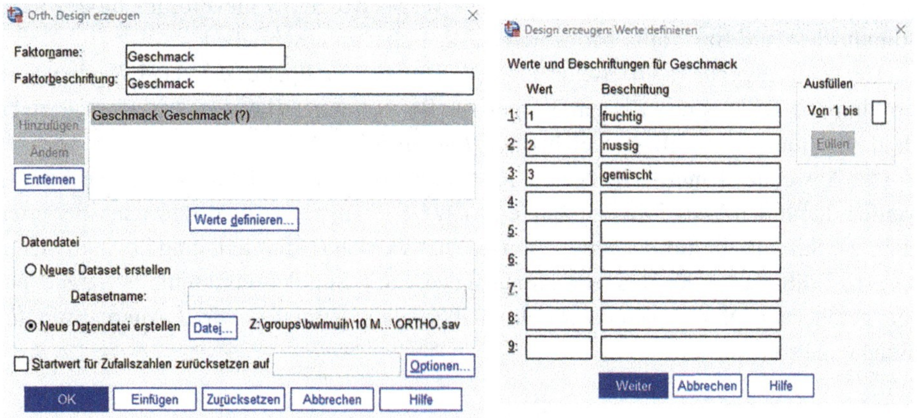

**Abb. 9.9** Dialogfenster: Design erzeugen: Werte definieren

Sind die Eigenschaften und Eigenschaftsausprägungen erfasst, können zudem Holdout-Stimuli definiert werden. Zu diesem Zweck ist das Feld „*Optionen*" (vgl. Abb. 9.9, links) auszuwählen, in welches die Anzahl der Holdout-Stimuli *(Holdout-Fälle)* eingegeben werden kann (vgl. Abb. 9.10). Im Fallbeispiel werden 4 Holdout-Stimuli betrachtet.

Um das reduzierte Design zu erzeugen und zu speichern, ist auf „*Neue Datendatei erstellen*" zu klicken (vgl. Abb. 9.9). SPSS zeigt an, dass 16 Karten (Stimuli) generiert

**Abb. 9.10** Dialogfenster: Orthogonales Design erzeugen: Optionen

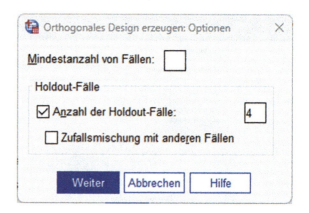

werden. Dies ist die Mindestanzahl von Stimuli, die notwendig ist, um die Teilnutzenwerte der Eigenschaftsausprägungen zu schätzen. Das heißt, anstelle der 324 möglichen Stimuli besteht das reduzierte orthogonale Design aus nur 16 Stimuli. Darüber hinaus werden 4 Stimuli erzeugt, die die Holdout-Stimuli repräsentieren.

Anschließend ist die neu generierte Datendatei zu öffnen und über „*Ansicht*" sind die „*Wertebeschriftungen*" zu aktivieren (vgl. Abb. 9.11). Anstelle des numerischen Wertes für die Eigenschaftsausprägungen werden die verbalen Umschreibungen angezeigt (vgl. Abb. 9.12). Für die Darstellung der Stimuli verwendet SPSS die Profilmethode: Jeder Stimulus wird auf Basis aller betrachteten Eigenschaften beschrieben.

Abb. 9.12 zeigt das reduzierte orthogonale Design. Die Spalte „*STATUS_*" gibt an, ob ein Stimulus Teil des reduzierten Designs ist (Bezeichnung: *Design,* Wert: 0) oder einen Holdout-Stimulus darstellt (Bezeichnung: *Holdout,* Wert: 1).

Der Anwender kann auch Stimuli für Simulationszwecke definieren. Diese Stimuli werden durch den Wert 2 in der Spalte „*STATUS_*" angezeigt. Die Befragten bewerten nicht die Stimuli, die für die Simulation genutzt werden (Nummerierung beginnt wieder bei 1). SPSS berechnet den Gesamtnutzenwert der Simulationsstimuli basierend auf den geschätzten Nutzenparametern. Im Fallbeispiel definieren wir 2 Alternativen für Simulationszwecke:

- Alternative 1: gemischte Mini-Pralinen (5 g), die Superfoods enthalten und eine cremige Füllung haben. Die Pralinen sind nicht einzeln verpackt und werden zu einem Preis von 6,99 EUR angeboten.
- Alternative 2: fruchtige Pralinen mittlerer Größe (10 g), die eine flüssige Füllung haben, aber kein Superfood enthalten. Diese sind einzeln in Papier verpackt und werden für 7,99 EUR angeboten.

Die beiden Alternativen wurden der Datei hinzugefügt und erscheinen in den Zeilen 21 und 22 in Abb. 9.12.

## 9.3 Fallbeispiel

| | Geschmack | Ansicht | Daten | Transformieren | Analysieren | Verpackung | Preis |
|---|---|---|---|---|---|---|---|
| 1 | 2,00 | | Statusleiste | | | 3,00 | 5,99 |
| 2 | 2,00 | | Symbolleisten | | > | 2,00 | 7,99 |
| 3 | 1,00 | | Menüeditor... | | | 1,00 | 6,99 |
| 4 | 1,00 | | Schriftarten... | | | 1,00 | 5,99 |
| 5 | 1,00 | ☑ | Rasterlinien | | | 3,00 | 6,99 |
| 6 | 3,00 | | Wertbeschriftungen | | | 1,00 | 7,99 |
| 7 | 1,00 | | Imputierte Daten markieren | | | 1,00 | 7,99 |
| 8 | 1,00 | | Variablenansicht anpassen... | | | 3,00 | 7,99 |
| 9 | 1,00 | 2,00 | Variablen | | Strg+T | 2,00 | 5,99 |
| 10 | 2,00 | 3,00 | 1,00 | 1,00 | | 1,00 | 5,99 |
| 11 | 2,00 | 2,00 | ,00 | 1,00 | | 1,00 | 6,99 |
| 12 | 3,00 | 2,00 | ,00 | 2,00 | | 1,00 | 5,99 |
| 13 | 1,00 | 3,00 | ,00 | 1,00 | | 2,00 | 5,99 |
| 14 | 1,00 | 1,00 | 1,00 | 1,00 | | 1,00 | 5,99 |
| 15 | 3,00 | 1,00 | ,00 | 1,00 | | 3,00 | 5,99 |
| 16 | 3,00 | 1,00 | 1,00 | 1,00 | | 2,00 | 6,99 |
| 17 | 3,00 | 2,00 | 1,00 | 2,00 | | 1,00 | 5,99 |
| 18 | 3,00 | 1,00 | 1,00 | 2,00 | | 3,00 | 5,99 |
| 19 | 2,00 | 1,00 | ,00 | 1,00 | | 1,00 | 5,99 |
| 20 | 1,00 | 3,00 | ,00 | 2,00 | | 2,00 | 6,99 |
| 21 | 3,00 | 1,00 | 1,00 | 1,00 | | 3,00 | 6,99 |
| 22 | 1,00 | 2,00 | ,00 | 2,00 | | 2,00 | 7,99 |

**Abb. 9.11** Anzeigen der Beschriftungen von Eigenschaftsausprägungen

**Erstellen einer Datendatei mit den Präferenzdaten**

Die erzeugten Stimuli können nun in einer Umfrage genutzt werden, um Informationen über die Präferenzen der Konsumenten zu erheben. Im Beispiel wurden Daten von 41 Befragten gesammelt. Die Bewertungen der Befragten werden in eine neue SPSS-Datei eingegeben. Jede Zeile enthält die Bewertungen eines Befragten (vgl. Abb. 9.13). Es gibt drei Optionen zur Eingabe der Bewertungen:

1. Wir können die Befragten bitten, *die Stimuli in der Reihenfolge vom bevorzugten bis zum am wenigsten gewünschten Stimulus anzuordnen.* Dann enthält die erste Spalte in der SPSS-Datendatei die ID des Befragten und die zweite Spalte die Nummer des bevorzugten Stimulus usw.
2. Wir können die Befragten bitten, *jedem Stimulus einen Rang von 1 bis K zuzuordnen,* wobei $K$ die Anzahl der Stimuli darstellt. Ein niedriger Rang bedeutet eine

| | Geschmack | Groesse | Superfoods | Fuellung | Verpackung | Preis |
|---|---|---|---|---|---|---|
| 1 | nussig | 5g | beinhaltet Superfoods | flüssig | nicht individuell verpackt | 5,99 EUR |
| 2 | nussig | 5g | beinhaltet keine Superfoods | flüssig | individuell in Papier verpackt | 7,99 EUR |
| 3 | fruchtig | 5g | beinhaltet Superfoods | flüssig | individuell in Folie verpackt | 6,99 EUR |
| 4 | fruchtig | 5g | beinhaltet keine Superfoods | flüssig | individuell in Folie verpackt | 5,99 EUR |
| 5 | fruchtig | 15g | beinhaltet keine Superfoods | flüssig | nicht individuell verpackt | 6,99 EUR |
| 6 | gemischt | 15g | beinhaltet Superfoods | flüssig | individuell in Folie verpackt | 7,99 EUR |
| 7 | fruchtig | 5g | beinhaltet keine Superfoods | cremig | individuell in Folie verpackt | 7,99 EUR |
| 8 | fruchtig | 10g | beinhaltet Superfoods | cremig | nicht individuell verpackt | 7,99 EUR |
| 9 | fruchtig | 10g | beinhaltet Superfoods | flüssig | individuell in Papier verpackt | 5,99 EUR |
| 10 | nussig | 15g | beinhaltet Superfoods | cremig | individuell in Folie verpackt | 5,99 EUR |
| 11 | nussig | 10g | beinhaltet keine Superfoods | cremig | individuell in Folie verpackt | 6,99 EUR |
| 12 | gemischt | 10g | beinhaltet Superfoods | flüssig | individuell in Folie verpackt | 5,99 EUR |
| 13 | fruchtig | 15g | beinhaltet keine Superfoods | cremig | individuell in Folie verpackt | 5,99 EUR |
| 14 | fruchtig | 5g | beinhaltet Superfoods | cremig | individuell in Folie verpackt | 5,99 EUR |
| 15 | gemischt | 5g | beinhaltet keine Superfoods | cremig | nicht individuell verpackt | 5,99 EUR |
| 16 | gemischt | 5g | beinhaltet Superfoods | cremig | individuell in Papier verpackt | 6,99 EUR |
| 17 | gemischt | 10g | beinhaltet Superfoods | flüssig | individuell in Folie verpackt | 5,99 EUR |
| 18 | gemischt | 5g | beinhaltet Superfoods | flüssig | nicht individuell verpackt | 5,99 EUR |
| 19 | nussig | 5g | beinhaltet keine Superfoods | cremig | individuell in Folie verpackt | 5,99 EUR |
| 20 | fruchtig | 15g | beinhaltet keine Superfoods | flüssig | individuell in Papier verpackt | 6,99 EUR |
| 21 | gemischt | 5g | beinhaltet Superfoods | cremig | nicht individuell verpackt | 6,99 EUR |
| 22 | fruchtig | 10g | beinhaltet keine Superfoods | flüssig | individuell in Papier verpackt | 7,99 EUR |

**Abb. 9.12** Reduziertes orthogonales Design

größere Präferenz. Dann enthält die zweite Spalte der SPSS-Datendatei den Rang des Stimulus $k=1$ usw.

3. Wir können die Präferenzen der Befragten mittels einer *metrischen Bewertungsmethode* erfassen. Ein höherer Skalenwert impliziert eine größere Präferenz – und die zweite Spalte der SPSS-Datendatei enthält dann den Präferenzwert für den Stimulus $k=1$.

In diesem Beispiel wurde zur Bewertung der Stimuli die Rangreihung genutzt (Variante 2). Die Befragten wurden gebeten, jedem Stimulus einen Rang zuzuweisen. Der am stärksten präferierte Stimulus erhielt den niedrigsten Rang (Rang $=1$). Jeder Befragte hat 20 Stimuli bewertet (einschließlich 4 Holdout-Stimuli). Abb. 9.13 zeigt einen Auszug aus der SPSS-Datendatei.

**Schätzung der Nutzenparameter mit der SPSS-Prozedur CONJOINT**
Die SPSS-Prozedur CONJOINT ist leider nicht in die grafische Menüstruktur von SPSS integriert, sodass zum Start der Prozedur eine *Syntaxdatei* verwendet werden muss. Die Syntaxdatei ist über *„Datei/Neu/Syntax"* zu öffnen. Im Folgenden werden

## 9.3 Fallbeispiel

| | Befragter | Stimulus01 | Stimulus02 | Stimulus03 | Stimulus04 | Stimulus05 | Stimulus06 | Stimulus07 |
|---|---|---|---|---|---|---|---|---|
| 1 | 1 | 3 | 19 | 7 | 10 | 9 | 20 | 12 |
| 2 | 2 | 13 | 8 | 20 | 19 | 5 | 10 | 14 |
| 3 | 3 | 3 | 19 | 6 | 10 | 9 | 20 | 12 |
| 4 | 4 | 3 | 18 | 7 | 10 | 9 | 20 | 12 |
| 5 | 5 | 3 | 19 | 7 | 10 | 9 | 20 | 12 |
| 6 | 5 | 13 | 8 | 20 | 19 | 6 | 10 | 14 |
| 7 | 6 | 3 | 19 | 7 | 10 | 9 | 20 | 12 |
| 8 | 7 | 13 | 8 | 20 | 19 | 7 | 10 | 14 |
| 9 | 8 | 13 | 9 | 20 | 19 | 6 | 10 | 14 |
| 10 | 9 | 13 | 8 | 20 | 19 | 6 | 9 | 14 |

**Abb. 9.13** Auszug aus der Datei mit den Präferenzen der Befragten (Rangfolge)

die wichtigsten Optionen der SPSS-Prozedur CONJOINT erläutert. Die Syntax der CONJOINT-Prozedur wird in Abschn. 9.3.4 im Detail dargestellt.

Bei Verwendung der Prozedur CONJOINT muss zunächst angegeben werden, welche Dateien das Erhebungsdesign und die Präferenzdaten enthalten (vgl. Abschn. 9.3.4). Anschließend ist die funktionale Beziehung zwischen den Eigenschaftsausprägungen und dem Gesamtnutzenwert zu definieren (vgl. Abschn. 9.2.4.1). Im Fallbeispiel wurde das Teilnutzenwertmodell für die Eigenschaften „Geschmack", „Größe", „Superfoods", „Füllung" und „Verpackung" verwendet (SPSS-Befehl „*DISCRETE*"). Für die Eigenschaft „Preis" wurde eine lineare Beziehung unterstellt und deshalb das Vektormodell genutzt. In SPSS muss weiterhin spezifiziert werden, ob eine positive (SPSS-Befehl „*LINEAR MORE*") oder negative (SPSS-Befehl „*LINEAR LESS*") lineare Beziehung angenommen wird. Da zu erwarten ist, dass ein niedrigerer Preis gegenüber einem höheren bevorzugt wird, wird eine negative lineare Beziehung angegeben. Um die funktionale Beziehung zwischen den Eigenschaftsausprägungen und dem Gesamtnutzenwert festzulegen, wird der Unterbefehl „*FACTORS*" verwendet:

> /FACTORS = Geschmack (DISCRETE) Größe (DISCRETE) Superfoods (DISCRETE) Füllung (DISCRETE) Verpackung (DISCRETE) Preis (LINEAR LESS)

Neben dem Teilnutzenwert- und Vektormodell kann auch das Idealpunktmodell mit den SPSS-Unterbefehlen „*IDEAL*" (inverse u-förmige Beziehung) oder „*ANTIIDEAL*" (u-förmige Beziehung) angefordert werden.

Im nächsten Schritt gilt es zu spezifizieren, in welcher Form die Präferenzdaten erfasst wurden. Dabei kann zwischen den Unterbefehlen „*SEQUENCE*", „*RANK*" und „*SCORE*" gewählt werden. Diese Optionen entsprechen den oben beschriebenen

Varianten, wie die Daten in die SPSS-Datendatei eingegeben werden können. Im Fallbeispiel wurde die Option „RANK" genutzt. SPSS codiert dann die Rangfolge in Werte, die die Gesamtnutzenwerte widerspiegeln (vgl. Abschn. 9.2.4.2). Weiterhin werden die Namen der Stimuli angegeben, die in den späteren Schätzungen berücksichtigt werden (hier: 16 Stimuli des Erhebungsdesigns und 4 Holdout-Stimuli):

/RANK = stimulus01 to stimulus16 holdout01 to holdout04

Mit dem Unterbefehl „PRINT" kann festgelegt werden, welche Ergebnisse in der SPSS-Ausgabedatei angezeigt werden sollen. Wird die Option „ANALYSIS" verwendet, werden nur die Ergebnisse des experimentellen Erhebungsdesigns berücksichtigt. Die geschätzten Nutzenparameter für jeden Befragten sowie die Ergebnisse einer gemeinsamen Analyse werden dargestellt. Demgegenüber resultiert die Option „SIMULATION" nur in der Darstellung der Simulationsdaten. Die Ergebnisse der First-Choice-Regel, der probabilistischen Auswahlregel (BTL) sowie der Logit-Regel werden angezeigt. Die Option „SUMMARYONLY" gibt nur das Ergebnis der gemeinsamen Analyse, nicht aber die individuellen Ergebnisse aus. Die Option „ALL" schließlich zeigt die Ergebnisse aller Analysen an. Diese Option ist die Standardoption in SPSS. Wird die Option „NONE" gewählt, dann werden keine Ergebnisse in die SPSS-Ausgabedatei geschrieben. In unserem Beispiel wählen wir die Option „ALL", da wir untersuchen möchten, ob die Befragten homogene oder heterogene Präferenzen haben.

/PRINT = all

Der Unterbefehl „UTILITY" kann genutzt werden, um die geschätzten Nutzenparameter in einer neuen SPSS-Datendatei zu speichern. Zu diesem Zweck muss die Datei angegeben werden, in der die Ergebnisse gespeichert werden sollen (vgl. Abschn. 9.3.4).

Der Unterbefehl „PLOT" erzeugt zusätzlich zur Ausgabe auch Balkendiagramme für die relative Wichtigkeit aller Eigenschaften und der Teilnutzenwerte. Diese Balkendiagramme können aggregiert (SUMMARY), für jeden Befragten (SUBJECT) oder sowohl aggregiert als auch individuell (ALL) ausgegeben werden. Für das Fallbeispiel werden keine Diagramme angefordert. Daher wird dieser Unterbefehl ignoriert.

### 9.3.3 Ergebnisse

Bevor die Ergebnisse der individuellen und der gemeinsamen Schätzung präsentiert werden, berichtet SPSS, ob es sogenannte „Umkehrungen" gegeben hat. Eine

Umkehrung liegt vor, wenn eine angenommene funktionale Beziehung zwischen den Eigenschaftsausprägungen und dem Gesamtnutzenwert nicht bestätigt wird. Wurde beispielsweise eine negative lineare Beziehung zwischen Preis und Gesamtnutzenwert angenommen und es ergibt sich eine positive Beziehung bei einem Befragten, so wird dies als Umkehrung bezeichnet. Im Fallbeispiel treten keine Umkehrungen auf, das heißt, die angenommene Beziehung zwischen Preis und Gesamtnutzenwert ist für alle Befragten gültig.

### 9.3.3.1 Ergebnisse der individuellen Analyse

Im Folgenden gibt SPSS die Ergebnisse der individuellen Analysen aus. Für den Befragten $i=1$ erhalten wir die in Abb. 9.14 dargestellten Nutzenparameter.

Anzumerken ist, dass SPSS die Teilnutzenwerte für alle Eigenschaftsausprägungen darstellt, obwohl wir für die Eigenschaft „Preis" das Vektormodell verwendet haben. Der geschätzte Parameter für die Eigenschaft „Preis" wird später in der SPSS-Ausgabedatei angezeigt. In unserem Beispiel ist der Preisparameter für den Befragten $i=1$ gleich $-1{,}545$. Um die Teilnutzenwerte für die verschiedenen Ausprägungen

**Nutzen**

| | | Nutzenschätzung | Std.-Fehler |
|---|---|---|---|
| Geschmack | fruchtig | 2,333 | ,135 |
| | nussig | -1,917 | ,158 |
| | gemischt | -,417 | ,158 |
| Groesse | 5g | 2,000 | ,135 |
| | 10g | 1,000 | ,158 |
| | 15g | -3,000 | ,158 |
| Superfoods | beinhaltet keine Superfoods | -1,750 | ,101 |
| | beinhaltet Superfoods | 1,750 | ,101 |
| Fuellung | cremig | ,625 | ,101 |
| | flüssig | -,625 | ,101 |
| Verpackung | individuell in Folie verpackt | -2,667 | ,135 |
| | individuell in Papier verpackt | -1,667 | ,158 |
| | nicht individuell verpackt | 4,333 | ,158 |
| Preis | 5,99 EUR | -9,257 | ,729 |
| | 6,99 EUR | -10,803 | ,851 |
| | 7,99 EUR | -12,348 | ,972 |
| (Konstante) | | 18,500 | ,828 |

**Abb. 9.14** Geschätzte Nutzenparameter für den Befragten $i=1$

**Tab. 9.17** Veranschaulichung der Dummy- und Effekt-Codierung (Beispiel: Eigenschaft „Geschmack" mit der Ausprägung „gemischt" als Referenzwert)

| | Variable | |
|---|---|---|
| **Dummy-Codierung** | „Fruchtig" | „Nussig" |
| Ausprägung = fruchtig | 1 | 0 |
| Ausprägung = nussig | 0 | 1 |
| Ausprägung = gemischt | 0 | 0 |
| **Effekt-Codierung** | | |
| Ausprägung = fruchtig | 1 | 0 |
| Ausprägung = nussig | 0 | 1 |
| Ausprägung = gemischt | −1 | −1 |

des Preises abzuleiten, multiplizieren wir die Preise mit dem Preisparameter (z. B. −9,257 = 5,99 · (−1,545); Abweichungen entstehen durch das Runden).

Darüber hinaus erkennen wir an, dass SPSS für die Eigenschaftsausprägungen des Teilnutzenwertmodells eine *Effekt-Codierung* verwendet. Das heißt, der Teilnutzenwert für den Referenzwert ist nicht 0 – wie bei der Dummy-Codierung –, sondern die zu einer Eigenschaft gehörenden Teilnutzenwerte addieren sich zu 0. Die Effekt-Codierung verwendet +1, 0 und −1 zur Darstellung kategorialer Variablen. Tab. 9.17 zeigt beispielhaft die Codierung der verschiedenen Eigenschaftsausprägungen für die Dummy- und Effekt-Codierung für die Eigenschaft „Geschmack".

Die allgemeine Interpretation der effekt-codierten Teilnutzenwerte ist identisch mit der Interpretation der dummy-codierten Teilnutzenwerte. Die Eigenschaftsausprägung mit dem höchsten Wert ist die bevorzugte Ausprägung (hier: „fruchtig"), der Teilnutzenwert mit dem kleinsten Wert die am wenigsten bevorzugte Ausprägung (hier: „nussig"). Aus Abb. 9.14 erfahren wir, dass der Befragte $i = 1$ eine Präferenz für fruchtige Pralinen hat, die 5 g groß sind, Superfoods enthalten, eine cremige Füllung haben, nicht einzeln verpackt sind und für 5,99 EUR angeboten werden.

Als nächstes wird die relative Wichtigkeit der einzelnen Eigenschaften angezeigt (vgl. Abb. 9.15). Für den Befragten $i = 1$ ist die Verpackung die wichtigste Eigenschaft (29,057 %), gefolgt von der Pralinengröße (20,755 %) und dem Geschmack (17,642 %).

**Abb. 9.15** Relative Wichtigkeit der Eigenschaften für den Befragten $i = 1$

**Wichtigkeitswerte**

| | |
|---|---|
| Geschmack | 17,642 |
| Groesse | 20,755 |
| Superfoods | 14,528 |
| Fuellung | 5,189 |
| Verpackung | 29,057 |
| Preis | 12,830 |

**Abb. 9.16** Anpassungsgüte des geschätzten Modells für den Befragten $i=1$

**Korrelationen**[a]

| | Wert | Sig. |
|---|---|---|
| Pearson-r | ,999 | <,001 |
| Kendall-Tau | 1,000 | <,001 |
| Kendall-Tau für Prüfkarten | 1,000 | ,021 |

a. Korrelationen zwischen beobachteten und geschätzten Bevorzugungen

Die Eigenschaft „Füllung" ist für diesen Befragten die am wenigsten wichtige Eigenschaft.

Als Maße für die Anpassungsgüte gibt SPSS die Pearson-Korrelation *(Pearson-r)* und Kendalls Tau *(Kendall-Tau)* für die Stimuli des Erhebungsdesigns und die Holdout-Stimuli *(Kendall-Tau für Prüfkarten)* an (vgl. Abb. 9.16). Da wir Rangdaten vorliegen haben, konzentrieren wir uns auf Kendalls Tau, das für die Stimuli des Erhebungsdesigns und die Holdout-Stimuli gleich 1 ist. Das heißt, wir sind in der Lage, die ursprüngliche Rangfolge auf der Grundlage der geschätzten Nutzenfunktion vollständig zu reproduzieren.

Schließlich werden die geschätzten Gesamtnutzenwerte für die beiden für die Simulation in Betracht gezogenen Alternativen *(Bevorzugungswerte für Simulationen)* angezeigt (vgl. Abb. 9.17). Der Befragte $i=1$ hat eine starke Präferenz für die erste Alternative, bei der es sich um gemischte Mini-Pralinen (5 g) handelt, die Superfoods enthalten, eine cremige Füllung haben, nicht einzeln verpackt sind und zu einem Preis von 6,99 EUR angeboten werden.

### 9.3.3.2 Ergebnisse der gemeinsamen Schätzung

Nachdem die Ergebnisse der individuellen Analysen angezeigt wurden, weist SPSS die Ergebnisse der gemeinsamen Schätzung über alle 41 Befragten aus. Abb. 9.18 zeigt die geschätzten Nutzenparameter (Teilnutzenwerte). Im Vergleich zu den in Abb. 9.14 dargestellten Ergebnissen weist die gesamte Stichprobe im Durchschnitt eine leichte Präferenz für einen nussigen Geschmack und eine Pralinengröße von 15 g auf.

Die Werte für die relative Wichtigkeit der Eigenschaften sind ausgewogener, wenn wir die Nutzenparameter über alle Befragten hinweg schätzen. Folglich deuten die

**Abb. 9.17** Geschätzte Gesamtnutzenwerte der für die Simulation in Betracht gezogenen Alternativen für den Befragten $i=1$

**Bevorzugungswerte für Simulationen**

| Kartennummer | ID | Wert |
|---|---|---|
| 1 | 1 | 15,989 |
| 2 | 2 | 5,443 |

**Nutzen**

| | | Nutzenschätzung | Std.-Fehler |
|---|---|---|---|
| Geschmack | fruchtig | -,350 | ,267 |
| | nussig | ,339 | ,313 |
| | gemischt | ,010 | ,313 |
| Groesse | 5g | -,659 | ,267 |
| | 10g | ,159 | ,313 |
| | 15g | ,500 | ,313 |
| Superfoods | beinhaltet keine Superfoods | ,021 | ,200 |
| | beinhaltet Superfoods | -,021 | ,200 |
| Fuellung | cremig | 1,213 | ,200 |
| | flüssig | -1,213 | ,200 |
| Verpackung | individuell in Folie verpackt | -1,837 | ,267 |
| | individuell in Papier verpackt | -,734 | ,313 |
| | nicht individuell verpackt | 2,571 | ,313 |
| Preis | 5,99 EUR | -4,861 | 1,444 |
| | 6,99 EUR | -5,673 | 1,685 |
| | 7,99 EUR | -6,484 | 1,926 |
| (Konstante) | | 14,681 | 1,641 |

**Abb. 9.18** Geschätzte Nutzenparameter der gemeinsamen Schätzung

**Abb. 9.19** Relative Wichtigkeit der Eigenschaften für die gemeinsame Schätzung

**Wichtigkeitswerte**

| Geschmack | 20,469 |
|---|---|
| Groesse | 25,812 |
| Superfoods | 14,892 |
| Fuellung | 11,540 |
| Verpackung | 20,005 |
| Preis | 7,282 |

Durchschnittlicher Wichtigkeitswert

Ergebnisse darauf hin, dass Heterogenität unter den Befragten besteht (vgl. Abb. 9.19). So kann eine gemeinsame Schätzung zu verzerrten Nutzenparametern und letztlich zu falschen Managementimplikationen führen, da die Präferenzstrukturen in den

**Tab. 9.18** Bevorzugte Eigenschaftsausprägungen der beiden Gruppen im Datensatz

|  | Gruppe 1 | Gruppe 2 |
|---|---|---|
| Geschmack | Fruchtig | Nussig |
| Größe der Pralinen | 5 g | 15 g |
| Superfoods | Superfoods enthalten | Keine Superfoods enthalten |
| Füllung | Cremig | Cremig |
| Verpackung | Keine Einzelverpackung | Keine Einzelverpackung |
| Preis | 5,99 EUR | 5,99 EUR |

Ergebnissen der gemeinsamen Schätzung nicht gut widergespiegelt werden. Wenn man sich die Originaldaten genauer anschaut (vgl. Abb. 9.13), bemerkt man, dass es tatsächlich zwei Gruppen von Befragten gibt, die sich in ihren Präferenzen erheblich unterscheiden (vgl. Tab. 9.18). Die erste Gruppe ist dem Befragten $i=1$ ähnlich, während die zweite Gruppe dem Befragten $i=2$ im Datensatz ähnelt.[3]

Ganz am Ende der SPSS-Ausgabedatei werden die Ergebnisse für die Simulation berichtet. Es wurden 2 Alternativen berücksichtigt:

- Alternative 1: gemischte Mini-Pralinen (5 g), die Superfoods enthalten und eine cremige Füllung haben. Die Pralinen sind nicht einzeln verpackt und werden zu einem Preis von 6,99 EUR angeboten.
- Alternative 2: fruchtige Pralinen mittlerer Größe (10 g), die eine flüssige Füllung haben, aber kein Superfood enthalten. Diese sind einzeln in Papier verpackt und sollen für 7,99 EUR angeboten werden.

SPSS stellt die geschätzten Auswahlwahrscheinlichkeiten gemäß den verschiedenen Auswahlregeln dar (vgl. Abb. 9.20). Bei Verwendung der First-Choice-Regel *(Maximaler Nutzen)* sagen wir voraus, dass alle 41 Befragten mit Sicherheit die Alternative 1 wählen. Die probabilistische Auswahlregel *(Bradley-Terry-Luce)* und die Logit-Regel *(Logit)* ergeben ein differenzierteres Bild. Nach der probabilistischen Auswahlregel wird Alternative 1 mit einer Wahrscheinlichkeit von 65,0 % gewählt. Diese Wahrscheinlichkeit ist wesentlich kleiner als die aus der Logit-Regel abgeleitete Wahrscheinlichkeit von 91,3 %. Der Grund für den Unterschied liegt in der großen Differenz der geschätzten Gesamtnutzenwerte *(Bevorzugungswerte für Simulationen)*. Wenn große Unterschiede

---

[3] Wir überlassen es dem Leser, die Daten genauer zu inspizieren und die Heterogenität der Präferenzstrukturen zu untersuchen. Auf der Webseite www.multivariate.de findet der Leser weitere Informationen.

**Bevorzugungswerte für Simulationen**

| Kartennummer | ID | Wert |
|---|---|---|
| 1 | 1 | 12,123 |
| 2 | 2 | 6,080 |

**Bevorzugungswahrscheinlichkeiten für Simulationen[b]**

| Kartennummer | ID | Maximaler Nutzen[a] | Bradley-Terry-Luce | Logit |
|---|---|---|---|---|
| 1 | 1 | 100,0% | 65,0% | 91,3% |
| 2 | 2 | 0,0% | 35,0% | 8,7% |

a. Einschließlich gebundener Simulationen

b. 40 aus 40 Personen werden in der Bradley-Terry-Luce- und der Logit-Methode verwendet, da diese Personen nur nicht-negative Werte aufweisen.

**Abb. 9.20** Geschätzte Gesamtnutzenwerte und Auswahlwahrscheinlichkeiten für die beiden für die Simulation betrachteten Alternativen (gemeinsame Schätzung)

in den vorhergesagten Gesamtnutzenwerten bestehen, konvergiert die Logit-Regel zum Ergebnis der First-Choice-Regel.

Der Manager des Schokoladenherstellers kann diese Ergebnisse nutzen, um eine Entscheidung zu treffen, welche Arten von Pralinen auf den Markt gebracht werden sollen. Allerdings sollte dabei die Heterogenität unter den Befragten sorgfältig untersucht werden. Existieren beispielsweise zwei Gruppen (Segmente) am Markt, die sich hinsichtlich ihrer Präferenzen unterscheiden, und sind beide Segmente für das Unternehmen interessant, so kann der Manager auch in Erwägung ziehen, zwei verschiedene Pralinensorten auf den Markt zu bringen.

Weiterhin wurden die individuell geschätzten Nutzenparameter in einer neuen SPSS-Datendatei gespeichert. Abb. 9.21 zeigt einen Ausschnitt des Datensatzes. Für die Eigenschaft „Preis" wird der geschätzte Nutzenparameter gespeichert und nicht die Teilnutzenwerte für jede Ausprägung. Neben den individuell geschätzten Teilnutzenwerten (*CONSTANT,Geschmack1* usw.) enthält die Datendatei die geschätzten Gesamtnutzenwerte für die 20 Stimuli – einschließlich der Holdout-Stimuli (*SCORE1* bis *SCORE20*) und der für die Simulation in Betracht gezogenen Alternativen (*SIMUL01* und *SIMUL02*). Eine genauere Betrachtung der geschätzten Gesamtnutzenwerte für die beiden für die Simulation in Betracht gezogenen Alternativen lässt vermuten, dass Heterogenität unter den Befragten besteht. Während einige Befragte eine sehr starke Präferenz für Alternative 1 haben, haben andere Befragte ausgewogenere Präferenzen.

Die individuell geschätzten Nutzenparameter können verwendet werden, um die standardisierten Nutzenparameter zu berechnen (vgl. Abschn. 9.2.5.2). In einem weiteren Schritt können die standardisierten Nutzenparameter dann zur Durchführung einer Clusteranalyse verwendet werden, um Gruppen von Befragten mit ähnlichen Präferenzen zu identifizieren (vgl. Kap. 8).

### 9.3.4 SPSS-Kommandos

Im Fallbeispiel wurde das Conjoint-Design mithilfe der grafischen Benutzeroberfläche von SPSS (GUI: graphical user interface) erstellt. Alternativ kann der Anwender aber auch die sog. *SPSS-Syntax* verwenden, die eine speziell für SPSS entwickelte Programmiersprache darstellt. Jede Option, die auf der grafischen Benutzeroberfläche von SPSS aktiviert wurde, wird dabei in die SPSS-Syntax übersetzt. Wird im Hauptdialogfeld der Conjoint-Analyse auf „Einfügen" geklickt (vgl. Abb. 9.8), so wird die zu den gewählten Optionen gehörende SPSS-Syntax automatisch in einem neuen Fenster ausgegeben. Die Prozeduren von SPSS können auch allein auf Basis der SPSS-Syntax ausgeführt werden und Anwender können dabei auch weitere SPSS-Befehle verwenden. Die Verwendung der SPSS-Syntax kann z. B. dann vorteilhaft sein, wenn Analysen mehrfach wiederholt werden sollen (z. B. zum Testen verschiedener Modellspezifikationen). Die Abb. 9.22 und 9.23 zeigen die SPSS-Syntax für das Beispiel.

| Befragter | CONSTANT | Geschmack1 | Geschmack2 | Geschmack3 | Groesse1 | Groesse2 | Groesse3 | Verpackung3 | Preis_L | SCORE1 | SIMUL01 | SIMUL02 |
|---|---|---|---|---|---|---|---|---|---|---|---|---|
| 1,00 | 18,50 | 2,33 | -1,92 | -,42 | 2,00 | 1,00 | -3,00 | 4,33 | -1,55 | 14,78 | 15,99 | 5,44 |
| 2,00 | 10,95 | -2,83 | 2,54 | ,29 | -3,33 | -,58 | 3,92 | ,96 | -,09 | 7,19 | 8,10 | 7,14 |
| 3,00 | 17,80 | 2,33 | -1,92 | -,42 | 2,17 | ,79 | -2,96 | 4,38 | -1,45 | 14,84 | 16,14 | 5,06 |
| 4,00 | 18,50 | 2,33 | -1,92 | -,42 | 2,00 | 1,00 | -3,00 | 4,33 | -1,55 | 14,78 | 15,99 | 5,44 |
| 5,00 | 14,99 | -,25 | ,31 | -,06 | -,58 | ,23 | ,35 | 2,54 | -,86 | 10,96 | 12,10 | 6,11 |
| 6,00 | 18,50 | 2,33 | -1,67 | -,67 | 2,00 | ,75 | -2,75 | 4,33 | -1,55 | 15,03 | 15,99 | 4,94 |
| 7,00 | 11,56 | -3,00 | 2,50 | ,50 | -3,17 | -,54 | 3,71 | ,96 | -,18 | 7,26 | 8,58 | 6,77 |
| 8,00 | 12,78 | -3,00 | 2,25 | ,75 | -3,33 | -,33 | 3,67 | 1,00 | -,36 | 7,02 | 8,66 | 6,55 |
| 9,00 | 10,33 | -3,00 | 2,50 | ,50 | -3,17 | -,79 | 3,96 | ,96 | ,00 | 7,25 | 8,75 | 6,63 |
| 10,00 | 10,25 | -2,83 | 2,29 | ,54 | -3,17 | -,54 | 3,71 | ,75 | ,00 | 6,38 | 8,38 | 7,13 |

**Abb. 9.21** Geschätzte Nutzenparameter für jeden einzelnen Befragten

## 9.3 Fallbeispiel

```
* MVA: Fallbeispiel Schokolade Conjoint-Analyse.
* Datendefinition.
ORTHOPLAN
/FAKTOREN=    Geschmack 'Geschmacksrichtung' (1 'fruchtig' 2 'nussig' 3
              gemischt')
              Groesse 'Größe der Pralinen' (1 '5g' 2 '10g' 3 '15g')
              Superfoods (1 'enthält Superfoods' 0 'enthält keine
              Superfoods')
              Fuellung 'Füllung' (1 'cremig' 2 'flüssig')
              Verpackung (1 'einzeln in Folie verpackt' 2 'einzeln in
              Papier verpackt 3 'nicht einzeln verpackt (Schachtel)')
              Preis 'Preis' (5.99 '5.99 EUR' 6.99 '6.99 EUR' 7.99 '7.99
              EUR')
/OUTFILE='C:\...\ conjoint_design_pralinen.sav'
/HOLDOUT 4
/MIXHOLD NO.
```

**Abb. 9.22** SPSS-Syntax zur Erzeugung eines reduzierten Designs mit der ORTHOPLAN-Prozedur

```
* MVA: Fallbeispiel Schokolade Conjoint-Analyse.
CONJOINT
 plan         ='C:\...\conjoint_design_pralinen.sav'
 /data        ='C:\...\conjoint_daten_pralinen.sav'
 /factors     =Geschmack (DISCRETE) Groesse (DISCRETE) Superfoods
              (DISCRETE)
              Fuellung (DISCRETE) Verpackung (DISCRETE) Preis (LINEAR
              LESS)
 /subject     =Befragter
 /rank        =stimulus01 to stimulus16 holdout01 to holdout04
 /print       =all
 /utility     ='C:\...\conjoint_ergebnisse_pralinen.sav'.
```

**Abb. 9.23** SPSS-Syntax zur Schätzung der Nutzenparameter mit der Prozedur CONJOINT

Abb. 9.22 gibt an, wie ein reduziertes Design mit der SPSS-Prozedur ORTHOPLAN erstellt werden kann. Der Unterbefehl „*MIXHOLD*" gibt an, ob die Holdout-Stimuli mit den Stimuli des Versuchsplans gemischt *(YES)* oder ob sie am Ende der Datendatei präsentiert werden *(NO)*. Wir haben uns entschieden, sie am Ende der Datendatei darzustellen (vgl. Abb. 9.10).

Abb. 9.23 zeigt die SPSS-Syntax für die CONJOINT-Prozedur zur Schätzung der Nutzenparameter (Teilnutzenwerte). Die Prozedur kann nur über die SPSS-Syntax angesprochen werden.

Anwender, die R (https://www.r-project.org) zur Datenanalyse nutzen möchten, finden die entsprechenden R-Befehle zum Fallbeispiel ebenfalls auf der Internetseite www.multivariate.de.

## 9.4 CBC-Analyse (Auswahlbasierte Conjoint-Analyse)

Die traditionelle Conjoint-Analyse – wie in Abschn. 9.2 beschrieben – wird unter anderem wegen der wenig realistischen Bewertung der Stimuli kritisiert. Normalerweise bewerten Befragte eine Reihe von Objekten vergleichend und wählen dann das Objekt aus, das sie bevorzugen. Das ist auch die Grundidee der sogenannten Discrete Choice Analyse (vgl. McFadden, 1974). Louviere und Woodworth (1983) haben diese in das Marketing eingeführt und die sogenannte Choice-based Conjoint (CBC)-Analyse entwickelt. Bei der CBC-Analyse werden die Befragten aufgefordert, einen Stimulus aus einem Set vonStimuli auszuwählen (vgl. Backhaus et al., 2015, S. 175–292).

Die Präferenzen der Befragten werden dabei durch eine nominal skalierte Variable abgebildet (Wahl/Nicht-Wahl). Daher werden bei einer CBC-Analyse jedoch weniger Informationen erhoben als bei Bewertungen der Stimuli anhand ordinaler oder metrischer Skalen (vgl. Abschn. 9.2.3). Aus diesem Grund ist es in der Regel nicht möglich, die Teilnutzenwerte für jedes Individuum zu schätzen. Vielmehr wird eine homogene Präferenzstruktur aller Befragten angenommen. Die geschätzten Teilnutzenwerte werden als für alle Befragten gültig unterstellt. Grundsätzlich ist jedoch eine individuelle Schätzung der Nutzenparameter möglich, wenn die Konsumenten eine ausreichende Anzahl von Auswahlentscheidungen getroffen haben (i. d. R. 50 Entscheidungen oder mehr). Ist es in der Praxis nicht möglich, die Befragten eine ausreichende Anzahl von Auswahlentscheidungen treffen zu lassen, können fortgeschrittene statistische Schätzmethoden eingesetzt werden, um die Teilnutzenwerte für bestimmte Gruppen (Latente-Klassen-Modelle) oder auch auf Individualebene abzuleiten (Bayesianische Modelle). Da dieser Abschnitt eine Einführung in die CBC-Analyse darstellt, erläutern wir nur die aggregierte Schätzung der Teilnutzenwerte.

Im Folgenden werden die verschiedenen Schritte zur Durchführung einer CBC-Analyse vorgestellt und beschrieben, wobei auch hier die gleichen Prozessschritte wie bei der traditionellen Conjoint-Analyse zum Tragen kommen (vgl. Abb. 9.24). Wir gehen aber nur im Detail auf die Schritte ein, die sich zwischen traditioneller Conjoint- und CBC-Analyse unterscheiden. Insbesondere werden das Erhebungsdesign (Schritt 2), die Bewertung der Stimuli (Schritt 3) und die Schätzung der Nutzenfunktion (Schritt 4)

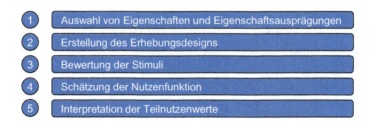

**Abb. 9.24** Ablaufschritte der CBC-Analyse

## 9.4 CBC-Analyse (Auswahlbasierte Conjoint-Analyse)

**Tab. 9.19** Unterschiede zwischen traditioneller Conjoint- und CBC-Analyse

|  | Conjoint-Analyse | CBC-Analyse |
|---|---|---|
| Design der experimentellen Studie | Befragte bewerten eine Teilmenge von Stimuli | Befragte wählen mehrfach aus einem Set von Stimuli einen Stimulus aus |
| Bewertung der Stimuli | Präferenzen werden mithilfe von metrischen oder ordinalen Skalen erhoben | Präferenzen werden mithilfe von Auswahlentscheidungen erhoben |
| Messung der Präferenzen | Ordinal, metrisch | Nominal |
| Zugrunde liegendes Modell | Nutzenfunktion | Nutzenfunktion und Modell der Auswahlentscheidung |
| Schätzung der Nutzenfunktion | Regressionsanalyse (vgl. Kap. 2) | Maximum Likelihood (ML-Methode) – iterative Optimierung (vgl. Kap. 5) |
| Aggregationsniveau der Ergebnisse | • Teilnutzenwerte (individuell oder aggregiert)<br>• Relative Wichtigkeit der Eigenschaften | • Teilnutzenwerte (meist aggregiert)<br>• Relative Wichtigkeit der Eigenschaften<br>• Auswahlwahrscheinlichkeiten |
| Vorhersage von Auswahlentscheidungen | Erfordert Entscheidung über eine Auswahlregel, die die Präferenzen mit dem Auswahlverhalten verknüpft | Auswahlwahrscheinlichkeiten sind dem zugrunde liegenden Modell der CBC-Analyse inhärent |

näher erläutert. Tab. 9.19 listet die zentralen Unterschiede zwischen (traditioneller) Conjoint- und CBC-Analyse auf.

### 9.4.1 Auswahl von Eigenschaften und Eigenschaftsausprägungen

1. Auswahl von Eigenschaften und Eigenschaftsausprägungen
2. Erstellung des Erhebungsdesigns
3. Bewertung der Stimuli
4. Schätzung der Nutzenfunktion
5. Interpretation der Teilnutzenwerte

Der erste Schritt bei der Durchführung einer CBC-Analyse ist die Entscheidung über die Eigenschaften und Eigenschaftsausprägungen, die zur Beschreibung der Stimuli verwendet werden. Im Allgemeinen müssen bei der Auswahl der Eigenschaften und Eigenschaftsausprägungen für eine CBC-Analyse die gleichen Aspekte berücksichtigt werden wie bei der traditionellen Conjoint-Analyse.

Die Eigenschaften müssen *relevant* und *unabhängig* voneinander sein. Außerdem muss der Anwender in der Lage sein, die Eigenschaften *anzupassen*. Die Eigenschaftsausprägungen müssen *realistisch* und *kompensatorisch* sein. Darüber hinaus dürfen die berücksichtigten Eigenschaften und Eigenschaftsausprägungen keine *K.o.-Kriterien* aufweisen. Schließlich muss die *Anzahl der Eigenschaften und Eigenschaftsausprägungen begrenzt werden*. Auch hier wird empfohlen, nicht mehr als 6 Eigenschaften mit jeweils 3 bis 4 Ausprägungen zu verwenden. Es ist wichtig zu erinnern, dass Entscheidungen bezüglich der Eigenschaften und Eigenschaftsausprägungen später im Rahmen der Datenanalyse nicht mehr geändert oder angepasst werden können.

Im Folgenden wird die CBC-Analyse anhand eines sehr kleinen Beispiels veranschaulicht, um das Verständnis der Methode – insbesondere des Schätzverfahrens – besser verdeutlichen zu können (vgl. Abschn. 9.4.4). Die CBC-Analyse ist nicht Teil von IBM SPSS, aber wir könnten die SPSS-Prozedur COXREG verwenden, um Daten zu analysieren, die mithilfe eines CBC-Designs erhoben wurden. Es gibt jedoch zahlreiche weitere kommerzielle Software-Tools zur Durchführung einer CBC-Analyse (z. B. Sawtooth Software, Conjoint.ly). Auch kann eine CBC-Analyse mittels R durchgeführt werden. Da nicht jeder Leser mit R vertraut ist, nutzen wir Microsoft EXCEL, um die Methode zu erläutern (siehe auch www.multivariate.de).

> **Anwendungsbeispiel: CBC**
>
> Der Manager eines Schokoladenherstellers möchte die Konsumentenpräferenzen für dunkle Schokolade messen und analysieren. Dabei ist es ihm wichtig, mehr über den bevorzugten Kakaogehalt sowie den Preis zu erfahren. Tab. 9.20 zeigt die berücksichtigten Eigenschaften und Eigenschaftsausprägungen. Zur Veranschaulichung werden nur 2 Eigenschaften mit jeweils 2 Ausprägungen betrachtet. Die beiden Ausprägungen des Kakaogehalts unterscheiden sich von denjenigen in unserem vorherigen Beispiel, da sich der Manager in diesem Fall auf dunkle Schokolade konzentrieren möchte. ◄

## 9.4.2 Erstellung des Erhebungsdesigns

Der Anwender muss die Stimuli und Auswahlsets (auch Choice-Sets genannt) definieren. Zudem gilt es festzulegen, wie viele Entscheidungen die Befragten treffen müssen.

**Tab. 9.20** Eigenschaften und Eigenschaftsausprägungen für das CBC-Beispiel

| Eigenschaft | Eigenschaftsausprägungen |
|---|---|
| Kakaogehalt | 60 % Kakaoanteil |
|  | 78 % Kakaoanteil |
| Preis | 1,50 EUR |
|  | 2,00 EUR |

### 9.4.2.1 Definition der Stimuli und Auswahlsets

Die CBC-Analyse erfordert die Anwendung der Profilmethode zur Präsentation der Stimuli. Die Zwei-Faktor-Methode ist nicht geeignet, da sie der Idee der CBC-Analyse widerspricht, dass die Befragten die Stimuli unter Berücksichtigung aller Eigenschaften bewerten. Bei Anwendung der Profilmethode können wir die Stimuli auch visuell präsentieren, um die Realitätsnähe der Auswahlentscheidungen weiter zu erhöhen.

Neben den Stimuli, die verschiedene Kombinationen von Eigenschaftsausprägungen repräsentieren, können wir eine Nicht-Wahl-Option („Ich würde keines der Produkte kaufen.") einbeziehen. Die Berücksichtigung einer Nicht-Wahl-Option wird empfohlen, wenn die Ergebnisse einer CBC-Analyse zur Simulation des Konsumentenverhaltens genutzt werden sollen. Denn die Nicht-Wahl-Option gibt an, ob ein Konsument tatsächlich „auf dem Markt" ist oder nicht.

Die Berücksichtigung einer Nicht-Wahl-Option kann die Ergebnisse jedoch auch negativ beeinflussen. Erstens können die Befragten die Nicht-Wahl-Option nutzen, um schwierige Entscheidungen zu umgehen, was sich negativ auf die Validität der später zu schätzenden Teilnutzenwerte auswirkt (vgl. Haaijer et al., 2001; Dhar, 1997). Darüber hinaus liefert die Nicht-Wahl-Option nur eingeschränkt Informationen über die Präferenzen der Befragten. Die Gründe für die Wahl der Nicht-Wahl-Option können von Befragtem zu Befragtem unterschiedlich sein (vgl. Dhar, 1997). Ein Grund kann sein, dass keiner der Stimuli den Erwartungen eines Befragten entspricht, das heißt, die Gesamtnutzenwerte aller Stimuli liegen unterhalb eines bestimmten Schwellenwertes. Ein anderer Grund kann darin liegen, dass die Befragten erwarten, Stimuli zu finden, die einen höheren Gesamtnutzenwert bieten als die präsentierten. Letzterer Grund ist jedoch im Rahmen einer CBC-Analyse weniger relevant, da sich die Konsumenten in einer experimentellen Situation befinden. Insgesamt ist festzuhalten, dass die Berücksichtigung einer Nicht-Wahl-Option in der Praxis üblich ist.

Neben der Entscheidung, ob eine Nicht-Wahl-Option berücksichtigt wird oder nicht, muss die Anzahl der Stimuli definiert werden, die ein Auswahlset darstellen. Je mehr Stimuli in einem Auswahlset präsentiert werden, desto schwieriger wird die Aufgabe für den Befragten. Darüber hinaus kann die Berücksichtigung einer größeren Anzahl von Stimuli in einem Auswahlset die relative Wichtigkeit der Eigenschaften beeinflussen. Die Befragten wägen die Eigenschaftsausprägungen sorgfältiger ab, wenn weniger Stimuli in einem Auswahlset berücksichtigt werden. Die Befragten können mit der Auswahlaufgabe überfordert sein, wenn Auswahlsets aus vielen Stimuli bestehen.

**Tab. 9.21** Beispiel für ein Auswahlset

| Stimulus 1 | Stimulus 2 | Nicht-Wahl-Option |
|---|---|---|
| 60 % Kakaogehalt | 78 % Kakaogehalt | Ich würde keine dieser |
| 1,50 EUR | 2,00 EUR | Schokoladen kaufen |

In Anbetracht dieser Argumente beobachten wir in CBC-Studien oft 3 bis 4 Stimuli in einem Auswahlset.

Die üblicherweise geringe Anzahl von Stimuli in einem Auswahlset ist auch dadurch bedingt, dass wir eine *minimale Überlappung der Eigenschaftsausprägungen* anstreben. Es gibt eine *minimale Überlappung* zwischen den Eigenschaftsausprägungen, wenn die Stimuli in jedem Auswahlset nicht-überlappende Ausprägungen haben. Dies bedeutet, dass eine Ausprägung in einem Auswahlset nur einmal vorkommt. Eine minimale Überlappung der Eigenschaftsausprägungen zwingt die Befragten dazu, Kompromisse zu machen (Trade-Offs), wenn sie sich für einen Stimulus in einem Auswahlset entscheiden. Wenn man bedenkt, dass häufig 3 bis 4 Ausprägungen für Eigenschaften genutzt werden, ergeben sich CBC-Designs mit maximal 4 Stimuli in einem Auswahlset (vgl. Abschn. 9.4.1), wenn minimale Überlappung angestrebt wird. Da wir in unserem Beispiel nur 2 Ausprägungen für jede Eigenschaft berücksichtigen, besteht jedes Auswahlset aus nur 2 Stimuli (vgl. Tab. 9.21). Es gibt keine Überlappungen. Es ist jedoch zu beachten, dass eine gewisse Überlappung der Ausprägungen nicht kritisch ist und die Schätzung von Interaktionseffekten erleichtern kann. Neben den 2 Stimuli berücksichtigen wir in unserem Beispiel auch noch eine Nicht-Wahl-Option.

### 9.4.2.2 Anzahl der Auswahlsets

Der Anwender muss entscheiden, welche Stimuli in einem Auswahlset berücksichtigt werden und aus wie vielen Auswahlsets ein Konsument wählen muss. In unserem Beispiel gibt es 4 ($= 2 \times 2$) mögliche Stimuli. Wir können jedoch mehr als 4 Auswahlsets erzeugen. Im Allgemeinen hängt die Anzahl der möglichen Auswahlsets von der Anzahl der Stimuli in einem Auswahlset ab und ist gleich $\binom{K}{R}$, wobei $K$ die Anzahl der möglichen Stimuli und $R$ die Anzahl der Stimuli in einem Auswahlset ist. Bei 4 möglichen Stimuli und 2 Stimuli je Auswahlset ergeben sich 6 mögliche Auswahlsets (vgl. Tab. 9.22). Wenn wir Überlappungen vermeiden wollen, erfüllen nur 2 Auswahlsets dieses Ziel (Auswahlsets 5 und 6 in Tab. 9.22).

Für unser in Abschn. 9.2.1 vorgestelltes Beispiel haben wir 3 Eigenschaften mit jeweils 2 oder 3 Ausprägungen betrachtet. Es ergaben sich 18 ($= 3 \times 2 \times 3$) mögliche Stimuli. Wenn 18 Stimuli möglich sind und 2 Stimuli in jedem Auswahlset berücksichtigt werden, erhalten wir 153 mögliche Auswahlsets – unabhängig von der Berücksichtigung einer Nicht-Wahl-Option. Wenn 3 Stimuli in jedem Auswahlset berücksichtigt

**Tab. 9.22** Mögliche Auswahlsets für das CBC-Beispiel

| Auswahlset | Stimulus 1 | Stimulus 2 |
|---|---|---|
| 1 | 60 % Kakao 1,50 EUR | 60 % Kakao 2,00 EUR |
| 2 | 78 % Kakao 1,50 EUR | 78 % Kakao 2,00 EUR |
| 3 | 60 % Kakao 1,50 EUR | 78 % Kakao 1,50 EUR |
| 4 | 60 % Kakao 2,00 EUR | 78 % Kakao 2,00 EUR |
| 5 | **60 % Kakao 1,50 EUR** | **78 % Kakao 2,00 EUR** |
| 6 | **60 % Kakao 2,00 EUR** | **78 % Kakao 1,50 EUR** |

werden, erhält man 816 mögliche Auswahlsets. Es wird unmittelbar klar, dass ein reduziertes Design entwickelt werden muss, das nur eine Teilmenge der möglichen Auswahlsets repräsentiert. Es hat sich gezeigt, dass Befragte bis zu 20 Auswahlentscheidungen treffen können, ohne dass die Antwortqualität leidet (vgl. Johnson & Orme, 1996). Eine größere Anzahl von Auswahlsets führt zu Ermüdungseffekten und verringert die Datenqualität.

In der Literatur werden verschiedene Ansätze diskutiert, um zu einem reduzierten Design in CBC-Studien zu kommen. Alle Ansätze resultieren in *effizienten* reduzierten Designs. Die Effizienz eines Erhebungsdesigns wird durch die Varianz und Kovarianz der geschätzten Nutzenparameter beschrieben. Je geringer die Varianz und Kovarianz der geschätzten Nutzenparameter sind, desto effizienter ist ein Erhebungsdesign. Wir stehen jedoch vor der Herausforderung, dass das Design erstellt werden muss, *bevor* die Präferenzdaten erhoben werden. Daher können wir die Effizienz eines reduzierten Designs nur abschätzen.

Eine Voraussetzung für effizientes Design ist, dass die Gesamtnutzenwerte der Stimuli in einem Auswahlset *ausgewogen* sind. Diese Anforderung ist erfüllt, wenn die Gesamtnutzenwerte der Stimuli in einem Auswahlset gemäß den A-priori-Erwartungen ähnlich sind. Wenn dies der Fall ist, dann müssen die Befragten wirklich Kompromissentscheidungen treffen. Andererseits können ausgewogene Gesamtnutzenwerte dazu führen, dass die Befragten die Nicht-Wahl-Option vermehrt wählen, um schwierige Entscheidungen zu umgehen (vgl. Dhar, 1997).

Aufgrund der Komplexität der Erstellung effizienter Designs in der CBC-Analyse, erfolgt diese in der Regel unterstützt durch Software (z. B. Sawtooth Software). Typischerweise variieren die Auswahlsets zwischen den Befragten, um die Effizienz des Gesamtdesigns zu verbessern. In unserem Beispiel fahren wir mit 2 Auswahlsets ohne überlappende Ausprägungen fort (vgl. Tab. 9.22).

## 9.4.3 Bewertung der Stimuli

1. Auswahl von Eigenschaften und Eigenschaftsausprägungen
2. Erstellung des Erhebungsdesigns
3. **Bewertung der Stimuli**
4. Schätzung der Nutzenfunktion
5. Interpretation der Teilnutzenwerte

Bei CBC-Studien werden die Befragten im Gegensatz zur Conjoint-Analyse gebeten anzugeben, welchen Stimulus sie in einem Auswahlset wählen würden. Dabei geht die CBC-Analyse davon aus, dass die Befragten den bevorzugten Stimulus in einem Auswahlset auswählen. Wenn die Präferenzen der Befragten mithilfe von Auswahlentscheidungen erfasst werden, vermeiden wir das Problem einer subjektiven Verwendung von Skalen. Darüber hinaus wird es als realitätsnäher angesehen, Entscheidungen zu treffen, anstatt Stimuli auf einer Ratingskala zu bewerten.

Tab. 9.23 stellt die Wahl eines Befragten $i = 1$ für das Auswahlset $r = 1$ exemplarisch dar. Der Befragte wählt den Stimulus $k = 2$. Folglich ist der Stimulus $k = 2$ der mit dem höchsten Gesamtnutzenwert in diesem Auswahlset. Jedoch erfahren wir nichts über die Stärke der Präferenz und darüber, ob der Stimulus $k = 1$ der Nicht-Wahl-Option vorgezogen wird oder nicht. Wir beobachten lediglich eine nominale (0/1) Variable, die weniger Information enthält als Bewertungen auf einer metrischen oder ordinalen Skala.

## 9.4.4 Schätzung der Nutzenfunktion

1. Auswahl von Eigenschaften und Eigenschaftsausprägungen
2. Erstellung des Erhebungsdesigns
3. Bewertung der Stimuli
4. **Schätzung der Nutzenfunktion**
5. Interpretation der Teilnutzenwerte

**Tab. 9.23** Typische Fragestellung in CBC-Studien: Welche Alternative würden Sie kaufen?

| Stellen Sie sich vor, Sie sind in einem Supermarkt und erwägen den Kauf einer Tafel Schokolade. Es sind zwei Produkte erhältlich. Welches Produkt würden Sie kaufen? *Bitte markieren Sie das Produkt, das Sie kaufen würden. Sie haben auch die Möglichkeit anzugeben, dass Sie keines der beiden Produkte kaufen würden.* | | | |
|---|---|---|---|
| Auswahlset 1 | Schokolade 1 | Schokolade 2 | Nicht-Wahl-Option |
| | 60 % Kakao<br>1,50 EUR | 78 % Kakao<br>2,00 EUR | Ich würde keine dieser Schokoladen kaufen |
| Entscheidung: | | X | |

Nachdem die Befragten die Auswahlentscheidungen getroffen haben, schätzen wir die Teilnutzenwerte der Eigenschaftsausprägungen. Im Folgenden werden die Spezifikation der Nutzenfunktion und die Schätzung der Teilnutzenwerte näher erläutert.

### 9.4.4.1 Spezifikation der Nutzenfunktion

Ähnlich wie die traditionelle Conjoint-Analyse geht auch die CBC-Analyse davon aus, dass sich der Gesamtnutzenwert eines Stimulus aus den Teilnutzenwerten der Eigenschaftsausprägungen zusammensetzt. Dabei wird ebenfalls ein additives Modell unterstellt. Es können – wie bei der traditionellen Conjoint-Analyse – das Teilnutzenwert-, das Vektor- oder das Idealpunktmodell genutzt werden, um die Beziehung zwischen den Teilnutzenwerten und dem Gesamtnutzenwert zu bestimmen.

Für unser Beispiel verwenden wir das Teilnutzenwertmodell für die Eigenschaften „Kakaogehalt" ($j=1$) und „Preis" ($j=2$). Wir vernachlässigen einen konstanten Term und die Nutzenfunktion bestimmt sich somit wie folgt:

$$y_k = \sum_{j=1}^{2} \sum_{m=1}^{2} \beta_{jm} \cdot x_{jmk}$$

wobei $x_{11k}$ angibt, ob Stimulus $k$ einen Kakaogehalt von 60 % (1) hat oder nicht (0), und $x_{21k}$ anzeigt, ob Stimulus $k$ einen Preis von 1,50 EUR (1) hat oder nicht (0).

Obwohl der Gesamtnutzenwert eines Stimulus unabhängig von dem betrachteten Auswahlset ist, wird das Auswahlset in der allgemeinen Formulierung der Nutzenfunktion berücksichtigt. Wenn zudem eine Nicht-Wahl-Option miteinbezogen wird, wird diese als eine „Eigenschaft" des Stimulus dargestellt. Auf diese Weise ergibt sich die folgende allgemeine Formulierung für die Nutzenfunktion bei Zugrundelegung des Teilnutzenwertmodells für alle Eigenschaften:

$$y_k = \sum_{j=1}^{J} \sum_{m=1}^{M_j} \beta_{jm} \cdot x_{jmk} \qquad (k \in K_r) \qquad (9.9)$$

mit

$y_k$    Gesamtnutzen des Stimulus $k$ ($k \in K_r$)
$\beta_{jm}$    Teilnutzenwert der Ausprägung $m$ der Eigenschaft $j$

$$x_{jmk} = \begin{cases} 1, & \text{wenn Ausprägung } m \text{ von Eigenschaft } j \text{ bei Stimulus } k \ (k \in K_r) \text{vorhanden ist} \\ 0 & \text{sonst} \end{cases}$$

In unserem Beispiel wird die Nicht-Wahl-Option durch die Eigenschaft $j=3$ dargestellt; und $x_{31k}$ ist gleich 1, wenn der Stimulus die Nicht-Wahl-Option ist. Ansonsten ist der Wert für $x_{31k}$ gleich 0. Nutzen wir hingegen das Vektormodell für alle Eigenschaften, erhalten wir folgende Formulierung für die Nutzenfunktion:

$$y_k = \sum_{j=1}^{J} \sum_{m=1}^{M_j} \beta_{jm} \cdot x_{jk} \quad (k \in K_r) \quad (9.10)$$

mit

$y_k$    Gesamtnutzen des Stimulus $k$ ($k \in K_r$)
$\beta_{jm}$    Nutzenparameter für die Ausprägung $m$ der Eigenschaft $j$
$x_{jk}$    Wert der Eigenschaft $j$ für Stimulus $k$ ($k \in K_r$)

Da die Variable für die Nicht-Wahl-Option eine binäre Variable ist, kann entweder die Formulierung $x_{jmk}$ oder $x_{jk}$ verwendet werden. Für unser Beispiel können wir schreiben:

$$y_k = \underbrace{\beta_{11} \cdot x_{11k}}_{\text{Kakaogehalt}} + \underbrace{\beta_{21} \cdot x_{21k}}_{\text{Preis}} + \underbrace{\beta_3 \cdot x_{3k}}_{\text{Nicht - Wahl - Option}}$$

Insgesamt sind 3 Parameter zu schätzen, einschließlich des Parameters für die Nicht-Wahl-Option.

### 9.4.4.2 Spezifikation des Auswahlmodells

Die CBC-Analyse stützt sich zur Abbildung des individuellen Auswahlverhaltens auf das Logit-Modell und damit auf die in Abschn. 9.2.5.4 diskutierte Logit-Regel. Wenn wir 2 Stimuli in einem Auswahlset haben, entspricht das Logit-Modell dem binären Logit-Modell. Wenn mehr als 2 Alternativen zur Auswahl stehen, ist ein Multinomiales Logit (MNL)-Modell gegeben.

Die Wahrscheinlichkeit, dass der Befragte $i$ den Stimulus $k$ aus dem Auswahlset $r$ wählt, ist:

$$Prob(k \in K_r) = \frac{\exp(y_k)}{\sum_{k=1}^{K_r} \exp(y_k)} = \frac{1}{1 + \sum_{k' \neq k}^{K_r} \exp(-1 \cdot (y_k - y_{k'}))} \quad (9.11)$$

Gl. (9.11) veranschaulicht, dass die Wahrscheinlichkeit, einen Stimulus zu wählen, von dessen Gesamtnutzenwert und den Gesamtnutzenwerten aller anderen Stimuli in einem Auswahlset abhängt. Die Auswahlwahrscheinlichkeit für Stimulus $k$ spiegelt sich in einer nicht-linearen Beziehung zwischen dem Gesamtnutzenwert des Stimulus $k$ und den Gesamtnutzenwerten der anderen Stimuli in einem Auswahlset wider. Genauer gesagt, liegt ein s-förmiger Zusammenhang zwischen der Auswahlwahrscheinlichkeit und dem geschätzten Gesamtnutzenwert vor, da das Logit-Modell auf der logistischen Funktion beruht (vgl. Abb. 9.25).

Die rechte Seite der Gl. (9.11) zeigt ferner, dass die Wahrscheinlichkeit, Stimulus $k$ im Auswahlset $r$ zu wählen, von der Differenz der Gesamtnutzenwerte abhängt. Somit wird die Auswahlwahrscheinlichkeit im Logit-Modell allein durch die Unterschiede in den Gesamtnutzenwerten bestimmt, nicht aber durch deren absoluten Wert. Anders ausgedrückt: *Es sind nur die Unterschiede im Nutzen die zählen.*

### 9.4 CBC-Analyse (Auswahlbasierte Conjoint-Analyse)

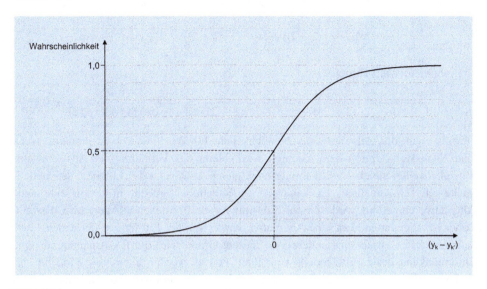

**Abb. 9.25** Veranschaulichung der logistischen Funktion

Wenn 2 Stimuli exakt die gleichen Gesamtnutzenwerte haben und in einem Auswahlset nur 2 Stimuli berücksichtigt werden, beträgt die Auswahlwahrscheinlichkeit für beide Stimuli 0,5 oder 50 % (vgl. Abb. 9.25). Wenn wir zum Beispiel 2 Stimuli mit einem Gesamtnutzenwert von jeweils 2 vorliegen haben, ergibt sich gemäß Gl. (9.11) für $k=1$ (und $k=2$):

$$\text{Prob}(k=1) = \frac{\exp(2)}{\exp(2) + \exp(2)} = \frac{1}{1 + \exp(-1 \cdot (2-2))} = \frac{1}{1 + \exp(0)} = 0,5$$

Eine Eigenschaft des Logit-Modells ist, dass bei Stimuli mit sehr ähnlichen Gesamtnutzenwerten kleine Änderungen der Gesamtnutzenwerte einen starken Einfluss auf die Auswahlwahrscheinlichkeiten haben. Wenn wir zum Beispiel einen Gesamtnutzenwert von 2,2 und 1,8 für $k=1$ bzw. $k=2$ annehmen, erhalten wir die folgenden Auswahlwahrscheinlichkeiten: $\text{Prob}(k=1) = 60 \%$ und $\text{Prob}(k=2) = 40 \%$. Stattdessen haben bei großen Unterschieden in den Gesamtnutzenwerten kleine Änderungen dieser Werte nur einen geringen Einfluss auf die Auswahlwahrscheinlichkeiten.

Eine weitere Eigenschaft des Logit-Modells ist, dass das Modell auf der Annahme der „Unabhängigkeit von irrelevanten Alternativen" (Independence of Irrelevant Alternatives, IIA-Annahme) beruht. Die IIA-Annahme impliziert, dass neue Alternativen die bestehenden Alternativen in gleicher Weise beeinflussen. Wenn wir beispielsweise eine Nicht-Wahl-Option berücksichtigen, ändern sich die Auswahlwahrscheinlichkeiten für $k=1$ und $k=2$. Nehmen wir einen Nutzenparameter von 1 für die Nicht-Wahl-Option an, dann erhalten wir für $k=1$ ($k=2$) und die Nicht-Wahl-Option Folgendes:

$$\text{Prob}(k=1,2) = \frac{1}{1+\exp(-1\cdot(2-2))+\exp(-1\cdot(2-1))} = \frac{1}{1+\exp(0)+\exp(-1)} = 0{,}42$$

Prob(Nicht-Wahl-Option)

$$= \frac{1}{1+\exp(-1\cdot(1-2))+\exp(-1\cdot(1-2))} = \frac{1}{1+\exp(1)+\exp(1)} = 0{,}16$$

Obwohl sich die Auswahlwahrscheinlichkeiten für $k=1$ und $k=2$ ändern, wenn eine Nicht-Wahl-Option berücksichtigt wird, bleibt das Verhältnis der Auswahlwahrscheinlichkeiten gleich – es ist immer noch gleich 1. Dies ist das Ergebnis der modellinhärenten IIA-Annahme. Es kann jedoch Situationen geben, in denen eine neue Alternative eingeführt wird, die ein Substitut für eine bestehende Alternative darstellt. Daher ist zu erwarten, dass eine Alternative stärker von der Einführung der neuen Alternative betroffen ist als eine andere. Aus diesem Grund wird die IIA-Annahme als eine Einschränkung des Logit-Modells betrachtet, und es wurden alternative Modelle entwickelt (z. B. genestete Logit-Modelle), um diese Einschränkung zu adressieren (vgl. Train, 2009, S. 77–78).

Bislang gingen wir davon aus, dass wir die Gesamtnutzenwerte der Stimuli kennen. Tatsächlich müssen wir jedoch die Teilnutzenwerte schätzen, um die Gesamtnutzenwerte und die daraus resultierenden Auswahlwahrscheinlichkeiten abzuleiten. Im Folgenden erörtern wir, wie die Teilnutzenwerte (Nutzenparameter) geschätzt werden können.

### 9.4.4.3 Schätzung der Nutzenparameter

Zur Schätzung der Nutzenparameter in CBC-AnalZur Schätzung der Nutzenparameter in CBC-Analysen können wir die Regressionsanalyse nicht verwenden, da die Annahmen der Normalverteilung und einer metrisch skalierten abhängigen Variablen verletzt sind (vgl. Abschn. 2.2.5.6). Stattdessen ist die abhängige Variable eine dichotome (0/1) Variable. Die sogenannte Maximum-Likelihood-Methode (ML) kann dichotome abhängige Variable berücksichtigen und wird daher für eine Schätzung der Nutzenparameter herangezogen.

**Maximum-Likelihood (ML)-Methode**

Die Zielfunktion der ML-Methode ist die folgende:

$$L = \prod_{r=1}^{R} \prod_{k=1}^{K_r} \text{Prob}(k)^{d_k} \rightarrow \max! \tag{9.12}$$

mit

$L$      Likelihood-Funktion
Prob($k$)      geschätzte Auswahlwahrscheinlichkeit für den Stimulus $k$ im Auswahlset $r$
$d_k$      binäre Variable, die anzeigt, ob Stimulus $k$ im Auswahlset $r$ gewählt wurde (1) oder nicht (0)

## 9.4 CBC-Analyse (Auswahlbasierte Conjoint-Analyse)

Der Wert der Likelihood-Funktion ist ausschließlich von den Nutzenparametern abhängig. Ziel ist es, diejenigen Nutzenparameter zu identifizieren, die zu einer Auswahlwahrscheinlichkeit von 1 für den gewählten Stimulus in einem Auswahlset führen. Gelingt es, die Nutzenparameter zu identifizieren, die zu einer Auswahlwahrscheinlichkeit von 1 für jeden gewählten Stimulus in allen Auswahlsets führen, erreicht die Likelihood-Funktion einen Wert von 1. Dies ist der Maximalwert der Likelihood-Funktion (Minimalwert = 0). Allerdings ist es sehr unwahrscheinlich, dass man einen Wert von 1 für die Likelihood-Funktion erhält. Gewöhnlich sind die Werte für die Likelihood-Funktion eher klein, da zahlreiche Wahrscheinlichkeiten multipliziert werden. Werden beispielsweise 12 Auswahlentscheidungen beobachtet und jede Auswahl mit einer Wahrscheinlichkeit von 0,9 vorhergesagt, wäre der resultierende Wert für die Likelihood-Funktion 0,282 (= $0,9^{12}$). Kleine Werte für die Likelihood-Funktion machen es aber schwieriger, die Nutzenparameter zu identifizieren, die die Likelihood-Funktion maximieren. Um dieses Problem zu lösen, wird der natürliche Logarithmus der Wahrscheinlichkeit verwendet und die ln-Likelihood-Funktion (LL) maximiert. So ergibt sich:

$$\ln L = LL = \sum_{r=1}^{R} \sum_{k=1}^{K_r} d_k \cdot \ln(\text{Prob}(k)) \to \max! \quad (9.13)$$

Die Verwendung des natürlichen Logarithmus hat keinen Einfluss auf die geschätzten Nutzenparameter. Der Wert für die LL-Funktion liegt innerhalb des Intervalls [$-\infty$,0]. Um die Nutzenparameter zu identifizieren, die LL maximieren, können wir ein iteratives Verfahren wie den Newton–Raphson-Algorithmus verwenden (vgl. Train, 2009, S. 187–188).

Das Schätzverfahren basiert auf der Idee, dass es ein Set von Nutzenparametern gibt, welches die empirisch beobachteten Auswahlentscheidungen am besten beschreiben kann. Diese Nutzenparameter werden mithilfe des iterativen Algorithmus systematisch gesucht und berechnet. Abb. 9.26 zeigt einen beispielhaften Verlauf der LL-Funktion, wenn ein Parameter variiert wird. Für das Beispiel erkennen wir, dass das Maximum der LL-Funktion bei etwa -10 liegt und der Teilnutzenwert, der die LL-Funktion maximiert, etwa 0,5 beträgt.

Um robuste Parameterschätzungen zu erhalten, muss eine ausreichende Anzahl von Auswahlentscheidungen beobachtet werden. Das heißt, es muss eine ausreichende Anzahl von Freiheitsgraden vorliegen. In der Literatur wird von mindestens 60 Freiheitsgraden für die ML-Methode gesprochen; konservative Einschätzungen empfehlen sogar 120 Freiheitsgrade (vgl. Eliason, 1993, S. 83). Im CBC-Beispiel sind 3 Parameter zu schätzen, womit mindestens 63 Auswahlentscheidungen beobachtet werden sollten. Das Erhebungsdesign berücksichtigt jedoch nur 2 Auswahlsets und somit 2 Auswahlentscheidungen pro Befragtem. Folglich müssten etwa 32 Personen befragt werden, um die Nutzenparameter robust schätzen zu können.

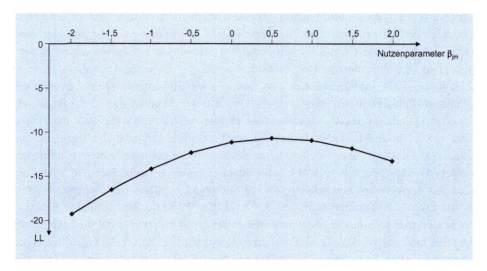

**Abb. 9.26** Veranschaulichung der Optimierung der LL-Funktion

Da sich in CBC-Studien meist keine ausreichende Anzahl von Auswahlentscheidungen für einen einzelnen Befragten beobachten lässt, ist eine individuelle Schätzung der Parameter nicht möglich. Wir schätzen deshalb die Nutzenparameter über alle Beobachtungen hinweg und nehmen somit an, dass homogene Präferenzstrukturen vorliegen. Ist davon auszugehen, dass die Präferenzen der Befragten heterogen sind, so kann eine a-priori Segmentierung – basierend auf beobachteten Merkmalen der Befragten (z. B. Geschlecht, Altersgruppen) – vorgenommen werden. Die Nutzenparameter werden dann für jede Untergruppe separat geschätzt, wenn eine ausreichende Anzahl von Beobachtungen vorliegt. Diese Vorgehensweise bedingt aber, dass der Anwender weiß, welche Merkmale für die Heterogenität in den Präferenzen relevant sind. Alternativ können andere Schätzverfahren genutzt werden (Latente-Klassen-Modelle oder Bayesianische Modelle), um gruppenspezifische oder individuelle Nutzenparameter zu erhalten. Diese Methoden werden hier aber nicht behandelt.

**Startwerte für die ML-Methode**
Wir fahren mit der Darstellung der ML-Methode fort. Zur Veranschaulichung der ML-Methode sei folgendes Beispiel betrachtet:

**Beispiel: ML-Methode**
Bei 6 Befragten wurden die in Tab. 9.24 aufgezeigten Daten beobachtet: ◄

Auch wenn die Stichprobe im Beispiel mit den Beobachtungen von 6 Befragten immer noch sehr klein ist, so ist sie aber ausreichend, um die ML-Methode zu verdeutlichen: Zunächst müssen wir Startwerte für die Teilnutzenwerte definieren. Anhand dieser

**Tab. 9.24** Erhobene Auswahlentscheidungen von 6 Befragten

| Befragter | Auswahlset | Stimulus | Eigenschaftsausprägungen | | | | | Beobachtete Auswahl |
|---|---|---|---|---|---|---|---|---|
| | | | 60 % Kakao | 78 % Kakao | 1,50 EUR | 2,00 EUR | Keine Auswahl | |
| 1 | 1 | 1 | 1 | 0 | 1 | 0 | 0 | 0 |
| 1 | 1 | 2 | 0 | 1 | 0 | 1 | 0 | 1 |
| 1 | 1 | 3 | 0 | 0 | 0 | 0 | 1 | 0 |
| 1 | 2 | 1 | 1 | 0 | 0 | 1 | 0 | 0 |
| 1 | 2 | 2 | 0 | 1 | 1 | 0 | 0 | 1 |
| 1 | 2 | 3 | 0 | 0 | 0 | 0 | 1 | 0 |
| 2 | 3 | 1 | 1 | 0 | 0 | 1 | 0 | 0 |
| 2 | 3 | 2 | 0 | 1 | 1 | 0 | 0 | 1 |
| 2 | 3 | 3 | 0 | 0 | 0 | 0 | 1 | 0 |
| 2 | 4 | 1 | 1 | 0 | 1 | 0 | 0 | 1 |
| 2 | 4 | 2 | 0 | 1 | 0 | 1 | 0 | 0 |
| 2 | 4 | 3 | 0 | 0 | 0 | 0 | 1 | 0 |
| 3 | 5 | 1 | 1 | 0 | 1 | 0 | 0 | 0 |
| 3 | 5 | 2 | 0 | 1 | 0 | 1 | 0 | 1 |
| 3 | 5 | 3 | 0 | 0 | 0 | 0 | 1 | 0 |
| 3 | 6 | 1 | 1 | 0 | 0 | 1 | 0 | 0 |
| 3 | 6 | 2 | 0 | 1 | 1 | 0 | 0 | 1 |
| 3 | 6 | 3 | 0 | 0 | 0 | 0 | 1 | 0 |
| 4 | 7 | 1 | 1 | 0 | 0 | 1 | 0 | 0 |
| 4 | 7 | 2 | 0 | 1 | 1 | 0 | 0 | 1 |
| 4 | 7 | 3 | 0 | 0 | 0 | 0 | 1 | 0 |
| 4 | 8 | 1 | 1 | 0 | 1 | 0 | 0 | 0 |
| 4 | 8 | 2 | 0 | 1 | 0 | 1 | 0 | 1 |
| 4 | 8 | 3 | 0 | 0 | 0 | 0 | 1 | 0 |
| 5 | 9 | 1 | 1 | 0 | 1 | 0 | 0 | 0 |
| 5 | 9 | 2 | 0 | 1 | 0 | 1 | 0 | 0 |
| 5 | 9 | 3 | 0 | 0 | 0 | 0 | 1 | 1 |
| 5 | 10 | 1 | 1 | 0 | 0 | 1 | 0 | 0 |
| 5 | 10 | 2 | 0 | 1 | 1 | 0 | 0 | 1 |
| 5 | 10 | 3 | 0 | 0 | 0 | 0 | 1 | 0 |
| 6 | 11 | 1 | 1 | 0 | 0 | 1 | 0 | 0 |
| 6 | 11 | 2 | 0 | 1 | 1 | 0 | 0 | 1 |

(Fortsetzung)

**Tab. 9.24** (Fortsetzung)

| Befragter | Auswahlset | Stimulus | Eigenschaftsausprägungen | | | | | |
|---|---|---|---|---|---|---|---|---|
| | | | 60 % Kakao | 78 % Kakao | 1,50 EUR | 2,00 EUR | Keine Auswahl | Beobachtete Auswahl |
| 6 | 11 | 3 | 0 | 0 | 0 | 0 | 1 | 0 |
| 6 | 12 | 1 | 1 | 0 | 1 | 0 | 0 | 0 |
| 6 | 12 | 2 | 0 | 1 | 0 | 1 | 0 | 1 |
| 6 | 12 | 3 | 0 | 0 | 0 | 0 | 1 | 0 |

**Tab. 9.25** Herleitung von Startwerten für die ML-Methode

| Eigenschaft | Ausprägung | Auswahlhäufigkeit | Relative Häufigkeit | Startwert |
|---|---|---|---|---|
| Kakaogehalt | 60 % | 1 | 0,08 | −0,75 |
| | 78 % | 10 | 0,83 | 0,00 |
| Preis | 1,50 EUR | 7 | 0,58 | 0,25 |
| | 2,00 EUR | 4 | 0,33 | 0,00 |

Startwerte bestimmen wir einen Wert für LL, der anschließend durch iterative Anpassung der Teilnutzenwerte maximiert wird. Um sinnvolle Startwerte zu ermitteln, können wir die Information verwenden, wie oft eine Eigenschaftsausprägung über alle Auswahlsets hinweg gewählt wurde. Diese Häufigkeiten bieten erste Einblicke in die Präferenzen der Befragten bezüglich der Eigenschaftsausprägungen. Tab. 9.25 zeigt die entsprechenden Häufigkeiten. Die Befragten bevorzugen offenbar einen Kakaogehalt von 78 % und einen Preis von 1,50 EUR. Um Startwerte für die Teilnutzenwerte abzuleiten, können wir die relative Häufigkeit jeder Eigenschaftsausprägung berechnen und den Startwert für die Referenzkategorie auf 0 setzen (hier: 78 % Kakaogehalt und Preis von 2,00 EUR). Hierfür subtrahieren wir die relative Häufigkeit der Referenzkategorie von der beobachteten relativen Häufigkeit der entsprechend anderen Eigenschaftsausprägung (vgl. Tab. 9.25). Für die Nicht-Wahl-Option verwenden wir einen Startwert von 0.

In Tab. 9.24 haben wir für die Darstellung der Stimuli eine Dummy-Codierung genutzt. Alternativ können wir die Effekt-Codierung verwenden (vgl. Abschn. 9.3.3). Wenn wir dies tun, dann zentrieren wir die Startwerte um den Wert 0. Zum Beispiel wäre dann für die Eigenschaft „Kakaogehalt" der Startwert für den Nutzenparameter „60 %" gleich −0,375 (= −0,75 ÷ 2) und der Startwert für den Nutzenparameter „78 %" gleich 0,375 (= 0,75 ÷ 2). Ob wir eine Dummy- oder Effekt-Codierung verwenden, hat keinen Einfluss auf unsere späteren Ergebnisse.

Basierend auf den Startwerten berechnen wir die Gesamtnutzenwerte aller im Erhebungsdesign berücksichtigten Stimuli. Tab. 9.26 zeigt die berechneten Gesamtnutzenwerte für die 3 Stimuli, die in den beiden Auswahlsets berücksichtigt wurden.

**Tab. 9.26** Startwerte für Gesamtnutzen und Auswahlwahrscheinlichkeiten

| Auswahlset 1 | Stimulus 1 | Stimulus 2 | Keine Wahl |
|---|---|---|---|
| | 60 % Kakao 1,50 EUR | 78 % Kakao 2,00 EUR | Ich würde keine dieser Schokoladen kaufen |
| Gesamtnutzen | $-0,5 = -0,75 + 0,25$ | $0 = 0 + 0$ | 0 |
| Auswahlwahrscheinlichkeit | 0,233 | 0,384 | 0,384 |
| **Auswahlset 2** | **Stimulus 1** | **Stimulus 2** | **Keine Wahl** |
| | 60 % Kakao 2,00 EUR | 78 % Kakao 1,50 EUR | Ich würde keine dieser Schokoladen kaufen |
| Gesamtnutzen | $-0,75 = -0,75 + 0$ | $0,25 = 0 + 0,25$ | 0 |
| Auswahlwahrscheinlichkeit | 0,171 | 0,466 | 0,363 |

Wir verwenden die Gesamtnutzenwerte, um die Auswahlwahrscheinlichkeiten abzuleiten (vgl. Tab. 9.26). Aus Tab. 9.24 wissen wir, dass der Befragte $i=1$ in beiden Auswahlsets den Stimulus $k=2$ gewählt hat. Die entsprechenden Auswahlwahrscheinlichkeiten sind 0,384 und 0,466. Somit beträgt der Likelihood, wenn man nur den Befragten $i=1$ betrachtet, 0,180 $(=0,384 \times 0,466)$ und LL ist gleich $-1,715$. Die Likelihood- und LL-Werte, die alle beobachteten Auswahlentscheidungen berücksichtigen, betragen 0,00002 bzw. $-10,832$. Der Likelihood-Wert ist klein und liegt nicht nahe bei 1. Demzufolge sind die Startwerte vermutlich nicht die optimalen Nutzenparameter.

Wir verwenden einen iterativen Algorithmus, um diejenigen Nutzenparameter zu identifizieren, die den Likelihood- und LL-Wert maximieren. Auf der Internetseite www.multivariate.de zeigen wir, wie der Solver von Microsoft EXCEL verwendet werden kann, um die LL-Funktion zu maximieren. Die Maximalwerte für den Likelihood- und LL-Wert betragen 0,005 bzw. $-5,205$. Dennoch ist der Likelihood-Wert eher klein, aber wir haben den Maximalwert – basierend auf den beobachteten Auswahlentscheidungen – erreicht. Ein Grund für den eher kleinen Wert könnte Heterogenität in den Präferenzen der Befragten sein, die es schwierig macht, ein einziges Set von Nutzenparametern zu identifizieren, welches alle beobachteten Auswahlentscheidungen abbildet. Die Nutzenparameter, die den Maximalwert für LL ergeben, sind: $b_{11} = -14,419$, $b_{21} = 13,033$ und $b_3 = -1,386$. Im Folgenden wird erörtert, wie die geschätzte Nutzenfunktion beurteilt werden kann.

### 9.4.4.4 Beurteilung der geschätzten Nutzenfunktion
Die Beurteilung der Güte einer geschätzten Nutzenfunktion kann – wie auch bei der traditionellen Conjoint-Analyse – anhand der folgenden Kriterien vorgenommen werden:

- Plausibilität der geschätzten Teilnutzenwerte,
- Anpassungsgüte des Modells und
- Vorhersagevalidität.

**Plausibilität der geschätzten Teilnutzenwerte**
Die Plausibilität der geschätzten Teilnutzenwerte bzw. Nutzenparameter kann auf die gleiche Weise beurteilt werden wie bei der Conjoint-Analyse. Um die Plausibilität der geschätzten Teilnutzenwerte zu beurteilen, können wir das Vorzeichen der geschätzten Teilnutzenwerte mit den A-priori-Erwartungen abgleichen *(Augenscheinvalidität)*. Im Beispiel haben wir das Teilnutzenwertmodell für beide Eigenschaften verwendet und daher keine a-priori Annahmen über die Beziehung zwischen den Nutzenparametern und dem Gesamtnutzenwert getroffen. Für die Eigenschaftsausprägung „60 % Kakaogehalt" erhalten wir einen negativen Teilnutzenwert. Folglich bevorzugen die Befragten einen höheren gegenüber einem niedrigeren Kakaogehalt. Dieses Ergebnis spiegelt den ersten Befund wider, dass die Eigenschaftsausprägung „78 % Kakaogehalt" wesentlich häufiger gewählt wurde als die Eigenschaftsausprägung „60 % Kakaogehalt". Für das Preisniveau „1,50 EUR" finden wir einen positiven Teilnutzenwert, der anzeigt, dass die Befragten einen niedrigeren einem höheren Preis vorziehen. Dies klingt intuitiv plausibel. Die Nicht-Wahl-Option hat einen negativen Nutzenparameter. Dieser negative Parameter spiegelt die Tendenz der Befragten wider, eher einen Stimulus zu wählen, als zu sagen: „Ich würde keine der Schokoladen kaufen."

**Anpassungsgüte des Modells**
Die CBC-Analyse ähnelt der logistischen Regression und daher können wir die Anpassungsgüte des geschätzten Modells mithilfe der Maße bewerten, die auch für die logistische Regression verwendet werden (vgl. Kap. 5). Da der absolute LL-Wert von der Anzahl der Beobachtungen abhängt, können wir diesen nicht direkt zur Beurteilung der Anpassungsgüte verwenden. Daher müssen wir den maximalen $LL_b$-Wert (d. h. Wert der LL-Funktion nach der Maximierung) mit einem Referenzwert vergleichen. Dies geschieht mithilfe des Likelihood-Ratio-Tests (LLR):

$$LLR = -2 \cdot ln\left(\frac{L_0}{L_b}\right) = -2 \cdot (LL_0 - LL_b) \qquad (9.14)$$

Wir vergleichen den maximalen $LL_b$- mit dem $LL_0$-Wert des sogenannten Null-Modells. Der $LL_0$-Wert ist der Wert, welchen wir erzielen, wenn alle Nutzenparameter auf null gesetzt werden. Die Auswahlwahrscheinlichkeiten des Null-Modells sind $1/K$ und somit haben alle Stimuli die gleiche Auswahlwahrscheinlichkeit. Der $LL_0$-Wert ist also gleich $(1/K)^R$. In unserem Beispiel erhalten wir einen Wert von $-13{,}183$ für $LL_0$. Der LLR-Test ergibt einen Wert von 15,956 ($= -2 \times (-13{,}183 + 5{,}205)$). Die LLR-Teststatistik

## 9.4 CBC-Analyse (Auswahlbasierte Conjoint-Analyse)

ist Chi-Quadrat-verteilt mit 3 Freiheitsgraden (d. h. Anzahl der geschätzten Nutzenparameter). Als Ergebnis erhalten wir einen *p*-Wert von 0,00116 oder 0,12 %. Das geschätzte Modell ist statistisch hochsignifikant.

Darüber hinaus können wir den LLR-Test verwenden, um die Signifikanz der geschätzten Nutzenparameter zu bestimmen. Wir erhalten den LLR-Test für einen Nutzenparameter, indem wir den entsprechenden Nutzenparameter in der Nutzenfunktion auf null setzen und dann die LL-Funktion für dieses reduzierte Modell über die verbleibenden Parameter maximieren:

$$LLR_j = -2 \cdot \left(LL_{0j} - LL_b\right) \tag{9.15}$$

Tab. 9.27 zeigt die Signifikanzniveaus für die geschätzten Nutzenparameter auf der Grundlage von Gl. (9.15). Nur der Nutzenparameter für „60 % Kakaogehalt" ist in unserem Beispiel signifikant.

Ein weiteres gebräuchliches Maß für die Anpassungsgüte des Gesamtmodells ist das $R^2$ von McFadden (auch bekannt als Likelihood Ratio Index):

$$R_M^2 = 1 - \left(\frac{LL_b}{LL_0}\right) \quad \left(0 \leq R_M^2 \leq 1\right) \tag{9.16}$$

Für das Beispiel ist das $R^2$ von McFadden gleich 0,605. Da der Wert zwischen 0 und 1 liegt, zeigt der erhaltene Wert eine hohe Anpassungsgüte der geschätzten Nutzenfunktion.

Neben den beiden auf LL basierenden Maßen können wir die Trefferquote für die Stichprobe (Klassifikationsmatrix, vgl. Kap. 5) berechnen. Das heißt, wir zählen, wie häufig der gewählte Stimulus korrekt vorhergesagt wurde, und setzen diese Anzahl zu der Anzahl aller Auswahlentscheidungen ins Verhältnis. In unserem Beispiel erhalten wir eine Trefferquote von 0,833 (= 10/12) oder 83,3 %. Der Richtwert ist eine Trefferquote von 50 %. Somit liegt eine hohe Anpassungsgüte des Modells vor – obwohl der Likelihood-Wert eher klein ist.

**Vorhersagevalidität**

Zur Beurteilung der Vorhersagevalidität kann eine Holdout-Stichprobe verwendet und die Trefferquote für diese Stichprobe berechnet werden. Im CBC-Beispiel wurde allerdings keine Holdout-Stichprobe berücksichtigt, womit die Prüfung der Vorhersagevalidität des Modells hier nicht möglich ist.

**Tab. 9.27** Bedeutung der geschätzten Nutzenparameter

| | $LL_{0j}$ | $LLR_j$ | *p*-Wert |
|---|---|---|---|
| Kakaogehalt | −10,652 | 10,894 | 0,097 % |
| Preis | −6,793 | 3,175 | 7,476 % |
| Nicht-Wahl-Option | −6,169 | 1,927 | 16,504 % |

## 9.4.5 Interpretation der Teilnutzenwerte

1. Auswahl von Eigenschaften und Eigenschaftsausprägungen
2. Erstellung des Erhebungsdesigns
3. Bewertung der Stimuli
4. Schätzung der Nutzenfunktion
5. **Interpretation der Teilnutzenwerte**

Abschließend diskutieren wir kurz die Erkenntnisse und Implikationen, die wir aus den Ergebnissen einer CBC-Analyse ableiten können.

### 9.4.5.1 Präferenzstruktur und relative Wichtigkeit einer Eigenschaft

Bei der CBC-Analyse stehen wir vor dem Problem, dass die Anpassungsgüte des Modells den absoluten Wert der Nutzenparameter beeinflusst (sog. Skalierungseffekt). Je besser das Modell die beobachteten Auswahlentscheidungen der Befragten abbilden kann, desto höher sind die absoluten Werte der geschätzten Nutzenparameter. Aus diesem Grund können die geschätzten Nutzenparameter nicht direkt interpretiert und verglichen werden (vgl. Swait & Louviere, 1993, S. 305).

Dennoch können wir aus den Informationen über die Nutzenparameter ableiten, welches Produkt die Befragten bevorzugen. In unserem Beispiel wäre eine Schokolade mit einem Kakaogehalt von 78 %, die zu einem Preis von 1,50 EUR angeboten wird, das „optimale" Produkt für die Stichprobe.

Um eine Aussage darüber zu treffen, welche Eigenschaft für die Befragten am relevantesten ist, kann die relative Wichtigkeit der Eigenschaften gemäß Gl. (9.4) berechnet werden. Dabei ignorieren wir die Nicht-Wahl-Option und erhalten eine relative Wichtigkeit von 52,5 % ($= 14{,}419/(14{,}419+13{,}033)$) für die Eigenschaft „Kakaogehalt". Die Eigenschaft „Preis" hat eine relative Wichtigkeit von 47,5 %.

### 9.4.5.2 Disaggregierte Nutzenparameter

Wie bereits erwähnt, sind wir selten in der Lage, Nutzenparameter für jeden Befragten individuell zu schätzen, da das ML-Schätzverfahren eine große Anzahl von Freiheitsgraden erfordert, um robuste Ergebnisse zu erhalten. Es gibt zwei grundlegende Ansätze zur Ableitung disaggregierter Nutzenparameter:

- Es werden a-priori Untergruppen definiert und die Nutzenparameter für jede Untergruppe separat geschätzt, indem man die Stichprobe aufteilt. Dieser Ansatz erfordert a-priori Kenntnisse über Heterogenität. Wenn zum Beispiel davon ausgegangen wird, dass das Geschlecht der Befragten die Präferenzen differenziert, kann man die Stichprobe in Frauen und Männer aufteilen. Oft wissen wir aber nicht, welche beobachtbaren Variablen mit der Heterogenität in den Präferenzen der Befragten in Zusammenhang stehen.

- Alternativ können wir fortgeschrittene Schätzverfahren wie Bayesianische oder Latente-Klassen-Modelle zur Schätzung der Nutzenparameter auf Einzel- oder Segmentebene heranziehen (vgl. Gensler, 2003). Im Gegensatz zur a-priori Definition von Gruppen verwenden Latente-Klassen-Modelle die Auswahlentscheidungen der Befragten, um Befragte mit ähnlichen Präferenzen zu identifizieren und die Nutzenparameter für diejenigen Befragten gemeinsam zu schätzen, die ein ähnliches Auswahlverhalten an den Tag gelegt haben. Das Ergebnis sind segmentspezifische Nutzenparameter. Bayesianische Modelle erlauben die Schätzung individueller Nutzenparameter. Beide Ansätze sind heute weit verbreitet, werden hier aber nicht diskutiert.

### 9.4.5.3 Simulationen auf der Grundlage der geschätzten Nutzenparameter

Häufig sollen die Ergebnisse einer CBC-Analyse genutzt werden, um die Auswahlentscheidungen für Produkte vorherzusagen, die nicht Teil des Erhebungsdesigns waren. Die Auswahlwahrscheinlichkeiten können für jede mögliche Kombination von Eigenschaftsausprägungen auf der Grundlage der geschätzten Nutzenparameter berechnet werden. Da nur ein sehr kleines Beispiel zur Veranschaulichung der CBC-Analyse betrachtet wurde, wird auf eine detaillierte Simulation der Auswahlwahrscheinlichkeiten verzichtet.

Insgesamt teilen sich die CBC- und die Conjoint-Analyse die gleichen Schritte bei der Durchführung der Analyse. Es gibt jedoch auch grundlegende Unterschiede, die in diesem Abschnitt behandelt wurden. Obwohl wir die CBC-Analyse etwas ausführlicher diskutiert haben, ist sie bei weitem nicht die einzige Weiterentwicklung der Conjoint-Analyse, die sich in der Praxis etabliert hat. In Abschn. 9.5.2 werden wir kurz auf andere Weiterentwicklungen eingehen, um dem Leser eine Vorstellung von den vielfältigen Methoden zur Messung und Abbildung von Konsumentenpräferenzen zu vermitteln.

## 9.5 Anwendungsempfehlungen

### 9.5.1 Empfehlungen zur Durchführung einer (traditionellen) Conjoint-Analyse

Zusammenfassend können für die Durchführung einer Conjoint-Analyse folgende Empfehlungen gegeben werden:

**Eigenschaften und Eigenschaftsausprägungen**
Die Anzahl der Eigenschaften und Eigenschaftsausprägungen sollte so gering wie möglich gehalten werden. Die Eigenschaften und Ausprägungen müssen unabhängig voneinander und relevant sein. Darüber hinaus müssen die Eigenschaftsausprägungen

realisierbar sein. Es wird empfohlen, nicht mehr als 6 Eigenschaften mit jeweils 3 bis 4 Ausprägungen zu betrachten.

**Design einer Umfrage**
Das Erhebungsdesign sollte nicht mehr als 20 Stimuli umfassen. Wird diese Anzahl bei der Profilmethode überschritten, sollte ein reduziertes Design erstellt werden.

**Auswertung von Stimuli**
Die Bewertungsmethode muss auf der Grundlage der konkreten Frage bestimmt werden.

**Spezifikation der Nutzenfunktion**
Wenn das reduzierte Design nur wenige Stimuli enthält und das Teilnutzenwertmodell verwendet wird, um die Eigenschaftsausprägungen mit dem Gesamtnutzen zu verknüpfen, kann die Anzahl der Freiheitsgrade für die Schätzung auf der individuellen Ebene sehr gering sein oder sogar null betragen. In einem solchen Fall können die beobachteten Präferenzdaten perfekt abgebildet werden, aber es kann nur eine begrenzte Validität der Ergebnisse angenommen werden. Daher muss der Anwender die Freiheitsgrade bei der Spezifizierung der Nutzenfunktion berücksichtigen.

**Aggregation der Nutzenparameter**
Bei der Conjoint-Analyse ist eine Aggregation (oder gemeinsame Analyse) aller Befragten nur dann angebracht, wenn die Präferenzstruktur bei allen Befragten ähnlich ist. Besteht Grund zu der Annahme, dass es Gruppen von Konsumenten mit ähnlichen Präferenzen gibt, so kann eine Clusteranalyse (vgl. Kap. 8) verwendet werden, um segmentspezifische Nutzenparameter zu erhalten. In der CBC-Analyse können wir mithilfe fortgeschrittener Schätzverfahren Nutzenparameter auf Segment- oder Individualebene ableiten.

All diese Empfehlungen müssen im konkreten Anwendungsfall sorgfältig evaluiert werden.

## 9.5.2 Alternativen zur Conjoint-Analyse

Die traditionelle Conjoint-Analyse unterliegt mehreren Einschränkungen, die durch Weiterentwicklungen der Methodik zum Teil behoben wurden. Die beiden wichtigsten Einschränkungen sind die Art und Weise, wie die Befragten die Stimuli bewerten (z. B. ordinale oder metrische Skalen), und dass nur eine begrenzte Anzahl von Eigenschaften und Eigenschaftsausprägungen berücksichtigt werden kann.

**MaxDiff-Methode**
Die CBC-Analyse wurde in Abschn. 9.4 bereits als eine Alternative zur traditionellen Conjoint-Analyse vorgestellt. Mit ihrer Hilfe kann der Kritik begegnet werden, dass die

## 9.5 Anwendungsempfehlungen

Bewertungsaufgabe in Conjoint-Analysen nicht realistisch ist. Ein anderer Ansatz, der diese Schwäche adressiert, ist die MaxDiff-Methode.

MaxDiff ist eine Methode, die als eine Erweiterung der Methode des paarweisen Vergleichs betrachtet werden kann. Bei MaxDiff wird den Befragten eine Untermenge der möglichen Stimuli gezeigt. Sie werden dann gebeten, in dieser Untermenge mit mindestens 3 Stimuli den besten und den schlechtesten Stimulus anzugeben. MaxDiff geht davon aus, dass die Befragten alle möglichen Stimulipaare innerhalb der angezeigten Untermenge bewerten und das Paar wählen, das den maximalen Unterschied in der Präferenz widerspiegelt.

**Adaptive Conjoint-Analyse (ACA)**

Eine weitere Einschränkung der Conjoint-Analyse besteht darin, dass die Anzahl der Eigenschaften und Eigenschaftsausprägungen begrenzt werden muss. Um dieser Beschränkung zu begegnen, wurde die Adaptive Conjoint-Analyse (ACA) entwickelt (vgl. Green et al., 1991). Das Hauptmerkmal der ACA ist, dass sich die betrachteten Eigenschaften und Eigenschaftsausprägungen von Individuum zu Individuum unterscheiden können. In einem ersten Schritt identifiziert der Anwender diejenigen Eigenschaftsausprägungen, die für jeden Befragten relevant sind, indem er die am meisten und die am wenigsten bevorzugten Eigenschaftsausprägungen ermittelt. Mit diesem Ansatz können bis zu 30 Eigenschaften und 15 Eigenschaftsausprägungen berücksichtigt werden. Somit ist die ACA nützlich, wenn Heterogenität bezüglich der Relevanz von Eigenschaften zwischen den Konsumenten vorliegt. Die letztendliche Bewertungsaufgabe unterscheidet sich dann von Befragtem zu Befragtem. Dies macht den Einsatz einer Online-Umfrage notwendig, da das Erhebungsdesign an die Antworten der Befragten angepasst wird. Eine Einschränkung der ACA, die sich aus dem adaptiven Ansatz ergibt, besteht darin, dass die Ergebnisse der einzelnen Befragten unter Umständen schwer zu vergleichen sind.

**Adaptive CBC-Analyse**

Die CBC-Analyse unterliegt auch der Einschränkung, dass nur eine geringe Anzahl von Eigenschaften und Eigenschaftsausprägungen berücksichtigt werden kann. Außerdem können die Auswahlaufgaben repetitiv und langweilig sein.

Die adaptive CBC-Analyse (ACBC) ist eine Methode, die sich mit diesen Fragen befasst, indem sie „interessantere" Auswahlaufgaben verwendet. Eine ACBC-Analyse umfasst die folgenden Schritte:

1. *Built-Your-Own (BYO)-Aufgabe:* Die Befragten beantworten eine „Built-Your-Own"-Frage, um die Eigenschaften und Eigenschaftsausprägungen einzuführen. Die Befragten geben für jede Eigenschaft ihre bevorzugte Eigenschaftsausprägung an.
2. *Screening:* Die Befragten evaluieren eine Teilmenge von Stimuli in einem Auswahlset. Im Gegensatz zur Angabe, welchen Stimulus sie kaufen würden, geben die Befragten an, welche(n) sie in Betracht ziehen würden (d. h. „eine Möglichkeit"

oder „keine Möglichkeit"). Die Antworten werden gleichzeitig analysiert, und auf der Grundlage der Bewertungen können potenzielle „inakzeptable" Eigenschaftsausprägungen identifiziert werden. Dann werden die Befragten gebeten anzugeben, ob bestimmte Eigenschaftsausprägungen tatsächlich inakzeptabel sind. Darüber hinaus können „Must-Haves" identifiziert werden (d. h. K.o.-Kriterien, vgl. Abschn. 9.2.1).

3. *Auswahlentscheidung:* Schließlich evaluieren die Befragten Stimuli, die nahe an ihrem BYO-spezifizierten Produkt liegen, die sie als „Möglichkeiten" in Betracht ziehen und die sich strikt an alle Cutoff-Regeln („must have", „unakzeptabel") halten. Die Befragten werden gebeten, den bevorzugten Stimulus in einem Auswahlset zu wählen. Dann werden die gesammelten Daten analysiert, um die Nutzenparameter zu schätzen.

Alle drei Weiterentwicklungen wurden von Sawtooth Software in ihre kommerziellen Softwarepakete implementiert. Hierzu existieren aber auch weitere kommerzielle Softwarepakete. Zudem gibt es einige R-Pakete. Das breite Angebot an Weiterentwicklungen und Software verdeutlicht schließlich die hohe Relevanz der Conjoint-Analyse für Forschung und Praxis.

## Literatur

## Zitierte Literatur

Addelman, S. (1962a). Orthogonal main-effect plans for asymmetrical factorial experiments. *Technometrics,4*(1), 21–46.
Addelman, S. (1962b). Symmetrical and asymmetrical fractional factorial plans. *Technometrics,4*(1), 47–58.
Backhaus, K., Erichson, B., & Weiber, R. (2015). *Fortgeschrittene Multivariate Analysemethoden* (3. Aufl.). Springer Gabler.
Dhar, R. (1997). Consumer preference for a no-choice option. *Journal of Consumer Research,24*(2), 215–231.
Eliason, S. R. (1993). *Maximum likelihood estimation: Logic and practice.* Sage.
Gensler, S. (2003). *Heterogenität in der Präferenzanalyse – Ein Vergleich von hierarchischen Bayes-Modellen und Finite-Mixture-Modellen.* Gabler.
Green, P. E., Krieger, A. M., & Agarwal, M. K. (1991). Adaptive conjoint analysis: Some caveats and suggestions. *Journal of Marketing Research,28*(2), 215–222.
Green, P. E., Krieger, A. M., & Wind, Y. (2001). Thirty years of conjoint analysis: Reflections and prospects. *Interfaces,31*(3), 56–73.
Green, P. E., & Srinivasan, V. (1978). Conjoint analysis in consumer research: Issues and outlook. *Journal of Consumer Research,5*(2), 103–123.
Haaijer, R., Kamakura, W. A., & Wedel, M. (2001). The 'no-choice' alternative to conjoint choice experiments. *International Journal of Market Research,43*(1), 93–106.

Johnson, R. M., & Orme, B. K. (1996). How many questions should you ask in choice-based conjoint studies? Research Paper Series. Sawtooth Software. https://www.sawtoothsoftware.com/download/techpap/howmanyq.pdf. Zugegriffen: 19. Sept. 2020.

Kuhfeld, W. F., Tobias, R. D., & Garratt, M. (1994). Efficient experimental design with marketing research applications. *Journal of Marketing Research,31*(4), 545–557.

Kumar, V., & Gaeth, G. J. (1991). Attribute order and product familiarity effects in decision tasks using conjoint analysis. *International Journal of Research in Marketing,8*(2), 113–124.

Louviere, J. J., & Woodworth, G. (1983). Design and analysis of simulated consumer choice or allocation experiments: An approach based on aggregated data. *Journal of Marketing Research,20*(4), 350–367.

McFadden, D. (1974). Conditional logit analysis of qualitative choice behavior. In: P. Zarembka (Hrsg.), *Frontiers in econometrics* (S. 205–142). Academic.

Swait, J., & Louviere, J. (1993). The role of the scale parameter in the estimation and comparison of multinomial logit models. *Journal of Marketing Research,30*(3), 305–314.

Train, K. (2009). *Discrete choice models with simulation*. University Press.

Verlegh, P. W. J., Schifferstein, H. N. J., & Wittink, D. R. (2002). Range and number-of-levels effects in derived and stated measures of attribute importance. *Marketing Letters,13*(1), 41–52.

Wittink, D. R., Vriens, M., & Burhenne, W. (1994). Commercial use of conjoint analysis in Europe: Results and critical reflections. *International Journal of Research in Marketing,11*(1), 41–52.

# Stichwortverzeichnis

**A**
Adaptive Choice-based Conjoint, 645
Adaptive Conjoint (ACA), 645
Agglomeration Schedule s. Zuordnungsübersicht
Akaike-Informationskriterium (AIC), 353
Alpha Faktorisierung, 441
ANCOVA, 212
ANOVA, 14, 162
  einfaktorielle, 207
  multivariate, 212
  spezifische (Faktorenanalyse), 437
  zweifaktorielle, 183
  zwischen den Gruppen, 234
ANOVA-Tabelle, 92, 139, 177, 194, 201
Anpassungsgüte, 323
Anti-Image-Kovarianzmatrix, 421
A-posteriori (Klassifikations-) Wahrscheinlichkeiten, 253
A-priori-Wahrscheinlichkeit, 250
Area under Curve (AUC) s. ROC-Kurve
Ausreißer, 49
  Clusteranalyse, 517, 535
  logistische Regression, 329
  Regressionsanalyse, 126
Auswahlbasierte Conjoint-Analyse s. Choice-based Conjoint (CBC)Analyse, 624
Auswahlregel, probabilistisch, 605
Autokorrelation, 118, 119, 145
Average Linkage s. Clusteralgorithmen

**B**
Bandbreiteneffekt, 601
Bartlett-Test, 418, 459
Baseline-Logit-Modell, 346
Bayes-Theorem, 253
Bayes'sches Informationskriterium (BIC), 353
Beobachtungsdaten, 7
Bernoulli Verteilung, 289
Bestimmtheitsmaß s. R-Quadrat
Beta Koeffizient, 85
Bias, 108
Binomialverteilung, 289
BLUE-Eigenschaft, 103
Bonferroni-Test, 181
Boxplot, 52
Bradley-Terry-Luce (BTL)-Regel, 605

**C**
Calinski&Harabasz-Regel, 525
Centroid-Verfahren s. Clusteralgorithmen
Chi-Quadrat- ($\chi^2$-) Test, 243, 389
Chi-Quadrat-Maß (Clusteranalyse), 550
Choice-based Conjoint (CBC), 624
City-Block-Metrik (L1-Norm), 498
Clusteralgorithmus, 503, 505
  Average Linkage, 505
  Centroid-Verfahren, 505
  Complete Linkage, 512
  K-Means, 526, 530, 541, 562
  Median-Verfahren, 505
  Single Linkage, 507, 530
  Two-Step, 565
  Ward-Verfahren, 513, 535
Clusteranalyse, 17, 503
  hierarchisch-agglomerative, 504, 507
  partitionierende Verfahren, 561
  Zuordnungsübersicht, 505, 512, 523

Cluster Interpretation
    F-Werte, 529, 544
    t-Werte, 528, 544
Clusterzahl, Bestimmung
    Calinski&Harabasz-Regel, 525
    Elbow-Kriterium, 539
    Test von Mojena, 526, 539
Clusterzentrenanalyse
    K-Means s. Clusteralgorithmen
Complete Linkage s. Clusteralgorithmen
Confounding-Variable, 46, 111
Conjoint-Analyse, 575
    adaptiv, 645
    adaptive CBC, 645
    auswahlbasiert, 16, 575, 624
    Conjoint-Eigenschaft, 579
    Conjoint-Stimuli, 582
    MaxDiff-Methode, 645
    traditionell, 16, 575, 578
Conjoint-Design
    asymmetrisch, 585
    ausgewogen, 629
    Effizienz, 629
    orthogonal, 586
    reduziert, 585
    symmetrisch, 585
    vollständig, 585
Cook'sche Distanz, 133
Cox & Snell-$R^2$, 327
Cramers V, 392, 398, 407
Cutoff-Wert s. Trennwert

## D

Degrees of Freedom (df) s. Freiheitsgrade
Dendrogramm, 507, 518, 538
Design, experimentelles, 167
    balanciertes, 219
    unbalanciertes, 205
Devianz, 352
Discrete-Choice-Analyse, 624
Diskriminanzachse, kritischer Wert, 232
Diskriminanzanalyse, 15, 224, 545
    blockweise, 265
    schrittweise, 239
Diskriminanzfunktion
    Fisher, 251
    kanonische, 228
Diskriminanzkoeffizient
    mittlerer, 249
    standardisierter, 248
Diskriminanzkriterium, 234
Dollar-Metrik, 588
Drittvariable, 111
Dummy-Variable, 12, 136, 295
Durbin-Watson Test, 119

## E

Effektkoeffizient, 320
Eigenwertanteil, 241, 435
Eigenwert
    Diskriminanzanalyse, 240, 265, 280
    Faktorenanalyse, 435
Eigenwert-Kriterium, 443, 464
Einheitsvarianz, 428, 432, 437
Elbow-Kriterium, 538
Eta-Quadrat
    der ANOVA, 172, 192, 202
    partielles, 193
Euklidische Distanz, 251
    L2-Norm, 496
Experiment, 7
Experimentaldesign, 7
    balanciert, 167, 183, 215, 233
    bei Conjointanalysen, 582
    bei Varianzanalysen, 164
    Unbalanciert, 205

## F

Faktorenanalyse, 410
    Eignung der Datenmatrix, 417, 459
    explorative, 16, 413
    konfirmatorische, 413, 478
Faktoren der ANOVA, 164
Faktor-Extraktionsmethode, 440
Faktorladung, 425, 468
Faktorladungsmatrix
    rotierte, 468
    unrotierte, 445, 468
Faktorrotation, 447
Faktorwerte, 449
Faktorwertebestimmung
    Regressionsanalyse, 451
    summierte Skalen, 450
    Surrogate, 450
Faktorwerte-Koeffizient, 470

Fehler
    erster Art, 38
    systematischer, 30
    zweiter Art, 38
Fehlerquadratsumme s. Varianzkriterium
Fehlerterm, 91, 102
First-Choice-Regel, 605
Fisher Diskriminanzfunktion, 251
Fisher-Test (exakt), 390
Freiheitsgrade (df), 23, 87
F-Test, 92, 247
    einfaktorielle ANOVA, 174
    zweifaktorielle ANOVA, 193
Fundamentaltheorem der Faktorenanalyse, 426, 427, 431
Funktion, logistische, 291

## G

Gesamtnutzenwert (Conjoint), 575, 590
GLS-Methode, 441
Goldfeld/Quandt Test, 116
Goodman und Kruskal's Lambda ($\lambda$), 392
Goodman und Kruskal's Tau ($\tau$), 392
Goodness-of-Fit, 86, 93, 349
Grenzwertsatz, zentraler, 30
Grundgesamtheit, 5
Gruppierungsvariable, 225, 288

## H

Hauptachsenanalyse (HAA), 438, 440, 463, 475
Hauptkomponentenanalyse (HKA), 432, 475, 476
Hebelwirkung, 333
Heteroskedastizität, 116
Histogramm, 50
Homogenitätstest, 382
Homoskedastizität, 116, 178

## I

Idealpunktmodell, 594
Image Faktorisierung, 441
Interaktionseffekt
    Regressionsanalyse, 106
    Varianzanalyse, 187
Intervallskala, 10

Irrtumswahrscheinlichkeit ($\alpha$), 33

## J

Jaccard-Koeffizient, 556

## K

Kaiser-Kriterium s. Eigenwert-Kriterium
Kaiser-Meyer-Olkin (KMO), 418, 459
Kausalität, 45, 112
    Kausaldiagramm, 112
    Regressionsanalyse, 78, 109, 142
Klassifikation (Diskriminanz)
    Funktion, 252
    Matrix bzw. Tabelle, 244
    Wert, 252
Klassifikation (Logistische Regression), 303
Kleinst-Quadrat-Methode (KQM), 80
K-Means Clusterung s. Clusteralgorithmen
Koeffizient, 67
Kommunalität, 434, 438, 461, 475
Komponente, systematische, 291
Konfidenzintervall, 44
    Regressionskoeffizient, 100
Konfirmatorische Faktorenanalyse, 478
Konstant-Summen-Skala, 588
Kontingenzanalyse, 16, 382
Kontingenzkoeffizient (CC), 391, 404
Kontrastanalyse, 180
Korrelation, 77
    empirische, 410, 431, 433, 437, 440, 445
    grafische Darstellung, 423, 428
    kanonische, 242
    kausale Interpretation, 47, 78, 112
    multiple, 88, 123
    nach Bravais-Pearson, 27, 77, 501
    Punkt-biserielle, 12
    scheinkausale, 112
Korrelationsmatrix, 28, 83
    modelltheoretische, 431, 480
Korrespondenzanalyse, 407
Kosten einer Fehlklassifikation, 250, 255
Kovarianz, 26
Kovarianzanalyse s. ANCOVA
Kovariate, 212, 214, 292
Kovariatenmuster, 351
Kreuztabelle s. Kontingenzanalyse
    mehrdimensional, 385, 396, 402, 407

zweidimensional, 384, 387
Kreuztabellierung s. Kontingenzanalyse
Kritischer Diskriminanzwert, 24, 232, 237, 239

**L**

LAD Methode, 81
Lambda-Koeffizient, 398, 407
Längsschnittdaten s. Zeitreihendaten
Lateinisches Quadrat, 585
Latente Variable, 6
Leave-one-out-Methode, 246, 329
Levene-Test, 178, 181, 197, 216
Leverage, 130
Likelihood-Ratio-Statistik (LLR), 326
Likelihood-Ratio-Test (LR), 325, 334, 640
Linearisierung, 105
Linkfunktion, 294
Logit, 293, 321
Logit-Choice-Modell, 374
Logit-Modell, 300
  multinomial, 632
Logit-Regel, 606
Log-Likelihood-Funktion, 314
Log-lineare Modelle, 407
Lurking-Variable, 111

**M**

Mahalanobis-Distanz, 251, 272, 279
MANCOVA, 212
Manifeste Variable, 6
Manipulation Check, 219
MANOVA, 212
MaxDiff-Methode, 645
Maximum-Likelihood-Methode, 313, 343, 441, 634
McFaddens $R^2$, 327
Measure of Sampling Adequacy (MSA), 419
Mehrfachladung, 447
Methode von Glesjer, 117
Metrisches Skalenniveau, 8
Minkowski- Metrik (L-Normen), 500
Missing values s. Wert, fehlender
Mittelwert (arithmetisches Mittel), 20
Mittelwerttest
  einseitiger, 39
  zweiseitiger, 31, 39
Modell

gesättigtes, 352
Log-lineares, 407
Modell, stochastisches
  der ANOVA, 183
  der Regressionsanalyse, 91
Multikollinearität, 122, 258
Multiple Imputation, 57
Multivariate Analysemethode
  Begriff und Überblick, 13, 17
  Dependenzanalyse, 6
  Interdependenzanalyse, 7
  strukturen-entdeckende, 13, 16
  strukturen-prüfende, 13

**N**

Nagelkerkes $R^2$, 327
Nichtlinearität, 104, 107
Nicht-Normalität, 120
Nicht-Wahl-Option (no choice), 627
No choice-Option s. Nicht-Wahl-Option
Nominalskala, 8
Nullmodell, 202, 325
Number-of-Levels-Effekt, 601

**O**

Oblique Rotation, 447
Odds, 293, 318
Odds Ratio (OR), 320, 321
Omnibus-Hypothese, 179
Ordinalskala, 9
Ordinary Least Squares (OLS), 80, 109

**P**

Paarvergleich, 587
Parameter, 67
Pearson-Gütemaß, 349
Pearson Residuen, 330
Phi-Koeffizient, 391, 398, 404, 407
Phi-Quadrat-Maß (Clusteranalyse), 550
Post hoc-Test, 180, 204, 205
Power eines Tests, 39
P-P-Plot, 121
Profilmethode, 582, 627
Prognosegenauigkeit, 305
Proximitätsmaß, 494, 548
  Ähnlichkeitsmaße, 494, 502

Distanzmaße, 494, 502
Pseudo-R-Quadrat-Statistik, 327
p-Wert, 36, 41, 93

**Q**
Q-Q Plot, 121
Querschnittsdaten, 7, 152

**R**
Ranking, 587
Ratingskala, 10, 587
Ratioskala, 10
Regression, logistische
　binäre, 289, 292
　multinomiale, 339
　multiple, 311
　schrittweise, 370
Regressionsanalyse, 74
　einfach, lineare, 14, 74
　logistische, 15, 288
　mit Dummy-Variablen, 150
　multiple, 82
　multivariate, 157
　polynomiale, 106
　schrittweise, 147
Regressionskoeffizient
　partieller, 84
　standardisierter, 85
　unstandardisiert, 74
Regression to mean, 115
Relatives Risiko (RR), 323
Residuen, 78, 329
　standardisierte, 128
　studentisierte, 132
ROC-Kurve, 308, 329
R-Quadrat, 88, 123, 148
　korrigierter, 95
Russel-Rao-Koeffizient, 556

**S**
Scatterplot s. Streudiagramm
Scheffe-Test, 182, 205
Scheinkorrelation, 46
Screeplot, 435, 464, 524
Scree-Test, 444

SD-Linie, 77
Sensitivität, 305
Signifikanzniveau (sig), 33, 37
Simple-Matching-Koeffizient, 555
Single Linkage s. Clusteralgorithmen
Skalenniveau
　Intervall, 10
　metrisches, 8
　nicht metrisches, 8
　nominales, 8
　ordinales, 9
　Ratio, 10
　Transformation, 559
Sparsamkeitsprinzip, 94
Spezifische Varianz, 437
Spezifität, 305
Split-Half-Methode, 246
Standardabweichung, 21
Standardfehler (SE), 96, 156
　der Prognose, 156
　der Regression, 87
　der Regressionskoeffizienten, 96, 124
Stichprobe, 5
Störvariable, 111, 395
Streudiagramm, 53
Streuungszerlegung, 89, 189, 214
Summe der quadrierten Residuen (SSR), 79, 87
System missing values, 55

**T**
Tau-Koeffizient, 394, 398, 404, 407
Teilnutzenwert, 576
Teilnutzenwertmodell, 591
Test
　auf Kausalität, 47
　für Anteilwerte, 41
　von Mojena, 526
Testen, statistisches (Grundlagen), 30
Testwert, kritischer, 34
Theils U, 398
Ties, 589
Toleranz, 124
Trade-off-Methode, 582
Trefferquote, 244, 305, 328
Trendmodell, lineares, 153
Trennschärfe eines Tests, 39
Trennwert, 304

t-Test, 34, 39, 98
Tukey-Anscombe-Plot, 109, 118, 144, 145
Tukey-Test, 182, 205
Two-Step Clusterung s. Clusteralgorithmen

## U
ULS-Methode, 441
Unabhängigkeitstest (Kontingenz), 384
Unique Varianz, 437
Unsicherheitskoeffizient, 398
User missing values, 55
U-Statistik s. Wilks-Lambda, univariat

## V
Variable
    binäre, 11, 548, 552
    dichotome, 11
    Dummy, 12
    latente, 6
    manifeste, 6
    standardisierte, 24
    vernachlässigte, 107, 108
Variance Inflation Factor (VIF), 124
Varianz, 20
    innerhalb einer Gruppe, 234
    unique, 437
Varianzanalyse s. ANOVA
Varianzhomogenität, 178
Varianzkriterium, 514
Varianztabelle s. ANOVA-Tabelle
Varianzzerlegung (Faktorenanalyse), 437
Varianzzerlegung s. Streuungszerlegung
VARIMAX-Rotation, 447, 468
Vektormodell, 592

## W
Wahrscheinlichkeitsmodell (lineares), 298, 299
Wald-Test, 334
Ward-Verfahren s. Clusteralgorithmen
Wert, fehlender, 54
    Multiple Imputation, 57
    System missing, 55
    User missing, 55
Wichtigkeit, relative einer Eigenschaft (Conjoint), 600
Wilks-Lambda, 248
    multivariat, 243, 267
    univariat, 242, 265

## Y
Yates-Korrektur, 389

## Z
Zeitreihenanalyse, 152
Zeitreihendaten, 7, 152
Zentrierungseigenschaft (Mittelwert), 21
Zufallsfehler, 30
Zuordnungsübersicht s. Clusteranalyse
Zwei-Faktor-Methode, 582

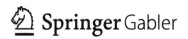 springer-gabler.de

**Order now in the Springer shop!**
springer.com/978-3-658-32588-6

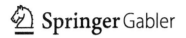 springer-gabler.de

**Jetzt im Springer-Shop bestellen:**
springer.com/978-3-662-46086-3

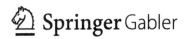 springer-gabler.de

**Jetzt im Springer-Shop bestellen:**
springer.com/978-3-658-32659-3

MIX
Papier aus verantwortungsvollen Quellen
Paper from responsible sources
FSC® C105338

Printed by Books on Demand, Germany